名师讲坛——Oracle开发实战经典

李兴华　马云涛　编著

清华大学出版社

北　京

内 容 简 介

大数据时代，Oracle 12c 为云计算而生。

《名师讲坛——Oracle 开发实战经典》以 Oracle 11g、12c 版本为基础，通过丰富的实例、通俗易懂的语言、简洁明快的图示、极为详尽的视频，讲述了数据库开发的主要内容。全书分为 3 个部分，第 1 部分：Oracle 开发前奏，主要包括数据库系统概述、Oracle 的安装与基本使用；第 2 部分：SQL 基础语法，主要内容有简单查询、限定查询与排序显示、单行函数、多表查询、分组统计查询、子查询、更新及事务处理、替代变量、表的创建与管理、完整性约束、其他数据库对象、用户权限及角色管理、数据库设计；第 3 部分：数据库编程，主要内容有 PL/SQL 编程基础、集合、游标、子程序、包、触发器、动态 SQL、面向对象编程。本书还有如下特点：

1. **视频极为详尽：**视频长达 45 小时，共 126 讲，力求将 Oracle 开发必备知识一网打尽。
2. **实例案例教学：**1200 项各类实例案例，力求将 Oracle 开发必备知识彻底讲透。
3. **全方位服务：**网站、二维码等多种线上服务，力求解答本书所有疑问。
4. **知名讲师编著：**由有多年开发和授课经验、连续 7 年获得最受欢迎教师称号的知名讲师编著。
5. **教师服务：**高校教师还可以获得教学大纲、电子课件、学习笔记等多种资源。

本书适合 Oracle 开发入门者学习使用，也可以作为 Oracle 开发人员的参考书。

图书在版编目（CIP）数据

Oracle 开发实战经典/李兴华，马云涛编著. —北京：清华大学出版社，2014（2023.1 重印）
（名师讲坛）

ISBN 978-7-302-35982-1

I. ①O… II. ①李… ②马… III. ①关系数据库系统 IV. ①TP311.138

中国版本图书馆 CIP 数据核字（2014）第 066057 号

责任编辑：赵洛育
封面设计：刘洪利
版式设计：文森时代
责任校对：赵丽杰
责任印制：刘海龙
出版发行：清华大学出版社
网　址：http://www.tup.com.cn，http://www.wqbook.com
地　址：北京清华大学学研大厦 A 座　　邮　编：100084
社 总 机：010-83470000　　邮　购：010-62786544
投稿与读者服务：010-62776969，c-service@tup.tsinghua.edu.cn
质量反馈：010-62772015，zhiliang@tup.tsinghua.edu.cn
印 装 者：三河市龙大印装有限公司
经　销：全国新华书店
开　本：185mm×260mm　**印　张：**42　**字　数：**1099 千字
版　次：2014 年 6 月第 1 版　**印　次：**2023 年 1 月第 7 次印刷
定　价：108.00 元

产品编号：058913-02

自　序

Preface

我们在用心做事，做最好的图书，做最好的教育。

——北京魔乐科技软件实训中心　李兴华

亲爱的读者朋友，首先，我代表所有参与编写此书的作者，感谢您选择了本书。我相信，这是一本可以“看得懂”“学得会”“用得上”的书，只要您去用心阅读，就一定可以快速踏上 Oracle 开发之路。

这本书是我在清华大学出版社出版的“名师讲坛”系列图书的一本。2009 年《Java 开发实战经典》出版后，常年在 Java 类图书销售中名列前茅，销售近 4 万册，而后又陆续推出了《Java Web 开发实战经典（基础篇）》《Android 开发实战经典》，也都多次重印，后应出版社和读者朋友的邀请，又补充了这一本。

一、本书的编写感受

本书从最初的文字到最终成稿，历时近 3 年，数易其稿。我相信，您从字里行间能感受到我们对此书的认真负责，这本书浸透了我们的心血和汗水，我曾无数次为一个知识点究竟怎样表述才能好理解而又不失准确而陷入困惑，无数次为一个实例安排是否能很好体现相关知识而绞尽脑汁，无数次为内容的深浅是否合适、实用性是否最强而删改取舍……真诚感谢我之前三本书——《Java 开发实战经典》《Java Web 开发实战经典（基础篇）》《Android 开发实战经典》的热心读者朋友，他们的热情鼓励、热情期待、不离不弃，让我坚持、再坚持，以至于本书的完成。

本书于 2013 年 10 月 9 日 19 时 27 分正式完稿，那一刻，我如释重负，心中是成就？是自豪？是历尽磨难而浴火重生的感觉？是经过千军万马的高考后首次踏进美丽大学校园时那般愉悦？都有吧，那段时间，在上下班的路上，都感觉脸上始终带着微笑，感觉路边的树和野花都在对我欢笑和祝贺，兴奋之情无法用语言来描述。

二、本书的编写理念

我从事教学工作已近 10 年，每天都要跟书打交道，感觉市场上同类图书很多语言晦涩，普通读者看不太懂，甚至望而生畏，一而再、再而三下去，会对学习失去信心，以至于最后半途而废，不了了之。

我觉得，一本书尤其是科技书，首先能够让读者“看得懂”，然后才能“学得会”、“用得上”。写这本书就特别注意这一点，有时候，为了验证一个概念的合理解释，不得不花费大量的时间查阅资料，为了方便读者理解，不得不一次次画图来帮助理解……为的只是让读者可以真正“看得懂”。希望由这许多小小的“看得懂”构成了一本让读者完全看得懂的书。

看得懂只是看在眼里，不代表记在心里，不代表真正学会了。要真正掌握必须要大量地实

践和练习，必须亲自动手去做、去练、去思考，本书设置了大量实例和练习，读者朋友可以先跟着实例照猫画虎。对入门者而言，模仿练习是最快的学习方式。

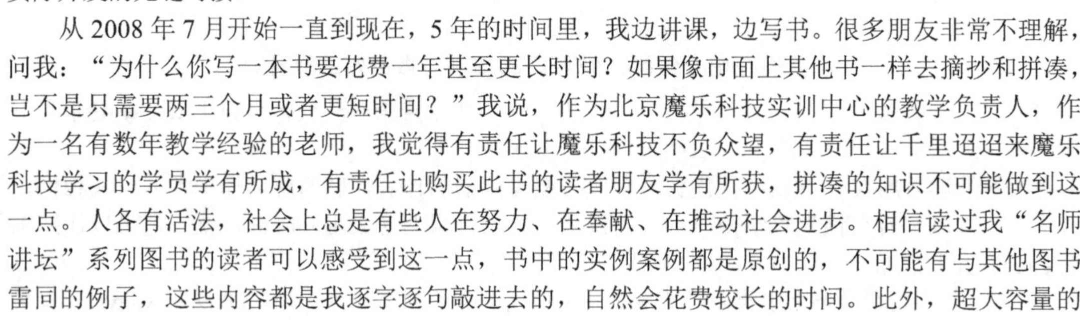

当然，要学以致用，为了让读者学习到最前沿、最实用的技术，2013 年 Oracle 12c 出来后，我把前期 Oracle 11g 的资料几乎全部推翻重来，并加入了 Oracle 12c 中出现的主要新特性。而且尽可能也选择开发中最常用的技术作为主要突破点，不厌其烦地讲清楚、讲透彻，力求实现内容与实际开发的无缝对接。

从 2008 年 7 月开始一直到现在，5 年的时间里，我边讲课，边写书。很多朋友非常不理解，问我："为什么你写一本书要花费一年甚至更长时间？如果像市面上其他书一样去摘抄和拼凑，岂不是只需要两三个月或者更短时间？"我说，作为北京魔乐科技实训中心的教学负责人，作为一名有数年教学经验的老师，我觉得有责任让魔乐科技不负众望，有责任让千里迢迢来魔乐科技学习的学员学有所成，有责任让购买此书的读者朋友学有所获，拼凑的知识不可能做到这一点。人各有活法，社会上总是有些人在努力、在奉献、在推动社会进步。相信读过我"名师讲坛"系列图书的读者可以感受到这一点，书中的实例案例都是原创的，不可能有与其他图书雷同的例子，这些内容都是我逐字逐句敲进去的，自然会花费较长的时间。此外，超大容量的教学视频的录制和反复修改，也花费了我很多时间。

三、本书的内容及架构

从实际的开发环境而言，企业平台大概可分为 4 个组成部分：操作系统、数据库、中间件和编程语言，随着移动技术的发展，移动客户端也成为了企业平台一个重要的组成部分。数据库是整个企业平台中最重要的数据载体，其设计的好与坏，直接影响到企业平台的性能与项目开发的进度，而合理的数据库设计就需要合理的业务设计。业务设计完成后，服务的发布需要中间件的支持，利用中间件的支持，可以减少部分代码的开发，编程也变得更加容易。编程语言是一个最重要的数据展现手段，目前 Java 是最优秀的编程语言之一。目前企业平台大部分需要采用如图 0-1 所示的架构形式。

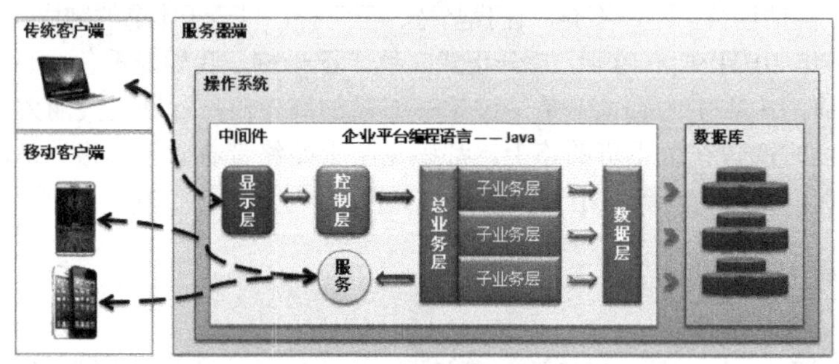

图 0-1　项目架构图

提示：换个角度思考问题。

如果把人的身体比喻为操作系统，那么数据库就好比是人的大脑，负责保存数据。要把大脑中的数据信息传播出去，就需要通过各种沟通手段，这就好比中间件提供的支持，而最终表示出来的信息需要合理地组织，那么这就是编程语言负责的逻辑，所以，所谓的基于数据库的项目开发，就是需要把数据库中的信息展现出来。

通过图 0-1 可以清楚地发现，在所有的商业项目中，数据库是工作在服务器端的，而数据库中的数据如果需要被客户端访问，就必须通过编程语言进行合理的业务设计才可以实现，而对于服务器端提供给用户使用的，可以是一个基于浏览器应用的网页形式的界面，或者是基于移动终端的服务接口。

对于图 0-1 给出的各个结构的分层，实现技术也很多，例如，很多读者熟悉的开发框架（Struts、Hibernate、IBatis、Spring 等）、前端技术（AJAX、JSON、JavaScript、JQuery、ExtJs 等）及服务接口（WebService、SOA、CXF、XML 等），这些都有可能出现在企业平台的开发结构中，如图 0-2 所示。

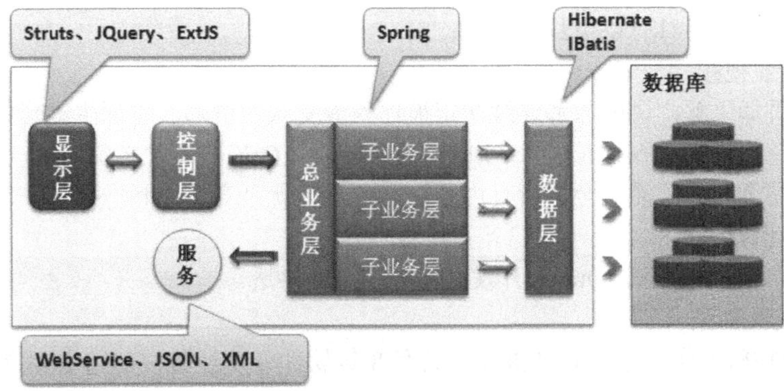

图 0-2　服务器端开发技术

但是不管做何种商业开发，数据是最为重要的，Oracle 给予用户的是一个大型且高效的数据库系统，掌握数据库开发技术也就成为了程序员所必备的技能。

在本书中会出现一些表设计的操作，如果对于这些内容不太理解，可以参考本系列的其他图书或者 Java、Java Web、Android 的相关知识。本系列图书如图 0-3 所示。

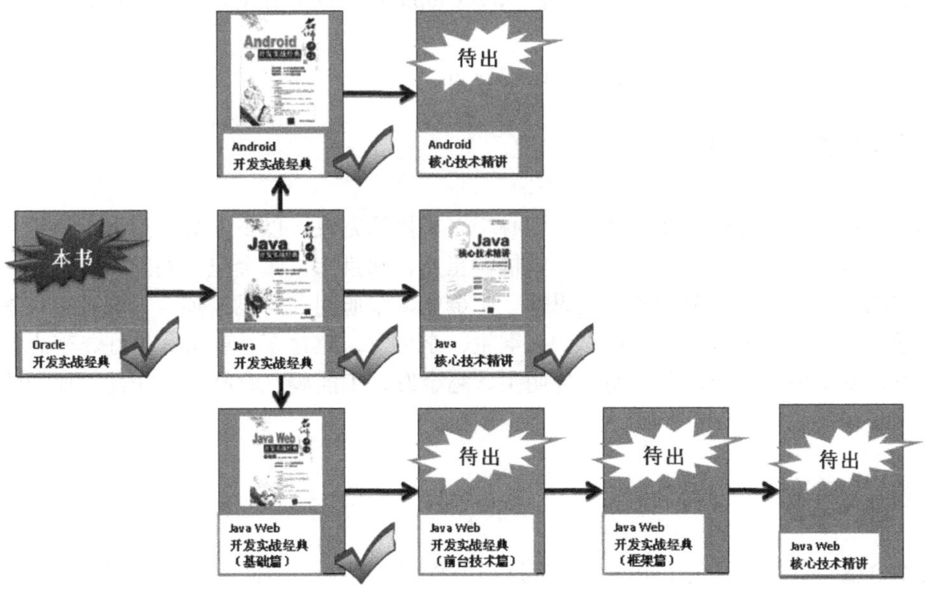

图 0-3　本系列图书（包括已出与待出图书）

在图 0-3 中包括“名师讲坛”系列、“核心技术精讲”系列。“名师讲坛”系列以大而全的工具图书形式出现，适合详细系统学习的读者，而“核心技术精讲”系列适合为应用而简明扼要学习的读者。

四、本书的特色

本书以 Oracle 12c 版本为基础（也适合 Oracle 11g 版本），对 12c 的新功能做了详细讲述。本书在编写时，特别注意书的可读性、实用性，力求让读者朋友“看得懂”“学得会”“用得上”。

除此之外，本书还具有以下鲜明特点：

1．全套专业视频

（1）知名讲师讲解：讲解教师连续 7 年被评为最受欢迎讲师，讲课生动形象，深入浅出。

（2）内容超级详细：视频长达 45 小时，共 126 讲，Oracle 开发必备知识一网打尽。

（3）与书完全同步：涵盖全书所有内容，高效学习就是竞争力！

2．实例案例教学

1200 项各类实例案例，Oracle 开发必备知识彻底讲透。

3．知名讲师编著

北京魔乐科技软件实训中心首席讲师，具有 8 年软件开发经验、10 年授课经验，培训企业超过 40 家，学员近万人，在业内有很高的知名度。

五、本书的服务

为了解答读者朋友遇到的各类技术问题，读者朋友可以通过如下方式与我们联系。

（1）获取学习资源包：本书提供了丰富的辅助学习资源，读者可扫描图书封底的“文泉云盘”二维码，或登录清华大学出版社网站（www.tup.com.cn），在对应图书页面获取学习资源包的下载方式。

（2）信息发布：登录网站 http://www.mldn.cn，可浏览与本书有关的技术和勘误信息。

六、本书参与人员

本书主要由北京魔乐科技软件实训中心李兴华执笔完成，以下人员（排名不分先后）也参与了本书的编写，他们是：马云涛、董鸣楠、崔岚、郑京伟、张金旭、刘翳、刘洁民、吴亨、刘晟、郭鸿喜、宋如宁、范金圣、王思博、李金曼、张旭明、罗昆、孙浩、汤敬宁、李超、刘刚、庞猛、师铂弘、王月清、周艳军、王继生、李少龙、赵建军、韩雷、朱红、李志兰、许棕荃、李杰、刘惠民、贾宁、范玉明、庞明生、赵金发、王丽娟、赵晓彤，在此对他们的工作表示感谢。

七、衷心感谢

这本书编写过程中得到了很多人的支持和鼓励，有魔乐科技的同事们，有技术骨干的朋友，有过去的读者朋友，有本书策划编辑刘利民先生，当然，包括我至亲的父母。在此，我要向他

们表达衷心的感谢。

八、寄语读者

亲爱的读者朋友，在茫茫书海中您找到了这本书，这是我们之间的缘分。作为一名老师和作者，我费了很多心血，目的就是把我对这些知识的理解最大程度、最高效地传达给您。相信您只要按照书中的要求反复去做，就一定能够掌握 Oracle 开发的必备知识，我的目的也就达到了。

最后，期望本书能成为您学习的铺路石，期望您轻松步入软件开发的殿堂，期望您在软件开发的领域大有作为。作为曾经的老师，我以你们为荣，我为你们自豪。

——北京魔乐科技（MLDN）软件实训中心　李兴华

目　录

Contents

第 1 部分　Oracle 开发前奏

第 2 部分　SQL 基础语法

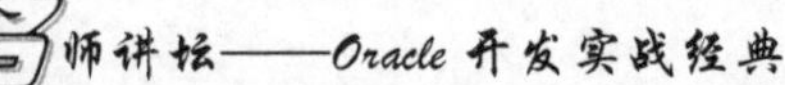

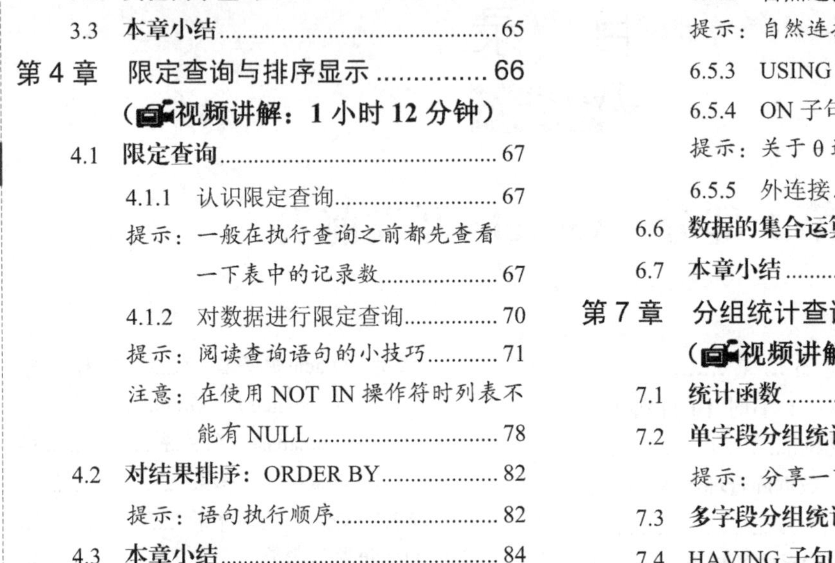

Note

Note

第 3 部分 数据库编程

Note

Note

第 1 部分

Oracle 开发前奏

- 数据库系统概述
- Oracle 的安装与基本使用
- SQLPlus 命令、SQL Developer 工具的使用

第1章

数据库系统概述

通过本章的学习，可以达到以下目标：

☑ 了解数据库的主要作用及相关概念。

☑ 了解数据模型的定义及特点。

☑ 了解 SQL 的主要特点。

在现在的软件开发中，数据库已经成为了一项必不可少的技术，使用数据库可以对大量的数据进行有效的管理。虽然本书讲解的主要是 Oracle 数据库的开发与管理，但是读者也需要对数据库的一些基本知识有一定的了解，包括数据库的作用、产生动机，以及一些常用的基本概念，而本章将首先为读者介绍这些基本概念，从而为本书后面的学习打下理论基础。

Note

1.1　数据库的产生动机

数据库，顾名思义存储的肯定都是数据，它是为了解决商业管理中的数据应运而生的。以图书大厦的图书管理为例，如果在没有数据库以前，所有的图书商品清单需要进行手工管理，每一件商品都会使用如图 1-1 所示的表格进行手工编写。

图书编号	名称	作者	单价	出版日期	库存量
100	《Java开发实战经典》	李兴华	￥79.8	2009年-09月-19日	90
102	《Java WEB开发实战经典（基础篇）》	李兴华	￥69.8	2010年-09月-19日	60
103	《Android开发实战经典》	李兴华	￥89.8	2011年-09月-19日	80

图 1-1　手工管理数据

当这样的数据信息量增大以后（例如，图书信息已经超过了 8000 万册），则数据的维护明显会非常困难。例如，在进行图书信息查找时要每一个数据人为地进行筛选，这样做不仅效率低下，也会出现查询信息不准确的情况。而且在全国的不同城市都有图书大厦，并且在各个图书大厦里的销售人员肯定会根据如图 1-1 所示的价格表进行图书的销售，这样就相当于不同城市的图书大厦都有各自的一张图书价目表，如图 1-2 所示。

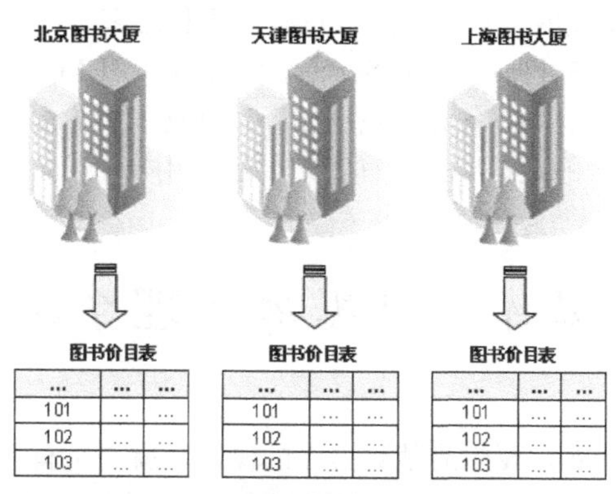

图 1-2　每个图书大厦拥有同一份数据

根据图 1-2 所示的数据管理形式，在实际的运行中会存在以下一些问题：

- ☑ 每个图书大厦拥有各自的一张图书价目表，这样所带来的最直接问题就是数据重复（也可以称之为数据冗余）。
- ☑ 当某一本图书的单价修改的时候，那么全国所有图书大厦的图书价目表都要分别进行修改，否则会出现数据不同步的问题，如北京图书大厦的一本书原本卖 79.8 元，修改价格后卖 89.8 元，但是同样一本书有可能天津图书大厦的数据没有修改，依然卖 79.8 元。

如果将这些数据按照一个即定的标准统一进行管理，使各个地方的图书大厦都通过统一的数据库进行查询（见图 1-3），则这些问题就可以全部避免了。

通过图 1-3 可以发现，所有城市的图书大厦，都通过数据库查找图书价目信息，而数据管理员也通过数据库对图书价目信息进行维护，这样就解决了数据冗余及修改不同步的问题，而这就是数据库的功能——共享和管理数据，而且通过数据库可以方便地对销售量等信息进行统计，

Note

也便于数据分析人员的使用。因为存在信息检索的要求，所以数据库必须具备高速检索数据的能力。

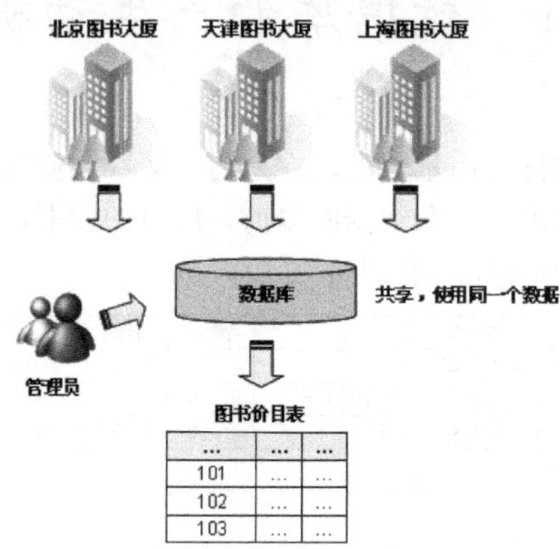

...	...	...
101	...	...
102	...	...
103	...	...

图 1-3　所有的数据通过数据库统一管理

但是从另外一个方面考虑，由于一个数据库上要保存大量的数据信息，所以在运行中一定要尽量避免由于硬件问题所造成的数据丢失。一旦数据丢失，必须确保可以对数据库进行迅速的数据恢复。

随着数据库技术的不断发展，数据库的数量有几十种之多，而在实际的工作中，现在较为常见的数据库有：Informix、Sybase、SQL Server、MySQL、IBM DB2、Oracle，其中大型数据库以 IBM DB2 和 Oracle 为主，具备海量数据的高速处理能力，而在一般的小型项目开发中，MySQL 数据库作为一个免费的数据库也发挥着重要的作用。

1.2　数据、数据库、数据库管理系统、数据库系统

Oracle 是一个大型数据库，要想清楚数据库的概念，就必须首先了解与数据库技术密切相关的 4 个基本概念，即数据、数据库、数据库管理系统和数据库系统。

1. 数据（Data）：描述事物的符号记录称为数据

数据是数据库中存储的基本对象。除了基本的数字之外，像图书的名称、价格、作者等都可以称为数据。

数据的表现形式还不能完全表达其内容，需要经过解释。例如，30 表示一个数字，可以表示出某个人的年龄，也可以表示某个人的编号，或者是一个班级的人数，所以数据的解释是指对数据含义的说明，数据的含义称为数据的语义，数据与其语义是不可分的。

例如，在日常生活中，可以这样描述一本书的信息，《Java 开发实战经典》是清华大学出版社出版的一本计算机图书，作者是李兴华，定价是 79.8 元，出版日期是 2009 年 09 月 19 日，这样的信息在计算机中就可以使用下面的方式来描述：

```
(Java 开发实战经典 , 清华大学出版社 , 李兴华 , 79.8 , 2009-09-19)
```

即，将信息按照“（图书名称，出版社，作者，价格，出版日期）”的方式组织在一起，

这样就可以组成一条记录，而这条记录就是描述图书的数据，按照此种结构记录的数据，就可以方便用户进行管理。而在数据库之中，所有的数据都被保存在数据表中，数据表通过行来表示每一条完整的记录，通过列来表示每一条记录的组成，如图 1-4 所示。

学生编号	名称	作者	单价	出版日期	库存量
100	《Java开发实战经典》	李兴华	￥79.8	2009年-09月-19日	90
102	《Java WEB开发实战经典（基础篇）》	李兴华	￥69.8	2010年-09月-19日	60
103	《Android开发实战经典》	李兴华	￥89.8	2011年-09月-19日	80
105	《Oracle开发实战经典》	李兴华	￥77.8	2011年-09月-19日	99
106	《Java大学教材》	李兴华	￥57.8	2011年-09月-19日	99
107	《IOS开发实战经典》	李兴华	￥97.8	2011年-09月-19日	60
108	《数据结构 —— Java语言描述》	李兴华	￥67.8	2012年-09月-19日	80
109	《Java WEB开发实战经典（框架篇）》	李兴华	￥77.8	2012年-09月-19日	50
120	《Java WEB开发实战经典（分布式篇）》	李兴华	￥87.8	2012年-09月-19日	30

图 1-4　通过数据表管理数据

通过图 1-4 可以发现，在数据库中，所有的数据都是通过一张张数据表进行保存的，每一张数据表的一行表示一条完整的数据记录，通过不同的字段表示出每块记录的作用。

图 1-4 中保存的只是一些基本的数据，可以发现其中图书价目表的信息有如下几种数据类型。

☑　图书编号、库存：整型数据。

☑　图书名称、作者、提供商：字符串数据。

☑　单价：小数数据。

而在数据表中可以保存的数据类型除了以上几种还可以保存日期、视频、音频等信息，这些都被称为数据，这些数据在数据库中可以方便使用多种运算符进行操作，如四则运算、交、差、并、补等操作。

2．数据库（Database，DB）：存放数据的仓库，所有的数据在计算机存储设备上按照一定的格式进行保存

当人们收集到了大量的信息后，就需要将这些信息保存，以供进一步加工处理（统计销售量、总额等），这样可以避免手工处理数据所带来的困难。而且严格来讲，数据库是长期存储在计算机内，有组织的、可共享的大量数据的集合。数据库中的数据按一定的数据模型组织、描述和存储，具有较小的冗余度、较高的数据独立性和易扩展性，并可为各种用户共享，所以数据库具有永久存储、有组织和可共享的 3 个基本特点。

3．数据库管理系统（DataBase Management System，DBMS）：科学地组织和存储数据，高效地获取和维护数据

数据库管理系统是介于用户与操作系统之间的一款数据管理软件。数据库管理系统和操作系统一样是计算机的基础软件，也是一个大型复杂的软件系统，主要功能包括以下几个方面。

☑　数据操作功能：DBMS 提供数据操作语言（Data Manipulation Language，DML），用户可以使用 DML 操作数据，实现对数据库的基本操作，如增加、修改、删除和查询等。

Note

☑ 数据库的事务管理和运行管理：数据库在建立、运行和维护时由数据库管理系统统一管理和控制，以保证数据的安全性、完整性、多用户对数据的并发使用及发生故障后的系统恢复。

☑ 数据定义功能：DBMS 提供数据定义语言（Data Definition Language，DDL），用户可以通过 DDL 方便地定义数据库中的各个操作对象，如数据表、视图、序列等。

☑ 数据组织、存储和管理：DBMS 要分类组织、存储和管理各种数据，包括数据字典、用户数据、数据的存储路径等。要确定以何种文件结构和存储方式在存储级上组织这些数据，如何实现数据之间的联系。数据组织和存储的基本目标是提高存储空间利用率和方便存取，提供多种存取方法（如索引）来提高存取效率。

☑ 数据库的建立和维护功能：数据库初始数据的输入、转换功能，数据库的转换、恢复功能，数据库的重组织功能和性能监视、分析功能等。

☑ 其他功能：DBMS 与网络中其他软件系统的通信功能、一个 DBMS 与另一个 DBMS 或文件系统的数据转换功能、异构数据库之间的互访和互操作功能等。

4．数据库系统（DataBase System，DBS）

数据库系统是指在计算机系统中引入数据库后的系统，一般由数据库、数据库管理系统（及其开发工具）、应用系统、数据库管理员（负责数据库的建立、使用、维护）构成。

在一般不引起混淆的情况下，常常把数据库系统简称为数据库，数据库系统可以用图 1-5 表示。

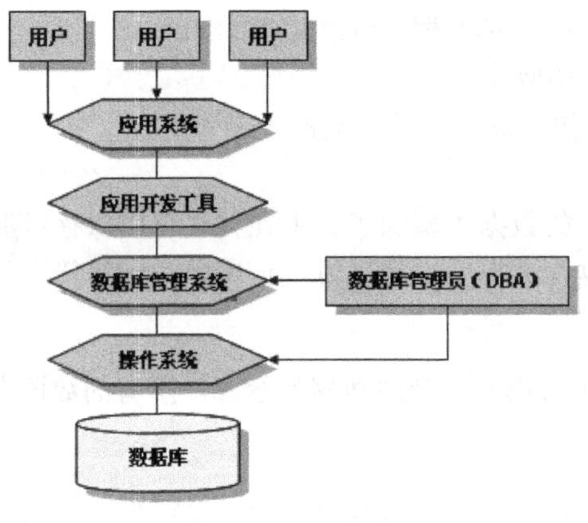

图 1-5　数据库系统

1.3　数据管理与数据库系统的特点

数据库技术是应数据管理任务的需要而产生的，数据管理则是指对数据进行分类、组织、编码、存储、检索和维护，它是数据处理的中心问题。而数据的处理是指对各种数据进行收集、存储、加工和传播的一系列活动的总和，在应用需求的推动下，在计算机硬件、软件发展的基础上，数据管理技术经历了人工管理、文件系统管理、数据库系统管理 3 个阶段，这 3 个阶段的特点如表 1-1 所示。

表 1-1　数据管理发展阶段

		人工管理阶段	文件系统阶段	数据库系统阶段
背景	应用背景	科学计算	科学计算、数据管理	大规模数据管理
	硬件背景	无直接存取存储设备	磁盘、磁带	大容量磁盘、磁盘阵列
	软件背景	没有操作系统	有文件系统	有数据库管理系统
	处理方式	批处理	联机实时处理、批处理	联机实时处理、分布处理、批处理
特点	数据的管理者	用户（程序员）	文件系统	数据库管理系统
	数据面向的对象	某一应用程序	某一应用	现实世界（一个部门、企业、跨国组织等）
	数据的共享程度	无共享，冗余度极大	共享性差、冗余度大	共享性高、冗余度小
	数据的独立性	不独立，完全依赖于程序	独立性差	具有高度的物理独立性和一定的逻辑独立性
	数据的结构化	无结构	记录内有结构、整体无结构	整体结构化，用数据模型描述
	数据控制能力	应用程序自己控制	应用程序自己控制	由数据库管理系统提供数据安全性、完整性、并发控制和恢复能力

通过表的对比可以发现，使用数据库系统管理数据比文件系统具有明显的优势。从文件系统到数据库系统，标志着数据管理技术的飞跃，下面再来看一下数据库系统的主要特点。

1．数据结构化

数据库系统可以实现结构化的数据保存，比起文件系统而言，数据库中所保存的数据都会按照一个统一的标准形式操作，而所有的数据可以按照不同的性质保存在不同的数据表中。例如，雇员的编号、姓名、职位等信息就成为了表的数据列，如图 1-6 所示，而后所有要增加的雇员信息，都要按照指定的要求（列的定义）来添加数据，并且在进行数据更新操作时，还可以引入各种约束来保证数据的完整性。

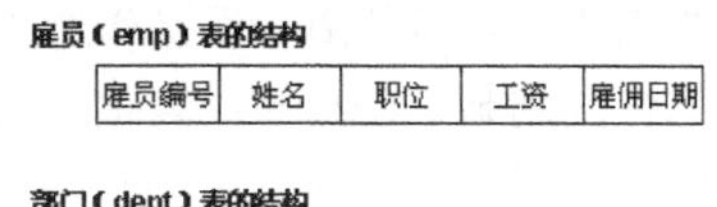

图 1-6　表中的数据列

2．数据的共享性高、冗余度低、易扩充

一个数据库中的所有数据可以为不同的用户使用，这样可以大量减少数据的冗余，节约存储空间，同时避免数据之间的不相容与不一致性。而且在整个系统中，由于所有的数据都按照统一的结构来保存，这样用户可以根据自己的需要进行数据的维护，也方便数据的扩充。

提示：关于不一致性的说明。

不一致性指的是在文件系统管理中，由于文件会被重复存储，所以不同的用户复制同一数据库时会出现的数据偏差。

3．数据独立性高

数据独立性指的是数据库中保存的数据在物理上和逻辑上都是独立的。所谓的物理上独立指的是用户操作的应用程序与在磁盘上保存的数据库之间是相互独立的，所有保存在磁盘上的

数据都是通过数据库管理系统（DBMS）操作的，而应用程序不会随数据库的物理存储改变而改变。逻辑独立性是指即使数据的逻辑结构改变了，应用程序也不用改变，这样将数据与程序相分离的方式如图 1-7 所示，该方式可以简化应用程序的编写，减少应用程序的维护成本。

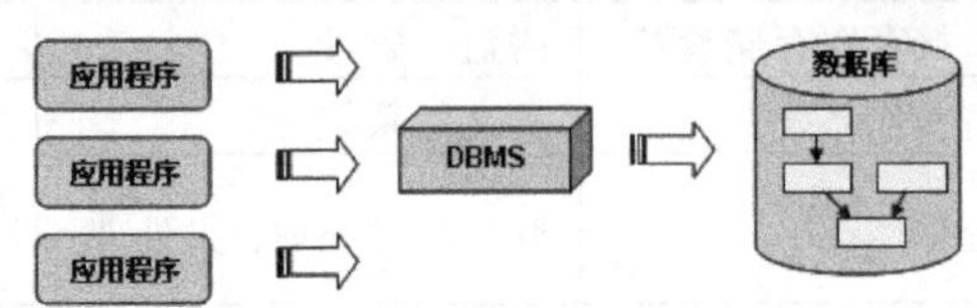

图 1-7　应用程序通过 DBMS 操作数据库

4．数据由 DBMS 统一管理和控制

数据库可以提供数据的共享机制，这样一来，多个用户在访问同一资源的时候数据库就必须进行控制，所以 DBMS 提供了以下一些功能。

（1）数据库的安全性（Security）保护

数据的安全性是指保护数据，以防止不合法的使用造成的数据泄密和破坏，使每个用户只能按规定，对某些数据以某些方式进行使用和处理。

（2）数据的完整性（Integrity）检查

数据的完整性指数据的正确性、有效性和相容性。完整性检查将数据控制在有效的范围内，或保证数据之间满足一定的关系。

（3）并发（Concurrency）控制

当多个用户的并发进程同时存取、修改数据库时，可能会发生相互干扰而得到错误的结果或使得数据库的完整性遭到破坏，因此必须对多用户的并发操作加以控制和协调。

（4）数据库恢复（Recovery）

当由于计算机故障、误操作造成数据库中数据丢失的时候，DBMS 必须具有将数据库从错误状态恢复到某一已知的正确状态功能。

综上所述，数据库是长期存储在计算机内有组织的、大量的、共享的数据集合。它可以供各种用户共享，具有最小冗余度和较高的数据独立性。DBMS 在数据库建立、运用和维护时对数据库进行统一控制，以保证数据的完整性、安全性，并在多用户同时使用时进行并发控制，在发生故障后对数据库进行恢复。

1.4　数 据 模 型

数据模型是实现项目分析的重要手段，在数据模型之中分为两类模型：一种是概念模型，另外一种是物理数据模型，同时数据模型之间也会存在关联，下面分别来为读者介绍这两类数据模型。

1.4.1　两类数据模型

数据模型（Data Model）是对客观世界中某些事物的特征进行的数据抽象和模拟，是严格定

义的一组概念，即，数据模型是用来描述、组织数据，并且对数据进行操作的，数据模型是整个数据库系统的核心。

提示：数据模型的发展。

数据模型并不是在数据库出现之后才有的，其发展经历了如下 3 个阶段：

☑ 20 世纪 60 年代后期，在文件系统基础上发展起来的层次模型、网状模型和关系模型等传统数据模型。

☑ 20 世纪 70 年代后期产生的 E-R 数据模型。

☑ 20 世纪 80 年代以来又相继推出面向对象数据模型、基于逻辑的数据模型等新的模型。

例如，现在要从现实生活中抽象出图书的数据模型，可以形成如图 1-8 所示的概念模型，或者抽象出图书的数据模型，可以形成如图 1-9 所示的物理数据模型。

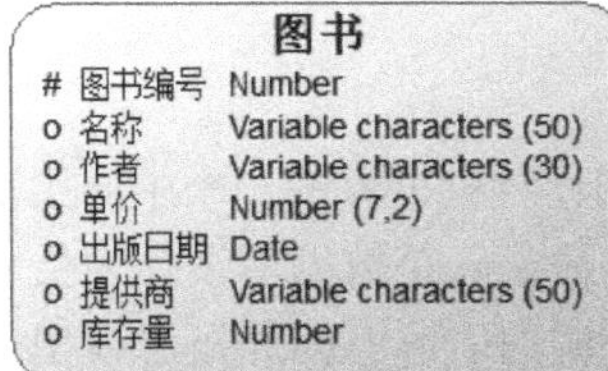

图 1-8　概念模型

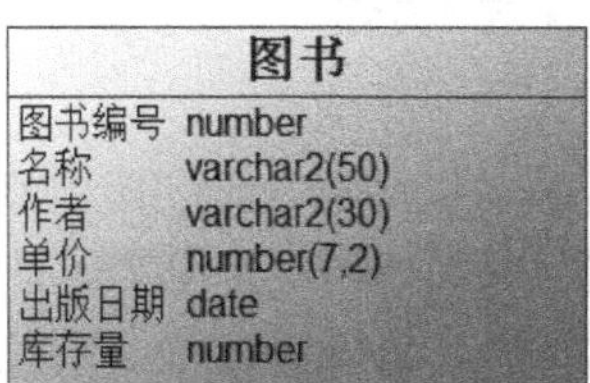

图 1-9　物理数据模型

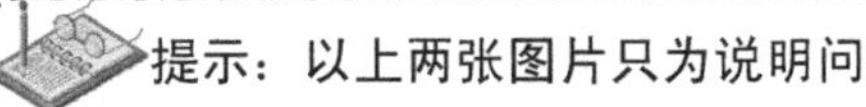

提示：以上两张图片只为说明问题。

图 1-8 和图 1-9 只是为读者演示模型的概念，而其具体的组成或者是其他展现形式将在本章随后的部分为读者讲解。

本图通过 Sybase PowerDesigner 工具设计，有关本工具的使用，有兴趣的读者可以直接参考本书第 15 章的内容。

用户在建立数据模型的时候应该满足 3 方面要求：一是能比较真实地模拟现实世界，二是容易为人所理解，三是便于在计算机上实现。

但是如果要想完全满足这 3 方面的要求是很困难的，所以在数据库系统中针对不同的业务需要，要采用不同的数据模型。

根据模型应用的不同目的，可以将这些模型划分为如下两类。

☑ 概念模型（Conceptual Model）：也称为信息模型，它是根据用户的观点对数据和信息进行建模，主要用于数据库设计。

☑ 逻辑模型和物理模型：主要包括层次模型（Hierarchical Model）、网状模型（Network Model）、关系模型（Relation Model）、面向对象模型（Object Oriented Model）和对象关系模型（Object Relational Model）等。它是按照计算机系统的观点对数据建模，主要用于 DBMS 的实现。

其中的物理模型是对数据最低层的抽象，它描述数据在系统内部的表示和存取方法，在磁盘或磁带上的存储方式和方法，是面向计算机系统的。物理模型的具体实现是 DBMS 的任务，数据库设计人员要了解和选择物理模型，一般用户则不必考虑物理级的细节。

从现实世界到概念模型的转换，是由数据库设计人员完成的，从概念模型到逻辑模型的转

换，可以由数据库设计人员完成，也可以用数据库设计工具协助设计人员完成，从逻辑模型到物理模型的转换一般是由DBMS完成的，如图1-10所示为从现实世界中对客观对象的抽象流程。

Note

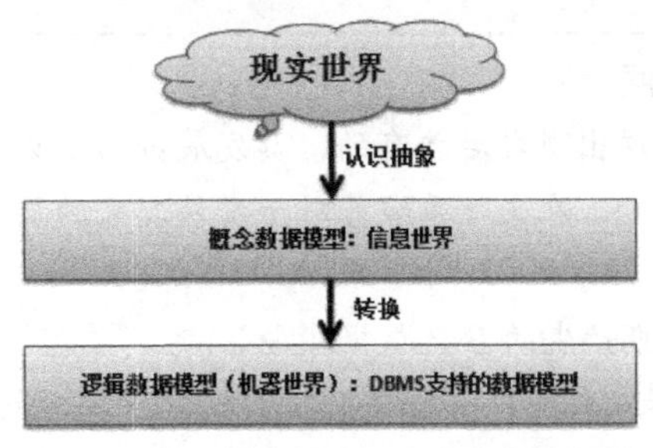

图1-10 现实世界中客观对象的抽象流程

1.4.2 概念模型

通过图1-10可以看出，实际上概念模型是现实世界到计算机世界的一个中间层次，概念模型用于信息世界的建模，是现实世界到信息世界的第一层抽象，是数据库设计人员进行数据库设计的有力工具，也是数据库设计人员和用户之间进行交流的语言。因此概念模型一方面应该具有较强的语义表达能力，能够方便、直接地表达应用中的各种语义知识，另一方面它还应该简单、清晰、易于用户理解。

1.4.2.1 概念模型的基本概念

在概念模型中，主要涉及的基本概念有实体（Entity）、属性（Attribute）、码（Key）、域（Domain）、实体型（Entity Type）、实体集（Entity Set）、联系（Relationship），下面分别来解释这些基本概念。

1．实体（Entity）

客观存在并可相互区别的事物称为实体。实体可以是具体的人、事、物，也可以是抽象的概念或联系，例如，一本书、一台电脑、一个学生、运动员参加的一次项目等都是实体。而在有些书中，实体也被称为对象（Object）。

2．属性（Attribute）

实体所具有的某一特性称为属性。一个实体可以由若干个属性来描述，例如，图书实体可以由书名、作者、出版日期、单价等属性组成。例如，图书信息（Java开发实战经典，清华大学出版社，李兴华，79.8，2009-09-19），这些属性组合起来就表示了一本书的信息，如图1-11所示，而属性在数据库中又被称为字段（或者是列）。

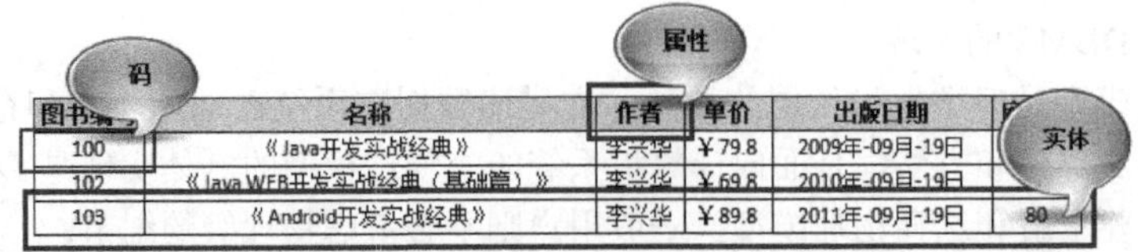

图书编号	名称	作者	单价	出版日期	
100	《Java开发实战经典》	李兴华	￥79.8	2009年-09月-19日	[illegible]
102	《Java WEB开发实战经典（基础篇）》	李兴华	￥69.8	2010年-09月-19日	[illegible]
103	《Android开发实战经典》	李兴华	￥89.8	2011年-09月-19日	80

图1-11 实体型、属性、码的作用

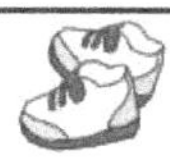

Note

3．码（Key）

码也称为关键字（Key），它可以唯一标识一个实体。码可以是属性或属性组，如果是属性组，则其中不能含有多余的属性。例如，在图书的属性集中，图书编号确定后，图书的其他属性值也就确定了，图书的记录也确定了。由于图书编号可以唯一地标识一本图书的信息，所以图书编号为码，如图 1-11 所示。当然在有些实体集中，可以有多个码存在，如图书实体集中，假设图书的名称没有重名，那么属性“名称”也可以作为码。当一个实体集中包括有多个码时，通常要选定其中一个码为主码（Primary Key），其他的码就是候选码。

在码中除了主码之外还有一种不能唯一标识实体属性的次码（Sencondary Key），例如，“图书单价”、“图书作者”这些都是次码。一个主码值（或候选码值）对应一个实例，而一个次码值会对应多个实例。

提示：多个码存在也称为复合主键。

通常在一张数据表（实体集）中只会选取一个属性（字段）作为唯一标记的主码，如果要使用多个主码操作时，在数据库中又被称为复合主键，这一部分的内容在本书第 12 章约束中会为读者详细解释。一般而言，复合主键并不建议使用。

4．域（Domain）

属性的取值范围称为属性的域（Domain），例如，图书的名称域为字符串集合，图书的单价域为小数，作者的性别域为（男，女）。

5．实体型（Entity Type）

具有相同属性的实体必然具有共同的特征和性质。用实体名及其属性名集合来抽象和刻画同类实体，称为实体型。例如，图书信息（Java 开发实战经典，清华大学出版社，李兴华，79.8，2009-09-19）就是一个实体型，如图 1-11 所示。

6．实体集（Entity Set）

同一类型的实体集合称为实体集，例如，全部的图书信息就是一个实体集，在一个实体集里包含多条记录。

7．联系（Relationship）

在现实世界中，事物内部及事物之间是有联系的，这些联系在概念模型中反映为实体（型）内部的联系和实体（型）之间的联系。实体内部的联系通常是指组成实体的各属性之间的联系；实体之间的联系通常是指不同实体之间的联系。例如，一个作者可以写很多本图书，一个运动员可以参加多个项目，一个项目可以有多个运动员参加等，这些都表示各个实体之间的联系。

1.4.2.2　两个实体之间的联系

两个实体之间的联系可以分为 3 种，分别是一对一联系（1:1）、一对多联系（1:n）、多对多联系（m:n），这三者的关系如图 1-12 所示。

下面结合一些实际的分析来为读者介绍这三者的使用情况。

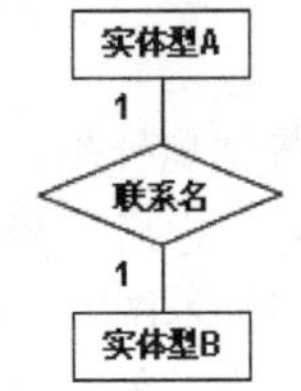

图 1-12（A） 1:1 联系

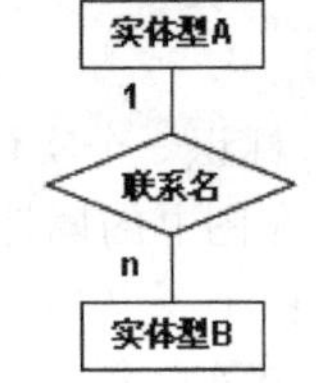

图 1-12（B） 1:n 联系

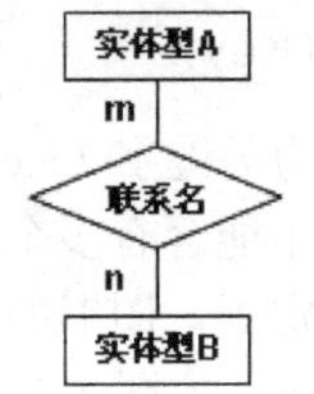

图 1-12（C） m:n 联系

图 1-12 两个实体之间的联系

> **提示：先理解概念。**
>
> 由于本章的主要内容是为读者讲解数据库中的基本概念，所以读者在此处只需要对这些关系有一个感性的认识，在以后的章节中会有具体的实现讲解。

1. 一对一联系（1:1）

如果对于实体集 A 中的每一个实体，实体集 B 中至多只有一个（也可以没有）实体与之联系，反之亦然，则称实体集 A 与实体集 B 具有一对一联系，记为 1:1。

例如，在一些网站上会提供用户的快速注册与用户完整信息完善的功能，这种关系就可以使用一对一的关系来表示，首先需要建立一张用户登录表（快速注册表），之后再让用户完善用户信息表，这种关系如图 1-13 所示。

用户详细信息表

登录ID	密码	注册日期	最后一次登陆日期
mldn	www.mldnjava.cn	2012-07-27	2012-09-19
lixinghua	bbs.mldn.cn	2012-03-12	2012-08-26
dongmingnan	www.mldn.cn	2012-06-16	2012-08-18

用户登录表（快速注册表）

登录ID	真实姓名	EMAIL	电话	性别
mldn	魔乐科技	mldnjava@163.com	(010)51283346	dongmingnan
lixinghua	李兴华	mldnqa@163.com	13683527621	dongmingnan
dongmingnan	董鸣楠	mldnkf@163.com	(010)62350411	dongmingnan

图 1-13 一对一关联实例

通过图 1-13 所示的两张表可以发现，在用户登录表（快速注册表）中所保留的是一些用户登录的基本信息（登录 ID、密码等），而对于用户的真实信息（姓名、email 等）保存在另外一张数据表中，这两张表的联系就依靠登录 ID 这个列完成。

2. 一对多联系（1:n）

如果对于实体集 A 中的每一个实体，实体集 B 中有 n 个实体（n≥0）与之联系，反之，对于实体集 B 中的每一个实体，实体集 A 中至多只有一个实体与之联系，则称实体集 A 与实体集 B 有一对多联系，记为 1:n。

例如，每一个部门会有若干名雇员，而每一个雇员只属于一个部门，则部门与雇员之间具有一对多联系，这种关系如图 1-14 所示。

通过图 1-14 所示的关系可以发现，雇员表和部门表之间依靠部门编号字段进行连接，这样就形成了一个部门有多个雇员，一个雇员只属于一个部门的关系。

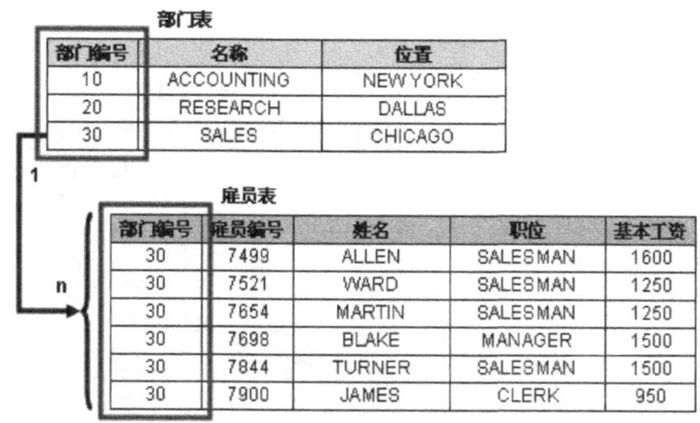
部门表

部门编号	名称	位置
10	ACCOUNTING	NEWYORK
20	RESEARCH	DALLAS
30	SALES	CHICAGO

雇员表

部门编号	雇员编号	姓名	职位	基本工资
30	7499	ALLEN	SALESMAN	1600
30	7521	WARD	SALESMAN	1250
30	7654	MARTIN	SALESMAN	1250
30	7698	BLAKE	MANAGER	1500
30	7844	TURNER	SALESMAN	1500
30	7900	JAMES	CLERK	950

图 1-14　一对多关联实例

3．多对多联系（m:n）

如果对于实体集 A 中的每一个实体，实体集 B 中有 n 个实体（n≥0）与之联系，反之，对于实体集 B 中的每一个实体，实体集 A 中也有 m 个实体（m≥0）与之联系，则称实体集 A 与实体集 B 具有多对多联系，记为 m:n。

例如，在学生选课系统之中，一门课程可以有多个学生参加，而一个学生也可以同时参加多门课程，这种关系如图 1-15 所示。

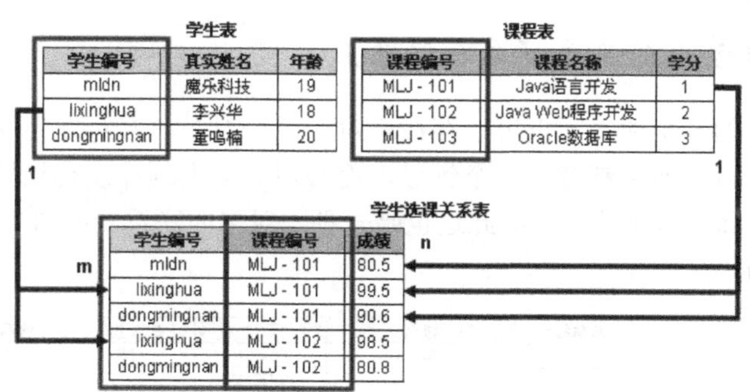
学生表

学生编号	真实姓名	年龄
mldn	魔乐科技	19
lixinghua	李兴华	18
dongmingnan	董鸣楠	20

课程表

课程编号	课程名称	学分
MLJ - 101	Java语言开发	1
MLJ - 102	Java Web程序开发	2
MLJ - 103	Oracle数据库	3

学生选课关系表

学生编号	课程编号	成绩
mldn	MLJ - 101	80.5
lixinghua	MLJ - 101	99.5
dongmingnan	MLJ - 101	90.6
lixinghua	MLJ - 102	98.5
dongmingnan	MLJ - 102	80.8

图 1-15　多对多关联实例

通过图 1-15 可以发现，每个学生可以参加多门课程，一门课程可以有多个学生参加，而且每门课程针对于每个学生都有一个课程成绩，而这种多对多的关系，中间需要引入另外一张表作为数据的关联。

1.4.2.3　两个以上实体之间的联系

通常，两个以上的实体型之间也存在一对一、一对多、多对多的联系。例如，在现实生活中，可以存在这样一种关系，下面通过一个生活中的范例为读者说明。

范例 1-1：在一个项目开发之中，可能会同时使用多项技术，并且由不同的开发部门同时进行，在这种关系中会存在 3 个实体：技术信息、部门信息、项目信息，此时就会存在以下两种关系（如图 1-16 所示，而这种数据表的信息如图 1-17 所示）：

☑　多对多关联：多个部门可以同时进行多个项目的开发。

☑　多对多关联：多个项目要使用到多种项目。

通过图 1-17 所示的关系图，读者可以发现，此时的设计有 3 个实体，同时有两个多对多的操作关联，而像这种多实体的操作程序，也是需要进行分析之后才可以进行合理设计，在以后的章节中会为读者详细解释此类设计方式。

图 1-16　3 个实体关联

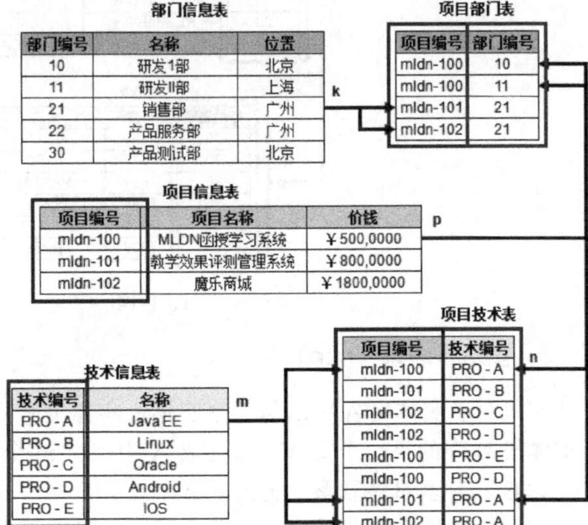

部门信息表

部门编号	名称	位置
10	研发I部	北京
11	研发II部	上海
21	销售部	广州
22	产品服务部	广州
30	产品测试部	北京

项目部门表

项目编号	部门编号
mldn-100	10
mldn-100	11
mldn-101	21
mldn-102	21

项目信息表

项目编号	项目名称	价钱
mldn-100	MLDN函授学习系统	￥500,0000
mldn-101	教学效果评测管理系统	￥800,0000
mldn-102	魔乐商城	￥1800,0000

项目技术表

项目编号	技术编号
mldn-100	PRO - A
mldn-101	PRO - B
mldn-102	PRO - C
mldn-102	PRO - D
mldn-100	PRO - E
mldn-100	PRO - D
mldn-101	PRO - A
mldn-102	PRO - A

技术信息表

技术编号	名称
PRO - A	Java EE
PRO - B	Linux
PRO - C	Oracle
PRO - D	Android
PRO - E	IOS

图 1-17　3 个实体的数据关系

1.4.2.4　单个实体型内的联系（自反联系）

同一个实体集内的各实体之间也可以存在一对一、一对多、多对多的联系。例如，公司中会存在许多的雇员，每个雇员都会有一个领导，而公司的最大领导没有领导，这个时候一个雇员的实体被另外一个雇员直接领导，因此这也是一种一对多的联系，如图 1-18 所示，而数据的操作表如图 1-19 所示。

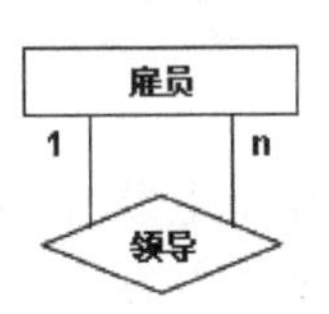

图 1-18　单个实体联系

雇员编号	姓名	职位	基本工资	雇佣日期	领导编号
7369	SMITH	CLERK	800	1980-12-17	7902
7499	ALLEN	SALESMAN	1600	1981-02-20	7698
7521	WARD	SALESMAN	1250	1981-02-22	7698
7566	JONES	MANAGER	2975	1981-04-20	7839
7654	MARTIN	SALESMAN	1250	1981-09-28	7698
7698	BLAKE	MANAGER	2850	1981-05-01	7839
7902	FORD	ANALYST	3000	1981-12-03	7566
7839	KING	PRESIDENT	5000	1981-11-17	

图 1-19　一个雇员对应一个领导

1.4.3　数据模型

在学习数据库系统的过程中，“数据模型”是最基本的概念之一。在下面的部分，将为读者讲解一些基本的术语和一些常见的数据模型。

1.4.3.1　数据模型的组成要素

一般来讲，数据模型是严格定义的一组概念的集合，主要是用于描述数据或信息的标记。因此数据模型通常由数据结构、数据操作和完整性约束 3 部分组成，如图 1-20 所示的数据模型就是一种网状数据模型。

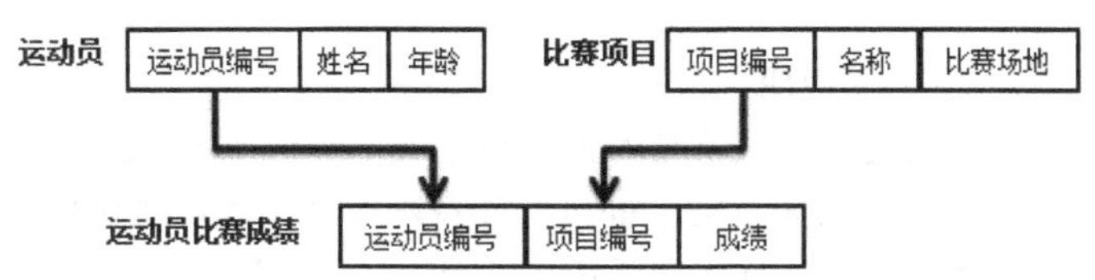

图 1-20　运动员/比赛项目/比赛成绩

提示：关于其他数据模型。

数据模型的表示方法有许多种，如网状数据模型、层次数据模型、关系模型等，本次所列举的网状模型读者只需要看懂即可，在后面的部分会为读者进行详细解释。

1. 数据结构（Structure Of The Data）

数据结构描述数据库的组成对象及对象之间的联系，可以描述出一个客观事物的类型、内容有关的数据项，并且可以表示出不同事物之间的联系，如图 1-11 所示。可以发现，对于不同的实体（运动或比赛项目都可以被称为实体），可以通过图示的结构表示出来，而这些实体的关系也同样可以通过一些连接线进行表示。

数据结构是刻画一个数据模型性质最重要的方面。因此在数据库系统中，人们通常按照其数据结构的类型来命名数据模型。

2. 数据操作（Operation On The Data）

数据操作指的是对数据库中各种对象或数据记录运行执行的操作的集合，数据库的主要操作有两类，即查询、更新（增加、修改、删除），在数据模型中必须定义这些操作的确切含义、操作符号、操作规则及实现操作的语言（一般为 SQL）。

3. 数据的完整性约束

为了保证数据库中所保存的数据是正确的、有意义的，在数据库中专门为所有操作的数据提供了一组完整性的规则，所有的数据必须符合这些既定的规则才可以操作。例如，一周只能有七天，性别只能是男或女，一个人的年龄不能是负数等，这些都属于规则，之前所列举的图书的价目表数据在图书编号上也存在约束（此约束为主键约束，表示不能重复，不能为空，如图 1-21 所示），因为图书的编号是不能重复。

图书编号	名称	作者	单价	出版日期	库存量
100	《Java开发实战经典》	李兴华	￥79.8	2009年-09月-19日	90
102	《Java WEB开发实战经典（基础篇）》	李兴华	￥69.8	2010年-09月-19日	60
103	《Android开发实战经典》	李兴华	￥89.8	2011年-09月-19日	80
105	《Oracle开发实战经典》	李兴华	￥77.8	2011年-09月-19日	99
106	《Java大学教材》	李兴华	￥57.8	2011年-09月-19日	99
107	《IOS开发实战经典》	李兴华	￥97.8	2011年-09月-19日	60
108	《数据结构——Java语言描述》	李兴华	￥67.8	2012年-09月-19日	80
109	《Java WEB开发实战经典（框架篇）》	李兴华	￥77.8	2012年-09月-19日	50
120	《Java WEB开发实战经典（分布式篇）》	李兴华	￥87.8	2012年-09月-19日	30

主键约束
（不允许重复，不允许为空）

图 1-21　设置数据约束

提示：关于空（null）的说明。

所谓的空数据，指的是暂时还没有填写内容的字段（列），如图 1-22 所示。一本书的出版日期暂时没有，所以就将其设置为空（null），等待以后将内容再进行补充。但是空（null）并不等同于空字符串或数字 0，就好比去商店买东西一样，如果一件商品标价为 0 元，则表示可以免费拿走，但是如果一个商品的价格还没有给出（null），则无法购买。

Note

图书编号	名称	作者	单价	出版日期	库存里
100	《Java开发实战经典》	李兴华	¥79.8	2009年-09月-19日	90
102	《Java WEB开发实战经典（基础篇）》	李兴华	¥69.8	2010年-09月-19日	60
103	《Android开发实战经典》	李兴华	¥89.8	2011年-09月-19日	80
105	《Oracle开发实战经典》	李兴华	¥77.8		
106	《Java大学教材》	李兴华	¥57.8		
107	《IOS开发实战经典》	李兴华	¥97.8		

空（null）数据

图 1-22　关于空（null）数据的解释

1.4.3.2　重要的数据模型

在现在的数据库系统中有两种非常重要且比较优秀的数据模型：

☑　关系数据模型，包括对象关系模型的扩展。

☑　半结构化数据模型，包括 XML 和相关的标准。

第一种数据模型在现行的所有商业数据库管理系统中都有出现，它也是本部分所要讨论的重点。第二种数据模型，其最主要的是 XML，它是大多数关系 DBMS 的一个附加特征。

1.4.3.3　关系数据模型简介

关系模型是一种基于表的数据模型，如图 1-23 就是一个关系表的例子。图 1-23 所示的关系表用来描述图书的名称、作者、单价，在这里只列举了 3 本图书的信息，但是在一个真正的数据库系统中，这张表会具有大量的数据行，一本书对应一行数据。

名称	作者	单价
Java开发实战经典	李兴华	79.8
Java WEB开发实战经典（基础篇）	李兴华	69.8
Android开发实战经典	李兴华	89.8

图 1-23　关系示例

提示：关系模型在后面的部分会有介绍。

由于在日后的开发中主要使用关系模型进行表示，所以对于关系模型在 1.4.4 节会为读者进行详细的介绍，此处读者先对关系模型有个基本概念即可。

关系模型的结构部分看起来很像 Java 中的简单 Java 类的组成，表的列就是简单 Java 类中的属性名称，而每一行的数据就是简单 Java 类的一个实例化对象，但是必须强调的是，这种物理实现仅仅是表的一种可能的物理数据结构的实现方式。实际上，它并不是一种常见的描述关系方法，而且对于数据库系统的研究有一大部分都是旨在解决如何来实现这样的数据表。它们主要的区别在于关系的规模——它们并不是作为主存结构来实现，当关系的规模很大时，其物理实现必须要考虑访问磁盘上关系的代价。

1.4.3.4　半结构化数据模型简介

半结构化数据模型类似树或者图，而非表或数据。目前半结构化数据最主要的体现就是 XML，它利用一系列分层嵌套的标签元素来表述数据。它的标签与 HTML 里类似，用于标识不同数据片段所扮演的角色，这与关系数据模型的列头部功能类似。例如，图 1-23 所示的关系数据模型就可以通过如下的 XML“文档”来描述。

范例 1-2：使用 XML 描述关系数据模型。

```
<?xml version="1.0" encoding="GBK"?>
<books>
      <book>
            <title>Java 开发实战经典</title>
            <author>李兴华</author>
            <price>79.8</price>
      </book>
      <book>
            <title>Java Web 开发实战经典（基础篇）</title>
            <author>李兴华</author>
            <price>69.8</price>
      </book>
      <book>
            <title>Android 开发实战经典</title>
            <author>李兴华</author>
            <price>89.8</price>
      </book>
</books>
```

半结构化数据模型上的操作常常会涉及树结构中的跟踪路径，从一个标签元素开始跟踪到它的一个或多个嵌套子元素，然后再沿着路径跟踪嵌套在其中的子元素，如此一直跟踪下去。例如，从外层的“<books>”元素开始，遍历嵌套的每个“<book>”元素，即包含在标签“<book>”和“</book>”之间的部分。对于每个“<book>”元素，必须跟踪到它嵌套的“<author>”元素，才能知道一本书的作者是谁。

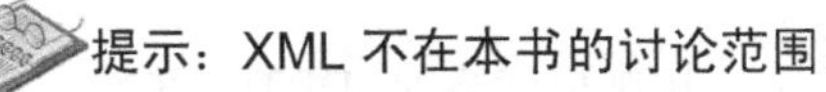

提示：XML 不在本书的讨论范围。

XML 作为半结构化数据模型的主要实现方式，本书在此只是对其做了一个基本的介绍，如果要想了解更多 XML 定义、解析等方面的操作，可以参考本系列的另外一本书《Java Web 开发实战经典（基础篇）》第 3 章的内容。

1.4.3.5　其他数据模型

在早期的 DBMS 中，也用到了一些其他的数据模型，如层次模型（Hierarchical Model）、网状模型（Network Model）、关系模型（Relational Model）、面向对象模型（Object Oriented Model）、对象关系模型（Object Relational Model），但是这些数据模型随着数据库的发展已经不再使用了，为了方便读者比较，下面为读者简单介绍一下层次模型和网状模型。

提示：关于要介绍的层次模型和网状模型。

由于这两种数据模型使用较长，所以本书对此部分只是做一个介绍，并且用一些简单的图形方式来表示，而关于一些关系的联系等，不在本书的讨论范围，有兴趣的读者可以去翻阅其他的参考资料。

1. 层次模型（Hierarchical Model）

层次模型是数据库系统中最早出现的数据模型，层次数据库采用层次模型作为数据的组织方式。层次数据库系统的典型代表是IBM公司的IMS（Information Management System）数据库管理系统，这是1968年IBM公司推出的第一个大型的商用数据库管理系统，曾经得到广泛的使用。在数据库中定义满足下面两个条件的基本层次联系的集合为层次模型。

☑ 有且只有一个节点没有双亲节点，这个节点称为根节点。

☑ 根节点以外的其他节点有且只有一个双亲节点。

例如，如图1-24所示的是一个表示商品订单的层次模型。

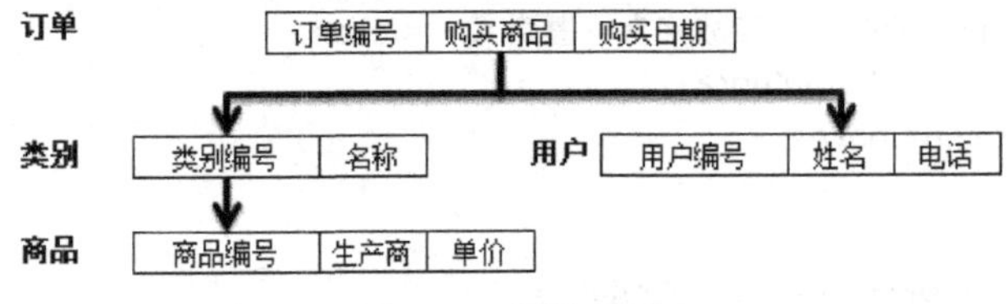

图1-24 层次模型

在图1-24所示的层次模型中，每个节点表示一个记录类型（例如，订单、商品等都是一个节点），记录（类型）之间的联系用节点之间的连线（有向边）表示（例如，一个订单中所购买的商品类别需要通过商品类别节点查找），这种联系是父子之间的一对多的联系。而在整个层次模型中有一个最基本的特点，即任何一个给定的记录值只有按其路径查看时，才能显出它的全部内容。

2. 网状模型（Network Model）

在现实世界中，事物之间的联系更多的是非层次的关系，所以此时就无法使用层次模型表示非树形结构，而通过网状模型则可以克服这一弊病。

网状数据库系统采用网状模型作为数据的组织方式，其典型代表是DBTG系统，亦称CODASYL系统。这是20世纪70年代数据系统语言研究会（Conference On Data System Language，CODASYL）下属的数据库任务组（Data Base Task Group，DBTG）提出的一个系统方案。DBTG系统虽然不是实际的数据库系统软件，但是它提出的基本概念、方法和技术具有普遍意义，它对于网状数据库系统的研制和发展产生了重大的影响。在数据库中，满足以下两个条件的基本层次联系集合称为网状模型。

☑ 允许一个以上的节点无双亲。

☑ 一个节点可以有多于一个的双亲。

网状模型是一种比层次模型更具有普遍性的结构，它去掉了层次模型的两个限制，允许多个节点没有双亲节点，允许节点有多个双亲节点。此外，它还允许两个节点之间有多种联系（称之为复合联系）。因此，网状模型可以更直接地去描述现实世界，而层次模型实际上是网状模型的一个特例。

与层次模型一样，网状模型中每个节点表示一个记录类型（实体），每个记录类型可包含若干个字段（实体的属性），节点间的连线表示记录类型（实体）之间一对多的父子联系，如图 1-25 所示的就是一种网状模型。

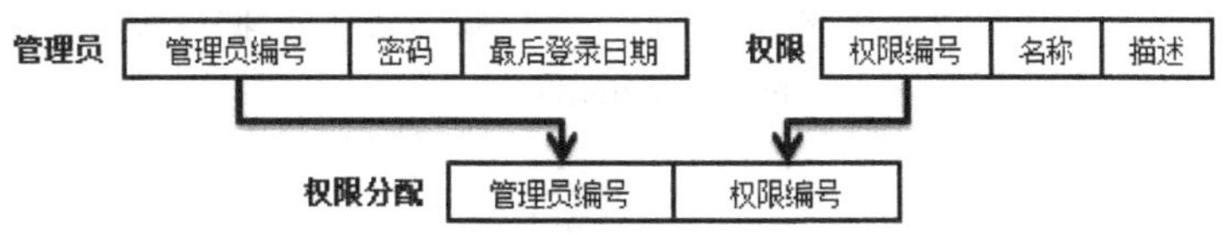

图 1-25　管理员/权限/权限分配关系的网状模型

在图 1-25 所示的关系中，读者可以发现，在一个系统中会有多个管理员，同时也会为不同的管理员提供各种操作权限（例如，浏览、修改等都为权限），而一个管理员会根据其身份的不同分配多种权限，同一种权限也肯定会同时分配给不同的管理员。这样管理员和权限之间的关系就变为了一对多关系，同样，权限和管理员之间也形成了一对多关系。

1.4.4　关系模型基础

关系模型是目前最重要的一种数据模型。关系数据库系统采用关系模型作为数据的组织方式。1970 年美国 IBM 公司 San Jose 研究室的研究员 E.F.Codd 首次提出了数据库系统的关系模型，开创了数据库关系方法和关系数据理论的研究，为数据库技术奠定了理论基础。由于 E.F.Codd 的杰出工作，他于 1981 年获得 ACM 图灵奖。

关系模型为人们提供了单一的一种描述数据的方法，即一个称之为关系（Relation）的二维表，如图 1-26 所示，该关系名是 Books。关系中的每一行对应一本书的实体，每一列对应书这个实体的一个特征。

title	author	price	pubdate
Java开发实战经典	李兴华	79.8	2009年08月17日
Java WEB开发实战经典（基础篇）	李兴华	69.8	2010年09月19日
Android开发实战经典	李兴华	89.8	2012年02月14日

图 1-26　关系模型

下面首先为读者介绍关系模型中的一些重要术语。

1. 属性

关系的列命名为属性（attribute），图 1-26 中的属性分别是 title（名称）、author（作者）、price（单价）、pubdate（出版日期）。属性出现在列的顶部。通常，属性用来描述所在列的项目的语义，例如，price 属性列表示了一本书的销售价格。

提示：属性名称应该由英文组成。

在实际的数据库使用中，所有的属性名称都应该使用字母表示，但是在讲解过程中，为了读者理解方便，有时会用中文的方式来表示。

2. 模式

关系名和其属性集合的组合称为这个关系的模式（schema）。描述一个关系模型时，先给

出一个关系名，其后是用圆括号括起的所有属性。这样，图 1-26 的 Books 关系模式如下所示。

```
Books(title , author , price , pubdate)
```

关系模型中的属性是集合，而不是列表，其没有固定的编写顺序。在关系模型中，数据库是由一个或多个关系组成。数据库的关系模式集合称为关系数据库模式（relation database schema），或者就称为数据库模式（database schema）。

3．元组

关系中除含有属性名所在的行以外的其他行称作元组（tuple）。每个元组均有一个分量（component）对应于关系的每个属性，例如在图 1-26 中，第 1 个元组具有 4 个分量：

```
Java 开发实战经典、李兴华、79.8、2009 年 08 月 17 日
```

它们分别对应于属性 title、author、price、pubdate。若要单独表示一个元组，而不是把它作为关系的一部分时，常用逗号分开各个分量，并用圆括号括起来。例如，

```
(Java 开发实战经典 , 李兴华 , 79.8 , 2009 年 08 月 17 日)
```

是图 1-26 中的第 1 个元组。从这个形式可以看到，当单独表示元组时，属性不出现，因此要给出元组所在关系的标志，这个标志通常就是属性在关系模型中的排列次序。

4．域

关系模型要求元组的每个分量具有原子性，也就是说，它必须属于某种元素类型，如 integer 或 string，而不能是记录、集合、列表、数组或其他任何可以被分解成更小分量的组合类型。

进一步假定与关系的每个属性相关联的是一个域（domain），即一个特殊的元素类型，关系中任一元组的分量值必须属于对应列的域。例如图 1-26 关系 Books 中，4 个分量对应的域分别是 string、string、double、date。

现在可以将每个属性的数据类型（或域）包含在一个关系模式中。方法是在每个属性后面加上冒号和数据类型，比如可以用如下的方式来描述关系 Books 的模式：

```
Books(title:string , author:string , price:double , pubdate:date)
```

清楚了关系模型的基本概念之后，下面还需要强调的是关系模型的等价描述。关系是元组的集合，而不是元组的列表。因此关系中元组出现的顺序不是实质问题。例如图 1-26 中 3 个元组有 6 种可能排列，却均表示同一个关系，所以图 1-27 所示的关系模型与图 1-26 的关系模型是完全等价的。

author	price	title	pubdate
李兴华	79.8	Java开发实战经典	2009年08月17日
李兴华	69.8	Java WEB开发实战经典（基础篇）	2010年09月19日
李兴华	89.8	Android开发实战经典	2012年02月14日

图 1-27　关系模型的等价表示

一个给定的关系中元组的集合称为关系的实例（instance），例如，图 1-26 中的 3 个元组形成了关系 Books 中的一个实例。

在关系模型中，可以对数据库模式的关系加很多的约束。例如，假设关系模型 Books 中存在两个基本的键约束 title 和 author，即没有一个人会重复编写一本书并使用同一个名字，所以在这种情况下，可以在形成键的属性或属性组下面画上下划线，用来表明它是键的组成部分，如下所示。

Books(<u>title</u> , <u>author</u> , price , pubdate)

需要注意的是，形成键的属性集的值对于关系的所有实例都具有唯一性，而不是只针对于一个实例。例如，同一个作者可以写不同的书，或者不同的作者使用了同样的书名，所以单独来讲，title 或者 author 并不足以构成键。而对于这些键的定义及使用，在本书的后续部分会为读者进行详细解释。

Note

1.5　SQL 概述

SQL（Structured Query Language），即结构化查询语句，是关系数据库的标准语言，SQL 是一个通用的、功能极强大的关系数据库语言。当前，几乎所有的关系型数据库管理系统软件都支持 SQL，许多软件厂商还对 SQL 基本命令进行了不同程度的扩充。

自 SQL 成为国际标准语言之后，各个数据库厂商纷纷推出各自的 SQL 软件或与 SQL 的接口软件。这就使大多数数据库均使用 SQL 作为共同的数据存取语言和标准接口，使不同的数据库系统之间的互操作有了共同的基础。SQL 已成为数据库领域中的主流语言。

SQL 是在 1974 年由 Boyce 和 Chamberlin 提出的，并在 IBM 公司研制的关系数据库管理系统原型 System R 上实现。由于 SQL 简单易学，功能丰富，深受用户欢迎，因此被数据库厂商所采用。经各公司的不断修改、扩充和完善，SQL 得到了业界的认可。1986 年 10 月，美国国家标准局（American National Standard Institute，ANSI）的数据库委员会 X3H2 批准了 SQL 作为关系数据库语言的美国标准，同年公布了 SQL 标准文本（SQL-86）。1987 年，国际标准化组织（International Organization for Standardization，ISO）也通过了这一标准（SQL-86 标准）。1989 年，ANS 发布了一个 SQL 的扩充版本 SQL-89，接着就是 SQL-92、SQL:1999、SQL:2003、SQL:2006，现在的最新版本是 SQL:2008。

SQL 标准从 1986 年公布以来随着数据库技术的发展而不断发展和丰富，表 1-2 列出了 SQL 标准的发展过程。

表 1-2　SQL 标准的发展过程

No.	标　　准	大 致 页 数	发 布 日 期
1	SQL / 86		1986 年 10 月
2	SQL / 89（FIPS 127-1）	120 页	1989 年
3	SQL / 92	622 页	1992 年
4	SQL99	1700 页	1999 年
5	SQL2003	3600 页	2003 年

SQL 之所以能够被用户和业界所青睐，并成为国际标准，是因为它是一个综合的、功能强大，同时又简洁易学的语言。SQL 集数据查询（Data Query）、数据操作（Data Manipulation）、数据定义（Data Definition）和数据控制（Data Control）功能于一体。SQL 语言有以下几个部分。

- ☑ 数据操作语言（Data Manipulation Language）：用于检索或者修改数据。
- ☑ 数据定义语言（Data Definition Language）：用于定义数据的结构，创建、修改或者删除数据库对象。
- ☑ 数据控制语言（Data Control Language，DCL）：用于定义数据库用户的权限。
- ☑ 完整性（Integrity）：SQL DDL 包括定义完整性约束的命令，保存在数据库中的数据更新时必须满足所定义的完整性要求，否则无法更新。

☑ 视图定义（View Definition）：SQL DDL 包括定义视图的命令。

☑ 嵌入式 SQL（Embedded SQL）和动态 SQL（Dynamic SQL）：主要定义如何将 SQL 嵌入到通用编程语言，如 C、C++、Java 中。

☑ 事务控制（Transaction Control）：定义了包含事务开始和结束的相关命令。

Note

提示：检索功能最为复杂。

在 SQL 语句中，数据查询（检索）功能是最复杂的，所以读者在学习的时候一定要对查询语句非常熟练，这样对于日后的程序开发有重要的帮助。

在数据库的发展历史中，曾经出现过几十种数据库，在 SQL 真正推广开之前，所有的数据库有着各自的数据操作方式，在这些数据库中，只有 Oracle 数据库是最早支持 SQL 语法的数据库，也是今天生存下来的为数不多的几个数据库之一，而在本书中将主要使用 Oracle 数据库为读者讲解 SQL 命令。

提示：关于 NOSQL 技术。

SQL 规范对于数据库的发展起了重要的作用，可以说由于 SQL 的出现，才统一了不同数据库间的数据操作问题，这样很大程度上解决了程序开发人员的困难。可是除了 SQL 之外，还有一种 NOSQL 理论的提出。

NOSQL（可以翻译为不使用 SQL）最早出现时，是希望可以取代 SQL，即不使用 SQL 进行数据操作。但是后来随着发展，NOSQL 已经成为了 SQL 规范的有效补充，所以也就将其翻译为“Not Only SQL（不仅仅是 SQL）”。最为著名的 NOSQL 数据库就是 MongoDB 数据库，它采用了一种文档结构进行数据的描述，而 MongoDB 最有效的开发语言就是 Node.JS，如果有兴趣了解这方面的内容，可以参考本系列后续的书籍，或者直接登录 MLDN 官方网站（www.mldn.cn）上寻找相关视频资料进行学习，本书对此不再多做阐述。

1.6 本章小结

1．数据库技术的出现是为了解决数据维护问题的，使用数据库进行数据的管理要比使用手工方式管理数据更加方便。

2．数据模型是对客观世界中某些事物的特征数据的抽象和模拟，分为概念模型和物理数据模型两类。

3．实体之间的联系有 3 种，分别是 1:1、1:n、m:n。

4．数据模型现在主要使用关系模型和半结构化数据模型，而层次模型、网状模型等已经不再使用。

5．数据库主要使用 SQL 命令进行操作，SQL 命令分为 3 类，分别是 DML、DDL、DCL。

第 2 章

Oracle 的安装与基本使用

通过本章的学习，可以达到以下目标：

☑ 了解 Oracle 的发展历史及主要版本。

☑ 可以进行 Oracle 数据库的安装。

☑ 了解 Oracle 常见监听问题的解决方法。

☑ 可以使用 SQLPlus 和 SQL Developer 进行 Oracle 数据库的操作。

☑ 掌握 scott 用户提供的四张数据表的作用及表结构。

在第 1 章中，为读者讲解了数据库的发展历史和基本概念，而在本书中主要使用 Oracle 数据库进行开发。Oracle 数据库从产生开始就一直致力于高端数据库的研发，Oracle 公司更是一个集开发语言、中间件于一身的综合性的跨国公司，本章将为读者简单介绍 Oracle 公司的发展历程、Oracle 数据库的安装及其基本使用。

2.1 Oracle 简介

Oracle 公司是全球最大的信息管理软件及服务供应商，成立于 1977 年，主要的业务是推动电子商务平台的搭建，Oracle 公司有自己的服务器、数据库、开发工具、编程语言，在行业软件上还有企业资源计划（ERP）软件、客户关系管理（CRM）软件、人力资源管理软件（HCM）等大型管理系统，所以 Oracle 是一家综合性的国际大公司，也是最有实力与微软公司在技术上一较高低的公司之一。

提示：Oracle 的含义。

Oracle 这个单词在希腊神话中为“神喻”之意，表示的是神说的话（或称为一切智慧之源），而在中国，Oracle 是殷墟（Yin Xu）出土的甲骨文（oracle bone inscriptions）的英文翻译的第一个单词，所以将其称为甲骨文公司。

Oracle 公司的创建来源于一篇技术型论文，这篇论文是在 1970 年 6 月，由 IBM 公司的研究员埃德加·考特在 Communications of ACM 上发表的著名的《大型共享数据库数据的关系模型》论文。随后在 1977 年 6 月，Larry Ellison 与 Bob Miner 和 Ed Oates 在硅谷共同创办了一家名为软件开发实验室（Software Development Laboratories，SDL）的计算机公司（Oracle 公司的前身），SDL 开始策划构建可商用的关系型数据库管理系统（RDBMS）。在 1978 年，公司迁往硅谷，更名为“关系式软件公司（RSI）”，并于 1982 年公司更名为甲骨文（Oracle）。

Oracle 公司的创办决定于 4 位传奇人物（左起）：Ed Oates、Bruce Scott、Bob Miner、Larry Ellison，如图 2-1 所示，但是在这 4 位传奇人物中，最引人注目的就是 Larry Ellison，如图 2-2 所示，如果没有 Larry Ellison，那么 Oracle 公司将不会有今天的辉煌与地位。

图 2-1　Oracle 公司的 4 位传奇人物

图 2-2　Larry Ellison

Larry Ellison 是 Oracle 公司的缔造者，也是 Oracle 公司发展的领导者，他最早提出了电子商务的概念，并且让 Oracle 公司积极致力于电子商务的解决方案，并在 1995 年之后迅速地将 Oracle 公司的重点发展到了网络上（这一点随着 Oracle 8i 的推出而更加明显），并于 2009 年以 74 亿美金（以每股 9.5 美元的价格）收购了 Sun 公司，从此之后标志着 Oracle 公司将成为业界唯一一家提供综合系统的厂商，将拥有自己的编程语言（Java）、数据库（Oracle、MySQL）、中间

件（收购了 BEA 的 WebLogic）、操作系统（Solaris、UNIX）、服务器，这样一来，甲骨文公司在整个行业上的地位将更加稳固，使 Java 语言的发展前景越来越好。

提示：关于 Oracle 收购 Sun 公司。

最早要收购 Sun 公司的是 IBM 公司，这一点也让许多人觉得是实至名归的一种举措，因为 IBM 是 Java 技术发展的主要推动者，但是后来由于价格问题没有谈成功，但是 Oracle 公司的跟进速度非常快，就在 IBM 宣布放弃收购 Sun 公司不久之后就立刻动手收购了 Sun 公司，这对 IBM、微软等大公司都是震惊的消息。

2.2　安装 Oracle 数据库

如果要使用 Oracle 数据库，那么首先要解决的就是其使用版本问题，在 Oracle 数据库的发展历史中，数据库一直处于不断升级状态，有以下几个版本读者需要有所了解。

☑ Oracle 8、Oracle 8i：Oracle 8i 表示的是 Oracle 正式向 Internet 上开始发展，其中 i 表示的是 internet。

☑ Oracle 9i：Oracle 8i 是一个过渡版本的数据库，而 Oracle 9i 是一个更加完善的数据库版本。

☑ Oracle 10g：是业界第一个完整的、智能化的新一代 Internet 基础架构，为用户带来了更好的性能，其中的 g 表示的是网格，即这种数据库采用了网格计算的方式进行操作，性能更高。

☑ Oracle 11g：是 Oracle 10g 的稳定版本，也是现在使用比较广泛的新版本。

☑ Oracle 12c：是 Oracle 2013 年最新版本的数据库版本，其中 c 代表的是云计算，同时在 Oracle 12c 中也支持了大数据的处理能力。

（1）在本书讲解时依然以最新的 Oracle 12c 为主。如果想获得 Oracle 数据库，可以登录“http://www.oracle.com”进行下载，如图 2-3 所示。

图 2-3　下载 Oracle 数据库

提示：建议读者同时在另外一台电脑上安装 Oracle 11g。

虽然本书以 Oracle 12c 版本为主，但是有一些应用在 Oracle 11g 下操作更方便，所以读者可以先使用 Oracle 11g 数据库。同时本书重点讲解的是 Oracle 开发部分，而本系列何明老师的数据库图书才讲解数据库管理部分，开发部分版本间的差别不大。

（2）随后进入到 Oracle 数据库的下载页面，如图 2-4 所示。

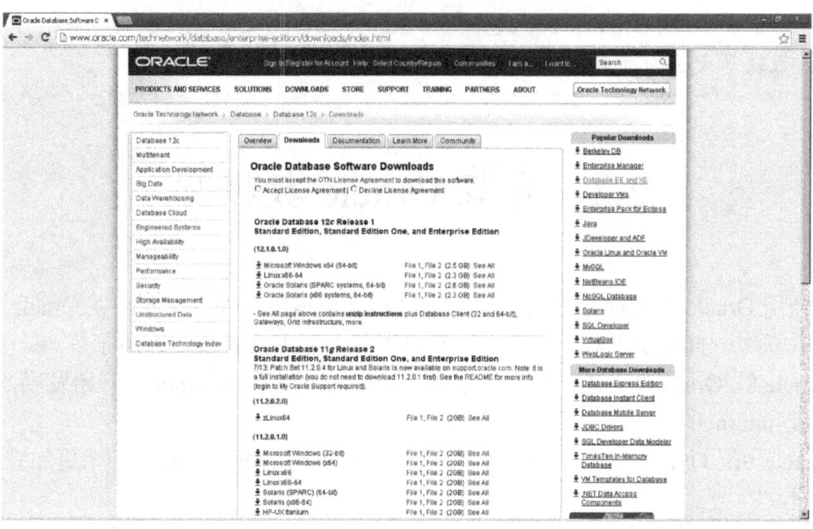

图 2-4　Oracle 下载页面

（3）此时，用户可以选择相应的 Oracle 数据库版本进行下载。本书使用的是 Oracle 12c 版本。

提示：Oracle 安装缓慢，一定要耐心等待。

Oracle 11g 的安装时间非常长，所以读者在安装过程中一定要耐心等待，如果长时间没有安装成功，则有可能是系统环境有问题，建议检查操作系统之后重新安装。

（4）当下载完 Oracle 12c 之后，直接将下载的压缩文件进行解压缩，解压缩之后的目录如图 2-5 所示。

注意：安装之前一定要关闭防火墙。

很多读者的电脑上都装有病毒防火墙、网络防火墙等，但是在安装的时候为了保证安装顺利，一定要将这些防火墙全部关闭。如果读者需要更多的安装细则，则可以参考本系列何明老师的相关书籍。

（5）直接运行目录中的 setup.exe 就可以启动 oracle 的安装程序，出现如图 2-6 所示的安装界面。

（6）之后会自动进入 Oracle 的安装对话框，首先会出现如图 2-7 所示的邮件配置对话框，用户如果不需要接收 Oracle 的相关邮件，此处可以直接单击“下一步”按钮。

（7）之后会进入如图 2-8 所示的对话框，询问用户是否需要接收 Oracle 的软件更新。如果需要接收更新信息，则需要提供用户的 Oracle 账户，本次操作选择不接收更新。单击“下一步”

按钮，进入下一步。

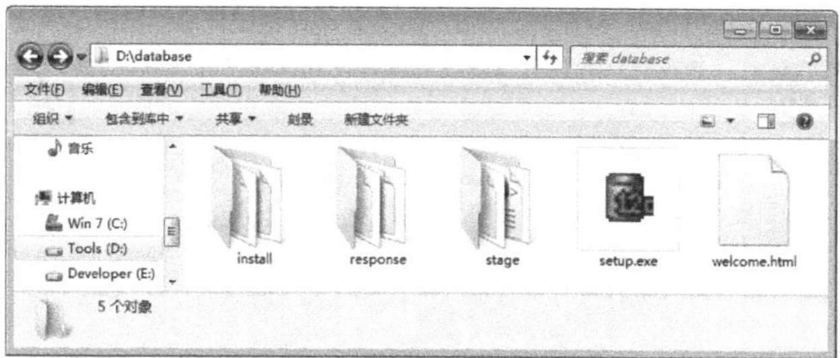

图 2-5　Oracle 12c 解压缩之后的目录

图 2-6　Oracle 安装启动界面

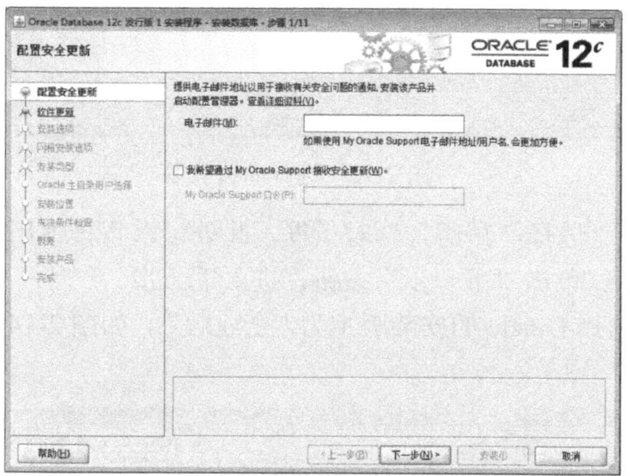

图 2-7　询问用户是否需要接收 Oracle 邮件信息

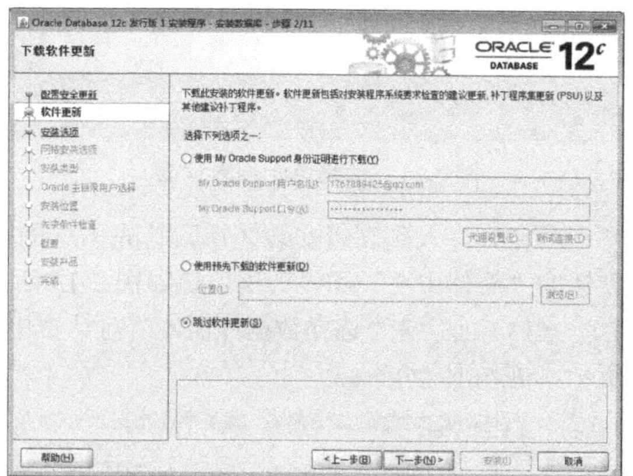

图 2-8　不接收信息更新

（8）之后进入如图 2-9 所示的创建数据库选择对话框，如果现在只是创建数据库的使用平台，则可以不创建数据库（随后利用 Oracle 的 DBCA 工具进行创建），本次选中“创建和配置数据库”单选按钮。然后进入下一步。

（9）而后在“系统类”对话框中选择要创建的数据库类型，本次选中“服务器类”，单选按钮，如图 2-10 所示。然后进入下一步。

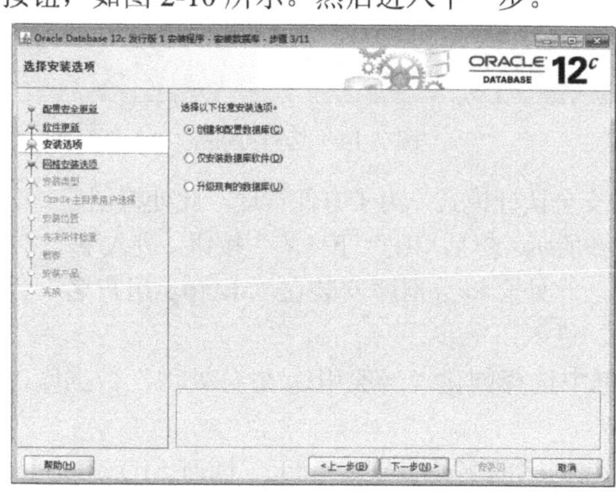

图 2-9　创建和配置数据库

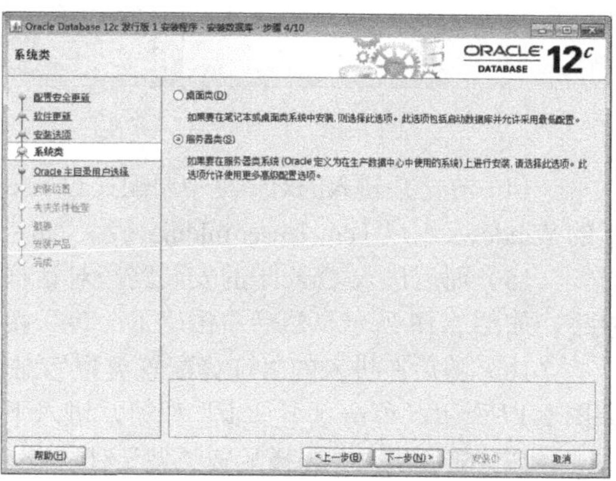

图 2-10　创建服务器类数据库

（10）接下来在“网格安装选项”对话框中选择数据库的安装类型，本书主要使用的是单实例数据库，如图 2-11 所示。单击“下一步”按钮，进入下一步。

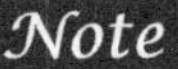

（11）之后在进入的对话框中进行相关的配置，这里选中“高级安装”单选按钮，如图 2-12 所示。之后进入下一步。

图 2-11　选择单实例数据库

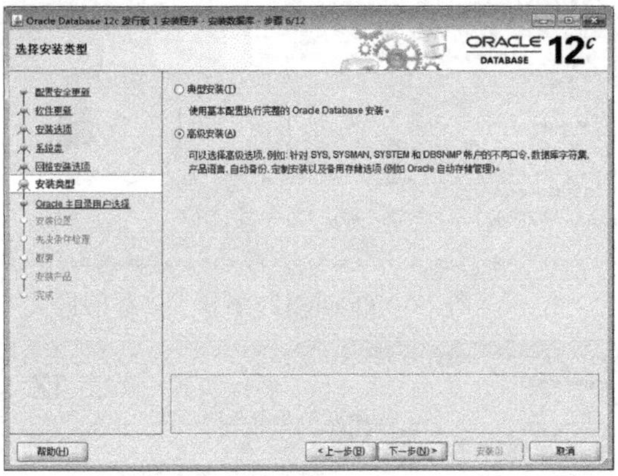

图 2-12　选择高级安装

（12）进入到高级安装之后，首先出现的是“选择产品语言”对话框，此处可以直接使用默认的“简体中文”和“英语”，如图 2-13 所示。单击“下一步”按钮，进入下一步。

（13）而后在“选择数据库版本”对话框中选择 Oracle 的安装版本为“企业版”，如图 2-14 所示，进入下一步。

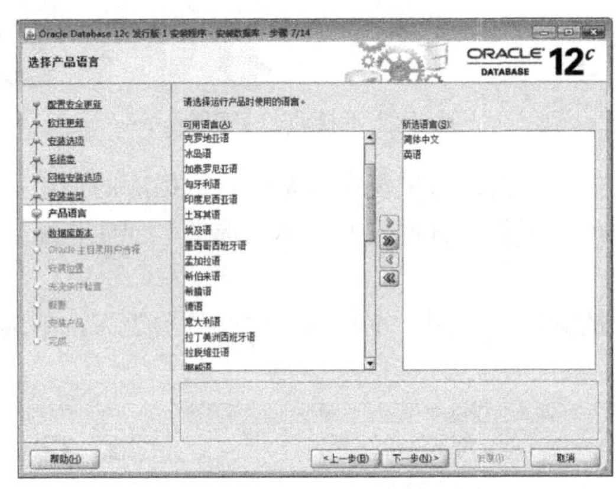

图 2-13　选择语言

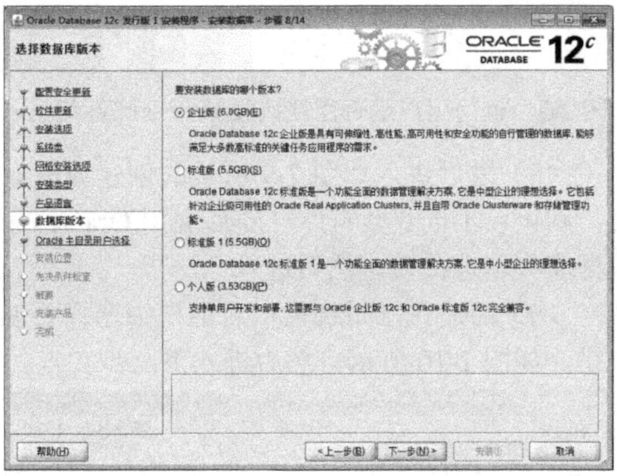

图 2-14　选择企业版

（14）在之后进入的对话框中要配置 Oracle 的安全认证模式，为了方便管理，此处将创建一个新的 Windows 用户（oracleuser/mldnjava），如图 2-15 所示。然后单击“下一步”按钮，进入下一步。

（15）而后进入 Oracle 的安装路径对话框中，此处会将数据库安装在“**d:\app\用户名**”目录下，如图 2-16 所示，然后单击“下一步”按钮，进入下一步。

（16）随后在进入的“选择配置类型”对话框中选择创建“一般用途/事务处理”数据库，如图 2-17 所示，单击“下一步”按钮，进入下一步。

（17）随后进入“选择配置类型”对话框，将数据库的名称设置为 mldn，同时 SID（Service ID）的名称也与数据库的名称保持一致。在 Oracle 12c 中提供了一种新的容器（CDB、PDB），所以此时还需要创建可插入数据库名称，此处设置为 pdbmldn，如图 2-18 所示。单击“下一步”按钮，进入下一步。

图 2-15　选择 Oracle 数据库的认证模式

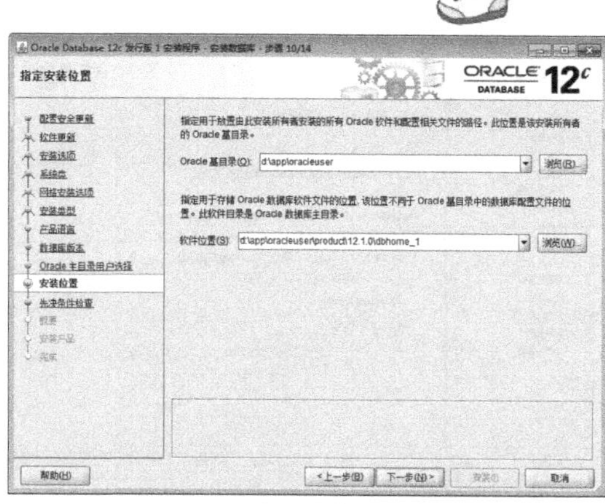

图 2-16　配置数据库安装路径

图 2-17　创建数据库类型

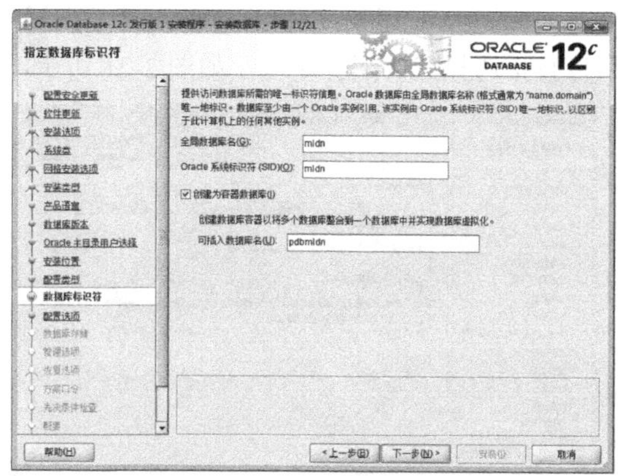

图 2-18　配置数据库名称

> **提示：关于 CDB 与 PDB。**
>
> 在 Oracle 12c 中提出了一个 Common User 的概念，默认的容器就是 CDB 容器，如果要创建本地用户，则必须进入到 PDB 中（pluggable database），所以此处才需要设置 PDB 容器。关于此部分的内容，读者可以参考本系列何明老师的相关书籍。

（18）之后将进入到下一个配置对话框，此处主要配置数据库使用的字符集，在本书中建议将字符集设置为“UTF-8”编码，如果用户确定是在中文下使用，也可以将其设置为中文编码，设置界面如图 2-19 所示。

（19）而后选择“示例方案”选项卡，选中“创建具有示例方案的数据库”，这样数据库中就会存在本书编写过程中所使用到的示例数据，如图 2-20 所示。然后单击“下一步”按钮，进入下一步。

> **提示：关于数据。**
>
> 由于 Oracle 12c 中使用了 CDB 与 PDB 的概念，所以此时的示例数据有可能无法安装，为此，本书附赠光盘中已经给出了相关脚本文件，读者可以直接执行此文件，建议参考本书附赠视频学习使用。

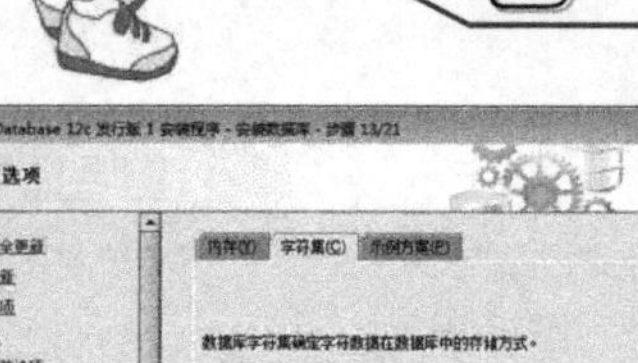

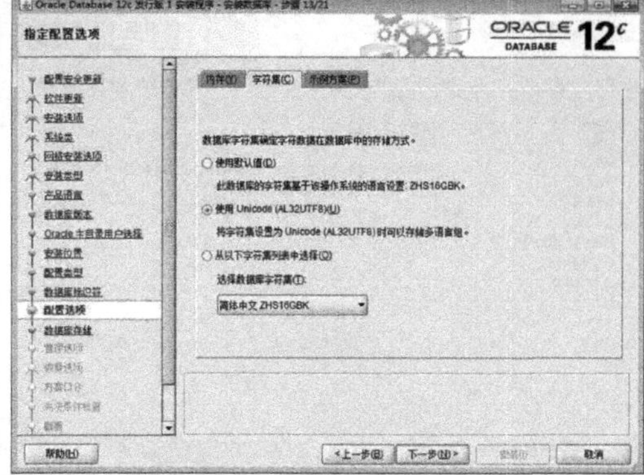

图 2-19 设置字符编码

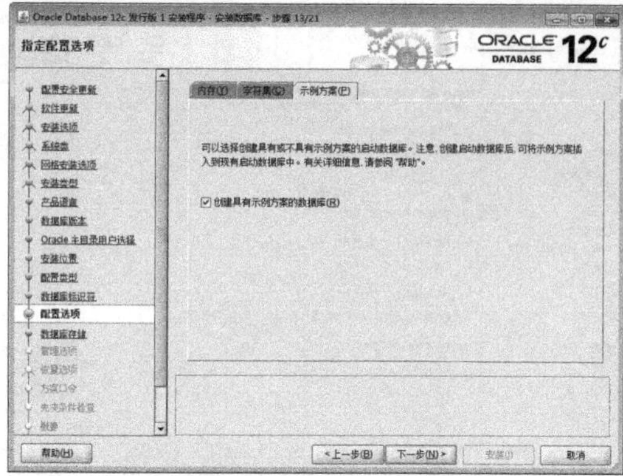

图 2-20 创建示例数据库

（20）之后会进入 Oralce 存储文件的配置对话框，由于本书不涉及过多的 DBA 方面的知识，所以直接选择默认配置即可，如图 2-21 所示，同时启用数据恢复模式，如图 2-22 所示。

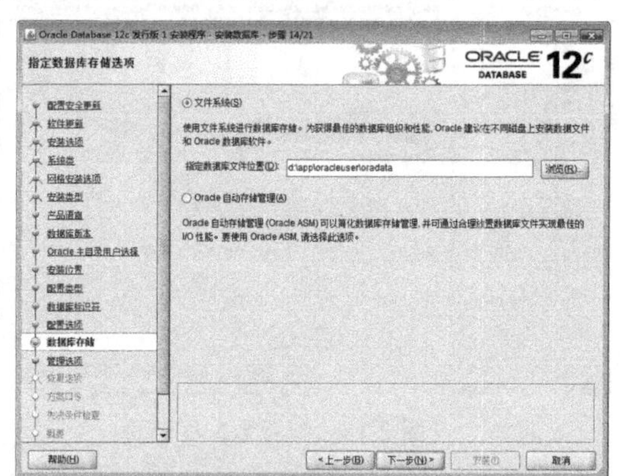

图 2-21 设置数据文件存储目录

图 2-22 启用自动恢复

（21）接下来进入到用户密码的配置对话框，此处为了方便使用，先将所有用户名的密码统一设置为 oracleadmin，如图 2-23 所示。随后将进入到安装前的检查对话框，如图 2-24 所示。

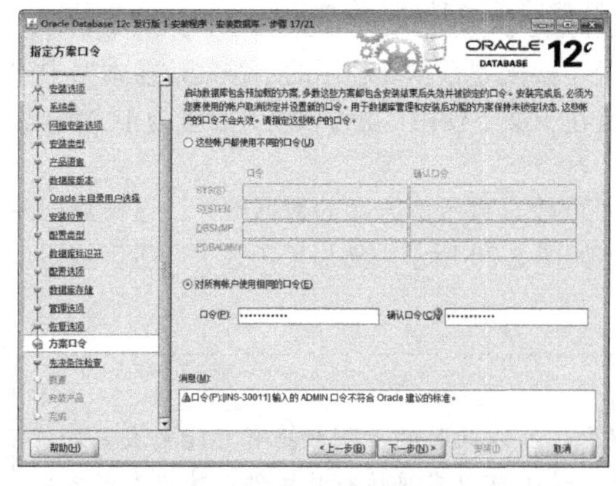

图 2-23 设置密码

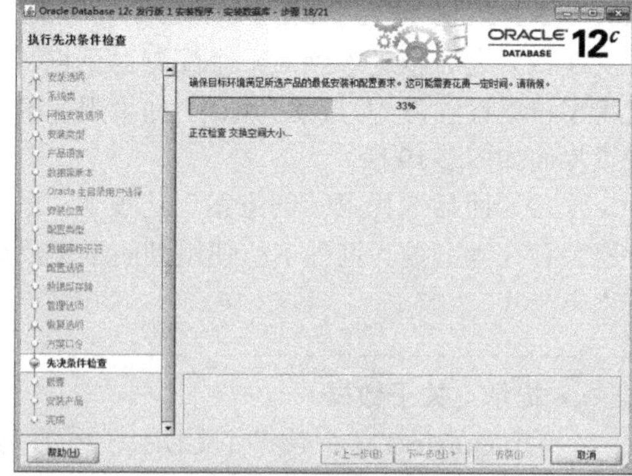

图 2-24 准备安装

提示：关于 Oracle 密码标准。

此处所设置的密码“oracleadmin”只是方便使用，因为随后还需要针对用户对密码进行修改。而 Oracle 中的密码要求是“大写字母、小写字母、数字、下划线”同时出现才是一个合格密码。

（22）当安装环境检查完成后，会进入如图 2-25 所示的确认对话框，而后单击“安装”按钮会启动安装程序，如图 2-26 所示。

图 2-25　安装确认

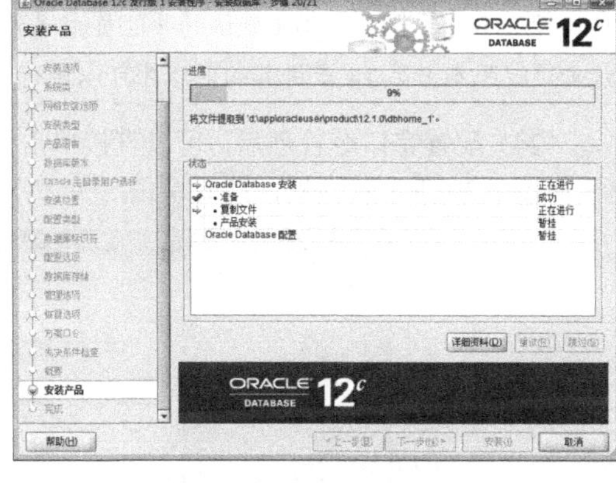

图 2-26　安装程序启动

（23）在 Oracle 数据库安装完成后，会自动进入 mldn 数据库的安装对话框，如图 2-27 所示。随后会出现数据库的口令管理对话框，如图 2-28 所示。此处先不要选择“确定”，先进入到口令管理，将一些主要的用户解锁并进行密码设置，这些用户及默认的密码如表 2-1 所示。

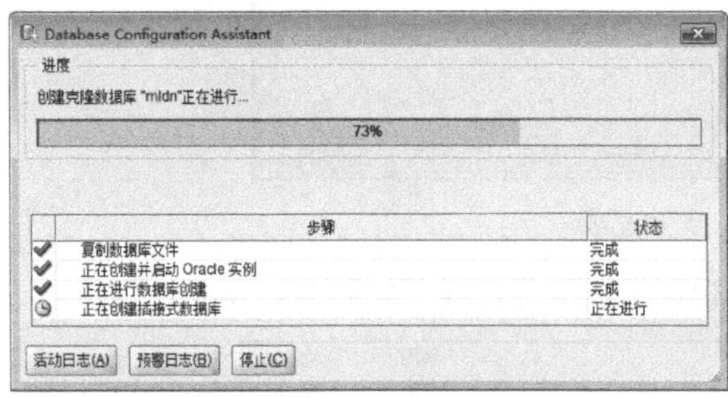

图 2-27　数据库安装

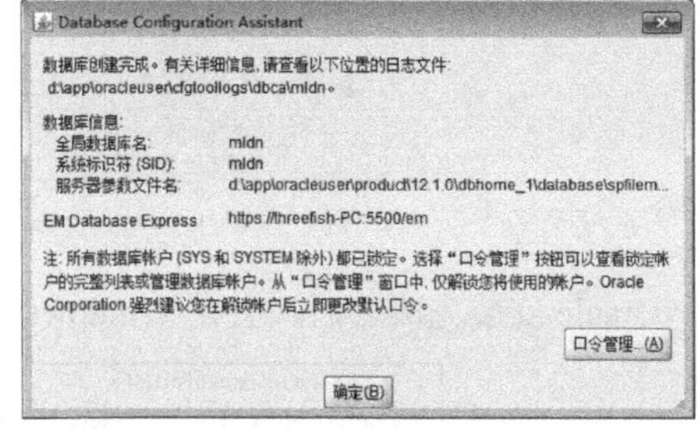

图 2-28　口令管理

表 2-1　Oracle 数据库中的主要用户及作用

No.	用户名	默认密码	描述
1	sys	change_on_install	数据库的超级管理员
2	system	manager	数据库的普通管理员
3	scott	tiger	数据库的普通用户，里面提供的表在 SQL 语句讲解时要使用
4	sh	sh	大数据用户，里面存放了海量数据，做测试使用

提示：公共密码。

Oracle 中 3 个比较常用的用户是 sys/change_on_install、system/manager、scott/tiger，这 3 个用户的密码都是一种 Oracle 的学习习惯，所以本书继续保留这些密码，但是实际工作中请更改密码。而对于 scott 用户由于需要额外配置，读者可以参考视频随后讲解。

其中在安装 Oracle 12c 的时候由于引入了 CDB 与 PDB 的概念，有可能默认的 scott 和 sh 用户无法使用，等讲解 SQLPlus 相关命令时可以提示用户如何使用这两个用户，此处会先使用 c##scott 来代替 scott 用户，密码相同，这些相关的内容将在本书后面部分为读者讲解。

Note

注意：如果不进行口令配置，有可能某些用户为锁定状态。

如果用户安装的是 Oracle 11g 版本，那么在此处一定要选择口令管理。如果不将 scott 和 sh 用户解锁及不修改各自密码（默认的管理员密码为 oracleadmin），那么如果再使用 scott 或 sh 用户，就必须按照本书第 14 章讲解的内容才可以进行用户解锁操作，而这对于初学者而言会非常麻烦。

（24）配置完口令管理后，可以直接单击“确定”按钮，这样 Oracle 数据库就安装完成了，出现如图 2-29 所示对话框，此时单击“关闭”按钮，关闭对话框。

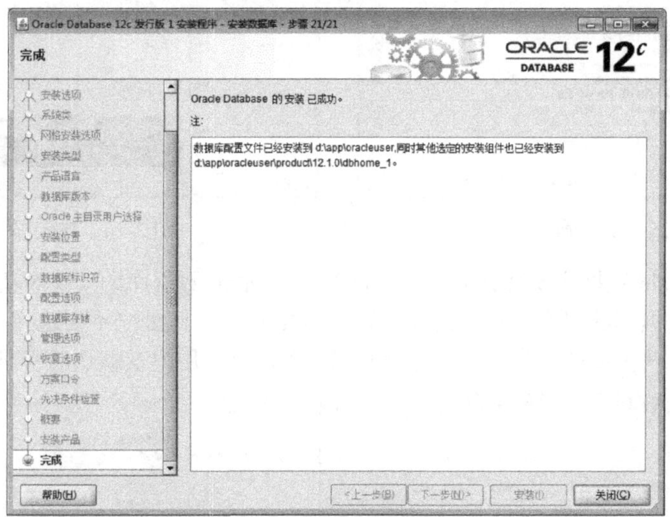

图 2-29　安装完成

Oracle 安装完成之后，会在 Windows 中出现以下的服务选项，如图 2-30 所示。

OracleJobSchedulerMLDN	禁用	.\oracl...
OracleOraDB12Home1MTSRecoveryService	手动	.\oracl...
OracleOraDB12Home1TNSListener	手动	本地系统
OracleServiceMLDN	手动	本地系统
OracleVssWriterMLDN	手动	.\oracl...

图 2-30　Oracle 数据库服务

其中有以下两个服务最为重要，也是在程序开发中必须启动的两个服务。

☑　数据库监听服务：OracleOraDB12Home1TNSListener，当需要通过程序进行数据库访问时，必须启动此服务，否则将无法进行数据库的连接。

☑　数据库主服务：OracleServiceMLDN，命名格式为 OracleService 数据库名称。

提示：如果使用 JDBC 进行数据库连接操作，必须启动此服务。

如果读者希望了解如何通过程序进行数据库操作，可以参考《Java 开发实战经典》一书第 17 章，里面详细讲解了如何通过 JDBC 连接 Oracle 数据库。

在一台计算机中，也可以配置多个数据库，可以直接利用“开始”菜单中的 DBCA 工具（Database Configuration Assistant），每配置一个新的数据库，就会多出现一个 OracleService×××式的服务名称。

2.3　Oracle 体系结构

> **提示：此部分为体系结构简介。**
>
> 本书以对数据库体系结构的介绍为主，对于其所对应的相关数据库管理知识，读者可以参考本系列中何明老师的相关著作。

Oracle 系统的体系结构是指组成 Oracle 系统的主要组成部分，在整个体系结构中一共包含如下 5 个重要的组件。

- ☑ 连接数据库实例的服务：为 Oracle 系统的体系结构中协同工作的方式。
- ☑ 服务器进程。
- ☑ 文件系统管理。
- ☑ 内存区域管理：尤其是系统全局区（SGA，System Global Area）的特点和作用。
- ☑ 后台进程。

> **提示：分析基本体系结构。**
>
> Oracle 数据库每个版本的体系结构都相当庞大，这一点读者可以从 Oracle 的官方网站上下载相应的体系说明图。从开发及管理的角度来讲，重点的体系结构有 3 点，分别是内存结构、进程结构、存储结构。

Oracle 基本的体系结构如图 2-31 所示。

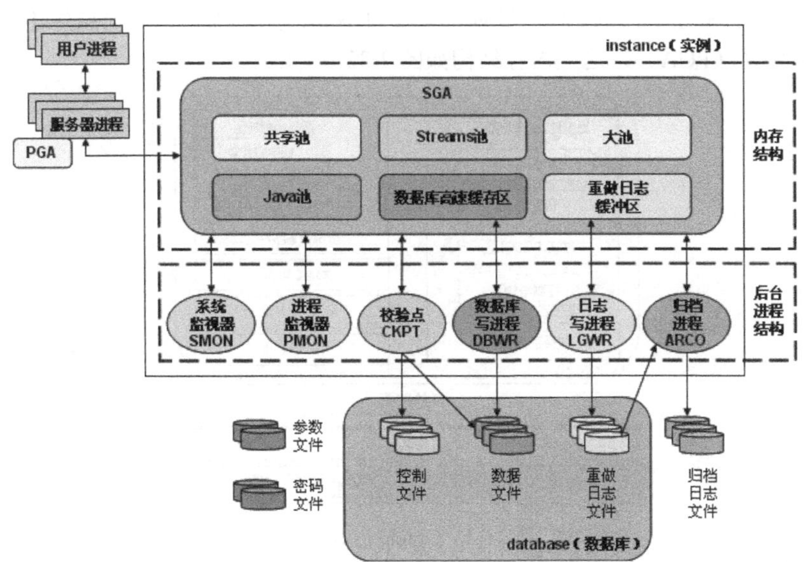

图 2-31　Oracle 基本体系结构

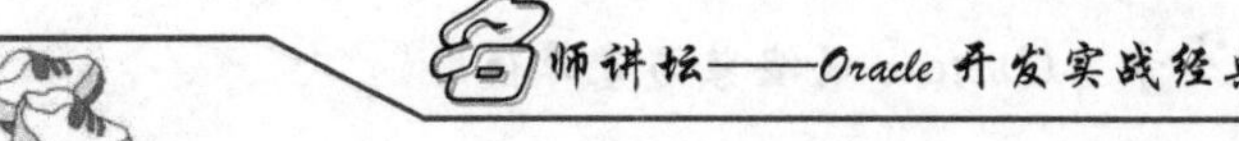

通过图 2-31 可以观察到，每一个 Oracle 服务器都会包含两个主要组成部分，即 Oracle 实例、Oracle 数据库（物理体系），下面分别介绍这两个核心组成。

提示：Oracle 服务器、Oracle 实例（instance）、Oracle 数据库（database）的关系。

如果把整个 Oracle 服务器比喻为一辆汽车，那么实例（instance）就像汽车的发动机一样（核心装置），在启动 Oracle 之前一定要保证实例先启动，而汽车上所拉的货物就是数据库(database)。

实例与数据库的关系是数据库可以由多个实例装载和打开，而实例可以在任何时间点上装载、打开一个数据库。

2.3.1 Oracle 实例体系

数据库启动时，会自动分配 SGA（系统全局区）内存，构成 Oracle 的内存结构，而后再启动若干个常驻内存的操作系统进程，以构成 Oracle 的进程结构，内存区域与后台进程就构成了一个 Oracle 实例。

每一个运行的 Oracle 数据库都对应一个 Oracle 实例（或者称为例程，例如，在安装数据库时设置的 mldn 数据库，实际上就是一个 Oracle 实例）。每一个实例启动时都会分配各自的内存结构与进程结构。

提示：Oracle 实例标记。

在操作系统中如果存在多个 Oracle 实例（实例名称不可以相同），那么可以使用 ORACLE_SID（或者使用 INSTANCE_NAME）这个环境属性进行默认使用实例的标注。

2.3.1.1 Oracle 内存结构

Oracle 内存存储了数据字典信息（关于对象、逻辑结构、权限等元数据）、缓冲的应用数据、SQL 语句、PL/SQL 和 Java 程序数据，以及事务等信息，除了这些信息外还包含了软件代码区和程序代码区（PGA），这些内存结构如图 2-32 所示。

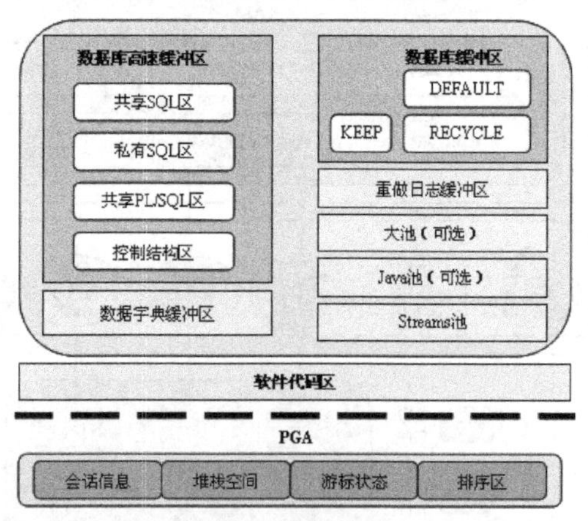

图 2-32　Oracle 内存结构

图 2-32 中的各个内存组成区域的作用如下。

1. 共享池

共享池包括库高速缓冲区（Library Cache）和数据字典缓冲区（Data Dictionary Cache）。数据库高速缓冲区又包括共享 SQL 区、私有 SQL 区（只在共享服务器内有）、共享 PL/SQL 区及控制结构区。

- ☑ 私有 SQL 区：存放的是 SQL 语句执行时与每一个会话有关的私有数据，如连接变量的值。在专用服务器中，私有 SQL 区存在 PGA 中；在共享服务器内，私有 SQL 区存在共享池中。
- ☑ 共享 SQL 区：Oracle 将执行过的 SQL 分成共享 SQL 区和私有 SQL 区两个部分。当用户执行 SQL 语句时，Oracle 会将最近执行过的 SQL 语句的文本、编译后的语法分析树和执行计划（指要完成一条 SQL 语句，Oracle 服务器所需具体实施的步骤）存入共享 SQL 区，而将 SQL 语句中的变量值存入私有 SQL 区。当服务器再次执行相同的 SQL 语句时，服务器进程将不再进行语法分析，而是直接执行共享 SQL 区内已经存在的内容。
- ☑ 共享 PL/SQL 区：Oracle 处理 PL/SQL 程序与处理 SQL 语句的方法相同。执行一个 PL/SQL 语句之前先将程序单元放入共享 PL/SQL 区，而程序单元内的 SQL 语句将被放到共享 SQL 区中，当需要再次执行相同的程序单元时，直接从内存中调用，不需再次访问磁盘。
- ☑ 控制结构区：供实例内部使用的一段内存区，存放了锁方面的信息。

2. 数据库缓冲区

数据库缓冲区是 SGA 中的一个高速缓冲区域，用来存储最近从数据文件中读出的数据块，如表、索引数据库。当用户处理查询时，服务器进程会先从数据库缓冲区查找所需要的数据库，当缓冲区中没有时才会访问磁盘数据。

3. 重做日志缓冲区

在用户通过 INSERT、UPDATE、DELETE、CREATE、ALTER、DROP 等 SQL 命令更改了数据库之后，服务器进程会将这些修改记录到重做日志缓冲区内，这些修改记录也叫重做记录（Entry）。数据库发生意外后，可从重做日志缓冲区内读取修改记录来恢复数据库。

4. 大池

其为一个可选的内存区，当用户使用共享服务器执行备份和恢复操作时使用。大池主要为一些需要消耗大量内存的操作提供更大的内存空间。

5. Java 池

Java 池内存储了 Java 语句的文本、语法分析表等信息。如果要安装 Java VM（Java 虚拟机），就必须启用 Java 池。

6. Streams 池

Streams 池是从 Oracle 10g 开始新加的一个池，它的功能是存放消息（message）。池中存放的消息是共享的，Streams 的信息可以从一个数据库传播到另一个数据库。利用 Streams 池管理消息比原来捕获和管理消息更容易。

7. 数据字典缓冲区

数据字典缓冲区是共享池的一部分，又称为数据字典区或行缓冲区，它包含了数据库的结构、用户信息和数据库的表、视图等信息。它存储了数据库的所有表和视图的名字，数据库基表的列名和列数据类型及所有 Oracle 用户的权限等。

8. 程序全局区（PGA）

PGA（Program Global Area，程序全局区）包括会话信息、堆栈空间、排序区及游标状态。会话信息存放的是会话的权限、角色、会话性能统计等信息，堆栈空间内存放的是变量、数组和属于会话的其他信息，排序区则是用于排序的一段专用空间，游标状态存放的是当前使用的各种游标的处理阶段。

当用户进程连接到 Oracle 数据库之后，服务器会创建一个会话（SESSION），同时分配一个 PGA 区，该区由一个 Oracle 用户进程所使用，不能共享。对专用服务器（一个数据库连接对应一个专用服务器进程），PGA 保存堆栈空间信息、会话信息、游标状态和排序区。对共享服务器，PGA 仅保存堆栈空间信息，而会话信息、游标状态、排序区保存在 SGA 中。PGA 的结构如图 2-33 所示。

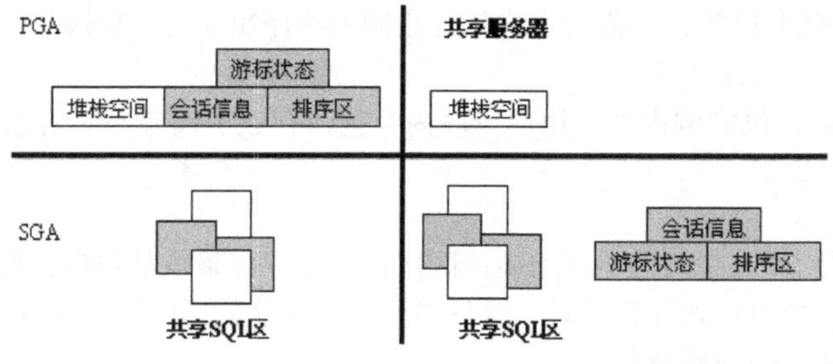

图 2-33 PGA 结构

2.3.1.2 Oracle 进程结构

Oracle 中共有 3 种类型的进程，分别是用户进程、服务器进程和后台进程，其中用户进程与服务器进程的关系如图 2-34 所示。

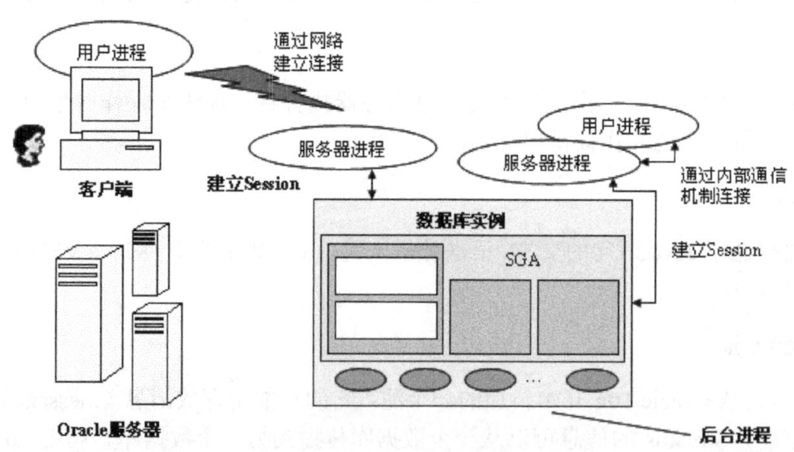

图 2-34 用户进程与服务器进程

当用户需要进行 Oracle 数据库操作时，首先要建立连接，这样就可以建立用户进程与服务器进程之间的通信通道。当用户与服务器建立了连接之后，就会通过一个会话（SESSION）来表示，不同会话间的操作彼此独立。

在 Oracle 实例中，最重要的就是后台进程。这些后台进程与实例同时启动，主要作用是维持数据库的物理结构和内存结构，后台进程的结构如图 2-35 所示。

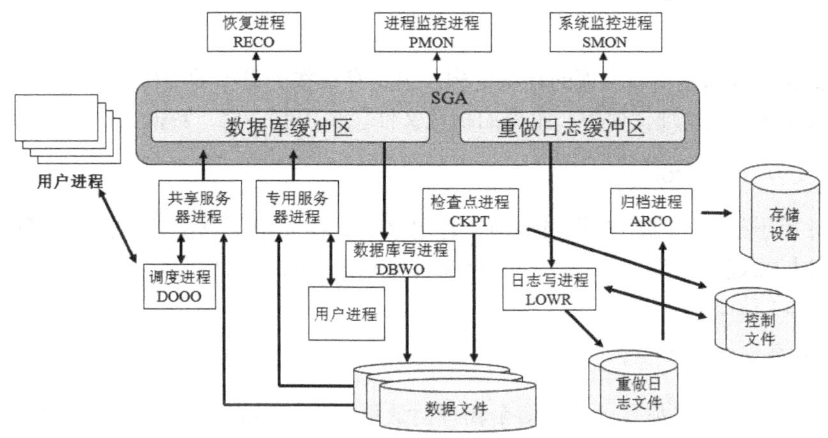

图 2-35　后台进程

图 2-35 中所列出的主要后台进程作用如下。

☑ 系统监控进程（SMON）：在数据库启动时，SMON 会使用联机重做日志文件恢复崩溃的实例。

☑ 进程监控进程（PMON）：主要是监视用户进程的运行。当用户进程失败时，清除用户进程和进程所占用的资源。PMON 能清除数据库缓冲区的数据，断开异常中断的连接，释放失败进程对数据库对象的锁定，将失败进程的 ID 从活动进程表中移去。PMON 还周期地检查调度进程和服务器进程的状态，如果进程已经被销毁，则重新启动。

☑ 检查点进程（CKPT）：此进程的作用是控制数据文件、控制文件和重做日志文件之间的协调同步，检查点进程一般和数据库写进程 DBWR 合作。

☑ 数据库写进程（DBWO）：此进程负责管理数据库缓冲区及数据字典缓冲区。DBWO 以批处理的形式将数据库缓冲区的内容写到磁盘上。

☑ 日志写进程（LOWR）：此进程负责重做日志缓冲区的内容写入联机重做日志文件。正常情况下，LOWR 是唯一从重做日志缓冲区中读数据，并向联机重做日志文件写数据的进程。LOWR 按顺序向联机重做日志文件写数据。

☑ 归档进程（ARCO）：将写满的重做日志文件转储到指定的设备上，以保证先前的重做日志文件不至于被覆盖。

☑ 恢复进程（RECO）：用于恢复分布式数据库环境中失败的事务。数据库恢复进程会自动连接失败的数据库实例，连接成功后，删除失败的事务和对应的数据；如果连接失败，恢复进程会在一定时间后再次尝试连接。

☑ 作业队列进程（SNPn）：用来完成一些应用程序的周期性执行工作。SNPn 能周期性地唤醒作业队列中的作业，并完成这些作业，自动地刷新分布式数据库中表的快照。

☑ 锁进程（LCKn）：用于锁定数据库对象，不被数据库其他进程更改。此进程主要用于并行数据库环境中，当不同的用户同时读取同一张数据库表时，考虑安全性和数据的一致性，当一个用户进程更改这个表时，会使用 LCKn 锁进程锁定这个表，这样其他进程就不能对这张表进行更改。

Note

2.3.2 Oracle 物理体系

Oracle 数据库体系就是数据库的物理结构，也是存放在磁盘上的结构文件。在数据库中的所有数据，都保存在这些物理文件中，主要的物理文件包括控制文件、数据文件、重做日志文件。

1. 控制文件（Control File）

控制文件用于控制数据库的物理结构。它记录了数据库中所有文件的控制信息，要包含数据库名称、数据库建立日期、数据库中数据文件与日志文件的名称及位置、表空间信息、归档日志信息、当前的日志序列号、检查点信息。

2. 数据文件（Data File）

每一个 Oracle 数据库都有一个或多个物理的数据文件（Data File）。一个数据库的数据文件包含全部数据库数据。逻辑数据库结构（如表、索引）的数据都物理地存储在数据库的数据文件中。

3. 重做日志文件（Log File）

Oracle 用重做日志文件来保存所有数据库事务的日志。当数据库被破坏时，用重做日志文件恢复数据库。

4. 参数文件（Parameter File）

保存 Oracle 配置有关的信息，一般有如下 3 类参数文件。

☑ 初始化参数文件：用于在数据库启动实例时配置数据库，该文件主要设置数据库实例名称、主要使用文件的位置、实例所需要的内存区域大小等。

☑ 配置参数文件：在数据库对应多个实例的时候才会存在，如果一个数据库只对应一个实例则不会产生此文件。此文件一般被命名为 config.ora，该文件一般由初始化参数文件调用。

☑ 二进制参数文件（SPFILE）：会存在两种参数文件，一种是 pfile（Parameter File，参数文件），此文件是基于文本格式化的参数文件，含有数据库的配置参数。另一种（Server Parameter File，服务器参数文件，此类文件是在 Oracle 9i 之后的版本才引入的），此文件是基于二进制格式的参数文件，含有数据库及例程的参数和数值。

2.4 Oracle 监听服务

Oracle 监听服务是程序开发的基础，但是经常会出现由于用户使用不当而造成监听服务无法启动的问题，本节将对两个常见的监听服务无法启动的问题给出解决方法，并为读者介绍监

听控制工具 LSNRCTL.EXE 的使用。

2.4.1　注册表被破坏导致监听无法启动

Oracle 安装之后，要在注册表中增加大量的内容（系统信息、服务信息），如果此时使用了一些系统的优化软件，则有可能造成某些选项丢失而导致监听无法启动，例如，在启动监听服务时出现以下错误提示，如图 2-36 所示。

此时就需要用户手工进行注册表的恢复，找到注册表的监听服务的位置。

☑ 位置：HKEY_LOCAL_MACHINE\SYSTEM\ControlSet001\services\OracleOraDB12Home1TNSListener。

之后在里面手工创建一个 ImagePath 的字符串值，里面的内容为监听程序所在的路径。

☑ 路径：d:\app\oracleuser\product\12.1.0\dbhome_1\BIN\TNSLSNR。

这个配置如图 2-37 所示。

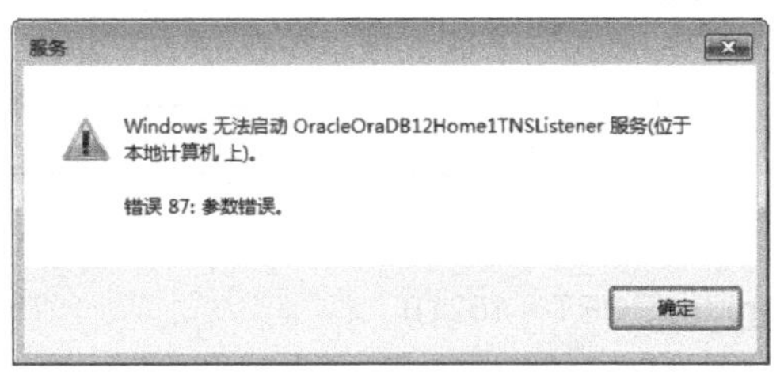

图 2-36　Oracle 无法启动监听服务

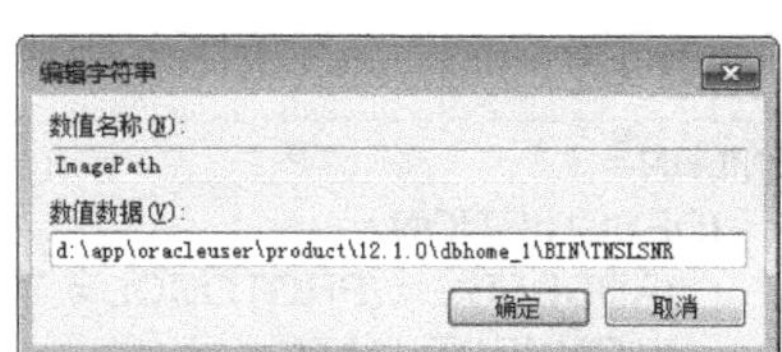

图 2-37　增加 ImagePath 的内容

2.4.2　计算机名称修改导致监听无法启动

当 Oracle 安装完成之后，用户有可能将本地的计算机名称进行修改，例如，原本的计算机名称是 LiXingHua，如图 2-38 所示，现在要将其修改为 MLDN，如图 2-39 所示。

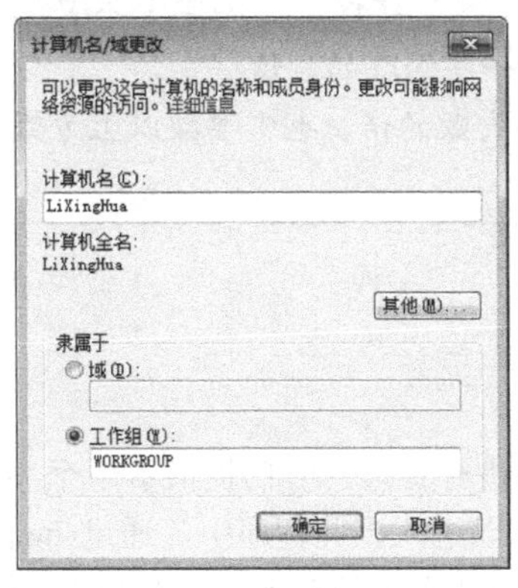

图 2-38　原本的计算机名称

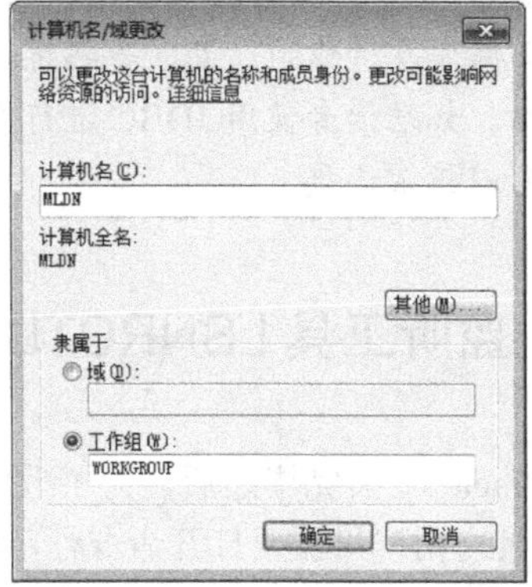

图 2-39　修改后的计算机名称

但是这样更改之后，就有可能造成 Oracle 的监听服务启动不了，有可能出现如图 2-40 所示的错误提示。

图 2-40　监听启动错误

Note

这样的错误在于名称修改后没有及时地对监听的配置文件进行修改，配置文件有两个，分别是 listener.ora、tnsnames.ora，这两个配置文件所在的路径是：D:\app\oracleuser\product\12.1.0\dbhome_1\NETWORK\ADMIN。

分别打开两个文件，将相应的网络名称修改即可，如下所示。

范例 2-1：listener.ora 文件。

```
LISTENER =
  (DESCRIPTION_LIST =
    (DESCRIPTION =
      (ADDRESS = (PROTOCOL = IPC)(KEY = EXTPROC1521))
      (ADDRESS = (PROTOCOL = TCP)(HOST = mldn)(PORT = 1521))
    )
  )
```

范例 2-2：tnsnames.ora 文件。

```
MLDN =
  (DESCRIPTION =
    (ADDRESS = (PROTOCOL = TCP)(HOST =mldn)(PORT = 1521))
    (CONNECT_DATA =
      (SERVER = DEDICATED)
      (SERVICE_NAME = mldn)
    )
  )
```

修改后保存，以后就可以正常地启动监听服务了。

提示：尽量不要随意更改设置。

Oracle 本身的设置较为复杂，而且配置文件较多，因此建议一些初学者不要随意修改 Oracle 数据库或操作的设置，等熟练之后可以逐步进行一些修改的尝试。

同时，如果读者使用 JDBC 进行 Oracle 数据库连接失败的话，也需要按以上方式修改配置后才可以正常连接。

2.4.3　监听工具 LSNRCTL

在 Oracle 安装完毕之后，为了方便用户对监听服务进行管理，专门提供了一个 lsnrctl.exe 的控制工具，用户只需要打开命令行，输入 lsnrctl，就可以进入到此程序中，通过 help 指令可以查看所有的可用操作命令。用户可以使用 status 命令查看当前的监听服务运行情况，如图 2-41 所示。

用户也可以直接利用 lsnrctl 命令中的 start 和 stop 命令控制监听服务的打开与关闭，而此处输入的命令会直接影响系统服务的运行状态，这一点读者可以自行实验，不再举例。

图 2-41　查看监听服务状态

2.5　SQLPlus 简介

SQLPlus 是 Oracle 数据库提供的一个专门用于数据库管理的交互式工具，使用 SQLPlus 可以管理 Oracle 数据库的所有任务。SQLPlus 通过命令的方式对数据库进行管理，也可以通过 SQLPlus 执行 SQL 语句的操作，SQLPlus 执行 SQL 语句的流程如图 2-42 所示。

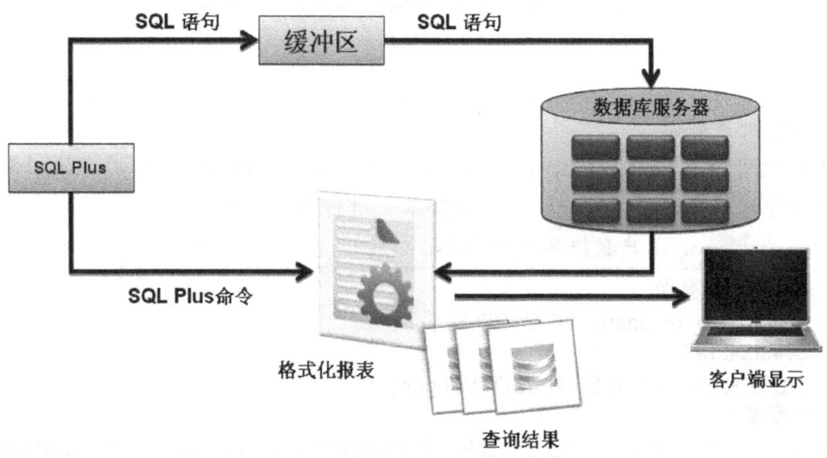

图 2-42　SQLPlus 的执行流程

从图 2-42 中可以发现，所有的 SQL 语句执行的时候都是存放在了 SQL 缓冲区中，缓冲区中的内容将一直被保留下来，直到被下一条 SQL 语句覆盖，在 SQLPlus 中存在许多命令，下面为读者进行介绍。

2.6 SQLPlus 常用命令

如果现在要进行 Oracle 数据库的操作，最常用的就是 Oracle 默认提供的命令行输入工具 sqlplus.exe，此工具在 Oracle 11g 安装完成后会为用户默认提供。

提示：关于 sqlplus.exe 工具的补充说明。

在 Oracle 11g 之前，主要操作都会通过 sqlplus.exe（命令行窗口）或者是 sqlplusw.exe（Windows 窗口）两种方式运行，虽然这两个工具的功能完全一样，但是 sqlplusw.exe 要比 sqlplus.exe 更方便用户对显示格式进行调整。但是在 Oracle 11g 之后，已经将 sqlplusw.exe 工具取消，所以用户只能利用 sqlplus.exe 进行命令的输入。如果要想清楚 sqlplusw.exe 如何使用的，读者可以登录 www.mldnjava.cn 下载 Oracle 10g 课程进行学习。

用户只需要在命令行方式下输入 sqlplus.exe 即可启动命令行方式，同时输入用户名和密码（c##scott/tiger），如图 2-43 所示。

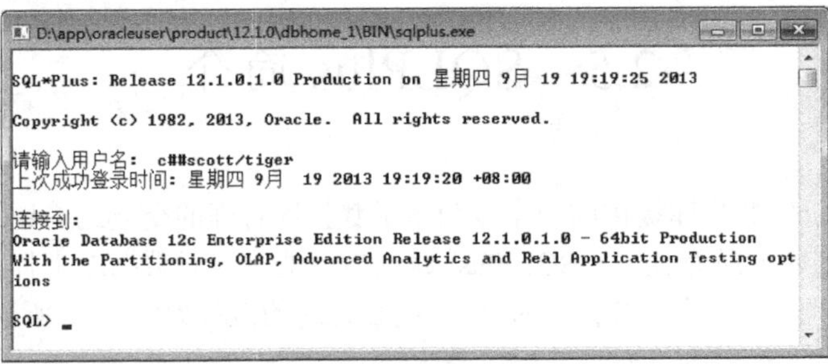

图 2-43　SQLPlus 登录

注意：需要配置数据。

如果用户使用的是 Oracle 12c，有可能会出现无法自动创建 c##scott 用户及相关数据表的情况。此时读者可以执行以下的数据库创建脚本，进行手工创建。

范例 2-3：c##scott 用户数据库创建脚本。

```
-- 使用超级管理员登录
CONN sys/change_on_install AS SYSDBA ;
-- 创建 c##scott 用户
CREATE USER c##scott IDENTIFIED BY tiger ;
-- 为用户授权
GRANT CONNECT,RESOURCE,UNLIMITED TABLESPACE TO c##scott CONTAINER=ALL ;
-- 设置用户使用的表空间
ALTER USER c##scott DEFAULT TABLESPACE USERS;
ALTER USER c##scott TEMPORARY TABLESPACE TEMP;
-- 使用 c##scott 用户登录
CONNECT c##scott/tiger
```

```
-- 删除数据表
DROP TABLE emp PURGE ;
DROP TABLE dept PURGE ;
DROP TABLE bonus PURGE ;
DROP TABLE salgrade PURGE ;
-- 创建数据表
CREATE TABLE dept (
	deptno	NUMBER(2) CONSTRAINT PK_DEPT PRIMARY KEY,
	dname	VARCHAR2(14) ,
	loc	VARCHAR2(13)
) ;
CREATE TABLE emp (
	empno	NUMBER(4) CONSTRAINT PK_EMP PRIMARY KEY,
	ename	VARCHAR2(10),
	job	VARCHAR2(9),
	mgr	NUMBER(4),
	hiredate	DATE,
	sal	NUMBER(7,2),
	comm	NUMBER(7,2),
	deptno	NUMBER(2) CONSTRAINT FK_DEPTNO REFERENCES DEPT
);
CREATE TABLE bonus (
	enamE	VARCHAR2(10) ,
	job	VARCHAR2(9) ,
	sal	NUMBER,
	comm	NUMBER
) ;
CREATE TABLE salgrade (
	grade	NUMBER,
	losal	NUMBER,
	hisal	NUMBER
);
-- 插入测试数据 —— dept
INSERT INTO dept VALUES (10,'ACCOUNTING','NEW YORK');
INSERT INTO dept VALUES (20,'RESEARCH','DALLAS');
INSERT INTO dept VALUES (30,'SALES','CHICAGO');
INSERT INTO dept VALUES (40,'OPERATIONS','BOSTON');
-- 插入测试数据 —— emp
INSERT INTO emp VALUES (7369,'SMITH','CLERK',7902,to_date('17-12-1980','dd-mm-yyyy'),
800,NULL,20);
INSERT INTO emp VALUES (7499,'ALLEN','SALESMAN',7698,to_date('20-2-1981','dd-mm-
yyyy'),1600,300,30);
INSERT INTO emp VALUES (7521,'WARD','SALESMAN',7698,to_date('22-2-1981','dd-mm-
yyyy'),1250,500,30);
INSERT INTO emp VALUES (7566,'JONES','MANAGER',7839,to_date('2-4-1981','dd-mm-
yyyy'),2975,NULL,20);
INSERT INTO emp VALUES (7654,'MARTIN','SALESMAN',7698,to_date('28-9-1981','dd-
mm-yyyy'),1250,1400,30);
```

```
INSERT INTO emp VALUES (7698,'BLAKE','MANAGER',7839,to_date('1-5-1981','dd-mm-yyyy'),2850,NULL,30);
INSERT INTO emp VALUES (7782,'CLARK','MANAGER',7839,to_date('9-6-1981','dd-mm-yyyy'),2450,NULL,10);
INSERT INTO emp VALUES (7788,'SCOTT','ANALYST',7566,to_date('13-07-87','dd-mm-yyyy')-85,3000,NULL,20);
INSERT INTO emp VALUES (7839,'KING','PRESIDENT',NULL,to_date('17-11-1981','dd-mm-yyyy'),5000,NULL,10);
INSERT INTO emp VALUES (7844,'TURNER','SALESMAN',7698,to_date('8-9-1981','dd-mm-yyyy'),1500,0,30);
INSERT INTO emp VALUES (7876,'ADAMS','CLERK',7788,to_date('13-07-87','dd-mm-yyyy')-51,1100,NULL,20);

INSERT INTO emp VALUES (7900,'JAMES','CLERK',7698,to_date('3-12-1981','dd-mm-yyyy'),950,NULL,30);
INSERT INTO emp VALUES (7902,'FORD','ANALYST',7566,to_date('3-12-1981','dd-mm-yyyy'),3000,NULL,20);
INSERT INTO emp VALUES (7934,'MILLER','CLERK',7782,to_date('23-1-1982','dd-mm-yyyy'),1300,NULL,10);
-- 插入测试数据 —— salgrade
INSERT INTO salgrade VALUES (1,700,1200);
INSERT INTO salgrade VALUES (2,1201,1400);
INSERT INTO salgrade VALUES (3,1401,2000);
INSERT INTO salgrade VALUES (4,2001,3000);
INSERT INTO salgrade VALUES (5,3001,9999);
-- 事务提交
COMMIT;
```

以上的数据库脚本已经在光盘中为读者提供了（c##scott.sql 文件），读者也可以直接运行此文件。此程序中所涉及的内容，在本书的随后章节会为读者慢慢讲解，一定要记住，如果要想进行后续的学习，必须存有以上的数据表。

提示：sqlplusw.exe 的输入形式。

如果用户使用的是 Oracle 10g 的产品，则可以直接运行 sqlplusw.exe 启动 SQLPlusw 窗口，同时按照提示进行用户名和密码的输入，如图 2-44 所示。

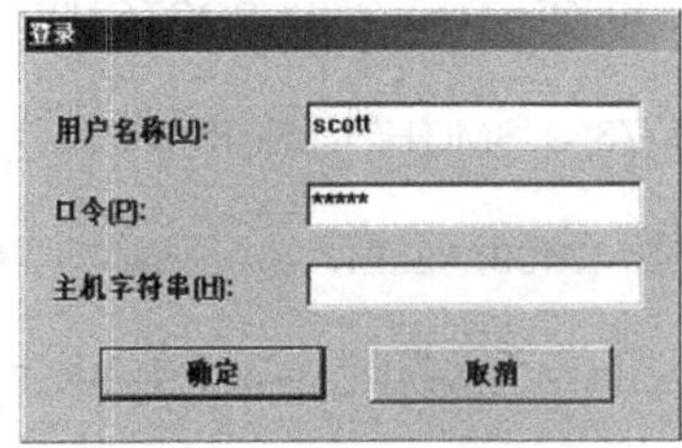

图 2-44　SQLPlusw 登录

其中对于主机字符串表示的是数据库的实例名称，此时可以输入 mldn，但是如果在一台计算机上只有一个数据库的实例服务，则不用输入也可以正常连接。

进入之后，输入如下的 SQL 命令（随后的章节会有详细讲解，此时只需按要求输入即可，不区分大小写）：

范例 2-4：查询 emp 表数据（指令之后要使用“;”完结）。

```
SELECT * FROM emp ;
```

查询结果：通过 SQLPlus 输出，如图 2-45 所示。

```
D:\app\oracleuser\product\12.1.0\dbhome_1\BIN\sqlplus.exe
SQL> SELECT * FROM emp ;

     EMPNO ENAME      JOB              MGR HIREDATE              SAL       COMM
---------- ---------- --------- ---------- -------------- ---------- ----------
    DEPTNO
----------
      7369 SMITH      CLERK           7902 17-12月-80            800
        20

      7499 ALLEN      SALESMAN        7698 20-2月 -81           1600        300
        30

      7521 WARD       SALESMAN        7698 22-2月 -81           1250        500
        30


     EMPNO ENAME      JOB              MGR HIREDATE              SAL       COMM
---------- ---------- --------- ---------- -------------- ---------- ----------
    DEPTNO
----------
      7566 JONES      MANAGER         7839 02-4月 -81           2975
```

图 2-45　SQLPlus 查询输出

通过图 2-45 的输出结果可以发现，查询的数据出现了折行（一行显示不下换到第二行继续显示）和分页（标题栏重复显示，因为每次默认情况下只能显示 8 行数据）的问题，现在可以通过以下两个命令控制显示格式，设置完成后，同样的输出在 sqlplusw.exe 中的显示效果如图 2-46 所示。

☑　设置每行显示的记录长度：SET LINESIZE 300 ; →　每行显示 300 个字符。

☑　设置每页显示的记录长度：SET PAGESIZE 30 ; →　每页显示 30 行记录。

```
D:\app\oracleuser\product\12.1.0\dbhome_1\BIN\sqlplus.exe
SQL> SET LINESIZE 300 ;
SQL> SET PAGESIZE 30 ;
SQL> SELECT * FROM emp ;

     EMPNO ENAME      JOB              MGR HIREDATE              SAL       COMM     DEPTNO
---------- ---------- --------- ---------- -------------- ---------- ---------- ----------
      7369 SMITH      CLERK           7902 17-12月-80            800                    20
      7499 ALLEN      SALESMAN        7698 20-2月 -81           1600        300         30
      7521 WARD       SALESMAN        7698 22-2月 -81           1250        500         30
      7566 JONES      MANAGER         7839 02-4月 -81           2975                    20
      7654 MARTIN     SALESMAN        7698 28-9月 -81           1250       1400         30
      7698 BLAKE      MANAGER         7839 01-5月 -81           2850                    30
      7782 CLARK      MANAGER         7839 09-6月 -81           2450                    10
      7788 SCOTT      ANALYST         7566 13-7月 -87           3000                    20
      7839 KING       PRESIDENT            17-11月-81           5000                    10
      7844 TURNER     SALESMAN        7698 08-9月 -81           1500          0         30
      7876 ADAMS      CLERK           7788 13-7月 -87           1100                    20
      7900 JAMES      CLERK           7698 03-12月-81            950                    30
      7902 FORD       ANALYST         7566 03-12月-81           3000                    20
      7934 MILLER     CLERK           7782 23-1月 -82           1300                    10

已选择 14 行。
```

图 2-46　通过 sqlplusw.exe 工具并格式化输出

提示：需要设置命令行格式。

在 SQLPlus 中，由于受到窗口大小的限制，即使设置了格式化命令，也无法正常显示，此时可以打开命令行属性，进入布局选项卡，修改宽度大小。

在使用 SQLPlus 的时候，也可以直接使用 ed 命令调用本机的记事本程序（Windows 系统使用 notepad.exe）进行命令的编辑。

范例 2-5：使用 ed 命令调用本机记事本程序。

```
ED mldn
```

输入命令后出现如图 2-47 所示对话框，询问用户是否创建 mldn.sql 文件。

打开记事本后输入之前查询 emp 表数据的命令，如图 2-48 所示，之后保存退出记事本程序即可。而后在 SQLPlus 命令窗口中输入“@mldn”，就可以运行在 mldn.sql 中保存的命令，显示结果如图 2-46 所示。

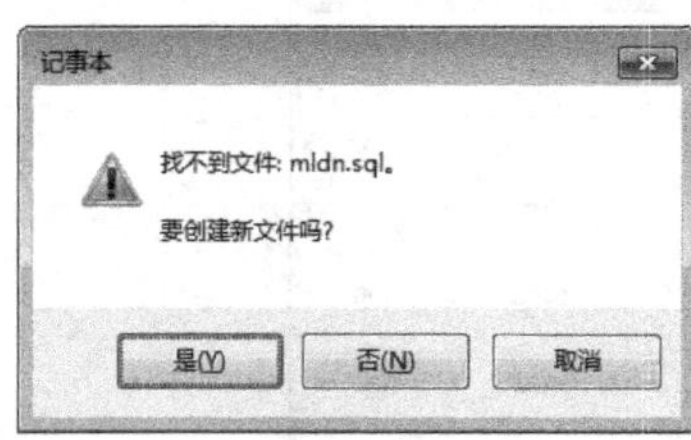

图 2-47　是否创建 mldn.sql 文件

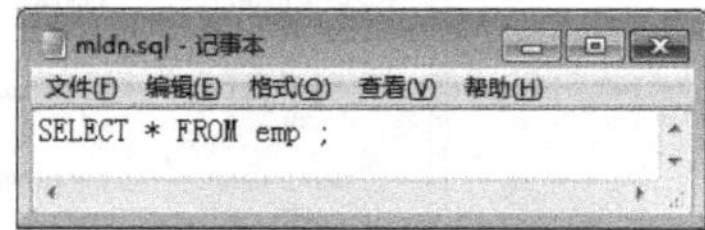

图 2-48　输入 SQL 命令

注意：使用 ed 打开记事本之后，SQLPlus 将进入到阻塞状态。

当用户输入 ED mldn 之后，会自动启动记事本程序，同时 SQLPlus 窗口将处于不可编辑的状态，即进入到阻塞状态，此状态只有在关闭记事本之后才会结束。

如果读者觉得这样通过 sqlplus.exe 启动的记事本程序不方便编辑（因为启动之后 sqlplus.exe 会进入到阻塞状态）也可以在硬盘上定义数据库命令文件。例如，现在的命令文件路径为 d:\mldn.sql，此文件的内容同图 2-48，而后在 SQLPlus 中输入“@d:\mldn.sql”即可，而如果要执行的文件后缀是“*.sql”，则执行时也可以简写成“@d:mldn”。

在一个数据库中会存在许多个用户，对于不同的用户也可以直接采用命令的方式进行切换，语法如下。

语法 2-1：用户连接数据库的语法

```
CONN 用户名/密码 [AS SYSDBA] ;
```

如果现在连接的是普通用户（scott），则不用写 AS SYSDBA，但是如果使用 SYS 用户登录，则一定要使用此语句。

范例 2-6：使用 SYS 用户登录。

```
CONN sys/change_on_install AS SYSDBA ;
```

成功之后，SQLPlus 会给出连接的提示信息，如要想查看当前用户，则需输入如下指令：

```
SHOW USER ;
```

此时由于使用的是 SYS 用户连接，所以当前用户是 SYS。

范例 2-7：使用 SYS 登录后，下面继续输入之前的查询语句：

```
SELECT * FROM emp ;
```

但是现在却无法查询到内容，因为 emp 这个数据表本身属于 c##scott 用户，所以，如果其他用户要想访问 emp 表，则必须要加上用户名，即现在的完整表名称应该是“用户名.表名称”——c##scott.emp，而用户名在许多的数据库中又被称为模式名。

范例 2-8：在 sys 用户中查询 c##scott.emp 表数据。

```
SELECT * FROM c##scott.emp ;
```

实验完成后，下面输入指令继续使用 c##scott 用户进行登录：

```
CONN c##scott/tiger
```

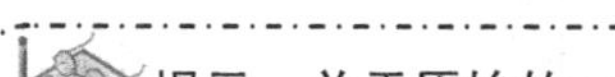

提示：关于原始的 scott 用户与 sh 用户（了解，不作为重点）。

清楚了如何进行用户的切换，那么就可以为读者讲解如何找到原始的 scott 与 sh 用户了。在 Oracle 12c 中，默认情况下将 scott 与 sh（不以 C##开头的用户）统一放到了可插入数据库 PDB 中，而在一个 CDB（CDB$ROOT）下会包含多个 PDB，所以如果要想找到此用户，可以按照如下步骤进行。

范例 2-9： 使用 sys 用户以管理员方式登录。

```
CONN sys/change_on_install AS SYSDBA ;
```

此时为 sys 用户刚登录，如果用户执行了“SHOW con_name;”（查看当前容器名称）命令，那么会显示 CDB$ROOT 的名称，表示此时在 CDB 中。

范例 2-10： 将 CDB 的切换到 PDB。

```
ALTER SESSION SET CONTAINER=pdbmldn ;
```

切换完成后再次执行“SHOW con_name ;”命令，此时的返回结果为 PDBMLDN，表示此时在 PDB 之中。

范例 2-11： 打开 PDBMLDN 可插入数据库。

```
ALTER DATABASE pdbmldn OPEN ;
```

由于数据库有可能还未打开，那么肯定无法查询，就可以利用如上的语法完成操作，但是此类语法只适合在 PDB 容器下运行，如果现在用户在 CDB 容器下，则应该在命令中加上 PLUGGABLE 命令。

范例 2-12： 通过 CDB 打开 PDBMLDN 可插入数据库。

```
ALTER PLUGGABLE DATABASE pdbmldn OPEN ;
```

范例 2-13： 在 PDBMLDN 下查看 scott 与 sh 用户是否存在。

```
SELECT username FROM dba_users WHERE username='SCOTT' OR username='SH' ;
```

那么这个时候会返回两条数据，其中一条是 scott 用户，另外一条是 sh 用户。可以执行如下命令查看 scott 原始数据。

范例 2-14： 查询 scott 用户。

```
SELECT * FROM scott.emp ;
```

此时也会返回 14 行记录，与之前查询“c##scott”结果相同。

每当用户重新登录数据库时，实际上默认使用的都是 CDB 容器，如果说现在用户已经在某一个 PDB 容器下，需要切换回 CDB 容器，那么可以执行如下的命令。

范例 2-15： 切换回 CDB 容器。

```
ALTER SESSION SET CONTAINER=CDB$ROOT ;
```

当然，以上的这些步骤并不要求读者掌握，有个印象即可。

在 Oracle 中为了方便用户进行管理，所以提供了以下命令可以取得一个用户的全部数据对象。

范例 2-16： 取得当前用户的全部数据对象。

```
SELECT * FROM tab ;
```

查询结果： 通过 SQLPlus 输出，如图 2-49 所示。

Note

可以看到，在 scott 用户下一共有 4 张数据表（bonus、dept、emp、salgrade），而这几张表的作用在随后的章节中将为读者介绍。如果现在用户希望查看一张数据表的表结构，则可以使用"DESC 表名称"的方式查看。

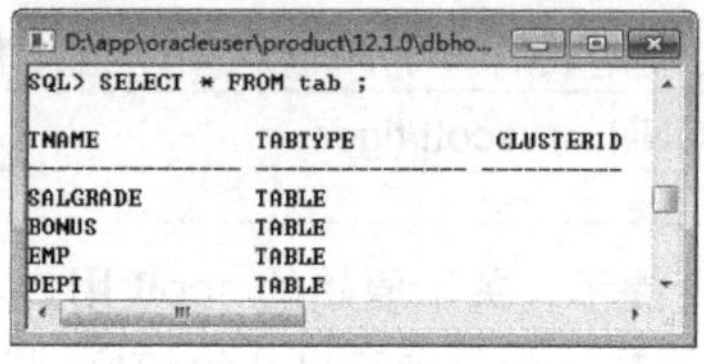

图 2-49　scott 用户下的全部数据表

范例 2-17： 查看 dept 的表结构。

```
DESC dept ;
```

除了使用 SQLPlusw 中提供的操作命令之外，也可以使用本机的操作系统命令，只需要在前面加上一个 HOST 即可。

范例 2-18： 使用 copy 指令。

```
HOST COPY D:\mldn.sql D:\hello.sql
```

指令运行之后，将调用命令行窗口的 COPY 指令进行文件的复制。

以上只是为读者介绍了一些 SQLPlus 的基本操作命令，对于其他的操作命令将在随后的章节中按照知识点结构为读者进行讲解。

2.7　配置 SQL Developer

从 Oracle 11g 开始，Oracle 开始提供一个方便的前台开发工具——SQL Developer，用户可以直接通过开始菜单打开此程序（"开始"|Oracle - OraDB12Home1|"应用程序开发"|SQL Developer），但是此程序需要 Java 运行环境的支持，所以刚启动时会出现如图 2-50 所示的界面。

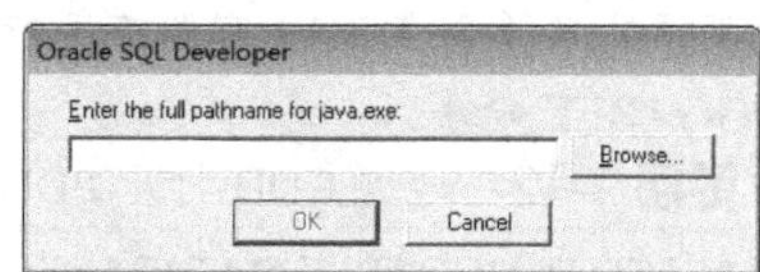

图 2-50　需要指定 Java 命令路径

> **提示：SQL Developer 是 Oracle 11g 提供的新支持。**
>
> 在 Oracle 11g 以前的版本中，前台工具基本上都使用 SQLPlus、SQLPlusw，但是在 Oracle 11g 之后不再提供 SQLPlusw 的工具了，而只保留了 SQLPlus 的功能。

如果此时读者已经熟悉 Java 语言，那么直接将其配置到你所使用的 JDK 目录下即可，如果不熟悉，则可以通过 Oracle 安装目录下的"D:\app\oracleuser\product\12.1.0\dbhome_1\jdk\bin"路径，找到所需要的 java.exe 命令。配置完后的界面如图 2-51 所示。

> **提示：关于 JDK。**
>
> Oracle 11g 之后的 SQL Developer 需要 JDK 的支持，所以读者首先需要从 www.sun.com 上下载 JDK，本书使用的是 JDK 1.6，如果对 JDK 安装不熟悉，可以参考《Java 开发实战经典》第 1 章的内容。

配置完成后就可以启动 SQL Developer 工具，此时的界面如图 2-52 所示。

工具启动之后，如果要想使用此工具，必须设置相关的用户连接，直接选择"新建连接"，

如图 2-53 所示。

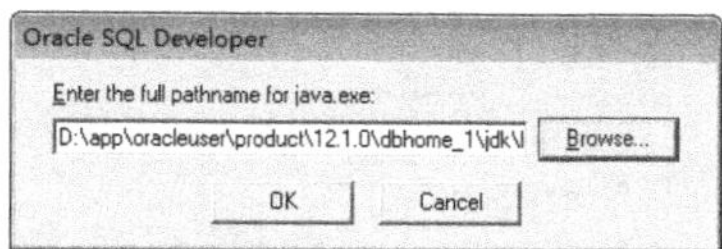

图 2-51　配置 JDK 路径

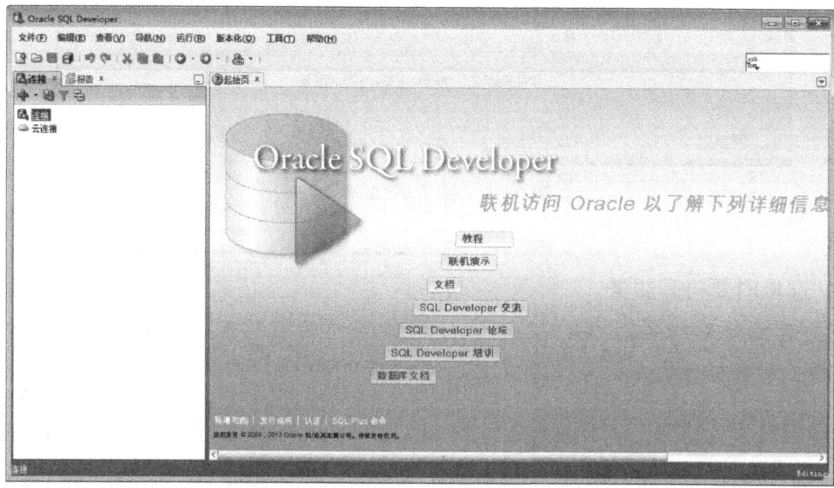

图 2-52　启动 SQL Developer 工具

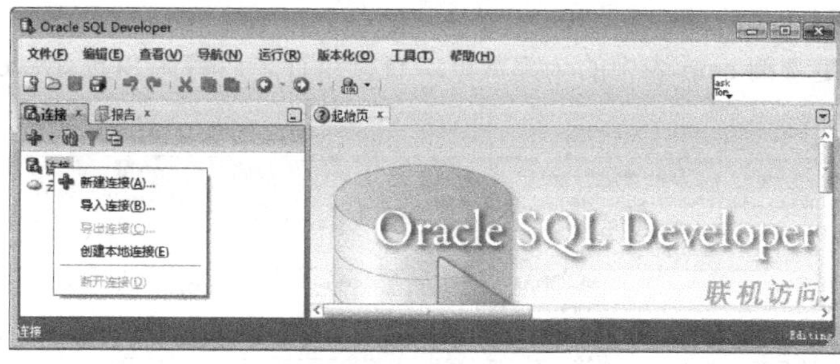

图 2-53　建立连接

下面通过此界面将配置两个用户连接，分别是普通用户（c##scott/tiger，如图 2-54 所示）、管理员（sys/change_on_install，如图 2-55 所示）。

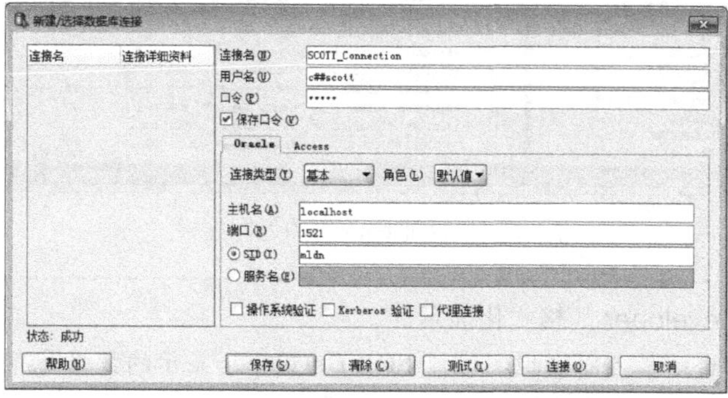

图 2-54　建立普通用户连接

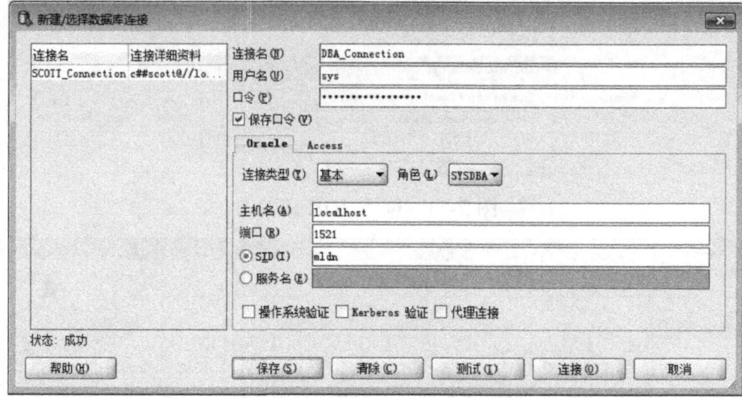

图 2-55　建立管理员连接

注意：连接时要打开服务。

现在要想进行数据库连接，则必须打开数据库的监听服务（OracleOraDB12Home1 TNSListener）和数据库的主服务（OracleServiceMLDN）。

将两个连接分别保存之后，下面直接使用 SCOTT_Connection 进行数据库连接，而后在 SQL Developer 工具中执行如下命令。

范例 2-19： 查询 emp 表。

```
SELECT * FROM emp ;
```

此语句表示的是查询 emp 表中的全部数据，直接执行之后将在 SQL Developer 中返回查询结果，如图 2-56 所示。

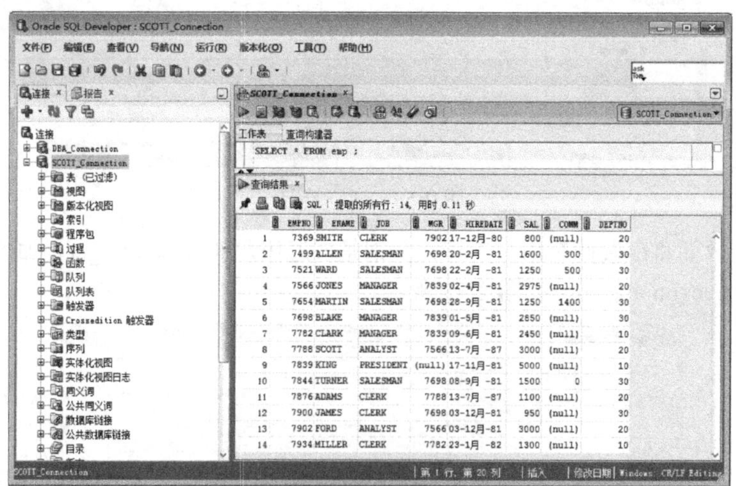

	EMPNO	ENAME	JOB	MGR	HIREDATE	SAL	COMM	DEPTNO
1	7369	SMITH	CLERK	7902	17-12月-80	800	(null)	20
2	7499	ALLEN	SALESMAN	7698	20-2月 -81	1600	300	30
3	7521	WARD	SALESMAN	7698	22-2月 -81	1250	500	30
4	7566	JONES	MANAGER	7839	02-4月 -81	2975	(null)	20
5	7654	MARTIN	SALESMAN	7698	28-9月 -81	1250	1400	30
6	7698	BLAKE	MANAGER	7839	01-5月 -81	2850	(null)	30
7	7782	CLARK	MANAGER	7839	09-6月 -81	2450	(null)	10
8	7788	SCOTT	ANALYST	7566	13-7月 -87	3000	(null)	20
9	7839	KING	PRESIDENT	(null)	17-11月-81	5000	(null)	10
10	7844	TURNER	SALESMAN	7698	08-9月 -81	1500	0	30
11	7876	ADAMS	CLERK	7788	13-7月 -87	1100	(null)	20
12	7900	JAMES	CLERK	7698	03-12月-81	950	(null)	30
13	7902	FORD	ANALYST	7566	03-12月-81	3000	(null)	20
14	7934	MILLER	CLERK	7782	23-1月 -82	1300	(null)	10

图 2-56　查询 emp 表的返回结果

提示：SQLDeveloper 的格式化显示。

从图 2-56 的输出结果可以发现，通过 SQL Developer 显示的数据是有一定格式要求的，所有的数字都是右对齐，所有的字符串数据和日期型数据都是左对齐。

在以后讲解的 Oracle 数据库中，考虑到方便读者理解，会使用 SQLPlus 和 SQL Developer 两种方式进行程序运行结果的显示。

2.8　c##scott 用户表

后面讲解 SQL 语句时，主要使用的是 c##scott 用户下的 4 张表，所以首先必须对这些表的作用及列的数据类型做一个基本的了解，这 4 张数据表如图 2-57 所示。

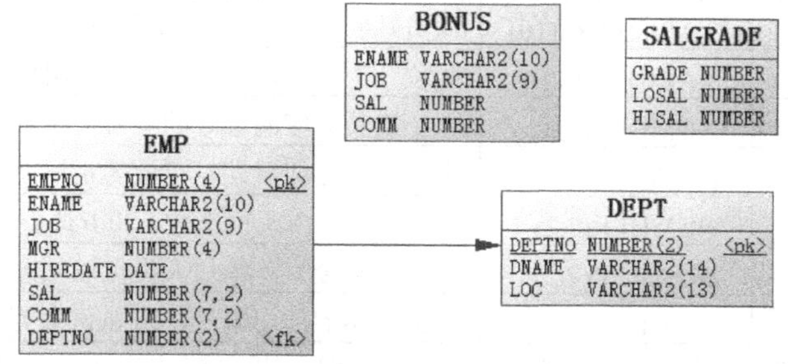

图 2-57　c##scott 用户 4 张数据表

提示：c##scott 用户下的 4 张表。

在 c##scott 用户下的 4 张数据表是在本书讲解 SQL 中主要使用的数据库对象，讲解 SQL 主要以这 4 张数据表的操作为主，所以考虑到学习的效果，读者一定要清楚地记下表结构及表中的数据。

这 4 张表的功能指的是一个公司“部门-员工-奖金”的分配关系。下面分别使用 DESC 指令查看这 4 张表的表结构，同时显示 4 张表的数据，以方便读者观察这些表之间的联系。

2.8.1　部门表 dept

部门表用于存放一个公司的所有部门信息，其表结构如表 2-2 所示。

表 2-2　dept 表结构

No.	字 段 名 称	类　　型	描　　述
1	DEPTNO	NUMBER(2)	表示的是部门的编号，部门的编号由两位数字所组成
2	DNAME	VARCHAR2(14)	部门名称，最多是 14 个字符长度
3	LOC	VARCHAR2(13)	部门位置，最多是 13 个字符长度

在部门表（dept）中保存的记录如图 2-58 所示。

deptno	dname	loc
10	ACCOUNTING	NEW YORK
20	RESEARCH	DALLAS
30	SALES	CHICAGO
40	OPERATIONS	BOSTON

图 2-58　dept 表中的记录

Note

2.8.2 雇员表emp

雇员表的数据和列是最多的，一共存在14条记录，并且本张表直接与部门表（dept）有联系，emp表的表结构如表2-3所示。

表2-3 emp表结构

No.	字段名称	类型	描述
1	EMPNO	NUMBER(4)	雇员的编号，由四位数字所组成
2	ENAME	VARCHAR2(10)	雇员姓名，由10个字符所组成
3	JOB	VARCHAR2(9)	职位（工作），由9个字符所组成
4	MGR	NUMBER(4)	一个雇员对应的领导的编号，领导也是雇员
5	HIREDATE	DATE	表示的是雇佣日期，存放的是日期型数据
6	SAL	NUMBER(7,2)	基本工资，由两位小数，和五位整数所组成，一共七位
7	COMM	NUMBER(7,2)	佣金（奖金），销售人员可以领取
8	DEPTNO	NUMBER(2)	雇员所属的部门编号，与dept表对应

在表2-3中可以发现同样存在一个deptno的字段，此字段表示的是一个雇员所在的部门，而comm字段表示的是佣金，但并不表示所有的雇员都会存在佣金（一般只有销售人员存在佣金），所以对于没有佣金的雇员，comm字段的内容就会设置为null，emp表中的记录如图2-59所示。

empno	ename	job	mgr	hiredate	sal	comm	deptno
7369	SMITH	CLERK	7902	1980-12-17	800		20
7499	ALLEN	SALESMAN	7698	1981-02-20	1600	300	30
7521	WARD	SALESMAN	7698	1981-02-22	1250	500	30
7566	JONES	MANAGER	7839	1981-04-20	2975		20
7654	MARTIN	SALESMAN	7698	1981-09-28	1250	1400	30
7698	BLAKE	MANAGER	7839	1981-05-01	2850		30
7782	CLARK	MANAGER	7839	1981-06-09	2450		10
7788	SCOTT	ANALYST	7566	1987-04-19	3000		20
7839	KING	PRESIDENT		1981-11-17	5000		10
7844	TURNER	SALESMAN	7698	1981-09-08	1500	0	30
7876	ADAMS	CLERK	7788	1987-05-23	1100		20
7900	JAMES	CLERK	7698	1981-12-03	950		30
7902	FORD	ANALYST	7566	1981-12-03	3000		20
7934	MILLER	CLERK	7782	1982-01-23	1300		10

图2-59 emp表记录

图2-59显示数据里对hiredate（雇佣日期）字段的内容进行了数据处理，以更加适合读者的阅读方式，而如何在数据库中进行处理，则需要一些单行函数的支持，这一点在随后的章节中再为读者讲解。

2.8.3 工资等级表salgrade

工资等级指的是一个人领取的工资在公司的工资分布情况，在工资表中定义了一个工资等级所具备的最低和最高范围，工资表的表结构如表2-4所示。

表 2-4　salgrade 表结构

No.	字段名称	类　型	描　述
1	GRADE	NUMBER	工资的等级编号
2	LOSAL	NUMBER	此等级的最低工资
3	HISAL	NUMBER	此等级的最高工资

每个雇员都有工资，要想确定雇员的工资等级，那么就与 LOSAL 和 HISAL 比较即可，在此范围之间，在工资表中一共定义了 5 种工资等级，如图 2-60 所示。

grade	losal	hisal
1	700	1200
2	1201	1400
3	1401	2000
4	2001	3000
5	3001	9999

图 2-60　salgrade 表数据

2.8.4　工资补贴表 bonus

工资补贴表的主要功能是记录每一个雇员的工资补贴数额，bonus 表的结构如表 2-5 所示。

表 2-5　bonus 表的结构

No.	字段名称	类　型	描　述
1	ENAME	VARCHAR2(10)	雇员姓名
2	JOB	VARCHAR2(9)	工作
3	SAL	NUMBER	基本工资
4	COMM	NUMBER	佣金

在工资补贴表中并不像其他三张数据表那样给出了默认的数据，里面没有任何的数据记录。

2.9　本章小结

1．Oracle 数据库是大型关系型数据库，本书使用的 Oracle 数据库版本是 Oracle 12c。

2．Oracle 数据库中的 4 个主要用户为：

☑　超级管理员：sys/change_on_install。

☑　普通管理员：system/manager。

☑　普通用户：scott/tiger（Oracle 12c 之后改为 c##scott）。

☑　海量数据用户（大数据用户）：sh/sh。

3．Oracle 安装中最重要的两个服务是监听和数据库实例服务。

4．监听服务在日后使用程序开发时有着重要的作用，即程序将通过监听服务进行数据库的连接。

5．SQLPlus 是主要的命令执行窗口，用户可以直接在此处进行命令的输入。

6．SQL Developer 是 Oracle 11g 时开始提供的工具，可以实现 SQL 程序的编写。

7．scott 用户的 4 张数据表，为以后讲解 SQL 语法时主要使用的数据库对象。

第 2 部分

SQL 基础语法

- 使用 SQL 进行数据的查询与更新操作
- 数据对象的定义
- 数据库设计范式

简单查询

通过本章的学习，可以达到以下目标：

☑ 掌握SQL语句的基本语法。

☑ 了解投影在SQL中的使用。

☑ 可以使用SQL语句完成简单查询功能。

SQL语句是数据库操作的标准语句，而Oracle数据库是最早支持SQL语言的数据库，本章将为读者讲解SQL的概念及其基本语法，并通过一些实例进行简单查询的演示。

3.1　简单查询语句

在本书第 2 章讲解 SQL Developer 配置时曾经演示过一段查询 emp 表数据的操作，此操作可以查询出公司全部雇员的信息，为了更好地便于读者理解本章的内容，下面在 SQL Developer 工具中重复执行本语句。

范例 3-1： 查询 emp 表中的数据。

```
SELECT * FROM emp ;
```

查询结果： 通过 SQL Developer 输出，如图 3-1 所示。

	EMPNO	ENAME	JOB	MGR	HIREDATE	SAL	COMM	DEPTNO
1	7369	SMITH	CLERK	7902	17-12月-80	800	(null)	20
2	7499	ALLEN	SALESMAN	7698	20-2月 -81	1600	300	30
3	7521	WARD	SALESMAN	7698	22-2月 -81	1250	500	30
4	7566	JONES	MANAGER	7839	02-4月 -81	2975	(null)	20
5	7654	MARTIN	SALESMAN	7698	28-9月 -81	1250	1400	30
6	7698	BLAKE	MANAGER	7839	01-5月 -81	2850	(null)	30
7	7782	CLARK	MANAGER	7839	09-6月 -81	2450	(null)	10
8	7788	SCOTT	ANALYST	7566	19-4月 -87	3000	(null)	20
9	7839	KING	PRESIDENT	(null)	17-11月-81	5000	(null)	10
10	7844	TURNER	SALESMAN	7698	08-9月 -81	1500	0	30
11	7876	ADAMS	CLERK	7788	23-5月 -87	1100	(null)	20
12	7900	JAMES	CLERK	7698	03-12月-81	950	(null)	30
13	7902	FORD	ANALYST	7566	03-12月-81	3000	(null)	20
14	7934	MILLER	CLERK	7782	23-1月 -82	1300	(null)	10

图 3-1　查询 emp 表中的全部数据

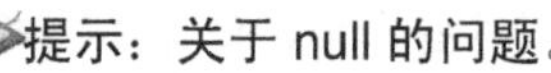

提示：关于 null 的问题。

在图 3-1 所显示的查询结果中包含了 null 的内容，这就表示这一列现在暂时还没有内容，但是一定要记住的是 null 不等于 0。举例来讲，在商场购买一个商品，这个商品可能没有标明价钱（可以理解为 null），也可能是不要钱或免费赠送的（可以理解为 0）。关于 null 的更多解释将在第 4 章中为读者讲解。

提示：关于查询结果中左边的编号说明。

在 emp 表中一共存在了 14 条记录，而在查询结果中左边显示的行号是 SQL Developer 自动追加的，与 SQL 语句没有任何的关系，读者使用 SQLPlus 输入同样的命令就可以发现区别了。

上面输入的命令语句就是一条简单的查询语句，简单查询语句就是会将一张数据表中所有数据行的内容全部列出，此语句的语法如下：

语法 3-1： 简单查询语句语法

```
SELECT [DISTINCT]  * | 列名称 [AS] [列别名] , 列名称 [AS] [列别名] ,...
FROM 表名称 [表别名] ;
```

在该语法中所列出的语句格式给出了两个子句的使用。

☑　SELECT 子句：SELECT 子句之后可以使用“*”将所有字段（列）的内容全部查询出

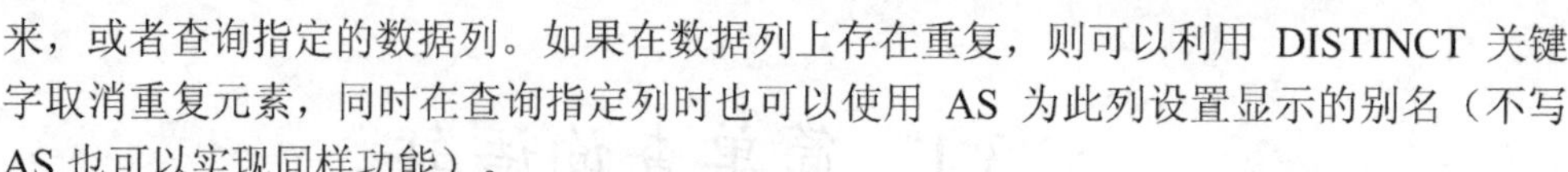

来，或者查询指定的数据列。如果在数据列上存在重复，则可以利用 DISTINCT 关键字取消重复元素，同时在查询指定列时也可以使用 AS 为此列设置显示的别名（不写 AS 也可以实现同样功能）。

☑ FROM 子句：主要用于指名要查询的数据表。

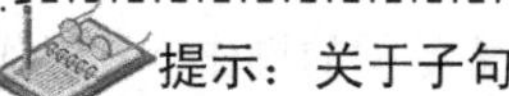

提示：关于子句。

在本书编写时经常会看见这样的术语“SELECT 子句”、“FROM 子句”、“WHERE 子句”等，这些都是一些习惯性的称呼，指的是关键字之后的语句内容。

提示：本书的命名格式。

SQL 是不区分大小写的，它把大写和小写字母看作相同的字母。例如，对于关键字 FROM，可以写成 FROM、From 或者是 from 等，只有单引号里面的字符才区分大小写。所以'FROM'和'from'是不同的字符串。在编写本书 SQL 语句时，对于固定关键字部分将采用大写的形式，而对于可变的内容，例如，要查询的列、表名称、条件等，都将采用小写的形式，以方便读者记忆，而本书的后续系列《Java 开发实战经典》、《Java Web 开发实战经典》、《Android 开发实战经典》中也将延续此类叫法。

提示：关于术语别名的介绍。

在之前讲解数据库基本概念时曾经讲解过关系模型中的属性和元组的概念，但是这些概念都是专业性的术语，在一些开发中这些术语也有其他的名字。

☑ 属性：有时候可以称为字段或者是列。

☑ 元组：有时候可以称为数据，多个元组称为多个数据。

本书考虑到不同需求的读者，所以在讲解概念的时候会采用这些术语，但操作时更多的是采用一些比较直白的称呼，如字段、列、数据等，以方便读者理解操作。

范例 3-2：现在要求查询出公司的雇员雇佣情况，所以希望通过数据库可以查找到每个雇员的编号、姓名、基本工资 3 个信息进行浏览。

分析：在这个查询要求中，由于查询的是雇员信息，所以要通过 emp 表进行查询，而此时没有要求显示全部的数据列内容，所以只需要显示出 empno、ename、job 这 3 个属性（也可以称为字段或列）即可，如下所示。

```
SELECT empno,ename,job FROM emp ;
```

查询结果：通过 SQL Developer 输出，如图 3-2 所示。

提示：执行顺序。

读者运行完以上程序后，可以发现此时的程序主要有两个子句，即 SELECT 子句、FROM 子句，而这两个子句执行的先后顺序是：

☑ 第一步：执行 FROM 子句，确定要检索的数据来源。

☑ 第二步：执行 SELECT 子句，确定要检索出的数据列。

	EMPNO	ENAME	JOB
1	7369	SMITH	CLERK
2	7499	ALLEN	SALESMAN
3	7521	WARD	SALESMAN
4	7566	JONES	MANAGER
5	7654	MARTIN	SALESMAN
6	7698	BLAKE	MANAGER
7	7782	CLARK	MANAGER
8	7788	SCOTT	ANALYST
9	7839	KING	PRESIDENT
10	7844	TURNER	SALESMAN
11	7876	ADAMS	CLERK
12	7900	JAMES	CLERK
13	7902	FORD	ANALYST
14	7934	MILLER	CLERK

图 3-2　查询 empno、ename、job 字段

提示：关于 SQL 中的投影概念。

投影（Projection）操作用来从一个关系 A 中生成一个新的关系 B，而这个新的关系 B 只包含原来关系 A 中的部分列。表达式“Π C1,C2,...,CN(关系 A)”的值是这样的一个关系：它只包含关系 A 中的 C1, C2, ...,CN 所代表的列。结果关系 B 模式的属性集合为“{C1 , C2, ..., CN}”，这样的关系如图 3-3 所示。

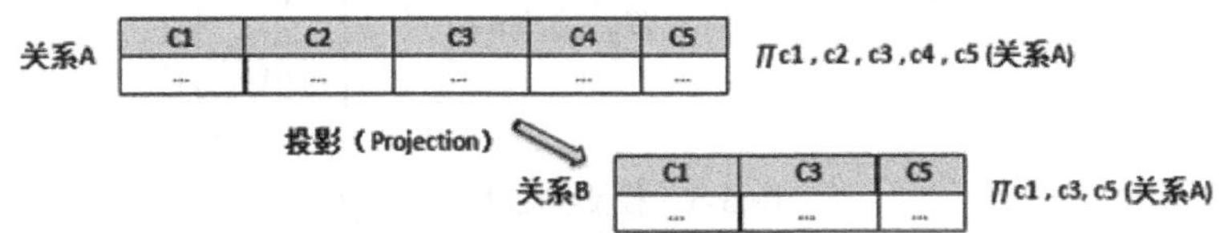

图 3-3　投影关系操作

提示：投影属于一种代数操作。

在数据库的关系代数定义中，提供了多种操作符，这些操作符主要分为以下 4 类。

- ☑ 关系操作：并、交、差。
- ☑ 除去某些行或列的操作：“选择”是消除某些行（元组）的操作，而“投影”是消除某些列的操作。
- ☑ 组合两个关系元组的操作：笛卡尔积运算、连接操作等。
- ☑ “重命名”操作：不影响关系中的元组，但是它改变了关系模式，即属性的名称或者关系本身的名称被改变。

一般把关系代数的表达式称为查询（query），而本书考虑到方便读者的理解，会将这些概念分散在各种查询操作中，随着学习的深入，读者可以逐步看见这些操作。

清楚了投影的概念后，下面可以针对范例 3-2 所示的查询做一个简短分析：查找每个雇员的编号、姓名、基本工资，现在这个查询相当于是通过 Emp 这个关系创造出新的关系，此时投影到关系的 3 个属性表达式是：

```
Π empno , ename , job (Emp)
```

这个关系如图 3-4 所示。

Emp

empno	ename	job	mgr	hiredate	sal	comm	deptno
7369	SMITH	CLERK	7902	1980-12-17	800		20
7499	ALLEN	SALESMAN	7698	1981-02-20	1600	300	30
7521	WARD	SALESMAN	7698	1981-02-22	1250	500	30
...	...	...	...	...	...	...	...

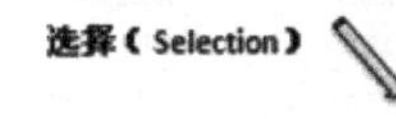

$\Pi_{empno,ename,job}$ (Emp)

empno	ename	job
7369	SMITH	CLERK
7499	ALLEN	SALESMAN
7521	WARD	SALESMAN
...	...	...

图 3-4　投影到多列

另一个查询是用表达式“Π ename (Emp)”投影到属性 ename。结果是一个单列的关系，如图 3-5 所示。

Emp

empno	ename	job	mgr	hiredate	sal	comm	deptno
7369	SMITH	CLERK	7902	1980-12-17	800		20
7499	ALLEN	SALESMAN	7698	1981-02-20	1600	300	30
7521	WARD	SALESMAN	7698	1981-02-22	1250	500	30
...	...	...	...	...	...	...	...

投影（Projection）

Π_{ename} (Emp)

ename
SMITH
ALLEN
WARD
...

图 3-5　投影到单列

清楚了简单查询的基本概念后，下面讲解简单查询的其他操作形式。

3.2　其他简单查询

简单查询是针对一张数据表的查询操作，清楚了简单查询的 SQL 语法之后，下面再结合一些实例对简单查询做进一步分析。

范例 3-3：现在要求查询公司中所有雇员的职位信息。

分析：在 emp 表中存在一个 job 的字段，里面显示全部雇员的工作，所以在 SELECT 子句中只需要编写 job 字段的名称即可。

```
SELECT job FROM emp ;
```

查询结果：通过 SQL Developer 输出，如图 3-6 所示。

从图 3-6 中的查询结果可以发现，虽然现在已经完成了查询功能，但是从显示结果出现了重复的内容，因为雇员的工作本身就是重复的，如果要想消除这些重复，可以使用 DISTINCT 关键字完成。

范例 3-4：显示的职位包含了太多的重复内容，使用 DISTINCT 关键字去掉全部的重复内容。

```
SELECT DISTINCT job FROM emp ;
```

查询结果：通过 SQL Developer 输出，如图 3-7 所示。

从图 3-7 中可以发现，所有重复的记录已经全部消除，但是在使用 DISTINCT 的时候还有一点需要注意，所谓的消除重复的内容，是指一条完整的数据全部是重复的，如果多行记录只有一列重复而其他列不重复，那么也是无法消除的。

范例 3-5：查询雇员编号、职位。

```
SELECT DISTINCT empno,job FROM emp ;
```

查询结果：通过 SQL Developer 输出，如图 3-8 所示。

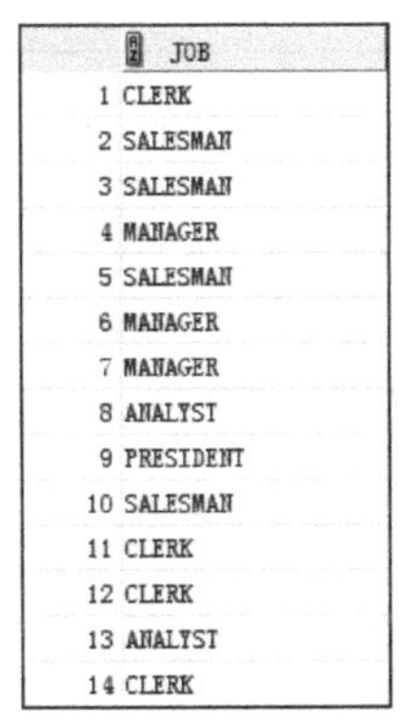

	JOB
1	CLERK
2	SALESMAN
3	SALESMAN
4	MANAGER
5	SALESMAN
6	MANAGER
7	MANAGER
8	ANALYST
9	PRESIDENT
10	SALESMAN
11	CLERK
12	CLERK
13	ANALYST
14	CLERK

图 3-6　查询 job 字段

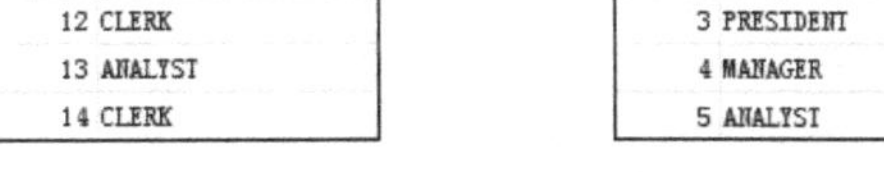

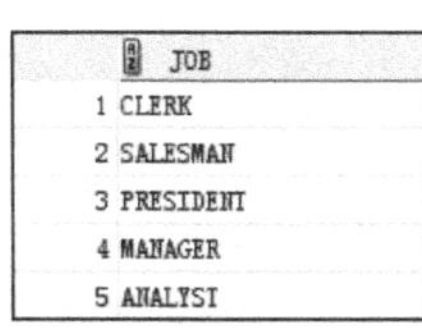

	JOB
1	CLERK
2	SALESMAN
3	PRESIDENT
4	MANAGER
5	ANALYST

图 3-7　消除重复内容

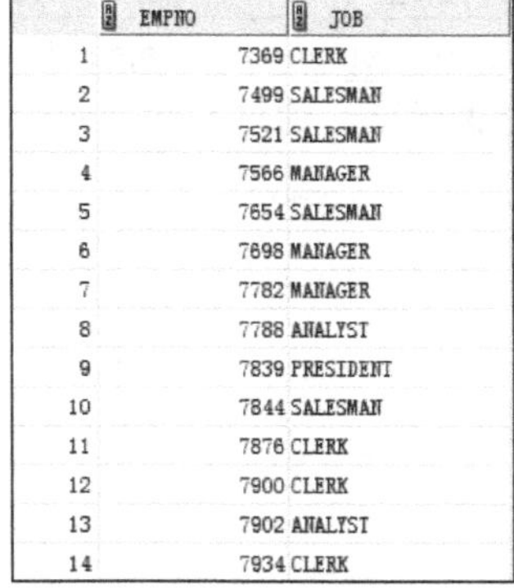

	EMPNO	JOB
1	7369	CLERK
2	7499	SALESMAN
3	7521	SALESMAN
4	7566	MANAGER
5	7654	SALESMAN
6	7698	MANAGER
7	7782	MANAGER
8	7788	ANALYST
9	7839	PRESIDENT
10	7844	SALESMAN
11	7876	CLERK
12	7900	CLERK
13	7902	ANALYST
14	7934	CLERK

图 3-8　无法消除重复的工作信息

从图 3-8 中可以发现，虽然程序中使用了 DISTINCT 关键字，但是对于 job 列的显示结果依然存在重复的职位信息，因为 SQL 语句判断重复是以一整行数据来判断的，如果有一列的数据不重复，那么一行数据就不会出现重复，这一点读者一定要清楚。

在简单查询语句中，也可以使用各种四则运算“+、-、*、/”进行数学计算的操作，而在使用这些运算符操作的时候依然会按照“先乘除，后加减”的顺序完成。

范例 3-6：要求通过数据库查询出所有雇员的编号、雇员姓名和年基本工资、日基本工资，以作为年终奖金的发放标准。

分析：基本工资是通过 emp 表中的 sal 字段取得，年工资是：基本工资×12 的结果，由于每个月的日期数不等，所以本程序先按照一个月为 30 天进行计算，日工资是：基本工资 ÷ 30。

```
SELECT empno,ename,sal * 12,sal/30 FROM emp ;
```

查询结果：通过 SQL Developer 输出，如图 3-9 所示。

	EMPNO	ENAME	SAL*12	SAL/30
1	7369	SMITH	9600	26.66666666666666666666666666666666666667
2	7499	ALLEN	19200	53.333333333333333333333333333333333333
3	7521	WARD	15000	41.66666666666666666666666666666666666667
4	7566	JONES	35700	99.16666666666666666666666666666666666667
5	7654	MARTIN	15000	41.66666666666666666666666666666666666667
6	7698	BLAKE	34200	95
7	7782	CLARK	29400	81.66666666666666666666666666666666666667
8	7788	SCOTT	36000	100
9	7839	KING	60000	166.66666666666666666666666666666666666667
10	7844	TURNER	18000	50
11	7876	ADAMS	13200	36.66666666666666666666666666666666666667
12	7900	JAMES	11400	31.66666666666666666666666666666666666667
13	7902	FORD	36000	100
14	7934	MILLER	15600	43.333333333333333333333333333333333333

图 3-9　年基本工资、日基本工资

提示：关于小数点的四舍五入问题。

从图 3-9 中可以发现，日薪金出现了许多的小数，如果要想实现对小数准确的四舍五入的操作，在第 5 章单行函数中将为读者讲解。

范例 3-7：公司每个雇员在年底的时候可以领取 5000 元的年终奖金，要求查询雇员的编号、姓名和增长后的年基本工资（不包括佣金）。

分析：每个雇员的年终奖金是在 12 个月基本工资之外的收入，所以首先必须求出基本年工资之后再加上 5000，即 sal × 12 + 5000。

```
SELECT empno,ename,sal*12+5000 FROM emp ;
```

查询结果：通过 SQL Developer 输出，如图 3-10 所示。

	EMPNO	ENAME	SAL*12+5000
1	7369	SMITH	14600
2	7499	ALLEN	24200
3	7521	WARD	20000
4	7566	JONES	40700
5	7654	MARTIN	20000
6	7698	BLAKE	39200
7	7782	CLARK	34400
8	7788	SCOTT	41000
9	7839	KING	65000
10	7844	TURNER	23000
11	7876	ADAMS	18200
12	7900	JAMES	16400
13	7902	FORD	41000
14	7934	MILLER	20600

图 3-10　增加年终奖金

范例 3-8：公司每个月为雇员增加 200 元的补助金，此时，要求可以查询出每个雇员的编号、姓名、基本年工资。

分析：由于是在每个月增加了 200 元的补助，所以每个月的实际工资为“sal + 200”，但是在四则运算时要考虑到“先乘除，后加减”的问题，所以应该使用“()”改变优先级，即现在的计算公式为(sal + 200) * 12 + 5000。

```
SELECT empno,ename,(sal+200)*12+5000 FROM emp ;
```

查询结果：通过 SQL Developer 输出，如图 3-11 所示。

	EMPNO	ENAME	(SAL+200)*12+5000
1	7369	SMITH	17000
2	7499	ALLEN	26600
3	7521	WARD	22400
4	7566	JONES	43100
5	7654	MARTIN	22400
6	7698	BLAKE	41600
7	7782	CLARK	36800
8	7788	SCOTT	43400
9	7839	KING	67400
10	7844	TURNER	25400
11	7876	ADAMS	20600
12	7900	JAMES	18800
13	7902	FORD	43400
14	7934	MILLER	23000

图 3-11　计算出加补助之后的年工资

此时查询的结果已经按照要求显示了，但同时会有一个问题："(sal+200)*12+5000"是什么意思？很明显这样的查询列名称没有任何意义，要想解决显示列的名称，可以通过设置别名的方式完成，如下所示。

范例 3-9：为查询结果设置别名。

```
SELECT empno 雇员编号,ename 雇员姓名,(sal+200)*12+5000 AS 年薪 FROM emp ;
```

查询结果：通过 SQL Developer 输出，如图 3-12 所示。

	雇员编号	雇员姓名	年薪
1	7369	SMITH	17000
2	7499	ALLEN	26600
3	7521	WARD	22400
4	7566	JONES	43100
5	7654	MARTIN	22400
6	7698	BLAKE	41600
7	7782	CLARK	36800
8	7788	SCOTT	43400
9	7839	KING	67400
10	7844	TURNER	25400
11	7876	ADAMS	20600
12	7900	JAMES	18800
13	7902	FORD	43400
14	7934	MILLER	23000

图 3-12　设置别名

在本查询中为 empno 设置了一个"雇员编号"的别名，为 ename 设置了一个"雇员姓名"的别名，而将计算出来的结果设置了一个"年薪"的别名，所以在图 3-12 显示的时候，列名称就全部替换成了别名。而此时，在使用别名时，即使不使用 AS，显示结果也是相同的。

注意：尽量回避中文。

本程序只是为了演示，在实际中读者一定要尽量全部使用英文，这样在开发中可以避免一些不必要的麻烦。

执行以上查询时，都是查询了表中具体的列信息，而这些列就相当于变量一样，可以将对应的每行数据的内容取出，但是在 SELECT 子句之后出现的并不一定只是列名称，还可以编写常量。

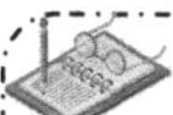

提示：关于常量的输出。

如果现在要直接输出具体的常量数据，则有以下说明。

☑ 字符串常量：直接使用"'"声明，例如'MLDN'。

☑ 数字常量：直接输出数字，例如 5128。

☑ 日期：按照给定的字符串格式编写，例如"'××-×月-××'"，关于日期型的处理在第 5 章会有完整讲解。

☑ 单引号（'）：直接使用 4 个"'"表示，例如，''''（4 个"'"），表示一个"'"。

本次讲解的常量输出操作主要以字符串常量和数字常量为主。

范例 3-10：在 SELECT 子句中使用常量，为以上的查询增加一个货币的描述。

Note

```
SELECT empno AS 雇员编号 , ename AS 雇员姓名,(sal+200)*12+5000 AS 年薪 , '￥' AS 货币
FROM emp ;
```

查询结果：通过 SQL Developer 输出，如图 3-13 所示。

	雇员编号	雇员姓名	年薪	货币
1	7369	SMITH	17000	¥
2	7499	ALLEN	26600	¥
3	7521	WARD	22400	¥
4	7566	JONES	43100	¥
5	7654	MARTIN	22400	¥
6	7698	BLAKE	41600	¥
7	7782	CLARK	36800	¥
8	7788	SCOTT	43400	¥
9	7839	KING	67400	¥
10	7844	TURNER	25400	¥
11	7876	ADAMS	20600	¥
12	7900	JAMES	18800	¥
13	7902	FORD	43400	¥
14	7934	MILLER	23000	¥

图 3-13　输出常量

另外，在本查询中，考虑到语法的完整性，在为查询列起别名的时候加入了 AS 关键字，而此关键字加或不加对于结果没有任何影响。

在 Oracle 数据库中，为了方便查询结果的连续显示，特别提供了“||”进行数据显示的连接，例如，现在要求所有的数据必须按照指定的格式显示，格式如下：

```
编号是 XXX 的雇员姓名是：XXX，基本工资是：XXX
```

以雇员编号为 7369 的雇员为例，则数据应该显示为“编号是 7369 的雇员姓名是：SMITH，基本工资是：800”。

如果现在每一行记录都要按照此格式编写，则必须套取出一个公共的样式。可以发现，雇员编号（empno）、姓名（ename）、基本工资（sal）都是从表中的相应字段取出的，而其他的内容都是固定的，那么此时，就可以通过“||”完成字符串的连接，一起显示一个完整的结果。

范例 3-11：使用“||”进行连接显示。

```
SELECT '编号是：' || empno || '的雇员姓名是：' || ename || '，基本工资是：' || sal 雇员信息 FROM
emp ;
```

查询结果：通过 SQL Developer 输出，如图 3-14 所示。

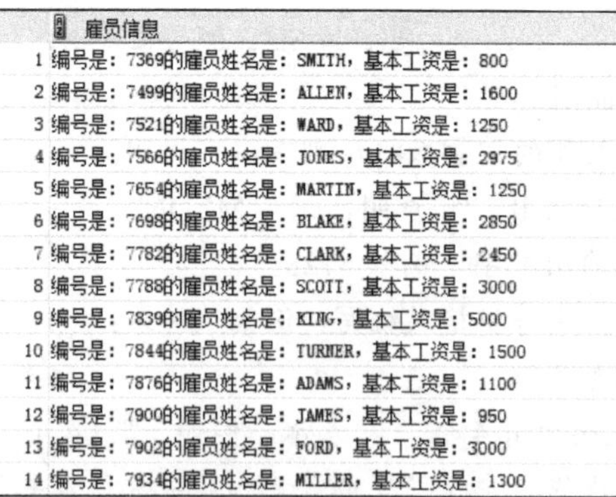

	雇员信息
1	编号是：7369的雇员姓名是：SMITH，基本工资是：800
2	编号是：7499的雇员姓名是：ALLEN，基本工资是：1600
3	编号是：7521的雇员姓名是：WARD，基本工资是：1250
4	编号是：7566的雇员姓名是：JONES，基本工资是：2975
5	编号是：7654的雇员姓名是：MARTIN，基本工资是：1250
6	编号是：7698的雇员姓名是：BLAKE，基本工资是：2850
7	编号是：7782的雇员姓名是：CLARK，基本工资是：2450
8	编号是：7788的雇员姓名是：SCOTT，基本工资是：3000
9	编号是：7839的雇员姓名是：KING，基本工资是：5000
10	编号是：7844的雇员姓名是：TURNER，基本工资是：1500
11	编号是：7876的雇员姓名是：ADAMS，基本工资是：1100
12	编号是：7900的雇员姓名是：JAMES，基本工资是：950
13	编号是：7902的雇员姓名是：FORD，基本工资是：3000
14	编号是：7934的雇员姓名是：MILLER，基本工资是：1300

图 3-14　使用连接符显示

提问：为什么有的地方加上了“'”，有的地方没有？

在本程序显示的时候，所有固定输出的内容都加上了“'”，例如“'编号是：'”，但是为什么在之前设置别名的地方不使用呢？

回答：加上“'”表示的是字符串。

在 SQL 语句中用“'”括起来的内容就是一个字符串的常量，所有的字符串都必须按照此种语法编写，但是在设置别名的时候不用加入，因为它设置的不是显示的内容，而是显示列的名称。

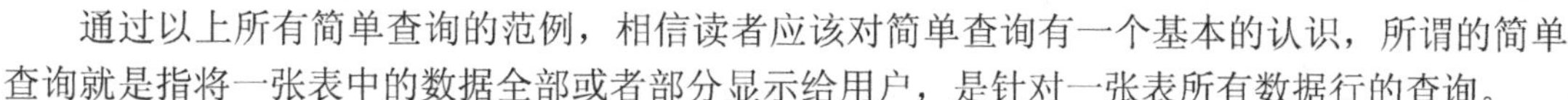

通过以上所有简单查询的范例，相信读者应该对简单查询有一个基本的认识，所谓的简单查询就是指将一张表中的数据全部或者部分显示给用户，是针对一张表所有数据行的查询。

3.3　本章小结

1．简单查询是将一张表中的全部或部分列进行显示的操作。

2．简单查询中通过“*”表示查询全部的内容，也可以指定具体的列名称，显示具体列的内容。

3．在 SQL 中可以使用“+”、“-”、“*”、“/”四则运算，但是要注意运算符的优先级。

4．可以为一个显示的列进行别名的设置，这样会将相应的列名称替换成别名显示。

5．通过“||”可以进行数据的连接，在查询语句中出现的字符串必须使用“'”括起来。

第4章 限定查询与排序显示

通过本章的学习，可以达到以下目标：

☑ 掌握限定查询的语法格式。

☑ 掌握 SQL 中的选择操作。

☑ 掌握各种常见的限定查询关系符。

☑ 可以对显示的数据进行升序或降序的排列。

简单 SQL 语句会将全部的内容查询出来并显示，但是对于数据量较大的情况，这一点就不实用了，所以需要对查询数据进行筛选，而对于查询出来的数据有时也需要按照指定的要求进行顺序排列，这时就可以使用排序语法完成。

4.1　限定查询

限定查询指的是在数据查询时设置一系列的过滤条件，只有满足指定的条件后才可以进行显示，下面讲解这些限定查询的符号。

4.1.1　认识限定查询

在第 3 章讲解的查询操作中，主要的目的是将所有的数据全部查询出来并显示，但是这样会有很多的麻烦。例如，如果一张表中有 100 万条数据，一旦执行了“SELECT * FROM 表”语句之后，则将在屏幕上显示表中全部数据行的记录，这样既不方便浏览，也有可能造成死机。所以此时必须对查询的结果进行筛选，只选出对自己有用的数据即可，可以通过 WHERE 指定查询的筛选条件。

提问：如果我想观察这种海量数据读取该怎么办？

在 emp 表中只有 14 行记录，所以现在根本观察不到这种海量数据的查询，有没有可以观察到这种海量查询直接使用简单 SQL 语句所带来的问题呢？

回答：SH 用户属于大数据用户。

如果用户使用 Oracle11g，则可以使用 SH 用户进行登录，之后通过“SELECT * FROM tab”语句随便找一张表并发出查询语句，就可以观察到这种影响了。

提示：一般在执行查询之前都先查看一下表中的记录数。

对于一些有经验的 DBA（数据库管理员），一般在执行查询语句之前，都会先使用如下的 SQL 语句查看一下数据表中到底有多少条记录，确定数据量之后才会真正发出查询的 SQL 语句，查询表中的记录。

范例 4-1： 查看 emp 表中的数据量。

```
SELECT COUNT(*) FROM emp ;
```

查询结果： 通过 SQL Developer 输出，如图 4-1 所示。

	COUNT(*)
1	14

图 4-1　emp 表中有 14 条记录

本语句读者暂时不明白也没有关系，只需要知道此操作是取得一张表中的数据量，在本书第 7 章会为读者详细讲解 COUNT()函数的功能以及相关使用。

在 SQL 标准中限定查询的语法如下：

语法 4-1： 限定查询

```
SELECT [DISTINCT]   * | 列名称 [AS] [列别名] , 列名称 [AS] [列别名] ,…
FROM 表名称 [表别名]
```

```
[WHERE 条件(s) ];
```

与之前的简单查询语法相比，限定查询只是在 FROM 子句之后增加了一个 WHERE 子句，可以用于对条件判断的结果，同时 WHERE 子句可以进行多个条件的判断，此子句之后返回的数据类型是布尔值。

> **提示：关于布尔值。**
>
> 在进行各种条件判断时，结果要么是 TRUE，要么是 FALSE，这样的数据类型称为布尔值。对于布尔值，Oracle 只有 3 个返回结果，即 TRUE、FALSE、UNKNOWN，可以使用一种简单的方式来记住这个规则：TRUE 看作 1（完全真），FALSE 看作 0（完全假），UNKNOWN 看作 1 / 2（即处于真假之间），在本书中主要考虑 TRUE 和 FALSE 两个结果。

在编写 WHERE 子句判断条件时，可以同时指定多个判断条件的连接，连接主要通过逻辑运算符实现，逻辑运算符一共有以下 3 种。

- ☑ 与（AND）：连接多个条件，多个条件同时满足时才返回 TRUE，有一个条件不满足，结果就是 FALSE。
- ☑ 或（OR）：连接多个条件，多个条件中只要有一个返回 TRUE，结果就是 TRUE，如果多个条件返回的都是 FALSE，则结果才是 FALSE。
- ☑ 非（NOT）：求反操作，可以将 TRUE 变 FALSE，FALSE 变 TRUE。

以上 3 种逻辑运算符的优先级为 NOT、AND、OR，而这 3 种逻辑值也可以形成如表 4-1 所示的真值表。

表 4-1　逻辑真值表

No.	条件 x	条件 y	x AND y	x OR y	NOT x
1	TRUE	TRUE	TRUE	TRUE	FALSE
2	TRUE	NULL	NULL	TRUE	FALSE
3	TRUE	FALSE	FALSE	TRUE	FALSE
4	NULL	TRUE	NULL	TRUE	NULL
5	NULL	NULL	NULL	NULL	NULL
6	NULL	FALSE	FALSE	NULL	NULL
7	FALSE	TRUE	FALSE	TRUE	TRUE
8	FALSE	NULL	FALSE	NULL	TRUE
9	FALSE	FALSE	FALSE	TRUE	TRUE

下面先通过一个简单的限定查询范例为读者讲解 WHERE 子句的使用。

范例 4-2：统计出基本工资高于 1500 元的全部雇员信息。

分析：本程序既然要查询基本工资，则肯定要使用 sal 字段，而此时的条件是大于 1500，所以可以通过 WHERE 子句指定一个限定条件"sal>1500"。

```
SELECT * FROM emp WHERE sal>1500 ;
```

查询结果：通过 SQL Developer 输出，如图 4-2 所示。

	EMPNO	ENAME	JOB	MGR	HIREDATE	SAL	COMM	DEPTNO
1	7499	ALLEN	SALESMAN	7698	20-2月 -81	1600	300	30
2	7566	JONES	MANAGER	7839	02-4月 -81	2975	(null)	20
3	7698	BLAKE	MANAGER	7839	01-5月 -81	2850	(null)	30
4	7782	CLARK	MANAGER	7839	09-6月 -81	2450	(null)	10
5	7788	SCOTT	ANALYST	7566	19-4月 -87	3000	(null)	20
6	7839	KING	PRESIDENT	(null)	17-11月-81	5000	(null)	10
7	7902	FORD	ANALYST	7566	03-12月-81	3000	(null)	20

图 4-2　基本工资大于 1500 元的雇员信息

提示：语句执行顺序。

SQL 中加入了 WHERE 子句之后，其语句的执行顺序如下。

☑　第一步：执行 FROM 子句，确定要检索的数据来源。

☑　第二步：执行 WHERE 子句，使用限定符对数据行进行过滤。

☑　第三步：执行 SELECT 子句，确定要检索出的数据列。

本查询中由于使用了 WHERE 子句进行条件的过滤，所以只显示满足此条件的数据，此操作是通过一个关系运算符“>”完成的。

提示：SQL 中的选择操作。

使用 WHERE 子句进行数据的筛选，该操作在数据库中称为选择（Selection）操作，而选择操作符应用到一个关系 A 上时，即产生一个关系 A 的元组的子集合（即：只有关系 A 中的部分数据）。结果关系 B 的元组必须满足于某个涉及关系 A 中的条件 C，这个操作表示为σC（A）（σ发音为 sigma）。结果关系 B 和原关系 A 有着相同的模式，习惯上用跟原关系相同的顺序列出这些属性，这一过程如图 4-3 所示。

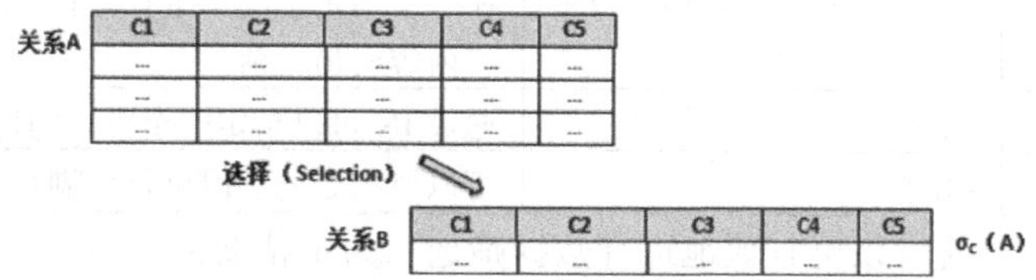

图 4-3　选择操作

所以对于“统计出基本工资高于 1500 元的全部雇员信息”这样的限定查询要求，表达式可以写为：

```
σ sal>1500 (Emp)
```

这样在 emp 表中的每一个元组（每一行数据）都会使用 sal 属性进行验证，如果现在的条件更改为查询工资范围在 1500~3000（包含 1500 和 3000）元之间的雇员信息，则表达式可以写成：

```
σ sal≥1500 AND sal≤ 3000 (Emp)
```

这之中就必须选择合适的逻辑运算符进行两个子条件的连接，所以到目前为止所看到的 SQL 查询将具有以下的形式：

```
SELECT   L
FROM     R
WHERE    C
```

其中 L 是一个表达式列表，R 是一个关系，C 是一个条件，该表达式可以用如下关系代数表达式替代：

```
Π L(σC(R))
```

即首先对 FROM 子句关系中的每个元组使用 WHERE 子句中指定的条件进行筛选，然后投影到 SELECT 子句中的属性或表达式列表上。

为了更好地帮助读者理解限定查询，下面通过一些范例来讲解限定查询的应用及限定运算符的使用。

4.1.2　对数据进行限定查询

Note

前文已经对 WHERE 子句的使用进行了基本的介绍，同时为读者演示了关系运算符的操作，而在数据库中，对于 WHERE 子句的运算符有许多种，常见的限定运算符如表 4-2 所示。

表 4-2　常用限定运算符

No.	运　算　符	符　　号	描　　述
1	关系运算符	>、<、>=、<=、=、!=、<>	进行大小或相等的比较，其中不等于有两种：!=和<>
2	判断 null	IS NULL、IS NOT NULL	判断某一列的内容是否为 null
3	逻辑运算符	AND、OR、NOT	AND 表示多个条件必须同时满足，OR 表示只需要有一个条件满足即可，NOT 表示条件去反，即：真变假、假变真
4	范围查询	BETWEEN 最小值 AND 最大值	在一个指定范围中进行查找，查找结果为“最小值≤内容≤最大值”
5	列表范围查询	IN	通过 IN 可以指定一个查询的范围
6	模糊查询	LIKE	可以对指定的字段进行模糊查询

掌握了这些运算符就可以更有效地进行数据筛选，为了帮助读者理解上述运算符的作用，下面将按照运算符的分类结合实例说明。

1. 关系运算符

范例 4-2 使用了关系运算符“>”查询出所有基本工资高于 1500 元的雇员信息，下面使用“<=”完成一个类似的查询功能。

范例 4-3：现在要求查询出所有基本工资小于等于 2000 元的全部雇员信息。

分析：本程序既然要查询基本工资，则肯定要使用 sal 字段，而此时的条件是小于等于 2000，所以可以通过 WHERE 子句指定一个限定条件“sal<=2000”。

```
SELECT *
FROM emp
WHERE sal<=2000 ;
```

查询结果：通过 SQL Developer 输出，如图 4-4 所示。

	EMPNO	ENAME	JOB	MGR	HIREDATE	SAL	COMM	DEPTNO
1	7369	SMITH	CLERK	7902	17-12月-80	800	(null)	20
2	7499	ALLEN	SALESMAN	7698	20-2月 -81	1600	300	30
3	7521	WARD	SALESMAN	7698	22-2月 -81	1250	500	30
4	7654	MARTIN	SALESMAN	7698	28-9月 -81	1250	1400	30
5	7844	TURNER	SALESMAN	7698	08-9月 -81	1500	0	30
6	7876	ADAMS	CLERK	7788	13-7月 -87	1100	(null)	20
7	7900	JAMES	CLERK	7698	03-12月-81	950	(null)	30
8	7934	MILLER	CLERK	7782	23-1月 -82	1300	(null)	10

图 4-4　基本工资小于等于 2000 元的雇员信息

提示：阅读查询语句的小技巧。

检查一个“SELECT-FROM-WHERE”查询的最简单方式是，首先查看 FROM 子句，找出该查询涉及了哪些关系。接着查看 WHERE 子句，了解要找出的是什么样的元组（数据），它对查询很重要。最后再看 SELECT 子句来了解最终输出的结果是哪些。在编写查询语句的时候也建议按照同样的顺序，即先写 FROM 再写 WHERE 最后写 SELECT，这与 SQL 语句的执行顺序是完全相同的。这样做对理解语句非常有用，在本书的随书视频中也按照同样的方式编写。

范例 4-4：根据之前的查询结果发现 SMITH 的工资最低，所以现在希望可以取得 SMITH 的详细资料。

分析：现在要想查询出 SMITH 的雇员信息，则在 ename 字段上设置条件为“ename='SMITH'”。

```
SELECT *
FROM emp
WHERE ename='SMITH' ;
```

查询结果：通过 SQL Developer 输出，如图 4-5 所示。

	EMPNO	ENAME	JOB	MGR	HIREDATE	SAL	COMM	DEPTNO
1	7369	SMITH	CLERK	7902	17-12月-80	800	(null)	20

图 4-5　查看 SMITH 雇员的完整信息

注意：Oracle 是区分大小写的。

对于范例 4-4 中的查询语句，如果在设置条件时，将条件编写为“ename='smith'”，则不会有任何的查询结果，因为在 emp 表中 SMITH 是采用字母大写的形式，而 Oracle 本身是区分大小写的，这一点读者一定要记住。

范例 4-5：查询出所有业务员（CLERK）的雇员信息。

分析：要求查询出所有业务员（CLERK）的雇员信息，也就是工作等于 CLERK，那么此时的条件是 job='CLERK'。

```
SELECT *
FROM emp
WHERE job='CLERK' ;
```

查询结果：通过 SQL Developer 输出，如图 4-6 所示。

	EMPNO	ENAME	JOB	MGR	HIREDATE	SAL	COMM	DEPTNO
1	7369	SMITH	CLERK	7902	17-12月-80	800	(null)	20
2	7876	ADAMS	CLERK	7788	13-7月 -87	1100	(null)	20
3	7900	JAMES	CLERK	7698	03-12月-81	950	(null)	30
4	7934	MILLER	CLERK	7782	23-1月 -82	1300	(null)	10

图 4-6　查询所有业务员的信息

范例 4-6：取得了所有业务员的资料之后，为了和其他职位的雇员对比，现在决定查询所有不是业务员的雇员信息。

分析：要求查询出所有不是业务员（CLERK）的雇员信息，也就是工作不等于 CLERK，那么此时的条件是 job<>'CLERK'，但是不等于在 SQL 中有两种表示方法，分别是<>、!=，所以下面两条语句的执行效果是一样的。

```
SELECT *
FROM emp
WHERE job<>'CLERK' ;
```

```
SELECT *
FROM emp
WHERE job!='CLERK' ;
```

查询结果： 通过 SQL Developer 输出，如图 4-7 所示。

	EMPNO	ENAME	JOB	MGR	HIREDATE	SAL	COMM	DEPTNO
1	7499	ALLEN	SALESMAN	7698	20-2月 -81	1600	300	30
2	7521	WARD	SALESMAN	7698	22-2月 -81	1250	500	30
3	7566	JONES	MANAGER	7839	02-4月 -81	2975	(null)	20
4	7654	MARTIN	SALESMAN	7698	28-9月 -81	1250	1400	30
5	7698	BLAKE	MANAGER	7839	01-5月 -81	2850	(null)	30
6	7782	CLARK	MANAGER	7839	09-6月 -81	2450	(null)	10
7	7788	SCOTT	ANALYST	7566	13-7月 -87	3000	(null)	20
8	7839	KING	PRESIDENT	(null)	17-11月-81	5000	(null)	10
9	7844	TURNER	SALESMAN	7698	08-9月 -81	1500	0	30
10	7902	FORD	ANALYST	7566	03-12月-81	3000	(null)	20

图 4-7 查询出所有工作不是业务员的雇员信息

范例 4-7： 查询出工资范围在 1500 ~ 3000（包含 1500 和 3000）元的全部雇员信息。

分析： 题目所给出的是判断工资，所以肯定使用 sal 字段，而既然要判断的是工资范围，则需要两个条件的连接，即 sal >= 1500、sal <= 3000，由于这两个条件必须同时满足，所以可以使用 AND 进行连接。

```
SELECT *
FROM emp
WHERE sal>=1500 AND sal<=3000 ;
```

查询结果： 通过 SQL Developer 输出，如图 4-8 所示。

	EMPNO	ENAME	JOB	MGR	HIREDATE	SAL	COMM	DEPTNO
1	7499	ALLEN	SALESMAN	7698	20-2月 -81	1600	300	30
2	7566	JONES	MANAGER	7839	02-4月 -81	2975	(null)	20
3	7698	BLAKE	MANAGER	7839	01-5月 -81	2850	(null)	30
4	7782	CLARK	MANAGER	7839	09-6月 -81	2450	(null)	10
5	7788	SCOTT	ANALYST	7566	13-7月 -87	3000	(null)	20
6	7844	TURNER	SALESMAN	7698	08-9月 -81	1500	0	30
7	7902	FORD	ANALYST	7566	03-12月-81	3000	(null)	20

图 4-8 工资范围在 1500~3000 元的全部雇员信息

范例 4-8： 查询职位是销售人员，并且基本工资高于 1200 元的所有雇员信息。

分析： 现在同样存在两个判断条件，即 job='SALESMAN'、sal>1200，而且这两个判断条件肯定要同时满足，所以要使用 AND 进行条件的连接。

```
SELECT *
FROM emp
WHERE job='SALESMAN' AND sal>1200 ;
```

查询结果： 通过 SQL Developer 输出，如图 4-9 所示。

	EMPNO	ENAME	JOB	MGR	HIREDATE	SAL	COMM	DEPTNO
1	7499	ALLEN	SALESMAN	7698	20-2月 -81	1600	300	30
2	7521	WARD	SALESMAN	7698	22-2月 -81	1250	500	30
3	7654	MARTIN	SALESMAN	7698	28-9月 -81	1250	1400	30
4	7844	TURNER	SALESMAN	7698	08-9月 -81	1500	0	30

图 4-9 所有基本工资高于 1200 元的销售人员信息

Note

范例 4-9：要求查询出 10 部门中的经理或者 20 部门中的业务员的信息。

分析：现在程序要求存在 4 个条件，而且这 4 个条件又分为以下两组。

☑ 第一组条件：deptno=10、job='MANAGER'，这两个条件必须同时满足，使用 AND 连接。

☑ 第二组条件：deptno=20、job='CLERK'，这两个条件也必须同时满足，使用 AND 连接。

以上的两组条件在判断时只需要有任意一组满足即可，所以这两组条件使用 OR 进行连接，同时为了方便阅读，可以将以上的两组条件分别使用“()”声明。

```
SELECT *
FROM emp
WHERE (deptno=10 AND job='MANAGER') OR (deptno=20 AND job='CLERK') ;
```

查询结果：通过 SQL Developer 输出，如图 4-10 所示。

	EMPNO	ENAME	JOB	MGR	HIREDATE	SAL	COMM	DEPTNO
1	7369	SMITH	CLERK	7902	17-12月-80	800	(null)	20
2	7782	CLARK	MANAGER	7839	09-6月 -81	2450	(null)	10
3	7876	ADAMS	CLERK	7788	13-7月 -87	1100	(null)	20

图 4-10　10 部门中的经理和 20 部门中的业务员的信息

范例 4-10：查询不是业务员且基本工资大于 2000 元的全部雇员信息。

分析：不是业务员，只需要使用 job<>'CLERK'即可判断，这样可以使用“!=”、“<>”完成，或者使用 NOT 求反，而基本工资大于 2000 元，可以编写 sal>2000，同时使用 AND 操作将两个条件连接。

实现一：基本实现

```
SELECT *
FROM emp
WHERE job!='CLERK' AND sal>2000 ;
```

```
SELECT *
FROM emp
WHERE job<>'CLERK' AND sal>2000 ;
```

实现二：使用 NOT 对条件求反

```
SELECT *
FROM emp
WHERE NOT(job='CLERK' OR sal<=2000) ;
```

查询结果：通过 SQL Developer 输出，如图 4-11 所示。

	EMPNO	ENAME	JOB	MGR	HIREDATE	SAL	COMM	DEPTNO
1	7566	JONES	MANAGER	7839	02-4月 -81	2975	(null)	20
2	7698	BLAKE	MANAGER	7839	01-5月 -81	2850	(null)	30
3	7782	CLARK	MANAGER	7839	09-6月 -81	2450	(null)	10
4	7788	SCOTT	ANALYST	7566	13-7月 -87	3000	(null)	20
5	7839	KING	PRESIDENT	(null)	17-11月-81	5000	(null)	10
6	7902	FORD	ANALYST	7566	03-12月-81	3000	(null)	20

图 4-11　不是业务员且工资大于 2000 元的雇员信息

2. 范围查询：BETWEEN 最小值 AND 最大值

语法：字段 | 列 BETWEEN 最小值 AND 最大值。

BEWTEEN…AND 操作符的主要功能是针对一个指定的数据范围进行查找，在设置范围的时候，可以是数字、字符串或者是日期型数据。例如，在前面曾经编写过这样的查询要求“查询出工资范围在 1500 ~ 3000（包含 1500 和 3000）元的全部雇员信息”，当时是在 WHERE 子句中编写了这样的限定条件“WHERE sal>=1500 AND sal<=3000”，而现在也可以使用

BETWEEN…AND 更加方便地完成此操作。

> **提示：本书主要以数字和日期型判断为主。**
>
> BETWEEN…AND 可以针对于字符串数据进行判断，但是结合 emp 表来讲，这样做的意义不大，所以在本部分讲解时主要还是以数字和日期的范围判断为主。关于字符串的判断，读者可以自行验证完成，在本书的随书视频中也会为读者介绍这种判断。

Note

范例 4-11：使用 BETWEEN…AND 操作符查询出工资范围在 1500 ~ 3000（包含 1500 和 3000）元的全部雇员信息。

分析：对于此类操作可以直接利用关系运算符实现，但是通过 BETWEEN…AND 运算符查询会更加方便。

```
SELECT *
FROM emp
WHERE sal BETWEEN 1500 AND 3000 ;
```

查询结果：通过 SQL Developer 输出，如图 4-12 所示。

	EMPNO	ENAME	JOB	MGR	HIREDATE	SAL	COMM	DEPTNO
1	7499	ALLEN	SALESMAN	7698	20-2月 -81	1600	300	30
2	7566	JONES	MANAGER	7839	02-4月 -81	2975	(null)	20
3	7698	BLAKE	MANAGER	7839	01-5月 -81	2850	(null)	30
4	7782	CLARK	MANAGER	7839	09-6月 -81	2450	(null)	10
5	7788	SCOTT	ANALYST	7566	13-7月 -87	3000	(null)	20
6	7844	TURNER	SALESMAN	7698	08-9月 -81	1500	0	30
7	7902	FORD	ANALYST	7566	03-12月-81	3000	(null)	20

图 4-12　通过 BETWEEN…AND 指定范围进行查询

以上是在 BETWEEN…AND 操作中利用数字完成的判断，而对于 BETWEEN…AND 操作符除了可以用于数字上，也可以用于日期的范围查询中。

> **提示：日期和数字是可以互相转换的。**
>
> 在所有程序中，日期和数字是可以互相转换的，这一点可以在第 5 章单行函数有所发现，如果学习过本系列中《Java 开发实战经典》的读者，也可以发现在 Java 中 java.util.Date 类是可以和 long 数据类型互相转换的，所以 BETWEEN…AND 操作是可以操作日期的。

范例 4-12：查询出在 1981 年雇佣的全部雇员信息。

分析：此范例查询范围为 1981-01-01 ~ 1981-12-31，但是现在最麻烦的问题是 hiredate 字段是 DATE 型的数据，观察一下原本的数据表示“02-4 月 -81”，而且日期可以和字符串自动转换，但是要求字符串必须按照与其一样的格式进行编写，即现在的范围应该是“01-1 月 -81 ~ 31-12 月 -81”，但是考虑到现在使用的是 Oracle 12c 版本，所以最终的判断条件应该为 hiredate BETWEEN '01-1 月-1981' AND '11-31 月-1981'。

```
SELECT *
FROM emp
WHERE hiredate BETWEEN '01-1 月-1981' AND '31-12 月-1981' ;
```

查询结果：通过 SQL Developer 输出，如图 4-13 所示。

	EMPNO	ENAME	JOB	MGR	HIREDATE	SAL	COMM	DEPTNO
1	7499	ALLEN	SALESMAN	7698	20-2月 -81	1600	300	30
2	7521	WARD	SALESMAN	7698	22-2月 -81	1250	500	30
3	7566	JONES	MANAGER	7839	02-4月 -81	2975	(null)	20
4	7654	MARTIN	SALESMAN	7698	28-9月 -81	1250	1400	30
5	7698	BLAKE	MANAGER	7839	01-5月 -81	2850	(null)	30
6	7782	CLARK	MANAGER	7839	09-6月 -81	2450	(null)	10
7	7839	KING	PRESIDENT	(null)	17-11月-81	5000	(null)	10
8	7844	TURNER	SALESMAN	7698	08-9月 -81	1500	0	30
9	7900	JAMES	CLERK	7698	03-12月-81	950	(null)	30
10	7902	FORD	ANALYST	7566	03-12月-81	3000	(null)	20

图 4-13 通过 BETWEEN…AND 指定范围查询

提示：关于日期的格式。

读者可以发现，在本程序中日期的格式为“'01-1 月 -81'”，通过“'”进行了声明，因为这种格式与数据库中原本的日期格式一致，所以才采用了此种写法，而读者也可以通过第 5 章单行函数中的指定函数将一个字符串变为日期型数据。

注意：关于 Oracle 不同版本的差异化。

在 Oracle 11g 及之前的版本，如果年上编写的是“87”，那么所表示的就是 1987，所以以上程序是按照习惯的兼容方式编写的。但是经过笔者验证，发现在 Oracle 12c 中，“87”表示的是“0087”，所以这一点读者在以后进行数据更新操作时需要特别注意，数据更新操作在本书第 9 章中会为读者讲解。

3．判断内容是否为 null：IS NULL、IS NOT NULL

语法：

判断为 NULL：字段 | 值 IS NULL。

判断不为 NULL：字段 | 值 IS NOT NULL（NOT 字段 | 值 IS NULL）。

在讲解 IS NULL 和 IS NOT NULL 两个操作符之前，首先需要解释一下什么叫 NULL，NULL 在 SQL 中是一个特殊的值，称为空值（null value）。而对于空值有以下几种常见的解释。

- ☑ 未知值（value unknown）：即知道它有一个具体的值，但却不知道是什么，例如，一个未知的年龄或名字。
- ☑ 不适用的值（value inapplicable）：任何值在这里都没有意义，例如，一个人属于未婚状态，那么对于这个人而言，他配偶的姓名就可能为 NULL 值，不是因为不知道其配偶的名字，而是因为没有配偶。
- ☑ 保留的值（value withheld）：属于某对象但无权知道的值，例如，没有公开的电话号码显示为 NULL。而在 WHERE 子句中，也要考虑 NULL 可能带来的影响，有以下两个重要的规则一定要记住。
  - ➢ 对 NULL 和任意值（包括另一个 NULL 值）进行算术运算（+或*）时，结果仍然是空值。
  - ➢ 当使用比较运算符（=或>）比较 NULL 值和任意值（包括另一个 NULL 值）时，结果都为 UNKNOWN。

范例 4-13：使用==进行 NULL 比较。

分析：在 emp 表中雇员编号是 7369 的雇员是没有佣金的（comm 的内容是 null），所以如果直接使用比较运算符比较时是不会有任何结果返回的。

```
SELECT *
FROM emp
WHERE comm=null AND empno=7369 ;
```

null 表示的是没有内容，null 并不表示为数字 0，如果现在要判断是否为空，则可以使用 IS NULL 操作完成，如果不为空，则可以使用 IS NOT NULL 完成。

☑ IS NULL：如果内容为 NULL 则返回 TRUE，否则返回 FALSE。

☑ IS NOT NULL：如果内容不为 NULL 则返回 TRUE，否则返回 FALSE。

范例 4-14：查询出所有领取佣金的雇员的完整信息。

分析：领取奖金意味着 comm 字段的内容不为 null，所以在 WHERE 子句中的条件应该定义为 comm IS NOT NULL。

实现一：直接使用 IS NOT NULL 完成

```
SELECT *
FROM emp
WHERE comm IS NOT NULL ;
```

实现二：使用 IS NULL 并使用 NOT 求反完成

```
SELECT *
FROM emp
WHERE NOT comm IS NULL ;
```

查询结果：通过 SQL Developer 输出，如图 4-14 所示。

	EMPNO	ENAME	JOB	MGR	HIREDATE	SAL	COMM	DEPTNO
1	7499	ALLEN	SALESMAN	7698	20-2月 -81	1600	300	30
2	7521	WARD	SALESMAN	7698	22-2月 -81	1250	500	30
3	7654	MARTIN	SALESMAN	7698	28-9月 -81	1250	1400	30
4	7844	TURNER	SALESMAN	7698	08-9月 -81	1500	0	30

图 4-14　所有领取奖金的雇员

范例 4-15：查询所有不领取佣金的雇员的完整信息。

分析：不领取奖金则 comm 字段的内容为 null，所以 WHERE 子句的条件为 comm IS NULL。

```
SELECT *
FROM emp
WHERE comm IS NULL ;
```

查询结果：通过 SQL Developer 输出，如图 4-15 所示。

	EMPNO	ENAME	JOB	MGR	HIREDATE	SAL	COMM	DEPTNO
1	7369	SMITH	CLERK	7902	17-12月-80	800	(null)	20
2	7566	JONES	MANAGER	7839	02-4月 -81	2975	(null)	20
3	7698	BLAKE	MANAGER	7839	01-5月 -81	2850	(null)	30
4	7782	CLARK	MANAGER	7839	09-6月 -81	2450	(null)	10
5	7788	SCOTT	ANALYST	7566	13-7月 -87	3000	(null)	20
6	7839	KING	PRESIDENT	(null)	17-11月-81	5000	(null)	10
7	7876	ADAMS	CLERK	7788	13-7月 -87	1100	(null)	20
8	7900	JAMES	CLERK	7698	03-12月-81	950	(null)	30
9	7902	FORD	ANALYST	7566	03-12月-81	3000	(null)	20
10	7934	MILLER	CLERK	7782	23-1月 -82	1300	(null)	10

图 4-15　所有不领取奖金的雇员

范例 4-16：列出所有不领取奖金，同时基本工资大于 2000 元的全部雇员信息。

分析：此时程序中需要两个条件，而且这两个条件（comm IS NULL、sal>2000）应该同时满足，所以可以使用 AND 操作符进行多条件连接。

```
SELECT *
FROM emp
WHERE comm IS NULL AND sal>2000 ;
```

查询结果：通过 SQL Developer 输出，如图 4-16 所示。

	EMPNO	ENAME	JOB	MGR	HIREDATE	SAL	COMM	DEPTNO
1	7566	JONES	MANAGER	7839	02-4月 -81	2975	(null)	20
2	7698	BLAKE	MANAGER	7839	01-5月 -81	2850	(null)	30
3	7782	CLARK	MANAGER	7839	09-6月 -81	2450	(null)	10
4	7788	SCOTT	ANALYST	7566	13-7月 -87	3000	(null)	20
5	7839	KING	PRESIDENT	(null)	17-11月-81	5000	(null)	10
6	7902	FORD	ANALYST	7566	03-12月-81	3000	(null)	20

图 4-16　使用 AND 操作符连接多个条件

范例 4-17：查找不收取佣金或收取的佣金低于 100 元的员工。

分析：对于不收取佣金的雇员使用 IS NULL 判断，而收取佣金小于 100 元，直接使用关系运算符“<”判断，所以此时 WHERE 子句为 comm IS NULL OR comm<100。

```
SELECT *
FROM emp
WHERE comm IS NULL OR comm < 100 ;
```

查询结果：通过 SQL Developer 输出，如图 4-17 所示。

	EMPNO	ENAME	JOB	MGR	HIREDATE	SAL	COMM	DEPTNO
1	7369	SMITH	CLERK	7902	17-12月-80	800	(null)	20
2	7566	JONES	MANAGER	7839	02-4月 -81	2975	(null)	20
3	7698	BLAKE	MANAGER	7839	01-5月 -81	2850	(null)	30
4	7782	CLARK	MANAGER	7839	09-6月 -81	2450	(null)	10
5	7788	SCOTT	ANALYST	7566	13-7月 -87	3000	(null)	20
6	7839	KING	PRESIDENT	(null)	17-11月-81	5000	(null)	10
7	7844	TURNER	SALESMAN	7698	08-9月 -81	1500	0	30
8	7876	ADAMS	CLERK	7788	13-7月 -87	1100	(null)	20
9	7900	JAMES	CLERK	7698	03-12月-81	950	(null)	30
10	7902	FORD	ANALYST	7566	03-12月-81	3000	(null)	20
11	7934	MILLER	CLERK	7782	23-1月 -82	1300	(null)	10

图 4-17　不收取佣金或收取佣金小于 100 元

范例 4-18：查找收取佣金的员工的不同工作。

分析：收取佣金使用 comm 判断其不是 null 即可（comm IS NOT NULL），而工作会存在重复内容，所以可以使用 DISTINCT 消除重复数据。

```
SELECT DISTINCT job
FROM emp
WHERE comm IS NOT NULL ;
```

查询结果：通过 SQL Developer 输出，如图 4-18 所示。

	JOB
1	SALESMAN

图 4-18　收取佣金的工作

4．列表范围查找：IN、NOT IN

语法：

在指定数据范围内：字段 | 值 IN (值, 值, …)。

在指定数据范围内：字段 | 值 NOT IN (值, 值, …)。

在进行限定查询的操作中，经常会看见有这样一种要求，例如，查询出雇员编号是 7369、7788、7566 的雇员信息，很明显现在给出的雇员编号相当于告诉了用户的查找数据的列表，而对于这样的要求，最早的时候可以通过如下的方式查询。

范例 4-19：查询出雇员编号是 7369、7788、7566 的雇员信息。

分析：雇员编号是 empno 字段，所以如果按照之前的方式完成，此时肯定要使用 OR 进行连接。

```
SELECT *
FROM emp
WHERE empno=7369 OR empno=7788 OR empno=7566 ;
```

查询结果：通过 SQL Developer 输出，如图 4-19 所示。

	EMPNO	ENAME	JOB	MGR	HIREDATE	SAL	COMM	DEPTNO
1	7369	SMITH	CLERK	7902	17-12月-80	800	(null)	20
2	7566	JONES	MANAGER	7839	02-4月 -81	2975	(null)	20
3	7788	SCOTT	ANALYST	7566	13-7月 -87	3000	(null)	20

图 4-19　通过 OR 操作符指定范围

但是，由于以上操作指定了一个字段的指定取值范围的操作，所以在 SQL 语句中可以直接使用 IN 操作符完成同样的功能。

范例 4-20：通过 IN 操作符指定查询范围。

```
SELECT *
FROM emp
WHERE empno IN (7369,7788,7566) ;
```

此时只是将之前的 OR 多条件连接替换成了 IN 操作符，而最终的查询结果与图 4-18 是一样的。

范例 4-21：现在查询除了 7369、7788、7566 之外的雇员信息。

分析：此时的查询与之前的查询正好相反，所以可以直接进行取反操作，通过 NOT 操作符完成。

```
SELECT *
FROM emp
WHERE empno NOT IN (7369,7788,7566) ;
```

查询结果：通过 SQL Developer 输出，如图 4-20 所示。

	EMPNO	ENAME	JOB	MGR	HIREDATE	SAL	COMM	DEPTNO
1	7499	ALLEN	SALESMAN	7698	20-2月 -81	1600	300	30
2	7521	WARD	SALESMAN	7698	22-2月 -81	1250	500	30
3	7654	MARTIN	SALESMAN	7698	28-9月 -81	1250	1400	30
4	7698	BLAKE	MANAGER	7839	01-5月 -81	2850	(null)	30
5	7782	CLARK	MANAGER	7839	09-6月 -81	2450	(null)	10
6	7839	KING	PRESIDENT	(null)	17-11月-81	5000	(null)	10
7	7844	TURNER	SALESMAN	7698	08-9月 -81	1500	0	30
8	7876	ADAMS	CLERK	7788	13-7月 -87	1100	(null)	20
9	7900	JAMES	CLERK	7698	03-12月-81	950	(null)	30
10	7902	FORD	ANALYST	7566	03-12月-81	3000	(null)	20
11	7934	MILLER	CLERK	7782	23-1月 -82	1300	(null)	10

图 4-20　查询雇员编号不是 7369、7788、7566 的雇员信息

注意：在使用 NOT IN 操作符时列表不能有 NULL。

在使用 NOT IN 操作符指定范围查询时，里面的查询条件不能出现 null，否则将不会有任何的查询结果出现。

范例 4-22：在使用 NOT IN 操作符中设置 null。

```
SELECT * FROM emp WHERE empno NOT IN (7369,7788,null) ;
```

查询结果：通过 SQL Developer 输出，如图 4-21 所示。

EMPNO	ENAME	JOB	MGR	HIREDATE	SAL	COMM	DEPTNO

图 4-21　如果有 null，则不会有任何结果显示

Note

5．模糊查询：LIKE、NOT LIKE

语法：

满足模糊查询：字段 | 值 LIKE 匹配标记。

不满足模糊查询：字段 | 值 NOT LIKE 匹配标记。

如果现在想对某一列进行模糊查询，可以使用 LIKE 子句完成，通过 LIKE 可以进行关键字的模糊查询。在 LIKE 子句中有两个通配符：

☑　百分号（%）：可匹配任意类型和长度（可以匹配 0 位、1 位或多位长度）的字符。

☑　下划线（_）：匹配单个任意字符，常用来限制表达式的字符长度。

范例 4-23：现在查询出雇员姓名是以 S 开头的全部雇员信息。

分析：要想统计姓名以某个指定的字母开头，所以第 1 个字母设置为 S，而后面的内容可以是任意的其他字符，通过“%”进行匹配，条件为：ename LIKE 'S%'。

```
SELECT *
FROM emp
WHERE ename LIKE 'S%' ;
```

查询结果：通过 SQL Developer 输出，如图 4-22 所示。

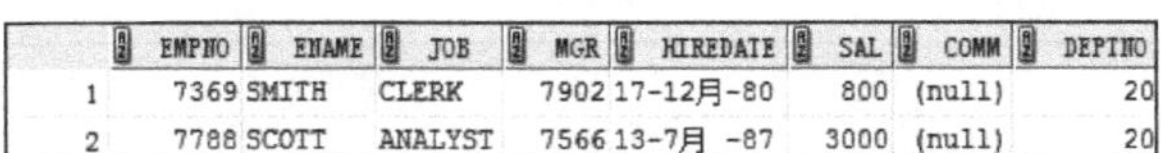

	EMPNO	ENAME	JOB	MGR	HIREDATE	SAL	COMM	DEPTNO
1	7369	SMITH	CLERK	7902	17-12月-80	800	(null)	20
2	7788	SCOTT	ANALYST	7566	13-7月 -87	3000	(null)	20

图 4-22　查询姓名以字母 S 开头的全部雇员信息

范例 4-24：现在要求查询姓名的第 2 个字母是 M 的全部雇员信息。

分析：与范例 4-23 要求不同的是，只有第 2 个字母符合，而第 1 个字母可以任意，则可以使用“_”表示任意的一个字符，所以查询条件为：ename LIKE '_M%'。

```
SELECT *
FROM emp
WHERE ename LIKE '_M%' ;
```

查询结果：通过 SQL Developer 输出，如图 4-23 所示。

	EMPNO	ENAME	JOB	MGR	HIREDATE	SAL	COMM	DEPTNO
1	7369	SMITH	CLERK	7902	17-12月-80	800	(null)	20

图 4-23　查询姓名的第 2 个字母是 M 的全部雇员信息

范例 4-25：查询姓名中任意位置包含字母 F 的雇员信息。

分析：此时由于名字中的任意位置可能出现“F”，可能在开头、结尾，也可能在中间，所以现在只能使用“%”进行匹配，则此时的查询条件为：ename LIKE '%F%'。

```
SELECT *
FROM emp
WHERE ename LIKE '%F%' ;
```

查询结果：通过 SQL Developer 输出，如图 4-24 所示。

	EMPNO	ENAME	JOB	MGR	HIREDATE	SAL	COMM	DEPTNO
1	7902	FORD	ANALYST	7566	03-12月-81	3000	(null)	20

图 4-24　模糊查询雇员姓名中带有字母 F 的雇员信息

Note

范例 4-26：查询姓名长度为 6 或者超过 6 个的雇员信息。

分析：此时需要判断的是雇员的姓名长度，所以可以直接编写 6 个"_"，表示由任意的 6 个字母所组成，而本题目还要求包含姓名长度是 6 个以上的雇员信息，所以可以在最后使用一个"%"表示。

```
SELECT *
FROM emp
WHERE ename LIKE '______%' ;
```

查询结果：通过 SQL Developer 输出，如图 4-25 所示。

	EMPNO	ENAME	JOB	MGR	HIREDATE	SAL	COMM	DEPTNO
1	7654	MARTIN	SALESMAN	7698	28-9月 -81	1250	1400	30
2	7844	TURNER	SALESMAN	7698	08-9月 -81	1500	0	30
3	7934	MILLER	CLERK	7782	23-1月 -82	1300	(null)	10

图 4-25　雇员姓名长度为 6 个及 6 个以上的雇员信息

以上的模糊查询操作都是针对字符型数据的操作，而 LIKE 不仅仅可以用在字符串上，也可以用在数字或日期上。

范例 4-27：查询出基本工资中包含 1 或者在 81 年雇佣的全部雇员信息。

分析：现在的模糊查询字段是工资（sal，数字型）和雇佣日期（hiredate，日期型），所以直接按照之前的语法风格编写模糊查询即可，此时的查询条件为：sal LIKE '%1%' OR hiredate LIKE '%81%'，有一个满足即可。

```
SELECT *
FROM emp
WHERE sal LIKE '%1%' OR hiredate LIKE '%81%' ;
```

查询结果：通过 SQL Developer 输出，如图 4-26 所示。

	EMPNO	ENAME	JOB	MGR	HIREDATE	SAL	COMM	DEPTNO
1	7499	ALLEN	SALESMAN	7698	20-2月 -81	1600	300	30
2	7521	WARD	SALESMAN	7698	22-2月 -81	1250	500	30
3	7566	JONES	MANAGER	7839	02-4月 -81	2975	(null)	20
4	7654	MARTIN	SALESMAN	7698	28-9月 -81	1250	1400	30
5	7698	BLAKE	MANAGER	7839	01-5月 -81	2850	(null)	30
6	7782	CLARK	MANAGER	7839	09-6月 -81	2450	(null)	10
7	7839	KING	PRESIDENT	(null)	17-11月-81	5000	(null)	10
8	7844	TURNER	SALESMAN	7698	08-9月 -81	1500	0	30
9	7876	ADAMS	CLERK	7788	13-7月 -87	1100	(null)	20
10	7900	JAMES	CLERK	7698	03-12月-81	950	(null)	30
11	7902	FORD	ANALYST	7566	03-12月-81	3000	(null)	20
12	7934	MILLER	CLERK	7782	23-1月 -82	1300	(null)	10

图 4-26　在数字和日期上应用模糊查询

注意：在 LIKE 使用上的关键性问题。

在之前讲解的模糊查询中，可以发现 LIKE 子句可以应用在各个类型的字段上，但是读者一定要明确一点，即如果在查询时，没有设置任何的查询关键字，直接使用了"'%%'"的形式，则表示的就是查询全部。

范例 4-28：不设置查询关键字表示查询全部。

```
SELECT *
FROM emp
WHERE empno LIKE '%%' OR ename LIKE '%%' OR job LIKE '%%' OR hiredate LIKE '%%'
OR   sal LIKE '%%' OR comm LIKE '%%' ;
```

查询结果：通过 SQL Developer 输出，如图 4-27 所示。

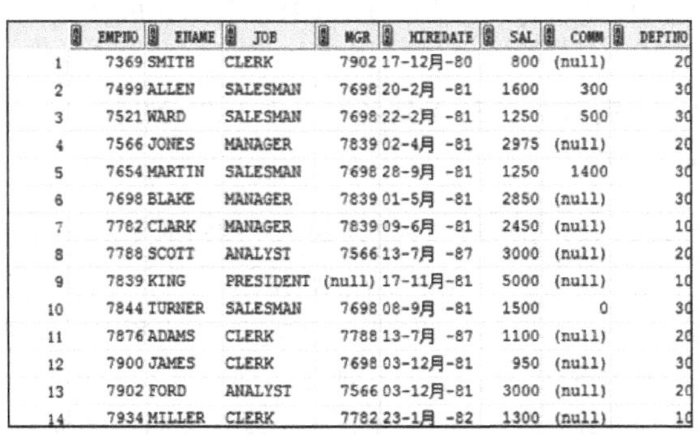

	EMPNO	ENAME	JOB	MGR	HIREDATE	SAL	COMM	DEPTNO
1	7369	SMITH	CLERK	7902	17-12月-80	800	(null)	20
2	7499	ALLEN	SALESMAN	7698	20-2月 -81	1600	300	30
3	7521	WARD	SALESMAN	7698	22-2月 -81	1250	500	30
4	7566	JONES	MANAGER	7839	02-4月 -81	2975	(null)	20
5	7654	MARTIN	SALESMAN	7698	28-9月 -81	1250	1400	30
6	7698	BLAKE	MANAGER	7839	01-5月 -81	2850	(null)	30
7	7782	CLARK	MANAGER	7839	09-6月 -81	2450	(null)	10
8	7788	SCOTT	ANALYST	7566	13-7月 -87	3000	(null)	20
9	7839	KING	PRESIDENT	(null)	17-11月-81	5000	(null)	10
10	7844	TURNER	SALESMAN	7698	08-9月 -81	1500	0	30
11	7876	ADAMS	CLERK	7788	13-7月 -87	1100	(null)	20
12	7900	JAMES	CLERK	7698	03-12月-81	950	(null)	30
13	7902	FORD	ANALYST	7566	03-12月-81	3000	(null)	20
14	7934	MILLER	CLERK	7782	23-1月 -82	1300	(null)	10

图 4-27　不设置查询关键字表示查询全部

本程序的实现思路将在日后的程序开发中起到重要的作用，如果读者想了解这些，可以参考本系列的《Java Web 开发实战经典（基础篇）》一书的内容。

清楚了以上的限定操作符之后，下面再来看一个比较复杂的查询要求。

范例 4-29：找出部门 10 中所有经理（MANAGER），部门 20 中所有业务员（CLERK），既不是经理又不是业务员但其薪金大于 2000 元的所有员工的详细资料，并且要求这些雇员的姓名中包含字母 S 或字母 K。

分析：本程序需要设置的条件较多，下面分别对这些条件做个汇总。

- ☑ 条件 A（部门 10 中所有经理（MANAGER））：deptno=10 AND job='MANAGER';
- ☑ 条件 B（部门 20 中所有业务员（CLERK））：deptno=20 AND job='CLERK';
- ☑ 条件 C（不是经理又不是业务员但其薪金大于 2000 元）：job NOT IN('MANAGER', 'CLERK') AND sal>2000);
- ☑ 条件 D（雇员的姓名中包含字母 S 或字母 K）：ename LIKE '%S%' OR ename LIKE '%K%'。

以上条件彼此连接关系为“(条件 A　OR　条件 B　OR　条件 C)　AND 条件 D”，为了方便理解，使用“()”声明。

```
SELECT * FROM emp
WHERE ((deptno=10 AND job='MANAGER') OR (deptno=20 AND job='CLERK')
OR (job NOT IN('MANAGER','CLERK') AND sal>2000))
AND (ename LIKE '%S%' OR ename LIKE '%K%') ;
```

查询结果：通过 SQL Developer 输出，如图 4-28 所示。

	EMPNO	ENAME	JOB	MGR	HIREDATE	SAL	COMM	DEPTNO
1	7369	SMITH	CLERK	7902	17-12月-80	800	(null)	20
2	7782	CLARK	MANAGER	7839	09-6月 -81	2450	(null)	10
3	7788	SCOTT	ANALYST	7566	13-7月 -87	3000	(null)	20
4	7839	KING	PRESIDENT	(null)	17-11月-81	5000	(null)	10
5	7876	ADAMS	CLERK	7788	13-7月 -87	1100	(null)	20

图 4-28　查询结果

4.2 对结果排序：ORDER BY

在之前讲解的所有查询中，并没有对指定的字段进行排序，例如工资没有顺序、工作没有顺序等，所以在 SQL 语法中可以直接使用 ORDER BY 子句完成数据的排序操作，语法如下：

语法 4-2：对结果排序

```
SELECT [DISTINCT]  * | 列名称 [AS] 列别名,列名称 [AS] 列别名
FROM 表名称 表别名
[WHERE 条件(s) ]
[ORDER BY 排序的字段 | 列索引序号 ASC|DESC ,排序的字段 2 ASC | DESC ...] ... ;
```

从语法中可以发现，ORDER BY 子句要写在 WHERE 子句之后，而且可以同时指定多个排序字段，还可以通过 ASC 和 DESC 指定是按照升序（ASC，默认顺序）还是降序（DESC）排序。

范例 4-30：查询雇员的完整信息，并且按照基本工资由高到低进行排序。

分析：基本工资由高到低排序肯定是针对 sal 字段完成的，要通过 DESC 指定排序方式为降序。

```
SELECT *
FROM emp
ORDER BY sal DESC ;
```

查询结果：通过 SQL Developer 输出，如图 4-29 所示。

	EMPNO	ENAME	JOB	MGR	HIREDATE	SAL	COMM	DEPTNO
1	7839	KING	PRESIDENT	(null)	17-11月-81	5000	(null)	10
2	7902	FORD	ANALYST	7566	03-12月-81	3000	(null)	20
3	7788	SCOTT	ANALYST	7566	13-7月 -87	3000	(null)	20
4	7566	JONES	MANAGER	7839	02-4月 -81	2975	(null)	20
5	7698	BLAKE	MANAGER	7839	01-5月 -81	2850	(null)	30
6	7782	CLARK	MANAGER	7839	09-6月 -81	2450	(null)	10
7	7499	ALLEN	SALESMAN	7698	20-2月 -81	1600	300	30
8	7844	TURNER	SALESMAN	7698	08-9月 -81	1500	0	30
9	7934	MILLER	CLERK	7782	23-1月 -82	1300	(null)	10
10	7521	WARD	SALESMAN	7698	22-2月 -81	1250	500	30
11	7654	MARTIN	SALESMAN	7698	28-9月 -81	1250	1400	30
12	7876	ADAMS	CLERK	7788	13-7月 -87	1100	(null)	20
13	7900	JAMES	CLERK	7698	03-12月-81	950	(null)	30
14	7369	SMITH	CLERK	7902	17-12月-80	800	(null)	20

图 4-29 按照工资由高到低进行排序

提示：语句执行顺序。

SQL 中加入了 ORDER BY 子句之后，SQL 语句的执行顺序如下：

☑ 第一步：执行 FROM 子句，确定要检索的数据来源。

☑ 第二步：执行 WHERE 子句，使用限定符对数据行进行过滤。

☑ 第三步：执行 SELECT 子句，确定要检索出的数据列。

☑ 第四步：执行 ORDER BY 子句排序。

可以发现 ORDER BY 子句是在 SELECT 子句之后执行的，所以在 ORDER BY 子句中可以使用 SELECT 子句查询列所定义的别名。

提示：也可以利用序号设置排序列。

在使用 ORDER BY 子句时，也可以使用序号的方式进行数据排序字段的显示。

范例 4-31：利用序号设置排序列。

```
SELECT empno,ename,sal,job
FROM emp
ORDER BY 3 DESC ;
```

此处 sal 字段是第 3 个显示的，所以直接在 ORDER BY 处编写 3 即可，但是本书并不推荐此类用法，为了程序的可维护性，建议读者写上完整的列名称。

范例 4-32：下面修改之前的查询，要求按照基本工资由低到高排序。

分析：基本工资由低到高肯定使用 ASC 进行升序的排列，默认的排序方式是 ASC，所以以下两种写法最终的查询效果是一样的。

```
SELECT *
FROM emp
ORDER BY sal ;
```

```
SELECT *
FROM emp
ORDER BY sal ASC ;
```

查询结果：通过 SQL Developer 输出，如图 4-30 所示。

	EMPNO	ENAME	JOB	MGR	HIREDATE	SAL	COMM	DEPTNO
1	7369	SMITH	CLERK	7902	17-12月-80	800	(null)	20
2	7900	JAMES	CLERK	7698	03-12月-81	950	(null)	30
3	7876	ADAMS	CLERK	7788	13-7月 -87	1100	(null)	20
4	7521	WARD	SALESMAN	7698	22-2月 -81	1250	500	30
5	7654	MARTIN	SALESMAN	7698	28-9月 -81	1250	1400	30
6	7934	MILLER	CLERK	7782	23-1月 -82	1300	(null)	10
7	7844	TURNER	SALESMAN	7698	08-9月 -81	1500	0	30
8	7499	ALLEN	SALESMAN	7698	20-2月 -81	1600	300	30
9	7782	CLARK	MANAGER	7839	09-6月 -81	2450	(null)	10
10	7698	BLAKE	MANAGER	7839	01-5月 -81	2850	(null)	30
11	7566	JONES	MANAGER	7839	02-4月 -81	2975	(null)	20
12	7788	SCOTT	ANALYST	7566	13-7月 -87	3000	(null)	20
13	7902	FORD	ANALYST	7566	03-12月-81	3000	(null)	20
14	7839	KING	PRESIDENT	(null)	17-11月-81	5000	(null)	10

图 4-30　按照工资由低到高排序

范例 4-33：查询出所有业务员（CLERK）的详细资料，并且按照基本工资由低到高排序。

分析：现在要查询所有业务员（CLERK），所以肯定要先使用 WHERE 子句进行限定，之后再通过 ORDER BY 进行排序，但是按照语法的编写要求来讲，ORDER BY 子句必须放在 WHERE 子句之后。

```
SELECT *
FROM emp
WHERE job='CLERK'
ORDER BY sal ;
```

查询结果：通过 SQL Developer 输出，如图 4-31 所示。

	EMPNO	ENAME	JOB	MGR	HIREDATE	SAL	COMM	DEPTNO
1	7369	SMITH	CLERK	7902	17-12月-80	800	(null)	20
2	7900	JAMES	CLERK	7698	03-12月-81	950	(null)	30
3	7876	ADAMS	CLERK	7788	23-5月 -87	1100	(null)	20
4	7934	MILLER	CLERK	7782	23-1月 -82	1300	(null)	10

图 4-31　列出所有业务员的资料，按照基本工资由低到高排序

Note

注意：ORDER BY 子句一定要写在最后。

在编写查询语句时，ORDER BY 子句永远是写在查询语句的最后一个子句，这一点读者在编写的时候一定要注意。

使用 ORDER BY 还可以进行更加复杂的排序，如下面范例。

范例 4-34： 查询出所有雇员信息，要求按照基本工资由高到低排序，如果工资相等则按照雇佣日期由早到晚进行排序。

分析： 基本工资的排序使用的是 sal 字段，但是同时要求有日期排序，而日期是越早的越小，越近的越大（1981 年肯定要比 2009 年要小）。

```
SELECT *
FROM emp
ORDER BY sal DESC,hiredate ASC ;
```

查询结果： 通过 SQL Developer 输出，如图 4-32 所示。

	EMPNO	ENAME	JOB	MGR	HIREDATE	SAL	COMM	DEPTNO
1	7839	KING	PRESIDENT	(null)	17-11月-81	5000	(null)	10
2	7902	FORD	ANALYST	7566	03-12月-81	3000	(null)	20
3	7788	SCOTT	ANALYST	7566	24-1月 -87	3000	(null)	20
4	7566	JONES	MANAGER	7839	02-4月 -81	2975	(null)	20
5	7698	BLAKE	MANAGER	7839	01-5月 -81	2850	(null)	30
6	7782	CLARK	MANAGER	7839	09-6月 -81	2450	(null)	10
7	7499	ALLEN	SALESMAN	7698	20-2月 -81	1600	300	30
8	7844	TURNER	SALESMAN	7698	08-9月 -81	1500	0	30
9	7934	MILLER	CLERK	7782	23-1月 -82	1300	(null)	10
10	7521	WARD	SALESMAN	7698	22-2月 -81	1250	500	30
11	7654	MARTIN	SALESMAN	7698	28-9月 -81	1250	1400	30
12	7876	ADAMS	CLERK	7788	02-4月 -87	1100	(null)	20
13	7900	JAMES	CLERK	7698	03-12月-81	950	(null)	30
14	7369	SMITH	CLERK	7902	17-12月-80	800	(null)	20

图 4-32　多字段排序

4.3　本章小结

1．数据查询的标准语法：

```
SELECT [DISTINCT] * | 列 [AS] [别名] , 列 [AS] [别名],...
FROM 表名称 [别名]
[WHERE 限定条件(s)]
[ORDER BY 排序字段 [ASC | DESC] [,排序字段 [ASC | DESC] ...]];
```

2．多个子句的执行顺序为 FROM、WHERE、SELECT、ORDER BY，其中 ORDER BY 子句永远放在最后执行。

3．在使用限定查询时，所讲解的若干个限定条件为关系运算、逻辑运算、BETWEEN…AND、LIKE、IN、NULL。

4．使用 ORDER BY 子句可以对查询结果进行排序，ORDER BY 子句一定要写在所有查询语句的最后。

第 5 章

单行函数

通过本章的学习，可以达到以下目标：

☑ 掌握单行函数的主要作用。

☑ 掌握字符函数的使用。

☑ 掌握数字函数的使用。

☑ 掌握转换函数的使用。

☑ 掌握日期函数的使用。

☑ 掌握通用函数的使用。

通过单行函数可以完成一些特定的功能，这样可以使用户在进行数据库操作时更加方便，在 Oracle 数据库中提供了许多的函数供用户使用，本章将为读者介绍单行函数的语法，以及一些常用的单行函数的使用。

Note

5.1 单行函数简介

在进行数据库的开发时，SQL 语句是最关键的操作工具，但是像一些特定的功能，如字符串转大写或转小写等，就不是标准 SQL 语句所能处理的范畴了，此时就需要靠数据库为用户提供支持。在数据库中这些完成特定功能的操作都是通过函数的方式体现的，而这样的函数往往被称为单行函数。

提示：程序员对数据库的常用操作。

首先本书是为了已出版的《Java 开发实战经典》、《Java Web 开发实战经典（基础篇）》准备的前期知识，是为了程序开发准备的，而在程序开发中，大部分的程序人员只关心如下几组命令:

- ☑ 数据库的打开、关闭、查看表信息等操作。
- ☑ SQL 语句，在编写程序中需要程序人员动手编写的命令语句。
- ☑ 函数，每个数据库都有自己的函数支持，利用这些函数可以更加方便地完成所需的功能。

对于所有的函数，读者暂时不需要了解其内部工作原理，只需要清楚每个函数的作用即可。

对于单行函数，Oracle 都有其自己的定义语法，基本语法形式如下：

语法 5-1：单行函数语法

```
funcation_name(列 | 表达式[,参数 1,参数 2])
```

在以上的单行函数语法中可以发现，在调用单行函数的时候，函数可以接收一个数据表中的操作列，也可以接收一个具体的计算结果，同时设置若干个函数运行时所需的参数，根据作用不同，单行函数主要分为以下几种。

- ☑ 字符函数：接收数据返回具体的字符信息。
- ☑ 数值函数：对数字进行处理，例如四舍五入。
- ☑ 日期函数：直接对日期进行相关的操作。
- ☑ 转换函数：日期、字符、数字之间可以完成互相转换功能。
- ☑ 通用函数：Oracle 自己提供的有特色的函数。

提示：各个数据库的函数名称都非常类似。

读者可能有过使用其他数据库的经验，实际上现在为了方便程序人员的开发，已经定义了许多名称相同的方法，例如，转大写函数 UPPER()等，大部分数据的函数名称都是一样的。这些还需要读者通过实际的使用经验自己来总结。

提示：函数将采用大写形式出现。

为了更加方便读者学习，本书中所有涉及函数调用的地方，函数名称都将以大写字母的形式出现。

5.2　字 符 函 数

字符函数的主要功能是用于进行字符串处理，常用的字符函数如表 5-1 所示。

表 5-1　字符函数

No.	函 数 名 称	描　　述
1	UPPER(列 | 字符串)	将字符串的内容全部转大写
2	LOWER(列 | 字符串)	将字符串的内容全部转小写
3	INITCAP(列 | 字符串)	将字符串的开头首字母大写
4	REPLACE(列 | 字符串, 新的字符串)	使用新的字符串替换旧的字符串
5	LENGTH(列 | 字符串)	求出字符串长度
6	SUBSTR(列 | 字符串, 开始点 [, 长度])	字符串截取
7	ASCII(字符)	返回与指定字符对应的十进制数字
8	CHR(数字)	给出一个整数，并返回与之对应的字符
9	RPAD(列 | 字符串, 长度, 填充字符) LPAD(列 | 字符串, 长度, 填充字符)	在右或左填充指定长度字符串
10	LTRIM(字符串)、RTRIM（字符串）	去掉左或右空格
11	TRIM(列 | 字符串)	去掉左右空格
12	INSTR(列 | 字符串, 要查找的字符串, 开始位置, 出现位置)	查找一个子字符串是否在指定的位置上出现

范例 5-1： 验证 UPPER()、LOWER()函数。

```
SELECT UPPER('LiXingHua'),LOWER('MLDN') FROM dual ;
```

查询结果： 通过 SQL Developer 输出，如图 5-1 所示。

	UPPER('LIXINGHUA')	LOWER('MLDN')
1	LIXINGHUA	mldn

图 5-1　验证 UPPER()、LOWER()函数

提问：dual 是什么？

在这个查询中，FROM 子句后出现了一个 dual，这是什么表？为什么在之前查询 c##scott 用户表的时候没有发现呢？

回答：先将 dual 理解为一张虚拟表。

在 Oracle 中所有的查询都必须符合标准的 SQL 语句，所以此时在 FROM 子句之后必须有一张表的名称，但是如果直接使用 c##scott 用户下的表并不能完成此要求（读者可以自行验证，例如使用 emp 表完成以上查询，会出现 14 行重复记录），所以为了满足验证要求，也为了满足语法要求，在 Oracle 中默认提供了一张 dual 的虚拟表，该表的使用在讲解同义词的时候再为读者详细说明，此处需要记住的是，验证一个函数功能的查询可以通过查询 dual 完成即可。

以上的函数不仅可以直接在 dual 中使用，也可以在 SQL 语句（SELECT 子句、WHERE 子

句等）中使用。

范例 5-2：现在查询出雇员姓名是 SMITH 的完整信息，但是由于失误，没有考虑到数据的大小写问题（在一些项目的运行中经常会出现此类输入数据不考虑大小写的问题），此时可以使用 UPPER()函数将全部内容变为大写。

```
SELECT * FROM emp WHERE ename=UPPER('smith') ;
```

查询结果：通过 SQL Developer 输出，如图 5-2 所示。

	EMPNO	ENAME	JOB	MGR	HIREDATE	SAL	COMM	DEPTNO
1	7369	SMITH	CLERK	7902	17-12月-80	800	(null)	20

图 5-2　在 WHERE 子句使用 UPPER()函数

范例 5-3：查询所有雇员的姓名，要求将每个雇员的姓名以首字母大写的形式出现。

分析：要想让一个字符串（此处为 ename 字段）的开头首字母大写，则可以使用 INITCAP()函数。

```
SELECT ename 原始姓名,INITCAP(ename) 姓名开头首字母大写 FROM emp ;
```

查询结果：通过 SQL Developer 输出，如图 5-3 所示。

	原始姓名	姓名开头首字母大写
1	SMITH	Smith
2	ALLEN	Allen
3	WARD	Ward
4	JONES	Jones
5	MARTIN	Martin
6	BLAKE	Blake
7	CLARK	Clark
8	SCOTT	Scott
9	KING	King
10	TURNER	Turner
11	ADAMS	Adams
12	JAMES	James
13	FORD	Ford
14	MILLER	Miller

图 5-3　雇员姓名开头首字母大写

范例 5-4：要求查询所有雇员的姓名，并且将雇员姓名中所有的字母“A”替换成字符“_”。

```
SELECT ename , REPLACE(ename,'A','_') FROM emp ;
```

查询结果：通过 SQL Developer 输出，如图 5-4 所示。

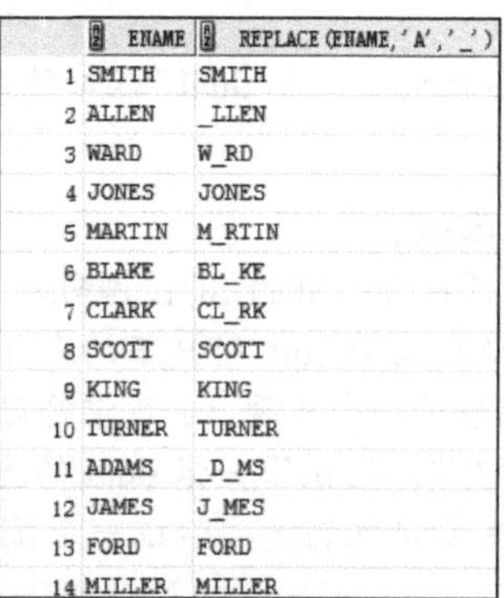

	ENAME	REPLACE(ENAME,'A','_')
1	SMITH	SMITH
2	ALLEN	_LLEN
3	WARD	W_RD
4	JONES	JONES
5	MARTIN	M_RTIN
6	BLAKE	BL_KE
7	CLARK	CL_RK
8	SCOTT	SCOTT
9	KING	KING
10	TURNER	TURNER
11	ADAMS	_D_MS
12	JAMES	J_MES
13	FORD	FORD
14	MILLER	MILLER

图 5-4　使用 REPLACE()函数完成替换

范例 5-5：查询出姓名长度是 5 的所有雇员信息。

分析：现在要求判断的条件是姓名的长度，所以在 WHERE 子句中条件为 LENGTH (ename)=5。

```
SELECT * FROM emp WHERE LENGTH(ename)=5 ;
```

查询结果：通过 SQL Developer 输出，如图 5-5 所示。

	EMPNO	ENAME	JOB	MGR	HIREDATE	SAL	COMM	DEPTNO
1	7369	SMITH	CLERK	7902	17-12月-80	800	(null)	20
2	7499	ALLEN	SALESMAN	7698	20-2月 -81	1600	300	30
3	7566	JONES	MANAGER	7839	02-4月 -81	2975	(null)	20
4	7698	BLAKE	MANAGER	7839	01-5月 -81	2850	(null)	30
5	7782	CLARK	MANAGER	7839	09-6月 -81	2450	(null)	10
6	7788	SCOTT	ANALYST	7566	13-7月 -87	3000	(null)	20
7	7876	ADAMS	CLERK	7788	13-7月 -87	1100	(null)	20
8	7900	JAMES	CLERK	7698	03-12月-81	950	(null)	30

图 5-5　姓名长度正好为 5 的雇员姓名

范例 5-6：查询姓名前 3 个字母是 JAM 的雇员信息。

分析：由于只是知道姓名的前 3 个字母，所以可以使用 SUBSTR()函数进行截取后判断。

```
SELECT *
FROM emp
WHERE SUBSTR(ename,0,3)='JAM' ;
```

查询结果：通过 SQL Developer 输出，如图 5-6 所示。

	EMPNO	ENAME	JOB	MGR	HIREDATE	SAL	COMM	DEPTNO
1	7900	JAMES	CLERK	7698	03-12月-81	950	(null)	30

图 5-6　姓名的前 3 个字母是 JAM 的雇员信息

提示：关于 SUBSTR()函数。

对于 SUBSTR()函数的使用有以下两种方式。

☑　从指定位置截取到结尾：字符串 SUBSTR(列 | 数值，截取开始点)。

☑　截取部分的字符串：字符串 SUBSTR(列 | 数值，截取开始点，截取个数)。

范例 5-7：查询所有 10 部门雇员的姓名，但是不显示每个雇员姓名的前 3 个字母。

分析：此时表示从第 3 个字母开始截取到结尾，使用 SUBSTR(ename,3)即可完成，同时在 WHERE 子句中增加限定条件，筛选出所有 10 部门人员的信息：deptno=10。

```
SELECT ename 原姓名, SUBSTR(ename,3) 截取之后的姓名
FROM emp
WHERE deptno=10 ;
```

查询结果：通过 SQL Developer 输出，如图 5-7 所示。

	原姓名	截取之后的姓名
1	CLARK	ARK
2	KING	NG
3	MILLER	LLER

图 5-7　从指定位置截取到结尾

范例 5-8：要求显示每个雇员姓名及其姓名的后 3 个字母。

分析：由于要求显示姓名的后3个字母，所以只能依靠截取操作完成，但是由于每个雇员的姓名长度不一样，所以截取的时候首先要取得姓名的长度，之后减去2，就可以得到截取的开始点，并从指定的开始点一直截取到结尾。

Note

```
SELECT ename,SUBSTR(ename,LENGTH(ename)-2)
FROM emp ;
```

查询结果：通过SQL Developer输出，如图5-8所示。

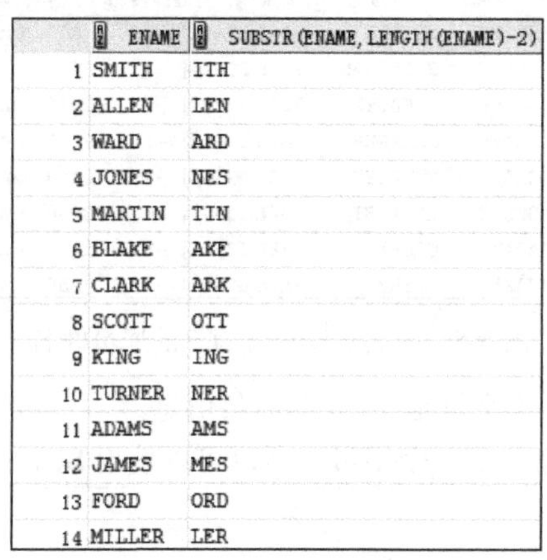

	ENAME	SUBSTR(ENAME,LENGTH(ENAME)-2)
1	SMITH	ITH
2	ALLEN	LEN
3	WARD	ARD
4	JONES	NES
5	MARTIN	TIN
6	BLAKE	AKE
7	CLARK	ARK
8	SCOTT	OTT
9	KING	ING
10	TURNER	NER
11	ADAMS	AMS
12	JAMES	MES
13	FORD	ORD
14	MILLER	LER

图5-8　截取姓名的后3个字母

以上是最正统的做法，但是在Oracle中SUBSTR()函数有自己的实现方式，可以直接设置成负数，表示从后向前截取，所以以上的代码可以修改为如下的形式。

范例5-9：在SUBSTR()函数中设置负数截取。

```
SELECT ename,SUBSTR(ename,-3) FROM emp ;
```

本程序在使用SUBSTR()函数的时候设置了一个“-3”，表示从倒数第3个开始截取，查询结果如图5-8所示。

提问：SUBSTR()函数可以完成字符串的截取功能，但是现在所有的字符串是以0开始还是以1开始？

在使用SUBSTR()函数的时候，第一个字母的开始点是0还是1？我记得程序中应该都是从0开始的。

回答：Oracle很灵活，下标点从0或1开始都可以。

由于Oracle数据库设计的灵活性，所以其下标是从0或从1开始都是一样的，即如下两段代码的运行结果完全相同。

范例5-10：下标从0开始。

```
SELECT ename,SUBSTR(ename,0,3) FROM emp ;
```

范例5-11：下标从1开始。

```
SELECT ename,SUBSTR(ename,1,3) FROM emp ;
```

不仅如此，SUBSTR()函数还可以设置为负数，表示从后向前截取，这一点已经为读者介绍过了。但是同时需要提醒读者的是，在Java的String类中的substring()方法的下标是从0开始计算的，这一点不清楚的读者可以参考《Java开发实战经典》一书。

范例 5-12：返回指定字符的 ASCII 码。

```
SELECT ASCII('L') FROM dual ;
```

查询结果：通过 SQL Developer 输出，如图 5-9 所示。

	ASCII('L')
1	76

图 5-9　返回字符的 ASCII 码

范例 5-13：验证 CHR()函数，将 ASCII 码变回字符。

```
SELECT CHR(100) FROM dual ;
```

查询结果：通过 SQL Developer 输出，如图 5-10 所示。

	CHR(100)
1	d

图 5-10　CHR()函数

范例 5-14：去掉字符串左边空格函数—— LTRIM()。

```
SELECT '    MLDN LiXingHua        ' 原始字符串, LTRIM('    MLDN LiXingHua        ') 去掉左空格
FROM dual ;
```

查询结果：通过 SQL Developer 输出，如图 5-11 所示。

	原始字符串	去掉左空格
1	MLDN LiXingHua	MLDN LiXingHua

图 5-11　使用 LTRIM()函数去掉左空格

范例 5-15：去掉字符串右边空格函数—— RTRIM()。

```
SELECT '    MLDN LiXingHua        ' 原始字符串, RTRIM('    MLDN LiXingHua        ') 去掉右空格
FROM dual ;
```

查询结果：通过 SQL Developer 输出，如图 5-12 所示。

	原始字符串	去掉右空格
1	MLDN LiXingHua	MLDN LiXingHua

图 5-12　使用 RTRIM()函数去掉右空格

范例 5-16：去掉左右两边空格函数——TRIM()。

```
SELECT '    MLDN LiXingHua        ' 原始字符串, TRIM('    MLDN LiXingHua        ') 去掉左右空格
FROM dual ;
```

查询结果：通过 SQL Developer 输出，如图 5-13 所示。

	原始字符串	去掉左右空格
1	MLDN LiXingHua	MLDN LiXingHua

图 5-13　去掉左右两边空格

范例 5-17：字符串左、右填充函数——LPAD()、RPAD()。

```
SELECT  LPAD('MLDN' , 10 , '*') LPAD 函数使用, RPAD('MLDN' , 10 , '*') RPAD 函数使用,
        LPAD(RPAD('MLDN' , 10 , '*') , 16 , '*') 组合使用
FROM dual ;
```

查询结果：通过 SQL Developer 输出，如图 5-14 所示。

	LPAD函数使用	RPAD函数使用	组合使用
1	******MLDN	MLDN******	******MLDN******

图 5-14　函数组合使用

本范例主要的功能是进行 LPAD()、RPAD()两个函数的验证，一共进行了 3 个输出。

☑ 使用一（LPAD('MLDN' , 10 , '*')）：表示一共有 10 个长度的字符串，如果不足 10 位，则在左边补“*”，最终补充完的字符串长度是 10，由于 MLDN 字符串只有 4 位，所以要在左边补充 6 个“*”。

☑ 使用二（RPAD('MLDN' , 10 , '*')）：表示一共有 10 个长度的字符串，如果不足 10 位，则在右边补“*”，最终补充完的字符串长度是 10，由于 MLDN 字符串只有 4 位，所以要在右边补充 6 个“*”。

☑ 使用三（LPAD(RPAD('MLDN' , 10 , '*') , 16 , '*')）：此为组合函数，先将字符串“MLDN”在右边补充“*”让字符串长度为 10 位，而后再针对处理后的字符串左边补“*”，最终让其长度为 16 位。

范例 5-18：字符串查找函数——INSTR()。

```
SELECT   INSTR('MLDN Java' , 'MLDN') 查找得到,
         INSTR('MLDN Java' , 'Java') 查找得到,
         INSTR('MLDN Java' , 'JAVA') 查找不到
FROM dual ;
```

查询结果：通过 SQL Developer 输出，如图 5-15 所示。

	查找得到	查找得到_1	查找不到
1	1	6	0

图 5-15　使用 INSTR()函数查找字符串是否存在

通过以上程序的运行结果可以发现，使用 INSTR()函数进行子字符串查找的时候返回的就是子字符串的起点位置，而且在查找时是区分大小写的，查找不到就返回 0。

5.3　数值函数

数值函数的主要功能是对数字进行有效的处理，例如一些比较常见的数学计算绝对值（ABS()）、三角函数（SIN()、ASIN()、COS()等）、对数（LOG()、LN()）等，但是在本书中主要讲解的是以下几种函数，这些函数如表 5-2 所示。

表 5-2　Oracle 中的数值函数

No.	函 数 名 称	描　　述
1	ROUND(数字 [,保留位数])	对小数进行四舍五入，可以指定保留位数，如果不指定，则表示将小数点之后的数字全部进行四舍五入
2	TRUNC(数字 [,截取位数])	保留指定位数的小数，如果不指定，则表示不保留小数
3	MOD(数字,数字)	取模

范例 5-19：验证 ROUND()函数的使用。

```
SELECT  ROUND(789.652) 不保留小数,ROUND(789.652,2) 保留两位小数, ROUND(789.652,-1)
    处理整数进位
FROM dual ;
```

查询结果：通过 SQL Developer 输出，如图 5-16 所示。

	不保留小数	保留两位小数	处理整数进位
1	790	789.65	790

图 5-16 使用 ROUND()函数进行数字处理

在使用 ROUND()函数的时候，如果没有指定保留的小数位，则直接将小数点后的第 1 位四舍五入，或者直接指定要保留的小数位数，而且通过设置成负数，也可以直接对整数位进行进位操作。

范例 5-20：列出每个雇员的一些基本信息和日工资情况。

分析：由于现在要求统计的是一个大概范围的日工资信息，所以可以按照 30 天/月的形式计算，使用"基本工资/30"的公式进行计算，但是这样会出现小数位过多的情况，可以使用 ROUND()函数进行处理，保留两位小数字。

```
SELECT empno,ename,job,hiredate,sal,ROUND(sal/30,2) 日薪金
FROM emp ;
```

查询结果：通过 SQL Developer 输出，如图 5-17 所示。

	EMPNO	ENAME	JOB	HIREDATE	SAL	日薪金
1	7369	SMITH	CLERK	17-12月-80	800	26.67
2	7499	ALLEN	SALESMAN	20-2月 -81	1600	53.33
3	7521	WARD	SALESMAN	22-2月 -81	1250	41.67
4	7566	JONES	MANAGER	02-4月 -81	2975	99.17
5	7654	MARTIN	SALESMAN	28-9月 -81	1250	41.67
6	7698	BLAKE	MANAGER	01-5月 -81	2850	95
7	7782	CLARK	MANAGER	09-6月 -81	2450	81.67
8	7788	SCOTT	ANALYST	13-7月 -87	3000	100
9	7839	KING	PRESIDENT	17-11月-81	5000	166.67
10	7844	TURNER	SALESMAN	08-9月 -81	1500	50
11	7876	ADAMS	CLERK	13-7月 -87	1100	36.67
12	7900	JAMES	CLERK	03-12月-81	950	31.67
13	7902	FORD	ANALYST	03-12月-81	3000	100
14	7934	MILLER	CLERK	23-1月 -82	1300	43.33

图 5-17 查看每个雇员的日薪金

范例 5-21：验证 TRUNC()函数。

```
SELECT  TRUNC(789.652) 截取小数, TRUNC(789.652,2) 截取两位小数,
        TRUNC(789.652,-2) 取整
FROM dual ;
```

查询结果：通过 SQL Developer 输出，如图 5-18 所示。

	截取小数	截取两位小数	取整
1	789	789.65	700

图 5-18 使用 TRUNC()函数

使用 TRUNC()函数可以将小数点直接忽略，而不再采用四舍五入的形式，而且 TRUNC()函数与 ROUND()函数的功能类似，也可以设置为负数，表示从整数位开始截取。

范例 5-22：验证 MOD()函数。

```
SELECT MOD(10,3) FROM dual ;
```

查询结果：通过 SQL Developer 输出，如图 5-19 所示。

图 5-19　使用 MOD()函数

MOD()函数的功能是进行取余的操作，10 除以 3 结果是商 3 余 1，所以模就是 1。

5.4　日 期 函 数

在之前查询全部雇员信息的时候，可以发现所有的日期型数据（hiredate 字段）都是按照"日-月-年"的方式排列的，例如"17-12 月-80"，在 Oracle 中可以使用日期函数进行日期型数据的操作，但是在进行这些计算之前必须首先解决的一个重要问题是如何取得系统的当前时间。在 Oracle 中，可以直接通过 SYSDATE 伪列表示出当前的系统时间。

范例 5-23：取得当前的系统时间。

```
SELECT SYSDATE FROM dual ;
```

查询结果：通过 SQL Developer 输出，如图 5-20 所示。

	SYSDATE
1	20-9月 -13

图 5-20　当前系统时间

> **提示：关于时间戳。**
>
> 通过 SYSDATE 伪列取得的只是年、月、日、时、分、秒等数据，如果想精确到毫秒，则应该使用 SYSTIMESTAMP 伪列"SELECT SYSTIMESTAMP FROM dual;"。本书中重点讨论的类型还是 DATE，所以对于 TIMESTAMP 类型读者可以自己验证，在本书附送的视频中也有此部分讲解。

> **提示：修改日期显示格式。**
>
> 在 Oracle 中默认的日期显示格式为"日-月-年"，但是这种做法并不符合国人的喜好，所以用户可以通过修改"NLS_DATE_FORMAT"来控制格式，代码如下。
>
> **范例 5-24**：修改日期显示格式。
>
> ```
> ALTER SESSION SET NLS_DATE_FORMAT='yyyy-mm-dd hh24:mi:ss' ;
> SELECT SYSDATE FROM dual ;
> ```
>
> 修改完成后，再次查询当前日期得到的数据为"2013-08-21 08:29:49"。

除了取得系统时间的操作外，在 Oracle 中也有如下 3 个日期操作公式：

☑　日期 - 数字 = 日期

☑　日期 + 数字 = 日期

☑　日期 - 日期 = 数字（天数）

> **提示：关于日期和数字的问题。**
>
> 在 Java 语言之中，java.util.Date 类的对象可以变为长整型数据，而在 Oracle 中日期也可以和数字进行转换，所以日期 - 日期的结果就是数字。但一定要记住的是，不存在"日期 + 日期"的操作，可以试想一下 1978 年 07 月 27 日 + 1981 年 09 月 19 日的结果是什么？答案肯定没人能说出来。

范例 5-25：查询距离今天为止 3 天之后及 3 天之前的日期。

```
SELECT SYSDATE + 3 三天之后的日期, SYSDATE - 3 三天之前的日期
FROM dual ;
```

查询结果：通过 SQL Developer 输出，如图 5-21 所示。

	三天之后的日期	三天之前的日期
1	2013-09-23 10:36:40	2013-09-17 10:36:40

图 5-21　日期计算

范例 5-26：查询出每个雇员到今天为止的雇佣天数，以及十天前每个雇员的雇佣天数。

分析：求每个雇员到今天为止的雇佣天数，要使用"当前日期（SYSDATE） - 雇佣日期"的操作，而十天前的雇佣天数，则使用"当前日期（SYSDATE） - 10 - hiredate"的方式操作。

```
SELECT   empno 雇员编号 ,ename 雇员姓名 ,
         SYSDATE-hiredate 雇佣天数 , (SYSDATE-10)-hiredate 十天前雇佣天数
FROM emp ;
```

查询结果：通过 SQL Developer 输出，如图 5-22 所示。

	雇员编号	雇员姓名	雇佣天数	十天前雇佣天数
1	7369	SMITH	12013.532037037037037037037037037037	12003.532037037037037037037037037037
2	7499	ALLEN	11948.532037037037037037037037037037	11938.532037037037037037037037037037
3	7521	WARD	11946.532037037037037037037037037037	11936.532037037037037037037037037037
4	7566	JONES	11907.532037037037037037037037037037	11897.532037037037037037037037037037
5	7654	MARTIN	11728.532037037037037037037037037037	11718.532037037037037037037037037037
6	7698	BLAKE	11878.532037037037037037037037037037	11868.532037037037037037037037037037
7	7782	CLARK	11839.532037037037037037037037037037	11829.532037037037037037037037037037
8	7788	SCOTT	9784.532037037037037037037037037037037	9774.532037037037037037037037037037037
9	7839	KING	11678.532037037037037037037037037037	11668.532037037037037037037037037037
10	7844	TURNER	11748.532037037037037037037037037037	11738.532037037037037037037037037037
11	7876	ADAMS	9716.532037037037037037037037037037037	9706.532037037037037037037037037037037
12	7900	JAMES	11662.532037037037037037037037037037	11652.532037037037037037037037037037
13	7902	FORD	11662.532037037037037037037037037037	11652.532037037037037037037037037037
14	7934	MILLER	11611.532037037037037037037037037037	11601.532037037037037037037037037037

图 5-22　查询结果

此时虽然出现了统计信息，但是由于每个人雇佣的时候除了日期之外，还包含了时、分、秒等信息，所以这个时候出现了许多小数，所以，此处可以直接使用 TRUNC()函数将小数点之后的内容全部清除。

范例 5-27：在查询结果中使用 TRUNC()函数完成将小数点之后的内容全部清除。

```
SELECT   empno 雇员编号 ,ename 雇员姓名 ,
       TRUNC(SYSDATE-hiredate) 雇佣天数 , TRUNC((SYSDATE-10)-hiredate) 十天前雇佣天数
FROM emp ;
```

查询结果：通过 SQL Developer 输出，如图 5-23 所示。

	雇员编号	雇员姓名	雇佣天数	十天前雇佣天数
1	7369	SMITH	12013	12003
2	7499	ALLEN	11948	11938
3	7521	WARD	11946	11936
4	7566	JONES	11907	11897
5	7654	MARTIN	11728	11718
6	7698	BLAKE	11878	11868
7	7782	CLARK	11839	11829
8	7788	SCOTT	9784	9774
9	7839	KING	11678	11668
10	7844	TURNER	11748	11738
11	7876	ADAMS	9716	9706
12	7900	JAMES	11662	11652
13	7902	FORD	11662	11652
14	7934	MILLER	11611	11601

图 5-23　使用 TRUNC()函数截取掉小数

除了以上的基本日期操作方式之外，在 Oracle 中也提供了许多日期的操作函数，如表 5-3 所示。

表 5-3　日期操作函数

No.	函 数 名 称	描　　述
1	ADD_MONTHS(日期,数字)	在指定的日期上加入指定的月数，求出新的日期
2	MONTHS_BETWEEN(日期 1,日期 2)	求出两个日期间的雇佣月数
3	NEXT_DAY(日期,星期数)	求出下一个星期×的具体日期
4	LAST_DAY(日期)	求出指定日期的最后一天日期
5	EXTRACT(格式 FROM 数据)	日期时间分割，或计算给定两个日期的间隔

1. ADD_MONTHS()函数

范例 5-28：验证 ADD_MONTHS()函数。

```
SELECT SYSDATE,
        ADD_MONTHS(SYSDATE, 3 ) 三个月之后的日期,
        ADD_MONTHS(SYSDATE, -3 ) 三个月之前的日期,
        ADD_MONTHS(SYSDATE, 60) 六十个月之后的日期
FROM dual ;
```

查询结果：通过 SQL Developer 输出，如图 5-24 所示。

	SYSDATE	三个月之后的日期	三个月之前的日期	六十个月之后的日期
1	20-9月 -13	20-12月-13	20-6月 -13	20-9月 -18

图 5-24　验证 ADD_MONTHS()函数

如果今天的日期是“2011 年 01 月 30 日”，那么三个月之后的日期就是“2011 年 04 月 30 日”，而且在使用 ADD_MONTHS()函数增加的时候，增加的月数可以是任意的数字（正数或负数均可）。

提问：为什么不使用“日期 + 数字”的形式操作？

如果此时把代码变更为“SYSDATE + 90”，不也是三个月之后的日期吗？为什么还要使用 ADD_MONTHS()函数？

回答：要考虑闰年的问题。

使用 Oracle 中的日期函数主要是为了考虑闰年的问题，如果用日期加减数字的方式则无法进行准确的日期操作。

范例 5-29： 要求显示所有雇员在被雇佣三个月之后的日期。

```
SELECT empno,ename,job,sal,hiredate,ADD_MONTHS(hiredate,3) FROM emp ;
```

查询结果： 通过 SQL Developer 输出，如图 5-25 所示。

	EMPNO	ENAME	JOB	SAL	HIREDATE	ADD_MONTHS(HIREDATE,3)
1	7369	SMITH	CLERK	800	1980-12-17 00:00:00	1981-03-17 00:00:00
2	7499	ALLEN	SALESMAN	1600	1981-02-20 00:00:00	1981-05-20 00:00:00
3	7521	WARD	SALESMAN	1250	1981-02-22 00:00:00	1981-05-22 00:00:00
4	7566	JONES	MANAGER	2975	1981-04-02 00:00:00	1981-07-02 00:00:00
5	7654	MARTIN	SALESMAN	1250	1981-09-28 00:00:00	1981-12-28 00:00:00
6	7698	BLAKE	MANAGER	2850	1981-05-01 00:00:00	1981-08-01 00:00:00
7	7782	CLARK	MANAGER	2450	1981-06-09 00:00:00	1981-09-09 00:00:00
8	7788	SCOTT	ANALYST	3000	1987-01-24 00:00:00	1987-04-24 00:00:00
9	7839	KING	PRESIDENT	5000	1981-11-17 00:00:00	1982-02-17 00:00:00
10	7844	TURNER	SALESMAN	1500	1981-09-08 00:00:00	1981-12-08 00:00:00
11	7876	ADAMS	CLERK	1100	1987-04-02 00:00:00	1987-07-02 00:00:00
12	7900	JAMES	CLERK	950	1981-12-03 00:00:00	1982-03-03 00:00:00
13	7902	FORD	ANALYST	3000	1981-12-03 00:00:00	1982-03-03 00:00:00
14	7934	MILLER	CLERK	1300	1982-01-23 00:00:00	1982-04-23 00:00:00

图 5-25　三个月之后的雇佣日期

2. NEXT_DAY()函数

范例 5-30： 验证 NEXT_DAY()函数。NEXT_DAY()函数的功能主要是求出下一个指定的日期数，如果现在的日期是"2012 年 01 月 30 日　星期一"，那么如果现在想知道下一个"星期一"或是"星期日"的具体日期，则可以使用 NEXT_DAY()函数。

```
SELECT   SYSDATE,NEXT_DAY(SYSDATE,'星期日') 下一个星期日,
         NEXT_DAY(SYSDATE,'星期一') 下一个星期一
FROM dual ;
```

查询结果： 通过 SQL Developer 输出，如图 5-26 所示。

	SYSDATE	下一个星期日	下一个星期一
1	2013-09-20 10:37:59	2013-09-22 10:37:59	2013-09-23 10:37:59

图 5-26　使用 NEXT_DAY()函数

3. LAST_DAY()函数

范例 5-31： 验证 LAST_DAY()函数。使用 LAST_DAY()函数可以求得指定日期所在月的最后一天日期，如果今天的日期是"2012 年 01 月 19 日"，则使用 LAST_DAY()求出来的日期就是"2012 年 01 月 31 日"。

```
SELECT SYSDATE, LAST_DAY(SYSDATE) FROM dual ;
```

查询结果： 通过 SQL Developer 输出，如图 5-27 所示。

	SYSDATE	LAST_DAY(SYSDATE)
1	2013-09-20 10:38:12	2013-09-30 10:38:12

图 5-27　使用 LAST_DAY()函数

范例 5-32： 查询所有是在其雇佣所在月的倒数第三天被公司雇佣的完整雇员信息。

分析： 由于每个雇员的雇佣日期不一样，所以要想求出每个月的倒数第三天则肯定是"每个月的最后一天的日期 - 2"，但是每个雇佣日期的最后一天需要使用 LAST_DAY()函数求出，则现在的判断条件应该为："LAST_DAY(hiredate)-2=hiredate"。

Note

```
SELECT empno,ename,job,hiredate,LAST_DAY(hiredate)
FROM emp
WHERE LAST_DAY(hiredate)-2=hiredate ;
```

查询结果： 通过 SQL Developer 输出，如图 5-28 所示。

	EMPNO	ENAME	JOB	HIREDATE	LAST_DAY(HIREDATE)
1	7654	MARTIN	SALESMAN	1981-09-28 00:00:00	1981-09-30 00:00:00

图 5-28　各月倒数第三天雇佣的雇员

4. MONTHS_BETWEEN()函数

范例 5-33： 查询出每个雇员的编号、姓名、雇佣日期、雇佣的月数及年份。

分析： 要想求出雇佣的月数使用 MONTHS_BETWEEN()函数。而对于年份，如果要使用（天数÷365）的话，则就不准确了，因为要考虑闰年的问题，所以要想准确地求出雇佣的年份，还是要使用 MONTHS_BETWEEN()函数，先求出到今天为止的雇佣月数之后除以 12。

```
SELECT empno 雇员编号,ename 雇员姓名,hiredate 雇佣日期,
       TRUNC(MONTHS_BETWEEN(sysdate,hiredate)) 雇佣总月数,
       TRUNC(MONTHS_BETWEEN(sysdate,hiredate)/12) 雇佣总年份
FROM emp ;
```

查询结果： 通过 SQL Developer 输出，如图 5-29 所示。

	雇员编号	雇员姓名	雇佣日期	雇佣总月数	雇佣总年份
1	7369	SMITH	1980-12-17 00:00:00	394	32
2	7499	ALLEN	1981-02-20 00:00:00	392	32
3	7521	WARD	1981-02-22 00:00:00	392	32
4	7566	JONES	1981-04-02 00:00:00	391	32
5	7654	MARTIN	1981-09-28 00:00:00	385	32
6	7698	BLAKE	1981-05-01 00:00:00	390	32
7	7782	CLARK	1981-06-09 00:00:00	388	32
8	7788	SCOTT	1987-01-24 00:00:00	321	26
9	7839	KING	1981-11-17 00:00:00	383	31
10	7844	TURNER	1981-09-08 00:00:00	385	32
11	7876	ADAMS	1987-04-02 00:00:00	319	26
12	7900	JAMES	1981-12-03 00:00:00	383	31
13	7902	FORD	1981-12-03 00:00:00	383	31
14	7934	MILLER	1982-01-23 00:00:00	381	31

图 5-29　雇员的雇佣年数

范例 5-34： 查询出每个雇员的编号、姓名、雇佣日期，已雇佣的年数、月数、天数。

分析： 本程序的实现较为麻烦，如果要准确统计，则一定需要使用各种日期函数。例如，假设今天的时间是 2010 年 07 月 27 日，则 SMITH（雇员编号是 7369，雇佣日期是 1980 年 12 月 17 日）到今天为止已经被雇佣了 29 年 7 个月零 10 天，那么这种操作的过程很麻烦，而且还要保证准确的精度，所以为了方便读者理解，下面将采用分步列出的形式为读者讲解。

步骤 1： 求出每个雇员的雇佣年数，年份可以直接利用“雇佣的总月数 ÷ 12”的形式取得，但是由于其操作中会有小数，这些小数基本上表示的是月、日、时等信息，所以要使用 TRUNC()函数截取掉所有的小数点。

```
SELECT  empno 雇员编号,ename 雇员姓名, hiredate 雇佣日期,
        TRUNC(MONTHS_BETWEEN(sysdate,hiredate)/12) 已雇佣年数
FROM emp ;
```

查询结果： 通过 SQL Developer 输出，如图 5-30 所示。

	雇员编号	雇员姓名	雇佣日期	已雇佣年数
1	7369	SMITH	1980-12-17 00:00:00	32
2	7499	ALLEN	1981-02-20 00:00:00	32
3	7521	WARD	1981-02-22 00:00:00	32
4	7566	JONES	1981-04-02 00:00:00	32
5	7654	MARTIN	1981-09-28 00:00:00	32
6	7698	BLAKE	1981-05-01 00:00:00	32
7	7782	CLARK	1981-06-09 00:00:00	32
8	7788	SCOTT	1987-01-24 00:00:00	26
9	7839	KING	1981-11-17 00:00:00	31
10	7844	TURNER	1981-09-08 00:00:00	32
11	7876	ADAMS	1987-04-02 00:00:00	26
12	7900	JAMES	1981-12-03 00:00:00	31
13	7902	FORD	1981-12-03 00:00:00	31
14	7934	MILLER	1982-01-23 00:00:00	31

图 5-30　每个雇员雇佣的年数

步骤 2：求出每个雇员雇佣的月数，在计算年份时采用的公式是“MONTHS_BETWEEN (sysdate, hiredate)/12”，在使用 MONTHS_BETWEEN()函数求出全部的月数后除以 12 将产生余数，所以这个余数就是雇员雇佣的月数，可以使用 MOD()函数求出模，就为每个雇员雇佣的月数。

```
SELECT   empno 雇员编号,ename 雇员姓名, hiredate 雇佣日期 ,
      TRUNC(MONTHS_BETWEEN(sysdate,hiredate)/12) 已雇佣年数 ,
      TRUNC(MOD(MONTHS_BETWEEN(sysdate,hiredate),12)) 已雇佣月数
FROM emp ;
```

查询结果：通过 SQL Developer 输出，如图 5-31 所示。

	雇员编号	雇员姓名	雇佣日期	已雇佣年数	已雇佣月数
1	7369	SMITH	1980-12-17 00:00:00	32	10
2	7499	ALLEN	1981-02-20 00:00:00	32	8
3	7521	WARD	1981-02-22 00:00:00	32	8
4	7566	JONES	1981-04-02 00:00:00	32	7
5	7654	MARTIN	1981-09-28 00:00:00	32	1
6	7698	BLAKE	1981-05-01 00:00:00	32	6
7	7782	CLARK	1981-06-09 00:00:00	32	4
8	7788	SCOTT	1987-01-24 00:00:00	26	9
9	7839	KING	1981-11-17 00:00:00	31	11
10	7844	TURNER	1981-09-08 00:00:00	32	1
11	7876	ADAMS	1987-04-02 00:00:00	26	7
12	7900	JAMES	1981-12-03 00:00:00	31	11
13	7902	FORD	1981-12-03 00:00:00	31	11
14	7934	MILLER	1982-01-23 00:00:00	31	9

图 5-31　求出雇佣的月份

步骤 3：求出每个雇员雇佣的天数，计算天数最准确的方法就是（日期-日期），其中有一个肯定是当前日期（SYSDATE），但是另外一个日期就必须尽可能准确了，而且两个日期之间的天数不应该超过 30 天，所以最后得出计算公式 “当前日期 – (雇佣日期 + 距离今天为止所雇佣的月) = 天数”。

```
SELECT   empno 雇员编号,ename 雇员姓名, hiredate 雇佣日期 ,
      TRUNC(MONTHS_BETWEEN(sysdate,hiredate)/12) 已雇佣年数 ,
      TRUNC(MOD(MONTHS_BETWEEN(sysdate,hiredate),12)) 已雇佣月数 ,
      TRUNC(sysdate-ADD_MONTHS(hiredate,MONTHS_BETWEEN(sysdate,hiredate)))已雇佣
      天数
FROM emp ;
```

查询结果：通过 SQL Developer 输出，如图 5-32 所示。

	雇员编号	雇员姓名	雇佣日期	已雇佣年数	已雇佣月数	已雇佣天数
1	7369	SMITH	1980-12-17 00:00:00	32	10	21
2	7499	ALLEN	1981-02-20 00:00:00	32	8	18
3	7521	WARD	1981-02-22 00:00:00	32	8	16
4	7566	JONES	1981-04-02 00:00:00	32	7	5
5	7654	MARTIN	1981-09-28 00:00:00	32	1	10
6	7698	BLAKE	1981-05-01 00:00:00	32	6	6
7	7782	CLARK	1981-06-09 00:00:00	32	4	29
8	7788	SCOTT	1987-01-24 00:00:00	26	9	14
9	7839	KING	1981-11-17 00:00:00	31	11	21
10	7844	TURNER	1981-09-08 00:00:00	32	1	30
11	7876	ADAMS	1987-04-02 00:00:00	26	7	5
12	7900	JAMES	1981-12-03 00:00:00	31	11	4
13	7902	FORD	1981-12-03 00:00:00	31	11	4
14	7934	MILLER	1982-01-23 00:00:00	31	9	15

图 5-32　求出已雇佣的天数

此时，通过计算已经将每个雇员已雇佣的年数、月数、天数分别求出，这些计算的方法就是利用全部的日期计算公式完成的。

5. EXTRACT()函数

在 Oracle 9i 之后增加了一个 EXTRACT()函数，此函数的主要功能是可以从一个日期时间（DATE）或者是时间间隔（INTERVAL）中截取出特定的部分，此函数使用语法如下所示。

语法 5-2：EXTRACT()函数语法

```
EXTRACT ([ YEAR | MONTH | DAY | HOUR | MINUTE | SECOND ]
      | [ TIMEZONE_HOUR | TIMEZONE_MINUTE ]
      | [ TIMEZONE_REGION | TIMEZONE_ABBR ]
FROM [ 日期（date_value） | 时间间隔（interval_value）] )
```

下面通过几个具体的实例为读者演示此函数的作用。

范例 5-35：从日期时间中取出年、月、日数据。

```
SELECT   EXTRACT(YEAR FROM DATE '2001-09-19') years ,
      EXTRACT(MONTH FROM DATE '2001-09-19') months ,
      EXTRACT(DAY FROM DATE '2001-09-19') days
FROM dual ;
```

查询结果：通过 SQL Developer 输出，如图 5-33 所示。

	YEARS	MONTHS	DAYS
1	2001	9	19

图 5-33　取出年、月、日

范例 5-36：从时间戳中取出年、月、日、时、分、秒。

```
SELECT   EXTRACT(YEAR FROM SYSTIMESTAMP) years ,
      EXTRACT(MONTH FROM SYSTIMESTAMP) months ,
      EXTRACT(DAY FROM SYSTIMESTAMP) days ,
      EXTRACT(HOUR FROM SYSTIMESTAMP) hours ,
      EXTRACT(MINUTE FROM SYSTIMESTAMP) minutes ,
      EXTRACT(SECOND FROM SYSTIMESTAMP) seconds
FROM dual ;
```

查询结果：通过 SQL Developer 输出，如图 5-34 所示。

	YEARS	MONTHS	DAYS	HOURS	MINUTES	SECONDS
1	2013	10	15	5	21	56.884

图 5-34　拆分时间戳

范例 5-37：取得时间间隔。

```
SELECT  EXTRACT(DAY  FROM  TO_TIMESTAMP('1982-08-13  12:17:57','yyyy-mm-dd
hh24:mi:ss') - TO_TIMESTAMP('1981-09-27 09:08:33','yyyy-mm-dd hh24:mi:ss')) days ,
        EXTRACT(HOUR FROM datetime_one - datetime_two) hours ,
        EXTRACT(MINUTE FROM datetime_one - datetime_two) minutes ,
        EXTRACT(SECOND FROM datetime_one - datetime_two) seconds
FROM (
        SELECT  TO_TIMESTAMP('1982-08-13 12:17:57','yyyy-mm-dd hh24:mi:ss') datetime_one,
                TO_TIMESTAMP('1981-09-27 09:08:33','yyyy-mm-dd hh24:mi:ss') datetime_two
FROM dual) ;
```

查询结果：通过 SQL Developer 输出，如图 5-35 所示。

	DAYS	HOURS	MINUTES	SECONDS
1	320	3	9	24

图 5-35　时间间隔

提示：此部分涉及子查询操作。

本程序为了操作方便，使用了第 8 章的子查询技术，这一部分读者可以等学习完第 8 章之后再继续观察。如果觉得以上写法不习惯，也可以采用如下方式编写。

范例 5-38：复杂计算时间间隔（天数）。

```
SELECT
    EXTRACT(DAY FROM TO_TIMESTAMP('1982-08-13 12:17:57','yyyy-mm-dd hh24:mi:ss')
        - TO_TIMESTAMP('1981-09-27 09:08:33','yyyy-mm-dd hh24:mi:ss')) days
FROM dual ;
```

此种做法是直接将时间戳在 EXTRACT()函数中完成，但是采用此类编写方式，代码重复过多。所以本书没有使用，而使用了子查询完成。

5.5　转换函数

转换函数的主要功能是将一个指定的数据类型变为另外一种数据类型，常用的转换函数如表 5-4 所示。

表 5-4　常用转换函数

No.	函数名称	描　述
1	TO_CHAR(日期 | 数字 | 列,转换格式)	将指定的数据按照指定的格式变为字符串型
2	TO_DATE(字符串 | 列,转换格式)	将指定字符串按照指定的格式变为 DATE 型
3	TO_NUMBER(字符串 | 列)	将指定的数据类型变为数字型

1. TO_CHAR()函数

在默认情况下，如果查询一个日期，则日期默认的显示格式为“31-1 月 -12”，而这样的日期显示效果肯定不如常见的“2012-01-31”让人看起来习惯，所以此时就可以通过 TO_CHAR()函数对这个显示的日期数据进行格式化（格式化之后的数据是字符串），如果要完成这种格式

化，则首先需要熟悉一下格式化日期的替代标记，如表 5-5 所示。

表 5-5　日期格式化标记

No.	转换格式	描　述
1	YYYY	完整的年份数字表示，年有四位，所以使用四个 Y
2	Y,YYY	带逗号的年
3	YYY	年的后三位
4	YY	年的后两位
5	Y	年的最后一位
6	YEAR	年份的文字表示，直接表示四位的年
7	MONTH	月份的文字表示，直接表示两位的月
8	MM	用两位数字来表示月份，月有两位，所以使用两个 M
9	DAY	天数的文字表示
10	DDD	表示一年里的天数（001 ~ 366）
11	DD	表示一月里的天数（01 ~ 31）
12	D	表示一周里的天数（1 ~ 7）
13	DY	用文字表示星期几
14	WW	表示一年里的周数
15	W	表示一月里的周数
16	HH	表示 12 小时制，小时是两位数字，使用两个 H
17	HH24	表示 24 小时制
18	MI	表示分钟
19	SS	表示秒，秒是两位数字，使用两个 S
20	SSSSS	午夜之后的秒数字表示（0 ~ 86399）
21	AM | PM（A.M. | P.M.）	表示上午或下午
22	FM	去掉查询后的前导 0，该标记用于时间模板的后缀

范例 5-39：格式化当前的日期时间。

```
SELECT  SYSDATE 当前系统时间,TO_CHAR(SYSDATE,'YYYY-MM-DD') 格式化日期,
        TO_CHAR(SYSDATE,'YYYY-MM-DD HH24:MI:SS') 格式化日期时间,
        TO_CHAR(SYSDATE,'FMYYYY-MM-DD HH24:MI:SS') 去掉前导 0 的日期时间
FROM dual ;
```

查询结果：通过 SQL Developer 输出，如图 5-36 所示。

	当前系统时间	格式化日期	格式化日期时间	去掉前导0的日期时间
1	2013-09-20 10:39:48	2013-09-20	2013-09-20 10:39:48	2013-9-20 10:39:48

图 5-36　格式化当前日期时间

在进行日期格式化时，如果使用了 FM，则表示将所有的前导 0 取消，所以“01 月”变为了“1 月”，对于年、月、日来讲，也可以使用如下方法进行格式化。

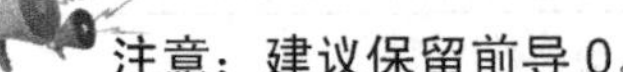

注意：建议保留前导 0。

虽然 TO_CHAR()函数中的 FM 标记可以取消前导 0，但是从开发角度而言，还是建议保留前导 0，这样所有日期格式化显示后的长度是一样的，方便处理。

同时需要提醒读者的是，FM 严格来讲不属于日期格式化标记，本次为了读者方便理解，所以将其归纳为日期标记。

范例 5-40：使用其他方法格式化年、月、日。

```
SELECT  SYSDATE 当前系统时间 ,TO_CHAR(SYSDATE,'YEAR-MONTH-DY') 格式化日期
FROM dual ;
```

查询结果：通过 SQL Developer 输出，如图 5-37 所示。

	当前系统时间	格式化日期
1	2013-09-20 10:40:02	TWENTY THIRTEEN-9月 -星期五

图 5-37　另外一种日期格式化显示

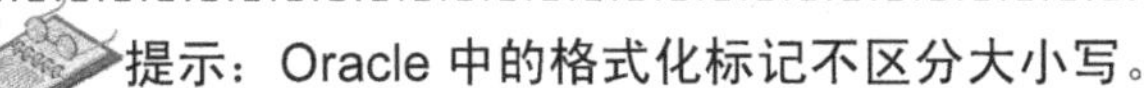

提示：Oracle 中的格式化标记不区分大小写。

在 Oracle 数据库中，所有的格式化标记都是不区分大小写的，例如，年的格式化标记可以是“YYYY”，也可以使用“yyyy”，但是本书为了读者学习方便，所有的标记均采用大写字母的形式。

范例 5-41：查询出所有在每年 2 月份雇佣的雇员信息。

分析：之前在学习 LIKE 子句的时候曾经完成过此功能，但是现在已经学习过了日期的格式化方法，所以可以直接利用 TO_CHAR()函数求出雇佣的月，之后判断是否为 2 月即可。

```
SELECT * FROM emp WHERE TO_CHAR(hiredate,'MM')='02' ;
```

另外，由于 Oracle 中存在着数据类型的自动转换功能，所以也可以将以上的“'02'”写成“2”，如下所示。

范例 5-42：直接判断数字 2。

```
SELECT * FROM emp WHERE TO_CHAR(hiredate,'MM')=2 ;
```

查询结果：通过 SQL Developer 输出，如图 5-38 所示。

	EMPNO	ENAME	JOB	MGR	HIREDATE	SAL	COMM	DEPTNO
1	7499	ALLEN	SALESMAN	7698	1981-02-20 00:00:00	1600	300	30
2	7521	WARD	SALESMAN	7698	1981-02-22 00:00:00	1250	500	30

图 5-38　所有在 2 月份雇佣的雇员信息

提示：关于数据的隐式转换操作。

由于 Oracle 数据库制作得比较智能，所以各个数据类型之间除了使用转换函数这些显式转换之外，也存在着各种隐式的转换规则，这些常用规则如下：

- ☑ 字符型（VARCHAR2、VARCHAR）如果由数字组成，则可以直接转换成数字（NUMBER）。
- ☑ 字符型（VARCHAR2、VARCHAR）如果按照指定的日期格式（例如：“08-9 月-81”），则可以自动转换为 DATE 型数据。

但是这里需要注意的是，数字型（NUMBER）和日期型（DATE）之间是不能直接进行转换的。

范例 5-43：将每个雇员的雇佣日期进行格式化显示，要求所有的雇佣日期可以按照“年-月-日”的形式显示，也可以将雇佣的年、月、日拆开分别显示。

分析：本程序要求完成的是进行日期格式化的显示操作，所以要使用 TO_CHAR()函数完成，如果要想从日期中拆分出年，则直接在函数中使用“YYYY”进行格式化即可，月和日依此类推。

```
SELECT empno,ename,job,hiredate,
        TO_CHAR(hiredate,'YYYY-MM-DD') 格式化雇佣日期, TO_CHAR(hiredate,'YYYY') 年 ,
        TO_CHAR(hiredate,'MM') 月,TO_CHAR(hiredate,'DD') 日
FROM emp ;
```

查询结果：通过 SQL Developer 输出，如图 5-39 所示。

	EMPNO	ENAME	JOB	HIREDATE	格式化雇佣日期	年	月	日
1	7369	SMITH	CLERK	1980-12-17 00:00:00	1980-12-17	1980	12	17
2	7499	ALLEN	SALESMAN	1981-02-20 00:00:00	1981-02-20	1981	02	20
3	7521	WARD	SALESMAN	1981-02-22 00:00:00	1981-02-22	1981	02	22
4	7566	JONES	MANAGER	1981-04-02 00:00:00	1981-04-02	1981	04	02
5	7654	MARTIN	SALESMAN	1981-09-28 00:00:00	1981-09-28	1981	09	28
6	7698	BLAKE	MANAGER	1981-05-01 00:00:00	1981-05-01	1981	05	01
7	7782	CLARK	MANAGER	1981-06-09 00:00:00	1981-06-09	1981	06	09
8	7788	SCOTT	ANALYST	1987-01-24 00:00:00	1987-01-24	1987	01	24
9	7839	KING	PRESIDENT	1981-11-17 00:00:00	1981-11-17	1981	11	17
10	7844	TURNER	SALESMAN	1981-09-08 00:00:00	1981-09-08	1981	09	08
11	7876	ADAMS	CLERK	1987-04-02 00:00:00	1987-04-02	1987	04	02
12	7900	JAMES	CLERK	1981-12-03 00:00:00	1981-12-03	1981	12	03
13	7902	FORD	ANALYST	1981-12-03 00:00:00	1981-12-03	1981	12	03
14	7934	MILLER	CLERK	1982-01-23 00:00:00	1982-01-23	1982	01	23

图 5-39　格式化日期显示

范例 5-44：使用英文的日期格式表示出每个雇员的雇佣日期。

分析：本程序需要按照“YEAR-MONTH-DY”的格式显示，所以设置的格式必须是 YEAR、MONTH、DY。

```
SELECT   empno, ename, hiredate, TO_CHAR(hiredate,'YEAR-MONTH-DY')
FROM emp ;
```

查询结果：通过 SQL Developer 输出，如图 5-40 所示。

	EMPNO	ENAME	HIREDATE	TO_CHAR(HIREDATE,'YEAR-MONTH-DY')
1	7369	SMITH	1980-12-17 00:00:00	NINETEEN EIGHTY-12月-星期三
2	7499	ALLEN	1981-02-20 00:00:00	NINETEEN EIGHTY-ONE-2月 -星期五
3	7521	WARD	1981-02-22 00:00:00	NINETEEN EIGHTY-ONE-2月 -星期日
4	7566	JONES	1981-04-02 00:00:00	NINETEEN EIGHTY-ONE-4月 -星期四
5	7654	MARTIN	1981-09-28 00:00:00	NINETEEN EIGHTY-ONE-9月 -星期一
6	7698	BLAKE	1981-05-01 00:00:00	NINETEEN EIGHTY-ONE-5月 -星期五
7	7782	CLARK	1981-06-09 00:00:00	NINETEEN EIGHTY-ONE-6月 -星期二
8	7788	SCOTT	1987-01-24 00:00:00	NINETEEN EIGHTY-SEVEN-1月 -星期六
9	7839	KING	1981-11-17 00:00:00	NINETEEN EIGHTY-ONE-11月-星期二
10	7844	TURNER	1981-09-08 00:00:00	NINETEEN EIGHTY-ONE-9月 -星期二
11	7876	ADAMS	1987-04-02 00:00:00	NINETEEN EIGHTY-SEVEN-4月 -星期四
12	7900	JAMES	1981-12-03 00:00:00	NINETEEN EIGHTY-ONE-12月-星期四
13	7902	FORD	1981-12-03 00:00:00	NINETEEN EIGHTY-ONE-12月-星期四
14	7934	MILLER	1982-01-23 00:00:00	NINETEEN EIGHTY-TWO-1月 -星期六

图 5-40　使用另一种格式显示所有雇员的雇佣日期

TO_CHAR()函数除了可以完成日期型数据格式化外，也可以完成数字的格式化操作，表 5-6 为读者列出了这些数字格式化的常用标记。

表 5-6　数字格式化标记

No.	转 换 格 式	描　　述
1	9	表示一位数字
2	0	显示前导 0
3	$	将货币的符号显示为美元符号

续表

No.	转换格式	描　述
4	L	根据语言环境不同，自动选择货币符号
5	.	显示小数点
6	,	显示千位符

范例 5-45：格式化数字显示。

```
SELECT   TO_CHAR(987654321.789,'999,999,999,999.99999')   格式化数字,
         TO_CHAR(987654321.789,'000,000,000,000.00000')   格式化数字
FROM dual ;
```

查询结果：通过 SQL Developer 输出，如图 5-41 所示。

	格式化数字	格式化数字_1
1	987,654,321.78900	000,987,654,321.78900

图 5-41　格式化数字

在使用 TO_CHAR()函数格式化数字的时候，如果设置的是 9，则不够的位数将不显示，如果设置为 0，则表示会在前面补 0 进行显示。

范例 5-46：格式化货币显示。

```
SELECT   TO_CHAR(987654321.789,'L999,999,999,999.99999')   显示货币,
         TO_CHAR(987654321.789,'$999,999,999,999.99999')   显示美元
FROM dual ;
```

查询结果：通过 SQL Developer 输出，如图 5-42 所示。

	显示货币	显示美元
1	￥987,654,321.78900	$987,654,321.78900

图 5-42　格式化货币显示

注意：TO_CHAR()函数使用较多。

严格来讲，TO_CHAR()函数这种将日期或数字变为字符串的操作，属于格式化函数，在进行日期格式化转换的操作中使用最多，而在 Java 中也提供了与之对应功能的一个类 java.text.SimpleDateFormat，有兴趣的读者可以参考《Java 开发实战经典》。

2. TO_DATE()函数

当需要将一个字符串类型的数据变为日期型（DATE）的时候，就可以使用 TO_DATE()函数，TO_DATE()函数在将字符串变为日期时所使用的标记同表 5-5。

范例 5-47：使用 TO_DATE()函数。

```
SELECT TO_DATE('1979-09-19','YYYY-MM-DD')
FROM dual ;
```

查询结果：通过 SQL Developer 输出，如图 5-43 所示。

	TO_DATE('1979-09-19','YYYY-MM-DD')
1	1979-09-19 00:00:00

图 5-43　使用 TO_DATE()函数

Note

提示：关于 TO_TIMESTAMP()函数。

TO_DATE()函数主要是将字符串数据变为日期型，也可以利用 TO_TIMESTAMP()函数将数据变为时间戳。

范例 5-48： 使用 TO_TIMESTAMP()函数。

```
SELECT   TO_TIMESTAMP('1981-09-27 18:07:10','YYYY-MM-DD HH24:MI:SS') datetime
FROM dual ;
```

查询结果： 通过 SQL Developer 输出，如图 5-44 所示。

	DATETIME
1	27-9月 -81 06.07.10.000000000 下午

图 5-44　字符串变为时间戳

注意：TO_DATE()函数使用不多。

对于 TO_DATE()函数而言，一般只在数据的更新操作上使用较多，查询显示的时候使用的并不多，这一点读者可以在第 9 章数据更新操作中观察到。

3. TO_NUMBER()函数

如果需要将一个字符串的内容变为数字型（NUMBER），可以使用 TO_NUMBER()函数来完成。

范例 5-49： 使用 TO_NUMBER()函数将字符串变为数字。

```
SELECT   TO_NUMBER('09') + TO_NUMBER('19')  加法计算,
         TO_NUMBER('09') * TO_NUMBER('19')  乘法计算
FROM dual ;
```

以上是直接使用 TO_NUMBER()函数进行显式转换，但是由于 Oracle 数据库中存在着数据的隐式转换功能，即如果一个字符串由数字组成，可以在运算时自动地将字符串中的数字变为 NUMBER 型数据，所以此处不使用 TO_NUMBER 也可以完成，如下代码所示。

范例 5-50： 不利用 TO_NUMBER()函数，字符串也可以自动变为数字。

```
SELECT '09' + '19'  加法计算  , '09' * '19'  乘法计算
FROM dual ;
```

查询结果： 通过 SQL Developer 输出，如图 5-45 所示。

	加法计算	乘法计算
1	28	171

图 5-45　使用 TO_NUMBER()函数

5.6　通用函数

通用函数指的是 Oracle 中具有一些基本特色的函数，如表 5-7 所示。

表 5-7 通用函数

No.	函数名称	描 述
1	NVL(数字 | 列, 默认值)	如果显示的数字是 null 的话，则使用默认数值表示
2	NVL2(数字 | 列, 返回结果 1（不为空显示），返回结果 2（为空显示）)	判断指定的列是否为 null，如果不为 null 则返回结果 1，如为空则返回结果 2
3	NULLIF(表达式 1,表达式 2)	比较表达式 1 和表达式 2 的结果是否相等，如果相等返回 NULL，如果不等返回表达式 1
4	DECODE(列 | 值, 判断值 1,显示结果 1, 判断值 2,显示结果 2,…, 默认值)	多值判断，如果某一个列（或某一个值）与判断值相同，则使用指定的显示结果输出，如果没有满足条件，则显示默认值
5	CASE 列 | 数值 WHEN 表达式 1 THEN 显示结果 1… ELSE 表达式 n …END	用于实现多条件判断，在 WHEN 之后编写条件，而在 THEN 之后编写条件满足的显示操作，如果都不满足则使用 ELSE 中的表达式处理
6	COALESCE(表达式 1, 表达式 2 , …表达式 n)	将表达式逐个判断，如果表达式 1 的内容是 null，则显示表达式 2，如果表达式 2 的内容是 null，则显示表达式 3，依此类推，如果表达式 n 的结果还是 null，则返回 null

1. 使用 NVL()函数处理 null

在数据库中，null 是无法进行计算的，即，在一个数学计算中如果存在了 null，则最后的结果也肯定是 null，现在通过下面的范例向读者验证这一点。

范例 5-51：要求查询出每个雇员的编号、姓名、职位、雇佣日期、年薪。

分析：现在要计算的年薪肯定要包含每个月的奖金（COMM），所以年薪的计算公式为(sal + comm) * 12。

```
SELECT empno,ename,job,hiredate,(sal+comm) * 12 年薪
FROM emp ;
```

查询结果：通过 SQL Developer 输出，如图 5-46 所示。

	EMPNO	ENAME	JOB	HIREDATE	年薪
1	7369	SMITH	CLERK	1980-12-17 00:00:00	(null)
2	7499	ALLEN	SALESMAN	1981-02-20 00:00:00	22800
3	7521	WARD	SALESMAN	1981-02-22 00:00:00	21000
4	7566	JONES	MANAGER	1981-04-02 00:00:00	(null)
5	7654	MARTIN	SALESMAN	1981-09-28 00:00:00	31800
6	7698	BLAKE	MANAGER	1981-05-01 00:00:00	(null)
7	7782	CLARK	MANAGER	1981-06-09 00:00:00	(null)
8	7788	SCOTT	ANALYST	1987-01-24 00:00:00	(null)
9	7839	KING	PRESIDENT	1981-11-17 00:00:00	(null)
10	7844	TURNER	SALESMAN	1981-09-08 00:00:00	18000
11	7876	ADAMS	CLERK	1987-04-02 00:00:00	(null)
12	7900	JAMES	CLERK	1981-12-03 00:00:00	(null)
13	7902	FORD	ANALYST	1981-12-03 00:00:00	(null)
14	7934	MILLER	CLERK	1982-01-23 00:00:00	(null)

图 5-46 计算每个雇员的年薪

从上面的查询结果中可以发现，有些人的年薪成了 null（这下公司可赚了，白用工），这是因为一些雇员的奖金（comm）为 null，所以最终的计算结果也就成了 null，那么此时，就可以

利用 NVL()函数进行处理。下面先来看一下 NVL()函数的基本使用。

范例 5-52： 验证 NVL()函数。

```
SELECT NVL(null,0),NVL(3,0) FROM dual ;
```

查询结果： 通过 SQL Developer 输出，如图 5-47 所示。

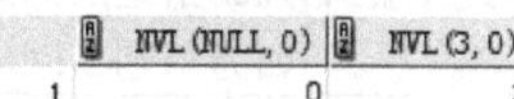

	NVL(NULL,0)	NVL(3,0)
1	0	3

图 5-47　验证 NVL()函数

使用 NVL()函数之后，如果操作的值为 null，则自动替换成默认值 0。

范例 5-53： 使用 NVL()函数解决年薪为 null 的情况。

```
SELECT empno,ename,job,hiredate,(sal + NVL(comm,0)) * 12 年薪 FROM emp ;
```

查询结果： 通过 SQL Developer 输出，如图 5-48 所示。

	EMPNO	ENAME	JOB	HIREDATE	年薪
1	7369	SMITH	CLERK	1980-12-17 00:00:00	9600
2	7499	ALLEN	SALESMAN	1981-02-20 00:00:00	22800
3	7521	WARD	SALESMAN	1981-02-22 00:00:00	21000
4	7566	JONES	MANAGER	1981-04-02 00:00:00	35700
5	7654	MARTIN	SALESMAN	1981-09-28 00:00:00	31800
6	7698	BLAKE	MANAGER	1981-05-01 00:00:00	34200
7	7782	CLARK	MANAGER	1981-06-09 00:00:00	29400
8	7788	SCOTT	ANALYST	1987-01-24 00:00:00	36000
9	7839	KING	PRESIDENT	1981-11-17 00:00:00	60000
10	7844	TURNER	SALESMAN	1981-09-08 00:00:00	18000
11	7876	ADAMS	CLERK	1987-04-02 00:00:00	13200
12	7900	JAMES	CLERK	1981-12-03 00:00:00	11400
13	7902	FORD	ANALYST	1981-12-03 00:00:00	36000
14	7934	MILLER	CLERK	1982-01-23 00:00:00	15600

图 5-48　年薪显示

通过运行结果可以发现，此时所有 comm 字段为 null 的内容都变为了数字 0 后再参与了计算。

2．NVL2()函数

NVL2()函数是在 Oracle 9i 之后增加的一个新的功能函数，相比较 NVL()函数，NVL2()函数可以同时对 null 或非 null 的值进行判断，并返回不同的结果。

范例 5-54： 查询每个雇员的编号、姓名、年薪（sal + comm）、基本工资、奖金。

```
SELECT empno , ename , NVL2(comm , sal+comm,sal) , sal , comm FROM emp ;
```

查询结果： 通过 SQL Developer 输出，如图 5-49 所示。

	EMPNO	ENAME	NVL2(COMM,SAL+COMM,SAL)	SAL	COMM
1	7369	SMITH	800	800	(null)
2	7499	ALLEN	1900	1600	300
3	7521	WARD	1750	1250	500
4	7566	JONES	2975	2975	(null)
5	7654	MARTIN	2650	1250	1400
6	7698	BLAKE	2850	2850	(null)
7	7782	CLARK	2450	2450	(null)
8	7788	SCOTT	3000	3000	(null)
9	7839	KING	5000	5000	(null)
10	7844	TURNER	1500	1500	0
11	7876	ADAMS	1100	1100	(null)
12	7900	JAMES	950	950	(null)
13	7902	FORD	3000	3000	(null)
14	7934	MILLER	1300	1300	(null)

图 5-49　使用 NVL2()函数

通过运行结果可以发现，NVL2()函数在使用的时候会首先判断 comm 的内容是否为 null，如果为 null，返回 sal，否则返回“sal+comm”的计算结果。

3．NULLIF()函数

NULLIF(表达式 1, 表示式 2)函数的主要功能判断两个表达式的结果是否相等，如果相等则返回 NULL，如果不相等则返回表达式 1。

范例 5-55：验证 NULLIF()函数。

```
SELECT NULLIF(1,1) , NULLIF(1,2) FROM dual ;
```

查询结果：通过 SQL Developer 输出，如图 5-50 所示。

	NULLIF(1,1)	NULLIF(1,2)
1	(null)	1

图 5-50　验证 NULLIF()函数

注意：NULLIF()函数中的第一个表达式不能是 NULL。

如果 NULLIF()中第一个表达式设置为 NULL，例如 NULLIF(null, 1)，则会出现语法错误，无法使用。

范例 5-56：验证 NULLIF()函数。

```
SELECT empno , ename , job , LENGTH(ename) , LENGTH(job) , NULLIF(LENGTH(ename),
    LENGTH(job)) nullif
FROM emp ;
```

查询结果：通过 SQL Developer 输出，如图 5-51 所示。

	EMPNO	ENAME	JOB	LENGTH(ENAME)	LENGTH(JOB)	NULLIF
1	7369	SMITH	CLERK	5	5	(null)
2	7499	ALLEN	SALESMAN	5	8	5
3	7521	WARD	SALESMAN	4	8	4
4	7566	JONES	MANAGER	5	7	5
5	7654	MARTIN	SALESMAN	6	8	6
6	7698	BLAKE	MANAGER	5	7	5
7	7782	CLARK	MANAGER	5	7	5
8	7788	SCOTT	ANALYST	5	7	5
9	7839	KING	PRESIDENT	4	9	4
10	7844	TURNER	SALESMAN	6	8	6
11	7876	ADAMS	CLERK	5	5	(null)
12	7900	JAMES	CLERK	5	5	(null)
13	7902	FORD	ANALYST	4	7	4
14	7934	MILLER	CLERK	6	5	6

图 5-51　使用 NULLIF()函数

本程序是将雇员的姓名和职位的长度进行比较，如果长度一样则返回 NULL，如果不一样则返回姓名的长度。

4．DECODE()函数

DECODE()函数是 Oracle 中最有特色的一个函数，它类似于程序中的 if…else if…else if…else，但是判断的内容都是一个具体的值。DECODE()函数的语法如下：

语法 5-3：DECODE()函数语法

```
DECODE(列 | 表达式,值 1,输出结果,值 2,输出结果,... , 默认值)
```

Note

范例 5-57：测试 DECODE()函数。

```
SELECT DECODE(2,1,'内容为一',2,'内容为二')   , DECODE(2,1,'内容为一','没有条件满足')
FROM dual ;
```

查询结果：通过 SQL Developer 输出，如图 5-52 所示。

	DECODE(2,1,'内容为一',2,'内容为二')	DECODE(2,1,'内容为一','没有条件满足')
1	内容为二	没有条件满足

图 5-52　DECODE()函数

通过程序运行结果可以发现，在使用 DECODE()函数时，会将数字 2 与每一个判断值进行比较，如果满足条件，则输出指定的内容。了解了 DECODE()函数的基本作用之后，下面再来看一个实际的要求。

范例 5-58：现在雇员表中的工作有以下几种。

- ☑ CLERK：业务员
- ☑ SALESMAN：销售人员
- ☑ MANAGER：经理
- ☑ ANALYST：分析员
- ☑ PRESIDENT：总裁

要求可以查询雇员的姓名、职位、基本工资等信息，但是要求将所有的职位信息都替换为中文显示。

分析：由于此时针对不同的职位肯定要有不同的显示结果，所以只能通过 DECODE()函数完成要求。

```
SELECT   ename, sal ,
         DECODE(job,
                'CLERK','业务员',
                'SALESMAN','销售人员',
                'MANAGER','经理',
                'ANALYST','分析员',
                'PRESIDENT','总裁') job
FROM emp ;
```

查询结果：通过 SQL Developer 输出，如图 5-53 所示。

	ENAME	SAL	JOB
1	SMITH	800	业务员
2	ALLEN	1600	销售人员
3	WARD	1250	销售人员
4	JONES	2975	经理
5	MARTIN	1250	销售人员
6	BLAKE	2850	经理
7	CLARK	2450	经理
8	SCOTT	3000	分析员
9	KING	5000	总裁
10	TURNER	1500	销售人员
11	ADAMS	1100	业务员
12	JAMES	950	业务员
13	FORD	3000	分析员
14	MILLER	1300	业务员

图 5-53　使用 DECODE()函数进行数据显示

使用 DECODE()函数时还有一点需要特别注意，如果现在要判断的内容没有符合要求的结

果，则返回 null，例如，将以上的查询进行简单的修改。

范例 5-59：在 DECODE()函数中只判断部分内容。

```
SELECT   ename, sal ,
         DECODE(job,
                'CLERK','业务员',
                'SALESMAN','销售人员',
                'MANAGER','经理') job
FROM emp ;
```

查询结果：通过 SQL Developer 输出，如图 5-54 所示。

5. CASE 表达式

CASE 表达式是在 Oracle 9i 引入的，功能与 DECODE()函数有些类似，都是执行多条件判断。严格来讲，CASE 表达式本身并不属于一种函数的范畴，它的主要功能是针对给定的列或者字段进行依次判断，在 WHEN 中编写判断语句，而在 THEN 中编写处理语句，最后如果都不满足则使用 ELSE 进行处理。

范例 5-60：显示每个雇员的姓名、工资、职位，同时显示新的工资（新工资的标准为业务员增长 10%、销售人员增长 20%、经理增长 30%、其他职位的人增长 50%）。

```
SELECT   ename, sal ,
         CASE job WHEN 'CLERK' THEN sal * 1.1
                  WHEN 'SALESMAN' THEN sal * 1.2
                  WHEN 'MANAGER' THEN sal * 1.3
         ELSE sal * 1.5
         END 新工资
FROM emp ;
```

查询结果：通过 SQL Developer 输出，如图 5-55 所示。

	ENAME	SAL	JOB
1	SMITH	800	业务员
2	ALLEN	1600	销售人员
3	WARD	1250	销售人员
4	JONES	2975	经理
5	MARTIN	1250	销售人员
6	BLAKE	2850	经理
7	CLARK	2450	经理
8	SCOTT	3000	(null)
9	KING	5000	(null)
10	TURNER	1500	销售人员
11	ADAMS	1100	业务员
12	JAMES	950	业务员
13	FORD	3000	(null)
14	MILLER	1300	业务员

图 5-54　不完全的判断

	ENAME	SAL	新工资
1	SMITH	800	880
2	ALLEN	1600	1920
3	WARD	1250	1500
4	JONES	2975	3867.5
5	MARTIN	1250	1500
6	BLAKE	2850	3705
7	CLARK	2450	3185
8	SCOTT	3000	4500
9	KING	5000	7500
10	TURNER	1500	1800
11	ADAMS	1100	1210
12	JAMES	950	1045
13	FORD	3000	4500
14	MILLER	1300	1430

图 5-55　使用 CASE 表达式

6. COALESCE()函数

COALESCE(表达式 1,表达式 2,表达式 3,…,表达式 n)函数的主要功能是对 null 进行操作，采用依次判断表达式的方式完成，如果表达式 1 为 null，则显示表达式 2 的内容，如果表达式 2 的内容为 null，则显示表达式 3 的内容，依此类推，判断到最后如果还是 null，则最终的显示结果就是 null。

范例 5-61：验证 COALESCE()函数的功能。

```
SELECT ename, sal, comm, COALESCE(comm,100,2000) , COALESCE(comm,null,null)
FROM emp ;
```

查询结果：通过 SQL Developer 输出，如图 5-56 所示。

	ENAME	SAL	COMM	COALESCE(COMM,100,2000)	COALESCE(COMM,NULL,NULL)
1	SMITH	800	(null)	100	(null)
2	ALLEN	1600	300	300	300
3	WARD	1250	500	500	500
4	JONES	2975	(null)	100	(null)
5	MARTIN	1250	1400	1400	1400
6	BLAKE	2850	(null)	100	(null)
7	CLARK	2450	(null)	100	(null)
8	SCOTT	3000	(null)	100	(null)
9	KING	5000	(null)	100	(null)
10	TURNER	1500	0	0	0
11	ADAMS	1100	(null)	100	(null)
12	JAMES	950	(null)	100	(null)
13	FORD	3000	(null)	100	(null)
14	MILLER	1300	(null)	100	(null)

图 5-56　使用 COALESCE()函数

本程序查询了雇员的姓名、基本工资、佣金信息，如果佣金为 null，则显示内容为 100，最后使用的 COALESCE()函数是为了演示，所有的表达式都为 null 时返回结果就是 null 的操作。

5.7 本章小结

1．单行函数可以完成许多独立的小功能。

2．字符函数的主要功能是进行字符串数据的处理，例如将字符串变为大写、小写、查找等。

3．使用 ROUND()函数可以进行指定位数的四舍五入操作，使用 TRUNC()函数可直接截取掉小数。

4．SYSDATE 可以取得当前的系统日期，使用日期函数处理日期可以避免闰年的问题。

5．转换函数中 TO_CHAR()函数使用较多，使用 TO_CHAR()函数可以完成日期或数字变为格式化字符串的操作。

6．在进行数学计算中，如果存在了 null，则结果就为 null，此时可以使用 NVL()或 NVL2()函数将 null 转为指定的内容。

7．使用 NULLIF()函数可以判断两个表达式的结果是否相等。

8．DECODE()函数和 CASE 表达式可以实现多条件判断输出操作。

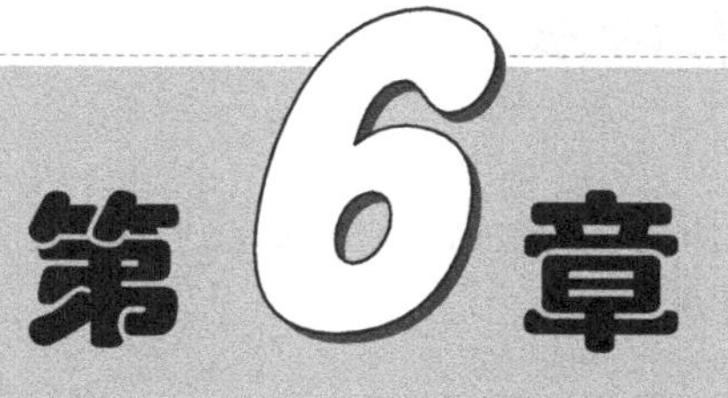

多表查询

通过本章的学习，可以达到以下目标：

☑ 掌握多表查询的基本语法，并可以使用多表查询进行数据显示。

☑ 掌握笛卡尔积的产生及消除。

☑ 掌握内连接与外连接的区别及使用。

☑ 掌握 SQL:1999 语法的使用。

☑ 掌握数据的集合运算。

之前所讲解的查询中都是从一张表中取出数据，但是在很多时候只靠一张表并不能满足查询的完整要求，需要同时从多张数据表中取出数据，这样的查询就称为多表查询。多表查询在开发中也是一种较为常用的查询形式，但是在进行多表查询时也会存在性能的问题，本章将就多表查询的语法、作用及所带来的问题为读者进行讲解。

6.1　多表查询的基本语法

Note

多表查询就是在一条查询语句中，从多张表里一起取出所需要的数据，如果要想进行多表查询，直接在 FROM 子句之后跟上多个表即可，此时的语法如下：

语法 6-1：多表查询

```
SELECT [DISTINCT]  * | 列名称 [AS] [列别名] , 列名称 [AS] [列别名] ,...
FROM 表名称 1 [表别名 1] , 表名称 2 [表别名 2], ...
[WHERE 条件(s) ]
[ORDER BY 排序的字段 1 ASC|DESC ,排序的字段 2 ASC | DESC, ...];
```

多表查询与一般的 SQL 语句格式没有太大差别，只是在 FROM 子句之后跟上用户所需要的表而已，但是在进行真正的多表查询之前，先通过以下的两个命令分别查询出 emp 和 dept 表中的数据量，这样做的目的是为了帮助读者更好地分析多表查询所带来的问题。

提示：关于要使用到的 COUNT()函数。

如果要想统计出一张数据表的数据量，可以通过 COUNT()函数来完成，这个函数属于统计函数的范畴，关于统计函数的操作将在第 7 章讲解，读者此时只需要记住 COUNT()函数的功能即可。

范例 6-1：查询 emp 表中的数据量 —— 14 条数据。

```
SELECT COUNT(*) FROM emp ;
```

查询结果：通过 SQL Developer 输出，如图 6-1 所示。

	COUNT(*)
1	14

图 6-1　emp 表中一共有 14 条记录

范例 6-2：查询 dept 表中的数据量 —— 4 条数据。

```
SELECT COUNT(*) FROM dept ;
```

查询结果：通过 SQL Developer 输出，如图 6-2 所示。

	COUNT(*)
1	4

图 6-2　dept 表中一共有 4 条记录

清楚了 emp 表和 dept 表中各存在多少条记录之后，下面就使用多表查询的语法，将 emp 表和 dept 表一起进行查询，直接在 FROM 子句之后使用两张表。

范例 6-3：现在查询所有的雇员和部门的全部详细信息。

分析：由于需要从雇员（emp）和部门（dept）信息中一起将数据取出，所以需要将 emp 和 dept 表进行多表查询。

```
SELECT * FROM emp,dept ;
```

查询结果：通过 SQL Developer 输出，如图 6-3 所示，由于数据较多，所以只列出了前 19 条。

	EMPNO	ENAME	JOB	MGR	HIREDATE	SAL	COMM	DEPTNO	DEPTNO_1	DNAME	LOC
1	7369	SMITH	CLERK	7902	17-12月-80	800	(null)	20	10	ACCOUNTING	NEW YORK
2	7499	ALLEN	SALESMAN	7698	20-2月 -81	1600	300	30	10	ACCOUNTING	NEW YORK
3	7521	WARD	SALESMAN	7698	22-2月 -81	1250	500	30	10	ACCOUNTING	NEW YORK
4	7566	JONES	MANAGER	7839	02-4月 -81	2975	(null)	20	10	ACCOUNTING	NEW YORK
5	7654	MARTIN	SALESMAN	7698	28-9月 -81	1250	1400	30	10	ACCOUNTING	NEW YORK
6	7698	BLAKE	MANAGER	7839	01-5月 -81	2850	(null)	30	10	ACCOUNTING	NEW YORK
7	7782	CLARK	MANAGER	7839	09-6月 -81	2450	(null)	10	10	ACCOUNTING	NEW YORK
8	7788	SCOTT	ANALYST	7566	13-7月 -87	3000	(null)	20	10	ACCOUNTING	NEW YORK
9	7839	KING	PRESIDENT	(null)	17-11月-81	5000	(null)	10	10	ACCOUNTING	NEW YORK
10	7844	TURNER	SALESMAN	7698	08-9月 -81	1500	0	30	10	ACCOUNTING	NEW YORK
11	7876	ADAMS	CLERK	7788	13-7月 -87	1100	(null)	20	10	ACCOUNTING	NEW YORK
12	7900	JAMES	CLERK	7698	03-12月-81	950	(null)	30	10	ACCOUNTING	NEW YORK
13	7902	FORD	ANALYST	7566	03-12月-81	3000	(null)	20	10	ACCOUNTING	NEW YORK
14	7934	MILLER	CLERK	7782	23-1月 -82	1300	(null)	10	10	ACCOUNTING	NEW YORK
15	7369	SMITH	CLERK	7902	17-12月-80	800	(null)	20	20	RESEARCH	DALLAS
16	7499	ALLEN	SALESMAN	7698	20-2月 -81	1600	300	30	20	RESEARCH	DALLAS
17	7521	WARD	SALESMAN	7698	22-2月 -81	1250	500	30	20	RESEARCH	DALLAS
18	7566	JONES	MANAGER	7839	02-4月 -81	2975	(null)	20	20	RESEARCH	DALLAS
19	7654	MARTIN	SALESMAN	7698	28-9月 -81	1250	1400	30	20	RESEARCH	DALLAS

图 6-3　多表查询结果（一共返回了 56 条记录，部分列出）

从运行结果中可以发现，现在查询出来的一共有 56 条记录，而且有些记录也是重复出现（例如雇员编号为 7369 的 SMITH，原本是 20 部门的雇员，可却在 10、20、30、40 四个部门中都重复显示了信息），但是 emp 表和 dept 表中一共加起来也没有 56 条记录，这是为什么呢？实际上这就是多表查询最大的问题——笛卡尔积。

在进行多表连接查询时，由于数据库内部的处理机制会产生一些“无用”的数据，而这些数据就称为笛卡尔积。通过之前的查询可以发现，笛卡尔积返回的 56 条查询结果正好是 14 * 4（emp 表数据量 * dept 表数据量）的运算结果，即同一条数据重复显示了 N 次，这一点可以通过图 6-4 观察到。

empno	ename	deptno
7839	KING	10
7369	SMITH	20
7902	FORD	20
7566	JONES	20
7499	ALLEN	30
7698	BLAKE	30

1… N

deptno	dname	loc
10	ACCOUNTING	NEW YORK
20	RESEARCH	DALLAS
30	SALES	CHICAGO
40	OPERATIONS	BOSTON

图 6-4　笛卡尔积产生原理

提示：关于笛卡尔积的代数表示。

为了帮助读者更为直观地理解笛卡尔积的作用，下面使用代数为读者解释此问题。

现在假设有两个关系：雇员关系 E 如图 6-5（A）所示、部门关系 D 如图 6-5（B）所示，那么这两个关系产生的笛卡尔积（或者称为叉积，或者称为积）也是一个有序对集合，如图 6-5（C）所示，其中有序对的第一个元素是关系 E 中的任何一个元组，第二个元素是关系 D 中的任何一个元组，表示为“E×D”。由于 E 和 D 两个都属于关系，所以产生的笛卡尔积从本质上讲仍是关系。由于 E 和 D 这两个关系的属性未必只有一个（关系 E 有 3 个属性，关系 D 有 2 个属性），所以就会产生更长的元组，并且包括了关系 E 和关系 D 中的所有属性。从习惯上，在结果中关系 E 中的属性会出现在关系 D 的属性前面。

empno	ename	deptno
7369	SMITH	20
7839	KING	10
...	...	...

图 6-5（A） 关系 E

deptno	dname
10	ACCOUNTING
20	RESEARCH
30	SALES
...	...

图 6-5（B） 关系 D

E.empno	E.ename	E.deptno	D.deptno	D.dname
7369	***SMITH***	***20***	***10***	***ACCOUNTING***
7369	SMITH	20	20	RESEARCH
7369	***SMITH***	***20***	***30***	***SALES***
7839	KING	10	10	ACCOUNTING
7839	***KING***	***10***	***20***	***RESEARCH***
7839	***KING***	***10***	***30***	***SALES***
...	...	...	...	...

图 6-5（C） 关系 E × 关系 D 的结果

结果关系模式是 E 和 D 关系模式的并，如果 E 和 D 恰好有同样的属性，则需要把至少一个关系中相应的属性名更改成不同的名称。为了使含义清楚，如果属性 deptno 在关系 E 和 D 中均出现了，则结果关系模式中分别用 E.deptno 和 D.deptno 表示来自 E 和 D 的属性。

从图 6-4 的分析中可以发现，笛卡尔积的产生主要是由于查询机制造成的，雇员表中的每条数据都要与部门表中的数据进行匹配后才能查询出结果，而且中间又没有任何的限定条件，所以就出现了 56 条记录。

提示：多表查询性能很低。

通过 emp 表和 dept 表的多表查询结果可以发现，在数据量小的情况下，已经产生了这么多的无用数据，假设一张表中存在 50 万条记录，而另外一张表中存在 100 万条记录，当使用多表查询时，那么查询的性能将是何等的低，所以多表查询一般用于数据量较小的情况。

如果读者要观察多表查询所带来的性能问题，可以使用 SH 用户进行登录，首先确认出 sales 和 costs 表中的数据。

范例 6-4：查询 sh.sales 表中的数据量。

```
SELECT COUNT(*) FROM sales ;
```

查询结果：通过 SQL Developer 输出，如图 6-6 所示。

范例 6-5：查询 sh.costs 表中的数据量。

```
SELECT COUNT(*) FROM costs ;
```

查询结果：通过 SQL Developer 输出，如图 6-7 所示。

	COUNT(*)
1	918843

图 6-6 sales 表中的数据量

	COUNT(*)
1	82112

图 6-7 costs 表中的数据量

可以发现，这两张表中都属于海量数据，所以发出如下的查询指令，查询这两张表关联后的数据量。

范例 6-6：将 sales 和 costs 两张表关联查询，同时设置消除笛卡尔积的条件。

```
SELECT COUNT(*) FROM sales s,costs c
WHERE s.prod_id=c.prod_id ;
```

这个查询的过程是相当漫长的（笔者实在是没有耐心等下去了，有耐心的读者可以自行等待，但是有如此慢的程序运行在一个项目中，相信这个项目让人再次使用的希望不大），但是通过这漫长的等待读者可以发现，多表查询中会有笛卡尔积的问题，所以多表查询在实际的开发中应尽量少使用，尤其是在大数据的表中，更是致命的问题。

清楚了笛卡尔积的产生原因之后，下面的问题就是要想办法消除这些笛卡尔积，使数据正常地显示。如果现在消除掉笛卡尔积，则必须加入一些关联字段的声明。例如，在 emp 表中有 deptno 字段，在 dept 表中也有此列，而且发现 emp 表中的 deptno 取值范围完全由 dept 表的 deptno 决定，那么此时就可以通过这个字段来消除笛卡尔积。

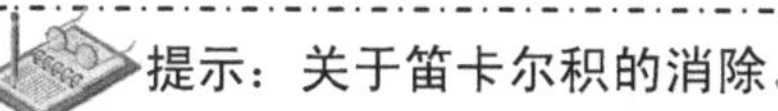

提示：关于笛卡尔积的消除。

这里给读者一个不专业的提示，在实际开发中进行多表查询时，永远会存在一个或多个字段用于消除笛卡尔积的操作（一般都为外键关系，外键将在本书第 12 章为读者讲解），但这样是有前提的：按照标准范式进行数据表的设计，数据库的设计范式将在本书第 15 章为读者讲解。

范例 6-7：之前的查询结果中包含了笛卡尔积，现在将其消除。

分析：现在要进行多表查询，同时消除笛卡尔积，消除条件为：emp.deptno=dept.deptno。

```
SELECT *
FROM emp,dept
WHERE emp.deptno=dept.deptno ;
```

查询结果：通过 SQL Developer 输出，如图 6-8 所示。

	EMPNO	ENAME	JOB	MGR	HIREDATE	SAL	COMM	DEPTNO	DEPTNO_1	DNAME	LOC
1	7369	SMITH	CLERK	7902	17-12月-80	800	(null)	20	20	RESEARCH	DALLAS
2	7499	ALLEN	SALESMAN	7698	20-2月 -81	1600	300	30	30	SALES	CHICAGO
3	7521	WARD	SALESMAN	7698	22-2月 -81	1250	500	30	30	SALES	CHICAGO
4	7566	JONES	MANAGER	7839	02-4月 -81	2975	(null)	20	20	RESEARCH	DALLAS
5	7654	MARTIN	SALESMAN	7698	28-9月 -81	1250	1400	30	30	SALES	CHICAGO
6	7698	BLAKE	MANAGER	7839	01-5月 -81	2850	(null)	30	30	SALES	CHICAGO
7	7782	CLARK	MANAGER	7839	09-6月 -81	2450	(null)	10	10	ACCOUNTING	NEW YORK
8	7788	SCOTT	ANALYST	7566	13-7月 -87	3000	(null)	20	20	RESEARCH	DALLAS
9	7839	KING	PRESIDENT	(null)	17-11月-81	5000	(null)	10	10	ACCOUNTING	NEW YORK
10	7844	TURNER	SALESMAN	7698	08-9月 -81	1500	0	30	30	SALES	CHICAGO
11	7876	ADAMS	CLERK	7788	13-7月 -87	1100	(null)	20	20	RESEARCH	DALLAS
12	7900	JAMES	CLERK	7698	03-12月-81	950	(null)	30	30	SALES	CHICAGO
13	7902	FORD	ANALYST	7566	03-12月-81	3000	(null)	20	20	RESEARCH	DALLAS
14	7934	MILLER	CLERK	7782	23-1月 -82	1300	(null)	10	10	ACCOUNTING	NEW YORK

图 6-8　消除笛卡尔积后的查询结果

在本例中成功地消除了笛卡尔积，采用的是等值连接（**emp.deptno=dept.deptno**）的操作形式完成的。

6.2　多表查询实例

清楚了多表查询的基本语法，以及笛卡尔积的产生和消除之后，下面通过一些实例帮助读者进一步巩固多表查询的操作。

以上查询时 SELECT 子句后面使用的是“*”进行全部字段的查询显示，当然也可以指定具体的查询字段，但是考虑到显示的字段有可能来自于不同的关系表，所以建议在字段查询时采用“表名.字段名”的形式操作。

范例 6-8：查询每个雇员的编号、姓名、职位、基本工资、部门名称、部门位置信息。

分析：此时不是查询全部的字段了，所以不能再使用“*”，而只能通过“表名.字段名”取出一个个具体的内容。

为了读者在以后可以更方便地分析多表查询的操作，所以在以后实现多表查询前先进行如下的分析：

☑ 本查询需要使用到的数据表：
  ➢ emp 表：查询每个雇员的编号、姓名、职位、基本工资。
  ➢ dept 表：查询部门的名称、位置信息。

☑ 确定已知的关联字段：
  ➢ 部门与雇员关联：emp.deptno = dept.deptno。

```
SELECT emp.empno,emp.ename,emp.job,emp.sal,dept.dname,dept.loc
FROM emp,dept
WHERE emp.deptno=dept.deptno ;
```

查询结果：通过 SQL Developer 输出，如图 6-9 所示。

	EMPNO	ENAME	JOB	SAL	DNAME	LOC
1	7369	SMITH	CLERK	800	RESEARCH	DALLAS
2	7499	ALLEN	SALESMAN	1600	SALES	CHICAGO
3	7521	WARD	SALESMAN	1250	SALES	CHICAGO
4	7566	JONES	MANAGER	2975	RESEARCH	DALLAS
5	7654	MARTIN	SALESMAN	1250	SALES	CHICAGO
6	7698	BLAKE	MANAGER	2850	SALES	CHICAGO
7	7782	CLARK	MANAGER	2450	ACCOUNTING	NEW YORK
8	7788	SCOTT	ANALYST	3000	RESEARCH	DALLAS
9	7839	KING	PRESIDENT	5000	ACCOUNTING	NEW YORK
10	7844	TURNER	SALESMAN	1500	SALES	CHICAGO
11	7876	ADAMS	CLERK	1100	RESEARCH	DALLAS
12	7900	JAMES	CLERK	950	SALES	CHICAGO
13	7902	FORD	ANALYST	3000	RESEARCH	DALLAS
14	7934	MILLER	CLERK	1300	ACCOUNTING	NEW YORK

图 6-9　多表查询指定字段

这时已经实现了查询的要求，但同时另外一个问题也随之产生了，此时访问表中的字段时采用的是“表名.字段名”的方式完成的，如果表名很长，如 china_beijing_person_student，那么就意味着以后每写一个查询列时都要写上如此长的表名，这样非常不方便，所以一般在进行多表查询的时候往往会为每张表起一个别名，以后直接通过“别名.字段名”就可以显示内容了。

范例 6-9：通过别名查询雇员的编号、姓名、职位、基本工资、部门名称、部门位置。

```
SELECT e.empno,e.ename,e.job,e.sal,d.dname,d.loc
FROM emp e,dept d
WHERE e.deptno=d.deptno ;
```

查询结果：通过 SQL Developer 输出，如图 6-9 所示。

范例 6-10：查询出每个雇员的编号、姓名、雇佣日期、基本工资、工资等级。

分析：此时要想进行等级查询，需要使用 salgrade 表，但是 salgrade 表中并没有一个字段直接与 emp 表中的字段相对应，但是 salgrade 表中有 losal（最低工资）、hisal（最高工资）用于表示一个工资等级的对应范围，所以此时可以通过 BETWEEN…AND 进行笛卡尔积的　消除。

☑ 确定所需的数据表如下。
  ➢ emp 表：雇员的编号、姓名、雇佣日期、基本工资。
  ➢ salgrade 表：雇员的工资等级。

☑ 确定已知的关联字段如下。

➢　雇员工资与工资等级：emp.sal BETWEEN salgrade.losal AND salgrade.hisal。

```
SELECT e.empno,e.ename,e.hiredate,e.sal,s.grade
FROM emp e,salgrade s
WHERE e.sal BETWEEN s.losal AND s.hisal ;
```

查询结果：通过 SQL Developer 输出，如图 6-10 所示。

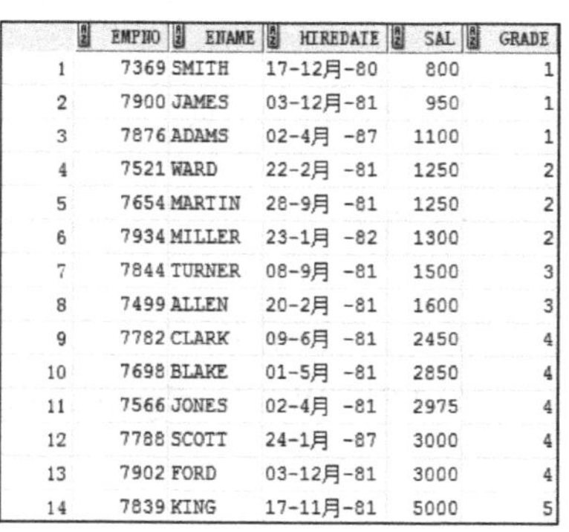

	EMPNO	ENAME	HIREDATE	SAL	GRADE
1	7369	SMITH	17-12月-80	800	1
2	7900	JAMES	03-12月-81	950	1
3	7876	ADAMS	02-4月 -87	1100	1
4	7521	WARD	22-2月 -81	1250	2
5	7654	MARTIN	28-9月 -81	1250	2
6	7934	MILLER	23-1月 -82	1300	2
7	7844	TURNER	08-9月 -81	1500	3
8	7499	ALLEN	20-2月 -81	1600	3
9	7782	CLARK	09-6月 -81	2450	4
10	7698	BLAKE	01-5月 -81	2850	4
11	7566	JONES	02-4月 -81	2975	4
12	7788	SCOTT	24-1月 -87	3000	4
13	7902	FORD	03-12月-81	3000	4
14	7839	KING	17-11月-81	5000	5

图 6-10　emp 与 salgrade 表关联

现在查询出了所有工资等级的信息，但是这时发现工资等级返回的结果是 1、2、3、4、5 的数字，所以为了更加清楚地显示出工资等级的信息，现在希望可以按如下格式进行替换显示。

☑　grade=1：显示为“E 等工资”。

☑　grade=2：显示为“D 等工资”。

☑　grade=3：显示为“C 等工资”。

☑　grade=4：显示为“B 等工资”。

☑　grade=5：显示为“A 等工资”。

这个功能只能通过 DECODE()函数完成，代码编写如下。

范例 6-11：使用 DECODE()函数进行替换。

```
SELECT e.empno,e.ename,e.hiredate,e.sal,
   DECODE(s.grade,1,'E 等工资',2,'D 等工资',3,'C 等工资',4,'B 等工资',5,'A 等工资') grade
FROM emp e,salgrade s
WHERE e.sal BETWEEN s.losal AND s.hisal ;
```

查询结果：通过 SQL Developer 输出，如图 6-11 所示。

	EMPNO	ENAME	HIREDATE	SAL	GRADE
1	7369	SMITH	17-12月-80	800	E等工资
2	7900	JAMES	03-12月-81	950	E等工资
3	7876	ADAMS	02-4月 -87	1100	E等工资
4	7521	WARD	22-2月 -81	1250	D等工资
5	7654	MARTIN	28-9月 -81	1250	D等工资
6	7934	MILLER	23-1月 -82	1300	D等工资
7	7844	TURNER	08-9月 -81	1500	C等工资
8	7499	ALLEN	20-2月 -81	1600	C等工资
9	7782	CLARK	09-6月 -81	2450	B等工资
10	7698	BLAKE	01-5月 -81	2850	B等工资
11	7566	JONES	02-4月 -81	2975	B等工资
12	7788	SCOTT	24-1月 -87	3000	B等工资
13	7902	FORD	03-12月-81	3000	B等工资
14	7839	KING	17-11月-81	5000	A等工资

图 6-11　使用 DECODE()函数对显示数据进行替换

以上两个查询主要是进行两张数据表的连接，当然，在多表查询中也允许使用更多的数据表查询，而这样做所带来的问题就是会产生更多的笛卡尔积。

范例 6-12：查询每个雇员的姓名、职位、基本工资、部门名称、工资所在公司的工资等级。

分析：此时涉及的字段是存放在 3 张表中的，所以首先必须确定所使用的表和字段并且指定消除笛卡尔积条件，此外为了方便读者理解，对于多表查询将采用分步的方式实现。

Note

☑ 确定所需要的数据表如下。
   - emp 表：雇员的姓名、职位、基本工资。
   - dept 表：部门名称。
   - salgrade 表：找到工资的等级。

☑ 确定已知的关联字段如下。
   - 雇员和部门：emp.deptno=dept.deptno。
   - 雇员和工资等级：emp.sal BETWEEN salgrade.losal AND salgrade.hisal。

> **提示：给句不成文的规定。**
>
> 读者从之前的多表查询中可以总结出一些规律，如果现在是两张表关联，那么可以通过一个条件消除笛卡尔积；如果现在是 3 张表关联，可以通过两个条件消除笛卡尔积。也就是说，“消除笛卡尔积的条件个数=表的个数-1”，当然，这种规定本身并不准确，实际中的条件设置都是以消除笛卡尔积为标准的，而本提示只是给读者一个参考意见，毕竟对于要求简单的查询还是很有效的。

步骤 1：查询出雇员的姓名、职位、工资，利用单表查询完成。

```
SELECT e.ename,e.job,e.sal
FROM emp e ;
```

查询结果：通过 SQL Developer 输出，如图 6-12 所示。

	ENAME	JOB	SAL
1	SMITH	CLERK	800
2	ALLEN	SALESMAN	1600
3	WARD	SALESMAN	1250
4	JONES	MANAGER	2975
5	MARTIN	SALESMAN	1250
6	BLAKE	MANAGER	2850
7	CLARK	MANAGER	2450
8	SCOTT	ANALYST	3000
9	KING	PRESIDENT	5000
10	TURNER	SALESMAN	1500
11	ADAMS	CLERK	1100
12	JAMES	CLERK	950
13	FORD	ANALYST	3000
14	MILLER	CLERK	1300

图 6-12　步骤 1 查询结果

步骤 2：加入部门表，显示部门的名称，同时增加一个消除 emp 与 dept 表关联的笛卡尔积的等值连接。

```
SELECT e.ename,e.job,e.sal,d.dname
FROM emp e,dept d
WHERE e.deptno=d.deptno ;
```

查询结果：通过 SQL Developer 输出，如图 6-13 所示。

	ENAME	JOB	SAL	DNAME
1	SMITH	CLERK	800	RESEARCH
2	ALLEN	SALESMAN	1600	SALES
3	WARD	SALESMAN	1250	SALES
4	JONES	MANAGER	2975	RESEARCH
5	MARTIN	SALESMAN	1250	SALES
6	BLAKE	MANAGER	2850	SALES
7	CLARK	MANAGER	2450	ACCOUNTING
8	SCOTT	ANALYST	3000	RESEARCH
9	KING	PRESIDENT	5000	ACCOUNTING
10	TURNER	SALESMAN	1500	SALES
11	ADAMS	CLERK	1100	RESEARCH
12	JAMES	CLERK	950	SALES
13	FORD	ANALYST	3000	RESEARCH
14	MILLER	CLERK	1300	ACCOUNTING

图 6-13 步骤 2 查询结果

步骤 3：引入 salgrade 表，此时所有过滤笛卡尔积的条件不是直接给出的，需要判断范围。

```
SELECT e.ename,e.job,e.sal,d.dname,s.grade ,
  DECODE(s.grade,1,'E 等工资',2,'D 等工资',3,'C 等工资',4,'B 等工资',5,'A 等工资') grade
FROM emp e,dept d,salgrade s
WHERE e.deptno=d.deptno AND e.sal BETWEEN s.losal AND s.hisal ;
```

查询结果：通过 SQL Developer 输出，如图 6-14 所示。

	ENAME	JOB	SAL	DNAME	GRADE	GRADE_1
1	KING	PRESIDENT	5000	ACCOUNTING	5	A等工资
2	CLARK	MANAGER	2450	ACCOUNTING	4	B等工资
3	MILLER	CLERK	1300	ACCOUNTING	2	D等工资
4	FORD	ANALYST	3000	RESEARCH	4	B等工资
5	SCOTT	ANALYST	3000	RESEARCH	4	B等工资
6	JONES	MANAGER	2975	RESEARCH	4	B等工资
7	ADAMS	CLERK	1100	RESEARCH	1	E等工资
8	SMITH	CLERK	800	RESEARCH	1	E等工资
9	BLAKE	MANAGER	2850	SALES	4	B等工资
10	ALLEN	SALESMAN	1600	SALES	3	C等工资
11	TURNER	SALESMAN	1500	SALES	3	C等工资
12	MARTIN	SALESMAN	1250	SALES	2	D等工资
13	WARD	SALESMAN	1250	SALES	2	D等工资
14	JAMES	CLERK	950	SALES	1	E等工资

图 6-14 步骤 3 查询结果

本程序的最后为了方便读者浏览信息，在工资等级显示时，除了显示 grade 字段的内容，同时使用 DECODE()函数对显示结果进行了处理。

6.3 表的连接操作

在数据库中，对于数据表的连接操作一共定义了两种，分别如下。

☑ 内连接：也称为等值连接（或称为连接，还可以被称为普通连接或者自然连接），是最早的一种连接方式，内连接是从结果表中删除与其他被连接表中没有匹配行的所有元组，所以当匹配条件不满足时内连接可能会丢失信息。前面所使用的连接方式都属于内连接，而在 WHERE 子句中设置的消除笛卡尔积的条件就是采用了等值判断的方式进行的。

☑ 外连接：内连接中只能显示等值满足的条件，不满足的条件则无法显示，如果现在希望特定表中的数据可以全部显示，就利用外连接，外连接分为 3 种，分别是左外连接（简称左连接）、右外连接（简称右连接）、全外连接（简称全连接，在 SQL:1999 语法部分为读者讲解）。

提示：扩充数据。

为了更好地方便读者理解数据表的连接操作，下面首先向 emp 表中增加一条没有部门的雇员信息。

范例 6-13：向 emp 表中添加一条新的记录。

```
INSERT INTO emp(empno,ename,job,mgr,hiredate,sal,comm,deptno)
VALUES (8888,'李兴华','CLERK',7369,SYSDATE,800,100,null);
```

以上数据增加操作的语法，将在本书第 9 章中为读者讲解。数据增加完成后，查询 emp 表数据（SELECT * FROM emp;），会出现如图 6-15 所示的结果。

	EMPNO	ENAME	JOB	MGR	HIREDATE	SAL	COMM	DEPTNO
1	7369	SMITH	CLERK	7902	17-12月-80	800	(null)	20
2	7499	ALLEN	SALESMAN	7698	20-2月 -81	1600	300	30
3	7521	WARD	SALESMAN	7698	22-2月 -81	1250	500	30
4	7566	JONES	MANAGER	7839	02-4月 -81	2975	(null)	20
5	7654	MARTIN	SALESMAN	7698	28-9月 -81	1250	1400	30
6	7698	BLAKE	MANAGER	7839	01-5月 -81	2850	(null)	30
7	7782	CLARK	MANAGER	7839	09-6月 -81	2450	(null)	10
8	7788	SCOTT	ANALYST	7566	13-7月 -87	3000	(null)	20
9	7839	KING	PRESIDENT	(null)	17-11月-81	5000	(null)	10
10	7844	TURNER	SALESMAN	7698	08-9月 -81	1500	0	30
11	7876	ADAMS	CLERK	7788	13-7月 -87	1100	(null)	20
12	7900	JAMES	CLERK	7698	03-12月-81	950	(null)	30
13	7902	FORD	ANALYST	7566	03-12月-81	3000	(null)	20
14	7934	MILLER	CLERK	7782	23-1月 -82	1300	(null)	10
15	8888	李兴华	CLERK	7369	05-10月-13	800	100	(null)

图 6-15　emp 表中的全部记录

这样在 emp 表中就存在一条没有部门的记录（雇员 8888 的部门编号为 null），同时 dept 表中也存在了一条没有雇员的部门（部门编号为 40 的部门没有雇员），于是下面就可以利用这两张表的连接操作来观察内连接与外连接的不同。

为了读者更方便地进行后续的学习，在本章之后的讲解全部都将带有此新增数据。

范例 6-14：现在将 emp 和 dept 表联合查询，使用内连接（等值连接）。

```
SELECT *
FROM emp e,dept d
WHERE e.deptno=d.deptno ;
```

查询结果：通过 SQL Developer 输出，如图 6-16 所示。

通过本程序的运行结果可以发现，当使用内连接的时候，雇员表中雇员编号是 8888 的数据，还有部门表中部门编号是 40 的数据都没有显示，因为消除笛卡尔积的条件（WHERE e.deptno=d.deptno）都不满足。

在之前两张表关联查询的时候，采用的都是内连接的方式进行表的连接查询，即两张关系表 emp 和 dept，只有满足了指定的条件之后才可以连接显示。如果现在要改变这种连接的形式，

那么就需要通过左外连接（左连接）、右外连接（右连接）来完成了。在 Oracle 中可以利用其提供的“(+)”进行左外连接或右外连接的实现，使用如下。

☑ 左关系属性=右关系属性(+)：现在“(+)”放在了等号的右边，所以此时表示的是左连接。

☑ 左关系属性(+)=右关系属性：现在“(+)”放在了等号的左边，所以此时表示的是右连接。

	EMPNO	ENAME	JOB	MGR	HIREDATE	SAL	COMM	DEPTNO	DEPTNO_1	DNAME	LOC
1	7369	SMITH	CLERK	7902	17-12月-80	800	(null)	20	20	RESEARCH	DALLAS
2	7499	ALLEN	SALESMAN	7698	20-2月 -81	1600	300	30	30	SALES	CHICAGO
3	7521	WARD	SALESMAN	7698	22-2月 -81	1250	500	30	30	SALES	CHICAGO
4	7566	JONES	MANAGER	7839	02-4月 -81	2975	(null)	20	20	RESEARCH	DALLAS
5	7654	MARTIN	SALESMAN	7698	28-9月 -81	1250	1400	30	30	SALES	CHICAGO
6	7698	BLAKE	MANAGER	7839	01-5月 -81	2850	(null)	30	30	SALES	CHICAGO
7	7782	CLARK	MANAGER	7839	09-6月 -81	2450	(null)	10	10	ACCOUNTING	NEW YORK
8	7788	SCOTT	ANALYST	7566	13-7月 -87	3000	(null)	20	20	RESEARCH	DALLAS
9	7839	KING	PRESIDENT	(null)	17-11月-81	5000	(null)	10	10	ACCOUNTING	NEW YORK
10	7844	TURNER	SALESMAN	7698	08-9月 -81	1500	0	30	30	SALES	CHICAGO
11	7876	ADAMS	CLERK	7788	13-7月 -87	1100	(null)	20	20	RESEARCH	DALLAS
12	7900	JAMES	CLERK	7698	03-12月-81	950	(null)	30	30	SALES	CHICAGO
13	7902	FORD	ANALYST	7566	03-12月-81	3000	(null)	20	20	RESEARCH	DALLAS
14	7934	MILLER	CLERK	7782	23-1月 -82	1300	(null)	10	10	ACCOUNTING	NEW YORK

图 6-16 emp 和 dept 表联合查询

提示：左外连接与右外连接的操作。

现在假设有两个关系，即关系 L 如图 6-17（A）所示，关系 R 如图 6-17（B）所示，此时，如果采用了左连接的方式，则新的关系如图 6-17（C）所示，如果采用了右连接的方式，则新的关系如图 6-17（D）所示。

lcola	lcolb
1	A
2	B
3	C

图 6-17（A） 关系 L

rcol1	rcol2	lcola
100	壹	1
101	贰	2
102	零	null

图 6-17（B） 关系 R

L.lcola	L.lcolb	R.rcol1	R.rcol2	R.lcola
1	A	100	壹	1
2	B	101	贰	2
3	C	null	null	null

图 6-17（C） 左连接产生新的关系

L.lcola	L.lcolb	R.rcol1	R.rcol2	R.lcola
1	A	100	壹	1
2	B	101	贰	2
null	null	102	零	null

图 6-17（D） 右连接产生新的关系

图 6-17 表的左外连接和右外连接

通过图 6-17 所示的关系可以发现，当使用左连接的时候，数据的显示会以关系 L 为主，即使在关系 R 中没有与之对应的数据也可以显示，而使用右连接时，将以关系 R 为主，所有没有数据的地方统一使用 null 进行显示。

范例 6-15：使用左外连接，显示雇员 8888 的信息。

```
SELECT *
FROM emp e,dept d
WHERE e.deptno=d.deptno(+) ;
```

查询结果：通过 SQL Developer 输出，如图 6-18 所示。

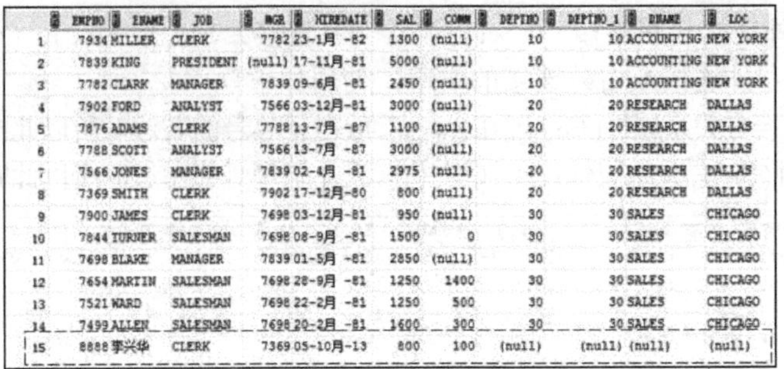

	EMPNO	ENAME	JOB	MGR	HIREDATE	SAL	COMM	DEPTNO	DEPTNO_1	DNAME	LOC
1	7934	MILLER	CLERK	7782	23-1月 -82	1300	(null)	10	10	ACCOUNTING	NEW YORK
2	7839	KING	PRESIDENT	(null)	17-11月-81	5000	(null)	10	10	ACCOUNTING	NEW YORK
3	7782	CLARK	MANAGER	7839	09-6月 -81	2450	(null)	10	10	ACCOUNTING	NEW YORK
4	7902	FORD	ANALYST	7566	03-12月-81	3000	(null)	20	20	RESEARCH	DALLAS
5	7876	ADAMS	CLERK	7788	13-7月 -87	1100	(null)	20	20	RESEARCH	DALLAS
6	7788	SCOTT	ANALYST	7566	13-7月 -87	3000	(null)	20	20	RESEARCH	DALLAS
7	7566	JONES	MANAGER	7839	02-4月 -81	2975	(null)	20	20	RESEARCH	DALLAS
8	7369	SMITH	CLERK	7902	17-12月-80	800	(null)	20	20	RESEARCH	DALLAS
9	7900	JAMES	CLERK	7698	03-12月-81	950	(null)	30	30	SALES	CHICAGO
10	7844	TURNER	SALESMAN	7698	08-9月 -81	1500	0	30	30	SALES	CHICAGO
11	7698	BLAKE	MANAGER	7839	01-5月 -81	2850	(null)	30	30	SALES	CHICAGO
12	7654	MARTIN	SALESMAN	7698	28-9月 -81	1250	1400	30	30	SALES	CHICAGO
13	7521	WARD	SALESMAN	7698	22-2月 -81	1250	500	30	30	SALES	CHICAGO
14	7499	ALLEN	SALESMAN	7698	20-2月 -81	1600	300	30	30	SALES	CHICAGO
15	8888	李兴华	CLERK	7369	05-10月-13	800	100	(null)	(null)	(null)	(null)

图 6-18　加入左外连接

通过运行结果可以发现，由于加入了左外连接（e.deptno=d.deptno(+)，(+)在等号右边为左外连接），所以现在将左表（emp）中的数据全部显示出来，而右表（dept）中没有的部分使用 null 显示。

范例 6-16： 增加右外连接，显示部门 40 的信息。

```
SELECT *
FROM emp e,dept d
WHERE e.deptno(+)=d.deptno ;
```

查询结果： 通过 SQL Developer 输出，如图 6-19 所示。

	EMPNO	ENAME	JOB	MGR	HIREDATE	SAL	COMM	DEPTNO	DEPTNO_1	DNAME	LOC
1	7369	SMITH	CLERK	7902	17-12月-80	800	(null)	20	20	RESEARCH	DALLAS
2	7499	ALLEN	SALESMAN	7698	20-2月 -81	1600	300	30	30	SALES	CHICAGO
3	7521	WARD	SALESMAN	7698	22-2月 -81	1250	500	30	30	SALES	CHICAGO
4	7566	JONES	MANAGER	7839	02-4月 -81	2975	(null)	20	20	RESEARCH	DALLAS
5	7654	MARTIN	SALESMAN	7698	28-9月 -81	1250	1400	30	30	SALES	CHICAGO
6	7698	BLAKE	MANAGER	7839	01-5月 -81	2850	(null)	30	30	SALES	CHICAGO
7	7782	CLARK	MANAGER	7839	09-6月 -81	2450	(null)	10	10	ACCOUNTING	NEW YORK
8	7788	SCOTT	ANALYST	7566	13-7月 -87	3000	(null)	20	20	RESEARCH	DALLAS
9	7839	KING	PRESIDENT	(null)	17-11月-81	5000	(null)	10	10	ACCOUNTING	NEW YORK
10	7844	TURNER	SALESMAN	7698	08-9月 -81	1500	0	30	30	SALES	CHICAGO
11	7876	ADAMS	CLERK	7788	13-7月 -87	1100	(null)	20	20	RESEARCH	DALLAS
12	7900	JAMES	CLERK	7698	03-12月-81	950	(null)	30	30	SALES	CHICAGO
13	7902	FORD	ANALYST	7566	03-12月-81	3000	(null)	20	20	RESEARCH	DALLAS
14	7934	MILLER	CLERK	7782	23-1月 -82	1300	(null)	10	10	ACCOUNTING	NEW YORK
15	(null)	(null)	(null)	(null)	(null)	(null)	(null)	(null)	40	OPERATIONS	BOSTON

图 6-19　加入右外连接

加入右外连接之后的结果就是将右表（dept）中的全部数据显示了出来，而左表（emp）没有的数据则使用 null 进行显示。

提问：如何区分左表、右表？

通过以上的查询，已经知道左外连接就是以左表的数据全显示为结果，右外连接就是以右表的数据全显示为结果，那么在开发中如何区分哪个是左表，哪个是右表？

回答：看 FROM 和 WHERE 子句而定。

如果要想区分左表和右表，需要以下两方面共同的作用。

- ☑ FROM 表 1，表 2：其中表 1 就是左表，表 2 就是右表。
- ☑ WHERE 表 1.字段=表 2.字段(+)：其中顺序是先写左表 1，再写右表 2，所以此时表 1 为左表，表 2 为右表，如果将其关系改变，那么最明显的做法是显示数据的前后顺序发生改变，这一点读者可以自行验证。

使用以上的方法来区分不方便，在这里笔者可以和各位读者分享一下多年的经验：以最终所需要的查询结果来定义是否引入左外连接或右外连接，在需要的地方加上“(+)”标记观

察执行结果就可以确定了。

需要提醒读者的是，此时使用的“(+)”标记只适合在 Oracle 数据库中使用，如果用户使用了其他数据库（如 SQL Server 或 MySQL），则只能利用 SQL:1999 语法的定义来完成。

以上为读者讲解了内连接、左外连接、右外连接的区别，在连接操作中还有一种全外连接，这种操作在讲解 SQL:1999 语法的时候再为读者说明。

6.4　自身关联

之前的多表查询是通过两张关联表（emp 和 dept 两张表靠 deptno 字段关联）完成的，但是在多表查询中也可以通过自身关联完成查询。在 emp 表中存在一个 mgr 字段（这个字段也是至今为止还没有使用到的 emp 表中的一个字段）用于表示一个雇员的领导编号，为了读者看着方便，下面再次将 emp 表中的全部数据取出。

范例 6-17： 取出 emp 表中的全部数据。

```
SELECT * FROM emp ;
```

查询结果： 通过 SQL Developer 输出，如图 6-20 所示。

	EMPNO	ENAME	JOB	MGR	HIREDATE	SAL	COMM	DEPTNO
1	7369	SMITH	CLERK	7902	17-12月-80	800	(null)	20
2	7499	ALLEN	SALESMAN	7698	20-2月 -81	1600	300	30
3	7521	WARD	SALESMAN	7698	22-2月 -81	1250	500	30
4	7566	JONES	MANAGER	7839	02-4月 -81	2975	(null)	20
5	7654	MARTIN	SALESMAN	7698	28-9月 -81	1250	1400	30
6	7698	BLAKE	MANAGER	7839	01-5月 -81	2850	(null)	30
7	7782	CLARK	MANAGER	7839	09-6月 -81	2450	(null)	10
8	7788	SCOTT	ANALYST	7566	13-7月 -87	3000	(null)	20
9	7839	KING	PRESIDENT	(null)	17-11月-81	5000	(null)	10
10	7844	TURNER	SALESMAN	7698	08-9月 -81	1500	0	30
11	7876	ADAMS	CLERK	7788	13-7月 -87	1100	(null)	20
12	7900	JAMES	CLERK	7698	03-12月-81	950	(null)	30
13	7902	FORD	ANALYST	7566	03-12月-81	3000	(null)	20
14	7934	MILLER	CLERK	7782	23-1月 -82	1300	(null)	10
15	8888	李兴华	CLERK	7369	05-10月-13	800	100	(null)

图 6-20　emp 表中的全部数据

从图 6-20 的查询结果可以发现，SMITH 的领导编号（mgr）是 7902，而编号为 7902 雇员的姓名是 FORD，所以，此时要想查出每个雇员的编号、姓名，其所属领导的编号、姓名，就需要进行多表查询了，即将雇员表分为两张表，一张查询雇员信息，一张查询领导（领导也是雇员）信息，而这两张表的联系如图 6-21 所示。

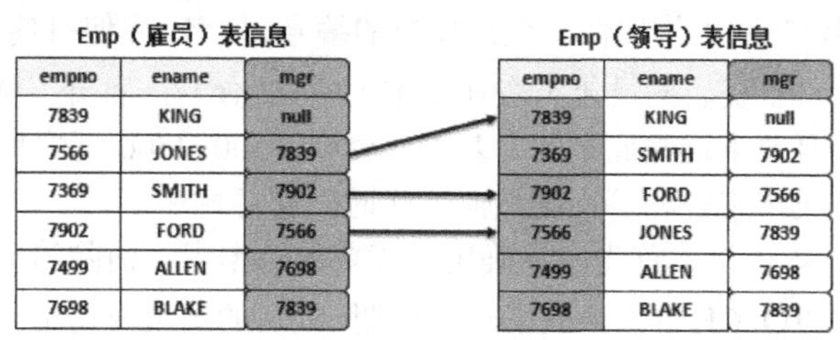

Emp（雇员）表信息

empno	ename	mgr
7839	KING	null
7566	JONES	7839
7369	SMITH	7902
7902	FORD	7566
7499	ALLEN	7698
7698	BLAKE	7839

Emp（领导）表信息

empno	ename	mgr
7839	KING	null
7369	SMITH	7902
7902	FORD	7566
7566	JONES	7839
7499	ALLEN	7698
7698	BLAKE	7839

图 6-21　自身关联的对应关系

Note

范例 6-18：查询出每个雇员的编号、姓名及其上级领导的编号、姓名。

分析：由于 emp 表中的 mgr 字段的原因，所以要进行自身关联。

☑ 确定要使用的数据表如下。

- ➢ emp 表：找到雇员的姓名。
- ➢ emp 表：根据领导编号找到领导的姓名。

☑ 确定已知的关联字段如下。

- ➢ 雇员和领导：emp.mgr=memp.empno（雇员表.领导编号 = 雇员表（领导）.雇员编号）。

步骤 1：实现表的自身关联。

```
SELECT e.empno eno,e.ename ename,m.empno mno,m.ename mname
FROM emp e,emp m
WHERE e.mgr=m.empno ;
```

查询结果：通过 SQL Developer 输出，如图 6-22 所示。

步骤 2：现在查询结果出现了，但原本雇员表中一共有 15 条记录，而现在却少了一个 KING 的信息，这是因为 KING 没有领导，判断条件"emp.mgr=memp.empno"不成立所造成的，为了解决这个问题可以采用左外连接。

```
SELECT e.empno eno,e.ename ename,m.empno mno,m.ename mname
FROM emp e,emp m
WHERE e.mgr=m.empno(+) ;
```

查询结果：通过 SQL Developer 输出，如图 6-23 所示。

	ENO	ENAME	MNO	MNAME
1	8888	李兴华	7369	SMITH
2	7902	FORD	7566	JONES
3	7788	SCOTT	7566	JONES
4	7900	JAMES	7698	BLAKE
5	7844	TURNER	7698	BLAKE
6	7654	MARTIN	7698	BLAKE
7	7521	WARD	7698	BLAKE
8	7499	ALLEN	7698	BLAKE
9	7934	MILLER	7782	CLARK
10	7876	ADAMS	7788	SCOTT
11	7782	CLARK	7839	KING
12	7698	BLAKE	7839	KING
13	7566	JONES	7839	KING
14	7369	SMITH	7902	FORD

图 6-22 自身关联

	ENO	ENAME	MNO	MNAME
1	8888	李兴华	7369	SMITH
2	7902	FORD	7566	JONES
3	7788	SCOTT	7566	JONES
4	7900	JAMES	7698	BLAKE
5	7844	TURNER	7698	BLAKE
6	7654	MARTIN	7698	BLAKE
7	7521	WARD	7698	BLAKE
8	7499	ALLEN	7698	BLAKE
9	7934	MILLER	7782	CLARK
10	7876	ADAMS	7788	SCOTT
11	7782	CLARK	7839	KING
12	7698	BLAKE	7839	KING
13	7566	JONES	7839	KING
14	7369	SMITH	7902	FORD
15	7839	KING	(null)	(null)

图 6-23 加入左外连接

修改之后，发现 KING 的数据显示了，但是由于 KING 没有领导，所以对应的领导信息处使用 null 进行显示，清楚了以上查询之后，下面再来完成一个更加复杂的查询。

范例 6-19：查询出在 1981 年雇佣的全部雇员的编号、姓名、雇佣日期（按照年-月-日显示）、工作、领导姓名、雇员月工资、雇员年工资（基本工资+奖金），雇员工资等级、部门编号、部门名称、部门位置，并且要求这些雇员的月基本工资在 1500~3500 元之间，将最后的结果按照年工资的降序排列，如果年工资相等，则按照工作时间进行排序。

分析：如果要完成本查询，首先应该确定所需要的数据表、消除笛卡尔积的条件，并且使用 NVL()函数处理 null、TO_CHAR()函数格式化日期，最后的结果要使用 ORDER BY 子句排序。

☑ 确定所需的数据表如下。

> emp 表：编号、姓名、雇佣日期、工作、雇员月工资、雇员年工资。
> emp 表：领导姓名。
> dept 表：部门编号、部门名称、部门位置。
> salgrade 表：工资等级。

☑ 确定已知的关联字段如下。

> 雇员和领导：emp.mgr = memp.empno。
> 雇员和部门：emp.deptno=dept.deptno。
> 雇员和工资等级：emp.sal BETWEEN salgrade.losal AND salgrade.hisal。

步骤 1：查询出所有在 1981 年雇佣的雇员编号、姓名、雇佣日期、工作、月工资、年工资且月薪在 1500~3500 元之间的信息。

```
SELECT e.empno,e.ename,e.hiredate,e.sal,(e.sal+NVL(e.comm,0))*12 income
FROM emp e
WHERE    TO_CHAR(e.hiredate,'yyyy')='1981'   AND e.sal BETWEEN 1500 AND 3500 ;
```

查询结果：通过 SQL Developer 输出，如图 6-24 所示。

	EMPNO	ENAME	HIREDATE	SAL	INCOME
1	7499	ALLEN	20-2月 -81	1600	22800
2	7566	JONES	02-4月 -81	2975	35700
3	7698	BLAKE	01-5月 -81	2850	34200
4	7782	CLARK	09-6月 -81	2450	29400
5	7844	TURNER	08-9月 -81	1500	18000
6	7902	FORD	03-12月-81	3000	36000

图 6-24　第 1 步查询结果

步骤 2：使用自身关联，查询出雇员的领导信息，同时加入左外连接。

```
SELECT e.empno,e.ename,e.hiredate,e.sal,(e.sal+NVL(e.comm,0))*12 income , m.ename mname
FROM emp e , emp m
WHERE    TO_CHAR(e.hiredate,'yyyy')='1981'   AND e.sal BETWEEN 1500 AND 3500
         AND e.mgr=m.empno(+) ;
```

查询结果：通过 SQL Developer 输出，如图 6-25 所示。

	EMPNO	ENAME	HIREDATE	SAL	INCOME	MNAME
1	7902	FORD	03-12月-81	3000	36000	JONES
2	7844	TURNER	08-9月 -81	1500	18000	BLAKE
3	7499	ALLEN	20-2月 -81	1600	22800	BLAKE
4	7782	CLARK	09-6月 -81	2450	29400	KING
5	7698	BLAKE	01-5月 -81	2850	34200	KING
6	7566	JONES	02-4月 -81	2975	35700	KING

图 6-25　第 2 步查询结果

步骤 3：加入部门表，查询出部门编号、名称、位置信息。

```
SELECT e.empno,e.ename,e.hiredate,e.sal,(e.sal+NVL(e.comm,0))*12 income , m.ename mname ,
d.deptno,d.dname,d.loc
FROM emp e , emp m , dept d
WHERE    TO_CHAR(e.hiredate,'yyyy')='1981'   AND e.sal BETWEEN 1500 AND 3500
         AND e.mgr=m.empno(+)
         AND e.deptno=d.deptno ;
```

查询结果：通过 SQL Developer 输出，如图 6-26 所示。

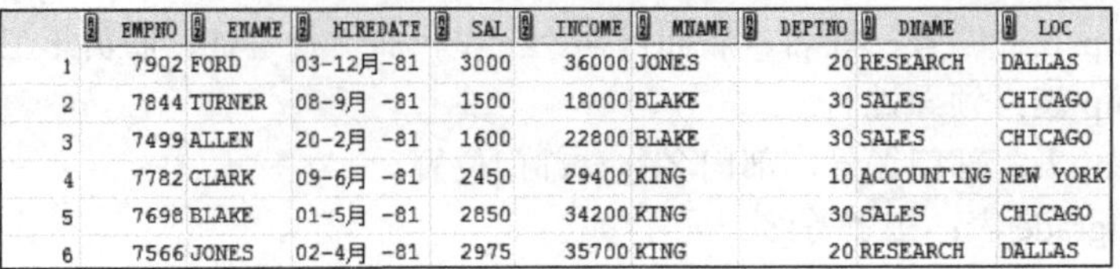

	EMPNO	ENAME	HIREDATE	SAL	INCOME	MNAME	DEPTNO	DNAME	LOC
1	7902	FORD	03-12月-81	3000	36000	JONES	20	RESEARCH	DALLAS
2	7844	TURNER	08-9月 -81	1500	18000	BLAKE	30	SALES	CHICAGO
3	7499	ALLEN	20-2月 -81	1600	22800	BLAKE	30	SALES	CHICAGO
4	7782	CLARK	09-6月 -81	2450	29400	KING	10	ACCOUNTING	NEW YORK
5	7698	BLAKE	01-5月 -81	2850	34200	KING	30	SALES	CHICAGO
6	7566	JONES	02-4月 -81	2975	35700	KING	20	RESEARCH	DALLAS

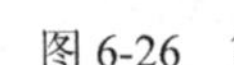

图 6-26　第 3 步查询结果

Note

步骤 4：加入 salgrade 表，查询出每个雇员的工资等级，为了方便显示工资，多使用一个 DECODE()函数转换显示内容。

```
SELECT   e.empno,e.ename,e.hiredate,e.sal,(e.sal+NVL(e.comm,0))*12 income , m.ename mname ,
         d.deptno,d.dname,d.loc ,
         s.grade, DECODE(s.grade,1,'E 等工资',2,'D 等工资',3,'C 等工资',4,'B 等工资',5,'A 等工资')
           工资等级
FROM emp e , emp m , dept d , salgrade s
WHERE    TO_CHAR(e.hiredate,'yyyy')='1981'   AND e.sal BETWEEN 1500 AND 3500
         AND e.mgr=m.empno(+)
         AND e.deptno=d.deptno
         AND e.sal BETWEEN s.losal AND s.hisal ;
```

查询结果：通过 SQL Developer 输出，如图 6-27 所示。

	EMPNO	ENAME	HIREDATE	SAL	INCOME	MNAME	DEPTNO	DNAME	LOC	GRADE	工资等级
1	7902	FORD	03-12月-81	3000	36000	JONES	20	RESEARCH	DALLAS	4	B等工资
2	7844	TURNER	08-9月 -81	1500	18000	BLAKE	30	SALES	CHICAGO	3	C等工资
3	7499	ALLEN	20-2月 -81	1600	22800	BLAKE	30	SALES	CHICAGO	3	C等工资
4	7698	BLAKE	01-5月 -81	2850	34200	KING	30	SALES	CHICAGO	4	B等工资
5	7566	JONES	02-4月 -81	2975	35700	KING	20	RESEARCH	DALLAS	4	B等工资
6	7782	CLARK	09-6月 -81	2450	29400	KING	10	ACCOUNTING	NEW YORK	4	B等工资

图 6-27　第 4 步查询结果

步骤 5：将最后的结果按照年工资的降序排列，如果年工资相等，则按照工作时间进行排序。

```
SELECT e.empno,e.ename,e.hiredate,e.sal,(e.sal+NVL(e.comm,0))*12 income , m.ename mname ,
         d.deptno,d.dname,d.loc ,
         s.grade, DECODE(s.grade,1,'E 等工资',2,'D 等工资',3,'C 等工资',4,'B 等工资',5,'A 等工资')
         工资等级
FROM emp e , emp m , dept d , salgrade s
WHERE    TO_CHAR(e.hiredate,'yyyy')='1981'   AND e.sal BETWEEN 1500 AND 3500
         AND e.mgr=m.empno(+)
         AND e.deptno=d.deptno
         AND e.sal BETWEEN s.losal AND s.hisal
ORDER BY income DESC , e.job ;
```

查询结果：通过 SQL Developer 输出，如图 6-28 所示。

	EMPNO	ENAME	HIREDATE	SAL	INCOME	MNAME	DEPTNO	DNAME	LOC	GRADE	工资等级
1	7902	FORD	03-12月-81	3000	36000	JONES	20	RESEARCH	DALLAS	4	B等工资
2	7566	JONES	02-4月 -81	2975	35700	KING	20	RESEARCH	DALLAS	4	B等工资
3	7698	BLAKE	01-5月 -81	2850	34200	KING	30	SALES	CHICAGO	4	B等工资
4	7782	CLARK	09-6月 -81	2450	29400	KING	10	ACCOUNTING	NEW YORK	4	B等工资
5	7499	ALLEN	20-2月 -81	1600	22800	BLAKE	30	SALES	CHICAGO	3	C等工资
6	7844	TURNER	08-9月 -81	1500	18000	BLAKE	30	SALES	CHICAGO	3	C等工资

图 6-28　第 5 步查询结果

提问：拿到问题该如何分析？

多表查询相对于单表查询而言，复杂度提高了不少，那么对于多表查询时，我该怎么分析呢？

回答：逐步分析，慢慢完善。

通过本程序可以发现，在查询要求较为复杂的时候，如果暂时还不具备一次性编写出来的能力，则可以采用分步的方式一点点地完善，任何的大问题都是可以拆分的。另外在多表查询时一定要记住一个原则：确定好显示字段所在的表，之后在 FROM 子句后引入该表，并且设置消除笛卡尔积的条件，总之，多写程序就能总结出规律。

6.5　SQL:1999 语法

Oracle 数据库也支持最新的 SQL:1999 语法标准的数据库，对于数据的连接查询，可以使用如下语法。

语法 6-2：SQL:1999 语法

```
SELECT [DISTINCT]  * | 列名称 [AS] [列别名] , 列名称 [AS] [列别名] ,...
FROM 表 1 表别名 1 [CROSS JOIN 表 2 表别名 2]|
[NATURAL JOIN 表 2 表别名 2]|
[JOIN 表 2 USING(关联列名称)]|
[JOIN 表 2 ON(关联条件)]|
[LEFT|RIGHT|FULL OUTER JOIN 表 2 ON(关联条件)]
[WHERE 条件(s)]
[ORDER BY 排序的字段 1 ASC|DESC ,排序的字段 2 ASC | DESC, ...];
```

可以发现，以上的语法格式比之前的代码麻烦许多，下面为读者分功能讲解。

6.5.1　交叉连接

交叉连接（CROSS JOIN）作用于两个关系上，并且第一个关系的每个元组与第二个关系的所有元组进行连接，这样的操作形式与笛卡尔积是完全相同的，交叉连接的语法如下所示。

语法 6-3：交叉连接

```
SELECT [DISTINCT]  * | 列名称 [AS] [列别名] , 列名称 [AS] [列别名] ,...
FROM 表 1 表别名 1 [CROSS JOIN 表 2 表别名 2]|
[WHERE 条件(s)]
[ORDER BY 排序的字段 1 ASC|DESC ,排序的字段 2 ASC | DESC, ...];
```

范例 6-20：使用交叉连接（CROSS JOIN），产生笛卡尔积。

```
SELECT *
FROM emp
CROSS JOIN dept ;
```

查询结果：通过 SQL Developer 输出，如图 6-29 所示。

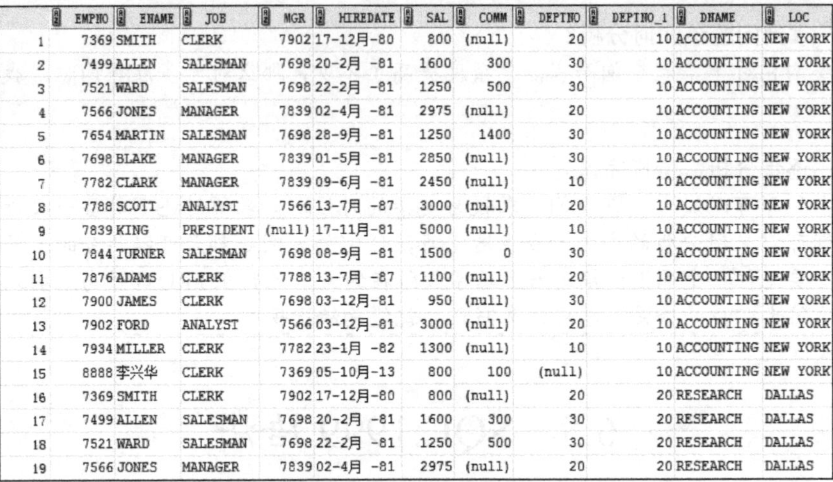

	EMPNO	ENAME	JOB	MGR	HIREDATE	SAL	COMM	DEPTNO	DEPTNO_1	DNAME	LOC
1	7369	SMITH	CLERK	7902	17-12月-80	800	(null)	20	10	ACCOUNTING	NEW YORK
2	7499	ALLEN	SALESMAN	7698	20-2月 -81	1600	300	30	10	ACCOUNTING	NEW YORK
3	7521	WARD	SALESMAN	7698	22-2月 -81	1250	500	30	10	ACCOUNTING	NEW YORK
4	7566	JONES	MANAGER	7839	02-4月 -81	2975	(null)	20	10	ACCOUNTING	NEW YORK
5	7654	MARTIN	SALESMAN	7698	28-9月 -81	1250	1400	30	10	ACCOUNTING	NEW YORK
6	7698	BLAKE	MANAGER	7839	01-5月 -81	2850	(null)	30	10	ACCOUNTING	NEW YORK
7	7782	CLARK	MANAGER	7839	09-6月 -81	2450	(null)	10	10	ACCOUNTING	NEW YORK
8	7788	SCOTT	ANALYST	7566	13-7月 -87	3000	(null)	20	10	ACCOUNTING	NEW YORK
9	7839	KING	PRESIDENT	(null)	17-11月-81	5000	(null)	10	10	ACCOUNTING	NEW YORK
10	7844	TURNER	SALESMAN	7698	08-9月 -81	1500	0	30	10	ACCOUNTING	NEW YORK
11	7876	ADAMS	CLERK	7788	13-7月 -87	1100	(null)	20	10	ACCOUNTING	NEW YORK
12	7900	JAMES	CLERK	7698	03-12月-81	950	(null)	30	10	ACCOUNTING	NEW YORK
13	7902	FORD	ANALYST	7566	03-12月-81	3000	(null)	20	10	ACCOUNTING	NEW YORK
14	7934	MILLER	CLERK	7782	23-1月 -82	1300	(null)	10	10	ACCOUNTING	NEW YORK
15	8888	李兴华	CLERK	7369	05-10月-13	800	100	(null)	10	ACCOUNTING	NEW YORK
16	7369	SMITH	CLERK	7902	17-12月-80	800	(null)	20	20	RESEARCH	DALLAS
17	7499	ALLEN	SALESMAN	7698	20-2月 -81	1600	300	30	20	RESEARCH	DALLAS
18	7521	WARD	SALESMAN	7698	22-2月 -81	1250	500	30	20	RESEARCH	DALLAS
19	7566	JONES	MANAGER	7839	02-4月 -81	2975	(null)	20	20	RESEARCH	DALLAS

图 6-29　交叉连接返回笛卡尔积（只列出部分数据）

6.5.2　自然连接

自然连接（NATURAL JOIN）运算作用于两个关系，最终会通过两个关系产生出一个关系作为结果。与交叉连接（笛卡尔积）不同的是，自然连接只考虑那些在两个关系模式中都出现的属性上取值相同的元组对，例如在之前所使用的 emp 和 dept 两个关系中，都在 deptno 字段上取值相同。

提示：自然连接的操作。

自然连接表现的是两个关系之间要存在共同的属性，例如，图 6-30 所示的关系 E 和关系 D 中都会存在相同的 deptno 属性。

empno	ename	deptno
7369	SMITH	20
7839	KING	10
…	…	…

图 6-30（A）　关系 E

deptno	dname
10	ACCOUNTING
20	RESEARCH
30	SALES
…	…

图 6-30（B）　关系 D

图 6-30　两个存在共同属性的关系

而现在关系 E 和关系 D 的自然连接的代数关系表示为 E⋈D。此操作的功能只是仅仅将 E 和 D 模式中有共同属性且具有相同值的元组配对。例如，假设 E 和 D 模式有公共属性 A1、A2、…An，e 和 d 是分别来自 E 和 D 的元组，则当 e 和 d 的 A1、A2、…An 属性都一样时，e 和 d 才能配对，作为结果关系中的元组，如图 6-31 所示。

empno	ename	deptno	code	did
7369	SMITH	20	21	22
7839	KING	10	11	12
7566	JONES	10	99	98

图 6-31（A）　关系 E

deptno	code	did	dname
10	11	12	ACCOUNTING
20	21	22	RESEARCH
30	31	32	SALES

图 6-31（B）　关系 D

empno	ename	deptno	code	did	dname
7369	SMITH	20	21	22	ACCOUNTING
7839	KING	10	11	12	RESEARCH

图 6-31（C）自然连接：E⋈D

如果把 e 和 d 的连接作为 E⋈D 结果的元组，则这个元组被称为连接元组（joined tuple）。连接元组具有 E 和 D 连接的所有成分。连接之后的元组与元组 e 或元组 D 在模式 E 或模式 D 上的所有属性上有相同的值，即把目标中重复的属性列去掉则为自然连接。

但是需要注意的是，如果关系 E 和关系 D 中的部分数据没有在 E⋈D 结构中出现，即在一个连接中，如果一个元组不能和另外关系中的任何一个元组匹配，那么这个元组就被称为悬浮元组（dangling tuple）。

在 SQL 中，自然连接的操作语法如下。

语法 6-4： 自然连接

```
SELECT [DISTINCT]   * | 列名称  [AS] [列别名] , 列名称  [AS] [列别名] ,...
FROM 表 1 表别名 1 [NATURAL JOIN 表 2 表别名 2]|
[WHERE 条件(s)]
[ORDER BY 排序的字段 1 ASC|DESC ,排序的字段 2 ASC | DESC, ...];
```

范例 6-21： 使用自然连接（NATION JOIN）。

```
SELECT *
FROM emp NATURAL JOIN dept ;
```

查询结果： 通过 SQL Developer 输出，如图 6-32 所示。

	DEPTNO	EMPNO	ENAME	JOB	MGR	HIREDATE	SAL	COMM	DNAME	LOC
1	20	7369	SMITH	CLERK	7902	17-12月-80	800	(null)	RESEARCH	DALLAS
2	30	7499	ALLEN	SALESMAN	7698	20-2月 -81	1600	300	SALES	CHICAGO
3	30	7521	WARD	SALESMAN	7698	22-2月 -81	1250	500	SALES	CHICAGO
4	20	7566	JONES	MANAGER	7839	02-4月 -81	2975	(null)	RESEARCH	DALLAS
5	30	7654	MARTIN	SALESMAN	7698	28-9月 -81	1250	1400	SALES	CHICAGO
6	30	7698	BLAKE	MANAGER	7839	01-5月 -81	2850	(null)	SALES	CHICAGO
7	10	7782	CLARK	MANAGER	7839	09-6月 -81	2450	(null)	ACCOUNTING	NEW YORK
8	20	7788	SCOTT	ANALYST	7566	13-7月 -87	3000	(null)	RESEARCH	DALLAS
9	10	7839	KING	PRESIDENT	(null)	17-11月-81	5000	(null)	ACCOUNTING	NEW YORK
10	30	7844	TURNER	SALESMAN	7698	08-9月 -81	1500	0	SALES	CHICAGO
11	20	7876	ADAMS	CLERK	7788	13-7月 -87	1100	(null)	RESEARCH	DALLAS
12	30	7900	JAMES	CLERK	7698	03-12月-81	950	(null)	SALES	CHICAGO
13	20	7902	FORD	ANALYST	7566	03-12月-81	3000	(null)	RESEARCH	DALLAS
14	10	7934	MILLER	CLERK	7782	23-1月 -82	1300	(null)	ACCOUNTING	NEW YORK

图 6-32　自然连接

通过代码的分析可以发现，自然连接（E⋈D）就是将所有属性匹配的元组（数据）进行显示，如果一个元组不能和另外一个关系中的任何一个元组配对，则这个元组就被称为**悬浮元组**（dangling tuple）。如本程序中的 40 部门信息，由于在 emp 表中没有任何一个雇员属于 40 部门，所以这个元组就是悬浮元组。

6.5.3　USING 子句

通过自然连接可以直接使用关联字段消除笛卡尔积，如果两张表中没有存在这种关联字段，则可以通过 USING 子句完成笛卡尔积的消除，USING 子句的语法如下所示。

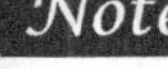

语法 6-5：USING 子句

```
SELECT [DISTINCT]  * | 列名称 [AS] [列别名] , 列名称 [AS] [列别名] ,...
FROM 表 1 表别名 [JOIN 表 2 USING(关联列名称)]|
[WHERE 条件(s)]
[ORDER BY 排序的字段 1 ASC|DESC ,排序的字段 2 ASC | DESC, ...];
```

范例 6-22：USING 子句，直接使用 JOIN 进行连接，同时指定关联的列。

```
SELECT *
FROM emp JOIN dept USING(deptno) ;
```

查询结果：通过 SQL Developer 输出，如图 6-33 所示。

	DEPTNO	EMPNO	ENAME	JOB	MGR	HIREDATE	SAL	COMM	DNAME	LOC
1	20	7369	SMITH	CLERK	7902	17-12月-80	800	(null)	RESEARCH	DALLAS
2	30	7499	ALLEN	SALESMAN	7698	20-2月 -81	1600	300	SALES	CHICAGO
3	30	7521	WARD	SALESMAN	7698	22-2月 -81	1250	500	SALES	CHICAGO
4	20	7566	JONES	MANAGER	7839	02-4月 -81	2975	(null)	RESEARCH	DALLAS
5	30	7654	MARTIN	SALESMAN	7698	28-9月 -81	1250	1400	SALES	CHICAGO
6	30	7698	BLAKE	MANAGER	7839	01-5月 -81	2850	(null)	SALES	CHICAGO
7	10	7782	CLARK	MANAGER	7839	09-6月 -81	2450	(null)	ACCOUNTING	NEW YORK
8	20	7788	SCOTT	ANALYST	7566	13-7月 -87	3000	(null)	RESEARCH	DALLAS
9	10	7839	KING	PRESIDENT	(null)	17-11月-81	5000	(null)	ACCOUNTING	NEW YORK
10	30	7844	TURNER	SALESMAN	7698	08-9月 -81	1500	0	SALES	CHICAGO
11	20	7876	ADAMS	CLERK	7788	13-7月 -87	1100	(null)	RESEARCH	DALLAS
12	30	7900	JAMES	CLERK	7698	03-12月-81	950	(null)	SALES	CHICAGO
13	20	7902	FORD	ANALYST	7566	03-12月-81	3000	(null)	RESEARCH	DALLAS
14	10	7934	MILLER	CLERK	7782	23-1月 -82	1300	(null)	ACCOUNTING	NEW YORK

图 6-33　使用 USING 子句

提示：此时的数据已经没有重复列了。

在之前多表查询时可以发现，由于 emp 表和 dept 表都有 deptno 字段，所以会有重复的 deptno 字段进行显示，但是在使用了自然连接和 USING 子句之后，这种重复的列就已经消除了。

6.5.4　ON 子句

在之前编写等值连接时，采用了关联字段进行笛卡尔积的消除，在 SQL:1999 语法中通过 ON 子句就可以由用户手工设置一个关联条件，ON 子句语法如下。

提示：关于 θ 连接。

自然连接必须根据某些特定的条件才可以实现元组的配对，而且在自然连接中相等的公共属性是关系连接中最常见的操作。如果现在希望满足其他条件的元组进行配对，则可以通过 θ 连接操作（theta-join），在历史上 θ 是指任意条件，但是现在一般使用 C 而不是 θ 表示这个条件。

关系 E 和关系 D 满足条件 C 的 θ 连接可以使用这样的符号来表示：E⋈CD，本操作的流程如下。

☑　先得到关系 E 和关系 D 的笛卡尔积。

☑　在得到的新的关系中寻找满足条件 C 的元组。

如果要实现 θ 连接，在 SQL 中可以通过 ON 子句来完成。

语法 6-6：ON 子句

```
SELECT [DISTINCT]  * | 列名称 [AS] [列别名] , 列名称 [AS] [列别名] ,...
```

```
FROM 表 1 表别名 1 [JOIN 表 2 ON(关联条件)]|
[WHERE 条件(s)]
[ORDER BY 排序的字段 1 ASC|DESC ,排序的字段 2 ASC | DESC, ...];
```

范例 6-23：ON 子句，直接编写条件。

```
SELECT *
FROM emp e JOIN salgrade s
ON(e.sal BETWEEN s.losal AND s.hisal) ;
```

查询结果：通过 SQL Developer 输出，如图 6-34 所示。

	EMPNO	ENAME	JOB	MGR	HIREDATE	SAL	COMM	DEPTNO	GRADE	LOSAL	HISAL
1	7369	SMITH	CLERK	7902	17-12月-80	800	(null)	20	1	700	1200
2	8888	李兴华	CLERK	7369	05-10月-13	800	100	(null)	1	700	1200
3	7900	JAMES	CLERK	7698	03-12月-81	950	(null)	30	1	700	1200
4	7876	ADAMS	CLERK	7788	13-7月 -87	1100	(null)	20	1	700	1200
5	7521	WARD	SALESMAN	7698	22-2月 -81	1250	500	30	2	1201	1400
6	7654	MARTIN	SALESMAN	7698	28-9月 -81	1250	1400	30	2	1201	1400
7	7934	MILLER	CLERK	7782	23-1月 -82	1300	(null)	10	2	1201	1400
8	7844	TURNER	SALESMAN	7698	08-9月 -81	1500	0	30	3	1401	2000
9	7499	ALLEN	SALESMAN	7698	20-2月 -81	1600	300	30	3	1401	2000
10	7782	CLARK	MANAGER	7839	09-6月 -81	2450	(null)	10	4	2001	3000
11	7698	BLAKE	MANAGER	7839	01-5月 -81	2850	(null)	30	4	2001	3000
12	7566	JONES	MANAGER	7839	02-4月 -81	2975	(null)	20	4	2001	3000
13	7788	SCOTT	ANALYST	7566	13-7月 -87	3000	(null)	20	4	2001	3000
14	7902	FORD	ANALYST	7566	03-12月-81	3000	(null)	20	4	2001	3000
15	7839	KING	PRESIDENT	(null)	17-11月-81	5000	(null)	10	5	3001	9999

图 6-34　使用 ON 子句

6.5.5　外连接

在数据的查询操作中，数据的外连接一共分为 3 种形式，分别是左外连接、右外连接、全外连接，连接的语法如下。

语法 6-7：左（外）连接、右（外）连接、全连接

```
SELECT [DISTINCT]  * | 列名称 [AS] [列别名] , 列名称 [AS] [列别名] ,...
FROM 表 1 表别名 1 [LEFT|RIGHT|FULL OUTER JOIN 表 2 ON(关联条件)]
[WHERE 条件(s)]
[ORDER BY 排序的字段 1 ASC|DESC ,排序的字段 2 ASC | DESC, ...];
```

前面曾经讲过，如果要在 Oracle 数据库中实现数据的左外连接、右外连接，可以通过“(+)”符号进行控制，但是这种符号只针对 Oracle 有用，其他不支持“(+)”符号的则只能使用 SQL:1999 语法来完成。

提示：外连接依然属于自然连接定义范畴。

外连接虽然分为 3 种，但是其本质依然是在自然连接基础上扩充的概念，比自然连接增加了左、右表数据的显示控制功能。

范例 6-24：使用 SQL:1999 语法实现左外连接。

```
SELECT *
FROM emp e LEFT OUTER JOIN dept d
ON (e.deptno=d.deptno) ;
```

Note

查询结果：通过 SQL Developer 输出，如图 6-35 所示。

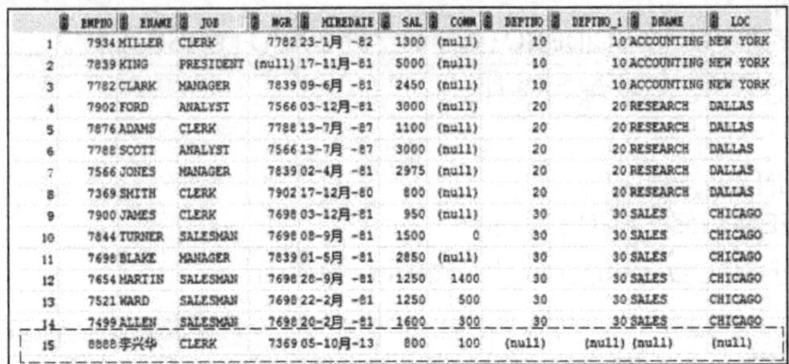

	EMPNO	ENAME	JOB	MGR	HIREDATE	SAL	COMM	DEPTNO	DEPTNO_1	DNAME	LOC
1	7934	MILLER	CLERK	7782	23-1月 -82	1300	(null)	10	10	ACCOUNTING	NEW YORK
2	7839	KING	PRESIDENT	(null)	17-11月-81	5000	(null)	10	10	ACCOUNTING	NEW YORK
3	7782	CLARK	MANAGER	7839	09-6月 -81	2450	(null)	10	10	ACCOUNTING	NEW YORK
4	7902	FORD	ANALYST	7566	03-12月-81	3000	(null)	20	20	RESEARCH	DALLAS
5	7876	ADAMS	CLERK	7788	13-7月 -87	1100	(null)	20	20	RESEARCH	DALLAS
6	7788	SCOTT	ANALYST	7566	13-7月 -87	3000	(null)	20	20	RESEARCH	DALLAS
7	7566	JONES	MANAGER	7839	02-4月 -81	2975	(null)	20	20	RESEARCH	DALLAS
8	7369	SMITH	CLERK	7902	17-12月-80	800	(null)	20	20	RESEARCH	DALLAS
9	7900	JAMES	CLERK	7698	03-12月-81	950	(null)	30	30	SALES	CHICAGO
10	7844	TURNER	SALESMAN	7698	08-9月 -81	1500	0	30	30	SALES	CHICAGO
11	7698	BLAKE	MANAGER	7839	01-5月 -81	2850	(null)	30	30	SALES	CHICAGO
12	7654	MARTIN	SALESMAN	7698	28-9月 -81	1250	1400	30	30	SALES	CHICAGO
13	7521	WARD	SALESMAN	7698	22-2月 -81	1250	500	30	30	SALES	CHICAGO
14	7499	ALLEN	SALESMAN	7698	20-2月 -81	1600	300	30	30	SALES	CHICAGO
15	8888	李兴华	CLERK	7369	05-10月-13	800	100	(null)	(null)	(null)	(null)

图 6-35　通过 SQL:1999 语法实现的左外连接

范例 6-25：使用 SQL:1999 语法实现右外连接。

```
SELECT *
FROM emp e RIGHT OUTER JOIN dept d
ON (e.deptno=d.deptno) ;
```

查询结果：通过 SQL Developer 输出，如图 6-36 所示。

	EMPNO	ENAME	JOB	MGR	HIREDATE	SAL	COMM	DEPTNO	DEPTNO_1	DNAME	LOC
1	7369	SMITH	CLERK	7902	17-12月-80	800	(null)	20	20	RESEARCH	DALLAS
2	7499	ALLEN	SALESMAN	7698	20-2月 -81	1600	300	30	30	SALES	CHICAGO
3	7521	WARD	SALESMAN	7698	22-2月 -81	1250	500	30	30	SALES	CHICAGO
4	7566	JONES	MANAGER	7839	02-4月 -81	2975	(null)	20	20	RESEARCH	DALLAS
5	7654	MARTIN	SALESMAN	7698	28-9月 -81	1250	1400	30	30	SALES	CHICAGO
6	7698	BLAKE	MANAGER	7839	01-5月 -81	2850	(null)	30	30	SALES	CHICAGO
7	7782	CLARK	MANAGER	7839	09-6月 -81	2450	(null)	10	10	ACCOUNTING	NEW YORK
8	7788	SCOTT	ANALYST	7566	13-7月 -87	3000	(null)	20	20	RESEARCH	DALLAS
9	7839	KING	PRESIDENT	(null)	17-11月-81	5000	(null)	10	10	ACCOUNTING	NEW YORK
10	7844	TURNER	SALESMAN	7698	08-9月 -81	1500	0	30	30	SALES	CHICAGO
11	7876	ADAMS	CLERK	7788	13-7月 -87	1100	(null)	20	20	RESEARCH	DALLAS
12	7900	JAMES	CLERK	7698	03-12月-81	950	(null)	30	30	SALES	CHICAGO
13	7902	FORD	ANALYST	7566	03-12月-81	3000	(null)	20	20	RESEARCH	DALLAS
14	7934	MILLER	CLERK	7782	23-1月 -82	1300	(null)	10	10	ACCOUNTING	NEW YORK
15	(null)	(null)	(null)	(null)	(null)	(null)	(null)	(null)	40	OPERATIONS	BOSTON

图 6-36　通过 SQL:1999 语法实现右外连接

通过以上的代码可以发现，在 Oracle 中通过“LEFT | RIGHT OUTER JOIN”实现的左、右连接和使用“(+)”控制的左、右连接最终查询结果是一样的。

范例 6-26：使用 SQL:1999 语法实现全外连接。

```
SELECT *
FROM emp e FULL OUTER JOIN dept d
ON (e.deptno=d.deptno) ;
```

查询结果：通过 SQL Developer 输出，如图 6-37 所示。

	EMPNO	ENAME	JOB	MGR	HIREDATE	SAL	COMM	DEPTNO	DEPTNO_1	DNAME	LOC
1	7369	SMITH	CLERK	7902	17-12月-80	800	(null)	20	20	RESEARCH	DALLAS
2	7499	ALLEN	SALESMAN	7698	20-2月 -81	1600	300	30	30	SALES	CHICAGO
3	7521	WARD	SALESMAN	7698	22-2月 -81	1250	500	30	30	SALES	CHICAGO
4	7566	JONES	MANAGER	7839	02-4月 -81	2975	(null)	20	20	RESEARCH	DALLAS
5	7654	MARTIN	SALESMAN	7698	28-9月 -81	1250	1400	30	30	SALES	CHICAGO
6	7698	BLAKE	MANAGER	7839	01-5月 -81	2850	(null)	30	30	SALES	CHICAGO
7	7782	CLARK	MANAGER	7839	09-6月 -81	2450	(null)	10	10	ACCOUNTING	NEW YORK
8	7788	SCOTT	ANALYST	7566	13-7月 -87	3000	(null)	20	20	RESEARCH	DALLAS
9	7839	KING	PRESIDENT	(null)	17-11月-81	5000	(null)	10	10	ACCOUNTING	NEW YORK
10	7844	TURNER	SALESMAN	7698	08-9月 -81	1500	0	30	30	SALES	CHICAGO
11	7876	ADAMS	CLERK	7788	13-7月 -87	1100	(null)	20	20	RESEARCH	DALLAS
12	7900	JAMES	CLERK	7698	03-12月-81	950	(null)	30	30	SALES	CHICAGO
13	7902	FORD	ANALYST	7566	03-12月-81	3000	(null)	20	20	RESEARCH	DALLAS
14	7934	MILLER	CLERK	7782	23-1月 -82	1300	(null)	10	10	ACCOUNTING	NEW YORK
15	8888	李兴华	CLERK	7369	05-10月-13	800	100	(null)	(null)	(null)	(null)
16	(null)	(null)	(null)	(null)	(null)	(null)	(null)	(null)	40	OPERATIONS	BOSTON

图 6-37　通过 SQL:1999 语法实现全外连接

通过全外连接的查询结果可以发现，左表（emp）和右表（dept）中所有等值不成立的数据全部进行了显示。

6.6 数据的集合运算

集合运算是一种二目运算符，一共包括 4 种运算符，即并、差、交、笛卡尔积，其中对于笛卡尔积在前面已经讲解过了，所以本节主要讲解并、交、差三种操作，操作集合的语法如下所示：

语法 6-8：集合运算

```
查询语句
[UNION | UNION ALL | INTERSECT | MINUS]
查询语句
…
```

通过语法可以发现，如果要实现集合的运算，主要使用以下 4 种运算符。

- ☑ UNION（并集）：返回若干个查询结果的全部内容，但是重复元组不显示，如图 6-38（A）所示。
- ☑ UNION ALL（并集）：返回若干个查询结果的全部内容，重复元组也会显示，如图 6-38（B）所示。
- ☑ MINUS（差集）：返回若干个查询结果中的不同部分，如图 6-38（C）所示。
- ☑ INTERSECT（交集）：返回若干个查询结果中的相同部分，如图 6-38（D）所示。

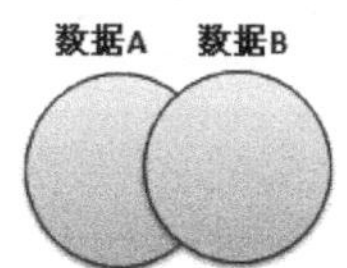

图 6-38（A） UNION 操作

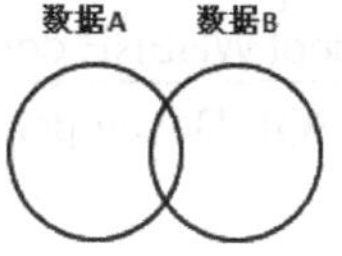

图 6-38（B） UNION ALL 操作

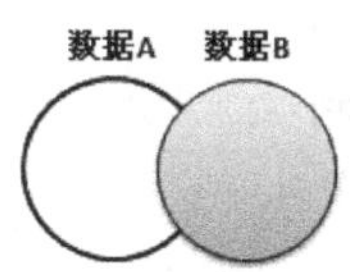

图 6-38（C） MINUS 操作

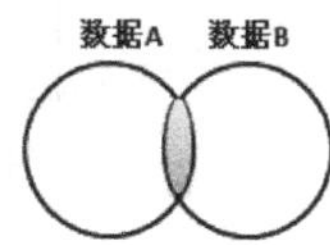

图 6-38（D） INTERSECT 操作

图 6-38 数据的集合操作

1. 并集操作：UNION、UNION ALL

并操作是将多个查询的结果连接到一起，对于并操作提供了两种操作符，即 UNION（不显示重复）、UNION ALL（显示重复），例如，现在有如下两条查询语句：

范例 6-27：查询 dept 表的全部记录。

```
SELECT * FROM dept ;
```

查询结果：通过 SQL Developer 输出，如图 6-39 所示。

范例 6-28：查询 10 部门的详细记录。

```
SELECT * FROM dept WHERE deptno=10 ;
```

查询结果： 通过 SQL Developer 输出，如图 6-40 所示。

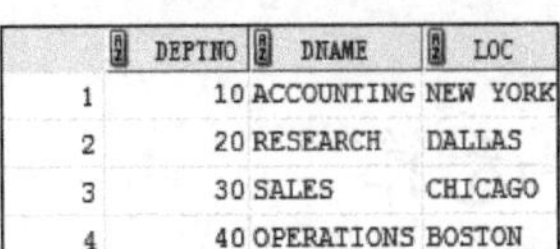

	DEPTNO	DNAME	LOC
1	10	ACCOUNTING	NEW YORK
2	20	RESEARCH	DALLAS
3	30	SALES	CHICAGO
4	40	OPERATIONS	BOSTON

图 6-39　dept 表的全部记录

	DEPTNO	DNAME	LOC
1	10	ACCOUNTING	NEW YORK

图 6-40　10 部门的详细信息

范例 6-29： 使用 UNION 将两个查询结果连接。

```
SELECT * FROM dept
  UNION
SELECT * FROM dept WHERE deptno=10 ;
```

查询结果： 通过 SQL Developer 输出，如图 6-41 所示。

	DEPTNO	DNAME	LOC
1	10	ACCOUNTING	NEW YORK
2	20	RESEARCH	DALLAS
3	30	SALES	CHICAGO
4	40	OPERATIONS	BOSTON

图 6-41　UNION 操作

通过执行结果可以发现，由于 UNION 不会显示任何的重复数据，所以对于 10 部门的信息只显示了一次。

范例 6-30： 使用 UNION ALL 将两个查询结果连接。

```
SELECT * FROM dept
  UNION ALL
SELECT * FROM dept WHERE deptno=10 ;
```

查询结果： 通过 SQL Developer 输出，如图 6-42 所示。

	DEPTNO	DNAME	LOC
1	10	ACCOUNTING	NEW YORK
2	20	RESEARCH	DALLAS
3	30	SALES	CHICAGO
4	40	OPERATIONS	BOSTON
5	10	ACCOUNTING	NEW YORK

图 6-42　UNION ALL 操作

在使用 UNION ALL 进行查询连接时，所有的重复数据也会一起显示，因为现在只有一条记录重复，所以查询结果中 10 部门的信息显示了两次。

提示：使用 UNION 或 UNION ALL 代替 OR。

OR 操作表示多个限定条件有一个满足即可，但是从性能上来讲，通过 UNION、UNION ALL 要比直接使用 OR 的性能快许多。

范例 6-31： 使用 UNION 代替 OR，查询所有办事员与销售人员的信息。

```
SELECT * FROM emp WHERE job='SALESMAN'
     UNION
SELECT * FROM emp WHERE job='CLERK';
```

查询结果：通过 SQL Developer 输出，如图 6-43 所示。

	EMPNO	ENAME	JOB	MGR	HIREDATE	SAL	COMM	DEPTNO
1	7369	SMITH	CLERK	7902	17-12月-80	800	(null)	20
2	7499	ALLEN	SALESMAN	7698	20-2月 -81	1600	300	30
3	7521	WARD	SALESMAN	7698	22-2月 -81	1250	500	30
4	7654	MARTIN	SALESMAN	7698	28-9月 -81	1250	1400	30
5	7844	TURNER	SALESMAN	7698	08-9月 -81	1500	0	30
6	7876	ADAMS	CLERK	7788	13-7月 -87	1100	(null)	20
7	7900	JAMES	CLERK	7698	03-12月-81	950	(null)	30
8	7934	MILLER	CLERK	7782	23-1月 -82	1300	(null)	10
9	8888	李兴华	CLERK	7369	05-10月-13	800	100	(null)

图 6-43　使用 UNION 代替 OR

2. 差集操作：MINUS

差集是操作使用 MINUS 完成，主要的功能是显示两个查询结果中不同的部分。

范例 6-32：使用 MINUS 执行差集操作。

```
SELECT * FROM dept
  MINUS
SELECT * FROM dept WHERE deptno=10 ;
```

查询结果：通过 SQL Developer 输出，如图 6-44 所示。

	DEPTNO	DNAME	LOC
1	20	RESEARCH	DALLAS
2	30	SALES	CHICAGO
3	40	OPERATIONS	BOSTON

图 6-44　MINUS 操作

由于 10 部门信息重复，所以使用 MINUS 进行连接时，只返回了不同的部分，即没有 10 部门的信息。

3. 交集操作：INTERSECT

交集是返回两个查询结果中相同的部分，使用 INTERSECT 完成。

范例 6-33：使用 INTERSECT 执行交集操作。

```
SELECT * FROM dept
  INTERSECT
SELECT * FROM dept WHERE deptno=10 ;
```

查询结果：通过 SQL Developer 输出，如图 6-45 所示。

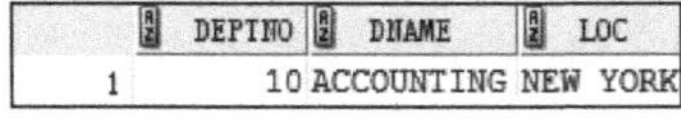

	DEPTNO	DNAME	LOC
1	10	ACCOUNTING	NEW YORK

图 6-45　INTERSECT 操作

两个查询结果中只有 10 部门信息重复，所以查询结果返回的数据只有 10 部门的信息，而其他部门的信息不显示。

6.7 本章小结

1. 多表查询指的是一个查询操作同时从多张表取数据的操作。
2. 在多表查询时，由于数据库的检索机制会产生笛卡尔积，笛卡尔积是多张数据表的乘积。
3. 数据表的连接方式有两种，即内连接、外连接。
4. 在 Oracle 中可以使用“(+)”控制左外连接或右外连接。
5. 自身关联指的是表自己关联自己的操作。
6. 对于多表查询操作可以使用 SQL:1999 语法来完成。
7. 多个查询可以使用集合运算进行连接。

第7章

分组统计查询

通过本章的学习，可以达到以下目标：

☑ 掌握常用组函数的使用。

☑ 掌握分组的意义及实现。

☑ 掌握 HAVING 子句的使用。

☑ 可以使用多表查询、分组统计查询完成复杂查询。

在实际生活中往往需要对一些数据进行分组的统计操作，例如，现在老板要统计男员工有多少人，女员工有多少人，或者老板还想知道每个部门月支出的工资总和等，这些都需要分组统计，而分组统计需要通过统计函数来完成，本章将对统计函数及分组统计查询的实现为读者进行讲解。

7.1 统计函数

Note

在前面讲解的SQL语法中，曾经使用COUNT()函数对一张表中的数据量进行统计，这个函数本身就属于统计函数。在SQL语法中，统计函数一共有如下几个，如表7-1所示。

> **提示：关于名词。**
> 对于统计函数，一些书中会将其称为分组函数或聚集操作符，请读者不要为名词所困。同时在SQL标准中只定义了5个基本的统计函数，分别是COUNT()、SUM()、AVG()、MAX()、MIN()函数，为了方便读者的后续学习，本书多列出了几个扩展的统计函数，例如MEDIAN()、VARIANCE()、STDDEV()函数。

表7-1　统计函数

No.	组　函　数	描　　述
1	COUNT(* | [DISTINCT] 列)	求出全部的记录数
2	SUM(列)	求出总和，操作的列是数字
3	AVG(列)	平均值
4	MAX(列)	最大值
5	MIN(列)	最小值
6	MEDIAN(列)	返回中间值
7	VARIANCE(列)	返回方差
8	STDDEV(列)	返回标准差

在表7-1所列的统计函数中，COUNT()、SUM()、AVG()、MAX()、MIN()这5个函数属于其核心函数，而MEDIAN()、VARIANCE()、STDDEV()函数为扩展函数的举例。下面通过代码来讲解表7-1中所列出的统计函数的使用。

范例7-1：查询出公司每个月支出的月工资的总和。

分析：月工资是在emp.sal字段上的内容，要想求和的话，肯定使用SUM()函数。

```
SELECT SUM(sal) FROM emp ;
```

查询结果：通过SQL Developer输出，如图7-1所示。

	SUM(SAL)
1	29025

图7-1　求出所有雇员月工资的总和

范例7-2：查询出公司的最高工资、最低工资、平均工资。

分析：最高工资可以通过MAX()函数取得，最低工资可以通过MIN()函数取得，平均工资可以通过AVG()函数取得，但是在求平均工资时需要考虑小数的问题，为了浏览方便，可以使用ROUND()函数进行四舍五入操作。

```
SELECT AVG(sal), ROUND(AVG(sal),2), MAX(sal), MIN(sal) FROM emp ;
```

查询结果：通过SQL Developer输出，如图7-2所示。

	AVG(SAL)	ROUND(AVG(SAL),2)	MAX(SAL)	MIN(SAL)
1	2073.2142857142857142857142857142857143	2073.21	5000	800

图 7-2　求出最高工资、最低工资、平均工资

范例 7-3：统计出公司最早雇佣和最晚雇佣的雇佣日期。

分析：最早雇佣的日期肯定是日期最小的，所以使用 MIN()函数，最晚雇佣的雇佣日期肯定是日期最大的，所以可以使用 MAX()函数。

```
SELECT MIN(hiredate) 最早雇佣日期, MAX(hiredate) 最晚雇佣日期 FROM emp ;
```

查询结果：通过 SQL Developer 输出，如图 7-3 所示。

	最早雇佣日期	最晚雇佣日期
1	17-12月-80	23-5月 -87

图 7-3　在日期上使用统计函数

范例 7-4：统计公司中间的工资值。

分析：所谓的中间工资值，指的是在最大和最小之间的数据，例如现在的工资有如下三个（实际查询的 sal 列内容会比此处多）：5000、1300、2450，那么 2450 就是中间的数值，而 MEDIAN()函数统计后返回的结果也是 2450。

```
SELECT MEDIAN(sal) FROM emp ;
```

查询结果：通过 SQL Developer 输出，如图 7-4 所示。

	MEDIAN(SAL)
1	1550

图 7-4　sal 列的中间数据

范例 7-5：统计工资的标准差与方差。

```
SELECT STDDEV(sal),VARIANCE(sal)
FROM emp ;
```

查询结果：通过 SQL Developer 输出，如图 7-5 所示。

	STDDEV(SAL)	VARIANCE(SAL)
1	1182.503223516271699458653359613061928508	1398313.87362637362637362637362637362637

图 7-5　统计标准差与方差

范例 7-6：统计出公司的雇员人数。

```
SELECT COUNT(empno) , COUNT(*) FROM emp ;
```

查询结果：通过 SQL Developer 输出，如图 7-6 所示。

	COUNT(EMPNO)	COUNT(*)
1	14	14

图 7-6　统计公司雇员人数

在使用 COUNT()函数的时候，可以使用通配符“*”，也可以使用一个字段，这两者在一列不为 null 数据列（例如 empno 不会重复且没有数据为 null）使用的时候没有任何的区别，但当数据为 null 时就会出现问题。笔者的习惯是在一个没有重复列的字段上使用统计函数，所以本书中更多的操作会以“COUNT(字段)”的形式出现。

范例 7-7：验证 COUNT(*)、COUNT(字段)、COUNT(DISTINCT 字段)的使用区别。

```
SELECT COUNT(*) , COUNT(ename) , COUNT(comm) , COUNT(DISTINCT job) FROM emp ;
```

查询结果： 通过 SQL Developer 输出，如图 7-7 所示。

	COUNT(*)	COUNT(ENAME)	COUNT(COMM)	COUNT(DISTINCTJOB)
1	14	14	4	5

图 7-7　COUNT()函数的 3 种使用方法

Note

通过此时的查询结果可以发现，使用“COUNT(*)”最方便，而在使用“COUNT(字段)”时，如果此字段上存在 null，那么 null 的数据是不会被统计在内的，而如果某一个字段上的数据存在重复，使用 DISTINCT 消除重复后，剩下的只是基数数据（不重复的数据）。

注意：使用 COUNT()函数统计时，即使表中没有数据也会返回结果，结果为 0。

特别需要注意的是，如果一张表中没有数据，则使用 COUNT()函数也会返回数据，但是其他的统计函数的结果是 null。

范例 7-8： 验证 3 种 COUNT()函数的使用方式。

```
SELECT COUNT(ename) , AVG(sal) , SUM(sal) , MAX(sal) , MIN(sal) FROM bonus ;
```

查询结果： 通过 SQL Developer 输出，如图 7-8 所示。

	COUNT(ENAME)	AVG(SAL)	SUM(SAL)	MAX(SAL)	MIN(SAL)
1	0	(null)	(null)	(null)	(null)

图 7-8　验证统计函数

通过运行结果可以发现 COUNT()函数与其他统计函数的区别，而对于 COUNT()函数这一特征，在开发中使用时极为重要，想了解具体使用的读者可以参考《Java Web 开发实战经典（基础篇）》。

以上为读者讲解了主要的统计函数，清楚了统计函数的功能之后，那么下面就可以研究一下数据的分组操作了。

7.2　单字段分组统计

在讲解 SQL 中的分组操作前，首先要解决一个问题，即什么时候可能分组？

对于分组这个概念在生活中往往会听见以下的需要。

- ☑　需求一：在一个班级之中，要求男女各一组进行辩论赛。
- ☑　需求二：在公司中，要求每个部门一组进行拔河比赛。

以上的两种情况都需要分组，分组就是将全部的数据按照一定的条件拆分成一个个部分数据，要想实现这样的数据划分，前提是必须有一定相同的属性，例如，男女生各分一组，表示每个学生里存在性别的属性，而性别的取值（男、女）将成为分组条件。如果这样的操作换到数据库中会怎样呢？图 7-9 给出了 emp 表的记录。

通过图 7-9 所列出的数据可以发现，在 job 字段、deptno 字段上都存在重复的数据，则全部的 emp 数据就可以根据不同的需要进行如下分组：

	EMPNO	ENAME	JOB	MGR	HIREDATE	SAL	COMM	DEPTNO
1	7369	SMITH	CLERK	7902	17-12月-80	800	(null)	20
2	7499	ALLEN	SALESMAN	7698	20-2月 -81	1600	300	30
3	7521	WARD	SALESMAN	7698	22-2月 -81	1250	500	30
4	7566	JONES	MANAGER	7839	02-4月 -81	2975	(null)	20
5	7654	MARTIN	SALESMAN	7698	28-9月 -81	1250	1400	30
6	7698	BLAKE	MANAGER	7839	01-5月 -81	2850	(null)	30
7	7782	CLARK	MANAGER	7839	09-6月 -81	2450	(null)	10
8	7788	SCOTT	ANALYST	7566	13-7月 -87	3000	(null)	20
9	7839	KING	PRESIDENT	(null)	17-11月-81	5000	(null)	10
10	7844	TURNER	SALESMAN	7698	08-9月 -81	1500	0	30
11	7876	ADAMS	CLERK	7788	13-7月 -87	1100	(null)	20
12	7900	JAMES	CLERK	7698	03-12月-81	950	(null)	30
13	7902	FORD	ANALYST	7566	03-12月-81	3000	(null)	20
14	7934	MILLER	CLERK	7782	23-1月 -82	1300	(null)	10

图 7-9　emp 表数据

☑　按照雇员的职位进行分组，job 字段内容重复。

☑　按照雇员所在的部门分组，deptno 字段内容重复。

分组之后，就自然可以使用统计函数对分组后的数据进行统计。例如，统计每个部门的人数、平均工资；每个职位的最高工资和最低工资等。但是分组并没有强调必须是存在相同属性内容的时候才可以进行，如果按照每个雇员的编号分组（不存在重名），统计每个组的人数、平均工资（就是一个雇员自己的工资）、最高工资（就是一个雇员自己的工资）、最低工资（就是一个雇员自己的工资），那么这样的意义不大，虽然意义不大，但却依然可以进行分组。如果现在进行分组的显示操作，在 SQL 语法中可以使用 GROUP BY 子句来完成，语法如下所示。

语法 7-1：分组统计

```
SELECT [DISTINCT]  分组字段  [AS] [列别名] ,... | 统计函数  [AS] [别名] , ...
FROM  表名称 1 [表别名 1] , 表名称 2 [表别名 2], ...
[WHERE  条件(s)]
[GROUP BY  分组字段]
[ORDER BY  排序字段  ASC|DESC] ;
```

通过语法 7-1 可以发现，GROUP BY 子句是写在 WHERE 子句之后的，并且需要指定一个分组的字段。

范例 7-9：统计出每个部门的人数。

分析：如果要求出雇员人数则要使用 COUNT()函数，但由于是各个部门的人数，所以要按照部门编号进行分组。

```
SELECT deptno,COUNT(*)
FROM emp
GROUP BY deptno ;
```

查询结果：通过 SQL Developer 输出，如图 7-10 所示。

	DEPTNO	COUNT(*)
1	30	6
2	20	5
3	10	3

图 7-10　各个部门的人数

范例 7-10：统计出每种职位的最低工资和最高工资。

分析：要想统计每种职位的信息，则需要按照职位分组，然后使用 MIN()和 MAX()函数统

Note

计结果。

```
SELECT job , MIN(sal) , MAX(sal)
FROM emp
GROUP BY job ;
```

查询结果： 通过 SQL Developer 输出，如图 7-11 所示。

	JOB	MIN(SAL)	MAX(SAL)
1	CLERK	800	1300
2	SALESMAN	1250	1600
3	PRESIDENT	5000	5000
4	MANAGER	2450	2975
5	ANALYST	3000	3000

图 7-11　统计每种工作的最低工资和最高工资

通过之前的代码可以发现，使用分组统计操作最大的特点是所有的数据将按照统一的要求进行分割，而后可以利用统计函数进行数据计算，但是在使用分组操作时也存在如下几个注意事项。

1. 注意事项一

如果没有 GROUP BY 子句，则在 SELECT 子句中只允许出现统计函数，其他任何字段都不允许出现。

错误的范例 7-11： 在没有分组语句（GROUP BY）时使用统计函数后出现其他字段。

```
SELECT deptno , COUNT(empno) FROM emp ;
```

正确的范例 7-12： 在没有分组的时候只允许单独使用统计函数。

```
SELECT COUNT(empno) FROM emp ;
```

2. 注意事项二

在统计查询中，SELECT 子句后只允许出现分组字段和统计函数，而其他的非分组字段不能使用。

错误的范例 7-13： 在分组查询的 SELECT 子句中出现其他字段（ename）。

```
SELECT deptno,ename,COUNT(empno)
FROM emp
GROUP BY deptno ;
```

正确的范例 7-14： 在 SELECT 子句之后只出现分组字段和统计函数。

```
SELECT deptno, COUNT(empno)
FROM emp
GROUP BY deptno ;
```

3. 注意事项三

统计函数允许嵌套使用，但是嵌套统计函数之后的 SELECT 子句中不允许再出现任何的字段，包括分组字段。下面通过具体的代码为读者说明此注意事项。

范例 7-15： 求出每个部门平均工资最高的工资。

分析： 如果求每个部门的平均工资，则要按照部门（deptno）进行分组，从分组后的条件中使用 MAX()函数求出最高的数值。

```
SELECT MAX(AVG(sal)) FROM emp GROUP BY deptno ;
```

查询结果：通过 SQL Developer 输出，如图 7-12 所示。

	MAX(AVG(SAL))
1	2916.666666666666666666666666666666666667

图 7-12　分组函数嵌套

由于此时的分组函数进行了嵌套（MAX(AVG(sal))），则在查询中是不能出现任何的其他字段的。例如，以下就是一个错误的语句。

范例 7-16：错误的语句。

```
SELECT deptno,MAX(AVG(sal)) FROM emp GROUP BY deptno ;
```

此时，将出现如下错误提示语句：

```
SELECT deptno,MAX(AVG(sal)) FROM emp GROUP BY deptno
       *
第 1 行出现错误:
ORA-00937: 不是单组分组函数
```

其实对于这一点本身也很好理解，下面为读者进行解释。

首先，如果现在按照部门编号进行分组，则返回的肯定是以下的查询结果。

范例 7-17：统计函数嵌套分析。

```
SELECT deptno,SUM(sal) FROM emp GROUP BY deptno ;
```

查询结果：通过 SQL Developer 输出，如图 7-13 所示。

	DEPTNO	SUM(SAL)
1	30	9400
2	20	10875
3	10	8750

图 7-13　按照部门编号进行分组

通过图 7-13 所示的查询结果可以发现，这个结果返回的数据就像数据表一样，存在数据列、数据行，所以在数据库中就可以将查询的结果称为临时表，即此时图 7-13 就是一张“数据表”。

如果现在对这张临时表的“SUM(sal)”字段要求出最大值，也就是相当于再单独使用一次 MAX()函数，按照分组的要求，如果没有出现 GROUP BY 子句，则查询中不能出现分组条件之外的内容，所以这也就是为什么分组函数嵌套后，不允许出现其他查询字段的原因了。

提示：分享一下个人的分组规律。

在笔者的教学生涯中，经常遇到很多学生问到底在什么情况下需要进行分组操作？我想各位读者也有可能会存在这样的问题，毕竟例题给的都是现成的答案。在这里可以简单跟读者分享一下笔者个人的不成文的分组规定：

- ☑ 当需要使用分组函数而且又需要查询其他列（分组条件）时，一般都要进行分组统计。例如，查询每个部门的编号、人数，这时很明显就不能单独使用一个 COUNT()函数解决问题了，还需要查询 deptno 列的内容，那么就一定要使用分组。
- ☑ 一个列上存在了重复值的时候就都可以使用分组进行操作，这个列可能是具体表的列，也可能是返回的临时表的列。

清楚了分组的基本操作形式及注意事项后，下面再通过几个实际的范例为读者进一步讲解

Note

分组操作。

范例 7-18：查询每个部门的名称、部门人数、部门平均工资、平均服务年限。

分析：本操作中有一个难点，就是所有的部门名称都是在 dept 表中存放的，但是所有的雇员数量的统计都是在 emp 表中，要想同时显示，肯定要将两张表一起进行关联查询。

☑ 确定所需要的数据表如下。
- ➢ dept 表：部门名称。
- ➢ emp 表：统计出部门人数、平均工资、平均服务年限。

☑ 确定已知的关联字段如下。
- ➢ 雇员与部门关联：emp.deptno=dept.deptno。

步骤 1：将 dept 和 emp 表一起进行查询，暂时不分组统计。

```
SELECT d.dname,e.empno,e.ename,e.sal,e.hiredate
FROM dept d,emp e
WHERE e.deptno=d.deptno ;
```

查询结果：通过 SQL Developer 输出，如图 7-14 示。

	DNAME	EMPNO	ENAME	SAL	HIREDATE
1	RESEARCH	7369	SMITH	800	17-12月-80
2	SALES	7499	ALLEN	1600	20-2月 -81
3	SALES	7521	WARD	1250	22-2月 -81
4	RESEARCH	7566	JONES	2975	02-4月 -81
5	SALES	7654	MARTIN	1250	28-9月 -81
6	SALES	7698	BLAKE	2850	01-5月 -81
7	ACCOUNTING	7782	CLARK	2450	09-6月 -81
8	RESEARCH	7788	SCOTT	3000	24-1月 -87
9	ACCOUNTING	7839	KING	5000	17-11月-81
10	SALES	7844	TURNER	1500	08-9月 -81
11	RESEARCH	7876	ADAMS	1100	02-4月 -87
12	SALES	7900	JAMES	950	03-12月-81
13	RESEARCH	7902	FORD	3000	03-12月-81
14	ACCOUNTING	7934	MILLER	1300	23-1月 -82

图 7-14　将 dept 和 emp 表联合查询

通过图 7-14 所示的查询结果可以发现，现在的结果是以一种“临时表”的形式（因为是两张表联合查询后的结果）返回的，而且在显示的 DNAME 列上也存在重复，那么现在对这张“临时表”进行分组。

步骤 2：对临时表进行分组。

```
SELECT d.dname, COUNT(e.empno) , ROUND(AVG(e.sal),2) avgsal,
        ROUND(AVG(MONTHS_BETWEEN(SYSDATE,e.hiredate) / 12),2) avgyear
FROM dept d,emp e
WHERE e.deptno=d.deptno
GROUP BY d.dname;
```

查询结果：通过 SQL Developer 输出，如图 7-15 所示。

	DNAME	COUNT(E.EMPNO)	AVGSAL	AVGYEAR
1	ACCOUNTING	3	2916.67	32.06
2	RESEARCH	5	2175	30.16
3	SALES	6	1566.67	32.36

图 7-15　对临时表分组

通过对临时表进行分组，现在已经取得了各个部门的名称及每个部门的统计信息，但是此时存在一个问题，就是公司明明一共有 4 个部门（有一个部门没有雇员），但是现在只显示了 3

个，所以要使用右外连接进行控制。

步骤 3：加入右外连接操作。

```
SELECT d.dname, COUNT(e.empno) , ROUND(AVG(e.sal),2) avgsal,
        ROUND(AVG(MONTHS_BETWEEN(SYSDATE,e.hiredate) / 12),2) avgyear
FROM dept d,emp e
WHERE e.deptno(+)=d.deptno
GROUP BY d.dname;
```

查询结果：通过 SQL Developer 输出，如图 7-16 所示。

	DNAME	COUNT(E.EMPNO)	AVGSAL	AVGYEAR
1	ACCOUNTING	3	2916.67	32.06
2	OPERATIONS	0	(null)	(null)
3	RESEARCH	5	2175	30.16
4	SALES	6	1566.67	32.36

图 7-16　加入右连接显示全部部门信息

提示：语句执行顺序。

SQL 中加入了 GROUP BY 子句之后，SQL 语句的执行顺序如下。

（1）执行 FROM 子句，确定要检索的数据来源。

（2）执行 WHERE 子句，使用限定符对数据行进行过滤。

（3）执行 GROUP BY 子句，根据指定字段进行分组。

（4）执行 SELECT 子句，确定要检索出的分组字段以及编写相应统计函数。

（5）执行 ORDER BY 子句排序。

ORDER BY 子句依然是在所有 SQL 子句的最后执行。

范例 7-19：查询公司各个工资等级雇员的数量、平均工资。

分析：公司的工资等级信息保存在 salgrade 数据表中，所以现在肯定要引入此表进行操作，而所有的统计信息又需要使用 emp 表完成，现在可按如下过程分析。

☑　确定所需要的数据表如下。

- salgrade 表：找到工资等级的信息。
- emp 表：进行数据的统计。

☑　确定已知的关联字段如下。

- 雇员与工资关联：emp.sal BETWEEN salgrade.losal AND salgrade.hisal。

步骤 1：将 salgrade 表和 emp 表连接查询。

```
SELECT s.grade,e.empno,e.sal
FROM emp e,salgrade s
WHERE e.sal BETWEEN s.losal AND s.hisal ;
```

查询结果：通过 SQL Developer 输出，如图 7-17 所示。

步骤 2：在上一步的查询结果中可以发现，临时表数据中的 grade 列有重复，所以可以直接对 s.grade 进行分组。

```
SELECT s.grade,COUNT(e.empno), ROUND(AVG(e.sal),2)
FROM emp e,salgrade s
WHERE e.sal BETWEEN s.losal AND s.hisal
GROUP BY s.grade ;
```

查询结果：通过 SQL Developer 输出，如图 7-18 所示。

	GRADE	EMPNO	SAL
1	1	7369	800
2	1	7900	950
3	1	7876	1100
4	2	7521	1250
5	2	7654	1250
6	2	7934	1300
7	3	7844	1500
8	3	7499	1600
9	4	7782	2450
10	4	7698	2850
11	4	7566	2975
12	4	7788	3000
13	4	7902	3000
14	5	7839	5000

图 7-17　salgrade 表和 emp 表连接查询

	GRADE	COUNT(E.EMPNO)	ROUND(AVG(E.SAL),2)
1	1	3	950
2	2	3	1266.67
3	4	5	2855
4	5	1	5000
5	3	2	1550

图 7-18　按工资等级统计

范例 7-20：统计出领取佣金与不领取佣金的雇员的平均工资、平均雇佣年限、雇员人数。

分析：在 emp 表中，是否领取佣金（COMM），是通过其内容是否为 null 来决定的。如果现在不能直接通过 COMM 进行分组，直接使用 comm 分组，则结果如下。

错误的实现：直接利用 comm 分组。

```
SELECT comm, ROUND(AVG(sal),2) avgsal,
      ROUND(AVG(MONTHS_BETWEEN(SYSDATE,hiredate)/12),2) avgyear,
      COUNT(empno) count
FROM emp
GROUP BY comm ;
```

查询结果：通过 SQL Developer 输出，如图 7-19 所示。

	COMM	AVGSAL	AVGYEAR	COUNT
1	(null)	2342.5	410.94	10
2	1400	1250	31.98	1
3	500	1250	32.58	1
4	300	1600	32.58	1
5	0	1500	32.03	1

图 7-19　错误的查询结果

可以发现，如果直接利用 comm 分组，表示的是针对不同的佣金进行分组，但这并不是本例的要求，所以采用常规的方式直接分组是不可行的，那么此时就可以通过集合操作来完成。例如，现在分别使用两个查询求出所有领取佣金和不领取佣金的雇员，而后使用 UNION 将两个查询结果连接，如图 7-20 所示。

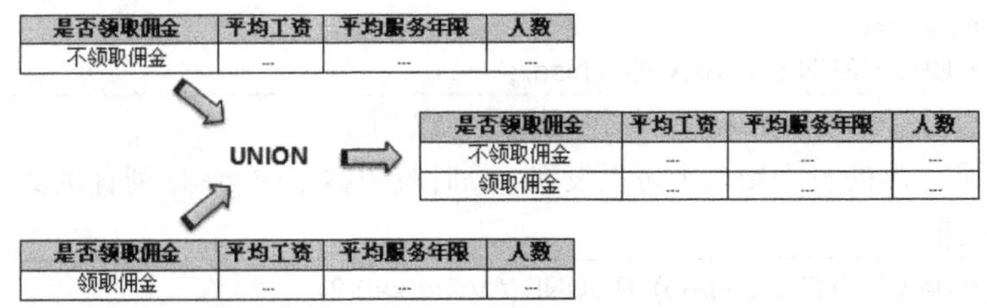

图 7-20　实现原理

步骤 1：统计领取佣金的信息。

```
SELECT '领取佣金', ROUND(AVG(sal),2) avgsal,
      ROUND(AVG(MONTHS_BETWEEN(SYSDATE,hiredate)/12),2) avgyear,
      COUNT(empno) count
FROM emp
WHERE comm IS NOT NULL ;
```

查询结果：通过 SQL Developer 输出，如图 7-21 所示。

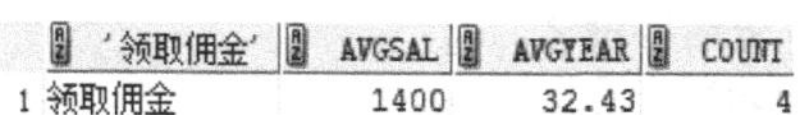

	'领取佣金'	AVGSAL	AVGYEAR	COUNT
1	领取佣金	1400	32.43	4

图 7-21　领取佣金的雇员统计信息

步骤 2：统计不领取佣金的信息。

```
SELECT '领取佣金', ROUND(AVG(sal),2) avgsal,
      ROUND(AVG(MONTHS_BETWEEN(SYSDATE,hiredate)/12),2) avgyear,
      COUNT(empno) count
FROM emp
WHERE comm IS NULL ;
```

查询结果：通过 SQL Developer 输出，如图 7-22 所示。

	'领取佣金'	AVGSAL	AVGYEAR	COUNT
1	领取佣金	2342.5	31.14	10

图 7-22　不领取佣金的雇员统计信息

步骤 3：因为这两个查询返回的数据列是一样的，所以使用 UNION 联合查询。

```
SELECT '不领取佣金', ROUND(AVG(sal),2) avgsal,
      ROUND(AVG(MONTHS_BETWEEN(SYSDATE,hiredate)/12),2) avgyear,
      COUNT(empno) count
FROM emp
WHERE comm IS NOT NULL
    UNION
SELECT '领取佣金', ROUND(AVG(sal),2) avgsal,
      ROUND(AVG(MONTHS_BETWEEN(SYSDATE,hiredate)/12),2) avgyear,
      COUNT(empno) count
FROM emp
WHERE comm IS NULL ;
```

查询结果：通过 SQL Developer 输出，如图 7-23 所示。

	'不领取佣金'	AVGSAL	AVGYEAR	COUNT
1	不领取佣金	1400	32.43	4
2	领取佣金	2342.5	31.14	10

图 7-23　使用 UNION 连接查询

7.3　多字段分组统计

前面所讲解的是单字段的分组，在分组的时候只设置一个分组条件，但是在分组统计中，也可以同时指定多个分组条件，这样在查询的时候就可以查询出更多的字段内容，使用多字段

Note

分组时的语法如下所示。

语法 7-2：多字段分组统计

```
SELECT [DISTINCT]  分组字段 1 [AS] [列别名] , [分组字段 2 [AS] [列别名] , …] | 统计函数 [AS] [别名] , …
FROM  表名称 1 [表别名 1] , 表名称 2 [表别名 2], …
[WHERE  条件(s)]
[GROUP BY  分组字段 1 , 分组字段 2 , …]
[ORDER BY  排序字段  ASC|DESC] ;
```

范例 7-21：现在要求查询出每个部门的详细信息。

分析：每个部门的详细信息应该包括编号、名称、位置、部门人数、平均工资、总工资、最高工资、最低工资，但是如果按照之前的单字段分组，则“名称、位置”两个字段无法查询，此时就可以利用多字段分组来完成，并且结合多表查询（emp 和 dept 表）。下面为了方便读者理解，将采用分步的形式列出具体的操作思路。

☑ 确定所需要的数据表如下。
  - dept 表：编号、名称、位置。
  - emp 表：统计出各个部门的人数、平均工资、总工资、最高工资、最低工资。

☑ 确定已知的关联字段如下。
  - 雇员和部门关联：emp.deptno = dept.deptno。

步骤 1：将 emp 和 dept 表进行关联，并且通过 deptno 字段消除里面的笛卡尔积。

```
SELECT d.deptno,d.dname,d.loc,e.empno,e.ename
FROM emp e,dept d
WHERE e.deptno=d.deptno ;
```

查询结果：通过 SQL Developer 输出，如图 7-24 所示。

	DEPTNO	DNAME	LOC	EMPNO	ENAME
1	20	RESEARCH	DALLAS	7369	SMITH
2	30	SALES	CHICAGO	7499	ALLEN
3	30	SALES	CHICAGO	7521	WARD
4	20	RESEARCH	DALLAS	7566	JONES
5	30	SALES	CHICAGO	7654	MARTIN
6	30	SALES	CHICAGO	7698	BLAKE
7	10	ACCOUNTING	NEW YORK	7782	CLARK
8	20	RESEARCH	DALLAS	7788	SCOTT
9	10	ACCOUNTING	NEW YORK	7839	KING
10	30	SALES	CHICAGO	7844	TURNER
11	20	RESEARCH	DALLAS	7876	ADAMS
12	30	SALES	CHICAGO	7900	JAMES
13	20	RESEARCH	DALLAS	7902	FORD
14	10	ACCOUNTING	NEW YORK	7934	MILLER

图 7-24　emp 和 dept 表关联查询结果

在步骤 1 的查询中可以发现，对于 deptno、dname、loc 这 3 个字段的内容是重复的，所以下面对这张临时表进行分组，但是分组的条件却是 3 个，分别是 deptno、dname、loc。

步骤 2：使用多字段分组，同时显示具体的统计信息。

```
SELECT d.deptno,d.dname,d.loc,
      COUNT(e.empno) count,ROUND(AVG(sal),2) avg,SUM(sal) sum,MAX(sal) max,MIN(sal) min
FROM emp e,dept d
WHERE e.deptno=d.deptno
GROUP BY d.deptno,d.dname,d.loc ;
```

查询结果：通过 SQL Developer 输出，如图 7-25 所示。

	DEPTNO	DNAME	LOC	COUNT	AVG	SUM	MAX	MIN
1	20	RESEARCH	DALLAS	5	2175	10875	3000	800
2	10	ACCOUNTING	NEW YORK	3	2916.67	8750	5000	1300
3	30	SALES	CHICAGO	6	1566.67	9400	2850	950

图 7-25　多字段分组

在步骤 2 中，采用了多字段分组，由于 GROUP BY 子句之后有 3 个分组条件（d.deptno，d.dname，d.loc），所以在 SELECT 子句之后就可以同时查询 3 个字段（d.deptno，d.dname，d.loc）。由于在求平均值时小数位过多，所以使用 ROUND()函数只保留了两位小数，但是这个查询结果并不正确，因为部门一共有 4 个，还缺少一个 40 部门，所以在查询时还必须考虑多表查询的连接问题。

步骤 3：使用右连接显示 40 部门的完整信息。

```
SELECT d.deptno,d.dname,d.loc,
       COUNT(e.empno) count,ROUND(AVG(sal),2) avg,SUM(sal) sum,MAX(sal) max,MIN(sal) min
FROM emp e,dept d
WHERE e.deptno(+)=d.deptno
GROUP BY d.deptno,d.dname,d.loc ;
```

查询结果：通过 SQL Developer 输出，如图 7-26 所示。

	DEPTNO	DNAME	LOC	COUNT	AVG	SUM	MAX	MIN
1	20	RESEARCH	DALLAS	5	2175	10875	3000	800
2	40	OPERATIONS	BOSTON	0	(null)	(null)	(null)	(null)
3	10	ACCOUNTING	NEW YORK	3	2916.67	8750	5000	1300
4	30	SALES	CHICAGO	6	1566.67	9400	2850	950

图 7-26　加入右连接

当查询中加入了右连接操作后，可以发现 40 部门的信息显示了，但是由于 40 部门没有任何的雇员，所以所有的查询结果都为 null，但是 null 肯定没有意义，应该替换成 0 显示比较合适，现在可以对程序进一步修改，使用 NVL()函数将所有的 null 变为 0。

步骤 4：使用 NVL()函数将 null 变为 0。

```
SELECT d.deptno,d.dname,d.loc,
       NVL(COUNT(e.empno),0) count,NVL(ROUND(AVG(sal),2),0) avg,
       NVL(SUM(sal),0) sum,NVL(MAX(sal),0) max,NVL(MIN(sal),0) min
FROM emp e,dept d
WHERE e.deptno(+)=d.deptno
GROUP BY d.deptno,d.dname,d.loc ;
```

查询结果：通过 SQL Developer 输出，如图 7-27 所示。

	DEPTNO	DNAME	LOC	COUNT	AVG	SUM	MAX	MIN
1	20	RESEARCH	DALLAS	5	2175	10875	3000	800
2	40	OPERATIONS	BOSTON	0	0	0	0	0
3	10	ACCOUNTING	NEW YORK	3	2916.67	8750	5000	1300
4	30	SALES	CHICAGO	6	1566.67	9400	2850	950

图 7-27　加入 NVL()函数处理

7.4 HAVING 子句

Note

使用 GROUP BY 子句可以实现数据的分组显示，但是在很多时候往往需要对分组之后的数据进行再次过滤。例如，要求选出部门人数超过 5 个人的部门信息，这样的操作先要按照部门进行分组统计，而后再通过统计结果进行数据过滤，要想实现这样的功能，只能通过 HAVING 子句来完成。

语法 7-3：HAVING 子句过滤

```
SELECT [DISTINCT]  分组字段 1 [AS] [列别名] , [分组字段 2 [AS] [列别名] , …] | 统计函数 [AS] [别
    名] , …
FROM 表名称 1 [表别名 1] , 表名称 2 [表别名 2], …
[WHERE 条件(s)]
[GROUP BY 分组字段 1 , 分组字段 2 , …]
[HAVING 过滤条件(s)]
[ORDER BY 排序字段 ASC|DESC] ;
```

范例 7-22：查询出所有平均工资大于 2000 元的职位信息、平均工资、雇员人数。

分析：要想统计出各个工作的工资，还需要对 job 进行分组，但是需要设置一个条件，这个条件需要对分组后的数据进行再次的筛选，那么此时只能利用 HAVING 子句来完成。

```
SELECT job, ROUND(AVG(sal),2) , COUNT(empno)
FROM emp
GROUP BY job
HAVING AVG(sal)>2000 ;
```

查询结果：通过 SQL Developer 输出，如图 7-28 所示。

	JOB	ROUND(AVG(SAL),2)	COUNT(EMPNO)
1	PRESIDENT	5000	1
2	MANAGER	2758.33	3
3	ANALYST	3000	2

图 7-28 使用 HAVING 子句对分组后的数据进行过滤

提示：语句执行顺序。

SQL 中加入了 HAVING 子句之后，SQL 语句的执行顺序如下。

（1）执行 FROM 子句，确定要检索的数据来源。

（2）执行 WHERE 子句，使用限定符对数据行进行过滤。

（3）执行 GROUP BY 子句，根据指定字段进行分组。

（4）执行 HAVING 子句，对分组后的统计数据进行过滤。

（5）执行 SELECT 子句，确定要检索出的分组字段及编写相应的统计函数。

（6）执行 ORDER BY 子句排序。

范例 7-23：列出至少有一个员工的所有部门编号、名称，并统计出这些部门的平均工资、最低工资、最高工资。

分析：本程序需要查询部门信息并对部门员工信息进行统计，所以要使用多表查询，而后

还需要使用 HAVING 子句对分组后的数据进行过滤。

☑　确定所需要的数据表如下。

- ➢　dept 表：部门编号、名称。
- ➢　emp 表：统计信息。

☑　确定已知的关联字段：emp.deptno=dept.deptno。

步骤 1：将 emp 表和 dept 表关联查询，同时消除笛卡尔积。

```
SELECT d.deptno,d.dname,e.empno,e.sal
FROM emp e,dept d
WHERE e.deptno(+)=d.deptno ;
```

查询结果：通过 SQL Developer 输出，如图 7-29 所示。

	DEPTNO	DNAME	EMPNO	SAL
1	20	RESEARCH	7369	800
2	30	SALES	7499	1600
3	30	SALES	7521	1250
4	20	RESEARCH	7566	2975
5	30	SALES	7654	1250
6	30	SALES	7698	2850
7	10	ACCOUNTING	7782	2450
8	20	RESEARCH	7788	3000
9	10	ACCOUNTING	7839	5000
10	30	SALES	7844	1500
11	20	RESEARCH	7876	1100
12	30	SALES	7900	950
13	20	RESEARCH	7902	3000
14	10	ACCOUNTING	7934	1300
15	40	OPERATIONS	(null)	(null)

图 7-29　emp 表和 dept 表等值连接

步骤 2：对临时表进行分组，并使用统计函数进行统计。

```
SELECT d.deptno,d.dname,ROUND(AVG(e.sal)),MIN(e.sal),MAX(e.sal)
FROM emp e,dept d
WHERE e.deptno(+)=d.deptno
GROUP BY d.deptno,d.dname,d.loc ;
```

查询结果：通过 SQL Developer 输出，如图 7-30 所示。

	DEPTNO	DNAME	ROUND(AVG(E.SAL))	MIN(E.SAL)	MAX(E.SAL)
1	20	RESEARCH	2175	800	3000
2	40	OPERATIONS	(null)	(null)	(null)
3	10	ACCOUNTING	2917	1300	5000
4	30	SALES	1567	950	2850

图 7-30　对临时表进行分组统计

步骤 3：使用 HAVING 子句对分组后的数据进行再次过滤。

```
SELECT d.deptno,d.dname,ROUND(AVG(e.sal),2),MIN(e.sal),MAX(e.sal)
FROM emp e,dept d
WHERE e.deptno(+)=d.deptno
GROUP BY d.deptno,d.dname,d.loc
HAVING COUNT(e.empno)>1;
```

查询结果：通过 SQL Developer 输出，如图 7-31 所示。

	DEPTNO	DNAME	ROUND(AVG(E.SAL),2)	MIN(E.SAL)	MAX(E.SAL)
1	20	RESEARCH	2175	800	3000
2	10	ACCOUNTING	2916.67	1300	5000
3	30	SALES	1566.67	950	2850

图 7-31　对分组后的数据过滤

提问：什么时候使用 WHERE 子句？什么时候使用 HAVING 子句？

在 SQL 语句中，WHERE 子句是编写过滤条件的，而 HAVING 子句也是编写数据过滤条件的，那么什么时候使用 WHERE 子句？什么时候使用 HAVING 子句呢？

回答：WHERE 子句和 HAVING 子句的作用不一样。

虽然 WHERE 和 HAVING 子句都是进行条件的过滤，但是两者的应用环境不同。例如，中国公民都有服兵役的义务，每年年满 18 周岁的公民都有资格履行此义务，所以从全体中国公民中筛选出年满 18 周岁的公民就是 WHERE 子句的功能。但是这些满足条件的公民肯定要被分配到不同的部队，而后可以统计不同部队的平均身高，而这种统计就是通过 GROUP BY 子句完成的。如果说现在要挑选国旗班的人员，则肯定要对这些统计数据进行过滤，找那些队员平均身高在 180cm 的部队才可以更方便地挑选，这个操作就是 HAVING 子句的功能，这个操作可以形成图 7-32 所示的流程。

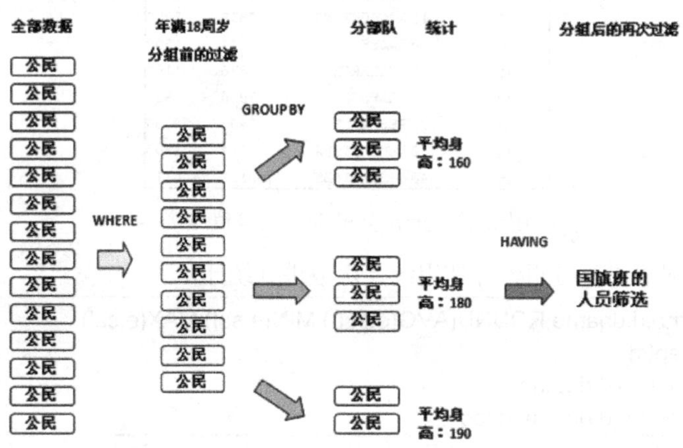

图 7-32　语句执行流程

根据图 7-32 所示的操作，就可以总结出 WHERE 子句和 HAVING 子句的区别。

☑ WHERE 子句：是在分组之前使用，表示从所有数据中筛选出部分数据，以完成分组的要求，在 WHERE 子句中不允许使用统计函数，没有 GROUP BY 子句也可以使用。

☑ HAVING 子句：是在分组之后使用的，表示对分组统计后的数据执行再次过滤，可以使用统计函数，有 GROUP BY 子句之后才可以出现 HAVING 子句。

了解了分组统计中的各个子句功能之后，下面再通过一个比较完整的操作将前面所学习到的知识点做一个简单的总结。

范例 7-24：显示非销售人员工作名称以及从事同一工作雇员的月工资的总和，并且要满足从事同一工作的雇员的月工资合计大于 5000 元，输出结果按月工资的合计升序排列。

分析：本程序中要考虑两个条件，一个是全部数据的筛选条件（WHERE 子句），筛选出

所有的非销售人员，另外一个条件就是对分组进行过滤（HAVING 子句），通过 SUM()函数求出月工资合计，并且要求结果大于 5000，最后才可以通过 ORDER BY 子句进行排序，而且 ORDER BY 子句的默认顺序就是升序。

步骤 1：显示非销售人员的详细信息，需要在 WHERE 子句之后设置条件。

```
SELECT *
FROM emp
WHERE job<>'SALESMAN' ;
```

查询结果：通过 SQL Developer 输出，如图 7-33 所示。

	EMPNO	ENAME	JOB	MGR	HIREDATE	SAL	COMM	DEPTNO
1	7369	SMITH	CLERK	7902	17-12月-80	800	(null)	20
2	7566	JONES	MANAGER	7839	02-4月 -81	2975	(null)	20
3	7698	BLAKE	MANAGER	7839	01-5月 -81	2850	(null)	30
4	7782	CLARK	MANAGER	7839	09-6月 -81	2450	(null)	10
5	7788	SCOTT	ANALYST	7566	24-1月 -87	3000	(null)	20
6	7839	KING	PRESIDENT	(null)	17-11月-81	5000	(null)	10
7	7876	ADAMS	CLERK	7788	02-4月 -87	1100	(null)	20
8	7900	JAMES	CLERK	7698	03-12月-81	950	(null)	30
9	7902	FORD	ANALYST	7566	03-12月-81	3000	(null)	20
10	7934	MILLER	CLERK	7782	23-1月 -82	1300	(null)	10

图 7-33　所有非销售的工作

步骤 2：同一工作雇员的月工资的总和，要想求出各个职位工资的总和，需要使用 SUM()函数，而且既然要求显示工作名称，则要使用 GROUP BY 子句按照工作进行分组。

```
SELECT job , SUM(sal) sum
FROM emp
WHERE job<>'SALESMAN'
GROUP BY job ;
```

查询结果：通过 SQL Developer 输出，如图 7-34 所示。

	JOB	SUM
1	CLERK	4150
2	PRESIDENT	5000
3	MANAGER	8275
4	ANALYST	6000

图 7-34　按照工作分组

步骤 3：对分组进行进一步的过滤，加入 HAVING 子句，取出工资合计大于 5000 元的职位。

```
SELECT job , SUM(sal) sum
FROM emp
WHERE job<>'SALESMAN'
GROUP BY job
HAVING SUM(sal)>5000 ;
```

查询结果：通过 SQL Developer 输出，如图 7-35 所示。

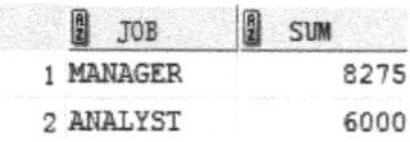

	JOB	SUM
1	MANAGER	8275
2	ANALYST	6000

图 7-35　工资合计大于 5000 元的工作

步骤 4：使用 ORDER BY 子句进行排序。

```
SELECT job , SUM(sal) sum
```

```
FROM emp
WHERE job<>'SALESMAN'
GROUP BY job
HAVING SUM(sal)>5000
ORDER BY sum ASC ;
```

查询结果： 通过 SQL Developer 输出，如图 7-36 所示。

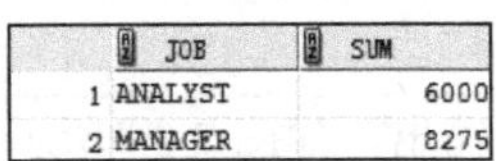

	JOB	SUM
1	ANALYST	6000
2	MANAGER	8275

图 7-36　对分组之后的数据进行排序

7.5　本章小结

1．在 SQL 中主要提供了 5 种分组函数，分别是 COUNT()、AVG()、SUM()、MIN()、MAX() 函数。

2．使用 GROUP BY 子句可以对数据进行分组操作，而使用 HAVING 子句可以对分组之后的数据进行再次过滤。

3．在分组时可以同时指定多个分组字段。

4．分组操作不仅可以用于实体表，也可以针对查询的临时表进行分组。

5．分组函数允许嵌套，但是嵌套之后的分组查询中不能再出现任何字段，包括分组字段。

子查询

通过本章的学习，可以达到以下目标：

☑ 掌握子查询的主要作用。

☑ 掌握单行、单列、多行子查询的使用。

☑ 掌握 IN、ANY、ALL 关键字的使用。

☑ 可以使用多表查询、限定查询、子查询、分组统计完成各个复杂查询。

☑ 了解分析函数的语法结构以及基本使用。

多表查询在数据量较大的时候将会出现性能问题，如果使用分组统计查询，则在查询显示的时候又会出现统计函数操作的若干种限制，而要想解决这一切问题，就可以通过子查询完成。通过多表查询、分组统计查询、子查询三者的结合可以完成更多的复杂查询，本章将为读者讲解子查询的语法及使用。

8.1 认识子查询

Note

顾名思义，子查询就是指在一个完整的查询语句中，嵌套若干个不同功能的小查询，从而一起完成复杂查询的一种编写形式。为了让读者更加理解子查询的概念，下面首先通过一个查询实例为读者做一个子查询的演示。

范例 8-1：查询公司中工资最低的雇员的完整信息。

分析：由于现在不清楚所有雇员的最低工资，所以要首先使用 MIN(sal)求出最低的工资，而后使用这个返回结果与每一个雇员的工资进行比较，选出满足条件的数据。

步骤 1：查询出所有雇员中最低的基本工资数。

```
SELECT MIN(sal) FROM emp ;
```

查询结果：通过 SQL Developer 输出，如图 8-1 所示。

	MIN(SAL)
1	800

图 8-1　最低工资

步骤 2：步骤 1 查询返回了一个 800 的数字，为单行单列数据，可以在 WHERE 子句中作为查询条件使用。

```
SELECT *
FROM emp
WHERE sal=(
    SELECT MIN(sal) FROM emp) ;
```

查询结果：通过 SQL Developer 输出，如图 8-2 所示。

	EMPNO	ENAME	JOB	MGR	HIREDATE	SAL	COMM	DEPTNO
1	7369	SMITH	CLERK	7902	17-12月-80	800	(null)	20

图 8-2　工资最低的雇员信息

以上就完成了一个子查询的应用，如果读者不理解，可以换个角度去思考问题，如果说现在已知公司的最低工资是 800，那么在这个时候要求出，最低工资是 800 的雇员信息，则语句可以编写如下。

范例 8-2：子查询返回的结果就当它是一个数字，即直接判断此数字。

```
SELECT *
FROM emp
WHERE sal=800 ;    ➔    子查询返回的只是一个数字：800
```

即，在本程序中出现的子查询，最终目标只是返回了一个数字而已，其他的一切查询与之前并没有区别。读者此时也可以发现，这时候的子查询返回的只是一个数据，所以返回的是单行单列数据，而子查询可以返回的数据类型一共分为以下 4 种。

☑　单行单列：返回的是一个具体列的内容，可以理解为一个单值数据。

☑　单行多列：返回一行数据中多个列的内容。

☑　多行单列：返回多行记录中同一列的内容，相当于给出了一个操作范围。

☑　多行多列：查询返回的结果是一张临时表。

学习了子查询的作用及分类后，下面再来看一下子查询的操作语法，这里需要为读者说明的是，子查询并没有严格的查询语法，所以以下的语法也只是给读者一个参考。

语法 8-1：子查询语法

```
SELECT [DISTINCT] * | 分组字段 1 [AS] [列别名] , [分组字段 2 [AS] [列别名] , ...],(
        SELECT [DISTINCT] * | 分组字段 1 [AS] [列别名] , [分组字段 2 [AS] [列别名] , ...]
        FROM 表名称 1 [表别名 1] , 表名称 2 [表别名 2], ...
        [WHERE 条件(s)]
        [GROUP BY 分组字段 1 , 分组字段 2 , ...]
        [HAVING 过滤条件(s)]
        [ORDER BY 排序字段 ASC|DESC]) ...
FROM 表名称 1 [表别名 1] , 表名称 2 [表别名 2], ... (
        SELECT [DISTINCT] * | 分组字段 1 [AS] [列别名] , [分组字段 2 [AS] [列别名] , ...]
        FROM 表名称 1 [表别名 1] , 表名称 2 [表别名 2], ...
        [WHERE 条件(s)]
        [GROUP BY 分组字段 1 , 分组字段 2 , ...]
        [HAVING 过滤条件(s)]
        [ORDER BY 排序字段 ASC|DESC])
[WHERE 条件(s) ... (
        SELECT [DISTINCT] * | 分组字段 1 [AS] [列别名] , [分组字段 2 [AS] [列别名] , ...]
        FROM 表名称 1 [表别名 1] , 表名称 2 [表别名 2], ...
        [WHERE 条件(s)]
        [GROUP BY 分组字段 1 , 分组字段 2 , ...]
        [HAVING 过滤条件(s)]
        [ORDER BY 排序字段 ASC|DESC])]
[GROUP BY 分组字段 1 , 分组字段 2 , ...]
[HAVING 过滤条件(s)...(
        SELECT [DISTINCT] * | 分组字段 1 [AS] [列别名] , [分组字段 2 [AS] [列别名] , ...]
        FROM 表名称 1 [表别名 1] , 表名称 2 [表别名 2], ...
        [WHERE 条件(s)]
        [GROUP BY 分组字段 1 , 分组字段 2 , ...]
        [HAVING 过滤条件(s)]
        [ORDER BY 排序字段 ASC|DESC])]
[ORDER BY 排序字段 ASC|DESC] ;
```

通过给出的语法格式可以发现，子查询几乎可以出现在一条查询语句的任意位置上，不过一般在 FROM、WHERE、HAVING 子句中出现较多，而且在使用子查询时一定要使用“()”声明。考虑到读者初次接触到子查询的操作，对于在何处使用子查询，给读者以下几点个人的参考建议：

☑　WHERE 子句：此时子查询返回的结果一般都是单行单列、单行多列、多行单列。

☑　HAVING 子句：此时子查询返回的都是单行单列数据，同时为了使用统计函数操作。

☑　FROM 子句：此时子查询返回的结果一般都是多行多列，可以按照一张数据表（临时表）的形式操作。

下面的讲解也将围绕着这几种子句出现子查询的情况为读者进行分析。

8.2 在 WHERE 子句中使用子查询

子查询出现在 WHERE 子句的情况较为常见，主要的作用是通过子查询中返回的结果进行数据的筛选，而此时的子查询一般会返回 3 种结构，分别是单行单列、单行多列、多行单列，下面通过几个具体的实例为读者说明。

8.2.1 子查询返回单行单列数据

范例 8-3：查询出基本工资比 ALLEN 低的全部雇员信息。

分析：如果要查询比 ALLEN 工资低的雇员信息，要先通过一个查询找到 ALLEN 的工资，这时返回的数据肯定是单行单列（一个数值），而后将这个查询放在 WHERE 子句中进行数据的选择。

步骤 1：找出 ALLEN 的工资。

```
SELECT sal FROM emp WHERE ename='ALLEN' ;
```

查询结果：通过 SQL Developer 输出，如图 8-3 所示。

	SAL
1	1600

图 8-3 查询 ALLEN 的工资

步骤 2：此时的查询返回的是单行单列的数据，这样子查询往往出现在 WHERE 子句或 HAVING 子句中，根据题目的要求在 WHERE 子句中使用此查询。

```
SELECT *
FROM emp
WHERE sal< (
    SELECT sal
    FROM emp
    WHERE ename='ALLEN') ;
```

查询结果：通过 SQL Developer 输出，如图 8-4 所示。

	EMPNO	ENAME	JOB	MGR	HIREDATE	SAL	COMM	DEPTNO
1	7369	SMITH	CLERK	7902	17-12月-80	800	(null)	20
2	7521	WARD	SALESMAN	7698	22-2月 -81	1250	500	30
3	7654	MARTIN	SALESMAN	7698	28-9月 -81	1250	1400	30
4	7844	TURNER	SALESMAN	7698	08-9月 -81	1500	0	30
5	7876	ADAMS	CLERK	7788	02-4月 -87	1100	(null)	20
6	7900	JAMES	CLERK	7698	03-12月-81	950	(null)	30
7	7934	MILLER	CLERK	7782	23-1月 -82	1300	(null)	10

图 8-4 比 ALLEN 工资低的雇员

范例 8-4：查询基本工资高于公司平均薪金的全部雇员信息。

分析：公司的平均薪金需要通过 AVG()函数进行统计，这个统计结果返回的数据是单行单列，所以可以直接将此查询写在 WHERE 子句中进行数据的选择。

步骤 1：查询出公司的平均薪金。

```
SELECT AVG(sal) FROM emp ;
```

查询结果：通过 SQL Developer 输出，如图 8-5 所示。

	AVG(SAL)
1	2073.214285714285714285714285714285714286

图 8-5　公司的平均薪金

步骤 2：以上查询返回的是单行单列子查询，直接在 WHERE 子句中使用，查询出工资高于此返回值的雇员信息。

```
SELECT *
FROM emp
WHERE sal>(
    SELECT AVG(sal)
    FROM emp) ;
```

查询结果：通过 SQL Developer 输出，如图 8-6 所示。

	EMPNO	ENAME	JOB	MGR	HIREDATE	SAL	COMM	DEPTNO
1	7566	JONES	MANAGER	7839	02-4月 -81	2975	(null)	20
2	7698	BLAKE	MANAGER	7839	01-5月 -81	2850	(null)	30
3	7782	CLARK	MANAGER	7839	09-6月 -81	2450	(null)	10
4	7788	SCOTT	ANALYST	7566	24-1月 -87	3000	(null)	20
5	7839	KING	PRESIDENT	(null)	17-11月-81	5000	(null)	10
6	7902	FORD	ANALYST	7566	03-12月-81	3000	(null)	20

图 8-6　高于公司平均薪金的雇员信息

范例 8-5：查找出与 ALLEN 从事同一工作，并且基本工资高于雇员编号为 7521 的全部雇员信息。

分析：本查询需要两个子查询，即一个是查询出 ALLEN 的工作，第二个是查询雇员编号是 7521 的基本工资，之后在 WHERE 子句中编写子查询，两个查询条件要同时满足，所以使用 AND 连接。

步骤 1：查询出 ALLEN 的工作。

```
SELECT job FROM emp WHERE ename='ALLEN'
```

查询结果：通过 SQL Developer 输出，如图 8-7 所示。

	JOB
1	SALESMAN

图 8-7　ALLEN 的工作

步骤 2：查询雇员编号是 7521 的基本工资。

```
SELECT sal FROM emp WHERE empno=7521 ;
```

查询结果：通过 SQL Developer 输出，如图 8-8 所示。

	SAL
1	1250

图 8-8　雇员编号是 7521 的工资

步骤 3：两个子查询返回的都是单行单列数据，可以使用 AND 进行条件连接。

```
SELECT *
```

```
FROM emp
WHERE job=(
        SELECT job
        FROM emp
        WHERE ename='ALLEN')
      AND
        sal>(
          SELECT sal
          FROM emp
          WHERE empno=7521) ;
```

查询结果：通过 SQL Developer 输出，如图 8-9 所示。

	EMPNO	ENAME	JOB	MGR	HIREDATE	SAL	COMM	DEPTNO
1	7499	ALLEN	SALESMAN	7698	20-2月 -81	1600	300	30
2	7844	TURNER	SALESMAN	7698	08-9月 -81	1500	0	30

图 8-9　最终查询结果

8.2.2　子查询返回单行多列数据

如果子查询返回的数据是单行多列，则表示使用一个元组（多个属性）进行数据的判断，此时应该使用括号声明这个标量值列表，例如“('ANALYST',3000)”就表示工作是“'ANALYST'”、工资是 3000 这两个数据需要同时被满足。下面通过几个具体的操作范例为读者进行说明。

范例 8-6：查询与 SCOTT 从事同一工作且工资相同的雇员信息。

分析：此时的判断条件同时有两个数值，而且 SCOTT 的工作和工资需要通过一个查询得到，那么返回的也一定是单行两列的数据，所以可以在 WHERE 子句中使用括号声明一个标量值列表。

步骤 1：查询出 SCOTT 的工作及工资。

```
SELECT job,sal
FROM emp
WHERE ename='SCOTT' ;
```

查询结果：通过 SQL Developer 输出，如图 8-10 所示。

	JOB	SAL
1	ANALYST	3000

图 8-10　查询 SCOTT 的职位和工资

步骤 2：此时的查询结果返回的是单行多列数据，所以子查询只能够在 WHERE 子句中出现，下面判断多个列的内容。

```
SELECT *
FROM emp
WHERE (job,sal)=(
      SELECT job,sal
      FROM emp
      WHERE ename='SCOTT') ;
```

查询结果：通过 SQL Developer 输出，如图 8-11 所示。

	EMPNO	ENAME	JOB	MGR	HIREDATE	SAL	COMM	DEPTNO
1	7788	SCOTT	ANALYST	7566	24-1月 -87	3000	(null)	20
2	7902	FORD	ANALYST	7566	03-12月-81	3000	(null)	20

图 8-11　查询结果

步骤 3：增加一个条件，消除数据查询中的 SCOTT 雇员数据。

```
SELECT *
FROM emp
WHERE (job,sal)=(
    SELECT job,sal
    FROM emp
    WHERE ename='SCOTT') AND ename<>'SCOTT' ;
```

查询结果：通过 SQL Developer 输出，如图 8-12 所示。

	EMPNO	ENAME	JOB	MGR	HIREDATE	SAL	COMM	DEPTNO
1	7902	FORD	ANALYST	7566	03-12月-81	3000	(null)	20

图 8-12　最终查询结果

范例 8-7：查询与雇员 7566 从事同一工作且领导相同的全部雇员信息。

分析：本查询现在要判断的字段有两个（job、mgr），所以首先要通过查询查找出雇员 7566 的职位和领导编号，而这时返回的是一行两列的数据，而后在 WHERE 子句中使用子查询对数据进行过滤。

步骤 1：查询出雇员 7566 从事的工作和领导编号。

```
SELECT job , mgr FROM emp WHERE empno=7566 ;
```

查询结果：通过 SQL Developer 输出，如图 8-13 所示。

	JOB	MGR
1	MANAGER	7839

图 8-13　雇员 7566 的职位和领导编号

步骤 2：查询返回单行两列的数据，所以这时在 WHERE 子句中也应该使用两列进行数据的筛选。

```
SELECT *
FROM emp
WHERE (job,mgr)=(
    SELECT job , mgr
    FROM emp
    WHERE empno=7566) ;
```

查询结果：通过 SQL Developer 输出，如图 8-14 所示。

	EMPNO	ENAME	JOB	MGR	HIREDATE	SAL	COMM	DEPTNO
1	7566	JONES	MANAGER	7839	02-4月 -81	2975	(null)	20
2	7698	BLAKE	MANAGER	7839	01-5月 -81	2850	(null)	30
3	7782	CLARK	MANAGER	7839	09-6月 -81	2450	(null)	10

图 8-14　同时判断多个列的内容

步骤 3：增加一个过滤条件，不显示 7566 的信息。

```
SELECT * FROM emp
WHERE ( job,mgr)=(
```

Note

```
        SELECT job,mgr
        FROM emp
        WHERE empno=7566)
    AND empno<>7566 ;
```

查询结果： 通过 SQL Developer 输出，如图 8-15 所示。

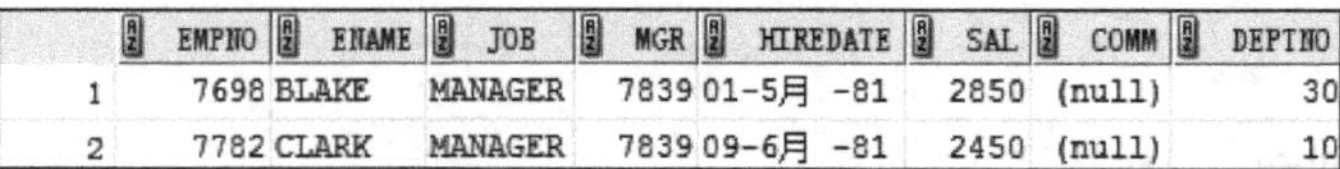

	EMPNO	ENAME	JOB	MGR	HIREDATE	SAL	COMM	DEPTNO
1	7698	BLAKE	MANAGER	7839	01-5月 -81	2850	(null)	30
2	7782	CLARK	MANAGER	7839	09-6月 -81	2450	(null)	10

图 8-15　最终查询结果

范例 8-8： 查询与 ALLEN 从事同一工作且在同一年雇佣的全部雇员信息（包括 ALLEN）。

分析： 在本题目中，首先要找到 ALLEN 的工作和雇佣的年份（通过 TO_CHAR()函数实现），这时子查询肯定返回单行两列的数据，可以将这个子查询在 WHERE 中直接使用。

步骤 1： 查询 ALLEN 的工作和雇佣年份。

```
SELECT job, TO_CHAR(hiredate, 'yyyy')
FROM emp
WHERE ename='ALLEN' ;
```

查询结果： 通过 SQL Developer 输出，如图 8-16 所示。

	JOB	TO_CHAR(HIREDATE,'YYYY')
1	SALESMAN	1981

图 8-16　ALLEN 的工作和雇佣年份

步骤 2： 以上查询返回单行两列，所以可以在 WHERE 子句中使用，进行多列判断。

```
SELECT *
FROM emp
WHERE (job, TO_CHAR(hiredate, 'yyyy'))=(
    SELECT job, TO_CHAR(hiredate, 'yyyy')
    FROM emp
    WHERE ename='ALLEN') ;
```

查询结果： 通过 SQL Developer 输出，如图 8-17 所示。

	EMPNO	ENAME	JOB	MGR	HIREDATE	SAL	COMM	DEPTNO
1	7499	ALLEN	SALESMAN	7698	20-2月 -81	1600	300	30
2	7521	WARD	SALESMAN	7698	22-2月 -81	1250	500	30
3	7654	MARTIN	SALESMAN	7698	28-9月 -81	1250	1400	30
4	7844	TURNER	SALESMAN	7698	08-9月 -81	1500	0	30

图 8-17　最终查询结果

8.2.3　子查询返回多行单列数据

多行子查询一般表示的是一个数据的范围，指的是提供了一个数据筛选的范围，这一点与之前讲解的 IN 操作有些类似，唯一不同的是，IN 操作用户是通过“()”指定数据的查询范围，而子查询之中是通过返回的多行数据作为数据查询的范围。在使用多行子查询时，主要使用 3 种操作符，分别是 IN、ANY、ALL 操作符。

8.2.3.1　IN 操作符

在限定查询中为读者讲解过 IN 操作符，它的主要功能是用于指定一个查询范围，但是 IN 操作符本身也可以直接在子查询中使用，如果子查询返回的是多行一列的数据，则可以通过 IN 指定范围。

范例 8-9：查询出与每个部门中最低工资相同的全部雇员信息。

分析：由于现在每个部门都存在最低工资，所以此时子查询返回的肯定是多行记录，之后将以这些记录作为查询的范围，查找与之相符的所有雇员信息。

步骤 1：查询每个部门的最低工资。

```
SELECT MIN(sal)
FROM emp
GROUP BY deptno ;
```

查询结果：通过 SQL Developer 输出，如图 8-18 所示。

	MIN(SAL)
1	950
2	800
3	1300

图 8-18　每个部门的最低工资

步骤 2：此时的子查询返回的是多行单列的数据，所以将子查询作为限定条件，并在 WHERE 子句中使用 IN 操作符。

```
SELECT *
FROM emp
WHERE sal IN (
        SELECT MIN(sal)
        FROM emp
        GROUP BY deptno) ;
```

查询结果：通过 SQL Developer 输出，如图 8-19 所示。

	EMPNO	ENAME	JOB	MGR	HIREDATE	SAL	COMM	DEPTNO
1	7369	SMITH	CLERK	7902	17-12月-80	800	(null)	20
2	7900	JAMES	CLERK	7698	03-12月-81	950	(null)	30
3	7934	MILLER	CLERK	7782	23-1月 -82	1300	(null)	10

图 8-19　每个部门工资最低的雇员信息

通过前面的学习可以知道，IN 是指定范围查询，如果在前面加上了一个 NOT，则表示不再查询范围之内。

范例 8-10：查询出不与每个部门中最低工资相同的全部雇员信息。

分析：此时的查询要求与范例 8-9 正好相反，所以可以使用 NOT IN 操作符。

```
SELECT *
FROM emp
WHERE sal NOT IN (
        SELECT MIN(sal)
        FROM emp
        GROUP BY deptno) ;
```

查询结果：通过 SQL Developer 输出，如图 8-20 所示。

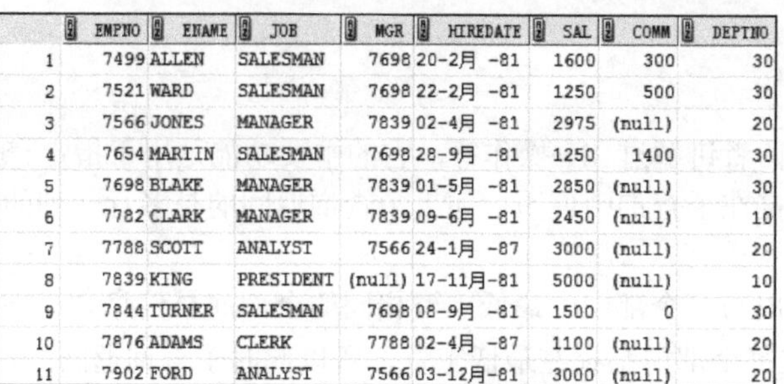

	EMPNO	ENAME	JOB	MGR	HIREDATE	SAL	COMM	DEPTNO
1	7499	ALLEN	SALESMAN	7698	20-2月 -81	1600	300	30
2	7521	WARD	SALESMAN	7698	22-2月 -81	1250	500	30
3	7566	JONES	MANAGER	7839	02-4月 -81	2975	(null)	20
4	7654	MARTIN	SALESMAN	7698	28-9月 -81	1250	1400	30
5	7698	BLAKE	MANAGER	7839	01-5月 -81	2850	(null)	30
6	7782	CLARK	MANAGER	7839	09-6月 -81	2450	(null)	10
7	7788	SCOTT	ANALYST	7566	24-1月 -87	3000	(null)	20
8	7839	KING	PRESIDENT	(null)	17-11月-81	5000	(null)	10
9	7844	TURNER	SALESMAN	7698	08-9月 -81	1500	0	30
10	7876	ADAMS	CLERK	7788	02-4月 -87	1100	(null)	20
11	7902	FORD	ANALYST	7566	03-12月-81	3000	(null)	20

图 8-20　使用 NOT IN 操作符

但必须注意的是，如果在子查询中有一个内容返回了 null，则将不会有任何的查询结果。

提示：关于范围为 null 的问题。

在第 4 章限定查询中为读者讲解过，如果使用 IN 操作符在指定的查询范围中存在一个 null，则将不会有任何的查询结果返回。

范例 8-11：观察 null 对 NOT IN 操作的影响。

```
SELECT e.ename
FROM emp e
WHERE e.empno NOT IN (
      SELECT m.mgr
      FROM emp m) ;
```

查询结果：通过 SQL Developer 输出，如图 8-21 所示。

ENAME

图 8-21　因为有 null 存在，所以没有任何查询结果

由于在 mgr 字段中存在 null，所以此时将不会有任何的查询结果返回。

8.2.3.2　ANY 操作符

ANY 操作符也是用于多行子查询中，表示与子查询中返回的每个结果进行比较，ANY 在使用中有如下 3 种使用形式。

- ☑ =ANY：表示与子查询中的每个元素进行比较，功能与 IN 类似（然而<>ANY 不等价于 NOT IN）。
- ☑ >ANY：比子查询中返回的最小结果要大（还包含了>=ANY）。
- ☑ <ANY：比子查询中返回的最大结果要小（还包含了<=ANY）。

为了验证 ANY 操作符，下面先列出所有部门经理的最低工资。

范例 8-12：列出每个部门经理的工资。

分析：在 emp 表中每个部门只有一个经理，所以使用分组进行统计。

```
SELECT MIN(sal)
FROM emp
WHERE job='MANAGER'
GROUP BY deptno ;
```

查询结果：通过 SQL Developer 输出，如图 8-22 所示。

	MIN(SAL)
1	2850
2	2975
3	2450

图 8-22　各个部门经理的最低工资

范例 8-13：使用=ANY 操作符完成查询。

```
SELECT * FROM emp
WHERE sal=ANY (
        SELECT MIN(sal)
        FROM emp
        WHERE job='MANAGER'
        GROUP BY deptno) ;
```

查询结果：通过 SQL Developer 输出，如图 8-23 所示。

	EMPNO	ENAME	JOB	MGR	HIREDATE	SAL	COMM	DEPTNO
1	7566	JONES	MANAGER	7839	02-4月 -81	2975	(null)	20
2	7698	BLAKE	MANAGER	7839	01-5月 -81	2850	(null)	30
3	7782	CLARK	MANAGER	7839	09-6月 -81	2450	(null)	10

图 8-23　=ANY 操作符

由于子查询中返回了 3 个查询结果，所以现在给定了查询工资的 3 个范围，可以发现，=ANY 操作符的效果与 IN 操作符是完全一样的。

提示：使用<>ANY 返回全部记录。

如果现在用户使用了<>ANY 并不表示与 NOT IN 操作符类似，此时会将一张表中的数据全部返回，这一点读者可以自行验证。

范例 8-14：使用>ANY 操作符完成查询。

```
SELECT * FROM emp
WHERE sal >ANY (
        SELECT MIN(sal)
        FROM emp
        WHERE job='MANAGER'
        GROUP BY deptno) ;
```

查询结果：通过 SQL Developer 输出，如图 8-24 所示。

	EMPNO	ENAME	JOB	MGR	HIREDATE	SAL	COMM	DEPTNO
1	7566	JONES	MANAGER	7839	02-4月 -81	2975	(null)	20
2	7698	BLAKE	MANAGER	7839	01-5月 -81	2850	(null)	30
3	7788	SCOTT	ANALYST	7566	24-1月 -87	3000	(null)	20
4	7839	KING	PRESIDENT	(null)	17-11月-81	5000	(null)	10
5	7902	FORD	ANALYST	7566	03-12月-81	3000	(null)	20

图 8-24　>ANY 操作符

在子查询中返回的最低工资是 2450，所以通过>ANY 返回的查询结果是比子查询中的最小值（最低工资）还要大的全部数据。通过图 8-24 也可以发现，每一个查询出来的雇员工资都是大于 2450 的。

范例 8-15：使用<ANY 操作符完成查询。

```
SELECT * FROM emp
WHERE sal <ANY (
        SELECT MIN(sal)
        FROM emp
        WHERE job='MANAGER'
        GROUP BY deptno) ;
```

查询结果：通过 SQL Developer 输出，如图 8-25 所示。

	EMPNO	ENAME	JOB	MGR	HIREDATE	SAL	COMM	DEPTNO
1	7369	SMITH	CLERK	7902	17-12月-80	800	(null)	20
2	7499	ALLEN	SALESMAN	7698	20-2月 -81	1600	300	30
3	7521	WARD	SALESMAN	7698	22-2月 -81	1250	500	30
4	7654	MARTIN	SALESMAN	7698	28-9月 -81	1250	1400	30
5	7698	BLAKE	MANAGER	7839	01-5月 -81	2850	(null)	30
6	7782	CLARK	MANAGER	7839	09-6月 -81	2450	(null)	10
7	7844	TURNER	SALESMAN	7698	08-9月 -81	1500	0	30
8	7876	ADAMS	CLERK	7788	02-4月 -87	1100	(null)	20
9	7900	JAMES	CLERK	7698	03-12月-81	950	(null)	30
10	7934	MILLER	CLERK	7782	23-1月 -82	1300	(null)	10

图 8-25　<ANY 操作符

在子查询中返回的最高工资是 2975，而<ANY 返回的查询结果是比子查询中的最大值（最高工资）还要小的全部数据，通过图 8-25 可以发现，没有任何一位雇员的工资高于 2975。

> **提示：关于 SOME 操作符。**
>
> 在子查询的操作符中，也存在一个 SOME 操作符，此操作符的作用与 ANY 操作符类似（ANY 是早期 SQL 版本中使用的，后来的版本为了避免与英语中的 ANY 在语言上的混淆，所以添加了另一个可选择的关键词 SOME），还有这几种使用方式：=SOME（与 IN 相同）、<SOME（比最大的要小）和<=SOME、>SOME（比最小的要大）和>=SOME。

8.2.3.3　ALL 操作符

ALL 操作符与 ANY 操作符类似，表示的是匹配子查询中所有的数据，ALL 操作符有以下 3 种用法。

- ☑ <>ALL：等价于 NOT IN（但是=ALL 并不等价于 IN）。
- ☑ >ALL：比子查询中最大的值还要大（还包含了>=ALL）。
- ☑ <ALL：比子查询中最小的值还要小（还包含了<=ALL）。

下面为读者分别演示这两种操作符的使用，为了方便，本程序依然使用 8.2.3.2 节中的子查询。

范例 8-16：使用<>ALL 操作符完成查询。

```
SELECT * FROM emp
WHERE sal <>ALL (
        SELECT MIN(sal)
        FROM emp
        WHERE job='MANAGER'
        GROUP BY deptno) ;
```

查询结果：通过 SQL Developer 输出，如图 8-26 所示。

<>ALL 的功能与 NOT IN 相似，所以最终的查询结果中是不会包含子查询返回的 3 行记录的。

	EMPNO	ENAME	JOB	MGR	HIREDATE	SAL	COMM	DEPTNO
1	7369	SMITH	CLERK	7902	17-12月-80	800	(null)	20
2	7499	ALLEN	SALESMAN	7698	20-2月 -81	1600	300	30
3	7521	WARD	SALESMAN	7698	22-2月 -81	1250	500	30
4	7654	MARTIN	SALESMAN	7698	28-9月 -81	1250	1400	30
5	7788	SCOTT	ANALYST	7566	24-1月 -87	3000	(null)	20
6	7839	KING	PRESIDENT	(null)	17-11月-81	5000	(null)	10
7	7844	TURNER	SALESMAN	7698	08-9月 -81	1500	0	30
8	7876	ADAMS	CLERK	7788	02-4月 -87	1100	(null)	20
9	7900	JAMES	CLERK	7698	03-12月-81	950	(null)	30
10	7902	FORD	ANALYST	7566	03-12月-81	3000	(null)	20
11	7934	MILLER	CLERK	7782	23-1月 -82	1300	(null)	10

图 8-26　<>ALL 操作符

提示：使用=ALL 没有记录返回。

如果现在用户使用了=ALL 并不表示与 IN 操作符类似，所以此时不会有任何数据返回，这一点读者可以自行验证。

范例 8-17： 使用>ALL 操作符完成查询。

```
SELECT * FROM emp
WHERE sal >ALL (
        SELECT MIN(sal)
        FROM emp
        WHERE job='MANAGER'
        GROUP BY deptno) ;
```

查询结果： 通过 SQL Developer 输出，如图 8-27 所示。

	EMPNO	ENAME	JOB	MGR	HIREDATE	SAL	COMM	DEPTNO
1	7788	SCOTT	ANALYST	7566	24-1月 -87	3000	(null)	20
2	7839	KING	PRESIDENT	(null)	17-11月-81	5000	(null)	10
3	7902	FORD	ANALYST	7566	03-12月-81	3000	(null)	20

图 8-27　>ALL 操作符

由于各个部门经理的最高工资是 2975 元，所以当使用>ALL 操作符之后，每个查询结果的工资都高于 2975 元。

范例 8-18： 使用<ALL 操作符完成查询。

```
SELECT * FROM emp
WHERE sal <ALL (
        SELECT MIN(sal)
        FROM emp
        WHERE job='MANAGER'
        GROUP BY deptno) ;
```

查询结果： 通过 SQL Developer 输出，如图 8-28 所示。

	EMPNO	ENAME	JOB	MGR	HIREDATE	SAL	COMM	DEPTNO
1	7369	SMITH	CLERK	7902	17-12月-80	800	(null)	20
2	7499	ALLEN	SALESMAN	7698	20-2月 -81	1600	300	30
3	7521	WARD	SALESMAN	7698	22-2月 -81	1250	500	30
4	7654	MARTIN	SALESMAN	7698	28-9月 -81	1250	1400	30
5	7844	TURNER	SALESMAN	7698	08-9月 -81	1500	0	30
6	7876	ADAMS	CLERK	7788	02-4月 -87	1100	(null)	20
7	7900	JAMES	CLERK	7698	03-12月-81	950	(null)	30
8	7934	MILLER	CLERK	7782	23-1月 -82	1300	(null)	10

图 8-28　<ALL 操作符

<ALL 操作符是比子查询返回结果最小的还要小，子查询中返回的最低工资为 2450 元，所

以现在的查询结果中所有雇员的工资都比 2450 元要低。

8.2.4 空数据判断

SQL 中提供了一个 EXISTS 结构用于判断子查询是否有数据返回。如果子查询中有数据返回，则 EXISTS 结构返回 TRUE，反之返回 FALSE。

范例 8-19：验证 EXISTS 结构。

```
SELECT * FROM emp
WHERE EXISTS(
  SELECT * FROM emp WHERE empno=9999) ;
```

本程序在 WHERE 子句中使用了 EXISTS 结构判断，由于此时子查询中没有任何数据返回（不存在 empno=9999 的雇员），所以 EXISTS 返回 FALSE，最终不会有任何数据返回。

范例 8-20：验证 EXISTS 结构。

```
SELECT * FROM emp
WHERE EXISTS(
  SELECT * FROM emp) ;
```

查询结果：通过 SQL Developer 输出，如图 8-29 所示。

	EMPNO	ENAME	JOB	MGR	HIREDATE	SAL	COMM	DEPTNO
1	7369	SMITH	CLERK	7902	17-12月-80	800	(null)	20
2	7499	ALLEN	SALESMAN	7698	20-2月 -81	1600	300	30
3	7521	WARD	SALESMAN	7698	22-2月 -81	1250	500	30
4	7566	JONES	MANAGER	7839	02-4月 -81	2975	(null)	20
5	7654	MARTIN	SALESMAN	7698	28-9月 -81	1250	1400	30
6	7698	BLAKE	MANAGER	7839	01-5月 -81	2850	(null)	30
7	7782	CLARK	MANAGER	7839	09-6月 -81	2450	(null)	10
8	7788	SCOTT	ANALYST	7566	24-1月 -87	3000	(null)	20
9	7839	KING	PRESIDENT	(null)	17-11月-81	5000	(null)	10
10	7844	TURNER	SALESMAN	7698	08-9月 -81	1500	0	30
11	7876	ADAMS	CLERK	7788	02-4月 -87	1100	(null)	20
12	7900	JAMES	CLERK	7698	03-12月-81	950	(null)	30
13	7902	FORD	ANALYST	7566	03-12月-81	3000	(null)	20
14	7934	MILLER	CLERK	7782	23-1月 -82	1300	(null)	10

图 8-29　子查询有数据返回

此时的子查询将查询 emp 表中的全部记录，会存在数据，所以 EXISTS 结构判断的结果为 TRUE，当 WHERE 子句条件满足时，会返回查询结果。

范例 8-21：使用 NOT EXISTS。

```
SELECT * FROM emp
WHERE NOT EXISTS(
(SELECT * FROM emp WHERE empno=9999));
```

此时的程序使用了 NOT EXISTS 进行判断，如果子查询中没有返回任何的数据，则 NOT EXISTS 结构就会返回 TRUE，本程序的运行结果如图 8-29 所示。

8.3 在 HAVING 子句中使用子查询

HAVING 子句的主要功能是针对分组后的数据进行过滤，如果子查询在 HAVING 子句中出

现，表示要进行分组过滤，而此时的子查询往往都会返回单行单列数据。

范例 8-22：查询部门编号、雇员人数、平均工资，并且要求这些部门的平均工资高于公司平均薪金。

分析：首先使用 AVG()函数求出公司的平均薪金，根据题目要求，要针对 deptno 字段实现分组，然后对分组后的数据进行过滤，在 HAVING 子句中使用子查询。

步骤 1：查询公司的平均薪金。

```
SELECT AVG(sal) FROM emp ;
```

查询结果：通过 SQL Developer 输出，如图 8-30 所示。

	AVG(SAL)
1	2073.214285714285714285714285714285714286

图 8-30　公司平均薪金

步骤 2：使用 emp 表按照 deptno 字段分组并进行数据统计。

```
SELECT deptno, COUNT(empno), AVG(sal)
FROM emp
GROUP BY deptno ;
```

查询结果：通过 SQL Developer 输出，如图 8-31 所示。

	DEPTNO	COUNT(EMPNO)	AVG(SAL)
1	30	6	1566.666666666666666666666666666666666667
2	20	5	2175
3	10	3	2916.666666666666666666666666666666666667

图 8-31　按部门分组进行统计

步骤 3：在 HAVING 子句中使用子查询。

```
SELECT deptno, COUNT(empno), AVG(sal)
FROM emp
GROUP BY deptno
HAVING AVG(sal)>(
    SELECT AVG(sal)
    FROM emp);
```

查询结果：通过 SQL Developer 输出，如图 8-32 所示。

	DEPTNO	COUNT(EMPNO)	AVG(SAL)
1	20	5	2175
2	10	3	2916.666666666666666666666666666666666667

图 8-32　最终查询结果

范例 8-23：查询出每个部门平均工资最高的部门名称及平均工资。

分析：求出最高的平均工资要使用分组函数嵌套，但是现在必须对分组后的结果进行过滤，而分组函数又不能直接出现在 WHERE 子句中，所以要在 HAVING 子句中编写子查询。由于所有的统计信息都在雇员表中，现在要查询的是部门名称，所以要将雇员表和部门表一起关联查询。

步骤 1：求出各个部门中平均工资最高的工资。

```
SELECT MAX(AVG(sal))
FROM emp
GROUP BY deptno ;
```

查询结果：通过 SQL Developer 输出，如图 8-33 所示。

	MAX(AVG(SAL))
1	2916.666666666666666666666666666666666667

图 8-33　各个部门最高的平均工资

步骤 2：引入部门表，做多表关联查询。

```
SELECT d.dname, ROUND(AVG(e.sal),2)
FROM emp e ,dept d
WHERE e.deptno=d.deptno
GROUP BY d.dname
HAVING AVG(sal)=(
        SELECT MAX(AVG(sal))
        FROM emp
        GROUP BY deptno) ;
```

查询结果：通过 SQL Developer 输出，如图 8-34 所示。

	DNAME	ROUND(AVG(E.SAL),2)
1	ACCOUNTING	2916.67

图 8-34　平均工资最高的部门名称

8.4　在 FROM 子句中使用子查询

如果子查询返回的数据是多行多列的，则可以将其当作一张数据表（同时存在多行多列）来使用，并且这种子查询一般都出现在 FROM 子句中，下面通过具体的操作来讲解。

范例 8-24：查询出每个部门的编号、名称、位置、部门人数、平均工资。

分析：本程序要求显示两组数据：部门数据、雇员统计数据，所以采用下面的步骤分析。

步骤 1：查询部门的完整信息。

```
SELECT *
FROM dept ;
```

查询结果：通过 SQL Developer 输出，如图 8-35 所示。

	DEPTNO	DNAME	LOC
1	10	ACCOUNTING	NEW YORK
2	20	RESEARCH	DALLAS
3	30	SALES	CHICAGO
4	40	OPERATIONS	BOSTON

图 8-35　部门的完整信息

步骤 2：然后需要查询出每个部门的统计记录，所以可以使用如下的分组操作。

```
SELECT deptno dno, COUNT(empno) count , ROUND(AVG(sal),2) avg
FROM emp
GROUP BY deptno ;
```

查询结果：通过 SQL Developer 输出，如图 8-36 所示。

	DNO	COUNT	AVG
1	30	6	1566.67
2	20	5	2175
3	10	3	2916.67

图 8-36　部门统计信息

步骤 3：此时部门统计信息返回的数据是多行多列，所以可以直接在 FROM 子句之后出现，将其当作一张数据表使用，并且这张临时表也存在于 dept 这张实体表对应的数据列。

```
SELECT d.deptno,d.dname,d.loc,temp.count,temp.avg
FROM dept d, (SELECT deptno dno, COUNT(empno) count , ROUND(AVG(sal),2) avg
              FROM emp
              GROUP BY deptno) temp
WHERE d.deptno=temp.dno(+) ;
```

查询结果：通过 SQL Developer 输出，如图 8-37 所示。

	DEPTNO	DNAME	LOC	COUNT	AVG
1	10	ACCOUNTING	NEW YORK	3	2916.67
2	20	RESEARCH	DALLAS	5	2175
3	30	SALES	CHICAGO	6	1566.67
4	40	OPERATIONS	BOSTON	(null)	(null)

图 8-37　在 FROM 子句中使用子查询

提问：本操作在之前不是讲解过吗？

在分组统计的时候讲解过同样功能的程序，如果按照多字段分组的方式，则本程序的实现如下。

范例 8-25：利用多字段分组。

```
SELECT d.deptno,d.dname,d.loc,COUNT(e.empno) count,ROUND(AVG(sal),2) avg
FROM emp e,dept d
WHERE e.deptno(+)=d.deptno
GROUP BY d.deptno,d.dname,d.loc ;
```

这条查询语句也可以实现和图 8-37 完全一样的功能，为什么还要用子查询呢？

回答：考虑查询的性能。

在讲解多表查询时曾经重点分析过笛卡尔积的产生原因和带来的问题，下面就利用笛卡尔积的概念来分析以上两条查询语句的区别（此外，为了给读者更加直观的显示，此处将 dept 和 emp 表的数据量扩大 100 倍，即假设 dept 表有 400 条数据，emp 表有 1400 条数据）。

☑　多字段分组的数据量：emp 表的 1400 条记录 × dept 表的 400 条记录 ＝560000 条记录（笛卡尔积）。

☑　子查询的数据量：dept 表的 400 条记录 × 子查询返回的 300 条记录 ＋ 统计雇员时所使用的 1400 条记录 ＝121400 条。

通过以上两种操作数据量的对比，可以清楚地发现，同样的功能使用子查询性能更高，所以子查询是解决多表查询性能的主要手段。

范例 8-26：查询出所有在部门 SALES（销售部）工作的员工的编号、姓名、基本工资、奖金、职位、雇佣日期、部门的最高和最低工资。

分析：本程序除了要进行多表查询之外，同时需要对数据进行统计，所以既需要多表查询又需要分组统计，而这个操作只能通过子查询结合在一起如下。

☑ 确定所需要的数据表如下。
- ➢ dept 表：销售部名称、部门编号。
- ➢ emp 表：姓名、基本工资、奖金、职位、雇佣日期。
- ➢ emp 表：统计出部门的最高和最低工资。

☑ 确定已知的关联字段：没有明确的关联字段，需要根据 FROM 中的子查询结果来设置关联字段。

步骤 1：查询出销售部的部门编号。

```
SELECT deptno FROM dept WHERE dname='SALES' ;
```

查询结果：通过 SQL Developer 输出，如图 8-38 所示。

	DEPTNO
1	30

图 8-38 销售部的部门编号

步骤 2：由于查询返回单行单列的数据，所以可以直接在 WHERE 子句中使用此子查询，查询出全部的雇员信息。

```
SELECT empno ,ename ,sal ,comm ,job ,hiredate
FROM emp
WHERE deptno=(
        SELECT deptno
        FROM dept
        WHERE dname='SALES') ;
```

查询结果：通过 SQL Developer 输出，如图 8-39 所示。

	EMPNO	ENAME	SAL	COMM	JOB	HIREDATE
1	7499	ALLEN	1600	300	SALESMAN	20-2月 -81
2	7521	WARD	1250	500	SALESMAN	22-2月 -81
3	7654	MARTIN	1250	1400	SALESMAN	28-9月 -81
4	7698	BLAKE	2850	(null)	MANAGER	01-5月 -81
5	7844	TURNER	1500	0	SALESMAN	08-9月 -81
6	7900	JAMES	950	(null)	CLERK	03-12月-81

图 8-39 销售部的雇员信息

步骤 3：进行部门信息统计，但是由于此时的 SELECT 子句里已经无法直接使用统计函数了（SELECT 子句中只能出现分组字段和统计函数，而不能出现其他字段），所以可以使用子查询的方式进行统计，但由于这个统计的子查询返回的数据一定是多行多列的，所以在 FROM 子句之后使用。

```
SELECT e.empno, e.ename, e.sal, e.comm, e.job ,e.hiredate , temp.max ,temp.min
FROM emp e , (
    SELECT deptno dno , MAX(sal) max , MIN(sal) min
    FROM emp
    GROUP BY deptno) temp    ➔  子查询负责统计信息，使用 temp 表示临时表的统计结果
WHERE e.deptno=(
    SELECT deptno
    FROM dept
    WHERE dname='SALES')
    AND e.deptno=temp.dno ;
```

查询结果：通过 SQL Developer 输出，如图 8-40 所示。

	EMPNO	ENAME	SAL	COMM	JOB	HIREDATE	MAX	MIN
1	7900	JAMES	950	(null)	CLERK	03-12月-81	2850	950
2	7844	TURNER	1500	0	SALESMAN	08-9月 -81	2850	950
3	7698	BLAKE	2850	(null)	MANAGER	01-5月 -81	2850	950
4	7654	MARTIN	1250	1400	SALESMAN	28-9月 -81	2850	950
5	7521	WARD	1250	500	SALESMAN	22-2月 -81	2850	950
6	7499	ALLEN	1600	300	SALESMAN	20-2月 -81	2850	950

图 8-40　最终查询结果

范例 8-27：查询出所有薪金高于公司平均薪金的员工编号、姓名、基本工资、职位、雇佣日期，所在部门名称、位置，上级领导姓名，公司的工资等级，部门人数、平均工资、平均服务年限。

分析：本查询较为复杂，需要嵌套多个子查询，同时还需要使用多表连接。

☑ 确定所需的数据表如下。

- emp 表：员工编号、姓名、基本工资、职位、雇佣日期。
- dept 表：部门名称、位置。
- emp 表：上级领导姓名。
- salgrade 表：工资等级信息。
- emp 表：统计出部门人数、平均工资、平均服务年限。

☑ 确定已知的关联字段如下。

- 雇员和部门：emp.deptno=dept.deptno。
- 雇员和领导：emp.mgr=memp.empno。
- 雇员和工资等级：emp.sal BETWEEN salgrade.losal AND salgrade.hisal。

步骤 1：使用 AVG()函数统计公司的平均薪金。

```
SELECT AVG(sal) FROM emp ;
```

查询结果：通过 SQL Developer 输出，如图 8-41 所示。

	AVG(SAL)
1	2073.2142857142857142857142857142857143

图 8-41　公司平均工资

步骤 2：查询高于此平均工资的员工编号、姓名、基本工资、职位、雇佣日期，在 WHERE 子句中使用子查询。

```
SELECT e.empno, e.ename, e.sal, e.job, e.hiredate
FROM emp e
WHERE e.sal>(
        SELECT AVG(sal)
        FROM emp) ;
```

查询结果：通过 SQL Developer 输出，如图 8-42 所示。

	EMPNO	ENAME	SAL	JOB	HIREDATE
1	7566	JONES	2975	MANAGER	02-4月 -81
2	7698	BLAKE	2850	MANAGER	01-5月 -81
3	7782	CLARK	2450	MANAGER	09-6月 -81
4	7788	SCOTT	3000	ANALYST	24-1月 -87
5	7839	KING	5000	PRESIDENT	17-11月-81
6	7902	FORD	3000	ANALYST	03-12月-81

图 8-42　高于公司平均薪金的雇员信息

步骤 3：查询所在部门名称、位置，多增加一个 dept 表，同时使用关联字段消除笛卡尔积。

```
SELECT e.empno, e.ename, e.sal, e.job, e.hiredate, d.dname, d.loc
FROM emp e , dept d
WHERE e.sal>(
        SELECT AVG(sal)
        FROM emp)
        AND e.deptno=d.deptno ;
```

查询结果：通过 SQL Developer 输出，如图 8-43 所示。

	EMPNO	ENAME	SAL	JOB	HIREDATE	DNAME	LOC
1	7839	KING	5000	PRESIDENT	17-11月-81	ACCOUNTING	NEW YORK
2	7782	CLARK	2450	MANAGER	09-6月 -81	ACCOUNTING	NEW YORK
3	7902	FORD	3000	ANALYST	03-12月-81	RESEARCH	DALLAS
4	7788	SCOTT	3000	ANALYST	24-1月 -87	RESEARCH	DALLAS
5	7566	JONES	2975	MANAGER	02-4月 -81	RESEARCH	DALLAS
6	7698	BLAKE	2850	MANAGER	01-5月 -81	SALES	CHICAGO

图 8-43　查询出部门信息

步骤 4：使用 emp 表自身关联，查询上级领导姓名。

```
SELECT e.empno, e.ename, e.sal, e.job, e.hiredate, d.dname, d.loc, m.ename mname
FROM emp e , dept d , emp m
WHERE e.sal>(
        SELECT AVG(sal)
        FROM emp)
        AND e.deptno=d.deptno
        AND e.mgr=m.empno(+);
```

查询结果：通过 SQL Developer 输出，如图 8-44 所示。

	EMPNO	ENAME	SAL	JOB	HIREDATE	DNAME	LOC	MNAME
1	7839	KING	5000	PRESIDENT	17-11月-81	ACCOUNTING	NEW YORK	(null)
2	7782	CLARK	2450	MANAGER	09-6月 -81	ACCOUNTING	NEW YORK	KING
3	7566	JONES	2975	MANAGER	02-4月 -81	RESEARCH	DALLAS	KING
4	7788	SCOTT	3000	ANALYST	24-1月 -87	RESEARCH	DALLAS	JONES
5	7902	FORD	3000	ANALYST	03-12月-81	RESEARCH	DALLAS	JONES
6	7698	BLAKE	2850	MANAGER	01-5月 -81	SALES	CHICAGO	KING

图 8-44　查询出领导姓名

步骤 5：使用 salgrade 表查询公司的工资等级。

```
SELECT e.empno, e.ename, e.sal, e.job, e.hiredate, d.dname, d.loc, m.ename mname , s.grade
FROM emp e , dept d , emp m ,salgrade s
WHERE e.sal>(
        SELECT AVG(sal)
        FROM emp)
        AND e.deptno=d.deptno
        AND e.mgr=m.empno(+)
        AND e.sal BETWEEN s.losal AND s.hisal ;
```

查询结果：通过 SQL Developer 输出，如图 8-45 所示。

步骤 6：使用 emp 表统计出部门人数、平均工资、平均服务年限，但是此时无法直接在 SELECT 子句中使用统计函数，所以可以通过子查询来完成，而此子查询返回的是多行多列的数据，可以在 FROM 子句之后出现。

	EMPNO	ENAME	SAL	JOB	HIREDATE	DNAME	LOC	MNAME	GRADE
1	7839	KING	5000	PRESIDENT	17-11月-81	ACCOUNTING	NEW YORK	(null)	5
2	7782	CLARK	2450	MANAGER	09-6月 -81	ACCOUNTING	NEW YORK	KING	4
3	7566	JONES	2975	MANAGER	02-4月 -81	RESEARCH	DALLAS	KING	4
4	7788	SCOTT	3000	ANALYST	24-1月 -87	RESEARCH	DALLAS	JONES	4
5	7902	FORD	3000	ANALYST	03-12月-81	RESEARCH	DALLAS	JONES	4
6	7698	BLAKE	2850	MANAGER	01-5月 -81	SALES	CHICAGO	KING	4

图 8-45　查询出雇员工资的工资等级

```
SELECT    e.empno, e.ename, e.sal, e.job, e.hiredate, d.dname, d.loc, m.ename mname , s.grade ,
     temp.count, temp.avg , temp.avgyear
FROM emp e , dept d , emp m ,salgrade s ,(
     SELECT deptno dno, COUNT(empno) count ,
          ROUND(AVG(sal),2) avg , ROUND(AVG(MONTHS_BETWEEN (SYSDATE,hiredate)
             /12),2) avgyear
     FROM emp
     GROUP BY deptno) temp
WHERE e.sal>(
        SELECT AVG(sal)
        FROM emp)
        AND e.deptno=d.deptno
        AND e.mgr=m.empno(+)
        AND e.sal BETWEEN s.losal AND s.hisal
        AND e.deptno=temp.dno;
```

查询结果： 通过 SQL Developer 输出，如图 8-46 所示。

	EMPNO	ENAME	SAL	JOB	HIREDATE	DNAME	LOC	MNAME	GRADE	COUNT	AVG	AVGYEAR
1	7839	KING	5000	PRESIDENT	17-11月-81	ACCOUNTING	NEW YORK	(null)	5	3	2916.67	32.06
2	7902	FORD	3000	ANALYST	03-12月-81	RESEARCH	DALLAS	JONES	4	5	2175	30.16
3	7566	JONES	2975	MANAGER	02-4月 -81	RESEARCH	DALLAS	KING	4	5	2175	30.16
4	7698	BLAKE	2850	MANAGER	01-5月 -81	SALES	CHICAGO	KING	4	6	1566.67	32.36
5	7782	CLARK	2450	MANAGER	09-6月 -81	ACCOUNTING	NEW YORK	KING	4	3	2916.67	32.06
6	7788	SCOTT	3000	ANALYST	24-1月 -87	RESEARCH	DALLAS	JONES	4	5	2175	30.16

图 8-46　最终查询结果

范例 8-28： 列出薪金比 ALLEN 或 CLARK 多的所有员工的编号、姓名、基本工资、部门名称、其领导姓名，部门人数。

分析： 本程序首先要知道 ALLEN 或 CLARK 的工资，而这个查询返回的数据肯定是两行一列的，所以可以使用 ANY 进行范围的判断，而后再使用多表查询查询出部门名称、领导名称、部门人数。

☑　确定所需要的数据表如下。

- ➢　emp 表：员工的编号、姓名、基本工资。
- ➢　dept 表：部门名称。
- ➢　emp 表：领导姓名。
- ➢　emp 表：统计信息。

☑　确定已知的关联字段如下。

- ➢　雇员和部门：emp.deptno=dept.deptno。
- ➢　雇员和领导：emp.mgr=memp.empno。

步骤 1： 找到 ALLEN 或 CLARK 的工资，由于此时告诉了雇员姓名的范围，所以使用 IN 操作符。

```
SELECT sal FROM emp WHERE ename IN ('ALLEN' , 'CLARK') ;
```

查询结果： 通过 SQL Developer 输出，如图 8-47 所示。

	SAL
1	1600
2	2450

图 8-47　SMITH 和 ALLEN 的基本工资

Note

步骤 2： 步骤 1 查询返回的是多行单列的数据，在 WHERE 子句使用此子查询，查询雇员信息。

```
SELECT e.empno, e.ename, e.sal
FROM emp e
WHERE e.sal >ANY(
        SELECT sal
        FROM emp
        WHERE ename IN ('ALLEN' , 'CLARK'))
        AND e.ename NOT IN('ALLEN','CLARK');
```

查询结果： 通过 SQL Developer 输出，如图 8-48 所示。

	EMPNO	ENAME	SAL
1	7839	KING	5000
2	7788	SCOTT	3000
3	7902	FORD	3000
4	7566	JONES	2975
5	7698	BLAKE	2850

图 8-48　比 ALLEN 或 CLARK 工资高的雇员信息

步骤 3： 加入部门表，查找出部门名称。

```
SELECT e.empno ,e.ename , e.sal , d.dname
FROM emp e , dept d
WHERE e.sal>ANY(
   SELECT sal
   FROM emp
   WHERE ename IN('ALLEN','CLARK'))
   AND e.ename NOT IN('ALLEN','CLARK')
   AND e.deptno=d.deptno ;
```

查询结果： 通过 SQL Developer 输出，如图 8-49 所示。

	EMPNO	ENAME	SAL	DNAME
1	7839	KING	5000	ACCOUNTING
2	7566	JONES	2975	RESEARCH
3	7902	FORD	3000	RESEARCH
4	7788	SCOTT	3000	RESEARCH
5	7698	BLAKE	2850	SALES

图 8-49　查询出部门名称

步骤 4： 使用 emp 表自身关联，查询领导姓名。

```
SELECT e.empno ,e.ename , e.sal , d.dname,m.ename mname
FROM emp e , dept d , emp m
WHERE e.sal>ANY(
   SELECT sal
   FROM emp
```

```
WHERE ename IN('ALLEN','CLARK'))
AND e.ename NOT IN('ALLEN','CLARK')
AND e.deptno=d.deptno
AND e.mgr=m.empno(+);
```

查询结果：通过 SQL Developer 输出，如图 8-50 所示。

	EMPNO	ENAME	SAL	DNAME	MNAME
1	7788	SCOTT	3000	RESEARCH	JONES
2	7902	FORD	3000	RESEARCH	JONES
3	7698	BLAKE	2850	SALES	KING
4	7566	JONES	2975	RESEARCH	KING
5	7839	KING	5000	ACCOUNTING	(null)

图 8-50 查询出领导姓名

步骤 5：此时的 SELECT 子句后面，不能直接出现统计函数，所以需要在 FROM 之后编写子查询，统计部门人数。

```
SELECT e.empno ,e.ename , e.sal , d.dname,m.ename mname,temp.count
FROM emp e , dept d , emp m , (
  SELECT deptno dno , COUNT(empno) count
  FROM emp
  GROUP BY deptno) temp
WHERE e.sal>ANY(
  SELECT sal
  FROM emp
  WHERE ename IN('ALLEN','CLARK'))
  AND e.ename NOT IN('ALLEN','CLARK')
  AND e.deptno=d.deptno
  AND e.mgr=m.empno(+)
  AND e.deptno=temp.dno ;
```

查询结果：通过 SQL Developer 输出，如图 8-51 所示。

	EMPNO	ENAME	SAL	DNAME	MNAME	COUNT
1	7788	SCOTT	3000	RESEARCH	JONES	5
2	7698	BLAKE	2850	SALES	KING	6
3	7839	KING	5000	ACCOUNTING	(null)	3
4	7566	JONES	2975	RESEARCH	KING	5
5	7902	FORD	3000	RESEARCH	JONES	5

图 8-51 最终查询结果

范例 8-29：列出公司各个部门的经理（假设每个部门只有一个经理，job 为 MANAGER）的姓名、薪金、部门名称、部门人数、部门平均工资。

分析：本程序由于出现了分组统计，而且又要求显示分组之外的数据，所以可以直接在 FROM 子句中编写子查询。

☑ 确定所需要的数据表如下。

- ➢ emp 表：经理（雇员）的姓名、薪金。
- ➢ dept 表：部门名称。
- ➢ emp 表：统计出部门人数平均工资。

☑ 确定已知的关联字段如下。

- ➢ 雇员（经理）和部门：emp.deptno=dept.deptno。

步骤 1：查找每个部门经理的姓名、薪金。

```
SELECT ename, sal
FROM emp
WHERE job='MANAGER' ;
```

查询结果：通过 SQL Developer 输出，如图 8-52 所示。

	ENAME	SAL
1	JONES	2975
2	BLAKE	2850
3	CLARK	2450

图 8-52　每个部门经理的姓名和工资

步骤 2：连接 dept 表，查询部门名称。

```
SELECT e.ename, e.sal, d.dname
FROM emp e, dept d
WHERE job='MANAGER'
      AND e.deptno=d.deptno ;
```

查询结果：通过 SQL Developer 输出，如图 8-53 所示。

	ENAME	SAL	DNAME
1	CLARK	2450	ACCOUNTING
2	JONES	2975	RESEARCH
3	BLAKE	2850	SALES

图 8-53　显示部门名称

步骤 3：使用 emp 表统计信息，在 FROM 子句之后编写统计的子查询。

```
SELECT e.ename, e.sal, d.dname , temp.count , temp.avg
FROM emp e, dept d , (
      SELECT deptno dno , COUNT(empno) count , ROUND(AVG(sal),2) avg
      FROM emp
      GROUP BY deptno) temp
WHERE job='MANAGER'
      AND e.deptno=d.deptno
      AND e.deptno=temp.dno ;
```

查询结果：通过 SQL Developer 输出，如图 8-54 所示。

	ENAME	SAL	DNAME	COUNT	AVG
1	BLAKE	2850	SALES	6	1566.67
2	JONES	2975	RESEARCH	5	2175
3	CLARK	2450	ACCOUNTING	3	2916.67

图 8-54　最终查询结果

8.5　在 SELECT 子句中使用子查询

一般在 SELECT 子句中出现子查询的情况相对于 WHERE、FROM 子句较少，本书考虑到知识点的完整性，所以在此为读者简单演示一下 SELECT 子句中子查询的使用。

范例 8-30：查询出公司每个部门的编号、名称、位置、部门人数、平均工资。

分析：对于本程序要求而言，如果现在利用 FROM 子句使用子查询的方式是很容易完成的，但是下面的程序将在 SELECT 子句中使用子查询，使用的方式就是在每个部门信息显示时，分别统计一次部门的人数及平均工资。

```
SELECT deptno , dname , loc ,
   (SELECT COUNT(empno) FROM emp WHERE deptno=d.deptno) count ,
   (SELECT AVG(sal) FROM emp WHERE deptno=d.deptno) avg
FROM dept d ;
```

查询结果：通过 SQL Developer 输出，如图 8-55 所示。

	DEPTNO	DNAME	LOC	COUNT	AVG
1	10	ACCOUNTING	NEW YORK	3	2916.6666666666666666666666666666666667
2	20	RESEARCH	DALLAS	5	2175
3	30	SALES	CHICAGO	6	1566.6666666666666666666666666666666667
4	40	OPERATIONS	BOSTON	(null)	(null)

图 8-55　在 SELECT 子句中使用子查询

虽然通过这种方式可以实现子查询的使用，但是却需要在每行部门信息显示时，都重复地进行统计查询，性能上会出现问题。

8.6　WITH 子句

WITH 子句提供了一种定义临时表的操作方法，如果在一个查询中要反复使用到一些数据，那么就可以将这些数据定义在 WITH 子句中。为了让读者理解 WITH 子句的用法，下面首先来看一个简单的应用。

范例 8-31：使用 WITH 子句将 emp 表中的数据定义为临时表。

```
WITH e AS (
     SELECT * FROM emp)
SELECT *
FROM e ;
```

查询结果：通过 SQL Developer 输出，如图 8-56 所示。

	EMPNO	ENAME	JOB	MGR	HIREDATE	SAL	COMM	DEPTNO
1	7369	SMITH	CLERK	7902	17-12月-80	800	(null)	20
2	7499	ALLEN	SALESMAN	7698	20-2月 -81	1600	300	30
3	7521	WARD	SALESMAN	7698	22-2月 -81	1250	500	30
4	7566	JONES	MANAGER	7839	02-4月 -81	2975	(null)	20
5	7654	MARTIN	SALESMAN	7698	28-9月 -81	1250	1400	30
6	7698	BLAKE	MANAGER	7839	01-5月 -81	2850	(null)	30
7	7782	CLARK	MANAGER	7839	09-6月 -81	2450	(null)	10
8	7788	SCOTT	ANALYST	7566	24-1月 -87	3000	(null)	20
9	7839	KING	PRESIDENT	(null)	17-11月-81	5000	(null)	10
10	7844	TURNER	SALESMAN	7698	08-9月 -81	1500	0	30
11	7876	ADAMS	CLERK	7788	02-4月 -87	1100	(null)	20
12	7900	JAMES	CLERK	7698	03-12月-81	950	(null)	30
13	7902	FORD	ANALYST	7566	03-12月-81	3000	(null)	20
14	7934	MILLER	CLERK	7782	23-1月 -82	1300	(null)	10

图 8-56　使用 WITH 子句定义临时关系

程序首先使用了 WITH 子句将 emp 表中的数据（子查询：SELECT * FROM emp）定义了一个别名 e，此时的 e 就是一个临时表，所以可以直接在 FROM 中查询该临时表。

范例 8-32：查询每个部门的编号、名称、位置、部门平均工资、人数。

分析：本程序需要使用统计函数进行数据统计，所以现在可以将返回的统计结果利用 WITH 子句定义为一张临时表，而后使用该临时表数据与 dept 表数据进行多表查询即可。

```
WITH e AS (
    SELECT deptno dno , ROUND(AVG(sal),2) avg , COUNT(sal) count
    FROM emp
    GROUP BY deptno)
SELECT d.deptno,d.dname,d.loc,e.count,e.avg
FROM e , dept d
WHERE e.dno(+)=d.deptno ;
```

查询结果：通过 SQL Developer 输出，如图 8-57 所示。

	DEPTNO	DNAME	LOC	COUNT	AVG
1	30	SALES	CHICAGO	6	1566.67
2	20	RESEARCH	DALLAS	5	2175
3	10	ACCOUNTING	NEW YORK	3	2916.67
4	40	OPERATIONS	BOSTON	(null)	(null)

图 8-57　利用 WITH 子句实现数据统计

范例 8-33：查询每个部门工资最高的雇员编号、姓名、职位、雇佣日期、工资、部门编号、部门名称，显示的结果按照部门编号进行排序。

分析：本程序应先使用 dept、emp 数据表取得雇员和部门的基本信息，对应的统计信息则可以利用 WITH 子句定义临时表，列出与统计部门最高工资相同的雇员信息。

```
WITH e AS (
    SELECT deptno dno , MAX(sal) max
    FROM emp
    GROUP BY deptno)
SELECT em.empno , em.ename , em.job , em.hiredate , em.sal , d.deptno,d.dname
FROM e , emp em , dept d
WHERE e.dno=em.deptno AND em.sal=e.max AND e.dno=d.deptno
ORDER BY em.deptno ;
```

查询结果：通过 SQL Developer 输出，如图 8-58 所示。

	EMPNO	ENAME	JOB	HIREDATE	SAL	DEPTNO	DNAME
1	7839	KING	PRESIDENT	17-11月-81	5000	10	ACCOUNTING
2	7902	FORD	ANALYST	03-12月-81	3000	20	RESEARCH
3	7788	SCOTT	ANALYST	24-1月 -87	3000	20	RESEARCH
4	7698	BLAKE	MANAGER	01-5月 -81	2850	30	SALES

图 8-58　在多表查询中使用 WITH 子句

8.7　分析函数

提示：此部分内容可以作为扩充知识。

分析函数是在 Oracle 8 开始引入进来的，主要是为了解决各种复杂查询，但是对于初学者而言，此部分内容可能会难以理解，因此即使暂时不学习此部分知识也不会影响本书后面的学习。

虽然利用 SQL 中提供的各种查询命令可以完成大部分的查询要求，但是还有许多功能是无法实现的，例如：

- ☑ 计算运行总量：逐一累加当前行与其之前行的每行记录数据。
- ☑ 查找当前行数据占总数据的百分比。
- ☑ 分区显示：按照不同的部门或职位进行排列、统计。
- ☑ 计算流动数据行的平均值等。

要想完成这些基本的功能，必须利用分析函数来完成。要想使用分析函数，则必须结合一定的操作语法。下面首先为读者讲解分析函数的基本操作语法。

8.7.1 分析函数基本语法

在开发中如果用户想使用这些分析函数进行数据的处理，那么首先就需要针对数据进行分区（或称分组），在分析函数中，每一个分区（分组）称为一个窗口，每一个窗口都是当前行的计算范围。分析函数的基本语法如下所示。

语法 8-2：分析函数的基本语法

```
函数名称([参数, ...]) OVER (
    PARTITION BY 子句 字段, ...
     [ORDER BY 子句 字段, ... [ASC | DESC] [NULLS FIRST | NULLS LAST]
     [WINDOWING 子句]) ;
```

本语法组成如下。

- ☑ 函数名称：类似于统计函数（COUNT()、SUM()函数等），但是在此时有了更多的函数支持。
- ☑ OVER 子句：为分析函数指明一个查询结果集，此语句在 SELECT 子句中使用。
- ☑ PARTITION BY 子句：将一个简单的结果集分为 N 组（或称为分区），而后按照不同的组对数据进行统计。
- ☑ ORDER BY 子句：明确指明数据在每个组内的排列顺序，分析函数的结果与排列顺序有关。
  - ➢ NULLS FIRST | NULLS LAST：表示返回数据行中包含 NULL 值是出现在排序序列前还是排序尾。
- ☑ WINDOWING 子句（代名词）：给出在定义变化的固定的数据窗口方法，分析函数将对此数据进行操作。

> **提示：关于“分组”与“分区”。**
>
> 在分析函数中，是针对不同的窗口进行操作的，而不同窗口也可以称为分组，或者是分区，本书为了与之前分组统计操作相分离，所以下面将统一使用分区这一名词来表示。

在语法 8-2 中，可以发现在分析函数中存在 3 种子句，分别是 PARTITION BY、ORDER BY、WINDOWING，而这 3 种子句的组合顺序有如下几种。

- ☑ 第 1 种组合：函数名称([参数,…]) OVER(PARTITION BY 子句, ORDER BY 子句, WINDOWING 子句)。
- ☑ 第 2 种组合：函数名称([参数,…]) OVER(PARTITION BY 子句, ORDER BY 子句)。
- ☑ 第 3 种组合：函数名称([参数,…]) OVER(PARTITION BY 子句)。

☑ 第 4 种组合：函数名称([参数,…]) OVER(ORDER BY 子句, WINDOWING 子句)。

☑ 第 5 种组合：函数名称([参数,…]) OVER(ORDER BY 子句)。

☑ 第 6 种组合：函数名称([参数,…]) OVER()。

提示：默认（WINDOWING）分窗子句。

如果在编写统计函数时，没有明确地写出分窗（WINDOWING）子句，则此分窗子句的默认项为：“RANGE BETWEEN UNBOUNDED PRECEDING AND CURRENT ROW”，此项内容将在随后讲解 WINDOWING 子句的时候为读者进行详细解释。

了解了语法格式之后，下面将通过一些具体的操作范例来详细解释此语法的使用。

8.7.1.1 PARTITION BY 子句

在分析函数中，最重要的概念就是将数据进行分区，而后才可以利用分析函数针对每一分区的数据进行操作。如果在定义时没有使用分区，则表示全部的结果集将成为一组。

范例 8-34：使用 PARTITION BY 子句。

```
SELECT deptno , ename, sal ,
     SUM(sal) OVER (PARTITION BY deptno) sum
FROM emp ;
```

查询结果：通过 SQL Developer 输出，如图 8-59 所示。

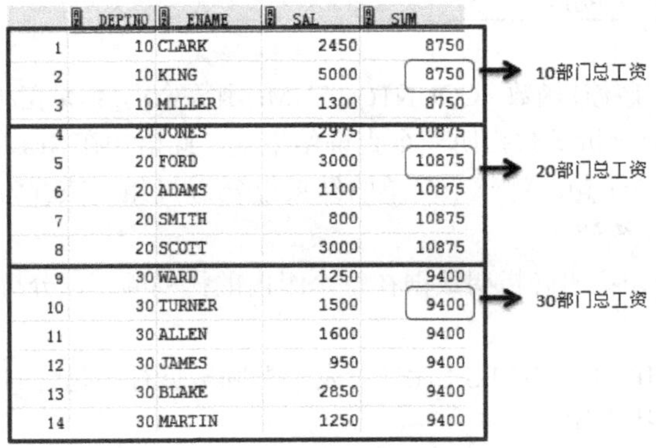

	DEPTNO	ENAME	SAL	SUM
1	10	CLARK	2450	8750
2	10	KING	5000	8750
3	10	MILLER	1300	8750
4	20	JONES	2975	10875
5	20	FORD	3000	10875
6	20	ADAMS	1100	10875
7	20	SMITH	800	10875
8	20	SCOTT	3000	10875
9	30	WARD	1250	9400
10	30	TURNER	1500	9400
11	30	ALLEN	1600	9400
12	30	JAMES	950	9400
13	30	BLAKE	2850	9400
14	30	MARTIN	1250	9400

图 8-59 使用 PARTITION 分区

本程序通过 PARTITION BY 子句，成功地实现了按照部门编号（deptno）进行分区，查询出了每个分区的雇员所在部门编号、雇员姓名、基本工资及每个部门的总工资。在本程序中，SUM()是一个分析函数，所以必须使用 OVER 子句设置要操作的结果集，而在此结果集之中采用了 deptno 作为分区的字段。

范例 8-35：不使用 PARTITION BY 子句进行分区，直接利用 OVER 子句操作。

```
SELECT deptno , ename, sal ,
     SUM(sal) OVER () sum
FROM emp ;
```

查询结果：通过 SQL Developer 输出，如图 8-60 所示。

此时程序在使用 OVER 子句时没有设置 PARTITION BY 子句，所以会将全部的数据变为一个分区，而 SUM()函数所计算的结果也是全部数据的总和，即全部雇员的工资总和。

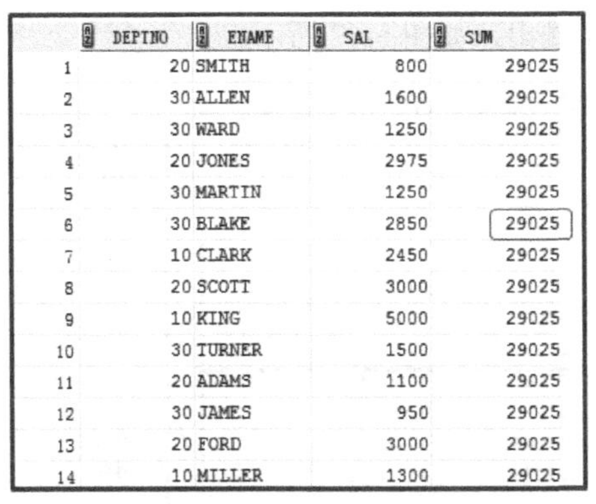

	DEPTNO	ENAME	SAL	SUM
1	20	SMITH	800	29025
2	30	ALLEN	1600	29025
3	30	WARD	1250	29025
4	20	JONES	2975	29025
5	30	MARTIN	1250	29025
6	30	BLAKE	2850	29025
7	10	CLARK	2450	29025
8	20	SCOTT	3000	29025
9	10	KING	5000	29025
10	30	TURNER	1500	29025
11	20	ADAMS	1100	29025
12	30	JAMES	950	29025
13	20	FORD	3000	29025
14	10	MILLER	1300	29025

将所有数据变为一个分区

总工资

图 8-60　不使用 PARTITION 分区

在使用 PARTITION BY 子句时，除了可以设置一个分区字段之外，也可以同时定义多个，表示分区中继续嵌套分区。

范例 8-36： 通过 PARTITION BY 子句设置多个分区字段。

```
SELECT deptno , ename , sal , job ,
       SUM(sal) OVER (PARTITION BY deptno , job) sum
FROM emp ;
```

查询结果： 通过 SQL Developer 输出，如图 8-61 所示。

	DEPTNO	ENAME	SAL	JOB	SUM
1	10	MILLER	1300	CLERK	1300
2	10	CLARK	2450	MANAGER	2450
3	10	KING	5000	PRESIDENT	5000
4	20	SCOTT	3000	ANALYST	6000
5	20	FORD	3000	ANALYST	6000
6	20	ADAMS	1100	CLERK	1900
7	20	SMITH	800	CLERK	1900
8	20	JONES	2975	MANAGER	2975
9	30	JAMES	950	CLERK	950
10	30	BLAKE	2850	MANAGER	2850
11	30	MARTIN	1250	SALESMAN	5600
12	30	WARD	1250	SALESMAN	5600
13	30	ALLEN	1600	SALESMAN	5600
14	30	TURNER	1500	SALESMAN	5600

部门中职位的总工资

部门中职位的总工资

图 8-61　设置多个分区字段

本程序设置了两个分区字段（deptno、job），所以程序首先会按照部门编号进行分区，在每个分区中，又会按照职位进行分区，对相同的职位进行求和，在 20 部门中由于存在两个职位相同的信息，所以统计的结果为 6000。

8.7.1.2　ORDER BY 子句

ORDER BY 子句用于设置在每个分区内数据的排序结果，排序结果将直接影响分析函数的计算结果。

范例 8-37： 观察 ORDER BY 子句。

```
SELECT deptno , ename , sal ,
       RANK() OVER (PARTITION BY deptno ORDER BY sal DESC) rk
FROM emp ;
```

Note

查询结果： 通过 SQL Developer 输出，如图 8-62 所示。

	DEPTNO	ENAME	SAL	RK
1	10	KING	5000	1
2	10	CLARK	2450	2
3	10	MILLER	1300	3
4	20	SCOTT	3000	1
5	20	FORD	3000	1
6	20	JONES	2975	3
7	20	ADAMS	1100	4
8	20	SMITH	800	5
9	30	BLAKE	2850	1
10	30	ALLEN	1600	2
11	30	TURNER	1500	3
12	30	MARTIN	1250	4
13	30	WARD	1250	4
14	30	JAMES	950	6

分区排序

分区排序

分区排序

图 8-62　使用 ORDER BY 子句

程序中的 RANK()函数表示的是每行数据在分区内的相对位置。在本程序里首先按照部门编号对数据进行分区，在分区时使用了 ORDER BY 子句，将每一个分区中的数据按照工资进行降序排列，如果出现了相同的工资，则将其使用同一个相对位置号进行标记。

范例 8-38： 设置多个排序字段（sal 和 hiredate）。

```
SELECT deptno , ename , sal , hiredate ,
       RANK() OVER (PARTITION BY deptno ORDER BY sal , hiredate DESC) rk
FROM emp ;
```

查询结果： 通过 SQL Developer 输出，如图 8-63 所示。

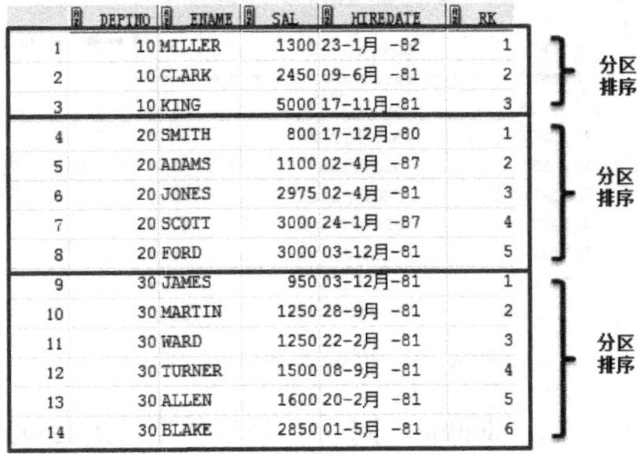

	DEPTNO	ENAME	SAL	HIREDATE	RK
1	10	MILLER	1300	23-1月 -82	1
2	10	CLARK	2450	09-6月 -81	2
3	10	KING	5000	17-11月-81	3
4	20	SMITH	800	17-12月-80	1
5	20	ADAMS	1100	02-4月 -87	2
6	20	JONES	2975	02-4月 -81	3
7	20	SCOTT	3000	24-1月 -87	4
8	20	FORD	3000	03-12月-81	5
9	30	JAMES	950	03-12月-81	1
10	30	MARTIN	1250	28-9月 -81	2
11	30	WARD	1250	22-2月 -81	3
12	30	TURNER	1500	08-9月 -81	4
13	30	ALLEN	1600	20-2月 -81	5
14	30	BLAKE	2850	01-5月 -81	6

图 8-63　设置多个排序字段

本程序中设置了两个分区内的排序字段（sal 使用 ASC 升序排列，hiredate 使用 DESC 降序排列），由于不存在 sal 和 hiredate 相同的数据，所以 RANK()函数生成的相对位置号没有相同数据。

除了结合 PARTITION 子句使用 ORDER BY 子句外，也可以单独使用 ORDER BY 子句，表示针对所有数据进行排列。

范例 8-39： 直接利用 ORDER BY 排序所有数据。

```
SELECT deptno , ename , sal , hiredate ,
       SUM(sal) OVER (ORDER BY ename DESC) SUM
FROM emp ;
```

查询结果： 通过 SQL Developer 输出，如图 8-64 所示。

	DEPTNO	ENAME	SAL	HIREDATE	SUM
1	30	WARD	1250	22-2月 -81	1250
2	30	TURNER	1500	08-9月 -81	2750
3	20	SMITH	800	17-12月-80	3550
4	20	SCOTT	3000	13-7月 -87	6550
5	10	MILLER	1300	23-1月 -82	7850
6	30	MARTIN	1250	28-9月 -81	9100
7	10	KING	5000	17-11月-81	14100
8	20	JONES	2975	02-4月 -81	17075
9	30	JAMES	950	03-12月-81	18025
10	20	FORD	3000	03-12月-81	21025
11	10	CLARK	2450	09-6月 -81	23475
12	30	BLAKE	2850	01-5月 -81	26325
13	30	ALLEN	1600	20-2月 -81	27925
14	20	ADAMS	1100	13-7月 -87	29025

第1行工资总和
第1、2行工资总和
第1、2、3行工资总和
…
所有行工资总和

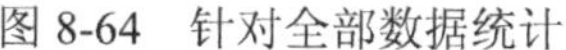

图 8-64 针对全部数据统计

本程序由于没有使用 PARTITION BY 子句进行分区设置，所以表示针对所有数据进行排序，而每行计算出的工资总和是当前行与之前行数据一起计算的结果。

在 ORDER BY 子句中还存在两个选项，即 NULLS FIRST 和 NULLS LAST。其中 NULLS FIRST 表示在进行排序前，出现 null 值的数据行排列在最前面，而 NULLS LAST 则表示出现的 null 值数据行排列在最后面。

范例 8-40： 使用 NULLS LAST。

```
SELECT deptno , ename, sal , comm ,
        RANK() OVER (ORDER BY comm DESC NULLS LAST) rk ,
        SUM(sal) OVER (ORDER BY comm DESC NULLS LAST) SUM
FROM emp ;
```

查询结果： 通过 SQL Developer 输出，如图 8-65 所示。

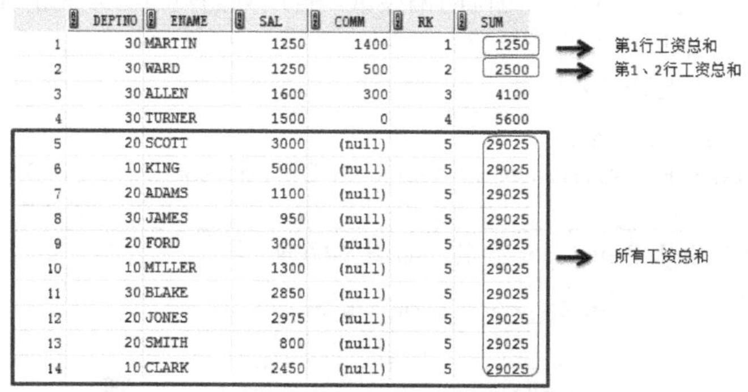

	DEPTNO	ENAME	SAL	COMM	RK	SUM
1	30	MARTIN	1250	1400	1	1250
2	30	WARD	1250	500	2	2500
3	30	ALLEN	1600	300	3	4100
4	30	TURNER	1500	0	4	5600
5	20	SCOTT	3000	(null)	5	29025
6	10	KING	5000	(null)	5	29025
7	20	ADAMS	1100	(null)	5	29025
8	30	JAMES	950	(null)	5	29025
9	20	FORD	3000	(null)	5	29025
10	10	MILLER	1300	(null)	5	29025
11	30	BLAKE	2850	(null)	5	29025
12	20	JONES	2975	(null)	5	29025
13	20	SMITH	800	(null)	5	29025
14	10	CLARK	2450	(null)	5	29025

图 8-65 使用 NULLS LAST

本程序将按照 comm 进行排列，同时为了读者更方便读者观察效果，本程序中使用了 RANK() 函数生成一个相对位置号，通过程序运行结果可以发现，使用 NULLS LAST 之后所有出现的 null 值将排在所有查询结果的最后。

8.7.1.3 WINDOWING 子句

分窗子句主要用于定义一个变化或固定的数据窗口方法，以及分析函数在操作行的集合，分窗子句有以下两种实现方式。

☑ 实现一：值域窗（RANGE WINDOW），逻辑偏移。当前分区中当前行的前 N 行到当前行的记录集。

☑ 实现二：行窗（ROWS WINDOW），物理偏移。以排序的结果顺序计算偏移当前行的起始行记录集。

如果要指定 RANGE 或 ROWS 的偏移量，可以采用如下几种排序列：

☑ RANGE | ROWS 数字 PRECEDING。

☑ RANGE | ROWS BETWEEN UNBOUNDED PRECEDING AND CURRENT ROW。

☑ RANGE | ROWS BETWEEN CURRENT ROW AND UNBOUNDED FOLLOWING。

以上的几种排列中包含的概念如下。

☑ PRECEDING：主要是设置一个偏移量，这个偏移量可以是用户设置的数字，或者是其他标记。

☑ BETWEEN … AND：设置一个偏移量的操作范围。

☑ UNBOUNDED PRECEDING：不限制偏移量大小。

☑ CURRENT ROW：表示当前行。

☑ FOLLOWING：如果不写此语句，表示使用上 N 行与当前行指定数据比较，如果编写此语句，表示当前行与下 N 行数据进行比较。

> 提示：关于“SPECIFYING 窗口”。
>
> 对于以上给出的排列范围，也称为“SPECIFYING 窗口”，本书中为了方便理解，只将其作为范围标记定义。

1. RANGE 子句

RANGE 子句设置的是一个查询范围的偏移量，排序列的数值必须大于等于（或小于等于）“当前行列数值 +/- 偏移量”的所有行。

范例 8-41： 在 sal 上设置偏移量。

```
SELECT deptno , ename, sal ,
       SUM(sal) OVER (PARTITION BY deptno ORDER BY sal RANGE 300 PRECEDING) sum
FROM emp ;
```

查询结果： 通过 SQL Developer 输出，如图 8-66 所示。

	DEPTNO	ENAME	SAL	SUM	当前工资
1	10	MILLER	1300	1300	
2	10	CLARK	2450	2450	
3	10	KING	5000	5000	
4	20	SMITH	800	800	
5	20	ADAMS	1100	1900	800 <= 1100 <=1100
6	20	JONES	2975	2975	
7	20	SCOTT	3000	8975	2975 <= 3000 <=3275
8	20	FORD	3000	8975	2975 <= 3000 <=3275
9	30	JAMES	950	950	
10	30	MARTIN	1250	3450	1250 <= 1250 <=1550
11	30	WARD	1250	3450	1250 <= 1250 <=1550
12	30	TURNER	1500	4000	1250 <= 1500 <=1550
13	30	ALLEN	1600	3100	1500 <= 1600 <=1800
14	30	BLAKE	2850	2850	

图 8-66　设置偏移量

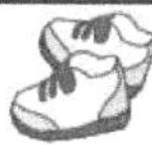

此时设置了一个 300 的偏移量，而且默认情况下为当前行与上 N 行记录的偏移量，采用向上匹配的方式处理。

范例 8-42：设置偏移量为 300，采用以下匹配方式处理。

```
SELECT deptno , ename, sal ,
       SUM(sal) OVER (PARTITION BY deptno ORDER BY sal RANGE BETWEEN 0
       PRECEDING AND 300 FOLLOWING) sum
FROM emp ;
```

查询结果：通过 SQL Developer 输出，如图 8-67 所示。

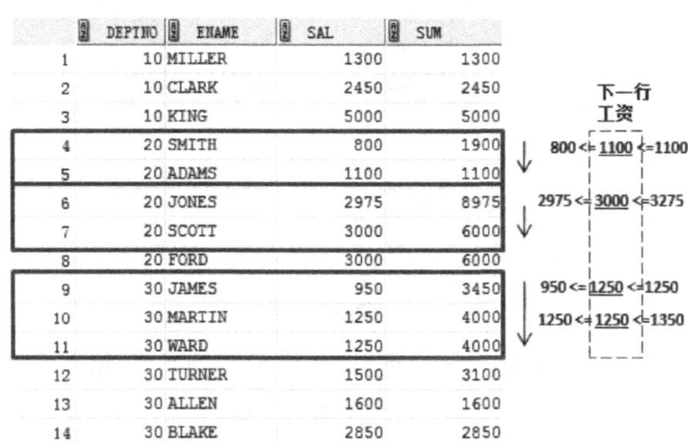

	DEPTNO	ENAME	SAL	SUM
1	10	MILLER	1300	1300
2	10	CLARK	2450	2450
3	10	KING	5000	5000
4	20	SMITH	800	1900
5	20	ADAMS	1100	1100
6	20	JONES	2975	8975
7	20	SCOTT	3000	6000
8	20	FORD	3000	6000
9	30	JAMES	950	3450
10	30	MARTIN	1250	4000
11	30	WARD	1250	4000
12	30	TURNER	1500	3100
13	30	ALLEN	1600	1600
14	30	BLAKE	2850	2850

下一行工资
800 <= 1100 <=1100
2975 <= 3000 <=3275
950 <= 1250 <=1250
1250 <= 1250 <=1350

图 8-67　向下匹配数据

此时每行数据都分别使用当前行与当前行之后的 N 行数据进行匹配，而后计算出统计结果。

范例 8-43：匹配当前行数据。

```
SELECT deptno , ename, sal ,
       SUM(sal) OVER (PARTITION BY deptno ORDER BY sal RANGE BETWEEN 0
       PRECEDING AND CURRENT ROW) sum
FROM emp ;
```

查询结果：通过 SQL Developer 输出，如图 8-68 所示。

	DEPTNO	ENAME	SAL	SUM
1	10	MILLER	1300	1300
2	10	CLARK	2450	2450
3	10	KING	5000	5000
4	20	SMITH	800	800
5	20	ADAMS	1100	1100
6	20	JONES	2975	2975
7	20	SCOTT	3000	6000
8	20	FORD	3000	6000
9	30	JAMES	950	950
10	30	MARTIN	1250	2500
11	30	WARD	1250	2500
12	30	TURNER	1500	1500
13	30	ALLEN	1600	1600
14	30	BLAKE	2850	2850

图 8-68　匹配当前行数据

此处使用了 CURRENT ROW 选项，表示与当前行数据相同，所以只有相同的数据才会使用 SUM()函数计算出总和。

范例 8-44：使用 UNBOUNDED 不设置边界。

```
SELECT deptno , ename , sal ,
```

```
    SUM(sal) OVER (PARTITION BY deptno ORDER BY sal RANGE BETWEEN UNBOUNDED
    PRECEDING AND CURRENT ROW) sum
FROM emp ;
```

查询结果： 通过 SQL Developer 输出，如图 8-69 所示。

	DEPTNO	ENAME	SAL	SUM
1	10	MILLER	1300	1300
2	10	CLARK	2450	3750
3	10	KING	5000	8750
4	20	SMITH	800	800
5	20	ADAMS	1100	1900
6	20	JONES	2975	4875
7	20	SCOTT	3000	10875
8	20	FORD	3000	10875
9	30	JAMES	950	950
10	30	MARTIN	1250	3450
11	30	WARD	1250	3450
12	30	TURNER	1500	4950
13	30	ALLEN	1600	6550
14	30	BLAKE	2850	9400

图 8-69　匹配每行数据

此时由于设置了一个没有边界的范围，所以表示所有的数据都会在分区内进行 SUM()函数的统计。

2．ROWS 子句

ROWS 子句最大的功能是设置一个当前行的起始物理偏移行，并依据此偏移量进行统计操作。

范例 8-45： 设置两行物理偏移。

```
SELECT deptno , ename , sal ,
    SUM(sal) OVER (PARTITION BY deptno ORDER BY sal ROWS 2 PRECEDING) sum
FROM emp ;
```

查询结果： 通过 SQL Developer 输出，如图 8-70 所示。

	DEPTNO	ENAME	SAL	SUM
1	10	MILLER	1300	1300
2	10	CLARK	2450	3750
3	10	KING	5000	8750
4	20	SMITH	800	800
5	20	ADAMS	1100	1900
6	20	JONES	2975	4875
7	20	SCOTT	3000	7075
8	20	FORD	3000	8975
9	30	JAMES	950	950
10	30	MARTIN	1250	2200
11	30	WARD	1250	3450
12	30	TURNER	1500	4000
13	30	ALLEN	1600	4350
14	30	BLAKE	2850	5950

图 8-70　偏移两行

本程序按照 deptno 进行分区，而后针对每一个分区中的数据，采用"当前行与前两行数据"结合的方式进行求和。例如，SCOTT 用户的 SUM()结果为 ADAMS、JONES 和 SCOTT 这 3 个用户的 sal 数据累加求得，即在每一个分区中对当前数据行偏移两个物理行的数据进行统计，对于每一个分区的前 N 行如果不存在记录，则会按照 0 进行计算。例如，MILLER 的统计结果只

是 1300，而 CLARK 的工资是 MILLER、CLARK 的工资再加上一个 0。

范例 8-46： 设置查询行范围。

```
SELECT deptno , ename, sal ,
        SUM(sal) OVER (PARTITION BY deptno ORDER BY sal ROWS BETWEEN UNBOUNDED
        PRECEDING AND UNBOUNDED FOLLOWING) sum
FROM emp ;
```

查询结果： 通过 SQL Developer 输出，如图 8-71 所示。

	DEPTNO	ENAME	SAL	SUM
1	10	MILLER	1300	8750
2	10	CLARK	2450	8750
3	10	KING	5000	8750
4	20	SMITH	800	10875
5	20	ADAMS	1100	10875
6	20	JONES	2975	10875
7	20	SCOTT	3000	10875
8	20	FORD	3000	10875
9	30	JAMES	950	9400
10	30	MARTIN	1250	9400
11	30	WARD	1250	9400
12	30	TURNER	1500	9400
13	30	ALLEN	1600	9400
14	30	BLAKE	2850	9400

图 8-71 设置范围

此处设置了一个行的范围，即为分区内的所有行数据进行统计。

8.7.2 分析函数范例

学习了分析函数的基本使用语法后，下面就来简单熟悉一下分析函数的作用。本节将通过一些范例为读者演示常用分析函数的使用。

提示：本书只讲解核心的分析函数。

Oracle 提供了大量的分析函数，而且许多的分析函数非常复杂，所以本书只讲解一些常见的分析函数，并且会结合范例进行说明。如果读者需要了解更多的分析函数，可以通过 Oracle 官方网站，下载 Oracle 的语法参考手册。

8.7.2.1 数据统计

数据统计是最常见的功能，数据统计的函数主要包括 COUNT()、SUM()、AVG()、MAX()、MIN()，函数的作用如表 8-1 所示。

表 8-1 数据统计函数

No.	函 数 名 称	描 述
1	SUM([DISTINCT | ALL] 表达式)	计算分区（分组）中的数据累加和
2	MIN([DISTINCT | ALL] 表达式)	查找分区（分组）中的最小值
3	MAX([DISTINCT | ALL] 表达式)	查找分区（分组）中的最大值
4	AVG([DISTINCT | ALL] 表达式)	计算分区（分组）中的数据平均值
5	COUNT(* | [DISTINCT | ALL] 表达式)	计算分区（分组）中的数据量

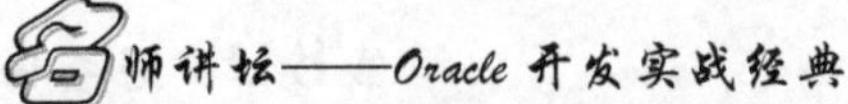

这些函数的功能与之前分组讲解时的功能区别不大，下面来看一下具体应用。

范例 8-47：查询雇员编号是 7369 的雇员姓名、职位、基本工资、部门编号、部门的人数、平均工资、最高工资、最低工资、总工资。

分析：现在的程序需要进行统计查询，在学习分析函数前，这些统计查询需要在 FROM 子句中编写子查询后才可以使用，如果有了分析函数，则可以利用 PARTITION 进行数据的分区，从而取得统计结果。

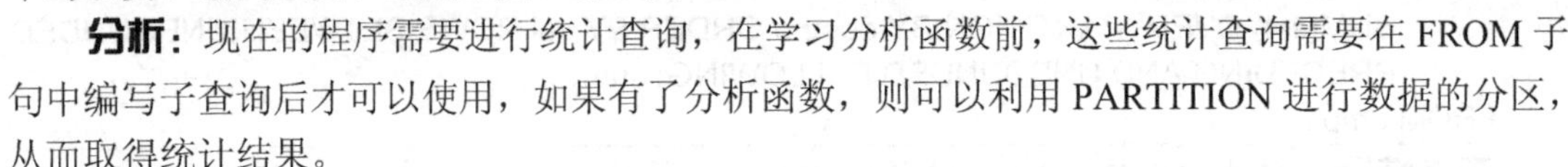

```
SELECT *
FROM (
      SELECT empno,ename,job,sal,deptno ,
            COUNT(empno) OVER (PARTITION BY deptno) count ,
            ROUND(AVG(sal) OVER (PARTITION BY deptno)) avg ,
            SUM(sal) OVER (PARTITION BY deptno) sum ,
            MAX(sal) OVER (PARTITION BY deptno) max ,
            MIN(sal) OVER (PARTITION BY deptno) min
      FROM emp    ) temp
WHERE temp.empno=7369 ;
```

查询结果：通过 SQL Developer 输出，如图 8-72 所示。

	EMPNO	ENAME	JOB	SAL	DEPTNO	COUNT	AVG	SUM	MAX	MIN
1	7369	SMITH	CLERK	800	20	5	2175	10875	3000	800

图 8-72　查询雇员完整信息

范例 8-48：查询每个雇员的编号、姓名、基本工资、所在部门的名称、部门位置，以及此部门的平均工资、最高和最低工资。

☑ 确定所需要的数据表如下。

- ➢ dept 表：部门编号、名称、位置。
- ➢ emp 表：雇员的编号、姓名、基本工资、各个统计信息。

☑ 确定已知的关联字段：emp.deptno=dept.deptno。

分析：本程序由于需要针对每一个部门找出整个部门的工资统计信息，所以可以利用分窗子句来完成，而每一个分窗子句的范围应该是所有数据，所以可以使用“RANGE BETWEEN UNBOUNDED PRECEDING AND UNBOUNDED FOLLOWING”作为范围限定。

```
SELECT e.empno , e.ename , e.sal , d.dname , d.loc ,
    ROUND(AVG(sal) OVER (PARTITION BY e.deptno ORDER BY sal
          RANGE BETWEEN UNBOUNDED PRECEDING AND UNBOUNDED FOLLOWING))
          avg_salary ,
    MAX(sal) OVER (PARTITION BY e.deptno ORDER BY sal
          RANGE BETWEEN UNBOUNDED PRECEDING AND UNBOUNDED FOLLOWING)
          max_salary ,
    MIN(sal) OVER (PARTITION BY e.deptno ORDER BY sal
          RANGE BETWEEN UNBOUNDED PRECEDING AND UNBOUNDED FOLLOWING)
          min_salary
FROM emp e,dept d
WHERE e.deptno=d.deptno ;
```

查询结果：通过 SQL Developer 输出，如图 8-73 所示。

	EMPNO	ENAME	SAL	DNAME	LOC	AVG_SALARY	MAX_SALARY	MIN_SALARY
1	7934	MILLER	1300	ACCOUNTING	NEW YORK	2917	5000	1300
2	7782	CLARK	2450	ACCOUNTING	NEW YORK	2917	5000	1300
3	7839	KING	5000	ACCOUNTING	NEW YORK	2917	5000	1300
4	7369	SMITH	800	RESEARCH	DALLAS	2175	3000	800
5	7876	ADAMS	1100	RESEARCH	DALLAS	2175	3000	800
6	7566	JONES	2975	RESEARCH	DALLAS	2175	3000	800
7	7902	FORD	3000	RESEARCH	DALLAS	2175	3000	800
8	7788	SCOTT	3000	RESEARCH	DALLAS	2175	3000	800
9	7900	JAMES	950	SALES	CHICAGO	1567	2850	950
10	7654	MARTIN	1250	SALES	CHICAGO	1567	2850	950
11	7521	WARD	1250	SALES	CHICAGO	1567	2850	950
12	7844	TURNER	1500	SALES	CHICAGO	1567	2850	950
13	7499	ALLEN	1600	SALES	CHICAGO	1567	2850	950
14	7698	BLAKE	2850	SALES	CHICAGO	1567	2850	950

图 8-73　查询结果

8.7.2.2　等级函数

等级函数主要是为数据按照逻辑顺序或者物理顺序进行编号的操作，常用等级函数如表 8-2 所示。

表 8-2　等级函数

No.	函 数 名 称	描　　述
1	RANK()	根据 ORDER BY 子句的排序字段，从分区（分组）查询每一行数据，按照排序生成序号，会出现相同序号
2	DENSE_RANK()	根据 ORDER BY 子句的排序字段，从分区（分组）查询每一行数据，按照排序生成序号，不会出现相同序号
3	FIRST	取出 DENSE_RANK 返回集合中第一行数据
4	LAST	取出 DENSE_RANK 返回集合中最后一行数据
5	FIRST_VALUE(列)	返回分区（分组）中的第一个值
6	LAST_VALUE(列)	返回分区（分组）中的最后一个值
7	LAG(列名称 [,行数字] [,默认值])	访问分区（分组）中指定前 N 行的记录，如果没有则返回默认值
8	LEAD(列名称 [,行数字] [,默认值])	访问分区（分组）中指定后 N 行的记录，如果没有则返回默认值
9	ROW_NUMBER()	返回每组中的行号

下面根据不同的使用情况，为读者介绍这些等级函数的使用。

1．记录标记函数

RANK()和 DENSE_RANK()两个函数作为标记，这两个函数会根据 ORDER BY 子句表达式的值自动地为每一行设置一个数字序号，下面首先来观察这两个函数的主要特点。

范例 8-49：观察 RANK()和 DENSE_RANK()函数。

```
SELECT deptno,ename,sal,
     RANK() OVER (PARTITION BY deptno ORDER BY sal) rank_result ,
     DENSE_RANK() OVER (PARTITION BY deptno ORDER BY sal) dense_rank_result
FROM emp ;
```

查询结果：通过 SQL Developer 输出，如图 8-74 所示。

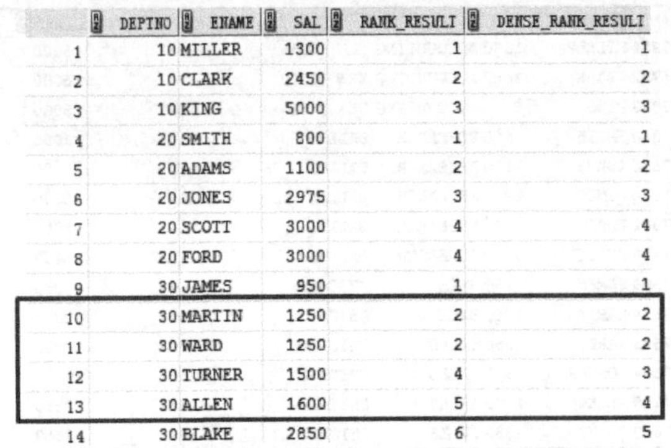

	DEPTNO	ENAME	SAL	RANK_RESULT	DENSE_RANK_RESULT
1	10	MILLER	1300	1	1
2	10	CLARK	2450	2	2
3	10	KING	5000	3	3
4	20	SMITH	800	1	1
5	20	ADAMS	1100	2	2
6	20	JONES	2975	3	3
7	20	SCOTT	3000	4	4
8	20	FORD	3000	4	4
9	30	JAMES	950	1	1
10	30	MARTIN	1250	2	2
11	30	WARD	1250	2	2
12	30	TURNER	1500	4	3
13	30	ALLEN	1600	5	4
14	30	BLAKE	2850	6	5

图 8-74　RANK()与 DENSE_RANK()函数

通过此处的查询结果可以发现，RANK()函数在出现相同数据之后，不会再按照顺序向下排列，而是将重复的数据记录空出。而 DENSE_RANK()函数会采用顺序的方式持续向下编号。

2．行标记函数

在等级函数中还包括一个 ROW_NUMBER()函数，此函数的主要功能是自动生成一个行的记录号，并且不管其内容是否重复，都可以连续编号。

范例 8-50：使用 ROW_NUMBER()函数为行，自动编号。

```
SELECT deptno,ename,sal,
    ROW_NUMBER() OVER (PARTITION BY deptno ORDER BY sal) row_result_deptno ,
    ROW_NUMBER() OVER (ORDER BY sal) row_result_all
FROM emp ;
```

查询结果：通过 SQL Developer 输出，如图 8-75 所示。

	DEPTNO	ENAME	SAL	ROW_RESULT_DEPTNO	ROW_RESULT_ALL
1	20	SMITH	800	1	1
2	30	JAMES	950	1	2
3	20	ADAMS	1100	2	3
4	30	MARTIN	1250	2	4
5	30	WARD	1250	3	5
6	10	MILLER	1300	1	6
7	30	TURNER	1500	4	7
8	30	ALLEN	1600	5	8
9	10	CLARK	2450	2	9
10	30	BLAKE	2850	6	10
11	20	JONES	2975	3	11
12	20	FORD	3000	5	12
13	20	SCOTT	3000	4	13
14	10	KING	5000	3	14

图 8-75　使用 ROW_NUMBER()函数自动编号

3．取出首行或尾行数据

当用户使用了 DENSE_RANK()函数进行数据排列后，可以利用 FIRST 取得返回结果集中的的首行，或者使用 LAST 取得返回结果集中的最后一行。但是如果要使用这两个函数则必须利用 KEEP 语句来完成，语法格式如下所示。

语法 8-3：KEEP 语句

```
分组函数 ()
KEEP
```

```
(DENSE_RANK FIRST | LAST ORDER BY 表达式 [ASC | DESC] [NULLS [FIRST | LAST]] , ...)
[OVER () 分区查询] ;
```

KEEP 语句的功能是保留满足条件的数据，而且在使用 DENSE_RANK()函数确定了要操作的数据集合，而后才可以通过 FIRST 或 LAST 取得集合中的数据。

范例 8-51：查询每个部门的最高及最低工资。

分析：由于需要查询每个部门的统计信息，所以需要按照部门编号进行分组，而此处可以利用 FIRST 和 LAST，根据部门内的工资进行排序，取出第一个和最后一个数据。

```
SELECT deptno,
    MAX(sal) KEEP (DENSE_RANK FIRST ORDER BY sal DESC) max_salary ,
    MIN(sal) KEEP (DENSE_RANK LAST ORDER BY sal DESC) min_salary
FROM emp
GROUP BY deptno ;
```

查询结果：通过 SQL Developer 输出，如图 8-76 所示。

	DEPTNO	MAX_SALARY	MIN_SALARY
1	10	5000	1300
2	20	3000	800
3	30	2850	950

图 8-76　每个部门的最高及最低工资

4. 取出首行或尾行记录

当用户使用 OVER 取得了一个结果集时，可以利用 FIRST_VALUE()或 LAST_VALUE()函数分别取得集合中的首行或尾行记录。

范例 8-52：验证 FIRST_VALUE()与 LAST_VALUE()函数。

```
SELECT deptno , empno , ename , sal ,
      FIRST_VALUE(sal) OVER (PARTITION BY deptno ORDER BY sal
            RANGE BETWEEN UNBOUNDED PRECEDING AND UNBOUNDED FOLLOWING)
            first_result ,
      LAST_VALUE(sal) OVER (PARTITION BY deptno ORDER BY sal
            RANGE BETWEEN UNBOUNDED PRECEDING AND UNBOUNDED FOLLOWING)
            last_result
FROM emp
WHERE deptno=10 ;
```

查询结果：通过 SQL Developer 输出，如图 8-77 所示。

	DEPTNO	EMPNO	ENAME	SAL	FIRST_RESULT	LAST_RESULT
1	10	7934	MILLER	1300	1300	5000
2	10	7782	CLARK	2450	1300	5000
3	10	7839	KING	5000	1300	5000

图 8-77　首行与尾行

本程序主要是查询了 10 部门的工资信息，在列出每个雇员信息的同时也列出了此雇员所在部门的工资的首行及尾行记录（按照升序排列之后，首行为最低工资，而尾行为最高工资）。

5. 比较相邻记录

如果现在需要取得指定行的某个列上的数据进行显示，则可以利用 LAG()或 LEAD()函数来完成。其中 LAG()函数的主要功能是取得之前所列数据行的第 N 行记录进行显示，如果没有，则使用默认值（不设置默认值则返回 null）。LEAD()函数主要是取得之后所列数据行第 N 行记录进行显示，如果没有，则使用默认值（不设置默认值则返回 null）。

范例 8-53：观察 LAG()与 LEAD()函数。

```
SELECT deptno , empno , ename , sal ,
       LAG(sal,2,0) OVER (PARTITION BY deptno ORDER BY sal ) lag_result ,
       LEAD(sal,2,0) OVER (PARTITION BY deptno ORDER BY sal ) lead_result
FROM emp
WHERE deptno=20 ;
```

查询结果：通过 SQL Developer 输出，如图 8-78 所示。

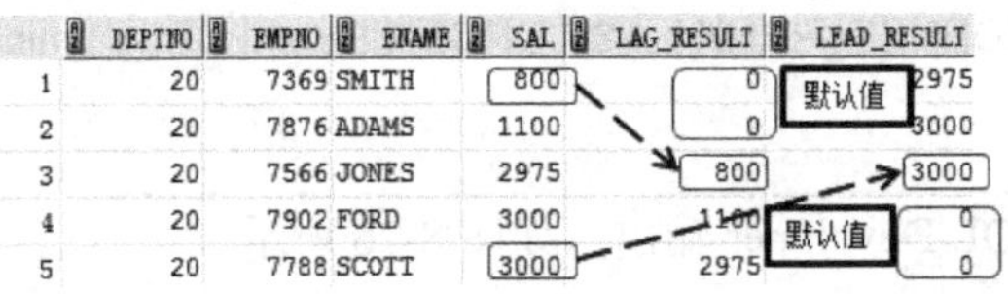

	DEPTNO	EMPNO	ENAME	SAL	LAG_RESULT	LEAD_RESULT
1	20	7369	SMITH	800	0	2975
2	20	7876	ADAMS	1100	0	3000
3	20	7566	JONES	2975	800	3000
4	20	7902	FORD	3000	1100	0
5	20	7788	SCOTT	3000	2975	0

图 8-78　LAG()与 LEAD()函数

8.7.2.3　报表函数

报表函数可以方便地将分区（分组）中的数据进行统一的规范划分，常用的报表函数如表 8-3 所示。

表 8-3　报表函数

No.	函 数 名 称	描　　述
1	CUME_DIST()	计算一行在分区（分组）中的相对位置
2	NTILE(数字)	将一个分区（分组）分为“表达式”的散列表示
3	RATIO_TO_REPORT(表达式)	该函数计算 expression/(sum(expression))的值，它给出相对于总数的百分比

CUME_DIST()函数会取得整个数据的相对位置，如果假设分区内的数据有 5 条，那么 CUME_DIST()函数会将这 5 条按照“1、0.8、0.6、0.4、0.2”进行划分，当出现相同数据时，位置号就不会连续了。

范例 8-54：验证 CUME_DIST()函数。

```
SELECT deptno,ename,sal,
       CUME_DIST() OVER (PARTITION BY deptno ORDER BY sal) cume
FROM emp
WHERE deptno IN (10,20) ;
```

查询结果：通过 SQL Developer 输出，如图 8-79 所示。

	DEPTNO	ENAME	SAL	CUME
1	10	MILLER	1300	0.33333333333333333333333333333333333333
2	10	CLARK	2450	0.66666666666666666666666666666666666667
3	10	KING	5000	1
4	20	SMITH	800	0.2
5	20	ADAMS	1100	0.4
6	20	JONES	2975	0.6
7	20	FORD	3000	1
8	20	SCOTT	3000	1

图 8-79　CUME_DIST()函数

NTILE()函数对一个数据分区中的有序结果集进行划分，并为每个小组分配一个唯一的组编号。

范例 8-55： 使用 NTILE()函数。

```
SELECT deptno , sal ,
        SUM(sal) OVER (PARTITION BY deptno ORDER BY sal) sum_result ,
        NTILE(3) OVER (PARTITION BY deptno ORDER BY sal) ntile_result_a ,
        NTILE(6) OVER (PARTITION BY deptno ORDER BY sal) ntile_result_b
FROM emp ;
```

查询结果： 通过 SQL Developer 输出，如图 8-80 所示。

	DEPTNO	SAL	SUM_RESULT	NTILE_RESULT_A	NTILE_RESULT_B
1	10	1300	1300	1	1
2	10	2450	3750	2	2
3	10	5000	8750	3	3
4	20	800	800	1	1
5	20	1100	1900	1	2
6	20	2975	4875	2	3
7	20	3000	10875	2	4
8	20	3000	10875	3	5
9	30	950	950	1	1
10	30	1250	3450	1	2
11	30	1250	3450	2	3
12	30	1500	4950	2	4
13	30	1600	6550	3	5
14	30	2850	9400	3	6

图 8-80　NTILE()函数

RATIO_TO_REPORT()函数可以将需要统计的数据按照整体数据的百分比进行显示。

范例 8-56： 计算各部门工资所占的总工资比率。

```
SELECT deptno ,SUM(sal) ,
        ROUND(RATIO_TO_REPORT(SUM(sal)) OVER () ,5)    rate ,
        ROUND(RATIO_TO_REPORT(SUM(sal)) OVER () ,5) * 100 || '%' precent
FROM emp
GROUP BY deptno;
```

查询结果： 通过 SQL Developer 输出，如图 8-81 所示。

	DEPTNO	SUM(SAL)	RATE	PRECENT
1	30	9400	0.32386	32.386%
2	20	10875	0.37468	37.468%
3	10	8750	0.30146	30.146%

图 8-81　计算工资比率

8.8　行列转换

在用户制作数据报表时，经常会使用到表数据的行列转换操作，下面为读者讲解此类操作的实现。

范例 8-57： 查询每个部门中各个职位的总工资。

分析： 本程序所要查询的并不是一个部门的总工资，而是需要统计出各个职位的信息，那么此时最简单的做法就是直接按照部门编号及职位进行分组统计，于是有了以下的查询语句。

Note

步骤 1：按照部门编号及职位进行分组。

```
SELECT deptno , job , SUM(sal)
FROM emp
GROUP BY deptno , job ;
```

查询结果：通过 SQL Developer 输出，如图 8-82 所示。

	DEPTNO	JOB	SUM(SAL)
1	20	CLERK	1900
2	30	SALESMAN	5600
3	20	MANAGER	2975
4	30	CLERK	950
5	10	PRESIDENT	5000
6	30	MANAGER	2850
7	10	CLERK	1300
8	10	MANAGER	2450
9	20	ANALYST	6000

图 8-82　每个部门的职位

此时的程序是按照正常的做法采用了多表连接而后进行数据分组的方式完成的，但此时数据的显示方式并不适合于用户的浏览，因为数据没有规律，而对于数据最好的浏览方式是像普通数据表那样，按照行的方式列出每一种职位的总工资。针对不同的职位，应该使用不同的 sal 内容进行求和的统计，此时只能利用 DECODE()函数完成判断。同时为了让多条记录在同一行上显示，可以针对每一个职位分别统计，对于没有该职位信息的部门应该使用 0 进行处理。

步骤 2：将多条工资统计信息放在一行上显示。

```
SELECT deptno ,
      SUM(DECODE(job, 'PRESIDENT' , sal , 0 )) PRESIDENT_JOB ,
      SUM(DECODE(job, 'MANAGER' , sal , 0)) MANAGER_JOB ,
      SUM(DECODE(job , 'ANALYST' , sal , 0 )) ANALYST_JOB ,
      SUM(DECODE(job , 'CLERK' , sal, 0 )) CLERK_JOB ,
      SUM(DECODE(job , 'SALESMAN' , sal , 0)) SALESMAN_JOB
FROM emp
GROUP BY deptno ;
```

查询结果：通过 SQL Developer 输出，如图 8-83 所示。

	DEPTNO	PRESIDENT_JOB	MANAGER_JOB	ANALYST_JOB	CLERK_JOB	SALESMAN_JOB
1	30	0	2850	0	950	5600
2	20	0	2975	6000	1900	0
3	10	5000	2450	0	1300	0

图 8-83　每个部门中各个职位的总工资

提示：使用 DECODE()函数相对而言实现简单。

本程序利用了 DECODE()函数来完成，如果用户现在使用的不是 Oracle 数据库而是其他数据库，则不会提供 DECODE()函数，那么此时就需要用户自己利用子查询来完成，如下代码所示。

范例 8-58：不使用 DECODE()函数实现。

```
SELECT temp.dno, SUM(president_job), SUM(manager_job), SUM(analyst_job), SUM(clerk_job),
SUM(salesman_job)
FROM (
      SELECT deptno dno ,
```

```
            (SELECT SUM(sal) FROM emp WHERE job='PRESIDENT' AND empno=e.
              mpno) PRESIDENT_JOB ,
            (SELECT SUM(sal) FROM emp WHERE job='MANAGER' AND empno=e.empno)
              MANAGER_JOB ,
            (SELECT SUM(sal) FROM emp WHERE job='ANALYST' AND empno=e.empno)
              ANALYST_JOB ,
            (SELECT SUM(sal) FROM emp WHERE job='CLERK' AND empno=e.empno)
              CLERK_JOB ,
            (SELECT SUM(sal) FROM emp WHERE job='SALESMAN' AND
              empno=e.empno) SALESMAN_JOB
FROM emp e ) temp
GROUP BY temp.dno
ORDER BY temp.dno DESC ;
```

可以发现，如果使用此类方式实现，代码的复杂度会有很大的提升，有兴趣的读者可以自行研究，或者参考本书附赠的视频资料学习。

此时实际上所完成的是一个基本的行列转换操作功能，并且显示的记录结果也更加清晰，可是相信大部分读者都会觉得此时的代码过于复杂了。为此，在 Oracle 11g 版本之后，专门增加了 PIVOT()和 UNPIVOT()两个转换函数。

语法 8-4：PIVOT()函数

```
SELECT * | 列 [别名] ...
FROM 子查询
PIVOT (
      统计函数(列)s  FOR 转换列名称 IN (
            内容 1 [[AS] 别名] ,
            内容 2 [[AS] 别名] ,
               ...
            内容 n [[AS] 别名]
      )
)
[WHERE 条件(s)]
[GROUP BY 分组字段 1 , 分组字段 2 , ...]
[HAVING 过滤条件(s)]
[ORDER BY 排序字段 ASC|DESC] ;
```

语法 8-4 的核心组成如下所示。

- ☑ 子查询：此处规定了在 PIVOT()函数操作过程中，所需要使用到的数据（设置子查询确定行和列）。
- ☑ 统计函数(列)：在转换过程中，设置要进行统计的数据列及统计函数，可以设置多个统计函数。
- ☑ FOR 转换列名称：将子查询中返回的指定数据变为显示的列。

范例 8-59：利用 PIVOT()函数实现转换。

```
SELECT * FROM (SELECT deptno , job , sal FROM emp)
PIVOT (
      SUM(sal)
      FOR job IN (
```

Note

```
            'PRESIDENT' AS president_job ,
            'MANAGER' AS manager_job ,
            'ANALYST' AS analyst_job ,
            'CLERK' AS clerk_job ,
            'SALESMAN' AS salesman_job
        )
) ORDER BY deptno ;
```

查询结果： 通过 SQL Developer 输出，如图 8-84 所示。

	DEPTNO	PRESIDENT_JOB	MANAGER_JOB	ANALYST_JOB	CLERK_JOB	SALESMAN_JOB
1	10	5000	2450	(null)	1300	(null)
2	20	(null)	2975	6000	1900	(null)
3	30	(null)	2850	(null)	950	5600

图 8-84　使用 PIVOT()函数

提示：使用 XML 与 ANY。

如果在使用 PIVOT()函数时增加了 XML 显示，可以利用 ANY 设置所要操作的所有数据。

范例 8-60： 输出为 XML。

```
SELECT * FROM (SELECT deptno , job , sal FROM emp)
PIVOT XML (
        SUM(sal)
        FOR job IN (ANY)
) ORDER BY deptno ;
```

程序运行结果（以 10 部门数据为例）：

```
<PivotSet>
    <item>
        <column name = "JOB">CLERK</column>
        <column name = "SUM(SAL)">1300</column>
    </item>
    <item>
        <column name = "JOB">MANAGER</column>
        <column name = "SUM(SAL)">2450</column>
    </item>
    <item>
        <column name = "JOB">PRESIDENT</column>
        <column name = "SUM(SAL)">5000</column>
    </item>
</PivotSet>
```

不过，遗憾的是，ANY 只能用于 PIVOT XML 操作里，并不能用于之前的 PIVOT()函数中。

此时可以发现，通过 PIVOT()函数方便地实现了数据的行列转换操作。如果直接使用 PRVOT()函数只能够完成一种信息的统计，如果除了要知道每个部门不同职位的总工资之外，还希望知道部门的人数及最高和最低工资，则只能利用 OVER PARTITION BY 语句完成（因为此处的统计结果也为 3 行数据）。

范例 8-61： 查询更多的统计信息。

```
SELECT * FROM (
        SELECT job ,deptno , sal,
        SUM(sal) OVER(PARTITION BY deptno) sum_sal,
```

```
        MAX(sal) OVER(PARTITION BY deptno) max_sal ,
        MIN(sal) OVER(PARTITION BY deptno) min_sal
        FROM emp)
PIVOT (
        SUM(sal)
        FOR job IN (
                'PRESIDENT' AS president_job ,
                'MANAGER' AS manager_job ,
                'ANALYST' AS analyst_job ,
                'CLERK' AS clerk_job ,
                'SALESMAN' AS salesman_job
        )
) ORDER BY deptno ;
```

查询结果：通过 SQL Developer 输出，如图 8-85 所示。

	DEPTNO	SUM_SAL	MAX_SAL	MIN_SAL	PRESIDENT_JOB	MANAGER_JOB	ANALYST_JOB	CLERK_JOB	SALESMAN_JOB
1	10	8750	5000	1300	5000	2450	(null)	1300	(null)
2	20	10875	3000	800	(null)	2975	6000	1900	(null)
3	30	9400	2850	950	(null)	2850	(null)	950	5600

图 8-85　查询更多信息

范例 8-62：设置多个统计函数，查询每个部门不同职位的总工资，以及每个部门不同职位的最高工资。

```
SELECT * FROM (SELECT deptno , job , sal FROM emp)
PIVOT (
        SUM(sal) AS sum_sal , MAX(sal) AS sum_max
        FOR job IN (
                'PRESIDENT' AS president_job ,
                'MANAGER' AS manager_job ,
                'ANALYST' AS analyst_job ,
                'CLERK' AS clerk_job ,
                'SALESMAN' AS salesman_job
        )
) ORDER BY deptno ;
```

查询结果：通过 SQL Developer 输出，如图 8-86 所示（分两部分显示）。

	DEPTNO	PRESIDENT_JOB_SUM_SAL	PRESIDENT_JOB_SUM_MAX	MANAGER_JOB_SUM_SAL	MANAGER_JOB_SUM_MAX	ANALYST_JOB_SUM_SAL
1	10	5000	5000	2450	2450	(null)
2	20	(null)	(null)	2975	2975	6000
3	30	(null)	(null)	2850	2850	(null)

ANALYST_JOB_SUM_MAX	CLERK_JOB_SUM_SAL	CLERK_JOB_SUM_MAX	SALESMAN_JOB_SUM_SAL	SALESMAN_JOB_SUM_MAX
(null)	1300	1300	(null)	(null)
3000	1900	1100	(null)	(null)
(null)	950	950	5600	1600

图 8-86　设置多个统计函数

通过此结果可以发现，如果在定义统计函数时使用了别名，那么最终所生成的列名将采用字符串拼接的方式进行显示（FOR 中设置的别名_统计函数别名），例如 PRESIDENT_JOB_SUM_SAL、PRESIDENT_JOB_SUM_MAX。

提示：针对下一操作的准备。

马上要进行的操作中，需要针对 emp 表结构进行修改及更新数据，但是此部分内容在第 9 章和第 11 章中才会讲解，此处只需要输入如下代码即可。

范例 8-63： 修改表结构及更新数据。

```
ALTER TABLE emp ADD (sex VARCHAR2(10) DEFAULT '男') ;
UPDATE emp SET sex='女' WHERE TO_CHAR(hiredate,'yyyy')='1981' ;
COMMIT ;
```

更新后的数据如图 8-87 所示。

	EMPNO	ENAME	JOB	MGR	HIREDATE	SAL	COMM	DEPTNO	SEX
1	7369	SMITH	CLERK	7902	17-12月-80	800	(null)	20	男
2	7499	ALLEN	SALESMAN	7698	20-2月 -81	1600	300	30	女
3	7521	WARD	SALESMAN	7698	22-2月 -81	1250	500	30	女
4	7566	JONES	MANAGER	7839	02-4月 -81	2975	(null)	20	女
5	7654	MARTIN	SALESMAN	7698	28-9月 -81	1250	1400	30	女
6	7698	BLAKE	MANAGER	7839	01-5月 -81	2850	(null)	30	女
7	7782	CLARK	MANAGER	7839	09-6月 -81	2450	(null)	10	女
8	7788	SCOTT	ANALYST	7566	24-1月 -87	3000	(null)	20	男
9	7839	KING	PRESIDENT	(null)	17-11月-81	5000	(null)	10	女
10	7844	TURNER	SALESMAN	7698	08-9月 -81	1500	0	30	女
11	7876	ADAMS	CLERK	7788	02-4月 -87	1100	(null)	20	男
12	7900	JAMES	CLERK	7698	03-12月-81	950	(null)	30	女
13	7902	FORD	ANALYST	7566	03-12月-81	3000	(null)	20	女
14	7934	MILLER	CLERK	7782	23-1月 -82	1300	(null)	10	男

图 8-87　更新后的数据

同时由于本操作最终会生成许多的列，所以此处只会列出两个职位（MANAGER、CLERK）的信息。

范例 8-64： 设置多个统计列。

如果 emp 表中增加了一个性别列（sex），同时要求针对不同职位的不同性别进行总工资的统计，可以在 FOR 语句中设置多个列。

```
SELECT * FROM (SELECT deptno , job , sal , sex FROM emp)
PIVOT (
      SUM(sal) AS sum_sal , MAX(sal) AS sum_max
      FOR (job, sex) IN (
            ('MANAGER','男') AS manager_male_JOB ,
            ('MANAGER','女') AS manager_female_JOB ,
            ('CLERK','男') AS clerk_male_JOB ,
            ('CLERK','女') AS clerk_female_JOB
      )
) ORDER BY deptno ;
```

查询结果： 通过 SQL Developer 输出，如图 8-88 所示（部分显示）。

	DEPTNO	MANAGER_MALE_JOB_SUM_SAL	MANAGER_MALE_JOB_SUM_MAX	MANAGER_FEMALE_JOB_SUM_SAL	MANAGER_FEMALE_JOB_SUM_MAX	CLERK_MALE_JOB_SUM_SAL	CLERK_MALE
1	10	(null)	(null)	2450	2450	1300	
2	20	(null)	(null)	2975	2975	1900	
3	30	(null)	(null)	2850	2850	(null)	

图 8-88　使用多字段查询（部分显示）

通过 PIVOT()函数可以将行转换为列，反过来，也可以使用 UNPIVOT()函数将列重新转换为行。

语法 8-5：UNPIVOT()函数

```
SELECT * | 列 [别名] ...
FROM 子查询
UNPIVOT [INCLUDE NULLS | EXCLUDE NULLS](
    统计函数(列)s  FOR 转换列名称 IN (
        内容 1 [[AS] 别名] ,
        内容 2 [[AS] 别名] ,
            ...
        内容 n [[AS] 别名]
    )
)
[WHERE 条件(s)]
[GROUP BY 分组字段 1 , 分组字段 2 , ...]
[HAVING 过滤条件(s)]
[ORDER BY 排序字段 ASC|DESC] ;
```

通过定义可以发现 UNPIVOT()和 PIVOT()函数的定义风格类似，唯一不同的地方在于此处有下面两个选项。

☑ INCLUDE NULLS：列变为行转换之后保留所有的 null 数据。

☑ EXCLUDE NULLS（默认）：列变为行转换之后不保留 null 数据。

范例 8-65：验证 UNPIVOT()函数。

```
WITH temp AS (
    SELECT * FROM (SELECT deptno , job , sal FROM emp)
    PIVOT (
            SUM(sal)
            FOR job IN (
                    'PRESIDENT' AS PRESIDENT_JOB ,
                    'MANAGER' AS MANAGER_JOB ,
                    'ANALYST' AS ANALYST_JOB ,
                    'CLERK' AS CLERK_JOB ,
                    'SALESMAN' AS SALESMAN_JOB
            )
    ) ORDER BY deptno )
SELECT * FROM temp
UNPIVOT (
    sal_sum FOR job IN (
      president_job AS 'PRESIDENT' ,
      manager_job AS 'MANAGER' ,
      analyst_job AS 'ANALYST' ,
      clerk_job AS 'CLERK' ,
      salesman_job AS 'SALESMAN'
    )
) ORDER BY deptno ;
```

查询结果：通过 SQL Developer 输出，如图 8-89 所示。

此时显示的数据中并不包含任何的 null 值，如果需要让 null 显示，则可以使用 INCLUDE NULLS 选项。

Note

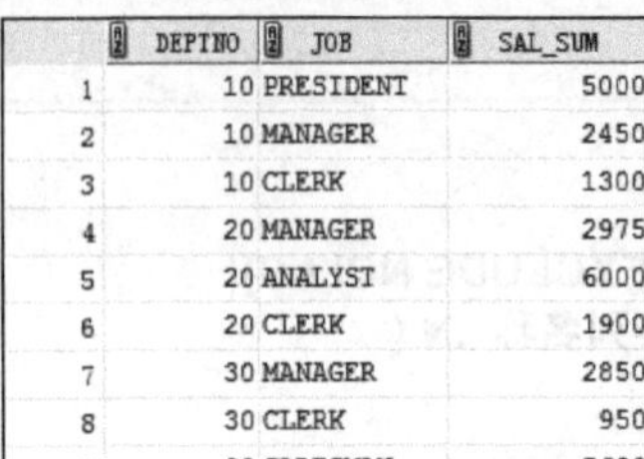

	DEPTNO	JOB	SAL_SUM
1	10	PRESIDENT	5000
2	10	MANAGER	2450
3	10	CLERK	1300
4	20	MANAGER	2975
5	20	ANALYST	6000
6	20	CLERK	1900
7	30	MANAGER	2850
8	30	CLERK	950
9	30	SALESMAN	5600

图 8-89　UNPIVOT()函数使用

Note

范例 8-66：显示所有数据。

```
WITH temp AS (
    SELECT * FROM (SELECT deptno , job , sal FROM emp)
    PIVOT (
            SUM(sal)
            FOR job IN (
                    'PRESIDENT' AS PRESIDENT_JOB ,
                    'MANAGER' AS MANAGER_JOB ,
                    'ANALYST' AS ANALYST_JOB ,
                    'CLERK' AS CLERK_JOB ,
                    'SALESMAN' AS SALESMAN_JOB
            )
    ) ORDER BY deptno )
SELECT * FROM temp
UNPIVOT INCLUDE NULLS(
    sal_sum FOR job IN (
      president_job AS 'PRESIDENT' ,
      manager_job AS 'MANAGER' ,
      analyst_job AS 'ANALYST' ,
      clerk_job AS 'CLERK' ,
      salesman_job AS 'SALESMAN'
    )
) ORDER BY deptno ;
```

查询结果：通过 SQL Developer 输出，如图 8-90 所示。

	DEPTNO	JOB	SAL_SUM
1	10	MANAGER	2450
2	10	PRESIDENT	5000
3	10	ANALYST	(null)
4	10	CLERK	1300
5	10	SALESMAN	(null)
6	20	MANAGER	2975
7	20	PRESIDENT	(null)
8	20	ANALYST	6000
9	20	SALESMAN	(null)
10	20	CLERK	1900
11	30	PRESIDENT	(null)
12	30	MANAGER	2850
13	30	CLERK	950
14	30	ANALYST	(null)
15	30	SALESMAN	5600

图 8-90　显示所有的 null

8.9 设置数据层次

层次查询是一种确定数据行之间关系结构的一种操作，例如，在现实社会的工作中一定会存在“管理层”、“职员层”这样的基本分层关系，在学校也会分为“教学管理层”、“教师层”、“学生层”这样 3 种层次结构。幸运的是，在 Oracle 中，用户也可以利用其自身所带的工具实现这样的层次组织，实现的操作语法如下所示。

语法 8-6： 设置层次函数

```
LEVEL ...
CONNECT BY [NOCYCLE] PRIOR 连接条件
[START WITH 开始条件]
```

以上的 3 个操作语法需要用户嵌入到标准 SQL 语句中才可以使用，在这之前我们首先研究一下此语法的组成。

- ☑ LEVEL：可以根据数据所处的层次结构实现自动的层次编号，例如，1、2、3。
- ☑ CONNECT BY：指的是数据之间的连接，例如雇员数据依靠 mgr 找到其领导，就是一个连接条件，其中 NOCYCLE 需要结合 CONNECT_BY_ISCYCLE 伪列确定出父子节点循环关系。
- ☑ START WITH：根节点数据的开始条件。

范例 8-67： 观察分层的基本关系。

```
SELECT empno,LPAD('|- ' , LEVEL * 2 , ' ') || ename empname ,mgr,LEVEL
FROM emp
CONNECT BY PRIOR empno=mgr
START WITH mgr IS NULL ;
```

查询结果： 通过 SQL Developer 输出，如图 8-91 所示。

本程序根据雇员的领导关系，设置了一个基本的层次。利用 LEVEL 可以自动地根据所在层生成一个序号，而之所以在本程序之中使用了 LPAD()函数，就是为了让层次结构看起来更加清晰，如果不使用此函数，最终显示结果如图 8-92 所示。

	EMPNO	EMPNAME	MGR	LEVEL
1	7839	|-KING	(null)	1
2	7566	|- JONES	7839	2
3	7788	|- SCOTT	7566	3
4	7876	|- ADAMS	7788	4
5	7902	|- FORD	7566	3
6	7369	|- SMITH	7902	4
7	7698	|- BLAKE	7839	2
8	7499	|- ALLEN	7698	3
9	7521	|- WARD	7698	3
10	7654	|- MARTIN	7698	3
11	7844	|- TURNER	7698	3
12	7900	|- JAMES	7698	3
13	7782	|- CLARK	7839	2
14	7934	|- MILLER	7782	3

图 8-91 使用 LPAD()函数控制结构

	EMPNO	EMPNAME	MGR	LEVEL
1	7839	KING	(null)	1
2	7566	JONES	7839	2
3	7788	SCOTT	7566	3
4	7876	ADAMS	7788	4
5	7902	FORD	7566	3
6	7369	SMITH	7902	4
7	7698	BLAKE	7839	2
8	7499	ALLEN	7698	3
9	7521	WARD	7698	3
10	7654	MARTIN	7698	3
11	7844	TURNER	7698	3
12	7900	JAMES	7698	3
13	7782	CLARK	7839	2
14	7934	MILLER	7782	3

图 8-92 不使用 LPAD()函数控制结构

虽然观察了分层语法的基本使用，但是相信还有一部分读者无法理解，为了让读者更好地理解层次的概念，下面采用树状模型为读者描述程序分层的形式，如图 8-93 所示。

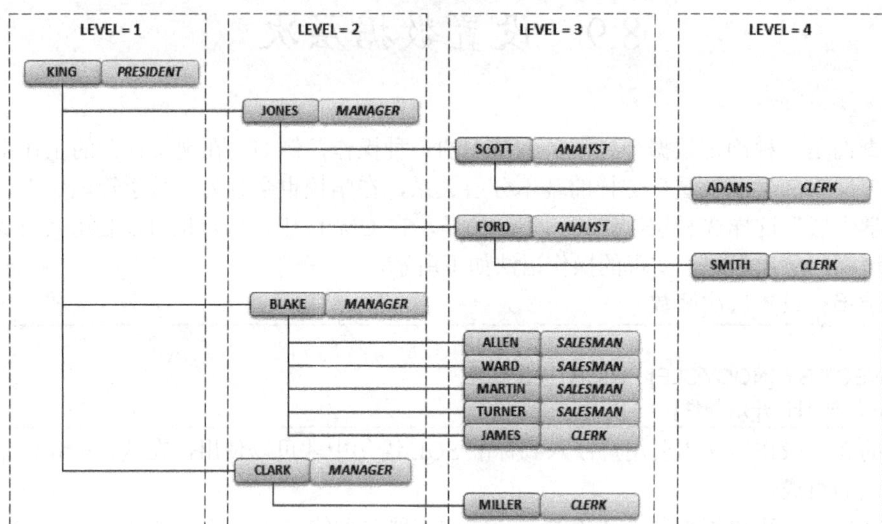

图 8-93　层次结构

1．CONNECT_BY_ISLEAF 伪列

在一个树状结构中，节点会分为两种，即根节点、叶子节点，用户可以利用 CONNECT_BY_ISLEAF 伪列判断某一个节点是根节点还是叶子节点，如果此列返回的是数字 0，则表示根节点；如果返回为 1，则表示为叶子节点。

范例 8-68：利用 CONNECT_BY_ISLEAF 判断某一个节点是根节点还是叶子节点。

```
SELECT empno,LPAD('|- ' , LEVEL * 2 , ' ') || ename empname ,mgr,LEVEL ,
      DECODE (CONNECT_BY_ISLEAF , 0 , '根节点' , 1 , '      叶子节点') isleaf
FROM emp
CONNECT BY PRIOR empno=mgr
START WITH mgr IS NULL ;
```

查询结果：通过 SQL Developer 输出，如图 8-94 所示。

	EMPNO	EMPNAME	MGR	LEVEL	ISLEAF
1	7839	|-KING	(null)	1	根节点
2	7566	|- JONES	7839	2	根节点
3	7788	|- SCOTT	7566	3	根节点
4	7876	|- ADAMS	7788	4	叶子节点
5	7902	|- FORD	7566	3	根节点
6	7369	|- SMITH	7902	4	叶子节点
7	7698	|- BLAKE	7839	2	根节点
8	7499	|- ALLEN	7698	3	叶子节点
9	7521	|- WARD	7698	3	叶子节点
10	7654	|- MARTIN	7698	3	叶子节点
11	7844	|- TURNER	7698	3	叶子节点
12	7900	|- JAMES	7698	3	叶子节点
13	7782	|- CLARK	7839	2	根节点
14	7934	|- MILLER	7782	3	叶子节点

图 8-94　判断根节点或者是叶子节点

2．CONNECT_BY_ROOT 列语句

CONNECT_BY_ROOT 的主要作用是取得某一个字段在本次分层中的根节点数据名称，例

如，如果按照领导层次划分，则所有数据的根节点都应该是 KING。

范例 8-69：使用 CONNECT_BY_ROOT 语句。

```
SELECT empno,LPAD('|- ' , LEVEL * 2 , ' ') || ename empname ,mgr,LEVEL ,
      CONNECT_BY_ROOT ename
FROM emp
CONNECT BY PRIOR empno=mgr
START WITH empno=7566 ;    ➔  此处直接从 7566 数据开始列出
```

查询结果：通过 SQL Developer 输出，如图 8-95 所示。

	EMPNO	EMPNAME	MGR	LEVEL	CONNECT_BY_ROOTENAME
1	7566	|-JONES	7839	1	JONES
2	7788	|- SCOTT	7566	2	JONES
3	7876	|- ADAMS	7788	3	JONES
4	7902	|- FORD	7566	2	JONES
5	7369	|- SMITH	7902	3	JONES

图 8-95　输出根节点

通过程序可以发现，CONNECT_BY_ROOT 语句会根据根节点的起始位置开始列出节点数据。如果从 KING 开始，则输出为 KING，如果从 JONES，则输出为 JONES。

3．SYS_CONNECT_BY_PATH (列, char)函数

用户可以利用 SYS_CONNECT_BY_PATH()函数按照给出的节点关系，自动地将当前根节点中的所有相关路径进行显示。

范例 8-70：使用 SYS_CONNECT_BY_PATH()函数取得节点路径信息。

```
SELECT empno,LPAD('|- ' , LEVEL * 2 , ' ') || SYS_CONNECT_BY_PATH(ename,' => ')
empname ,mgr,LEVEL ,
      DECODE (CONNECT_BY_ISLEAF , 0 , '根节点' , 1 , '    叶子节点') isleaf
FROM emp
CONNECT BY PRIOR empno=mgr
START WITH mgr IS NULL ;
```

查询结果：通过 SQL Developer 输出，如图 8-96 所示。

	EMPNO	EMPNAME	MGR	LEVEL	ISLEAF
1	7839	|- => KING	(null)	1	根节点
2	7566	|- => KING => JONES	7839	2	根节点
3	7788	|- => KING => JONES => SCOTT	7566	3	根节点
4	7876	|- => KING => JONES => SCOTT => ADAMS	7788	4	叶子节点
5	7902	|- => KING => JONES => FORD	7566	3	根节点
6	7369	|- => KING => JONES => FORD => SMITH	7902	4	叶子节点
7	7698	|- => KING => BLAKE	7839	2	根节点
8	7499	|- => KING => BLAKE => ALLEN	7698	3	叶子节点
9	7521	|- => KING => BLAKE => WARD	7698	3	叶子节点
10	7654	|- => KING => BLAKE => MARTIN	7698	3	叶子节点
11	7844	|- => KING => BLAKE => TURNER	7698	3	叶子节点
12	7900	|- => KING => BLAKE => JAMES	7698	3	叶子节点
13	7782	|- => KING => CLARK	7839	2	根节点
14	7934	|- => KING => CLARK => MILLER	7782	3	叶子节点

图 8-96　节点路径

此时所有的节点数据都进行了路径的输出，如果现在不希望某个节点被显示，则只需要在 START WITH 后面增加过滤条件即可，例如，empno!=7698，就表示 7698 这个节点的数据不被显示。

范例 8-71：去掉某一节点。

```
SELECT  empno,LPAD('|-  ' ,  LEVEL  *  2 ,  ' ') || SYS_CONNECT_BY_PATH(ename,' =>  ')
empname ,mgr,LEVEL ,
        DECODE (CONNECT_BY_ISLEAF , 0 , '根节点' , 1 , '      叶子节点') isleaf
FROM emp
CONNECT BY PRIOR empno=mgr AND empno!=7698
START WITH mgr IS NULL ;
```

查询结果：通过 SQL Developer 输出，如图 8-97 所示。

	EMPNO	EMPNAME	MGR	LEVEL	ISLEAF
1	7839	|- => KING	(null)	1	根节点
2	7566	|- => KING => JONES	7839	2	根节点
3	7788	|- => KING => JONES => SCOTT	7566	3	根节点
4	7876	|- => KING => JONES => SCOTT => ADAMS	7788	4	叶子节点
5	7902	|- => KING => JONES => FORD	7566	3	根节点
6	7369	|- => KING => JONES => FORD => SMITH	7902	4	叶子节点
7	7782	|- => KING => CLARK	7839	2	根节点
8	7934	|- => KING => CLARK => MILLER	7782	3	叶子节点

图 8-97　取消 7698 节点

4．ORDER SIBLINGS BY 字段语句

在使用层次查询进行数据显示时，如果用户直接使用 ORDER BY 子句进行指定字段的排序，有可能会破坏数据的组成结构。下面首先通过如下代码为读者演示问题。

范例 8-72：破坏程序结构的显示。

```
SELECT ename,LPAD('|- ' , LEVEL * 2 , ' ') || ename empname ,LEVEL ,
        DECODE (CONNECT_BY_ISLEAF , 0 , '根节点' , 1 , '      叶子节点') isleaf
FROM emp
CONNECT BY PRIOR empno=mgr
START WITH mgr IS NULL
ORDER BY ename ;
```

查询结果：通过 SQL Developer 输出，如图 8-98 所示。

通过图 8-90 的输出可以发现，此时最终的数据将按照 ename 进行排序，这样一来，会发现所有节点的关系都被破坏了，而最好的显示效果应该是图 8-99 所示，所以要想保持这个数据结构，只能够使用 ORDER SIBLINGS BY 字段的语法格式进行设置。

	ENAME	EMPNAME	LEVEL	ISLEAF
1	ADAMS	|- ADAMS	4	叶子节点
2	ALLEN	|- ALLEN	3	叶子节点
3	BLAKE	|- BLAKE	2	根节点
4	CLARK	|- CLARK	2	根节点
5	FORD	|- FORD	3	根节点
6	JAMES	|- JAMES	3	叶子节点
7	JONES	|- JONES	2	根节点
8	KING	|-KING	1	根节点
9	MARTIN	|- MARTIN	3	叶子节点
10	MILLER	|- MILLER	3	叶子节点
11	SCOTT	|- SCOTT	3	根节点
12	SMITH	|- SMITH	4	叶子节点
13	TURNER	|- TURNER	3	叶子节点
14	WARD	|- WARD	3	叶子节点

图 8-98　破坏层次结构

	ENAME	EMPNAME	LEVEL	ISLEAF
1	KING	|-KING	1	根节点
2	BLAKE	|- BLAKE	2	根节点
3	ALLEN	|- ALLEN	3	叶子节点
4	JAMES	|- JAMES	3	叶子节点
5	MARTIN	|- MARTIN	3	叶子节点
6	TURNER	|- TURNER	3	叶子节点
7	WARD	|- WARD	3	叶子节点
8	CLARK	|- CLARK	2	根节点
9	MILLER	|- MILLER	3	叶子节点
10	JONES	|- JONES	2	根节点
11	FORD	|- FORD	3	根节点
12	SMITH	|- SMITH	4	叶子节点
13	SCOTT	|- SCOTT	3	根节点
14	ADAMS	|- ADAMS	4	叶子节点

图 8-99　保持层次结构

范例 8-73：利用 ORDER SIBLINGS 保持层次关系。

```
SELECT ename,LPAD('|- ' , LEVEL * 2 , ' ') || ename empname ,LEVEL ,
       DECODE (CONNECT_BY_ISLEAF , 0 , '根节点' , 1 , '      叶子节点') isleaf
FROM emp
CONNECT BY PRIOR empno=mgr
START WITH mgr IS NULL
ORDER siblings BY ename ;
```

查询结果： 通过 SQL Developer 输出，如图 8-99 所示。

5. CONNECT_BY_ISCYCLE 伪列

在进行数据层次设计的过程中，最重要的是根据指定的数据列确定数据间的层次关系，但是有时也可能出现死循环。例如 KING 的领导是 BLAKE，而 BLAKE 的领导是 KING 就表示一个循环关系。为了判断循环关系的出现，在 Oracle 中也提供了一个 CONNECT_BY_ISCYCLE 伪列，来判断是否会出现循环，如果出现循环，则显示 1；如果没有出现循环，则显示 0。同时如果要判断是否为循环节点，还需要 **NOCYCLE** 的支持。

> **提示：本操作需要更新 emp 数据表。**
>
> 如果要操作以下代码，则需要将 emp 表的数据进行更新，将雇员编号是 7839 的领导编号（mgr）更改为 BLAKE 的雇员编号（7698），所以可以首先执行如下代码。
>
> **范例 8-74：** 将 KING 的领导编号变为 7698。
>
> ```
> UPDATE emp SET mgr=7698 WHERE empno=7839 ;
> ```
>
> 测试完成后建议将数据修改为原始数据，使用“UPDATE emp SET mgr=null WHERE empno=7839 ;”而此语句的解释在第 9 章中会为读者详细讲解。

范例 8-75： 判断循环。

```
SELECT ename,LPAD('|- ' , LEVEL * 2 , ' ') || ename empname ,LEVEL ,
       DECODE (CONNECT_BY_ISLEAF , 0 , '根节点' , 1 , '      叶子节点') isleaf ,
       DECODE(CONNECT_BY_ISCYCLE , 0 , '【√】没有循环' , 1 , '〖×〗存在循环') iscycle
FROM emp
CONNECT BY NOCYCLE PRIOR empno=mgr
START WITH empno=7839
ORDER siblings BY ename ;
```

查询结果： 通过 SQL Developer 输出，如图 8-100 所示。

	ENAME	EMPNAME	LEVEL	ISLEAF	ISCYCLE
1	KING	|-KING	1	根节点	【√】没有循环
2	BLAKE	|- BLAKE	2	根节点	〖×〗存在循环
3	ALLEN	|- ALLEN	3	叶子节点	【√】没有循环
4	JAMES	|- JAMES	3	叶子节点	【√】没有循环
5	MARTIN	|- MARTIN	3	叶子节点	【√】没有循环
6	TURNER	|- TURNER	3	叶子节点	【√】没有循环
7	WARD	|- WARD	3	叶子节点	【√】没有循环
8	CLARK	|- CLARK	2	根节点	【√】没有循环
9	MILLER	|- MILLER	3	叶子节点	【√】没有循环
10	JONES	|- JONES	2	根节点	【√】没有循环
11	FORD	|- FORD	3	根节点	【√】没有循环
12	SMITH	|- SMITH	4	叶子节点	【√】没有循环
13	SCOTT	|- SCOTT	3	根节点	【√】没有循环
14	ADAMS	|- ADAMS	4	叶子节点	【√】没有循环

图 8-100　判断循环

此时，在列出 BLAKE 节点时，即可发现出现了“〖×〗存在循环”的信息提示，而其他没有循环的节点，则正常进行数据的显示。

Note

8.10 本章小结

1．子查询指的是在一个完整查询中嵌入的多个小查询，根据要求不同，子查询可以出现在查询语句的任意位置上，但是在 FROM、WHERE、HAVING 子句之后出现的情况较多。

2．根据子查询返回的结果分为：单行单列子查询、单行多列子查询、多行单列子查询、多行多列子查询 4 种。

3．如果子查询返回的是多行单列数据，则可以使用 IN、ANY、ALL 进行判断。

4．子查询、限定查询、多表查询、统计查询结合在一起可以完成复杂查询操作。

5．分析函数可以方便地提供数据的分区、排序、分窗等功能，方便用户进行数据的统计操作。

6．行列转换操作除了使用复杂 SQL 外，还可以利用 PIVOT()与 UNPIVOT()函数实现。

7．利用分层操作语句可以实现指定数据的层次结构显示。

第9章 更新及事务处理

通过本章的学习，可以达到以下目标：

☑ 掌握数据表的增加、修改、删除操作。

☑ 掌握事务处理的主要作用及操作命令。

☑ 了解数据库锁的概念。

在 SQL 语法中，数据库的查询是一个较为麻烦且重要的操作，但是在实际工作中只依靠查询是不够的，还必须能对数据库进行更新操作，例如添加数据、删除数据、修改数据等，本章将为读者讲解数据库的更新操作语法及事务处理操作。

9.1 更新操作前的准备

Note

数据库的更新操作是一项“危险”的操作，因为其会直接修改具体的数据，但是对于 c##scott 用户下原有的数据表（emp、dept 等）在以后的开发中还要继续使用，为了避免与约束这一概念混淆，先将 emp 表使用如下的语法复制为 myemp 表。

范例 9-1：复制 emp 表 —— 新的表名称为 myemp。

```
CREATE TABLE myemp AS SELECT * FROM emp ;
```

执行完本语句之后，可以通过如下语句查询是否已经复制成功。

范例 9-2：查看 c##scott 用户的全部表。

```
SELECT * FROM tab ;
```

查询结果：通过 SQL Developer 输出，如图 9-1 所示。

	TNAME	TABTYPE	CLUSTERID
1	MYEMP	TABLE	(null)
2	SALGRADE	TABLE	(null)
3	BONUS	TABLE	(null)
4	EMP	TABLE	(null)
5	DEPT	TABLE	(null)

图 9-1　myemp 表创建成功

提示：关于表复制操作的说明。

这种表复制的语法只是针对 Oracle 数据库上才可以使用，本书将在后面的章节为读者详细讲解表的创建语法，此处读者只需要直接执行复制语法即可。

emp 表复制完成之后，在 myemp 表中会存在与 emp 表同样的数据，下面查询 myemp 表进行验证。

范例 9-3：查询 myemp 表中是否存在数据。

```
SELECT * FROM myemp ;
```

查询结果：通过 SQL Developer 输出，如图 9-2 所示。

	EMPNO	ENAME	JOB	MGR	HIREDATE	SAL	COMM	DEPTNO
1	7369	SMITH	CLERK	7902	17-12月-80	800	(null)	20
2	7499	ALLEN	SALESMAN	7698	20-2月 -81	1600	300	30
3	7521	WARD	SALESMAN	7698	22-2月 -81	1250	500	30
4	7566	JONES	MANAGER	7839	02-4月 -81	2975	(null)	20
5	7654	MARTIN	SALESMAN	7698	28-9月 -81	1250	1400	30
6	7698	BLAKE	MANAGER	7839	01-5月 -81	2850	(null)	30
7	7782	CLARK	MANAGER	7839	09-6月 -81	2450	(null)	10
8	7788	SCOTT	ANALYST	7566	13-7月 -87	3000	(null)	20
9	7839	KING	PRESIDENT	(null)	17-11月-81	5000	(null)	10
10	7844	TURNER	SALESMAN	7698	08-9月 -81	1500	0	30
11	7876	ADAMS	CLERK	7788	13-7月 -87	1100	(null)	20
12	7900	JAMES	CLERK	7698	03-12月-81	950	(null)	30
13	7902	FORD	ANALYST	7566	03-12月-81	3000	(null)	20
14	7934	MILLER	CLERK	7782	23-1月 -82	1300	(null)	10

图 9-2　myemp 表中的全部记录

如图 9-2 所示，现在 myemp 表中已经有了 emp 表中的全部记录，下面就以 myemp 表开始进行表的更新操作。

9.2　数据的增加操作

数据增加操作指的是向数据表中添加一条新的记录，对于数据的插入通常有以下两种形式。

☑　形式一：插入一条新的数据，见语法 9-1。

☑　形式二：插入子查询的返回结果，见语法 9-2。

语法 9-1：增加数据语法——增加新数据

```
INSERT INTO 表名称 [(列 1,列 2,列 3,…)] VALUES (值 1,值 2,值 3,…) ;
```

语法 9-2：增加数据语法——增加查询记录

```
INSERT INTO 表名称 [(列 1,列 2,列 3,…)] 子查询 ;
```

读者现在所接触到的数据主要有 3 种（VARCHAR2、NUMBER、DATE），这 3 种数据在增加语法之中的编写要求如下。

☑　NUMBER 类型：直接编写，例如 123。

☑　VARCHAR2 类型：使用“'”声明，例如“'MLDN'”（CLOB 类型也按照同样的方式进行）。

☑　DATE 类型：可以按照已有的日期格式编写字符串，例如“'22-2 月 -81'”，或者是使用 TO_DATE()函数将字符串变为 DATE 型数据，如果为当前日期时间，则直接使用 SYSDATE。

9.2.1　增加数据

下面通过几个范例为读者演示增加新数据的操作方法。

注意：所有的更新操作会返回更新行数。

使用过 Java 开发的读者应该清楚，在执行更新操作时，都会返回每次执行更新影响的数据行数，并且通过这一数值来判断操作是否成功，而在 Oracle 中直接执行更新操作命令后也会返回影响的数据行数。这一点读者可以通过 SQLPlus 工具自行观察。

范例 9-4：向 myemp 数据表中增加一条新的数据。

☑　【推荐】使用完整语法进行数据增加时需要写上要增加的数据列的名称。

```
INSERT INTO myemp(empno,job,hiredate,ename,mgr,sal,comm,deptno)
    VALUES (8888,'CLERK',SYSDATE,'李兴华',7369,800,100,20);
```

☑　【不推荐】使用简化语法增加数据时需要按照列的顺序增加，否则将出现错误。

```
INSERT INTO myemp VALUES (8899,'魔乐科技','MANAGER',7369,TO_DATE ('1981-09-19',
'yyyy-mm-dd'),1000,100,20);
```

此时，通过这两条命令，将两条记录（编号为 8888 与 8899 两个雇员）保存在了 myemp 表中，为了验证数据是否存在，下面直接查询 myemp 表数据。

提示：不建议使用简便写法。

虽然 SQL 语句提供了插入的简便写法，但是笔者在这里强烈建议读者还是按照之前的完整格式编写，因为简便写法要求使用者必须清楚地知道字段的顺序。如果表结构简单还可以，但如果表结构非常复杂，则就是一件很复杂的事情了，而且在项目维护时，清楚地写上要操作的数据字段比使用简便语法更加方便，所以在编写插入语句时，应该明确地写上要插入字段的名称，养成一个良好的编程习惯。在本系列已出版书籍《Java 开发实战经典》和《Java Web 开发实战经典（基础篇）》中，即采用完整结构编写程序的，但是在部分地方为了可以让读者加深对这两者操作的认识，在视频中也会通过举例的方式为读者说明。

范例 9-5：查询 myemp 表中的全部记录。

```
SELECT * FROM myemp ;
```

查询结果：通过 SQL Developer 输出，如图 9-3 所示。

	EMPNO	ENAME	JOB	MGR	HIREDATE	SAL	COMM	DEPTNO
1	7369	SMITH	CLERK	7902	17-12月-80	800	(null)	20
2	7499	ALLEN	SALESMAN	7698	20-2月 -81	1600	300	30
3	7521	WARD	SALESMAN	7698	22-2月 -81	1250	500	30
4	7566	JONES	MANAGER	7839	02-4月 -81	2975	(null)	20
5	7654	MARTIN	SALESMAN	7698	28-9月 -81	1250	1400	30
6	7698	BLAKE	MANAGER	7839	01-5月 -81	2850	(null)	30
7	7782	CLARK	MANAGER	7839	09-6月 -81	2450	(null)	10
8	7788	SCOTT	ANALYST	7566	13-7月 -87	3000	(null)	20
9	7839	KING	PRESIDENT	(null)	17-11月-81	5000	(null)	10
10	7844	TURNER	SALESMAN	7698	08-9月 -81	1500	0	30
11	7876	ADAMS	CLERK	7788	13-7月 -87	1100	(null)	20
12	7900	JAMES	CLERK	7698	03-12月-81	950	(null)	30
13	7902	FORD	ANALYST	7566	03-12月-81	3000	(null)	20
14	7934	MILLER	CLERK	7782	23-1月 -82	1300	(null)	10
15	8888	李兴华	CLERK	7369	24-9月 -13	800	100	20
16	8899	魔乐科技	MANAGER	7369	19-9月 -81	1000	100	20

图 9-3　数据已经增加完成

提问：好多的“'”，看着比较乱？

在之前的增加语句中，在设置插入内容的时候，有些数值使用了“'”声明，而有些数值却没有使用“'”，这个有什么规律吗？

回答：字符串要使用“'”，而数字不用。

如果一个 SQL 语句中包含了字符串，则字符串必须使用“'”声明，如果插入的内容是数字，则不用“'”声明。例如，雇员姓名就是字符串（VARCHAR2），所以插入数值的时候格式为“'李兴华'”，而基本工资是数字（NUMBER(7,2)），所以插入数值的时候直接写上数字 800 即可。

范例 9-6：增加一个没有领导、没有部门、没有奖金的新雇员。

☑　【推荐】使用完整语法完成，编写时只需要编写所需要的数据列即可。

```
INSERT INTO myemp(empno,ename,job,hiredate,sal)
    VALUES (6612,'李楠','CLERK',TO_DATE('1989-09-19','yyyy-mm-dd'),600);
```

☑　【不推荐】使用简化语法完成，对于需要设置 null 的数据，要明确地写出 null。

```
INSERT INTO myemp VALUES (6616,'李楠','CLERK',null,TO_DATE('1989-09-19', 'yyyy-mm-dd'),600,null,null);
```

以上的两条插入语句执行完毕后，查询一下 myemp 表中的记录，观察数据是否已经存在。

范例 9-7：查询 myemp 表中是否存在编号为 6612 和 6616 的信息。

```
SELECT * FROM myemp WHERE empno IN(6612,6616) ;
```

查询结果：通过 SQL Developer 输出，如图 9-4 所示。

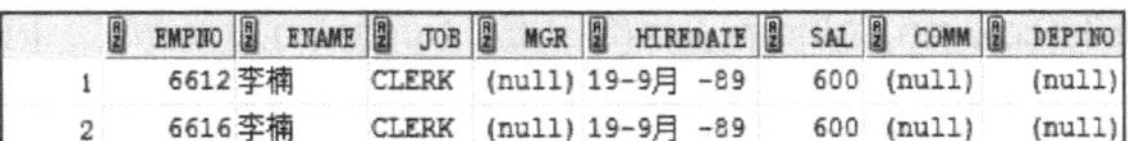

	EMPNO	ENAME	JOB	MGR	HIREDATE	SAL	COMM	DEPTNO
1	6612	李楠	CLERK	(null)	19-9月 -89	600	(null)	(null)
2	6616	李楠	CLERK	(null)	19-9月 -89	600	(null)	(null)

图 9-4　数据已经增加成功

9.2.2　增加子查询结果数据

以上的操作是由用户自己设置要增加的新数据，在 SQL 语句中，也可以将一组子查询的返回结果作为要插入的数据。

范例 9-8：通过子查询增加 myemp 表数据。

☑　编写完整格式将 20 部门雇员的信息插入 myemp 表中。

```
INSERT INTO myemp(empno,ename,job,mgr,hiredate,sal,comm,deptno) SELECT * FROM emp WHERE deptno=20 ;
```

☑　编写简写格式将 10 部门雇员的信息插入 myemp 表中。

```
INSERT INTO myemp SELECT * FROM emp WHERE deptno=10 ;
```

范例 9-9：查询 myemp 表中的数据。

```
SELECT * FROM myemp ;
```

查询结果：通过 SQL Developer 输出，如图 9-5 所示（部分显示）。

19	7369	SMITH	CLERK	7902	17-12月-80	800	(null)	20
20	7566	JONES	MANAGER	7839	02-4月 -81	2975	(null)	20
21	7788	SCOTT	ANALYST	7566	13-7月 -87	3000	(null)	20
22	7876	ADAMS	CLERK	7788	13-7月 -87	1100	(null)	20
23	7902	FORD	ANALYST	7566	03-12月-81	3000	(null)	20
24	7782	CLARK	MANAGER	7839	09-6月 -81	2450	(null)	10
25	7839	KING	PRESIDENT	(null)	17-11月-81	5000	(null)	10
26	7934	MILLER	CLERK	7782	23-1月 -82	1300	(null)	10

图 9-5　在 myemp 表中增加的数据（部分显示）

在通过子查询设置增加数据时，增加的数据列的默认顺序和子查询返回列的顺序一致，如果从这一点来讲，使用简写形式反而会相对简单，而面对两种增加数据的操作，还是第一种增加数据的格式使用较多，因此读者一定要重点掌握第一种增加语法。

9.3　数据的更新操作

数据库的更新操作主要是指对数据表中的数据进行修改，与数据的增加一样，在数据修改的时候有以下两种形式。

☑ 形式一：由用户自己指定要更新数据的内容，见语法 9-3。

☑ 形式二：基于子查询的更新，见语法 9-4。

语法 9-3：数据的更新操作——由用户自己指定更新数据

```
UPDATE 表名称 SET 字段=值 [,字段=值,...] [WHERE 更新条件(s)]
```

语法 9-4：数据的更新操作——基于另一张表的数据更新

```
UPDATE 表名称 SET (column,column,...)=(SELECT column,column,... FROM table WHERE 查询条件(s))
```

在这里需要提醒读者，在编写更新语句时建议加上完整的更新条件，如果不写更新条件，则表示更新全部数据，下面通过一些具体的范例为读者演示数据的更新操作。

9.3.1 由用户指定更新数据

在更新数据时，每一列的具体内容将由用户自己设置，在设置数据时一定要注意，字符串数据要使用“'”声明，而数字型数据可以直接编写，日期型数据要使用 TO_DATE()转换等，下面通过具体的范例进行操作的演示。

范例 9-10：将 SMITH（雇员编号为 7369）的工资修改为 3000 元，并且每个月有 500 元的奖金。

```
UPDATE myemp SET sal=3000,comm=500 WHERE empno=7369 ;
```

更新完成后，可以使用如下的查询语句验证 SMITH 的工资和奖金是否已经成功地修改。

范例 9-11：查询 SMITH 的完整信息。

```
SELECT * FROM myemp WHERE empno=7369 ;
```

查询结果： 通过 SQL Developer 输出，如图 9-6 所示。

	EMPNO	ENAME	JOB	MGR	HIREDATE	SAL	COMM	DEPTNO
1	7369	SMITH	CLERK	7902	17-12月-80	3000	500	20

图 9-6 查询 SMITH 的信息

范例 9-12：将工资低于公司平均薪金的雇员的基本工资上涨 20%。

分析： 公司的平均薪金要使用 AVG()函数计算求出，而后在更新的 WHERE 子句中只需要判断每一个雇员的工资是否小于统计的结果即可。

```
UPDATE myemp SET sal=sal*1.2
WHERE sal<(
  SELECT AVG(sal) FROM myemp) ;
```

范例 9-13：一次性上涨公司全部雇员的基本工资，每个雇员的基本工资上涨 10%。

```
UPDATE myemp SET sal=sal*1.1 ;
```

由于现在的操作要更新的是 myemp 表的全部记录，所以不需要编写任何的更新条件，即可以不使用 WHERE 子句。

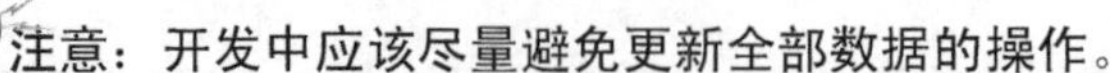

注意：开发中应该尽量避免更新全部数据的操作。

在项目开发的时候，对于数据表的更新操作，建议使用 WHERE 子句对部分数据进行更

新，而不需更新全部的操作，为了说明这个问题可以简单地做一个分析。

假设现在更新一条数据所要花费的时间是 0.01s，表中现在存在 50 万条记录，则更新完全部数据表所花费的时间是 500000 × 0.01s = 5000s，即 80 多分钟，这样不仅性能很低，而且考虑到事务的处理问题，在这么长的时间内其他用户是不可以更新数据表的，所以这种操作是不可取的。

关于事务处理的部分在本章后面会有讲解。

9.3.2　使用已有数据更新数据表

更新操作时也可以使用已有数据表的数据进行更新的操作，下面通过一个具体的范例为读者解释此操作。

范例 9-14： 将雇员 7369 的职位、基本工资、雇佣日期更新为与 7839 相同的信息。

```
UPDATE myemp SET(job,sal,hiredate)=(
    SELECT job,sal,hiredate
    FROM myemp
    WHERE empno=7839)
WHERE empno=7369 ;
```

范例 9-15： 查询更新后的 7369 和 7839 的雇员完整信息。

```
SELECT * FROM myemp WHERE empno IN (7369,7839) ;
```

查询结果： 通过 SQL Developer 输出，如图 9-7 所示。

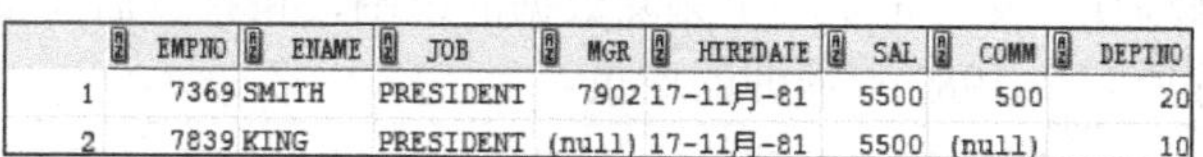

	EMPNO	ENAME	JOB	MGR	HIREDATE	SAL	COMM	DEPTNO
1	7369	SMITH	PRESIDENT	7902	17-11月-81	5500	500	20
2	7839	KING	PRESIDENT	(null)	17-11月-81	5500	(null)	10

图 9-7　更新后的数据

通过更新可以发现，此时 7839 和 7369 的职位、基本工资、雇佣日期完全一样。

9.4　数据的删除操作

当数据表中的某些数据不再需要时，可以通过删除语句将其删除，删除语句的语法如下所示。

语法 9-5： 数据的删除操作

```
DELETE FROM 表名称 [WHERE 删除条件] ;
```

在删除数据时如果没有指定删除条件，就表示删除全部数据。对于删除条件，用户也可以直接使用子查询。

范例 9-16： 删除雇员编号是 7566 的雇员信息。

```
DELETE FROM myemp WHERE empno=7566 ;
```

范例 9-17： 验证 7566 雇员的信息是否还存在。

```
SELECT * FROM myemp WHERE empno=7566 ;
```

查询结果：通过 SQL Developer 输出，如图 9-8 所示。

EMPNO	ENAME	JOB	MGR	HIREDATE	SAL	COMM	DEPTNO

图 9-8　7566 雇员信息已经被删除

范例 9-18：删除 30 部门内的所有雇员。

```
DELETE FROM myemp WHERE deptno=30 ;
```

范例 9-19：查询 30 部门是否还存在雇员。

```
SELECT * FROM myemp WHERE deptno=30 ;
```

查询结果：通过 SQL Developer 输出，如图 9-9 所示。

EMPNO	ENAME	JOB	MGR	HIREDATE	SAL	COMM	DEPTNO

图 9-9　30 部门雇员已经被清除干净

注意：不写删除条件表示删除全部。

如果在使用删除语句时没有编写删除条件（例如，DELETE FROM myemp），则意味着将清空这张表的全部信息，但是这样清空全部的操作依然和更新全部操作一样，都需要较长的时间，所以不建议使用。

范例 9-20：删除雇员编号为 7369、7566、7788 的雇员信息。

```
DELETE FROM myemp WHERE empno IN (7369,7566,7788) ;
```

程序在删除的时候使用 IN 指定了一个删除数据的范围，执行之后 3 条数据会被删除。

范例 9-21：删除所有在 1987 年雇佣的雇员。

```
DELETE FROM myemp WHERE TO_CHAR(hiredate,'yyyy')='1987' ;
```

程序使用 TO_CHAR()函数从日期中取出年份，执行完成后所有 1987 年雇佣的雇员将被删除。

范例 9-22：删除公司工资最高的雇员。

分析：公司最高的工资可以通过 MAX()函数求出，而此时返回单行单列，则可以直接在 WHERE 子句中使用子查询。

```
DELETE FROM myemp WHERE sal=(
      SELECT MAX(sal) FROM myemp) ;
```

执行完毕后，公司工资最高的雇员（KING 的工资为 5000 元）会被删除。

9.5　事务处理

事务处理在数据库开发中有非常重要的作用，所谓的事务，核心概念就是指一个 SESSION 所进行的所有更新操作要么一起成功，要么一起失败，事务本身具有原子性（Atomicity）、一致性（Consistency）、隔离性或独立性（Isolation）、持久性（Durability）4 个特征，以上的 4 个特征也被称为 ACID 特征。

提示：关于 SESSION 的解释。

SESSION 的中文含义表示的是会话，会话表示的是每一个用户的信息，即，每一个连接到服务器上的用户在 Oracle 中都使用一个 SESSION 的概念来表示，每个 SESSION 拥有独立的事务操作。

- ☑ 原子性（Atomicity）：原子性是事务最小的单元，是不可再分割的单元，相当于一个个小的数据库操作，这些操作必须同时完成，如果有一个失败了，则一切的操作将全部失败。如图 9-10 所示，用户 A 的转账操作和用户 B 的接账操作分别是两个不可再分的原子性操作，如果用户 A 的转账操作失败，则用户 B 的接账操作也无法成功。
- ☑ 一致性（Consistency）：指的是在数据库操作的前后是完全一致的，保证数据的有效性，如果事务正常操作则系统会维持有效性，如果事务出现了错误，则回到最原始状态，也要维持其有效性，这样保证事务开始时和结束时系统处于一致状态。如图 9-10 所示，如果用户 A 和用户 B 转账操作成功，则保持其一致性，如果现在用户 A 和用户 B 的转账操作失败，则保持操作之前的一致性，即 A 的钱不会减少，B 的钱不会增加。
- ☑ 隔离性（Isolation）：多个事务可以同时进行且彼此之间无法访问，只有当事务完成最终操作的时候，才可以看见结果。
- ☑ 持久性（Durability）：当一个系统崩溃时，一个事务依然可以坚持提交，当一个事务完成后，操作的结果保存在磁盘中，永远不会被回滚。如图 9-10 所示，所有的资金数都保存在磁盘中，所以即使系统发生了错误，用户的资金也不会减少。

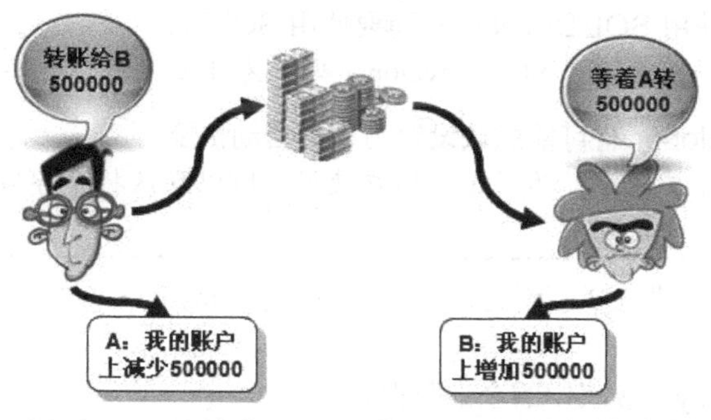

图 9-10　事务处理

提示：在程序开发中也存在事务处理的概念。

数据库的事务处理是在程序开发中最重要的一个概念，如果读者想了解更多关于程序中事务处理的概念，可以参考《Java 开发实战经典》第 17 章的内容。

在 Oracle 数据库中，提供了如下几个命令以进行数据库的事务处理，这几个命令如表 9-1 所示。

表 9-1　Oracle 中事务操作命令

No.	命　　令	描　　述
1	SET AUTOCOMMIT=OFF	取消自动提交处理，开启事务处理
2	SET AUTOCOMMIT=ON	打开自动提交处理，关闭事务处理

续表

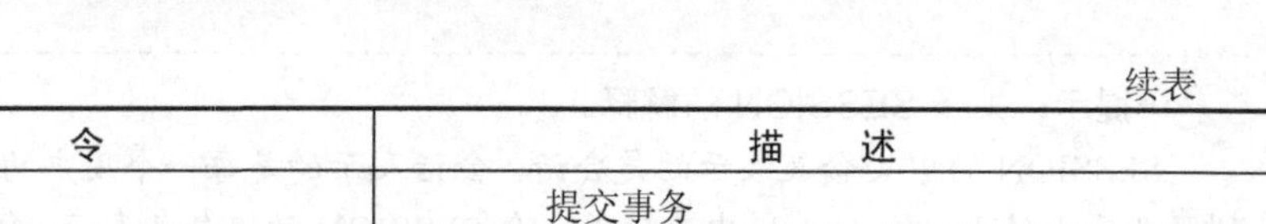

No.	命　令	描　述
3	COMMIT	提交事务
4	ROLLBACK TO [回滚点]	回滚操作
5	SAVEPOINT 事务保存点名称	设置事务保存点

Note

在 Oracle 数据库中，每个连接到此数据库的用户都是一个 SESSION，每个 SESSION 都拥有独立的事务，都可以使用表 9-1 中的事务操作命令，不同的 SESSION 事务是完全隔离的，如图 9-11 所示。

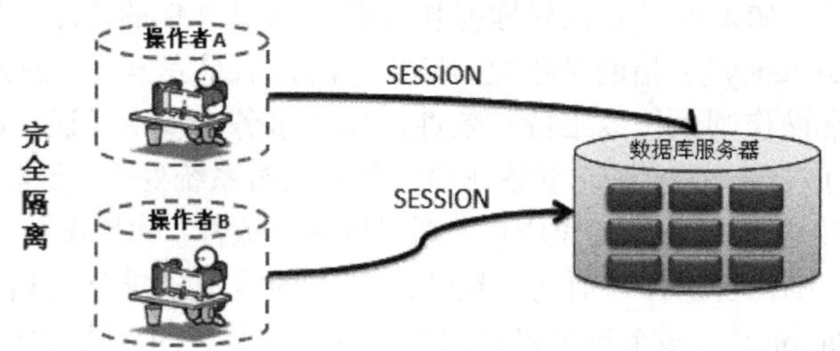

图 9-11　每一个操作者就是一个 SESSION

下面通过程序为读者演示事务操作的基本形式，在本程序中，将打开两个不同的 SQLPlus 窗口，同时使用 scott/tiger 用户登录，以表示两个不同的 SESSION。

提问：为什么不使用 SQL Developer 而要使用 SQLPlus？

之前的操作不是一直都使用 SQL Developer 吗？为什么现在要更换操作的前台工具呢？

回答：SQL Developer 有可能默认设置为事务自动提交。

在 SQL Developer 工具中，为了方便用户使用，所以默认将事务操作设置为自动提交，这样不利于读者观察运行效果。

为了更好地让每一位读者观察到这种效果，现在假设 myemp 表中的数据和 emp 表中的数据保持一致。

范例 9-23：查询 myemp 表中的全部数据。

```
SELECT empno,ename,hiredate,job,sal FROM myemp ;
```

查询结果：通过 SQLPlus 输出，如图 9-12 所示。

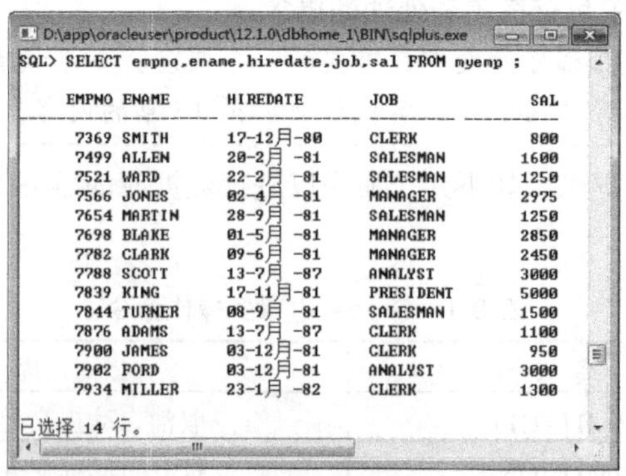

```
D:\app\oracleuser\product\12.1.0\dbhome_1\BIN\sqlplus.exe
SQL> SELECT empno,ename,hiredate,job,sal FROM myemp ;

     EMPNO ENAME      HIREDATE       JOB              SAL
---------- ---------- -------------- --------- ----------
      7369 SMITH      17-12月-80     CLERK            800
      7499 ALLEN      20-2月 -81     SALESMAN        1600
      7521 WARD       22-2月 -81     SALESMAN        1250
      7566 JONES      02-4月 -81     MANAGER         2975
      7654 MARTIN     28-9月 -81     SALESMAN        1250
      7698 BLAKE      01-5月 -81     MANAGER         2850
      7782 CLARK      09-6月 -81     MANAGER         2450
      7788 SCOTT      13-7月 -87     ANALYST         3000
      7839 KING       17-11月-81     PRESIDENT       5000
      7844 TURNER     08-9月 -81     SALESMAN        1500
      7876 ADAMS      13-7月 -87     CLERK           1100
      7900 JAMES      03-12月-81     CLERK            950
      7902 FORD       03-12月-81     ANALYST         3000
      7934 MILLER     23-1月 -82     CLERK           1300

已选择 14 行。
```

图 9-12　myemp 表中的记录

范例 9-24：第一个 SQLPlus 窗口执行以下的数据库更新操作。

```
DELETE FROM myemp WHERE MONTHS_BETWEEN(sysdate,hiredate)/12>32 ;
```

查询结果：通过 SQLPlus 输出，如图 9-13 所示。

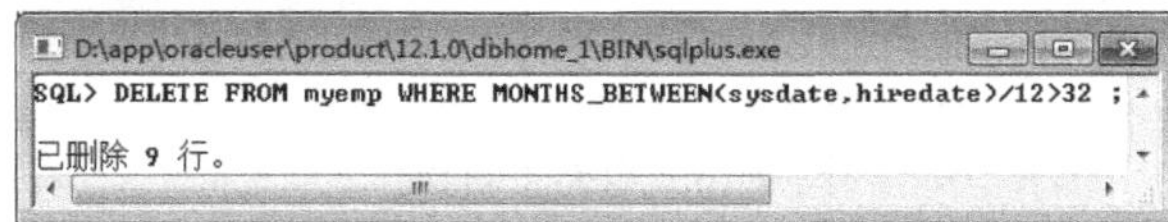

```
D:\app\oracleuser\product\12.1.0\dbhome_1\BIN\sqlplus.exe
SQL> DELETE FROM myemp WHERE MONTHS_BETWEEN(sysdate,hiredate)/12>32 ;

已删除 9 行。
```

图 9-13　删除 9 行记录

本程序的主要功能是删除雇佣时间超过 32 年的雇员信息，语句执行完成之后，在当前窗口中继续输入如下的查询语句，以查看全部数据。

范例 9-25：第一个 SQLPlus 窗口执行以下的数据库查询操作。

```
SELECT empno,ename,hiredate,job,sal FROM myemp ;
```

查询结果：通过 SQLPlus 输出，如图 9-14 所示。

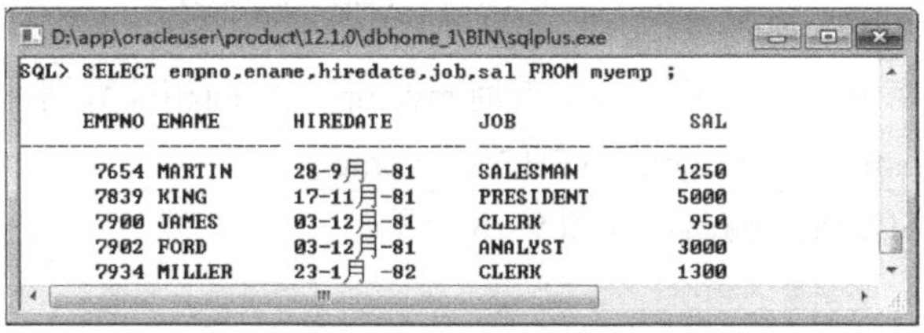

```
D:\app\oracleuser\product\12.1.0\dbhome_1\BIN\sqlplus.exe
SQL> SELECT empno,ename,hiredate,job,sal FROM myemp ;

     EMPNO ENAME      HIREDATE       JOB              SAL
---------- ---------- -------------- --------- ----------
      7654 MARTIN     28-9月 -81     SALESMAN        1250
      7839 KING       17-11月-81     PRESIDENT       5000
      7900 JAMES      03-12月-81     CLERK            950
      7902 FORD       03-12月-81     ANALYST         3000
      7934 MILLER     23-1月 -82     CLERK           1300
```

图 9-14　删除后的 myemp 表内容

从删除后的查询结果来看，该删除的数据已经删除干净了，只剩下了 5 条记录。但是此时，如果通过第二个 SQLPlus 窗口输入查询语句，就会发现，数据根本就没有被删除掉。

范例 9-26：第二个 SQLPlus 窗口执行以下的数据库查询操作。

```
SELECT empno,ename,hiredate,job,sal FROM myemp ;
```

查询结果：通过 SQLPlus 输出，如图 9-15 所示。

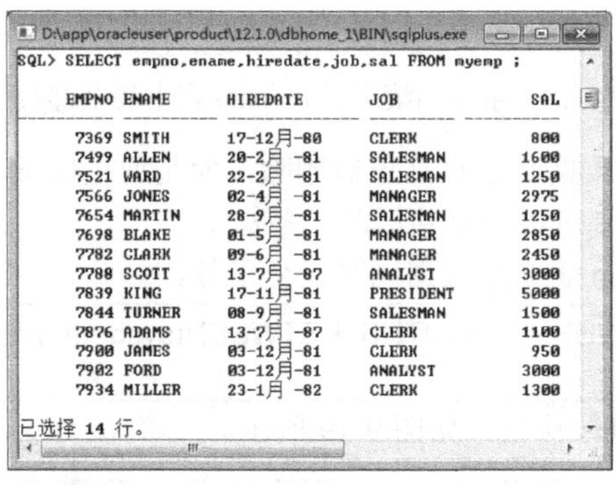

```
D:\app\oracleuser\product\12.1.0\dbhome_1\BIN\sqlplus.exe
SQL> SELECT empno,ename,hiredate,job,sal FROM myemp ;

     EMPNO ENAME      HIREDATE       JOB              SAL
---------- ---------- -------------- --------- ----------
      7369 SMITH      17-12月-80     CLERK            800
      7499 ALLEN      20-2月 -81     SALESMAN        1600
      7521 WARD       22-2月 -81     SALESMAN        1250
      7566 JONES      02-4月 -81     MANAGER         2975
      7654 MARTIN     28-9月 -81     SALESMAN        1250
      7698 BLAKE      01-5月 -81     MANAGER         2850
      7782 CLARK      09-6月 -81     MANAGER         2450
      7788 SCOTT      13-7月 -87     ANALYST         3000
      7839 KING       17-11月-81     PRESIDENT       5000
      7844 TURNER     08-9月 -81     SALESMAN        1500
      7876 ADAMS      13-7月 -87     CLERK           1100
      7900 JAMES      03-12月-81     CLERK            950
      7902 FORD       03-12月-81     ANALYST         3000
      7934 MILLER     23-1月 -82     CLERK           1300

已选择 14 行。
```

图 9-15　第 2 个 SQLPlus 窗口的输出

可以发现，原本应该删除的数据现在根本没有被删除，这就是事务操作造成的。因为对每个 SESSION 而言，每个数据库的更新操作在事务没有被提交之前都只是暂时保存在一段缓冲区中，并不会真正地向数据库中发出命令，如果用户发现操作有问题，则可以进行事务的回滚。此操作如图 9-16 所示。

图 9-16　数据更新操作

Note

范例 9-27：在第一个 SQLPlus 窗口中使用 ROLLBACK 回滚事务。

```
ROLLBACK ;
```

操作结果：通过 SQLPlus 输出，如图 9-17 所示。

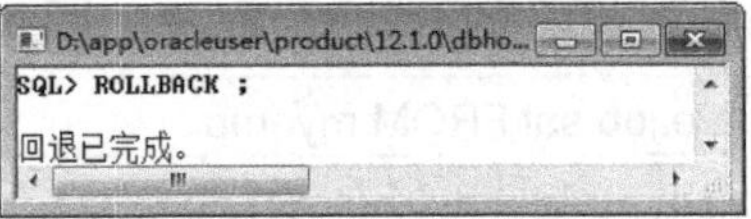

图 9-17　通过 ROLLBACK 回滚事务

范例 9-28：当事务回滚完成后，再次查询 myemp 表中的相关数据。

```
SELECT empno,ename,hiredate,job,sal FROM myemp ;
```

查询结果：通过 SQLPlus 输出，如图 9-18 所示。

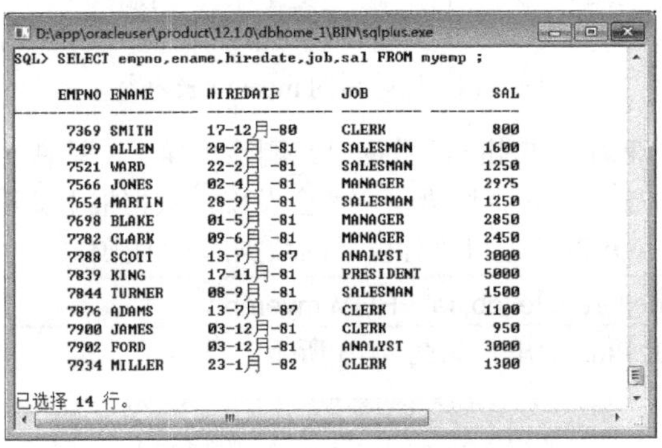
D:\app\oracleuser\product\12.1.0\dbhome_1\BIN\sqlplus.exe

SQL> SELECT empno,ename,hiredate,job,sal FROM myemp ;

EMPNO	ENAME	HIREDATE	JOB	SAL
7369	SMITH	17-12月-80	CLERK	800
7499	ALLEN	20-2月 -81	SALESMAN	1600
7521	WARD	22-2月 -81	SALESMAN	1250
7566	JONES	02-4月 -81	MANAGER	2975
7654	MARTIN	28-9月 -81	SALESMAN	1250
7698	BLAKE	01-5月 -81	MANAGER	2850
7782	CLARK	09-6月 -81	MANAGER	2450
7788	SCOTT	13-7月 -87	ANALYST	3000
7839	KING	17-11月-81	PRESIDENT	5000
7844	TURNER	08-9月 -81	SALESMAN	1500
7876	ADAMS	13-7月 -87	CLERK	1100
7900	JAMES	03-12月-81	CLERK	950
7902	FORD	03-12月-81	ANALYST	3000
7934	MILLER	23-1月 -82	CLERK	1300

已选择 14 行。

图 9-18　事务回滚之后 myemp 表中的全部数据

可以发现，之前删除的数据并没有真正被删除，而是通过回滚事务的操作进行恢复，如果想让更新操作真正起作用，则可以将删除后的事务提交。

范例 9-29：删除 myemp 表中的数据同时提交事务。

```
DELETE FROM myemp WHERE MONTHS_BETWEEN(sysdate,hiredate)/12>32 ;
COMMIT ;
```

操作结果：通过 SQLPlus 输出，如图 9-19 所示。

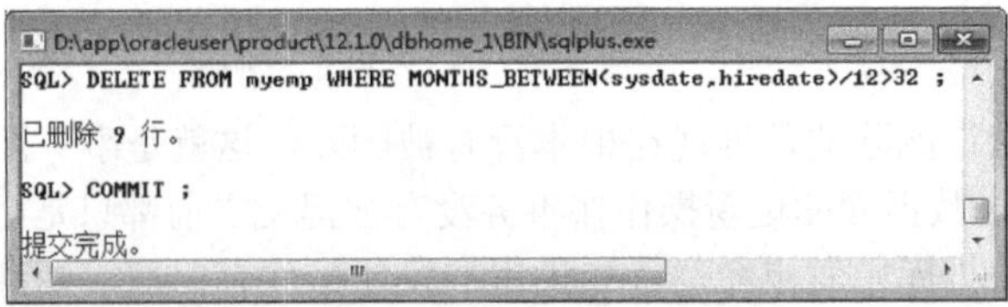

图 9-19　删除并提交事务

由于此时事务已经通过 COMMIT 命令提交，所以该删除操作将真正地向数据库中发出。

范例 9-30：通过第二个 SQLPlus 窗口查看删除后的 myemp 表内容。

```
SELECT empno,ename,hiredate,job,sal FROM myemp ;
```

查询结果：通过 SQLPlus 输出，如图 9-20 所示。

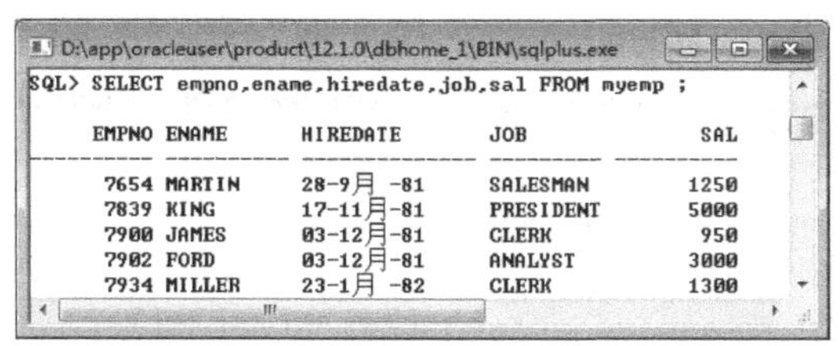

```
D:\app\oracleuser\product\12.1.0\dbhome_1\BIN\sqlplus.exe
SQL> SELECT empno,ename,hiredate,job,sal FROM myemp ;

     EMPNO ENAME      HIREDATE       JOB              SAL
---------- ---------- -------------- --------- ----------
      7654 MARTIN     28-9月 -81     SALESMAN        1250
      7839 KING       17-11月-81     PRESIDENT       5000
      7900 JAMES      03-12月-81     CLERK            950
      7902 FORD       03-12月-81     ANALYST         3000
      7934 MILLER     23-1月 -82     CLERK           1300
```

图 9-20　通过其他 SESSION 查看 myemp 表记录

通过图 9-20 的结果可以发现，所有数据库的更新操作只有在一个 SESSION 真正将其提交之后才可以真正地起作用。

默认情况下，执行 ROLLBACK 命令意味着全部的操作都要回滚，如果希望可以回滚到指定的操作，则可以采用 SAVEPOINT 设置一些保存点，这样在回滚的时候，就可以通过 ROLLBACK 返回指定的保存点上，SAVEPOINT 操作如图 9-21 所示。

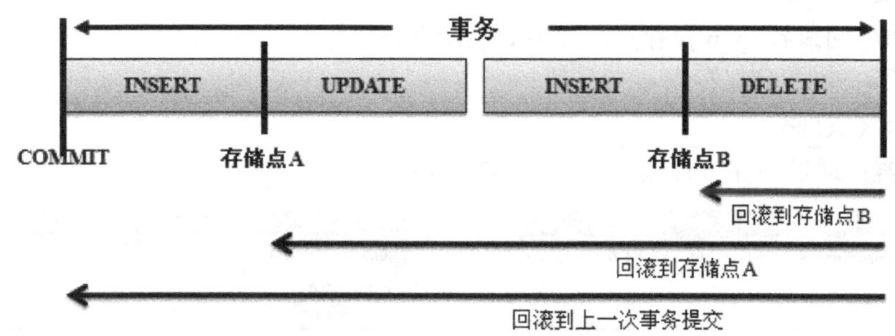

图 9-21　设置回滚存储点

范例 9-31：设置多个更新操作，并设置 SAVEPOINT，为了简便操作，只插入 empno、ename、hiredate、job、sal 这 5 个字段的内容，如表 9-2 所示。

表 9-2　设置多个更新操作

插入数据：	INSERT INTO myemp(empno,ename,hiredate,job,sal) VALUES (1234,'李兴华', TO_DATE('1989-09-19','yyyy-mm-dd'),'经理',3000) ;
更新数据：	UPDATE myemp SET sal=5000 WHERE empno=1234 ;
设置存储点 A：	SAVEPOINT sp_a ;
插入数据：	INSERT INTO myemp(empno,ename,hiredate,job,sal) VALUES (5678,'董鸣楠',TO_DATE('2003-07-27','yyyy-mm-dd'),'人事',2000) ;
更新数据：	UPDATE myemp SET job='总监' WHERE empno=5678 ;
设置存储点 B：	SAVEPOINT sp_b ;
删除全部数据：	DELETE FROM myemp ;

以上的更新操作中，设置了两个存储点，即 sp_a 和 sp_b，执行如图 9-22 所示。下面先观察此时的 myemp 表中的数据。

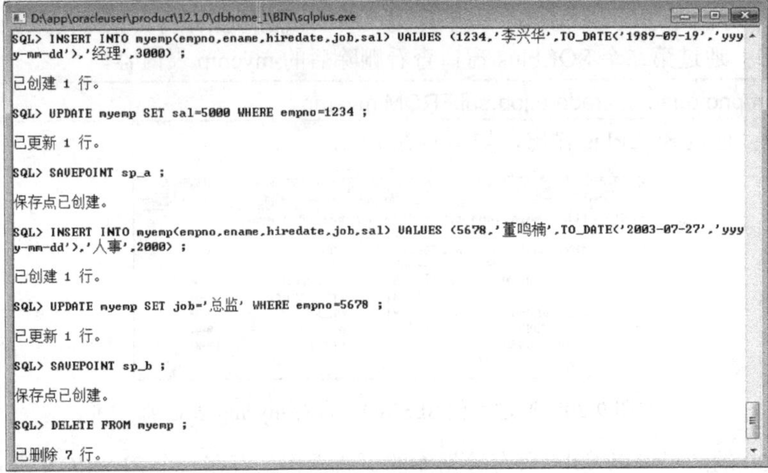

```
SQL> INSERT INTO myemp(empno,ename,hiredate,job,sal) VALUES (1234,'李兴华',TO_DATE('1989-09-19','yyyy-mm-dd'),'经理',3000) ;
已创建 1 行。
SQL> UPDATE myemp SET sal=5000 WHERE empno=1234 ;
已更新 1 行。
SQL> SAVEPOINT sp_a ;
保存点已创建。
SQL> INSERT INTO myemp(empno,ename,hiredate,job,sal) VALUES (5678,'董鸣楠',TO_DATE('2003-07-27','yyyy-mm-dd'),'人事',2000) ;
已创建 1 行。
SQL> UPDATE myemp SET job='总监' WHERE empno=5678 ;
已更新 1 行。
SQL> SAVEPOINT sp_b ;
保存点已创建。
SQL> DELETE FROM myemp ;
已删除 7 行。
```

图 9-22　设置保存点

范例 9-32：查询现在 myemp 表中的数据。

```
SELECT empno,ename,hiredate,job,sal FROM myemp ;
```

查询结果：通过 SQLPlus 输出，如图 9-23 所示。

下面将事务回滚到 sp_b 保存点，使用如下命令。

范例 9-33：回滚到保存点。

```
ROLLBACK TO sp_b ;
```

操作结果：通过 SQLPlus 输出，如图 9-24 所示。

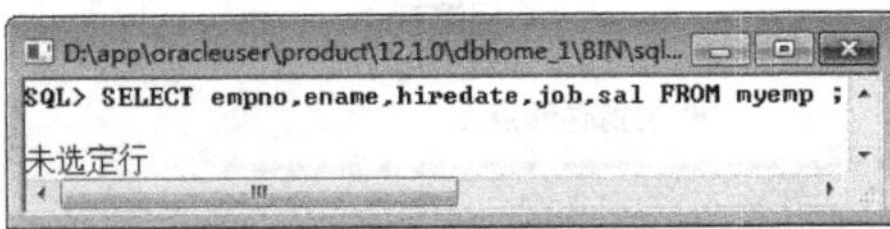

```
SQL> SELECT empno,ename,hiredate,job,sal FROM myemp ;
未选定行
```

图 9-23　事务回滚前的 myemp 表中的记录

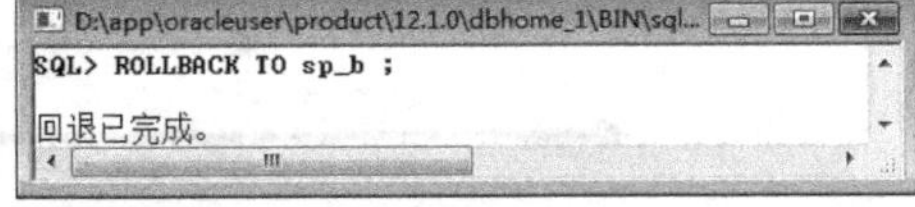

```
SQL> ROLLBACK TO sp_b ;
回退已完成。
```

图 9-24　回滚到 sp_b 存储点

范例 9-34：查看回滚到 sp_b 存储点之后的数据表内容。

```
SELECT empno,ename,hiredate,job,sal FROM myemp ;
```

查询结果：通过 SQLPlus 输出，如图 9-25 所示。

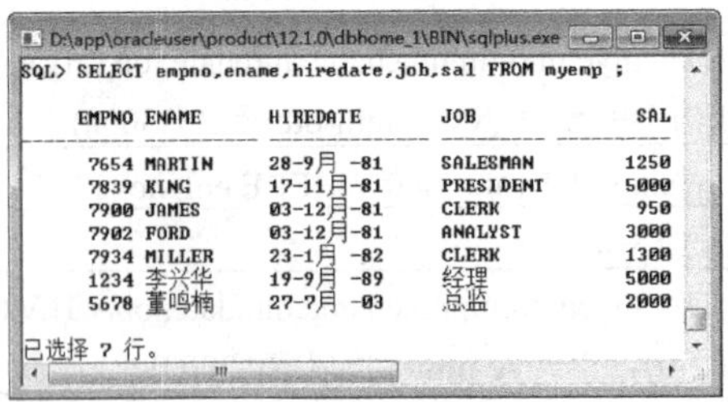

```
SQL> SELECT empno,ename,hiredate,job,sal FROM myemp ;

     EMPNO ENAME      HIREDATE       JOB              SAL
---------- ---------- -------------- --------- ----------
      7654 MARTIN     28-9月 -81     SALESMAN        1250
      7839 KING       17-11月-81     PRESIDENT       5000
      7900 JAMES      03-12月-81     CLERK            950
      7902 FORD       03-12月-81     ANALYST         3000
      7934 MILLER     23-1月 -82     CLERK           1300
      1234 李兴华     19-9月 -89     经理            5000
      5678 董鸣楠     27-7月 -03     总监            2000

已选择 7 行。
```

图 9-25　回滚到 sp_b 存储点之后的数据

再将事务回滚到 sp_a 存储点，使用如下命令。

范例 9-35：回滚到保存点。

```
ROLLBACK TO sp_a ;
```

操作结果：通过 SQLPlus 输出，如图 9-26 所示。

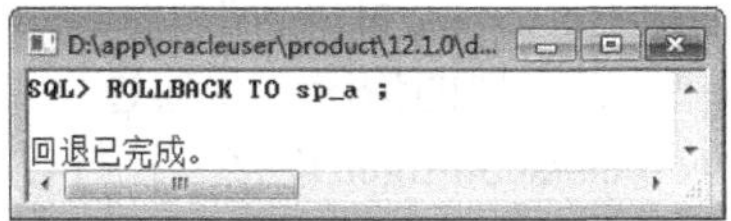

图 9-26　回滚到 sp_a 存储点

范例 9-36：查看回滚到 sp_a 存储点之后的数据表内容。

```
SELECT empno,ename,hiredate,job,sal FROM myemp ;
```

查询结果：通过 SQLPlus 输出，如图 9-27 所示。

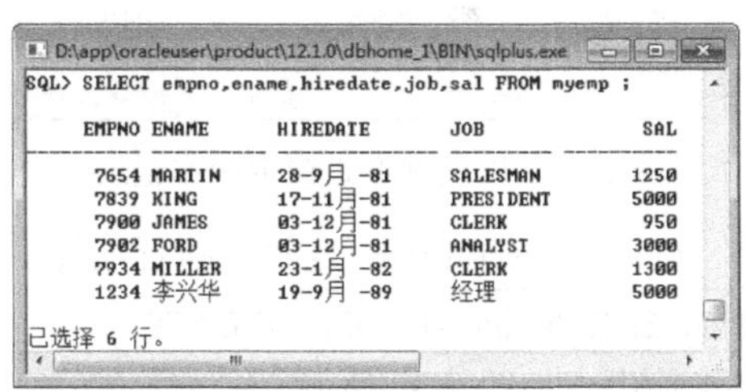

图 9-27　回滚到 sp_a 存储点之后的记录

通过以上的演示可以发现，通过设置 SAVEPOINT 可以让事务进行有选择性的回滚，可是如果每次都要进行手工的事务提交实在是太麻烦了，所以在 Oracle 中也可以通过如下的命令设置事务的自动提交。

语法 9-6：设置事务是否自动提交

```
SET AUTOCOMMIT [ON|OFF]
```

范例 9-37：将事务设置成自动提交。

```
SET AUTOCOMMIT ON ;
```

此时，再次插入记录，将出现事务自动提交的情况，如下所示。

范例 9-38：插入新的记录。

```
INSERT INTO myemp(empno,ename,hiredate,job,sal) VALUES (8888,'王月清',TO_DATE('2003-09-27','yyyy-mm-dd'),'总裁',8000) ;
```

操作结果：通过 SQLPlus 输出，如图 9-28 所示。

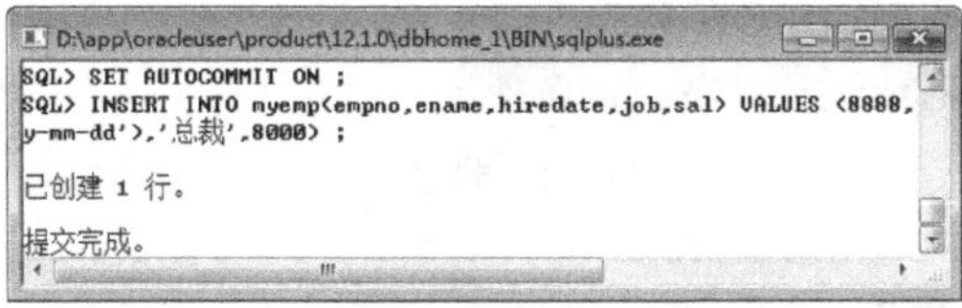

图 9-28　设置事务的自动提交

9.6　锁

虽然利用事务可以保证数据的完整性及有效性，但是事务所采用的核心操作却是“锁”，即，某一个 SESSION 在更新数据库时，会将所操作的数据或数据表进行锁定，其他的 SESSION 必须等待当前用户解锁后（提交或回滚），才可以进行自己的操作，而这种等待的过程，就可以理解为锁。下面为了方便读者理解锁出现的情况，将通过一个基本的操作进行演示。

范例 9-39：第一个 SESSION（c##scott/tiger 连接）执行以下操作。

```
SELECT * FROM myemp WHERE deptno=10 FOR UPDATE ;
```

查询结果：通过 SQLPlus 输出，如图 9-29 所示。

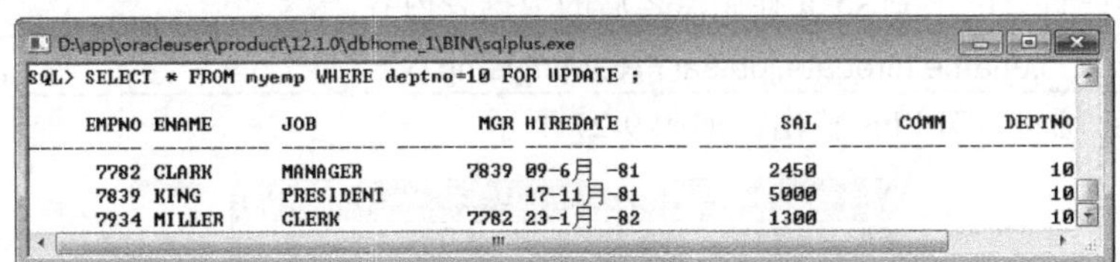

```
SQL> SELECT * FROM myemp WHERE deptno=10 FOR UPDATE ;

     EMPNO ENAME      JOB              MGR HIREDATE          SAL       COMM     DEPTNO
---------- ---------- ---------- ---------- ---------- ---------- ---------- ----------
      7782 CLARK      MANAGER         7839 09-6月 -81        2450                    10
      7839 KING       PRESIDENT            17-11月-81        5000                    10
      7934 MILLER     CLERK           7782 23-1月 -82        1300                    10
```

图 9-29　以查询方式锁定操作记录

范例 9-40：第二个 SESSION（c##scott/tiger 连接）执行同样的操作。

```
SELECT * FROM myemp WHERE deptno=10 FOR UPDATE ;
```

查询结果：通过 SQLPlus 输出，如图 9-30 所示。

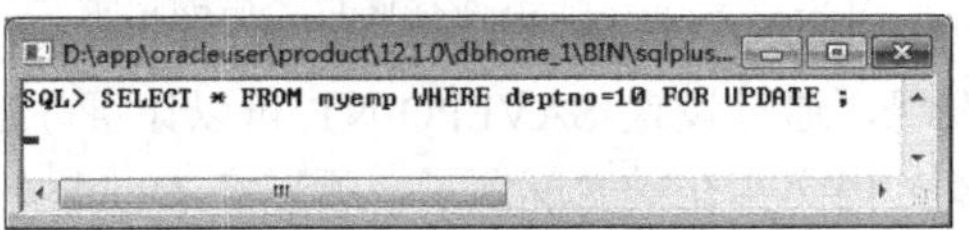

图 9-30　以查询方式锁定记录

通过第二个 SESSION 执行同样的操作之后，发现此时并没有向下执行，而是一直处于等待状态（此时只有在第一个 SESSION 执行了 COMMIT 或 ROLLBACK 后才可以解开这个锁定），这样就出现了一种锁的情况，效果如图 9-31 所示。

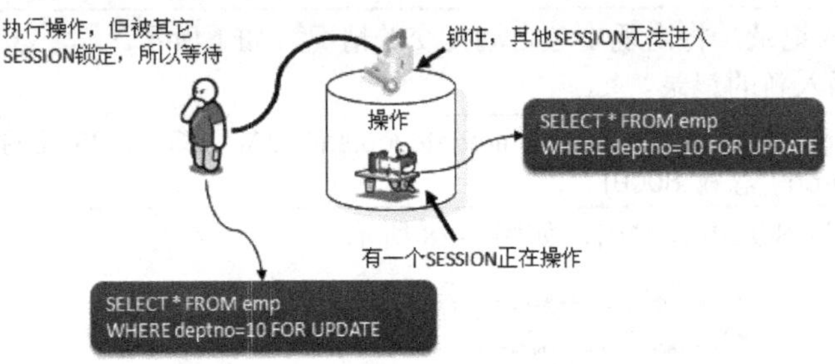

图 9-31　锁的产生

> **提示：关于名词的表示。**
>
> 在讲解事务处理时，笔者一直强调，每个 SESSION 都拥有独立的事务，所以本书在解释时，“每一个 SESSION”与“每一个事务”，都表示相同的概念。

通过以上的分析可以发现，Oracle 之所以会引入锁定的处理机制，主要是为了解决事务并发性所带来的问题，这样当事务要对数据进行读取或更新等操作之前，可以确保这些数据不会同时被其他事务所修改。在 Oracle 中的锁有以下两种基本类型。

☑　行级锁定（又称为记录锁定）：对当前事务中的一行数据以独占的方式进行锁定，在

此事务结束之前，其他事务要一直等待该事务完结，例如，前面的范例演示的就是行级锁定。

☑ 表级锁定：对整张数据表进行数据锁定，只允许当前事务访问数据表，其他事务无法访问。

9.6.1 行级锁定

当用户执行了 INSERT、UPDATE、DELETE 及 SELECT FOR UPDATE 语句时，Oracle 将隐式地实现记录的锁定，这种锁定被称为排它锁。这种锁的主要特点是：当一个事务执行了相应的数据操作后，如果此时事务没有提交，那么会一直以独占的方式锁定这些操作的数据，其他事务一直到此事务释放锁后才可以进行操作。

范例 9-41：第一个 SESSION 更新雇员编号是 7369 雇员的工资。

```
UPDATE myemp SET sal=5600 WHERE empno=7369 ;
```

此时的更新操作可以正常地执行完毕，但在没有提交之前，7369 雇员的数据将会以独占的方式进行行级锁定。

范例 9-42：第二个 SESSION 更新雇员编号是 7369 雇员的工资。

```
UPDATE myemp SET job='MANAGER' WHERE empno=7369 ;
```

操作结果：通过 SQLPlus 输出，如图 9-32 所示。

图 9-32　行级锁定

此时由于第一个 SESSION 的事务没有提交，所以第二个 SESSION 就会一直等待第一个 SESSION 的事务提交或回滚。

9.6.2 表级锁定

与行级的自动锁定相比，表级锁定需要用户明确地使用 LOCK TABLE 语句手工锁定，LOCK TABLE 语法如下所示。

语法 9-7：表级锁定

```
LOCK TABLE 表名称 | 视图名称, 表名称 | 视图名称,… IN 锁定模式 MODE [NOWAIT];
```

本语法中，有以下两个重要选项。

☑ NOWAIT：这是一个可选项，当视图锁定一张数据表时，如果发现已经被其他事务锁定，不会等待。

☑ 锁定有如下几种常见模式。

- ROW SHARE：行共享锁，在锁定期间允许其他事务并发对表进行各种操作，但不允许任何事务对同一张表进行独占操作（禁止排它锁）。
- ROW EXCLUSIVE：行排它锁，允许用户进行任何操作，与行共享锁不同的是，它不能防止其他事务对同一张表进行手工锁定或独占操作。

- SHARE：共享锁，其他事务只允许执行查询操作，不能执行修改操作。
- SHARE ROW EXCLUSIVE：共享排它锁，允许任何用户进行查询操作，但不允许其他用户使用共享锁，之前所使用的 SELECT FOR UPDATE 就是共享排它锁的常见应用。
- EXCLUSIVE：排它锁，事务将以独占方式锁定表，其他用户允许查询，但是不能修改也不能设置任何的锁。

范例 9-43：在第一个 SESSION 上针对 emp 表使用共享锁。

```
LOCK TABLE myemp IN SHARE MODE NOWAIT ;
```

范例 9-44：第二个 SESSION 删除 emp 表的全部数据。

```
DELETE FROM myemp ;
```

操作结果：通过 SQLPlus 输出，如图 9-33 所示。

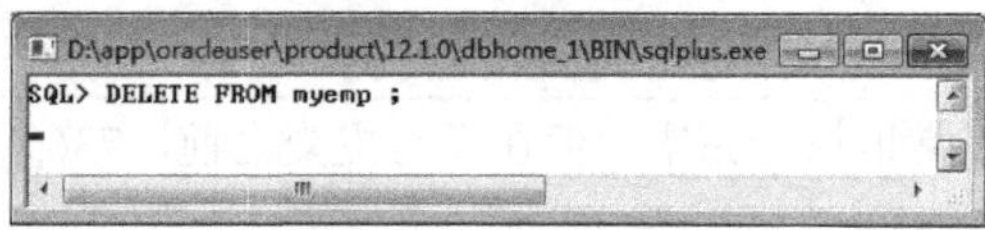

图 9-33　使用共享锁

9.6.3　解除锁定

尽管用户清楚了锁产生的原因，但是在很多时候由于业务量的增加，可能并不会像本章中这样为用户清楚地罗列出现锁的种种可能，所以此时必须通过其他方式查看是否出现了锁定并通过命令手工地解除锁定。

语法 9-8：解除锁定

```
ALTER SYSTEM KILL SESSION 'SID , SERIAL#'
```

在语法 9-8 中发现如果要结束一个 SESSION（结束一个 SESSION 就表示解锁），则需要两个标记，一个是 SESSION ID（SID），另外一个是序列号（SERIAL#），这两个内容可以利用 v$locked_object 和 v$session 两个数据字典查询得到。

为了方便读者学习本部分的内容，下面启动两个 SQLPlus 窗口，分别在两个窗口执行如下命令。

范例 9-45：第一个 SESSION（c##scott/tiger 连接）执行以下操作。

```
SELECT * FROM myemp WHERE deptno=10 FOR UPDATE ;
```

范例 9-46：第二个 SESSION（c##scott/tiger 连接）执行同样的操作。

```
SELECT * FROM myemp WHERE deptno=10 FOR UPDATE ;
```

查询结果：通过 SQLPlus 输出，如图 9-34 所示。

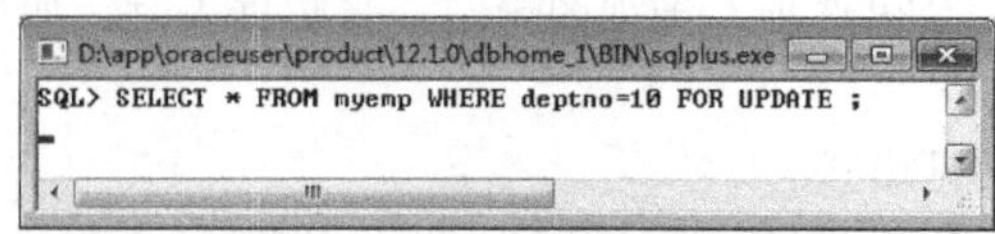

图 9-34　出现了锁定

此时的程序已经出现了锁定，当出现锁定之后，管理员（sys/change_on_install）可以直接利用 v$locked_object 数据字典查看数据库中死锁占用资源的情况。

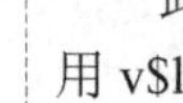

范例 9-47：查看数据库中的锁定情况。

```
SELECT session_id,oracle_username,process from v$locked_object ;
```

查询结果：通过 SQL Developer 输出，如图 9-35 所示。

	SESSION_ID	ORACLE_USERNAME	PROCESS
1	125	C##SCOTT	7140:6648
2	241	C##SCOTT	5732:2044

图 9-35　查看死锁情况

通过查询可以发现，此处有一个死锁信息，而死锁的 SESSION_ID 为 125 和 241（依靠这两个 SESSION_ID 来解除死锁）。但是只知道一个 SESSION ID，却不知道序列号，则同样无法结束死锁，为此用户可以继续查询 v$session 数据字典。

范例 9-48：查询 v$session 数据字典。

```
SELECT sid,serial#,username,lockwait,status FROM v$session where sid IN (125,241) ;
```

查询结果：通过 SQL Developer 输出，如图 9-36 所示。

	SID	SERIAL#	USERNAME	LOCKWAIT	STATUS
1	125	711	C##SCOTT	000007FF6261AF38	ACTIVE
2	241	9	C##SCOTT	(null)	INACTIVE

图 9-36　查询 v$session 数据字典

通过执行结果可以发现，现在等待的 SESSION 的 SID 为 125，SERIAL#为 711，所以为了结束此死锁，可以使用如下的命令。

范例 9-49：解除死锁。

```
ALTER SYSTEM KILL SESSION '125,711' ;
```

解锁之后，被锁定的窗口将出现如图 9-37 所示的错误提示信息。

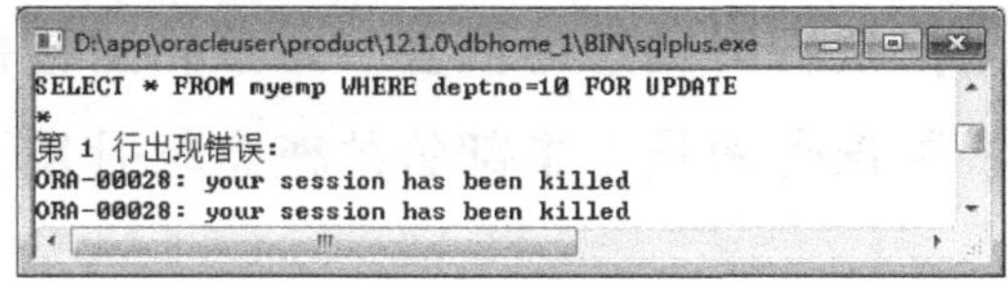

图 9-37　解除死锁

9.7　本 章 小 结

1．DML 的更新操作分为以下 3 种类型。

☑　增加数据：INSERT INTO　表名称　[(列 1,列 2,列 3,…)]　子查询;。

☑　修改数据：UPDATE　表名称　SET　字段=值　[,字段=值,...] [WHERE　更新条件(s)];。

☑　删除数据：DELETE FROM　表名称　[WHERE　删除条件] ;。

2. 每一个连接到数据库上的用户通过 SESSION 来表示，每一个 SESSION 具备独立的事务，事务的主要控制命令为提交事务（COMMIT）、回滚事务（ROLLBACK）。

3．当多个事务同时操作同一资源时，就会出现死锁的情况，锁分为两种，一种是行级锁定，另外一种是表级锁定。

第10章

替代变量

通过本章的学习，可以达到以下目标：

☑ 掌握替代变量的作用及基本使用。

☑ 可以在数据表的更新和查询之中使用替代变量。

☑ 掌握 DEFINE、ACCEPT 指令的使用。

在前面所讲解的数据操作中，所有查询或者更新的数据都是默认设置完成的，这样用户在每次操作数据更改时都需要重新编写，而使用替代变量，这些操作的数据就可以在用户执行时动态地设置。本章将对替代变量中的若干操作进行详细讲解。需要提醒读者的是，本部分的概念与开发没有直接的关联，所以读者理解即可。

10.1　替代变量的基本概念

所谓的替代变量，是指在进行查询或更新操作时，某些数据是由用户所输入的，而这些数据前可以使用“&”标记。例如，现在要求由用户输入一个工资数据，而后查询比这个工资高的全部雇员姓名、基本工资、职位。

范例 10-1：验证替代变量的使用。

```
SELECT ename,job,sal,hiredate
FROM emp
WHERE sal>&inputsal ;
```

查询结果：通过 SQL Developer 输出，如图 10-1 所示；通过 SQLPlus 执行如图 10-2 所示。

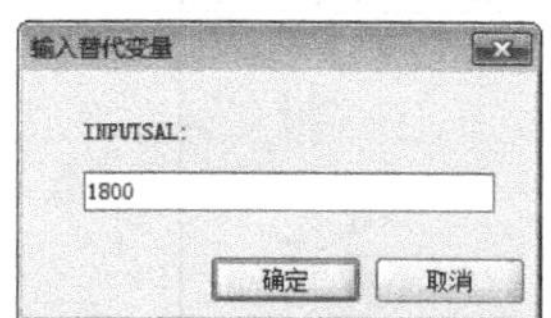

图 10-1（A）　输入替代变量

	ENAME	JOB	SAL	HIREDATE
1	JONES	MANAGER	2975	02-4月 -81
2	BLAKE	MANAGER	2850	01-5月 -81
3	CLARK	MANAGER	2450	09-6月 -81
4	SCOTT	ANALYST	3000	13-7月 -87
5	KING	PRESIDENT	5000	17-11月-81
6	FORD	ANALYST	3000	03-12月-81

图 10-1（B）　查询结果

图 10-1　使用替代变量进行操作

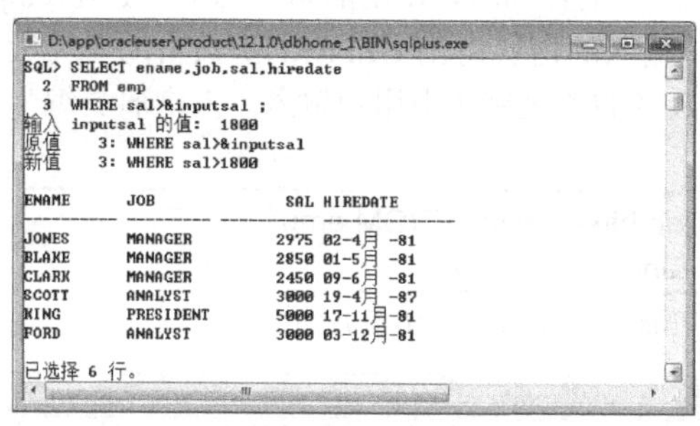

```
D:\app\oracleuser\product\12.1.0\dbhome_1\BIN\sqlplus.exe
SQL> SELECT ename,job,sal,hiredate
  2  FROM emp
  3  WHERE sal>&inputsal ;
输入 inputsal 的值:  1800
原值    3: WHERE sal>&inputsal
新值    3: WHERE sal>1800

ENAME      JOB              SAL HIREDATE
---------- --------- ---------- --------------
JONES      MANAGER         2975 02-4月 -81
BLAKE      MANAGER         2850 01-5月 -81
CLARK      MANAGER         2450 09-6月 -81
SCOTT      ANALYST         3000 19-4月 -87
KING       PRESIDENT       5000 17-11月-81
FORD       ANALYST         3000 03-12月-81

已选择 6 行。
```

图 10-2　通过 SQLPlus 执行

通过运行结果可以发现，当执行本 SQL 语句时会出现一个让用户输入工资的提示，而提示的名称就是“&inputsal”所设置的名称，当然对于不同的前台工具执行效果也不同，图 10-1 是通过 SQL Developer 执行，而图 10-2 是直接使用 SQLPlus 执行。为了让读者看得更清楚，本章将全部采用 sqlplus 的方式执行操作。

范例 10-2：查询一个雇员编号、姓名、职位、雇佣日期、基本工资，查询的雇员姓名由用户输入。

```
SELECT empno,ename,job,hiredate,sal FROM emp
WHERE ename=&inputename ;
```

查询结果：通过 SQLPlus 输出，如图 10-3 所示。

通过本程序的运行可以发现，在输入雇员姓名时输入的是**'SMITH'**，这样就会有下面两个问题。

☑　问题一：在根据姓名查询时，用户往往不会考虑单引号（“'”）的问题。

☑　问题二：用户在输入雇员姓名时，不会考虑大小写的问题。

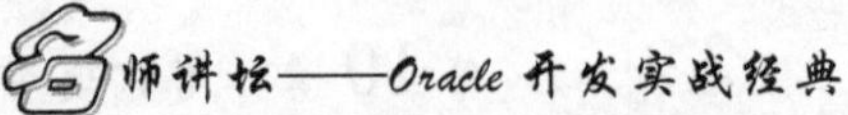

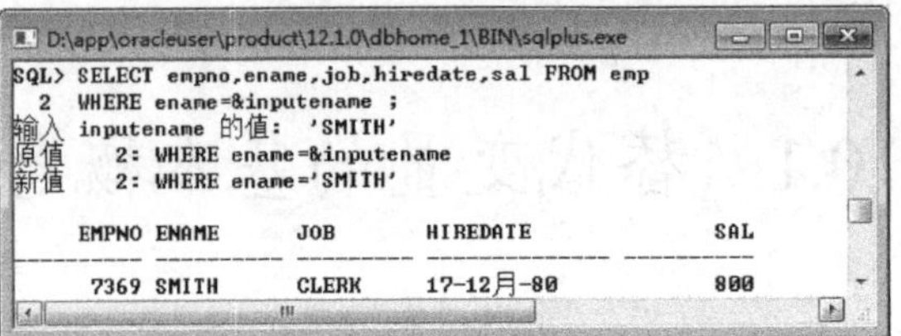
```
SQL> SELECT empno,ename,job,hiredate,sal FROM emp
  2  WHERE ename=&inputename ;
输入 inputename 的值:  'SMITH'
原值    2: WHERE ename=&inputename
新值    2: WHERE ename='SMITH'

     EMPNO ENAME      JOB       HIREDATE              SAL
---------- ---------- --------- -------------- ----------
      7369 SMITH      CLERK     17-12月-80            800
```

图 10-3　根据雇员姓名查询

为了解决这两个问题，将以上的查询修改为以下格式。

范例 10-3：修改代码，解决单引号输入问题。

```
SELECT empno,ename,job,hiredate,sal FROM emp
WHERE ename=UPPER('&inputename') ;
```

查询结果：通过 SQLPlus 输出，如图 10-4 所示。

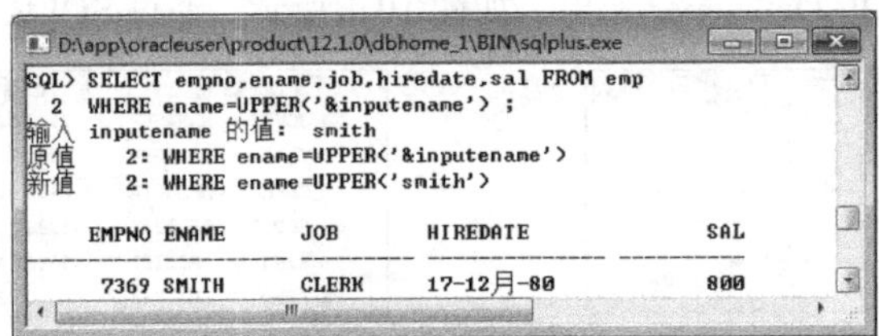
```
SQL> SELECT empno,ename,job,hiredate,sal FROM emp
  2  WHERE ename=UPPER('&inputename') ;
输入 inputename 的值:  smith
原值    2: WHERE ename=UPPER('&inputename')
新值    2: WHERE ename=UPPER('smith')

     EMPNO ENAME      JOB       HIREDATE              SAL
---------- ---------- --------- -------------- ----------
      7369 SMITH      CLERK     17-12月-80            800
```

图 10-4　改进后的查询

可以发现，此时使用替代变量查询时，使用的格式为 UPPER('&inputename')，这样表示用户不需要再输入“'”并且用户输入的内容将由 UPPER()函数自动变为大写。

范例 10-4：根据雇员姓名的关键字（由用户输入）查询雇员编号、姓名、职位、雇佣日期、基本工资。

```
SELECT empno,ename,job,hiredate,sal FROM emp
WHERE ename LIKE '%&inputkeyword%' ;
```

查询结果：通过 SQLPlus 输出，如图 10-5 所示。

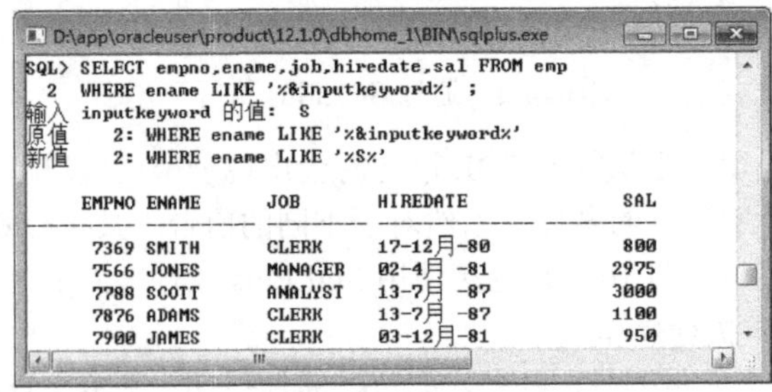
```
SQL> SELECT empno,ename,job,hiredate,sal FROM emp
  2  WHERE ename LIKE '%&inputkeyword%' ;
输入 inputkeyword 的值:  S
原值    2: WHERE ename LIKE '%&inputkeyword%'
新值    2: WHERE ename LIKE '%S%'

     EMPNO ENAME      JOB       HIREDATE              SAL
---------- ---------- --------- -------------- ----------
      7369 SMITH      CLERK     17-12月-80            800
      7566 JONES      MANAGER   02-4月 -81           2975
      7788 SCOTT      ANALYST   13-7月 -87           3000
      7876 ADAMS      CLERK     13-7月 -87           1100
      7900 JAMES      CLERK     03-12月-81            950
```

图 10-5　根据关键字查询

范例 10-5：由用户输入雇佣日期，要求查询所有早于此雇佣日期的雇员编号、姓名、职位、雇佣日期、基本工资。

```
SELECT empno,ename,job,hiredate,sal FROM emp
WHERE hiredate<TO_DATE('&inputhiredate','yyyy-mm-dd') ;
```

查询结果：通过 SQLPlus 输出，如图 10-6 所示。

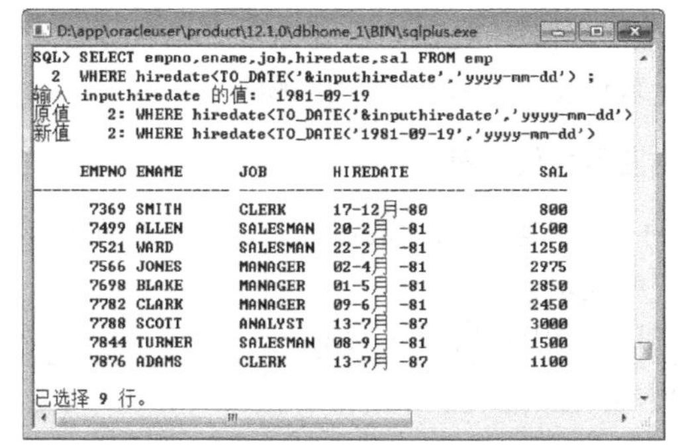

```
SQL> SELECT empno,ename,job,hiredate,sal FROM emp
  2  WHERE hiredate<TO_DATE('&inputhiredate','yyyy-mm-dd') ;
输入 inputhiredate 的值:  1981-09-19
原值    2: WHERE hiredate<TO_DATE('&inputhiredate','yyyy-mm-dd')
新值    2: WHERE hiredate<TO_DATE('1981-09-19','yyyy-mm-dd')

     EMPNO ENAME      JOB       HIREDATE              SAL
---------- ---------- --------- -------------- ----------
      7369 SMITH      CLERK     17-12月-80            800
      7499 ALLEN      SALESMAN  20-2月 -81           1600
      7521 WARD       SALESMAN  22-2月 -81           1250
      7566 JONES      MANAGER   02-4月 -81           2975
      7698 BLAKE      MANAGER   01-5月 -81           2850
      7782 CLARK      MANAGER   09-6月 -81           2450
      7788 SCOTT      ANALYST   13-7月 -87           3000
      7844 TURNER     SALESMAN  08-9月 -81           1500
      7876 ADAMS      CLERK     13-7月 -87           1100

已选择 9 行。
```

图 10-6　输入雇佣日期的替代变量

本程序由于输入的信息是日期型数据，所以使用了 TO_DATE()函数将输入的字符串变为了 DATE 型数据。如果读者觉得使用 TO_DATE()函数麻烦，也可以按照已有的日期数据编写字符串，例如，将以上的查询进行修改。

范例 10-6：修改之前的查询操作。

```
SELECT empno,ename,job,hiredate,sal FROM emp
WHERE hiredate<'&inputhiredate' ;
```

此时用户输入的信息为：“inputhiredate 的值：**19-9 月-81**”，而查询的返回结果如图 10-6 所示。

以上所演示的替代变量，每次都只输入了一个操作数据，下面再来观察输入多个查询数据的操作方法。

范例 10-7：输入查询雇员的职位及工资（高于输入工资）信息，而后显示雇员编号、姓名、职位、雇佣日期、基本工资。

```
SELECT empno,ename,job,hiredate,sal FROM emp
WHERE job=UPPER('&inputjob')
      AND sal>&inputsal ;
```

查询结果：通过 SQLPlus 输出，如图 10-7 所示。

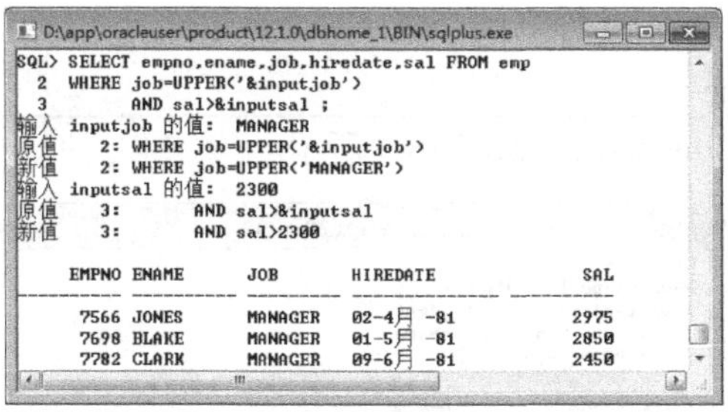

```
SQL> SELECT empno,ename,job,hiredate,sal FROM emp
  2  WHERE job=UPPER('&inputjob')
  3        AND sal>&inputsal ;
输入 inputjob 的值:  MANAGER
原值    2: WHERE job=UPPER('&inputjob')
新值    2: WHERE job=UPPER('MANAGER')
输入 inputsal 的值:  2300
原值    3:       AND sal>&inputsal
新值    3:       AND sal>2300

     EMPNO ENAME      JOB       HIREDATE              SAL
---------- ---------- --------- -------------- ----------
      7566 JONES      MANAGER   02-4月 -81           2975
      7698 BLAKE      MANAGER   01-5月 -81           2850
      7782 CLARK      MANAGER   09-6月 -81           2450
```

图 10-7　同时输入两个替代变量

10.2　替代变量的详细说明

在上面的查询中，所有的替代变量都出现在了 WHERE 子句中，而实际上，替代变量可以出现在 SQL 语句中的任意位置，例如 SELECT、FROM、WHERE、ORDER BY 等子句中，下面通过一些代码为读者演示替代变量在各个子句出现的形式。

1. 在 SELECT 子句中使用替代变量

SELECT 子句中出现的一般是要显示的数据列，所以如果在此子句中编写替代变量，则表示要查询的字段内容由用户所决定。

范例 10-8：在 SELECT 子句中使用替代变量。

```
SELECT &inputColumnName
FROM emp
WHERE deptno=&inputDeptno ;
```

查询结果：通过 SQLPlus 输出，如图 10-8 所示。

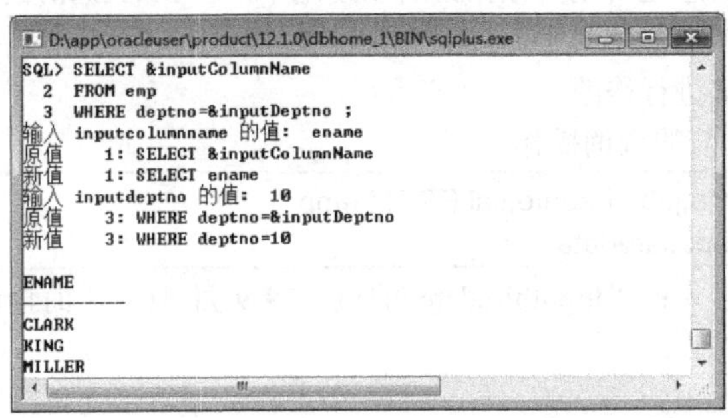

图 10-8　在 SELECT 子句中使用替代变量

本程序分别在 SELECT 和 WHERE 子句中设置了两个替代变量，主要的功能是由用户输入要查询的列的名称，并且由用户输入指定要查询的部门编号。

2. 在 FROM 子句中使用替代变量

FROM 子句的内容是定义用户要查询的数据表，而这个操作也可以通过替代变量动态地指定。

范例 10-9：在 FROM 子句中使用替代变量。

```
SELECT *
FROM &inputTableName ;
```

查询结果：通过 SQLPlus 输出，如图 10-9 所示。

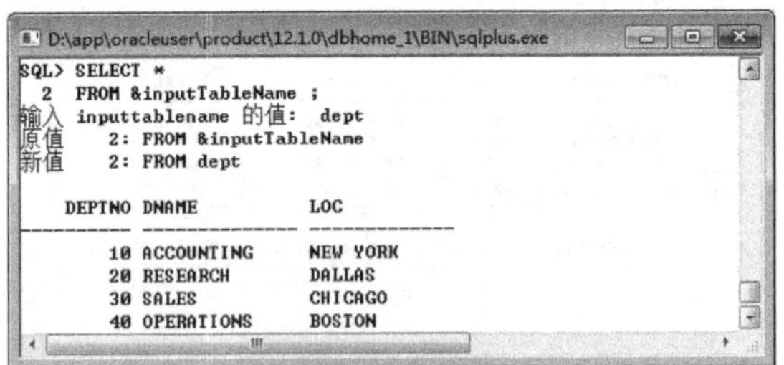

图 10-9　通过替代变量输入表名称

3. 在 ORDER BY 子句中使用替代变量

ORDER BY 子句的作用是指定排序字段，而用户也可以根据自己的需要通过替代变量来设置。

范例 10-10：在 ORDER BY 子句中使用替代变量。

```
SELECT empno,ename,job,hiredate,sal
FROM emp
WHERE deptno=20
ORDER BY &inputOrderByColumn DESC ;
```

查询结果：通过 SQLPlus 输出，如图 10-10 所示。

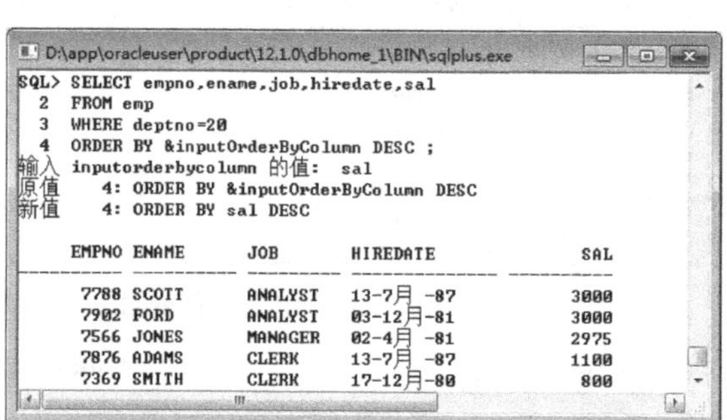

图 10-10　在 ORDER BY 子句中使用替代变量

4. 在 GROUP BY 子句中使用替代变量

用户通过 GROUP BY 子句可以指定分组的字段，同样，这个分组的字段也可以通过替代变量指定。

范例 10-11：在 GROUP BY 子句中使用替代变量。

```
SELECT &inputGroupByColumn ,SUM(sal) ,AVG(sal)
FROM emp e
GROUP BY &inputGroupByColumn ;
```

查询结果：通过 SQLPlus 输出，如图 10-11 所示。

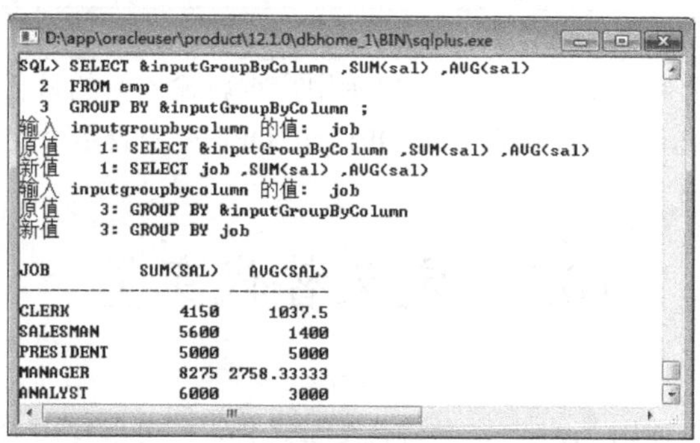

图 10-11　在 GROUP BY 子句中使用替代变量

由于在分组操作中，SELECT 子句中只能出现分组字段和统计函数，所以 SELECT 子句里的替代变量要和 GROUP BY 子句的分组变量的输入内容保持一致，而本程序在相同的内容上却重复输入了两次，很明显这样并不方便。既然 SELECT 子句和 GROUP BY 子句要输入的替代变量内容是一致的，那么只输入一次是最好的，对此，可以使用“&&”替代变量进行操作。

范例 10-12：使用“&&”定义替代变量。

```
SELECT &&inputGroupByColumn ,SUM(sal) ,AVG(sal)
FROM emp e
```

```
GROUP BY &inputGroupByColumn ;
```

查询结果：通过 SQLPlus 输出，如图 10-12 所示。

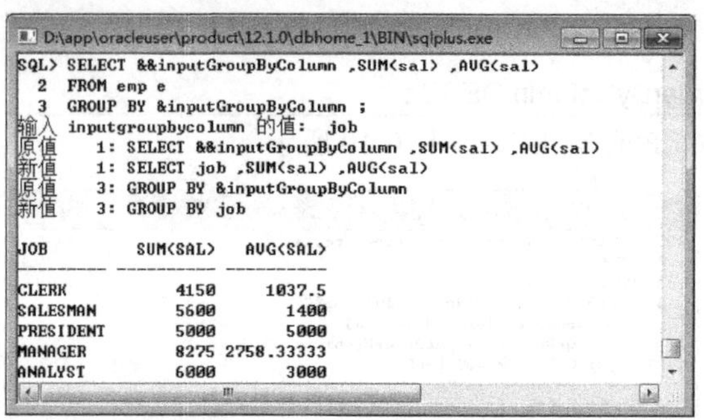

```
SQL> SELECT &&inputGroupByColumn ,SUM(sal) ,AVG(sal)
  2  FROM emp e
  3  GROUP BY &inputGroupByColumn ;
输入 inputgroupbycolumn 的值:  job
原值    1: SELECT &&inputGroupByColumn ,SUM(sal) ,AVG(sal)
新值    1: SELECT job ,SUM(sal) ,AVG(sal)
原值    3: GROUP BY &inputGroupByColumn
新值    3: GROUP BY job

JOB         SUM(SAL)   AVG(SAL)
--------- ---------- ----------
CLERK           4150     1037.5
SALESMAN        5600       1400
PRESIDENT       5000       5000
MANAGER         8275 2758.33333
ANALYST         6000       3000
```

图 10-12　使用“&&”定义替代变量

此时可以发现，尽管在本程序中需要两个替代变量，可是系统只会提示用户输入一次，所以使用“&&”开始的替代变量，只要求在第一次使用这个替代变量时提醒用户输入它，再使用此替代变量时，不用重复输入。同时需要注意的是，如果此时输入的替代变量不是 job，而替换为 deptno，那么必须先用 UNDEFINE 命令取消之前的替代变量，否则内容无法改变。

提示：替代变量失效的两种情况。

使用“&&”就相当于在 SQLPlus 中定义了一个变量，而这个变量失效的情况有以下两种：

- ☑ 一个 SQLPlus 窗口关闭后失效。
- ☑ 调用了 UNDEFINE 命令失效。

范例 10-13：取消 inputGroupByColumn 这个替代变量。

```
UNDEFINE inputGroupByColumn
```

这样在重复执行以上替代变量时，才会提示用户重新输入新的替代变量。如果用户现在不需要设置任何的替代变量，则可以输入 SET DEFINE OFF 命令表示不定义。

10.3　定义替代变量

在 Oracle 中除了可以使用“&&”定义替代变量之外，还可以使用 DEFINE 命令来定义替代变量，用户可以利用 DEFINE 命令创建一个字符型的替代变量，而且此种方式定义的替代变量会一直保存到一个 SESSION 的操作结束或者是遇见 UNDEFINE 清除变量。

语法 10-1：DEFINE 命令语法

```
DEFINE 替代变量名称=值;
```

范例 10-14：定义一个替代变量 inputdname。

```
DEFINE inputdname='ACCOUNTING'
```

此时定义完了一个替代变量 inputdname，之后用户可以直接输入 DEFINE inputdname 来查

询设置的内容。

范例 10-15：查询替代变量内容。

```
DEFINE inputdname ;
```

程序运行结果：

```
DEFINE INPUTDNAME          = "ACCOUNTING" (CHAR)
```

范例 10-16：使用 DEFINE 定义的替代变量。

```
SELECT * FROM dept WHERE dname='&inputdname' ;
```

查询结果：通过 SQLPlus 输出，如图 10-13 所示。

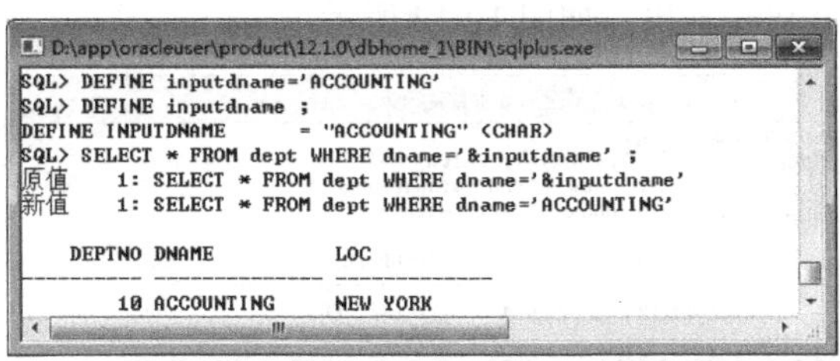

```
SQL> DEFINE inputdname='ACCOUNTING'
SQL> DEFINE inputdname ;
DEFINE INPUTDNAME       = "ACCOUNTING" (CHAR)
SQL> SELECT * FROM dept WHERE dname='&inputdname' ;
原值    1: SELECT * FROM dept WHERE dname='&inputdname'
新值    1: SELECT * FROM dept WHERE dname='ACCOUNTING'

    DEPTNO DNAME          LOC
---------- -------------- -------------
        10 ACCOUNTING     NEW YORK
```

图 10-13　使用 DEFINE 定义的替代变量

此时可以发现，程序执行时不需要再提示用户输入替代变量内容，只要替代变量的名称和 DEFINE 定义的变量名称相同，则可以直接使用 DEFINE 定义的变量内容。

语法 10-2：UNDEFINE 命令语法

```
UNDEFINE 替代变量名称
```

范例 10-17：清除 inputdname 替代变量内容。

```
UNDEFINE inputdname ;
```

这时清除了替代变量 inputdname 的内容，之后在使用此替代变量时，需要由用户自己输入。

10.4　ACCEPT 指令

在以上学习的两种定义替代变量的操作之中，虽然可以实现替代变量的操作，但是却有一个缺陷，就是系统所输出的提示信息都非常不清晰，所以在 Oracle 中专门提供了 ACCEPT 命令来指定替代变量的提示信息。

语法 10-3：ACCEPT 命令语法

```
ACCEPT 替代变量名称 [数据类型] [FORMAT 格式] [PROMPT '提示信息'] [HIDE]
```

ACCEPT 语法中各个参数的作用如下所示。

☑　替代变量名称：存储值的变量名称，如果该变量不存在，则由 SQLPlus 创建该变量，但是在定义该替代变量名称前不能加上“&”。

☑　数据类型：可以是 NUMBER、VARCHAR 或 DATE 型数据。

☑　FORMAT 格式：指定格式化模型，例如 A10 或 9.99。

☑　PROMPT 提示信息：用户输入替代变量时的提示信息。

☑　HIDE：隐藏输入内容，例如在输入密码时没有显示。

注意：ACCEPT 命令只能在脚本文件中使用。

如果用户要使用 ACCEPT 命令提示用户输入信息的话，则应该建立一个脚本文件，而后使用“@”命令执行，才可以显示出提示信息，所以以下的程序都将采用脚本文件的方式来定义。

范例 10-18：定义脚本文件使用 ACCEPT 指令 —— d:\mldn.sql。

```
ACCEPT inputEname PROMPT '请输入要查询信息的雇员姓名：'
SELECT empno,ename,job,hiredate,sal FROM emp
WHERE ename=UPPER('&inputename') ;
```

查询结果：通过 SQLPlus 输出，如图 10-14 所示。

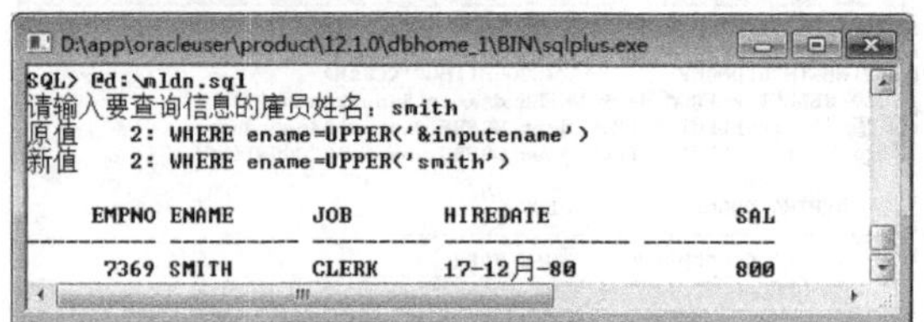

图 10-14　使用 ACCEPT 显示提示信息

注意：使用 ACCEPT 命令时替代变量不区分大小写。

本程序使用 ACCEPT 命令定义了 inputEname 这个替代变量，但是该变量和 WHERE 子句中的“ename=UPPER('&inputename')”虽然大小写不一样，可是表示的含义是完全相同的。

范例 10-19：使用 ACCEPT 定义替代变量 —— d:\mldn.sql。

```
ACCEPT inputGroupByColumn PROMPT '请输入要分组的字段：'
SELECT &&inputGroupByColumn ,SUM(sal) ,AVG(sal)
FROM emp e
GROUP BY &inputGroupByColumn ;
```

查询结果：通过 SQLPlus 输出，如图 10-15 所示。

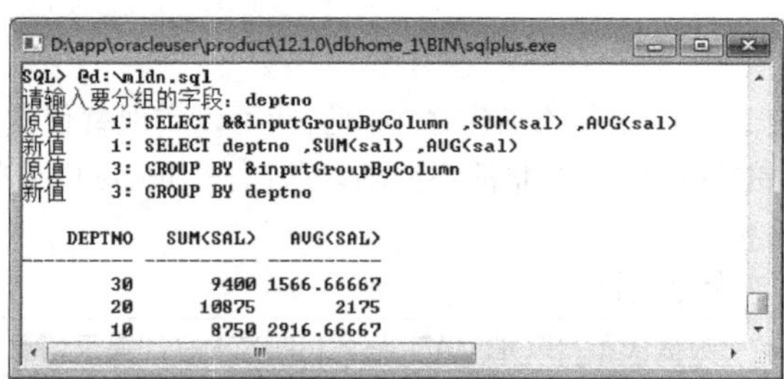

图 10-15　使用 ACCEPT 显示提示信息

在默认情况下，用户输入的替代变量的内容都会以明文的方式显示，如果不希望显示的内容以明文方式显示，则可以设置一个 HIDE 选项，表示隐藏用户输入。

范例 10-20：使用 HIDE 选项隐藏输入内容 —— d:\mldn.sql。

```
ACCEPT inputGroupByColumn PROMPT '请输入要分组的字段：' HIDE
SELECT &&inputGroupByColumn ,SUM(sal) ,AVG(sal)
FROM emp e
```

```
GROUP BY &inputGroupByColumn ;
```

查询结果： 通过 SQLPlus 输出，如图 10-16 所示（本次输入 deptno，但是此信息不会显示）。

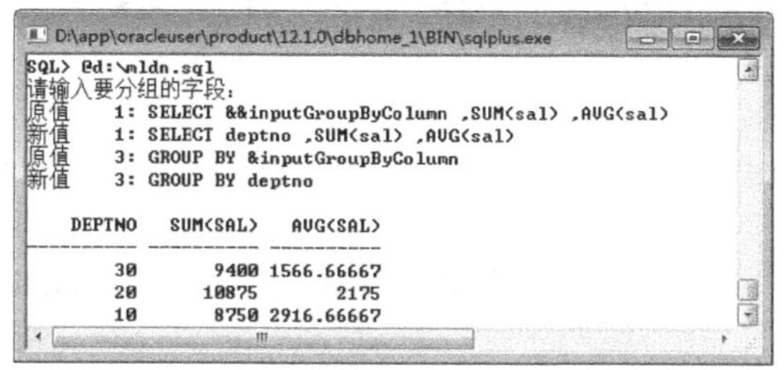

图 10-16　使用 HIDE 选项隐藏输出

通过本程序的运行可以发现，在提示信息后所输入的内容没有再显示。此外，使用 FORMAT 也可以格式化输入文本的操作。

范例 10-21： 使用 FORMAT 限定输入的数据长度——d:\mldn.sql。

```
ACCEPT inputGroupByColumn PROMPT '请输入要分组的字段：' FORMAT A10
SELECT &&inputGroupByColumn ,SUM(sal) ,AVG(sal)
FROM emp e
GROUP BY &inputGroupByColumn ;
```

查询结果： 输入超过 10 个长度的字符时出现错误，通过 SQLPlus 输出，如图 10-17 所示。

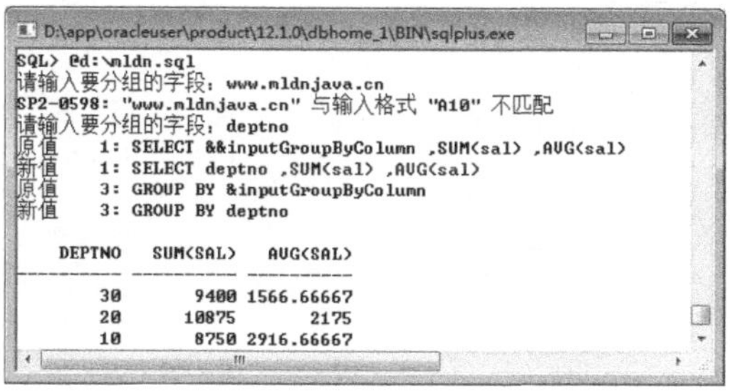

```
SQL> @d:\mldn.sql
请输入要分组的字段: www.mldnjava.cn
SP2-0598: "www.mldnjava.cn" 与输入格式 "A10" 不匹配
请输入要分组的字段: deptno
原值    1: SELECT &&inputGroupByColumn ,SUM(sal) ,AVG(sal)
新值    1: SELECT deptno ,SUM(sal) ,AVG(sal)
原值    3: GROUP BY &inputGroupByColumn
新值    3: GROUP BY deptno

    DEPTNO   SUM(SAL)   AVG(SAL)
---------- ---------- ----------
        30       9400 1566.66667
        20      10875       2175
        10       8750 2916.66667
```

图 10-17　使用 FORMAT 格式化输入

通过程序运行结果可以发现，当输入的内容大于 10 个字符长度时会出现错误提示，并且要求用户重新输入。

范例 10-22： 使用 FORMAT 格式化输入——d:\mldn.sql。

```
ACCEPT inputDate DATE FORMAT 'YYYY-MM-DD' PROMPT '请输入要查询的雇佣日期：'
SELECT empno , ename , job , hiredate
FROM emp e
WHERE hiredate=TO_DATE('&inputDate','YYYY-MM-DD') ;
```

查询结果： 输入超过 10 个长度的字符时出现错误，通过 SQLPlus 输出，如图 10-18 所示。

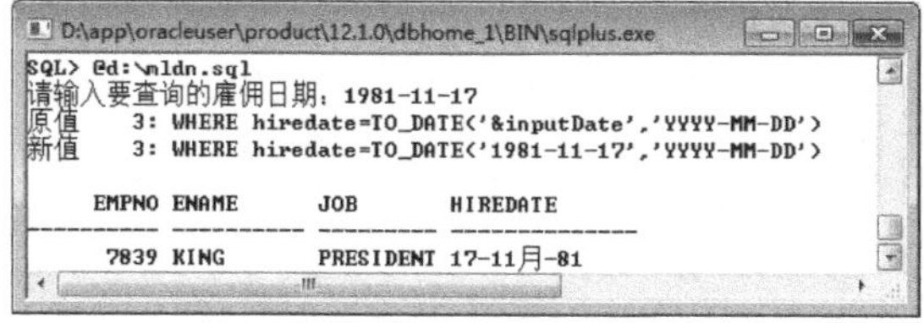

图 10-18　格式化文本

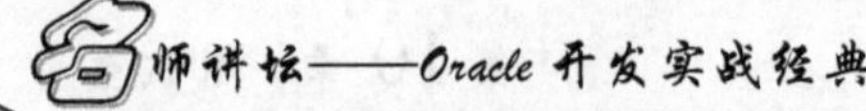

10.5 本 章 小 结

Note

1. 替代变量需要用在查询或更新操作时，用户自行输入相应的数据，而这些数据前可以使用“&”标记。

2. 使用 DEFINE 可以定义一个替代变量的内容，或者使用 UNDEFINE 清除一个替代变量的内容。

3. 使用 ACCEPT 可以定义提示变量的提示信息。

第11章

表的创建与管理

通过本章的学习，可以达到以下目标：

☑ 掌握 Oracle 中的主要字段类型。

☑ 掌握表的创建及删除语法。

☑ 理解表的修改操作。

☑ 理解 Oracle 中的闪回技术。

☑ 了解截断表操作。

☑ 了解表的重命名操作。

☑ 了解表空间的基本定义及使用。

前面所讲解的内容主要是 SQL 语法中的 DML 语句范畴，并且所使用的数据表都是由 Oracle 默认提供的。但是在实际工作中，往往会根据实际的需求建立用户自己的表，以实现客户的要求为目的，这样就需要数据定义语言（DDL）的支持了，所以本章将为读者讲解表的创建及基本操作语法。

11.1 数据表的基本概念

数据表是一种“行与列”数据的组合，也是数据库中最基本的组成单元，所有的数据操作（增加、修改、删除、查询）以及约束、索引等概念都要依附于数据表而存在，而数据表也可以理解为对现实或者业务的抽象结果。例如，如果希望抽象出现实世界中汽车的抽象模型，则可以形成如图 11-1 所示的数据表。

图 11-1 对现实世界进行数据表抽象

除了这种对现实事物抽象的总结，数据表也可以表示某一类数据的统计，例如，现在希望做一张数据表，可以记录下所有获得世界杯冠军的球队，则可以得到表 11-1 所示的抽象结果。

表 11-1 获得世界杯冠军的球队的统计

No.	球　　队	举办国家	年　　份
1	乌拉圭国家足球队	乌拉圭	1930 年
2	意大利国家足球队	意大利	1934 年
3	意大利国家足球队	法国	1938 年
4	乌拉圭国家足球队	巴西	1950 年
5	联邦德国足球队	瑞士	1954 年
6	巴西国家足球队	瑞典	1958 年
…	…	…	…

表 11-1 并不是对现实事物的抽象，而是一种以数据统计形式出现的表格，这样的数据集也称为一张数据表。通过这样两个例子可以清楚地发现，数据表实际上是由一个个细小的单元（列）组成，每一列数据负责记录一项内容。而多个数据表之间还有可能产生关联，例如以前面学习过的部门表和雇员表为例，就可以发现在雇员表中存在一个部门的编号，而这样就表示部门表和雇员表之间产生了关联，表之间关联的操作将在第 12 章中讲解。

11.2 Oracle 常用数据类型

数据表的基本组成单元是列，每一种列都会有其保存数据的类型及容量，所以要想进行数据表的建立，首先必须清楚 Oracle 中常用的数据类型，这些类型如表 11-2 所示。

提示：本书只列出常用的数据类型。

在表 11-2 中所列出的数据类型是在开发中经常用到的几种，除了表 11-2 列出的几种之外还有 BFILE、RAW、LONG、LONG RAW 等类型，这部分内容在后面讲解大数据时会简单讲解到。

表 11-2　Oracle 常用数据类型

No.	类　型	长　度	描　述
1	CHAR(n)	n= 1 to 2000（字节）	保存定长的字符串
2	VARCHAR2(n)	n= 1 to 4000（字节）	可以放数字、字母及 ASCII 码字符集，Oracle 12c 开始，其最大支持 32767 字节长度
3	NUMBER(m,n)	m = 1 to 38 n = -84 to 127	表示数字，其中小数部分长度为 m，整数部分长度为 m-n 位
4	DATE	-	用于存放日期时间型数据（不包含毫秒）
5	TIMESTAMP	-	用于存放日期时间型数据（包含毫秒）
6	CLOB	4G	用于存放海量文字，例如保存一部《红楼梦》、《三国演义》
7	BLOB	4G	用于保存二进制文件，例如图片、电影、音乐等

表 11-2 只列出了最常用的几个数据类型，这里需要提醒读者的是，有些读者由于编程习惯，对于数字也可以分为以下两种不同的类型：

☑　整数（NUMBER(m)）也可以使用 INT 替代。

☑　小数（NUMBER(m,n)）也可以使用 FLOAT 替代。

提示：简单选用原则。

为了方便读者记忆数据类型的使用，笔者给出一个不规范的使用参考意见：一般在 200 个中文字以内的信息（例如姓名、地址、E-mail 这样的信息）可以使用 VARCHAR2；如果某些地方觉得区分整数或小数比较麻烦，可以直接使用 NUMBER；表示日期时间使用 DATE（时间戳是 TIMESTAMP）；表示大文本数据使用 CLOB，而 BLOB 尽量少用，或者用其他方式处理（可以参考《Java Web 开发实战经典（基础篇）》的内容）。

在开发中如果要存放海量文字则一般使用 CLOB 字段较多，例如，如果现在希望在数据表之中保存一部《红楼梦》或者是《三国演义》这样的小说时，由于其文字内容很大，所以肯定无法使用 VARCHAR2 这样的类型来保存。此时就可以利用 CLOB 类型保存。而 BLOB 字段主要是二进制数据，所谓的二进制数据就像是图片、音乐、电影、文字等，但是一般很少有系统会将一个电影或音乐保存在 BLOB 字段中，主要原因是浏览不方便。

提示：关于图片等二进制文件的保存。

BLOB 本身不建议保存具体的内容，但是在开发中保存图片等二进制文件的功能又是必需的，如果读者想了解更多关于这种二进制数据保存操作，可以参考《Java 开发实战经典》第 18 章的内容。

在这里还需要提醒读者的是，BLOB 要比 CLOB 保存的内容更加丰富，而且由于文本本身也属于二进制数据，所以 BLOB 也可以像 CLOB 一样也保存文本数据，但是从开发来讲笔者并不建议过多地使用 BLOB。在实际的工作中，VARCHAR2、NUMBER、DATE、CLOB 这 4 种数据类型最为常用。

11.3　表的创建

创建数据表的操作在 Oracle 中严格来讲称为数据对象的创建操作，如果想创建这个数据表对象，可以使用如下的语法来完成。

语法 11-1： 创建表语法

```
CREATE TABLE 用户名.表名称(
    字段名称  字段类型  [DEFAULT    默认值] ,
    字段名称  字段类型  [DEFAULT    默认值] ,
...
);
```

Note

在这里需要提醒读者的是，创建表的操作属于 DDL（数据库定义语言）操作，所以是有命名要求的，对于表名称及列名称的定义要求如下。

☑ 必须以字母开头。

☑ 长度为 1~30 个字符。

☑ 表名称由字母（A-Z、a-z）、数字（0～9）、_、$、#组成，而且名称要有意义。

☑ 对同一个用户不能使用相同的表名称。

☑ 不能是 Oracle 中的保留字，如 CREATE、SELECT 等都是作为保留字。

注意：表结构中不要使用中文。

虽然 Oracle 数据库本身已经支持中文对象的创建，但是在用户创建表或者定义列的时候，一定不要使用中文，这样可以避免一些不必要的麻烦。

下面按照语法 11-1 创建一张 member 表，本数据表主要由成员编号（mid）、姓名（name）、年龄（age）、生日（birthday）、简介（note）5 个字段组成，表结构如图 11-2 所示。

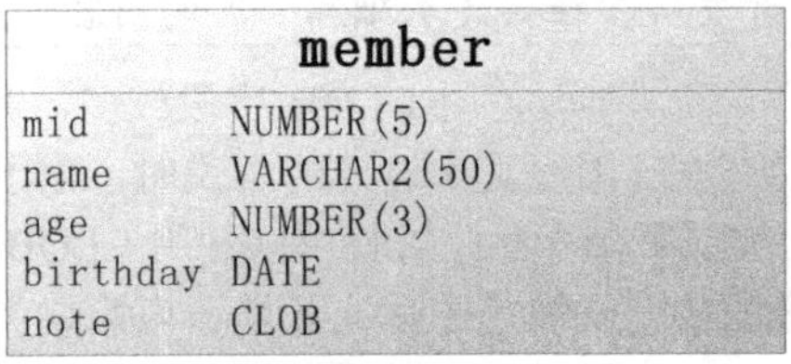

member	
mid	NUMBER(5)
name	VARCHAR2(50)
age	NUMBER(3)
birthday	DATE
note	CLOB

图 11-2　member 表结构

提示：字段与列表示同一含义。

本书中会出现“字段”或者“列”这两个名词，但是这两个名词所表示的含义是一样的。

范例 11-1： 创建一张可以保存所有成员信息的 member 表。

```
CREATE TABLE member   (
    mid         NUMBER(5),
    name        VARCHAR2(50)      DEFAULT      '无名氏' ,
    age         NUMBER(3),
    birthday    DATE              DEFAULT      SYSDATE ,
    note        CLOB
);
```

本表一共定义了 5 个字段，其中有 2 个字段（name、birthday）都设置了默认值，这样在增加数据的时候即使没有设置字段的数据，也会将默认值设置上。由于现在是使用 c##scott 用户登录，所以在建立表的时候没有填写用户名，默认的用户名就是“c##scott”，表的全名为

"c##scott.emp"。表创建完成之后，可以通过如下的命令查看 member 表是否存在。

提示：DDL 不受事务控制。

事务只能够针对 DML 操作语言实现，而对于 DDL 操作，事务是不起任何作用的。同时读者一定要记住，在 Oracle 中，如果执行了任何的 DDL 操作，则所有未提交的事务将自动提交。

Note

范例 11-2： 查看当前用户（现在是 c##scott 登录）下的全部表。

```
SELECT * FROM tab ;
```

查询结果： 通过 SQL Developer 输出，如图 11-3 所示。

	TNAME	TABTYPE	CLUSTERID
1	MEMBER	TABLE	(null)
2	SALGRADE	TABLE	(null)
3	BONUS	TABLE	(null)
4	EMP	TABLE	(null)
5	DEPT	TABLE	(null)

图 11-3 scott 用户下的全部表

范例 11-3： 查看 member 表的表结构是否正确。

```
DESC member ;
```

查询结果： 通过 SQL Developer 输出，如图 11-4 所示。

```
DESC member
名称          空值 类型
-------- -- ------------
MID             NUMBER(5)
NAME            VARCHAR2(50)
AGE             NUMBER(3)
BIRTHDAY        DATE
NOTE            CLOB
```

图 11-4 member 表结构

提示：数据表是对象。

在 Oracle 中所有使用 CREATE 语句创建的都是对象，本程序创建了一张数据表，所以数据表也属于 Oracle 的对象，而 Oracle 对象类型还有许多，在后面的章节中会一一讲解。

此时就建立了一个数据表的模型，在这张数据表中还没有任何数据，下面按照指定的数据类型向 member 表中增加数据。

范例 11-4： 向 member 表中增加若干条测试数据。

```
INSERT INTO member(mid,name,age,birthday,note)
     VALUES (1,'李兴华',30,TO_DATE('1979-09-27','yyyy-mm-dd'),'总公司活动提倡者') ;
INSERT INTO member(mid,name,age,birthday,note)
     VALUES (2,'董鸣楠',29,TO_DATE('1980-08-13','yyyy-mm-dd'),'积极响应者') ;
INSERT INTO member(mid,age,note)   VALUES (3,35,'活动名单提供者') ;
COMMIT ;
```

范例 11-5： 从 member 表中查询当前表中的记录。

```
SELECT * FROM member ;
```

查询结果： 通过 SQL Developer 输出，如图 11-5 所示。

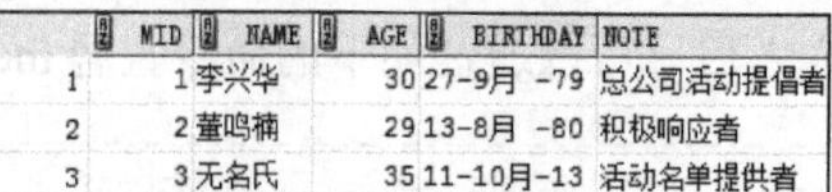

	MID	NAME	AGE	BIRTHDAY	NOTE
1	1	李兴华	30	27-9月 -79	总公司活动提倡者
2	2	董鸣楠	29	13-8月 -80	积极响应者
3	3	无名氏	35	11-10月-13	活动名单提供者

图 11-5　member 表中的全部记录

Note

从图 11-5 所示的结果中可以发现，对于设置了默认值的字段，如果在增加数据时已经明确给出了具体的数值，则设置的默认值不起作用，反之，会使用默认值对字段进行填充。

11.4 表的复制

在 Oracle 中，除了可以使用 DDL 创建新的数据表之外，也支持复制已有的数据表，复制数据表所使用的语法如下所示。

语法 11-2：复制表

```
CREATE TABLE 表名称 AS 子查询 ;
```

在语法 11-2 中出现的子查询的返回列实际就是复制后的表的数据列，并且可以根据查询结果设置复制表的数据。

范例 11-6：将 emp 表复制为 myemp 表。

```
CREATE TABLE myemp
     AS
SELECT * FROM emp ;
```

表复制完成之后，可以通过如下命令查看表是否复制成功。

范例 11-7：查询 myemp 表中的记录。

```
SELECT * FROM myemp ;
```

查询结果：通过 SQL Developer 输出，如图 11-6 所示。

	EMPNO	ENAME	JOB	MGR	HIREDATE	SAL	COMM	DEPTNO
1	7369	SMITH	CLERK	7902	17-12月-80	800	(null)	20
2	7499	ALLEN	SALESMAN	7698	20-2月 -81	1600	300	30
3	7521	WARD	SALESMAN	7698	22-2月 -81	1250	500	30
4	7566	JONES	MANAGER	7839	02-4月 -81	2975	(null)	20
5	7654	MARTIN	SALESMAN	7698	28-9月 -81	1250	1400	30
6	7698	BLAKE	MANAGER	7839	01-5月 -81	2850	(null)	30
7	7782	CLARK	MANAGER	7839	09-6月 -81	2450	(null)	10
8	7788	SCOTT	ANALYST	7566	19-4月 -87	3000	(null)	20
9	7839	KING	PRESIDENT	(null)	17-11月-81	5000	(null)	10
10	7844	TURNER	SALESMAN	7698	08-9月 -81	1500	0	30
11	7876	ADAMS	CLERK	7788	23-5月 -87	1100	(null)	20
12	7900	JAMES	CLERK	7698	03-12月-81	950	(null)	30
13	7902	FORD	ANALYST	7566	03-12月-81	3000	(null)	20
14	7934	MILLER	CLERK	7782	23-1月 -82	1300	(null)	10

图 11-6　复制后的 myemp 表中的数据

提示：表复制也属于表的创建过程。

通过上面的范例可以发现，表的复制操作实际上就相当于创建了一张新的数据表，只是这张数据表的结构是根据查询结果来决定的。

范例 11-8：要求按照 emp 的表结构建立一张 employee 表，但是不需要 emp 表中的任何数据，要求表的结构与 emp 表一样，但是不能存在 emp 表中的记录，即只复制表结构。

分析：范例 11-7 中的复制语法是将表结构及表内容一起复制，而现在的不要求复制表数据，只要求复制表结构，那么最好的方法就是直接在子查询中编写一个永远也不可能满足的条件（例如 WHERE 1=2）即可。

```
CREATE TABLE employee
      AS
SELECT * FROM emp WHERE 1=2 ;
```

范例 11-9：查看 employee 的表结构。

```
DESC employee ;
```

查询结果：通过 SQL Developer 输出，如图 11-7 所示。

```
DESC employee
名称         空值 类型
-------- -- ------------
EMPNO        NUMBER(4)
ENAME        VARCHAR2(10)
JOB          VARCHAR2(9)
MGR          NUMBER(4)
HIREDATE     DATE
SAL          NUMBER(7,2)
COMM         NUMBER(7,2)
DEPTNO       NUMBER(2)
```

图 11-7　employee 表结构

上面的两个范例只是简单地将 emp 表中的数据进行了部分复制，而对于这种复制表的操作也可以针对一个子查询，完成数据表的建立和数据的复制，如下范例所示。

范例 11-10：所有部门的统计信息单独保存到一张新的 department 表中。

分析：复制表的语法并不只能从具体表中复制，只要是子查询返回的结果正确即可，所以此处的操作流程是首先编写得到各个部门统计信息的子查询，然后利用这个子查询返回的数据进行数据表的创建。

```
CREATE TABLE department
      AS
SELECT d.deptno deptno,d.dname dname,d.loc loc,
      COUNT(e.empno) count, SUM(e.sal + NVL(e.comm,0)) sum,
      ROUND(AVG(e.sal + NVL(e.comm,0)),2) avg, MAX(e.sal) max, MIN(e.sal) min
FROM dept d,emp e
WHERE d.deptno=e.deptno(+)
GROUP BY d.deptno,d.dname,d.loc
ORDER BY d.deptno ;
```

范例 11-11：查看 department 表中的内容。

```
SELECT * FROM department ;
```

查询结果：通过 SQL Developer 输出，如图 11-8 所示。

	DEPTNO	DNAME	LOC	COUNT	SUM	AVG	MAX	MIN
1	10	ACCOUNTING	NEW YORK	3	8750	2916.67	5000	1300
2	20	RESEARCH	DALLAS	5	10875	2175	3000	800
3	30	SALES	CHICAGO	6	11600	1933.33	2850	950
4	40	OPERATIONS	BOSTON	0	(null)	(null)	(null)	(null)

图 11-8　查看 department 表中的数据

11.5 数据表重命名

在 Oracle 中，为了方便用户对数据表进行管理，专门提供了修改表名称的操作，可以采用如下语法为表重命名。

语法 11-3：为表重命名

```
RENAME 旧的表名称 TO 新的表名称 ;
```

执行此命令之后，会使用新的表名称来替换数据字典中所保存的旧的表名称，而用户在查找数据表对象时，显示的也是新的名称。

提问：什么叫数据字典？

为什么表可以被重命名？

回答：数据字典用于记录数据库的操作信息，修改表名称就是修改数据字典。

在 Oracle 中专门提供了一组数据用于记录数据库对象信息、对象结构、管理信息、存储信息的数据表，这种类型的表就称为数据字典。在 Oracle 中一共定义了下面两类数据字典。

- ☑ 静态数据字典：这类数据字典由表及视图所组成，这些视图分为以下 3 类。
  - ➢ user_*：存储所有当前用户的对象信息。
  - ➢ all_*：存储所有当前用户可以访问的对象信息（某些对象可能不属于此用户）。
  - ➢ dba_*：存储数据库中所有对象的信息（数据库管理员操作）。
- ☑ 动态数据字典：随着数据库运行而不断更新的数据表，一般用来保存内存和磁盘状态，而这类数据字典都以“v$”开头。

所有的数据字典由 Oracle 自行维护，当用户创建了新对象后就会自动在数据字典中进行记录，像之前所使用的“SELECT * FROM tab”与“DESC 表名称”，都属于数据字典的间接操作。当用户使用 CREATE TABLE 语句创建了一张数据表后，就表示该表的对象信息保存在了相应的数据字典中，而所谓的修改表名称，可以简单理解为修改数据字典中的对象名称，当然这些不可能利用更新语句操作，只能通过特定命令完成操作。

所以所谓的表重命名操作就是针对于数据字典的更新操作。

范例 11-12：将 member 表修改为 mldnuser 表。

```
RENAME member TO mldnuser ;
```

执行完本命令之后，member 表的名称将修改为 mldnuser 表，下面查看 c##scott 用户的全部数据表，观察表名称是否更改成功。

提示：修改数据表名称实际上就相当于修改了数据字典中的保存信息。

由于所有的对象信息都保存在数据字典上，所以修改表名称就相当于通过命令间接地向数据字典中发出了一条更新指令。

范例 11-13：查看 scott 的全部数据表。

```
SELECT * FROM tab ;
```

查询结果： 通过 SQL Developer 输出，如图 11-9 所示。

	TNAME	TABTYPE	CLUSTERID
1	MLDNUSER	TABLE	(null)
2	DEPARTMENT	TABLE	(null)
3	EMPLOYEE	TABLE	(null)
4	MYEMP	TABLE	(null)
5	SALGRADE	TABLE	(null)
6	BONUS	TABLE	(null)
7	EMP	TABLE	(null)
8	DEPT	TABLE	(null)

图 11-9　用户的全部数据表

11.6　截　断　表

如果此时要清空一张表中的全部数据，首先想到的是“DELETE FROM 表名称”这样的语法，然而这种清空表数据的方法不仅需要的时间很长，而且一张表所占用的资源（例如索引、约束等，在随后的章节会讲解到）也不会立刻释放，为此在 Oracle 中提供了专门的截断表的操作，语法如下。

语法 11-4： 截断表

```
TRUNCATE TABLE 表名称 ;
```

当一张表被截断之后，表中所占用的全部资源都将释放掉，而且所有的数据也不可以使用事务进行回滚处理。

范例 11-14： 截断 mldnuser 表。

```
TRUNCATE TABLE mldnuser ;
```

执行完此命令之后，mldnuser 表中的数据将被清空，所有的资源也将被删除，而剩下的只是一张空的 mldnuser 表。

提问：开发中使用哪种清空操作？

现在清空操作有以下两种方式：

☑　“DELETE FROM 表名称”清空数据。

☑　“TRUNCATE TABLE 表名称”截断表。

那么在开发中该使用哪一种？

回答：开发中清空表的操作不常见，而且要根据数据库选择合适的方法。

首先对于截断表（TRUNCATE TABLE）属于 Oracle 自己的命令，在其他数据库中并不具备通用性，而对于“DELETE FROM 表名称”，由于使用的是标准 SQL 语句，各个数据库都可以使用。在开发中肯定以标准语法为主，建议遇到此类要求使用“DELETE FROM 表名称”的方式更好，但如果现在已经明确使用的数据库是 Oracle 数据库，那么一定使用的是截断表。但在这里需要提醒读者的是，这种清空表数据的方式很危险，除非有特殊要求（例如，某些表在一定时期内需要被清空，重新保存数据），否则最好不要使用。

11.7 表的删除

Note

如果在数据库中的某些数据表不再使用，则可以通过如下语法进行数据表的删除操作。

语法 11-5： 删除表语法

```
DROP TABLE 表名称 ;
```

范例 11-15： 删除 myemp 表。

```
DROP TABLE myemp ;
```

范例 11-16： 查看 c##scott 下的全部表，以确定 myemp 是否已经被成功删除。

```
SELECT * FROM tab ;
```

查询结果： 通过 SQL Developer 输出，如图 11-10 所示。

	TNAME	TABTYPE	CLUSTERID
1	MLDNUSER	TABLE	(null)
2	DEPARTMENT	TABLE	(null)
3	EMPLOYEE	TABLE	(null)
4	BIN$0RGwIEBNR8istOB4ezVQQA==$0	TABLE	(null)
5	SALGRADE	TABLE	(null)
6	BONUS	TABLE	(null)
7	EMP	TABLE	(null)
8	DEPT	TABLE	(null)

图 11-10　myemp 表已经被删除

注意：表的删除不受事务管理的控制。

表的创建和删除属于 DDL 的操作，而事务处理本身是针对 DML（数据库更新操作）起作用，本身不受事务的处理，所以表一旦删除之后无法通过事务的回滚进行恢复。

11.8　闪回技术（FlashBack）

在图 11-10 所示的查询结果中，可以发现有类似“BIN×××”之类的数据表存在，实际上这就是闪回技术所带来的特点。闪回（Flashback）技术是 Oracle 10g 之后所提供的一种新的数据保障措施，在 Oracle 10g 之前，如果用户不慎将表误删了则数据表就再也找不回来了，但是到了 Oracle 10g 之后，为了解决这种误删除所带来的数据丢失问题，专门提供了一个与 Windows 操作系统类似的回收站功能，即所有的数据表删除的话，会默认先将其保存在回收站中，如果用户发现删除有错误，可以直接通过回收站进行表的恢复，如图 11-11 所示。

图 11-11　回收站操作

下面为了更好地说明闪回技术的问题，先将 employee 和 department 表一起删除。

范例 11-17：将 employee 和 department 表一起删除。

```
DROP TABLE employee ;
DROP TABLE department ;
```

范例 11-18：查看 c##scott 用户所有的表。

```
SELECT * FROM tab ;
```

查询结果：通过 SQL Developer 输出，如图 11-12 所示。

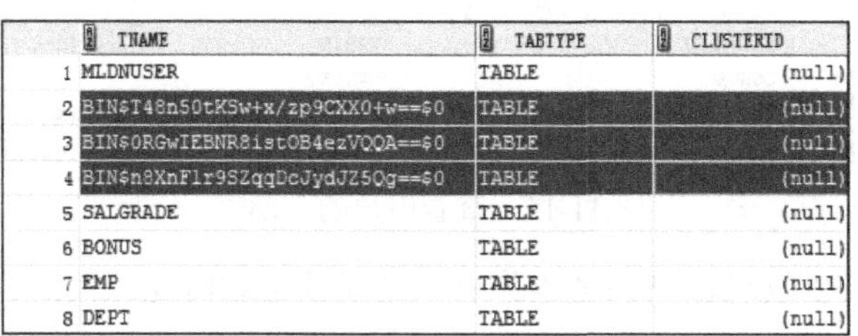

	TNAME	TABTYPE	CLUSTERID
1	MLDNUSER	TABLE	(null)
2	BIN$T48n50tKSw+x/zp9CXX0+w==$0	TABLE	(null)
3	BIN$0RGwIEBNR8istOB4ezVQQA==$0	TABLE	(null)
4	BIN$n8XnFlr9SZqqDcJydJZ5Qg==$0	TABLE	(null)
5	SALGRADE	TABLE	(null)
6	BONUS	TABLE	(null)
7	EMP	TABLE	(null)
8	DEPT	TABLE	(null)

图 11-12　c##scott 的全部表

从图 11-10 所示的查询结果中可以发现，现在 c##scott 用户一共有 3 张表被删除了，所以留下了 3 个“BIN$×××”之类的数据，而这些数据就保存在了回收站中，用户如果要查看回收站中的内容，可以使用如下命令。

范例 11-19：查看回收站中的数据。

```
SELECT object_name,original_name,operation,type FROM recyclebin ;
```

查询结果：通过 SQL Developer 输出，如图 11-13 所示。

	OBJECT_NAME	ORIGINAL_NAME	OPERATION	TYPE
1	BIN$n8XnFlr9SZqqDcJydJZ5Qg==$0	DEPARTMENT	DROP	TABLE
2	BIN$T48n50tKSw+x/zp9CXX0+w==$0	EMPLOYEE	DROP	TABLE
3	BIN$0RGwIEBNR8istOB4ezVQQA==$0	MYEMP	DROP	TABLE

图 11-13　回收站中的数据

通过图 11-12 可以发现，在回收站中存放着之前所删除的 3 张数据表，如果某张数据表删除错误，则可以通过如下的语法从回收站中恢复被删除的表。

语法 11-6：从回收站中恢复表

```
FLASHBACK TABLE 表名称 TO BEFORE DROP;
```

范例 11-20：恢复 myemp 表。

```
FLASHBACK TABLE myemp TO BEFORE DROP ;
```

执行完本操作之后，再次观察回收站中的数据。

范例 11-21：查询回收站中的表。

```
SELECT object_name,original_name,operation,type FROM recyclebin ;
```

查询结果：通过 SQL Developer 输出，如图 11-14 所示。

	OBJECT_NAME	ORIGINAL_NAME	OPERATION	TYPE
1	BIN$n8XnFlr9SZqqDcJydJZ5Qg==$0	DEPARTMENT	DROP	TABLE
2	BIN$T48n50tKSw+x/zp9CXX0+w==$0	EMPLOYEE	DROP	TABLE

图 11-14　回收站中的数据

通过查看回收站可以发现，经过恢复的 myemp 表已经不在回收站中，下面为了确定表已经

被恢复，可以再次查看全部的数据表。

范例 11-22： 查看全部表。

```
SELECT * FROM tab ;
```

查询结果： 通过 SQL Developer 输出，如图 11-15 所示。

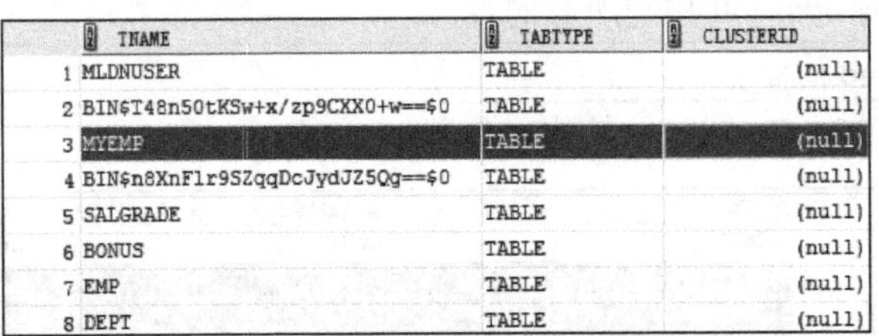

	TNAME	TABTYPE	CLUSTERID
1	MLDNUSER	TABLE	(null)
2	BIN$T48n50tKSw+x/zp9CXX0+w==$0	TABLE	(null)
3	MYEMP	TABLE	(null)
4	BIN$n8XnFlr9SZqqDcJydJZ5Qg==$0	TABLE	(null)
5	SALGRADE	TABLE	(null)
6	BONUS	TABLE	(null)
7	EMP	TABLE	(null)
8	DEPT	TABLE	(null)

图 11-15　查看用户的全部表

通过前面的操作可以发现，只要是删除表，则表就会暂时先放到回收站中，如果希望删除表的时候不再进入到回收站中，可以彻底删除的话，则在 DROP TABLE 语句之后增加 PURGE 选项即可，语法如下所示。

Note

语法 11-7： 直接删除表

```
DROP TABLE 表名称 PURGE ;
```

范例 11-23： 直接删除 myemp 表。

```
DROP TABLE myemp PURGE ;
```

范例 11-24： 删除之后再次查询全部数据表。

```
SELECT * FROM tab ;
```

查询结果： 通过 SQL Developer 输出，如图 11-16 所示。

	TNAME	TABTYPE	CLUSTERID
1	MLDNUSER	TABLE	(null)
2	BIN$T48n50tKSw+x/zp9CXX0+w==$0	TABLE	(null)
3	BIN$n8XnFlr9SZqqDcJydJZ5Qg==$0	TABLE	(null)
4	SALGRADE	TABLE	(null)
5	BONUS	TABLE	(null)
6	EMP	TABLE	(null)
7	DEPT	TABLE	(null)

图 11-16　用户的全部表

从图 11-16 的查询结果中可以发现，由于 myemp 表是采用直接删除的形式，所以不会将其放到回收站中，而且从查询结果中也可以发现，并没有增加任何一个新的“BIN$×××”这种形式的表，所以 myemp 表被彻底删除。

数据表删除后会先保存到回收站中，如果用户需要从回收站中删除一张表，可以通过如下语法来完成。

语法 11-8： 从回收站中删除表

```
PURGE TABLE 表名称 ;
```

范例 11-25： 从回收站中删除 employee 表。

```
PURGE TABLE employee ;
```

范例 11-26： 查看回收站中的数据。

```
SELECT object_name,original_name,operation,type FROM recyclebin ;
```

查询结果：通过 SQL Developer 输出，如图 11-17 所示。

	OBJECT_NAME	ORIGINAL_NAME	OPERATION	TYPE
1	BIN$n8XnFlr9SZqqDcJydJZ5Qg==$0	DEPARTMENT	DROP	TABLE

图 11-17　回收站中的数据

按照以上方式一张张地从回收站中删除数据表是一件很麻烦的事情，所以在 Oracle 中提供了清空回收站的指令，命令格式如下。

语法 11-9：清空回收站

```
PURGE recyclebin ;
```

用户直接执行以上命令后，就可以将回收站中所保存的数据全部清除了。

范例 11-27：查看回收站中的数据。

```
SELECT object_name,original_name,operation,type FROM recyclebin ;
```

查询结果：通过 SQL Developer 输出，如图 11-18 所示。

OBJECT_NAME	ORIGINAL_NAME	OPERATION	TYPE

图 11-18　回收站已被清空

11.9　修改表结构

当一张表根据业务需求建立完成之后，如果发现表中的字段设置得不合适或者业务需求发生变更时都需要对数据表进行修改，例如，增加、删除、修改数据列等操作，由于数据表本身属于 Oracle 的对象，所以对数据表的修改也就是对数据库对象的修改，而对象的修改使用 ALTER 命令完成。

提示：关于对象的操作。

在 DDL 定义中，对于数据库对象的操作主要有 3 种语法，分别如下。

☑　创建对象：CREATE 对象类型 名称...;。

☑　删除对象：DROP 对象类型 名称...;。

☑　修改对象：ALTER 对象类型 名称...;。

注意：不建议修改表结构。

虽然 SQL 语法中提供了表结构的修改操作，但是从实际应用来讲，并不建议读者过多地进行表结构的修改，例如 IBM DB2 数据库就是不允许修改表结构的。

为了方便演示数据表的修改操作，下面首先编写如下的数据库创建脚本，并通过此表进行操作。

范例 11-28：定义数据库创建脚本。

```
-- 删除数据表
DROP TABLE member PURGE ;
```


Note

Note

```
-- 创建数据表
CREATE TABLE member (
    mid        NUMBER ,
    name       VARCHAR2(50)     DEFAULT'无名氏'
) ;
-- 增加测试数据
INSERT INTO member (mid,name) VALUES (1,'李兴华') ;
INSERT INTO member (mid,name) VALUES (2,'董鸣楠') ;
INSERT INTO member (mid,name) VALUES (3,'王月清') ;
-- 提交事务
COMMIT ;
```

执行以上的数据库创建脚本之后，会建立 member 表，同时会增加 3 条测试数据，为了清楚地对比表修改之后的情况，下面首先查看该表的数据。

范例 11-29：查看 member 表中的全部数据。

```
SELECT * FROM member ;
```

查询结果：通过 SQL Developer 输出，如图 11-19 所示。

	MID	NAME
1	1	李兴华
2	2	董鸣楠
3	3	王月清

图 11-19　查看当前 member 表中的记录

1．为表中增加数据字段

为已有数据表增加字段的时候也像定义数据表一样，需要给出字段名称、类型、默认值，语法如下。

语法 11-10：向表中增加字段

```
ALTER TABLE 表名称 ADD (字段名称 字段类型 DEFAULT 默认值,字段名称 字段类型
DEFAULT 默认值; ...) ;
```

通过以上语法可以发现，可以通过一条 ALTER 指令向一张数据表同时增加多个字段，但是本书为了浏览方便，每次 ALTER 指令只增加一个字段。

范例 11-30：向 member 表中增加 3 个字段。

```
ALTER TABLE member ADD (age NUMBER(3)) ;
ALTER TABLE member ADD (sex VARCHAR2(10) DEFAULT '男') ;
ALTER TABLE member ADD (photo VARCHAR2(100) DEFAULT 'nophoto.jpg') ;
```

执行完成之后，再次查询 member 的表结构，观察是否发生变化。

范例 11-31：查询 member 表结构。

```
DESC member ;
```

查询结果：通过 SQL Developer 输出，如图 11-20 所示。

```
DESC member
名称    空值 类型
----- -- -------------
MID        NUMBER
NAME       VARCHAR2(50)
AGE        NUMBER(3)
SEX        VARCHAR2(10)
PHOTO      VARCHAR2(100)
```

图 11-20　查看修改后的 member 表结构

范例 11-32：查询修改后的 member 表数据。

```
SELECT * FROM member ;
```

查询结果：通过 SQL Developer 输出，如图 11-21 所示。

	MID	NAME	AGE	SEX	PHOTO
1	1	李兴华	(null)	男	nophoto.jpg
2	2	董鸣楠	(null)	男	nophoto.jpg
3	3	王月清	(null)	男	nophoto.jpg

图 11-21　查询 member 表数据

可以发现，新增加的 3 个字段中，age 字段没有默认值，所以所有数据都是 null，而对于 sex 由于设置了默认值“男”，所以当增加完这个列之后里面的所有原始内容的 sex 字段全部都为“男”，同样对于 photo 字段的内容也都设置为了“nophoto.jpg”。

提问：为什么要将 member 表中的 photo 字段定义成 VARCHAR2 类型？

如果现在想保存图片的话，则应该使用 BLOB 字段，但是为什么在此处修改时要将 photo 字段设置成 VARCHAR2 呢？

回答：为了程序开发的方便。

如果现在要将图片保存在数据库中，肯定要将字段设置成 BLOB 数据类型，但是在进行数据浏览的时候就很不方便了。所以一般在开发中，对于图片的保存会专门设置一个保存的文件夹，而在数据表中保存的只是这个图片的名字而已，关于这一点的实际作用，读者可以参考《Java Web 开发实战经典（基础篇）》一书第 8 章的实战开发讲解部分。

2．修改表中的字段

如果现在发现表中的某一列设计不合理，也可以对已有的列进行修改，通过如下的语法来完成。

语法 11-11：修改表字段

```
ALTER TABLE 表名称 MODIFIY(字段名称 字段类型 DEFAULT 默认值) ;
```

范例 11-33：将 name 字段的长度修改为 30，将 sex 字段的默认值修改为女。

```
ALTER TABLE member MODIFY(name VARCHAR2(30)) ;
ALTER TABLE member MODIFY(sex VARCHAR2(3)     DEFAULT '女') ;
```

范例 11-34：查看 member 表结构。

```
DESC member ;
```

查询结果：通过 SQL Developer 输出，如图 11-22 所示。

```
DESC member
名称     空值 类型
----- -- -------------
MID       NUMBER
NAME      VARCHAR2(30)
AGE       NUMBER(3)
SEX       VARCHAR2(3)
PHOTO     VARCHAR2(100)
```

图 11-22　修改后的 member 表结构

3．删除表中的字段

如果现在要删除表中的一个列，可以通过如下语法来完成。

Note

语法 11-12： 删除表字段

```
ALTER TABLE 表名称 DROP COLUMN 列名称 ;
```

范例 11-35： 删除 member 表中的 photo 和 age 字段。

```
ALTER TABLE member DROP COLUMN photo ;
ALTER TABLE member DROP COLUMN age ;
```

范例 11-36： 查看 member 表结构。

```
DESC member ;
```

查询结果： 通过 SQL Developer 输出，如图 11-23 所示。

```
DESC member
名称   空值 类型
---- -- ------------
MID     NUMBER
NAME    VARCHAR2(30)
SEX     VARCHAR2(3)
```

图 11-23　member 表结构

> **注意：删除表字段时至少保留一个。**
>
> 在删除表中字段时，里面不管是否有数据都不会影响最终的删除结果，但是在进行表字段删除时一定要保证被删除字段的表中删除某些字段之后至少还存在一个字段。

以上语法表的字段已经成功地删除了，同时所有数据行的数据也会同时更新，但是如果是在一个数据量比较庞大的表中（例如数据量为 1000 万条）执行列删除操作的话本身会非常耗时，所以此时为了保证表可以正常使用，而且又不希望用户使用表中某一列的时候则可以通过如下的语法，将表中的一列设置成无用（UNUSED）状态。

语法 11-13： 将表中字段设置成无用状态

```
语法一：  ALTER TABLE 表名称 SET UNUSED(列名称) ;
语法二：  ALTER TABLE 表名称 SET UNUSED COLUMN 列名称;
```

范例 11-37： 将 sex 列设置成无用状态。

```
ALTER TABLE member SET UNUSED(sex) ;
```

范例 11-38： 将 name 列设置成无用状态。

```
ALTER TABLE member SET UNUSED COLUMN name ;
```

范例 11-39： 查看此时的 member 表结构。

```
DESC member ;
```

查询结果： 通过 SQL Developer 输出，如图 11-24 所示。

```
DESC member
名称  空值 类型
--- -- ------
MID    NUMBER
```

图 11-24　member 表结构

范例 11-40： 查看 member 表中的记录。

```
SELECT * FROM member ;
```

查询结果： 通过 SQL Developer 输出，如图 11-25 所示。

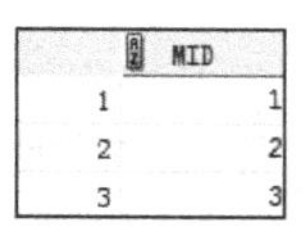

	MID
1	1
2	2
3	3

图 11-25　member 表结构

此时在 member 表中的 sex 列和 name 列都已经设置为无用状态，所以查看表结构或者是查看表数据时这两个列都不会再显示，如果现在要删除这些无用的列，可以通过如下的语法完成。

语法 11-14： 删除表中的无用列

```
ALTER TABLE 表名称 DROP UNUSED COLUMNS ;
```

范例 11-41： 删除 member 表中的无用（UNUSED）列。

```
ALTER TABLE member DROP UNUSED COLUMNS ;
```

当执行完此语句后，表中所有设置成无用的列才会被清除干净。

11.10　添加注释

程序中使用注释可以帮助使用者更清晰地了解代码的作用，在 Oracle 数据库中也可以为表或列设置注释，使用语法如下。

语法 11-15： 添加注释

```
COMMENT ON TABLE 表名称 | COLUMN 表名称.列名称 IS '注释内容';
```

为了演示添加注释前后的区别，下面首先使用如下数据库创建脚本创建一张新的 member 表。

范例 11-42： 定义数据库创建脚本。

```
-- 删除数据表
DROP TABLE member PURGE ;
-- 创建数据表
CREATE TABLE member (
	mid		NUMBER,
	name		VARCHAR2(50)	DEFAULT'无名氏' ,
	age		NUMBER(3),
	birthday	DATE
) ;
```

执行以上的数据库创建脚本之后会产生一个新的 member 表，而此时这张表中并没有设置任何的注释信息，如果要验证这一点可以通过 user_tab_comments 这个数据字典查看。

范例 11-43： 查看 user_tab_comments 数据字典。

```
SELECT * FROM user_tab_comments WHERE table_name='MEMBER' ;
```

查询结果： 通过 SQL Developer 输出，如图 11-26 所示。

	TABLE_NAME	TABLE_TYPE	COMMENTS
1	MEMBER	TABLE	(null)

图 11-26　查看当前 member 表中的注释

通过图 11-26 所示的结果可以发现，默认情况下 comments（注释）这个字段的内容是 null，所以并没有添加任何的注释信息，下面开始为数据表增加注释。

Note

范例 11-44：为 member 表添加注释。

```
COMMENT ON TABLE member IS '用于记录参加活动的成员信息' ;
```

为 member 表中添加完信息之后，下面继续使用 user_table_comments 这个数据字典查看所添加的注释信息。

范例 11-45：查看 member 表的注释。

```
SELECT * FROM user_tab_comments WHERE table_name='MEMBER' ;
```

查询结果：通过 SQL Developer 输出，如图 11-27 所示。

	TABLE_NAME	TABLE_TYPE	COMMENTS
1	MEMBER	TABLE	用于记录参加活动的成员信息

图 11-27　查看 member 表的注释信息

通过图 11-27 的查询结果可以发现，此时已经为表增加了注释，但是在一张数据表中除了表需要注释之外，表中所有对应的列也同样需要注释，而表中的列在默认情况下也是没有注释的，为了验证这一点，可以使用 user_col_comments 这个数据字典查看。

范例 11-46：使用 user_col_comments 这个数据字典查看列的注释信息。

```
SELECT * FROM user_col_comments WHERE table_name='MEMBER' ;
```

查询结果：通过 SQL Developer 输出，如图 11-28 所示。

	TABLE_NAME	COLUMN_NAME	COMMENTS
1	MEMBER	MID	(null)
2	MEMBER	NAME	(null)
3	MEMBER	AGE	(null)
4	MEMBER	BIRTHDAY	(null)

图 11-28　默认情况下表中的列是没有注释的

范例 11-47：为 member 表的 mid 添加注释信息。

```
COMMENT ON COLUMN member.mid IS '参加活动的成员编号' ;
```

此时已经通过命令为 member 表的 mid 字段上设置了一个注释信息，下面通过 user_col_comments 这个数据字典进行验证。

范例 11-48：查看 member 表中所有列的注释信息。

```
SELECT * FROM user_col_comments   WHERE table_name='MEMBER' ;
```

查询结果：通过 SQL Developer 输出，如图 11-29 所示。

	TABLE_NAME	COLUMN_NAME	COMMENTS
1	MEMBER	MID	参加活动的成员编号
2	MEMBER	NAME	(null)
3	MEMBER	AGE	(null)
4	MEMBER	BIRTHDAY	(null)

图 11-29　查看 member 表中所有列的注释信息

11.11　设置可见/不可见字段

如果某些数据列的内容不需要使用，那么直接为其设置 null 值数据即可，但是这样有可能会出现一个小问题。例如，在一张数据表设计的时候，考虑到日后需要增加若干个列，那么这

些列如果提前增加的话，那么就有可能造成开发人员的困扰（不知道这些列做什么），为此就希望将这些暂时不使用的列定义为不可见的状态，这样开发人员在浏览数据时，只需要浏览有用的部分即可。当需要这些列时，再恢复其可见状态。在 Oracle 12c 之前，这些特性是不被支持的，而从 Oracle 12c 开始为了方便用户进行表管理，提供了不可见列的使用，同时用户也可以将一个可见列修改为不可见的状态。

下面通过一系列的范例为读者进行说明。例如，下面首先创建一张简单的数据表，该数据表中包含两个字段 mid、name。

范例 11-49：定义数据表。

```
DROP TABLE mytab PURGE ;
CREATE TABLE mytab (
      Mid NUMBER ,
      name VARCHAR2(30) ,
      CONSTRAINT pk_mid PRIMARY KEY(mid)
) ;
```

此时这张表中的 mid 和 name 两个列在默认情况下都是可见的，如果使用如下的命令插入数据：

范例 11-50：查看 mytab 表结构。

```
DESC mytab ;
```

查询结果：通过 SQL Developer 输出，如图 11-30 所示。

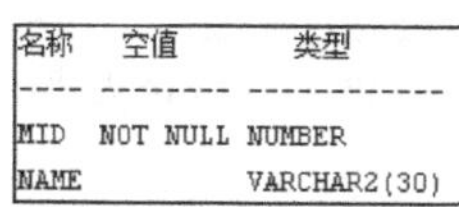

```
名称   空值       类型
---- -------- ------------
MID  NOT NULL NUMBER
NAME          VARCHAR2(30)
```

图 11-30　mytab 结构

范例 11-51：使用简写方式插入数据。

```
INSERT INTO mytab VALUES(1) ;
```
错误提示：ORA-00947: 没有足够的值

因为在 mytab 表中存在两个字段，所以当用户使用简写方式进行数据增加时，由于缺少一个数值，则会出现错误，在这种情况下，只需要将字段修改为不可见状态，程序就可以正确完成数据的增加。

如果要进行字段不可见的控制，则可以使用如下语法完成。

语法 11-16：修改字段的可见状态

```
ALTER TABLE 表名称 MODIFY (字段 [INVISIBLE | VISIBLE]);
```

在此语法中进行字段显示控制的有以下两个选项。

☑ INVISIBLE：表示字段不可见。

☑ VISIBLE：表示字段可见。

范例 11-52：将 name 字段设置为不可见状态。

```
ALTER TABLE mytab MODIFY (name INVISIBLE);
```

范例 11-53：查看 mytab 表结构。

```
DESC mytab ;
```

查询结果：通过 SQL Developer 输出，如图 11-31 所示。

```
名称  空值       类型
---  --------  ------
MID  NOT NULL  NUMBER
```

图 11-31　name 字段为不可见

提示：可以通过 user_tab_columns 数据字典查看。

虽然通过 DESC 命令无法显示所有字段，但并不表示此字段不存在，如果需要查询全部字段，可以利用 user_tab_columns 数据字典查看。

范例 11-54：查看 user_tab_columns 数据字典。

```
SELECT table_name,column_name,data_type,data_length,nullable FROM user_tab_columns
WHERE table_name='MYTAB';
```

查询结果：通过 SQL Developer 输出，如图 11-32 所示。

	TABLE_NAME	COLUMN_NAME	DATA_TYPE	DATA_LENGTH	NULLABLE
1	MYTAB	MID	NUMBER	22	N
2	MYTAB	NAME	VARCHAR2	30	Y

图 11-32　查看 user_tab_columns 数据字典

可以发现，此时表中的 name 字段已经不可见了，此时再次执行上面的增加操作。

范例 11-55：增加数据。

```
INSERT INTO mytab VALUES(1) ;
```

此时，增加语句可以正常执行，而后查询 mytab 数据表，观察数据。

范例 11-56：查询 mytab 数据表。

```
SELECT * FROM mytab ;
```

查询结果：通过 SQL Developer 输出，如图 11-33 所示。

	MID
1	1

图 11-33　查询 mytab 表数据

可以发现，此时显示的数据中也不包含 name 字段的内容。

范例 11-57：将 name 字段变为可见。

```
ALTER TABLE mytab MODIFY (name VISIBLE);
```

此时将 name 字段重新修改为可见状态，而后再次查询 mytab 表中的全部数据。

范例 11-58：查询 mytab 表中的全部数据。

```
SELECT * FROM mytab ;
```

查询结果：通过 SQL Developer 输出，如图 11-34 所示。

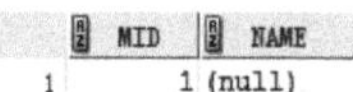

	MID	NAME
1	1	(null)

图 11-34　name 字段恢复为可见

除了控制已有数据表的字段是否可见之外，用户也可以在定义的时候直接利用 INVISIBLE 控制一个字段为不可见状态。

范例 11-59：定义表是直接设置不可见字段。

```
DROP TABLE mytab PURGE ;
CREATE TABLE mytab (
```

```
    mid NUMBER ,
    name VARCHAR2(30) INVISIBLE ,
    CONSTRAINT pk_mid PRIMARY KEY(mid)
) ;
```

由于 name 字段上存在有 INVISIBLE 定义，所以此字段为不可见字段，当使用 DESC 命令进行表结构查看时，也无法发现此字段的信息。

11.12　表　空　间

数据库的运行需要依赖于操作系统，而数据库本身也保存在操作系统的磁盘上，所以当用户向数据表中保存数据时，最终数据是被保存在了磁盘上，只是这些数据是按照固定的格式进行保存。Oracle 数据保存在磁盘上的格式如图 11-35 所示。

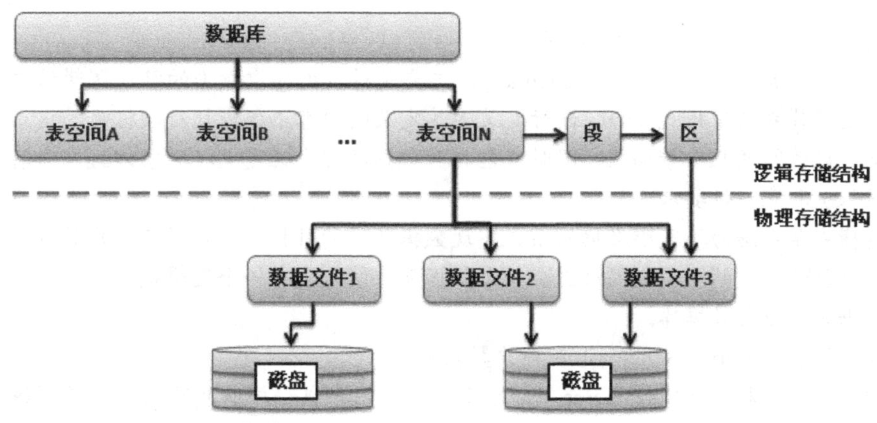

图 11-35　Oracle 数据库存储结构

> **提示：本书讲解只围绕开发部分。**
>
> 由于本书主要以讲解数据库开发为主，面向的是程序开发人员，并不是全面讲解专业的数据库管理知识（DBA 相关），所以部分的解释将以主体概念为主，有兴趣掌握数据库管理知识的读者，可以参考本系列图书中何明老师的相关著作。

通过图 11-35 可以清楚地发现，在数据库数据和磁盘数据之间存在下面两种结构。

☑　逻辑结构：Oracle 中所引入的结构，开发人员所操作的都只针对 Oracle 的逻辑结构。

☑　物理结构：操作系统所拥有的存储结构，逻辑结构到物理结构的转换由 Oracle 数据库管理系统来完成。

> **提示：关于数据库系统的三级模式结构。**
>
> 数据库系统的三级模式结构是指数据库系统是由外模式、模式和内模式三级构成，如图 11-36 所示。

Note

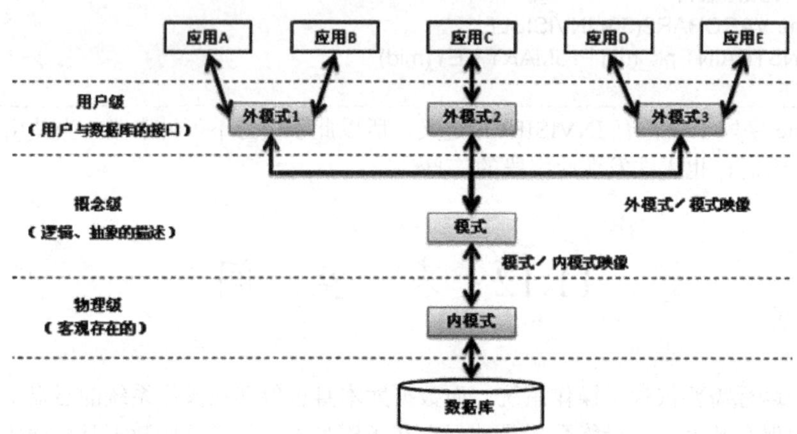

图 11-36 数据库系统的三级模式结构

1. 模式（Schema）及概念数据库

模式也称逻辑模式（Logical Schema），主要是对数据库中数据的整体逻辑结构和特征的描述。逻辑模式使用模式 DDL 进行定义，其定义的内容不仅包括对数据库的记录型、数据项的型、记录间的联系等描述，同时也包括对数据的安全性定义（保密方式、保密级别和数据使用权）和完整性要求。

逻辑模式是系统为了减小数据冗余、实现数据共享的目标，并对所有用户的数据进行综合抽象而得到的统一的全局数据视图。一个数据库系统只能有一个逻辑模式，以逻辑模式为框架的数据库为概念数据库。

2. 外模式（External Schema）及用户数据库

外模式也称子模式（Subschema），它是对各个用户或程序所涉及的数据的逻辑结构和数据特征的描述。外模式使用子模式 DDL（Subschema DDL）进行定义，该定义主要涉及对子模式的数据结构、数据域、数据构造规则及数据的安全性和完整性等属性的描述。子模式可以在数据组成（数据项的个数及内容）、数据间的联系、数据项的型（数据类型和数据宽度）、数据名称上与逻辑模式不同，也可以在数据的安全性和完整性方面与逻辑模式不同。

子模式是完全按用户自己对数据的需要、站在局部的角度进行设计的。由于一个数据库系统有多个用户，所以就可能有多个数据子模式。由于子模式是面向用户或程序设计的，所以被称为用户数据视图。从逻辑关系上看，子模式是模式的一个逻辑子集，从一个模式可以推导出多个不同的子模式。以子模式为框架的数据库为用户数据库。显然，某个用户数据库是概念数据库的部分抽取。

使用子模式可以带来 3 个优点：

☑ 由于使用子模式，用户不必考虑那些与自己无关的数据，也无须了解数据的存储结构，使得用户使用数据的工作和程序设计的工作都得到了简化。

☑ 由于用户使用的是子模式，使得用户只能对自己需要的数据进行操作，数据库的其他数据与用户是隔离的，这样有利于数据的安全和保密。

☑ 由于用户可以使用子模式，而同一模式又可派生出多个子模式，所以有利于数据的独立性和共享性。

3. 内模式（Internal Schema）及物理数据库

内模式（Internal Schema）也叫存储模式（Access Schema）或物理模式（Physical Schema）。内模式是对数据的内部表示或底层描述。内模式使用内模式 DDL（Internal Schema DDL）定义。内模式 DDL 不仅能够定义数据的数据项、记录、数据集、缩印和存储路径在内的一切物理组织方式等属性，同时要规定数据的优化性能、响应时间和存储空间需求，规定数据的记录位置、块的大小与数据溢出区等。

物理模式的设计目的是将系统的模式（全局逻辑模式）组织成最优的物理模式，以提高数据的存取效率，改善系统的性能指标。

以物理模式为框架的数据库为物理数据库。在数据库系统中，只有物理数据库才是真正存在的，它是存放在外存的实际数据文件；而概念数据库和用户数据库在计算机外存上是不存在的。用户数据库、概念数据库和物理数据库三者的关系是：概念数据库是物理数据库的逻辑抽象形式；物理数据库是概念数据库的具体实现；用户数据库是概念数据库的子集，也是物理数据库子集的逻辑描述。

Oracle 之所以会引入这样两种不同的操作结构，主要目的是希望数据库具有很强的可移植性，即只要数据文件按照规定的标准进行数据的存储，那么不同厂商就可以定义属于自己的逻辑结构，而逻辑结构实现最关键的就是表空间（Table Space）。

表空间是 Oracle 数据库中最大的一个逻辑结构，每一个 Oracle 数据库都会由若干个表空间所组成，每一个表空间由多个数据文件组成，用户所创建的数据表也统一都被表空间所管理。表空间与磁盘上的数据文件对应，所以直接与物理存储结构关联。而用户在数据库中所创建的数据表、索引、视图、子程序等，都被表空间保存到了不同的区域内。

提示：关于数据库、表空间、表的简单理解。

如果用户不清楚这三者的关系，那么本书可以给出一个简单的提示。如果把整个数据库比喻为一个北京图书馆，那么每一个表空间就可以比喻为一个图书架，每一张数据表比喻为书架上的图书。为了方便用户查阅，图书的分类依靠书架上的标签（表受到表空间管理），而书架必须放在图书馆（表空间受到数据库管理）里。

在 Oracle 数据库中一般有下面两类表空间。

- ☑ 系统表空间：是在数据库创建时与数据库一起建立起来的，例如用户用于撤销的事务处理，或者使用的数据字典就保存在系统表空间中，例如 System 或 Sysaux 表空间。
- ☑ 非系统表空间：由具备指定管理员权限的数据库用户创建，主要用于保存用户数据、索引等数据库对象，例如 USERS、TEMP、UNDOTBS1 等表空间。

提示：关于非系统表空间的称呼。

上面已经解释了表空间的分类，但实际上一般用户所使用的表空间也都为非系统表空间，而且本书主要围绕非系统表空间的操作进行讲解，如果没有特殊说明，在本书后面的部分会统一使用“表空间”来表示非系统表空间。

表空间在 Oracle 中一共分为 4 类（永久表空间、临时表空间、大文件表空间、撤销表空间），本书考虑到知识层次，只讲解基本的永久表空间（为默认创建类型）和临时表空间使用，其他的表空间操作可以参考 Oracle 管理等相关书籍。

使用这种表空间的划分方式最方便的是可以更好地由用户根据实际的存储量来分配磁盘空间，同时也方便用户进行数据的备份操作，下面就通过具体的操作范例来讲解表空间的基本操作。

11.12.1 创建表空间

如果要进行非系统表空间的创建，可以使用如下语法完成。

语法 11-17：定义表空间的基本语法

```
CREATE [TEMPORARY] TABLESPACE 表空间名称
[DATAFILE | TEMPFILE 表空间文件保存路径 ...] [SIZE 数字[K | M]]
[AUTOEXTEND ON | OFF] [NEXT 数字 [K|M]]
[LOGGING | NOLOGGING] ;
```

本语法各个创建子句的相关说明如下所示。

- ☑ DATAFILE：保存表空间的磁盘路径，可以设置多个保存路径。
- ☑ TEMPFILE：保存临时表空间的磁盘路径。
- ☑ SIZE：开辟的空间大小，其单位有 K（字节）和 M（兆）。
- ☑ AUTOEXTEND：是否为自动扩展表空间，如果为 ON 表示可以自动扩展表空间大小，反之为 OFF。
- ☑ NEXT：可以定义表空间的增长量。
- ☑ LOGGING | NOLOGGING：是否需要对 DML 进行日志记录，记录下的日志可以用于数据恢复。

一般来讲，永久性表空间的主要功能是为了保存用户的对象数据，例如，当使用 CREATE 语句创建对象，或者使用 INSERT 语句进行数据保存，实际上这些信息都保存在了永久表空间中。而临时表空间的主要功能是用于排序操作使用，如果用户在 SQL 中使用了 ORDER BY 或 GROUP BY 子句时，Oracle 就需要对所选取的数据进行排序，如果此时排序的数据量很大，则 Oracle 就需要把一些中间的排序结果保存在磁盘上，即保存在临时表空间中。

提示：请以 SYS 用户操作。

由于还未讲到权限分配问题，所以此处读者可以使用 SYS 用户登录（CONN sys/change_on_install AS SYSDBA）进行操作，如果直接使用 c##scott 用户，则在执行以下程序时会出现“ORA-01031: 权限不足”的错误提示信息。

范例 11-60：创建一个 mldn_data 的数据表空间。

```
CREATE TABLESPACE mldn_data
DATAFILE  'd:\mldnds\mldn_data01.dbf' SIZE 50M ,
        'e:\mldnds\mldn_data02.dbf' SIZE 50M
AUTOEXTEND on NEXT 2M
LOGGING ;
```

本程序创建了一个 mldndata 的数据表空间，而此表空间对应两个数据文件（d:\mldnds\mldn_data01.dbf与 e:\mldnds\mldn_data02.dbf），同时这两个数据文件的初始化大小均为 50M。当空间不足时，可以自动进行容量的扩充，每次扩充 2M 大小。

注意：文件目录要存在。

现实工作中为了考虑磁盘工作的负载平衡，往往会在多个磁盘上创建数据文件。但是在进行数据文件创建的时候请保证目录存在，否则程序执行时会出现“ORA-01119: 创建数据库文件 'd:\mldnds\mldn01.dbf' 时出错”的错误提示信息。

Note

范例 11-61：创建一个 mldn_temp 的临时表空间。

```
CREATE TEMPORARY TABLESPACE mldn_temp
TEMPFILE 'd:\mldnds\mldn_temp01.dbf' SIZE 50M ,
        'e:\mldnds\mldn_temp02.dbf' SIZE 50M
AUTOEXTEND on NEXT 2M ;
```

本程序采用类似的语法创建了一个临时表空间，与永久表空间不同的是，此处使用的是 TEMPFILE，而不是 DATAFILE。

当用户创建完表空间后，下面可以直接利用 dba_tablespaces 这个数据字典查看表空间信息。

范例 11-62：利用 dba_tablespaces 查看表空间信息。

```
SELECT tablespace_name,block_size,extent_management,status,contents FROM dba_tablespaces ;
```

查询结果：通过 SQL Developer 输出，如图 11-37 所示。

	TABLESPACE_NAME	BLOCK_SIZE	EXTENT_MANAGEMENT	STATUS	CONTENTS
1	SYSTEM	8192	LOCAL	ONLINE	PERMANENT
2	SYSAUX	8192	LOCAL	ONLINE	PERMANENT
3	UNDOTBS1	8192	LOCAL	ONLINE	UNDO
4	TEMP	8192	LOCAL	ONLINE	TEMPORARY
5	USERS	8192	LOCAL	ONLINE	PERMANENT
6	MLDN_DATA	8192	LOCAL	ONLINE	PERMANENT
7	MLDN_TEMP	8192	LOCAL	ONLINE	TEMPORARY

图 11-37　查看 dba_tablespaces 数据字典

通过此数据字典的查询结果可以发现，此表空间为本地磁盘管理（LOCAL），mldn_data 表空间为永久表空间（PERMANENT），而 mldn_temp 为临时表空间。

提示：Oracle 中的默认表空间。

在 Oracle 数据库中默认提供了以下几个表空间，各个表空间的作用如下所示。

☑ SYSTEM 表空间：在一个数据库中至少有一个表空间，即 SYSTEM 表空间。创建数据库时必须指明表空间数据文件的特征，如数据文件名称、大小。SYSTEM 主要是存储数据库的数据字典，在 Oracle 系统表空间中存储全部的 PL/SQL 程序的源代码和编译后的代码，例如存储过程、函数、包、数据库触发器。如果要大量使用 PL/SQL，就应该设置足够大的 SYSTEM 表空间。

☑ SYSAUX 表空间：是 SYSTEM 表空间的辅助表空间，许多数据库的工具和可选组件将其对象存储在 SYSAUX 表空间内，它是许多数据库工具和可选组件的默认表空间。

☑ USERS 表空间：用于存储用户的数据。

☑ UNDO 表空间（UNDOTBS1）表空间：用于事务的回滚、撤销。

☑ TEMP 临时表空间：用于存放 Oracle 运行中需要临时存放的数据，如排序的中间结果等。

在每一个表空间下都会对应多个数据文件，用户可以通过 dba_data_files 和 dba_temp_files 数据字典查询得到与表空间有关的数据文件信息。

范例 11-63：利用 dba_data_files 数据字典查看数据文件信息。

```
SELECT tablespace_name,file_name,bytes,autoextensible,online_status FROM dba_data_files ;
```

查询结果：通过 SQL Developer 输出，如图 11-38 所示。

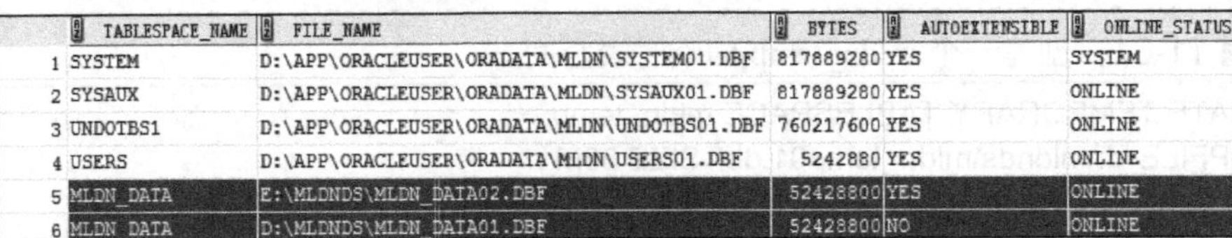

	TABLESPACE_NAME	FILE_NAME	BYTES	AUTOEXTENSIBLE	ONLINE_STATUS
1	SYSTEM	D:\APP\ORACLEUSER\ORADATA\MLDN\SYSTEM01.DBF	817889280	YES	SYSTEM
2	SYSAUX	D:\APP\ORACLEUSER\ORADATA\MLDN\SYSAUX01.DBF	817889280	YES	ONLINE
3	UNDOTBS1	D:\APP\ORACLEUSER\ORADATA\MLDN\UNDOTBS01.DBF	760217600	YES	ONLINE
4	USERS	D:\APP\ORACLEUSER\ORADATA\MLDN\USERS01.DBF	5242880	YES	ONLINE
5	MLDN_DATA	E:\MLDNDS\MLDN_DATA02.DBF	52428800	YES	ONLINE
6	MLDN_DATA	D:\MLDNDS\MLDN_DATA01.DBF	52428800	NO	ONLINE

图 11-38　查看数据文件

范例 11-64：利用 dba_temp_files 数据字典查看数据文件信息。

```
SELECT tablespace_name,file_name,bytes,autoextensible FROM dba_temp_files ;
```

查询结果：通过 SQL Developer 输出，如图 11-39 所示。

	TABLESPACE_NAME	FILE_NAME	BYTES	AUTOEXTENSIBLE
1	TEMP	D:\APP\ORACLEUSER\ORADATA\MLDN\TEMP01.DBF	92274688	YES
2	MLDN_TEMP	D:\MLDNDS\MLDN_TEMP01.DBF	52428800	NO
3	MLDN_TEMP	E:\MLDNDS\MLDN_TEMP02.DBF	52428800	YES

图 11-39　查看临时表空间

11.12.2　使用表空间

用户在默认情况下所创建的数据表都会保存在默认表空间中（可以由用户自己定义，默认为 USERS 表空间），如果用户需要将数据表保存在不同的表空间下，可以利用如下语法进行数据表的创建。

语法 11-18：创建数据表并使用特定表空间

```
CREATE TABLE 用户名.表名称(
      字段名称  字段类型  DEFAULT默认值,
      字段名称  字段类型  DEFAULT默认值,
      ...
) TABLESPACE 表空间名称 ;
```

提示：本处只讲解基本使用操作。

对于表空间，本书只涉及其基本的使用，对于使用表空间中的若干选项没有过多涉及，从事于数据库相关管理的读者可以参与其他书籍。

默认情况下创建的数据表会使用默认的表空间，而用户只需要在定义表时直接使用 TABLESPACE 就可以指定要操作的表空间。

范例 11-65：创建数据表，指定表空间。

```
CREATE TABLE mytab(
      id    NUMBER ,
      title   VARCHAR2(50)
```

```
) TABLESPACE mldn_data ;
```

此时创建的 mytab 数据表会保存在 mldn_data 表空间中保存。

11.13 本章小结

1．数据库中常用的基本类型为 NUMBER、VARCHAR2、DATE、CLOB。

2．表的创建使用 CREATE TABLE 语法完成，创建表时需要为表中定义若干个列，每个列上可以通过 DEFAULT 设置列的默认值。

3．表的删除操作使用 DROP TABLE 语法来完成，但是从 Oracle 10g 起，如果要彻底删除表，则应该加上 PURGE 配置。

4．通过 FlashBack（闪回）技术可以恢复被误删除的表或者表中的数据。

5．通过截断表操作可以立即释放表中所占用的全部资源。

6．创建表时默认情况下会保存在 USERS 表空间内，用户也可以通过 TABLESPACE 配置数据表所需要保存的表空间。

第12章

完整性约束

通过本章的学习，可以达到以下目标：

☑ 掌握约束的主要作用。

☑ 掌握5种约束的使用形式。

☑ 理解约束的修改操作。

☑ 可以通过数据字典表查看约束信息。

创建完的表需要保存数据，但是对于所有的保存数据都应该有一定的限定条件，例如，年龄不应该是负数，性别不应该是“不知道”等，这些数据的检验就需要通过约束来完成，所以约束是保证数据表数据完整性的一种手段，也是最重要的一个概念。同时为了帮助读者更好地理解 SQL 中的检索、更新、建表、约束的概念，在本章最后专门准备了一个完整的程序分析供读者学习。

12.1 数据库完整性约束简介

完整性约束是保证用户对数据库所做的修改不会破坏数据的一致性，是保护数据正确性和相容性的一种手段，例如：

☑ 如果用户输入年龄，则年龄肯定不能是 999（这是千年老妖级别的年龄）。

☑ 如果用户输入性别，则性别的设置只能是“男”或“女”，而不能设置成“未知”（人妖的潜质）。

☑ 身份证号码的长度，只能是 15 位或者是 18 位（如果不是，则肯定是假的）。

提问：数据的完整性是不是等于数据的安全性？

数据的完整性是保证数据表中的数据是合法的、安全的，那么是不是也可以将其称为数据的安全性？

回答：两者不是等价概念，数据库的完整性和安全性是两种概念。

数据完整性是为了防止数据库中存在不符合语义的数据，也就是防止数据库中存在不正确的数据。数据的安全性是保护数据库防止恶意的破坏和非法的存取。所以完整性检查的目的是防止所有不合语义、不正确的数据进入数据库，而安全性控制的是对数据库数据的非法存取。

在一个 DBMS 中，为了能够维护数据库的完整性，必须提供以下几种支持。

☑ 提供定义完整性约束条件机制：在数据表上定义规则，这些规则是数据库中的数据必须满足的语义约束条件。

☑ 提供完整性检查的方法：在更新数据库时检查更新数据是否满足完整性约束条件。

☑ 违约处理：DBMS 发现数据违反了完整性约束条件后要采取的违约处理行为，如拒绝（NO ACTION）执行该操作，或者级联（CASCADE）执行其他操作。

注意：在建表的时候一定要设置好完整性约束。

为了防止用户随意输入数据，也为了日后操作的方便，所以在用户建立表时一定要加上完整性约束，而且要在用户使用表之前就完成完整性约束的增加。但由于约束是一种检测手段，所以过多的约束也有可能造成性能下降，而这种操作平衡就需要通过具体的需求来分析，有时也可以通过程序的验证进行这些数据的检测。

现在几乎各个数据库都支持完整性约束的定义，在开发中可以使用以下 5 种约束进行定义。

☑ 非空约束：如果使用了非空约束，则以后此字段的内容不允许设置成 null。

☑ 唯一约束：即此列的内容不允许出现重复。

☑ 主键约束：表示一个唯一的标识，例如人员 ID 不能重复，且不能为空。

☑ 检查约束：用户自行编写设置内容的检查条件。

☑ 主-外键约束（参照完整性约束）：是在两张表上进行的关联约束，加入关联约束后就产生父子的关系。

除了以上 5 种需要明确设置的约束之外，实际上数据类型的检查也是一种潜在的约束，例如，如果某一个字段设置的类型是 NUMBER，则无法设置字符串给它，因为这种约束不需要任何的设置，所以下面主要以需要设置的 5 种约束为例进行讲解。

Note

12.2　非空约束 NK

在正常情况下，null 是每个属性的合法数据值。如果某个字段不能为 null，且必须存在数据，那么就可以依靠非空约束进行控制，这样在数据更新时，此字段的内容出现 null 时就会产生错误。

范例 12-1：定义 member 表，其中姓名不允许为空。

```
DROP TABLE member PURGE ;
CREATE TABLE member(
     mid         NUMBER,
     name      VARCHAR2(200)     NOT NULL
) ;
```

此时在 member 表中定义了 mid 和 name 两个字段，其中，mid 字段的内容没有设置任何的约束，而 name 字段设置了非空（NOT NULL）约束。

范例 12-2：向 member 表中增加正确的数据。

```
INSERT INTO member(mid,name) VALUES (1,'李兴华') ;
```

范例 12-3：向 member 表中增加错误的数据（两种语句的执行结果一样）。

明确设置 name 字段为 null：　INSERT INTO member(mid,name) VALUES (3,null) ;
不设置 name 字段的内容：　INSERT INTO member(mid) VALUES (3) ;

查询结果：通过 SQLPlus 输出。

```
ORA-01400: 无法将 NULL 插入 ("SCOTT"."MEMBER"."NAME")
```

以上两条错误的语句都没有设置 name 字段的内容，所以在增加时违反了非空约束，处理方式就是进行错误信息输出，同时阻止错误的数据保存。另外在这里读者可以发现，违反了非空约束之后，错误提示信息里会存在“用户名”、“表名称”、“字段名称”等明确提示错误出现位置的内容以帮助用户排查错误。

12.3　唯一约束 UK

唯一约束（UNIQUE，简称 UK）表示的是在表中的数据不允许出现重复的情况，例如，每一位成员都肯定有自己的 E-mail 地址，而这个地址肯定是不重复的，下面通过一段具体的代码为读者演示唯一约束的特点。

提示：候补码（候补键）。

在关系之中，当某一个属性或属性组（多个属性）的值可以唯一标识唯一一行元组时，那么该属性或属性组就称为候补码。例如在学生关系中，假设姓名和班级可以唯一标记一行元组，那么这个属性组就是候补码。

范例 12-4：创建 member 表，在 email 字段上设置唯一约束。

```
DROP TABLE member PURGE ;
CREATE TABLE member(
    mid       NUMBER,
    name      VARCHAR2(200)     NOT NULL ,
    email     VARCHAR2(50)      UNIQUE
) ;
```

本语句在 member 表中定义了 3 个字段，其中在定义 email 字段时使用了 UNIQUE 作为约束类型，所以这个字段上的内容是不允许重复的。下面向表中插入两条记录，其中第 2 条记录与第 1 条记录的 E-mail 内容重复。

范例 12-5：向 member 表中增加正确的记录。

```
INSERT INTO member (mid,name,email) VALUES(1,'李兴华','mldnqa@163.com') ;
```

范例 12-6：向 member 表中增加错误的记录。

```
INSERT INTO member (mid,name,email) VALUES(2,'董鸣楠','mldnqa@163.com') ;
```

在增加的两条数据中，第 2 条的数据与第 1 条数据的 E-mail 信息重复，很明显这违反了唯一约束的要求，所以执行后将出现如下的错误信息。

查询结果：通过 SQLPlus 输出。

```
ORA-00001: 违反唯一约束条件 (C##SCOTT.SYS_C009856)
```

但是这个错误信息提示并不像之前非空约束那样，会准确地告诉用户到底是哪个字段出现了问题，而是给了一个几乎没有规律的名字（C##SCOTT.SYS_C009856）。造成这种问题的根本原因在于，现在的程序并没有为约束指定一个具体的名称，此时，在建表的时候可以通过 CONSTRAINT 为约束指定一个名字。

> **注意：Oracle 中约束也属于数据库的一种对象。**
>
> 在 Oracle 数据库中为了方便地进行约束的维护，把所有的约束都作为一个个独立的数据库对象进行保存，这些信息也都保存在了数据字典中，所以每个约束都需要一个自己的名字才可以进行维护。当用户没有为约束设置名字的时候会自动由系统分配一个名字，所以以上名称（C##SCOTT.SYS_C009856）中的 SYS_C009856 就是一个系统分配的约束名称，而这一名称用户也可以通过 CONSTRAINT 关键字自己定义。

在使用 CONSTRAINT 关键字设置约束名称时，建议读者按照“约束简写_字段”的形式来命名，例如，现在要设置的是唯一约束可以简写为 UK，而要在 email 字段上设置约束，名称就为 UK_EMAIL。

范例 12-7：为唯一约束指定一个名字。

```
DROP TABLE member PURGE ;
CREATE TABLE member(
    mid      NUMBER,
    name     VARCHAR2(200)      NOT NULL ,
    email    VARCHAR2(50),
    CONSTRAINT uk_email         UNIQUE (email)
) ;
```

此时，再次执行两条插入语句，则错误提示将变为以下的内容。

查询结果：通过 SQLPlus 输出。

```
ORA-00001: 违反唯一约束条件 (SCOTT.UK_EMAIL)
```

此处显示的是 UK_EMAIL 错误名称，而这个名称正是之前通过 CONSTRAINT 指定的唯一约束的名称。

Note

但是需要提醒读者的是，唯一约束本身并不包括 null 值的重复判断，即，如果在 email 字段上已经设置了一个 null，则以后的内容即使设置了 null 也不会有任何影响，即不会因为 null 而重复。

范例 12-8：插入两条包含 null 的记录。

```
INSERT INTO member (mid,name,email) VALUES(10,'魔乐科技',null) ;
INSERT INTO member (mid,name,email) VALUES(20,'MLDN',null) ;
```

范例 12-9：查询此时的 member 表内容。

```
SELECT * FROM member ;
```

查询结果：通过 SQL Developer 输出，如图 12-1 所示。

	MID	NAME	EMAIL
1	1	李兴华	mldnqa@163.com
2	10	魔乐科技	(null)
3	20	MLDN	(null)

图 12-1　在唯一约束上设置 null

12.4　主键约束 PK

如果一个字段既要求唯一又不能设置为 null，则可以使用主键约束（**主键约束 = 非空约束 + 唯一约束**），主键约束使用 PRIMARY KEY（简称 PK）进行指定，例如，在 member 表中的 mid 字段应该表示一个成员的唯一编号，而这个编号即不能为空，也不能重复。

> 提示：主码（主键）。
>
> 主码可以是表中的一个字段或者多个字段，它的主要作用是唯一地标识出表中的一行元组，所以其数据不允许为 null。如果在外键约束（参照完整性约束）中也表示被其他表引用的记录。

范例 12-10：设置 member 表中的 mid 为主键。

```
DROP TABLE member PURGE ;
CREATE TABLE member(
    mid       NUMBER               PRIMARY KEY ,
    name      VARCHAR2(200)        NOT NULL ,
    email     VARCHAR2(50),
    CONSTRAINT uk_email UNIQUE (email)
) ;
```

在创建 member 表时，将 mid 字段设置成了主键，下面通过两条错误的数据进行验证，读者要认真对比两个错误提示信息的区别。

范例 12-11：将 mid 设置为 null。

```
INSERT INTO member (mid,name,email) VALUES(null,'李兴华','mldnqa@163.com') ;
```

本语句中将mid的内容设置为null，而主键约束本身是不允许为null的，所以此时在SQLPlus中将出现如下的错误提示信息。

查询结果： 通过 SQLPlus 输出。

```
ORA-01400: 无法将 NULL 插入 ("C##SCOTT"."MEMBER"."MID")
```

范例 12-12： 插入重复的 mid。

```
INSERT INTO member (mid,name,email) VALUES(1,'李兴华','mldnqa@163.com') ;
INSERT INTO member (mid,name,email) VALUES(1,'董鸣楠','mldnzhaopin@163.com') ;
```

由于主键约束本身已经包含了唯一约束，所以当 mid 数据重复时，将出现如下的错误提示信息。

查询结果： 通过 SQLPlus 输出。

```
ORA-00001: 违反唯一约束条件 (C##SCOTT.SYS_C009661)
```

通过以上两次错误的更新数据及错误提示信息可以发现：

☑ 当把主键设置为 null 时出现了与之前非空约束同样的错误信息。

☑ 当主键重复时出现了与之前唯一约束同样的错误信息。

所以通过以上的验证也可以得出结论：主键约束就是非空约束和唯一约束两种类型的集合。但这个时候错误信息上所显示的约束信息也并不明确，所以与唯一约束的设置一样，在设置主键约束时也可以通过 CONSTRAINT 指定主键约束的名称，而这时候的约束简写应该设置为 PK，即 mid 的主键约束名称为 PK_MID。

范例 12-13： 指定主键约束的名称。

```
DROP TABLE member PURGE ;
CREATE TABLE member(
    mid      NUMBER,
    name     VARCHAR2(200)    NOT NULL ,
    email    VARCHAR2(50)   ,
    CONSTRAINT pk_mid PRIMARY KEY (mid) ,
    CONSTRAINT uk_email UNIQUE (email)
) ;
```

本程序中通过 CONSTRAINT 将 mid 字段上的主键约束的名称设置为 pk_mid，所以，当再次插入错误数据时，将显示此处设置的约束名称，错误信息如下。

查询结果： 通过 SQLPlus 输出。

```
ORA-00001: 违反唯一约束条件 (C##SCOTT.PK_MID)
```

可以发现，此时的错误显示会出现设置的约束名称。

在实际开发中，一般在一张表中只会设置一个主键，但是也允许为一张表设置多个主键，将其称为复合主键。在复合主键中，只有两个主键字段的内容完全一样才会发生违反约束的错误。

范例 12-14： 将 mid 和 name 两个字段同时设置为主键。

```
DROP TABLE member PURGE ;
CREATE TABLE member(
    mid      NUMBER,
    name     VARCHAR2(200)    NOT NULL ,
    email    VARCHAR2(50) ,
    CONSTRAINT pk_mid_name PRIMARY KEY (mid,name) ,
```

Note

```
    CONSTRAINT uk_email UNIQUE (email)
) ;
```

本程序将 mid 和 name 两个字段同时设置成了主键，所以此时只要是 mid 和 name 两个字段的内容不同时相等，则不会违反约束。

> **注意：尽量不要使用复合主键。**
>
> 虽然在 SQL 语句中允许用户使用复合主键，但是从实际的开发及数据库的设计标准来看，复合主键是很少被使用的，一张表中一般只有一个主键。

范例 12-15：插入正确数据。

```
INSERT INTO member (mid,name,email) VALUES(1,'李兴华','mldnqa@163.com') ;
INSERT INTO member (mid,name,email) VALUES(1,'董鸣楠','mldnzhaopin@163.com') ;
```

范例 12-16：插入错误的数据 —— mid 和 name 相同。

```
INSERT INTO member (mid,name,email) VALUES(1,'李兴华','mldnhr@163.com') ;
```

由于本条数据在数据表中已经存在，所以执行增加操作时会出现如下的错误提示。

查询结果：通过 SQLPlus 输出。

```
ORA-00001: 违反唯一约束条件 (C##SCOTT.PK_MID_NAME)
```

范例 12-17：查看 member 表数据。

```
SELECT * FROM member ;
```

查询结果：通过 SQL Developer 输出，如图 12-2 所示。

	MID	NAME	EMAIL
1	1	李兴华	mldnqa@163.com
2	1	董鸣楠	mldnzhaopin@163.com

图 12-2　查询 member 表数据

12.5　检查约束 CK

检查约束指的是对数据增加的条件进行过滤，表中的每行数据都必须满足指定的过滤条件。在进行数据更新操作时，如果满足检查约束所设置的条件，则数据可以成功更新；如果不满足，则不能更新。在 SQL 语句中使用 CHECK（简称 CK）设置检查约束的条件。

范例 12-18：在 member 表中增加 age 字段（年龄范围是 0~200 岁）和 sex 字段（只能是男或女）。

```
DROP TABLE member PURGE ;
CREATE TABLE member(
    mid         NUMBER ,
    name        VARCHAR2(200)       NOT NULL ,
    email       VARCHAR2(50) ,
    age         NUMBER              CHECK (age BETWEEN 0 AND 200) ,
    sex         VARCHAR2(10) ,
    CONSTRAINT pk_mid_name PRIMARY KEY (mid,name) ,
    CONSTRAINT uk_email UNIQUE (email) ,
```

```
    CONSTRAINT ck_sex    CHECK (sex IN ('男','女'))
) ;
```

本程序中为了让读者看得清楚，分别使用了下面两种方式设置主键约束：

☑ 一种是直接在 age 字段之后直接使用 CHECK 设置，即 age NUMBER CHECK (age BETWEEN 0 AND 200)。

☑ 另一种是通过 CONSTRAINT 指定约束名称进行设置，即 CONSTRAINT ck_sex CHECK (sex IN ('男','女'))。

范例 12-19：插入正确的数据。

```
INSERT INTO member (mid,name,email,age,sex) VALUES (1,'李兴华','mldnqa@163.com',30,'男') ;
```

此时增加的数据完全符合表中的各项完整性数据检查，所以可以成功地进行增加，下面再来看两条错误的数据。

范例 12-20：插入一条错误的数据，年龄为 900 岁。

```
INSERT INTO member (mid,name,email,age,sex) VALUES (2,'董鸣楠','mldnzhaopin@163.com',
900,'男') ;
```

执行此语句之后，在 SQLPlus 中将出现如下的错误提示信息。

查询结果：通过 SQLPlus 输出。

```
ORA-02290: 违反检查约束条件 (C##SCOTT.SYS_C009860)
```

由于在设置 sex 字段的检查约束时没有指定约束名称，所以会由 Oracle 自动生成一个名称。

范例 12-21：插入错误的数据，性别设置为“无”。

```
INSERT INTO member (mid,name,email,age,sex) VALUES (2,'董鸣楠','mldnzhaopin@163.com',
80,'无') ;
```

执行此语句之后，在 SQLPlus 中将出现如下的错误提示信息。

查询结果：通过 SQLPlus 输出。

```
ORA-02290: 违反检查约束条件 (C##SCOTT.CK_SEX)
```

使用检查约束可以对数据进行有效的验证，从而保证插入到数据表中的数据永远都是合法的、符合过滤条件的。

12.6 主-外键约束 FK

前面的 4 种约束都是在一张表中设置的，如果现在要完成两张关系表（父表-子表）的约束设置，则可以通过主-外键约束（也可以简称为外键约束）完成。为了让读者理解主-外键约束的作用，下面先通过一个简单的操作进行问题的分析。

提示：外键的其他名称。

外键也被称为参照完整性约束（Referential-Intergrity Constraint）或子集依赖（Subset Dependency），在本书中为了编写方便，统一称其为外键约束。

例如，现在公司要求每一位成员为公司发展提出一些更好的建议，并且希望将这些建议保存在数据表中，那么根据这样的需求，可以设计出如图 12-3 所示的设计模型。

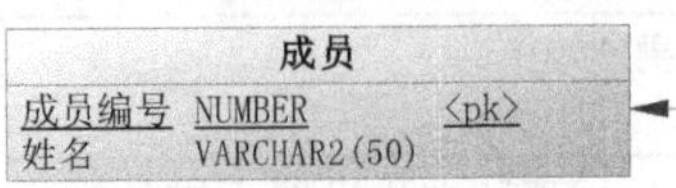

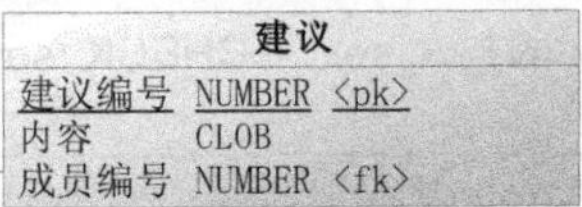

图 12-3 数据模型

由图 12-3 可以看到设计出了两张数据表，两张表的作用如下。

☑ 人员表：用于保存成员的基本信息（编号、姓名）。

☑ 建议表：保存每一个成员提出的建议内容，所以在该表中保存了一个成员编号，即通过此成员编号就可以和成员表进行数据的关联。

提示：本设计模型和 dept-emp 一致。

在之前所讲解 DML 操作中所使用到的 dept-emp 两张数据表的操作关系，实际上和本设计模型是完全一样的，在 dept-emp 的关系中 emp 表保存了一个 deptno 的字段，表示每个雇员所属的部门，而在本设计中，一个建议保存了一个成员编号，用于表示此建议是由哪一个成员提出的。在 dept-emp 中是一个部门有多个雇员，而在本设计中是一个成员可以提出多条建议。这些都是属于一对多的操作关系，关于数据表的设计将在第 15 章中为读者讲解。

范例 12-22：根据给出的数据模型编写数据库创建脚本。

```
DROP TABLE member PURGE ;
DROP TABLE advice PURGE ;
CREATE TABLE member (
    mid        NUMBER ,
    name       VARCHAR2(200)    NOT NULL ,
    CONSTRAINT pk_mid PRIMARY KEY (mid)
) ;
CREATE TABLE advice (
    adid       NUMBER ,
    content    CLOB             NOT NULL ,
    mid        NUMBER ,
    CONSTRAINT pk_adid PRIMARY KEY (adid)
) ;
```

为了保证建议表（advice）可以和成员表（member）对应起来，所以在建议表中增加一列，用于表示意见所属的会员是哪一位（这一点与一个部门有多个雇员类似），会员表和意见表通过 mid 字段进行关联。

范例 12-23：插入正确的数据 —— 向 member 表插入两个会员信息。

```
INSERT INTO member (mid,name) VALUES (1,'李兴华') ;
INSERT INTO member (mid,name) VALUES (2,'董鸣楠') ;
COMMIT ;
```

范例 12-24：查询 member 表数据。

```
SELECT * FROM member ;
```

查询结果：通过 SQL Developer 输出，如图 12-4 所示。

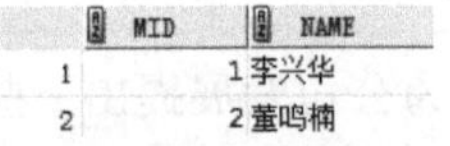

	MID	NAME
1	1	李兴华
2	2	董鸣楠

图 12-4 member 表中的数据

范例 12-25：插入正确的数据——向 advice 表中插入 5 条新记录。

```
INSERT INTO advice (adid,content,mid) VALUES (1,'应该提倡内部沟通机制，设置总裁邮箱',1) ;
INSERT INTO advice (adid,content,mid) VALUES (2,'为了使公司内部良性发展，所有的部门领导应该重新应聘上岗',1) ;
INSERT INTO advice (adid,content,mid) VALUES (3,'要多开展员工培训活动，让员工更加有归属感',1) ;
INSERT INTO advice (adid,content,mid) VALUES (4,'应该开展多元化业务，更加满足市场需求',2) ;
INSERT INTO advice (adid,content,mid) VALUES (5,'大力发展技术部门，为本公司设计自己的 ERP 系统，适应电子化信息发展要求',2) ;
COMMIT ;
```

此时插入的 5 条记录中，可以发现其中设置的 mid 字段内容，都与 member 表中的 mid 字段的内容相符，所以此时就可以进行各种信息统计。

范例 12-26：查询 advice 表数据。

```
SELECT * FROM advice ;
```

查询结果：通过 SQL Developer 输出，如图 12-5 所示。

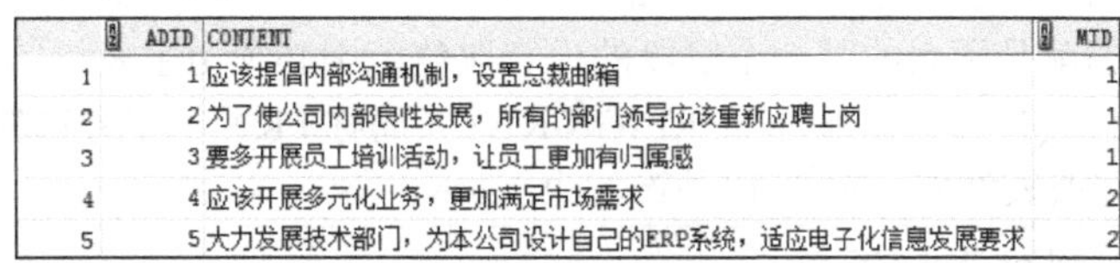

	ADID	CONTENT	MID
1	1	应该提倡内部沟通机制，设置总裁邮箱	1
2	2	为了使公司内部良性发展，所有的部门领导应该重新应聘上岗	1
3	3	要多开展员工培训活动，让员工更加有归属感	1
4	4	应该开展多元化业务，更加满足市场需求	2
5	5	大力发展技术部门，为本公司设计自己的ERP系统，适应电子化信息发展要求	2

图 12-5　advice 表数据

数据更新完毕后，成员表（member）中有 2 条记录，而建议表（advice）中有 5 条记录。下面通过一个数据表的复杂查询来验证以上的数据是否为真实有效的。

范例 12-27：查询出每位成员的完整信息及所提出的意见数量。

☑ 确定要使用的数据表如下。

- member 表：取得成员的编号、姓名。
- advice 表：取得每个成员提出的建议数量。

☑ 确定已知的关联字段：member.mid=advice.mid。

```
SELECT m.mid,m.name,COUNT(a.mid)
FROM member m,advice a
WHERE m.mid=a.mid
GROUP BY m.mid,m.name ;
```

查询结果：通过 SQL Developer 输出，如图 12-6 所示。

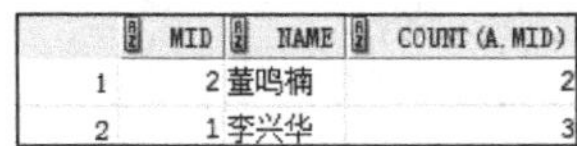

	MID	NAME	COUNT(A.MID)
1	2	董鸣楠	2
2	1	李兴华	3

图 12-6　查看每位成员提出的意见量

通过查询操作，可以看出现在的数据都可以进行正确的统计，而且读者也可以发现，既然每一个建议都是由成员提出来的，所以在建议表（advice）中的 mid 的取值范围应该由成员表（member）中的 mid 字段的内容来决定，即在 advice 表中设置的 mid，一定是在 member 表中 mid 列上所存在的内容。但此时所设置的表关系中，并没有此限制，所以现在也可以在意见表（advice）中插入错误的数据，即会员表（member）中不存在的 mid 记录。

范例 12-28：在意见表（advice）中增加以下错误的信息。

```
INSERT INTO advice (adid,content,mid) VALUES (6,'岗位职责透明化',99) ;
```

范例 12-29：查询 advice 表数据。

```
SELECT * FROM advice ;
```

查询结果：通过 SQL Developer 输出，如图 12-7 所示。

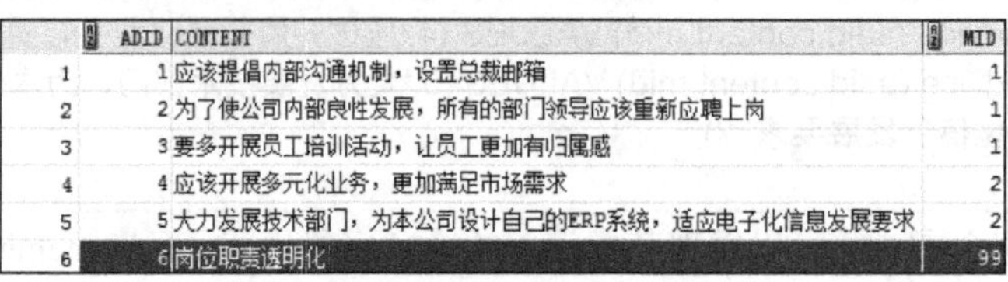

	ADID	CONTENT	MID
1	1	应该提倡内部沟通机制，设置总裁邮箱	1
2	2	为了使公司内部良性发展，所有的部门领导应该重新应聘上岗	1
3	3	要多开展员工培训活动，让员工更加有归属感	1
4	4	应该开展多元化业务，更加满足市场需求	2
5	5	大力发展技术部门，为本公司设计自己的ERP系统，适应电子化信息发展要求	2
6	6	岗位职责透明化	99

图 12-7　插入错误的数据

此时，相信读者已经发现问题了，因为在会员表（member）中并没有一条记录的 mid 是“99”，而此时这条数据就将是一条错误的数据，因为子表（advice）的字段取值应该由父表（member）的字段所决定，而要想实现对这种错误数据的控制，就必须使用主-外键约束完成。

主-外键约束指的就是子表的某一个字段的内容取值范围必须由主表指定，通过外键将两张数据表联系起来。在 SQL 中可以通过 FOREIGN KEY（简称 FK）指定外键约束，如下所示。

范例 12-30：修改表结构，指定主-外键约束。

```
DROP TABLE member PURGE ;
DROP TABLE advice PURGE ;
CREATE TABLE member (
    mid         NUMBER ,
    name        VARCHAR2(200)    NOT NULL ,
    CONSTRAINT pk_mid PRIMARY KEY (mid)
) ;
CREATE TABLE advice (
    adid        NUMBER ,
    content     CLOB             NOT NULL ,
    mid         NUMBER ,
    CONSTRAINT pk_adid PRIMARY KEY (adid) ,
    CONSTRAINT fk_mid FOREIGN KEY(mid) REFERENCES member(mid)
) ;
```

在以上的程序中，通过 FOREIGN KEY 设置了一个外键约束（mid），这样就表示 advice 表中的 mid 字段的取值将受到 member 表中的 mid 字段限制，当再次插入错误数据（member 表或称父表数据不存在）时，将会出现错误提示。

> 提示：主-外键约束简写。
>
> 如果用户在编写外键约束时不需要指定约束的名称，也可以按照如下的格式编写，同样也表示 mid 字段的取值范围由 member 表中的 mid 决定。
>
> ```
> mid         NUMBER        REFERENCES member(mid) ,
> ```
>
> 这两种写法都可以实现同样的功能，本书为了代码的完整性，所以在每次使用约束的时候都将指定好约束的名字，以方便日后的维护。

范例 12-31：向 advice 表中插入错误的数据，此时 member 表中没有 mid=99 的数据。

```
INSERT INTO advice (adid,content,mid) VALUES (6,'岗位职责透明化',99) ;
```

语句执行后，在 SQLPlus 中将出现如下的错误提示信息。

查询结果：通过 SQLPlus 输出。

```
ORA-02291: 违反完整约束条件 (C##SCOTT.FK_MID) - 未找到父项关键字
```

范例 12-32：插入正确的数据。

```
INSERT INTO member (mid,name) VALUES (1,'李兴华') ;
INSERT INTO member (mid,name) VALUES (2,'董鸣楠') ;
INSERT INTO advice (adid,content,mid) VALUES (1,'应该提倡内部沟通机制，设置总裁邮箱',1) ;
INSERT INTO advice (adid,content,mid) VALUES (3,'要多开展员工培训活动，让员工更加有归属感',2) ;
COMMIT ;
```

以上 4 条插入语句首先会在 member 表中插入两条记录，mid 的内容分别是“1”和“2”，之后在 advice 表中继续插入数据，而且 advice 表中的 mid 字段的取值也可以在 member 表中对应上，所以数据可以正常插入。

注意：关联字段必须具备主键或唯一约束。

在子表中设置的与父表关联的外键字段时，这个字段在父表中必须具有主键约束或唯一约束才可以设置成功，否则无法设置。

使用主-外键约束确实可以解决子表数据与父表数据统一的问题，但同时在表的删除及数据的删除方面也同样出现了新的问题。

问题 1：删除父表数据前需要先删除所有子表的对应数据

使用主-外键约束可以对子表的字段取值进行限制，但是此时，另外一个明显的问题却出现了，即由于子表的所有数据都要和父表的数据对应，所以在删除父表数据时需要先将子表中对应的数据删除干净，否则将无法删除。

范例 12-33：删除 member 表中编号为“1”的数据（mid=1），此时没有删除子表（advice）数据。

```
DELETE FROM member WHERE mid=1 ;
```

由于在 advice 表中存在了与之对应的数据，所以在执行以上删除操作时，SQLPlus 将出现如下的错误提示。

查询结果：通过 SQLPlus 输出。

```
ORA-02292: 违反完整约束条件 (C##SCOTT.FK_MID) - 已找到子记录
```

所以面对现在的这种情况，用户只能将子表中的数据先删除，然后才能删除父表中的数据，步骤如下所示。

范例 12-34：先删除子表（advice）中 mid=1 的数据，然后再删除父表（member）中 mid=1 的数据。

```
DELETE FROM advice WHERE mid=1 ;
DELETE FROM member WHERE mid=1 ;
COMMIT ;
```

范例 12-35：查询 member 表中的记录。

```
SELECT * FROM member ;
```

查询结果：通过 SQL Developer 输出，如图 12-8 所示。

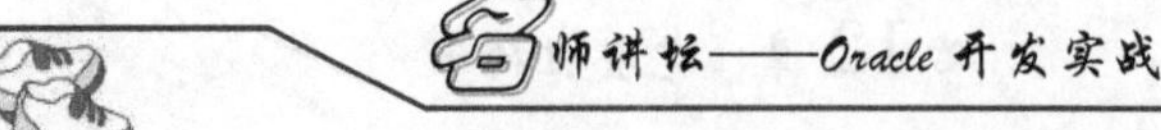

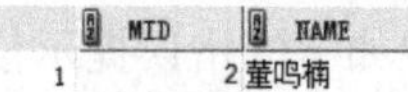

	MID	NAME
1	2	董鸣楠

图 12-8　查询 member 表中的数据

Note

通过查询结果可以发现，member 表中编号为 1 的数据已经被删除了，但是这种删除方法毕竟很麻烦，而且在实际使用中也会处处受到局限。例如如果现在要删除一个员工的信息，则需要先将这个员工所有对应的数据找到并删除后才可以删除这个员工的信息，这样做明显是不可取的，唯一可取的方式就是删除这个员工信息时跟着这个员工的所有相关信息也自动删除才是最方便的。为此在设置外键约束时，开发者可以设置数据的级联操作。

【级联操作 1】级联删除（ON DELETE CASCADE）

级联删除指的是在建立外键约束时通过 ON DELETE CASCADE 子句设置，这样在删除父表数据时，由父表数据关联的所有子表数据都会被同时删除。

范例 12-36：修改表创建语法，增加级联删除，同时配置测试数据。

```
DROP TABLE advice PURGE ;
DROP TABLE member PURGE ;
CREATE TABLE member (
    mid         NUMBER ,
    name        VARCHAR2(200)    NOT NULL ,
    CONSTRAINT pk_mid PRIMARY KEY (mid)
) ;
CREATE TABLE advice (
    adid        NUMBER ,
    content     CLOB             NOT NULL ,
    mid         NUMBER ,
    CONSTRAINT pk_adid PRIMARY KEY (adid) ,
    CONSTRAINT fk_mid FOREIGN KEY(mid) REFERENCES member(mid) ON DELETE CASCADE
) ;
INSERT INTO member (mid,name) VALUES (1,'李兴华') ;
INSERT INTO member (mid,name) VALUES (2,'董鸣楠') ;
INSERT INTO advice (adid,content,mid) VALUES (1,'应该提倡内部沟通机制，设置总裁邮箱',1) ;
INSERT INTO advice (adid,content,mid) VALUES (3,'要多开展员工培训活动，让员工更加有归属感',2) ;
COMMIT ;
```

将表重新建立完成之后，为了和之后的删除进行对比，下面首先查询一下 member 和 advice 表中的数据。

范例 12-37：查询 member 表中的当前数据。

```
SELECT * FROM member ;
```

查询结果：通过 SQL Developer 输出，如图 12-9 所示。

范例 12-38：查询 advice 表中的当前数据。

```
SELECT * FROM advice ;
```

查询结果：通过 SQL Developer 输出，如图 12-10 所示。

	MID	NAME
1	1	李兴华
2	2	董鸣楠

图 12-9　member 表数据

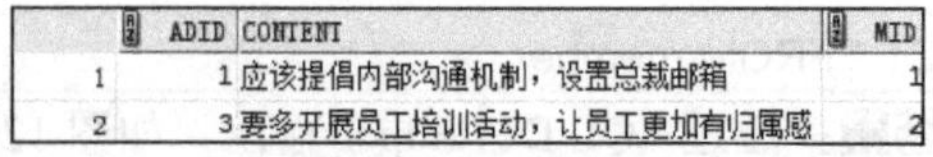

	ADID	CONTENT	MID
1	1	应该提倡内部沟通机制，设置总裁邮箱	1
2	3	要多开展员工培训活动，让员工更加有归属感	2

图 12-10　advice 表数据

此时两张数据表各有两条数据，下面执行删除父表指定记录的操作，同时观察子表数据的变化。

范例 12-39：删除 member 表中编号为 1 的成员信息。

```
DELETE FROM member WHERE mid=1 ;
```

范例 12-40：查询 member 表记录。

```
SELECT * FROM member ;
```

查询结果：通过 SQL Developer 输出，如图 12-11 所示。

范例 12-41：查询 advice 表记录。

```
SELECT * FROM advice ;
```

查询结果：通过 SQL Developer 输出，如图 12-12 所示。

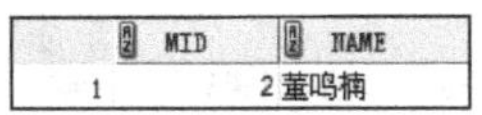

	MID	NAME
1	2	董鸣楠

图 12-11 member 表记录

	ADID	CONTENT	MID
1	3	要多开展员工培训活动，让员工更加有归属感	2

图 12-12 advice 表记录

可以看出，在删除父表记录时，由于存在 ON DELETE CASCADE 子句，所以会将其对应的子表记录一起删除。

【级联操作 2】 级联设置 null（ON DELETE SET NULL）

级联删除会将子表中对应的数据删除，但很多时候可能并不希望这样，例如公司的某一个部门删除了，那么这个部门的员工信息也要同时被公司删除吗？这样做明显不合理。

所以对于外键级联操作，在 SQL 中也可以通过 ON DELETE SET NULL 选项将子表数据级联设置为 null，即当父表数据删除时，子表的数据可以不用删除，并且将与父表关联字段的内容设置为 null。

范例 12-42：修改表的创建语句，增加 ON DELETE SET NULL 子句。

```
DROP TABLE advice PURGE ;
DROP TABLE member PURGE ;
CREATE TABLE member (
    mid         NUMBER,
    name        VARCHAR2(200)    NOT NULL ,
    CONSTRAINT pk_mid PRIMARY KEY (mid)
) ;
CREATE TABLE advice (
    adid        NUMBER ,
    content     CLOB                NOT NULL ,
    mid         NUMBER ,
    CONSTRAINT pk_adid PRIMARY KEY (adid) ,
    CONSTRAINT fk_mid FOREIGN KEY(mid) REFERENCES member(mid) ON DELETE SET
NULL
) ;
INSERT INTO member (mid,name) VALUES (1,'李兴华') ;
INSERT INTO member (mid,name) VALUES (2,'董鸣楠') ;
INSERT INTO advice (adid,content,mid) VALUES (1,'应该提倡内部沟通机制，设置总裁邮箱',1) ;
INSERT INTO advice (adid,content,mid) VALUES (3,'要多开展员工培训活动，让员工更加有归属感',2) ;
COMMIT ;
```

本次操作设置了 ON DELETE SET NULL 选项，下面直接删除主表数据，然后再同时观察两张表的数据变化。

范例 12-43：删除 member 表中 mid 为 1 的记录。

```
DELETE FROM member WHERE mid=1 ;
```

范例 12-44：查询 member 表记录。

```
SELECT * FROM member ;
```

查询结果：通过 SQL Developer 输出，如图 12-13 所示。

范例 12-45：查询 advice 表中的记录。

```
SELECT * FROM advice ;
```

查询结果：通过 SQL Developer 输出，如图 12-14 所示。

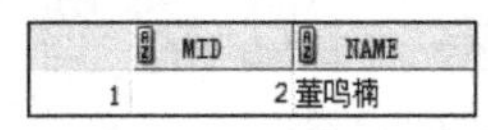

	MID	NAME
1	2	董鸣楠

图 12-13　member 表数据

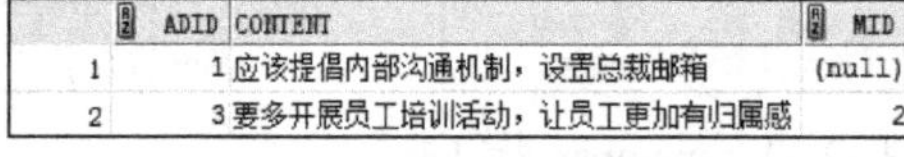

	ADID	CONTENT	MID
1	1	应该提倡内部沟通机制，设置总裁邮箱	(null)
2	3	要多开展员工培训活动，让员工更加有归属感	2

图 12-14　advice 表记录

可以发现，由于 ON DELETE SET NULL 子句的存在，所以当父表数据删除时，子表中对应的数据的关联字段将全部设置为 null。

提问：在开发中对于数据的级联操作该如何选择？

通过上面的讲解可以发现，对于外键，有的没有设置级联，有的设置了级联（ON DELETE CASCADE、ON DELETE SET NULL），那么在开发中该如何选择是否设置级联操作呢？

回答：根据需求设计。

没有一种项目会把所有的知识点都用上，像出去旅游一样，一定要根据自己的需求来决定带哪些东西。对于本书中学习的知识也是一样的，在工作中，使用到哪项技术都是根据项目的需求选择的。

问题 2：删除父表时需要先将子表删除

存在了主外键关联，子表的数据必须依靠父表的指定字段内容才有意义，但是如果现在不关心子表只删除父表会如何呢？下面首先通过范例来观察。

范例 12-46：直接删除父表（member）。

```
DROP TABLE member ;
```

由于现在存在 advice 表与 member 表进行关联，所以直接删除 member 表将出现如下错误提示。

查询结果：通过 SQLPlus 输出。

```
ORA-02449: 表中的唯一/主键被外键引用
```

此时提供的错误信息就是指因为要删除的表存在了被子表关联的字段，所以无法直接删除，因此这时只能先删除子表，然后再删除父表。

范例 12-47：先删除子表（advice），再删除父表（member）。

```
DROP TABLE advice PURGE ;
DROP TABLE member PURGE ;
```

执行完以上的操作之后，父表就可以成功地删除了。

提问：先删除子表再删除父表会不会很麻烦？

现在给出的数据表是自己创建的，那么会不会有这样一种情况，给了一个完全不熟悉的数据库，里面有几百张数据表，并且没有给出参考的关系，那么按照这种方式删除关联表，还需要先找到关系，删除与它对应的全部子表再删除当前表，这样做会不会太麻烦了？

回答：可以考虑强制性删除，增加 CASCADE CONSTRAINT。

为了可以快速地不受子表关联限制而删除一张数据表，可以在删除表的最后加上 CASCADE CONSTRAINT 表示不关心关联关系，强制删除。

范例 12-48： 强制性删除 member 表。

```
DROP TABLE member CASCADE CONSTRAINT ;
```

使用此语句之后，对应的子表及数据依然会被保留，但是父表会被强制性删除，是一种快捷的问题解决方法，而一旦使用了此种方式，就不能再直接使用 PURGE 选项了。

在项目开发中，这种外键的关联关系使用较多，以上讲解的时候只是针对一张表的一个外键进行操作的，如果同时对多张表的外键进行操作，则是很麻烦的，这时就需要读者耐心地分析表之间的关联关系了。

12.7 查看约束

在 Oracle 中所有的数据对象都是通过数据字典表进行记录的，所以，用户设置的每种约束也都在数据字典表中保存，如果想查看一个用户设置的全部约束，可以通过查询 user_constraints 表完成。

范例 12-49： 查看全部的约束名称、类型、约束设置对应的表名称。

```
SELECT constraint_name,constraint_type,table_name FROM user_constraints ;
```

查询结果： 通过 SQL Developer 输出，如图 12-15 所示。

	CONSTRAINT_NAME	CONSTRAINT_TYPE	TABLE_NAME
1	FK_DEPTNO	R	EMP
2	PK_EMP	P	EMP
3	PK_DEPT	P	DEPT

图 12-15 查询所有的约束

提问：CONSTRAINT_TYPE 表示什么含义？

在上面的查询中，CONSTRAINT_TYPE 应该表示的是约束类型，那么 P、R 这种字母表示的是什么含义？

回答：约束的简写。

在 CONSTRAINT_TYPE 中的字母表示的是每个约束类型的简写，例如，PRIMARY KEY（P）、FOREIGN KEY（R）、CHECK（C）、NOT NULL（C）、UNIQUE（Q）。

以上是全部表的约束名称，如果现在要查询某一张具体表的名称，则在查询时增加一个查询条件即可。

范例 12-50： 查询 emp 表上的全部约束。

Note

```
SELECT constraint_name,constraint_type,table_name
FROM user_constraints WHERE table_name='EMP' ;
```

查询结果：通过 SQL Developer 输出，如图 12-16 所示。

	CONSTRAINT_NAME	CONSTRAINT_TYPE	TABLE_NAME
1	PK_EMP	P	EMP
2	FK_DEPTNO	R	EMP

图 12-16　emp 表中的全部约束

使用 user_constraints 数据字典只能够知道在哪张表上存在何种约束名称，而并不知道这个约束是针对哪一个数据列的，为此在 Oracle 中也提供了一个 user_cons_columns 的数据字典，用于查询在哪个列上存在约束。

范例 12-51：查询 user_cons_columns 数据字典。

```
SELECT * FROM user_cons_columns ;
```

查询结果：通过 SQL Developer 输出，如图 12-17 所示。

	OWNER	CONSTRAINT_NAME	TABLE_NAME	COLUMN_NAME	POSITION
1	C##SCOTT	PK_DEPT	DEPT	DEPTNO	1
2	C##SCOTT	PK_EMP	EMP	EMPNO	1
3	C##SCOTT	FK_DEPTNO	EMP	DEPTNO	1

图 12-17　查询 user_cons_columns

12.8 修改约束

约束本身也属于数据库的对象，所以用户也可以针对所设置的约束进行修改，如增加或删除约束等操作。

> **提示：不建议修改约束。**
>
> 虽然 Oracle 提供了支持约束的修改操作，但是从实际开发的角度来讲，读者一定要记住，在建立数据表的同时一定要同时建立好相应的约束，而不要采用先创建表，使用一段时间后再增加约束，这样对于数据的维护是相当不利的。

范例 12-52：假设有一张表如下。

```
DROP TABLE member purge ;
CREATE TABLE member(
    mid     NUMBER ,
    name    VARCHAR2(30) ,
    age     NUMBER
) ;
```

范例 12-53：查看 member 表中的约束。

```
SELECT constraint_name,constraint_type,table_name
FROM user_constraints WHERE table_name='MEMBER' ;
```

查询结果：通过 SQL Developer 输出，如图 12-18 所示。

CONSTRAINT_NAME	CONSTRAINT_TYPE	TABLE_NAME

图 12-18 member 表中的约束

通过查询结果可以清楚地发现，此时的 member 表中没有任何一个约束，而下面的讲解将围绕本张数据表进行约束的操作。

1. 为表中增加约束

在讲解约束的时候曾经使用过 CONSTRAINT 设置约束的名称，要想为 member 表添加约束，也需要使用该关键字，语法如下。

语法 12-1：增加约束

```
ALTER TABLE 表名称 ADD CONSTRAINT 约束名称 约束类型(约束字段) ;
```

范例 12-54：为 member 表的 mid 字段增加主键约束。

```
ALTER TABLE member ADD CONSTRAINT pk_mid PRIMARY KEY(mid) ;
```

范例 12-55：为 member 表的 age 字段增加检查约束。

```
ALTER TABLE member ADD CONSTRAINT ck_age CHECK(age BETWEEN 0 AND 200) ;
```

为表中添加完约束之后，下面可以通过数据字典 user_constraints 查看 member 表中的全部约束。

范例 12-56：查看 member 表中的约束。

```
SELECT constraint_name,constraint_type,table_name
FROM user_constraints WHERE table_name='MEMBER' ;
```

查询结果：通过 SQL Developer 输出，如图 12-19 所示。

	CONSTRAINT_NAME	CONSTRAINT_TYPE	TABLE_NAME
1	CK_AGE	C	MEMBER
2	PK_MID	P	MEMBER

图 12-19 member 表中的约束

注意：非空约束处理和其他 4 种约束不一样。

非空约束虽然属于所有约束中的一种，但是如果要想为某一个字段增加非空约束却不能使用如上的语法，只能通过修改表字段的方式来完成，例如下面为 name 字段设置非空约束。

范例 12-57：为 name 字段设置非空约束。

```
ALTER TABLE member MODIFY (name VARCHAR2(30) NOT NULL) ;
```

这个时候才可以为 name 字段设置非空约束。

注意：在为表中添加约束时一定要保证表中的数据没有违反约束。

如果用户在为一张没有约束的数据表添加约束时，一定要保证数据表中已有的数据没有违反此约束。例如，现在要添加主键约束的列上出现了重复或者 null，则在添加主键约束时就会出现错误提示，所以在实际开发中，所有的约束一定要在数据表建立的同时就设置完善，之后也不要再做任何的修改。

2. 启用/禁用约束

在大多数情况下，一张数据表会定义一个或多个约束，同样，约束数量的增多也会降低 Oracle

系统的性能，所以当要大规模地向表中增加数据时，为了提升效率也会考虑到将约束暂时关闭，为此 Oracle 中专门提供了约束的启用和禁用的操作命令。

语法 12-2：禁用约束

```
ALTER TABLE 表名称 DISABLE CONSTRAINT 约束名称 [CASCADE];
```

禁用约束的时候有一个可选的 CASCADE 选项，此选项的含义是关闭存在有完整性关系的约束（主要是外键）。

语法 12-3：启用约束

```
ALTER TABLE 表名称 ENABLE CONSTRAINT 约束名称 ;
```

下面以前面讲解外键操作的程序为例，进行约束启用/禁用的讲解。

范例 12-58：给出要操作的数据表。

```
DROP TABLE advice PURGE ;
DROP TABLE member PURGE ;
CREATE TABLE member (
    mid         NUMBER ,
    name        VARCHAR2(200)     NOT NULL ,
    CONSTRAINT pk_mid PRIMARY KEY (mid)
) ;
CREATE TABLE advice (
    adid         NUMBER ,
    content      CLOB                NOT NULL ,
    mid          NUMBER ,
    CONSTRAINT pk_adid PRIMARY KEY (adid) ,
    CONSTRAINT fk_mid FOREIGN KEY(mid) REFERENCES member(mid) ON DELETE SET
NULL
) ;
INSERT INTO member (mid,name) VALUES (1,'李兴华') ;
INSERT INTO member (mid,name) VALUES (2,'董鸣楠') ;
INSERT INTO advice (adid,content,mid) VALUES (1,'应该提倡内部沟通机制，设置总裁邮箱',1) ;
INSERT INTO advice (adid,content,mid) VALUES (2,'为了使公司内部良性发展，所有的部门领导应
该重新应聘上岗',1) ;
INSERT INTO advice (adid,content,mid) VALUES (3,'要多开展员工培训活动，让员工更加有归属感',1) ;
INSERT INTO advice (adid,content,mid) VALUES (4,'应该开展多元化业务，更加满足市场需求',2) ;
INSERT INTO advice (adid,content,mid) VALUES (5,'大力发展技术部门，为本公司设计自己的 ERP
系统，适应电子化信息发展要求',2) ;
COMMIT ;
```

此时的数据表上除了有本表的约束（主键）之外还存在着与其他表的联系约束（外键），之后开始进行约束的启用与禁用操作。

范例 12-59：禁用 advice 表中的 adid 主键约束 pk_adid。

```
ALTER TABLE advice DISABLE CONSTRAINT pk_adid ;
```

由于 pk_adid 约束上没有设置任何的外键，所以以上修改命令执行后该约束立刻被禁用了。下面为了测试该约束是否禁用，向 advice 表中增加两条错误的数据。

```
INSERT INTO advice (adid,content,mid) VALUES (1,'主键重复的数据',1) ;
INSERT INTO advice (adid,content,mid) VALUES (1,'主键重复的数据',1) ;
```

范例 12-60：查询禁用约束之后 advice 表中的数据。

```
SELECT * FROM advice ;
```

查询结果： 通过 SQL Developer 输出，如图 12-20 所示。

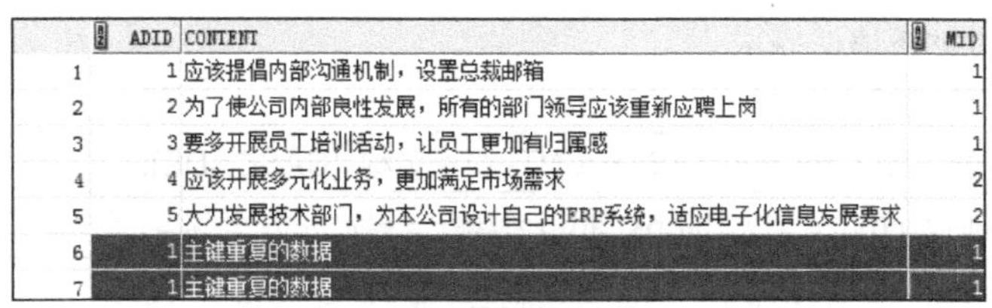

	ADID	CONTENT	MID
1	1	应该提倡内部沟通机制，设置总裁邮箱	1
2	2	为了使公司内部良性发展，所有的部门领导应该重新应聘上岗	1
3	3	要多开展员工培训活动，让员工更加有归属感	1
4	4	应该开展多元化业务，更加满足市场需求	2
5	5	大力发展技术部门，为本公司设计自己的ERP系统，适应电子化信息发展要求	2
6	1	主键重复的数据	1
7	1	主键重复的数据	1

图 12-20　禁用约束后增加错误的数据

禁用完了非关联字段（非外键）的约束之后，下面再来看针对关联字段（外键）约束的禁用操作。

范例 12-61： 禁用 member 表中的 pk_mid 约束，此字段在 advice 表中是外键。

```
ALTER TABLE member DISABLE CONSTRAINT pk_mid ;
```

由于 member 表的 mid 字段作为 advice 表的外键使用，所以此时执行禁用约束时会出现以下的错误提示。

查询结果： 通过 SQLPlus 输出。

```
ORA-02297: 无法禁用约束条件 (C##SCOTT.PK_MID) - 存在相关性
```

而这时为了可以禁用此类约束，则只能在禁用的命令中使用 CASCADE 解决。

```
ALTER TABLE member DISABLE CONSTRAINT pk_mid CASCADE ;
```

增加 CASCADE 选项之后，这个约束被成功禁用了，之后为了验证是否已经成功禁用，下面向 member 表中增加以下错误数据。

范例 12-62： 增加两条 MID 相同的数据。

```
INSERT INTO member(mid,name) VALUES (1,'MLDN') ;
INSERT INTO member(mid,name) VALUES (1,'魔乐科技') ;
```

范例 12-63： 查询 member 表中的记录。

```
SELECT * FROM member ;
```

查询结果： 通过 SQL Developer 输出，如图 12-21 所示。

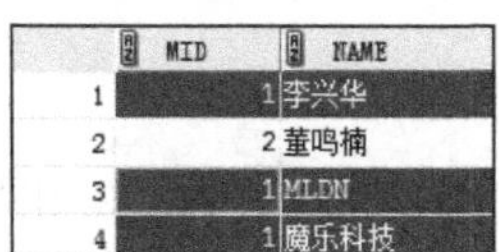

	MID	NAME
1	1	李兴华
2	2	董鸣楠
3	1	MLDN
4	1	魔乐科技

图 12-21　查看 member 表中的记录

禁用约束的操作完成之后下面再来观察一下如何启用约束，但是在启用约束之前应该将数据表中的错误数据清空，读者可以重新执行以上的数据库创建脚本。

范例 12-64： 重新启动 member 表中的主键约束 pk_mid。

```
ALTER TABLE member ENABLE CONSTRAINT pk_mid ;
```

范例 12-65： 重新启动 advice 表中的主键约束 pk_adid。

```
ALTER TABLE advice ENABLE CONSTRAINT pk_adid ;
```

Note

3．删除约束

既然可以为表添加约束，那么也可以从表中删除一个约束，而删除约束主要依靠的就是约束的名称，可以通过如下语法完成。

语法 12-4：删除约束

```
ALTER TABLE 表名称 DROP CONSTRAINT 约束名称 [CASCADE];
```

范例 12-66：删除 advice 表中的 pk_adid 约束——无关联外键。

```
ALTER TABLE advice DROP CONSTRAINT pk_adid ;
```

范例 12-67：删除 member 表中的 pk_mid 约束——有关联外键。

```
ALTER TABLE member DROP CONSTRAINT pk_mid CASCADE ;
```

与约束的禁用操作道理一样，删除约束的时候也要设置 CASCADE 进行外键关联的强制性删除。

12.9 数据库综合实战

前面已经为读者讲解过了 DML 和 DDL 的操作语法及相关的实例，但是一直没有将这些概念完整地应用，为了帮助读者更好地理解各个概念，下面首先通过一个完整的综合操作为读者进行全面的复习。

提示：本演示暂时不涉及数据库分析。

本演示的主要目的是为了总结之前的重点知识，所以在本演示中所需要的数据表会直接给出，而对于分析与设计的部分在后面为读者讲解。

在这里特别需要提醒读者的是，对于数据表的建立、约束、数据的查询和检索操作是开发中程序员所应该具备的基本功，一定要熟练掌握。

12.9.1 建立数据表

到了秋天，为了让同学们增加体育锻炼，所以学校开始筹备学生运动会的活动，为了方便保存比赛成绩信息，所以定义了如下几张数据表，这几张表的关系如图 12-22 所示。

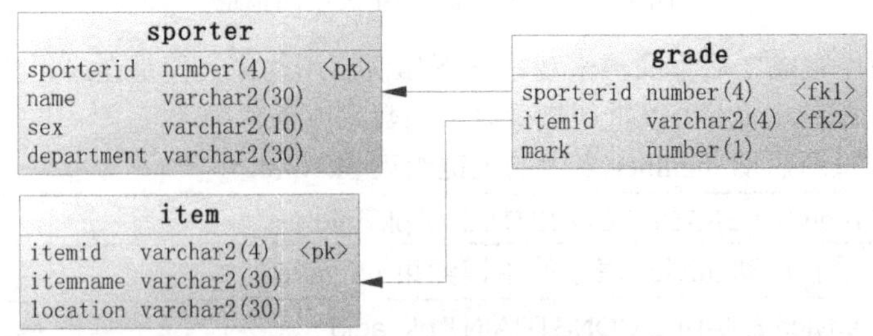

图 12-22 运动会的 E-R 模型图

☑ 运动员 sporter（运动员编号 sporterid、运动员姓名 name、运动员性别 sex、所属系号

department）；

☑ 项目 item（项目编号 itemid、项目名称 itemname、项目比赛地点 location）；

☑ 成绩 grade（运动员编号 sporterid、项目编号 itemid、积分 mark）。

提示：本操作属于多对多关系。

通过图 12-22 所示的 E-R 模型可以发现，一个运动员可以参加多个项目，一个项目也可以有多位运动员参加，所以这是一种多对多的关系模型。而前面所讲解的部门和雇员（一个部门有多个雇员）属于一对多的关系模型。

为了保证数据表中的数据完整性，所以对相应的字段要求设置以下的约束，如表 12-1 所示。

表 12-1　操作中所使用的约束

No.	表名称	字段名称	约束类型	描述
1	运动员表（sporter）	运动员编号（sporterid）	PRIMARY KEY	主键，唯一标记
		运动员姓名（name）	NOT NULL	运动员姓名不能为空
		运动员性别（sex）	CHECK	运动员性别只能是男或女
		运动员所在系名称（department）	NOT NULL	每个运动员都要在一个系
2	项目表（item）	项目编号（itemid）	PRIMARY KEY	主键，唯一标记
		项目名称（itemname）	NOT NULL	项目名称不能为空
		举办场地（location）	NOT NULL	举办场地不能为空
3	成绩表（grade）	运动员编号（sporterid）	FOREIGN KEY	与运动员表的 sporterid 对应
		项目编号（itemid）	FOREIGN KEY	与项目表中的 itemid 对应
		项目成绩（mark）	CHECK	成绩的取值范围：6、4、2、0

根据表 12-1 所定义出的约束类型创建数据库脚本，此外为了方便日后约束的维护，每一个约束都会为其起一个名称。此外，本次的 3 张数据表将直接在 c##scott 用户下创建。

范例 12-68： 定义数据库创建脚本。

```
-- 删除数据表
DROP TABLE grade ;
DROP TABLE sporter ;
DROP TABLE item ;
PURGE RECYCLEBIN ;
-- 创建数据表
CREATE TABLE sporter(
	sporterid		NUMBER(4) ,
	name			VARCHAR2(30)		NOT NULL ,
	sex			VARCHAR2(10) ,
	department		VARCHAR2(30)		NOT NULL ,
	CONSTRAINT pk_sporterid PRIMARY KEY (sporterid) ,
	CONSTRAINT ck_sex CHECK (sex IN ('男','女'))
) ;
CREATE TABLE item(
	itemid			VARCHAR2(4) ,
	itemname		VARCHAR2(30)		NOT NULL ,
	location		VARCHAR2(30)		NOT NULL ,
	CONSTRAINT pk_itemid PRIMARY KEY (itemid)
```

```
);
CREATE TABLE grade(
	sporterid		NUMBER(4) ,
	itemid			VARCHAR2(4)	,
	mark			NUMBER(1) ,
	CONSTRAINT fk_sporterid FOREIGN KEY (sporterid) REFERENCES sporter(sporterid) ON
	DELETE CASCADE ,
	CONSTRAINT fk_itemid FOREIGN KEY (itemid) REFERENCES item(itemid) ON DELETE
	CASCADE ,
	CONSTRAINT ck_mark CHECK (mark IN (6,4,2,0))
);
```

执行完以上的建表操作之后，下面查询 c##scott 用户下是否存在指定的 3 张数据表。

范例 12-69：查询全部数据表。

```
SELECT * FROM tab WHERE tname IN ('SPORTER','ITEM','GRADE') ;
```

查询结果：通过 SQL Developer 输出，如图 12-23 所示。

	TNAME	TABTYPE	CLUSTERID
1	SPORTER	TABLE	(null)
2	ITEM	TABLE	(null)
3	GRADE	TABLE	(null)

图 12-23　3 张数据表已成功创建

范例 12-70：查询 3 张数据表中的约束。

```
SELECT constraint_name,constraint_type,table_name
FROM user_constraints
WHERE table_name IN ('SPORTER','ITEM','GRADE')
ORDER BY table_name;
```

查询结果：通过 SQL Developer 输出，如图 12-24 所示。

	CONSTRAINT_NAME	CONSTRAINT_TYPE	TABLE_NAME
1	FK_SPORTERID	R	GRADE
2	FK_ITEMID	R	GRADE
3	CK_MARK	C	GRADE
4	SYS_C009899	C	ITEM
5	SYS_C009898	C	ITEM
6	PK_ITEMID	P	ITEM
7	SYS_C009894	C	SPORTER
8	CK_SEX	C	SPORTER
9	PK_SPORTERID	P	SPORTER
10	SYS_C009895	C	SPORTER

图 12-24　查看数据表的约束

12.9.2　为数据表增加数据

数据表创建完成之后，下面向表中插入数据，所有要插入的数据都已给出，此处只需要编写增加语句即可。另外，为了检查数据是否都已经成功增加到数据库中，在每一组数据增加完后会立刻查询数据表数据是否存在。

1. 运动员

（　1001，李明，男，计算机系
　　1002，张三，男，数学系
　　1003，李四，男，计算机系
　　1004，王二，男，物理系
　　1005，李娜，女，心理系
　　1006，孙丽，女，数学系）

```
INSERT INTO sporter(sporterid,name,sex,department) VALUES (1001,'李明','男','计算机系') ;
INSERT INTO sporter(sporterid,name,sex,department) VALUES (1002,'张三','男','数学系') ;
INSERT INTO sporter(sporterid,name,sex,department) VALUES (1003,'李四','男','计算机系') ;
INSERT INTO sporter(sporterid,name,sex,department) VALUES (1004,'王二','男','物理系') ;
INSERT INTO sporter(sporterid,name,sex,department) VALUES (1005,'李娜','女','心理系') ;
INSERT INTO sporter(sporterid,name,sex,department) VALUES (1006,'孙丽','女','数学系') ;
COMMIT ;
```

范例 12-71： 验证 sporter 表数据是否已经成功插入。

```
SELECT * FROM sporter ;
```

查询结果： 通过 SQL Developer 输出，如图 12-25 所示。

	SPORTERID	NAME	SEX	DEPARTMENT
1	1001	李明	男	计算机系
2	1002	张三	男	数学系
3	1003	李四	男	计算机系
4	1004	王二	男	物理系
5	1005	李娜	女	心理系
6	1006	孙丽	女	数学系

图 12-25　查询 sporter 表中记录

2. 项目

（　x001，男子五千米，一操场
　　x002，男子标枪，一操场
　　x003，男子跳远，二操场
　　x004，女子跳高，二操场
　　x005，女子三千米，三操场）

```
INSERT INTO item(itemid,itemname,location) VALUES ('x001','男子五千米','一操场') ;
INSERT INTO item(itemid,itemname,location) VALUES ('x002','男子标枪','一操场') ;
INSERT INTO item(itemid,itemname,location) VALUES ('x003','男子跳远','二操场') ;
INSERT INTO item(itemid,itemname,location) VALUES ('x004','女子跳高','二操场') ;
INSERT INTO item(itemid,itemname,location) VALUES ('x005','女子三千米','三操场') ;
COMMIT ;
```

范例 12-72： 验证 item 表数据是否已经成功插入。

```
SELECT * FROM item ;
```

查询结果： 通过 SQL Developer 输出，如图 12-26 所示。

	ITEMID	ITEMNAME	LOCATION
1	x001	男子五千米	一操场
2	x002	男子标枪	一操场
3	x003	男子跳远	二操场
4	x004	女子跳高	二操场
5	x005	女子三千米	三操场

图 12-26　查询 item 表中记录

Note

3. 成绩

（　1001，x001，6
　　1002，x001，4
　　1003，x001，2
　　1004，x001，0
　　1001，x003，4
　　1002，x003，6
　　1004，x003，2
　　1003，x003，0
　　1005，x004，6
　　1006，x004，4
　　1001，x004，2
　　1002，x004，0
　　1003，x002，6
　　1005，x002，4
　　1006，x002，2
　　1001，x002，0）

```
INSERT INTO grade(sporterid,itemid,mark) VALUES (1001, 'x001', 6) ;
INSERT INTO grade(sporterid,itemid,mark) VALUES (1002, 'x001', 4) ;
INSERT INTO grade(sporterid,itemid,mark) VALUES (1003, 'x001', 2) ;
INSERT INTO grade(sporterid,itemid,mark) VALUES (1004, 'x001', 0) ;
INSERT INTO grade(sporterid,itemid,mark) VALUES (1001, 'x003', 4) ;
INSERT INTO grade(sporterid,itemid,mark) VALUES (1002, 'x003', 6) ;
INSERT INTO grade(sporterid,itemid,mark) VALUES (1004, 'x003', 2) ;
INSERT INTO grade(sporterid,itemid,mark) VALUES (1003, 'x003', 0) ;
INSERT INTO grade(sporterid,itemid,mark) VALUES (1005, 'x004', 6) ;
INSERT INTO grade(sporterid,itemid,mark) VALUES (1006, 'x004', 4) ;
INSERT INTO grade(sporterid,itemid,mark) VALUES (1001, 'x004', 2) ;
INSERT INTO grade(sporterid,itemid,mark) VALUES (1002, 'x004', 0) ;
INSERT INTO grade(sporterid,itemid,mark) VALUES (1003, 'x002', 6) ;
INSERT INTO grade(sporterid,itemid,mark) VALUES (1005, 'x002', 4) ;
INSERT INTO grade(sporterid,itemid,mark) VALUES (1006, 'x002', 2) ;
INSERT INTO grade(sporterid,itemid,mark) VALUES (1001, 'x002', 0) ;
COMMIT ;
```

范例 12-73：验证 grade 表数据是否已经成功插入。

```
SELECT * FROM grade ;
```

查询结果：通过 SQL Developer 输出，如图 12-27 所示。

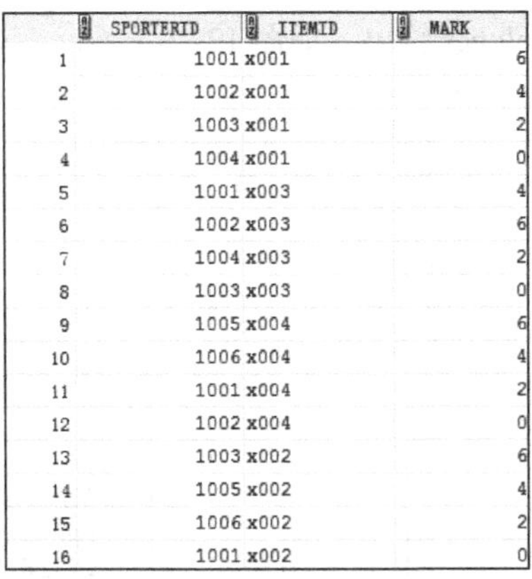

	SPORTERID	ITEMID	MARK
1	1001	x001	6
2	1002	x001	4
3	1003	x001	2
4	1004	x001	0
5	1001	x003	4
6	1002	x003	6
7	1004	x003	2
8	1003	x003	0
9	1005	x004	6
10	1006	x004	4
11	1001	x004	2
12	1002	x004	0
13	1003	x002	6
14	1005	x002	4
15	1006	x002	2
16	1001	x002	0

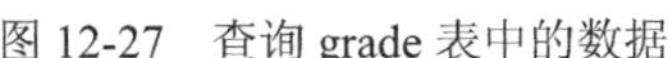

图 12-27　查询 grade 表中的数据

12.9.3　数据操作

当一切准备就绪之后，完成以下的数据操作要求：

☑　求出目前总积分最高的系名及其积分。

☑　找出在一操场进行比赛的各项目名称及其冠军的姓名。

☑　找出参加张三所参加过的项目的其他同学的姓名。

☑　经查张三因为使用了违禁药品，其成绩都记 0 分，请在数据库中作出相应修改。

☑　经组委会协商，需要删除女子跳高比赛项目。

下面来针对以上给出的 5 道数据操作题进行解答。

【第 1 题】求出目前总积分最高的系名及其积分。

☑　确定所需要的数据表如下。

➢　sporter 表：可以找到系名称（department 字段）。

➢　grade 表：求出积分（mark 字段）。

☑　确定已知的关联字段如下。

➢　运动员和成绩：sporter.sporterid=grade.sporterid。

第 1 步：本题目要求是将总积分最高的系的信息显示出来，所以在这之前首先查询每个系的总积分，每个运动员的积分保存在 grade 表中，而系名称保存在 sporter 表中，因此可以将 sporter 和 grade 表进行连接，同时设置好消除笛卡尔积的条件，查询出每个系的名称和所对应的积分。

```
SELECT s.department,g.mark
FROM sporter s,grade g
WHERE s.sporterid=g.sporterid ;
```

查询结果：通过 SQL Developer 输出，如图 12-28 所示。

第 2 步：第 1 步查询出来的结果中系名称里出现了重复的数据，所以此时可以直接利用 GROUP BY 按照系名称分组，求出每一个系的总积分。

```
SELECT s.department,SUM(g.mark)
FROM sporter s,grade g
WHERE s.sporterid=g.sporterid
GROUP BY s.department ;
```

查询结果：通过 SQL Developer 输出，如图 12-29 所示。

	DEPARTMENT	MARK
1	计算机系	6
2	数学系	4
3	计算机系	2
4	物理系	0
5	计算机系	4
6	数学系	6
7	物理系	2
8	计算机系	0
9	心理系	6
10	数学系	4
11	计算机系	2
12	数学系	0
13	计算机系	6
14	心理系	4
15	数学系	2
16	计算机系	0

图 12-28　各个系的积分

	DEPARTMENT	SUM (G. MARK)
1	数学系	16
2	心理系	10
3	计算机系	20
4	物理系	2

图 12-29　每个系的总积分

第 3 步：如果要从第 2 步给出的结果中进行数据的筛选，则首先要统计出总积分最高的积分数据是多少，此时可以利用 MAX()函数嵌套 SUM()函数的方式完成，但是这种统计函数嵌套的查询操作中，SELECT 子句后不能再出现任何字段，包括分组字段。

```
SELECT MAX(SUM(g.mark))
FROM sporter s,grade g
WHERE s.sporterid=g.sporterid
GROUP BY s.department ;
```

查询结果：通过 SQL Developer 输出，如图 12-30 所示。

第 4 步：第 3 步返回的是单行单列数据，而按照本题的要求，此返回的数据应该出现在第 2 步查询的 HAVING 子句中，表示对分组后的数据再次进行过滤。

```
SELECT s.department,SUM(g.mark)
FROM sporter s,grade g
WHERE s.sporterid=g.sporterid
GROUP BY s.department
HAVING SUM(g.mark)=(
      SELECT MAX(SUM(g.mark))
      FROM sporter s,grade g
      WHERE s.sporterid=g.sporterid
      GROUP BY s.department) ;
```

查询结果：通过 SQL Developer 输出，如图 12-31 所示。

	MAX (SUM (G. MARK))
1	20

图 12-30　最高的总积分

	DEPARTMENT	SUM (G. MARK)
1	计算机系	20

图 12-31　总积分最高的积分

【第 2 题】找出在一操场进行比赛的各项目名称及其冠军的姓名。

☑　确定所需要的数据表如下。

- ➢ item 表：项目名称（itemname）。
- ➢ sporter 表：根据积分可以计算出冠军分数（每一个项目的最高积分），同时求出运动员编号。

☑　确定已知的关联字段如下。

- ➢ 项目和成绩：item.itemid=grade.itemid。
- ➢ 运动员和成绩：sporter.sporterid=grade.sporterid。

第 1 步：如果想知道一操场的所有运动员成绩，可以使用 grade 表查出，但是一操场的所有比赛信息保存在 item 表的 location 字段中，所以首先将 item 和 grade 表关联，以查出在一操场比赛的各个项目编号和成绩。

```
SELECT i.itemid,g.mark
FROM item i,grade g
WHERE   i.itemid=g.itemid
        AND
        i.location='一操场' ;
```

查询结果：通过 SQL Developer 输出，如图 12-32 所示。

第 2 步：第 1 步的查询返回了每一个项目的所有成绩，但是既然是冠军，则肯定是项目中分数最高的（假定不知道最高的成绩是 6），这时可以利用 MAX()函数统计出最大值，那么现在就需要对 itemid 字段进行分组。

```
SELECT i.itemid,MAX(g.mark)
FROM item i,grade g
WHERE   i.itemid=g.itemid
        AND
        i.location='一操场'
GROUP BY i.itemid ;
```

查询结果：通过 SQL Developer 输出，如图 12-33 所示。

	ITEMID	MARK
1	x001	6
2	x001	4
3	x001	2
4	x001	0
5	x002	6
6	x002	4
7	x002	2
8	x002	0

图 12-32　在操场比赛的各个项目编号和成绩

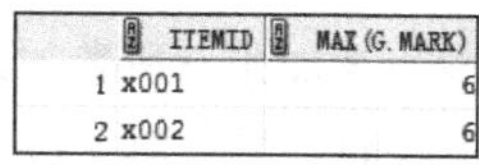

	ITEMID	MAX(G.MARK)
1	x001	6
2	x002	6

图 12-33　每个项目的最高积分

第 3 步：现在已经知道了在一操场举办的各个项目的最高分是 6，所以现在先将 item、sporter、grade 这 3 张表直接关联在一起，查询在一操场参加项目的名称、运动员姓名、成绩，但是此时暂时不考虑冠军的问题。

```
SELECT i.itemname,s.name,g.mark
FROM sporter s,item i,grade g
WHERE   s.sporterid=g.sporterid
        AND
        i.itemid=g.itemid
        AND
        i.location='一操场' ;
```

查询结果：通过 SQL Developer 输出，如图 12-34 所示。

第 4 步：以上只是确定了在一操场举办的项目参加的人员和项目的名称、成绩，但是没有确定冠军，如果要确定冠军则需要将第 2 步的查询融合在里面。由于第 2 步返回的查询结果是多行多列的数据，所以可以直接在 FROM 子句之后出现。

```
SELECT i.itemname,s.name
FROM sporter s,item i,grade g,(
     SELECT i.itemid iid,MAX(g.mark) max
     FROM item i,grade g
     WHERE   i.itemid=g.itemid
               AND
          i.location='一操场'
     GROUP BY i.itemid ) temp
WHERE    s.sporterid=g.sporterid
          AND
     i.itemid=g.itemid
          AND
     i.location='一操场'
          AND
     i.itemid=temp.iid
          AND
     g.mark=temp.max ;
```

查询结果：通过 SQL Developer 输出，如图 12-35 所示。

	ITEMNAME	NAME	MARK
1	男子标枪	李明	0
2	男子五千米	李明	6
3	男子五千米	张三	4
4	男子标枪	李四	6
5	男子五千米	李四	2
6	男子五千米	王二	0
7	男子标枪	李娜	4
8	男子标枪	孙丽	2

图 12-34　查询在一操场举办项目的名称、运动员姓名、成绩

	ITEMNAME	NAME
1	男子五千米	李明
2	男子标枪	李四

图 12-35　在一操场举办项目的名称、冠军的姓名

【第 3 题】找出参加张三所参加过的项目的其他同学的姓名。

☑　确定所需要的数据表如下。

- sporter 表：找到张三这个运动员的运动员编号。
- grade 表：通过张三的运动员编号找到张三所参加的项目编号，并且通过项目编号找到运动员编号。

☑　确定已知的关联字段如下。

- 运动员和成绩：sporter.sporterid=grade.sporterid（非必需）。

第 1 步：先找到张三的运动员编号。

```
SELECT sporterid
FROM sporter
WHERE name='张三' ;
```

查询结果：通过 SQL Developer 输出，如图 12-36 所示。

	SPORTERID
1	1002

图 12-36　查询张三的运动员编号

第 2 步：通过 grade 表找出张三所参加过的项目的编号。

```
SELECT itemid
```

```
FROM grade
WHERE sporterid=(
          SELECT sporterid
          FROM sporter
          WHERE name='张三') ;
```

查询结果：通过 SQL Developer 输出，如图 12-37 所示。

第 3 步：以上的查询返回的是多行单列的数据，可以在 WHERE 中使用此子查询，下面根据以上查询出的项目编号（itemid）从成绩表（grade）中筛选出参加此项目的运动员编号（sporterid），考虑到会有重复，所以使用 DISTINCT 消除所有的重复数据。

```
SELECT DISTINCT sporterid
FROM grade
WHERE itemid IN (
          SELECT itemid
          FROM grade
          WHERE sporterid=(
                    SELECT sporterid
                    FROM sporter
                    WHERE name='张三')) ;
```

查询结果：通过 SQL Developer 输出，如图 12-38 所示。

	ITEMID
1	x001
2	x003
3	x004

图 12-37　查询张三所参加过的项目的编号

	SPORTERID
1	1003
2	1006
3	1001
4	1002
5	1004
6	1005

图 12-38　查询与张三参加了同一项目的运动员编号

第 4 步：根据以上的运动员编号（sporterid）在运动员表（sporter）中查找运动员姓名，并且姓名不能是张三。

```
SELECT name
FROM sporter
WHERE sporterid IN(
          SELECT sporterid
          FROM grade
          WHERE itemid IN (
                    SELECT itemid
                    FROM grade
                    WHERE sporterid=(
                              SELECT sporterid
                              FROM sporter
                              WHERE name='张三')))
AND name<>'张三' ;
```

查询结果：通过 SQL Developer 输出，如图 12-39 所示。

【第 4 题】经查张三因为使用了违禁药品，其成绩都记 0 分，请在数据库中作出相应修改。

现在只知道姓名是张三，但是要想更新成绩表（grade）的积分字段（mark）需要运动员编号（sporterid），所以要根据姓名从运动员表（sporter）中找到运动员编号（sporterid）之后才能进行更新。

```
UPDATE grade SET mark=0
WHERE sporterid=(
    SELECT sporterid
    FROM sporter
    WHERE name='张三') ;
```

Note

更新完成之后，为了验证是否成功，查询张三的全部成绩信息，直接使用 sporter 和 grade 表进行多表查询即可。

```
SELECT s.name,g.itemid,g.mark
FROM sporter s , grade g
WHERE s.sporterid=g.sporterid AND s.name='张三' ;
```

查询结果： 通过 SQL Developer 输出，如图 12-40 所示。

	NAME
1	李明
2	李四
3	王二
4	李娜
5	孙丽

图 12-39　通过运动员表查找满足条件的运动员姓名

	NAME	ITEMID	MARK
1	张三	x001	0
2	张三	x003	0
3	张三	x004	0

图 12-40　查询张三所参加的所有项目的成绩

【第 5 题】经组委会协商，需要删除女子跳高比赛项目。

女子跳高项目删除之后对应的成绩也应该作废，所以只需要加入级联删除即可，在本程序建立数据表的时候已经设置了级联删除，所以此处只需要删除项目表中的记录即可。

```
DELETE FROM item WHERE itemname='女子跳高' ;
```

范例 12-74： 查询项目表中是否已经成功删除。

```
SELECT * FROM item WHERE itemname='女子跳高' ;
```

此时查询结果中没有任何的数据返回，表示数据已经删除。

12.10　本 章 小 结

1．数据库的完整性约束是针对数据更新时所做的一种检查措施，在一张数据表上会存在一个或多个约束。

2．约束一共分为 5 种：非空约束（NOT NULL）、唯一约束（UNIQUE）、主键约束（PRIMARY KEY）、检查约束（CHECK）、外键约束（FOREIGN KEY）。

3．定义约束的时候可以使用 CONSTRAINT 关键字设置约束的名称。

4．外键约束设置时可以进行级联更新数据的操作如下。

☑　ON DELETE CASCADE：当主表数据删除时，对应的子表数据同时删除；

☑　ON DELETE SET NULL：当主表数据删除时，对应的子表数据设置为 null。

5．约束可以在表定义的时候设置，也可以为已有的数据表单独添加约束，约束的修改使用 ALTER 命令来完成。

6．当一个约束暂时不使用时可以将其设置为禁用状态，随后再重新启用。

第13章

其他数据库对象

通过本章的学习，可以达到以下目标：

☑ 掌握视图的主要作用以及创建语法。

☑ 掌握序列的定义及使用。

☑ 掌握 ROWNUM 和 ROWID 的主要作用。

☑ 掌握 FETCH 语句的使用。

☑ 理解同义词的主要作用及创建语法。

☑ 理解 Oracle 中索引的基本操作原理。

数据表和约束是 Oracle 的对象，但是在 Oracle 中的对象类型有许多，如视图、同义词、序列、索引等，在实际的开发中，这些概念都非常重要，所以本章将为读者讲解 DDL 语法中的其他数据库对象定义的操作。

13.1 视　　图

在数据库项目的开发中，最复杂的就属查询语句的编写。可是在实际的项目里，几乎所有的项目都是围绕数据库进行的，但是其中就有了一个问题，程序开发人员更多关注的是一个项目的业务流程、程序的架构、代码编写、代码测试等工作，而不应该过多地关注与业务需求有关的 SQL 数据操作。所以在开发中为了更好地进行分工的协调，一些有经验的数据库设计人员往往会为开发者将各个复杂的 SQL 语句封装为一个个独立的视图，这样开发人员只需要通过调用视图就可以实现复杂查询的功能，以提高开发效率。

视图是从一个或几个实体表（或视图）导出的表。它与实体表不同，视图本身是一个不包含任何真实数据的虚拟表。数据库中只存放视图的定义，而不存放视图对应的数据，这些数据仍存放在原来的实体表中。所以实体表中的数据发生变化，从视图中查询出的数据也就随之改变了。从这个意义上讲，视图就像一个窗口，通过它可以看到数据库中自己感兴趣的数据及其变化，如图 13-1 所示。

图 13-1　视图的作用

通过图 13-1 可以发现，视图最终是定义在实体表之上的，对视图的一切操作最终也要转换为对实体表的操作。而且对于非行列子集视图进行查询或更新时还有可能出现问题，但是视图却可以为用户带来许多好处。

1．视图能够简化用户的操作

视图机制使用户可以将注意力集中在所关心的数据上。如果这些数据不是直接来自实体表，则可以通过定义视图，使数据库看起来结构简单、清晰，并且可以简化用户的数据查询操作。例如，那些定义了若干张表连接的视图，就将表与表之间的连接操作对用户隐藏起来了。换句话说，用户所做的只是对一个虚拟表的简单查询，而这个查询是如何得来的，用户不需要了解。

2．视图使用户能以多种角度看待同一数据

视图机制能使不同的用户以不同的方式看待同一数据，许多不同种类的用户共享同一数据库时，这种灵活性是非常重要的。

3．视图对重构数据库提供了一定程度的逻辑独立性

在关系型数据库中，数据库的重构往往是不可避免的。重构数据库最常见的是将一张实体表"垂直"拆分为多个实体表，用户只是通过视图访问这些表中的数据，所以只要视图的名称不改变，即使视图所封装的语句改变了，用户依然可以通过旧的视图名称查找到数据。

4．视图能够对机密数据提供安全保护

有了视图机制，就可以在设计数据库应用系统时，对不同的用户定义不同的视图，使机密数据不出现在不应看到这些数据的用户视图上。这样视图机制就自动地提供了对机密数据的安全保护功能。

5．适当地利用视图可以更清晰地表达查询

在编写查询语句时，经常要使用到一些统计查询，用户可以将这些统计查询封装为一个视图，方便操作。

视图本身依然属于 Oracle 的一个对象，所以视图一旦定义，就可以像实体表那样被查询、删除。也可以在一个视图上再定义新的视图，但由于视图中的数据都是虚拟数据，所以对视图的更新（增加、删除、修改）操作也会存在一定的限制。

13.1.1　创建视图

既然视图本身属于 Oracle 的对象，所以创建对象依然要使用 CREATE 命令。在 Oracle 中，如果要进行视图的创建，可以使用如下的语法来完成。

语法 13-1：创建视图语法

```
CREATE [FORCE | NOFORCE] [OR REPLACE] VIEW 视图名称 [(别名 1,别名 2,...)]
    AS
子查询 ;
```

语法参数：创建视图中的主要参数解释如下。

- ☑ FORCE：表示要创建视图的表不存在也可以创建视图。
- ☑ NOFORCE：（默认）表示要创建视图的表必须存在，否则无法创建。
- ☑ OR REPLACE：表示视图的替换。如果创建的视图不存在，则创建新的视图；如果视图已经存在，则将其替换。

范例 13-1：创建一张基本工资大于 2000 元的雇员信息的视图。

```
CREATE VIEW v_myview
    AS
SELECT * FROM emp WHERE sal>2000 ;
```

视图创建完毕之后，下面可以通过 tab 这个数据字典查看视图是否已经成功创建，此时只需要设置 tabtype='VIEW'就可以只查询全部的视图信息。

范例 13-2：查看视图是否已经创建。

```
SELECT * FROM tab WHERE tabtype='VIEW' ;
```

查询结果：通过 SQL Developer 输出，如图 13-2 所示。

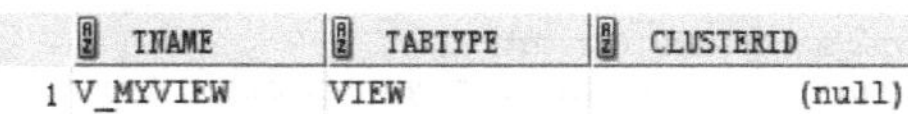

	TNAME	TABTYPE	CLUSTERID
1	V_MYVIEW	VIEW	(null)

图 13-2　查询 scott 下的全部视图

通过查询可以发现 v_myview 的视图已经创建成功，下面通过 SQL 语句，查询此视图的具体内容。

范例 13-3：查询 v_myview 视图。

```
SELECT * FROM v_myview ;
```

查询结果：通过 SQL Developer 输出，如图 13-3 所示。

	EMPNO	ENAME	JOB	MGR	HIREDATE	SAL	COMM	DEPTNO
1	7566	JONES	MANAGER	7839	02-4月 -81	2975	(null)	20
2	7698	BLAKE	MANAGER	7839	01-5月 -81	2850	(null)	30
3	7782	CLARK	MANAGER	7839	09-6月 -81	2450	(null)	10
4	7788	SCOTT	ANALYST	7566	19-4月 -87	3000	(null)	20
5	7839	KING	PRESIDENT	(null)	17-11月-81	5000	(null)	10
6	7902	FORD	ANALYST	7566	03-12月-81	3000	(null)	20

图 13-3　查询 v_myview 视图信息

提示：关于 Oracle 12c 创建视图时出现的权限不足的错误。

在使用以上语法创建视图的时候，如果使用的是 Oracle 10g 或之前版本，则使用 scott 用户登录后，可以直接创建；如果用户使用的是 Oracle 11g 及 Oracle 12c 的版本，则创建时会出现"权限不足"的错误提示，此时就需要使用超级管理员登录后为用户授权，授权步骤如下。

（1）在命令行方式下输入：sqlplus sys/change_on_install AS sysdba。

（2）为 scott 用户授权：GRANT CREATE VIEW TO c##scott。

关于用户的权限管理，将在第 14 章用户权限控制的内容中为读者讲解。

在 Oracle 中如果要想进行视图的查询，除了可以使用 tab 这个数据字典之外，也可以使用专门的数据字典 user_views 直接得到视图的具体信息。

范例 13-4：查询 user_views 数据字典。

```
SELECT view_name,text_length,text FROM user_views ;
```

查询结果：通过 SQL Developer 输出，如图 13-4 所示。

	VIEW_NAME	TEXT_LENGTH	TEXT
1	V_MYVIEW	91	SELECT "EMPNO","ENAME","JOB","MGR","HIRED...

图 13-4　user_views 数据字典

在 user_views 这个数据字典中只是查询了几个常用信息：视图的名称（view_name）、SQL 语句的长度（text_length）、封装的 SQL 语句（text）。下面再使用同样的方法创建一张新的视图。

范例 13-5：创建一张只包含 20 部门雇员信息的视图。

```
CREATE VIEW v_emp20
    AS
SELECT * FROM emp WHERE deptno=20 ;
```

范例 13-6：查询 user_views 数据字典，观察视图是否已经成功创建。

```
SELECT view_name,text_length,text FROM user_views ;
```

查询结果：通过 SQL Developer 输出，如图 13-5 所示。

	VIEW_NAME	TEXT_LENGTH	TEXT
1	V_MYVIEW	91	SELECT "EMPNO","ENAME","JOB","MGR","HIRED...
2	V_EMP20	92	SELECT "EMPNO","ENAME","JOB","MGR","HIRED...

图 13-5　user_views 数据字典

范例 13-7：查询 v_emp20 的视图。

```
SELECT * FROM v_emp20 ;
```

查询结果： 通过 SQL Developer 输出，如图 13-6 所示。

	EMPNO	ENAME	JOB	MGR	HIREDATE	SAL	COMM	DEPTNO
1	7369	SMITH	CLERK	7902	17-12月-80	800	(null)	20
2	7566	JONES	MANAGER	7839	02-4月 -81	2975	(null)	20
3	7788	SCOTT	ANALYST	7566	19-4月 -87	3000	(null)	20
4	7876	ADAMS	CLERK	7788	23-5月 -87	1100	(null)	20
5	7902	FORD	ANALYST	7566	03-12月-81	3000	(null)	20

图 13-6　查询 v_emp20 视图信息

提示：关于视图的命名。

在开发中为了将视图名称和表名称分开，往往加上一些区别，所以在本书中，所有的视图都是以 v_开头，如 v_myview 或 v_emp20。

通过上面的代码可以发现，视图中封装的是 SQL 语句。但是在这里也有一个问题，在开发中，所有的 SQL 语句要根据项目的需求而改变，那么视图所封装的 SQL 语句也一定会改变。所以为了视图的维护方便，在创建视图的时候也可以使用 OR REPLACE 参数，此参数的作用是，如果视图不存在则直接创建，如果视图存在则使用新的子查询替换已有的视图。

范例 13-8： 替换 v_myview 视图，定义新视图，可以显示每个部门的详细信息。

```
CREATE OR REPLACE VIEW v_myview
    AS
SELECT d.deptno,d.dname,d.loc,
    COUNT(e.empno) count,NVL(ROUND(AVG(sal),2),0) avg,NVL(SUM(sal),0) sum,
       NVL(MAX(sal),0) max,NVL(MIN(sal),0) min
FROM emp e,dept d
WHERE e.deptno(+)=d.deptno
GROUP BY d.deptno,d.dname,d.loc ;
```

虽然现在已经存在 v_myview 的视图，但是在创建视图的时候使用了 OR REPLACE 参数，就表示使用新的语句替换已有的视图。

范例 13-9： 查询 v_myview 视图。

```
SELECT * FROM v_myview ;
```

查询结果： 通过 SQL Developer 输出，如图 13-7 所示。

	DEPTNO	DNAME	LOC	COUNT	AVG	SUM	MAX	MIN
1	20	RESEARCH	DALLAS	5	2175	10875	3000	800
2	40	OPERATIONS	BOSTON	0	0	0	0	0
3	10	ACCOUNTING	NEW YORK	3	2916.67	8750	5000	1300
4	30	SALES	CHICAGO	6	1566.67	9400	2850	950

图 13-7　查询 v_myview 视图

以上所有的视图创建完毕之后，视图中的列名称都是通过默认查询返回的，如果用户有需要，也可以为每一个列起一个别名。

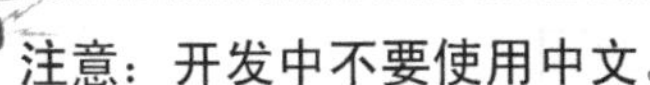

注意：开发中不要使用中文。

范例 13-10 中所做的中文列名称定义只是为了满足演示的需要，在实际的工作中，是不可能以中文作为标记的，这一点读者一定要切记。

范例 13-10：为视图中查询的列起别名。

```
CREATE OR REPLACE VIEW v_myview
    (部门编号,部门名称,位置,人数,平均工资,总工资,最高工资,最低工资)
    AS
SELECT d.deptno,d.dname,d.loc,
    COUNT(e.empno) count,NVL(ROUND(AVG(sal),2),0) avg,NVL(SUM(sal),0) sum,
      NVL(MAX(sal),0) max,NVL(MIN(sal),0) min
FROM emp e,dept d
WHERE e.deptno(+)=d.deptno
GROUP BY d.deptno,d.dname,d.loc ;
```

范例 13-11：查询 v_myview 视图。

```
SELECT * FROM v_myview ;
```

查询结果：通过 SQL Developer 输出，如图 13-8 所示。

	部门编号	部门名称	位置	人数	平均工资	总工资	最高工资	最低工资
1	20	RESEARCH	DALLAS	5	2175	10875	3000	800
2	40	OPERATIONS	BOSTON	0	0	0	0	0
3	10	ACCOUNTING	NEW YORK	3	2916.67	8750	5000	1300
4	30	SALES	CHICAGO	6	1566.67	9400	2850	950

图 13-8　查询 v_myview 视图

通过以上的视图操作可以发现，使用视图的查询方式就可以实现复杂查询语句的功能，这样就大大简化了查询语句的编写难度，开发人员在进行开发的时候也可以很好地进行分工，同时提高项目开发效率。

13.1.2　在视图上执行 DML 操作

通过之前的分析可以发现，视图本身是针对多张数据表映射的结果，但是在默认情况下建立的视图，也是可以进行更新操作的，下面将针对简单视图与复杂视图的更新操作来进行讲解。

1．更新简单视图（单表映射数据）

为了操作方便，下面首先创建一张只包含 20 部门雇员部分信息的视图，此时只针对 emp 单表做映射。

范例 13-12：定义只包含 20 部门雇员信息的视图。

```
CREATE OR REPLACE VIEW v_emp20
    AS
SELECT empno,ename,job,sal,deptno FROM emp WHERE deptno=20 ;
```

范例 13-13：查询 v_emp20 数据。

```
SELECT * FROM v_emp20 ;
```

查询结果：通过 SQL Developer 输出，如图 13-9 所示。

	EMPNO	ENAME	JOB	SAL	DEPTNO
1	7369	SMITH	CLERK	800	20
2	7566	JONES	MANAGER	2975	20
3	7788	SCOTT	ANALYST	3000	20
4	7876	ADAMS	CLERK	1100	20
5	7902	FORD	ANALYST	3000	20

图 13-9　当前视图

范例 13-14： 向 v_emp20 视图中增加一条新数据。

```
INSERT INTO v_emp20(empno,ename,job,sal,deptno) VALUES (6688,'魔乐','CLERK',1900,20) ;
COMMIT ;
```

此时增加语句可以正常执行数据的增加操作，之后分别查询 v_emp20 视图及 emp 数据表，观察此时的数据。

范例 13-15： 查询 v_emp20 视图当前数据。

```
SELECT * FROM v_emp20 ;
```

查询结果： 通过 SQL Developer 输出，如图 13-13 所示。

	EMPNO	ENAME	JOB	SAL	DEPTNO
1	6688	魔乐	CLERK	1900	20
2	7369	SMITH	CLERK	800	20
3	7566	JONES	MANAGER	2975	20
4	7788	SCOTT	ANALYST	3000	20
5	7876	ADAMS	CLERK	1100	20
6	7902	FORD	ANALYST	3000	20

图 13-10　插入数据后的视图数据

范例 13-16： 查询 emp 表中所有 20 部门雇员的详细信息。

```
SELECT * FROM emp WHERE deptno=20 ;
```

查询结果： 通过 SQL Developer 输出，如图 13-11 所示。

	EMPNO	ENAME	JOB	MGR	HIREDATE	SAL	COMM	DEPTNO
1	6688	魔乐	CLERK	(null)	(null)	1900	(null)	20
2	7369	SMITH	CLERK	7902	17-12月-80	800	(null)	20
3	7566	JONES	MANAGER	7839	02-4月 -81	2975	(null)	20
4	7788	SCOTT	ANALYST	7566	19-4月 -87	3000	(null)	20
5	7876	ADAMS	CLERK	7788	23-5月 -87	1100	(null)	20
6	7902	FORD	ANALYST	7566	03-12月-81	3000	(null)	20

图 13-11　更新视图后的 emp 数据表

通过查询结果可以发现，由于现在视图中只包含了 emp 表的部分字段信息，所以在执行增加操作后，emp 表只保存了部分的数据信息。通过以上的代码可以发现，视图是允许执行增加操作的。

范例 13-17： 对视图执行修改操作。

```
UPDATE v_emp20 SET ename='MLDNJAVA',job='MANAGER',sal=2300 WHERE empno=6688 ;
COMMIT ;
```

此时，更新语句可以正常执行完毕，下面分别查询 v_emp20 视图及 emp 数据表，以确定更新后的数据。

范例 13-18： 查询 v_emp20 视图。

```
SELECT * FROM v_emp20 ;
```

查询结果： 通过 SQL Developer 输出，如图 13-12 所示。

	EMPNO	ENAME	JOB	SAL	DEPTNO
1	6688	MLDNJAVA	MANAGER	2300	20
2	7369	SMITH	CLERK	800	20
3	7566	JONES	MANAGER	2975	20
4	7788	SCOTT	ANALYST	3000	20
5	7876	ADAMS	CLERK	1100	20
6	7902	FORD	ANALYST	3000	20

图 13-12　更新数据后的视图数据

Note

范例 13-19：查询 emp 表中所有 20 部门雇员的详细信息。

```
SELECT * FROM emp WHERE deptno=20 ;
```

查询结果：通过 SQL Developer 输出，如图 13-13 所示。

	EMPNO	ENAME	JOB	MGR	HIREDATE	SAL	COMM	DEPTNO
1	6688	MLDNJAVA	MANAGER	(null)	(null)	2300	(null)	20
2	7369	SMITH	CLERK	7902	17-12月-80	800	(null)	20
3	7566	JONES	MANAGER	7839	02-4月 -81	2975	(null)	20
4	7788	SCOTT	ANALYST	7566	19-4月 -87	3000	(null)	20
5	7876	ADAMS	CLERK	7788	23-5月 -87	1100	(null)	20
6	7902	FORD	ANALYST	7566	03-12月-81	3000	(null)	20

图 13-13　更新视图后的 emp 数据表

通过本次查询结果可以发现，当更新视图数据时会直接影响原始数据表中的记录，并且由于本视图中只包含了 emp 表中有限的字段，所以也只能更新部分字段数据。

范例 13-20：删除 v_emp20 视图中的数据。

```
DELETE FROM v_emp20 WHERE empno=6688 ;
COMMIT ;
```

此时，删除语句可以正常完成，下面依然查询 v_emp20 视图和 emp 表记录。

范例 13-21：查询 v_emp20 视图。

```
SELECT * FROM v_emp20 ;
```

查询结果：通过 SQL Developer 输出，如图 13-14 所示。

	EMPNO	ENAME	JOB	SAL	DEPTNO
1	7369	SMITH	CLERK	800	20
2	7566	JONES	MANAGER	2975	20
3	7788	SCOTT	ANALYST	3000	20
4	7876	ADAMS	CLERK	1100	20
5	7902	FORD	ANALYST	3000	20

图 13-14　删除数据后的视图数据

范例 13-22：查询 emp 表记录。

```
SELECT * FROM emp WHERE deptno=20 ;
```

查询结果：通过 SQL Developer 输出，如图 13-15 所示。

	EMPNO	ENAME	JOB	MGR	HIREDATE	SAL	COMM	DEPTNO
1	7369	SMITH	CLERK	7902	17-12月-80	800	(null)	20
2	7566	JONES	MANAGER	7839	02-4月 -81	2975	(null)	20
3	7788	SCOTT	ANALYST	7566	19-4月 -87	3000	(null)	20
4	7876	ADAMS	CLERK	7788	23-5月 -87	1100	(null)	20
5	7902	FORD	ANALYST	7566	03-12月-81	3000	(null)	20

图 13-15　更新视图后的 emp 数据表

通过查询结果可以发现，当用户对视图执行删除操作之后，会影响原始数据表中的数据。

2．更新复杂视图（多表映射）

完成了简单视图的更新操作之后，下面再来看一下复杂视图的更新操作。

范例 13-23：创建一个视图，要求显示所有 20 部门中的雇员编号、姓名、职位、基本工资、部门编号、部门名称、位置。

```
CREATE OR REPLACE VIEW v_myview AS
SELECT e.empno,e.ename,e.job,e.sal,d.deptno,d.dname,d.loc
```

```
FROM emp e,dept d
WHERE e.deptno=d.deptno AND d.deptno=20 ;
```

范例 13-24： 查询 v_myview 视图。

```
SELECT * FROM myview ;
```

查询结果： 通过 SQL Developer 输出，如图 13-16 所示。

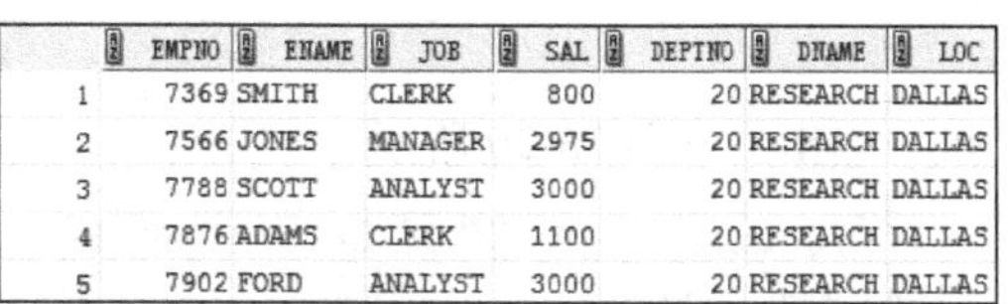

	EMPNO	ENAME	JOB	SAL	DEPTNO	DNAME	LOC
1	7369	SMITH	CLERK	800	20	RESEARCH	DALLAS
2	7566	JONES	MANAGER	2975	20	RESEARCH	DALLAS
3	7788	SCOTT	ANALYST	3000	20	RESEARCH	DALLAS
4	7876	ADAMS	CLERK	1100	20	RESEARCH	DALLAS
5	7902	FORD	ANALYST	3000	20	RESEARCH	DALLAS

图 13-16　20 部门雇员信息的复杂视图

范例 13-25： 向 v_myview 视图中增加一条数据。

```
INSERT INTO v_myview (empno,ename,job,sal,deptno,dname,loc) VALUES (6688,'魔乐', 'CLERK',
2000,50,'教学','北京') ;
```

查询结果： 通过 SQLPlus 输出，如图 13-17 所示。

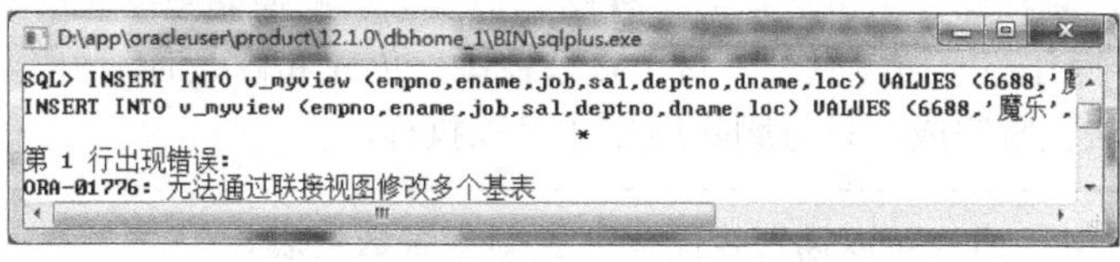

图 13-17　无法执行增加操作

范例 13-26： 修改 v_myview 视图中的数据。

```
UPDATE v_myview SET ename='史密斯',sal=5000,dname='教学' WHERE empno=7369 ;
```

查询结果： 通过 SQLPlus 输出，如图 13-18 所示。

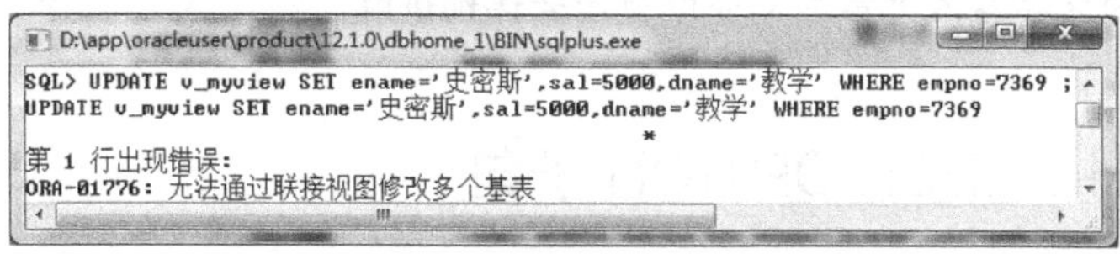

图 13-18　无法执行修改操作

范例 13-27： 删除 v_myview 视图中的数据。

```
DELETE FROM v_myview WHERE empno=7369 ;
```

此时，删除操作可以正常执行，下面继续按照同样的操作删除视图中所有 20 部门雇员的信息。

范例 13-28： 删除视图中所有 20 部门雇员的信息。

```
DELETE FROM v_myview WHERE deptno=20 ;
```

此时也可以正常执行删除操作，但实际上此时所删除的只是 emp 表中的对应记录，而 dept 表中的记录是没有被删除的，下面分别查询删除后的 emp 表及 dept 表记录。

范例 13-29： 查询 emp 表记录中所有 20 部门雇员信息。

```
SELECT * FROM emp WHERE deptno=20 ;
```

查询结果： 通过 SQLPlus 输出，如图 13-19 所示。

图 13-19　删除视图后的 emp 表记录

范例 13-30：查询 dept 表记录。

```
SELECT * FROM dept ;
```

查询结果：通过 SQLPlus 输出，如图 13-20 所示。

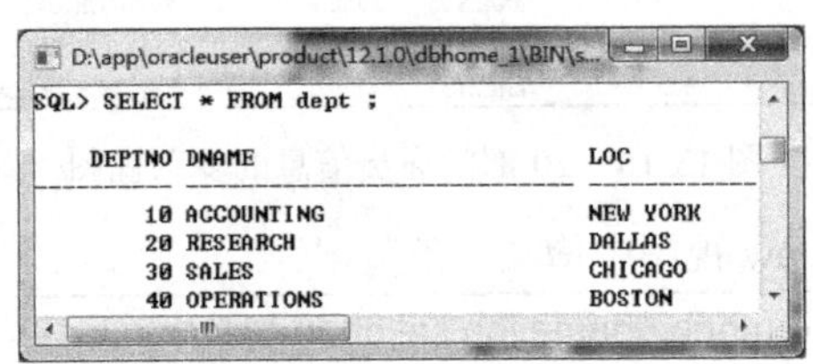

图 13-20　删除视图后的 dept 表记录

此时可以发现，删除操作中虽然针对于视图，但是会影响原始数据表的数据。

通过以上 3 个操作演示可以发现，对于复杂视图，创建和修改时，由于会涉及多张数据表一起更新，所以无法正常完成，只有删除操作才可以执行。

提问：能否有其他方式可以通过视图同时更新多张数据表？

通过上面的操作可以发现，视图如果由多张数据表组成，将无法进行增加及更新的操作，那么是否有其他的方式可以完成此类功能？

回答：利用触发器完成。

如果希望在更新视图时，可以同时更新多张数据表的记录，则可以采用替代触发器来完成，关于此部分内容将在本书第三部分中为读者详细讲解。

13.1.3　WITH CHECK OPTION 子句

在创建视图的时候有时需要使用 WHERE 子句做一些条件的限制，但是默认情况下视图创建完成之后，是可以通过视图修改在 WHERE 子句中所使用的字段内容的，此时就需要通过 WITH CHECK OPTION 子句来保证视图的创建条件不被更新。为了帮助理解，下面通过一个完整的范例为读者进行分析。

范例 13-31：创建一张只包含 20 部门雇员信息的视图 v_emp20。

```
CREATE OR REPLACE VIEW v_emp20
    AS
SELECT * FROM emp WHERE deptno=20 ;
```

范例 13-32：查询 user_views 数据字典。

```
SELECT view_name,text_length,text FROM user_views ;
```

查询结果：通过 SQL Developer 输出，如图 13-21 所示。

	VIEW_NAME	TEXT_LENGTH	TEXT
1	V_MYVIEW	227	SELECT d.deptno,d.dname,d.loc,COUNT(e.emp...
2	MYVIEW	115	SELECT e.empno,e.ename,e.job,e.sal,d.dept...
3	V_EMP20	92	SELECT "EMPNO","ENAME","JOB","MGR","HIRED...

图 13-21　查询 user_views 数据字典

范例 13-33：查询 v_emp20 视图。

```
SELECT * FROM v_emp20 ;
```

查询结果：通过 SQL Developer 输出，如图 13-22 所示。

	EMPNO	ENAME	JOB	SAL	DEPTNO	MGR	HIREDATE	COMM
1	7369	SMITH	CLERK	800	20	7902	17-12月-80	(null)
2	7566	JONES	MANAGER	2975	20	7839	02-4月 -81	(null)
3	7788	SCOTT	ANALYST	3000	20	7566	19-4月 -87	(null)
4	7876	ADAMS	CLERK	1100	20	7788	23-5月 -87	(null)
5	7902	FORD	ANALYST	3000	20	7566	03-12月-81	(null)

图 13-22　查询 v_emp20 视图

本视图创建的时候使用了一个 WHERE 子句设置条件（WHERE deptno=20），也就是说，这个时候 deptno 字段的内容对于创建视图而言是很重要的，而如果此时用户更新视图呢？例如，将雇员编号为 7369（empno=7369）的部门编号修改为 40（deptno=40）。

范例 13-34：修改 v_emp20 视图中的部门编号。

```
UPDATE v_emp20 SET deptno=40 WHERE empno=7369 ;
```

成功执行完此语句之后，下面再次查询 v_emp20 视图。

范例 13-35：查询 v_emp20 视图的数据。

```
SELECT * FROM v_emp20 ;
```

查询结果：通过 SQL Developer 输出，如图 13-23 所示。

	EMPNO	ENAME	JOB	SAL	DEPTNO	MGR	HIREDATE	COMM
1	7566	JONES	MANAGER	2975	20	7839	02-4月 -81	(null)
2	7788	SCOTT	ANALYST	3000	20	7566	19-4月 -87	(null)
3	7876	ADAMS	CLERK	1100	20	7788	23-5月 -87	(null)
4	7902	FORD	ANALYST	3000	20	7566	03-12月-81	(null)

图 13-23　查询 v_emp20 视图

范例 13-36：查询 emp 表中的雇员编号为 7369 的雇员信息。

```
SELECT * FROM emp WHERE empno=7369 ;
```

查询结果：通过 SQL Developer 输出，如图 13-24 所示。

	EMPNO	ENAME	JOB	MGR	HIREDATE	SAL	COMM	DEPTNO
1	7369	SMITH	CLERK	7902	17-12月-80	800	(null)	40

图 13-24　更新数据之后的 emp 表信息

通过以上两个查询可以发现，在 v_emp20 视图中已经无法查询到雇员编号是 7369 的雇员信息了，而在 emp 表中，此雇员的部门编号也已经修改为 40。但这时有一个问题出现了，视图本身的功能只是封装了一条查询的 SQL 语句，而现在的更新操作属于更新视图的创建条件（deptno=20），这种做法是非常不合理的，为了避免此种情况的出现，可以在创建视图的时候使用 WITH CHECK OPTION 子句。

语法 13-2：WITH CHECK OPTION 子句

```
CREATE [FORCE | NOFORCE] [OR REPLACE] VIEW 视图名称 [(别名 1,别名 2,...)]
```

```
    AS
子查询 [WITH CHECK OPTION [ CONSTRAINT 约束名称] ];
```

在使用 WITH CHECK OPTION 子句时，可以为此设置一个约束名称，如果不设置，系统将自动设置一个约束的名称。

Note

> **提示：建议回滚数据。**
>
> 为了方便读者更好地理解本操作，建议在进行下面的操作之前，先使用 ROLLBACK 命令将数据回滚，这样雇员编号是 7369 的雇员的部门编号依然是 20。

范例 13-37：替换 v_emp20 视图，加入 WITH CHECK OPTION 子句。

```
CREATE OR REPLACE VIEW v_emp20
    AS
SELECT * FROM emp WHERE deptno=20
WITH CHECK OPTION CONSTRAINT v_emp20_CK ;
```

本题目中创建视图的时候给出了 **WITH CHECK OPTION CONSTRAINT v_emp20_CK** 子句，这样如果现在更新视图的创建条件 deptno=20，程序将出现错误。

范例 13-38：更新 v_emp20 视图，将雇员编号为 7369 的部门编号修改为 40。

```
UPDATE v_emp20 SET deptno=40 WHERE empno=7369 ;
```

查询结果：通过 SQLPlus 输出。

```
ORA-01402: 视图 WITH CHECK OPTIDN where 子句违规
```

当更新视图创建条件（deptno=40），由于已经设置了限制，所以更改将出现如上的错误信息提示。

13.1.4 WITH READ ONLY 子句

WITH CHECK OPTION 子句的功能是用于保证视图的创建条件不被更改，如果现在更新的不是创建条件，而是视图中的其他字段呢？下面的程序将演示更新其他字段的操作情况。

范例 13-39：更新 v_emp20 视图，将雇员编号是 7369 的雇员姓名（ename）修改为“史密斯”，奖金（comm）修改为 300。

```
UPDATE v_emp20 SET ename='史密斯',comm=300 WHERE empno=7369 ;
```

此语句执行之后，没有任何的错误提示信息，可以正常地执行更新。

范例 13-40：查询 v_emp20 视图中的数据。

```
SELECT * FROM v_emp20 ;
```

查询结果：通过 SQL Developer 输出，如图 13-25 所示。

	EMPNO	ENAME	JOB	SAL	DEPTNO	MGR	HIREDATE	COMM
1	7369	史密斯	CLERK	800	20	7902	17-12月-80	300
2	7566	JONES	MANAGER	2975	20	7839	02-4月 -81	(null)
3	7788	SCOTT	ANALYST	3000	20	7566	19-4月 -87	(null)
4	7876	ADAMS	CLERK	1100	20	7788	23-5月 -87	(null)
5	7902	FORD	ANALYST	3000	20	7566	03-12月-81	(null)

图 13-25　查询更新后的 v_emp20 视图

同样的问题再次出现了，因为视图本身不属于任何具体的表，所以这种更新很明显是一种不合理

的应用，但是 WITH CHECK OPTION 子句只能负责视图创建条件的控制，对于其他字段根本就无法控制，此时，要想让视图中的所有字段不可更新，则可以通过 WITH READ ONLY 子句来控制。

语法 13-3：WITH READ ONLY 子句

```
CREATE [FORCE | NOFORCE] [OR REPLACE] VIEW 视图名称 [(别名 1,别名 2,...)]
    AS
子查询 [WITH CHECK OPTION [ CONSTRAINT 约束名称] ]
[WITH READ ONLY] ;
```

范例 13-41：创建视图，使用 WITH READ ONLY 子句进行限制。

```
CREATE OR REPLACE VIEW v_emp20
    AS
SELECT * FROM emp WHERE deptno=20
WITH READ ONLY ;
```

范例 13-42：查询 user_views 数据字典。

```
SELECT view_name,text_length,text,read_only FROM user_views ;
```

查询结果：通过 SQL Developer 输出，如图 13-26 所示。

	VIEW_NAME	TEXT_LENGTH	TEXT	READ_ONLY
1	V_MYVIEW	227	SELECT d.deptno,d.dname,d.loc,COUNT...	N
2	V_EMP20	107	SELECT "EMPNO","ENAME","JOB","MGR",...	Y
3	MYVIEW	115	SELECT e.empno,e.ename,e.job,e.sal,...	N

图 13-26 查询 user_views 数据字典

在本次查询 user_views 数据字典时，比之前多查询了一个 READ_ONLY 字段，以显示视图是否为只读操作，而 v_emp20 记录中的 READ_ONLY 值为 Y，所以为只读视图。

范例 13-43：更新视图信息。

```
UPDATE v_emp20 SET ename='SMITH',comm=null WHERE empno=7369 ;
```

查询结果：通过 SQLPlus 输出。

```
ORA-42399: 无法对只读视图执行 DML 操作
```

由于设置了只读的选项，所以在进行更新操作时，将出现错误信息提示。

13.1.5 删除视图

如果一个视图现在不再使用时，可以直接通过 DROP 命令删除此视图。

语法 13-4：DROP VIEW 语法

```
DROP VIEW 视图名称 ;
```

范例 13-44：删除 v_myview 视图。

```
DROP VIEW v_myview ;
```

范例 13-45：查询 user_views 数据字典。

```
SELECT view_name,text_length,text,read_only FROM user_views ;
```

查询结果：通过 SQL Developer 输出，如图 13-27 所示。

	VIEW_NAME	TEXT_LENGTH	TEXT	READ_ONLY
1	V_EMP20	107	SELECT "EMPNO","ENAME","JOB","MGR",...	Y

图 13-27 查询 user_views 视图

通过数据字典的显示可以发现，视图 v_myview 已经被删除了。

13.2 序　　列

序列是 Oracle 中最为重要的对象，利用序列可以实现数据表流水号（自动增长列）的操作，而对于序列的创建也有版本的变更，本节将针对于 Oracle 12c 以及其之前版本的序列操作为读者进行说明。

13.2.1　序列的作用及创建

许多的数据库中都会为用户提供一种自动增长列的操作，例如，在微软的 Access 数据库中就提供了一种自动编号的增长列（ID 列），如图 13-28 所示。

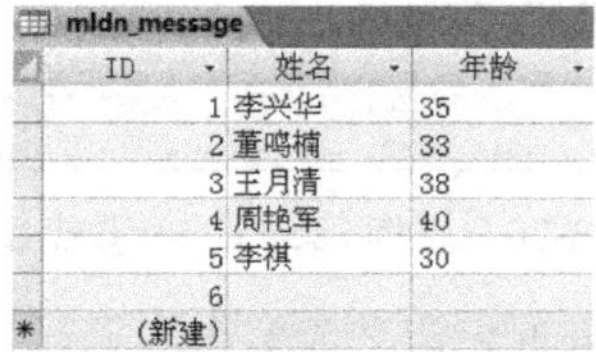

mldn_message

ID	姓名	年龄
1	李兴华	35
2	董鸣楠	33
3	王月清	38
4	周艳军	40
5	李祺	30
6		
(新建)		

图 13-28　Access 数据库提供的自动增长列

其实不仅是 Access 数据库，像 MySQL、DB2、SQL Server 等常见数据库中都有这种自动增长列，但是在 Oracle 12c 之前的版本却没有直接为用户提供这样的自动增长列机制，所以最早的时候用户可以采用序列（Sequence）对象手工地进行增长列的控制。

序列可以自动地按照既定的规则实现数据的编号操作，而在 Oracle 数据库中，序列本身也属于一个数据库对象，所以如果要创建对象，应该使用 CREATE 语句来完成，序列的创建语法如下。

语法 13-5：序列的完整创建语法

```
CREATE SEQUENCE 序列名称
[ INCREMENT BY 步长 ]
[ START WITH 开始值 ]
[ MAXVALUE 最大值 | NOMAXVALUE ]
[ MINVALUE 最小值 | NOMINVALUE ]
[ CYCLE | NOCYCLE ]
[ CACHE 缓存大小 | NOCACHE ] ;
```

通过语法 13-5 可以发现，对于一个序列的创建，可以根据要求定义不同的定义属性，但是在本节中主要使用下面的语法创建序列，其他的属性在本节后面的内容中再讲解。

语法 13-6：创建默认序列的语法

```
CREATE SEQUENCE 序列名称 ;
```

范例 13-46：创建一个 myseq 的默认序列。

```
CREATE SEQUENCE myseq ;
```

此时只是利用一个最简单的语法创建了一个默认的序列，而后用户可以通过 user_sequences 这个数据字典来查询所有已创建的序列。

范例 13-47： 查询 user_sequences 数据字典。

```
SELECT * FROM user_sequences ;
```

查询结果： 通过 SQL Developer 输出，如图 13-29 所示。

	SEQUENCE_NAME	MIN_VALUE	MAX_VALUE	INCREMENT_BY	CYCLE_FLAG	ORDER_FLAG	CACHE_SIZE	LAST_NUMBER	PARTITION_COUNT	SESSION_FLAG	KEEP_VALUE
1	MYSEQ	1	9999999999999999999999999999	1	N	N	20	1	(null)	N	N

图 13-29　查询所有已定义的序列

通过图 13-29 可以发现，在默认的 myseq 序列中，各个主要属性内容如下。

☑ SEQUENCE_NAME：表示序列的名称，此处的名称为之前创建的 MYSEQ。

☑ MIN_VALUE：此序列开始的默认最小值（默认是 0）。

☑ MAX_VALUE：此序列增长的默认最大值（默认是 9999999999999999999999999999）。

☑ INCREMENT_BY：序列每次增长的步长（默认是 1）。

☑ CYCLE_FLAG：循环标记，如果是循环序列则显示 Y，非循环序列则显示为 N（默认是 N）。

☑ CACHE_SIZE：序列操作的缓存量（默认是 20）。

☑ LAST_NUMBER：最后一次操作的数值。

如果用户要使用一个已经创建完成的序列，则可以使用序列中提供的两个伪列进行操作。

☑ 序列名称.currval：表示取得当前序列已经增长的结果，重复调用多次后序列内容不会有任何变化，同时当前序列的大小（LAST_NUMBER）不会改变。

☑ 序列名称.nextval：表示取得一个序列的下一次增长值，每调用一次，序列都会自动增长。

范例 13-48： 通过 nextval 属性操作序列。

```
SELECT myseq.nextval FROM dual ;
```

查询结果： 通过 SQL Developer 输出，如图 13-30 所示，重复执行本语句后的输出如图 13-31 所示。

范例 13-49： 通过 currval 属性操作序列。

```
SELECT myseq.currval FROM dual ;
```

查询结果： 通过 SQL Developer 输出，如图 13-32 所示。

	NEXTVAL
1	1

图 13-30　第一次调用序列

	NEXTVAL
1	2

图 13-31　重复调用

	CURRVAL
1	2

图 13-32　取得当前的序列值

通过图 13-31 和图 13-32 的查询结果可以发现，当用户每次重复调用 myseq.nextval 操作序列的时候，序列都会自动地增长，而且增长的步长（INCREMENT_BY 设置）为 1，而当用户只调用 myseq.currval 操作序列时，无论调用多少次，都只会返回当前最后一次增长的序列值，不会进行增长。

注意：序列中的 currval 属性，要在执行了 nextval 属性之后才可以使用。

在序列的操作中，只有当用户第一次使用序列（调用了 nextval 属性之后）才真正地创建了这个序列，而此后用户才可以调用 currval 属性取得当前的序列内容。

Note

当一个序列完成之后，那么该如何使用呢？本节一开始就已经强调了，序列可以作为自动增长数据列来使用，所以下面创建一张 member 表，并使用序列进行 ID 列的自动增长操作。

范例 13-50： member 表的数据库创建脚本。

```
DROP TABLE member PURGE ;
CREATE TABLE member (
  mid     NUMBER ,
  name   VARCHAR2(50)   NOT NULL ,
  CONSTRAINT pk_mid PRIMARY KEY(mid)
) ;
```

范例 13-51： 通过数据字典查看 member 表是否已经成功创建。

```
SELECT * FROM tab ;
```

查询结果： 通过 SQL Developer 输出，如图 13-33 所示。

	TNAME	TABTYPE	CLUSTERID
1	MEMBER	TABLE	(null)
2	SALGRADE	TABLE	(null)
3	BONUS	TABLE	(null)
4	EMP	TABLE	(null)
5	DEPT	TABLE	(null)

图 13-33　查询 member 表是否成功创建

当 member 表创建完成之后，下面就可以执行以下的语句，为 member 表增加数据。

范例 13-52： 编写数据插入语句，向 member 表中增加记录。

```
INSERT INTO member (mid,name) VALUES (myseq.nextval,'魔乐科技软件学院（MLDN）') ;
```

本操作每次进行数据的插入都会调用 myseql.nextval 进行序列值的增长，为了更好地观察序列自动增长的操作，将本语句重复执行 3 次，然后检索 member 表的全部数据。

范例 13-53： 检索全部 member 表数据。

```
SELECT * FROM member ;
```

查询结果： 通过 SQL Developer 输出，如图 13-34 所示。

	MID	NAME
1	5	魔乐科技软件学院（MLDN）
2	6	魔乐科技软件学院（MLDN）
3	7	魔乐科技软件学院（MLDN）

图 13-34　查询 member 表中的全部记录

通过图 13-34 的检索结果可以发现，member 表中的 mid 字段由于使用了序列控制，所以按照指定的步长进行自动地增长。

13.2.2　序列的删除

在 Oracle 中，序列也是作为 Oracle 数据库的一个对象存在的，所以如果现在要删除一个不再使用的序列时，则可以继续利用 DROP 语句来完成，删除序列的语法如下所示。

语法 13-7： 删除序列的语法

```
DROP SEQUENCE 序列名称 ;
```

范例 13-54： 删除 myseq 序列。

```
DROP SEQUENCE myseq ;
```

序列删除完成之后，下面再通过 user_sequences 数据字典查询序列是否存在。

范例 13-55：查询全部的序列。

```
SELECT * FROM user_sequences ;
```

查询结果：通过 SQL Developer 输出，如图 13-35 所示。

SEQUENCE_NAME	MIN_V...	MAX_V...	INCRE...	CYCLE...	ORDER...	CACHE...	LAST_...	PARTI...	SESSI...	KEEP_...

图 13-35　序列已经删除

13.2.3　创建特殊功能的序列

通过 13.2.2 节的讲解，读者应该已经理解了序列的基本使用，默认情况下序列会从 1 开始，每次增长的步长也为 1，但是在创建序列的时候也可以配置序列的属性，如开始的数值、是否为循环序列、是否缓存等，下面分别通过实例为读者讲解几个属性的作用。

1．设置序列的增长步长 INCREMENT BY

如果要修改默认序列的步长（默认为 1），则可以直接配置 INCREMENT BY 属性，SQL 语法格式如下：

格式 13-8：创建序列并由用户设置序列的增长步长

CREATE SEQUENCE *序列名称* INCREMENT BY *步长* ;

范例 13-56：创建一个新的序列，让其每次增长步长 3。

```
DROP SEQUENCE myseq ;
CREATE SEQUENCE myseq INCREMENT BY 3 ;
```

本程序为了操作方便，所以先执行了删除序列（myseq）的操作，而后又创建了一个新的 myseq 序列，这个序列从 1 开始增长，每次增长的步长为 3，如果以后需要重新建立序列，只需要执行这两段程序即可。

范例 13-57：通过 user_sequences 数据字典查询序列是否已经成功创建。

```
SELECT sequence_name,increment_by FROM user_sequences ;
```

查询结果：通过 SQL Developer 输出，如图 13-36 所示。

	SEQUENCE_NAME	INCREMENT_BY
1	MYSEQ	3

图 13-36　查询新建的 myseq 序列

通过图 13-36 可以发现，本序列默认增长步长为 3，即每次执行 nextval 属性操作的时候序列的增长量都为 3，下面通过操作进行验证。

范例 13-58：调用 nextval 属性，操作序列（本语句将执行 3 次）。

```
SELECT myseq.nextval FROM dual ;
```

查询结果：通过 SQL Developer 输出，如图 13-37 所示。

	NEXTVAL
1	7

图 13-37　执行 3 次 nextval 属性后的序列显示结果

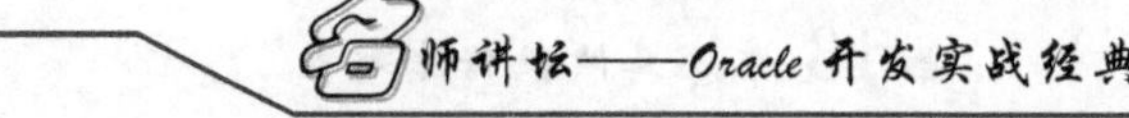

通过图 13-37 的运行结果可以发现，由于序列在默认情况下的初始值是 1，所以现在执行 3 次（第一次为 1），每次增长 3 之后，结果就是 7 了。

2．设置序列的初始值 START WITH

一个序列的默认初始值是 1，用户在创建序列的时候可以直接通过 START WITH 属性设置，语法格式如下。

语法 13-9： 创建序列并由用户设置序列的初始值

```
CREATE SEQUENCE 序列名称 START WITH 初始值 ;
```

范例 13-59： 创建序列，让其初始值设置为 30，每次增长步长为 2。

```
DROP SEQUENCE myseq ;
CREATE SEQUENCE myseq
      INCREMENT BY 3
      START WITH 30 ;
```

本次创建的序列同时使用了 INCREMENT BY 和 START WITH 两个属性，让序列从 30 开始增长，每次增长步长为 3。

范例 13-60： 操作 myseq 序列，调用 3 次 nextval 属性观察结果。

```
SELECT myseq.nextval FROM dual ;
```

查询结果： 通过 SQL Developer 输出，如图 13-38 所示。

	NEXTVAL
1	36

图 13-38　执行 3 次 nextval 属性后的序列显示结果

通过图 13-38 的结果可以发现，由于序列是从 30 开始的，所以执行完 3 次后（第 1 次为 30）内容为最终的 36。

3．设置序列的缓存 CACHE | NOCACHE

在序列创建的时候也可以为用户指定序列操作所需要的缓存，那么序列的缓存有哪些作用呢？

在 Oracle 数据库中为了保证序列操作，默认情况下会为用户建立的序列打开缓存，而默认的缓存大小为 20，那么就意味着，如果一个序列默认是从 1 开始增长，实际上在缓存中序列的数据已经增长到了 21（LAST_NUMBER）。如果用户一直操作的序列内容（nextval）没有超过 21 的话；则序列最后的数据（LAST_NUMBER）始终不会改变，始终表示当前序列的最后一次内容是 21，而如果用户操作的序列内容（nextval）已经是 21 的话，则 Oracle 会自动再生成 20 个序列值供用户使用，那么此时的序列最终结果（LAST_NUMBER）的内容就将变为 41，这样操作的话就表示每 20 次（缓存设置为 20）才会进行一次性的序列操作，此操作的流程如图 13-39 所示。

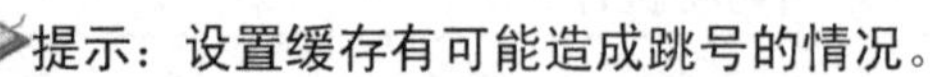

提示：设置缓存有可能造成跳号的情况。

由于序列的真正数值为缓存中所保存的内容，所以当数据库实例重新启动后，缓存中所保存的数据就会消失，这样在进行序列操作时就有可能出现跳号的问题，造成序列值的不连贯，而如果想避免此问题，则可以使用 NOCACHE 选项声明为不缓存。

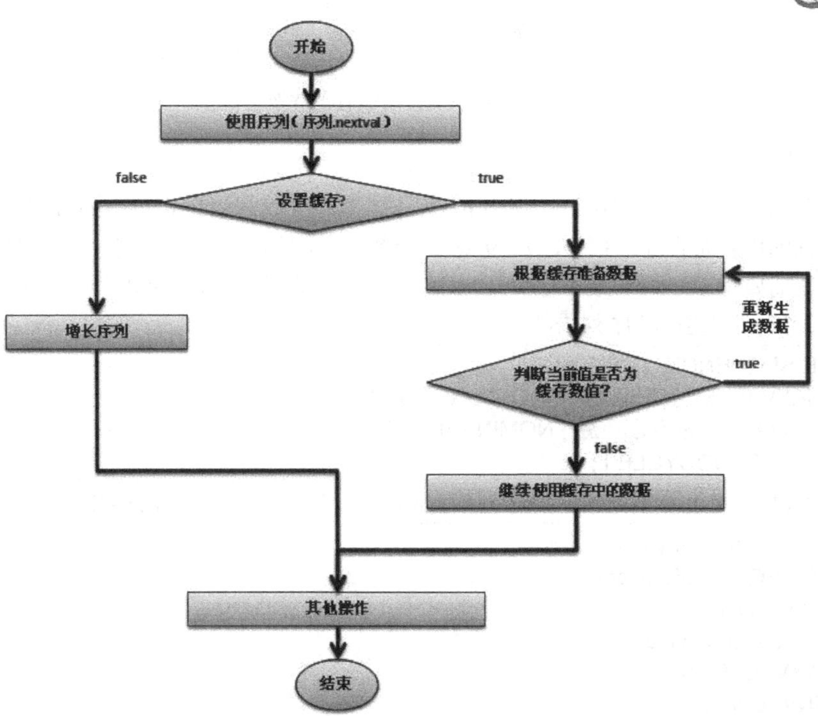

图 13-39　序列中缓存的执行流程

如果用户想进行缓存的设置，可以使用如下的 SQL 语法格式来完成。

语法 13-10：创建序列并由用户设置缓存操作

```
CREATE SEQUENCE 序列名称 CACHE 缓存大小 | NOCACHE ;
```

范例 13-61：创建序列，缓存设置为 100。

```
DROP SEQUENCE myseq ;
CREATE SEQUENCE myseq CACHE 100 ;
```

范例 13-62：通过 user_sequences 数据字典表查询序列信息。

```
SELECT cache_size,last_number FROM user_sequences ;
```

查询结果：通过 SQL Developer 输出（已经调用过一次 nextval 属性），如图 13-40 所示。

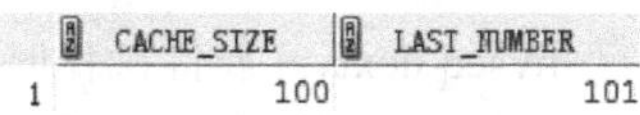

	CACHE_SIZE	LAST_NUMBER
1	100	101

图 13-40　设置的序列

通过图 13-40 可以发现，现在序列的 CACHE_SIZE 设置为 100，所以当用户调用了一次 nextval 属性后，序列中的 LAST_NUMBER 属性就变为了 101。

范例 13-63：创建序列，不使用缓存。

```
DROP SEQUENCE myseq ;
CREATE SEQUENCE myseq NOCACHE ;
```

范例 13-64：通过 user_sequences 数据字典表查询序列信息。

```
SELECT cache_size,last_number FROM user_sequences ;
```

查询结果：通过 SQL Developer 输出（已经调用过一次 nextval 属性），如图 13-41 所示。

	CACHE_SIZE	LAST_NUMBER
1	0	2

图 13-41　不使用缓存的序列

4．设置循环序列

循环序列指的是一个序列在每次调用 nextval 属性后可以产生指定范围的数据。例如，现在希望一个序列的内容是在 1、3、5、7、9 这 5 个数字之间循环，这就属于循环序列。如果想创建循环序列就需要指定序列的最小值、最大值、是否为循环等属性，SQL 语法格式如下。

语法 13-11：创建循环序列语法

```
CREATE SEQUENCE 序列名称
      [ MAXVALUE 序列最大值 | NOMAXVALUE ]
      [ MINVALUE 序列最小值 | NOMINVALUE ]
      [ CYCLE | NOCYCLE ] ;
```

范例 13-65：创建循环序列，让序列的内容在 1、3、5、7、9 之间循环。

```
DROP SEQUENCE myseq ;
CREATE SEQUENCE myseq
      START WITH 1
      INCREMENT BY 2
      MAXVALUE 10
      MINVALUE 1
      CYCLE
      CACHE 3 ;
```

本程序创建了一个 myseq 序列，从 1 开始进行计数（START WITH），每次增长的数据量（INCREMENT BY）是 2，序列的最大值（MAXVALUE）是 10，最小值（MINVALUE）为 1，且为循环序列（CYCLE），在设置缓存（CACHE）的时候将其大小设置为 3。

范例 13-66：通过 user_sequeces 数据字典查询序列信息。

```
SELECT sequence_name,max_value,min_value,increment_by,cache_size FROM user_sequences ;
```

查询结果：通过 SQL Developer 输出（已经调用过一次 nextval 属性），如图 13-42 所示。

	SEQUENCE_NAME	MAX_VALUE	MIN_VALUE	INCREMENT_BY	CACHE_SIZE
1	MYSEQ	10	1	2	3

图 13-42　查找序列信息

序列建立完成当用户重复执行 myseq.nextval 属性操作时，序列的内容就会一直在 1、3、5、7、9 这 5 个数字之间循环出现，这一点读者可以自行观察。

13.2.4　修改序列

序列本身也属于一个数据库的对象，只要是数据库的对象，在创建之后都可以对其进行修改，序列的修改语法如下所示。

语法 13-12：修改序列语法

```
ALTER SEQUENCE 序列名称
      [ INCREMENT BY 步长]
      [ MAXVALUE 最大值 | NOMAXVALUE ]
```

```
[ MINVALUE 最小值 | NOMINVALUE ]
[ CYCLE | NOCYCLE ]
[ CACHE 缓存大小 | NOCACHE ] ;
```

修改数据库对象的语法使用 ALTER 完成，在修改序列的时候可以修改步长、缓存等信息，下面通过一个具体的范例来进行修改序列的操作。

提示：不建议修改数据库对象。

虽然 Oracle 提供了序列的修改语句，但是序列的主要功能是完成自动增长列的操作，所以如果说一个序列已经正常地投入到了一个项目的使用中，而且是作为主键数据使用的话，修改序列反而会带来麻烦。因此本书不建议读者修改任何已经创建好的数据库对象，所有的数据库对象争取一次创建成功。

范例 13-67： 创建一个基本序列。

```
DROP SEQUENCE myseq ;
CREATE SEQUENCE myseq ;
```

范例 13-68： 通过 user_sequences 数据字典查看所有序列。

```
SELECT * FROM user_sequences ;
```

查询结果： 通过 SQL Developer 输出，如图 13-43 所示。

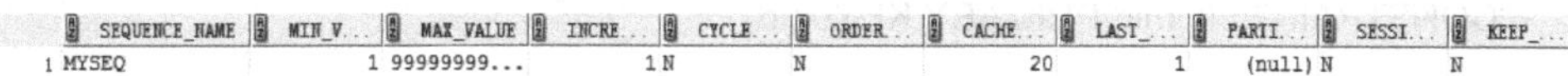

	SEQUENCE_NAME	MIN_V...	MAX_VALUE	INCRE...	CYCLE...	ORDER...	CACHE...	LAST_...	PARTI...	SESSI...	KEEP_...
1	MYSEQ	1	99999999...	1	N	N	20	1	(null)	N	N

图 13-43　创建的默认序列

当一个默认序列创建完成之后，下面要对这个序列做以下修改：

☑　将每次增长的步长修改为 10。

☑　将序列的最大值修改为 98765。

☑　缓存修改为 100。

范例 13-69： 修改 myseq 序列。

```
ALTER SEQUENCE myseq
    INCREMENT BY 10
    MAXVALUE 98765
    CACHE 100 ;
```

范例 13-70： 通过 user_sequences 数据字典查看所有序列。

```
SELECT * FROM user_sequences ;
```

查询结果： 通过 SQL Developer 输出，如图 13-44 所示。

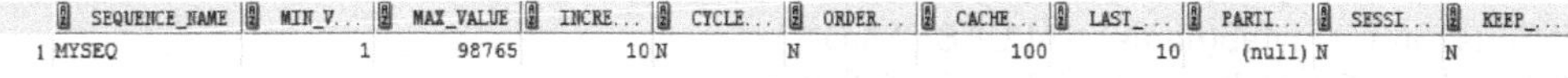

	SEQUENCE_NAME	MIN_V...	MAX_VALUE	INCRE...	CYCLE...	ORDER...	CACHE...	LAST_...	PARTI...	SESSI...	KEEP_...
1	MYSEQ	1	98765	10	N	N	100	10	(null)	N	N

图 13-44　修改序列

13.2.5　自动序列

从 Oracle 12c 起，为了方便用户生成数据表的流水编号，所以提供了类似 DB2 或 MySQL 那样的自动增长列，而这种自动增长列实际上也是一个序列，只是这个序列对象的定义是由

Note

Oracle 数据库自己控制的。

Oracle 的自动增长序列需要在定义列的时候进行设置，设置的语法如下所示。

语法 13-13：定义自动增长列

```
CREATE TABLE 表名称 (
    列名称    类型    GENERATED BY DEFAULT AS IDENTITY ([ INCREMENT BY 步长 ]
                                                   [ START WITH 开始值 ]
                                                   [ MAXVALUE 最大值 | NOMAXVALUE ]
                                                   [ MINVALUE 最小值 | NOMINVALUE ]
                                                   [ CYCLE | NOCYCLE ]
                                                   [ CACHE 缓存大小 | NOCACHE ]) ,
    列名称    类型 ,...
) ;
```

通过给出的语法可以发现，自动增长列的定义就是使用了 GENERATED BY DEFAULT AS IDENTITY 语句，其中的参数就是序列定义的相关参数。

范例 13-71：创建带有自动增长列的数据表。

```
DROP TABLE mytab PURGE ;
CREATE TABLE mytab (
    mid NUMBER GENERATED BY DEFAULT AS IDENTITY (START WITH 1 INCREMENT BY 1) ,
    name        VARCHAR2(20)        NOT NULL ,
    CONSTRAINT pk_mid PRIMARY KEY(mid)
) ;
```

本程序在定义 mid 列的时候使用了自动增长列进行控制，而且设置了此序列的开始值为 1，步长为 1。为了确定此自动增长列就是一个自动创建的序列，所以下面通过查询 user_sequences 数据字典进行验证。

范例 13-72：查看数据字典。

```
SELECT sequence_name,min_value,max_value,increment_by FROM user_sequences ;
```

查询结果：通过 SQL Developer 输出，如图 13-45 所示。

	SEQUENCE_NAME	MIN_VALUE	MAX_VALUE	INCREMENT_BY
1	ISEQ$$_92012	1	9999999999999999999999999999	1

图 13-45　查询序列

可以发现，这个时候系统会默认生成一个名称为 ISEQ$$_92012 的序列，这个序列就是默认的自动增长列。

范例 13-73：增加表数据。

```
INSERT INTO mytab(name) VALUES ('魔乐科技') ;
INSERT INTO mytab(name) VALUES ('MLDN') ;
INSERT INTO mytab(name) VALUES ('李兴华') ;
COMMIT ;
```

由于 mid 字段属于自动增长列，所以当使用 INSERT 语句增加表数据时，就不需要再设置此字段内容，增加完数据后，下面进行数据的查询。

范例 13-74：查询 mytab 表数据，观察自动增长列。

```
SELECT * FROM mytab ;
```

查询结果：通过 SQL Developer 输出，如图 13-46 所示。

	MID	NAME
1	1	魔乐科技
2	2	MLDN
3	3	李兴华

图 13-46　查看自动增长列

通过查询结果可以发现，mid 自动的内容正是按照既定的序列进行自动增长。

注意：自动序列对象的删除。

自动序列依附于数据表而存在，如果在执行数据表的删除操作时没有设置 PURGE 参数，那么表删除后序列依然会被保留，这个时候不能利用 DROP SEQUENCE 命令删除序列，必须使用清空回收站的方式才可以删除。

范例 13-75： 清空回收站，此时自动序列删除。

```
PURGE recyclebin ;
```

所以在删除表时，建议增加上 PURGE 参数。

13.3　同　义　词

同义词类似于小学时所学习的近义词的概念，例如，形容一个人可以说：好人、为人仗义、品质优秀等，但是不管如何说，都是在形容这个人很不错。在数据库中所谓的同义词实际上就是指为一个数据库对象起一个其他名字，这样根据这个定义的名字就可以找到这个数据库对象。以数据表为例，假如有一张数据表的名称是 mldn.student，现在又为这张数据表起了一个 mldn 的名字，以后就可以直接通过 mldn 这个名称访问 mldn.student 了，这一点如图 13-47 所示。

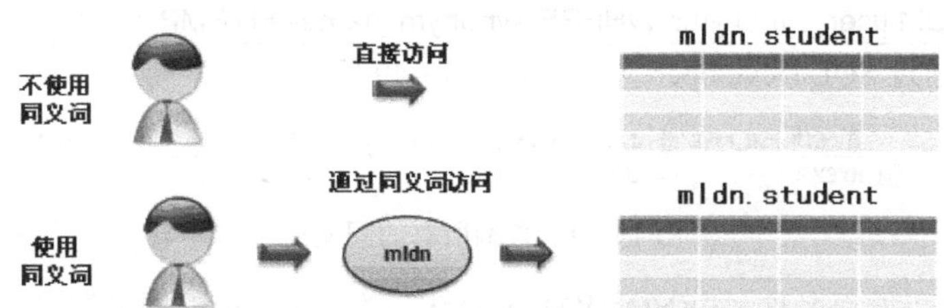

图 13-47　同义词的操作原理

理解了同义词的概念后，下面就要来解决在之前一直让读者不能理解的问题了，在本书第 5 章中曾经使用以下语法取得了当前的系统时间。

```
SELECT SYSDATE FROM dual ;
```

当时一直强调 dual 是一张虚拟表，但是严格来讲，这张表是属于 sys 用户的，可以通过如下操作验证。

范例 13-76： 使用 sys 登录，并查询是否存在 dual 表。

```
SELECT * FROM tab WHERE TNAME='DUAL' ;
```

查询结果： 通过 SQL Developer 输出，如图 13-48 所示。

	TNAME	TABTYPE	CLUSTERID
1	DUAL	TABLE	(null)

图 13-48　验证 dual 表的所属用户

验证完成之后，问题就出现了，按照之前所讲解的，一个用户要想访问不同用户下的数据表，那么肯定要通过“用户名.表名称”的形式访问，也就是说，现在 c##scott 用户要想访问 dual 表，应该输入 sys.dual 才对，那么为什么现在却可以不输入用户名呢？实际上这个就是同义词在 Oracle 中的应用了。在 Oracle 数据库中，默认将 sys.dual 这个表的名称定义为 dual 这个同义词名称，而后用户访问 dual 表就相当于访问 sys.dual 表了，这一点的原理与图 13-47 是一样的。如果现在用户想创建属于自己的同义词，那么可以使用如下语法来完成。

语法 13-14： 创建同义词的语法

```
CREATE [PUBLIC] SYNONYM 同义词名称 FOR 数据库对象 ;
```

范例 13-77： 现在为 c##scott.emp 表创建一个同义词为 myemp。

```
CONN sys/change_on_install AS SYSDBA ;
CREATE SYNONYM myemp FOR c##scott.emp ;
```

本操作创建了一个 myemp 的同义词，此同义词指向 scott.emp 表。

注意：需要具备管理员权限才可以创建。

如果想创建同义词，则必须使用管理员登录，或者是具备创建同义词的相关权限，所以本次是使用 sys 用户进行操作的。

同义词本身也属于数据库的一个对象，所以可以直接通过 user_synonyms 这个数据字典表查询所创建的同义词。

范例 13-78： 查询 myemp 同义词是否成功创建。

```
SELECT * FROM user_synonyms WHERE synonym_name='MYEMP' ;
```

查询结果： 通过 SQL Developer 输出，如图 13-49 所示。

	SYNONYM_NAME	TABLE_OWNER	TABLE_NAME	DB_LINK	ORIGIN_CON_ID
1	MYEMP	C##SCOTT	EMP	(null)	1

图 13-49　查询所有的同义词

通过查询，可以发现名称（SYNONYM_NAME）为 myemp 的同义词已经创建完成，而后在 sys 用户下直接发出查询同义词的指令。

范例 13-79： 查询同义词 myemp。

```
SELECT * FROM myemp ;
```

查询结果： 通过 SQL Developer 输出，如图 13-50 所示。

同义词创建完成之后，用户可以利用同义词方便地访问数据库中其他用户的数据表，但是此时所创建的同义词却只能被 sys 一个用户所使用，为了验证这一点，下面使用 system 用户登录并且使用 myemp 这个同义词。

范例 13-80： 使用 system 用户登录，并查询 myemp 同义词。

```
CONN system/manager;
SELECT * FROM myemp ;
```

	EMPNO	ENAME	JOB	MGR	HIREDATE	SAL	COMM	DEPTNO
1	7369	SMITH	CLERK	7902	17-12月-80	800	(null)	20
2	7499	ALLEN	SALESMAN	7698	20-2月 -81	1600	300	30
3	7521	WARD	SALESMAN	7698	22-2月 -81	1250	500	30
4	7566	JONES	MANAGER	7839	02-4月 -81	2975	(null)	20
5	7654	MARTIN	SALESMAN	7698	28-9月 -81	1250	1400	30
6	7698	BLAKE	MANAGER	7839	01-5月 -81	2850	(null)	30
7	7782	CLARK	MANAGER	7839	09-6月 -81	2450	(null)	10
8	7788	SCOTT	ANALYST	7566	19-4月 -87	3000	(null)	20
9	7839	KING	PRESIDENT	(null)	17-11月-81	5000	(null)	10
10	7844	TURNER	SALESMAN	7698	08-9月 -81	1500	0	30
11	7876	ADAMS	CLERK	7788	23-5月 -87	1100	(null)	20
12	7900	JAMES	CLERK	7698	03-12月-81	950	(null)	30
13	7902	FORD	ANALYST	7566	03-12月-81	3000	(null)	20
14	7934	MILLER	CLERK	7782	23-1月 -82	1300	(null)	10

图 13-50　查询同义词

用户查询之后将返回如下的错误提示信息。

```
ORA-00942: 表或视图不存在
```

之所以会这样，主要是因为现在 sys 用户所创建的同义词并不是一个公共同义词（没有设置 PUBLIC），所以不能被其他用户所访问。要想让其他用户可以继续访问创建好的同义词，可以在同义词创建的时候加上 PUBLIC 定义。如果要重新创建同义词，首先必须删除已有的同义词，而同义词本身也属于数据库的一个对象，所以当一个同义词不需要再使用的时候，可以使用下面的语法删除此同义词。

语法 13-15：删除同义词的语法

```
DROP SYNONYM 同义词名称 ;
```

范例 13-81：删除 myemp 同义词。

```
DROP SYNONYM myemp ;
```

范例 13-82：验证 myemp 同义词是否被删除。

```
SELECT * FROM user_synonyms WHERE synonym_name='MYEMP' ;
```

查询结果：通过 SQL Developer 输出，如图 13-51 所示。

SYNONYM_NAME	TABLE_OWNER	TABLE_NAME	DB_LINK	ORIGIN_CON_ID

图 13-51　同义词已删除

此时由于 myemp 同义词已经被删除了，所以不会有任何查询结果返回给用户，之后使用下面的语句将 myemp 定义为一个公共同义词。

范例 13-83：创建公共同义词 myemp。

```
CREATE PUBLIC SYNONYM myemp FOR c##scott.emp ;
```

创建完成之后就可以在其他用户下访问 myemp 这个同义词了。

13.4　Oracle 伪列

在 Oracle 数据库中为了实现完整的关系数据库的功能，专门为用户提供了许多的伪列，像之前在讲解序列时所使用的 NEXTVAL 和 CURRVAL 就是两个默认提供的操作伪列，同时在前面使用的 SYSDATE 与 SYSTIMESTAMP 也属于伪列（而想查询使用的 DUAL 称为伪表），这些数据伪列并不是用户在建立数据库对象时由用户完成的，而是 Oracle 自动帮助用户建立的，用户只需要按照要求使用即可。除了 NEXTVAL 和 CURRVAL 两个伪列之外，还提供了两个重要的伪列，分别是 ROWNUM 和 ROWID。

Note

13.4.1 ROWID 伪列

在数据表中每一行所保存的记录，实际上 Oracle 都会默认为每条记录分配一个唯一的地址编号，而这个地址编号就是通过 ROWID 进行表示的，ROWID 本身是一个数据的伪列，所有的数据都利用 ROWID 进行数据定位。

范例 13-84：观察 ROWID 的存在。

```
SELECT ROWID,deptno,dname,loc FROM dept ;
```

查询结果：通过 SQL Developer 输出，如图 13-52 所示。

	ROWID	DEPTNO	DNAME	LOC
1	AAAWecAAGAAAAC2AAA	10	ACCOUNTING	NEW YORK
2	AAAWecAAGAAAAC2AAB	20	RESEARCH	DALLAS
3	AAAWecAAGAAAAC2AAC	30	SALES	CHICAGO
4	AAAWecAAGAAAAC2AAD	40	OPERATIONS	BOSTON

图 13-52　ROWID 查询

从图 13-52 所示的查询结果可以发现，每一行的 ROWID 是不一样的，都表示唯一的一条记录。现在以部门编号为 10 的 ROWID 为例（ROWID 为：AAAWecAAGAAAAC2AAA），为读者讲解 ROWID 的组成。

☑　数据对象号（data object number）为 AAAWec。

☑　相对文件号（relative file number）为 AAG。

☑　数据块号（block number）为 AAAAC2。

☑　数据行号（row number）为 AAA。

为了更好地理解 ROWID 的各个组成部分，下面给出几个函数，通过这几个函数可以从某一个 ROWID 中取得数据对象号、相对文件号、数据块号、数据行号，如表 13-1 所示。

提示：这些函数是 DBMS_ROWID 包中定义的函数。

在后面学习 PL/SQL 编程时会接触到包的概念，表 13-1 所列出的各个函数均为 DBMS_ROWID 包中的定义。如果不明白包的概念也不影响使用这些函数。

表 13-1　ROWID 的操作函数

No.	函 数 名 称	描　　述
1	DBMS_ROWID.rowid_object(ROWID)	从一个 ROWID 中，取得数据对象号
2	DBMS_ROWID.rowid_relative_fno(ROWID)	从一个 ROWID 中，取得相对文件号
3	DBMS_ROWID.rowid_block_number(ROWID)	从一个 ROWID 中，取得数据块号
4	DBMS_ROWID.rowid_row_number(ROWID)	从一个 ROWID 中，取得数据行号

范例 13-85：拆分 ROWID，取数据。

```
SELECT ROWID ,
```

```
    DBMS_ROWID.rowid_object(ROWID) 数据对象号 ,
    DBMS_ROWID.rowid_relative_fno(ROWID) 相对文件号 ,
    DBMS_ROWID.rowid_block_number(ROWID) 数据块号 ,
    DBMS_ROWID.rowid_row_number(ROWID) 数据行号,
    deptno,dname,loc
FROM dept ;
```

查询结果： 通过 SQL Developer 输出，如图 13-53 所示。

	ROWID	数据对象号	相对文件号	数据块号	数据行号	DEPTNO	DNAME	LOC
1	AAAWecAAGAAAAC2AAA	92060	6	182	0	10	ACCOUNTING	NEW YORK
2	AAAWecAAGAAAAC2AAB	92060	6	182	1	20	RESEARCH	DALLAS
3	AAAWecAAGAAAAC2AAC	92060	6	182	2	30	SALES	CHICAGO
4	AAAWecAAGAAAAC2AAD	92060	6	182	3	40	OPERATIONS	BOSTON

图 13-53　拆分 ROWID 数据

使用 ROWID 可以定位一个数据库中的任何数据行。因为一个段只能存放在一个表空间内，所以通过使用数据对象号，Oracle 服务器就可以找到包含数据行的表空间。之后使用表空间中的相对文件号就可以确定文件，再利用数据块号就可以确定包含所需数据行的数据块，最后使用行号就可以定位数据行的行目录项。

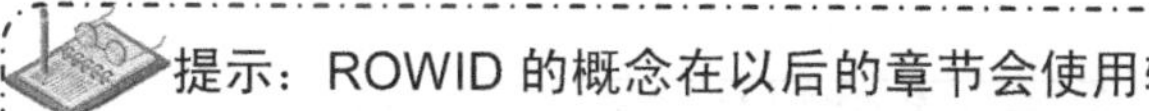

提示：ROWID 的概念在以后的章节会使用较多。

对于 ROWID 而言，不仅是用于表示数据地址，像索引等操作中都会有 ROWID 的操作，关于索引的内容在本章后面的部分再为读者介绍。

清楚了 ROWID 的作用之后，下面再和所有读者一起分享一下，在我们培训中心的一位学生曾经在面试中被问到的一道数据库的题目（以 dept 表数据为例），但是为了保证原始的 dept 表的数据不被破坏，首先执行下面的语句将 dept 表复制为 mydept 表。

范例 13-86： 将 dept 表中的数据复制到 mydept 表中。

```
DROP TABLE mydept PURGE ;
CREATE TABLE mydept AS SELECT * FROM dept ;
```

下面为了还原本题目的要求，首先向 mydept 表中增加一些重复的数据。

范例 13-87： 向 mydept 表中增加一些数据。

```
INSERT INTO mydept(deptno,dname,loc) VALUES (10,'ACCOUNTING','NEW YORK') ;
INSERT INTO mydept(deptno,dname,loc) VALUES (10,'ACCOUNTING','NEW YORK') ;
INSERT INTO mydept(deptno,dname,loc) VALUES (20,'RESEARCH','DALLAS') ;
INSERT INTO mydept(deptno,dname,loc) VALUES (20,'RESEARCH','DALLAS') ;
INSERT INTO mydept(deptno,dname,loc) VALUES (20,'RESEARCH','DALLAS') ;
COMMIT ;
```

数据增加完成之后，下面就可以给出本题目的要求，问：现在在 mydept 表中由于操作失误，所以导致 mydept 表中有许多的重复数据。

范例 13-88： 查询 mydept 表。

```
SELECT ROWID,deptno,dname,loc FROM mydept ;
```

查询结果： 通过 SQL Developer 输出，如图 13-54 所示。

现在要求用户将所有重复的数据删除到只剩 1 条，即：现在表中有 3 个 10 部门的信息，要求只保留 1 个 10 部门的信息，删除重复数据后，mydept 表的内容如图 13-55 所示。

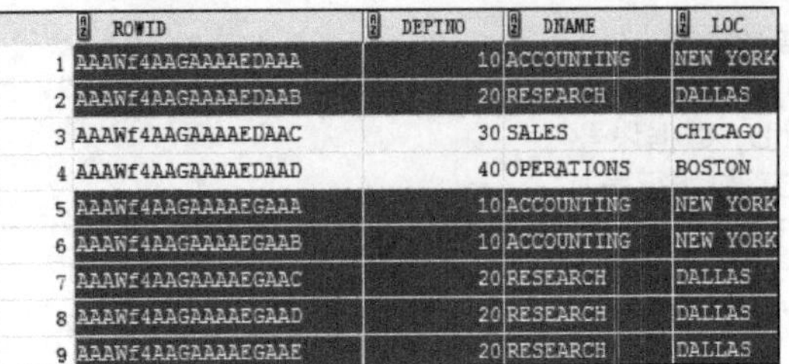

	ROWID	DEPTNO	DNAME	LOC
1	AAAWf4AAGAAAAEDAAA	10	ACCOUNTING	NEW YORK
2	AAAWf4AAGAAAAEDAAB	20	RESEARCH	DALLAS
3	AAAWf4AAGAAAAEDAAC	30	SALES	CHICAGO
4	AAAWf4AAGAAAAEDAAD	40	OPERATIONS	BOSTON
5	AAAWf4AAGAAAAEGAAA	10	ACCOUNTING	NEW YORK
6	AAAWf4AAGAAAAEGAAB	10	ACCOUNTING	NEW YORK
7	AAAWf4AAGAAAAEGAAC	20	RESEARCH	DALLAS
8	AAAWf4AAGAAAAEGAAD	20	RESEARCH	DALLAS
9	AAAWf4AAGAAAAEGAAE	20	RESEARCH	DALLAS

图 13-54　mydept 表中的重复数据

	ROWID	DEPTNO	DNAME	LOC
1	AAAWf4AAGAAAAEDAAA	10	ACCOUNTING	NEW YORK
2	AAAWf4AAGAAAAEDAAB	20	RESEARCH	DALLAS
3	AAAWf4AAGAAAAEDAAC	30	SALES	CHICAGO
4	AAAWf4AAGAAAAEDAAD	40	OPERATIONS	BOSTON

图 13-55　删除重复数据后的 mydept 表数据

分析步骤：

（1）本程序要求执行的是删除操作，要想删除数据肯定需要删除条件，对于此时的删除条件并不是十分明显，所以下面换一个思路，先统计出哪几个部门的信息是最早保留的，此时可以通过对 dept 数据分组，而后使用 MIN()函数查询 ROWID。

范例 13-89：对 mydept 表分组，统计出唯一的 ROWID 数据。

```
SELECT deptno,dname,loc,MIN(ROWID)
FROM mydept
GROUP BY deptno,dname,loc ;
```

查询结果：通过 SQL Developer 输出，如图 13-56 所示。

	DEPTNO	DNAME	LOC	MIN(ROWID)
1	20	RESEARCH	DALLAS	AAAWf4AAGAAAAEDAAB
2	40	OPERATIONS	BOSTON	AAAWf4AAGAAAAEDAAD
3	10	ACCOUNTING	NEW YORK	AAAWf4AAGAAAAEDAAA
4	30	SALES	CHICAGO	AAAWf4AAGAAAAEDAAC

图 13-56　对 mydept 表分组

（2）通过如上查询可以发现，这个查询结果的数据正是最后删除重复数据之后该有的内容，而此时也就可以确定好删除数据的条件了，就是数据的 ROWID 不是以上查询结果返回的 ROWID。

范例 13-90：编写删除语句删除重复数据。

```
DELETE FROM mydept
WHERE ROWID NOT IN(
      SELECT MIN(ROWID)
      FROM mydept
      GROUP BY deptno) ;
```

当用户删除之后，再次查询 mydept 表返回的结果和图 13-55 是一样的。

13.4.2　ROWNUM 伪列

ROWNUM 表示的是一个数据行编号的伪列，它的内容是在用户查询数据的时候，为用户动态分配的一个数字（行号），下面首先通过如下的程序来观察一下 ROWNUM 的主要作用。

范例 13-91：查询雇员编号、姓名、职位、基本工资、雇佣日期等信息并且显示每条记录的行号。

```
SELECT ROWNUM,empno,ename,job,sal,hiredate FROM emp ;
```

查询结果：通过 SQL Developer 输出，如图 13-57 所示。

	ROWNUM	EMPNO	ENAME	JOB	SAL	HIREDATE
1	1	7369	SMITH	CLERK	800	17-12月-80
2	2	7499	ALLEN	SALESMAN	1600	20-2月 -81
3	3	7521	WARD	SALESMAN	1250	22-2月 -81
4	4	7566	JONES	MANAGER	2975	02-4月 -81
5	5	7654	MARTIN	SALESMAN	1250	28-9月 -81
6	6	7698	BLAKE	MANAGER	2850	01-5月 -81
7	7	7782	CLARK	MANAGER	2450	09-6月 -81
8	8	7788	SCOTT	ANALYST	3000	19-4月 -87
9	9	7839	KING	PRESIDENT	5000	17-11月-81
10	10	7844	TURNER	SALESMAN	1500	08-9月 -81
11	11	7876	ADAMS	CLERK	1100	23-5月 -87
12	12	7900	JAMES	CLERK	950	03-12月-81
13	13	7902	FORD	ANALYST	3000	03-12月-81
14	14	7934	MILLER	CLERK	1300	23-1月 -82

图 13-57　ROWNUM 查询

提问：为什么有两个表示行的列？

在图 13-57 所显示的查询结果中，为什么第一列和第二列都有行号的表示？

回答：这是由 SQL Developer 自己输出的。

现在的输出是使用 SQL Developer 工具完成的，这个工具显示的时候会自动增加一个行号（第一列）的标记，但是这个行号用户是无法取得的，只有通过 ROWNUM（第二列）输出的行号，才是用户可以取得的，如果在 SQLPlus 中输入此语句，则返回的结果如图 13-58 所示。

```
D:\app\oracleuser\product\12.1.0\dbhome_1\BIN\sqlplus.exe
SQL> SELECT ROWNUM,empno,ename,job,sal,hiredate FROM emp ;

    ROWNUM      EMPNO ENAME                JOB                       SAL HIREDATE
---------- ---------- -------------------- ------------------ ---------- --------------
         1       7369 SMITH                CLERK                     800 17-12月-80
         2       7499 ALLEN                SALESMAN                 1600 20-2月 -81
         3       7521 WARD                 SALESMAN                 1250 22-2月 -81
         4       7566 JONES                MANAGER                  2975 02-4月 -81
         5       7654 MARTIN               SALESMAN                 1250 28-9月 -81
         6       7698 BLAKE                MANAGER                  2850 01-5月 -81
         7       7782 CLARK                MANAGER                  2450 09-6月 -81
         8       7788 SCOTT                ANALYST                  3000 19-4月 -87
         9       7839 KING                 PRESIDENT                5000 17-11月-81
        10       7844 TURNER               SALESMAN                 1500 08-9月 -81
        11       7876 ADAMS                CLERK                    1100 23-5月 -87
        12       7900 JAMES                CLERK                     950 03-12月-81
        13       7902 FORD                 ANALYST                  3000 03-12月-81
        14       7934 MILLER               CLERK                    1300 23-1月 -82

已选择 14 行。
```

图 13-58　通过 SQLPlus 输出

可以发现，此处只有一列行号返回了。

通过图 13-58 的查询结果可以发现，ROWNUM 这个数据伪列在查询的时候是直接编写的，它会根据每一行的显示进行自动的流水编号，但是需要提醒读者，这些 ROWNUM 是随机生成的，并不是固定的。

范例 13-92：查询 30 部门的雇员编号、姓名、职位、基本工资、雇佣日期等信息并且显示每条记录的行号。

```
SELECT ROWNUM,empno,ename,job,sal,hiredate FROM emp WHERE deptno=30 ;
```

查询结果：通过 SQL Developer 输出，如图 13-59 所示。

通过图 13-57 和图 13-59 两个查询结果的比较可以发现，在使用 ROWNUM 查询的时候，所

使用的 ROWNUM 数据都是随机生成的，不是和某一行数据永久绑定在一起的。

	ROWNUM	EMPNO	ENAME	JOB	SAL	HIREDATE
1	1	7499	ALLEN	SALESMAN	1600	20-2月 -81
2	2	7521	WARD	SALESMAN	1250	22-2月 -81
3	3	7654	MARTIN	SALESMAN	1250	28-9月 -81
4	4	7698	BLAKE	MANAGER	2850	01-5月 -81
5	5	7844	TURNER	SALESMAN	1500	08-9月 -81
6	6	7900	JAMES	CLERK	950	03-12月-81

图 13-59　查询 30 部门雇员的信息

除了简单查询外，ROWNUM 也同样可以用于复杂查询的操作，如下面代码所示。

范例 13-93： 列出薪金高于公司平均薪金的所有员工编号、姓名、基本工资、职位、雇佣日期，所在部门名称、位置，公司的工资等级，但是为了信息浏览方便，要求在每一行数据显示前都增加一个行号。

☑ 确定所需要的数据表如下。

- ➢ emp 表：使用 AVG()函数统计出公司的平均薪金。
- ➢ emp 表：查询出雇员的编号、姓名、基本工资、职位、雇佣日期。
- ➢ dept 表：部门名称、位置。
- ➢ salgrade 表：统计出员工在公司的工资等级。

☑ 确定已知的关联字段如下。

- ➢ 雇员和部门表关联：emp.deptno=dept.deptno。
- ➢ 雇员和工资等级表关联：emp.sal BETWEEN salgrade.losal AND salgrade.hisal。

第 1 步： 使用 AVG()函数统计出公司的平均工资。

```
SELECT AVG(sal) FROM emp ;
```

查询结果： 通过 SQL Developer 输出，如图 13-60 所示。

	AVG(SAL)
1	2073.2142857142857142857142857142857143

图 13-60　求出公司员工的平均薪金

第 2 步： 查询所有工资高于公司平均薪金的雇员，将第 1 步的查询结果作为子查询使用，而且第 1 步查询返回的结果是单行单列的数据，可以直接在 WHERE 子句之后应用。

```
SELECT e.empno,e.ename,e.sal,e.job,e.hiredate
FROM emp e
WHERE e.sal> (
    SELECT AVG(sal) FROM emp) ;
```

查询结果： 通过 SQL Developer 输出，如图 13-61 所示。

	EMPNO	ENAME	SAL	JOB	HIREDATE
1	7566	JONES	2975	MANAGER	02-4月 -81
2	7698	BLAKE	2850	MANAGER	01-5月 -81
3	7782	CLARK	2450	MANAGER	09-6月 -81
4	7788	SCOTT	3000	ANALYST	19-4月 -87
5	7839	KING	5000	PRESIDENT	17-11月-81
6	7902	FORD	3000	ANALYST	03-12月-81

图 13-61　高于公司平均薪金的雇员

第 3 步： 为查询引入 dept 表，查询出部门的名称和位置，并且使用 deptno 这个关联字段消除显示的笛卡尔积。

```
SELECT e.empno,e.ename,e.sal,e.job,e.hiredate,d.dname,d.loc
FROM emp e,dept d
WHERE e.sal> (
    SELECT AVG(sal) FROM emp)
    AND e.deptno=d.deptno ;
```

查询结果： 通过 SQL Developer 输出，如图 13-62 所示。

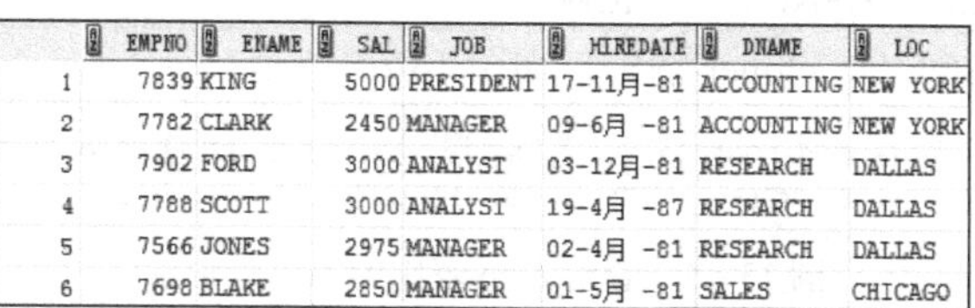

	EMPNO	ENAME	SAL	JOB	HIREDATE	DNAME	LOC
1	7839	KING	5000	PRESIDENT	17-11月-81	ACCOUNTING	NEW YORK
2	7782	CLARK	2450	MANAGER	09-6月 -81	ACCOUNTING	NEW YORK
3	7902	FORD	3000	ANALYST	03-12月-81	RESEARCH	DALLAS
4	7788	SCOTT	3000	ANALYST	19-4月 -87	RESEARCH	DALLAS
5	7566	JONES	2975	MANAGER	02-4月 -81	RESEARCH	DALLAS
6	7698	BLAKE	2850	MANAGER	01-5月 -81	SALES	CHICAGO

图 13-62　为查询增加部门名称及位置

第 4 步： 根据雇员的工资与 salgrade 表联合查询，显示出雇员的工资等级。

```
SELECT e.empno,e.ename,e.sal,e.job,e.hiredate,d.dname,d.loc,s.grade
FROM emp e,dept d,salgrade s
WHERE e.sal> (
    SELECT AVG(sal) FROM emp)
    AND e.deptno=d.deptno
    AND e.sal BETWEEN s.losal AND s.hisal ;
```

查询结果： 通过 SQL Developer 输出，如图 13-63 所示。

	EMPNO	ENAME	SAL	JOB	HIREDATE	DNAME	LOC	GRADE
1	7839	KING	5000	PRESIDENT	17-11月-81	ACCOUNTING	NEW YORK	5
2	7782	CLARK	2450	MANAGER	09-6月 -81	ACCOUNTING	NEW YORK	4
3	7902	FORD	3000	ANALYST	03-12月-81	RESEARCH	DALLAS	4
4	7788	SCOTT	3000	ANALYST	19-4月 -87	RESEARCH	DALLAS	4
5	7566	JONES	2975	MANAGER	02-4月 -81	RESEARCH	DALLAS	4
6	7698	BLAKE	2850	MANAGER	01-5月 -81	SALES	CHICAGO	4

图 13-63　查询雇员的工资等级

第 5 步： 加入 ROWNUM 查询，显示每条记录的行号。

```
SELECT ROWNUM rn,e.empno,e.ename,e.sal,e.job,e.hiredate,d.dname,d.loc,s.grade
FROM emp e,dept d,salgrade s
WHERE e.sal> (
    SELECT AVG(sal) FROM emp)
    AND e.deptno=d.deptno
    AND e.sal BETWEEN s.losal AND s.hisal ;
```

查询结果： 通过 SQL Developer 输出，如图 13-64 所示。

	RN	EMPNO	ENAME	SAL	JOB	HIREDATE	DNAME	LOC	GRADE
1	1	7839	KING	5000	PRESIDENT	17-11月-81	ACCOUNTING	NEW YORK	5
2	2	7782	CLARK	2450	MANAGER	09-6月 -81	ACCOUNTING	NEW YORK	4
3	3	7902	FORD	3000	ANALYST	03-12月-81	RESEARCH	DALLAS	4
4	4	7788	SCOTT	3000	ANALYST	19-4月 -87	RESEARCH	DALLAS	4
5	5	7566	JONES	2975	MANAGER	02-4月 -81	RESEARCH	DALLAS	4
6	6	7698	BLAKE	2850	MANAGER	01-5月 -81	SALES	CHICAGO	4

图 13-64　加入 ROWNUM 显示行号

以上的程序为读者讲解了 ROWNUM 伪列的基本作用，但是 ROWNUM 除了可以自动进行行号的显示之外，也可以完成以下两个常用操作。

☑ 操作一：取出一个查询的第 1 行记录。
☑ 操作二：取出一个查询的前 N 行记录。

1. 取出一个查询的第 1 行记录

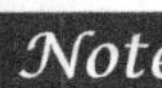

范例 13-94： 查询 emp 表中的第 1 行雇员信息。

```
SELECT * FROM emp WHERE ROWNUM=1 ;
```

查询结果： 通过 SQL Developer 输出，如图 13-65 所示。

	EMPNO	ENAME	JOB	MGR	HIREDATE	SAL	COMM	DEPTNO
1	7369	SMITH	CLERK	7902	17-12月-80	800	(null)	20

图 13-65 查询 emp 表中的第 1 行记录

> **注意：ROWNUM 只能查询第 1 行记录。**
>
> 在使用 ROWNUM 确定显示行的时候，只能通过 WHERE 取出第 1 行，如果是其他行，则无法取出，所以，以下的语句是无法查询出数据的。
>
> **范例 13-95：** 错误的代码，取出第 2 行记录。
>
> ```
> SELECT * FROM emp WHERE ROWNUM=2 ;
> ```
>
> 本语句执行之后将不会有任何的数据返回。

2. 取出一个查询的前 N 行记录

在基于数据库的应用程序开发中，一般都会存在数据库信息的浏览功能，所以当数据表中的数据量较大时就不可能简单地使用“SELECT * FROM 表名称”这样的查询列出数据表的全部记录，最常见的是通过图 13-66 所示的界面进行数据的分页显示。

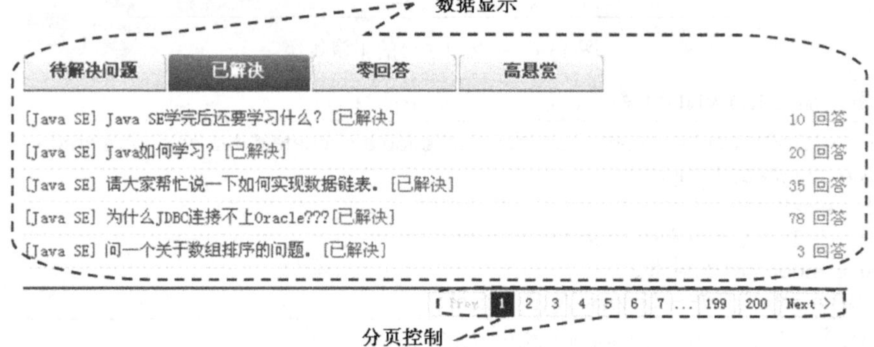

图 13-66 数据的分页显示

> **提示：关于数据分页的程序实现，可以参考《Java Web 开发实战经典（高级案例篇）》。**
>
> 有兴趣了解分页操作具体实现的读者，可以登录 www.mldn.cn 通过《Java Web 开发实战经典（高级案例篇）》进行学习。

通过图 13-58 可以看出，这种分页显示操作实际上是由两个部分所组成。

☑ 数据显示部分：主要是从数据表中选出指定的部分数据，需要 ROWNUM 伪列才可以完成。

☑ 分页控制部分：留给用户的控制端，用户只需要选择指定的页数，应用程序就会根据用户的选择，列出指定的部分数据，相当于控制了语法 13-16 中的 currentPage。

语法 13-16： ROWNUM 数据伪列前 N 行查询的语法

```
SELECT * FROM (
    SELECT 列 1 [,列 2,...],ROWNUM rownum 别名
    FROM 表名称 [别名]
    WHERE ROWNUM <= (currentPage（当前所在页） * lineSize（每页显示记录行数）)) temp
WHERE temp.rownum 别名>(currentPage（当前所在页） - 1) * lineSize（每页显示记录行数） ;
```

通过语法 13-16 可以发现，如果要实现前 N 行查询，就一定需要依靠子查询。本语法的操作原理如图 13-67 所示，假设以 emp 表的 14 条记录为例，进行 ROWNUM 分页原理说明。

图 13-67（A） 查询第一页数据

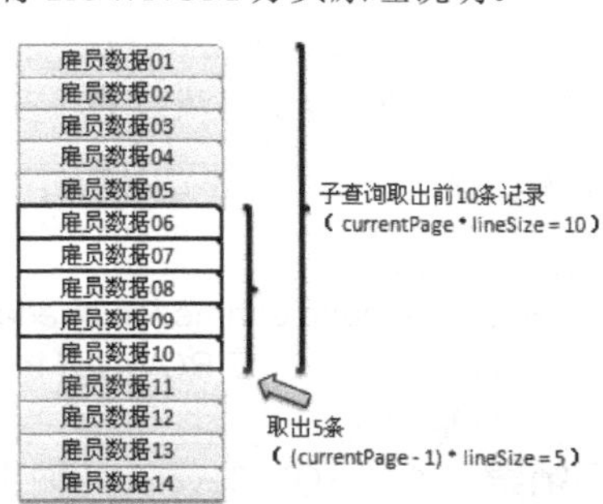

图 13-67（B） 查询第二页数据

图 13-67 使用 ROWNUM 进行前 N 行数据查询的分析

通过图 13-67 可以看出，使用 ROWNUM 实现分页的原理（以图 13-67（B）为说明）是：如果现在要想显示 6~10 条记录，首先要通过子查询查询出前 10 条记录，之后再使用子查询中生成的 ROWNUM 行号通过外部的查询筛选出后 5 条。

提示：不同的数据库使用的分页方式也不同。

以上所讲解的 ROWNUM 是 Oracle 数据库才支持的分页操作，如果使用的是 SQL Server 数据库则需要通过 TOP 实现，MySQL 数据库使用 LIMIT 实现。关于 MySQL 数据库实现分页的操作，读者可以参考《Java 开发实战经典》第 17 章的内容。

范例 13-96： 显示雇员表中前 5 条记录。

```
SELECT * FROM (
    SELECT empno,ename,job,hiredate,sal,mgr,deptno,ROWNUM rn
    FROM emp WHERE ROWNUM<=5) temp
WHERE temp.rn>0 ;
```

查询结果： 通过 SQL Developer 输出，如图 13-68 所示。

	EMPNO	ENAME	JOB	HIREDATE	SAL	MGR	DEPTNO	RN
1	7369	SMITH	CLERK	17-12月-80	800	7902	20	1
2	7499	ALLEN	SALESMAN	20-2月 -81	1600	7698	30	2
3	7521	WARD	SALESMAN	22-2月 -81	1250	7698	30	3
4	7566	JONES	MANAGER	02-4月 -81	2975	7839	20	4
5	7654	MARTIN	SALESMAN	28-9月 -81	1250	7698	30	5

图 13-68 显示 emp 表中的前 5 条记录

Note

提问：对于此操作为什么不直接使用 ROWNUM<=5？

在上面查询前 5 条数据的时候，如果写成以下的形式：

```
SELECT empno,ename,job,hiredate,sal,ROWNUM rn
FROM emp WHERE ROWNUM<=5 ;
```

最终所实现的效果不是和图 13-68 一样吗？为什么还必须要加上一个子查询？这样做是不是太多余了？

回答：按照标准格式编写。

首先，这两种格式如果针对此问题而言最终所实现的效果都是一样的，但是在范例中所编写的代码是采用了标准分页格式完成的，如果要查找不同部分的记录（例如查找 6~10 条记录），使用简写的方式就无法实现了，而且在 Java Web 开发中也会出现分页的需求，这一点可以参考《Java Web 开发实战经典（基础篇）》的内容。

范例 13-97：显示雇员表中的 6~10 条记录。

```
SELECT * FROM (
    SELECT empno,ename,job,hiredate,sal,mgr,deptno,ROWNUM rn
    FROM emp WHERE ROWNUM<=10) temp
WHERE temp.rn>5 ;
```

查询结果：通过 SQL Developer 输出，如图 13-69 所示。

	EMPNO	ENAME	JOB	HIREDATE	SAL	MGR	DEPTNO	RN
1	7698	BLAKE	MANAGER	01-5月 -81	2850	7839	30	6
2	7782	CLARK	MANAGER	09-6月 -81	2450	7839	10	7
3	7788	SCOTT	ANALYST	19-4月 -87	3000	7566	20	8
4	7839	KING	PRESIDENT	17-11月-81	5000	(null)	10	9
5	7844	TURNER	SALESMAN	08-9月 -81	1500	7698	30	10

图 13-69　显示 emp 表中的 6~10 条记录

通过以上的程序分析可知，如果要想实现 Oracle 的分页查询只需要控制好 ROWNUM 即可，这一点在日后的实际开发中有着极为重要的作用，读者一定要反复理解其操作，并能够进行熟练编写。

13.4.3　Oracle 12c 新特性 FETCH

在 Oracle 12c 中为了方便数据的分页显示操作，专门提供了 FETCH 语句，使用此语句可以方便地取得指定范围内的操作数据。此语句的语法如下所示。

语法 13-17：FETCH 语句语法

```
SELECT [DISTINCT]   分组字段 1 [AS] [列别名] , [分组字段 2 [AS] [列别名] , …]
FROM  表名称 1 [表别名 1] , 表名称 2 [表别名 2], ….
[WHERE  条件(s)]
[GROUP BY  分组字段 1 , 分组字段 2 , …]
[HAVING  过滤条件(s)]
[ORDER BY  排序字段  ASC|DESC]
[FETCH FIRST  行数] | [OFFSET  开始位置  ROWS FETCH NEXT  个数] | [FETCH NEXT  百分比 PERCENT]   ROW ONLY
```

在本语法中，FETCH 语句是放在整体查询语句的最后位置，该语句有 3 种使用方式。

☑ 取得前 N 行记录：FETCH FIRST 行数 ROW ONLY；

☑ 取得指定范围的记录：OFFSET 开始位置 ROWS FETCH NEXT 个数 ROWS ONLY；

☑ 按照百分比取得记录：FETCH NEXT 百分比 PERCENT ROWS ONLY。

下面通过几个具体的代码来演示该语句的使用。

范例 13-98：取得 emp 表中的前 5 行记录。

```
SELECT * FROM emp FETCH FIRST 5 ROW ONLY;
```

查询结果：通过 SQL Developer 输出，如图 13-70 所示。

	EMPNO	ENAME	JOB	MGR	HIREDATE	SAL	COMM	DEPTNO
1	7369	SMITH	CLERK	7902	17-12月-80	800	(null)	20
2	7499	ALLEN	SALESMAN	7698	20-2月 -81	1600	300	30
3	7521	WARD	SALESMAN	7698	22-2月 -81	1250	500	30
4	7566	JONES	MANAGER	7839	02-4月 -81	2975	(null)	20
5	7654	MARTIN	SALESMAN	7698	28-9月 -81	1250	1400	30

图 13-70 取得 emp 表中前 5 行记录

此处是取出了表中的前 5 行记录，但是必须注意的是，如果此时数据进行了排序操作，那么所取得的数据是排序后的前 5 行记录。

范例 13-99：为数据排序，取得前 5 行记录。

```
SELECT *
FROM emp
ORDER BY sal DESC
FETCH FIRST 5 ROW ONLY;
```

查询结果：通过 SQL Developer 输出，如图 13-71 所示。

	EMPNO	ENAME	JOB	MGR	HIREDATE	SAL	COMM	DEPTNO
1	7839	KING	PRESIDENT	(null)	17-11月-81	5000	(null)	10
2	7788	SCOTT	ANALYST	7566	19-4月 -87	3000	(null)	20
3	7902	FORD	ANALYST	7566	03-12月-81	3000	(null)	20
4	7566	JONES	MANAGER	7839	02-4月 -81	2975	(null)	20
5	7698	BLAKE	MANAGER	7839	01-5月 -81	2850	(null)	30

图 13-71 取得排序后的前 5 行记录

使用 FETCH 语句也可以取得制定范围内的数据，那么这个时候就需要设置范围的起始点（OFFSET n ROWS）及取得的记录长度（NEXT n ROWS ONLY）。

范例 13-100：取得表中 4~5 条记录。

```
SELECT *
FROM emp
ORDER BY sal DESC
OFFSET 3 ROWS FETCH NEXT 2 ROWS ONLY ;
```

查询结果：通过 SQL Developer 输出，如图 13-72 所示。

	EMPNO	ENAME	JOB	MGR	HIREDATE	SAL	COMM	DEPTNO
1	7566	JONES	MANAGER	7839	02-4月 -81	2975	(null)	20
2	7698	BLAKE	MANAGER	7839	01-5月 -81	2850	(null)	30

图 13-72 分页显示

所有行的记录是从 0 开始的，所以本程序中，如果从第 4 行开始，那么开始值就设置为 3，而后取 2 条记录（第 4 行和第 5 行），那么就设置取得数据的长度为 2。

提示：关于程序分页的控制。

如果读者使用过 MySQL 数据库的话，那么应该知道在 MySQL 中有一个 LIMIT 语句，所以利用 FETCH 完成的分页就类似于 LIMIT 语句的功能。

但是这种数据的分页操作只属于 Oracle 12c 版本的数据库，其他版本还不支持，所以习惯性的做法还是利用 ROWNUM 嵌套子查询的方式完成数据的分页读取。

Note

范例 13-101：按百分比取部分数据。

```
SELECT *
FROM emp
ORDER BY sal DESC
FETCH NEXT 10 PERCENT ROWS ONLY ;
```

查询结果：通过 SQL Developer 输出，如图 13-73 所示。

	EMPNO	ENAME	JOB	MGR	HIREDATE	SAL	COMM	DEPTNO
1	7839	KING	PRESIDENT	(null)	17-11月-81	5000	(null)	10
2	7902	FORD	ANALYST	7566	03-12月-81	3000	(null)	20

图 13-73　按百分比取得数据

本程序取了表中 10%的记录，14 行记录的 10%为 1.4，所以取得了两行记录。

13.5　索　　引

在数据库中，索引是一种专门用于数据库查询操作性能的一种手段。在 Oracle 中，为了维护这种查询性能，需要对某一类数据进行指定结构的排列。但是在 Oracle 中，针对不同的情况会有不同的索引使用，本部分主要讲解 Oracle 中的 B 树索引、降序索引、位图索引、函数索引。

提示：关于索引深层次学习。

本书重点围绕程序开发上，而索引作为项目性能提升的有效手段被广泛地使用。考虑到读者的学习层次，所以本书只讲解索引的最基础原理和常见索引分析，具体的深入学习，可以参考本系列中何明老师的 Oracle 相关著作。

13.5.1　B*Tree 索引

B 树索引（又写为 B*Tree）是最基本的索引结构，在 Oracle 中默认建立的索引就是此类型索引。一般 B 树索引在检索高基数数列（该列上的重复内容较少或没有）的时候可以提供高性能的检索操作。下面为读者简单分析一下 B 树索引的使用环境，以及索引的创建。

提示：假设 emp.sal 字段上内容不重复。

本节所讲解的索引将在 emp 表的 sal 字段上实现，为了方便理解，假设此字段上的内容没有重复数据。

范例 13-102：查询工资大于 1500 元的全部雇员。

```
SELECT * FROM emp WHERE sal>1500 ;
```

此时的查询操作非常简单，只是利用 WHERE 设置了一个查询条件，之后 Oracle 将会按照逐行扫描（此处也称为全表扫描）的方式进行条件的判断，将满足条件的数据显示出来。

> **提示：关于全表扫描。**
>
> 如果要想确定此处是否为全表扫描，最简单的方式是使用 sys 用户登录，之后使用 SET AUTOTRACE ON 打开跟踪，如下面的操作步骤。
>
> **范例** 13-103：使用自动跟踪功能。
>
> ```
> CONN sys/change_on_install AS SYSDBA ;
> SET AUTOTRACE ON ;
> ```
>
> 打开跟踪之后，继续执行“SELECT * FROM c##scott.emp WHERE sal>1500 ;”，就可以出现如图 13-67 所示的分析结果。
>
> **查询结果：** 通过 SQLPlus 输出，如图 13-74 所示。
>
> ```
> D:\app\oracleuser\product\12.1.0\dbhome_1\BIN\sqlplus.exe
> 执行计划
> ----------------------------------------------------------
> Plan hash value: 3956160932
>
> --------------------------------------------------------------------------
> | Id  | Operation         | Name | Rows  | Bytes | Cost (%CPU)| Time     |
> --------------------------------------------------------------------------
> |   0 | SELECT STATEMENT  |      |     7 |   609 |     3   (0)| 00:00:01 |
> |*  1 |  TABLE ACCESS FULL| EMP  |     7 |   609 |     3   (0)| 00:00:01 |
> --------------------------------------------------------------------------
>
> Predicate Information (identified by operation id):
> ---------------------------------------------------
>
>    1 - filter("SAL">1500)
> ```
>
> 图 13-74　操作跟踪
>
> 在此处清楚地表示出 TABLE ACCESS FULL（全表扫描）。

但是现在请读者一起来假设一下。如果说此时 emp 表中存在了 50 万行记录，而 2 万行记录之后已经不存在符合查询要求的数据时，那么如果继续向下采用逐行扫描的方式明显是浪费数据库性能，那么这个时候所需要想到的解决方案就是排序，而且最方便的方式是采用树形排序方式。

例如，假设 emp 表中的工资数据为：1300、2850、1100、1600、2450、2975、5000、3000、1250、950、800，则可以按照以下的原则进行树结构的绘制（绘制后的效果如图 13-75 所示）。

☑　取第一个数据作为根节点。

☑　比根节点小的数据放在左子树，比根节点大的数据放在右子树。

> **提示：此为一种典型的二叉树排列。**
>
> 二叉树（Binary Tree）是一种最方便的排序数据结构，此处所采用的方式就是二叉树的原理实现。如果想了解更多二叉树的实现，可以参考《Java 开发实战经典》或《Java 核心技术精讲》的相关内容。

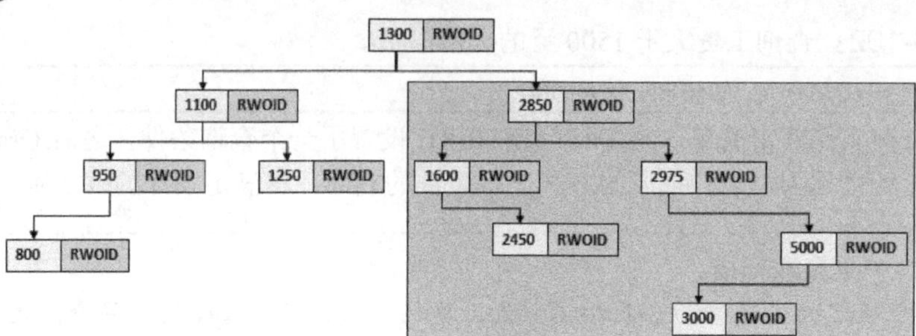

图 13-75　数据排序（SELECT * FROM emp WHERE sal>1500 ;）

通过图 13-75 所示的结果可以发现，在进行数据排序的时候，除了使用 sal 字段的内容之外，每一个操作节点中还保存了一个 ROWID 的信息，而利用此 ROWID 的信息就可以找到对应的完整记录。

提示：利用 ROWID 查找是最高效的做法。

例如雇员编号 7839 的 ROWID 为 AAAWeeAAGAAAADGAAA，所以发出了下面按照 ROWID 查找的命令。

范例 13-104：根据 ROWID 查找雇员信息。

```
SELECT * FROM c##scott.emp WHERE rowid='AAAWeeAAGAAAADGAAA' ;
```

查询结果：通过 SQLPlus 输出，如图 13-76 所示。

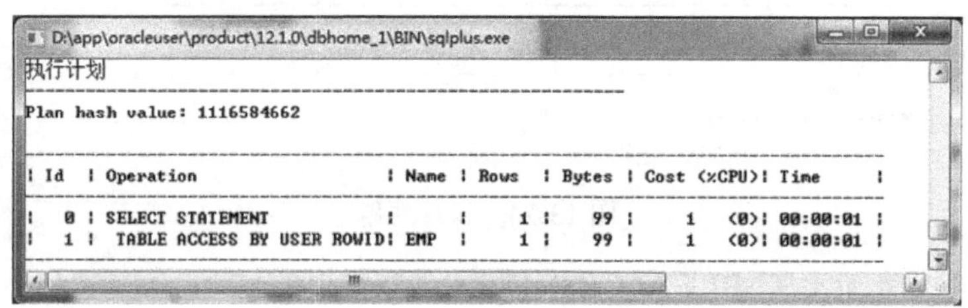

图 13-76　根据 ROWID 查询

通过跟踪分析的结果也可以发现，此处为 ROWID 方式查询，而这种查询方式的性能是最高的。

经过简单的分析，读者应该对 B*Tree 索引的基本操作原理有了一些了解，而且使用此索引要比使用全表检索的性能更高，但图 13-75 所给出的分析图只是基于二叉树的 B*Tree 索引一个简单的原理分析。实际上 B-Tree 索引由分支块（branch block）和叶块（leaf block）组成。在树结构中，位于最底层底块被称为叶块，包含每个被索引列的值和行所对应的 ROWID。在叶节点的上面是分支块，用来导航结构，包含了索引列（关键字）范围和另一索引块的地址，如图 13-77 所示。

通过图 13-77 所示的 B 树索引的典型结构，可以发现其主要包含的组件如下所示。

☑ 叶子节点（Leaf Node）：包含直接指向表中的数据行（即：索引项）。

☑ 分支节点（Branch Node）：包含指向索引里其他的分支节点或者叶子节点。

☑ 根节点（Root Node）：一个 B 树索引只有一个根节点，是位于最顶端的分支节点。

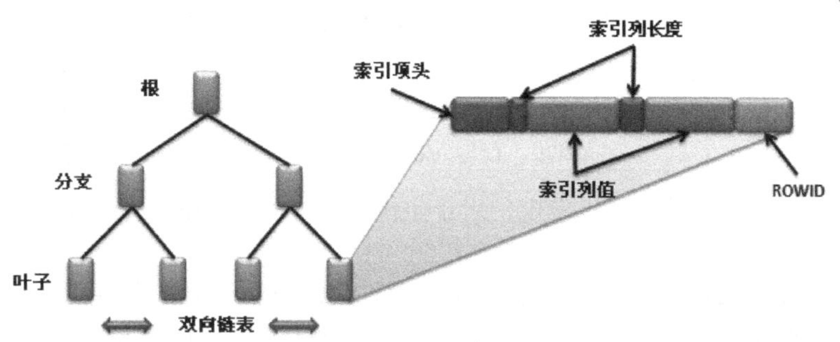

图 13-77　B 树索引

在每一个叶子节点中保存的就是索引项，而每一个索引项都由下面 3 个部分组成。

☑　索引项头（Entry Header）：存储了行数和锁的信息。

☑　索引列长度和值：两者需要同时出现，定义了列的长度，在长度之后保存的就是列的内容。

☑　ROWID：指向表中数据行的 ROWID，通过此 ROWID 找到完整记录。

在 Oracle 中如果要想创建 B*Tree 索引，有以下两种方式。

☑　方式一：当某一个列上设置了主键约束或唯一约束，则会自动创建索引。

☑　方式二：利用命令直接创建索引。

语法 13-18：创建 B*Tree 索引

```
CREATE INDEX [用户名.]索引名称 ON [用户名.]表名称 (列名称 [ASC | DESC] , ...) ;
```

在此格式中，需要指定要设置索引具体表的具体列，在指定列的时候也可以设置升序或降序，默认值为升序。如果使用了 DESC 则表示要建立降序索引。

范例 13-105：在 emp.sal 字段上创建 emp_sal_ind 索引。

```
CREATE INDEX emp_sal_ind ON emp(sal) ;
```

此时已经在 emp 表的 sal 字段上创建了一个索引，这样就会自动地在内存中将相关的数据形成一棵索引树，以提升查询性能。

当创建完 B*Tree 索引之后，下面使用同样的查询（SELECT * FROM c##scott.emp WHERE sal>1500 ;），观察跟踪工具的结果，如图 13-78 所示。

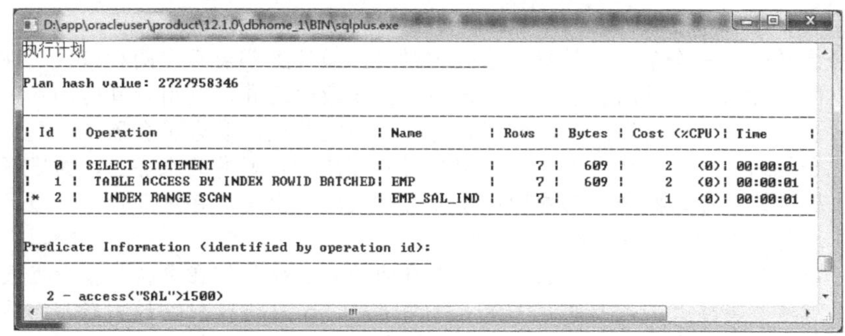

```
D:\app\oracleuser\product\12.1.0\dbhome_1\BIN\sqlplus.exe
执行计划
----------------------------------------------------------
Plan hash value: 2727958346

-----------------------------------------------------------------------------------------------
| Id  | Operation                            | Name        | Rows  | Bytes | Cost (%CPU)| Time     |
-----------------------------------------------------------------------------------------------
|   0 | SELECT STATEMENT                     |             |     7 |   609 |     2   (0)| 00:00:01 |
|   1 |  TABLE ACCESS BY INDEX ROWID BATCHED| EMP         |     7 |   609 |     2   (0)| 00:00:01 |
|*  2 |   INDEX RANGE SCAN                   | EMP_SAL_IND |     7 |       |     1   (0)| 00:00:01 |
-----------------------------------------------------------------------------------------------

Predicate Information (identified by operation id):
---------------------------------------------------

   2 - access("SAL">1500)
```

图 13-78　建立索引之后的查询

范例 3-106：通过 user_indexes 数据字典查看索引。

```
SELECT index_name , index_type , table_owner , table_name , uniqueness , status FROM user_indexes ;
```

查询结果：通过 SQL Developer 输出，如图 13-79 所示。

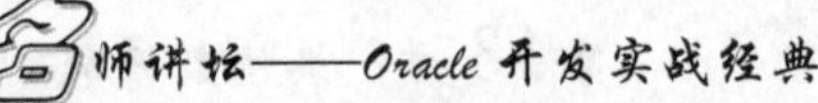

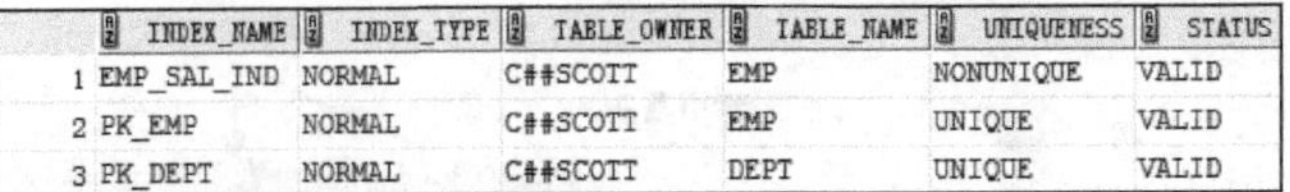

	INDEX_NAME	INDEX_TYPE	TABLE_OWNER	TABLE_NAME	UNIQUENESS	STATUS
1	EMP_SAL_IND	NORMAL	C##SCOTT	EMP	NONUNIQUE	VALID
2	PK_EMP	NORMAL	C##SCOTT	EMP	UNIQUE	VALID
3	PK_DEPT	NORMAL	C##SCOTT	DEPT	UNIQUE	VALID

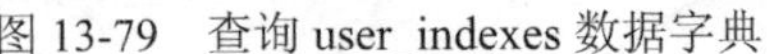
图 13-79　查询 user_indexes 数据字典

通过数据字典的返回结果可以发现，对于主键字段（PK_EMP、PK_DEPT）都自动地设置了索引。

但是使用 user_indexes 数据字典只能知道在哪张数据表上存在索引，并不知道具体哪个列上有索引，为了更加详细地知道索引所在列，可以继续使用 user_ind_columns 数据字典来查看。

范例 13-107：查询 emp_sal_ind 索引设置列。

```
SELECT * FROM user_ind_columns WHERE index_name='EMP_SAL_IND' ;
```

查询结果：通过 SQL Developer 输出，如图 13-80 所示。

	INDEX_NAME	TABLE_NAME	COLUMN_NAME	COLUMN_POSITION	COLUMN_LENGTH	CHAR_LENGTH	DESCEND
1	EMP_SAL_IND	EMP	SAL	1	22	0	ASC

图 13-80　查询 user_ind_columns 数据字典

提问：索引一定可以提升性能吗？

本书一直强调索引可以提升性能，但是在实际开发中，真的存在明显的性能提升方案吗？

回答：只有不合理的设计，没有绝对的性能提升。

根据笔者的开发经验，在开发中是没有绝对的性能提升方案的，例如，在某一项目的查询之中大量采用了多表查询，而且每张表数据量又很大的时候，是不可能提升性能的，针对这种方式，最简单的做法就是采用冗余字段避免多表查询。但是这些只是针对那些没有按照开发标准编写程序的开发人员。

如果一切的开发要求已经严格遵照开发标准，但是程序依然慢的时候怎么办呢？最直接的方式就是加硬件。如果现在不考虑硬件成本问题的话，可以想象一下，如果有一台服务器，里面包含 200 块八核 2.8GB 的高性能 CPU，可以达到 5TB 的内存，以及全部使用 SSD 硬盘，那么所编写的程序想不快都难（但是这种设备的价格几乎是天价了）。

对于索引的性能提升实际上也是相对的，本书一直强调：索引可以提升的是查询性能，而提升查询性能的主要手段在于树状结构的维护。每当用户执行了更新操作后，为了要维持这棵树，肯定需要针对当前数据重新排列，如果在一张更新频繁的数据表上（每秒更新 20 次），使用索引反而会造成性能的下降。

读者一定要记住一个基本的情况，在任何的 IT 项目里都会存在两种模式，即以时间换空间、以空间换时间。以时间换空间指的是某些很复杂的运算，利用计算时间加长的方式来解决服务器资源不够用的问题；而以空间换时间指的就是利用多台服务器，一起进行处理，这样速度就会得到提升。而现实中很多小型公司不可能储备太多的服务器，为了解决这样的问题，才出现了云服务的概念，而中国由于伟大防火墙的出现，导致和世界云服务的脱轨，这也不得不说是国内 IT 业的一种悲哀现状。

了解了以上的概念，但是到现在为止还没有为读者解释如何在更新频繁数据表上使用索引这一技术难题。实际上最方便的做法是准备两张表，A 表进行数据的更新，而另外一张 B 表在每天夜深人静（凌晨 1:00～6:00）时将 A 表更新后的数据保存在 B 表中，同时在 B 表上设置索引，用户检索利用 B 表，更新使用 A 表，这样做可以提升性能，但缺点是牺牲了实时性，也就是本书所讲的时间换空间的操作形式。

但是在实际开发中，对于索引的建立包括使用的空间分配，还是应该由专门的 DBA 负责，程序人员的工作还是把代码写得标准规范为主。

从 Oracle 8i 开始引入了降序索引，而此类索引是在 B*Tree 索引的基础上扩展出来的一个衍生品，其主要的特点是将数据的存储方式由默认的升序（ASC）变为了降序，而在设置降序索引时，只需要将其使用 DESC 标记即可。

范例 13-108：在 hiredate 字段上设置降序索引。

```
CREATE INDEX emp_hiredate_ind_desc ON emp(hiredate) ;
```

此时在 hiredate 上创建了一个降序索引，这样在通过 hiredate 字段设置过滤条件时，就会自动采用降序索引。

范例 13-109：查询在 1981 年雇佣的雇员信息。

```
SELECT *
FROM c##scott.emp
WHERE hiredate BETWEEN TO_DATE('1981-01-01','yyyy-mm-dd') AND TO_DATE('1981-12-31','yyyy-mm-dd')
ORDER BY hiredate DESC ;
```

此时程序中出现的过滤条件，将自动使用降序索引排列。执行此查询之后的跟踪分析如图 13-81 所示。

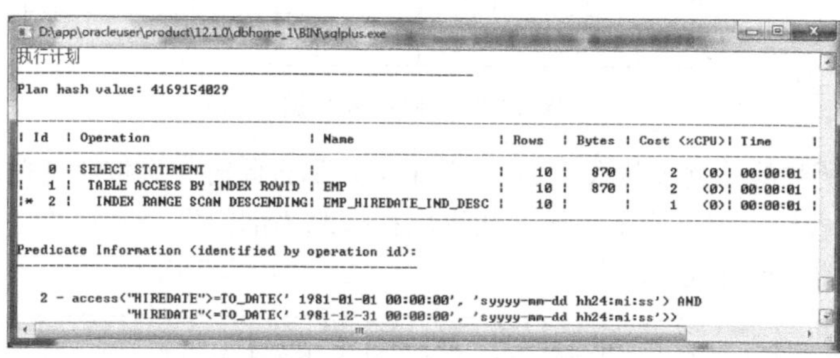

图 13-81　使用降序索引

函数索引也是从 Oracle 8i 开始引入的，它也是一个 B*Tree 索引的衍生品。最主要的特点是在定义索引的时候指定要操作的函数，让索引具备一定的计算能力。

范例 13-110：创建函数索引。

```
CREATE INDEX emp_ename_ind ON emp(LOWER(ename)) ;
```

此时表示创建的 emp_ename_ind 索引在 ename 字段上使用 LOWER 函数的时候起作用。

范例 13-111：执行雇员姓名查询。

```
SELECT * FROM c##scott.emp WHERE LOWER(ename)='smith' ;
```

此时是将 ename 字段的内容通过 LOWER()函数变为了小写，之后判断其是否与字符串 smith 相同，查询执行之后的分析如图 13-82 所示。

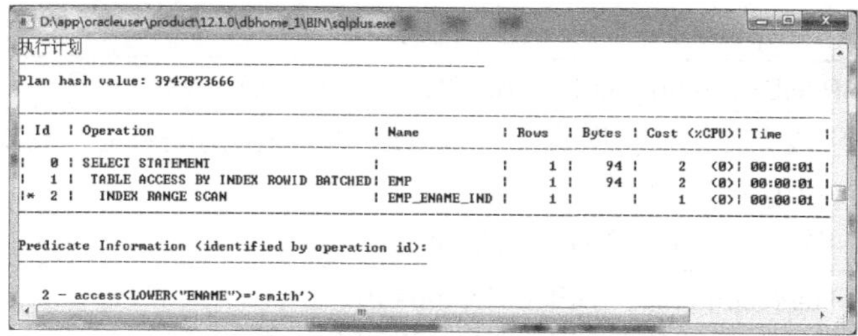

图 13-82　函数索引

13.5.2 位图索引

如果现在某一列上的数据都属于低基数（Low - Cardinality）列的时候，就可以利用位图索引来提升查询的性能。例如，表示雇员的数据表上会存在部门编号（deptno）的数据列，而在部门编号列上现在只有 3 种取值，分别是 10、20、30，如图 13-83 所示，在这种情况下使用位图索引是最合适的。

empno	ename	job	mgr	hiredate	sal	comm	deptno
7369	SMITH	CLERK	7902	1980-12-17	800		20
7499	ALLEN	SALESMAN	7698	1981-02-20	1600	300	30
7521	WARD	SALESMAN	7698	1981-02-22	1250	500	30
7566	JONES	MANAGER	7839	1981-04-20	2975		20
7654	MARTIN	SALESMAN	7698	1981-09-28	1250	1400	30
7698	BLAKE	MANAGER	7839	1981-05-01	2850		30
7782	CLARK	MANAGER	7839	1981-06-09	2450		10
7788	SCOTT	ANALYST	7566	1987-04-19	3000		20
7839	KING	PRESIDENT		1981-11-17	5000		10
7844	TURNER	SALESMAN	7698	1981-09-08	1500	0	30
7876	ADAMS	CLERK	7788	1987-05-23	1100		20
7900	JAMES	CLERK	7698	1981-12-03	950		30
7902	FORD	ANALYST	7566	1981-12-03	3000		20
7934	MILLER	CLERK	7782	1982-01-23	1300		10

图 13-83 雇员表数据

假设图 13-83 所列的数据表包含了 30 万条记录，那么此时如果按照部门编号查找，默认情况下肯定会采用全表扫描的方式来完成。如果现在按照“部门”字段对数据进行分类，则可以得出图 13-84 所示的分组形式。

数据	7369	7499	7521	7566	7654	7698	7782	7788	7839	7844	7876	7900	7902	7934
deptno = 10	0	0	0	0	0	0	1	0	1	0	0	0	0	1
deptno = 20	1	0	0	1	0	0	0	1	0	0	1	0	1	0
deptno = 30	0	1	1	0	1	1	0	0	0	1	0	1	0	0

图 13-84 位图索引原理

通过图 13-84 所示结果可以发现，表中的每一数据行的位图包含了 deptno = 10、deptno = 20 或 deptuo = 30 值，现在一共只包含了 3 个基数，如果表中有 30 万条记录，那么最终这些列也只分为了 3 组，这样在进行位图查找的时候可以非常方便和快捷。同时，位图索引以一种压缩数据的格式存放，因此所占用的磁盘空间要比 B*Tree 索引小很多。

语法 13-19：创建位图索引

```
CREATE BITMAP INDEX [用户名.]索引名称 ON [用户名.]表名称 (列名称 [ASC | DESC] , …) ;
```

可以发现，此处只是在之前语法上增加了一个 BITMAP，这样所创建出来的索引就表示位图索引。

范例 13-112：在 deptno 字段上设置位图索引。

```
CREATE BITMAP INDEX emp_deptno_ind ON emp(deptno) ;
```

此时在 deptno 字段上使用了位图索引，如果这时按照部门编号进行查找，则不会采用全表扫描的方式，而直接使用位图索引进行查询。

范例 13-113：根据部门编号查找雇员信息。

```
SELECT * FROM c##scott.emp WHERE deptno=10 ;
SELECT * FROM c##scott.emp WHERE deptno=10 AND deptno=20 ;
```

这两个查询都是根据部门编号进行数据的检索，分析的结果如图 13-85 所示。

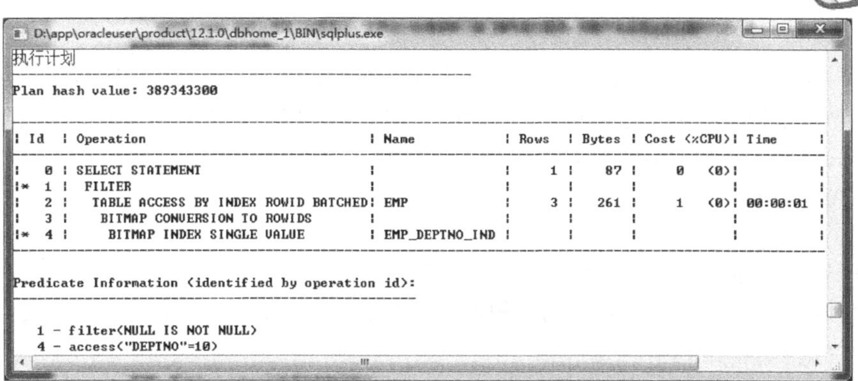

```
D:\app\oracleuser\product\12.1.0\dbhome_1\BIN\sqlplus.exe
执行计划
----------------------------------------------------------
Plan hash value: 389343300

--------------------------------------------------------------------------------------------------
| Id  | Operation                          | Name           | Rows  | Bytes | Cost (%CPU)| Time     |
--------------------------------------------------------------------------------------------------
|   0 | SELECT STATEMENT                   |                |     1 |    87 |     0   (0)|          |
|*  1 |  FILTER                            |                |       |       |            |          |
|   2 |   TABLE ACCESS BY INDEX ROWID BATCHED| EMP          |     3 |   261 |     1   (0)| 00:00:01 |
|   3 |    BITMAP CONVERSION TO ROWIDS     |                |       |       |            |          |
|*  4 |     BITMAP INDEX SINGLE VALUE      | EMP_DEPTNO_IND |       |       |            |          |
--------------------------------------------------------------------------------------------------

Predicate Information (identified by operation id):
---------------------------------------------------

   1 - filter(NULL IS NOT NULL)
   4 - access("DEPTNO"=10)
```

图 13-85　分析结果显示使用了位图索引

范例 13-114： 通过 user_indexes 数据字典查看索引。

```
SELECT index_name , index_type , table_owner , table_name , uniqueness , status FROM user_indexes ;
```

查询结果： 通过 SQL Developer 输出，如图 13-86 所示。

	INDEX_NAME	INDEX_TYPE	TABLE_OWNER	TABLE_NAME	UNIQUENESS	STATUS
1	EMP_DEPTNO_IND	BITMAP	C##SCOTT	EMP	NONUNIQUE	VALID
2	EMP_ENAME_IND	FUNCTION-B...	C##SCOTT	EMP	NONUNIQUE	VALID
3	EMP_HIREDATE_IND_DESC	NORMAL	C##SCOTT	EMP	NONUNIQUE	VALID
4	EMP_SAL_IND	NORMAL	C##SCOTT	EMP	NONUNIQUE	VALID
5	PK_EMP	NORMAL	C##SCOTT	EMP	UNIQUE	VALID
6	PK_DEPT	NORMAL	C##SCOTT	DEPT	UNIQUE	VALID

图 13-86　查看索引

13.5.3　删除索引

由于索引本身需要进行自身数据结构的维护，一般而言会占用较大的磁盘空间，并且随着表的增长，索引所占用的空间也会越来越大，所以对于数据库中那些不经常使用的索引就应该尽早删除。索引是以 Oracle 对象存在的，所以用户可以直接利用 DROP 语句进行索引的删除。语法格式如下所示。

语法 13-20： 删除索引

```
DROP INDEX 索引名称 ;
```

范例 13-115： 删除 emp_sal_ind 索引。

```
DROP INDEX emp_sal_ind ;
```

索引删除之后，其对应的内存空间也将一同被释放。

13.6　本 章 小 结

1. 用户通过视图可以实现复杂 SQL 语句的封装，为开发人员提供便利。
2. 视图本身不属于真实数据，所以建议在创建视图时利用 WITH READ ONLY 设置为只读视图。

3．用户通过序列（SEQUENCE）可以实现数据的自动增长，主要使用 nextval 伪列操作。

4．DUAL 虚拟表实际上是 sys.dual 表的同义词，如果用户定义的同义词希望被多个用户访问，那么就在定义时使用 PUBLIC，将其变为公共同义词。

Note

5．ROWNUM 可以在数据查询时自动生成行号，在开发中主要可以用其实现数据的分页显示操作。

6．每一行数据都会存在唯一的物理地址（ROWID）。

7．索引是提升数据库查询性能的一种手段，但是在频繁更新数据表时，索引反而会造成性能的降低。

第14章

用户权限及角色管理

通过本章的学习，可以达到以下目标：

☑ 掌握用户的创建及基本管理操作。

☑ 掌握 GRANT、REVOKE 语句，并用其进行用户权限的授予与撤销。

☑ 理解 Oracle 中的角色管理。

前面已经学习了 DML、DDL 两大类 SQL 操作，除了进行数据操作及数据库对象定义之外，开发中所使用的用户也是一件最为关键的问题，从最早开始使用的一直是由本书提供的 c##scott 用户。如果用户要创建属于自己的数据库用户，则必须要进行用户管理。但是只有用户也不能够操作，还需要为其授予操作权限（GRANT 语句），必要时也需要回收其权限（REVOKE 语句）。本章将为读者讲解用户管理及权限配置。

14.1 用 户 管 理

Note

如果要进行用户管理，那么首先就需要针对用户进行维护，在 Oracle 中将每一个用户都作为数据库对象存在，所以本节首先为读者讲解用户对象的基本管理。

14.1.1 创建用户

虽然在 Oracle 数据库中已经提供了大量的用户，但是从安全及维护的角度来讲，往往需要创建属于自己的用户，如果要创建用户，可以利用 CREATE USER 语法来完成。

语法 14-1：创建新用户

```
CREATE USER 用户名 IDENTIFIED BY 密码
[DEFAULT TABLESPACE 表空间名称]
[TEMPORARY TABLESPACE 表空间名称]
[QUOTA 数字 [K | M] | UNLIMITED ON 表空间名称
 QUOTA 数字 [K | M] | UNLIMITED ON 表空间名称 ...]
[PROFILE 概要文件名称 | DEFAULT]
[PASSWORD EXPIRE]
[ACCOUNT LOCK | UNLOCK]
```

该语法组成如下所示。

- ☑ CREATE USER 用户名 IDENTIFIED BY 密码：创建用户同时设置密码，但是用户名和密码不能是 Oracle 的保留字（如 CREATE、DROP 等），也不能以数字开头（如果要设置为数字，需要将数字使用 “"” 声明，如"999777"）。
- ☑ DEFAULT TABLESPACE 表空间名称：用户存储默认使用的表空间，当用户创建对象没有设置表空间时，就将保存在此处指定的表空间下，这样可以和系统表空间进行区分。
- ☑ TEMPORARY TABLESPACE 表空间名称：用户所使用的临时表空间。
- ☑ QUOTA 数字 [K | M] | UNLIMITED ON 表空间名称：用户在表空间上的使用限额，可以指定多个表空间的限额，如果设置为 UNLIMITED，则表示不设置限额。
- ☑ PROFILE 概要文件名称 | DEFAULT：用户操作的资源文件，如果不指定则使用默认配置资源文件。
- ☑ PASSWORD EXPIRE：用户密码失效，则在第一次使用时必须修改密码。
- ☑ ACCOUNT LOCK | UNLOCK：用户是否为锁定状态，默认为 UNLOCK。

提示：需要管理员权限。

如果想完成以上的操作，则必须由管理员完成，用户可以使用 sys 登录（CONN sys/change_on_install AS SYSDBA）。

范例 14-1：创建一个新的用户 c##mldnuser，密码为 java_android。

```
CREATE USER c##mldnuser
IDENTIFIED BY java_android
```

```
DEFAULT TABLESPACE mldn_data
TEMPORARY TABLESPACE mldn_temp
QUOTA 30M ON mldn_data
QUOTA 20M ON users
ACCOUNT UNLOCK
PASSWORD EXPIRE ;
```

以上创建了一个 mldnuser 的用户，密码为 java_android，同时此用户的相关配置如下。

☑ DEFAULT TABLESPACE mldn_data：该用户默认使用的表空间。如果用户在创建数据库对象时没有指定表空间，则就默认使用 mldn_data 表空间存储。

☑ TEMPORARY TABLESPACE mldn_temp：该用户使用 ORDER BY 或 GROUP BY 子句数据量过大时保存的临时表空间。

☑ QUOTA 30M ON mldn_data：该用户在 mldn_data 表空间上最多使用 30MB 大小。

☑ QUOTA 20M ON users：该用户在 users 表空间上最多使用 20MB 大小。

☑ ACCOUNT UNLOCK：该用户默认为活动账户。

☑ PASSWORD EXPIRE：用户登录后需要强制用户修改密码。

注意：Oracle 12c 的新限制。

在 Oracle 12c 中，对用户分为了两类，分别是 Commons User、Local User。之所以这样划分，主要目的是为了 Oracle 云平台的创建，同时两个用户的保存内存区不同，其中 Commons User 保存在了 CDB 中，而 Local User 保存在了 PDB 中，如果直接采用以上的语法创建，则创建的是 CDB 用户，所以必须以“c##”或“C##”开头。如果是 PDB 用户，则不需要使用“c##”开头，关于 PDB 的切换过程已经在本书第 2 章中为读者解释过。

提示：新用户无法直接使用。

当用户创建完成之后，实际上并不能立刻使用，还需要为其分配 CREATE SESSION 的权限，权限的分配将在本章后面的内容中为读者讲解。

当用户创建完成之后，可以利用 dba_users 数据字典查看用户信息。

范例 14-2：通过 dba_users 数据字典查看用户信息。

```
SELECT username,user_id,default_tablespace,temporary_tablespace,created,lock_date,profile
FROM dba_users
WHERE username='C##MLDNUSER';
```

查询结果：通过 SQL Developer 输出，如图 14-1 所示。

	USERNAME	USER_ID	DEFAULT_TABLESPACE	TEMPORARY_TABLESPACE	CREATED	LOCK_DATE	PROFILE
1	C##MLDNUSER	103	MLDN_DATA	MLDN_TEMP	17-10月-13	(null)	DEFAULT

图 14-1 c##mldnuser 用户信息

通过该数据字典的查询可以发现，c##mldnuser 用户的 lock_date 列信息为 null，这是因为默认创建的用户并非锁定用户，而当一个用户锁定之后，lock_data 列就会变为锁定日期。

每一个用户都存在着多个可以操作的表空间，可以通过 dba_ts_quotas 数据字典查看一个用户所使用的表空间配额。

范例 14-3：通过 dba_ts_quotas 数据字典查看用户可用表空间配额。

Note

```
SELECT * FROM dba_ts_quotas WHERE username='C##MLDNUSER' ;
```

查询结果：通过 SQL Developer 输出，如图 14-2 所示。

	TABLESPACE_NAME	USERNAME	BYTES	MAX_BYTES	BLOCKS	MAX_BLOCKS	DROPPED
1	USERS	C##MLDNUSER	0	20971520	0	2560	NO
2	MLDN_DATA	C##MLDNUSER	0	31457280	0	3840	NO

图 14-2　查看 c##mldnuser 用户表空间配额

14.1.2　概要文件（profiles）

概要文件是一组命名了的口令和资源限制文件，管理员利用它可以直接限制用户的资源访问量或用户管理等操作。

语法 14-2：创建概要文件

```
CREATE PROFILE 概要文件名称 LIMIT 命令(s)
```

在概要文件中可以通过如下两组命令格式来进行控制。

第一组：资源限制命令

☑ SESSION_PER_USER 数字 | UNLIMITED | DEFAULT：允许一个用户同时创建 SESSION 的最大数量。

☑ CPU_PER_SESSION 数字 | UNLIMITED | DEFAULT：每一个 SESSION 允许使用 CPU 的时间数，单位为毫秒。

☑ CPU_PER_CALL 数字 | UNLIMITED | DEFAULT：限制每次调用 SQL 语句期间，CPU 的时间总量。

☑ CONNECT_TIME 数字 | UNLIMITED | DEFAULT：每个 SESSION 的连接时间数，单位为分。

☑ IDLE_TIME 数字 | UNLIMITED | DEFAULT：每个 SESSION 的超时时间，单位为分。

☑ LOGICAL_READS_PER_SESSION 数字 | UNLIMITED | DEFAULT：为了防止笛卡尔积的产生，可以限定每一个用户最多允许读取的数据块数。

☑ LOGICAL_READS_PER_CALL 数字 | UNLIMITED | DEFAULT：每次调用 SQL 语句期间，最多允许用户读取的数据库块数。

第二组：口令限制命令

☑ FAILED_LOGIN_ATTEMPTS 数字 | UNLIMITED | DEFAULT：当连续登录失败次数达到该参数指定值时，用户被加锁。

☑ PASSWORD_LIFE_TIME 数字 | UNLIMITED | DEFAULT：口令的有效期（天），默认为 UNLIMITED。

☑ PASSWORD_REUSE_TIME 数字 | UNLIMITED | DEFAULT：口令被修改后原有口令隔多少天后可以被重新使用，默认为 UNLIMITED。

☑ PASSWORD_REUSE_MAX 数字 | UNLIMITED | DEFAULT：口令被修改后原有口令被修改多少次才允许被重新使用。

☑ PASSWORD_VERIFY_FUNCTION 数字 | UNLIMITED | DEFAULT：口令效验函数。

☑ PASSWORD_LOCK_TIME 数字 | UNLIMITED | DEFAULT：账户因 FAILED_LOGIN_ATTEMPTS 锁定时，加锁天数。

☑ PASSWORD_GRACE_TIME 数字 | UNLIMITED | DEFAULT：口令过期后，继续使用

原口令的宽限期（天）。

注意：概要文件命名。

从 Oracle 12c 开始，如果在 CDB 下创建的概要文件，也必须使用“C##”开头，否则就会出现“ORA-65140: invalid common profile name”的错误提示信息。

范例 14-4： 定义一个概要文件。

```
CREATE PROFILE c##mldn_profile LIMIT
CPU_PER_SESSION 10000
LOGICAL_READS_PER_SESSION 20000
CONNECT_TIME 60
IDLE_TIME 30
SESSIONS_PER_USER 10
FAILED_LOGIN_ATTEMPTS 3
PASSWORD_LOCK_TIME UNLIMITED
PASSWORD_LIFE_TIME 60
PASSWORD_REUSE_TIME 30
PASSWORD_GRACE_TIME 6 ;
```

本概要文件的组成说明如下所示。

- ☑ CPU_PER_SESSION 10000：每个 SESSION 所允许占用 CPU 的最长时间为 100 秒。
- ☑ LOGICAL_READS_PER_SESSION 20000：每个 SESSION 最多允许读取 20000 个数据块。
- ☑ CONNECT_TIME 60：每个 SESSION 最多允许连接 60 分钟。
- ☑ IDLE_TIME 30：一个 SESSION 最大空闲时间为 30 分钟。
- ☑ SESSIONS_PER_USER 10：一个用户最多可以创建 10 个 SESSION 连接。
- ☑ FAILED_LOGIN_ATTEMPTS 3：每个用户登录错误为 3 次。
- ☑ PASSWORD_LOCK_TIME UNLIMITED：超过 3 次登录错误，则密码被长期锁定。
- ☑ PASSWORD_LIFE_TIME 60：每 60 天修改一次密码。
- ☑ PASSWORD_REUSE_TIME 30：为防止新旧口令一致，所以旧口令在 30 天之后才可以继续使用。
- ☑ PASSWORD_GRACE_TIME 6：口令失效后，给用户 6 天可以继续使用旧口令的宽限期。

当概要文件创建完成之后，也可以使用 dba_profiles 数据字典查看概要文件的完整信息。

范例 14-5： 查询 dba_profiles 数据字典。

```
SELECT * FROM dba_profiles WHERE profile='C##MLDN_PROFILE' ;
```

查询结果： 通过 SQL Developer 输出，如图 14-3 所示。

范例 14-6： 创建用户时指定概要文件。

```
CREATE USER c##mldnjava IDENTIFIED BY hello
PROFILE c##mldn_profile ;
```

此时新的 c##mldnjava 用户创建时的相关资源配置全部采用默认方式，而概要文件使用了 mldn_profile。新的用户可以通过 PROFILE 来指定概要文件，那么已有的用户该如何使用概要文件呢？此时就必须利用 ALTER 语句进行配置。

范例 14-7： 配置已存在用户使用的概要文件。

```
ALTER USER c##mldnuser PROFILE c##mldn_profile ;
```

Note

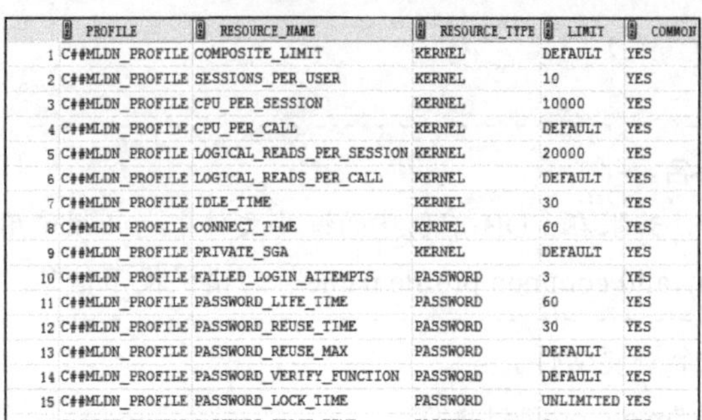

	PROFILE	RESOURCE_NAME	RESOURCE_TYPE	LIMIT	COMMON
1	C##MLDN_PROFILE	COMPOSITE_LIMIT	KERNEL	DEFAULT	YES
2	C##MLDN_PROFILE	SESSIONS_PER_USER	KERNEL	10	YES
3	C##MLDN_PROFILE	CPU_PER_SESSION	KERNEL	10000	YES
4	C##MLDN_PROFILE	CPU_PER_CALL	KERNEL	DEFAULT	YES
5	C##MLDN_PROFILE	LOGICAL_READS_PER_SESSION	KERNEL	20000	YES
6	C##MLDN_PROFILE	LOGICAL_READS_PER_CALL	KERNEL	DEFAULT	YES
7	C##MLDN_PROFILE	IDLE_TIME	KERNEL	30	YES
8	C##MLDN_PROFILE	CONNECT_TIME	KERNEL	60	YES
9	C##MLDN_PROFILE	PRIVATE_SGA	KERNEL	DEFAULT	YES
10	C##MLDN_PROFILE	FAILED_LOGIN_ATTEMPTS	PASSWORD	3	YES
11	C##MLDN_PROFILE	PASSWORD_LIFE_TIME	PASSWORD	60	YES
12	C##MLDN_PROFILE	PASSWORD_REUSE_TIME	PASSWORD	30	YES
13	C##MLDN_PROFILE	PASSWORD_REUSE_MAX	PASSWORD	DEFAULT	YES
14	C##MLDN_PROFILE	PASSWORD_VERIFY_FUNCTION	PASSWORD	DEFAULT	YES
15	C##MLDN_PROFILE	PASSWORD_LOCK_TIME	PASSWORD	UNLIMITED	YES
16	C##MLDN_PROFILE	PASSWORD_GRACE_TIME	PASSWORD	6	YES

图 14-3　查询 mldn_profile 概要文件

范例 14-8：查看 dba_users 数据字典，观察 c##mldnjava 和 c##mldnuser 两个用户的定义。

```
SELECT username,user_id,default_tablespace,temporary_tablespace,created,lock_date,profile
FROM dba_users
WHERE username IN ('C##MLDNJAVA','C##MLDNUSER') ;
```

查询结果：通过 SQL Developer 输出，如图 14-4 所示。

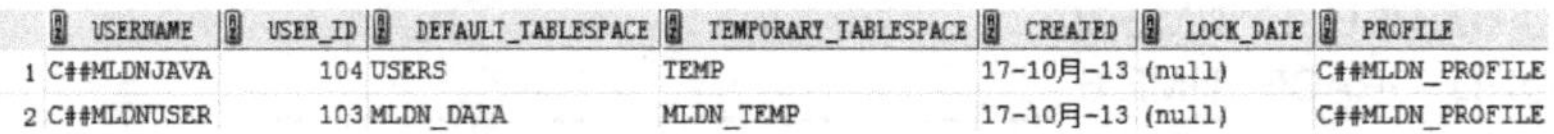

	USERNAME	USER_ID	DEFAULT_TABLESPACE	TEMPORARY_TABLESPACE	CREATED	LOCK_DATE	PROFILE
1	C##MLDNJAVA	104	USERS	TEMP	17-10月-13	(null)	C##MLDN_PROFILE
2	C##MLDNUSER	103	MLDN_DATA	MLDN_TEMP	17-10月-13	(null)	C##MLDN_PROFILE

图 14-4　mldnjava 用户的信息

通过数据字典的查询可以发现，两个用户已经指定了使用的概要文件为 c##mldn_profile。

概要文件创建之后也可以进行修改，此时依然通过 ALTER 指令完成。

范例 14-9：修改概要文件。

```
ALTER PROFILE c##mldn_profile LIMIT
CPU_PER_SESSION 1000
PASSWORD_LIFE_TIME 10 ;
```

此时概要文件修改了 CPU 的占用时间和密码过期的时间。

而当一个概要文件不需要时也可以继续通过 DROP 命令删除。

语法 14-3：删除概要文件

```
DROP PROFILE 概要文件名称 [CASCADE] ;
```

在删除概要文件时，如果已经有用户使用了此概要文件，则必须使用 CASCADE。

范例 14-10：删除 c##mldn_profile 概要文件。

```
DROP PROFILE c##mldn_profile CASCADE ;
```

当概要文件被删除之后，所有拥有此概要文件的用户将自动将使用的概要文件变为 DEFAULT，如图 14-5 所示。

	USERNAME	USER_ID	DEFAULT_TABLESPACE	TEMPORARY_TABLESPACE	CREATED	LOCK_DATE	PROFILE
1	C##MLDNJAVA	104	USERS	TEMP	17-10月-13	(null)	DEFAULT
2	C##MLDNUSER	103	MLDN_DATA	MLDN_TEMP	17-10月-13	(null)	DEFAULT

图 14-5　概要文件删除

14.1.3　维护用户

用户创建完成之后，管理员有可能会需要对用户进行基本的控制，所以在 Oracle 中，可以

通过如下几种命令来进行用户的维护。

1．修改用户密码

语法 14-4： 修改用户密码

```
ALTER USER 用户名 IDENTIFIED BY 新密码 ;
```

范例 14-11： 修改 c##mldnuser 的密码为 hellojava。

```
ALTER USER c##mldnuser IDENTIFIED BY hellojava ;
```

2．控制用户锁定

语法 14-5： 控制用户锁定

```
ALTER USER 用户名 ACCOUNT LOCK | UNLOCK ;
```

范例 14-12： 将 c##mldnuser 用户设置为锁定状态。

```
ALTER USER c##mldnuser ACCOUNT LOCK ;
```

范例 14-13： 通过 dba_users 数据字典查看 mldnuser 用户的锁定信息。

```
SELECT username,user_id,default_tablespace,temporary_tablespace,created,lock_date,profile
FROM dba_users
WHERE username='C##MLDNUSER';
```

查询结果： 通过 SQL Developer 输出，如图 14-6 所示。

	USERNAME	USER_ID	DEFAULT_TABLESPACE	TEMPORARY_TABLESPACE	CREATED	LOCK_DATE	PROFILE
1	C##MLDNUSER	103	MLDN_DATA	MLDN_TEMP	17-10月-13	17-10月-13	DEFAULT

图 14-6　mldn 用户已锁定

范例 14-14： 将 c##mldnuser 用户解锁。

```
ALTER USER c##mldnuser ACCOUNT UNLOCK ;
```

3．让密码失效

语法 14-6： 让用户密码失效

```
ALTER USER 用户名 PASSWORD EXPIRE ;
```

范例 14-15： 让 c##mldnuser 密码失效。

```
ALTER USER c##mldnuser PASSWORD EXPIRE ;
```

密码失效之后用户必须在进行登录时强制性修改密码。

4．修改用户表空间配额

在很多情况下，随着数据库使用的时间越久，所需要保存的数据量就越大，此时就可以利用 ALTER 语句修改用户在表空间上的配额。

语法 14-7： 修改用户表空间配额

```
ALTER USER 用户名 QUOTA 数字 [K | M] | UNLIMITED ON 表空间名称 …
```

范例 14-16： 修改 c##mldnuser 用户的表空间配额。

```
ALTER USER c##mldnuser
QUOTA 20M ON system
QUOTA 35M ON users ;
```

范例 14-17： 通过 dba_ts_quotas 数据字典查看 mldnuser 用户新的表空间配额。

```
SELECT * FROM dba_ts_quotas WHERE username='C##MLDNUSER' ;
```

查询结果：通过 SQL Developer 输出，如图 14-7 所示。

	TABLESPACE_NAME	USERNAME	BYTES	MAX_BYTES	BLOCKS	MAX_BLOCKS	DROPPED
1	SYSTEM	C##MLDNUSER	0	20971520	0	2560	NO
2	USERS	C##MLDNUSER	0	36700160	0	4480	NO
3	MLDN_DATA	C##MLDNUSER	0	31457280	0	3840	NO

图 14-7　修改表空间配额

14.1.4　删除用户

当某一个用户不再需要时，可以通过 DROP 语句进行用户的删除。

语法 14-8：删除用户语法

```
DROP USER 用户名 [CASCADE] ;
```

如果用户在存在期间进行了数据库对象创建，则可以利用 CASCADE 子句删除模式中的所有对象。

注意：删除用户是一个危险操作。

当一个用户被删除之后，此用户下的所有对象（表、索引、子程序）都会一起被删除，就仿佛此用户从未出现过一样，所以请在删除前做好用户数据的备份。

范例 14-18：删除 c##mldnuser 用户。

```
DROP USER c##mldnuser ;
```

由于此时 mldnuser 并没有创建任何的数据库对象，所以此处不需要编写 CASCADE。

14.2　权 限 管 理

用户创建完成后实际上是没有任何权限的，即是无法使用的，如果让一个用户真正可用，就必须为此用户授权。在 Oracle 中，权限分为下面两类。

☑　系统权限：进行数据库资源操作的权限，例如创建数据表、索引等权限。

☑　对象权限：维护数据库中对象的能力，即：由一个用户操作另外一个用户的对象。

所有的权限应该由 DBA 进行控制，在 SQL 语句规范中针对权限的控制提供了两个核心的操作命令，分别是 GRANT（授权）、REVOKE（回收权限）。

14.2.1　系统权限

系统权限主要指的是资源操作的权限，例如，数据库管理员（DBA）是数据库系统中级别最高的用户，它拥有一切系统权限及各种资源的操作能力。在 Oracle 中有 100 多种系统权限，并且不同的数据库版本相应的权限数也会增加，下面为读者列出一些常用的系统权限，如表 14-1

所示。

表 14-1 常用系统权限

No.	类　型	权　限	描　述
1	用户及角色系统权限	CREATE USER	创建用户的权限
2		CREATE ROLE	创建角色的权限
3		ALTER USER	修改用户的权限
4		ALTER ANY ROLE	修改任意角色的权限
5		DROP USER	删除用户的权限
6		DROP ANY ROLE	删除任意角色的权限
7	概要文件系统权限	CREATE PROFILE	创建概要文件的权限
8		ALTER PROFILE	修改概要文件的权限
9		DROP PROFILE	删除概要文件的权限
10	同义词系统权限	CREATE ANY SYNONYM	为任意用户创建同义名的权限
11		CREATE SYNONYM	为用户创建同义名的权限
12		DROP PUBLIC SYNONYM	删除公共同义名的权限
13		DROP ANY SYNONYM	删除任意同义名的权限
14	表系统权限	SELECT ANY TABLE	查询任意表的权限
15		SELECT TABLE	使用用户表的权限
16		UPDATE ANY TABLE	修改任意表中数据的权限
17		UPDATE TABLE	修改用户表中的行的权限
18		DELETE ANY TABLE	删除任意表行数据的权限
19		DELETE TABLE	为用户删除表行的权限
20		CREATE ANY TABLE	为任意用户创建表的权限
21		CREATE TABLE	为用户创建表的权限
22		DROP ANY TABLE	删除任意表的权限
23		ALTER ANY TABLE	修改任意表的权限
24		ALTER TABLE	修改拥有的表权限
25	表空间系统权限	CREATE TABLESPACE	创建表空间的权限
26		ALTER TABLESPACE	修改表空间的权限
27		DROP TABLESPACE	删除表空间的权限
28		UNLIMITED TABLESPACE	对表空间大小不加限制的权限
29	索引系统权限	CREATE ANY INDEX	为任意用户创建索引的权限
30		DROP ANY INDEX	删除任意索引的权限
31		ALTER ANY INDEX	修改任意索引的权限
32	会话系统权限	CREATE SESSION	创建会话的权限
33		ALTER SESSION	修改数据库会话的权限
34	视图系统权限	CREATE ANY VIEW	为任意用户创建视图的权限
35		CREATE VIEW	为用户创建视图的权限
36		DROP ANY VIEW	删除任意视图的权限
37		SELECT VIEW	使用视图的权限
38		UPDATE VIEW	修改视图中行的权限
39		DELETE ANY VIEW	删除任意视图行的权限
40		DELETE VIEW	删除视图行的权限

Note

续表

No.	类　型	权　限	描　述
41	序列系统权限	CREATE ANY SEQUENCE	为任意用户创建序列的权限
42		CREATE SEQUENCE	为用户创建序列的权限
43		ALTER ANY SEQUENCE	修改任意序列的权限
44		ALTER SEQUENCE	修改拥有的序列权限
45		DROP ANY SEQUENCE	删除任意序列的权限
46		SELECT ANY SEQUENCE	使用任意序列的权限
47		SELECT SEQUENCE	使用用户序列的权限
48	子程序系统权限	CREATE ANY PROCEDURE	为任意用户创建存储过程的权限
49		CREATE PROCEDURE	为用户创建存储过程的权限
50		CREATE ANY TRIGGER	为任意用户创建触发器的权限
51		ALTER PROCEDURE	修改拥有的存储过程权限
52		ALTER ANY TRIGGER	修改任意触发器的权限
53		EXECUTE ANY PROCEDURE	执行任意存储过程的权限
54		EXECUTE FUNCTION	执行存储函数的权限
55		EXECUTE PACKAGE	执行存储包的权限
56		EXECUTE PROCEDURE	执行用户存储过程的权限
57		DROP ANY PROCEDURE	删除任意存储过程的权限
58		DROP ANY TRIGGER	删除任意触发器的权限

在表 14-1 中所列出的是一些常见数据库对象的操作权限，其中也包括 PL/SQL 编程中的部分权限。在以上权限操作中，凡是带有 ANY 的表示可以在任何数据库模式（用户）中都可以具备相应的权限。

提示：SYSOPER 和 SYSDBA 权限。

在用户使用 CONN 进行连接时，可以通过 AS 设置 SYSOPER 或 SYSDBA，实际上这两种连接方式对应两种特殊的系统权限，分别是 SYSOPER 权限和 SYSDBA 权限。

1. SYSOPER 系统权限包括的授权操作如下。

☑ 执行 STARTUP 和 SHUTDOWN 操作;

☑ 执行 ALTER DATABASE OPEN | MOUNT | BACKUP;

☑ ARCHIVELOG 和 RECOVERY;

☑ CREATE SPFILE;

☑ RESTRICTED SESSION 权限。

2. SYSDBA 系统权限包括的授权操作如下。

☑ CREATE DATABASE;

☑ ALTER TABLESPACE BEGIN / END BACKUP;

☑ RECOVER DATABASE UNTIL。

这两种系统权限由于需要 Oracle 体系结构的相关知识，有兴趣的读者可以查阅相关文档，本书不做过多阐述。

了解了这些系统权限之后，下面就可以通过 GRANT 语句为用户进行授权操作。

语法 14-9：为用户授权

```
GRANT 权限 ，...
TO [用户名 ，... | 角色名 ，.... | PUBLIC]
[WITH ADMIN OPTION] ;
```

本语法组成如下所示。

- ☑ 权限：主要指的是各个系统权限，通过表 14-1 可以查找到所需要的权限。
- ☑ TO：设置授予权限的用户、角色或者是使用 PUBLIC 将此权限设置为公共权限。
- ☑ WITH ADMIN OPTION：将用户授予的权限继续授予其他用户。

范例 14-19：为 c##mldnuser 用户授予 CREATE SESSION 权限。

```
GRANT CREATE SESSION TO c##mldnuser ;
```

此时管理员会将创建 SESSION 的权限授予 c##mldnuser 用户，当 c##mldnuser 用户有了此权限之后才可以实现登录。

> **提示：用户 SESSION 连接。**
>
> 本书一直强调，每一个连接到数据库上的用户都通过一个 SESSION 进行表示，如果某一个用户缺少了创建 SESSION 的权限，那么就表示无法登录，所以在没有授权的情况下，使用 c##mldnuser 登录就会出现"ORA-01045: user MLDNUSER lacks CREATE SESSION privilege; logon denied"错误提示信息。

c##mldnuser 用户虽然现在可以登录到数据库中，但是其并没有创建任何对象的操作权限，为了可以让此用户正常使用，下面将创建表（CREATE TABLE）、创建序列（CREATE SEQUENCE）、创建视图（CREATE VIEW）的权限授予 c##mldnuser 用户。

> **提示：Oracle 10g R2 之前版本如果要创建表还需要授予表空间操作权限。**
>
> 数据表的创建一定需要指定其操作的表空间，在 Oracle 10g R2 之前的版本，只是单独的授予 CREATE TABLE 权限还无法创建表，还需要将表空间的操作权限授予用户，而此情况在 Oracle 10g R2 之后的版本中已经得到改善。
>
> 同时在一些旧版本的 Oracle 数据库中，用户授权后还需要重新登录才可以使用新的权限。

范例 14-20：为 c##mldnuser 用户授权。

```
GRANT CREATE TABLE , CREATE SEQUENCE , CREATE VIEW TO c##mldnuser WITH ADMIN OPTION ;
```

此时将 3 种对象的创建权限授予了 c##mldnuser 用户，在授权的同时使用了 WITH ADMIN OPTION 子句，表示 c##mldnuser 用户可以将其权限授予其他用户。

范例 14-21：利用 c##mldnuser 用户登录，而后将创建表及创建序列的权限授予 c##mldnjava 用户。

```
GRANT CREATE TABLE , CREATE SEQUENCE TO c##mldnjava ;
```

此时由 c##mldnuser 将其拥有的两个权限（CREATE TABLE、CREATE SEQUENC）授予了 c##mldnjava 用户。

可以发现，如果想让一个用户正常使用，则必须为其授予许多的权限，但是如果要想知道某一个用户的权限，则必须使用 dba_sys_privs 数据字典查询。

注意：无法将 c##mldnuser 用户的 CREATE SESSION 权限授予 c##mldnjava 用户。

在本次演示中，是通过执行两次 GRANT 语句实现授权操作的。当 sys 授予 c##mldnuser 用户 CREATE SESSION 权限时，并没有设置 WITH ADMIN OPTION 子句，所以此权限无法由 c##mldnuser 用户继续授予其他用户。

Note

提示：查询本用户权限可以使用 session_privs 或 user_sys_privs。

如果现在读者使用的是 c##mldnuser 用户登录，那么可以直接利用 session_privs（或者是 user_sys_privs 数据字典）查询自己所拥有的全部权限。

范例 14-22： 通过 dba_sys_privs 数据字典查看用户权限。

```
SELECT *
FROM dba_sys_privs
WHERE grantee IN ('C##MLDNJAVA' , 'C##MLDNUSER')
ORDER BY grantee DESC ;
```

查询结果： 通过 SQL Developer 输出，如图 14-8 所示。

	GRANTEE	PRIVILEGE	ADMIN_OPTION	COMMON
1	C##MLDNUSER	CREATE SESSION	NO	NO
2	C##MLDNUSER	CREATE TABLE	YES	NO
3	C##MLDNUSER	CREATE VIEW	YES	NO
4	C##MLDNUSER	CREATE SEQUENCE	YES	NO
5	C##MLDNJAVA	CREATE TABLE	NO	NO
6	C##MLDNJAVA	CREATE SEQUENCE	NO	NO

图 14-8　查询用户权限

除了为用户授权之外，管理员也可以利用 REVOKE 回收某一个用户的权限，操作语法如下。

语法 14-10： 撤销权限

```
REVOKE 权限 , ... FROM 用户名 ;
```

范例 14-23： 将 c##mldnuser 用户的 CREATE VIEW、CREATE TABLE 权限回收。

```
REVOKE CREATE TABLE , CREATE VIEW FROM c##mldnuser ;
```

撤销完成后，c##mldnuser 用户将不再具备创建表及创建视图的能力，下面可以继续利用 dba_sys_privs 数据字典来查看用户的权限。

范例 14-24： 通过 dba_sys_privs 数据字典查看用户权限。

```
SELECT *
FROM dba_sys_privs
WHERE grantee IN ('C##MLDNJAVA' , 'C##MLDNUSER')
ORDER BY grantee DESC ;
```

查询结果： 通过 SQL Developer 输出，如图 14-9 所示。

	GRANTEE	PRIVILEGE	ADMIN_OPTION	COMMON
1	C##MLDNUSER	CREATE SEQUENCE	YES	NO
2	C##MLDNUSER	CREATE SESSION	NO	NO
3	C##MLDNJAVA	CREATE SEQUENCE	NO	NO
4	C##MLDNJAVA	CREATE TABLE	NO	NO

图 14-9　查看用户权限

通过查询结果可以发现，虽然 c##mldnuser 用户的 CREATE TABLE 权限回收了，但是通过

c##mldnuser 用户为 c##mldnjava 用户所授予的权限并没有被回收，即不影响其他用户。

除了通过管理员回收权限之外，如果某一用户的权限是通过其他用户指定的，例如 c##mldnjava 用户的 CREATE SEQUENCE 权限是通过 c##mldnuser 用户设置的，则可以由一个用户进行权限的回收。

范例 14-25：通过 c##mldnuser 用户回收 c##mldnjava 用户的 CREATE SEQUENCE 权限。

```
REVOKE CREATE SEQUENCE FROM c##mldnjava ;
```

查询结果：通过 SQL Developer 输出，如图 14-10 所示。

	GRANTEE	PRIVILEGE	ADMIN_OPTION	COMMON
1	C##MLDNUSER	CREATE SESSION	NO	NO
2	C##MLDNUSER	CREATE SEQUENCE	YES	NO
3	C##MLDNJAVA	CREATE TABLE	NO	NO

图 14-10　查询用户权限

14.2.2　对象权限

虽然现在 c##mldnuser 用户具备了 CREATE SESSION 的操作权限，但是如果想访问 c##scott 用户的资源，那么也是无法操作的，如下代码所示。

范例 14-26：通过 c##mldnuser 无法访问 c##scott 用户下的资源。

```
SELECT * FROM c##scott.dept ;
```

此时，会直接提示"ORA-00942: 表或视图不存在"错误信息。之所以会出现这样的错误，主要是 c##mldnuser 用户不具备 c##scott 用户的对象权限，即需要为 c##mldnuser 用户授予相应的对象权限后才可以访问其他用户的对象。

对象权限指的是数据库中某一个对象所拥有的权限，即可以通过某一个用户的对象权限，让其他用户来操作本用户中的所有授权的对象。在 Oracle 中一共定义了 8 种对象权限，分别是 SELECT、INSERT、UPDATE、DELETE、EXECUTE、ALTER、INDEX、REFERENCES，这 8 种对象权限的操作关系如表 14-2 所示。

表 14-2　对象权限

No.	对象权限	表（Table）	序列（Sequence）	视图（View）	子程序（Procedure）
1	查询（SELECT）	√	√	√	
2	增加（INSERT）	√		√	
3	更新（UPDATE）	√		√	
4	删除（DELETE）	√		√	
5	执行（EXECUTE）				√
6	修改（ALTER）	√	√	√	
7	索引（INDEX）	√		√	
8	关联（REFERENCES）	√			

如果需要将对象权限授予某一个用户，依然需要通过 GRANT 语句来完成，而此时的授权语法如下。

语法 14-11：授予对象权限

```
GRANT 对象权限 | ALL [(列 , ...)]
ON 对象
```

```
TO [用户名 | 角色名 | PUBLIC]
[WITH GRANT OPTION] ;
```

本语法组成如下所示。

☑ 对象权限：指的是表 14-2 所列出的权限标记，如果设置为 ALL 表示所有对象权限。
☑ ON：要授予权限的对象名称。
☑ TO：将此权限授予的用户名称或角色名称，如果设置为 PUBLIC 表示为公共权限。
☑ WITH GRANT OPTION：允许授权用户继续授权其他用户。

Note

范例 14-27： 为 c##mldnuser 用户授予 c##scott 用户 dept 表的查询及增加权限。

```
GRANT SELECT , INSERT ON c##scott.dept TO c##mldnuser ;
```

此时，再次利用 c##mldnuser 执行 scott.dept 的查询（SELECT）、增加（INSERT）操作就可以正常完成了。

范例 14-28： 将 c##scott.dept 数据表更新部门名称（dname）的权限授予 c##mldnuser 用户。

```
GRANT UPDATE(dname) ON c##scott.dept TO c##mldnuser ;
```

由于此时只是将 dname 字段的修改权限授予了 c##mldnuser 用户，所以 c##scott.dept 表的其他字段 c##mldnuser 用户都将无法更新。

所有设置的对象权限，可以通过登录用户的 user_tab_privs_recd 数据字典查看，例如，此时是以 c##mldnuser 用户登录。

范例 14-29： 查询当前登录用户下的所有对象权限。

```
CONN c##mldnuser/hellojava
COL owner FOR A10 ;
COL table_name FOR A10 ;
COL grantor FOR A10 ;
COL privilege FOR A10 ;
SELECT * FROM user_tab_privs_recd ;
```

查询结果： 通过 SQLPlus 输出，如图 14-11 所示。

OWNER	TABLE_NAME	GRANTOR	PRIVILEGE	GRANTA	HIERAR	COMMON	TYPE
C##SCOTT	DEPT	C##SCOTT	INSERT	NO	NO	NO	TABLE
C##SCOTT	DEPT	C##SCOTT	SELECT	NO	NO	NO	TABLE

图 14-11 查询对象权限

如果想知道当前用户所具备的列的对象权限，可以使用 user_col_privs_recd 数据字典查询。

范例 14-30： 查询 user_col_privs_recd 数据字典。

```
COL owner FOR A10 ;
COL table_name FOR A10 ;
COL column_name FOR A15 ;
COL grantor FOR A10 ;
COL privilege FOR A10 ;
SELECT * FROM user_col_privs_recd ;
```

查询结果： 通过 SQLPlus 输出，如图 14-12 所示。

OWNER	TABLE_NAME	COLUMN_NAME	GRANTOR	PRIVILEGE	GRANTA	COMMON
C##SCOTT	DEPT	DNAME	C##SCOTT	UPDATE	NO	NO

图 14-12 查询列的对象权限

提示：查询对象属者分配的权限。

如果现在希望知道某一个数据库对象分配出去了哪些权限，则可以使用 user_tab_privs_made 和 user_col_privs_made 数据字典查看相关信息。

如果要对对象权限进行回收，则继续使用 REVOKE 语句来完成。

语法 14-12：回收对象权限

```
REVOKE [权限 , .... | ALL]
ON  对象
FROM [用户 , .... |  角色  | PUBLIC] ;
```

范例 14-31：回收 c##scott.dept 上的相关权限。

```
REVOKE SELECT , INSERT ON c##scott.dept FROM c##mldnuser ;
REVOKE UPDATE ON c##scott.dept FROM c##mldnuser ;
```

本操作将 c##mldnuser 用户的 SELECT、INSERT、UPDATE 这 3 个权限通过 c##mldnuser 用户进行回收，之后 c##mldnuser 用户将不再具备 c##scott.dept 的操作权限。

注意：只能按照对象权限回收，不能按照列权限回收。

虽然在授权时可以设置某一个操作列，例如 UPDATE(dname)，但是在回收权限时，不能使用 UPDATE (dname)的方式来完成，只能以整个表的权限方式进行回收。如果使用了，则会出现“ORA-01750: UPDATE/REFERENCES 只能从整个表而不能按列 REVOKE”错误提示。

14.3　角　　色

建立用户而后为其授权是用户管理的基本操作，但是通过之前的演示可以发现，如果想让一个用户正常进行操作，那么肯定需要授予很多的操作权限。如果现在有 100 个用户，而且这些用户都需要具备相同的权限，那么在进行权限维护的时候肯定不可能针对 100 个用户分别维护，而是需要将所有用户的权限一起进行维护，在这时就只能将多个权限加入到一个角色中，通过对角色的维护来实现对多个用户的权限维护（可以是系统权限，也可以是对象权限），所以，所谓的角色就是指一组相关权限的集合。

提示：关于读者可能用到的数据字典。

在 Oracle 中，管理员可以通过 3 个数据字典查看用户、角色、权限的信息。

☑ dba_sys_privs：查看用户所拥有的权限。

☑ dba_role_privs：查看用户所拥有的角色。

☑ role_sys_privs：查看角色所拥有的权限。

14.3.1 创建角色

Note

如果用户要创建角色，则可以通过 DBA 或者具有相应 CREATE ROLE 权限的用户来完成，角色的创建语法如下所示。

范例 14-32：创建角色的基本语法。

```
CREATE ROLE 角色名称
[NOT IDENTIFIED | IDENTIFIED BY 密码 ;
```

在创建角色的语法中，存在如下几个操作选项。

☑ NOT IDENTIFIED（默认）：不需要任何的口令标记。

☑ IDENTIFIED BY 密码：创建角色的时候同时设置密码，该密码主要用在角色激活时使用。

范例 14-33：创建一个普通的角色。

```
CREATE ROLE c##mldn_role_a ;
```

本程序创建了一个 c##mldn_role_a 的角色，所有角色定义全部采用默认设置。

注意：角色命名。

从 Oracle 12c 开始，如果是在 CDB 下创建的角色，也必须使用“C##”开头。

范例 14-34：创建一个带有密码的角色。

```
CREATE ROLE c##mldn_role_b IDENTIFIED BY hellojava ;
```

本程序创建了一个 c##mldn_role_b 的角色，要想使用这个角色就必须设置口令 hellojava。

提示：关于角色的密码。

在创建角色时所设置的密码是在角色启用时使用的，如果用户需要观察一下，可以试验如下的几个语句。

范例 14-35：禁用当前会话中的所有角色。

```
SET ROLE NONE ;
```

范例 14-36：启用当前会话中的所有角色。

```
SET ROLE ALL ;
```

范例 14-37：启用 c##mldn_role_b 角色，此角色存在密码。

```
SET ROLE c##mldn_role_b IDENTIFIED BY hellojava ;
```

但是本书只考虑角色的基本维护，没有涉及此部分的内容，有兴趣的读者可以查阅其他相关资料。

此时一共创建了两个角色，而创建完的角色可以通过 dba_roles 这个数据字典查看。

范例 14-38：查看 dba_roles 数据字典。

```
SELECT *
FROM dba_roles
WHERE role IN ('C##MLDN_ROLE_A','C##MLDN_ROLE_B');
```

查询结果：通过 SQL Developer 输出，如图 14-13 所示。

	ROLE	PASSWORD_REQUIRED	AUTHENTICATION_TYPE	COMMON	ORACLE_MAINTAINED
1	C##MLDN_ROLE_A	NO	NONE	YES	N
2	C##MLDN_ROLE_B	YES	PASSWORD	YES	N

图 14-13　查看所有角色

14.3.2　角色授权

当一个角色创建完成后，里面并没有任何的权限，用户可以使用 GRANT 为角色进行授权。

范例 14-39：为 c##mldn_role_a 角色授权。

```
GRANT CREATE SESSION , CREATE TABLE , CREATE VIEW , CREATE SEQUENCE TO
c##mldn_role_a ;
```

本操作为 c##mldn_role_a 授予了 4 个权限，这样就可以保证 c##mldn_role_a 角色下的所有管理员都将具备创建基本数据库对象的能力。

范例 14-40：为 c##mldn_role_b 角色授权。

```
GRANT CREATE SESSION , CREATE ANY TABLE , INSERT ANY TABLE TO c##mldn_role_b ;
```

##mldn_role_b 角色主要完成的是索引对象的相关操作。

为两个角色分配完权限后，下面可以利用 role_sys_privs 数据字典来查看两个角色所具备的权限信息。

范例 14-41：查询 role_sys_privs 数据字典。

```
SELECT *
FROM role_sys_privs
WHERE role IN ('C##MLDN_ROLE_A' , 'C##MLDN_ROLE_B')
ORDER BY role ;
```

查询结果：通过 SQL Developer 输出，如图 14-14 所示。

	ROLE	PRIVILEGE	ADMIN_OPTION	COMMON
1	C##MLDN_ROLE_A	CREATE SEQUENCE	NO	NO
2	C##MLDN_ROLE_A	CREATE VIEW	NO	NO
3	C##MLDN_ROLE_A	CREATE SESSION	NO	NO
4	C##MLDN_ROLE_A	CREATE TABLE	NO	NO
5	C##MLDN_ROLE_B	CREATE SESSION	NO	NO
6	C##MLDN_ROLE_B	CREATE ANY TABLE	NO	NO
7	C##MLDN_ROLE_B	INSERT ANY TABLE	NO	NO

图 14-14　查询角色信息

14.3.3　为用户授予角色

将角色授予用户与将权限授予用户的方式是非常类似的，只需要利用 GRANT 语句即可完成。

范例 14-42：将 c##mldn_role_a 的角色授予 c##mldnuser 用户。

```
GRANT c##mldn_role_a TO c##mldnuser ;
```

范例 14-43：将 c##mldn_role_a 和 c##mldn_role_b 的角色授予 c##mldnjava 用户。

```
GRANT c##mldn_role_a ,c##mldn_role_b TO c##mldnjava ;
```

与授权操作一样，可以将一个或多个角色授予用户。

范例 14-44：查询 c##mldnuser 用户权限。

```
CONN c##mldnuser/hellojava
COL privilege FOR A30 ;
SELECT * FROM session_privs ;
```

查询结果： 通过 SQLPlus 输出，如图 14-15 所示。

```
PRIVILEGE
------------------------------
CREATE SEQUENCE
CREATE VIEW
CREATE TABLE
CREATE SESSION
```

图 14-15　查看用户权限

可以发现，将某一角色授予用户之后，此用户就自动拥有此角色中所包含的全部权限。

14.3.4　修改角色及回收角色权限

角色创建之后，也可以针对角色的状态或角色中的权限进行修改。下面将通过如下几个程序进行演示。

1．角色密码的设置

如果要设置或取消一个角色的密码，可以利用 ALTER ROLE 指令来完成。

语法 14-13： 设置或取消角色密码

```
ALTER ROLE 角色名称 [NOT IDENTIFIED | IDENTIFIED BY 密码 ;
```

范例 14-45： 将 c##mldn_role_a 的角色密码设置为 hellomldn。

```
ALTER ROLE c##mldn_role_a IDENTIFIED BY hellomldn ;
```

范例 14-46： 取消 c##mldn_role_b 角色的密码。

```
ALTER ROLE c##mldn_role_b NOT IDENTIFIED ;
```

2．通过角色回收权限

从角色中回收权限使用 REVOKE 语句来完成。

范例 14-47： 将 CREATE SESSION 的权限从 c##mldn_role_a 角色中回收。

```
REVOKE CREATE SESSION FROM c##mldn_role_a ;
```

范例 14-48： 查询 c##mldn_role_a 角色中的权限信息。

```
SELECT *
FROM role_sys_privs
WHERE role='C##MLDN_ROLE_A'
ORDER BY role ;
```

查询结果： 通过 SQL Developer 输出，如图 14-16 所示。

	ROLE	PRIVILEGE	ADMIN_OPTION	COMMON
1	C##MLDN_ROLE_A	CREATE TABLE	NO	NO
2	C##MLDN_ROLE_A	CREATE SEQUENCE	NO	NO
3	C##MLDN_ROLE_A	CREATE VIEW	NO	NO

图 14-16　权限回收之后的角色

14.3.5　删除角色

当某个角色不再使用时，可以直接利用 DROP 命令将其删除。

语法 14-14： 删除角色

```
DROP ROLE 角色名称 ;
```

范例 14-49： 删除 c##mldn_role_b 角色。

```
DROP ROLE c##mldn_role_b ;
```

角色被删除之后，其拥有此角色的用户权限也将一起被删除。

14.3.6　预定义角色

在 Oracle 中为了减轻管理员的负担，专门提供了一些预定义角色，这些角色的定义如表 14-3 所示。

表 14-3　Oracle 预定义角色

No.	预定义角色	描　　述
1	EXP_FULL_DATABASE	导出数据库权限
2	IMP_FULL_DATABASE	导入数据库权限
3	SELECT_CATALOG_ROLE	查询数据字典权限
4	EXECUTE_CATALOG_ROLE	数据字典上的执行权限
5	DELETE_CATALOG_ROLE	数据字典上的删除权限
6	DBA	系统管理的相关权限
7	CONNECT	授予用户最典型的权限
8	RESOURCE	授予开发人员的权限

在 Oracle 中有两个最大的角色，即 CONNECT、RESOURCE，下面分别来看一下这两个角色所具有的权限。

范例 14-50： 通过 sys 用户查询 CONNECT 和 RESROUCE 角色所拥有的权限。

```
SELECT *
FROM role_sys_privs
WHERE role IN ('CONNECT' , 'RESOURCE')
ORDER BY role ;
```

查询结果： 通过 SQL Developer 输出，如图 14-17 所示。

	ROLE	PRIVILEGE	ADMIN_OPTION	COMMON
1	CONNECT	CREATE SESSION	NO	YES
2	CONNECT	SET CONTAINER	NO	YES
3	RESOURCE	CREATE TYPE	NO	YES
4	RESOURCE	CREATE TABLE	NO	YES
5	RESOURCE	CREATE CLUSTER	NO	YES
6	RESOURCE	CREATE OPERATOR	NO	YES
7	RESOURCE	CREATE INDEXTYPE	NO	YES
8	RESOURCE	CREATE SEQUENCE	NO	YES
9	RESOURCE	CREATE TRIGGER	NO	YES
10	RESOURCE	CREATE PROCEDURE	NO	YES

图 14-17　查看角色权限

通过角色信息的查询，可以发现 CONNECT、RESOURCE 所具备的权限信息，而管理员在创建用户后最简单的做法就是将这两个角色直接授予用户。

范例 14-51：将 CONNECT、RESOURCE 角色授予 c##mldnuser 用户。

```
GRANT CONNECT , RESOURCE TO c##mldnuser ;
```

Note

通过这两个角色的定义，管理员可以方便地实现角色的管理。

14.4 本章小结

1．Oracle 中用户、角色全部属于 Oracle 对象，用户可以利用 CREATE 创建用户或角色、利用 ALTER 修改用户或角色、利用 DROP 删除用户或角色。

2．概要文件定义了用户登录后的相关操作配置，通过概要文件，可以实现对用户的控制。

3．Oracle 中的权限分为系统权限与对象权限，如果要操作前必须使用 GRANT 为用户分配权限，也可以利用 REVOKE 撤销用户的权限。

4．多个权限可以通过角色进行统一的管理，一个角色会包含若干个权限。

5．为了方便地进行用户授权操作，可以直接利用 CONNECT、RESOURCE 两个角色进行授权。

第15章

数据库设计

通过本章的学习，可以达到以下目标：

☑ 理解E-R模型的基本概念。

☑ 理解数据库常见设计范式。

☑ 可以使用 Sybase PowerDesigner 工具进行数据库的设计。

☑ 通过一个实际的案例进行需求分析、数据库设计。

在实际的工作中进行数据库开发的时候，最重要的就是根据客户提供的业务描述进行数据表的创建，如何创建一个高效的又方便维护的数据库就成为了一个项目的关键。在数据库设计中存在有一些标准的设计范式，本章就这些数据库设计的范式为读者进行相关的讲解，同时使用开发中较为常用的 Sybase PowerDesigner 工具进行数据库的设计，最后将通过一个完整的案例分析为读者举例讲解。

15.1 数据库设计概述

Note

数据库设计是在所有项目开发中最为重要的一步，因为优秀的数据库设计，可以便于代码的开发及后期的维护。如果一个数据库设计得不全面，就有可能面对处处修改设计的窘境，而这将直接影响到后期代码开发的进度，同时增加维护的难度。当然，在一个项目中，不是只有数据库设计一个组成部分，实际的项目可能会经历如下几个基本步骤。

第 1 步：获取需求。

此阶段主要是跟软件需求方一起讨论软件的开发目标及可行性的分析。

第 2 步：需求分析。

根据用户的软件需求进行功能及操作业务的分析，同时编写出需求分析文档，此过程需要同需求方不断确认并且不断进行修改。

第 3 步：软件设计。

根据需求分析的结构，针对整个软件进行架构设计，包括建立程序开发框架、数据库设计（基于项目业务流程而设计）。同时针对项目的业务操作流程还应该编写相应的详细设计，在详细设计中，要明确地定义界面样式、使用数据表、业务流程。

提示：关于程序业务。

随着软件行业的不断成熟，相信不少读者也听说过此类名词，那么什么是业务呢？业务可以说是一个项目的核心组成单元，不管项目有多么复杂，都会存在基本业务。例如，用户使用 E-mail 发送邮件，肯定需要先登录系统后才可以操作，那么这就是一个最简单的业务。实际工作中，业务流程的设计还取决于你对所在行业认识的深与浅，对某一行业领悟得越深，业务的设计也就越合理，而这些都是需要大量行业经验支撑的，刚刚加入软件行业的读者所欠缺的也正是这些。

第 4 步：程序编码。

根据详细设计的业务流程在规定的开发框架上进行编码实现，在编码过程中要严格遵守统一编码规范。

第 5 步：软件测试。

在项目开发完成后或者在项目进行中都需要针对项目进行相应的测试，此时可以编写相应的测试用例对项目业务流程及软件中出现的错误进行验证。

第 6 步：运行维护。

项目交付使用之后还需要针对项目进行备份、功能升级等支持操作。

通过以上的 6 个步骤可以发现，商用数据库的设计需要的是详细的需求分析及清楚的业务描述，当需求确定之后，数据库设计是否合理，将直接影响到后续程序编码的操作实现，所以数据库是整个项目开发中最重要的一步。

15.2　概念模型与 E-R 图概述

概念模型是在需求分析完成的基础上进行的，概念模型指的是按照特定的方法将需求分析中的概念抽象为一个不依赖于具体机器的数据模型。通过这种概念模型可以将用户从复杂的实现细节中脱离出来，将注意力放在信息组织结构和处理模式上。

概念模型是对信息世界建模，所以概念模型应该能够方便、准确地表示出信息世界中的常用概念。概念模型的表示方法很多，其中最著名、最常用的是 P.P.S.Chen 于 1976 年提出的实体-联系方法（Entity-Relationship Approach）。该方法使用 E-R 图（E-R Diagram）来描述现实世界的概念模型。E-R 方法也称为 E-R 模型（Entity-Relation Model，或称为实体关系模型）。在实体关系模型中可以使用图形化方式来描述数据库各个实体间的关系工具，利用实体关系模型可以帮助非技术人员方便地理解程序的设计关系，在实体关系中主要用到的图形化表示如表 15-1 所示。

表 15-1　E-R 模型图形表

No.	ER 模型组成元素	符　号	描　述
1	实体（Entity）		用来描述显示世界的实体，例如学生、雇员、部门等
2	属性（Attribute）		用于描述实体的性质，例如名称、年龄、性别等
3	键（Key）		用于描述实体集合之中每一个实体数据的唯一性，例如雇员编号、部门编号、身份证号等
4	联系（Relationship）		用于描述两个实体之间的联系，例如一对一关系、一对多关系、多对多关系

下面将通过实例为读者分别讲解表 15-1 中的各个图形的含义。

15.2.1　实体

实体的主要功能是描述现实世界的事物，例如雇员、学生、部门等，这一点与面向对象程序设计中的“对象”非常相似，例如在前面所使用的 dept 表，实际上就属于一个实体，而 dept 表中的所有数据就称为一个实体集，如图 15-1 所示。

提示：实体分类。

在实体中又分为下面两类。

☑ 强实体（strong entity）：指不需要依附于其他实体而存在的实体，例如雇员、学生、部门，都不需要依附于任何其他实体而存在。

☑ 弱实体（weak entity）：指需要依赖于其他实体而存在的实体，例如，雇员家属必须依附于雇员才可以存在。

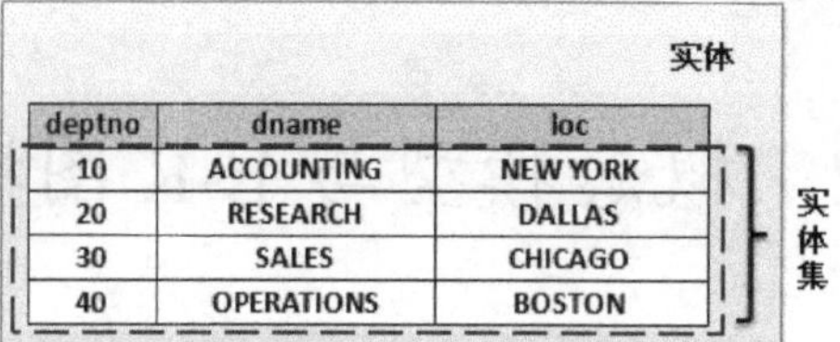

deptno	dname	loc
10	ACCOUNTING	NEW YORK
20	RESEARCH	DALLAS
30	SALES	CHICAGO
40	OPERATIONS	BOSTON

图 15-1　实体与实体集

Note

15.2.2　属性

属性主要用来描述实体所具有的特征，例如雇员编号、姓名、职位都用来描述雇员实体的性质。前面学习的 dept 表中的 deptno、dname、loc 这 3 个字段就称为属性。

提示：属性分类。

属性可以分为下面两种。

☑　简单属性（simple attribute）：已经不可再分的最小单元，例如编号、姓名。

☑　复合属性（composite attribute）：由两个以上的其他属性值所组成，例如，雇员的地址由省份、城市、小区、门牌号、邮政编码组成，复合属性可以通过 Oracle 的对象表实现，这一操作将在本书第 23 章为读者讲解。

在属性中还有一种被称为键属性，键属性指的是在某个环境下此属性具备唯一性。例如，在 dept 表中，deptno 字段就是一个键，此键不可重复，所以 dept 表的实体描述如图 15-2 所示。

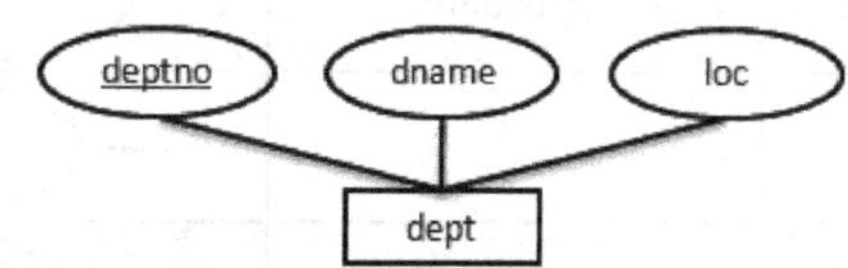

图 15-2　dept 表的属性表示

15.2.3　联系

联系主要用于表示两个实体之间所隐含的联系，例如一个部门有多个雇员就是一种联系。联系还有具有“基数性”（cardinality），常见的基数性有 1:1（一对一）、1:M（一对多）、M:N（多对多）3 种。

1．一对一联系（One-to-one Relationship）

表示一个实体只能关联一个实体，例如，每个教室只能分配一台计算机，如图 15-3 所示。

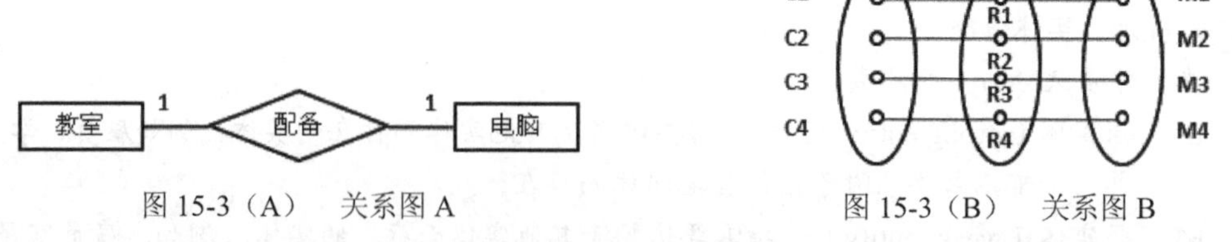

图 15-3（A）　关系图 A

图 15-3（B）　关系图 B

图 15-3　一对一联系

2．一对多联系（One-to-many Relationship）

一对多联系指的是一个实体与多个实体进行关联，例如一个部门有多个雇员，如图 15-4 所示。

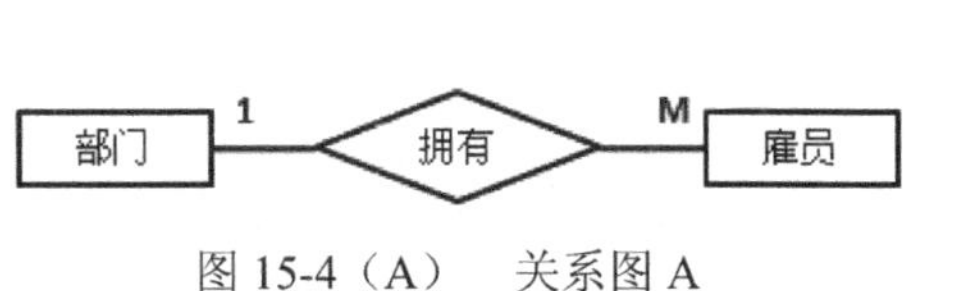

图 15-4（A）　关系图 A

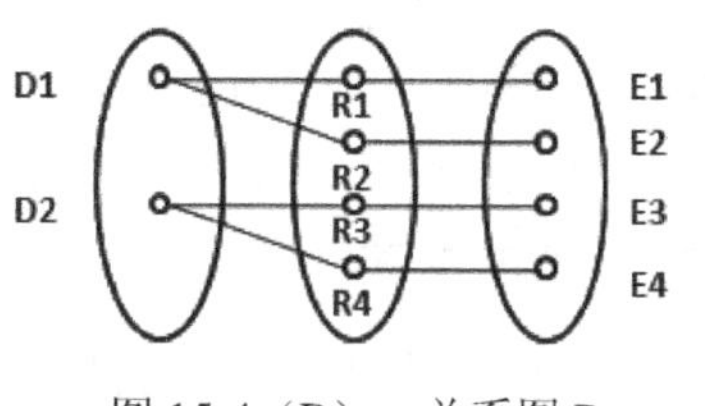

图 15-4（B）　关系图 B

图 15-4　一对多联系

3．多对多联系（Many-to-many Relationship）

指多个实体同时关联到其他的多个实体，例如：在学生选课关系之中，一个学生可以选择多门课程，而一门课程可以有多个学生参加，如图 15-5 所示。

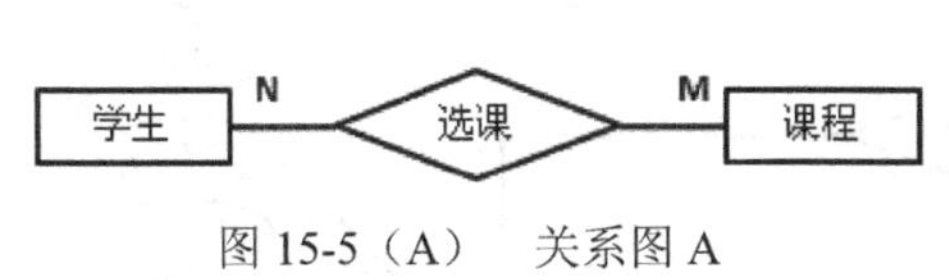

图 15-5（A）　关系图 A

图 15-5（B）　关系图 B

图 15-5　多对多联系

15.2.4　E-R 模型实例

了解了基本的 E-R 模型的基本图形之后，下面通过一个简单的实例为读者进行实际的分析。现在假设存在一个用户购买商品的数据库。

1．题目要求

☑ 网站可以进行用户的注册，用户注册时可以快速注册或者完整注册。快速注册只需要填写用户名及密码即可，而完整注册需要填写用户名、密码、E-mail、真实姓名、性别等信息。
☑ 每一个用户可以有多个派送地址，每个用户在下购买订单时可以选择相应的派送地址。
☑ 用户可以直接购买多种商品，同时下订单，每个订单可以有订单详情，用于记录用户所购买的商品信息、数量等信息。
☑ 用户可以针对购买过的商品进行评论，同时为购买过的商品进行打分。

2．题目分析

根据以上的题目要求，此时可以给出如下几个实体及属性定义。

☑ 用户（用户 ID，密码，注册日期）；
☑ 用户信息（用户 ID，EMAIL，真实姓名，性别）；

☑ 用户地址（地址 ID，用户 ID，省份，城市，地址，电话，邮政编码）；

☑ 商品（商品 ID，商品名称，单价）；

☑ 订单（订单 ID，用户 ID，地址 ID，总价，订单日期）；

☑ 订单详情（订单详情 ID，订单 ID，商品 ID，数量）；

☑ 商品评论（评论 ID，用户 ID，商品 ID，评论内容，分数，评论日期）。

Note

3. 建立 E-R 图

通过分析可以知道，如果想完成本题目要求，则需要定义 7 个实体图（见图 15-6），同时这些实体间会存在如下的联系。

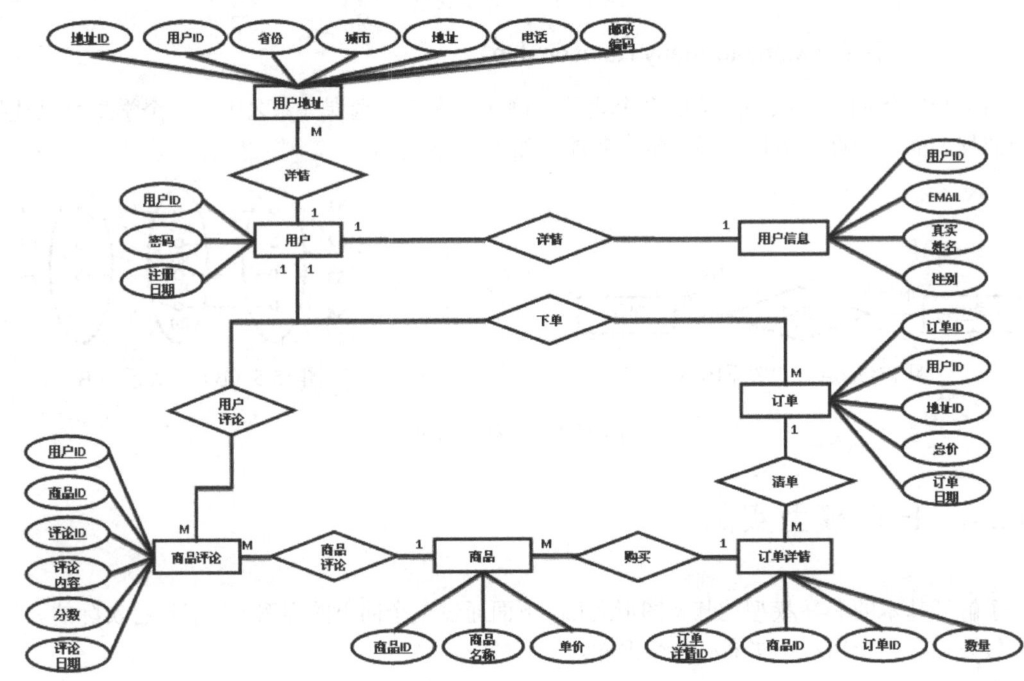

图 15-6　完整 E-R 图

☑ 一对一关联。

➢ 用户与用户信息：一个用户只会存在一个用户（详细）信息，如图 15-7 所示。

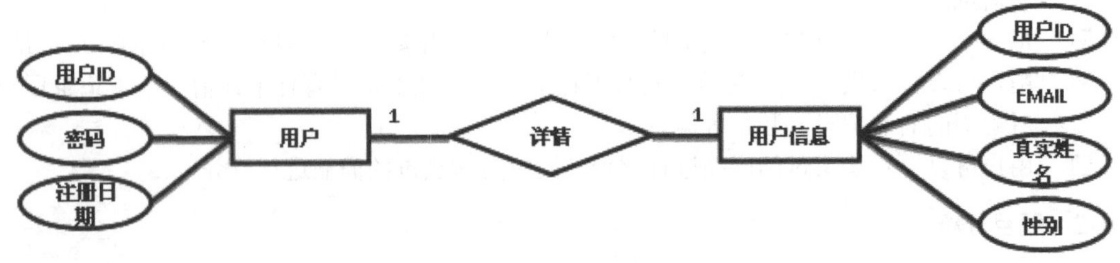

图 15-7　用户与用户信息

☑ 一对多关联。

➢ 用户与地址：一个用户可以同时保留多个派送地址，如图 15-8 所示。

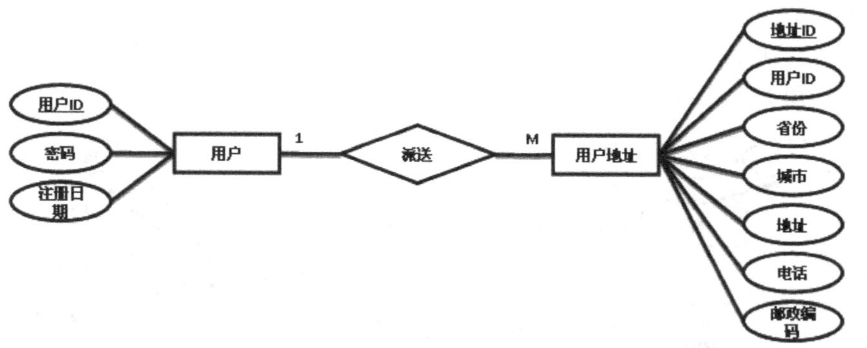

图 15-8　用户与地址

➢ 用户与订单：一个用户可以同时下多个订单，如图 15-9 所示。

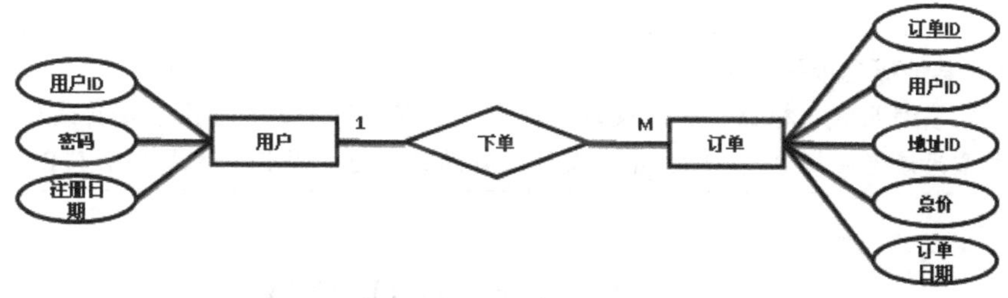

图 15-9　用户与订单

➢ 订单与订单详情：一个订单会购买多件商品，每件商品有不同的购买数量，如图 15-10 所示。

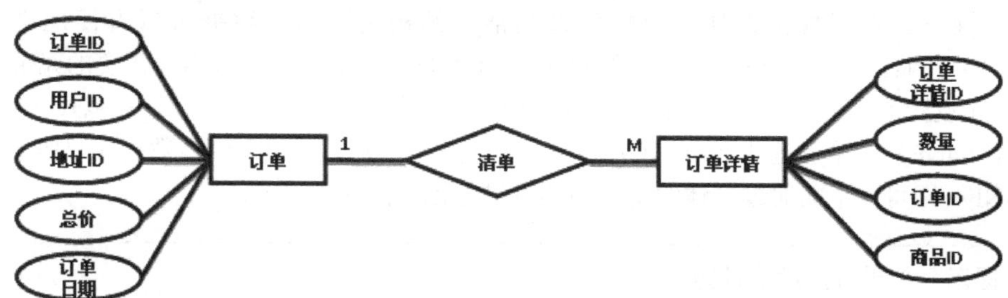

图 15-10　订单与订单详情

➢ 商品与订单详情：一个商品可以同时被购买多次，在多个订单详情中会有记录，如图 15-11 所示。

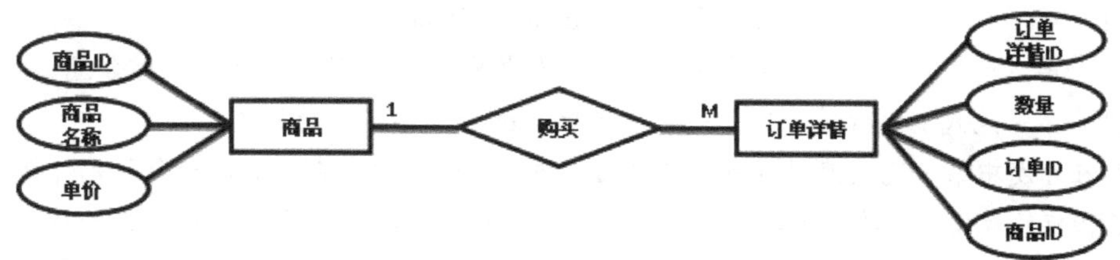

图 15-11　商品与订单详情

☑　多对多关联。

➢　商品评论：一个用户可以评论多个商品，一个商品可以同时被多个用户评论，如图 15-12 所示。

Note

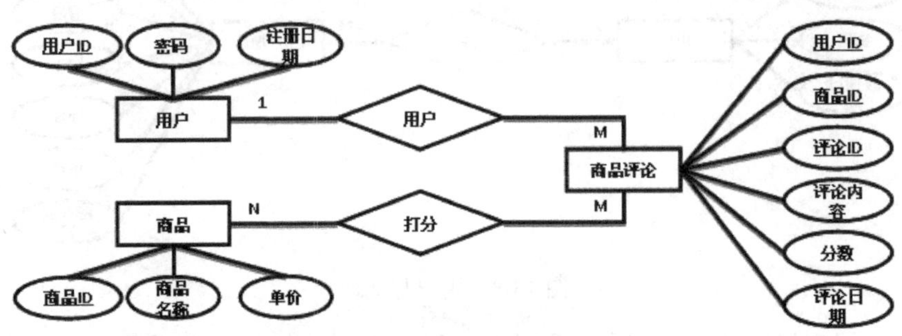

图 15-12　用户商品评论

提示：其他概念模型表示。

E-R 图有多种形式，根据不同的设计工具形式也有不同，本次给出的是其最原始的图形方式，在本章为读者讲解 PowerDesigner 设计工具的时候还会用其他方式表示 E-R 模型。

15.3　数据库设计范式

数据库设计范式是合理设计数据库所需要满足的相关规范，而合理的数据库设计，有利于数据库的维护。按照规范设计的数据库是简洁、结构清晰的，数据可以方便地进行增加（INSERT）、修改（UPDATE）、删除（DELETE）操作，同时可以减少不需要的冗余数据。

数据库设计范式一共有 6 种：第一范式（1NF）、第二范式（2NF）、第三范式（3NF）、第四范式（4NF）、第五范式（BCNF）和第六范式（5NF）。一般来讲，数据库只需满足第三范式（3NF）即可，下面通过具体的实例为读者进行范式的使用讲解。

提示：关于数据库设计范式。

数据库设计范式分为 6 种，但是本书考虑到实用性，只会为读者讲解 4 种范式（1NF、2NF、3NF、BCNF）。此部分会涉及一些数据库原理方面的概念，为了方便读者理解，本书在编写时已经将这些概念尽可能地简化，如果部分读者觉得实在有些晦涩难懂，那么也可以将其忽略。在开始讲解前，给出读者对于范式的简单理解：

☑　第一范式主要针对单表关系，例如 dept、salgrade 表。

☑　第二范式主要针对多对多关系，例如本书第 12 章中给读者讲解的综合范例。

☑　第三范式主要针对一对多关系，例如 dept-emp 两张表的关系。

而在开发中第三范式使用较多，本书为了方便读者学习，在讲解每一个范式时都为读者提供了相应的数据库创建脚本，读者可以利用这些脚本创建数据库。如果学习过 JSP 相关开发的读者，也可以利用这些创建的数据表，进行前台操作代码的实现，以验证其复杂度。

不过读者一定要记住，数据库设计范式只是一种理论的先期参考，即在数据库设计时都会首先使用标准范式进行设计，但是为了避免项目的某些需求中出现的复杂查询，往往还会采用冗余字段的方式进行设计，这些读者可以自行验证。

同时，在讲解设计范式时，也会使用 E-R 模型为读者进行范式关系的描述。

15.3.1　第一范式（1NF）

第一范式定义： 数据表中的每个字段都是不可再分原子数据项，不能是数组、集合等复合属性，只能是数字（NUMBER）、字符串（VARCHAR2）、日期时间（DATE、TIME、TIMESTAMP）、LOB（CLOB、BLOB）等基本数据类型。图 15-13 所示的设计就不符合于第一设计范式。

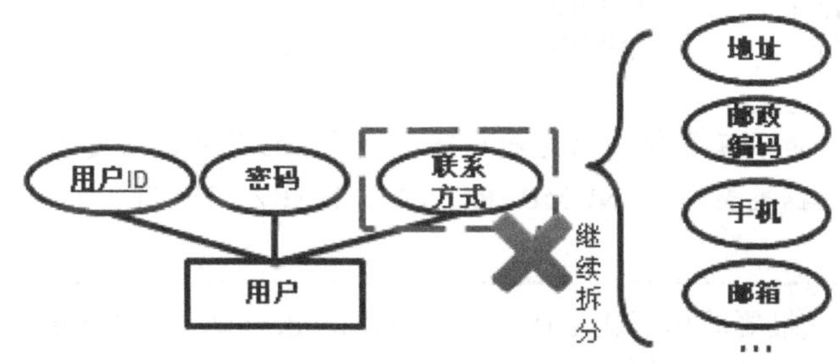

图 15-13　不符合第一设计范式

图 15-13 中，首先定义了一个用户的实体，之后在此实体中定义了 3 个属性（用户 ID、密码、联系方式），但是在这个时候出现了问题，因为联系方式本身会包含很多的子项，例如地址、邮政编码、手机、E-mail 等，所以以上的设计就不符合于第一设计范式，修改后的设计如图 15-14 所示。

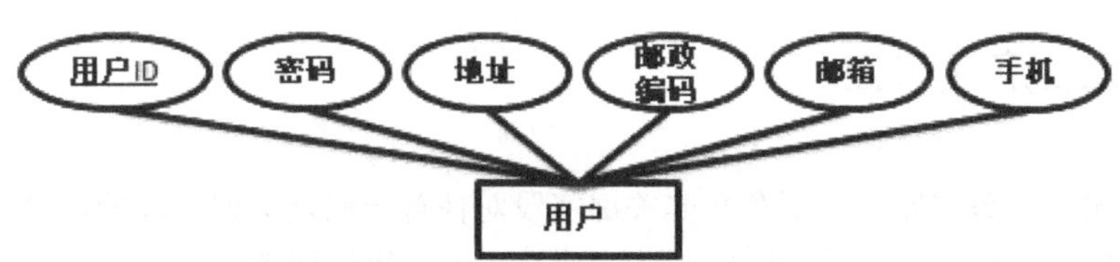

图 15-14　符合第一设计范式

范例 15-1：数据库创建脚本。

```
-- 删除数据表
DROP TABLE member PURGE ;
-- 创建数据表
CREATE TABLE member (
     mid            NUMBER ,
     name           VARCHAR2(50)      NOT NULL ,
     address        VARCHAR2(200) ,
     zipcode        VARCHAR2(6) ,
     telphone       VARCHAR2(20) ,
     email          VARCHAR2(50) ,
     CONSTRAINT pk_mid PRIMARY KEY(mid)
```

```
);
```

此时针对数据表中的每一个字段都无法继续进行拆分，所以此时的设计符合第一设计范式。

Note

提示：关于第一范式的两点说明。

对于第一范式还有两点需要提示一下读者。

☑ 提示一：对于姓名，在国外肯定分为 last_name、first_name 两个字段。

☑ 提示二：关于日期的问题，日期由于本身已经存在了 DATE 型数据，所以直接使用即可，而不能将其划分为年、月、日 3 个字段，就好比如下的操作：

```
CREATE TABLE member (
    mid                 NUMBER       PRIMARY KEY ,
    name                VARCHAR2(50)     NOT NULL ,
    birthday_year       NUMBER(4) ,
    birthday_months     NUMBER(2) ,
    birthday_day        NUMBER(2)
);
```

这种做法虽然也是不可再分，但是并不合适，所谓的不可再分更严格地讲就是使用数据库中所提供的各个数据类型，如 NUMBER、VARCHAR2、DATE、TIME、TIMESTAMP、CLOB、BLOB。

对于第一设计范式最好的理解就是在前面所讲解的 dept 表和 salgrade 表，两者都是单一的实体关系，如图 15-15 和图 15-16 所示。

部门		
部门编号	NUMBER(2)	<pk>
名称	VARCHAR2(10)	
位置	VARCHAR2(10)	

图 15-15　dept 表

工资等级		
等级编号	NUMBER	<pk>
等级最低工资	NUMBER	
等级最高工资	NUMBER	

图 15-16　salgrade 表

15.3.2　第二范式（2NF）

第二范式定义：数据库表中不存在非关键字段对任意一候选关键字段的部分函数依赖（部分函数依赖指的是存在组合关键字中的某些字段决定非关键字段的情况），即所有非关键字段都完全依赖于任意一组候选关键字。

提示：关于函数依赖的解释。

在关系型数据库中有一个成熟的理论——依赖（dependency），所以在讲解之前，首先要先从“函数依赖”进行讨论，它是关系中“键”（主键、候补键）概念的泛化。

关系 R 上的函数依赖（functional dependency，FD）是指“如果 R 的两个元组在属性 A_1，A_2，…，A_n 上一致（即它们对应于这些属性的分量值都相等），那么它们必定在其他属性 B_1，B_2，…，B_m 上也一致”。该函数依赖形式记为 $A_1A_2\cdots A_n \rightarrow B_1B_2 \cdots B_m$，并称为“$A_1$，$A_2$，…，$A_n$ 函数决定 B_1，B_2，…，B_m”。

图 15-17 给出了这个 FD 表示的关于关系 R 中任意两个元组 t 和 u 的关系的解释，但是属性集 A 和 B 可以任意出现，并不要求 A 和 B 连续出现或 A 在 B 之前。

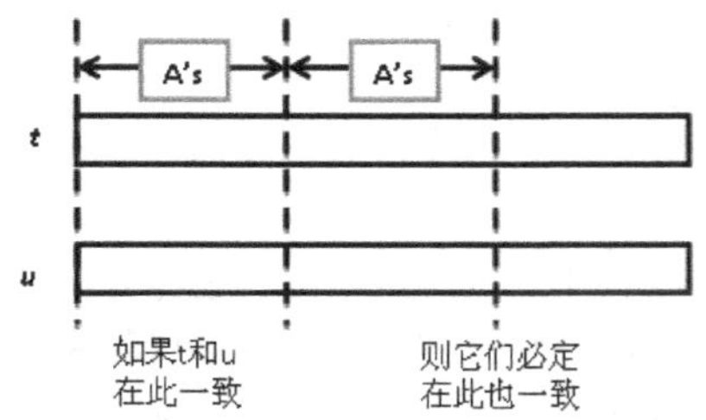

图 15-17　两个元组上函数依赖的影响

如果确定关系 R 的每一个实例都能使一个给定的 FD 为真，那么称 R 满足函数依赖 f。这是在 R 上声明了一个约束，而不是仅仅针对 R 的一个特殊实例。

通常 FD 的右边可能是单个属性。事实上，一个函数依赖 $A_1A_2 \cdots A_n \rightarrow B_1B_2 \cdots B_m$ 等价于一组 FD:

$$A_1A_2 \cdots A_n \rightarrow B_1$$
$$A_1A_2 \cdots A_n \rightarrow B_2$$
$$\cdots$$
$$A_1A_2 \cdots A_n \rightarrow B_m$$

范例 15-2：考虑关系。

在给出的关系电影（影片名称，年份，片长，类型，主演，导演）中的设计（见图 15-18）并不理想，为了找到设计中的错误，首先需要确定该关系中包含的函数依赖，可以发现该关系有如下 FD:

影片名称，年份 ➔ 片长，类型，导演

影片名称	年份	片长	类型	主演	导演
终结者 The Terminator	1984年	108分钟	科幻	阿诺·施瓦辛格、迈克尔·比恩	詹姆斯·卡梅隆
甲方乙方	1997年	90分钟	喜剧	葛优、英达、冯小刚、刘蓓	冯小刚
大腕	2001年	100分钟	喜剧	葛优、关之琳、英达	冯小刚
非诚勿扰	2008年	130分钟	喜剧	葛优、舒淇、范伟	冯小刚
终结者2018 Terminator Salvation	2009年	118 分钟	科幻	克里斯蒂安·贝尔、萨姆·沃辛顿	约瑟夫·麦克金提·尼彻

图 15-18　关系电影 1（影片名称，年份，片长，类型，主演，导演）的实例

简单的理解，这个 FD 的含义是，若两个元组在分量电影名称和年份上具有相同的值，则这两个元组在分量片长、类型和导演上的值也分别相同。这个断言是有意义的，因为在同一年中不可能上映两部同名的电影（虽然不同年份的电影可能同名）。因此如果给定了影片名称和年份就可以唯一确定一部电影，进而可以唯一确定这部电影的长度、类型和导演。

另一方面，可以观察到，下面的式子：

影片名称，导演　➔　主演

是错误的，它不是一个函数依赖。一部电影肯定会有多位演员参加演出，所以完全可以从电影信息表中找到多个电影演员的信息。这就排除了影片名称和年份函数决定了主演的可能性。

Note

提示：关系的键。

如果下列条件满足，就认为一个或多个属性集{$A_1,A_2, \ldots, A_n$}是关系 R 的键。

（1）这些属性函数决定关系的所有其他属性。也可以说，关系 R 不可能存在两个不同的元组，它们具有相同的 $A_1,A_2, \ldots, A_n$ 值。

（2）在{ $A_1,A_2, \ldots, A_n$ }的真子集中，没有一个函数决定 R 的所有其他属性。也就是说，键必须是最小的。

当键只包括一个单独的属性 A 时，称 A（而不是{A}）是键。

范例 15-3：当图 15-18 中给出的关系电影 1 的键为{影片名称，年份，演员}。

首先要证明是否存在有函数决定关系中其他属性情况的出现。也就是说，假设有两个元组在属性影片名称、年份和演员上的值相同，因为元组在影片名称和年份上相同，所以相应的其他属性如片长、类型和导演上的值也应该相同，这一点同上一范例讨论的一样。因此不同的元组在影片名称、年份和演员上的取值应不完全相同，否则它们应是指的同一元组。

另外，对于属性影片名称和年份不能确定唯一的演员，这是因为有许多电影是由多个演员参加演出的，因此，{影片名称,年份}不是键，而{年份，主演}也不是键，因为在同一年中一个演员可以同时出演多部电影。因此：

年份，主演 ➔ 影片名称

不是 FD，同样，{影片名称，主演}也不是键，理由是在不同的年份中，可能有两部同名且由同一个演员演出的电影。

有时一个关系可能会有多个键。如果是这样的话，通常就要指定其中一个为主键(primary key)。而在商业数据库系统中，对主键的选择会影响某些实现问题。例如怎样在磁盘中存储关系。然而，函数依赖理论并给主键以特殊的角色。

提示：关于函数依赖中的“函数”理解。

$A_1,A_2, \ldots, A_n$ ➔ B 被称为“函数”依赖是因为在这条规则中，有一个函数对于一个值的列表（列表中每个值对应 $A_1,A_2, \ldots, A_n$ 中的一个属性），都产生一个唯一的 B 值（或根本没有值）。例如：在关系电影中，可以想象存在一个函数，对于影片名称“甲方乙方”和整数 1997，它确定了一个唯一的“片长”值，即 90，该值出现在关系电影 1 中。但是这个函数与数学中常见的函数不同，因为这条规则无法用来计算。也就是说，不能根据字符串“甲方乙方”和整数 1997 计算出正确的片长值，它只有通过对关系的观察才能得出结果。通过查找具有给定的影片名称和年份属性值的元组，看这个元组包含什么样的片长值。

给出的第二范式定义概念可能会有不少读者觉得难以理解，下面以一个实际的设计范例来说明此范式的应用。

范例 15-4：假定顾客购买记录关系为（顾客编号，姓名，位置，商品名称，单价，数量）。

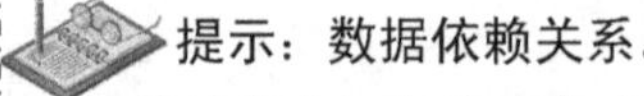
提示：数据依赖关系。

关键字为组合关键字（顾客编号，商品名称），因为存在如下决定关系：

☑ （顾客编号，商品名称） ➔ （姓名，位置，单价，数量）

这个数据库表不满足第二范式，因为存在如下决定关系：

☑ （商品名称）➔ （单价）

☑ （顾客编号）➔ （姓名，位置）

可以发现，关系中存在组合关键字中的字段决定非关键字的情况。

此时，如果按照第一范式，则数据库创建脚本如下所示。

```
-- 删除数据表
DROP TABLE customer_product_purcase PURGE ;
-- 创建数据表
CREATE TABLE customer_product_purcase (
    customerid          VARCHAR2(3) ,
    name                VARCHAR2(30)      NOT NULL ,
    location            VARCHAR2(30)      NOT NULL ,
    productname         VARCHAR2(30)      NOT NULL ,
    unitprice           NUMBER ,
    quantity            NUMBER ,
    CONSTRAINT pk_customerid_productname PRIMARY KEY(customerid,productname)
) ;
-- 增加测试数据
INSERT INTO customer_product_purcase (customerid,name,location,productname,unitprice,quantity)
        VALUES ('C01','李兴华','朝阳','佳洁士',8,3) ;
INSERT INTO customer_product_purcase (customerid,name,location,productname,unitprice,quantity)
        VALUES ('C02','马云涛','海淀','高露洁',6.5,2) ;
INSERT INTO customer_product_purcase (customerid,name,location,productname,unitprice,quantity)
        VALUES ('C03','董鸣楠','西城','舒肤佳',5.7,5) ;
INSERT INTO customer_product_purcase (customerid,name,location,productname,unitprice,quantity)
        VALUES ('C04','王月清','朝阳','夏士莲',19.8,1) ;
INSERT INTO customer_product_purcase (customerid,name,location,productname,unitprice,quantity)
        VALUES ('C05','周艳军','宣武','雕牌',2.3,9) ;
-- 出现问题的数据
INSERT INTO customer_product_purcase (customerid,name,location,productname,unitprice,quantity)
        VALUES ('C01','李兴华','朝阳','高露洁',6.5,20) ;
INSERT INTO customer_product_purcase (customerid,name,location,productname,unitprice,quantity)
        VALUES ('C02','马云涛','海淀','佳洁士',8,30) ;
```

此时的程序使用了复合主键，因为通过数据关系可以发现，顾客编号与商品名称可以标记唯一的一行记录，而且此时的设计完全符合第一范式的要求，但这种设计却存在如下的问题。

☑ 问题一：数据冗余。如果同一件商品被不同的顾客购买，那么商品的价格就会重复 n-1 次。同样，如果一个顾客购买了多个商品，那么顾客的信息（姓名和位置）也就重复了 m-1 次。

☑ 问题二：更新异常。如果现在要更新某一件商品的单价，则对应所有数据行的商品单价都要被更新，否则就会出现价格不统一的问题。

☑ 问题三：增加异常。如果现在某一件商品从未被顾客购买过，那么这件商品的信息就无法在数据库中保存。

☑ 问题四：删除异常。如果购买记录过多，或者某些顾客已经长时间不来购买商品了，那么当清除这些顾客购买记录时有可能会将某些商品的信息也同时清除，这样在进行数据增加时就可能会出现异常。

Note

所以以上的设计不符合第二设计范式，而应该按照如图 15-19 所示的 E-R 关系进行修改。

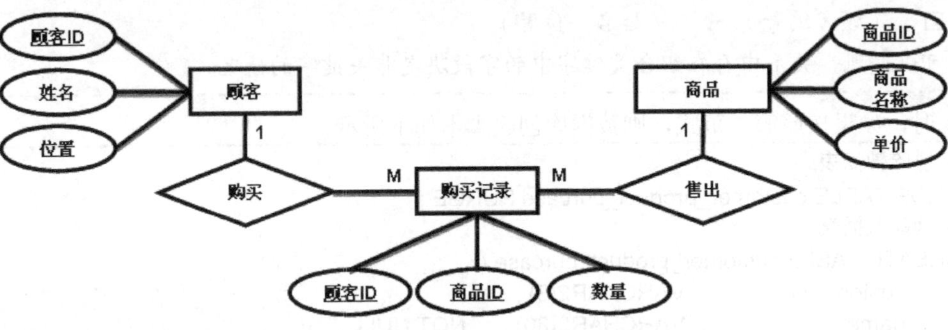

图 15-19　顾客购买商品

根据图 15-19 所示的关系，可以得出如下的数据库创建脚本。

范例 15-5：使用第二范式进行修改。

```
-- 删除数据表
DROP TABLE purcase PURGE ;
DROP TABLE customer PURGE ;
DROP TABLE product PURGE ;
-- 创建数据表
CREATE TABLE customer (
	customerid		VARCHAR2(3) ,
	name			VARCHAR2(30)		NOT NULL ,
	location		VARCHAR2(30)		NOT NULL ,
	CONSTRAINT pk_customerid PRIMARY KEY(customerid)
) ;
CREATE TABLE product (
	productid		VARCHAR2(3) ,
	productname		VARCHAR2(30)		NOT NULL
	unitprice		NUMBER		NOT NULL ,
	CONSTRAINT pk_productid PRIMARY KEY(productid)
) ;
CREATE TABLE purcase (
	customerid		VARCHAR2(3) ,
	productid		VARCHAR2(3) ,
	quantity		NUMBER ,
	CONSTRAINT fk_customerid FOREIGN KEY(customerid) REFERENCES customer
	(customerid) ON DELETE CASCADE ,
	CONSTRAINT fk_productid FOREIGN KEY(productid) REFERENCES product(productid) ON
	DELETE CASCADE
) ;
-- 增加测试数据 —— 顾客表记录
INSERT INTO customer(customerid,name,location) VALUES ('C01','李兴华','朝阳') ;
INSERT INTO customer(customerid,name,location) VALUES ('C02','马云涛','海淀') ;
INSERT INTO customer(customerid,name,location) VALUES ('C03','董鸣楠','西城') ;
INSERT INTO customer(customerid,name,location) VALUES ('C04','王月清','朝阳') ;
INSERT INTO customer(customerid,name,location) VALUES ('C05','周艳军','宣武') ;
-- 增加测试数据 —— 商品表记录
```

```
INSERT INTO product(productid,productname,unitprice) VALUES ('P01','佳洁士',8) ;
INSERT INTO product(productid,productname,unitprice) VALUES ('P02','高露洁',6.5) ;
INSERT INTO product(productid,productname,unitprice) VALUES ('P03','舒肤佳',5.7) ;
INSERT INTO product(productid,productname,unitprice) VALUES ('P04','夏士莲',19.8) ;
INSERT INTO product(productid,productname,unitprice) VALUES ('P05','雕牌',2.3) ;
INSERT INTO product(productid,productname,unitprice) VALUES ('P06','中华',2.6) ;
INSERT INTO product(productid,productname,unitprice) VALUES ('P07','汰渍',7.3) ;
-- 增加测试数据 —— 购买记录
INSERT INTO purcase(customerid,productid,quantity) VALUES ('C01','P01',3) ;
INSERT INTO purcase(customerid,productid,quantity) VALUES ('C02','P02',2) ;
INSERT INTO purcase(customerid,productid,quantity) VALUES ('C03','P03',5) ;
INSERT INTO purcase(customerid,productid,quantity) VALUES ('C04','P04',1) ;
INSERT INTO purcase(customerid,productid,quantity) VALUES ('C05','P05',9) ;
INSERT INTO purcase(customerid,productid,quantity) VALUES ('C01','P02',20) ;
INSERT INTO purcase(customerid,productid,quantity) VALUES ('C02','P01',30) ;
-- 提交事务
COMMIT ;
```

此时给出的数据库创建脚本的数据模型如图 15-20 所示。

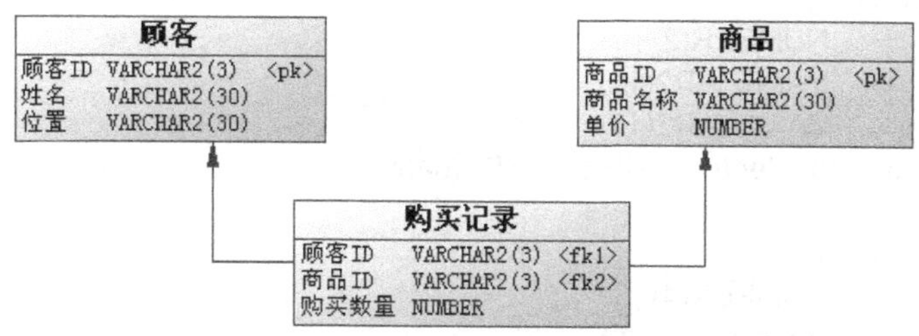

图 15-20 利用第二范式修改设计

15.3.3 第三范式（3NF）

在第二范式的基础上，数据表中如果不存在非关键字段对任意一候选关键字段的传递函数依赖，则符合第三范式。所谓传递函数依赖，指的是如果存在“A → B → C”的决定关系，则 C 传递函数依赖于 A。因此，满足第三范式的数据库表应该不存在如下依赖关系：

☑ 关键字段 → 非关键字段 x → 非关键字段 y。

下面同样给出一个实际的例子来详细解释第三范式中的若干规定。

范例 15-6：定义一张雇员关系表（雇员编号、姓名、职位、工资、所在部门名称、位置）其中，将雇员编号设置为键。

此时的关键字为雇员编号，但是这个设计存在如下关系：

☑ （雇员编号）➔（姓名，职位，工资，部门名称，位置）。

但在以上的关系中却存在有如下的传递函数依赖关系：

☑ （雇员编号）➔（部门名称）➔（位置）。

即，存在了非关键字段“部门位置”对关键字段“雇员编号”的传递函数依赖，所以一定会存在数据的冗余，同时数据的更新也会存在异常。这样的设计不符合第三设计范式，所以应该按照如图 15-21 所示的 E-R 关系进行修改。

Note

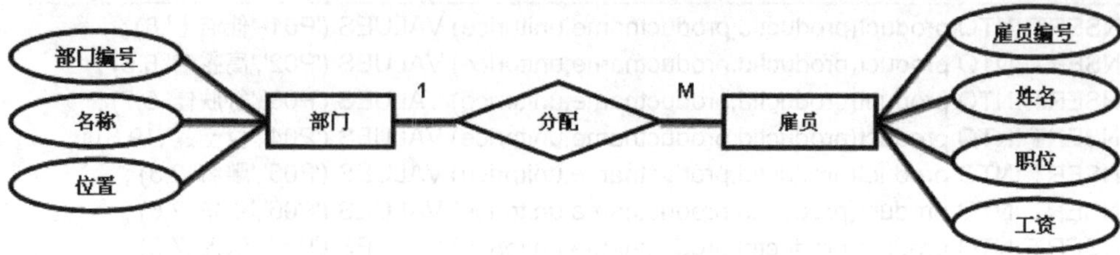

图 15-21　部门分配雇员

这时应该将数据表拆分为下面两张表：

☑　部门表（部门编号、部门名称、位置）；

☑　雇员表（雇员编号、姓名、职位、工资）。

范例 15-7：编写数据库创建脚本。

```
-- 删除数据表
DROP TABLE emp PURGE ;
DROP TABLE dept PURGE ;
-- 创建数据表
CREATE TABLE dept (
	deptno		NUMBER(2) ,
	dname		VARCHAR2(14) ,
	loc		VARCHAR2(13) ,
	CONSTRAINT pk_deptno PRIMARY KEY(deptno)
) ;
CREATE TABLE emp (
	empno		NUMBER(4) ,
	ename		VARCHAR2(10),
	job		VARCHAR2(9),
	sal		NUMBER(7,2),
	deptno		NUMBER(2) ,
	CONSTRAINT pk_empno PRIMARY KEY(empno) ,
	CONSTRAINT fk_deptno REFERENCES dept(deptno)
);
-- 插入测试数据 —— dept
INSERT INTO dept VALUES (10,'ACCOUNTING','NEW YORK');
INSERT INTO dept VALUES (20,'RESEARCH','DALLAS');
-- 插入测试数据 —— emp
INSERT INTO emp(empno,ename,job,sal,deptno) VALUES (7839,'KING','PRESIDENT',5000,10);
INSERT INTO emp(empno,ename,job,sal,deptno) VALUES (7369,'SMITH','CLERK',800,20);
INSERT INTO emp(empno,ename,job,sal,deptno) VALUES (7566,'JONES','MANAGER',2975,20);-
-- 提交事务
COMMIT ;
```

此时给出的数据库创建脚本的数据模型如图 15-22 所示。

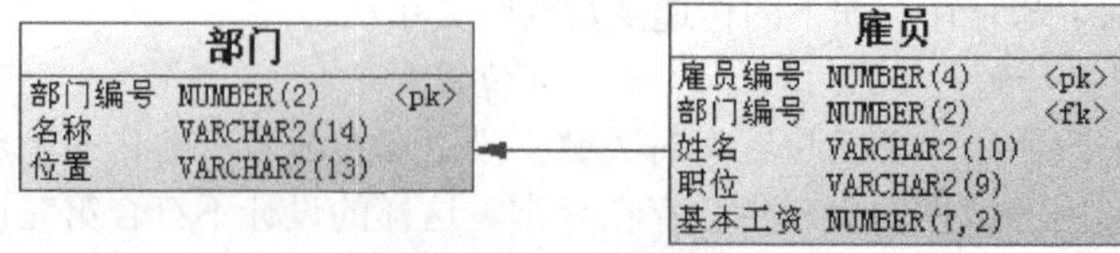

图 15-22　第三范式设计

15.3.4　鲍依斯-科得范式（BCNF）

在第三范式的基础上，消除字段对任意一候选关键字段的传递函数依赖，则称其为鲍依斯-科得范式（简称 BC 范式）。下面通过一个具体的例子进行说明。

范例 15-8：假设在“教学-学生-课程”关系中存在选课关系 teacher_student_course（教师 ID，学生 ID，课程 ID，成绩），一个教师只教一门课程，每门课程会有多个学生参加，不同的学生针对每门课程有自己的考试成绩，于是这个数据表就存在如下的关系：

- ☑（课程 ID，学生 ID）➔（教师 ID，成绩）；
- ☑（教师 ID，学生 ID）➔（课程 ID，成绩）。

也就是说，现在（课程 ID，学生 ID）和（教师 ID，学生 ID）都是选课关系中的候选关键字，而关系中的唯一非关键字段为“成绩”，这是符合第三范式要求的，但同时又存在如下的关系：

- ☑（课程 ID）➔（教师 ID）；
- ☑（教师 ID）➔（课程 ID）。

这个时候就出现了关键字段决定关键字段的情况，这样就不符合鲍依斯-科得范式，同时对于数据的维护也会出现如下的问题。

- ☑ 问题一：删除异常。当一门课程取消之后，所有参加过此课程的学生信息就会消失，同时“教师”信息也会丢失。
- ☑ 问题二：增加异常。如果一门课程没有任何一个学生参加，那么无法为此课程分配教师。
- ☑ 问题三：更新异常。如果一门课程要更换教师，则对应的所有数据行都要同时更新。

那么这个时候应该按照图 15-23 所示的 E-R 图进行修改。

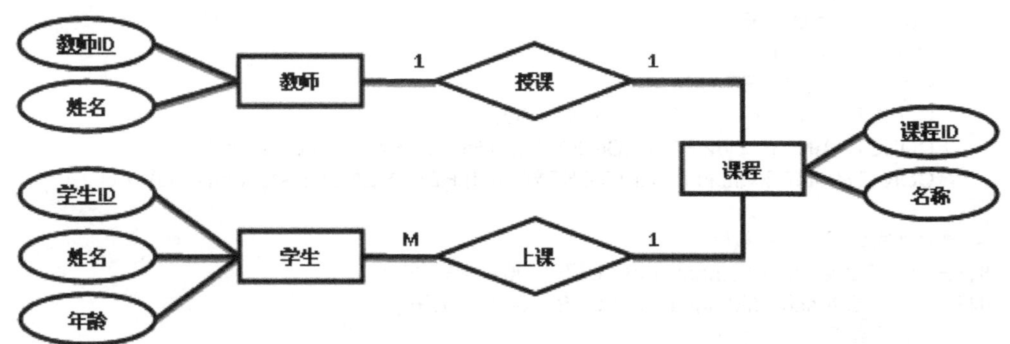

图 15-23　教师-学生-课程关系

通过图 15-23 所示的 E-R 图可以发现，如果想解决此问题，那么最好的做法是将选课关系表拆分为下面两张表。

- ☑ 教师-课程关系：teacher_course（教师 ID，课程 ID）；
- ☑ 课程-学生关系：student_course（课程 ID，学生 ID，成绩）。

范例 15-9：编写数据库创建脚本。

```
-- 删除数据表
DROP TABLE teacher_course PURGE ;
```

Note

```
DROP TABLE student_course PURGE ;
DROP TABLE teacher PURGE ;
DROP TABLE student PURGE ;
DROP TABLE course PURGE ;
-- 创建数据表
CREATE TABLE teacher(
	tid	NUMBER ,
	name	VARCHAR2(30)	NOT NULL ,
	CONSTRAINT pk_tid PRIMARY KEY(tid)
) ;
CREATE TABLE student(
	stuid NUMBER ,
	name	VARCHAR2(30)	NOT NULL ,
	age	NUMBER(3) ,
	CONSTRAINT pk_stuid PRIMARY KEY(stuid)
) ;
CREATE TABLE course(
	cid	NUMBER ,
	cname	VARCHAR2(30)	NOT NULL ,
	CONSTRAINT pk_cid	PRIMARY KEY(cid)
) ;
CREATE TABLE teacher_course(
	tid	NUMBER ,
	cid	NUMBER ,
	CONSTRAINT fk_tid FOREIGN KEY(tid) REFERENCES teacher(tid) ,
	CONSTRAINT fk_cid1 FOREIGN KEY(cid) REFERENCES course(cid)
) ;
CREATE TABLE student_course(
	cid		NUMBER ,
	stuid		NUMBER ,
	score		NUMBER ,
	CONSTRAINT pk_tid2 PRIMARY KEY(tid) ,
	CONSTRAINT fk_cid2 FOREIGN KEY(cid) REFERENCES course(cid) ,
	CONSTRAINT fk_stuid FOREIGN KEY(stuid) REFERENCES student(stuid)
) ;
-- 增加测试数据 —— 教师
INSERT INTO teacher(tid,name) VALUES (1001,'李兴华') ;
INSERT INTO teacher(tid,name) VALUES (1002,'马云涛') ;
-- 增加测试数据 —— 学生
INSERT INTO student(stuid,name,age) VALUES (678,'庞浩然',20) ;
INSERT INTO student(stuid,name,age) VALUES (679,'贾多多',25) ;
INSERT INTO student(stuid,name,age) VALUES (680,'吴涛',22) ;
INSERT INTO student(stuid,name,age) VALUES (681,'张蕊',18) ;
INSERT INTO student(stuid,name,age) VALUES (682,'范欣',21) ;
INSERT INTO student(stuid,name,age) VALUES (683,'刘婧',19) ;
-- 增加测试数据 —— 课程
INSERT INTO course(cid,cname) VALUES(50006,'Oracle 数据库') ;
INSERT INTO course(cid,cname) VALUES(50008,'Android 手机开发') ;
-- 增加测试数据 —— 教师授课
```

```
INSERT INTO teacher_course(tid,cid) VALUES (1001,50006) ;
INSERT INTO teacher_course(tid,cid) VALUES (1002,50008) ;
-- 增加测试数据 —— 学生上课
INSERT INTO student_course(cid,stuid,score) VALUES (50006,678,80) ;
INSERT INTO student_course(cid,stuid,score) VALUES (50006,679,89) ;
INSERT INTO student_course(cid,stuid,score) VALUES (50006,680,67) ;
INSERT INTO student_course(cid,stuid,score) VALUES (50006,681,95) ;
INSERT INTO student_course(cid,stuid,score) VALUES (50006,682,70) ;
INSERT INTO student_course(cid,stuid,score) VALUES (50008,678,70) ;
INSERT INTO student_course(cid,stuid,score) VALUES (50008,680,90) ;
INSERT INTO student_course(cid,stuid,score) VALUES (50008,683,82) ;
-- 提交事务
COMMIT ;
```

此时给出的数据库创建脚本的数据模型如图 15-24 所示。

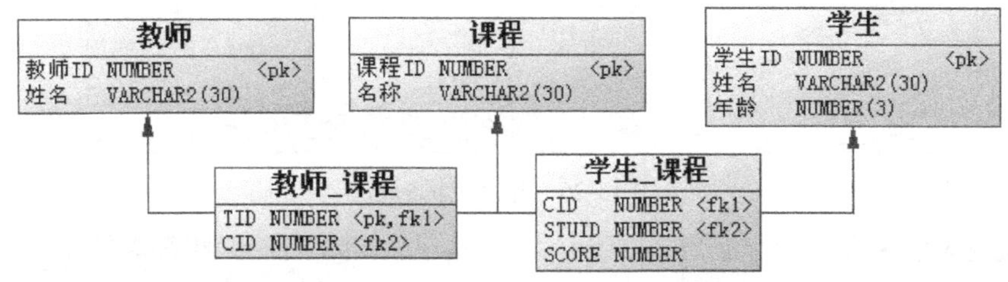

图 15-24　鲍依斯-科得范式设计

15.4　Sybase PowerDesigner 设计工具

PowerDesigner 是 Sybase 公司出品的一款综合的设计工具集，它可以建立概念模型、数据模型、面向对象模型、业务模型、网络结构等多种模型图。而在实际的工作中，读者也一定会接触到此类工具，所以在本章将为读者简单介绍该工具的使用，本书所使用的是 Sybase PowerDesigner 15 版本。

由于本书为数据库知识讲解，所以下面重点为读者讲解概念模型设计与物理数据模型设计，而设计之中主要基于 c##scott 用户的 dept 和 emp 两张表进行讲解。

15.4.1　概念模型设计

用户打开 PowerDesigner 工具之后，首先可以选择新建，之后建立逻辑模型（Logic Data），为了方便读者学习，此处将逻辑模型的名称定义为“部门-雇员-概念模型”，如图 15-25 所示。

新建完模型后可以出现图 15-26 所示的工具栏界面。

之后用户可以选择建立两个新的实体（Entity），用于表示 dept 和 emp，如图 15-27 所示。

然后双击打开一个实体进行编辑，如图 15-28 所示。首先输入实体名称（Name）dept（Code 为程序标记使用，读者可以简单地理解为是用于数据库的对象名称），而后选择属性选项卡，填写 dept 表所使用到的属性，如图 15-29 所示。

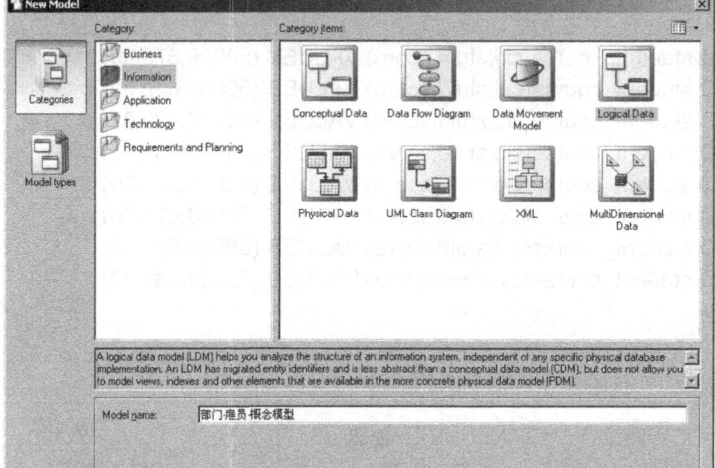

图 15-25　建立逻辑模型

图 15-26　工具栏界面

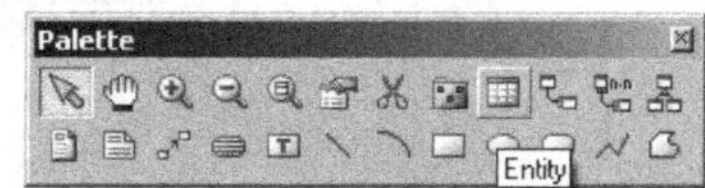

图 15-27　新建实体

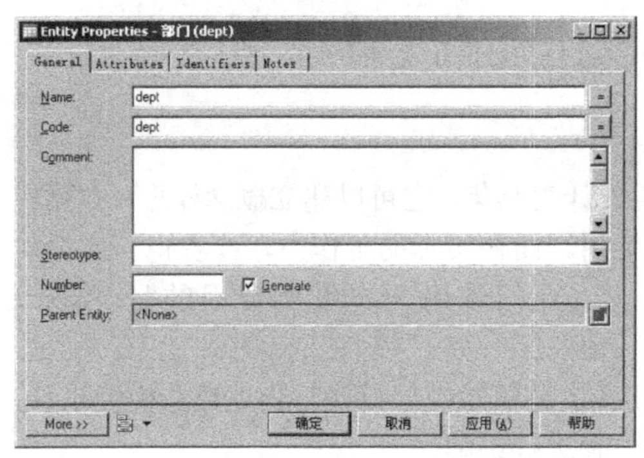

图 15-28　定义实体名称

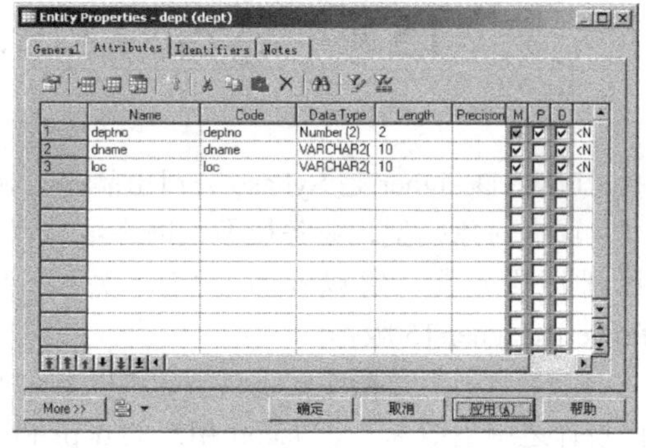

图 15-29　定义属性

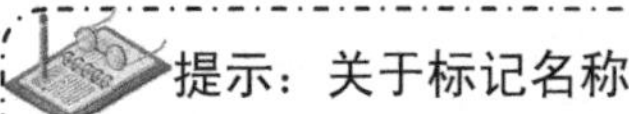提示：关于标记名称。

在定义属性时可以发现有 3 个字母，分别是 M、P、D，这 3 个字母含义是 M（不能为空）、P（标识属性，即主键）、D（在模型图中是否显示）。

如果在建立属性的时候选择了 P 标记，例如，部门编号（deptno）就选择了 P 标记，那么就会在标识选项卡中自动生成一个部门实体的标识，但是这种自动设置的操作有时并不方便，所以可以利用手工修改。

打开标识选项卡，输入一个新的名称为 pk_deptno，而后选择属性，如图 15-30 所示。

进入到标识属性之后，选择属性选项卡，之后选择添加属性，如图 15-31 所示。

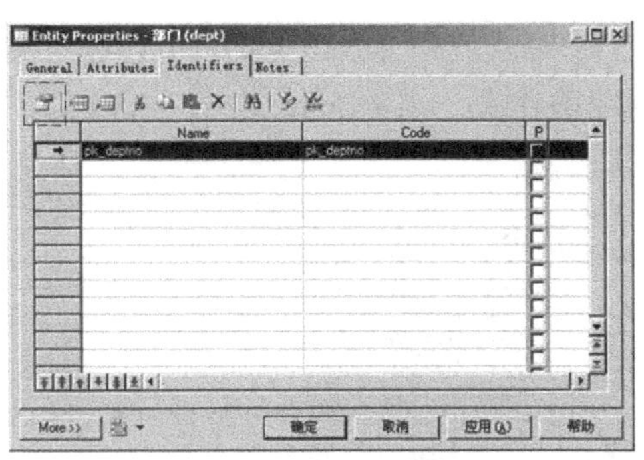

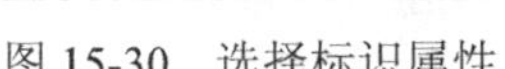

图 15-30　选择标识属性

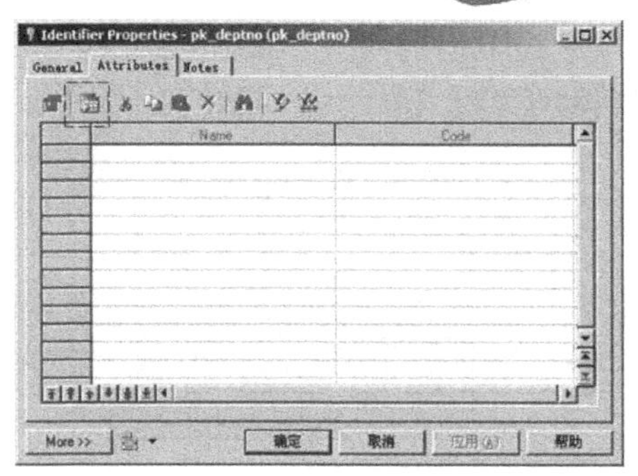

图 15-31　添加属性

最后在弹出的对话框中选择要作为标识的字段，此处使用 deptno 字段，如图 15-32 所示。

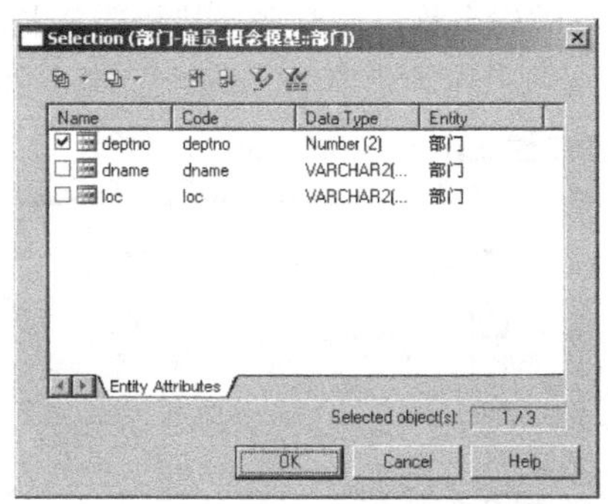

图 15-32　选择标识属性

建立完成的 dept 实体如图 15-33 所示，而后再以同样的方式建立 emp 表的实体，如图 15-34 所示。

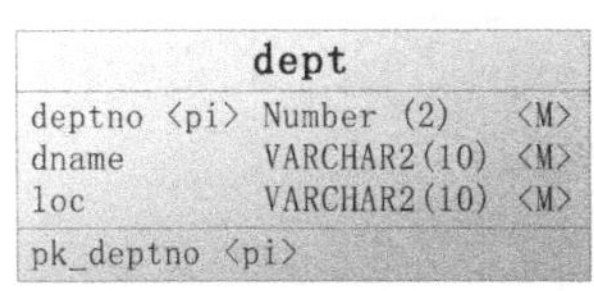

图 15-33　dept 实体

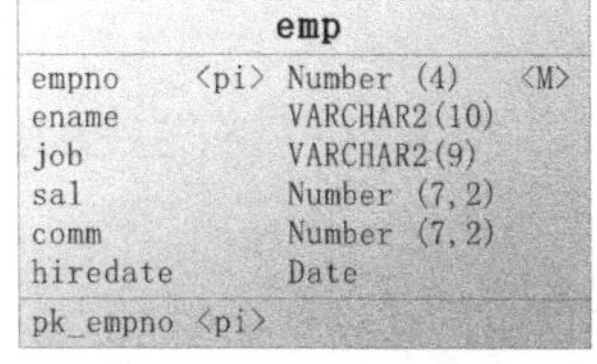

图 15-34　emp 实体

提示：此处不需要设置关联字段。

在 emp 表中有一个自身关联的 mgr 字段和一个表示部门的 deptno 字段，这两个字段读者在建立实体的时候不需要设置，而后通过工具可以自动拖曳生成。

建立完两个实体之后，下面就需要建立两个实体之间的联系。首先在工具栏上选择关联工具，如图 15-35 所示。

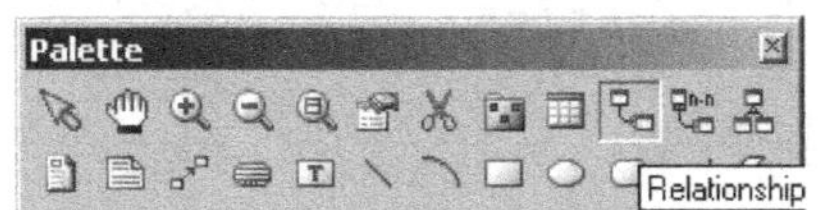

图 15-35　关联

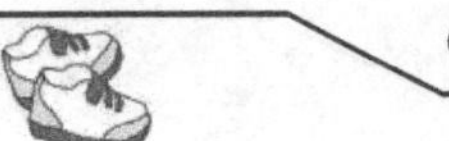

然后首先选择父表 dept，按照由父表向子表的方向，将鼠标拖曳到子表后松开，这样就可以自动建立好关联关系，同时在子表中会自动增加父表的外键，如图 15-36 所示。

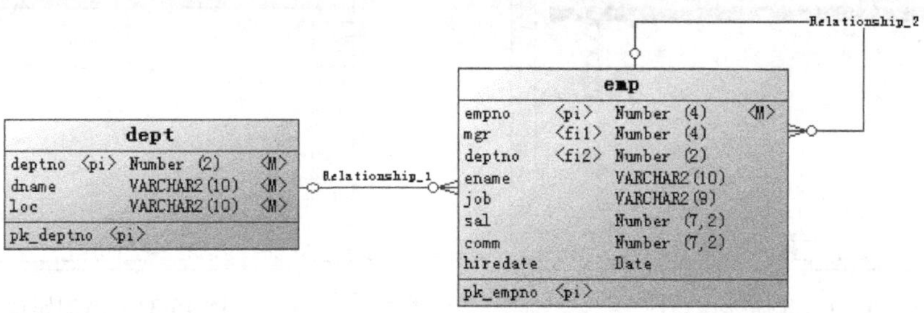

图 15-36　关联

然后可以直接双击关系名称编辑名称，同时选择基数选项卡，定义联系，此处是一个部门有多个雇员（1:n），同时一个雇员只属于一个部门或没有部门（0:1），如图 15-37 所示。

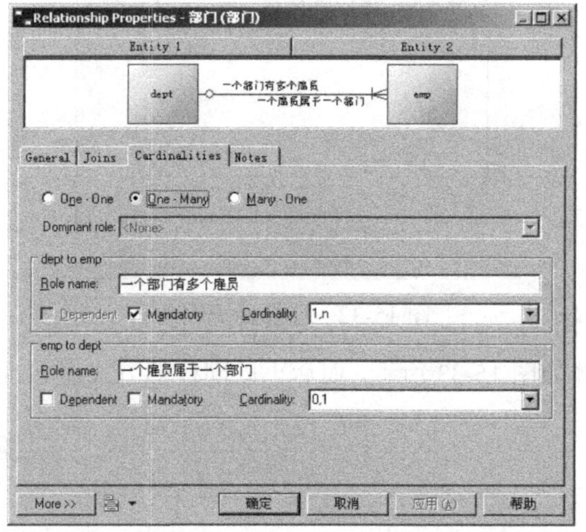

图 15-37　设置关联基数

设计完成的概念模型如图 15-38 所示。

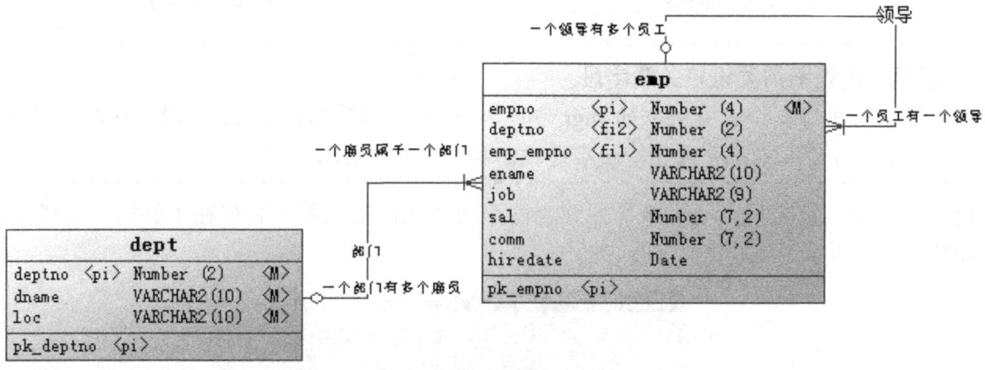

图 15-38　dept-emp 概念模型

15.4.2　物理数据模型设计

概念模型主要是留给设计人员使用的，开发人员如果要进行项目的开发，就必须使用物理数据模型。首先建立一个物理数据模型，名称为“部门-雇员-物理模型”，如图 15-39 所示。

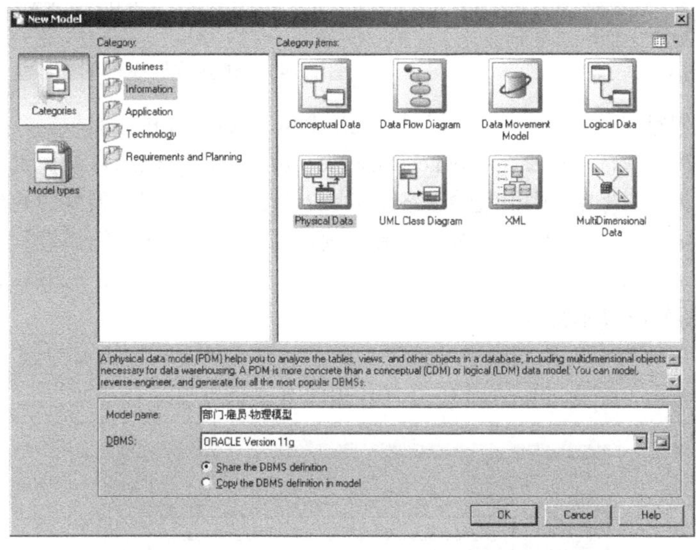

图 15-39　新建 Oracle 11g 的物理模型

建立完成后，可以看见如图 15-40 所示的工具栏。

在此工具栏中选择建立数据表的工具，同时在空白处单击，就可以出现数据表的模型，如图 15-41 所示。

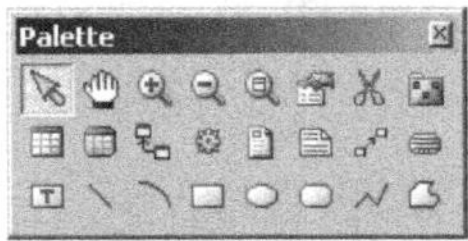

图 15-40　工具栏

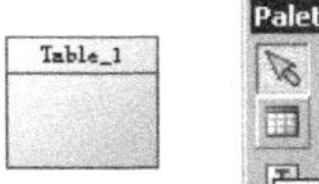

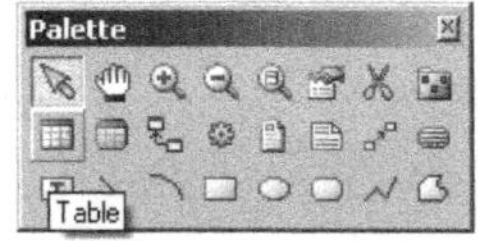

图 15-41　建立新的数据表模型

按照此方式分别建立两个数据模型 dept、emp，然后像概念模型那样对两个数据模型进行编辑，如图 15-42 和图 15-43 所示。

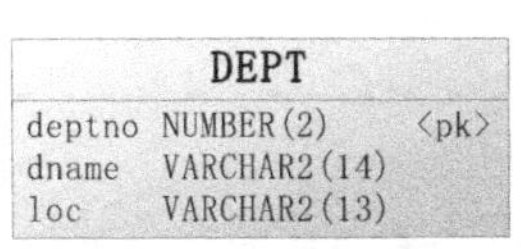

图 15-42　部门模型

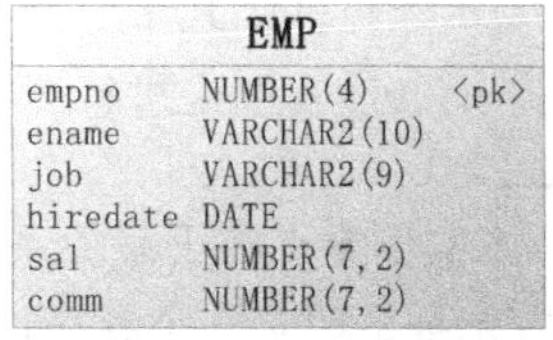

图 15-43　雇员模型

建立完模型之后，下面继续建立外键关系。选择工具栏的参考工具，如图 15-44 所示。

然后首先选择子表，通过鼠标拖曳到父表，这样就可以在 emp 模型中自动生成 deptno 的外键字段。之后采用同样的方式，建立自身关联，并且修改列名称为 mgr，建立完成的数据模型如

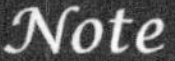

图 15-45 所示。

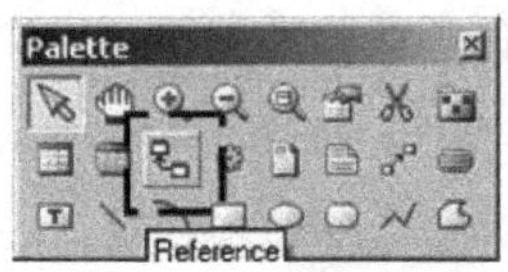

图 15-44　建立关联

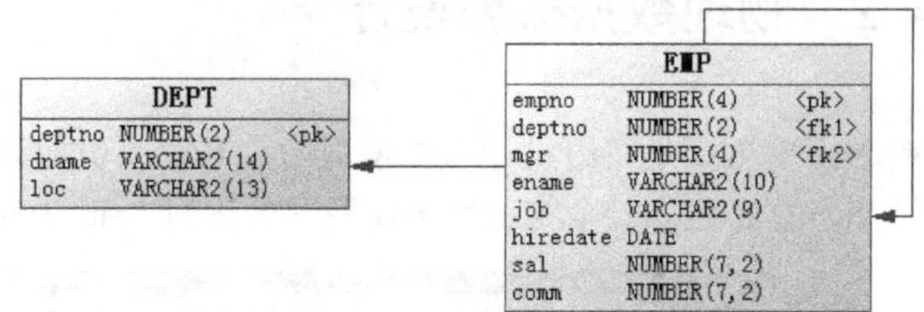

图 15-45　建立数据模型的关联关系

当物理数据模型建立完成之后，就可以直接利用 PowerDesigner 的工具根据数据模型生成数据库创建脚本，操作步骤：Database ➔ Generate Database（或者直接按 Ctrl+G 快捷键），就可以出现如图 15-46 所示的界面。在此界面中设置输出路径（此处为 d:\mldn 目录）及生成的数据库创建脚本名称（默认为 crebas.sql），之后单击“确定”按钮，就可以自动生成数据库创建脚本了。

提示：需要修改脚本文件。

通过工具生成的脚本文件可以直接使用，但是其格式读者可能未必习惯，所以往往在生成数据库创建脚本后，不少开发人员还会将其按照自身的习惯进行修改。

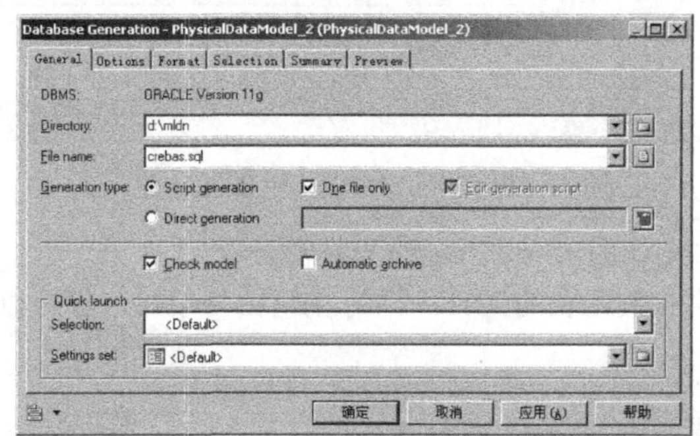

图 15-46　生成数据库创建脚本

15.5　数据库设计案例

学习完了数据库设计的基本概念及 PowerDesigner 设计工具之后，为了帮助读者更好地理解数据库设计，下面通过实例来进行一个简单的数据库的设计分析。

提示：本实例重点在于表关系设计上。

本实例首先给出的是一个程序设计的功能说明，而本部分重点强调的是数据库设计范式在设计中的使用，所以只会重点阐述表与表之间的关系，如果某些字段设计不合理，读者可以自行添加。

同时，如果读者想要提高，还可以通过《Java Web 开发实战经典（基础篇）》一书学习相应的 B/S 结构开发，将本处所涉及的数据库变成一个可用的程序。

15.5.1 功能描述

根据 2013 年统计，Android 手机用户已经占到了中国智能手机市场 70%以上的份额，同样在 Android 手机上的各种应用程序也越来越丰富。为了方便用户下载自己所需的 Android 应用程序，现在要求设计一个 Android 应用程序下载网站（即 APP 应用市场）的数据库，可以满足前台用户和后台管理操作功能，其功能描述如下。

15.5.1.1 前台用户功能描述

（1）本下载站主要分为两类应用，即软件和游戏，所以当用户访问时，应该可以为用户列出所有需要的 Android 应用程序。同时为了合理，可以将不同类型的软件分类列出。用户也可以根据应用（游戏或软件）类型、列表排序、系统版本、分辨率、应用语言进行筛选，用户查看应用时可以对列表数据进行排序，例如，更新时间，热度（下载次数），星级，评论（最多评论数）。

（2）为了方便用户浏览及管理员管理，需要将所有的应用程序进行分类管理，一级栏目（类型）为软件、游戏，其可以对应的二级栏目（子类型）如下。

☑ 例如，软件类型：通信增加、系统工具、音乐视频、实用工具、安全相关、系统安全、电子书籍、主题美化、社区交友、网络浏览、图片摄影。

☑ 例如，游戏类型：角色扮演、动作游戏、冒险游戏、体育运动、益智休闲、棋牌游戏、模拟经营、策略塔防、养成游戏、射击游戏、格斗游戏、飞行游戏、竞速游戏、其他游戏。

（3）当用户打开一个应用程序界面时，应该可以显示出应用程序的如下信息：图标、所属分类、更新时间、下载次数、文件大小、支持度（推荐数“顶一下”、不推荐数“踩一下”）、所属类别（标签，点击标签，可搜索相关应用及游戏）、支持语言、资费标准（收费、免费）、分辨率、系统版本、应用截图（可以存储多张截图）及文字描述。

（4）用户可以针对自己喜欢的应用进行收藏，所以需要提供一个收藏夹功能，此功能需要在用户登录后才可以使用。

（5）应用程序的更新频率是很高的，但是很多时候新更新的应用程序可能会存在 bug，所以本程序需要为用户提供不同的历史版本，同时每次更新时需要编写清楚更新描述、版本编号、更新时间。

（6）每一个下载过此应用的用户，登录后可以对此应用进行评论，一个用户可以对多个应用进行评论，一个应用也可以同时被多个用户评论。

（7）提供站内的新闻功能，用户可以看见新闻的标题、内容、发布日期、新闻图片、用户的相关评论。

15.5.1.2 后台管理员功能描述

（1）为方便管理，系统中只设置一位超级管理员，其他管理员均为普通管理员，所有的管理员都要被管理员组所管理，一个管理员可以在不同的管理员组，一个管理员组也可以有多个管理员。管理员的相关操作权限由管理员组设置，即一个权限同时属于多个管理员组，一个管

Note

理员组可以设置多种权限。

（2）管理员可以对应用进行管理，且必须具备相应管理员权限的管理员才可以发布应用。所有的应用要求审核后才可以显示，但审核者不是发布者，需是具备相应管理员权限的其他管理员。如审核未通过，应该给出未通过的详细原因。

（3）站内新闻发布需要经过管理员填写，并且交由其他管理员审核后才可以发布，如审核未通过，应该给出未通过的详细原因。

（4）具有相应管理员权限的管理者，可以对相关应用设置应用在某一分类中推荐下载操作。

（5）如果发现有违反使用纪律的用户，则可以控制一个用户的冻结，冻结后的用户暂时无法登录，同时需要记录好执行此操作的管理员信息。

15.5.2 概念模型

根据以上的功能描述，现在可以总结出如下几个实体：用户、应用程序、栏目、子栏目、应用程序图片、收藏夹、应用程序版本、下载记录、应用程序评论、新闻、新闻图片、新闻评论、管理员、管理员组、权限，根据这些描述可以画出图 15-47 所示概念模型，或者图 15-48 所示的 E-R 模型。

> **提示：本次给出两张模型图。**
>
> 本次的设计图将使用 PowerDesigner 设计工具完成，但是考虑到读者的习惯，本书又给出了一张 E-R 关系图（不带属性）。

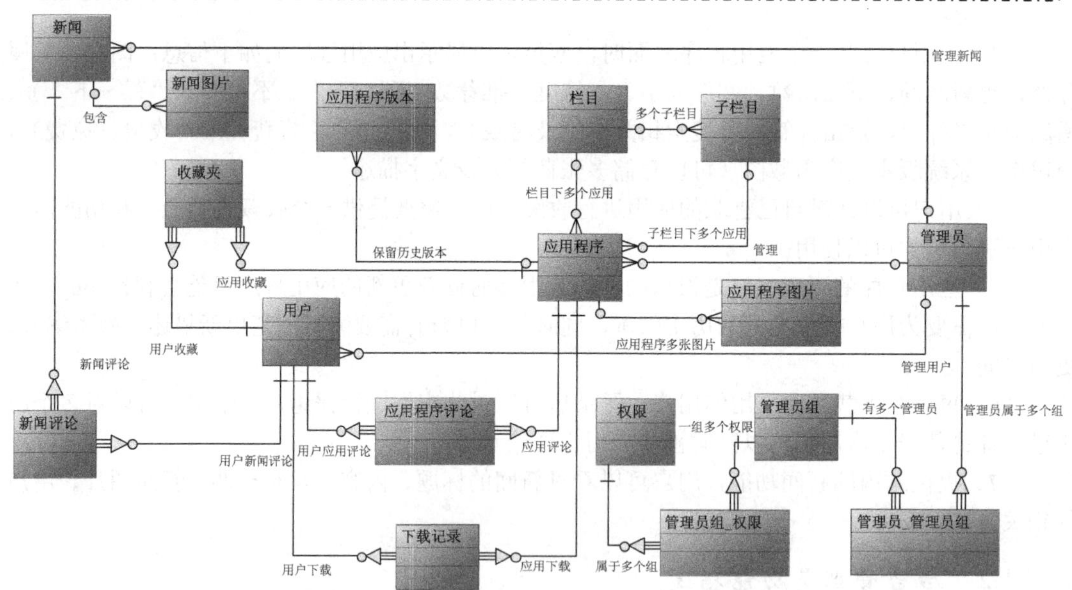

图 15-47 概念模型

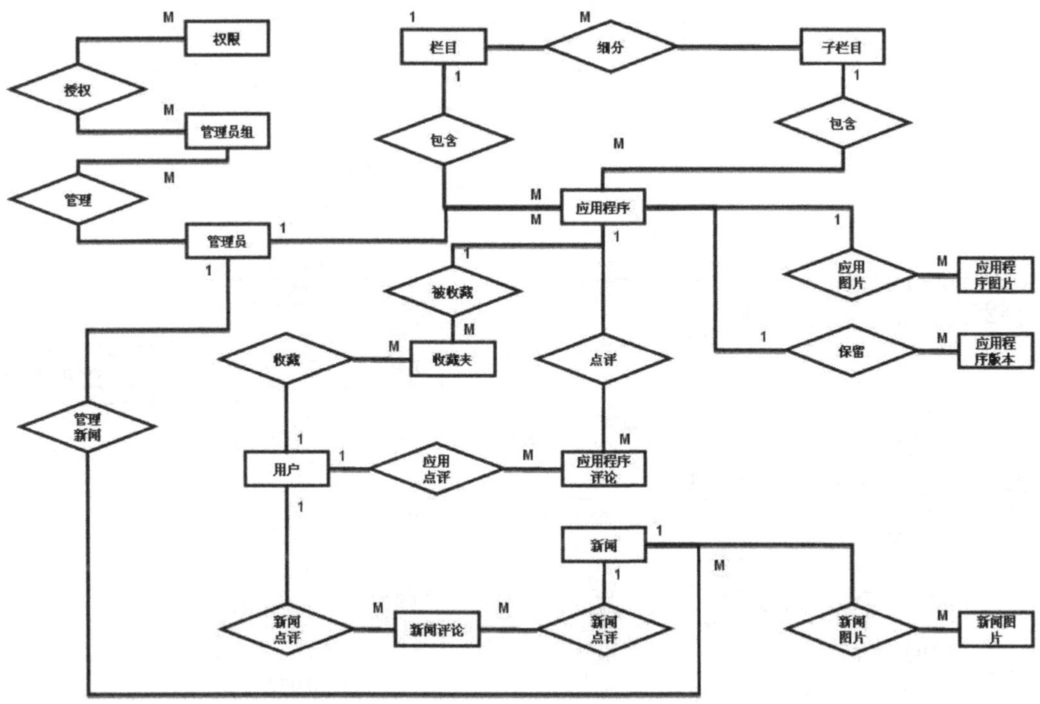

图 15-48　E-R 模型

15.5.3　物理数据模型

> 提示：按照功能设计。
>
> 为了方便读者理解，本次讲解的数据模型设计不会直接给出全部数据表，而是根据功能描述的要求一条条地为读者进行分析与设计，同时本次操作将使用中文作为表及字段名称的标记。
>
> 但是需要提醒读者的是，所有的数据库设计没有 100%绝对完美的，只有相对合理的，所以本书也是使用一种合理的设计方式给出的参考方案。

本物理数据模型之中根据需求一共定义了 17 张数据表，这些数据表的关系概览如图 15-49 所示。

15.5.3.1　前台设计

（1）本下载站主要分为两类应用：软件、游戏，所以当用户访问时，应该可以为用户列出所有需要的 Android 应用程序，同时为了合理，可以将不同类型的软件分类列出。用户也可以根据应用（游戏或软件）类型、列表排序、系统版本、分辨率、应用语言进行筛选，同时用户查看应用时可以对列表数据进行排序，例如更新时间、热度（下载次数）、星级、评论（最多评论数）。

新闻		
新闻ID	NUMBER	<pk>
发布管理员ID	VARCHAR2(50)	<fk1>
审核管理员ID	VARCHAR2(50)	<fk2>
标题	VARCHAR2(50)	
内容	CLOB	
发布日期	DATE	
审核标记	NUMBER	
审核未通过原因	CLOB	
审核日期	DATE	

新闻图片		
新闻图片ID	NUMBER	<pk>
新闻ID	NUMBER	<fk>
图片	BLOB	

新闻评论		
新闻评论ID	NUMBER	<pk>
用户ID	VARCHAR2(50)	<fk1>
新闻ID	NUMBER	<fk2>
标题	VARCHAR2(30)	
内容	CLOB	
评论时间	TIMESTAMP	

管理员_管理员组		
管理员ID	VARCHAR2(50)	<fk1>
管理员组ID	NUMBER	<fk2>

管理员		
管理员ID	VARCHAR2(50)	<pk>
密码	VARCHAR2(32)	
最后一次登录时间	TIMESTAMP	
超级管理员标记	NUMBER	

用户		
用户ID	VARCHAR2(50)	<pk>
锁定管理员ID	VARCHAR2(50)	<fk>
密码	VARCHAR2(32)	
网名	VARCHAR2(30)	
注册日期	DATE	
锁定状态	NUMBER	

下载记录		
应用程序ID	NUMBER	<fk1>
用户ID	VARCHAR2(50)	<fk2>
下载日期	DATE	

管理员组		
管理员组ID	NUMBER	<pk>
名称	VARCHAR2(30)	
描述	CLOB	

权限		
权限ID	NUMBER	<pk>
名称	VARCHAR2(30)	
描述	CLOB	
操作路径	VARCHAR2(200)	
操作名称	VARCHAR2(50)	

管理员组_权限		
权限ID	NUMBER	<fk1>
管理员组ID	NUMBER	<fk2>

收藏夹		
收藏夹ID	NUMBER	<pk>
用户ID	VARCHAR2(50)	<fk1>
应用程序ID	NUMBER	<fk2>
收藏日期	DATE	
别名	VARCHAR2(30)	

应用程序		
应用程序ID	NUMBER	<pk>
栏目ID	NUMBER	<fk1>
子栏目ID	NUMBER	<fk2>
发布管理员ID	VARCHAR2(50)	<fk3>
审核管理员ID	VARCHAR2(50)	<fk4>
推荐下载管理员ID	VARCHAR2(50)	<fk5>
名称	VARCHAR2(30)	
发布日期	DATE	
图标	BLOB	
大小	NUMBER	
顶数量	NUMBER	
踩数量	NUMBER	
资费标准	NUMBER	
文字描述	CLOB	
语言	VARCHAR2(10)	
支持版本	VARCHAR2(30)	
分辨率	VARCHAR2(30)	
更新日期	DATE	
更新描述	CLOB	
审核标记	NUMBER	
审核日期	DATE	
审核未通过原因	CLOB	
推荐下载标记	NUMBER	

栏目		
栏目ID	NUMBER	<pk>
名称	VARCHAR2(32)	
描述	CLOB	

子栏目		
子栏目ID	NUMBER	<pk>
栏目ID	NUMBER	<fk>
名称	VARCHAR2(32)	
描述	CLOB	

应用程序评论		
应用程序评论ID	NUMBER	<pk>
应用程序ID	NUMBER	<fk1>
用户ID	VARCHAR2(50)	<fk2>
标题	VARCHAR2(50)	
内容	CLOB	
成绩	NUMBER(2,1)	
评论时间	TIMESTAMP	

应用程序版本		
应用程序版本ID	NUMBER	<pk>
应用程序ID	NUMBER	<fk>
版本编号	VARCHAR2(30)	
更新日期	DATE	
更新描述	CLOB	
程序包	BLOB	

应用程序图片		
应用程序图片ID	NUMBER	<pk>
应用程序ID	NUMBER	<fk>
图片	BLOB	

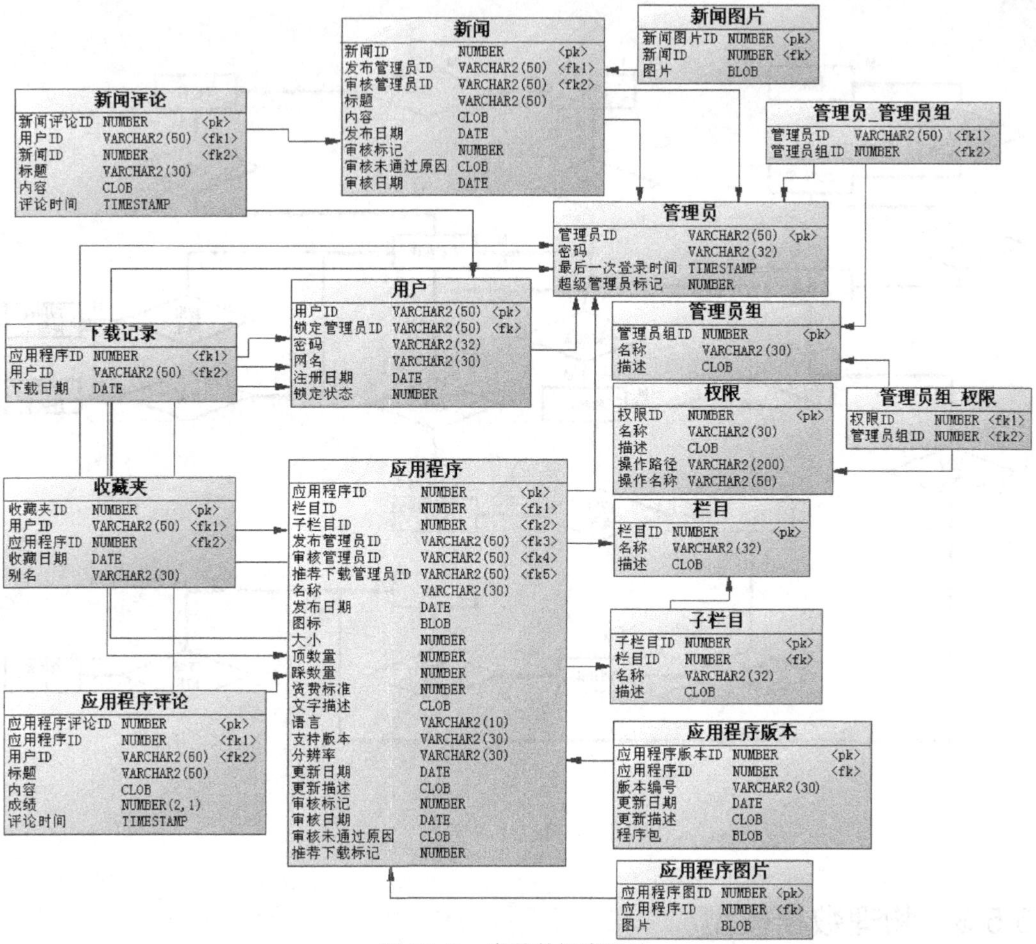

图 15-49　完整数据库设计

完整分析：通过本需求现在可以首先确认出两个实体：用户、应用程序，而且用户在进行应用程序浏览时也可以设置不同的条件，那么这就相当于里面存在需要判断的字段。

分析一：用户表。用户表主要是保存注册用户的信息，那么在整个网站应用中，最重要的用户信息为：注册 ID（一般都使用 E-mail 注册，这样就可以取消单独保存 E-mail 注册了）、登录密码（长度可以设置为 32 位）、网名、注册日期，所以可以得出图 15-50 所示的数据模型。

分析二：应用程序表。应用程序表主要保留各个应用程序的相关信息，但是应用程序的相关信息较多，所以本处先列出应用程序的基本信息：应用程序 ID（此 ID 为标记引用程序行所使用，可以采用序列自动生成）、应用程序名称、发布日期等，数据模型如图 15-51 所示。

用户		
用户ID	VARCHAR2(50)	<pk>
密码	VARCHAR2(32)	
网名	VARCHAR2(30)	
注册日期	DATE	

图 15-50　用户表

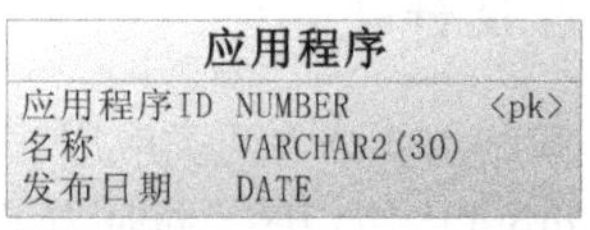

应用程序		
应用程序ID	NUMBER	<pk>
名称	VARCHAR2(30)	
发布日期	DATE	

图 15-51　应用程序表

（2）为了方便用户浏览及管理员管理，需要将所有的应用程序进行分类管理，一级栏目（类型）为软件、游戏，其可以对应的二级栏目（子类型）如下。

- ☑ 例如，软件类型：通信增加、系统工具、音乐视频、实用工具、安全相关、系统安全、电子书籍、主题美化、社区交友、网络浏览、图片摄影。
- ☑ 例如，游戏类型：角色扮演、动作游戏、冒险游戏、体育运动、益智休闲、棋牌游戏、模拟经营、策略塔防、养成游戏、射击游戏、格斗游戏、飞行游戏、竞速游戏、其他游戏。

完整分析：通过本需求现在可以再次增加两个实体，一级栏目实体、二级栏目实体，同时在一个一级栏目下肯定会包含多个二级栏目的信息，所以此处是一个一对多的操作关系。

分析一：一级栏目（或称为栏目、类型）表。主要是用于标记应用的大类，在本程序中只有两大类应用，即游戏、软件，用户也可以通过某一个大类查看里面所有的应用，所以一级栏目就和应用程序之间存在了一个一对多关系。在一级栏目中只需要包含 3 个字段即可，即编号（通过序列自动生成）、名称、描述。

分析二：二级栏目（或称为子栏目、子类型）表。二级栏目是对一级栏目的细分，在一个二级栏目下也会定义多个应用程序信息，所以二级栏目和引用程序之间又存在了一个一对多关系。二级栏目中只需要包含 4 个字段即可，分别是编号（通过序列自动生成）、名称、描述、对应栏目编号（外键）。

此时应用程序、栏目、子栏目之间形成的数据模型如图 15-52 所示。

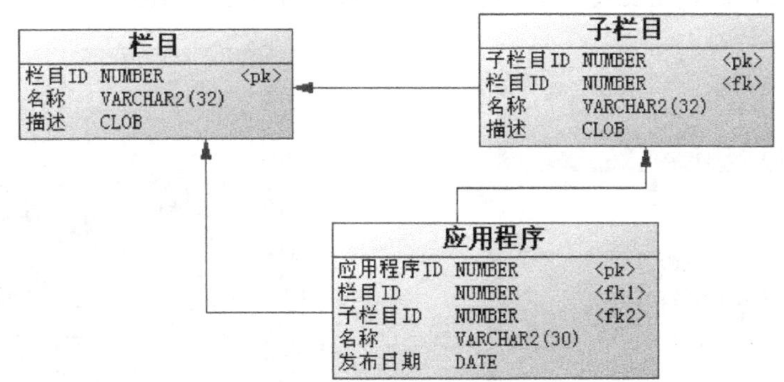

图 15-52　栏目和应用程序

（3）当用户打开一个应用程序界面时，应该可以显示出应用程序的如下信息：图标、所属分类、更新时间、下载次数、文件大小、支持度（推荐数“顶一下”、不推荐数“踩一下”）、所属类别（标签，点击标签，可搜索相关应用及游戏）、显示语言、资费标准（收费、免费）、支持分辨率、系统版本、应用截图（可以存储多张截图）及文字描述。

完整分析：本需求将应用程序所需要保存的信息进一步明确，所以需要在应用程序表中增加多个列。

分析一：应用程序表。需要在应用程序实体中添加相应的字段信息，但是对于自费标准处，可以采用一个 NUMBER 型的列表示（0 表示免费，1 表示收费），同时每个应用程序只会有一个图标，那么可以直接定义 BLOB 类型。修改后的应用程序数据模型如图 15-53 所示。

应用程序		
应用程序ID	NUMBER	<pk>
栏目ID	NUMBER	<fk1>
子栏目ID	NUMBER	<fk2>
名称	VARCHAR2(30)	
发布日期	DATE	
图标	BLOB	
大小	NUMBER	
顶数量	NUMBER	
踩数量	NUMBER	
资费标准	NUMBER	
文字描述	CLOB	
语言	VARCHAR2(10)	
支持版本	VARCHAR2(30)	
分辨率	VARCHAR2(30)	

图 15-53　修改应用程序表

分析二：应用截图表。每一个应用程序对应多张截图，此时可以单独做一个应用程序图片表，为了方便进行图片的维护，表中需要定义一个ID（通过序列生成），其与应用程序表的关系如图15-54所示。

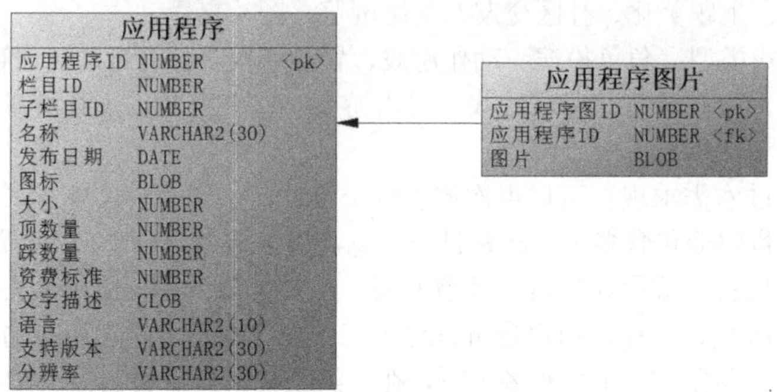

图15-54　应用程序截图

（4）用户可以收藏自己喜欢的应用，所以需要提供一个收藏夹功能，此功能需要在用户登录后才可以使用。

整体分析：用户可以针对某一个应用进行收藏，对登录后的用户，每一个用户可以收藏多个应用程序，同样一个应用程序也可以被多个用户收藏，这是一个多对多关系。同时，为了方便用户管理收藏夹，需要在收藏夹表中定义一个主键，可以定义出图15-55所示的数据模型图。

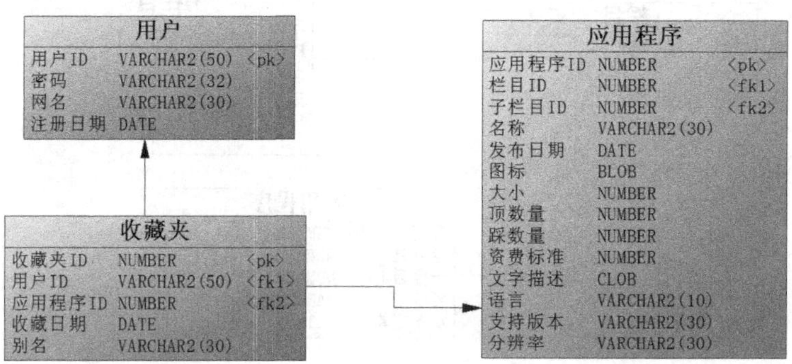

图15-55　收藏夹

（5）应用程序的更新频率是很高的，但是很多时候新更新的应用程序可能会存在bug，所以本程序需要为用户提供不同的历史版本，同时每次更新时需要编写清楚更新描述、版本编号、更新时间。

整体分析：一个应用程序肯定会对应多次更新信息（应用程序版本表），所以应用程序表与应用程序版本表是一个一对多关系，同时在应用程序表中，也应该增加一个更新时间以及更新的描述信息，而这两个信息与应用程序版本表中更新的最后一条记录一一对应。为了进行应用程序版本信息的维护，同样还需要设置一个主键编号，此主键可以利用序列自动生成，此时设计出来的数据模型如图15-56所示。

（6）每一个下载过此应用的用户，登录后可以对此应用进行评论，一个用户可以对多个应用进行评论，一个应用也可以同时被多个用户评论。

整体分析：如果需要判断用户是否下载过该应用程序，那么首先需要定义一个用户下载记录表，同时还需要定义一张保存用户评论信息的数据表。

分析一：下载记录表。每一个用户下载时应该自动记录好下载信息，一个用户对应多个应

用的下载，一个应用可以被多个用户下载，那么就可以增加一个保存下载记录的信息表，数据模型如图 15-57 所示。

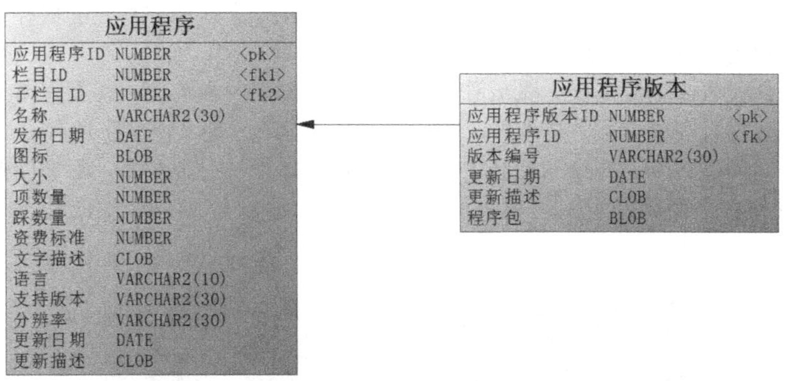

图 15-56　应用程序版本

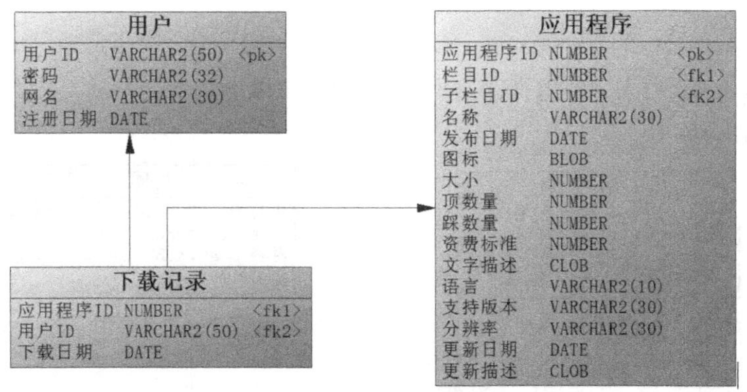

图 15-57　用户下载记录

分析二：评论表。每一位下载过应用程序的用户都可以进行评论，而一个应用程序也会存在多个评论，所以这是一个多对多的关系。为了方便用户评论的维护，可以定义一个评论 ID（通过序列自动生成），评论时需要记录好用户评论的标题、内容、日期、成绩（可以包含一位小数）等信息，所以此时的数据模型如图 15-58 所示。

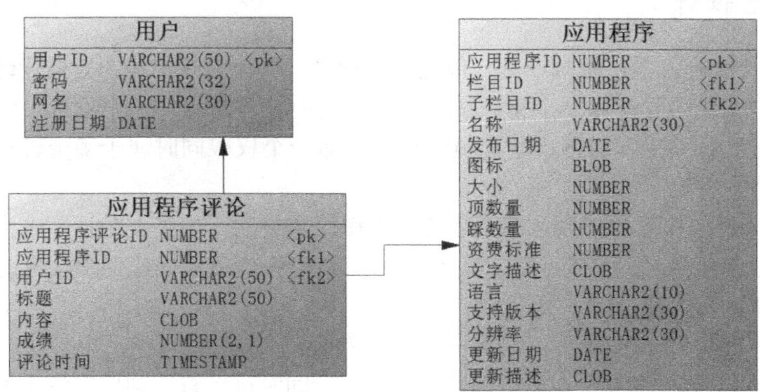

图 15-58　应用程序评论

（7）提供站内的新闻功能，用户可以看见新闻的标题、内容、发布日期、新闻图片及用户的相关评论。

完整分析：站内新闻主要是为用户提供相关信息，在一个新闻中肯定会保存有多张相关的新闻图片。用户也可以对新闻进行评论。

分析一：新闻表。需要定义一张单独保存新闻的数据表，在该表中需要保留有新闻的基本信息，由于该数据表需要进行信息维护，所以必须建立一个主键（依靠序列自动生成）。

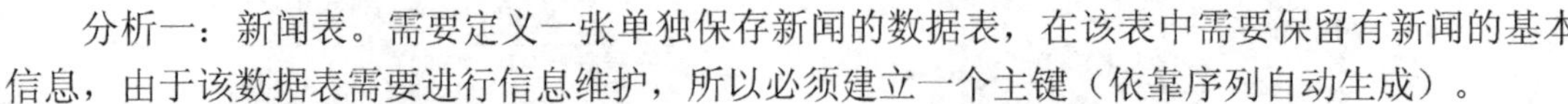

分析二：新闻图片表。一个新闻会涉及多张图片，属于一对多关系，而新闻图片需要进行维护，所以同样在新闻图片表中也需要设置一个主键（依靠序列自动生成），该数据模型如图 15-59 所示。

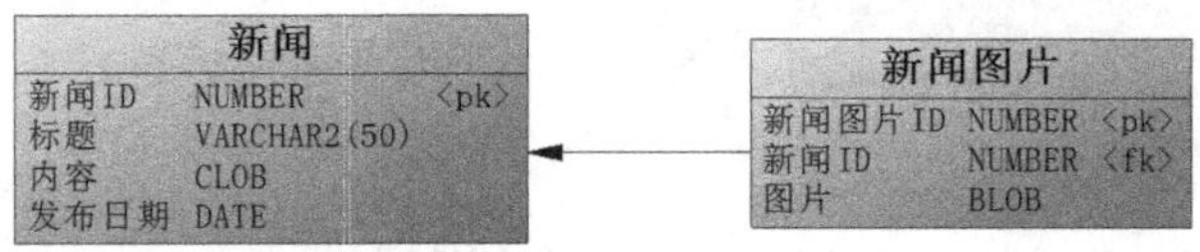

图 15-59 新闻与新闻图片

分析三：新闻评论。一个用户可以对多条新闻进行评论，而一个新闻也会被多个用户评论，所以属于多对多关系。为了方便进行评论信息的维护，可以增加一个主键（依靠序列自动生成），此数据模型如图 15-60 所示。

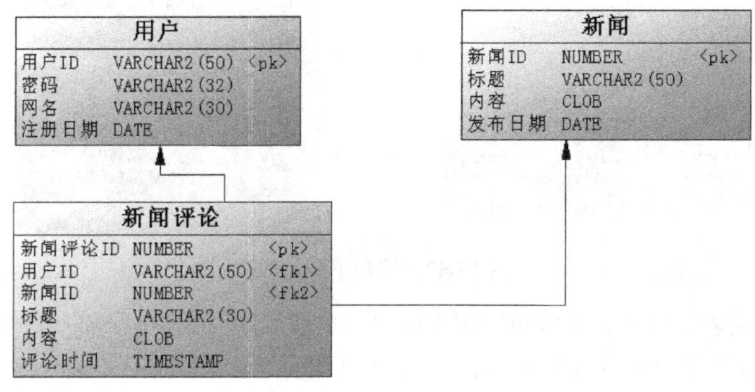

图 15-60 新闻评论

15.5.3.2 后台设计

（1）为方便管理，系统中只设置一位超级管理员，其他管理员均为普通管理员，所有的管理员都要被管理员组所管理，一个管理员可以在不同的管理员组，一个管理员组也可以有多个管理员。管理员的相关操作权限由管理员组设置，即一个权限同时属于多个管理员组，一个管理员组可以设置多种权限。

整体分析：对于权限的控制日后是需要通过程序完成的，但是在数据库之中必须保留有管理员及相关权限的信息，而且为了方便管理，可以利用管理员组完成，那么此时就应该提供三个实体表：管理员、管理员组、权限。

分析一：管理员表。本需求中需要一个超级管理员，所以可以做一个超级管理员标记（使用数值型，0 表示超级管理员，1 表示普通管理员），同时可以直接利用字符串型作为管理员表的主键。为了方便管理员查看是否有其他用户使用管理员账号登录，可以做一个最后一次登录

时间的记录，此数据模型如图 15-61 所示。

分析二：管理员组表。主要是进行权限及管理员的统一管理，管理员组表主要保存一组相应的权限信息，其中为了进行维护，需要在管理员组表中定义一个主键（依靠序列自动生成），此数据模型如图 15-62 所示。

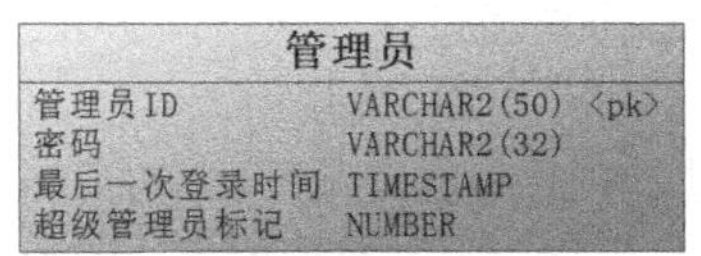

图 15-61　管理员表

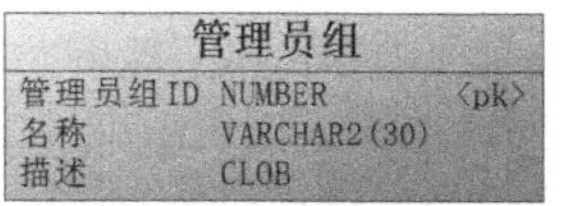

图 15-62　管理员组表

分析三：管理员与管理员组关系表。本需求中管理员与管理员组之间会形成一个多对多关系，即一个管理员可以在不同的组，每个管理员组可以有多个管理员，那么就需要一张关系表，该数据模型如图 15-63 所示。

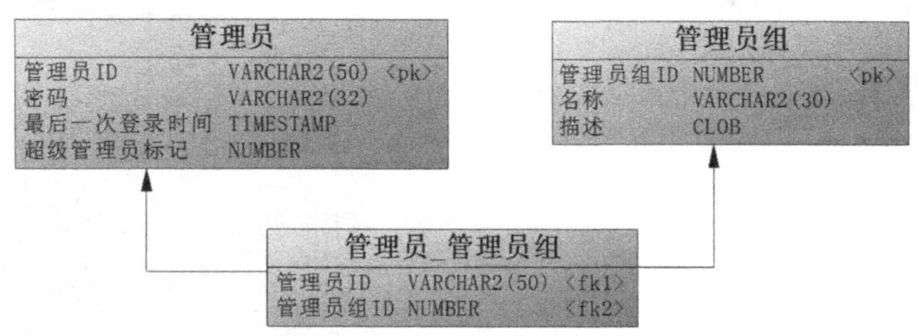

图 15-63　管理员与管理员组关系

分析四：权限表。权限定义了管理员所允许的操作，在程序中，所有对程序数据的维护都需要相应的权限。这些判断是通过程序逻辑实现的，数据库中只保留权限的相关信息，对于权限的部分不同的程序开发逻辑也有不同的支持，但是其都有一个共同的特点，就是在管理员登录后才会取出相应的操作权限。本操作是在管理员登录后生成操作菜单时所使用的权限，所以需要定义菜单项与操作路径，此数据模型如图 15-64 所示。

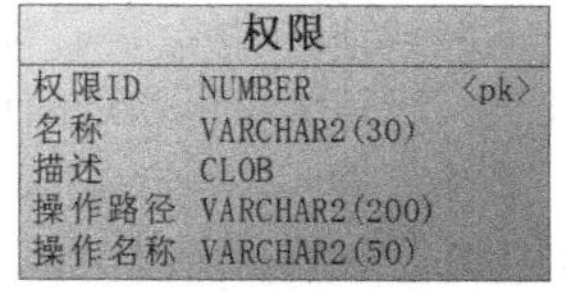

图 15-64　权限表

分析五：管理员与权限关系表。管理员组是为了方便进行权限的分配，所以权限与管理员组之间就形成了一个多对多关系，即一个管理员组有多个权限，一个权限属于多个管理员组，此数据模型如图 15-65 所示。

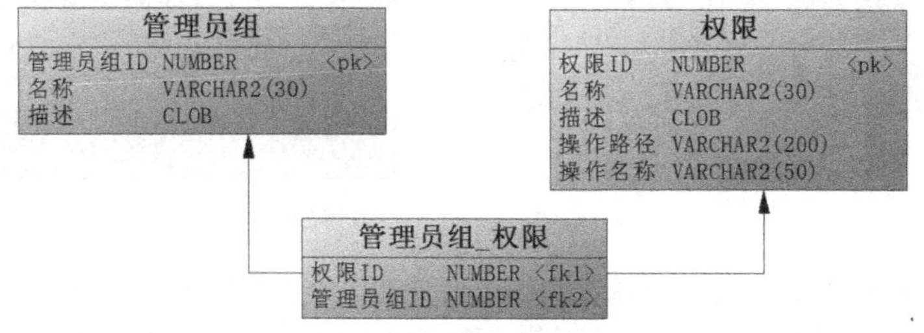

图 15-65　管理员组与权限关系

（2）管理员可以对应用进行管理，且必须具备相应管理员权限的管理员才可以发布应用，

所有的应用要求审核后才可以进行显示，但审核者不是发布者，需是具备相应管理员权限的其他管理员，如审核未通过，应该给出未通过的详细原因。

整体分析：应用需要由后台管理员来进行发布，而每一个管理员可以发布多个应用，所以管理员和应用之间就形成了一个一对多的关系。应用发布后需要进行审核，审核也需要由管理员完成操作（判断过程由程序完成），一个管理员也可以审核通过多个应用，那么这也是一个一对多关系。为了表示出审核的状态，可以设置一个审核标记，该标记使用数值型（0 表示审核通过，1 表示待审核，2 表示审核未通过），如果未通过审核的应用程序可以添加一个字符串类型的列，记录未通过审核的原因，而此原因由审核管理员提供，此时数据模型如图 15-66 所示。

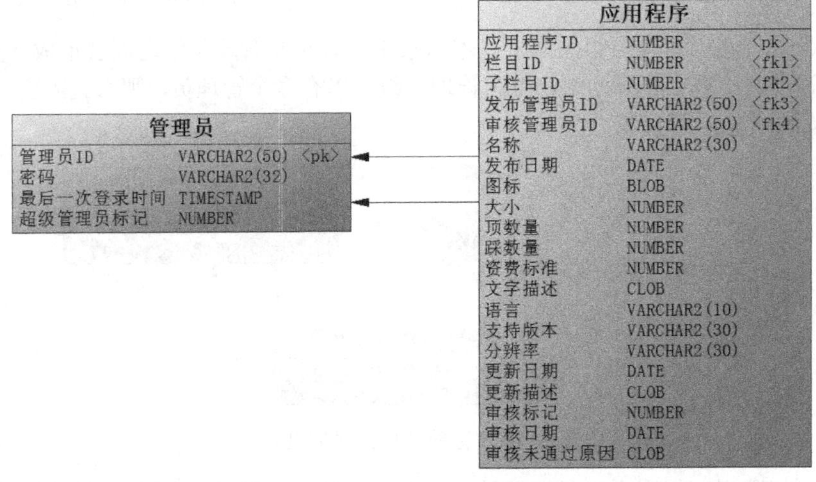

图 15-66　管理员审核应用

（3）站内新闻发布需要经过管理员填写，并且交由其他管理员审核后才可以发布，如审核未通过，应该给出未通过的详细原因。

整体分析：本操作与应用程序审核操作类似。管理员发布新闻，而发布的新闻需要等待相应的管理员审核，所以可以增加一个审核标记，该标记为数值型（0 表示审核通过，1 表示待审核，2 表示审核未通过），同时未通过审核的新闻应该给出未通过审核原因，此时的数据模型如图 15-67 所示。

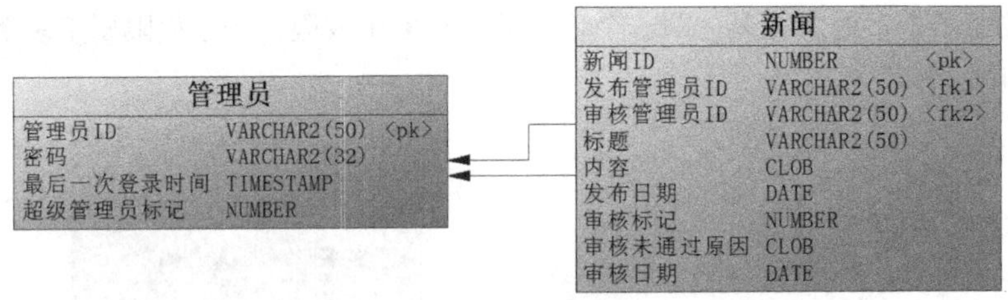

图 15-67　管理员审核新闻

（4）具有相应管理员权限的管理者，可以设置某一应用的推荐下载操作。

完整分析：如果要设置应用的推荐下载，则可以在应用表中定义一个推荐下载标记，此标记使用数值型数据（0 表示推荐下载，1 表示普通），同时需要记录好设置此推荐的管理员信息，此时的数据模型如图 15-68 所示。

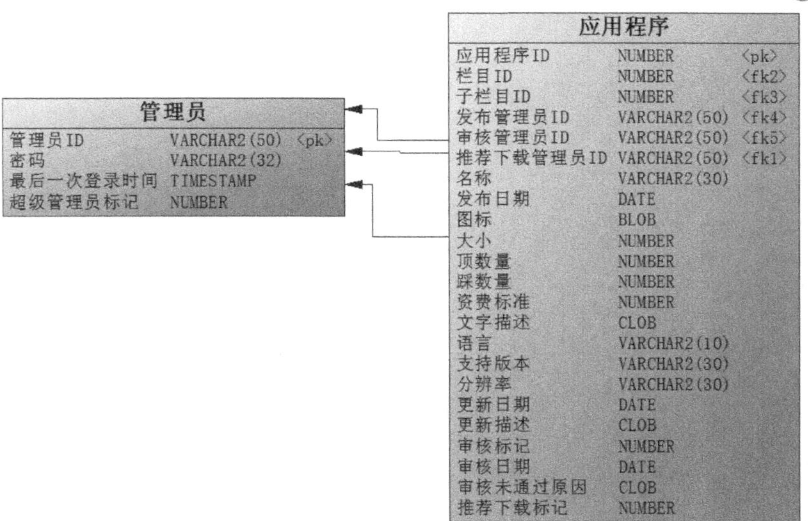

图 15-68　推荐下载

（5）如果发现有违反使用纪律的用户，则可以控制一个用户的冻结，冻结后的用户暂时无法登录，同时需要记录好执行此操作的管理员信息。

完整分析：如果要冻结用户，则需要一个锁定标记，此标记可以采用数值型保存（0 表示活跃，1 表示锁定），一个管理员可以锁定多个用户，而管理员也可以为用户进行解锁，此时的数据模型如图 15-69 所示。

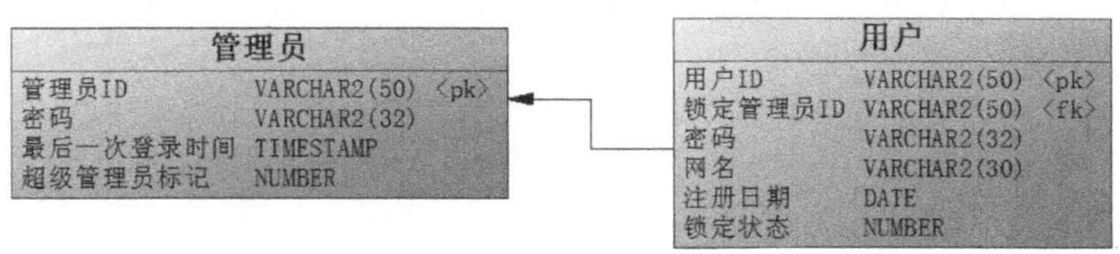

图 15-69　控制用户锁定

15.6　本 章 小 结

1．数据库设计是在完整需求分析基础上进行的，直接决定编码的成败。

2．通过概念模型可以帮助非技术人员理解数据库设计结构。

3．数据库设计范式是一种设计参考，实际上应该以避免多表查询的原则进行设计，而这要根据业务逻辑来决定。

4．使用 PowerDesigner 设计工具可以方便地进行概念模型与物理数据模型的建立，还可以根据物理数据模型自动生成数据库创建脚本。

5．数据库设计只是一种相对的解决方案，好的设计人员还需要大量的项目开发经验积累。

15.6 本章小结

第 3 部分

数据库编程

- PL/SQL 语法
- 游标
- 过程
- 触发器
- 嵌套表与可变数组

第 16 章

PL/SQL 编程基础

通过本章的学习，可以达到以下目标：

☑ 了解 PL/SQL 的主要语法及作用。

☑ 在 PL/SQL 中实现程序的分支及循环操作。

☑ 掌握 PL/SQL 中异常的处理操作。

前面所学习的 SQL 语句（Structured Query Language，结构化查询语言）是操作关系性数据库的一种通用语言，但是 SQL 本身是一种非过程化的语言（第四代语言），即不用指明执行的具体方法和途径，而是简单地调用相应语句直接取得结果即可。所以 SQL 本身并不适合在复杂的业务流程下使用。为了解决这一问题，Oracle 提供了 PL/SQL 编程，这是一种过程化编程语言（第三代语言），与 Java 语言一样关注于处理细节，可以实现较为复杂的业务逻辑。本章将为读者讲解 PL/SQL 的使用语法。

16.1　PL/SQL 简介

PL/SQL 是 Oracle 在关系数据库结构化查询语言 SQL 基础上扩展得到的一种过程化查询语言。

SQL 与编程语言的不同在于，SQL 既没有变量，也没有流程控制（分支，循环）。PL/SQL 是结构化和过程化的结合体，而且最重要的是，在用户执行多条 SQL 语句时，每条 SQL 语句都是逐一地发送给数据库，而 PL/SQL 可以一次性将多条 SQL 语句一起发送给数据库，减少网络流量，这一点如图 16-1 所示。

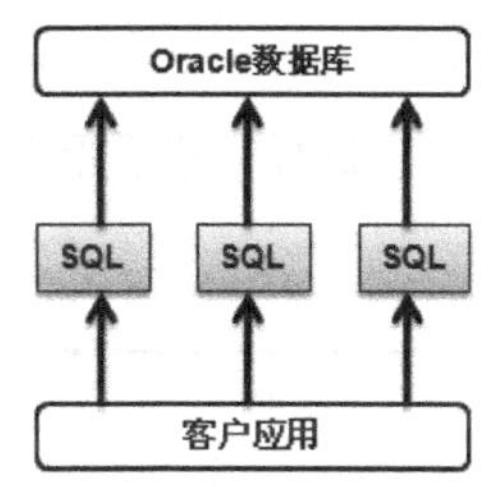

图 16-1（A）　SQL 执行

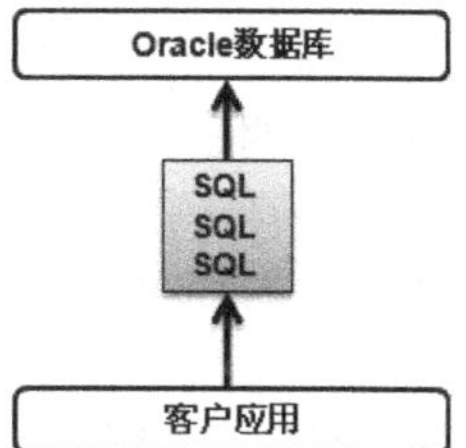

图 16-1（B）　PL/SQL 执行

图 16-1　SQL 与 PL/SQL 执行

PL/SQL 支持两种类型的程序，一种是匿名块程序，另一种是命名块程序。这两种程序都由声明、执行和异常处理 3 个部分组成。匿名块支持批脚本执行，而命名块提供存储编程单元，以下 PL/SQL 的基本语法结构如下所示。

语法 16-1：PL/SQL 语法结构

```
DECLARE
        -- 声明部分，例如：定义变量、常量、游标
BEGIN
        -- 程序编写、SQL 语句
EXECTPION
        -- 处理异常
END ;
/
```

在语法 16-1 中给出的是一个匿名块程序的语法格式，此语法格式组成如下。

- ☑ 声明部分（DECLARE）：包含变量定义、用户定义的 PL/SQL 类型、游标、引用的函数或过程。
- ☑ 执行部分（BEGIN）：包含变量赋值、对象初始化、条件结构、迭代结构、嵌套的 PL/SQL 匿名块，或是对局部或存储 PL/SQL 命名块的调用。
- ☑ 异常部分（EXCEPTION）：包含错误处理语句，该语句可以像执行部分一样使用所有项。
- ☑ 结束部分（END）：程序执行到 END 表示结束，分号用于结束匿名块，而正斜杠（/）执行块程序。

最简单的 PL/SQL 块可以不做任何事情，但是在 PL/SQL 编程中要求，执行块中至少要有一条语句，即使这条语句只是编写了一个 NULL 也行。

范例 16-1：编写不做任何工作的 PL/SQL 块。

```
BEGIN
    NULL ;
END ;
/
```

查询结果：通过 SQLPlus 输出，如图 16-2 所示。

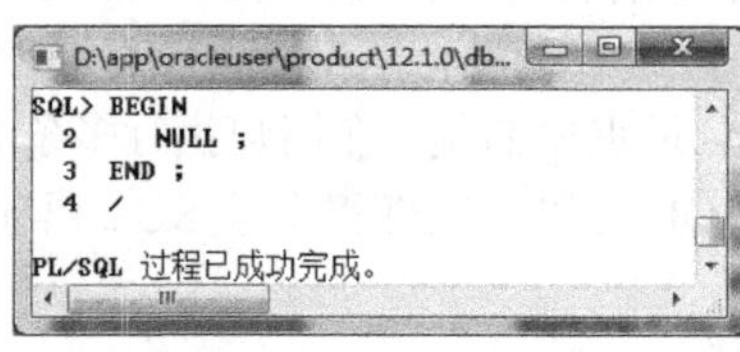

图 16-2　执行 PL/SQL 程序

本程序只是为读者说明了一个 PL/SQL 块的基本结构，所以执行完毕后不会有任何的信息显示。下面通过两个范例为读者演示 PL/SQL 块的操作。

范例 16-2：编写一个简单的 PL/SQL 程序。

```
DECLARE
    v_num NUMBER ;    -- 定义一个变量 v_num
BEGIN
    v_num := 30 ;           -- 设置 v_num 的内容
    DBMS_OUTPUT.put_line('V_NUM 变量的内容是：' || v_num) ;
END ;
/
```

程序运行结果：V_NUM 变量的内容是：30

在本程序中，首先在 DECLARE 部分定义了一个整型变量 x，而后在 BEGIN 部分中为这个整型变量赋值为 30，之后进行了输出，本程序是一个简单的操作，也没有涉及 SQL 语句的部分，下面来看一个较为复杂的操作。

> 提示：默认情况下使用"DBMS_OUTPUT.put_line() ;"操作无法输出。
>
> 在执行以上程序块的时候，会发现没有任何输出结果，这是因为在默认情况下 Oracle 将输出显示关闭了，此时用户可以先输入"SET SERVEROUTPUT ON"选项，就可以正常显示了。

范例 16-3：编写 PL/SQL 块，输入一个雇员编号，而后取得指定的雇员姓名。

```
DECLARE
    v_eno      NUMBER ;
    v_ename  VARCHAR2(10) ;
BEGIN
    v_eno := &empno ;             -- 由键盘输入雇员编号
    SELECT ename INTO v_ename FROM emp WHERE empno=v_eno ;
    DBMS_OUTPUT.put_line('编号为：' || v_eno || '雇员的名字为：'|| v_ename) ;
END ;
/
```

程序运行结果：

```
输入 empno 的值:  7369
原值      5:        v_eno := &empno ;    -- 由键盘输入雇员编号
```

新值　　5:　　　v_eno := 7369 ;　-- 由键盘输入雇员编号
编号为：7369 雇员的名字为：SMITH

本程序中使用了替代变量进行用户输入数据的接收，而后使用了 SQL 查询语句，查询出指定雇员编号的雇员姓名，并且将这个雇员姓名使用 INTO 保存到了 v_ename 变量中。

16.2　变量的声明与赋值

变量是程序的重要组成部分，而在 Oracle 中定义变量的方式分为 3 类，下面为读者一一说明。

16.2.1　声明并使用变量

PL/SQL 是一种强类型的编程语言，所有的变量都必须在它声明之后才可以使用，变量都要求在 DECLARE 部分进行声明，对于变量的名称有如下规定：

☑　变量名称可以由字母、数字、_、$、#等组成。
☑　所有的变量名称要求以字母开头，不能是 Oracle 中的保留字（关键字）。
☑　变量的长度最多只能为 30 个字符。

提示：关于 Oracle 关键字说明。

对于关键字，如果有程序开发经验的读者应该不觉得陌生，在 Oracle 数据库中，如 CREATE、LIKE、ALTER 等一定是关键字，无法作为变量名称使用，但是在 Oracle 数据库中的关键字定义过多，所以本书不再为读者列出这些，有兴趣了解全部关键字的读者，可以使用 sys 用户登录，之后查询 v$reserved_words 数据字典就可显示全部关键字。

例如，以下的变量都是合法的：x#$#、mldn、hello_world。所有声明的变量只有局部作用域。这意味着它们只在给定 PL/SQL 块的作用域中可用。如果在定义变量时没有为其赋值，则将以 NULL 作为默认值。

提示：定义变量。

为了方便读者阅读程序，所以本书所有的变量都采用“v_变量名称”的命名方式进行定义，如 v_result、v_param 等。

范例 16-4：定义变量不设置默认值。

```
DECLARE
    v_result   VARCHAR2(30) ;     -- 此处没有赋值
BEGIN
    DBMS_OUTPUT.put_line('v_result 的内容〖' || v_result || '〗') ;
END ;
/
```

程序运行结果：v_result 的内容〖〗

通过程序的输出结果可以发现，由于在本程序声明 result 变量的时候没有为其赋值，并且在执行部分中也没有为其赋值，所以其在输出时内容为 NULL。

所有的变量都要求在 DECLARE 部分中进行，在定义变量的时候也可以为其赋默认值，变量声明语法如下：

语法 16-2：声明变量的语法

```
变量名称 [CONSTANT] 类型 [NOT NULL] [:=value] ;
```

本语法格式中的选项作用如下。

☑ CONSTANT：定义常量，必须在声明时为其赋予默认值。

☑ NOT NULL：表示此变量不允许设置为 NULL。

☑ :=value：表示在变量声明时，设置好其初始化内容。

注意：PL/SQL 中的变量不区分大小写。

在 PL/SQL 中所编写的变量是不区分大小写的，即 v_result 和 V_RESULT 表示的是同一个变量，但是为了方便阅读代码，在编写时还要注意变量大小写的问题，同时本书的变量命名风格为每个单词之间使用“_”连接，如 v_student_name。

范例 16-5：定义变量。

```
DECLARE
     v_resultA NUMBER := 100 ;              -- 定义一个变量，同时赋值
     v_resultB NUMBER ;                     -- 定义一个变量，没有设置内容
BEGIN
     v_resultb := 30 ;                      -- 没有区分大小写
     DBMS_OUTPUT.put_line('计算的结果是：' || (v_resultA + v_resultB) ) ;
END ;
/
```

程序运行结果：计算的结果是：130

本程序分别采用了两种方式为所声明的变量进行赋值。

☑ 在 DECLARE 中定义变量的时候直接赋值：v_resultA NUMBER := 100 ;。

☑ 在 DECLARE 中定义变量，而后在 BEGIN 中为变量赋值：v_resultb := 30 ;。

同时读者可以发现，在本程序编写的时候变量 v_resultB 在赋值时写成了 v_resultb，但结果也可以正常地为 v_resultB 变量进行赋值，这是因为 PL/SQL 程序不区分大小写。

范例 16-6：定义非空变量。

```
DECLARE
     v_resultA NUMBER NOT NULL := 100 ;  -- 定义一个非空变量 v_resultA，同时赋值
BEGIN
     DBMS_OUTPUT.put_line('v_resultA 变量内容：' || (v_resultA) ) ;
END ;
/
```

程序运行结果：v_resultA 变量内容：100

在本程序定义 v_resultA 变量时设置了 NOT NULL，这样就必须在此变量定义的时候给出默认值，否则程序将出现错误。同理，如果在代码的执行过程中将 v_resultA 定义为 null（v_resultA:= null），也会出现语法错误。

范例 16-7：定义常量。

```
DECLARE
     v_resultA CONSTANT NUMBER NOT NULL := 100 ;   -- 定义一个常量，同时赋值
BEGIN
     DBMS_OUTPUT.put_line('v_resultA 常量内容：' || (v_resultA) ) ;
END ;
/
```

程序运行结果：v_resultA 常量内容：100

本程序使用 CONSTANT 定义了一个 resultA 的常量，在定义常量的时候需要将其设置一个具体的内容，同时不可以在程序中对此常量的内容进行修改，在本程序中使用了 NOT NULL 进行定义，而实际上是否加入此选项对本程序都没有任何的影响。

16.2.2　使用%TYPE 声明变量类型

在编写 PL/SQL 程序时，如果希望某一个变量与指定数据表中某一列的类型一样，则可以采用"变量定义 表名称.字段名称%TYPE"的格式，这样指定的变量就具备了与指定的字段相同的类型。

范例 16-8：使用"%TYPE"定义变量。

```
DECLARE
     v_eno          emp.empno%TYPE ;       -- 与 empno 类型相同
     v_ename  emp.ename%TYPE ;             -- 与 ename 类型相同
BEGIN
     DBMS_OUTPUT.put_line('请输入雇员编号：') ;
     v_eno := &empno ;                     -- 由键盘输入雇员编号
     SELECT ename INTO v_ename FROM emp WHERE empno= v_eno ;
     DBMS_OUTPUT.put_line('编号为：' || v_eno || '雇员的名字为：'|| v_ename) ;
END ;
/
```

程序运行结果：

```
输入 empno 的值:  7369
原值     6:      v_eno := &empno ;        -- 由键盘输入雇员编号
新值     6:      v_eno := 7369 ;          -- 由键盘输入雇员编号
请输入雇员编号：
编号为：7369 雇员的名字为：SMITH
```

本程序将前面的程序进行了修改，唯一不同的是定义的 eno 和 ename 两个变量的数据类型参考了 emp 表的 empno 和 ename 两个字段，这样就简化了变量的定义操作。

16.2.3　使用%ROWTYPE 声明变量类型

除了可以使用"%TYPE"参考指定表中的列定义变量类型，在 PL/SQL 中还提供了一种"%ROWTYPE"标记，使用此标记可以定义表中一行记录的类型。

当用户使用了“SELECT … INTO …”将表中的一行记录设置到了 ROWTYPE 类型的变量中时，就可以利用“rowtype 变量.表字段”的方式取得表中每行的对应列数据。

范例 16-9：使用 ROWTYPE 装载一行记录。

Note

```
DECLARE
    v_deptRow     dept%ROWTYPE ;          -- 装载一行 dept 记录
BEGIN
    SELECT * INTO v_deptRow FROM dept WHERE deptno=10 ;
    DBMS_OUTPUT.put_line('部门编号：'|| v_deptRow.deptno || '，名称：' || v_deptRow.dname ||
'，位置：' || v_deptRow.loc) ;
END ;
/
```

程序运行结果：部门编号：10，名称：ACCOUNTING，位置：NEW YORK

本程序首先定义了一个 deptRow 的 ROWTYPE 类型变量，之后使用限定查询，查询出 10 部门的完整信息，并将此行信息设置到 deptRow 变量中，然后分别利用列名称取得此行中的每列内容。

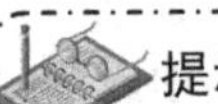

提示：通过定义专门的集合类型也可以完成与 ROWTYPE 类似的功能。

在本程序中，提供的 ROWTYPE 可以装下一整行的数据，而用户也可以通过自定义一个记录类型的方式完成与之类似的功能。

范例 16-10：通过自定义类型接收一行记录。

```
DECLARE
    TYPE dept_type IS RECORD (
        dno   dept.deptno%TYPE ,
        dna   dept.dname%TYPE ,
        dlo   dept.loc%TYPE) ;              -- 定义一个新的类型
    v_deptRow     dept_type ;               -- 装载一行 dept 记录
BEGIN
    SELECT * INTO v_deptRow FROM dept WHERE deptno=10 ;
    DBMS_OUTPUT.put_line('部门编号：'|| v_deptRow.dno || '，名称：' || v_deptRow.dna || '，
    位置：' || v_deptRow.dlo) ;
END ;
/
```

本程序的运行结果与上个程序结果一致，但是这种开发方式本身依然需要由用户自己定义类型结构，并且没有 ROWTYPE 使用方便，所以使用较少，用户使用时还应该以 ROWTYPE 为主。关于记录类型的详细内容，在本书第 17 章讲解集合的时候将会为读者讲解。

16.3 运　算　符

运算符是程序的重要组成部分，在 PL/SQL 中，一共提供了以下 4 类运算符。

☑ 赋值运算符：用来为变量或常量赋值。

☑ 连接运算符：可以将多个字符串进行连接。

☑ 关系运算符：判断两个操作数据的大小关系，返回值为 TRUE 或 FALSE，如果有一个数据为 NULL，最终结果为 NULL。

☑ 逻辑运算符：与（AND）、或（OR）、非（NOT）。

16.3.1 赋值运算符

赋值运算符的主要功能是将一个数值赋予指定数据类型的变量，在之前声明变量时已经使用过该运算符，其使用语法如下所示。

语法 16-3：赋值运算符

```
变量 := 表达式 ;
```

范例 16-11：使用赋值运算符。

```
DECLARE
    v_info      VARCHAR2(50) := '北京魔乐科技软件学院' ;
    v_url       VARCHAR2(50) ;
BEGIN
    v_url := 'www.mldnjava.cn' ;
    DBMS_OUTPUT.put_line(v_info) ;
    DBMS_OUTPUT.put_line(v_url) ;
END ;
/
```

程序运行结果：

北京魔乐科技软件学院

www.mldnjava.cn

本程序在声明变量时使用了赋值运算符为变量设置初始值，之后在程序主体部分通过赋值运算符又为一个变量进行赋值操作。

16.3.2 连接运算符

连接运算符在本书简单查询的部分曾经为读者讲解过，使用“||”即可完成操作。

范例 16-12：字符串连接。

```
DECLARE
    v_info      VARCHAR2(50) := '北京魔乐科技软件学院' ;
    v_url       VARCHAR2(50) ;
BEGIN
    v_url := 'www.mldnjava.cn' ;
    DBMS_OUTPUT.put_line(v_info || '，网址：' || v_url) ;
END ;
/
```

程序运行结果：北京魔乐科技软件学院，网址：www.mldnjava.cn

本程序使用“||”将两个变量和一个字符串常量连接后进行输出。

16.3.3 关系运算符

关系运算符主要使用的是前面讲解限定查询时使用过的若干操作符，主要包括如下几种，如表 16-1 所示。

表 16-1 关系运算符

No.	运 算 符	符 号	描 述
1	关系运算符	>、<、>=、<=、=、!=、<>	进行大小或相等的比较，其中不等于有两种：!=和<>
2	判断 null	IS NULL、IS NOT NULL	判断某一列的内容是否为 null
3	范围查询	BETWEE 最小值 AND 最大值	在一个指定范围中进行查找，查找结果为："最小值<=内容<=最大值"
4	范围查询	IN	通过 IN 可以指定一个查询的范围
5	模糊查询	LIKE	可以对指定的字段进行模糊查询

范例 16-13：使用关系运算符。

```
DECLARE
      v_url       VARCHAR2(50) := 'www.mldnjava.cn' ;
      v_num1          NUMBER := 80 ;
      v_num2          NUMBER := 30 ;
BEGIN
      IF v_num1 > v_num2 THEN
            DBMS_OUTPUT.put_line('第 1 个数字比第 2 个数字大。') ;
      END IF ;
      IF v_url LIKE '%mldn%' THEN
            DBMS_OUTPUT.put_line('网址之中包含 mldn 单词。') ;
      END IF ;
END ;
/
```

程序运行结果：

第 1 个数字比第 2 个数字大。

网址之中包含 mldn 单词。

本程序直接使用了关系运算符并且结合分支语句进行判断，如果满足条件，则进行信息打印。

16.3.4 逻辑运算符

使用逻辑运算符可以连接多个布尔表达式的结果，在 PL/SQL 中逻辑运算符一共包含了 3 种，分别是 AND、OR、NOT。

☑ 与（AND）：连接多个条件，多个条件同时满足时才返回 TRUE，如果有一个条件不满足，则结果就是 FALSE。

☑ 或（OR）：连接多个条件，多个条件中只要有一个返回 TRUE，结果就是 TRUE，如

果多个条件返回的都是 FALSE，则结果才是 FALSE。

☑ 非（NOT）：求反操作，可以将 TRUE 变为 FALSE、FALSE 变为 TRUE。

以上的 3 种逻辑运算符的优先级为 NOT、AND、OR，这 3 种逻辑值可以形成如表 16-2 所示的真值表。

表 16-2 逻辑真值表

No.	条件 x	条件 y	x AND y	x OR y	NOT x
1	TRUE	TRUE	TRUE	TRUE	FALSE
2	TRUE	NULL	NULL	TRUE	FALSE
3	TRUE	FALSE	FALSE	TRUE	FALSE
4	NULL	TRUE	NULL	TRUE	NULL
5	NULL	NULL	NULL	NULL	NULL
6	NULL	FALSE	FALSE	NULL	NULL
7	FALSE	TRUE	FALSE	TRUE	TRUE
8	FALSE	NULL	FALSE	NULL	TRUE
9	FALSE	FALSE	FALSE	TRUE	TRUE

范例 16-14：观察逻辑运算结果。

```
DECLARE
    v_flag1         BOOLEAN := TRUE ;
    v_flag2         BOOLEAN := FALSE ;
    v_flag3         BOOLEAN ;
BEGIN
    IF v_flag1 AND ( NOT v_flag2 ) THEN
        DBMS_OUTPUT.put_line('v_flag1 AND ( NOT v_flag2 ) = TRUE') ;
    END IF ;
    IF v_flag1 OR v_flag3 THEN
        DBMS_OUTPUT.put_line('v_flag1 OR v_flag3 = TRUE') ;
    END IF ;
    IF v_flag1 AND v_flag3 IS NULL THEN
        DBMS_OUTPUT.put_line('v_flag1 AND v_flag3 的结果为 NULL。') ;
    END IF ;
END ;
/
```

程序运行结果：

v_flag1 AND (NOT v_flag2) = TRUE
v_flag1 OR v_flag3 = TRUE
v_flag1 AND v_flag3 的结果为 NULL。

本程序中分别编写了 3 种逻辑关系：

☑ v_flag1 AND (NOT v_flag2)（等价于 TRUE AND (NOT FALSE)）结果为 TRUE。

☑ v_flag1 OR v_flag3（等价于 TRUE OR NULL）结果为 TRUE。

☑ v_flag1 AND v_flag3 IS NULL（等价于 TRUE AND NULL IS NULL）结果为 TRUE。

16.4 数据类型划分

了解了 PL/SQL 的基本语法结构之后，下面最需要掌握的就是 Oracle 中数据类型的划分。数据类型是程序组成的重要部分，任何变量定义时都需要为其设置指定的数据类型，例如，在之前使用过的 VARCHAR2 和 NUMBER 都属于一种数据类型，只有存在对应的数据类型后才可以定义专门的变量保存数据。在 Oracle 中所提供的数据类型，一共分为以下 4 类。

☑ 标量类型（SCALAR，或称基本数据类型）：用于保存单个值，例如字符串、数字、日期、布尔。

☑ 复合类型（COMPOSITE）：复合类型可以在内部存放多种数值，类似于多个变量的集合，例如记录类型、嵌套表、索引表、可变数组等都称为复合类型。

☑ 引用类型（REFERENCE）：用于指向另一不同的对象，例如 REF CURSOR、REF。

☑ LOB 类型：大数据类型，最多可以存储 4GB 的信息，主要用来处理二进制数据。

提示：本章暂时只为读者讲解标量类型。

考虑到知识学习层次的问题，所以在本章只为读者讲解标量类型，而对于复合类型、引用类型和 LOB 类型会在后续的章节中分别介绍。

下面通过具体的代码来讲解各种标量类型的使用。

16.5 标 量 类 型

标量类型也可以被称为基本数据类型，其中所包含的类型都是建立数据表时较常用的类型，例如 NUMBER、VARCHAR2、DATE 等，常见的标量类型如表 16-3 所示。

表 16-3　常见标量类型

No.	分类	数据类型	描述
1	数值型	NUMBER(数据总长度 [, 小数位长度])	NUMBER 是一种表示数字的数据类型。可以声明它保存数据类型的整数位和小数位的精度，在数据库中是以十进制格式存储，在计算时，系统会将其变为二进制数据进行运算，占 32 个字节
2		BINARY_INTEGER	不存储在数据库中，只能在 PL/SQL 中使用的带符号整数，其范围是 -2^{31}~2^{31}，如果运算发生溢出，则自动变为 NUMBER 型数据
3		PLS_INTEGER	有符号的整数，其范围是 -2^{31}~2^{31}，可以直接进行数学运算，进行的运算发生溢出的时候，会触发异常，与 NUMBER 相比，PLS_INTEGER 占用空间小，而且性能更好
4		BINARY_FLOAT	单精度 32 位浮点数类型，占 5 个字节
5		BINARY_DOUBLE	双精度 64 位浮点数类型，占 9 个字节

续表

No.	分类	数据类型	描述
6	字符型	CHAR(长度)	定长字符串，如果所设置的内容不足定义长度，则自动补充空格，可以保存 32767 个字节的数据
7		VARCHAR2(长度)	变长字符串，VARCHAR2 数据类型列按照字节或字符来存储可变长度的字符串，可以保存 1~32767 个字节的数据
8		VARCHAR(长度)	其功能与 VARCHAR2 类似，由于其是 ANSI 定义的标准类型，Oracle 有可能在以后的版本对其进行修改，建议使用 VARCHAR2
9		NCHAR(长度)	定长字符串，存储 UNICODE 编码数据
10		NVARCHAR2(长度)	变长字符串，存储 UNICODE 编码数据
11		LONG	变长字符串数据，存储超过 4000 个字符时使用，最多可以存储 2GB 大小的数据，这是一个可能会被取消的类型，替代它的类型为 LOB
12		RAW	保存固定长度的二进制数据，最多可以存放 2000 个字节的数据
13		LONG RAW	存储二进制数据（图片、音乐等），最多可以存储 2GB 大小的数据，有可能会被 LOB 替代
14		ROWID	数据表中每行记录的唯一物理地址标记，只支持物理行 ID，不支持逻辑行 ID
15		UROWID	支持物理行 ID 和逻辑行 ID
16	日期型	DATE	DATE 是一个 7 字节的列，可以保存日期和时间，不包含毫秒
17		TIMESTAMP	DATE 子类型，包含日期和时间，时间部分包含毫秒，有 TIMESTAMP WITH TIME ZONE 和 TIMESTAMP WITH LOCAL TIME ZONE 两种子类型
18		INTEVAL	DATE 的子类型，用于管理时间间隔，有 INTERVAL DAY TO SECOND 和 INTERVAL YEAR TO MONTH 两种子类型
19	大对象	CLOB	CLOB 数据类型代表 Character Large Object（字符型大对象）。它最多可以存储 4GB 的字符串数据
20		NCLOB	存放 UNICODE 编码的大文本数据，最多可以存储 4GB 的字符串数据
21		BLOB	BLOB 数据类型列可以包含最大 4GB 的非结构化的二进制数据
22		BFILE	BFILE 数据类型列包含存储在外部文件系统上文件的索引，最大不超过 4GB
23	布尔	BOOLEAN	布尔类型，可以设置的内容有 TRUE、FALSE、NULL

清楚了以上的数据类型划分之后，下面通过一系列的代码为读者验证以上标量类型的使用。

16.5.1 数值型

数值型数据可以保存整数、浮点数，可以使用 NUMBER、PLS_INTEGER、BINARY_INTEGER、BINARY_FLOAT、BINARY_DOUBLE 进行定义。

1. NUMBER 数据类型

NUMBER 数据类型既可以定义整型（NUMBER(n)），也可以定义浮点型数据（NUMBER(n,m)）。

范例 16-15：定义 NUMBER 变量。

```
DECLARE
    v_x  NUMBER(3) ;  -- 最多只能为 3 位数字
    v_y  NUMBER(5,2) ;-- 3 位整数，2 位小数
BEGIN
    v_x := -500 ;
    v_y := 999.88 ;
    DBMS_OUTPUT.put_line('v_x = ' || v_x) ;
    DBMS_OUTPUT.put_line('v_y = ' || v_y) ;
    DBMS_OUTPUT.put_line('加法运算：' || (v_x + v_y)) ;    -- 整数 + 浮点数 = 浮点数
END ;
/
```

程序运行结果：

v_x = -500

v_y = 999.88

加法运算：499.88

本程序直接使用 NUMBER 定义了两个不同类型的变量，而后为其分别赋值，但是在进行赋值操作时不能超过其定义变量的范围，否则将出现“ORA-06502”错误信息，最后两种不同数据类型执行加法计算的最终结果为浮点数。

2．BINARY_INTEGER 与 PLS_INTEGER

BINARY_INTEGER 和 PLS_INTEGER 具有相同的范围长度（-2^{31}~2^{31}，-2147483648 ~ 2147483647），与 NUMBER 相比较而言，其所占用的范围更小。在数学计算时，由于 NUMBER 类型保存的数据为十进制类型，所以需要先将十进制转为二进制数据后才可以进行计算，对 BINARY_INTEGER 与 PLS_INTEGER 类型而言，采用的是二进制的补码形式存储，所以性能上要比 NUMBER 类型更高。

但是 BINARY_INTEGER 与 PLS_INTEGER 还是有区别的，当使用 BINARY_INTEGER 操作的数据大于其数据范围定义时，会自动将其变为 NUMBER 型数据进行保存，而使用 PLS_INTEGER 操作的数据大于其数据范围定义时，会抛出异常信息。

范例 16-16：验证 PLS_INTEGER 操作。

```
DECLARE
    v_pls1        PLS_INTEGER := 100 ;
    v_pls2        PLS_INTEGER := 200 ;
    v_result      PLS_INTEGER ;
BEGIN
    v_result := v_pls1 + v_pls2 ;
    DBMS_OUTPUT.put_line('计算结果：' || v_result) ;
END ;
/
```

程序运行结果： 计算结果：300

本程序使用 PLS_INTEGER 定义了两个变量（之所以使用 PLS_INTEGER，主要是考虑以后章节中的函数返回值类型通常为该类型），通过执行可以发现与 NUMBER 使用的区别不大。

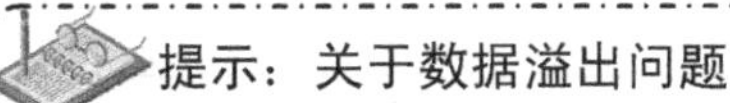

提示：关于数据溢出问题。

对于 BINARY_INTEGER 和 PLS_INTEGER 的区别，以上是从 Oracle 官方给予的解释，但是笔者经过大量的程序实验发现，不管是 BINARY_INTEGER 还是 PLS_INTEGER，如果超过了其界限，都会出现“ORA-01426: 数字溢出”错误信息。

本书中秉着尊重官方解释的态度列出此说明，但是笔者并不认同，如果有读者发现笔者的结论是错误的，欢迎来信告之。

Note

3. BINARY_FLOAT 与 BINARY_DOUBLE

在 Oracle 10g 之后引入了两个新的数据类型，分别是 BINARY_FLOAT、BINARY_DOUBLE，使用这两个类型比使用 NUMBER 节约空间，同时表示的范围也越大，最为重要的是这两个数据类型并不像 NUMBER 采用了十进制方式存储，而是直接采用二进制方式存储，这样在进行数学计算时，其性能更高。

范例 16-17： 验证 BINARY_DOUBLE 操作。

```
DECLARE
      v_float          BINARY_FLOAT := 8909.51F ;
      v_double         BINARY_DOUBLE := 8909.51D ;
BEGIN
      v_float := v_float + 1000.16 ;
      v_double := v_double + 1000.16 ;
      DBMS_OUTPUT.put_line('BINARY_FLOAT 变量内容：' || v_float) ;
      DBMS_OUTPUT.put_line('BINARY_DOUBLE 变量内容：' || v_double) ;
END ;
/
```

程序运行结果：

BINARY_FLOAT 变量内容：9.90966992E+003

BINARY_DOUBLE 变量内容：9.9096700000000001E+003

本程序的声明部分中，分别定义了 BINARY_FLOAT 和 BINARY_DOUBLE 两个变量，同时分别使用了字母 F 表示 BINARY_FLOAT 数据类型，字母 D 表示 BINARY_DOUBLE 数据类型。在程序主体部分实现数学计算并输出内容。

在 BINARY_FLOAT 和 BINARY_DOUBLE 中还定义了如表 16-4 所定义的几个常量，这些常量只能在 PL/SQL 中使用。

表 16-4 常量

No.	常量名称	使用环境	描述
1	BINARY_FLOAT_NAN	SQL、PL/SQL	表示非 BINARY_FLOAT 类型数据，Nan 在科学计数法中表示 Not a Number（非数字）
2	BINARY_FLOAT_INFINITY	SQL、PL/SQL	表示 BINARY_FLOAT 的数据为无穷大（Inf）
3	BINARY_DOUBLE_NAN	SQL、PL/SQL	表示非 BINARY_DOUBLE 类型数据（Nan）
4	BINARY_DOUBLE_INFINITY	SQL、PL/SQL	表示 BINARY_DOUBLE 的数据为无穷大（Inf）

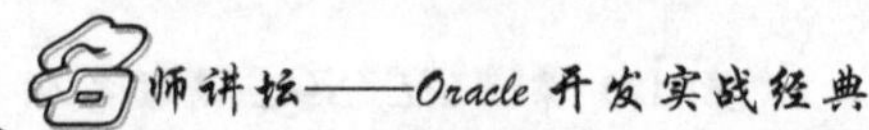

Note

续表

No.	常量名称	使用环境	描述
5	BINARY_FLOAT_MIN_NORMAL	PL/SQL	表示数字：1.17549435E-038，最小常数
6	BINARY_FLOAT_MAX_NORMAL	PL/SQL	表示数字：3.40282347E+038，最大绝对数
7	BINARY_FLOAT_MIN_SUBNORMAL	PL/SQL	表示数字：1.40129846E-045，向下溢出的最小值
8	BINARY_FLOAT_MAX_SUBNORMAL	PL/SQL	表示数字：1.17549421E-038，最小绝对数
9	BINARY_DOUBLE_MIN_NORMAL	PL/SQL	表示数字：2.2250738585072014E-308，最小常数
10	BINARY_DOUBLE_MAX_NORMAL	PL/SQL	表示数字：1.7976931348623157E+308，最大绝对数
11	BINARY_DOUBLE_MIN_SUBNORMAL	PL/SQL	表示数字：4.9406564584124654E-324，向下溢出的最小值
12	BINARY_DOUBLE_MAX_SUBNORMAL	PL/SQL	表示数字：2.2250738585072009E-308，最小绝对数

表 16-4 中定义的几个常量，分别表示 BINARY_FLOAT 和 BINARY_DOUBLE 的数据范围，同时针对非数字与超过其类型最大值的数据标记，下面来分别验证表 16-4 中的常量。

范例 16-18：观察表示范围的常量内容。

```
DECLARE
BEGIN
    DBMS_OUTPUT.put_line('1、BINARY_FLOAT_MIN_NORMAL=' || BINARY_FLOAT_MIN_NORMAL) ;
    DBMS_OUTPUT.put_line('1、BINARY_FLOAT_MAX_NORMAL = ' || BINARY_FLOAT_MAX_NORMAL) ;
    DBMS_OUTPUT.put_line('1、BINARY_FLOAT_MIN_SUBNORMAL = ' || BINARY_FLOAT_MIN_
    SUBNORMAL) ;
    DBMS_OUTPUT.put_line('1、BINARY_FLOAT_MAX_SUBNORMAL = ' || BINARY_FLOAT_MAX_
    SUBNORMAL) ;
    DBMS_OUTPUT.put_line('2、BINARY_DOUBLE_MIN_NORMAL = ' || BINARY_DOUBLE_MIN_
    NORMAL) ;
    DBMS_OUTPUT.put_line('2、BINARY_DOUBLE_MAX_NORMAL = ' || BINARY_DOUBLE_MAX_
    NORMAL) ;
    DBMS_OUTPUT.put_line('2、BINARY_DOUBLE_MIN_SUBNORMAL = ' || BINARY_DOUBLE_MIN_
    SUBNORMAL) ;
    DBMS_OUTPUT.put_line('2、BINARY_DOUBLE_MAX_SUBNORMAL = ' || BINARY_DOUBLE_MAX_
    SUBNORMAL) ;
END ;
/
```

程序运行结果：

1、BINARY_FLOAT_MIN_NORMAL = 1.17549435E-038

1、BINARY_FLOAT_MAX_NORMAL = 3.40282347E+038

1、BINARY_FLOAT_MIN_SUBNORMAL = 1.40129846E-045

1、BINARY_FLOAT_MAX_SUBNORMAL = 1.17549421E-038

2、BINARY_DOUBLE_MIN_NORMAL = 2.2250738585072014E-308

2、BINARY_DOUBLE_MAX_NORMAL = 1.7976931348623157E+308

2、BINARY_DOUBLE_MIN_SUBNORMAL = 4.9406564584124654E-324

2、BINARY_DOUBLE_MAX_SUBNORMAL = 2.2250738585072009E-308

本程序只是对于给出的若干常量数据进行了输出，通过这些常量的输出结果可以发现 BINARY_FLOAT 与 BINARY_DOUBLE 表示的数据范围。

范例 16-19：超过范围的计算。

```
DECLARE
BEGIN
      DBMS_OUTPUT.put_line('超过范围计算的结果：' ||
            BINARY_DOUBLE_MAX_NORMAL * BINARY_DOUBLE_MAX_NORMAL) ;
      DBMS_OUTPUT.put_line('超过范围计算的结果：' ||
            BINARY_DOUBLE_MAX_NORMAL / 0) ;
END ;
/
```

程序运行结果：

超过范围计算的结果：Inf

超过范围计算的结果：Inf

本程序直接利用 BINARY_DOUBLE_MAX_NORMAL 取得了 BINARY_DOUBLE 的最大值，而后进行乘法及除法计算，由于 BINARY_DOUBLE_MAX_NORMAL 与 BINARY_DOUBLE_MAX_NORMAL 的相乘结果值过多，所以显示为 Inf。同理，如果使用 BINARY_DOUBLE_MAX_NORMAL 除以 0，那么最终的结果也是无穷大 Inf。

16.5.2　字符型

字符串指的是使用“'”声明的内容，在开发中，常用的字符串类型为 VARCHAR2，除了此类型之外，在 Oracle 中也提供了许多的其他字符串类型，下面分类说明。

1．CHAR 与 VARCHAR2

CHAR 数据类型使用定长方式保存字符串，如果用户为其设置的内容不足其定义长度，则会自动补充空格。VARCHAR2 是变长字符串，如果为其设置的内容不足其长度，也不会为其补充内容，下面通过具体代码说明。

范例 16-20：观察 CHAR 和 VARCHAR2 的区别。

```
DECLARE
      v_info_char          CHAR(10) ;
      v_info_varchar       VARCHAR2(10) ;
BEGIN
      v_info_char := 'MLDN' ;     -- 长度不足 10 个
      v_info_varchar := 'java' ;  -- 长度不足 10 个
      DBMS_OUTPUT.put_line('v_info_char 内容长度：' || LENGTH(v_info_char)) ;
      DBMS_OUTPUT.put_line('v_info_varchar 内容长度：' || LENGTH(v_info_varchar)) ;
END ;
/
```

程序运行结果：

v_info_char 内容长度：10

v_info_varchar 内容长度：4

通过程序运行结果可以发现，使用 CHAR 定义的字符串，如果设置内容的长度不足其定义长度，会自动以空格补充，而 VARCHAR2 在这一点就会方便一些，只保存需要的内容，不补充空格。

Note

提示：本程序使用 VARCHAR 和 VARCHAR2 效果一致。

如果在本程序定义中使用的不是 VARCHAR2，而是 VARCHAR 类型，那么最终的运行效果与本程序效果相同，因为在 Oracle 中，VARCHAR2 就是其他数据库的 VARCHAR，两者形式现在完全一样。

2．NCHAR 与 NVARCHAR2

NCHAR 与 NVARCHAR2 的操作特点与 CHAR 和 VARCHAR2 一样，唯一不同的是，NCHAR 和 NVARCHAR2 保存的数据为 UNICODE 编码，即中文或英文都会变为十六进制编码保存。

提示：使用 UNICODE 处理方便，但是浪费空间。

使用 UNICODE 编码最大的方便之处是统一了字符与汉字的长度，这样在进行文字处理时会更加方便，但同时，由于所有的字母都会按照十六进制保存，所以在某种程度上讲也会浪费空间。

范例 16-21：验证 NCHAR 和 NVARCHAR2。

```
DECLARE
    v_info_nchar            NCHAR(10) ;
    v_info_nvarchar         NVARCHAR2(10) ;
BEGIN
    v_info_nchar := '魔乐科技' ;                  -- 长度不足 10 个
    v_info_nvarchar := 'java 高端培训' ;          -- 长度不足 10 个
    DBMS_OUTPUT.put_line('v_info_nchar 内容长度：' || LENGTH(v_info_nchar)) ;
    DBMS_OUTPUT.put_line('v_info_nvarchar 内容长度：' || LENGTH(v_info_nvarchar)) ;
END ;
/
```

程序运行结果：

v_info_nchar 内容长度：10

v_info_nvarchar 内容长度：8

本程序由于使用了 UNICODE 方式保存，所以在保存中文时，每一位中文都只占一位，NCHAR 会自动使用空格补齐内容，而 NVARCHAR2 不会补充空格。

3．LONG 与 LONG RAW

LONG 和 LONG RAW 数据类型只用于后向兼容，一般在使用 LONG 的地方都会使用 CLOB 或 NCLOB，而使用 LONG RAW 的地方都替换为 BLOB 或 BILE。LONG 数据类型主要存储字符流，而 LONG RAW 主要存储二进制数据流。

如果要在程序中为 LONG RAW 类型的变量设置内容，则需要使用“UTL_RAW.cast_to_raw(字符串)”函数将其变为指定 RAW 类型的二进制数据，当需要将 RAW 转为字符串时，可以使用“UTL_RAW.cast_to_varchar2(RAW 数据)”函数，下面通过程序代码说明。

范例 16-22： 使用 LONG 和 LONG RAW 操作。

```
DECLARE
	v_info_long		LONG ;
	v_info_longraw		LONG RAW ;
BEGIN
	v_info_long := '魔乐科技' ;						-- 直接设置字符串
	v_info_longraw := UTL_RAW.cast_to_raw('JAVA 高端培训') ;	-- 将字符串变为 RAW
	DBMS_OUTPUT.put_line('v_info_long 内容：' || v_info_long) ;
	DBMS_OUTPUT.put_line('v_info_longraw 内容：' || UTL_RAW.cast_to_varchar2(v_info_longraw)) ;
END ;
/
```

程序运行结果：

v_info_long 内容：魔乐科技

v_info_longraw 内容：Java 高端培训

本程序首先定义了两种不同的类型，由于 LONG RAW 保存的是二进制数据，所以需要先将其使用 UTL_RAW.cast_to_raw()函数进行转换后才可以保存，而 LONG 类型是可以直接保存字符数据的，输出数据时使用 UTL_RAW.cast_to_varchar2()函数将 RAW 变回字符串。

4．ROWID 与 UROWID

ROWID 表示的是一条数据的物理行地址，由 18 个字符组合而成，这一点与 Oracle 数据库表中的 ROWID 伪列功能相同。UROWID（UNIVERSAL ROWID，通用性 ROWID）除了表示数据的物理行地址之外还增加了一个逻辑行地址，在 PL/SQL 编程中应该将所有的 ROWID 交给 UROWID 管理。

提示：关于 ROWID 与字符串转换。

在 Oracle 中针对 ROWID 与字符串的转换提供了两个函数，分别是 ROWIDTOCHAR()、CHARTOROWID()函数，但是由于 Oracle 的自动转换机制非常方便，所以这两个函数很少使用。

范例 16-23： 使用 ROWID 及 UROWID。

```
DECLARE
	v_emp_rowid	ROWID ;
	v_emp_urowid	UROWID ;
BEGIN
	SELECT ROWID INTO v_emp_rowid FROM emp WHERE empno=7369 ;-- 取得 ROWID
	SELECT ROWID INTO v_emp_urowid FROM emp WHERE empno=7369 ; -- 取得 ROWID
	DBMS_OUTPUT.put_line('7369 雇员的 ROWID = ' || v_emp_rowid) ;
	DBMS_OUTPUT.put_line('7369 雇员的 UROWID = ' || v_emp_urowid) ;
END ;
/
```

程序运行结果：

7369 雇员的 ROWID = AAAWeeAAGAAAADGAAA

7369 雇员的 UROWID = AAAWeeAAGAAAADGAAA

程序中分别定义了 ROWID 和 UROWID 两个类型的变量，而后在程序主体部分分别将取出的 ROWID 设置到了两个变量中。可以发现，在本程序中使用 UROWID 可以完成与 ROWID 同样的功能。

16.5.3 日期型

在 Oracle 中，日期类型的数据主要包含 DATE、TIMESTAMP、INTEVAL 这几个类型，通过这几个类型允许用户操作日期、时间、时间间隔，下面分别通过代码进行验证。

1. DATE 数据类型

DATE 型的主要功能是存储日期时间数据，其有效范围从公元前 4712 年 1 月 1 日到公元 9999 年 12 月 31 日， 同时如果要捕获当前的日期时间，可以通过 SYSDATE 或 SYSTIMESTAMP 两个伪列来完成，DATE 数据类型的主要字段索引组成如表 16-5 所示。

表 16-5　DATE 数据类型的主要字段索引

No.	字段名称	有效范围	有效内部值
1	YEAR	-4712 ~ 9999（不包含公元 0 年）	任何非零整数
2	MONTHS	01 ~ 12	0 ~ 11
3	DAY	01 ~ 31（参考日历）	任何非零整数
4	HOUR	00 ~ 23	0 ~ 23
5	MINUTE	00 ~ 59	0 ~ 59
6	SECOND	00 ~ 59	00 ~ 59.9（其中 0.1 是秒的精度部分）

范例 16-24： 定义 DATE 型变量。

```
DECLARE
     v_date1          DATE := SYSDATE ;
     v_date2          DATE := SYSTIMESTAMP ;
     v_date3          DATE := '19-9 月-1981' ;
BEGIN
     DBMS_OUTPUT.put_line('日期数据：' || TO_CHAR(v_date1,'yyyy-mm-dd hh24:mi:ss')) ;
     DBMS_OUTPUT.put_line('日期数据：' || TO_CHAR(v_date2,'yyyy-mm-dd hh24:mi:ss')) ;
     DBMS_OUTPUT.put_line('日期数据：' || TO_CHAR(v_date3,'yyyy-mm-dd hh24:mi:ss')) ;
END ;
/
```

程序运行结果：

日期数据：2013-05-23 17:17:40

日期数据：2013-05-23 17:17:40

日期数据：1981-09-19 00:00:00

本程序在声明部分使用了 SYSDATE、SYSTIMESTAMP、字符串为 DATE 型变量赋值，而后在程序主体部分进行输出，可以发现，直接采用字符串赋值的 DATE 变量里不包含时间数。

2. TIMESTAMP 数据类型

TIMESTAMP 与 DATE 类型相同，相比 DATE 类型而言，TIMESTAMP 可以提供更为精确的时间，但是此时就必须使用 SYSTIMESTAMP 伪列来为其赋值，如果使用的只是 SYSDATE，那么 TIMESTAMP 与 DATE 没有任何区别。

范例 16-25：定义 TIMESTAMP 型变量。

```
DECLARE
    v_timestamp1        TIMESTAMP := SYSDATE ;
    v_timestamp2        TIMESTAMP := SYSTIMESTAMP ;
    v_timestamp3        TIMESTAMP := '19-9 月-1981' ;
BEGIN
    DBMS_OUTPUT.put_line('日期数据：' || v_timestamp1) ;
    DBMS_OUTPUT.put_line('日期数据：' || v_timestamp2) ;
    DBMS_OUTPUT.put_line('日期数据：' || v_timestamp3) ;
END ;
/
```

程序运行结果：

日期数据：23-5 月 -13 05.31.56.000000 下午
日期数据：23-5 月 -13 05.31.56.437000 下午
日期数据：19-9 月 -81 12.00.00.000000 上午

本程序最大的区别就在于使用 SYSDATE 和 SYSTIMESTAMP 分别为 TIMESTAMP 型的变量赋值，可以发现使用 SYSTIMESTAMP 赋值后可以保存的信息更加精确。

在 TIMESTAMP 中还定义了两个扩充的子类型，分别是 TIMESTAMP WITH TIME ZONE 和 TIMESTAMP WITH LOCAL TIME ZONE，下面分别对这两个类型进行验证。

（1）TIMESTAMP WITH TIME ZONE：包含与格林威治时间的时区偏移量。

范例 16-26：验证 TIMESTAMP WITH TIME ZONE。

```
DECLARE
    v_timestamp         TIMESTAMP WITH TIME ZONE := SYSTIMESTAMP ;
BEGIN
    DBMS_OUTPUT.put_line(v_timestamp) ;
END ;
/
```

程序运行结果：

23-5 月 -13 05.47.33.609000 下午 +08:00

本程序直接定义了一个 TIMESTAMP WITH TIME ZONE 类型的变量，同时使用 SYSTIMESTAMP 为其赋值为当前系统时间，在程序主体部分直接输出此变量，可以发现输出的内容里包含了一个“+08:00”时区偏移量。

（2）TIMESTAMP WITH LOCAL TIME ZONE：不管是何种时区的数据，都使用当前数据库的时区。

范例 16-27：验证 TIMESTAMP WITH LOCAL TIME ZONE。

```
DECLARE
    v_timestamp         TIMESTAMP WITH LOCAL TIME ZONE := SYSTIMESTAMP ;
BEGIN
    DBMS_OUTPUT.put_line(v_timestamp) ;
END ;
/
```

程序运行结果：

23-5 月 -13 05.55.51.156000 下午

当使用 TIMESTAMP WITH LOCAL TIME ZONE 类型时，所使用的日期时间数据会自动变为当前数据库的时区，所以在本程序的输出结果中不会显示时区的偏移量。

3. INTERVAL 数据类型

之前的两种日期时间类型都只是单纯地记录某个日期时间点的数据，如果现在想保存两个时间戳之间的时间间隔，则可以使用 INTERVAL 数据类型。INTERVAL 类型一共分为两种子类型。

☑ INTERVAL YEAR[(年的精度)] TO MONTHS：保存和操作年和月之间的时间间隔，用户可以指定设置年的数据精度，如果不设置精度，则默认值为 2。
  赋值字符串格式：'年-月'。

☑ INTERVAL DAY[(天的精度)] TO SECOND[(秒的精度)]：保存和操作天、时、分、秒之间的时间间隔，如果未设置天的精度数字，则默认为 2，如果没有设置秒的精度则默认为 6。
  赋值字符串格式：'天 时:分:秒.毫秒'。

当取得时间间隔之后，可以直接利用以下的公式进行计算，如表 16-6 所示。

表 16-6 时间间隔计算

No.	操作数据 1 类型	运算符	操作数据 2 类型	结果类型
1	时间戳	+	时间间隔	时间戳
2	时间戳	-	时间间隔	时间戳
3	时间间隔	+	时间间隔	时间间隔
4	时间间隔	-	时间间隔	时间间隔
5	时间间隔	*	数值型	时间间隔
6	时间间隔	/	数值型	时间间隔
7	日期	+	时间间隔	日期

下面通过两个范例来说明时间间隔数据类型的使用。

范例 16-28：定义 INTERVAL YEAR TO MONTHS 类型变量。

```
DECLARE
    v_interval INTERVAL YEAR(3) TO MONTH := INTERVAL '27-09' YEAR TO MONTH ;
BEGIN
    DBMS_OUTPUT.put_line('时间间隔：' || v_interval) ;
    DBMS_OUTPUT.put_line('当前时间戳 + 时间间隔：' || (SYSTIMESTAMP + v_interval)) ;
    DBMS_OUTPUT.put_line('当前日期 + 时间间隔：' || (SYSDATE + v_interval)) ;
END ;
/
```

程序运行结果：

时间间隔：+027-09
当前时间戳 + 时间间隔：28-2 月 -41 07.25.47.843000000 下午 +08:00
当前日期 + 时间间隔：28-2 月 -41

本程序首先定义了一个时间间隔（年、月间隔）的变量，同时设置年的精度为 3 位，即，设置年数字的时候最多只能设置 3 位的大小，而后分别利用当前时间戳与当前日期进行时间间隔的加法计算。

范例 16-29：定义 INTERVAL DAY TO SECOND 类型变量。

```
DECLARE
	v_interval INTERVAL DAY(6) TO SECOND (3) := INTERVAL '8 18:19:27.367123909' DAY
TO SECOND;
BEGIN
	DBMS_OUTPUT.put_line('时间间隔：' || v_interval) ;
	DBMS_OUTPUT.put_line('当前时间戳 + 时间间隔：' || (SYSTIMESTAMP + v_interval)) ;
	DBMS_OUTPUT.put_line('当前日期 + 时间间隔：' || (SYSDATE + v_interval)) ;
END ;
/
```

程序运行结果：

时间间隔：+000008 18:19:27.367

当前时间戳 + 时间间隔：06-6 月 -13 01.45.35.054000000 下午 +08:00

当前日期 + 时间间隔：06-6 月 -13

本程序在声明部分定义了一个时间间隔（天、时间隔）变量，同时设置了天的精度为 6，秒的长度设置为 3 位，最后分别利用当前时间戳与当前日期进行时间间隔的加法计算。

16.5.4 布尔型

在 PL/SQL 编程中为了方便进行逻辑处理，专门为用户提供了 BOOLEAN 型数据，该数据可以保存 TRUE、FALSE 和 NULL。

范例 16-30：定义布尔型变量。

```
DECLARE
	v_flag		BOOLEAN ;
BEGIN
	v_flag := true ;
	IF v_flag THEN
		DBMS_OUTPUT.put_line('条件满足。') ;
	END IF ;
END ;
/
```

程序运行结果： 条件满足。

本程序采用了一个分支语句进行布尔型变量的判断，如果布尔变量（v_flag）的值为 true，则会执行输出。

16.5.5 子类型

虽然 Oracle 为用户提供了许多的标量类型数据，但是很多时候用户会希望在某一标量类型的基础上定义更多的约束，从而创建一个新的类型，此时这种新的类型就被称为子类型，子类型的创建语法如下所示。

语法 16-4：创建子类型

```
SUBTYPE 子类型名称 IS 父数据类型[(约束)] [NOT NULL] ;
```

子类型使用 SUBTYPE 进行定义，在定义子类型的时候必须设置好父数据类型，父数据类型可以是 Oracle 中的各种数据类型，下面通过两个具体的操作来演示子类型定义。

Note

范例 16-31：定义 NUMBER 子类型。

```
DECLARE
    SUBTYPE score_subtype IS NUMBER(5,2) NOT NULL ;
    v_score         score_subtype := 99.35 ;
BEGIN
    DBMS_OUTPUT.put_line('成绩为：' || v_score) ;
END ;
/
```

程序运行结果：成绩为：99.35

本程序定义了一个 NUMBER 的子类型 score_subtype，此类型定义时已经明确了数字的保存精度，整数部分精度为 3，小数部分精度为 2，并且不允许设置为 NULL。当子类型定义完成后实际上就相当于定义了一个新的类型，所以依然需要依据此类型定义变量，但由于定义子类型时设置了不允许为 NULL 的约束，所以定义变量时必须设置内容，并且不能超过要求的精度。

范例 16-32：定义 VARCHAR2 子类型。

```
DECLARE
    SUBTYPE string_subtype IS VARCHAR2(200) ;
    v_company           string_subtype ;
BEGIN
    v_company := '北京魔乐科技软件学院（www.mldnjava.cn）' ;
    DBMS_OUTPUT.put_line(v_company) ;
END ;
/
```

程序运行结果：北京魔乐科技软件学院（www.mldnjava.cn）

本程序采用同样的方式定义了一个 VARCHAR2 的子类型，并且设置长度为 200，因为此时没有加入 NOT NULL 的约束，所以声明子类型变量（v_company）时可以不用强制赋值。

16.6 程序结构

PL/SQL 程序与其他编程语言一样，也拥有自己的 3 种程序结构，即顺序结构（见图 16-3）、分支结构（见图 16-4）、循环结构（见图 16-5）。这 3 种不同的结构都有一个共同点，就是它们都只有一个入口，也只有一个出口，这些单一入、出口可以让程序易读、好维护，也可以减少调试的时间。

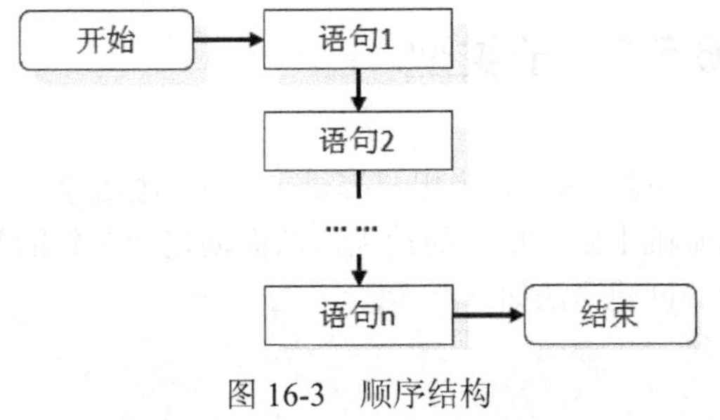

图 16-3 顺序结构

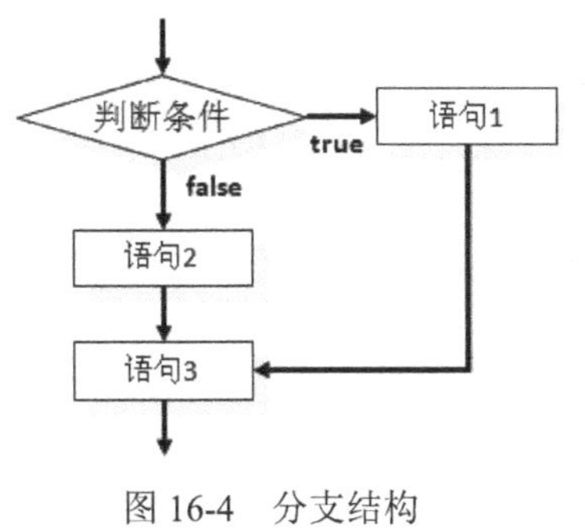

图 16-4　分支结构

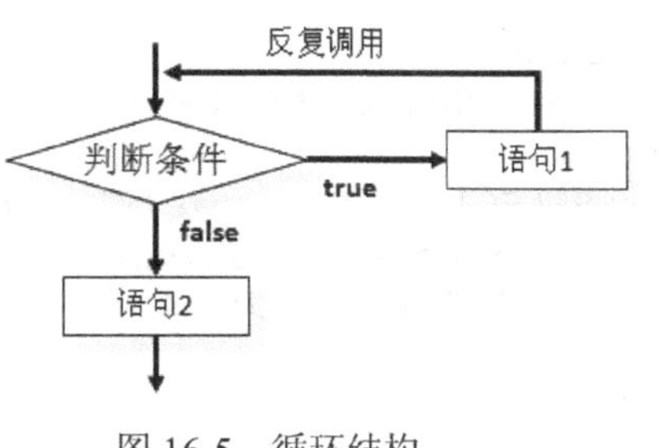

图 16-5　循环结构

16.6.1　分支结构

在 PL/SQL 程序中的分支语句主要有两种，分别是 IF 语句和 CASE 语句，这两种语句都需要进行条件的判断。

1. IF 语句

首先介绍 IF 语句，对于 IF 语句有 3 类语法格式，分别是 IF、IF…ELSE 和 IF…ELSIF…ELSE 语句，这 3 种语法的结构如下所示。

语法 16-5： 分支语法

IF 语句（见图 16-6）：	IF…ELSE 语句（见图 16-7）：	IF…ELSEIF…ELSE 语句（见图 16-8）：

IF 判断条件 THEN
　　满足条件时执行语句;
END IF ;
	IF 判断条件 THEN
	　　满足条件时执行的语句 ;
	ELSE
	　　不满足条件时执行的语句 ;
	END IF ;
		IF 判断条件 1 THEN
		　　满足条件 1 时执行的语句 ;
		ELSIF 判断条件 2 THEN
		　　满足条件 2 时执行的语句 ;
		　　…
		ELSE
		　　所有条件不满足条件时执行的语句 ;
		END IF ;

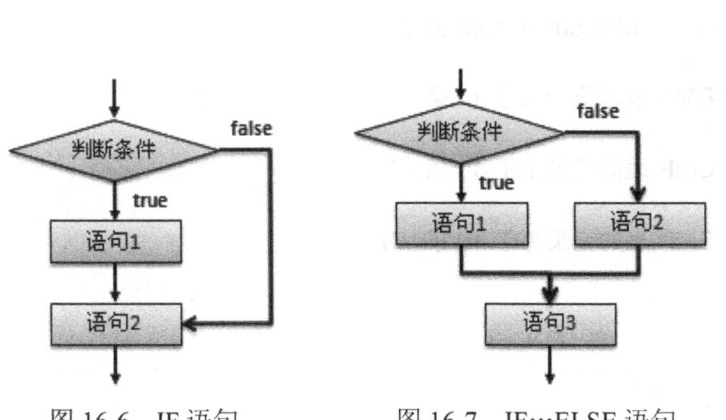

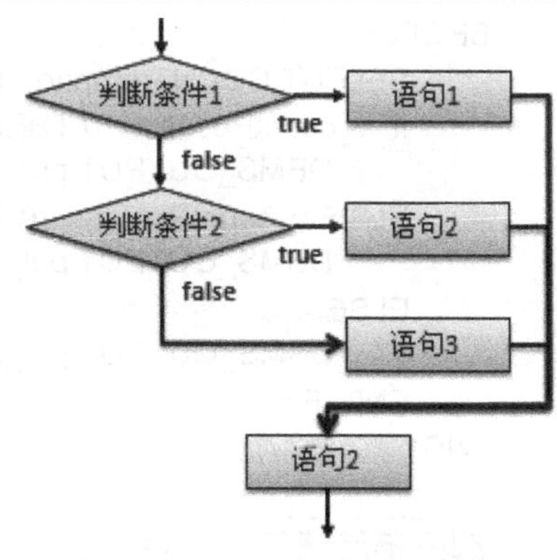

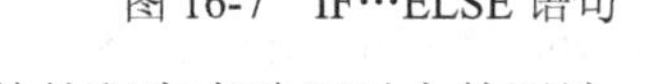

图 16-6　IF 语句　　图 16-7　IF…ELSE 语句　　图 16-8　IF…ELSIF…ELSE 语句

下面首先通过几个简单的程序来验证以上的语法。

Note

范例 16-33：IF 语句。

```
DECLARE
      v_countResult  NUMBER ;
BEGIN
      SELECT COUNT(empno) INTO v_countResult FROM emp ;
      IF v_countResult > 10 THEN
            DBMS_OUTPUT.put_line('EMP 表的记录大于 10 条。') ;
      END IF ;
END ;
/
```

程序运行结果：EMP 表的记录大于 10 条。

本程序的功能是将 emp 表数据量的统计结构设置到了 countResult 变量中，然后使用 IF 语句判断取得的统计数量是否大于 10，如果满足条件，则打印信息。

范例 16-34：IF…ELSE 语句。

```
DECLARE
      v_countResult  NUMBER ;
BEGIN
      SELECT COUNT(deptno) INTO v_countResult FROM dept ;
      IF v_countResult > 10 THEN
            DBMS_OUTPUT.put_line('DEPT 表的记录大于 10 条。') ;
      ELSE
            DBMS_OUTPUT.put_line('DEPT 表的记录小于 10 条。') ;
      END IF ;
END ;
/
```

程序运行结果：DEPT 表的记录小于 10 条。

本程序首先取得了 dept 表中的全部统计记录量，然后使用 IF…ELSE 语句判断其数据量是否大于 10 条，由于 dept 表中只有 4 条记录，所以最终的运行结果将输出“DEPT 表的记录小于 10 条。”。

范例 16-35：IF…ELSIF…ELSE 语句。

```
DECLARE
      v_countResult  NUMBER ;
BEGIN
      SELECT COUNT(empno) INTO v_countResult FROM emp ;
      IF v_countResult > 10 THEN
            DBMS_OUTPUT.put_line('EMP 表的记录大于 10 条。') ;
      ELSIF v_countResult < 10 THEN
            DBMS_OUTPUT.put_line('EMP 表的记录小于 10 条。') ;
      ELSE
            DBMS_OUTPUT.put_line('EMP 表的记录等于 10 条。') ;
      END IF ;
END ;
/
```

程序运行结果：EMP 表的记录大于 10 条。

本程序首先利用 COUNT()函数取出了 emp 表中的数据量，然后采用 IF…ELSIF…ELSE 进行多条件的判断操作，满足条件的语句将被执行。

以上通过 3 个简单程序分别验证了 3 种不同的分支语句，下面再通过两个程序来讲解分支语句的实际操作。

范例 16-36：查询 emp 表的工资，输入员工编号，根据编号查询工资。如果工资高于 3000 元，则显示高工资；如果工资大于 2000 元，则显示中等工资；如果工资小于 2000 元，则显示低工资。

```
DECLARE
    v_empSal      emp.sal%TYPE ;              -- 定义变量与 emp.sal 字段类型相同
    v_empName     emp.ename%TYPE ;            -- 定义变量与 emp.ename 字段类型相同
    v_eno         emp.empno%TYPE ;            -- 定义变量与 emp.empno 字段类型相同
BEGIN
    v_eno := &inputEmpno;                     -- 用户输入要查找的雇员编号
    -- 根据输入的雇员编号查找雇员姓名及工资
    SELECT ename,sal INTO v_empName,v_empSal FROM emp WHERE empno=v_eno;
    IF v_empSal > 3000 THEN                   -- 判断
        DBMS_OUTPUT.put_line(v_empName || '的工资属于高工资！') ;
    ELSIF v_empSal > 2000 THEN                -- 判断
        DBMS_OUTPUT.put_line(v_empName || '的工资属于中等工资！') ;
    ELSE
        DBMS_OUTPUT.put_line(v_empName || '的工资属于低工资！') ;
    END IF;
END;
/
```

程序运行结果：

```
输入 inputempno 的值:  7369
原值    6:     v_eno := &inputEmpno;          -- 用户输入要查找的雇员编号
新值    6:     v_eno := 7369;                 -- 用户输入要查找的雇员编号
SMITH 的工资属于低工资！
```

本程序首先定义了 3 个变量，其中 eno 字段主要用来接收用户输入的雇员编号，并且根据雇员编号查找到此雇员的姓名及基本工资，最后判断基本工资属于何种范围，如满足条件则进行信息的输出。

范例 16-37：用户输入一个雇员编号，根据它所在的部门给上涨工资，规则：

☑ 10 部门上涨 10%，20 上涨 20%，30 上涨 30%。

☑ 要求最高不能超过 5000 元，超过 5000 元就停留在 5000 元。

```
DECLARE
    v_empSal      emp.sal%TYPE ;              -- 定义变量与 emp.sal 字段类型相同
    v_dno         emp.deptno%TYPE ;           -- 定义变量与 emp.deptno 字段类型相同
    v_eno         emp.empno%TYPE ;            -- 定义变量与 emp.empno 字段类型相同
BEGIN
    v_eno := &inputEmpno;                     -- 用户输入要查找的雇员编号
    SELECT deptno,sal INTO v_dno, v_empSal FROM emp WHERE empno = v_eno ;
    IF v_dno = 10 THEN
        IF v_empSal * 1.1 > 5000 THEN
            UPDATE emp SET sal=5000 WHERE empno=v_eno;
        ELSE
            UPDATE emp SET sal=sal*1.1 WHERE empno=v_eno;
```

```
            END IF;
        ELSIF v_dno = 20 THEN
            IF v_empSal * 1.2 > 5000 THEN
                UPDATE emp SET sal =5000 WHERE empno=v_eno;
            ELSE
                UPDATE emp SET sal=sal*1.2 WHERE empno=v_eno;
            END IF;
        ELSIF v_dno = 30 THEN
            IF v_empSal * 1.3 > 5000 THEN
                UPDATE emp SET sal=5000 WHERE empno=v_eno;
            ELSE
                UPDATE emp SET sal=sal*1.3 WHERE empno=v_eno;
            END IF;
        ELSE
            null;
        END IF;
END;
/
```

程序运行结果：

```
输入 inputempno 的值:  7369
原值    6:      v_eno := &inputEmpno;     -- 用户输入要查找的雇员编号
新值    6:      v_eno := 7369;            -- 用户输入要查找的雇员编号
```

在本程序执行时，程序将根据用户输入的雇员编号查找出其对应的雇员工资和部门编号，然后再根据题目的要求，按照不同的部门进行工资的增长。在进行工资增长前会判断其增长后是否超过 5000 元，如果不超过，则按照一定的增长比率增长，如果超过了 5000 元，则将工资设置为 5000 元。

提示：Oracle 也支持正则验证。

Oracle 数据库也可以对数据实现正则验证操作，用户只需要使用 REGEXP_LIKE()即可。

范例 16-38：正则验证。

```
DECLARE
    v_str VARCHAR2(50) := '123' ;
BEGIN
    IF REGEXP_LIKE(v_str,'^\d+$') THEN
        DBMS_OUTPUT.put_line('正则验证通过。') ;
    END IF ;
END ;
/
```

程序运行结果：正则验证通过。

本程序直接判断字符串是否由数字组成，所使用的正则规则在《Java 开发实战经典》一书中都有阐述，故本书不再重复说明。

在使用分支语句过程中，除了基本的关系运算符（>、<、=、<>、>=、<=）之外，还同样支持许多的比较运算符，这些常用比较运算符的定义及使用如表 16-7 所示。

提示：此部分讲解的运算符都已学习过。

在本书第 4 章“限定查询与排序显示”部分已经讲解了许多的运算符，而在 PL/SQL 编程中这些运算符依然有效。考虑到读者方便理解，所以在表 16-7 中对操作进行了总结。但由于本书知识结构的问题，所以本次讲解的操作没有涉及复合类型，这块知识将在随后的章节为读者讲解。

表 16-7　常用关系运算符

<table>
<tr><th>No.</th><th>运　算　符</th><th>描　　述</th></tr>
<tr><td>1</td><td>AND</td><td>AND 运算符表示将多个关系组合成一个，当每个单独的判断语句为 TRUE 时，比较的结果就为 TRUE。
范例 16-39： 验证 AND 操作符。<pre>
BEGIN
	IF 'MLDN' = 'MLDN' AND 100 = 100 THEN
		DBMS_OUTPUT.put_line('结果为 TRUE，满足条件！') ;
	END IF ;
END;
/
</pre>**输出结果：** 结果为 TRUE，满足条件！</td></tr>
<tr><td>2</td><td>BETWEEN..AND</td><td>BETWEEN…AND 表示的是判断某有一个值是否在指定的范围之中，同时匹配的时候会匹配边界值。
范例 16-40： 验证 BETWEEN…AND。<pre>
BEGIN
	IF TO_DATE('1983-09-19','yyyy-mm-dd') BETWEEN TO_DATE('1980-01-01','yyyy-mm-dd')
		AND TO_DATE('1989-12-31','yyyy-mm-dd') THEN
		DBMS_OUTPUT.put_line('俗称 80 后！') ;
	END IF ;
END;
/
</pre>**输出结果：** 俗称 80 后！</td></tr>
<tr><td>3</td><td>IN</td><td>IN 操作符表示判断指定的内容是否在给出的一组数值中。
范例 16-41： 验证 IN 操作符。<pre>
BEGIN
	IF 10 IN (10,20,30) THEN
		DBMS_OUTPUT.put_line('数据已成功查找到') ;
	END IF ;
END;
/
</pre>**输出结果：** 数据已成功查找到</td></tr>
<tr><td>4</td><td>IS NULL</td><td>IS NULL 运算符主要是检查某个变量的内容是否为 null。
范例 16-42： 验证 IS NULL。<pre>
DECLARE
	v_temp	BOOLEAN ;	-- 定义布尔变量，没有设置内容
BEGIN
</pre></td></tr>
</table>

Note

续表

<table>
<tr><th>No.</th><th>运 算 符</th><th>描 述</th></tr>
<tr><td>4</td><td>IS NULL</td><td><pre>
    IF v_temp IS NULL THEN
        DBMS_OUTPUT.put_line('v_temp 变量的内容是 null。') ;
    END IF ;
END;
/
</pre>
输出结果：v_temp 变量的内容是 null。</td></tr>
<tr><td>5</td><td>LIKE</td><td>LIKE 主要的功能是进行模糊查找操作，可以使用“_”匹配任意的一个字符，也可以使用“%”匹配任意多个字符。
范例 16-43：验证 LIKE 操作符。
<pre>
BEGIN
    IF 'www.mldnjava.cn' LIKE '%mldn%' THEN
        DBMS_OUTPUT.put_line('可以查找到字符串：mldn。') ;
    END IF ;
END;
/
</pre>
输出结果：可以查找到字符串：mldn。</td></tr>
<tr><td>6</td><td>NOT</td><td>NOT 表示的是逻辑非，即可以返回一个布尔类型相反的值（不是 null）。
范例 16-44：验证 NOT 操作符。
<pre>
BEGIN
    IF NOT FALSE THEN
        DBMS_OUTPUT.put_line('条件满足，FALSE 变为 TRUE。') ;
    END IF ;
END;
/
</pre>
输出结果：条件满足，FALSE 变为 TRUE。</td></tr>
<tr><td>7</td><td>OR</td><td>OR 表示的是或的关系，用于连接若干个条件，其中只要有一个条件满足，结果就为 TRUE，只有都不满足的时候结果才返回 FALSE。
范例 16-45：验证 OR 操作符。
<pre>
BEGIN
    IF 'MLDN' = 'LXH' OR 10 = 10 THEN
        DBMS_OUTPUT.put_line('有一个条件满足，返回 TRUE。') ;
    END IF ;
END;
/
</pre>
输出结果：有一个条件满足，返回 TRUE。</td></tr>
</table>

2．CASE 语句

CASE 语句是一种多条件的判断语句，其功能与 IF…ELSIF…ELSE 类似，其基本语法如下。

语法 16-6：CASE 语法

```
CASE    [变量]
WHEN [值 | 表达式] THEN
      执行语句块 ;
WHEN [值 | 表达式] THEN
```

Note

```
        执行语句块 ;
WHEN [值 | 表达式] THEN
        执行语句块 ;
ELSE
        条件都不满足时执行语句块;
END CASE ;
```

本语法的执行流程如图 16-9 所示。通过给定的语法可以发现，CASE 语句可以对数值或者条件进行判断。和 IF 语句一样，每一个 CASE 语句都存在多个 WHEN 语句，每一个 WHEN 语句用来判断数值或者条件，如果数据或条件满足时将执行指定 WHEN 语句中的语句块，当所有的 WHEN 语句都没有满足时，将执行 ELSE 语句块中的代码。

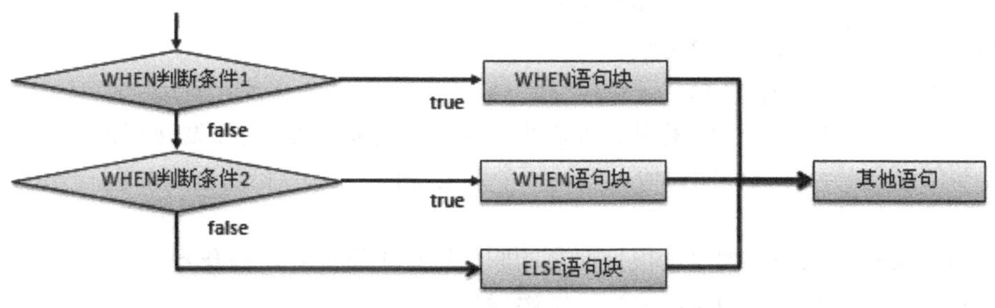

图 16-9　CASE…WHEN 语句

范例 16-46： 使用 CASE 语句判断数值。

```
DECLARE
        v_choose NUMBER := 1 ;
BEGIN
        CASE v_choose
                WHEN 0 THEN
                        DBMS_OUTPUT.put_line('您选择的是第 0 项。') ;
                WHEN 1 THEN
                        DBMS_OUTPUT.put_line('您选择的是第 1 项。') ;
                ELSE
                        DBMS_OUTPUT.put_line('没有选项满足。') ;
        END CASE ;
END ;
/
```

程序运行结果： 您选择的是第 1 项。

本程序使用 CASE 语句进行了数值内容的比较，满足指定的数值后执行 WHEN 语句中定义的代码块。除了使用数字类型进行判断之外，也可以判断字符串数据。

范例 16-47： 使用 CASE 进行多条件判断。

```
DECLARE
        v_salary        emp.sal%TYPE ;
        v_eno           emp.empno%TYPE ;
BEGIN
        v_eno := &inputEmpno ;
        SELECT sal INTO v_salary FROM emp WHERE empno=v_eno ;
        CASE
                WHEN v_salary >= 3000   THEN
```

```
                DBMS_OUTPUT.put_line('雇员：' || v_eno || '的收入为高工资。') ;
            WHEN v_salary >= 2000 AND v_salary <3000 THEN
                DBMS_OUTPUT.put_line('雇员：' || v_eno || '的收入为中等工资。') ;
            ELSE
                DBMS_OUTPUT.put_line('雇员：' || v_eno || '的收入为低工资。') ;
        END CASE ;
END ;
/
```

程序运行结果：

输入 inputempno 的值： 7369

原值　　5:　　　v_eno := &inputEmpno ;

新值　　5:　　　v_eno := 7369 ;

雇员：7369 的收入为低工资。

本程序在使用 CASE 的时候采用了多条件验证的方式来完成，可以发现在每一个 WHEN 语句中所编写的不再是一个具体的数值，而是一个判断条件，这一点与 IF…ELSIF…ELSE 的使用很相似。

范例 16-48：输入雇员编号，根据雇员的职位进行工资提升，提升要求如下：

☑ 如果职位是业务员（CLERK），工资增长 5%。

☑ 如果职位是销售人员（SALESMAN），工资增长 8%。

☑ 如果职位为经理（MANAGER），工资增长 10%。

☑ 如果职位为分析员（ANALYST），工资增长 20%。

☑ 如果职位为总裁（PRESIDENT），工资不增长。

```
DECLARE
        v_job                   emp.job%TYPE ;
        v_eno                   emp.empno%TYPE ;
BEGIN
        v_eno := &inputEmpno ;
        SELECT job INTO v_job FROM emp WHERE empno=v_eno ;
        CASE v_job
            WHEN 'CLERK' THEN
                UPDATE emp SET sal=sal*1.05 WHERE empno=v_eno ;
            WHEN 'SALESMAN' THEN
                UPDATE emp SET sal=sal*1.08 WHERE empno=v_eno ;
            WHEN 'MANAGER' THEN
                UPDATE emp SET sal=sal*1.10 WHERE empno=v_eno ;
            WHEN 'ANALYST' THEN
                UPDATE emp SET sal=sal*1.20 WHERE empno=v_eno ;
            ELSE
                DBMS_OUTPUT.put_line('雇员：' || v_eno || '工资不具备上涨资格！') ;
        END CASE ;
END ;
/
```

程序运行结果：

输入 inputempno 的值： 7839

原值　　5:　　　v_eno := &inputEmpno ;

新值　　5:　　　v_eno := 7839 ;

雇员：7839 工资不具备上涨资格！

本程序按照接收到的雇员编号查找职位信息，然后使用 CASE…WHEN 语句判断当前雇员的职位信息，对于满足工资增长要求的职位按照约定增长工资。如果不在判断范围内，则不进行任何操作。

16.6.2　循环结构

循环结构是一种较为常见的语句形式，其功能就是将一段代码执行多次，在循环结构中有 3 个重要的组成部分：第 1 个是循环的初始条件，第 2 个就是每次循环的判断条件，第 3 个是循环条件的修改，在 PL/SQL 程序中，循环结构一共定义了两种，即 LOOP 循环和 FOR 循环，这两种循环结构的语法如下所示。

提示：关于两类循环的选择。

学习过编程语言的读者应该很清楚，在 Java 之中都会存在 WHEN、WHILE、FOR 3 种循环，而这 3 种循环中使用最多的就是 WHEN 和 FOR 循环，其中 WHEN 使用在不确定循环次数的操作中，而 FOR 循环使用在已经明确知道循环次数的操作中。在 PL/SQL 中，LOOP 主要使用在不确定循环次数的操作中，而 FOR 使用在已经明确知道循环次数的操作中。

语法 16-7：LOOP 循环语法

<table>
<tr><th>LOOP 循环（见图 16-10）：</th><th>WHILE…LOOP 循环（见图 16-11）：</th></tr>
<tr><td>LOOP
　　循环执行的语句块 ;
　　EXIT WHEN 循环结束条件 ;
　　循环结束条件修改 ;
END LOOP;</td><td>WHILE (循环结束条件) LOOP
　　循环执行的语句块 ;
　　循环结束条件修改 ;
END LOOP ;</td></tr>
</table>

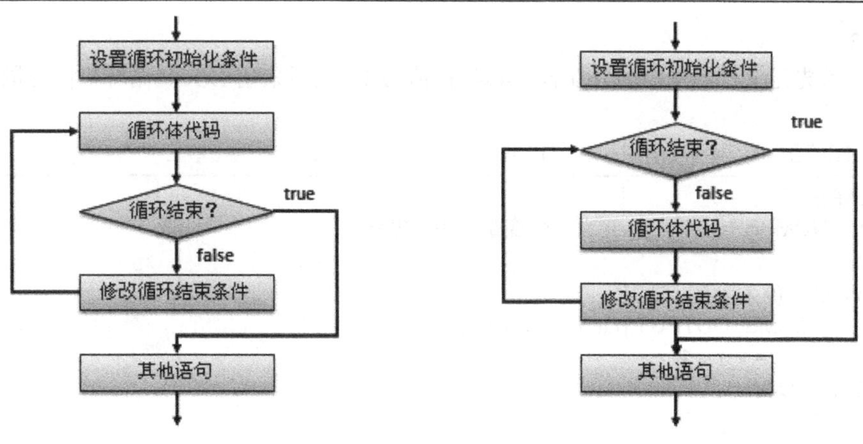

图 16-10　LOOP 循环　　　　图 16-11　WHILE…LOOP 循环

使用 LOOP 循环为了保证循环能在某种条件下退出，所以在循环体中加上 EXIT。EXIT 语句的功能是退出包含它的最内层循环体。所以一般LOOP语句与EXIT语句联用。而WHILE…LOOP语句是在循环之前先进行判断，满足条件之后再执行循环体。

Note

提示：两种LOOP循环的区别。

给出的两种LOOP循环的基本区别在于：LOOP属于先执行后判断，即不管条件是否满足，都至少执行一次，而WHILE…LOOP循环是先判断后执行。

语法 16-8：FOR循环语法

```
FOR 循环索引 IN [REVERSE] 循环区域下限 .. 循环区域上限 LOOP
循环执行的语句块 ;
END LOOP ;
```

FOR循环是已经明确知道了循环次数的情况下所使用的循环操作，所以在使用FOR循环的过程中需要给出循环区域的上限和下限，而循环的索引数值要满足此区域才可以执行循环体的程序块。

下面分别通过几个简单的程序来说明这3种循环的使用语法。

范例 16-49：使用LOOP循环。

```
DECLARE
	v_i NUMBER := 1 ;	-- 定义一个变量，用于循环
BEGIN
	LOOP
		DBMS_OUTPUT.put_line('v_i = ' || v_i) ;
		EXIT WHEN v_i >= 3 ;
		v_i := v_i + 1 ;
	END LOOP ;
END ;
/
```

程序运行结果：

v_i = 1

v_i = 2

v_i = 3

本程序首先定义了一个变量，并且将其赋初值为1，然后采用LOOP循环，将变量的内容进行输出。

范例 16-50：使用WHILE…LOOP循环。

```
DECLARE
	v_i NUMBER := 1 ;	-- 定义一个变量，用于循环
BEGIN
	WHILE (v_i <= 3) LOOP
		DBMS_OUTPUT.put_line('v_i = ' || v_i) ;
		v_i := v_i + 1 ;
	END LOOP ;
END ;
/
```

程序运行结果：

v_i = 1

v_i = 2

v_i = 3

本程序完成与范例 16-49 同样的功能，唯一不同的是采用了 WHILE…LOOP 语句形式，在使用 WHILE…LOOP 语句时最大的特点是先对执行条件进行判断，如果满足则输出。

范例 16-51：使用 FOR 循环。

```
DECLARE
      v_i NUMBER := 1 ;   -- 定义一个变量，用于循环
BEGIN
      FOR v_i IN 1 .. 3 LOOP
            DBMS_OUTPUT.put_line('v_i = ' || v_i) ;
      END LOOP ;
END ;
/
```

程序运行结果：

v_i = 1

v_i = 2

v_i = 3

FOR 循环的最大操作特点是可以输出指定范围的数据，所以在本程序中，首先定义了 FOR 循环的操作次数（v_i IN 1 .. 3），后将变量每一次增长的内容进行输出。

默认情况下，FOR 循环都是按照升序的方式进行增长的，如果用户有需要也可以利用 REVERSE 语句进行降序循环操作。

范例 16-52：使用 REVERSE 操作。

```
DECLARE
      v_i NUMBER := 1 ;   -- 定义一个变量，用于循环
BEGIN
      FOR v_i IN REVERSE 1 .. 3 LOOP
            DBMS_OUTPUT.put_line('v_i = ' || v_i) ;
      END LOOP ;
END ;
/
```

程序运行结果：

v_i = 3

v_i = 2

v_i = 1

本程序由于在 FOR 循环中使用了 REVERSE 进行控制，所以循环时的顺序就变为了 3、2、1。

16.6.3 循环控制

在正常循环的操作中，如果需要结束循环或者退出当前循环，可以使用 EXIT 与 CONTINUE 语句来完成。一般这两种控制语句都要结合分支语句进行判断，下面分别来观察两种语句的使用。

1. 使用 EXIT 退出循环

使用 EXIT 语句会强制性地结束循环操作，继续执行循环语句之后的程序，下面通过代码进行验证。

范例 16-53：使用 EXIT 结束循环操作。

```
DECLARE
    v_i NUMBER := 1 ;          -- 定义一个变量，用于循环
BEGIN
    FOR v_i IN 1 .. 10 LOOP
        IF v_i = 3 THEN        -- 当 v_i 变量增长到 3 时结束循环
            EXIT ;
        END IF ;
        DBMS_OUTPUT.put_line('v_i = ' || v_i) ;
    END LOOP ;
END ;
/
```

程序运行结果：

v_i = 1

v_i = 2

本程序预计将循环 10 次，但是由于存在 EXIT 语句，所以当循环变量 v_i 的内容增长到 3 时，将执行 EXIT 语句以结束循环操作。

2. 使用 CONTINUE 结束当次循环

如果现在只是结束循环体代码的一次执行，用户可以利用 CONTINUE 语句来完成，CONTINUE 不会退出整个循环，当执行了 CONTINUE 语句之后，此语句之后的循环体代码将不再执行。

范例 16-54：使用 CONTINUE 控制循环操作。

```
DECLARE
    v_i NUMBER := 1 ;                  -- 定义一个变量，用于循环
BEGIN
    FOR v_i IN 1 .. 10 LOOP
        IF MOD(v_i,2) = 0 THEN         -- 为偶数的时候不执行后续方法体
            CONTINUE ;
        END IF ;
        DBMS_OUTPUT.put_line('v_i = ' || v_i) ;
    END LOOP ;
END ;
/
```

程序运行结果：

v_i = 1

v_i = 3

v_i = 5

v_i = 7

v_i = 9

本程序在循环语句中使用了 CONTINUE 语句，当循环数据为偶数时，将执行 CONTINUE 语句，这样后续的循环体代码将不再执行。

16.6.4　GOTO 语句

在进行分支结构的代码中，也可以进行跳转代码的操作，主要使用 GOTO 完成。GOTO 语句为无条件转移语句，直接转移到指定标号处。和一般的高级语言一样，GOTO 语句不能转入 IF 语句、循环体和子块，但可以从 IF 语句、循环体和子块中转出。

提示：尽量不要使用 GOTO 语句。

使用 GOTO 语句虽然可以实现程序的执行操作跳转，但是这种方式编写完的程序可读性差，所以在开发中不建议读者使用。

范例 16-55： 使用 GOTO 进行跳转。

```
DECLARE
	v_result NUMBER := 1;
BEGIN
	FOR v_result IN 1 .. 10 LOOP
		IF v_result = 2 THEN
			GOTO endPoint ;
		END IF ;
		DBMS_OUTPUT.put_line('v_result = ' || v_result) ;
	END LOOP ;
	<<endPoint>>
	DBMS_OUTPUT.put_line('FOR 循环提前结束。') ;
END ;
/
```

程序运行结果：

v_result = 1

FOR 循环提前结束。

本程序原本是要执行 10 次循环输出，但是由于存在了 GOTO 语句，所以当条件满足（v_result = 2）时，将直接跳转到 endPoint 指定的标记处，同时循环也将结束。

16.7　内部程序块

对于每一个 PL/SQL 程序块，其基本的组成部分就是 DECLARE、BEGIN、END，如果用户有需要，也可以在一个程序块中定义多个子程序块，如下语法格式所示。

语法 16-9： 内部程序块

```
DECLARE
	-- 声明部分，例如定义变量、常量、游标
BEGIN
```

```
    -- 程序编写、SQL 语句
    DECLARE
        -- 子程序声明部分，例如定义变量、常量、游标
    BEGIN
        -- 子程序编写、SQL 语句
    EXECTPION
        -- 子程序处理异常
    END ;
    ...
EXECTPION
    -- 处理异常
END ;
/
```

可以发现，对于一个完整的 PL/SQL 程序语法，可以在内部编写“DECLARE、BEGIN、END”语句块，同时在一个 PL/SQL 程序块中可以定义多个内部程序块。使用内部程序块最方便的地方在于可以对一个程序进行拆分。

范例 16-56：定义内部程序块。

```
DECLARE
    v_x  NUMBER := 30 ;                          -- 此为全局变量
BEGIN
    DECLARE
        v_x VARCHAR2(40) := 'MLDNJAVA' ;         -- 此为局部变量，只能在内部程序块中使用
        v_y  NUMBER := 20 ;
    BEGIN
        DBMS_OUTPUT.put_line('内部程序块输出：v_x = ' || v_x) ;
        DBMS_OUTPUT.put_line('内部程序块输出：v_y = ' || v_y) ;
    END ;
    DBMS_OUTPUT.put_line('外部程序块输出：v_x = ' || v_x) ;
END ;
/
```

程序运行结果：

内部程序块输出：v_x = MLDNJAVA

内部程序块输出：v_y = 20

外部程序块输出：v_x = 30

本程序在外部程序块和内部程序块中都定义了相同的 v_x 变量名称，由于第二个 v_x 变量定义在了内部程序块里，所以两个变量不会互相影响，但是在内部程序块中定义的变量只能在内部程序主体部分使用。

16.8 异常处理

异常处理是程序健壮性的重要体现，同时也可以为程序的正常执行完毕提供保证，下面将为读者讲解 Oracle 编程中异常的相关处理。

16.8.1　异常简介

在程序开发中经常会由于设计错误、编码错误、硬件故障或其他原因引起程序的运行错误。虽然不可能预测所有错误，但在程序中可以规划处理某些类型的错误。在 PL/SQL 程序中的异常处理机制，使得在出现某些错误的时候程序仍然可以执行。比如内部溢出或者零除等。在 PL/SQL 程序中一共分为编译型异常和运行时异常两种异常类型。

☑　编译型异常：程序的语法出现了错误所导致的异常。

范例 16-57：程序语法错误。

```
DECLARE
	v_result	NUMBER := 1 ;
BEGIN
	IF v_result = 1			-- 此处语法有错误，缺少 THEN
		DBMS_OUTPUT.put_line('条件满足。') ;
	END IF ;
END ;
/
```

本程序中的 IF 语法有错误，所以当程序执行的时候会出现以下错误提示信息，如图 16-12 所示。

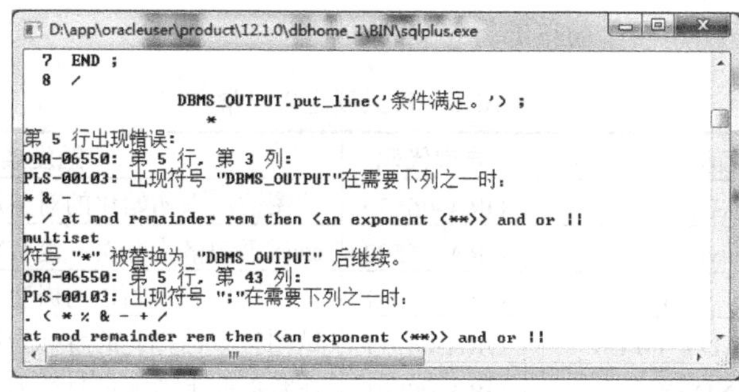
```
  7  END ;
  8  /
                DBMS_OUTPUT.put_line('条件满足。') ;
                *
第 5 行出现错误:
ORA-06550: 第 5 行, 第 3 列:
PLS-00103: 出现符号 "DBMS_OUTPUT"在需要下列之一时:
* & -
+ / at mod remainder rem then <an exponent (**)> and or ||
multiset
符号 "*" 被替换为 "DBMS_OUTPUT" 后继续。
ORA-06550: 第 5 行, 第 43 列:
PLS-00103: 出现符号 ";"在需要下列之一时:
. ( * % & - + /
at mod remainder rem then <an exponent (**)> and or ||
```

图 16-12　语法错误

☑　运行时异常：程序没有语法问题，但在运行时会因为程序运算或者返回结果而出现错误。

范例 16-58：运行时异常。

```
DECLARE
	v_result	NUMBER ;
BEGIN
	v_result := 10/0 ;	-- 被除数为 0
END ;
/
```

本程序主要是执行除法计算，但是在执行除法计算时，被除数设置为了 0，而这一操作肯定属于非法计算，则会出现如图 16-13 所示的错误信息。

一般而言，对于编译时出现的异常，用户没有办法进行处理，只能进行代码的修改，而在运行时出现的异常，用户可以使用 EXCEPTION 语句块来处理，这就是本部分的主要内容。

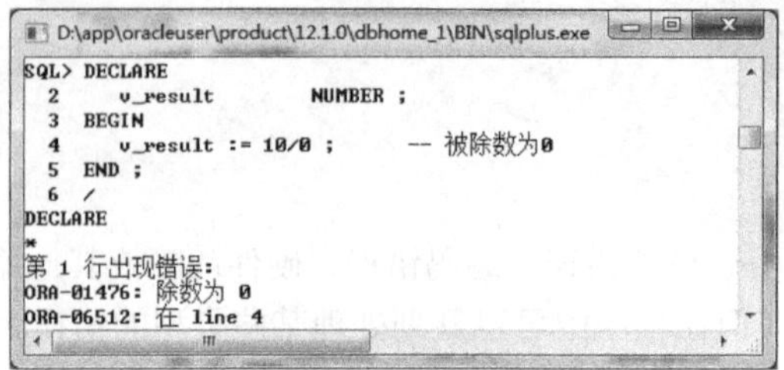

图 16-13　运行时错误

Note

16.8.2　使用 EXCEPTION 来处理异常

在 PL/SQL 的基本结构中，给出了 EXCEPTION 语句块让用户编写异常处理的代码，而在异常处理之前，首先还需要判断出现的是何种异常，所以在 EXCEPTION 语句块中处理格式如下。

语法 16-10：处理异常

```
WHEN 异常类型 | 用户定义异常 | 异常代码 | OTHERS THEN
异常处理 ;
```

在一个 EXCEPTION 语句块中可以同时编写多个 WHEN，用于判断不同的异常类型。而异常类型可能是系统定义的，如表 16-8 所示，也有可能是用户自定义的异常类型，或者是一些异常编码（SQLCODE）。如果不知道所要处理的异常是何种类型，也可以直接使用 others 来捕获任意异常。下面为读者演示两个简单的异常处理程序。

表 16-8　常见预定义异常

No.	异常名称	异常代码	触发条件
1	ACCESS_INTO_NULL	ORA-06530	试图访问未初始化的对象属性时触发
2	CASE_NOT_FOUND	ORA-06592	case 语句格式有误，没有分支语句时触发
3	COLLECTION_IS_NULL	ORA-06531	试图操作未初始化的嵌套表或可变数组时触发
4	CURSOR_ALREADY_OPEN	ORA-06511	试图打开已打开的游标指针时触发
5	DUP_VAL_ON_INDEX	ORA-00001	在数据库上增加重复数据（主键重复）时触发
6	INVALID_CURSOR	ORA-01001	在游标操作中指针出现异常（未打开或已关闭）时触发
7	INVALID_NUMBER	ORA-01722	试图将非数字赋值给数字变量时触发
8	LOGIN_DENIED	ORA-01017	输入了错误的用户名或密码时触发
9	NO_DATA_FOUND	ORA-01403	当在 SELECT 子句中使用 INTO 命令中返回结果为 null 时触发
10	NOT_LOGGED_ON	ORA-01012	程序发送数据库命令，但未与 Oracle 连接时触发
11	PROGRAM_ERROR	ORA-06501	当 Oracle 未正常捕获异常时由数据库触发
12	ROWTYPE_MISMATCH	ORA-06504	当游标结构不适合于 PL/SQL 游标变量时触发
13	SELF_IS_NULL	ORA-30625	当程序调用一个未实例对象方法时触发
14	STORAGE_ERROR	ORA-06500	当 SGA 消耗完内存或被破坏时触发
15	SUBSCRIPT_BEYOND_COUNT	ORA-06533	当程序引用一个嵌套表或可变数组元素，但使用的下标索引超过嵌套表或变长数组元素总个数时触发

续表

No.	异常名称	异常代码	触发条件
16	SUBSCRIPT_OUTSIDE_LIMIT	ORA-06532	当访问嵌套表或可变数组时使用了非法索引值时触发
17	SYS_INVALID_ROWID	ORA-01410	当字符串转换为无效的 ROWID 时触发
18	TIMEOUT_ON_RESOURCE	ORA-00051	当访问锁定资源时间过长时触发
19	TOO_MANY_ROWS	ORA-01422	当在 SELECT 子句使用 INTO 命令中返回结果为多行数据时触发
20	VALUE_ERROR	ORA-06502	试图将一个变量的内容赋值给另一个不能容纳该变量内容时触发
21	ZERO_DIVIDE	ORA-01476	当使用除法计算被除数为 0 时触发

范例 16-59：处理被除数为 0 异常。

```
DECLARE
	v_result	NUMBER ;
BEGIN
	v_result := 10/0 ;		-- 被除数为 0
	DBMS_OUTPUT.put_line('异常之后的代码将不再执行！') ;
EXCEPTION
	WHEN zero_divide THEN
		DBMS_OUTPUT.put_line('被除数不能为零。') ;
		DBMS_OUTPUT.put_line('SQLCODE = ' || SQLCODE) ;
END ;
/
```

程序运行结果：

被除数不能为零。

SQLCODE = -1476

本程序对之前出现的异常代码进行了调整，加入了异常处理部分（EXCEPTION 部分代码），所以当出现被除数为 0 的异常（zero_divide）时，会跳转到 EXCEPTION 部分，与每一个 WHEN 所设置的异常类型进行比较，比较成功后进行异常处理。

范例 16-60：处理赋值异常。

```
DECLARE
	v_varA	VARCHAR2(1) ;
	v_varB	VARCHAR2(4) := 'java' ;
BEGIN
	v_varA := v_varB ;	-- 错误的赋值
	DBMS_OUTPUT.put_line('异常之后的代码将不再执行！') ;
EXCEPTION
	WHEN value_error THEN
		DBMS_OUTPUT.put_line('数据赋值错误。') ;
		DBMS_OUTPUT.put_line('SQLCODE = ' || SQLCODE) ;
END ;
/
```

程序运行结果：

数据赋值错误。

Note

SQLCODE = -6502

本程序定义了 2 个 VARCHAR2 型的变量，但是第 1 个变量（v_varA）的范围小于第 2 个变量（v_varB），所以将 v_varB 变量的内容赋值给 v_varA 变量时将出现异常。由于此时的程序对异常进行了捕获，所以当出现异常之后，会在屏幕上显示“数据赋值错误。”的信息。

通过上面两个异常程序的处理操作可以发现，只要程序中出现了异常，异常之后的代码将不再执行，而是跳转到了 EXCEPTION 中与匹配 WHEN 异常捕获类型，如果类型匹配则使用指定的程序进行异常处理，本操作处理如图 16-14 所示。

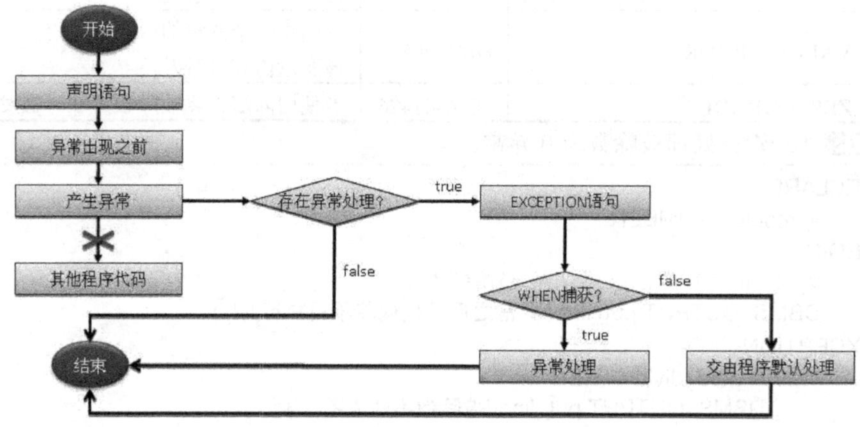

图 16-14　异常处理流程

以上的两个程序只是处理了一些简单的运行时异常，而在 PL/SQL 中，也可以针对 SQL 执行过程中产生的异常进行处理。例如，根据编号查询时，没有查询到数据，或者是返回了多行数据等，下面通过具体的代码来演示。

范例 16-61：处理 SQL 异常——找不到数据。

```
DECLARE
    v_eno           emp.empno%TYPE ;
    v_ename         emp.ename%TYPE ;
BEGIN
    v_eno := &empno ;  -- 由键盘输入雇员编号
    SELECT ename INTO v_ename FROM emp WHERE empno=v_eno ;
    DBMS_OUTPUT.put_line('编号为：' || v_eno || '雇员的名字为：' || v_ename) ;
EXCEPTION
    WHEN no_data_found THEN
        DBMS_OUTPUT.put_line('没有这个雇员！') ;
END ;
/
```

程序运行结果：

```
输入 empno 的值:  6666
原值    5:      eno := &empno ;         -- 由键盘输入雇员编号
新值    5:      eno := 6666 ;           -- 由键盘输入雇员编号
没有这个雇员！
```

本程序在 BEGIN 之后增加了 EXCEPTION 语句，所捕获的异常为“no_data_found（数据没

有发现异常）”，所以当数据查找不出时，将自动跳转到 EXCEPTION 代码部分执行，提示程序错误。

范例 16-62：处理 SQL 异常——返回多条结果。

```
DECLARE
	v_dno		emp.deptno%TYPE ;
	v_ename		emp.ename%TYPE ;
BEGIN
	v_dno := &deptno ;  -- 由键盘输入部门编号
	SELECT ename INTO v_ename FROM emp WHERE deptno=v_dno ;
EXCEPTION
	WHEN too_many_rows THEN
		DBMS_OUTPUT.put_line('返回的数据过多！') ;
		DBMS_OUTPUT.put_line('SQLCODE = ' || SQLCODE) ;
END ;
/
```

程序运行结果：

```
输入 deptno 的值:  10
原值  5:  dno := &deptno ;     -- 由键盘输入部门编号
新值  5:  dno := 10 ;          -- 由键盘输入部门编号
返回的数据过多！
SQLCODE = -1422
```

本程序由用户输入部门编号，然后查询出此部门中全部雇员的姓名，但是现在的程序中，雇员姓名只是一个单独的变量，即只能保存一个数值，返回的数据却是多条，所以会出现返回多行记录的异常（too_many_rows）。

以上为读者演示了 4 种异常处理操作，在程序中，已经明确定义了要捕获的是何种异常，但是在 Oracle 中所提供的异常有很多种，为了方便异常处理，可以直接使用 others 进行所有异常的捕获，捕获之后也可以使用 SQLERRM 输出异常信息。

范例 16-63：使用 others 捕获所有异常。

```
DECLARE
	v_result		NUMBER ;
	v_title		VARCHAR2(50) := 'www.mldnjava.cn' ;
BEGIN
	v_result := v_title ;  -- 此处出现异常
EXCEPTION
	WHEN others THEN
		DBMS_OUTPUT.put_line('返回的数据过多！') ;
		DBMS_OUTPUT.put_line('SQLCODE = ' || SQLCODE) ;
		DBMS_OUTPUT.put_line('SQLERRM = ' || SQLERRM) ;
END ;
/
```

程序运行结果：

```
SQLCODE = -6502
SQLERRM = ORA-06502: PL/SQL: 数字或值错误 :  字符到数值的转换错误
```

本程序将一个字符串变量的内容赋值给了数字变量的内容，由于数据类型不统一，所以程

序出现了异常，而出现的异常直接使用 others 进行捕获，捕获异常之后直接使用 SQLCODE 和 SQLERRM 分别打印异常代码和异常信息。

16.8.3　用户自定义异常

除了以上由 Oracle 自己定义的异常之外，用户在程序编写中也可以使用下面两种方式定义用户异常。

☑ 方式一：在声明块中声明 EXCEPTION 对象，此方式有两种选择。
  - 选择一：声明异常对象并用名称来引用它，此方式使用普通的 others 异常捕获用户定义的异常。
  - 选择二：声明异常对象并将它与有效的 Oracle 错误代码映射，需要编写单独的 WHEN 语句块捕获。

☑ 方式二：在执行块中构建动态异常。通过 RAISE_APPLICATION_ERROR 函数可以构建动态异常。在触发动态异常时，可使用-20000 ~ -20999 范围的数字。如果使用动态异常，可以在运行时指派错误消息。

范例 16-64：使用用户定义异常。

```
DECLARE
    v_data          NUMBER ;
    v_myexp         EXCEPTION ;
BEGIN
    v_data := &inputData ;
    IF v_data > 10 AND v_data < 100 THEN
        RAISE v_myexp ;     -- 抛出异常
    END IF ;
EXCEPTION
    WHEN others THEN
        DBMS_OUTPUT.put_line('输入数据有错误！') ;
        DBMS_OUTPUT.put_line('SQLCODE = ' || SQLCODE) ;
        DBMS_OUTPUT.put_line('SQLERRM = ' || SQLERRM) ;
END ;
/
```

程序运行结果：

```
输入 inputdata 的值:  60
原值    5:      v_data := &inputData ;     -- 输入数据
新值    5:      v_data := 60 ;             -- 输入数据
输入数据有错误！
SQLCODE = 1
SQLERRM = User-Defined Exception
```

本程序采用声明异常对象的方式来定义了一个用户异常，然后由用户输入一个数据，当判断条件满足后，使用 RAISE 手工进行用户异常的抛出。由于此时采用的是声明异常对象的方式抛出的用户定义异常，所以直接使用 others 就可以判断接收，并且在默认情况下，所有用户定义的异常都只有一个 SQLCODE，其内容为 1。在本程序中读者还可以发现，使用 SQLERRM 输

出错误信息时显示的内容为 User-Defined Exception，并不像之前捕获具体异常时出现的异常名称，这是因为此时所定义的 EXCEPTION 是一个由用户自定义的异常类型，所以并不会有具体的异常名称。如果用户需要为一个自定义异常添加名称，则可以通过 EXCEPTION_INIT 编译完成。

语法 16-11： 为自定义异常设置代码

```
PRAGMA EXCEPTION_INIT(异常名称 , Oracle 错误代码) ;
```

范例 16-65： 设置异常代码。

```
DECLARE
      v_data          NUMBER ;
      v_myexp         EXCEPTION ;
      PRAGMA          EXCEPTION_INIT(v_myexp , -20789) ;
BEGIN
      v_data := &inputData ;
      IF v_data > 10 AND v_data < 100 THEN
            RAISE v_myexp ;     -- 抛出异常
      END IF ;
EXCEPTION
      WHEN v_myexp THEN
            DBMS_OUTPUT.put_line('输入数据有错误！') ;
            DBMS_OUTPUT.put_line('SQLCODE = ' || SQLCODE) ;
            DBMS_OUTPUT.put_line('SQLERRM = ' || SQLERRM) ;
END ;
/
```

程序运行结果：

```
输入 inputdata 的值:  60
原值    6:      v_data := &inputData ;     -- 输入数据
新值    6:      v_data := 60 ;             -- 输入数据
输入数据有错误！
SQLCODE = -20789
SQLERRM = ORA-20789:
```

本程序在声明块中使用 PRAGMA 语句将声明的异常对象（v_myexp）定义了一个错误号“-20789”，所以程序在异常捕获的 WHEN 语句中，就可以直接使用异常对象的名称捕获（WHEN v_myexp THEN），但是由于没有设置错误信息，所以在使用 SQLERRM 输出的时候只有一个错误号。

提示：不设置错误号也可以捕获。

以上的代码如果没有编写“PRAGMA EXCEPTION_INIT(myexp,-20789) ;”，那么程序也可以通过 myexp 捕获异常，但是取得的 SQLCODE 依然为 1。

除了使用新的错误号之外，用户还可以利用此操作将一个自定义的异常与一个已经存在的预定义异常错误号绑定在一起。

范例 16-66： 绑定已有的错误号。

```
DECLARE
      v_myexp          EXCEPTION ;
      v_input_rowid    VARCHAR2(18) ;
```

Note

```
    PRAGMA EXCEPTION_INIT(v_myexp , -01410) ;
BEGIN
    v_input_rowid := '&inputRowid' ;          -- 输入一个 ROWID
    IF LENGTH(v_input_rowid) <> 18 THEN
        RAISE v_myexp ;
    END IF ;
EXCEPTION
    WHEN v_myexp THEN
        DBMS_OUTPUT.put_line('SQLCODE = ' || SQLCODE) ;
        DBMS_OUTPUT.put_line('SQLERRM = ' || SQLERRM) ;
END ;
/
```

程序运行结果：

```
输入 inputrowid 的值:  www.mldnjava.cn
原值    6:    v_input_rowid := '&inputRowid' ;          -- 输入 ROWID
新值    6:    v_input_rowid := 'www.mldnjava.cn' ;      -- 输入 ROWID
SQLCODE = -1410
SQLERRM = ORA-01410: 无效的 ROWID
```

本程序是将异常和一个 01410 的错误号绑定在了一起，此错误表示的是一个“无效的 ROWID”，当用户输入一个 ROWID 数据长度不足 18 时，将抛出此异常。

以上的代码为声明用户定义异常的操作，但是在程序中，也可以将用户定义的异常添加到异常列表（异常堆栈）中，其语法如下所示。

语法 16-12：构建动态异常

```
RAISE_APPLICATION_ERROR(错误号，错误信息 [，是否添加到错误堆栈])
```

本语法中存在 3 个参数，说明如下。

☑ 错误号：只接受-20000～-20999 范围的错误号，和声明的错误号一致。

☑ 错误信息：用于定义在使用 SQLERRM 输出时的错误提示信息。

☑ 是否添加到错误堆栈：如果设置为 TRUE，则表示将错误添加到任意已有的错误堆栈，默认为 FALSE，可选。

范例 16-67：构建动态异常。

```
DECLARE
    v_data     NUMBER ;
    v_myexp EXCEPTION ;        -- 定义了一个异常变量
    PRAGMA EXCEPTION_INIT(v_myexp , -20789) ;
BEGIN
    v_data := &inputData ;              -- 输入数据
    IF v_data > 10 AND v_data < 100 THEN
        RAISE_APPLICATION_ERROR(-20789 , '输入数字不能在 10 ~ 100 之间！') ;
    END IF ;
EXCEPTION
    WHEN v_myexp THEN                   -- 出现指定的异常
        DBMS_OUTPUT.put_line('输入数据有错误！') ;
        DBMS_OUTPUT.put_line('SQLCODE = ' || SQLCODE) ;
        DBMS_OUTPUT.put_line('SQLERRM = ' || SQLERRM) ;
END ;
```

```
/
```

程序运行结果：

输入 inputdata 的值： 60
原值 6: v_data := &inputData ; -- 输入数据
新值 6: v_data := 60 ; -- 输入数据
输入数据有错误！
SQLCODE = -20789
SQLERRM = ORA-20789: 输入数字不能在 10 ~ 100 之间！

本程序在执行语句中使用 RAISE_APPLICATION_ERROR 构建了一个动态异常，而在捕获之后的 SQLERRM 中所输出的信息为用户自定义的异常提示信息。

注意：错误号要统一。

在构建动态异常时，语句"RAISE_APPLICATION_ERROR(-20789,'输入数字不能在 10~100 之间！') ;"中的错误号，要与声明异常的错误号"PRAGMA EXCEPTION_INIT (myexp, -20789) ;"一致，否则将出现语法错误。

如果此时捕获的不是异常变量，而使用 others 操作的话，那么即使不编写"PRAGMA EXCEPTION_INIT(myexp,-20789) ;"，语句也不会出现任何的问题。

范例 16-68： 不声明异常变量，直接构建异常，同时使用 others 捕获。

```
DECLARE
      v_data     NUMBER ;
      v_myexp   EXCEPTION ;  -- 定义了一个异常变量
BEGIN
      v_data := &inputData ;       -- 输入数据
      IF v_data > 10 AND v_data < 100 THEN
            RAISE_APPLICATION_ERROR(-20789 , '输入数字不能在 10 ~ 100 之间！') ;
      END IF ;
EXCEPTION
      WHEN others THEN           -- 出现指定的异常
            DBMS_OUTPUT.put_line('输入数据有错误！') ;
            DBMS_OUTPUT.put_line('SQLCODE = ' || SQLCODE) ;
            DBMS_OUTPUT.put_line('SQLERRM = ' || SQLERRM) ;
END ;
/
```

程序运行结果：

输入 inputdata 的值： 60
原值 5: v_data := &inputData ; -- 输入数据
新值 5: v_data := 60 ; -- 输入数据
输入数据有错误！

SQLCODE = -20789

SQLERRM = ORA-20789：输入数字不能在 10～100 之间！

此时程序可以正常地执行，也就是说，如果捕获的是 others，则可以忽略声明异常变量、绑定异常代码两个步骤，在异常处理要求不严格的情况下可以方便地被用户所使用。

Note

清楚了用户定义异常的基本语法之后，下面通过一个实际的范例对异常使用进行说明。

范例 16-69：使用 PL/SQL 增加部门信息。

```
DECLARE
    v_dno           dept.deptno%TYPE ;          -- 部门编号
    v_dna           dept.dname%TYPE ;           -- 部门名称
    v_dloc          dept.loc%TYPE ;             -- 部门位置
    v_deptCount     NUMBER ;                    -- 保存 COUNT()函数结果
BEGIN
    v_dno := &inputDeptno ;                     -- 输入部门编号
    v_dna := '&inputDname' ;                    -- 输入部门名称
    v_dloc := '&inputLoc' ;                     -- 接收部门位置
    -- 统计要增加的部门编号在 dept 表中的信息数量，如果返回 0 表示没有此部门
    SELECT COUNT(deptno) INTO v_deptCount FROM dept WHERE deptno=v_dno ;
    IF v_deptCount > 0 THEN                     -- 部门存在
        RAISE_APPLICATION_ERROR(-20888 , '此部门编号已存在，请重新输入！') ;
    ELSE                                        -- 部门不存在
        INSERT INTO dept(deptno,dname,loc) VALUES (v_dno,v_dna,v_dloc) ;
        DBMS_OUTPUT.put_line('新部门增加成功！') ;
        COMMIT ;
    END IF ;
EXCEPTION
    WHEN others THEN
        DBMS_OUTPUT.put_line(SQLERRM) ;
        ROLLBACK ;
END ;
/
```

程序运行结果：

```
输入 inputdeptno 的值:  22
原值    7:      v_dno := &inputDeptno ;         -- 输入部门编号
新值    7:      v_dno := 22 ;                   -- 输入部门编号
输入 inputdname 的值:  MLDN
原值    8:      v_dna := '&inputDname' ;        -- 输入部门名称
新值    8:      v_dna := 'MLDN' ;               -- 输入部门名称
输入 inputloc 的值:  北京
原值    9:      v_dloc := '&inputLoc' ;         -- 接收部门位置
新值    9:      v_dloc := '北京' ;              -- 接收部门位置
新部门增加成功！
```

本程序直接使用 PL/SQL 块进行 dept 数据的增加，在执行增加部门数据操作前，首先判断要增加的部门编号是否存在（利用 COUNT()函数统计个数来判断，为 0 表示不存在），如果存在则直接抛出一个异常，如果不存在，则执行增加操作，同时提交事务。

16.9　本章小结

1．PL/SQL 语法中 DECLARE 用于声明变量、BEGIN 用于编写语句、EXCEPTION 用于异常处理，最后必须通过 END 标记完结。

2．使用“表.字段%TYPE”可以按照指定表中的列类型声明变量，使用“表%ROWTYPE”，则是按照表的结构声明变量。

3．PL/SQL 语法中的数据类型分为标量类型、复合类型、引用类型、LOB 类型。

4．虽然 PL/SQL 提供了许多的数据类型，但是操作中建议以 NUMBER、VARCHAR2、DATE、CLOB 数据类型为主，而其他的子数据类型会在系统内部提供的子程序中出现。

5．PL/SQL 同样提供了判断、循环语句的支持。

6．可以在一个 PL/SQL 程序块的内部定义若干个内部程序块。

7．当 PL/SQL 中出现了异常后，可以通过 EXCEPTION 捕获指定的异常，用户也可以利用 RAISE_APPLICATION_ERROR 手工抛出一个异常。

第17章 集合

通过本章的学习，可以达到以下目标：

☑ 理解记录类型的定义及使用。

☑ 理解索引表的定义及使用。

☑ 理解嵌套表的基本定义及使用。

☑ 理解可变数组的定义及使用。

学习了 Oracle 中的基本数据之后，本章将开始为读者介绍如何定义 Oracle 的复合类型数据，同时也会为读者讲解 Oracle 中的 3 类集合（索引表、嵌套表、可变数组）结构及集合的相关操作函数。

17.1 记 录 类 型

对于 Oracle 数据类型，主要使用的是 VARCHAR2、NUMBER、DATE 等类型，但是这些基本数据类型在进行实际操作的时候会比较麻烦。例如现在要求查询出雇员编号是 7369 的雇员全部信息，则此程序实现如下。

范例 17-1：定义过程，输出一个雇员的完整信息。

```
DECLARE
    v_emp_empno          emp.empno%TYPE ;
    v_emp_ename          emp.ename%TYPE ;
    v_emp_job            emp.job%TYPE ;
    v_emp_hiredate       emp.hiredate%TYPE ;
    v_emp_sal            emp.sal%TYPE ;
    v_emp_comm           emp.comm%TYPE ;
BEGIN
    v_emp_empno := &inputempno ;
    SELECT ename,job,hiredate,sal,comm INTO
        v_emp_ename,v_emp_job,v_emp_hiredate,v_emp_sal,v_emp_comm
    FROM emp WHERE empno=v_emp_empno ;
    DBMS_OUTPUT.put_line('雇员编号：' || v_emp_empno || '，姓名：' || v_emp_ename || '，职位：' || v_emp_job || '，雇佣日期：' || TO_CHAR(v_emp_hiredate,'yyyy-mm-dd') || '，基本工资：' || v_emp_sal || '，佣金：' || NVL(v_emp_comm,0)) ;
EXCEPTION
    WHEN others THEN
        RAISE_APPLICATION_ERROR(-20007,'此雇员信息不存在！') ;
END ;
/
```

程序运行结果：

输入 inputempno 的值： 7369

原值 9: v_emp_empno := &inputempno ;

新值 9: v_emp_empno := 7369 ;

雇员编号：7369，姓名：SMITH，职位：CLERK，雇佣日期：1980-12-17，基本工资：800，佣金：0

为了可以保留查询出的多个数值结果，需要定义多个变量。如果现在有一种类型，可以像图 17-1 所示的方式一次性包含多个数据，这样只需要把所有数据一次性放到这种新类型里，就可以解决 INTO 设置内容过多的问题了。

v_emp_ename	VARCHAR2
v_emp_job	VARCHAR2
v_emp_hiredate	DATE
v_emp_sal	NUMBER
v_emp_comm	NUMBER

新的复合类型

v_emp_ename	v_emp_job	v_emp_hiredate
v_emp_sal	v_emp_comm	

图 17-1 定义新类型

很明显，在 Oracle 中不可能直接提供这样的复合类型，但是 Oracle 却提供了一种类似于 Java 类的结构体，通过 TYPE 关键字来定义一种记录类型实现与之类似的功能，其定义格式如下。

语法 17-1： 定义记录类型

```
TYPE 类型名称 IS RECORD (
    成员名称        数据类型 [[NOT NULL] [:= 默认值] 表达式] ,
        ...
    成员名称        数据类型 [[NOT NULL] [:= 默认值] 表达式]
) ;
```

可以发现，在记录类型中就像一个新的结构，而这新结构中的组成完全由用户进行定义，但是虽然定义了新结构，可这个新结构就好比 VARCHAR2 或 NUMBER 这样的数据类型一样，所以还需要定义一个此记录类型的变量后，用户才可以使用，下面使用此操作修改之前的程序。

注意：编写顺序。

在定义的记录类型中，所有数据的保存顺序（数据类型的顺序）为“ename(VARCHAR2)、job（VARCHAR2）、hiredate（DATE）、sal（NUMBER）、comm（NUMBER）”，所以在 SELECT 子句中查询数据时也一定要按照与之一样的顺序，否则在建立过程时会出现“ORA-00932”的错误提示。

范例 17-2： 使用记录类型接收查询返回结果。

```
DECLARE
    v_emp_empno         emp.empno%TYPE ;
    TYPE emp_type IS RECORD (
        ename           emp.ename%TYPE ,
        job             emp.job%TYPE ,
        hiredate        emp.hiredate%TYPE ,
        sal             emp.sal%TYPE ,
        comm            emp.comm%TYPE
    ) ;
    v_emp               emp_type ;          -- 定义一个指定的复合类型变量
BEGIN
    v_emp_empno := &inputempno ;
    SELECT ename,job,hiredate,sal,comm INTO v_emp
    FROM emp WHERE empno=v_emp_empno ;
    DBMS_OUTPUT.put_line('雇员编号：' || v_emp_empno || '，姓名：' || v_emp.ename || '，职
    位：' || v_emp.job || '，雇佣日期：' || TO_CHAR(v_emp.hiredate,'yyyy-mm-dd') || '，基本工资：
    ' || v_emp.sal || '，佣金：' || NVL(v_emp.comm,0)) ;
EXCEPTION
    WHEN others THEN
        RAISE_APPLICATION_ERROR(-20007,'此雇员信息不存在！') ;
END ;
/
```

程序运行结果：

```
输入 inputempno 的值:  7369
原值    12:        v_emp_empno := &inputempno ;
```

新值 12: v_emp_empno := 7369 ;

雇员编号：7369，姓名：SMITH，职位：CLERK，雇佣日期：1980-12-17，基本工资：800，佣金：0

本程序使用了最基本的语法定义一个记录类型，并且将 SELECT 子句取回来的数据直接放到此记录类型中。此时的程序运行结果与之前定义多个变量的操作完全一样，但是通过本程序，读者可以发现在使用 INTO 操作设置取得内容时，不需要再编写过多的变量，只需要一个记录变量即可完成，而在取出数据的时候使用“记录变量.成员”即可访问。

提问：使用记录类型和“表%ROWTYPE”有什么区别？

以上的程序如果不使用记录类型，直接定义一个 emp 表的 ROWTYPE 对象，不是也可以完成吗？

回答：ROWTYPE 固定结构，而 TYPE 由用户定义结构。

本程序可以通过 ROWTYPE 定义的变量接收所有的数据，可是使用 ROWTYPE 定义的变量其结构完全与表固定，而使用 TYPE 可以由用户自己来定义结构，在操作上会更加灵活。

以上是通过查询字段的方式为记录类型赋值，用户也可以自己设置记录类型之中成员的数据。

范例 17-3：用户自己操作记录类型数据。

```
DECLARE
    TYPE dept_type IS RECORD (
        deptno      dept.deptno%TYPE := 80,--  定义默认值
        dname       dept.dname%TYPE ,
        loc         dept.loc%TYPE
    ) ;
    v_dept    dept_type ;
BEGIN
    v_dept.dname := 'MLDN ' ;       --  为记录类型成员赋值
    v_dept.loc := '北京' ;           --  为记录类型成员赋值
    DBMS_OUTPUT.put_line('部门编号：' || v_dept.deptno || '，名称：' || v_dept.dname || '，位置：'
    || v_dept.loc) ;
END ;
/
```

程序运行结果：部门编号：80，名称：MLDN，位置：北京

本程序定义了一个 dept_type 的记录类型，然后在程序主体部分中采用了“记录类型.成员 := 值”的方式为记录类型中的每一个成员分别赋值，但是在本程序中定义的记录类型只是一个单一的操作，实际上记录类型本身也是可以进行嵌套的。

范例 17-4：定义嵌套的记录类型。

```
DECLARE
    TYPE dept_type IS RECORD (
        deptno   dept.deptno%TYPE := 80,--  定义默认值
        dname    dept.dname%TYPE ,
        loc      dept.loc%TYPE
    ) ;
    TYPE emp_type IS RECORD (
        empno    emp.empno%TYPE ,
```

```
        ename       emp.ename%TYPE ,
        job         emp.job%TYPE ,
        hiredate    emp.hiredate%TYPE ,
        sal         emp.sal%TYPE ,
        comm        emp.comm%TYPE ,
        dept        dept_type
    ) ;
    v_emp           emp_type ;
BEGIN
    SELECT e.empno,e.ename,e.job,e.hiredate,e.sal,e.comm,d.deptno,d.dname,d.loc   INTO
        v_emp.empno,v_emp.ename,v_emp.job,v_emp.hiredate,v_emp.sal,v_emp.comm,
        v_emp.dept.deptno,v_emp.dept.dname,v_emp.dept.loc
    FROM emp e,dept d
    WHERE e.deptno=d.deptno(+) AND e.empno=7369 ;
    DBMS_OUTPUT.put_line('雇员编号：' || v_emp.empno || '，姓名：' || v_emp.ename || '，职位：' ||
    v_emp.job || '，雇佣日期：' || TO_CHAR(v_emp.hiredate,'yyyy-mm-dd') || '，基本工资：' ||
    v_emp.sal || '，佣金：' || NVL(v_emp.comm,0)) ;
    DBMS_OUTPUT.put_line('部门编号：' || v_emp.dept.deptno || '，名称：' || v_emp.dept.dname
    || '，位置：' || v_emp.dept.loc) ;
END ;
/
```

程序运行结果：

雇员编号：7369，姓名：SMITH，职位：CLERK，雇佣日期：1980-12-17，基本工资：800，佣金：0

部门编号：20，名称：RESEARCH，位置：DALLAS

本程序一共定义了两个记录类型 dept_type 和 emp_type，由于 emp_type 中要定义 dept_type 记录类型的成员，所以 dept_type 要在它使用之前定义，而后直接使用 emp_type 中的 dept 成员就可以访问 dept_type 的成员，从而完成操作的嵌套定义。同时在本程序中为了让代码简单，使用多表查询完成了记录类型的赋值。

提问：能不能在 emp_type 里定义一个自己类型的 mgr 成员？

学习 Java 程序的时候，如果定义类，可以在本类中声明本类成员，作为自身引用。既然记录类型类似于程序的类结构，代码能否按以下方式定义呢？

```
TYPE emp_type IS RECORD (
    empno       emp.empno%TYPE ,
    ename       emp.ename%TYPE ,
    job         emp.job%TYPE ,
    hiredate    emp.hiredate%TYPE ,
    sal         emp.sal%TYPE ,
    comm        emp.comm%TYPE ,
    mgr         emp_type ,              -- 定义一个本类型的成员
    dept        dept_type
) ;
```

这样不就可以更好地表示出自身关联的概念吗？

回答：不能够这样定义。

在 Oracle 中，对于记录类型只要注意定义顺序是可以互相关联，但是却不能自己来定义自己的成员，如果使用了以上的定义方式，则在程序编译时会出现“PLS-00318: 因为类型 "EMP_TYPE" 是一个非 REF 相互递归类型，所以它的格式不正确”错误提示信息。

除了可以在查询中使用记录类型之外，对于更新操作也同样可以利用记录类型方便地完成，下面通过两个程序进行说明。

范例 17-5：增加一条新的记录，利用记录类型保存数据。

```
DECLARE
    TYPE dept_type IS RECORD (
        deptno    dept.deptno%TYPE ,
        dname     dept.dname%TYPE ,
        loc       dept.loc%TYPE
    ) ;
    v_dept        dept_type ;
BEGIN
    v_dept.dname := 'MLDN' ;
    v_dept.loc := '北京' ;
    v_dept.deptno := 80 ;
    INSERT INTO dept VALUES v_dept ;     -- 直接插入记录类型的数据
END ;
/
```

本程序将所有要保存的数据直接保存在了 dept_type 这个记录类型中，然后通过 INSERT 语句，直接将保存的数据增加到 dept 数据表中。

注意：顺序要统一。

在使用记录类型直接执行更新操作时，定义的记录类型中的成员顺序要与操作数据表的字段顺序保持一致，否则无法使用。

范例 17-6：修改数据，利用记录类型保存数据。

```
DECLARE
    TYPE dept_type IS RECORD (
        deptno        dept.deptno%TYPE ,
        dname         dept.dname%TYPE ,
        loc           dept.loc%TYPE
    ) ;
    v_dept            dept_type ;
BEGIN
    v_dept.dname := 'MLDNJAVA' ;
    v_dept.loc := '中国' ;
    v_dept.deptno := 80 ;
    UPDATE dept SET ROW=v_dept WHERE deptno=v_dept.deptno ;
END ;
/
```

在使用记录类型更新时，只需要在更新语句后写上 ROW，就可以找到 dname 和 loc，但是对于更新主键的限定条件，则还需要在 WHERE 子句中编写。

17.2 索 引 表

索引表类似于程序语言中的数组，可以保存多个数据，并且通过下标来访问每一个数据，在 Oracle 中可用来定义索引表下标的数据类型可以是整数也可以是字符串。

但是在 Oracle 中定义的索引表与程序中的数组还有以下的区别。

☑ 索引表不需要进行初始化，可以直接为指定索引赋值，开辟的索引表的索引不一定必须连续；

☑ 索引表不仅可以使用数字作为索引下标，也可以利用字符串表示索引下标，使用数字作为索引下标时也可以设置负数。

语法 17-2：定义索引表

```
TYPE 类型名称 IS TABLE OF 数据类型 [NOT NULL]
INDEX BY [PLS_INTEGER | BINARY_INTEGER | VARCHAR2(长度)] ;
```

在索引表创建语法中，使用 INDEX BY 指定要使用的索引类型，在 Oracle 9i 之前只能使用 PLS_INTEGER，在 Oracle 9i 之后，可以使用 BINARY_INTEGER、VARCHAR2 或者使用 TYPE 及 ROWTYPE 设置的类型。

范例 17-7：定义索引表。

```
DECLARE
    TYPE info_index IS TABLE OF VARCHAR(20)
        INDEX BY PLS_INTEGER ;
    v_info          info_index ;
BEGIN
    v_info (1) := 'MLDN' ;
    v_info (10) := 'JAVA' ;
    DBMS_OUTPUT.put_line(v_info(1)) ;
    DBMS_OUTPUT.put_line(v_info(10)) ;
END ;
/
```

程序运行结果：

MLDN

JAVA

此时的索引表保存了两个数据，并且这两个数据的索引号是完全由用户自己设置的。但是如果在使用时的索引号不存在，例如，此时的程序输出"v_info(30)"，由于此索引号对应的数据不存在，则程序运行后会出现"ORA-01403: 未找到任何数据"异常信息。

> **提示：索引表不存在遍历操作。**
>
> 虽然索引表与程序的数组概念类似，但是索引表是无法进行遍历输出的，即无法使用类似 FOR 语句的形式处理索引表数据。

由于索引表中的索引号是非固定的，所以用户如果要使用某一指定索引位置数据时，建议

使用“索引表对象.EXISTS()”函数进行验证，如下所示。

范例 17-8： 使用 EXISTS()函数。

```
DECLARE
    TYPE info_index IS TABLE OF VARCHAR(20)
        INDEX BY PLS_INTEGER ;
    v_info          info_index ;
BEGIN
    v_info (1) := 'MLDN' ;
    v_info (10) := 'JAVA' ;
    IF v_info.EXISTS(10) THEN
        DBMS_OUTPUT.put_line(v_info(1)) ;
    END IF ;
    IF v_info.EXISTS(30) THEN
        DBMS_OUTPUT.put_line(v_info(30)) ;
    ELSE
        DBMS_OUTPUT.put_line('索引号为 30 的数据不存在！') ;
    END IF ;
END ;
/
```

程序运行结果：

MLDN

索引号为 30 的数据不存在！

本程序在输出索引表中的数据时，都使用 EXISTS()函数进行判断，如果存在指定内容，则输出，如果不存在则不输出，这样就可以避免出现“ORA-01403”的错误信息。

提示：EXISTS()函数属于集合函数。

EXISTS()函数是一种集合函数，对于集合函数在本章的后面章节会为读者详细介绍。

除了使用数字作为索引下标之外，也可以利用 VARCHAR2 作为索引下标，如以下程序所示。

范例 17-9： 定义索引表，使用 VARCHAR2 作为下标索引。

```
DECLARE
    TYPE info_index IS TABLE OF VARCHAR(50)
        INDEX BY VARCHAR2(30) ;
    v_info          info_index ;
BEGIN
    v_info ('公司名称') := '魔乐科技（MLDN）' ;
    v_info ('培训项目') := 'JAVA-Android 高端培训' ;
    DBMS_OUTPUT.put_line(v_info('公司名称')) ;
    DBMS_OUTPUT.put_line(v_info('培训项目')) ;
END ;
/
```

程序运行结果：

魔乐科技（MLDN）

AVA-Android 高端培训

在使用 VARCHAR2 作为索引下标类型时，需要为其设置一个大小（INDEX BY

VARCHAR2(30)），而后所设置的索引下标长度应该在此范围之内。

以上的索引表都采用了基本数据类型操作，下面再来观察一个使用 ROWTYPE 定义的行类型索引表。

范例 17-10：定义 ROWTYPE 型的索引表。

```
DECLARE
    TYPE dept_index IS TABLE OF dept%ROWTYPE
        INDEX BY PLS_INTEGER ;
    v_dept          dept_index ;
BEGIN
    v_dept(0).deptno := 80 ;
    v_dept(0).dname := 'MLDN 教学部' ;
    v_dept(0).loc := '北京' ;
    IF v_dept.EXISTS(0) THEN
        DBMS_OUTPUT.put_line('部门编号：' || v_dept(0).deptno || '，名称：' || v_dept(0).dname
        || '，位置：' || v_dept(0).loc) ;
    END IF ;
END ;
/
```

程序运行结果：

部门编号：80，名称：MLDN 教学部，位置：北京

在本程序中，直接利用 ROWTYPE 定义了一个部门表的结构类型索引表，然后采用“索引表(下标).字段”的方式进行了数据的操作。

提示：本程序也可以使用自定义记录类型完成。

以上程序利用了 ROWTYPE 来完成，如果用户有需要，也可以通过定义一个记录类型来实现，如下代码所示。

范例 17-11：使用记录类型操作。

```
DECLARE
    TYPE dept_type IS RECORD (
        deptno          dept.deptno%TYPE := 80,      -- 定义默认值
        dname           dept.dname%TYPE ,
        loc             dept.loc%TYPE
    ) ;
    TYPE dept_index IS TABLE OF dept_type
        INDEX BY PLS_INTEGER ;
    v_dept          dept_index ;
BEGIN
    v_dept(0).deptno := 80 ;
    v_dept(0).dname := 'MLDN 教学部' ;
    v_dept(0).loc := '北京' ;
    IF v_dept.EXISTS(0) THEN
        DBMS_OUTPUT.put_line('部门编号：' || v_dept(0).deptno || '，名称：'
            || v_dept(0).dname || '，位置：' || v_dept(0).loc) ;
    END IF ;
END ;
/
```

程序运行结果：

部门编号：80，名称：MLDN 教学部，位置：北京

在本程序中，直接定义了一个新的记录类型 dept_type，而后在此类型上创建了一个索引表，本程序记录类型的组成与“dept%ROWTYPE”相同，所以最终效果没有任何区别。

以上完成了索引表的基本操作，针对所有的集合操作还有许多的方法支持，在本章的随后部分会为读者继续讲解。

17.3 嵌　套　表

嵌套表是一种类似于索引表的结构，也可以用于保存多个数据，而且也可以保存复合类型的数据。

17.3.1 定义简单类型嵌套表

嵌套表指的是在一个数据表定义时同时加入其他内部表的定义，这个概念是在 Oracle 8 中引入的，它们可以使用 SQL 进行访问，也可以进行动态扩展。

在讲解嵌套表的具体概念之前，首先需要回顾一下数据表的一对多的存储关系。如果想实现一对多的存储关系，一定需要两张数据表，一张为主表（需要定义主键或唯一约束），另一张为子表（设置外键），其中主表的一行记录会对应多行子表记录。而如果将主表和子表合为一体的话，那么子表就可以理解为主表的一个嵌套表，所以嵌套表是多行子表关联数据的集合，它在主表中表示为其中的某一个列。

例如，有这样一个实际的情况：每一个部门会有多个项目正在同时实施，如果按照之前的定义，则需要定义出两张数据表，如图 17-2 所示。

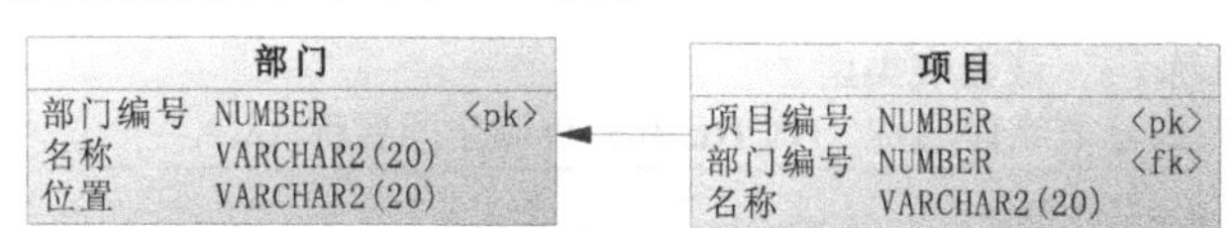

图 17-2　定义数据模型

如果使用了嵌套表的话，则嵌套表允许在部门表中存放关于项目的信息，即只需要一张数据表即可解决问题，如图 17-3 所示。无需执行联合操作，就可以通过部门表直接访问项目表中的记录。这种不用多表连接而直接查询数据的能力，使得用户对数据访问更加容易。甚至在并没有定义方法访问嵌套表的情况下，也能够很清楚地把部门和项目中的数据联系在一起。

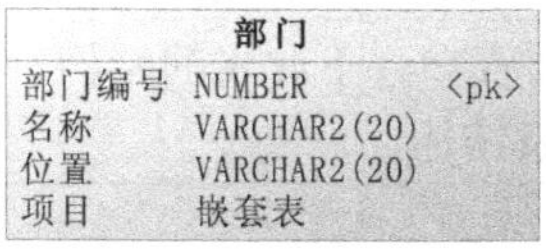

部门		
部门编号	NUMBER	<pk>
名称	VARCHAR2(20)	
位置	VARCHAR2(20)	
项目	嵌套表	

图 17-3　嵌套表

Note

注意：不建议使用嵌套表。

本章只是针对嵌套表这个结构进行说明，但是从实际开发来讲，本书并不推荐使用嵌套表技术，因为此技术只有 Oracle 数据库支持，并非标准 SQL 实现。所以在严格项目中，对于关系模型中的部门和项目两个表，要想确定其关系，依然需要通过外部关键字（外键）关系才能实现。

如果现在需要在部门中保存多个项目名称，则必须首先创建一种类型，此种类型可以包含多条项目的名称信息，而这样的类型就是嵌套表，其创建语法如下。

语法 17-3：创建嵌套表类型

```
CREATE [OR REPLACE] TYPE 类型名称 AS|IS TABLE OF 数据类型 [NOT NULL] ;
/
```

范例 17-12：创建表示多个项目的嵌套表类型。

```
CREATE OR REPLACE TYPE project_nested AS TABLE OF VARCHAR2(50) NOT NULL ;
/
```

此时已经成功地创建了一个嵌套表的类型，在后面定义部门表时，可以定义一个项目列，此列的类型就可以使用 project_nested 声明。同时对于使用嵌套表类型的数据表，也需要明确地指明嵌套表存储空间的名称，使用语法如下所示。

提示：IS 在 PL/SQL 中使用。

如果读者在 SQLPlus 中创建类型，那么使用 AS 或 IS 形式一样，但是在 PL/SQL 之中定义类型时，只能使用 IS。由于笔者一直使用 AS 进行定义，所以本次依然使用 AS，考虑到读者方便，建议使用 IS。

语法 17-4：创建表指定嵌套表存储空间名称

```
CREATE TABLE 表名称 (
    字段名称          类型 ,
        …
    嵌条表字段名称     嵌套表类型
) NESTED TABLE 嵌套表字段名称 STORE AS 存储空间名称 ;
```

范例 17-13：定义部门表。

```
DROP TABLE department PURGE ;
CREATE TABLE department (
    did         NUMBER ,
    deptname VARCHAR2(30) NOT NULL ,
    projects    project_nested ,
    CONSTRAINT pk_did PRIMARY KEY (did)
) NESTED TABLE projects STORE AS projects_nested_table ;
```

创建完 department 表之后，下面查看一下此表的结构。

范例 17-14：查看 department 表结构。

```
DESC department ;
```

查询结果：通过 SQL Developer 输出，如图 17-4 所示。

```
名称      空值      类型
-------- -------- ----------------
DID      NOT NULL NUMBER
DEPTNAME NOT NULL VARCHAR2(30)
PROJECTS          PROJECT_NESTED()
```

图 17-4　查看使用嵌套表的表结构

由于在 department 表中使用了嵌套表类型，所以通过显示的表结构可以发现 projects 类型为 project_nested 自定义的嵌套表。

范例 17-15：向 department 表中增加数据。

```
INSERT INTO department (did,deptname,projects) VALUES (10,'魔乐科技',
    project_nested('Java 实战开发','Android 实战开发')) ;
INSERT INTO department (did,deptname,projects) VALUES (20,'MLDN 出版部',
    project_nested('《Java 开发实战经典》','《Java Web 开发实战经典》','《Android 开发实战经
    典》')) ;
COMMIT ;
```

在向嵌套表中添加数据时，必须使用嵌套表的类型进行声明，由于在嵌套表中保存的都是 VARCHAR2 类型数据，所以直接编写多个字符串即可。

范例 17-16：查询 department 表的全部记录。

```
SELECT * FROM department ;
```

查询结果：通过 SQL Developer 输出，如图 17-5 所示。

	DID	DEPTNAME	PROJECTS
1	10	魔乐科技	C##SCOTT.PROJECT_NESTED('Java实战开发','Android实战开发')
2	20	MLDN出版部	C##SCOTT.PROJECT_NESTED('《Java开发实战经典》','《Java Web开发实...

图 17-5　查询数据

以上完成了全部数据的查询，如果现在要查询 20 部门的 projects 的全部信息，则不能直接使用以下代码。

范例 17-17：错误的查询 20 部门的所有项目。

```
SELECT projects FROM department WHERE did=20 ;
```

查询结果：通过 SQL Developer 输出，如图 17-6 所示。

	PROJECTS
1	C##SCOTT.PROJECT_NESTED('《Java开发实战经典》','《Java Web开发实战经典》','《An...

图 17-6　查询项目信息

通过此时的查询结果可以发现，现在给出的项目信息并不像以前那样一条条地列出数据，而是显示集合信息，所以如果要查看嵌套表的数据，则应该使用子查询，并且使用 TABLE 将嵌套表数据类型变为数据表。

范例 17-18：将嵌套表数据变为数据表查询。

```
SELECT * FROM TABLE (SELECT projects FROM department WHERE did=20) ;
```

查询结果：通过 SQL Developer 输出，如图 17-7 所示。

	COLUMN_VALUE
1	《Java开发实战经典》
2	《Java Web开发实战经典》
3	《Android开发实战经典》

图 17-7　查询嵌套表

范例 17-19：修改部门 20 中的项目信息。

```
UPDATE TABLE (SELECT projects FROM department WHERE did=20) pro
SET VALUE(pro)='《Oracle 开发实战经典》'
WHERE pro.column_value='《Java Web 开发实战经典》' ;
COMMIT ;
```

此处更新的为嵌套表中的数据，所以此更新语句与之前有以下不同，本语句解释如下。

- ☑ 找到要更新的嵌套表记录：UPDATE TABLE (SELECT projects FROM department WHERE did=20) pro。
- ☑ 修改嵌套表记录内容：SET VALUE(pro)='《Oracle 开发实战经典》'。
- ☑ 定义修改条件：WHERE pro.**column_value**='《Java Web 开发实战经典》'，其中 column_value 为 Oracle 自动设置的名称，与图 17-7 所示的列名称一致。

范例 17-20：查询修改后的 20 部门信息。

```
SELECT * FROM TABLE (SELECT projects FROM department WHERE did=20) ;
```

查询结果： 通过 SQL Developer 输出，如图 17-8 所示。

范例 17-21：删除嵌套表中“《Java 开发实战经典》”记录。

```
DELETE FROM TABLE (
      SELECT projects FROM department WHERE did=20) p
WHERE p.column_value='《Java 开发实战经典》' ;
COMMIT ;
```

范例 17-22：查询删除后的嵌套表数据。

```
SELECT * FROM TABLE (SELECT projects FROM department WHERE did=20) ;
```

查询结果： 通过 SQL Developer 输出，如图 17-9 所示。

	COLUMN_VALUE
1	《Java开发实战经典》
2	《Oracle开发实战经典》
3	《Android开发实战经典》

图 17-8　查询更新后的嵌套表数据

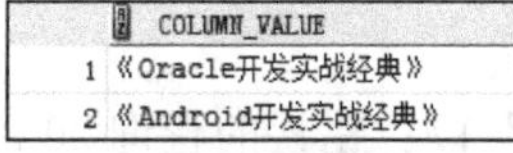

	COLUMN_VALUE
1	《Oracle开发实战经典》
2	《Android开发实战经典》

图 17-9　删除后的嵌套表记录

17.3.2　定义复合类型嵌套表

上面的代码完成了一个普通类型的嵌套表操作，但是在给出的范例中存在一个问题，对于实际的要求：一个部门有多个项目，在项目表中不可能只有一个字段，而存在多种字段（如编号、名称、金额等），所以图 17-10 所示的数据表结构应该是一种较为常见的情况。

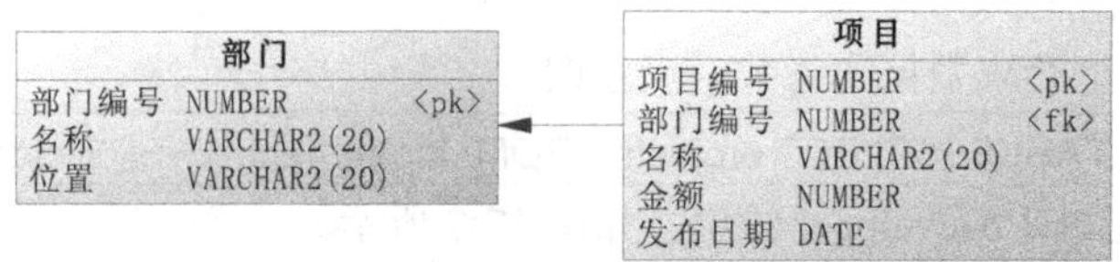

图 17-10　一对多关系

如果现在要将图 17-3 所示的项目表作为嵌套表使用的话，则需要有一种专门表示项目的数据类型，在此数据类型中，应该包含项目的编号、名称、金额、发布日期，这样的数据类型就可以通过以下语法进行创建。

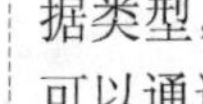

语法 17-5：创建新的对象类型

```
CREATE [OR REPLACE] TYPE 类型名称 AS OBJECT(
      列名称          数据类型 ,
      列名称          数据类型 ,
          ...
      列名称          数据类型
) ;
/
```

范例 17-23：创建一个表示项目类型的对象。

```
CREATE OR REPLACE TYPE project_type AS OBJECT(
      projectid         NUMBER ,
      projectname       VARCHAR2(50),
      projectfunds      NUMBER ,
      pubdate           DATE
) ;
/
```

现在创建了一个新的数据类型 project_type，也就是说，创建了一个与 VARCHAR2、NUMBER 同样的类型，唯一不同的是，project_type 是由用户定义，其他类型为系统提供。

范例 17-24：定义嵌套表类型 project_nested。

```
CREATE OR REPLACE TYPE project_nested AS TABLE OF project_type NOT NULL ;
/
```

此时所创建出来的嵌套表类型所包含的数据为复合数据。

注意：修改 project_nested 之前请先删除使用它的数据表。

如果现在定义的嵌套表类型已经被其他数据表所使用，那么在修改此嵌套表类型之后，需要先删除使用它的表，在本程序中应该先删除 department 表 DROP TABLE department PURGE。

范例 17-25：创建部门表，使用复合类型嵌套表。

```
DROP TABLE department PURGE ;
CREATE TABLE department (
      did          NUMBER ,
      deptname VARCHAR2(50)       NOT NULL ,
      projects     project_nested ,
      CONSTRAINT pk_did PRIMARY KEY (did)
) NESTED TABLE projects STORE AS projects_nested_table ;
```

本程序与使用简单类型时的嵌套表定义没有任何区别，只是此时的 project_nested 中包含的信息是一个自定义的类型。

提示：简化定义。

如果用户不创建新对象，直接利用以下的方式也可以实现嵌套表功能。

范例 17-26：创建部门表，使用复合类型嵌套表。

```
DROP TABLE department PURGE ;
```

```
CREATE TABLE department (
    did              NUMBER ,
    deptname         VARCHAR2(50) NOT NULL ,
    projects         project_nested ,
    CONSTRAINT pk_did PRIMARY KEY (did)
) NESTED TABLE projects STORE AS projects_nested_table((
    projectid        PRIMARY KEY ,
    projectname      NOT NULL ,
    projectfunds     NOT NULL ,
    pubdate          NOT NULL)) ;
```

为了让读者更方便理解，同时要为后面的章节留有铺垫，所以此处依然采用分步的方式完成嵌套表的使用。

下面通过几个数据操作演示嵌套表的使用。

范例 17-27： 向部门表中增加数据。

```
INSERT INTO department (did,deptname,projects) VALUES (10,'魔乐科技',
    project_nested(
        project_type(1,'Java 实战开发',8900,TO_DATE('2004-09-27','yyyy-mm-dd')) ,
        project_type(2,'Android 实战开发',13900,TO_DATE('2010-07-19','yyyy-mm-dd')))) ;
INSERT INTO department (did,deptname,projects) VALUES (20,'MLDN 出版部',
    project_nested(
        project_type(10,'《Java 开发实战经典》',79.8,TO_DATE('2008-08-13','yyyy-mm-dd')) ,
        project_type(11,'《Java Web 开发实战经典》',69.8,TO_DATE('2010-08-27','yyyy-mm-dd')) ,
        project_type(12,'《Android 开发实战经典》',88,TO_DATE('2012-03-19','yyyy-mm-dd')))) ;
COMMIT ;
```

由于此时嵌套表中所保存的数据类型为复合类型，所以在进行数据添加时需要为复合数据中的每一列设置好相应数据。

范例 17-28： 查询 department 表中的数据。

```
SELECT * FROM department ;
```

查询结果： 通过 SQL Developer 输出，如图 17-11 所示。

	DID	DEPTNAME	PROJECTS
1	10	魔乐科技	C##SCOTT.PROJECT_NESTED('□" □ Java实战开发 □ xh ','□& □ Android实...
2	20	MLDN出版部	C##SCOTT.PROJECT_NESTED('□/ □ 《Java开发实战经典》 □Q xl ','□3 □ ...

图 17-11　查询 department 表数据

由于此时嵌套表定义的数据类型为用户自己定义的复合类型，所以直接查询所有部门信息时，项目信息显示出来的只是结构，而不是具体的内容。

范例 17-29： 查询一个部门的全部项目信息。

```
SELECT * FROM TABLE (SELECT projects FROM department WHERE did=20) ;
```

查询结果： 通过 SQL Developer 输出，如图 17-12 所示。

	PROJECTID	PROJECTNAME	PROJECTFUNDS	PUBDATE
1	10	《Java开发实战经典》	79.8	13-8月 -08
2	11	《Java Web开发实战经典》	69.8	27-8月 -10
3	12	《Android开发实战经典》	88	19-3月 -12

图 17-12　查看一个部门的所有项目

范例 17-30：修改某个部门某一项目的信息。

```
UPDATE TABLE (SELECT projects FROM department WHERE did=20) pro
SET VALUE(pro) = project_type(11,'《Oracle 开发实战经典》',69.8,TO_DATE('2013-06-26',
'yyyy-mm-dd'))
WHERE pro.projectid=11 ;
COMMIT ;
```

由于本程序使用的是复合类型定义的嵌套表，所以在更新时需要同时设置多列数据。

范例 17-31：查询更新后的数据。

```
SELECT * FROM TABLE (SELECT projects FROM department WHERE did=20) ;
```

查询结果：通过 SQL Developer 输出，如图 17-13 所示。

	PROJECTID	PROJECTNAME	PROJECTFUNDS	PUBDATE
1	10	《Java开发实战经典》	79.8	13-8月 -08
2	11	《Oracle开发实战经典》	88.9	26-6月 -13
3	12	《Android开发实战经典》	88	19-3月 -12

图 17-13　查询修改后的部门项目信息

范例 17-32：删除嵌套表中的一行记录。

```
DELETE FROM TABLE(
    SELECT projects FROM department WHERE did=20) pro
WHERE pro.projectid=12 ;
COMMIT ;
```

范例 17-33：查询删除后的数据。

```
SELECT * FROM TABLE (SELECT projects FROM department WHERE did=20) ;
```

查询结果：通过 SQL Developer 输出，如图 17-14 所示。

	PROJECTID	PROJECTNAME	PROJECTFUNDS	PUBDATE
1	10	《Java开发实战经典》	79.8	13-8月 -08
2	11	《Oracle开发实战经典》	88.9	26-6月 -13

图 17-14　删除部门中的项目

以上代码为读者演示了嵌套表的基本操作形式，通过上面的分析，可以得出嵌套表的以下操作特点。

☑ 对象复用：使用嵌套表可以更加清晰地表示出某一个列的结构，也可以使用面向对象的方法进行有效的数据库设计，提高了数据库对象被重用的机会。

☑ 标准支持：如果创建标准的对象，那么它们被重用的机会就会提高。如果有多个应用或多个表使用同一数据库对象集合，那么它就是既成事实的数据库对象标准。

☑ 定义访问路径：对于每一个对象，用户可定义在其上运行的过程和函数，从而可以使数据和访问此数据的方法联合起来。有了用这种方式定义的访问路径，就可以标准化数据访问的方法并提高对象的可复用性。

17.3.3 在 PL/SQL 中使用嵌套表

嵌套表实际上最关键的就是定义新的数据类型，这些定义的数据类型可以直接在 PL/SQL 中使用。与之前的代码一样，如果要建立一个嵌套表类型，首先必须创建一个新的 TYPE 类型，然后才可以使用。但是嵌套表依然属于一种数组形式的数据，数组如果要输出则一定需要通过索引（嵌套表(索引值)）才能访问，而循环输出是数组最常用的一种形式，在嵌套表应用中可以使用“**嵌套表.COUNT**”来取得数组长度，下面通过程序为读者进行演示。

范例 17-34：在 PL/SQL 中定义新类型。

```
DECLARE
    TYPE project_nested IS TABLE OF VARCHAR2(50) NOT NULL ;
    v_projects project_nested := project_nested('JAVA SE','JAVA EE','Android') ;
BEGIN
    FOR x IN 1 .. v_projects.COUNT LOOP
        DBMS_OUTPUT.put_line(v_projects(x)) ;
    END LOOP ;
END ;
/
```

程序运行结果：

JAVA SE

JAVA EE

Android

本程序首先创建了一个新的 project_type 类型，然后又定义了一个此类型的变量 v_projects，同时为此变量设置了 3 个内容，之后在程序部分就可以像数组一样进行操作。为了确定循环次数，使用了“v_projects.COUNT”取得数组长度，而后分别使用下标输出数组中的每一个元素。

注意：此处必须使用 IS 而不能使用 AS。

虽然在外部定义嵌套表的时候使用 AS 或 IS 没有任何区别，但是在 PL/SQL 中定义的嵌套表类型必须使用 IS，如果使用 AS 将出现语法错误。

本程序中由于需要输出集合中的内容，所以需要设置循环次数（1 ~ 集合（嵌套表）长度），而这种做法也可以通过使用“**集合.FIRST ~ 集合.LAST**”的方式来完成。

范例 17-35：使用 FOR 循环输出嵌套表数据。

```
DECLARE
    TYPE project_nested IS TABLE OF VARCHAR2(50) NOT NULL ;
    v_projects project_nested := project_nested('JAVA SE','JAVA EE','Android') ;
BEGIN
    FOR x IN v_projects.FIRST .. v_projects.LAST LOOP
        DBMS_OUTPUT.put_line(v_projects(x)) ;
    END LOOP ;
END ;
/
```

程序运行结果：

JAVA SE

JAVA EE

Android

使用这种方式明显要比使用明确的数值方便许多。

如果用户有需要，也可以先在外部定义出嵌套表类型，然后可以直接在 PL/SQL 中引用此类

型，如下所示。

范例 17-36：在 SQLPlus 中定义嵌套表数据类型。

```
CREATE OR REPLACE TYPE project_nested IS TABLE OF VARCHAR2(50) NOT NULL ;
/
```

范例 17-37：在 PL/SQL 中直接使用 project_nested。

```
DECLARE
	v_projects project_nested := project_nested('JAVA SE','JAVA EE','Android') ;
BEGIN
	FOR x IN v_projects.FIRST .. v_projects.LAST LOOP
		DBMS_OUTPUT.put_line(v_projects(x)) ;
	END LOOP ;
END ;
/
```

程序运行结果：

JAVA SE

JAVA EE

Android

此两种方式最终的实现形式一样，具体的选择读者可以根据软件开发环境来决定。了解了嵌套表的基本使用之后，下面再通过一段操作，来观察如何在 PL/SQL 程序中利用嵌套表进行数据的更新操作，首先创建包含嵌套表的数据表。

范例 17-38：定义一个嵌套表类型。

```
CREATE OR REPLACE TYPE project_nested AS TABLE OF VARCHAR2(50) NOT NULL ;
/
```

范例 17-39：创建一张包含嵌套表列的数据表。

```
DROP TABLE department PURGE ;
CREATE TABLE department (
	did		NUMBER ,
	deptname VARCHAR2(30)	NOT NULL ,
	projects	project_nested ,
	CONSTRAINT pk_did PRIMARY KEY (did)
) NESTED TABLE projects STORE AS projects_nested_table ;
```

范例 17-40：利用嵌套表实现数据增加操作。

```
DECLARE
	v_project_list	project_nested := project_nested('《Java 开发实战经典》',
		'《Android 开发实战经典》','《Java Web 开发实战经典》') ;
	v_dept		department%ROWTYPE ;
BEGIN
	v_dept.did := 88 ;
	v_dept.deptname := '魔乐科技' ;
	v_dept.projects := v_project_list ;			-- 直接赋予嵌套表
	INSERT INTO department VALUES v_dept ;		-- 直接使用 ROWTYPE 对象增加
END ;
/
```

本程序直接利用嵌套表定义了一组要增加的数据，然后在执行增加时，首先将所有的数据设置到 ROWTYPE 变量之后，之后通过此变量执行增加数据操作。

范例 17-41：查看 department 表数据。

```
SELECT * FROM department ;
```

查询结果：通过 SQL Developer 输出，如图 17-15 所示。

	DID	DEPTNAME	PROJECTS
1	88	魔乐科技	C##SCOTT.PROJECT_NESTED('《Java开发实战经典》','《Android开发实...

图 17-15　查看增加后的数据

范例 17-42：利用嵌套表实现修改数据的操作。

```
DECLARE
    v_project_list    project_nested := project_nested('《Java WEB 高级案例篇》',
        '《Android 游戏开发教程》','《Struts2 高级开发教程》') ;
BEGIN
    UPDATE department SET projects=v_project_list
    WHERE did=88 ;              -- 直接使用嵌套表保存更新数据
END ;
/
```

此时程序直接将保存的新数据放到了嵌套表对象之后，利用嵌套表对象直接对该嵌套表列的内容进行更新。

范例 17-43：查看更新后的数据。

```
SELECT * FROM department ;
```

查询结果：通过 SQL Developer 输出，如图 17-16 所示。

	DID	DEPTNAME	PROJECTS
1	88	魔乐科技	C##SCOTT.PROJECT_NESTED('《Java WEB高级案例篇》','《Android游戏...

图 17-16　查看更新后的数据

以上程序只是定义了一个基本结构的嵌套表。下面再来看一下如何定义复合结构的嵌套表，在定义复合结构的嵌套表之前，首先需要在 SQLPlus 中定义一个新的复合数据类型，然后才可以在 PL/SQL 中使用。

范例 17-44：在 PL/SQL 中使用复合数据类型的嵌套表。

```
CREATE OR REPLACE TYPE project_type AS OBJECT(
    projectid       NUMBER ,
    projectname     VARCHAR2(50),
    projectfunds    NUMBER ,
    pubdate         DATE
) ;
/
DECLARE
    TYPE project_nested IS TABLE OF project_type NOT NULL ;
    v_projects project_nested := project_nested(
        project_type(10,'《Java 开发实战经典》',79.8,TO_DATE('2008-08-13','yyyy-mm-dd')) ,
        project_type(11,'《Java Web 开发实战经典》',69.8,TO_DATE('2010-08-27','yyyy-mm-dd')) ,
        project_type(12,'《Android 开发实战经典》',88,TO_DATE('2012-03-19','yyyy-mm-dd'))) ;
BEGIN
    FOR x IN v_projects.FIRST .. v_projects.LAST LOOP
        DBMS_OUTPUT.put_line('项目编号：' || v_projects(x).projectid || '，项目名称：' ||
v_projects(x).projectname
```

```
            ||'，金额：' || v_projects(x).projectfunds || '，发布日期：' || v_projects(x).pubdate) ;
    END LOOP ;
END ;
/
```

程序运行结果：

项目编号：10，项目名称：《Java 开发实战经典》，金额：79.8，发布日期：13-8 月 -08
项目编号：11，项目名称：《Java Web 开发实战经典》，金额：69.8，发布日期：27-8 月-10
项目编号：12，项目名称：《Android 开发实战经典》，金额：88，发布日期：19-3 月 -12

本程序依然使用嵌套表保存了复合数据，而后使用 FOR 循环遍历所有的数据，下面继续在数据表的更新操作上使用嵌套表。首先定义一张包含嵌套表列的数据表。

范例 17-45： 创建一张包含嵌套表类型的数据表。

```
CREATE OR REPLACE TYPE project_type AS OBJECT(
    projectid       NUMBER ,
    projectname     VARCHAR2(50),
    projectfunds    NUMBER ,
    pubdate         DATE
) ;
/
CREATE OR REPLACE TYPE project_nested AS TABLE OF project_type NOT NULL ;
/
```

范例 17-46： 创建数据表，包含此嵌套表列。

```
DROP TABLE department PURGE ;
CREATE TABLE department (
    did         NUMBER ,
    deptname VARCHAR2(50)     NOT NULL ,
    projects    project_nested ,
    CONSTRAINT pk_did PRIMARY KEY (did)
) NESTED TABLE projects STORE AS projects_nested_table ;
```

范例 17-47： 通过 PL/SQL 执行增加数据表信息操作。

```
DECLARE
    v_project_list    project_nested := project_nested(
        project_type(10,'《Java 开发实战经典》',79.8,TO_DATE('2008-08-13','yyyy-mm-dd')) ,
        project_type(11,'《Java Web 开发实战经典》',69.8,TO_DATE('2010-08-27','yyyy-mm-dd')) ,
        project_type(12,'《Android 开发实战经典》',88,TO_DATE('2012-03-19','yyyy-mm-dd'))) ;
    v_dept            department%ROWTYPE ;
BEGIN
    v_dept.did := 88 ;
    v_dept.deptname := '魔乐科技' ;
    v_dept.projects := v_project_list ;                  -- 直接赋予嵌套表
    INSERT INTO department VALUES v_dept ;               -- 直接使用 ROWTYPE 对象增加
END ;
/
```

本程序虽然使用了复合类型的嵌套表，但是对于增加操作并不会带来额外的复杂度，依然利用 ROWTYPE 实现增加数据的操作。

Note

范例 17-48：通过 PL/SQL 执行数据表更新操作。

```
DECLARE
    v_project_list    project_nested := project_nested(
        project_type(30,'《Java Web 高级案例篇》',380,TO_DATE('2008-08-13','yyyy-mm-dd')) ,
        project_type(31,'《Android 游戏开发教程》',580,TO_DATE('2010-08-27','yyyy-mm-dd')) ,
        project_type(32,'《Struts2 高级开发教程》',888,TO_DATE('2012-03-19','yyyy-mm-dd'))) ;
BEGIN
    UPDATE department SET projects=v_project_list
    WHERE did=88 ;                                    -- 直接使用嵌套表保存更新数据
END ;
/
```

本程序首先准备了新的嵌套表数据，然后直接利用嵌套表对象实现数据的更新操作。

17.4 可 变 数 组

嵌套表的最大特点是没有长度限制的集合，而如果现在需要固定长度的集合类型，那么就只能利用可变数组来完成。

17.4.1 定义简单类型的可变数组

可变数组与嵌套表相似，也是一种集合。一个可变数组是一个对象的集合，其中每个对象都具有相同的数据类型。可变数组的大小在创建时决定。在表中建立可变数组后，可变数组在主表中即为一个列。从概念上讲，可变数组是一个限制了操作个数的嵌套表。

可变数组允许用户在表中存储重复的属性。例如在讲解嵌套表时使用过的部门表，一个部门可以有多个项目，用户使用可变数组可以在部门中设置多个项目的名字。如果限定每个部门的项目不超过 3 个，则可以建立一个 3 个数据项为限的可变数组。之后就可以处理此可变数组，可以查询每一个部门的所有项目信息。

如果现在需要在部门中保存多个项目名称，则必须先创建一种类型，此种类型可以包含若干条项目的名称信息，而这样的类型可以通过可变数组来表示，其创建语法如下。

语法 17-6：创建可变数组类型。

```
CREATE [OR REPLACE] TYPE 类型名称 AS|IS VARRAY(长度) OF 数据类型 [NOT NULL] ;
/
```

范例 17-49：创建项目数组。

```
CREATE OR REPLACE TYPE project_varray AS VARRAY(3) OF VARCHAR2(50) ;
/
```

此时创建了一个数组型的数组，数组的长度为 3，即每个部门的项目只能有 3 个。

范例 17-50：定义部门表，使用可变数组。

```
DROP TABLE department PURGE ;
CREATE TABLE department (
    did            NUMBER ,
```

```
    deptname VARCHAR2(30)       NOT NULL ,
    projects    project_varray ,
    CONSTRAINT pk_did PRIMARY KEY (did)
) ;
```

此时 department 表中使用的 projects 列就是一个数组形式的类型，可以同时保存多条记录。读者此时也可以发现，使用可变数组与嵌套表的最大不同在于存储空间的设置，可变数组不需要再配置单独的空间。

范例 17-51： 向 department 表中增加数据。

```
INSERT INTO department(did,deptname,projects) VALUES (10,'魔乐科技',
    project_varray('ERP','CRM','CMS')) ;
INSERT INTO department(did,deptname,projects) VALUES (20,'MLDN 出版部',
    project_varray('《Java 开发实战经典》','《Anbdroid 开发实战经典》')) ;
COMMIT ;
```

由于定义的数组（project_varray）只能包含 3 个元素，所以以上增加数据时，项目名称最多只增加了 3 个。

范例 17-52： 查看 department 表数。

```
SELECT * FROM department ;
```

查询结果： 通过 SQL Developer 输出，如图 17-17 所示。

	DID	DEPTNAME	PROJECTS
1	10	魔乐科技	C##SCOTT.PROJECT_VARRAY('ERP','CRM','CMS')
2	20	MLDN出版部	C##SCOTT.PROJECT_VARRAY('《Java开发实战经典》','《Anbdroid开发实...

图 17-17 查看 department 表记录

如果现在要想查询一个部门的所有项目，依然需要使用 TABLE 嵌套子查询的操作来完成。

范例 17-53： 查找一个部门的所有项目。

```
SELECT * FROM TABLE (
    SELECT projects FROM department WHERE did=20) ;
```

查询结果： 通过 SQL Developer 输出，如图 17-18 所示。

	COLUMN_VALUE
1	《Java开发实战经典》
2	《Anbdroid开发实战经典》

图 17-18 一个部门的所有项目

使用嵌套表可以修改或删除嵌套表中的部分数据，但在使用可变数组时，就不具备此功能，所以修改可变数组内容时，需要将全部数据进行修改。同理，删除时，也要将所有数据一起删除。

范例 17-54： 修改一个部门的项目。

```
UPDATE department SET
    projects=project_varray('《Oracle 开发实战经典》','《Java 开发实战经典》','《Android 开发实
    战经典》')
WHERE did=20 ;
COMMIT ;
```

范例 17-55： 查询更新后的部门信息。

```
SELECT * FROM TABLE (
```

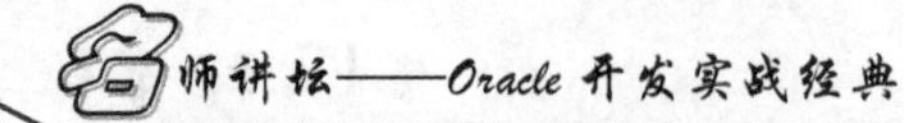


```
SELECT projects FROM department WHERE did=20) ;
```

查询结果：通过 SQL Developer 输出，如图 17-19 所示。

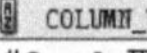

	COLUMN_VALUE
1	《Oracle开发实战经典》
2	《Java开发实战经典》
3	《Android开发实战经典》

图 17-19　一个部门的项目信息

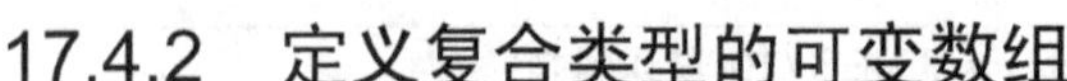

17.4.2　定义复合类型的可变数组

除了定义基本类型的可变数组之外，同样也可以定义复合类型的可变数组。与嵌套表一样，首先需要定义出一种表示复合类型的数据类型。

范例 17-56：创建一个表示项目类型的对象。

```
CREATE OR REPLACE TYPE project_type AS OBJECT(
     projectid          NUMBER ,
     projectname      VARCHAR2(50),
     projectfunds      NUMBER ,
     pubdate            DATE
) ;
/
```

范例 17-57：定义新的数组类型。

```
CREATE OR REPLACE TYPE project_varray AS VARRAY(3) OF project_type ;
/
```

此时定义出了最多包含 3 个元素的复合数据类型，下面直接在数据表中使用此类型。

范例 17-58：定义数据表，使用可变数组。

```
DROP TABLE department PURGE ;
CREATE TABLE department (
     did          NUMBER ,
     deptname VARCHAR2(50)       NOT NULL ,
     projects   project_varray ,
     CONSTRAINT pk_did PRIMARY KEY (did)
) ;
```

此时可变数组中保存的数据是复合类型，所以在添加数据时，需要指定类型为 project_type。

范例 17-59：向表中增加数据。

```
INSERT INTO department(did,deptname,projects) VALUES (10,'魔乐科技',
     project_varray(
          project_type(10,'ERP 管理系统',9000000,TO_DATE('2014-02-14','yyyy-mm-dd')) ,
          project_type(11,'CRM 客户系统',10000000,TO_DATE('2016-03-12','yyyy-mm-dd')))) ;
INSERT INTO department(did,deptname,projects) VALUES (20,'MLDN 出版部',
     project_varray(
          project_type(10,'《Java 开发实战经典》',79.8,TO_DATE('2008-08-13','yyyy-mm-dd')) ,
          project_type(11,'《Java Web 开发实战经典》',69.8,TO_DATE('2010-08-27','yyyy-mm-dd')) ,
          project_type(12,'《Android 开发实战经典》',88,TO_DATE('2012-03-19','yyyy-mm-dd')))) ;
COMMIT ;
```

范例 17-60：查看部门表数据。

```
SELECT * FROM department ;
```

查询结果：通过 SQL Developer 输出，如图 17-20 所示。

	DID	DEPTNAME	PROJECTS
1	10	魔乐科技	C##SCOTT.PROJECT_VARRAY('□! □ ERP管理系统 □ xr ','□! □ CRM客...
2	20	MLDN出版部	C##SCOTT.PROJECT VARRAY('□/ □ 《Java开发实战经典》 □Q xl ','□...

图 17-20　部门表全部数据

范例 17-61：查看一个部门的所有项目信息。

```
SELECT * FROM TABLE (
    SELECT projects FROM department WHERE did=20) ;
```

查询结果：通过 SQL Developer 输出，如图 17-21 所示。

	PROJECTID	PROJECTNAME	PROJECTFUNDS	PUBDATE
1	10	《Java开发实战经典》	79.8	13-8月 -08
2	11	《Java Web开发实战经典》	69.8	27-8月 -10
3	12	《Android开发实战经典》	88	19-3月 -12

图 17-21　查看一个部门的项目信息

范例 17-62：更新一个部门的项目信息。

```
UPDATE department SET
    projects=project_varray(
        project_type(15,'《Java 开发实战经典》',79.8,TO_DATE('2008-08-13','yyyy-mm-dd')) ,
        project_type(16,'《Oracle 开发实战经典》',87.8,TO_DATE('2013-08-27','yyyy-mm-dd')) ,
        project_type(17,'《Android 开发实战经典》',88,TO_DATE('2012-03-19','yyyy-mm-dd')))
WHERE did=20 ;
COMMIT ;
```

范例 17-63：查询更新后的部门信息。

```
SELECT * FROM TABLE (
    SELECT projects FROM department WHERE did=20) ;
```

查询结果：通过 SQL Developer 输出，如图 17-22 所示。

	PROJECTID	PROJECTNAME	PROJECTFUNDS	PUBDATE
1	15	《Java开发实战经典》	79.8	13-8月 -08
2	16	《Oracle开发实战经典》	87.8	27-8月 -10
3	17	《Android开发实战经典》	88	19-3月 -12

图 17-22　更新后的表记录

17.4.3　在 PL/SQL 中使用可变数组

可变数组定义之后，也可以作为 PL/SQL 使用的数据类型直接在程序中使用。

范例 17-64：在 PL/SQL 中使用可变数组。

```
DECLARE
    TYPE project_varray IS VARRAY(3) OF VARCHAR2(50) ;
    v_projects project_varray := project_varray(NULL,NULL,NULL) ;
BEGIN
    v_projects(1) := 'JAVA SE' ;
```

```
        v_projects(2) := 'JAVA EE' ;
        v_projects(3) := 'Android' ;
        FOR x IN v_projects.FIRST .. v_projects.LAST LOOP
            DBMS_OUTPUT.put_line(v_projects(x)) ;
        END LOOP ;
END ;
/
```

程序运行结果：

JAVA SE

JAVA EE

Android

本程序首先定义了一个长度为 3 的数组，这样在保存数据的时候最多只能设置为 3 个长度，否则将会出现越界错误。

范例 17-65：定义复合结构的可变数组。

```
CREATE OR REPLACE TYPE project_type AS OBJECT(
    projectid        NUMBER ,
    projectname      VARCHAR(50),
    projectfunds     NUMBER ,
    pubdate          DATE
) ;
/
DECLARE
    TYPE project_varray IS VARRAY(3) OF project_type NOT NULL ;
    v_projects project_varray := project_varray(
        project_type(10,'《Java 开发实战经典》',79.8,TO_DATE('2008-08-13','yyyy-mm-dd')) ,
        project_type(11,'《Java Web 开发实战经典》',69.8,TO_DATE('2010-08-27','yyyy-mm-dd')) ,
        project_type(12,'《Android 开发实战经典》',88,TO_DATE('2012-03-19','yyyy-mm-dd'))) ;
BEGIN
    FOR x IN v_projects.FIRST .. v_projects.LAST LOOP
        DBMS_OUTPUT.put_line('项目编号：' || v_projects(x).projectid || '，项目名称：' ||
        v_projects(x). projectname || '，金额：' || v_projects(x).projectfunds || '，发布日期：' ||
        v_projects(x).pubdate) ;
    END LOOP ;
END ;
/
```

程序运行结果：

项目编号：10，项目名称：《Java 开发实战经典》，金额：79.8，发布日期：13-8 月-08

项目编号：11，项目名称：《Java Web 开发实战经典》，金额：69.8，发布日期：27-8 月-10

项目编号：12，项目名称：《Android 开发实战经典》，金额：88，发布日期：19-3 月-12

本程序将基本的可变数组变为了复合类型的可变数组，与嵌套表一样，首先需要定义一个新的复合类型，然后再声明此类型的数组对象，同时设置元素个数上限。

17.5　集合运算符

对于集合的数据类型，为了方便操作，Oracle 11g 之后也引入了集合的数据类型，如表 17-1 列出了一些集合运算符，这些符号只与嵌套表和可变数组一起使用。

表 17-1　集合运算符

No.	集合运算符	描　述
1	CARDINALITY(集合)	取得集合中的所有元素个数
2	变量 IS [NOT] EMPTY	判断集合是否为 NULL
3	变量 MEMBER OF 集合	判断某一数据是否为集合中的成员
4	集合 1　MULTISET EXCEPT　集合 2	从一个集合中删除另外一个集合中相同的数据，并返回新集合
5	集合 1　MULTISET INTERSECT 集合 2	取出两个集合中的相同部分并返回新集合
6	集合 1　MULTISET UNION　集合 2	将两个集合合并为一个集合返回
7	SET	删除集合中的重复元素，类似于 DISTINCT 操作，语法："SET(集合)"。也可以利用 SET 检查变量是否为 null，语法为"变量 IS [NOT] A SET"
8	集合 1 SUBMULTISET OF 集合 2	判断集合 1 是否为集合 2 的子集合

下面通过几个范例来验证表 17-1 中所列出的各个集合运算符。

范例 17-66： 验证 CARDINALITY 运算符。

```
DECLARE
     TYPE list_nested IS TABLE OF VARCHAR2(50) NOT NULL ;
     v_all        list_nested := list_nested ('a','a','b','c','c','d','e') ;
BEGIN
     DBMS_OUTPUT.put_line('集合长度：' || CARDINALITY(v_all)) ;
END ;
/
```

程序运行结果： 集合长度：7

本程序首先定义了一个嵌套表，之后为其赋予集合内容，当使用 CARDINALITY 运算符时可以取得集合的长度，但是由于此集合会将重复数据一起进行统计，所以最终的返回结果为 7 个长度。

范例 17-67： 验证 CARDINALITY 运算符，使用 SET 运算符取消重复数据。

```
DECLARE
     TYPE list_nested IS TABLE OF VARCHAR2(50) NOT NULL ;
     v_all        list_nested := list_nested ('a','a','b','c','c','d','e') ;
BEGIN
     DBMS_OUTPUT.put_line('集合长度：' || CARDINALITY(SET(v_all))) ;
END ;
/
```

程序运行结果： 集合长度：5

本程序的唯一特点是利用 SET 运算符将集合中的重复数据取消后再计算集合长度，所以最终的集合长度为 5。

范例 17-68：验证 EMPTY 运算符。

```
DECLARE
    TYPE list_nested IS TABLE OF VARCHAR2(50) NOT NULL ;
    v_allA          list_nested := list_nested ('mldn','beijing','java') ;
    v_allB          list_nested := list_nested () ;
BEGIN
    IF v_allA IS NOT EMPTY THEN
        DBMS_OUTPUT.put_line('v_allA 不是一个空集合！') ;
    END IF ;
    IF v_allB IS EMPTY THEN
        DBMS_OUTPUT.put_line('v_allB 是一个空集合！') ;
    END IF ;
END ;
/
```

程序运行结果：

v_allA 不是一个空集合！

v_allB 是一个空集合！

本程序定义了两个集合，即 v_allA（有内容）和 v_allB（无内容），所以在使用 EMPTY 验证时会显示 v_allA 不是一个空集合，而 v_allB 是一个空集合。

范例 17-69：使用 MEMBER OF 运算符。

```
DECLARE
    TYPE list_nested IS TABLE OF VARCHAR2(50) NOT NULL ;
    v_all       list_nested := list_nested ('mldn','beijing','lixinghua') ;
    v_str       VARCHAR2(10) := 'mldn' ;
BEGIN
    IF v_str MEMBER OF v_all THEN
        DBMS_OUTPUT.put_line('mldn 字符串存在。') ;
    END IF ;
END ;
/
```

程序运行结果：mldn 字符串存在。

MEMBER OF 运算符的功能是判断一个数据是否存在于指定的集合中，如果存在则返回 true，否则返回 false。

范例 17-70：验证 MULTISET EXCEPT 运算符。

```
DECLARE
    TYPE list_nested IS TABLE OF VARCHAR2(50) NOT NULL ;
    v_allA          list_nested := list_nested ('mldn','beijing','java') ;
    v_allB          list_nested := list_nested ('beijing','java') ;
    v_newlist       list_nested ;
BEGIN
    v_newlist := v_allA MULTISET EXCEPT v_allB ;
    FOR x IN 1 .. v_newlist.COUNT LOOP
        DBMS_OUTPUT.put_line(v_newlist(x)) ;
    END LOOP ;
```

```
END ;
/
```

程序运行结果： mldn

本程序使用 MULTISET EXCEPT 运算符，以第一个集合为参考，将第二个集合中与第一个集合相同的部分删除，所以最终新的集合里只有一个 mldn 的字符串。

范例 17-71： 验证 MULTISET INTERSECT 运算符。

```
DECLARE
    TYPE list_nested IS TABLE OF VARCHAR2(50) NOT NULL ;
    v_allA          list_nested := list_nested ('mldn','beijing','java') ;
    v_allB          list_nested := list_nested ('beijing','java') ;
    v_newlist       list_nested ;
BEGIN
    v_newlist := v_allA MULTISET INTERSECT v_allB ;
    FOR x IN 1 .. v_newlist.COUNT LOOP
        DBMS_OUTPUT.put_line(v_newlist(x)) ;
    END LOOP ;
END ;
/
```

程序运行结果：

beijing

java

使用 MULTISET INTERSECT 会保留两个集合中的相同部分，所以 beijing 和 mldn 两个字符串的数据被保留下来。

范例 17-72： 验证 MULTISET UNION 运算符。

```
DECLARE
    TYPE list_nested IS TABLE OF VARCHAR2(50) NOT NULL ;
    v_allA          list_nested := list_nested ('mldn','beijing','java') ;
    v_allB          list_nested := list_nested ('beijing','java') ;
    v_newlist  list_nested ;
BEGIN
    v_newlist := v_allA MULTISET UNION v_allB ;
    FOR x IN 1 .. v_newlist.COUNT LOOP
        DBMS_OUTPUT.put_line(v_newlist(x)) ;
    END LOOP ;
END ;
/
```

程序运行结果：

mldn

beijing

java

beijing

java

使用 MULTISET UNION 运算符会直接将两个集合的数据合并在一起，所以新集合的内容是两个集合的内容之和。

Note

范例 17-73：验证 SET 运算符。

```
DECLARE
    TYPE list_nested IS TABLE OF VARCHAR2(50) NOT NULL ;
    v_allA          list_nested := list_nested ('mldn','beijing','java') ;
BEGIN
    IF v_allA IS A SET THEN
        DBMS_OUTPUT.put_line('v_allA 是一个集合。') ;
    END IF ;
END ;
/
```

程序运行结果：v_allA 是一个集合。

本程序利用 SET 运算符来判断给定的变量是否为集合数据，由于此时的 v_allA 是一个集合，所以最终满足判断条件。

范例 17-74：验证 SUBMULTISET 运算符。

```
DECLARE
    TYPE list_nested IS TABLE OF VARCHAR2(50) NOT NULL ;
    v_allA          list_nested := list_nested ('mldn','beijing','java') ;
    v_allB          list_nested := list_nested ('mldn','java') ;
BEGIN
    IF v_allB SUBMULTISET v_allA THEN
        DBMS_OUTPUT.put_line('v_allB 是 v_allA 的一个子集合。') ;
    END IF ;
END ;
/
```

程序运行结果：v_allB 是 v_allA 的一个子集合。

本程序利用 SUBMULTISET 运算符判断一个集合是否为另外一个集合的子集合，由于 v_allB 集合中的内容在 v_allA 集合中都存在，所以满足判断条件。

17.6 集合函数

本章前面所讲解的 COUNT、FIRST、LAST 等操作，都属于集合的函数范畴。集合函数的定义是从 Oracle 8i 的时候开始引入的，常见的集合函数如表 17-2 所示。

表 17-2 集合函数

No.	集合函数	描述
1	pls_integer COUNT	返回集合中保存的数据长度，此函数返回一个 pls_integer 的数据
2	void DELETE(n [, m])	删除集合中的数据，可以删除指定第 n 个索引的数据，或者删除 n ~ m 个索引范围内的数据
3	boolean EXISTS(n)	判断第 n 位索引的数据是否存在
4	EXTEND([n [, m]])	为集合扩充数据，其中参数 n 表示要扩充的长度，参数 m 表示扩充时使用当前集合指定索引上的数据进行内容填充，如果不设置任何参数则表示在集合的结尾扩充一个空内容

续表

No.	集合函数	描　　述
5	数据类型 FIRST	返回集合元素中的最小下标值，可返回数据类型有 pls_integer、varchar2 或 long
6	数据类型 LAST	返回集合元素中的最大下标值，可返回数据类型有 pls_integer、varchar2 或 long
7	数据类型 LIMIT	返回集合中允许出现的最高下标值，此只能被数组使用，返回的数据类型为 pls_integer
8	数据类型 NEXT(n)	返回集合中的后一个下标值，如果没有数据则返回 false，有数据时可返回数据类型 pls_integer、varchar2 或 long
9	数据类型 PRIOR(n)	返回集合中的前一个下标值，如果没有数据返回 false，有数据时可返回数据类型 pls_integer、varchar2 或 long
10	void TRIM([n])	释放集合的数据，如果没有设置参数则删除集合中的最高元素，如果设置了参数，则表示删除指定个数的数据

下面通过一系列的代码来为读者验证以上的集合操作函数。

范例 17-75：使用 COUNT()函数取得集合中的元素个数

```
DECLARE
     TYPE list_nested IS TABLE OF VARCHAR2(50) NOT NULL ;
     v_all        list_nested := list_nested ('mldn','魔乐科技','lixinghua','android','java') ;
BEGIN
     DBMS_OUTPUT.put_line('集合长度：' || v_all.COUNT) ;
END ;
/
```

程序运行结果：集合长度：5

使用 COUNT 函数()可以取得集合中的元素个数，本集合中一共定义了 5 个内容，所以取得的长度为 5。

范例 17-76：使用 DELETE()函数删除一个数据。

```
DECLARE
     TYPE list_nested IS TABLE OF VARCHAR2(50) NOT NULL ;
     v_all        list_nested := list_nested ('mldn','魔乐科技','lixinghua','android','java') ;
BEGIN
     v_all.DELETE(1) ;     -- 删除指定索引的数据
     FOR x IN v_all.FIRST .. v_all.LAST LOOP
          DBMS_OUTPUT.put_line(v_all(x)) ;
     END LOOP ;
END ;
/
```

程序运行结果：

魔乐科技

lixinghua

android

java

本程序删除了第一个索引数据，所以在输出时比原始集合少了一个数据，同时在本次操作中利用 FIRST 取得集合的最小下标，利用 LAST 取得集合的最大下标。

范例 17-77：DELETE()函数删除指定范围的数据。

```
DECLARE
    TYPE list_nested IS TABLE OF VARCHAR2(50) NOT NULL ;
    v_all       list_nested := list_nested ('mldn','魔乐科技','lixinghua','android','java') ;
BEGIN
    v_all.DELETE(1,3) ; -- 删除指定范围的数据
    FOR x IN v_all.FIRST .. v_all.LAST LOOP
        DBMS_OUTPUT.put_line(v_all(x)) ;
    END LOOP ;
END ;
/
```

程序运行结果：

android

java

上面演示了 DELETE()函数删除数据的操作。使用 DELETE()函数除了可以删除指定索引数据之外，也可以删除指定范围的数据。

范例 17-78：判断某个数据是否存在。

```
DECLARE
    TYPE list_nested IS TABLE OF VARCHAR2(50) NOT NULL ;
    v_all list_nested := list_nested ('mldn','魔乐科技','lixinghua','android','java') ;
BEGIN
    IF v_all.EXISTS(1) THEN
        DBMS_OUTPUT.put_line('索引为 1 的数据存在。') ;
    END IF ;
    IF NOT v_all.EXISTS(10) THEN
        DBMS_OUTPUT.put_line('索引为 10 的数据不存在。') ;
    END IF ;
END ;
/
```

程序运行结果：

索引为 1 的数据存在。

索引为 10 的数据不存在。

EXISTS()函数的主要功能是判断指定的索引数据是否存在，如果存在返回 true，否则返回 false。

范例 17-79：扩充集合长度。

```
DECLARE
    TYPE list_nested IS TABLE OF VARCHAR2(50) NOT NULL ;
    v_all list_nested := list_nested ('mldn','魔乐科技','lixinghua') ;
BEGIN
    v_all.EXTEND(2) ;   -- 集合扩充 2 个长度
    v_all(4) := 'android' ;
    v_all(5) := 'java' ;
    DBMS_OUTPUT.put_line('集合长度：' || v_all.COUNT) ;
    FOR x IN v_all.FIRST .. v_all.LAST LOOP
        DBMS_OUTPUT.put_line(v_all(x)) ;
    END LOOP ;
END ;
/
```

程序运行结果：

集合长度：5

mldn

魔乐科技

lixinghua

android

java

本程序首先定义了一个长度为 3 的集合，然后利用 EXTEND()函数将集合长度扩大了两个，所以最终的集合长度为 5，同时为新增的两个元素内容进行赋值。

范例 17-80：扩充集合长度，并使用已有内容进行填充。

```
DECLARE
    TYPE list_nested IS TABLE OF VARCHAR2(50) NOT NULL ;
    v_all list_nested := list_nested ('mldn','魔乐科技','lixinghua') ;
BEGIN
    v_all.EXTEND(2,1) ;              -- 集合扩充 2 个长度，使用原始集合的第 1 个数据填充
    DBMS_OUTPUT.put_line('集合长度：' || v_all.COUNT) ;
    FOR x IN v_all.FIRST .. v_all.LAST LOOP
        DBMS_OUTPUT.put_line(v_all(x)) ;
    END LOOP ;
END ;
/
```

程序运行结果：

集合长度：5

mldn

魔乐科技

lixinghua

mldn

mldn

本程序依然实现集合的数据扩充，但与之前不同的是，本次操作将使用集合的第 1 个元素对扩充的数据进行填充。

范例 17-81：使用 LIMIT 取得集合的最高下标。

```
DECLARE
    TYPE list_varray IS VARRAY(8) OF VARCHAR2(50) ;
    v_info          list_varray := list_varray('mldn','android','java') ;
BEGIN
    DBMS_OUTPUT.put_line('数组集合的最大长度：' || v_info.LIMIT) ;
    DBMS_OUTPUT.put_line('数组集合的数据量：' || v_info.COUNT) ;
END ;
/
```

程序运行结果：

数组集合的最大长度：8

数组集合的数据量：3

本程序定义了一个可变数组，在可变数组中最多可以保存 8 个数据（LIMIT 取得的结果为 8），实际上此时的程序只保存了 3 个数据（COUNT 取得的结果为 3），所以使用 LIMIT 返回的是集

合数据的最大下标。

范例 17-82：验证 NEXT()函数。

```
DECLARE
    TYPE info_index IS TABLE OF VARCHAR2(20) INDEX BY PLS_INTEGER ;
    v_info          info_index ;
    v_foot          NUMBER ;
BEGIN
    v_info (1) := 'MLDN' ;
    v_info (10) := 'JAVA' ;
    v_info (-10) := 'Oracle' ;
    v_info (-20) := 'EJB' ;
    v_info (30) := 'Android' ;
    v_foot := v_info.FIRST ;          -- 取得集合的第一个索引值
    WHILE(v_info.EXISTS(v_foot)) LOOP     -- 判断此索引数据是否存在
        DBMS_OUTPUT.put_line('v_info(' || v_foot || ') = ' || v_info(v_foot)) ;
        v_foot := v_info.NEXT(v_foot) ; -- 取得下一个索引值
    END LOOP ;
    DBMS_OUTPUT.put_line('索引为 10 的下一个索引是：' || v_info.NEXT(10)) ;
    DBMS_OUTPUT.put_line('索引为-10 的上一个索引是：' || v_info.PRIOR(-10)) ;
END ;
/
```

程序运行结果：

v_info(-20) = EJB

v_info(-10) = Oracle

v_info(1) = MLDN

v_info(10) = JAVA

v_info(30) = Android

索引为 10 的下一个索引是：30

索引为-10 的上一个索引是：-20

本程序采用了索引表作为集合操作，在索引表中数组的索引不是顺序的，所以可以利用 NEXT()函数取得指定索引的下一个索引值，才可以实现循环的输出。

范例 17-83：验证 TRIM()函数。

```
DECLARE
    TYPE list_varray IS VARRAY(8) OF VARCHAR2(50) ;
    v_info      list_varray := list_varray('mldn','android','java','oracle','ejb') ;
BEGIN
    DBMS_OUTPUT.put_line('删除集合之前的数据量：' || v_info.COUNT) ;
    v_info.TRIM ;           -- 删除 1 个集合的数据，还剩下 4 个数据
    DBMS_OUTPUT.put_line('v_info.TRIM 删除集合数据之后的数据量：' || v_info.COUNT) ;
    v_info.TRIM(2) ;        -- 删除 2 个数据之后还剩下 2 个数据
    DBMS_OUTPUT.put_line('v_info.TRIM(2)删除集合数据之后的数据量：' || v_info.COUNT) ;
END ;
/
```

程序运行结果：

删除集合之前的数据量：5

v_info.TRIM 删除集合数据之后的数据量：4

v_info.TRIM(2)删除集合数据之后的数据量：2

本程序原本开辟的索引表数据有 5 个，当使用 TRIM 操作时会删除集合中的最后一个元素，而使用 TRIM(2)会删除集合中的两个元素。

17.7 处理集合异常

在进行集合操作中，可能会由于用户的编写错误（例如未初始化就直接使用集合，没有指定索引的集合元素等）而导致程序中断执行，为此在 Oracle 中，对于集合的异常也有描述，常见的异常如表 17-3 所示。

表 17-3 集合异常

No.	集合异常	描述
1	COLLECTION_IS_NULL	使用一个空集合变量时触发
2	NO_DATA_FOUND	在索引表中使用一个已经被删除的数据或者索引值重复时触发
3	SUBSCRIPT_BEYOND_COUNT	访问索引超过集合中元素个数时触发
4	SUBSCRIPT_OUTSIDE_LIMIT	访问索引超过集合的最大定义长度时触发
5	VALUE_ERROR	设置不能转换为 PLS_INTEGER 索引时触发

下面将通过几段代码验来证以上的集合异常。

范例 17-84：处理集合未初始化异常。

```
DECLARE
    TYPE list_varray IS VARRAY(8) OF VARCHAR2(50) ;
    v_info      list_varray ;       -- 此集合没有初始化
BEGIN
    v_info(0) := 10 ;               -- 此时集合未初始化，所以产生异常
EXCEPTION
    WHEN COLLECTION_IS_NULL THEN
        DBMS_OUTPUT.put_line('集合未初始化，无法使用！') ;
END ;
/
```

程序运行结果：集合未初始化，无法使用！

本程序由于定义的集合变量没有被初始化，所以在进行数据访问时，会出现 COLLECTION_IS_NULL 异常。

范例 17-85：处理访问索引超过集合长度的异常。

```
DECLARE
    TYPE list_varray IS VARRAY(8) OF VARCHAR2(50) ;
    v_info      list_varray := list_varray('mldn','android') ;
BEGIN
    DBMS_OUTPUT.put_line(v_info(3)) ;       -- 没有此索引数据
EXCEPTION
    WHEN SUBSCRIPT_BEYOND_COUNT THEN
        DBMS_OUTPUT.put_line('索引值超过定义的元素个数！') ;
```

```
END ;
/
```

程序运行结果： 索引值超过定义的元素个数！

本程序定义的数组最高长度为 8，而在定义 v_inf 集合变量时，所开辟的长度只有 2，所以当用户访问集合的索引下标超过了 2 时（此时为 v_info(3)）就会出现 **SUBSCRIPT_BEYOND_COUNT** 异常。

Note

范例 17-86：处理访问索引超过集合最大定义长度的异常。

```
DECLARE
    TYPE list_varray IS VARRAY(8) OF VARCHAR2(50) ;
    v_info     list_varray := list_varray('mldn','android') ;
BEGIN
    DBMS_OUTPUT.put_line(v_info(30)) ;      -- 索引下标超过最大范围
EXCEPTION
    WHEN SUBSCRIPT_OUTSIDE_LIMIT THEN
        DBMS_OUTPUT.put_line('索引值超过定义集合类型的最大元素个数！') ;
END ;
/
```

程序运行结果： 索引值超过定义集合类型的最大元素个数！

本程序定义的数组最大长度为 8，而在集合访问时其访问的长度已经超过了 8（此时为 v_info(30)），所以会出现 **SUBSCRIPT_OUTSIDE_LIMIT** 异常，表示超过了集合类型的最大长度。

范例 17-87：设置错误的索引数据。

```
DECLARE
    TYPE list_varray IS VARRAY(8) OF VARCHAR2(50) ;
    v_info     list_varray := list_varray('mldn','android') ; -- 此集合没有初始化
BEGIN
    DBMS_OUTPUT.put_line(v_info('1')) ;            -- 1 可以自动变为数字（PLS_INTEGER）
    DBMS_OUTPUT.put_line(v_info('a')) ;            -- a 无法自动转换为数字
EXCEPTION
    WHEN VALUE_ERROR THEN
        DBMS_OUTPUT.put_line('索引值类型错误！') ;
END ;
/
```

程序运行结果：

mldn
索引值类型错误！

本程序主要是结合 Oracle 中数据类型自动转换的操作完成的，在本程序中如果要访问可变数组中的数据，需要设置整型数据，而第一次访问时设置了字符串“1”（v_info('1')），但是这个字符串由数字所组成，所以可以自动变为 PLS_INTEGER 数据，不会产生异常。而第二次访问时设置了字符串“a”（v_info('a')），这个字符串无法转为 PLS_INTEGER 类型，所以会产生 VALUE_ERROR 异常。

范例 17-88：处理索引表集合中访问已删除数据集合的异常。

```
DECLARE
    TYPE info_index IS TABLE OF VARCHAR2(20) INDEX BY PLS_INTEGER ;
```

```
    v_info      info_index ;
BEGIN
    v_info(1) := 'mldn' ;
    v_info(2) := 'android' ;
    v_info(3) := 'java' ;
    v_info.DELETE(1) ;                         -- 删除数据
    DBMS_OUTPUT.put_line(v_info(1)) ;          -- 此元素已经被删除，无法访问
    DBMS_OUTPUT.put_line(v_info(2)) ;
    DBMS_OUTPUT.put_line(v_info(3)) ;
EXCEPTION
    WHEN NO_DATA_FOUND THEN
        DBMS_OUTPUT.put_line('此数据已经被删除！') ;
END ;
/
```

程序运行结果：此数据已经被删除！

本程序使用索引表完成操作，当使用 DELETE()函数删除一个数据后如果进行访问，就会出现 NO_DATA_FOUND 异常。

17.8 使用 FORALL 批量绑定

在使用 PL/SQL 编写程序时，PL/SQL 通常会与 SQL 在操作上进行交互，当用户通过 PL/SQL 执行一条更新语句时，SQL 会将执行更新后的数据返回给 PL/SQL，这样用户才可以在 PL/SQL 中取得更新后的数据。但是如果在 PL/SQL 中要进行大量的数据操作时，这种方式就会使程序的执行性能大为降低，例如，下面是一个通过 PL/SQL 执行多行数据更新的操作程序块。

范例 17-89：通过 PL/SQL 程序块执行多条数据表更新操作。

```
DECLARE
    TYPE emp_varray IS VARRAY(8) OF emp.empno%TYPE ;
    v_empno     emp_varray := emp_varray(7369,7566,7788,7839,7902) ;
BEGIN
    FOR x IN v_empno.FIRST .. v_empno.LAST LOOP
        UPDATE emp SET sal=9000 WHERE empno=v_empno(x) ;
    END LOOP ;
END ;
/
```

本程序将所有需要更新工资的雇员编号定义在了一个可变数组中，之后采用循环的方式依次取出数组中的每一个元素作为数据的更新条件。

读者可以发现这一操作需要采用循环的方式来完成，而每次循环操作中都要向数据库发出更新的命令，同时数据库也需要在每次循环执行时返回给 PL/SQL 程序更新的结果。如果此时更新的数据过多，则会直接影响到数据库的执行性能。最好的做法是将所有需要更新的操作一次性发送给数据库，如果要实现这样的功能，就必须利用 FORALL 语句来完成。

FORALL 语句指的是将集合中的所有数据进行批量绑定，之后将多条 SQL 语句一次性地发送到数据库中进行执行，FORALL 语句的语法格式如下。

语法 17-7： FORALL 语句

```
FORALL 变量 IN 集合初值 .. 集合最高值 SQL 语句 ;
```

范例 17-90： 利用 FORALL 向数据库一次性发出多条语句。

```
DECLARE
     TYPE empno_varray IS VARRAY(8) OF emp.empno%TYPE ;
     v_empno       empno_varray := empno_varray(7369,7566,7788,7839,7902) ;
BEGIN
     FORALL x IN v_empno.FIRST .. v_empno.LAST
          UPDATE emp SET sal=9000 WHERE empno=v_empno(x) ;
     FOR x IN v_empno.FIRST .. v_empno.LAST LOOP
          DBMS_OUTPUT.put_line('雇员编号：' || v_empno(x) || '更新操作受影响的数据行为：' ||
          SQL%BULK_ROWCOUNT(x)) ;
     END LOOP ;
END ;
/
```

程序运行结果：

雇员编号：7369 更新操作受影响的数据行为：1
雇员编号：7566 更新操作受影响的数据行为：1
雇员编号：7788 更新操作受影响的数据行为：1
雇员编号：7839 更新操作受影响的数据行为：1
雇员编号：7902 更新操作受影响的数据行为：1

本程序采用 FORALL 语句，记录集合中要用于更新操作的数据，记录完成之后向数据库中一次性发出多条更新语句，更新完成后，用户可以利用"SQL%BULK_ROWCOUNT(x)"取得本操作中所影响到的数据行数。

17.9　BULK COLLECT 批量接收数据

使用 FORALL 可以一次性向数据库中发出多条 SQL 命令，而使用 BULK COLLECT 可以一次性从数据库中取出多条数据。

范例 17-91： 批量接收查询数据。

```
DECLARE
     TYPE ename_varray IS VARRAY(8) OF emp.ename%TYPE ;
     v_ename       ename_varray ;
BEGIN
     SELECT ename BULK COLLECT INTO v_ename
     FROM emp WHERE deptno=10 ;
     FOR x IN v_ename.FIRST .. v_ename.LAST LOOP
          DBMS_OUTPUT.put_line('10 部门雇员姓名：' || v_ename(x)) ;
     END LOOP ;
END ;
/
```

程序运行结果：

10 部门雇员姓名：CLARK

10 部门雇员姓名：KING

10 部门雇员姓名：MILLER

本程序首先定义了一个 ename 字段类型的可变数组，然后使用 BULK COLLECT 语句将 10 部门中所有雇员的姓名保存到此数组的变量 v_ename 中。

以上只是取出了表中的一个字段数据进行保存，实际上现在也可以将多个字段的数据一起保存，此时就可以利用嵌套表来完成操作。

范例 17-92：批量接收数据。

```
DECLARE
     TYPE dept_nested IS TABLE OF dept%ROWTYPE ;
     v_dept             dept_nested ;
BEGIN
     SELECT * BULK COLLECT INTO v_dept FROM dept ;-- 将雇员表的全部数据复制到嵌套表中
     FOR x IN v_dept.FIRST .. v_dept.LAST LOOP
          DBMS_OUTPUT.put_line('部门编号：' || v_dept(x).deptno || '，名称：' || v_dept(x).dname
          || '，位置：' || v_dept(x).loc) ;
     END LOOP ;
END ;
/
```

程序运行结果：

部门编号：10，名称：ACCOUNTING，位置：NEW YORK

部门编号：20，名称：RESEARCH，位置：DALLAS

部门编号：30，名称：SALES，位置：CHICAGO

部门编号：40，名称：OPERATIONS，位置：BOSTON

本程序定义了一个 dept 型的嵌套表类型，而后使用 BULK COLLECT INTO 将所查询出的所有数据行都保存在嵌套表记录中，而后进行循环输出。

17.10　本章小结

1. 集合数据类型可以像一张数据表一样，向里面保存多行数据。
2. 记录类型使用 IS RECORD 定义，可以由用户自己定义内部的组成。
3. 索引表类似于程序语言中的数组，可以直接通过下标进行指定行数据的访问。
4. 嵌套表与可变数组可以保存复杂的数据，两者可以使用顺序索引进行数据的访问。
5. 使用 FORALL 语句可以将多条要执行的 SQL 一起绑定执行。
6. 通过 BULK COLLECT 语句可以批量接收数据。

第18章

游标

通过本章的学习，可以达到以下目标：

☑ 掌握游标的主要作用及定义。

☑ 掌握游标的修改数据以及异常的处理。

☑ 掌握游标变量的定义及使用。

当用户执行数据库查询操作时，数据库会将满足指定查询条件的数据以数据表的方式返回给用户，而如果用户需要对返回结果的每一行数据进行操作，就必须依靠游标完来成。

18.1　游标简介

在使用 SQL 编写查询语句时，所有的查询结果会直接显示给用户，但是在很多情况下，用户需要对返回结果中的每一条数据分别进行操作，则这个时候普通的查询语句就无法使用了，那么就可以通过结果集（由查询语句返回完整的行集合叫做结果集）来接收，之后就可以利用游标来进行操作了，如图 18-1 所示。

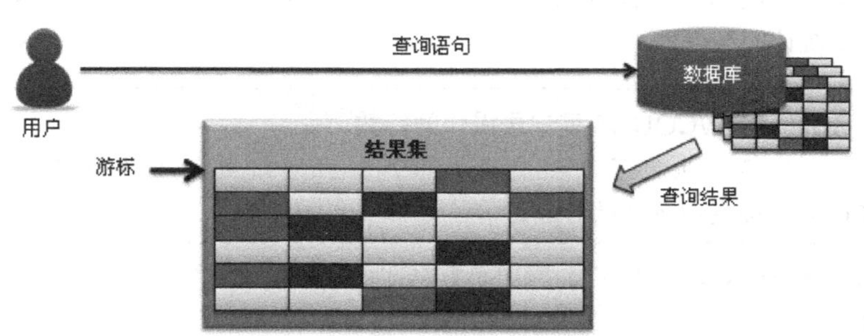

图 18-1　通过结果集接收

当用户从数据表中检索出结果集后，这个结果集的数据管理就统一交给游标来控制，例如可以指定某一个结果集中的特定行位置，或者直接修改当前位置中的数据等，而且最重要的是，可以以编程的方式来访问数据库。

注意：游标会导致性能降低。

由于游标需要对结果集中的每一条数据分别进行操作，当数据量较大时，游标的使用会带来性能的降低，所以在开发中，游标在使用之前一定要思考：“是否有必要使用游标”。

在 Oracle 数据库中，游标分为以下两种类型。

☑ 静态游标：结果集已经存在（静态定义）的游标，分为隐式和显示游标两种。
- ➢ 隐式游标：所有 DML 语句为隐式游标，通过隐式游标属性可以获取 SQL 语句信息。
- ➢ 显示游标：用户显式声明的游标，即指定结果集。当查询返回结果超过一行时，就需要一个显式游标。

☑ REF 游标：动态关联结果集的临时对象。

18.2　隐式游标

在 PL/SQL 块中所编写的每条 SQL 语句实际上是隐式游标。通过在 DML 操作后使用 SQL%ROWCOUNT 属性，可以知道语句所改变的行数（INSERT、UPDATE、DELETE 返回更新行数，SELECT 返回查询行数）。

范例 18-1：验证 ROWCOUNT。

```
DECLARE
    v_count          NUMBER ;
BEGIN
    SELECT COUNT(*) INTO v_count FROM dept ;       -- 只返回一行结果
    DBMS_OUTPUT.put_line('SQL%ROWCOUNT = '|| SQL%ROWCOUNT) ;
END ;
/
```

程序运行结果：SQL%ROWCOUNT = 1

本程序执行了一条查询语句，其中所涉及的数据量为 1 行查询结果，所以在本程序中，使用 ROWCOUNT 统计的结果为 1。

提示：SQL%ROWCOUNT 是记录操作的行数。

如果用户在程序中执行了数据更新操作，并且同时更新了多行记录的话，那么 SQL%ROWCOUNT 会返回更新的行数。

范例 18-2：验证 ROWCOUNT，增加新数据并返回行数。

```
DECLARE
BEGIN
    INSERT INTO dept(deptno,dname,loc) VALUES (90,'MLDN','北京') ;
    DBMS_OUTPUT.put_line('SQL%ROWCOUNT = '|| SQL%ROWCOUNT) ;
END ;
/
```

程序运行结果：SQL%ROWCOUNT = 1

本程序向 dept 表中增加了一条数据，所以返回的更新行数为 1。

在“SQL%ROWCOUNT”操作中，SQL 是一个关键字，表示的是任意的一个隐式游标，但是在 PL/SQL 中，对于隐式游标 SQL 可用的属性一共有 4 个，如表 18-1 所示。

表 18-1　隐式游标属性

No.	属　性	描　述
1	%FOUND	当用户使用 DML 操作数据时，该属性返回 TRUE
2	%ISOPEN	判断游标是否打开，该属性对任何的隐式游标总是返回 FALSE，表示已经打开
3	%NOTFOUND	如果执行 DML 操作时没有返回的数据行，则返回 TRUE，否则返回 FALSE
4	%ROWCOUNT	返回更新操作的行数或 SELECT INTO 返回的行数

实际上隐式游标也可以分为两种，即单行隐式游标和多行隐式游标，下面分别介绍这两种游标。

1. 单行隐式游标

当通过 SQL 语句查询时，可以使用 SELECT…INTO 这样的结构，将查询结果设置给指定的变量，此时返回的结果一般都是一行数据，这样的游标称为单行隐式游标。

范例 18-3：单行隐式游标。

```
DECLARE
    v_empRow          emp%ROWTYPE ;  -- 保存 emp 每行记录
BEGIN
```

```
    SELECT * INTO v_empRow FROM emp WHERE empno=7369 ;
    IF SQL%FOUND THEN                    -- 发现数据
        DBMS_OUTPUT.put_line('雇员姓名：' || v_empRow.ename || '，职位：' || v_empRow.job) ;
    END IF ;
END ;
/
```

程序运行结果： 雇员姓名：SMITH，职位：CLERK

本程序采用了单行隐式游标进行操作，将所查询到的单行数据设置到了 empRow 变量之后，首先判断是否有数据返回，如果存在数据，则输出内容。

2．多行隐式游标

多行隐式游标主要指的是更新多行数据，或者是查询返回多行数据的操作，下面通过两段具体的实例进行说明。

范例 18-4： 更新多行记录。

```
BEGIN
    UPDATE emp SET sal=sal*1.2 ;
    IF SQL%FOUND THEN            -- 发现数据
        DBMS_OUTPUT.put_line('更新记录行数：' ||SQL%ROWCOUNT) ;
    ELSE
        DBMS_OUTPUT.put_line('没有记录被修改！') ;
    END IF ;
END ;
/
```

程序运行结果： 更新记录行数：14

本程序执行更新之后会更新 emp 表中的全部数据行记录，所以 ROWCOUNT 返回为更新的数据行数。

18.3 显式游标

隐式游标是用户操作 SQL 时自动生成的，而显式游标指的是在声明块中直接定义的游标。在每一个游标中，都会保存 SELECT 查询后的返回结果，显式游标的创建语法如下所示。

语法 18-1： 创建显式游标

```
CURSOR 游标名称([参数列表]) [RETURN 返回值类型]
IS 子查询
[FOR UPDATE [OF 数据列, 数据列,)] [NOWAIT]];
```

通过给定的语法格式可以发现，在定义显式游标时必须明确地定义出要使用的 SQL 查询语句，而在游标操作过程中操作的也是查询语句返回的结果数据，在 PL/SQL 中显式游标的操作步骤如下。

第 1 步： 声明游标（CURSOR 游标名称 IS 查询语句）。使用 CURSOR 定义。

第 2 步： 为查询打开游标（语法：OPEN 游标名称）。使用 OPEN 操作，当游标打开时首先会检查绑定此游标的变量内容，之后再确定所使用的查询结果集，最后游标将指针指向结果集的第 1 行。如果用户定义的是一个带有参数的游标，则会在打开游标时为游标设置指定的参数值。

第 3 步：取得结果放入 PL/SQL 变量中（语法：FETCH 游标名称 INTO ROWTYPE 变量）。使用循环和 FETCH…INTO 操作。

第 4 步：关闭游标（语法：CLOSE 游标名称）。使用 CLOSE 操作。

注意：游标操作中不再使用 INTO，而使用 FETCH…INTO。

如果要取出游标中的每一个数据，不再使用之前讲解的 INTO 来完成，而是通过 FETCH…INTO 语句来完成。

当用户定义了显式游标之后，也可以使用%FOUND、%NOTFOUND、%ISOPEN、%ROWCOUNT 这 4 个属性进行操作，下面通过表 18-2 解释 4 个属性在显式游标中的作用。

表 18-2 显式游标属性

No.	属　性	描　述
1	%FOUND	光标打开后未曾执行 FETCH ，则值为 NULL；如果最近一次在该光标上执行的 FETCH 返回一行，则值为 TRUE，否则为 FALSE
2	%ISOPEN	如果光标是打开状态则值为 TRUE，否则值为 FALSE
3	%NOTFOUND	如果该光标最近一次 FETCH 语句没有返回行，则值为 TRUE，否则值为 FALSE。如果光标刚刚打开还未执行 FETCH，则值为 NULL
4	%ROWCOUNT	其值为在该光标上到目前为止执行 FETCH 语句所返回的行数。光标打开时，%ROWCOUNT 初始化为 0，每执行一次 FETCH 如果返回一行则%ROWCOUNT 增加 1

下面通过一个具体的操作来演示表 18-2 中的 4 个属性及显式游标的操作。

范例 18-5：定义显式游标。

```
DECLARE
	CURSOR cur_emp IS SELECT * FROM emp ;
	v_empRow	emp%ROWTYPE ;
BEGIN
	IF cur_emp%ISOPEN THEN			-- 游标已经打开
		NULL ;
	ELSE					-- 游标未打开
		OPEN cur_emp ;			-- 打开游标
	END IF ;
	FETCH cur_emp INTO v_empRow ;		-- 取出游标当前行数据
	WHILE cur_emp%FOUND LOOP		-- 判断是否有数据
		DBMS_OUTPUT.put_line(cur_emp%ROWCOUNT || '、雇员姓名：' || v_empRow.ename
|| '，职位：' || v_empRow.job || '，工资：' || v_empRow.sal) ;
		FETCH cur_emp INTO v_empRow ; -- 把游标指向下一行
	END LOOP ;
	CLOSE cur_emp ;				-- 关闭游标
END ;
/
```

程序运行结果：

1、雇员姓名：SMITH，职位：CLERK，工资：800
2、雇员姓名：ALLEN，职位：SALESMAN，工资：1600
3、雇员姓名：WARD，职位：SALESMAN，工资：1250
4、雇员姓名：JONES，职位：MANAGER，工资：2975
5、雇员姓名：MARTIN，职位：SALESMAN，工资：1250
6、雇员姓名：BLAKE，职位：MANAGER，工资：2850
7、雇员姓名：CLARK，职位：MANAGER，工资：2450
8、雇员姓名：SCOTT，职位：ANALYST，工资：3000
9、雇员姓名：KING，职位：PRESIDENT，工资：5000
10、雇员姓名：TURNER，职位：SALESMAN，工资：1500
11、雇员姓名：ADAMS，职位：CLERK，工资：1100
12、雇员姓名：JAMES，职位：CLERK，工资：950
13、雇员姓名：FORD，职位：ANALYST，工资：3000
14、雇员姓名：MILLER，职位：CLERK，工资：1300

本程序在声明部分定义了一个显式游标，在进行游标操作之前，首先判断游标是否已经打开，如果没有打开，则使用 OPEN 打开游标，之后使用 FETCH 取得游标中的一行数据，并将这行数据的内容设置在 v_empRow 变量中。如果此时数据存在，则使用 WHILE 循环继续取出游标中的下一条数据记录，并且使用 FETCH 改变 v_empRow 变量的内容。本程序操作流程如图 18-2 所示。

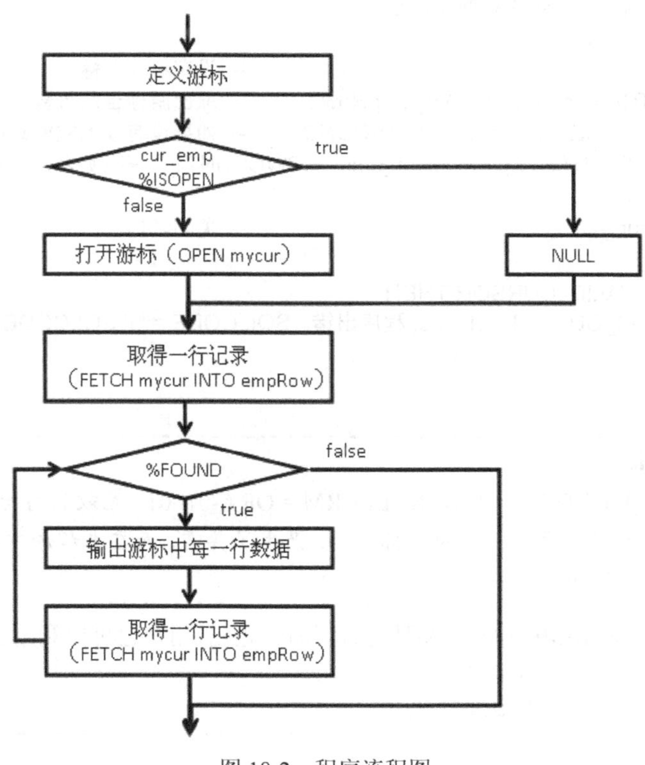

图 18-2　程序流程图

提示：也可以在定义游标时声明游标返回类型。

在定义游标时如果用户需要明确地定义游标的操作类型，也可以使用 RETURN 定义，如下代码所示。

范例 18-6：修改游标定义。

```
CURSOR cur_emp RETURN emp%ROWTYPE IS SELECT * FROM emp ;
```

此处如果不写 RETURN，表示其对应类型为查询语句返回的数据行类型。例如，如果查询的是 emp 表，则游标的 RETURN 类型为 emp，如果查询的是 dept 表，则游标的 RETURN 类型为 dept，而如果明确写上了 RETURN emp%ROWTYPE，则表示后面跟的子查询的返回结构只能是 emp 行结构。

一般在没有明确要求的情况下，可以不编写此语句。

通过本程序可以发现，对于显式游标的 4 个操作属性是需要用户定义其调用顺序的，而不像隐式游标一样，所有的操作属性内容都是固定的。

注意：游标操作前必须打开，关闭后的游标也不可再用。

如果用户在使用游标时没有打开，或者当游标关闭之后又继续使用，则会产生 INVALID_CURSOR 非法游标的异常，如下所示。

范例 18-7：没有打开游标直接进行操作。

```
DECLARE
    CURSOR cur_emp IS SELECT * FROM emp ;
    v_empRow      emp%ROWTYPE ;
BEGIN
    LOOP                                            -- 没有打开游标
        FETCH cur_emp INTO v_empRow ;               -- 取出游标当前行数据
        EXIT WHEN cur_emp%NOTFOUND ;                -- 如果没有找到数据则退出循环
        DBMS_OUTPUT.put_line(cur_emp%ROWCOUNT || '、雇员姓名：' || v_empRow.ename) ;
    END LOOP ;
    CLOSE cur_emp ;                                 -- 关闭游标
EXCEPTION
    WHEN INVALID_CURSOR THEN
        DBMS_OUTPUT.put_line('程序出错。SQL CODE = ' || SQLCODE || '，SQLERRM = '
|| SQLERRM) ;
END ;
/
```

程序运行结果：

程序出错。SQL CODE = -1001，SQLERRM = ORA-01001：无效的游标

此时程序由于使用了没有打开的游标，所以产生了异常，而在本程序中的异常处理部分，针对异常信息进行了输出。

以上程序采用了 WHILE…LOOP 循环进行了游标输出，用户也可以利用 LOOP 和 FOR 循环来完成，下面分别通过代码进行验证。

范例 18-8：使用 LOOP 循环输出游标。

```
DECLARE
```

Note

```
    CURSOR cur_emp IS SELECT * FROM emp ;
    v_empRow          emp%ROWTYPE ;
BEGIN
    IF cur_emp%ISOPEN THEN                      -- 游标打开
        NULL ;
    ELSE                                        -- 游标未打开
        OPEN cur_emp ;                          -- 打开游标
    END IF ;
    LOOP
        FETCH cur_emp INTO v_empRow ;           -- 取出游标当前行数据
        EXIT WHEN cur_emp%NOTFOUND ;            -- 如果没有找到数据则退出循环
        DBMS_OUTPUT.put_line(cur_emp%ROWCOUNT || '、雇员姓名：' || v_empRow.ename
        || '，职位：' || v_empRow.job || '，工资：' || v_empRow.sal) ;
    END LOOP ;
    CLOSE cur_emp ;                             -- 关闭游标
END ;
/
```

程序运行结果：

1、雇员姓名：SMITH，职位：CLERK，工资：800
2、雇员姓名：ALLEN，职位：SALESMAN，工资：1600
3、雇员姓名：WARD，职位：SALESMAN，工资：1250
4、雇员姓名：JONES，职位：MANAGER，工资：2975
5、雇员姓名：MARTIN，职位：SALESMAN，工资：1250
6、雇员姓名：BLAKE，职位：MANAGER，工资：2850
7、雇员姓名：CLARK，职位：MANAGER，工资：2450
8、雇员姓名：SCOTT，职位：ANALYST，工资：3000
9、雇员姓名：KING，职位：PRESIDENT，工资：5000
10、雇员姓名：TURNER，职位：SALESMAN，工资：1500
11、雇员姓名：ADAMS，职位：CLERK，工资：1100
12、雇员姓名：JAMES，职位：CLERK，工资：950
13、雇员姓名：FORD，职位：ANALYST，工资：3000
14、雇员姓名：MILLER，职位：CLERK，工资：1300

LOOP 循环与 WHILE 循环最大的区别是，LOOP 循环首先会执行一次循环体内容，所以本程序只需要在 LOOP 语句中使用 FETCH 取得当前游标数据，之后判断此数据是否存在，如果存在则输出，如果不存在则结束 LOOP 循环。本程序执行流程如图 18-3 所示。

不论是使用 WHILE 循环或者是 LOOP 循环，都需要用户自己手工打开和关闭游标，如果现在使用 FOR 循环操作，则会由系统自动为用户打开和关闭游标。

范例 18-9：使用 FOR 循环操作游标。

```
DECLARE
    CURSOR cur_emp IS SELECT * FROM emp ;
BEGIN
    FOR emp_row IN cur_emp LOOP
        DBMS_OUTPUT.put_line(cur_emp%ROWCOUNT || '、雇员姓名：' || emp_row.ename
        ||'，职位：' || emp_row.job || '，工资：' || emp_row.sal) ;
```

```
    END LOOP ;
END ;
/
```

程序运行结果：

1、雇员姓名：SMITH，职位：CLERK，工资：800
2、雇员姓名：ALLEN，职位：SALESMAN，工资：1600
3、雇员姓名：WARD，职位：SALESMAN，工资：1250
4、雇员姓名：JONES，职位：MANAGER，工资：2975
5、雇员姓名：MARTIN，职位：SALESMAN，工资：1250
6、雇员姓名：BLAKE，职位：MANAGER，工资：2850
7、雇员姓名：CLARK，职位：MANAGER，工资：2450
8、雇员姓名：SCOTT，职位：ANALYST，工资：3000
9、雇员姓名：KING，职位：PRESIDENT，工资：5000
10、雇员姓名：TURNER，职位：SALESMAN，工资：1500
11、雇员姓名：ADAMS，职位：CLERK，工资：1100
12、雇员姓名：JAMES，职位：CLERK，工资：950
13、雇员姓名：FORD，职位：ANALYST，工资：3000
14、雇员姓名：MILLER，职位：CLERK，工资：1300

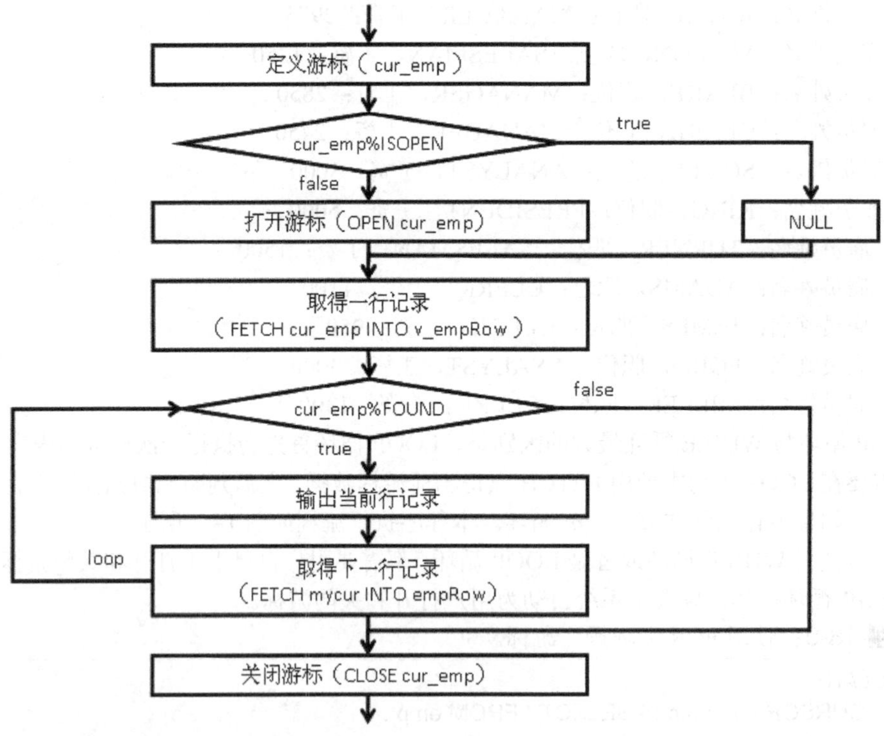

图 18-3　使用 LOOP 循环输出游标

本程序直接利用了 FOR 循环来完成，在程序中，不需要再判断游标的打开状态，也不需要再由用户手工处理 FETCH 定位每一行数据。

提示：尽量使用 FOR 循环操作。

在编写游标操作中，使用 FOR 循环操作游标不仅代码简单，而且可以将游标的状态交给系统去完成，所以在本书操作游标时将以 FOR 循环为主。

提示：可以利用 FOR 循环直接输出查询结果。

如果要通过 FOR 循环进行内容的输出，也可以采用如下的方式来完成。

范例 18-10：查询数据。

```
BEGIN
    FOR v_dept IN (SELECT deptno,dname,loc FROM dept) LOOP
        DBMS_OUTPUT.put_line('部门编号：' || v_dept.deptno || '，名称：' || v_dept.dname ||
        '，位置：' || v_dept.loc) ;
    END LOOP ;
END ;
/
```

程序运行结果：

部门编号：10，名称：ACCOUNTING，位置：NEW YORK

部门编号：20，名称：RESEARCH，位置：DALLAS

部门编号：30，名称：SALES，位置：CHICAGO

部门编号：40，名称：OPERATIONS，位置：BOSTON

本程序执行了查询全部部门数据的操作，由于返回的是多行数据，所以可以使用 FOR 循环进行输出。

游标取得的数据除了像以上的程序采用直接输出的方式操作之外，也可以将其保存在索引表中，随后可以利用索引下标进行指定数据的访问，下面通过代码为读者验证。

范例 18-11：将游标数据保存在索引表中。

```
DECLARE
    CURSOR cur_emp IS
        SELECT * FROM emp ;                          -- 定义游标取得 emp 表数据
    TYPE emp_index IS TABLE OF emp%ROWTYPE INDEX BY PLS_INTEGER ;-- 定义索引表
    数据类型为 emp 行结构
    v_emp     emp_index ;                            -- 定义索引表变量
BEGIN
    FOR emp_row IN cur_emp LOOP                      -- 利用循环取得每一行记录
        v_emp(emp_row.empno) := emp_row ;            -- 将雇员编号作为索引表下标
    END LOOP ;
    DBMS_OUTPUT.put_line('雇员编号：' || v_emp(7369).empno || '，姓名：' || v_emp(7369).
    ename || '，职位：' || v_emp(7369).job) ;
END ;
/
```

程序运行结果：

雇员编号：7369，姓名：SMITH，职位：CLERK

本程序在声明部分定义了一个游标，此游标负责取得 emp 表中的全部记录，同时也定义了一个与 emp 表行结构相同的索引表类型。在程序主体部分将每一行的记录保存在索引表中，这

样就可以利用索引表的脚标索引取得要操作的数据。

以上通过代码实现了在静态 SELECT 语句下的游标操作，而游标也可以在动态 SELECT 语句中完成，此时只需要通过替代变量接收数据即可。

范例 18-12： 在动态 SELECT 中使用游标。

```
DECLARE
    v_lowsal   emp.sal%TYPE := &inputlowsal ;
    v_highsal  emp.sal%TYPE := &inputhighsal ;
    CURSOR cur_emp IS SELECT * FROM emp WHERE sal BETWEEN v_lowsal AND v_highsal ;
BEGIN
    FOR emp_row IN cur_emp LOOP
        DBMS_OUTPUT.put_line(cur_emp%ROWCOUNT || '、雇员姓名：' || emp_row.ename
        || '，职位：' || emp_row.job || '，工资：' || emp_row.sal) ;
    END LOOP ;
END ;
/
```

程序运行结果：

```
输入 inputlowsal 的值:  2000
原值    2:     v_lowsal        emp.sal%TYPE := &inputlowsal ;
新值    2:     v_lowsal        emp.sal%TYPE := 2000 ;
输入 inputhighsal 的值:  3000
原值    3:     v_highsal       emp.sal%TYPE := &inputhighsal ;
新值    3:     v_highsal       emp.sal%TYPE := 3000 ;
1、雇员姓名：CLARK，职位：MANAGER，工资：2450
2、雇员姓名：BLAKE，职位：MANAGER，工资：2850
3、雇员姓名：JONES，职位：MANAGER，工资：2975
4、雇员姓名：SCOTT，职位：ANALYST，工资：3000
5、雇员姓名：FORD，职位：ANALYST，工资：3000
```

本程序在定义 SQL 语句的时候使用了两个变量作为限定查询的条件，而这两个变量的内容将采用替代变量进行输出，随后定义的游标会根据这两个变量的不同而动态地改变。

除了使用以上定义的动态 SELECT 游标之外，也可以在定义游标的时候直接设置参数，此时的游标称为参数游标。

范例 18-13： 定义参数游标。

```
DECLARE
    CURSOR cur_emp (p_dno emp.deptno%TYPE) IS SELECT * FROM emp WHERE deptno=p_dno;
BEGIN
    FOR emp_row IN cur_emp(&inputDeptno) LOOP
        DBMS_OUTPUT.put_line(cur_emp%ROWCOUNT || '、雇员姓名：' || emp_row.ename
        || '，职位：' || emp_row.job || '，工资：' || emp_row.sal) ;
    END LOOP ;
END ;
/
```

程序运行结果：

```
输入 inputdeptno 的值:  10
```

原值　　6:　　　FOR emp_row IN cur_emp(&inputDeptno) LOOP
新值　　6:　　　FOR emp_row IN cur_emp(10) LOOP
1、雇员姓名：CLARK，职位：MANAGER，工资：2450
2、雇员姓名：KING，职位：PRESIDENT，工资：5000
3、雇员姓名：MILLER，职位：CLERK，工资：1300

本程序定义的游标是按照部门查询出全部的雇员信息，但是部门编号需要由用户自己输入，所以游标定义时就定义了一个 dno 的参数，而在循环游标时，根据用户输入的结构查询数据。

游标可以将查询结果的多行数据进行逐行取出，在前面只能够采用循环的方式通过 FETCH…INTO 语句逐行取得数据，而利用嵌套表或可变数组之后，就可以一次性取出游标中的全部或部分数据。如果要实现这一操作，则必须使用 FETCH BULK COLLECT 语句来完成。下面分别通过具体的程序来验证。

范例 18-14：使用嵌套表接收游标数据。

```
DECLARE
    TYPE dept_nested IS TABLE OF dept%ROWTYPE ;          -- 定义 dept 的嵌套表类型
    v_dept          dept_nested ;
    CURSOR cur_dept IS SELECT * FROM dept ;              -- 定义游标
BEGIN
    IF cur_dept%ISOPEN THEN                              -- 游标已经打开
        NULL ;
    ELSE                                                 -- 游标未打开
        OPEN cur_dept ;                                  -- 打开游标
    END IF ;
    FETCH cur_dept BULK COLLECT INTO v_dept ;            -- 保存整个游标
    CLOSE cur_dept ;                                     -- 关闭游标
    FOR x IN v_dept.FIRST .. v_dept.LAST LOOP
        DBMS_OUTPUT.put_line('部门编号：' || v_dept(x).deptno || '，部门名称：' || v_dept(x).
        dname || '，部门位置：' || v_dept(x).loc) ;
    END LOOP ;
END ;
/
```

程序运行结果：

部门编号：10，部门名称：ACCOUNTING，部门位置：NEW YORK
部门编号：20，部门名称：RESEARCH，部门位置：DALLAS
部门编号：30，部门名称：SALES，部门位置：CHICAGO
部门编号：40，部门名称：OPERATIONS，部门位置：BOSTON

本程序在声明部分首先定义了一个以 dept 表为基础的嵌套表类型，然后在程序主体部分使用 FETCH…BULK COLLECT INTO 语句将整个游标的数据保存到嵌套表类型的变量中，此时即使游标被关闭了，数据也可以通过嵌套表被取出。

在使用 BULK COLLECT INTO 语句时会将游标中的全部数据一次性地保存到嵌套表中，此时，如果游标中的结果集数据量很大就不方便了。为此用户可以使用可变数组，限定每次取得的游标数量，而这种限定取得游标中数据量的操作，可以通过 FETCH BULK COLLECT INTO LIMIT 语句来完成。

Note

范例 18-15：取得部分数据保存在数组中。

```
DECLARE
    TYPE dept_varray IS VARRAY(2) OF dept%ROWTYPE ;
    v_dept          dept_varray ;
    v_rows          NUMBER := 2 ;                          -- 每次提取的行数
    v_count         NUMBER := 1 ;                          -- 每次少显示 1 条记录
    CURSOR cur_dept IS SELECT * FROM dept ;                -- 定义游标
BEGIN
    IF cur_dept%ISOPEN THEN                                -- 游标已经打开
        NULL ;
    ELSE                                                   -- 游标未打开
        OPEN cur_dept ;                                    -- 打开游标
    END IF ;
    FETCH cur_dept BULK COLLECT INTO v_dept LIMIT v_rows ;  -- 保存指定行数
    CLOSE cur_dept ;                                       -- 关闭游标
    FOR x IN v_dept.FIRST .. (v_dept.LAST - v_count) LOOP
        DBMS_OUTPUT.put_line('部门编号：' || v_dept(x).deptno || '，部门名称：' || v_dept(x).
        dname || '，部门位置：' || v_dept(x).loc) ;
    END LOOP ;
END ;
/
```

程序运行结果：部门编号：10，部门名称：ACCOUNTING，部门位置：NEW YORK

本程序采用可变数组保存游标数据，同时为可变数组默认开辟的大小为 2，即最多只能保存两行游标数据，所以在程序主体部分使用 FETCH cur_dept BULK COLLECT INTO v_dept LIMIT v_rows 语句操作时限定了只能取得 2 行记录。本程序的主要功能是从取得的 2 行数据中取得第 1 行，所以在使用 FOR 循环输出时采用了一个 v_dept.LAST - v_count 控制循环语句，通过此操作可以让某些数据不被显示。

18.4 修改游标数据

通过前面一系列的代码演示可以发现，游标就是将结果集中的每一行数据分别进行操作。下面通过游标完成一个简单的数据更新的操作。

范例 18-16：一次上涨所有人的工资，工资上涨原则如下：

- ☑ 10 部门上涨 15%；
- ☑ 20 部门上涨 22%；
- ☑ 30 部门上涨 39%。

但是每一个雇员的工资上限为 5000 元，即上涨到 5000 元之后就不能再涨了。

```
DECLARE
    CURSOR cur_emp IS SELECT * FROM emp ; -- emp 表游标数据
BEGIN
    FOR emp_row IN cur_emp LOOP                    -- 循环游标的每一行数据
        IF emp_row.deptno = 10 THEN
```

```
                IF emp_row.sal*1.15 < 5000 THEN
                    UPDATE emp SET sal=sal*1.15 WHERE empno=emp_row.empno ;
                ELSE
                    UPDATE emp SET sal=5000 WHERE empno=emp_row.empno ;
                END IF ;
            ELSIF emp_row.deptno = 20 THEN
                IF emp_row.sal*1.22 < 5000 THEN
                    UPDATE emp SET sal=sal*1.22 WHERE empno=emp_row.empno ;
                ELSE
                    UPDATE emp SET sal=5000 WHERE empno=emp_row.empno ;
                END IF ;
            ELSIF emp_row.deptno = 30 THEN
                IF emp_row.sal*1.39 < 5000 THEN
                    UPDATE emp SET sal=sal*1.39 WHERE empno=emp_row.empno ;
                ELSE
                    UPDATE emp SET sal=5000 WHERE empno=emp_row.empno ;
                END IF ;
            ELSE
                NULL ;
            END IF ;
        END LOOP ;
EXCEPTION
    WHEN others THEN
        DBMS_OUTPUT.put_line('SQLCODE = ' || SQLCODE) ;
        DBMS_OUTPUT.put_line('SQLERRM = ' || SQLERRM) ;
        ROLLBACK ;
END ;
/
```

本程序使用游标循环操作 emp 表中的每一条记录，会根据雇员所在的部门进行工资的增长，但是考虑到工资上限的限制，所以每次更新前都使用了 IF 语句进行判断，如果超过 5000 元，则最终将工资更新为 5000 元。

正常情况下，以上的范例程序可以完成数据的更新操作，但是也会出现一个问题：如果现在由多个用户同时执行数据的更新操作，那么以上的代码是否可以正常完成？如果出现了问题又该如何解决呢？所以在 Oracle 数据库中，用户需要对游标取出的数据进行修改时，可以使用两个子句，即 FOR UPDATE 和 WHERE CURRENT OF 来进行更加合理且高效的更新操作，下面分别介绍这两个子句的使用。

18.4.1　FOR UPDATE 子句

如果创建的游标需要执行更新或删除的操作必须带有 FOR UPDATE 子句。FOR UPDATE 子句会将游标提取出来的数据进行行级锁定，这样在本会话更新期间，其他用户的会话就不能对当前游标中的数据行进行更新操作，而在使用 FOR UPDATE 语句的时候可以使用如下两种形式。

1. FOR UPDATE [OF 列,列…]

此语句将为游标中的数据列增加行级锁定，这样游标在更新时，其他用户的会话将无法更新指定数据。

范例 18-17：为游标数据增加行级锁。

```
CURSOR cur_emp IS SELECT * FROM emp WHERE deptno=10 FOR UPDATE OF sal,comm. ;
```

使用此种方式创建完的游标会加上行级锁，也可以在程序中进行 sal 和 comm 数据的正确更新操作。

提示：关于 FOR UPDATE 与 FOR UPDATE OF 列,...的区别。

FOR UPDATE 和 FOR UPDATE OF 列, ...都可以进行行级锁的添加，但两者是有区别的，具体的区别将在 18.4.2 节中讲解，读者先暂时将二者理解为相同功能即可。

2. FOR UPDATE NOWAIT 子句

在 Oracle 中，所有的事务都是具备隔离性，当一个用户会话更新数据且事务未提交时，其他的用户会话是无法对数据进行更新的。如果此时执行游标数据的更新操作，那么就会进入到死锁的状态。为了避免游标出现死锁的情况，可以在创建时使用 FOR UPDATE NOWAIT 子句，如果发现所操作的数据行已经被锁定，将不会等待立即返回。

提示：读者可以自己进行更完整的验证。

以下操作将为读者演示 FOR UPDATE NOWAIT 操作的流程，读者可以在本操作之前先验证一下，如果不加上 FOR UPDATE NOWAIT 子句的操作形式是怎样的，而本书的视频讲解中也会为读者演示这一系列操作。

范例 18-18：创建不等待游标。

```
DECLARE
    CURSOR cur_emp IS SELECT * FROM emp WHERE deptno=10 FOR UPDATE NOWAIT;
BEGIN
    FOR emp_row IN cur_emp LOOP
        UPDATE emp SET sal=9999 WHERE empno=emp_row.empno ;
    END LOOP ;
END ;
/
```

本操作创建了一个不等待的游标，而如果要验证此游标的操作效果，可以采用如下步骤。

第 1 步：启动一个 SQLPlus 或 SQL Developer 窗口。

第 2 步：执行更新操作："UPDATE emp set sal=6666,comm=3000 WHERE deptno=10 ;"，但不使用 COMMIT 提交或 ROLLBACK 回滚数据，此时其他的用户会话无法更新这些数据。

第 3 步：启动另外一个 SQLPlus 或 SQL Developer 窗口，执行以上的游标操作程序，会出现如下提示信息：

```
ORA-00054: 资源正忙, 但指定以 NOWAIT 方式获取资源, 或者超时失效
```

可以发现，此时的游标不会出现等待情况，从而避免了出现死锁的情况。

18.4.2 WHERE CURRENT OF 子句

当用户使用 FOR UPDATE 语句锁定数据行之后，可以直接利用 WHERE CURRENT OF 子

句进行当前行的更新或删除操作，语法形式为"**WHERE CURRENT OF 游标名称**"。

提示：关于 WHERE CURRENT OF 子句的说明。

WHERE CURRENT OF 子句的原理基于 ROWID 的概念，在更新或删除游标数据的时候，可以利用此子句定位数据行。而此子句的创建必须存在有 FOR UPDATE 子句，否则无法使用。

Note

范例 18-19：使用 WHERE CURRENT OF 子句。

```
DECLARE
    CURSOR cur_emp IS SELECT * FROM emp WHERE deptno=10 FOR UPDATE OF sal,comm ;
BEGIN
    FOR emp_row IN cur_emp LOOP
        UPDATE emp SET sal=9999 WHERE CURRENT OF cur_emp ;
    END LOOP ;
END ;
/
```

本程序对游标中的数据进行更新操作，在更新数据时，WHERE 子句使用了 CURRENT OF cur_emp，表示更新当前游标行的数据。

范例 18-20：使用游标删除数据。

```
DECLARE
    CURSOR cur_emp IS SELECT * FROM emp WHERE deptno=10 FOR UPDATE OF sal,
    comm ;
BEGIN
    FOR emp_row IN cur_emp LOOP
        DELETE FROM emp WHERE CURRENT OF cur_emp ;
    END LOOP ;
END ;
/
```

本程序采用与范例 18-19 同样的原理，利用 WHERE CURRENT OF cur_emp 删除当前行数据。

提问：FOR UPDATE 和 FOR UPDATE OF 列, …的区别是什么？

创建游标时 FOR UPDATE 和 FOR UPDATE OF 列, …有什么区别，如何区分这两种使用？该使用哪一种更好？

回答：建议使用 FOR UPDATE OF 列, …形式，可以保证正常更新。

如果要区分这两种操作，那么必须结合 WHERE CURRENT OF 子句一起使用，同时创建的游标也应该是多张表数据。下面通过一系列的代码进行验证，如果读者觉得此部分过于繁杂，也可以通过光盘附送视频来学习。

验证一：使用 FOR UPDATE 子句

（1）创建一个新的游标使用 FOR UPDATE，采用多表查询。

```
DECLARE
    CURSOR cur_emp IS
        SELECT e.ename,e.job,e.sal,d.dname,d.loc
        FROM emp e,dept d
        WHERE e.deptno=10 AND d.deptno=e.deptno
        FOR UPDATE ;
BEGIN
```

Note

```
    FOR emp_row IN cur_emp LOOP
        UPDATE emp SET sal=9999 WHERE CURRENT OF cur_emp ;
    END LOOP ;
END ;
/
```

（2）此时程序执行完之后将更新所有 10 部门雇员的工资，之后查询 emp 表中 10 部门的雇员信息。

SELECT empno,ename,sal FROM emp WHERE deptno=10 ;	
程序运行结果:	EMPNO ENAME SAL ----- ---------- ---------- 7782 CLARK 2817.5 7839 KING 5000 7934 MILLER 1495

通过运行结果可以发现，此时数据表中的数据并没有正常的更新，这是因为当使用多表查询时，直接使用 WHERE CURRENT OF 子句无法定位要更新的数据行，所以此时无法完成正常的更新操作。

验证二：使用 FOR UPDATE OF 列,…子句

（1）创建一个新的游标使用 FOR UPDATE OF 列,...，采用多表查询。

```
DECLARE
    CURSOR cur_emp IS
        SELECT e.ename,e.job,e.sal,d.dname,d.loc
        FROM emp e,dept d
        WHERE e.deptno=10 AND d.deptno=e.deptno
        FOR UPDATE OF sal ;
BEGIN
    FOR emp_row IN cur_emp LOOP
        UPDATE emp SET sal=9999 WHERE CURRENT OF cur_emp ;
    END LOOP ;
END ;
/
```

（2）此时程序执行完之后将更新所有 10 部门雇员的工资，而后查询 emp 表中 10 部门的雇员信息。

SELECT empno,ename,sal FROM emp WHERE deptno=10 ;	
程序运行结果:	EMPNO ENAME SAL ----- ---------- ---------- 7782 CLARK 9999 7839 KING 9999 7934 MILLER 9999

通过结果发现，此时的更新已经可以正常完成，所以通过分析可以发现，如果想保证游标中的数据可以正确地更新，则一定要在 FOR UPDATE 子句之后加上要更新的数据列。

18.5 游 标 变 量

前面所定义的游标都是针对一条固定的 SQL 查询语句而定义的，这样的游标可以统一称为静态游标。除了这种静态游标之外也可以在定义游标时不绑定具体的查询，而是动态地打开指

定类型的查询，这样的做法更加灵活。

如果要使用游标变量，首先应该像集合那样定义一种新的游标变量类型，定义的语法如下所示。

语法 18-2：定义游标变量类型

```
CURSOR 游标变量类型名称 IS REF CURSOR [RETURN 数据类型] ;
```

在此语法之中，RETURN 子句是可选的，如果在定义类型时没有编写 RETURN 子句，则表示此游标类型可以保存任何的查询结果（属于弱类型游标变量）；如果编写了 RETURN 子句，表示此游标只能是特定的类型，匹配指定的查询返回结果（属于强类型游标变量）。

范例 18-21：定义一个游标类型，此游标类型为 dept 类型。

```
DECLARE
    TYPE dept_ref IS REF CURSOR RETURN dept%ROWTYPE ;-- 定义游标类型
    cur_dept        dept_ref ;                        -- 定义游标变量
    v_deptRow       dept%ROWTYPE ;                    -- 定义行类型
BEGIN
    OPEN cur_dept FOR SELECT * FROM dept ;            -- 打开游标
    LOOP
        FETCH cur_dept INTO v_deptRow ;               -- 取得游标数据
        EXIT WHEN cur_dept%NOTFOUND ;                 -- 如果没有数据则退出
        DBMS_OUTPUT.put_line('部门名称：' || v_deptRow.dname || '，部门位置：' || v_deptRow.loc) ;
    END LOOP ;
    CLOSE cur_dept ;                                  -- 关闭游标
END ;
/
```

程序运行结果：

部门名称：ACCOUNTING，部门位置：NEW YORK

部门名称：RESEARCH，部门位置：DALLAS

部门名称：SALES，部门位置：CHICAGO

部门名称：OPERATIONS，部门位置：BOSTON

本程序首先定义了一个可以包含 dept 结构的强类型游标变量，所以在程序主体打开游标时所指定的查询语句必须是 dept 的返回结构，之后继续采用 LOOP 循环，通过 FETCH…INTO 语句取得游标中的每一行数据进行操作。如果此时要修改弱类型游标，只需要将 RETURN 取消即可，如下所示。

```
TYPE dept_ref IS REF CURSOR ;  -- 定义弱游标类型
```

这样游标类型就由打开游标时设置的查询语句所决定，如果查询的是 dept 表，就表示 dept 型的游标，如果是 emp 表，就表示 emp 型的游标。

注意：如果设置为弱类型游标，操作的 ROWTYPE 必须与游标类型相符。

若此时使用的是弱类型游标，那么操作中的 ROWTYPE 型变量必须与游标的类型相符合。如果更改为其他类型的结果，则程序将出现 ROWTYPE_MISMATCH 异常，如下面代码所示。

范例 18-22：设置错误的数据结构。

```
DECLARE
```

Note

```
    TYPE dept_ref IS REF CURSOR ;                       -- 定义游标类型
    cur_dept        dept_ref ;                          -- 定义游标变量
    v_deptRow       dept%ROWTYPE ;                      -- 定义行类型
BEGIN
    OPEN cur_dept FOR SELECT * FROM emp ;               -- 打开游标，类型错误
    LOOP
        FETCH cur_dept INTO v_deptRow ;                 -- 取得游标数据
        EXIT WHEN cur_dept%NOTFOUND ;                   -- 如果没有数据则退出
        DBMS_OUTPUT.put_line('部门名称：' || v_deptRow.dname || '，部门位置：' ||
        v_deptRow.loc) ;
    END LOOP ;
    CLOSE cur_dept ;                                    -- 关闭游标
EXCEPTION
    WHEN ROWTYPE_MISMATCH THEN
        DBMS_OUTPUT.put_line('游标数据类型不匹配异常。SQL CODE = ' || SQLCODE ||
        '，SQLERRM = ' || SQLERRM) ;
END ;
/
```

程序运行结果：

游标数据类型不匹配异常。SQL CODE = -6504，SQLERRM = ORA-06504: PL/SQL: 结果集变量或查询的返回类型不匹配

本程序在声明部分定义的是一个 dept_ref 的弱类型游标变量类型，但是在程序主体部分打开游标时所设置的数据类型并不是 dept，而是 emp 表的数据类型，所以产生了 ROWTYPE_MISMATCH 异常，而本程序也采用了异常处理保证程序，即使出错也可以正常执行完毕。

在开发中如果使用弱类型游标，也可以利用此游标变量类型重复操作多种结构，如下代码所示。

范例 18-23：定义弱类型游标变量。

```
DECLARE
    TYPE cursor_ref IS REF CURSOR ;                     -- 定义游标类型
    cur_var         cursor_ref ;                        -- 定义游标变量
    v_deptRow           dept%ROWTYPE ;                  -- 定义行类型
    v_empRow            emp%ROWTYPE ;                   -- 定义行类型
BEGIN
    OPEN cur_var FOR SELECT * FROM dept ;               -- 打开游标
    LOOP
        FETCH cur_var INTO v_deptRow ;                  -- 取得游标数据
        EXIT WHEN cur_var%NOTFOUND ;                    -- 如果没有数据则退出
        DBMS_OUTPUT.put_line('1、部门名称：' || v_deptRow.dname || '，部门位置：' || v_deptRow.
        loc) ;
    END LOOP ;
    CLOSE cur_var ;
    OPEN cur_var FOR SELECT * FROM emp WHERE deptno=10 ;    -- 打开游标
    LOOP
        FETCH cur_var INTO v_empRow ;                   -- 取得游标数据
        EXIT WHEN cur_var%NOTFOUND ;                    -- 如果没有数据则退出
        DBMS_OUTPUT.put_line('2、雇员姓名：' || v_empRow.ename || '，雇员职位：' || v_empRow.job) ;
    END LOOP ;
```

```
    CLOSE cur_dept ;                                            -- 关闭游标
END ;
/
```

程序运行结果：

1、部门名称：ACCOUNTING，部门位置：NEW YORK

1、部门名称：RESEARCH，部门位置：DALLAS

1、部门名称：SALES，部门位置：CHICAGO

1、部门名称：OPERATIONS，部门位置：BOSTON

2、雇员姓名：CLARK，雇员职位：MANAGER

2、雇员姓名：KING，雇员职位：PRESIDENT

2、雇员姓名：MILLER，雇员职位：CLERK

本程序定义了一个弱类型的游标变量类型，这样在程序主体打开游标时，不管针对何种返回结果，都可以使用同一种游标变量类型进行接收，而在使用 LOOP 循环输出时，根据给定的查询列的名称进行内容的取得。

提示：可以使用 SYS_REFCURSOR 替代 TYPE cursor_ref IS REF CURSOR。

在 Oracle 9i 之后，为了方便用户使用弱类型的游标变量类型，专门提供了一个 SYS_REFCURSOR 来代替 TYPE cursor_ref IS REF CURSOR 声明，即，以上范例的声明部分中定义游标变量类型和游标变量可以修改为如下形式：

```
DECLARE
    cur_var         SYS_REFCURSOR ;            -- 定义游标变量
    v_deptRow       dept%ROWTYPE ;             -- 定义行类型
    v_empRow        emp%ROWTYPE ;              -- 定义行类型
```

这样做可以帮助用户省去 TYPE cursor_ref IS REF CURSOR 语句。此部分的具体讲解可参考本书附送的视频。

18.6 本章小结

1. 游标可以将指定查询记录中的数据逐行取出，每行数据单独进行处理。
2. 游标分为以下两类。

☑ 隐式游标：在 PL/SQL 块中所编写的每条 SQL 语句实际上是隐式游标。

☑ 显式游标：由用户明确定义的游标。

3. 显式游标的 4 个属性是%FOUND、%ISOPEN、%NOTFOUND、%ROWCOUNT。
4. 利用 FOR 语句可以自动打开和关闭游标，不需要由用户手工打开。
5. FOR UPDATE 子句会将游标提取出来的数据进行行级锁定，这样在本会话更新期间，其他用户的会话就不能对当前游标中的数据行进行更新操作。
6. 使用 FOR UPDATE 子句锁住当前行之后，可以利用 WHERE CURRENT OF 子句进行当前行的更新或删除操作。
7. 游标变量指的是在游标使用时才为其设置具体的查询语句。

第19章

子程序

通过本章的学习，可以达到以下目标：

☑ 掌握 Oracle 中过程的建立与参数传递模式。

☑ 掌握函数的定义及使用。

☑ 掌握自治事务的使用。

之前所编写的 PL/SQL 程序都是以一个程序块的形式出现的，但是这样的程序块并不能被数据库方便地管理，用户也不能方便地使用。为了解决这样的问题，可以考虑将程序块封装在一个过程或者函数中，而这样的结构在 Oracle 中称为子程序，通过子程序可以方便地管理或重复使用。

提示：过程、函数也可以将其称为子程序。

子程序分为过程与函数两类，虽然统称为子程序，但实际上两者还是有很大不同的，所以本章在讲解时会分别讲解过程和函数两种结构的定义及使用。

19.1　子程序定义

在开发中经常会出现一些重复的代码块，Oracle 为了方便管理这些代码块，往往会将其封装到一个特定的结构体中，这样的结构体在 Oracle 中就被称为子程序，定义为子程序的代码块称为 Oracle 数据库的对象，会将其对象信息保存在相应的数据字典中。

在 Oracle 中子程序分为两种，即过程、函数。下面分别来看这两类对象的作用及定义语法。

提示：与子程序有关的权限，暂不包括触发器权限。

如果用户要创建子程序（过程与函数），则需要相关的权限，而这些权限在本书第 14 章已经为读者列出，为了方便读者学习，下面再次列出。

- ☑ CREATE ANY PROCEDUR：为任意用户创建存储过程的权限。
- ☑ CREATE PROCEDURE：为用户创建存储过程的权限。
- ☑ ALTER PROCEDURE：修改拥有的存储过程权限。
- ☑ EXECUTE ANY PROCEDURE：执行任意存储过程的权限。
- ☑ EXECUTE FUNCTION：执行存储函数的权限。
- ☑ EXECUTE PROCEDURE：执行用户存储过程的权限。
- ☑ DROP ANY PROCEDURE：删除任意存储过程的权限。

19.1.1　定义过程

过程指的是在大型数据库系统中专门定义的一组 SQL 语句集，它可以定义用户操作参数，并且存在于数据库中，当使用时直接调用即可。在 Oracle 中，可以使用以下的语法来定义存储过程。

提示：过程（或称存储过程）的简单理解。

过程在有些书中也被称为存储过程，其与 PL/SQL 块的关系如下：“过程（存储过程）= 过程的声明 + PL/SQL 块”。

语法 19-1：定义过程

```
CREATE [OR REPLACE] PROCEDURE 过程名称([参数名称 [参数模式] NOCOPY 数据类型 [,参数名称 [参数模式] NOCOPY 数据类型 , ...]])
      [AUTHID [DEFINER | CURRENT_USER]]
AS | IS
      [PRAGMA AUTONOMOUS_TRANSACTION ;]
      声明部分 ;
BEGIN
      程序部分 ;
EXCEPTION
```

```
    异常处理 ;
END;
/
```

本语法中的部分解释如下：

- ☑ 参数中定义的参数模式表示过程的数据接收操作，一般分为 IN、OUT、IN OUT 3 类。
- ☑ CREATE [OR REPLACE]：表示创建或替换过程，如果此过程存在则替换，如果不存在则创建一个新的。
- ☑ AUTHID 子句定义了一个过程的所有者权限， DEFINER（默认）表示为定义者权限执行，或者使用 CURRENT_USER 覆盖程序的默认行为，变为使用者权限执行。
- ☑ PRAGMA AUTONOMOUS_TRANSACTION：表示由过程启动一个自治事务，自治事务可以让主事务挂起，在过程中执行完 SQL 后，由用户处理提交或回滚自治事务，然后再恢复主事务。

范例 19-1：定义一个简单的过程。

```
CREATE OR REPLACE PROCEDURE mldn_proc
AS
BEGIN
    DBMS_OUTPUT.put_line('www.mldnjava.cn') ;
END;
/
```

调用过程：EXEC mldn_proc ;

程序运行结果：www.mldnjava.cn

本程序定义了一个 mldn_proc 的过程，在过程体中只是使用了输出语句，在屏幕上进行内容打印。程序执行完后，会在数据库中保留此过程对象，用户只需要输入“exec 过程名称”的方式就可以调用此过程。

提示：使用 IS 也同样可以。

在本程序中定义过程的声明部分使用了 AS，实际上此处使用 IS 也同样可以，两者没有区别，笔者认为有可能是为了让 Oracle 中的操作统一，所以增加了新的 IS。有兴趣的读者可以自行测试。

范例 19-2：定义过程，根据雇员编号找到雇员姓名及工资。

```
CREATE OR REPLACE PROCEDURE get_emp_info_proc(p_eno emp.empno%TYPE)
AS
    v_ename  emp.ename%TYPE ;
    v_sal    emp.sal%TYPE ;
    v_count  NUMBER ;
BEGIN
    SELECT COUNT(empno) INTO v_count FROM emp WHERE empno=p_eno ;
    IF v_count = 0 THEN              -- 没有发现数据
        RETURN ;                     -- 结束过程调用
    END IF ;
    SELECT ename,sal INTO v_ename,v_sal FROM emp WHERE empno=p_eno ;
    DBMS_OUTPUT.put_line('编号为' || p_eno  || '的雇员姓名：' || v_ename || '，工资：' || v_sal) ;
END;
/
```

调用过程： EXEC get_emp_info_proc(7369)

程序运行结果： 编号为 7369 的雇员姓名：SMITH，工资：800

本程序的主要功能是根据雇员编号，查询其所对应的姓名及工资。所以在建立过程时定义了一个接收参数（p_eno），则用户在调用此过程时就需要传入一个与之类型相符的数值。在过程之中，会首先使用 COUNT()函数来判断是否存在指定的雇员信息，如果不存在则统计结果为 0，可直接使用 RETURN 结束方法的调用。

除了将查询功能定义为过程之外，也可以将增加数据的操作定义为过程，例如，下面的代码利用过程完成对 dept 表数据的添加。

范例 19-3： 利用过程增加部门。

```
CREATE OR REPLACE PROCEDURE dept_insert_proc(
      p_dno dept.deptno%TYPE,
      p_dna dept.dname%TYPE,
      p_dlo dept.loc%TYPE)
AS
      v_deptCount    NUMBER ;                -- 保存 COUNT()函数结果
BEGIN
      SELECT COUNT(deptno) INTO v_deptCount FROM dept WHERE deptno=p_dno ;  -- 统计
      IF v_deptCount > 0 THEN                -- 有此编号的部门
            RAISE_APPLICATION_ERROR(-20789,'增加失败：该部门已存在！') ;
      ELSE
            INSERT INTO dept(deptno,dname,loc) VALUES (p_dno,p_dna,p_dlo) ;
            DBMS_OUTPUT.put_line('新部门增加成功！') ;
            COMMIT ;
      END IF ;
EXCEPTION
      WHEN others THEN
            DBMS_OUTPUT.put_line('SQLERRM = ' || SQLERRM) ;
            ROLLBACK ;                       -- 事务回滚
END ;
/
```

调用过程：

部门编号重复： EXEC dept_insert_proc(10,'MLDN','北京') ;

部门编号不重复： EXEC dept_insert_proc(15,'魔乐','北京') ;

程序运行结果：

SQLERRM = ORA-20789: 增加失败：该部门已存在！

新部门增加成功！

本程序中定义了 3 个接收参数（新增部门编号、名称、位置），而后首先使用 COUNT()函数判断要增加的新部门是否存在，如果存在则抛出一个异常，交给 EXCEPTION 进行处理，在 EXCEPTION 中使用 ROLLBACK 进行事务的回滚。如果要增加的部门不存在，则直接使用 INSERT INTO 语句执行增加操作，执行完成后使用 COMMIT 提交事务。

19.1.2　定义函数

函数（又称存储函数）也是一种较为方便的存储结构，用户定义的函数可以被 SQL 语句或

PL/SQL 程序直接调用，实际上函数与过程最大的区别就在于，函数是可以有返回值的，而过程只能依靠 OUT 或 IN OUT 返回数据，在 Oracle 中函数的定义格式如下。

语法 19-2：函数定义

```
CREATE [OR REPLACE] FUNCTION 函数名([参数 , [参数 , ...]])
RETURN 返回值类型
[AUTHID {DEFINER | CURRENT_USER}]
AS | IS
    [PRAGMA AUTONOMOUS_TRANSACTION ;]
    声明部分 ;
BEGIN
    程序部分 ;
    [RETURN 返回值 ;]
[EXCEPTION
    异常处理]
END [函数名] ;
/
```

本语法与过程的定义语法基本相似，唯一不同的是在定义函数的时候需要有返回值类型（RETURN 返回值类型）声明。

范例 19-4：定义函数通过雇员编号查询此雇员的月薪。

```
CREATE OR REPLACE FUNCTION get_salary_fun(p_eno emp.empno%TYPE)
RETURN NUMBER
AS
    v_salary emp.sal%TYPE ;
BEGIN
    SELECT sal + nvl(comm,0) INTO v_salary FROM emp WHERE empno=p_eno ;
    RETURN v_salary ;
END;
/
```

本函数的主要功能是根据雇员的编号查询出每位雇员的月薪（基本工资和奖金），同时将查询出来的月薪通过 RETURN 返回给调用处。

范例 19-5：通过 PL/SQL 块验证函数。

```
DECLARE
    v_salary   NUMBER ;
BEGIN
    v_salary := get_salary_fun(7369) ;
    DBMS_OUTPUT.put_line('雇员 7369 的工资为：' || v_salary) ;
END ;
/
```

程序运行结果：雇员 7369 的工资为：800

本程序直接定义了一个 PL/SQL 块，在程序块内调用了 get_salary_fun()函数并且接收其返回值进行输出。

提示：也可以将调用函数的 PL/SQL 块变为过程调用。

本程序采用了 PL/SQL 块进行函数调用，但是用户现在也可以定义一个过程，通过过程来调用指定的函数，代码如下所示。

范例 19-6： 定义过程调用函数。

```
CREATE OR REPLACE PROCEDURE invoke_proc
AS
	v_salary	NUMBER ;
BEGIN
	v_salary := get_salary_fun(7369) ;
	DBMS_OUTPUT.put_line('雇员 7369 的工资为：' || v_salary) ;
END ;
/
```

执行过程：EXEC invoke_proc ;

雇员 7369 的工资为：800

定义完过程之后，可以直接使用 EXEC 命令调用过程，并且此过程也将称为一个 Oracle 对象，方便数据库管理。

除了使用 PL/SQL 块调用之外，也可以像单行函数那样，直接利用 SQL 语句调用，下面通过代码进行验证。

范例 19-7： 通过 SQL 语句调用函数。

```
SELECT get_salary_fun(7369) FROM dual ;
```

查询结果： 通过 SQL Developer 输出，如图 19-1 所示。

	GET_SALARY_FUN(7369)
1	800

图 19-1　查询结果

另外在 Oracle 中定义了 CALL 操作，可以将一个函数的返回值绑定到一个变量中。

范例 19-8： 使用 CALL 将函数的返回结果设置给变量。

```
VAR v_salary NUMBER ;
CALL get_salary_fun(7369) INTO : v_salary ;
PRINT v_salary ;
```

程序运行结果： 800

可以发现，用户定义的函数就像之前讲解的单行函数一样，只需要编写调用函数的名称，传入指定的参数即可完成。

提问：如何选择过程与函数？

讲解完过程与函数之后，发觉这两者除了定义结构上不同之外，基本的组成都很类似，那么在开发中选择哪种会更好？

回答：根据实际要求来选择。

对于过程与函数从效果上区别不大，但是这两者的选择，笔者建议从以下两个方式进行区分：

- ☑ 过程处理返回值时不如函数方便，过程只能依靠 OUT 或 IN OUT 参数模式传回数据；
- ☑ 编程语言（例如：Java）调用过程要比函数更加实用。

提示：在 Oracle 12c 中可以直接在使用的 SQL 语句中定义函数。

在 Oracle 12c 中，可以直接定义在 SQL 中使用的函数。

范例 19-9：在使用的 SQL 语句中定义函数。

```
COL isfive FOR A30 ;
WITH FUNCTION length_five_fun(p_str VARCHAR2) RETURN VARCHAR2
AS
BEGIN
     IF (LENGTH(p_str) = 5) THEN
          RETURN p_str || '，长度是 5' ;
     ELSE
          RETURN p_str || '，长度不是 5' ;
     END IF ;
END ;
SELECT rownum,empno,ename,length_five_fun(ename) isfive,sal,comm FROM emp ;
/
```

查询结果：通过 SQL Developer 输出，如图 19-2 所示。

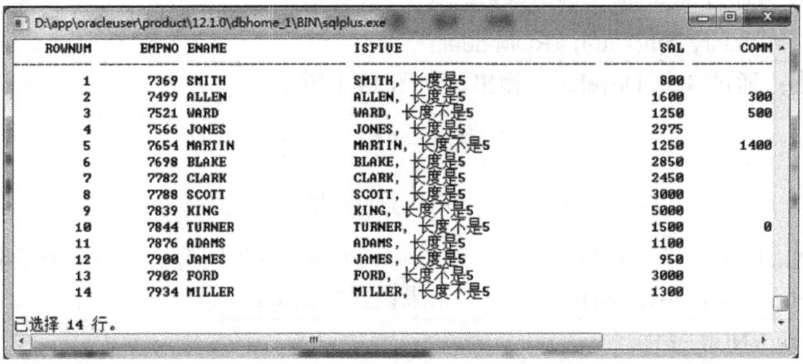

D:\app\oracleuser\product\12.1.0\dbhome_1\BIN\sqlplus.exe

ROWNUM	EMPNO	ENAME	ISFIVE	SAL	COMM
1	7369	SMITH	SMITH，长度是5	800	
2	7499	ALLEN	ALLEN，长度是5	1600	300
3	7521	WARD	WARD，长度不是5	1250	500
4	7566	JONES	JONES，长度是5	2975	
5	7654	MARTIN	MARTIN，长度不是5	1250	1400
6	7698	BLAKE	BLAKE，长度是5	2850	
7	7782	CLARK	CLARK，长度是5	2450	
8	7788	SCOTT	SCOTT，长度是5	3000	
9	7839	KING	KING，长度不是5	5000	
10	7844	TURNER	TURNER，长度不是5	1500	0
11	7876	ADAMS	ADAMS，长度是5	1100	
12	7900	JAMES	JAMES，长度是5	950	
13	7902	FORD	FORD，长度不是5	3000	
14	7934	MILLER	MILLER，长度不是5	1300	

已选择 14 行。

图 19-2　直接定义 SQL 中使用的函数

这样做的目的是减少了传统 SQL 调用函数的上下文切换次数，也优化了 SQL 引擎与 PL/SQL 引擎之间的交互。

Note

19.2　查询子程序

当用户创建过程或函数后，对于数据库而言就相当于创建了一个新的数据库对象，此时用户可以利用以下的数据字典查看子程序的相关信息。

- ☑ user_procedures：查询出所有的子程序信息；
- ☑ user_objects：查询出所有的用户对象（包括表、索引、序列、子程序等）；
- ☑ user_source：查看用户所有对象的源代码；
- ☑ user_errors：查看所有的子程序错误信息。

范例 19-10：通过 user_ procedures 查看所有过程。

```
SELECT object_name,authid,object_type FROM user_procedures ;
```

查询结果：通过 SQL Developer 输出，如图 19-3 所示。

	OBJECT_NAME	AUTHID	OBJECT_TYPE
1	GET_EMP_INFO_PROC	DEFINER	PROCEDURE
2	MLDN_PROC	DEFINER	PROCEDURE
3	INVOKE_PROC	DEFINER	PROCEDURE
4	GET_SALARY_FUN	DEFINER	FUNCTION
5	DEPT_INSERT_PROC	DEFINER	PROCEDURE

图 19-3　查看所有子程序

通过 user_procedures 数据字典查询后所能够取得的只是全部子程序的基本信息，如果需要取得子程序的详细信息也可以通过 user_objects 数据字典进行查看。

范例 19-11：通过 user_objects 查看所有用户创建的过程。

```
SELECT object_name,created,timestamp,status
FROM user_objects
WHERE object_type='PROCEDURE' OR object_type='FUNCTION';
```

查询结果：通过 SQL Developer 输出，如图 19-4 所示。

	OBJECT_NAME	CREATED	TIMESTAMP	STATUS
1	GET_EMP_INFO_PROC	17-10月-13	2013-10-17:16:40:23	VALID
2	MLDN_PROC	17-10月-13	2013-10-17:16:39:44	VALID
3	INVOKE_PROC	17-10月-13	2013-10-17:16:34:30	VALID
4	GET_SALARY_FUN	17-10月-13	2013-10-17:16:34:22	VALID
5	DEPT_INSERT_PROC	17-10月-13	2013-10-17:16:34:04	VALID

图 19-4　查看所有对象

提示：关于子程序的状态。

在 user_objects 数据字典中存在一个 status 字段，此字段表示子程序当前状态，主要有两种取值“VALID（有效）”、“INVALID（无效）”，而一个子程序在以下两种情况下会变为无效：

☑　情况一：建立内嵌子程序（后面部分会讲解到），并且外部子程序删除后；

☑　情况二：子程序依赖的数据库对象发生变化时，子程序修改为无效状态。

下面将通过程序为读者说明情况二的操作。如果想知道某一个子程序与哪一个数据库对象存在依赖关系，则可以使用 user_dependencies 数据字典查询。

范例 19-12：查看与 emp 或 dept 表存在依赖关系的过程。

```
SELECT name,type,referenced_name FROM user_dependencies
WHERE referenced_name='EMP' OR referenced_name='DEPT';
```

查询结果：通过 SQLPlus 输出，如图 19-5 所示。

	NAME	TYPE	REFERENCED_NAME
1	GET_EMP_INFO_PROC	PROCEDURE	EMP
2	GET_SALARY_FUN	FUNCTION	EMP
3	DEPT_INSERT_PROC	PROCEDURE	DEPT

图 19-5　查看依赖关系

通过查询结果可以发现，之前定义的 get_emp_info 和 get_salary_fun 过程需要依赖于 emp 对象，而 dept_insert_proc 函数需要依赖于 dept 对象。以 dept_insert_proc 过程为例，此过程

Note

依赖于 dept 数据表对象，所以如果此时 dept 表结构被修改了，那么其状态也将发生改变，下面通过如下步骤为读者演示。

范例 19-13：修改 dept 表结构，为其增加一个 photo 的字段。

```
ALTER TABLE dept ADD(photo VARCHAR2(50) DEFAULT 'nophoto.jpg') ;
```

范例 19-14：表结构修改完成后再次查看 dept_insert_proc 过程信息。

```
SELECT object_name,created,timestamp,status
FROM user_objects
WHERE object_type='PROCEDURE' AND object_name='DEPT_INSERT_PROC' ;
```

查询结果：通过 SQL Developer 输出，如图 19-6 所示。

	OBJECT_NAME	CREATED	TIMESTAMP	STATUS
1	DEPT_INSERT_PROC	17-10月-13	2013-10-17:16:34:04	INVALID

图 19-6　dept_insert_proc 过程变为无效状态

此时的 dept_insert_proc 过程变为了不可用状态，这是因为在此过程中与 dept 表存在直接依赖关系，当 dept 表发生变化之后，此过程将不能正常完成操作，所以变为了无效状态。现在即使将 dept 表中添加的 photo 列删除掉，其过程也将为无效状态，通过如下步骤操作。

范例 19-15：删除增加的 photo 字段。

```
ALTER TABLE dept DROP COLUMN photo ;
```

此时 dept 表已经恢复为最初建立过程时的结构，之后再次发出查询 dept_insert_proc 过程信息的命令，得到的结果如图 19-7 所示。

	OBJECT_NAME	CREATED	TIMESTAMP	STATUS
1	DEPT_INSERT_PROC	17-10月-13	2013-10-17:16:34:04	INVALID

图 19-7　删除字段之后的过程信息

此时 dept_insert_proc 过程的状态依然为无效状态，所以如果想将过程变回有效状态，则需要将过程重新编译。

范例 19-16：重新编译过程。

```
ALTER PROCEDURE dept_insert_proc COMPILE ;
```

重新编译完成后，再次查询 dept_insert_proc 过程信息的命令，得到如图 19-8 所示结果。

	OBJECT_NAME	CREATED	TIMESTAMP	STATUS
1	DEPT_INSERT_PROC	17-10月-13	2013-10-17:16:43:40	VALID

图 19-8　过程重新编译后的结果

但是使用 user_procedures 或 user_objects 都只是查看子程序的基本信息，如果想查询出过程的完整定义，则只能通过 user_source 数据字典来完成。

范例 19-17：通过 user_source 查看 myproc 过程定义内容。

```
SELECT * FROM user_source WHERE name='MLDN_PROC' ;
```

查询结果：通过 SQL Developer 输出，如图 19-9 所示。

	NAME	TYPE	LINE	TEXT	ORIGIN_CON_ID
1	MLDN_PROC	PROCEDURE	1	PROCEDURE mldn_proc	1
2	MLDN_PROC	PROCEDURE	2	AS	1
3	MLDN_PROC	PROCEDURE	3	BEGIN	1
4	MLDN_PROC	PROCEDURE	4	DBMS_OUTPUT.put_line('www.mldnjava.cn') ;	1
5	MLDN_PROC	PROCEDURE	5	END;	1

图 19-9　查看 myproce 源代码

范例 19-18：查看 get_salary_fun()函数的源代码。

```
SELECT * FROM user_source WHERE name='GET_SALARY_FUN' ;
```

查询结果：通过 SQL Developer 输出，如图 19-10 所示。

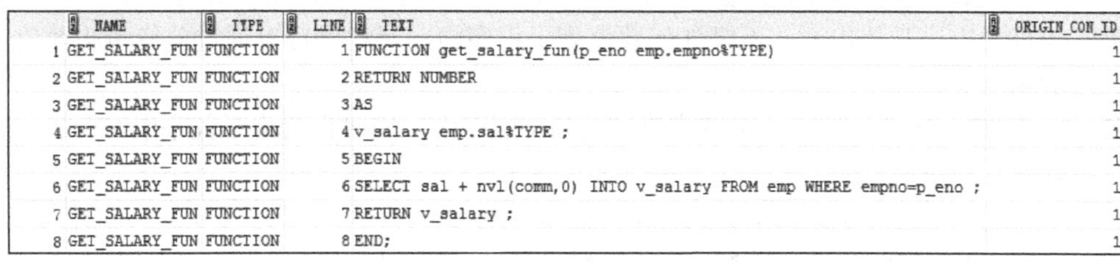

	NAME	TYPE	LINE	TEXT	ORIGIN_CON_ID
1	GET_SALARY_FUN	FUNCTION	1	FUNCTION get_salary_fun(p_eno emp.empno%TYPE)	1
2	GET_SALARY_FUN	FUNCTION	2	RETURN NUMBER	1
3	GET_SALARY_FUN	FUNCTION	3	AS	1
4	GET_SALARY_FUN	FUNCTION	4	v_salary emp.sal%TYPE ;	1
5	GET_SALARY_FUN	FUNCTION	5	BEGIN	1
6	GET_SALARY_FUN	FUNCTION	6	SELECT sal + nvl(comm,0) INTO v_salary FROM emp WHERE empno=p_eno ;	1
7	GET_SALARY_FUN	FUNCTION	7	RETURN v_salary ;	1
8	GET_SALARY_FUN	FUNCTION	8	END;	1

图 19-10　查看函数代码

19.3　删除子程序

每个子程序都是一个独立的对象，所以如果要删除子程序，直接使用 DROP 语句即可。

语法 19-3：删除过程

```
DROP PROCEDURE 过程名称 ;
```

语法 19-4：删除函数

```
DROP FUNCTION 函数名称;
```

下面分别使用以上的语法格式删除之前定义的过程和函数。

范例 19-19：删除 mldn_proc 过程。

```
DROP PROCEDURE mldn_proc ;
```

范例 19-20：删除 get_salary_fun()函数。

```
DROP FUNCTION get_salary_fun ;
```

两个子程序删除之后，可以继续查看 user_procedures 数据字典，以检查被删除的子程序是否已经消失。

范例 19-21：查看 user_procedures 数据字典，查找所有过程。

```
SELECT object_name,authid,object_type FROM user_procedures ;
```

查询结果：通过 SQL Developer 输出，如图 19-11 所示。

	OBJECT_NAME	AUTHID	OBJECT_TYPE
1	DEPT_INSERT_PROC	DEFINER	PROCEDURE
2	INVOKE_PROC	DEFINER	PROCEDURE
3	GET_EMP_INFO_PROC	DEFINER	PROCEDURE

图 19-11　查看所有过程

通过数据字典的返回结果可以发现，myproc 过程和 get_salary_fun()函数已经被删除了。

Note

19.4 参数模式

在定义子程序时往往需要接收传递的参数，这样对形式参数的定义就分为了 3 类，分别是 IN、OUT 和 IN OUT 模式，这 3 类形式定义如下。

☑ IN（默认，数值传递）：在子程序中所做的修改不会影响原始参数内容。

☑ OUT（空进带值出）：不带任何数值到子程序中，子程序可以通过此变量将数值返回给调用处。

☑ IN OUT（地址传递）：可以将值传递到子程序中，同时也会将子程序中对变量的修改返回到调用处。

提示：关于实际参数（实参）形式参数（形参）的区别。

在任何语言中，参数一般分为以下两种类型。

☑ 实际参数：调用过程时所传递的实际数值（或者是调用时传入变量）。

☑ 形式参数：定义过程时所接收的参数名称。

1. IN 模式

IN 模式是默认的参数传递模式，指的是传递数值内容到子程序中，IN 模式的参数类似常量的概念。

范例 19-22：定义过程，使用 IN 参数模式。

```
CREATE OR REPLACE PROCEDURE in_proc(
    p_paramA IN VARCHAR2,                    -- 明确定义 IN 参数模式
    p_paramB VARCHAR2)                       -- 默认的参数模式为 IN
AS
BEGIN
    DBMS_OUTPUT.put_line('执行 in_proc()过程：p_paramA = ' || p_paramA) ;
    DBMS_OUTPUT.put_line('执行 in_proc()过程：p_paramB = ' || p_paramB) ;
END ;
/
```

本程序定义 in_proc()过程时分别定义了两个参数（v_paramA、v_paramB），第一个参数（v_paramA）明确使用了 IN 模式进行定义，第二个参数（v_paramB）虽然没有写上 IN 模式，但是默认情况下也是 IN 定义。

范例 19-23：定义一个 PL/SQL 块，调用过程。

```
DECLARE
    v_titleA    VARCHAR2(50) := 'Java 开发实战经典';
    v_titleB    VARCHAR2(50) := 'Android 开发实战经典' ;
BEGIN
    in_proc(v_titleA , v_titleB) ;
END ;
/
```

程序运行结果：

执行 in_proc()过程：p_paramA = Java 开发实战经典

执行 in_proc()过程：p_paramB = Android 开发实战经典

本程序块定义了两个变量，然后在调用 in_proc()过程时直接传入这两个变量，此时就相当于把两个变量定义的内容传递到了 in_proc()过程的两个参数中。

在使用 IN 模式定义参数时，也可以使用 DEFAULT 关键字为参数设置默认值，这样即使在调用时不传递此参数内容，程序也不会出错。

范例 19-24：定义过程，使用 DEFAULT 定义参数默认值。

```
CREATE OR REPLACE PROCEDURE in_proc(
      p_paramA IN VARCHAR2 ,
      p_paramB VARCHAR2 DEFAULT 'Oracle 开发实战经典')              -- 设置默认值
AS
BEGIN
      DBMS_OUTPUT.put_line('执行 in_proc()过程：p_paramA = ' || p_paramA) ;
      DBMS_OUTPUT.put_line('执行 in_proc()过程：p_paramB = ' || p_paramB) ;
END ;
/
```

本程序在过程的第二个参数上使用了 DEFAULT 关键字定义默认值，之后调用此过程时，就可以有选择性地决定调用时参数传递的数量。

范例 19-25：调用过程，少传一个参数。

```
DECLARE
      v_titleA     VARCHAR2(50) := 'Java 开发实战经典';
BEGIN
      in_proc(v_titleA ) ;
END ;
/
```

程序运行结果：

执行 in_proc()过程：p_paramA = Java 开发实战经典

执行 in_proc()过程：p_paramB = Oracle 开发实战经典

本程序由于只传递了一个参数，所以在过程执行时会将默认值赋给第二个变量。

范例 19-26：在函数中使用 IN 参数模式。

```
CREATE OR REPLACE FUNCTION in_fun(
      p_paramA IN VARCHAR2 ,
      p_paramB VARCHAR2 DEFAULT 'Oracle 开发实战经典')
RETURN VARCHAR2
AS
BEGIN
      RETURN 'Android 开发实战经典' ;
END;
/
```

在本程序所定义的函数中，定义了两个 IN 参数模式的变量，然后在函数中将返回一个字符串数据给函数调用处。

范例 19-27：编写 PL/SQL 块调用函数。

```
DECLARE
```

```
    v_titleA    VARCHAR2(50) := 'Java 开发实战经典';
    v_return    VARCHAR2(50) ;
BEGIN
    v_return := in_fun(v_titleA) ;
    DBMS_OUTPUT.put_line('in_fun()函数返回值：v_return = ' || v_return) ;
END ;
/
```

程序运行结果：

in_fun()函数返回值：v_return = Android 开发实战经典

由于定义的 in_fun()函数中的参数存在 DEFAULT 关键字，所以在调用此函数时，用户可以选择性地传递 1 个或 2 个参数，在子程序中对输入的参数进行输出，然后将一个字符串数据返回给调用函数处进行输出。

> **提示：不再重复演示函数的参数模式。**
>
> 过程与函数之间的最大区别在于过程不能返回结果，而函数可以返回结果。这些参数模式在任何过程或函数中都可以使用。一般在定义函数时都会依靠 OUT 或 IN OUT 这样的参数模式从过程中带值回来。而定义函数的时候很少通过参数模式传回数据。为避免重复代码，所以在后面进行参数模式验证时，本书不再重复列出函数使用参数模式的范例，读者可以按照以上程序的方式进行验证。

2．OUT 模式

OUT 模式的参数在使用时不会像 IN 模式需要明确地传入一个具体的数值，在使用 OUT 模式时主要将变量传递到过程中，但是此变量的内容不会传递到过程中，在过程中如 OUT 模式的参数修改时的最终结果也会返回给相应的实参。

范例 19-28：定义过程，使用 OUT 参数模式。

```
CREATE OR REPLACE PROCEDURE out_proc(
    p_paramA OUT VARCHAR2,                -- OUT 参数模式
    p_paramB OUT VARCHAR2)                -- OUT 参数模式
AS
BEGIN
    DBMS_OUTPUT.put_line('执行 out_proc()过程：p_paramA = ' || p_paramA) ;
    DBMS_OUTPUT.put_line('执行 out_proc()过程：p_paramB = ' || p_paramB) ;
    p_paramA := 'Java 开发实战经典' ;           -- 此值将返回给实参
    p_paramB := 'Android 开发实战经典' ;        -- 此值将返回给实参
END ;
/
```

本过程定义了两个 OUT 类型的参数，这样在进行过程调用时，两个参数（p_paramA、p_paramB）不会接收传递来的内容，而在过程中如果对两个参数进行修改的话，则会影响到调用此过程时传递的两个变量的内容。

范例 19-29：定义 PL/SQL 块调用过程。

```
DECLARE
    v_titleA    VARCHAR2(100) := '此处只是声明一个接收返回数据的标记';
    v_titleB    VARCHAR2(100) := '此内容不会传递到过程，但是过程会将修改内容传回' ;
BEGIN
```

```
    out_proc(v_titleA , v_titleB) ;
    DBMS_OUTPUT.put_line('调用 out_proc()过程之后变量内容：v_titleA = ' || v_titleA) ;
    DBMS_OUTPUT.put_line('调用 out_proc()过程之后变量内容：v_titleB = ' || v_titleB) ;
END ;
/
```

程序运行结果：

执行 out_proc()过程：p_paramA =

执行 out_proc()过程：p_paramB =

调用 out_proc()过程之后变量内容：v_titleA = Java 开发实战经典

调用 out_proc()过程之后变量内容：v_titleB = Android 开发实战经典

本程序块虽然调用过程时传递了两个变量，但是这两个变量只是作为一个标记而使用，其原始的内容并不会传递到过程中，所以过程中进行参数输出时内容都为 NULL，而在调用过程后，过程对其所做的修改将直接影响原始变量的内容。

范例 19-30：定义函数使用 OUT 模式。

```
CREATE OR REPLACE FUNCTION out_fun(
    p_paramA OUT VARCHAR2,            -- OUT 参数模式
    p_paramB OUT VARCHAR2)            -- OUT 参数模式
RETURN VARCHAR2
AS
BEGIN
    p_paramA := 'Java 开发实战经典' ;         -- 此值将返回给实参
    p_paramB := 'Android 开发实战经典' ;      -- 此值将返回给实参
    RETURN 'Oracle 开发实战经典' ;            -- 返回数据
END ;
/
```

范例 19-31：编写 PL/SQL 块调用函数。

```
DECLARE
    v_titleA    VARCHAR2(100) := '随便写的，只为接收内容' ;
    v_titleB    VARCHAR2(100) := '内容不会传递的' ;
    v_return    VARCHAR2(100) ;  -- 接收返回内容
BEGIN
    v_return := out_fun(v_titleA , v_titleB) ;
    DBMS_OUTPUT.put_line('调用 out_fun()函数之后变量内容：v_titleA = ' || v_titleA) ;
    DBMS_OUTPUT.put_line('调用 out_fun()函数之后变量内容：v_titleB = ' || v_titleB) ;
    DBMS_OUTPUT.put_line('调用 out_fun()函数的返回值：v_return = ' || v_return) ;
END ;
/
```

程序运行结果：

调用 out_fun()函数之后变量内容：v_titleA = Java 开发实战经典

调用 out_fun()函数之后变量内容：v_titleB = Android 开发实战经典

调用 out_fun()函数的返回值：v_return = Oracle 开发实战经典

本程序除了输出 OUT 参数模式返回的数据之外，也接收了函数返回的结果。

3. IN OUT 模式

IN OUT 模式相当于 IN 和 OUT 两种模式的集合，可以将变量的内容传递到过程中，也可以将过程中对其变量的修改返回到原始变量。

> **提示：IN OUT 类似于引用传递（或者理解为指针）。**
>
> 对于3种参数定义方式而言，最麻烦的应该是IN OUT，读者可以把IN OUT理解为一个水杯，假设在将此变量传递给过程之前杯子里装的是茶水，而在过程之中将杯子里的茶水变为了咖啡，则当杯子再拿回来的时候里面放的就是咖啡，这一点和Java语言的引用传递过程很相似。

Note

范例 19-32： 定义过程，使用 IN OUT 参数模式。

```
CREATE OR REPLACE PROCEDURE inout_proc(
      p_paramA IN OUT VARCHAR2,       -- IN OUT 参数模式
      p_paramB IN OUT VARCHAR2 )      -- IN OUT 参数模式
AS
BEGIN
      DBMS_OUTPUT.put_line('执行 inout_proc()过程：p_paramA = ' || p_paramA) ;
      DBMS_OUTPUT.put_line('执行 inout_proc()过程：p_paramB = ' || p_paramB) ;
      p_paramA := 'Java 开发实战经典' ;            -- 此值将返回给实参
      p_paramB := 'Android 开发实战经典' ;         -- 此值将返回给实参
END ;
/
```

本过程使用了IN OUT作为参数模式，这样在过程中就可以接收传递来的内容，同时过程中对变量的修改也将返回到实参上。

范例 19-33： 定义PL/SQL块，调用过程。

```
DECLARE
      v_titleA    VARCHAR2(50) := 'Java Web 开发实战经典';
      v_titleB    VARCHAR2(50) := 'Oracle 开发实战经典' ;
BEGIN
      inout_proc(v_titleA , v_titleB) ;
      DBMS_OUTPUT.put_line('调用 inout_proc()过程之后变量内容：v_titleA = ' || v_titleA) ;
      DBMS_OUTPUT.put_line('调用 inout_proc()过程之后变量内容：v_titleB = ' || v_titleB) ;
END ;
/
```

程序运行结果：

执行 inout_proc()过程：v_paramA = Java Web 开发实战经典

执行 inout_proc()过程：v_paramB = Oracle 开发实战经典

调用 inout_proc()过程之后变量内容：v_titleA = Java 开发实战经典

调用 inout_proc()过程之后变量内容：v_titleB = Android 开发实战经典

本程序调用inout_proc()过程时，将两个变量（v_titleA、v_titleB）的内容传递到了过程中，由于是IN OUT参数模式，所以过程可以接收到此变量内容，同时在过程中对变量所做的修改也可以返回给实参。

清楚了3种传入方式的区别后，下面可以利用此方式来修改前面利用过程实现的部门增加操作。

范例 19-34： 利用过程增加部门。

```
CREATE OR REPLACE PROCEDURE dept_insert_proc(
      p_dno dept.deptno%TYPE,
      p_dna dept.dname%TYPE,
```

```
    p_dlo dept.loc%TYPE ,
    p_result OUT NUMBER)                -- 此为操作标记变量
AS
    v_deptCount    NUMBER ;             -- 保存 COUNT()函数结果
BEGIN
    SELECT COUNT(deptno) INTO v_deptCount FROM dept WHERE deptno=p_dno ; -- 统计
    IF v_deptCount > 0 THEN             -- 有此编号的部门
        p_result := -1 ;                -- 修改返回标记
    ELSE
        INSERT INTO dept(deptno,dname,loc) VALUES (p_dno,p_dna,p_dlo) ;
        p_result := 0 ;                 -- 修改返回标记
        COMMIT ;
    END IF ;
END ;
/
```

在此过程中，result 参数声明为 OUT 形式，所以在过程中，对于部门数据的增加成功与否将直接通过 result 变量返回，下面编写一个 PL/SQL 块进行调用。

范例 19-35：编写 PL/SQL 块调用。

```
DECLARE
    v_result    NUMBER ;                        -- 接收结果
BEGIN
    dept_insert_proc(66,'MLDN','中国',v_result) ;  -- 调用过程
    IF v_result = 0 THEN
        DBMS_OUTPUT.put_line('新部门增加成功！') ;
    ELSE
        DBMS_OUTPUT.put_line('部门增加失败！') ;
    END IF ;
END ;
/
```

程序运行结果：新部门增加成功！

本程序在调用 dept_insert_proc()过程时，除了传递要增加的部门信息之外，也传递了一个 v_result 变量，同时此变量将作为增加操作成功与否的标记返回给过程调用处。

以上的程序都是通过 PL/SQL 块进行的过程调用，而在 Oracle 中，也可以通过定义变量的方式接收过程的返回值，如下代码所示。

范例 19-36：定义变量调用过程返回。

```
var v_result NUMBER ;
EXEC dept_insert_proc(50,'魔乐科技','北京',:v_result) ;
print v_result ;
```

程序运行结果：0

此时直接利用 print 输出了变量的内容，由于数据增加成功，所以执行过程之后 v_result 变量的内容为 0，反之则变为 1。

Note

提示：以上操作使用函数会更加容易。

在以上的范例中，重点为读者讲解参数模式的作用，但是如果从实际考虑，使用函数实现以上操作会更加方便，而此函数的返回值则为成功或失败的标记变量。

范例 19-37： 通过函数完成部门增加。

```
CREATE OR REPLACE FUNCTION dept_insert_fun(
      p_dno dept.deptno%TYPE,
      p_dna dept.dname%TYPE,
      p_dlo dept.loc%TYPE)
RETURN NUMBER                              -- 返回操作结果
AS
      v_deptCount    NUMBER ;              -- 保存 COUNT()函数结果
BEGIN
      SELECT COUNT(deptno) INTO v_deptCount FROM dept WHERE deptno=p_dno ;-- 统计
      IF v_deptCount > 0 THEN              -- 有此编号的部门
            RETURN -1 ;                    -- 返回失败标记
      ELSE
            INSERT INTO dept(deptno,dname,loc) VALUES (p_dno,p_dna,p_dlo) ;
            COMMIT ;
            RETURN 0 ;                     -- 返回成功标记
      END IF ;
END ;
/
```

本程序定义的函数功能与前面过程定义的主体类似，唯一不同的是，通过函数可以直接返回操作结果，而不再需要像过程一样，只能通过 OUT 或 IN OUT 参数模式传递。

范例 19-38： 调用函数。

```
DECLARE
      v_result    NUMBER ;                                  -- 接收结果
BEGIN
      v_result := dept_insert_fun(63,'MLDNJAVA','中国') ;  -- 调用函数
      IF v_result = 0 THEN
            DBMS_OUTPUT.put_line('新部门增加成功！') ;
      ELSE
            DBMS_OUTPUT.put_line('部门增加失败！') ;
      END IF ;
END ;
/
```

程序运行结果：

新部门增加成功！

此时，程序调用函数时，只需要接收函数的返回值就可以取得增加成功或失败的信息。

19.5 子程序嵌套

在一个子程序中用户也可以定义其他的子程序，此时只需要在子程序的声明部分编写即可，

下面通过几段具体的程序来实现子程序嵌套。

范例 19-39：定义嵌套过程。

```
CREATE OR REPLACE PROCEDURE dept_insert_proc(
    p_dno dept.deptno%TYPE,
    p_dna dept.dname%TYPE,
    p_dlo dept.loc%TYPE ,
    p_result OUT NUMBER)
AS
    v_deptCount    NUMBER ;                    -- 保存 COUNT()函数结果
    PROCEDURE get_dept_count_proc(             -- 定义嵌套过程，判断部门编号是否存在
        p_temp dept.deptno%TYPE ,
        p_count OUT NUMBER)                    -- 返回统计结果
    AS
    BEGIN
        SELECT COUNT(deptno) INTO p_count FROM dept WHERE deptno=p_temp ;    -- 统计
    END ;
    PROCEDURE insert_operate_proc(             -- 定义嵌套过程，执行增加
        p_temp_dno dept.deptno%TYPE,
        p_temp_dna dept.dname%TYPE,
        p_temp_dlo dept.loc%TYPE ,
        p_count NUMBER ,
        p_flag OUT NUMBER)                     -- 通过此参数返回结果
    AS
    BEGIN
        IF p_count > 0 THEN                    -- 有此编号的部门
            p_flag := -1 ;
        ELSE
            INSERT INTO dept(deptno,dname,loc) VALUES (p_temp_dno , p__tempdna ,
            p_tempdlo) ;
            p_flag := 0 ;                      -- 修改返回标记
            COMMIT ;
        END IF ;
    END ;
BEGIN
    get_dept_count_proc(p_dno , v_deptCount) ;  -- 判断是否有此部门
    insert_operate_proc(p_dno,p_dna,p_dlo,v_deptCount,p_result) ;
END ;
/
```

本程序在声明部分一共定义了下面两个嵌套过程。

- ☑ get_dept_count_proc()过程：根据传入的部门编号统计出此部门信息数量，并且通过 OUT 参数（p_count）返回统计结果。
- ☑ insert_operate_proc()过程：传入部门编号、名称、位置、统计结果、返回标记（OUT 模式），首先会判断统计结果（p_count）是否为 0，如果为 0 表示部门不存在，则执行增加操作，同时将返回标记（p_flag）设置为 0，表示增加成功，否则将返回标记设置为 1。

> 提示：简化做法。
>
> 在本程序中定义的每一个子过程实际上都是按照独立的方式设计的，即过程有自己的参

Note

数来接收，但是这种内部结构可以直接访问外部结构中定义的参数、变量，所以也可以简化为以下的形式进行操作。

范例 19-40：简化定义。

```
CREATE OR REPLACE PROCEDURE dept_insert_proc(
     p_dno          dept.deptno%TYPE ,
     p_dna          dept.dname%TYPE ,
     p_dlo          dept.loc%TYPE ,
     p_result       OUT NUMBER)
AS
     v_deptCount   NUMBER ;            -- 保存 COUNT()函数结果
     PROCEDURE get_dept_count_proc     -- 返回统计结果
     AS
     BEGIN
          SELECT COUNT(deptno) INTO v_deptCount FROM dept WHERE deptno=
p_dno ;  -- 统计
     END ;
     PROCEDURE insert_operate_proc
     AS
     BEGIN
          IF v_deptCount > 0 THEN
               p_result := -1 ;
          ELSE
               INSERT INTO dept(deptno,dname,loc) VALUES (p_dno,p_dna,p_dlo) ;
               p_result := 0 ;
               COMMIT ;
          END IF ;
     END ;
BEGIN
     get_dept_count_proc() ;              -- 查询个数
     insert_operate_proc() ;
END ;
/
```

此时的内部子程序没有编写任何的参数传递，直接使用了外部子程序中的参数与变量。当然，本书更建议读者这样编写，毕竟更少的代码实现相同的功能才是设计的上策。

提示：关于嵌套过程。

用户通过 CREATE OR REPLACE 定义的过程会作为一个对象保存在数据字典中，并且此程序代码也可以保存在共享池中以便重用。

而定义的嵌套过程将作为一个过程的一部分出现，所以只能从包含它的程序块中进行调用，并且嵌套过程不能被保存在共享池中。

所以本书的建议是，如果需要对多个过程进行方便的维护，那么就定义为普通的过程，如果某一个过程只为一个特定的程序块服务，那么就定义为嵌套过程。

一般而言，在 PL/SQL 程序中必须先定义好相应的过程，然后才可以进行调用，但是有时也会遇见过程相互调用的情况。例如，现在定义了两个过程 A 和 B，A 定义的时候要调用 B 过程，而 B 过程定义的时候也要调用 A 过程，如下所示。

范例 19-41：定义错误的子程序调用。

```
DECLARE
    PROCEDURE a_proc(p_paramA NUMBER)
    AS
    BEGIN
        DBMS_OUTPUT.put_line('A 过程，p_paramA = ' || p_paramA) ;
        b_proc('www.mldnjava.cn') ;
    END ;
    PROCEDURE b_proc(p_paramB VARCHAR2)
    AS
    BEGIN
        DBMS_OUTPUT.put_line('B 过程，p_paramB = ' || p_paramB) ;
        a_proc(100) ;
    END ;
BEGIN
    NULL ;
END ;
/
```

编译错误：

ORA-06550: 第 6 行, 第 3 列:

PLS-00313: 在此作用域中没有声明 'B_PROC'

ORA-06550: 第 6 行, 第 3 列:

PL/SQL: Statement ignored

由于在过程 A（a_proc()）定义时过程 B（b_proc()）还未定义，所以在程序编译时就会出现找不到 B 过程的错误。如果要解决此问题，则可以使用前导声明（预声明）的方式进行操作，前导声明主要是进行过程的定义，但是并不包含程序的结构体。

范例 19-42：使用前导声明。

```
DECLARE
    PROCEDURE b_proc(p_paramB VARCHAR2) ;    -- 前导声明
    PROCEDURE a_proc(p_paramA NUMBER)
    AS
    BEGIN
        DBMS_OUTPUT.put_line('A 过程，p_paramA = ' || p_paramA) ;
        b_proc('www.mldnjava.cn') ;
    END ;
    PROCEDURE b_proc(p_paramB VARCHAR2)
    AS
    BEGIN
        DBMS_OUTPUT.put_line('B 过程，p_paramB = ' || p_paramB) ;
        a_proc(100) ;
    END ;
BEGIN
    NULL ;
END ;
/
```

此时的程序在过程 A 之前使用前向声明定义了一个过程 B 的名称，而后就可以正常编译。

除了以上的特征之外，子程序本身也支持重载操作，在进行重载时，只需要考虑参数的类型及个数不同即可。

范例 19-43： 实现过程重载。

```
DECLARE
    PROCEDURE get_dept_info_proc(p_deptno dept.deptno%TYPE) AS
    BEGIN
        DBMS_OUTPUT.put_line('部门编号：' || p_deptno) ;
    END ;
    PROCEDURE get_dept_info_proc(p_dname dept.dname%TYPE) AS
    BEGIN
        DBMS_OUTPUT.put_line('部门名称：' || p_dname) ;
    END ;
BEGIN
    get_dept_info_proc(30) ;
    get_dept_info_proc('魔乐科技') ;
END ;
/
```

程序运行结果：

部门编号：30

部门名称：魔乐科技

本程序定义了两个同名的 get_dept_info_proc()过程，由于参数的类型不同，所以在调用时会根据传递的参数类型不同而调用不同的程序方法体。

以上为读者演示了内部过程的定义，下面再来观察内部函数的定义。

在函数定义中，除了可以返回定义的数据类型之外，也可以返回集合数据，如下所示为函数返回嵌套表数据。

范例 19-44： 定义函数，返回嵌套表类型数据。

```
DECLARE
    TYPE emp_nested IS TABLE OF emp%ROWTYPE ;
    v_emp_return   emp_nested ;
    FUNCTION dept_emp_fun(p_dno emp.deptno%TYPE) RETURN emp_nested
    AS
        v_emp_temp    emp_nested ;
    BEGIN
        SELECT * BULK COLLECT INTO v_emp_temp FROM emp WHERE deptno=p_dno ;
        RETURN v_emp_temp ;
    END ;
BEGIN
    BEGIN
        v_emp_return := dept_emp_fun(10) ;
        FOR x IN v_emp_return.FIRST .. v_emp_return.LAST LOOP
            DBMS_OUTPUT.put_line('雇员编号：' || v_emp_return(x).empno || ',姓名：' ||
v_emp_return(x).ename || '，职位：' || v_emp_return(x).job) ;
        END LOOP ;
    EXCEPTION
        WHEN others THEN
            DBMS_OUTPUT.put_line('此部门没有雇员！') ;
```

```
    END ;
END ;
/
```

程序运行结果：

雇员编号：7782，姓名：CLARK，职位：MANAGER

雇员编号：7839，姓名：KING，职位：PRESIDENT

雇员编号：7934，姓名：MILLER，职位：CLERK

Note

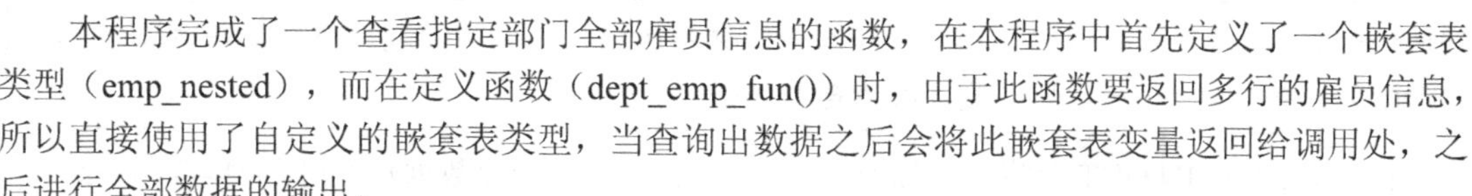

本程序完成了一个查看指定部门全部雇员信息的函数，在本程序中首先定义了一个嵌套表类型（emp_nested），而在定义函数（dept_emp_fun()）时，由于此函数要返回多行的雇员信息，所以直接使用了自定义的嵌套表类型，当查询出数据之后会将此嵌套表变量返回给调用处，之后进行全部数据的输出。

在 Oracle 中函数本身依然支持递归调用操作，即一个函数可以继续调用本函数，要想实现这样的递归操作，则需要有两个前提。

☑ 第一：需要提供函数递归调用结束的操作，如果没有此类操作，则可能会出现内存溢出的问题。

☑ 第二：在每次函数进行递归调用时，都需要修改传递的参数值。

范例 19-45：实现函数递归调用。

```
DECLARE
    v_sum      NUMBER ;
    FUNCTION add_fun(p_num NUMBER)
    RETURN NUMBER
    AS
    BEGIN
        IF p_num = 1 THEN
            RETURN 1 ;
        ELSE
            RETURN p_num + add_fun(p_num - 1) ;
        END IF ;
    END ;
BEGIN
    v_sum := add_fun(100) ;          -- 进行 1~100 累加
    DBMS_OUTPUT.put_line('累加结果：' || v_sum) ;
END ;
/
```

程序运行结果： 累加结果：5050

本程序采用了内部函数的定义方式，在程序的声明部分定义了一个累加的操作函数（add_fun()），之后用户传入一个数据再采用递归的方式实现数据的累加实现。

19.6　NOCOPY 选项

在默认情况下，PL/SQL 程序中对于 IN 模式传递的参数采用的都是引用传递方式，所以其性能较高。而对于 OUT 或者 IN OUT 模式传递参数时采用的是数值传递，在传递时需要将实参数据复制一份给形参，这样做是为了方便形参对数据的操作，而在过程结束之后，被赋予 OUT 或 IN OUT 形参上的值会复制回对应的实参。

提示：关于引用传递与值传递。

学过编程语言的读者应该清楚，在各个编程语言中，都会存在两类数据传递，即值传递、引用传递。值传递指的是将数据复制一份给接收变量，这样变量对其所做的修改不会影响到原始变量的内容。而引用传递指的是将变量的内存地址指针传递给变量，这样对变量所做的修改将影响原始变量的内容（相当于一个人大名叫张三，小名叫二狗，有一天张三中了 500 万元的大奖，二狗也一定会中奖，因为是同一个人）。

由于 OUT 和 IN OUT 会将操作的数据进行复制，所以当传递数据较大时（如集合、记录等），那么这一复制的过程就会变得很长，也会消耗大量的内存空间。为了防止这种情况的出现，在定义过程参数时，可以使用 NOCOPY 选项，将 OUT 或 IN OUT 的值传递变为引用传递，NOCOPY 的语法如下所示。

语法 19-5： NOCOPY 定义

```
参数名称 [参数模式] NOCOPY 数据类型 ;
```

范例 19-46： 使用 NOCOPY 定义过程参数。

```
DECLARE
    TYPE dept_nested IS TABLE OF dept%ROWTYPE ;
    v_dept          dept_nested ;
    PROCEDURE useNocopy_proc(p_temp IN OUT NOCOPY dept_nested)
    IS
    BEGIN
        -- 相关程序代码
    END ;
BEGIN
    SELECT * BULK COLLECT INTO v_dept FROM dept ;  -- 将雇员表全部数据复制到嵌套表中
    v_dept.EXTEND(2000000,1) ;                     -- 将集合扩充，数据以第 1 条记录为准进行填充
    useNocopy_proc(v_dept) ;                       -- 使用 NOCOPY
END ;
/
```

本程序演示了一个使用 NOCOPY 定义 IN OUT 模式参数的过程，在程序主体部分传递一个包含 200 多万条的数据集合到过程中，由于此过程参数使用了 NOCOPY 进行定义，所以传递的只是集合的引用，而不会复制集合。

注意：IN 参数模式无法使用 NOCOPY。

如果读者在定义过程时的参数使用了 IN 或没有写参数模式（默认为 IN），则无法使用 NOCOPY 进行定义。

除了提高参数的传递性能之外，利用 NOCOPY 方式定义的参数，即使程序中出现了错误，也可以正常地返回，如果使用的不是 NOCOPY 定义，则程序中出现错误后数据将无法正确返回，下面通过如下程序进行验证。

范例 19-47： 使用 NOCOPY 选项，即使出现错误，NOCOPY 也可以自动处理。

```
DECLARE
    v_varA    NUMBER := 10 ;
    v_varB    NUMBER := 20 ;
    PROCEDURE change_proc(
        p_paramINOUT IN OUT NUMBER ,
        p_paramNOCOPY IN OUT NOCOPY NUMBER)
    IS
    BEGIN
        p_paramINOUT := 100 ;
        p_paramNOCOPY := 100 ;
        RAISE_APPLICATION_ERROR(-20001 , '测试 NOCOPY.') ;
    END ;
BEGIN
    DBMS_OUTPUT.put_line('【过程调用之前】v_varA = ' || v_varA || '，v_varB = ' || v_varB) ;
    BEGIN
        change_proc(v_varA , v_varB) ;
    EXCEPTION
        WHEN OTHERS THEN
            DBMS_OUTPUT.put_line('SQLCODE = ' || SQLCODE || '，SQLERRM = ' ||
SQLERRM) ;
    END ;
    DBMS_OUTPUT.put_line('【过程调用之后】v_varA = ' || v_varA || '，v_varB = ' || v_varB) ;
END ;
/
```

程序运行结果：

【过程调用之前】v_varA = 10，v_varB = 20

SQLCODE = -20001，SQLERRM = ORA-20001：测试 NOCOPY.

【过程调用之后】v_varA = 10，v_varB = 100

本程序定义的 change_proc()过程中一共接收了两个参数（OUT 参数模式 p_paramOUT，和 NOCOPY 定义的参数 p_paramINOUT），在此过程中会修改这两个变量的内容，然后将这两个变量的内容返回到相应的变量上。但是由于此时在过程中抛出了一个异常，所以发现最终只有 NOCOPY 定义的参数将结果正确返回了，而没有使用 NOCOPY 定义的参数不能正常返回，即 NOCOPY 可以更好地进行异常的处理。

提示：如果不明白以上程序，也可以将抛出异常语句取消。

为了更好地帮助读者理解以上程序及 NOCOPY 定义的特点，下面为读者演示不出现异常时的输出。

范例 19-48：不使用 NOCOPY 选项。

```
DECLARE
    v_varA    NUMBER := 10 ;
    v_varB    NUMBER := 20 ;
    PROCEDURE change_proc(
        p_paramINOUT IN OUT NUMBER ,
        p_paramNOCOPY IN OUT NOCOPY NUMBER)
    IS
    BEGIN
```

Note

```
            p_paramINOUT := 100 ;
            p_paramNOCOPY := 100 ;
        END ;
BEGIN
        DBMS_OUTPUT.put_line('【过程调用之前】v_varA = ' || v_varA || '，v_varB = ' || v_varB) ;
        change_proc(v_varA , v_varB) ;
        DBMS_OUTPUT.put_line('【过程调用之后】v_varA = ' || v_varA || '，v_varB = ' || v_varB) ;
END ;
/
```

程序运行结果：

【过程调用之前】v_varA = 10，v_varB = 20

【过程调用之后】v_varA = 100，v_varB = 100

本程序没有发生异常，所以即使过程中不使用 NOCOPY 定义参数，最终结果也可以正确返回。

19.7 自治事务

在 Oracle 中每一个 SESSION 都拥有独立的事务，而在一个事务处理过程中都会执行一系列的 SQL 更新操作，这些都受到一个整体的事务控制，其他用户如果要进行操作，则必须在执行 COMMIT 或 ROLLBACK 之后才可以。但是如果现在开发的子程序中需要进行独立的子事务处理，并且在此事务处理过程中执行的 COMMIT 或 ROLLBACK 不影响整体主事务，那么就需要通过自治事务进行控制，操作流程如图 19-12 所示。

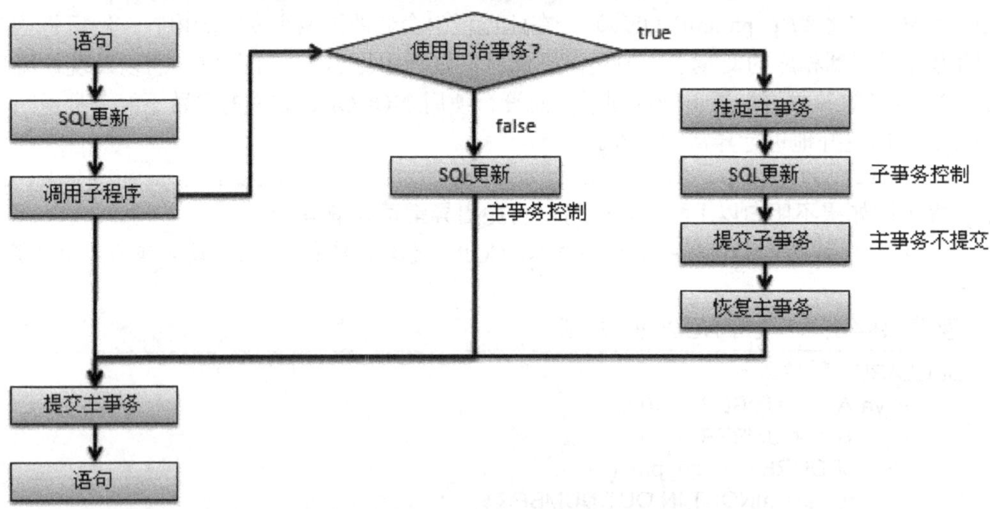

图 19-12　处理自治事务

自治事务是在主事务上单独开启的独立事务，在自治事务处理期间，主事务会暂时挂起，

一直等到自治事务执行 COMMIT 或 ROLLBACK 之后才恢复主事务执行。如果要在程序中使用自治事务，可以在子程序声明部分编写如下语句。

```
PRAGMA AUTONOMOUS_TRANSACTION ;
```

范例 19-49：使用自治事务。

```
DECLARE
    PROCEDURE dept_insert_proc AS
        PRAGMA AUTONOMOUS_TRANSACTION;          -- 自治事务
    BEGIN
        -- 此处更新将使用自治事务，主事务将被挂起
        INSERT INTO dept(deptno,dname,loc) VALUES (60,'MLDN','北京') ;
        COMMIT ;                                -- 提交自治事务
    END ;
BEGIN
    INSERT INTO dept(deptno,dname,loc) VALUES (50,'开发部','天津') ;
    dept_insert_proc() ;
    ROLLBACK ;                                  -- 此处为主事务回滚
END ;
/
```

本程序在嵌套的过程中定义了一个自治事务，而后在程序的主体部分进行 SQL 操作时，对于主事务而言将被挂起，所以在自治事务中所做的事务提交不会影响到主事务，执行之后在 dept 表中只会增加一条新记录。

范例 19-50：查看 dept 表记录。

```
SELECT * FROM dept ;
```

查询结果：通过 SQL Developer 输出，如图 19-13 所示。

	DEPTNO	DNAME	LOC
1	10	ACCOUNTING	NEW YORK
2	20	RESEARCH	DALLAS
3	30	SALES	CHICAGO
4	40	OPERATIONS	BOSTON
5	60	MLDN	北京

图 19-13　查询 dept 表记录

19.8　子程序权限

在 Oracle 中每一个子程序都是一个 Oracle 对象，但不同用户之间的子程序如果要进行访问，则必须授权。例如，现在 c##scott 用户下创建了一个 bonus_proc 的子程序，如果要让其他用户（c##mldnuser）使用此子程序，则必须为 c##mldnuser 用户授予 EXECUTE 的执行权限。下面通过一个具体的操作步骤来演示。

本操作首先将创建一个 c##mldnuser 的用户，而后将为其分别赋予数据库操作角色（CONNECT、RESROUCE），同时也会将 c##scott 用户中 bonus_proc 子程序的权限授予该用户。

范例 19-51：使用 nolog 方式打开 SQLPlus。

```
sqlplus /nolog
```

范例 19-52：使用 sys 用户登录。

```
CONN sys/change_on_install AS SYSDBA ;
```

范例 19-53：创建一个新用户 c##mldnuser，密码为 c##mldnjava。

```
CREATE USER c##mldnuser IDENTIFIED BY mldnjava ;
```

范例 19-54：将 CONNECT 和 RESOURCE 角色授予 c##mldnuser 用户。

```
GRANT CONNECT,RESOURCE TO c##mldnuser ;
```

范例 19-55：重新使用 c##scott 用户登录。

```
CONN c##scott/tiger ;
```

范例 19-56：创建一个 bonus_proc 的过程。

```
CREATE OR REPLACE PROCEDURE bonus_proc AS
BEGIN
     INSERT INTO bonus(ename,job,sal,comm) VALUES ('李兴华','程序员',5000,2000) ;
     COMMIT ;
END ;
/
```

范例 19-57：将 bonus_proc 子程序的执行权限授予 c##mldnuser 用户。

```
GRANT EXECUTE ON c##scott.bonus_proc TO c##mldnuser ;
```

执行完以上操作后，c##mldnuser 用户将具备 c##scott.bonus_proc 过程的执行权限，而后使用 c##mldnuser/mldnjava 用户登录。

范例 19-58：使用 c##mldnuser 登录。

```
CONN c##mldnuser/mldnjava ;
```

c##mldnuser 用户登录成功后，执行 bonus_proc 过程。

范例 19-59：在 c##mldnuser 用户下执行 bonus_proc 过程。

```
EXEC c##scott.bonus_proc ;
```

当调用完 bonus_proc 过程之后，虽然是通过 c##mldnuser 用户执行的过程，但最终过程执行的增加操作数据还是会在 c##scott.bonus 表中保存，如图 19-14 所示。

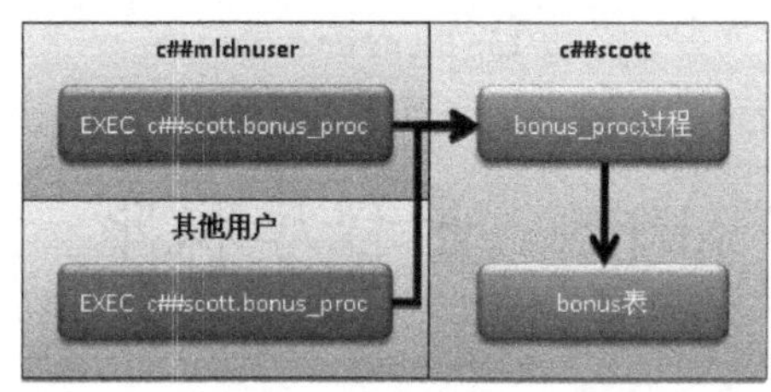

图 19-14　过程调用

如果说现在 c##mldnuser 用户下也有一个与 c##scott.bonus 相同名称及结构的数据表，那么是否会在 c##mldnuser.bonus 表中保存呢？下面进行一个简单的测试。

范例 19-60：创建与 c##scott.bonus 相同名称且结构相同的数据表。

```
DROP TABLE bonus PURGE ;
CREATE TABLE bonus (
     ename      VARCHAR2(10) ,
     job        VARCHAR2(9) ,
```

```
      sal        NUMBER ,
      comm       NUMBER
) ;
```

此时再次执行过程，发现数据也不会保存在 c##mldnuser.bonus 表中，这是由子程序的创建权限来决定的，默认情况下，一个子程序创建时访问的资源只能是当前用户下的对象，即子程序定义权限为 DEFINER（AUTHID DEFINER，此为默认设置，即使定义子程序时没有编写 AUTHID 也表示 DEFINER）。所以为了解决这样的问题，用户在创建子程序的时候可以将其更改为 CURRENT_USER 选项，这样所操作的资源就可以为当前连接用户下的资源，如图 19-15 所示。

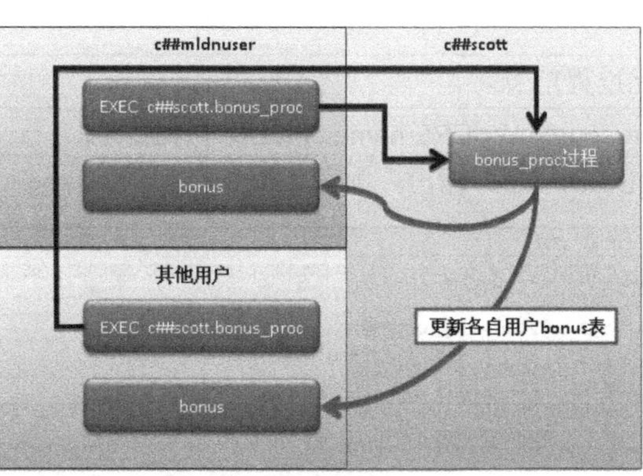

图 19-15 CURRENT_USER 作用

范例 19-61：在 c##scott 中重新定义过程。

```
CREATE OR REPLACE PROCEDURE bonus_proc
AUTHID CURRENT_USER AS
BEGIN
     INSERT INTO bonus(ename,job,sal,comm) VALUES ('张三','程序员',5000,2000) ;
     COMMIT ;
END ;
/
```

此时在 c##scott 用户下重新定义了 bonus_proc 过程，在编译的同时增加了 AUTHID CURRENT_USER 选项，表示会执行使用者的操作权限，而在 c##mldnuser 用户下重新执行 bonus_proc 过程时，可以自动在 c##mldnuser.bonus 中保存数据。

19.9 利用 Java 调用子程序

提示：本部分需要 Java 相关知识。

Oracle 作为大型数据库，在各个大中型项目中都会有其应用，而进行大中型项目的首要开发平台就是 Java 语言，所以本节将为读者演示 Java 调用过程的操作。如果读者对此部分不熟悉，可以参考本系列的《Java 开发实战经典》一书第 17 章的内容进行学习。

为了方便学习，本处所创建的过程与《Java 开发实战经典》中使用 MySQL 数据库创建的存储过程功能类似。

为了方便 Java 程序调用子程序，下面首先创建一个简单的过程。

范例 19-62：定义过程 mldn_proc。

```
DROP PROCEDURE mldn_proc ;
CREATE OR REPLACE PROCEDURE mldn_proc (p1 IN NUMBER , p2 IN OUT NUMBER , p3
OUT NUMBER) AS
BEGIN
      p2 := 20 ;                    -- 设置 p2 的内容为 20
      p3 := 30 ;                    -- 设置 p3 的内容为 30
END ;
/
```

范例 19-63：查询此过程信息。

```
SELECT * FROM user_source WHERE name='MLDN_PROC' ;
```

查询结果：通过 SQL Developer 输出，如图 19-16 所示。

	NAME	TYPE	LINE	TEXT	ORIGIN_CON_ID
1	MLDN_PROC	PROCEDURE	1	PROCEDURE mldn_proc (p1 IN NUMBER , p2 IN OUT NUMBER , p3 OUT NUMBER) AS	1
2	MLDN_PROC	PROCEDURE	2	BEGIN	1
3	MLDN_PROC	PROCEDURE	3	p2 := 20 ;-- 设置p2的内容为20	1
4	MLDN_PROC	PROCEDURE	4	p3 := 30 ;-- 设置p3的内容为30	1
5	MLDN_PROC	PROCEDURE	5	END ;	1

图 19-16　查询子程序

子程序创建完成后，下面就可以利用 JDBC 技术中的 CallableStatement 接口实现子程序的调用。

提示：Oracle 数据库连接驱动。

Oracle 12c 的数据库连接驱动程序路径为：

```
D:\app\用户名 product\12.1.0\dbhome_1\jdbc\lib\ojdbc6_g
```

如果要连接数据库，请在 CLASSPATH 中配置此 JAR 文件，如果使用 Eclipse 开发，则需要在 Java Build Path 中指定，如图 19-17 所示。

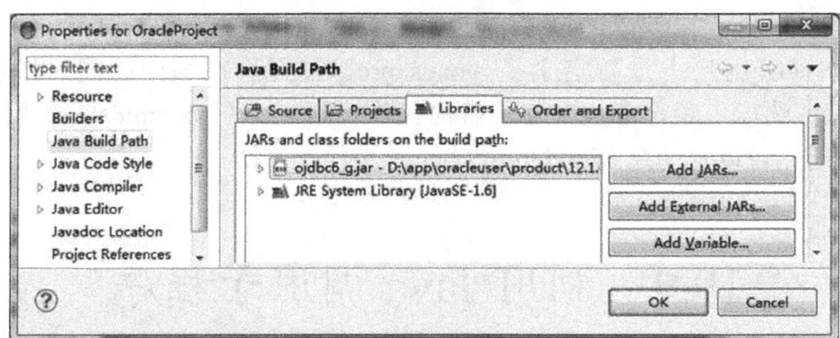

图 19-17　Java Build Path 配置

范例 19-64：利用 JDBC 技术调用 myproc 过程。

```
package cn.mldn.demo;
import java.sql.CallableStatement;
import java.sql.Connection;
import java.sql.DriverManager;
import java.sql.Types;
```

```
public class ProcDemo {
    // 定义 Oracle 的数据库驱动程序
    public static final String DBDRIVER = "oracle.jdbc.driver.OracleDriver" ;
    // 定义 Oracle 数据库的连接地址
    public static final String DBURL = "jdbc:oracle:thin:@localhost:1521:MLDN" ;
    // Oracle 数据库的连接用户名
    public static final String DBUSER = "c##scott" ;
    // Oracle 数据库的连接密码
    public static final String DBPASS = "tiger" ;
    public static void main(String[] args) throws Exception {
        Connection conn = null ;                                    // 数据库连接
        CallableStatement cstmt = null ;                            // 数据库操作
        String sql = "{CALL mldn_proc(?,?,?)}" ;                    // 调用过程
        Class.forName(DBDRIVER) ;                                   // 加载驱动程序
        // 连接 MySQL 数据库时，要写上连接的用户名和密码
        conn = DriverManager.getConnection(DBURL, DBUSER, DBPASS);
        cstmt = conn.prepareCall(sql) ;                             // 实例化对象
        cstmt.setInt(1, 70) ;                                       // 设置第一个参数是 70
        cstmt.setInt(2, 80) ;                                       // 设置第一个参数是 80
        cstmt.registerOutParameter(2, Types.INTEGER) ;              // 设置返回值类型
        cstmt.registerOutParameter(3, Types.INTEGER) ;              // 设置返回值类型
        cstmt.execute() ;                                           // 执行存储过程
        System.out.println("INOUT 的返回值：" + cstmt.getInt(2));
        System.out.println("OUT 的返回值：" + cstmt.getInt(3));
        cstmt.close() ;                                             // 操作关闭
        conn.close() ;                                              // 数据库关闭
    }
}
```

程序运行结果：

INOUT 的返回值：20

OUT 的返回值：30

与参数模式相同，IN OUT 和 OUT 都可以将过程中修改后的结果返回给参数本身。

19.10 本章小结

1．子程序的实际就是将定义的 PL/SQL 程序块放在过程或函数中进行统一的管理。

2．如果要查询子程序的详细定义，可以使用 user_source 数据字典进行查看。

3．子程序有 3 种参数模式，分别是 IN（默认）、IN OUT、OUT。

4．子程序可以进行重载，重载时只需要注意参数的个数及类型不同即可。

5．使用“PRAGMA AUTONOMOUS_TRANSACTION ;”可以启动一个子事务，子事务的操作与主事务无关。

第20章

包

通过本章的学习，可以达到以下目标：

☑ 掌握包的相关定义及使用。

☑ 了解系统包的使用。

为了让数据库开发中的常量、变量、数据类型、过程、函数、触发器等方便管理，往往会将这些程序片段按照功能放在不同包中，这样在用户使用这些程序结构时就会变得非常方便。同时为了方便用户，Oracle数据库提供了大量的开发包，本章将为读者讲解包的作用以及系统提供的常用包的使用。

20.1　包的定义及使用

包可以方便地实现模块化程序的管理，而 Oracle 对于包的定义有许多的要求，下面将为读者完整地讲解包的定义以及相关概念。

20.1.1　包的基本概念

包是一种程序模块化设计的主要实现手段，通过包可以将一个模块中所要使用的各个程序结构（过程、函数、游标、类型、变量）放在一起进行管理，同时包中所定义的程序结构也可以方便地进行互相调用。

提示：输出数据 DBMS_OUTPUT.put_line()就是调用了包中的函数。

对于输出操作一直在使用，实际上在使用 DBMS_OUTPUT.put_line()输出数据时就是调用了 DBMS_OUTPUT 包中的 put_line()函数完成的。

在 Oracle 中如果要定义包，则需要两个组成部分。

- ☑ 包规范（PACKAGE）：定义包中可以被外部访问的部分，在包规范中声明的内容可以从应用程序和包的任何地方访问，其定义语法如下所示。

语法 20-1： 定义包规范

```
CREATE OR [REPLACE] PACKAGE 包名称
[AUTHID CURRENT_USER | DEFINER]
IS | AS
    结构名称定义（类型、过程、函数、游标、异常等）
END [包名称] ;
/
```

- ☑ 包体（PACKAGE BODY）：负责包规范中定义的函数或过程的具体实现代码，如果在包体中定义了包规范中没有的内容，则此部分内容将被设置为私有访问，包体的定义语法如下所示。

语法 20-2： 定义包体

```
CREATE OR [REPLACE] PACKAGE BODY 包名称
IS | AS
    结构实现（类型、过程、函数、游标、异常等）
BEGIN
    包初始化程序代码 ;
END [包名称] ;
/
```

下面首先通过一个具体的范例来解释包规范及包体的定义。

范例 20-1： 定义包规范。

```
CREATE OR REPLACE PACKAGE mldn_pkg
```

```
AS
      FUNCTION get_emp_fun(p_dno dept.deptno%TYPE) RETURN SYS_REFCURSOR ;
      -- 返回弱游标类型
END ;
/
```

本程序定义了一个包规范，在此规范中主要定义了一个 get_emp_fun()函数，该函数可以被任何应用程序所调用，同时这个函数的返回值类型为 SYS_REFCURSOR，该类型为之前讲解游标时强调的系统定义的弱游标类型。

提示：也可以自己定义弱游标类型。

如果用户不习惯使用 SYS_REFCURSOR，也可以按照如下的方式定义包规范。

范例 20-2：定义包规范。

```
CREATE OR REPLACE PACKAGE mldn_pkg
AS
      TYPE cursor_ref IS REF CURSOR ;
      FUNCTION get_emp_fun(p_dno dept.deptno%TYPE) RETURN cursor_ref ;
END ;
/
```

本程序明确定义了一个弱类型的游标变量，而后将函数中的返回值也定义为此游标类型。为了让读者看清楚，在讲解本范例时会将此操作类型的代码为读者列出。

提示：使用 AUTHID 设置包权限。

如果一个用户定义的包需要将执行权限授予其他用户，则需要考虑权限设置问题。在包规范定义语法中存在了权限的设置项 AUTHID [CURRENT_USER | DEFINER]，如果包规范中的某个操作可以由使用者权限决定，则将其设置为 CURRENT_USER，在包规范中所定义的所有子程序权限必须与包规范声明时定义的权限相同。

范例 20-3：定义包体实现 get_emp_fun()函数。

```
CREATE OR REPLACE PACKAGE BODY mldn_pkg
AS
      FUNCTION get_emp_fun(p_dno dept.deptno%TYPE) RETURN SYS_REFCURSOR
      AS
            cur_var          SYS_REFCURSOR ;
      BEGIN
            OPEN cur_var FOR SELECT * FROM emp WHERE deptno=p_dno ; -- 打开参数游标
            RETURN cur_var ;
      END ;
END ;
/
```

本程序为包规范的具体实现，由于包规范中只定义了一个函数，所以此处只需要将该函数的方法体编写完成即可。

提示：使用自定义游标变量。

如果实现包体使用自定义游标变量方式，则实现如下。

范例 20-4：自定义游标变量。

```
CREATE OR REPLACE PACKAGE BODY mldn_pkg
AS
    FUNCTION get_emp_fun(p_dno dept.deptno%TYPE) RETURN cursor_ref
    AS
        cur_var        cursor_ref ;
    BEGIN
        OPEN cur_var FOR SELECT * FROM emp WHERE deptno=p_dno ;-- 打开参数游标
        RETURN cur_var ;
    END ;
END ;
/
```

与系统定义的弱类型的操作顺序相同，此处依然需要定义一个变量来保存所有的游标数据。

当用户定义完包后，可以通过 user_objects 和 user_source 两个数据字典进行查看。

范例 20-5：查询 user_objects 数据字典确认包规范及包体信息。

```
SELECT object_type , object_name , status FROM user_objects
WHERE object_type IN ('PACKAGE','PACKAGE BODY') ;
```

查询结果：通过 SQL Developer 输出，如图 20-1 所示。

	OBJECT_TYPE	OBJECT_NAME	STATUS
1	PACKAGE	MLDN_PKG	VALID
2	PACKAGE BODY	MLDN_PKG	VALID

图 20-1　查询 user_objects 数据字典

范例 20-6：查询 user_source 数据字典，查看包规范。

```
SELECT *
FROM user_source
WHERE type='PACKAGE' AND name='MLDN_PKG'   ;
```

查询结果：通过 SQL Developer 输出，如图 20-2 所示。

	NAME	TYPE	LINE	TEXT	ORIGIN_CON_ID
1	MLDN_PKG	PACKAGE	1	PACKAGE mldn_pkg	1
2	MLDN_PKG	PACKAGE	2	AS	1
3	MLDN_PKG	PACKAGE	3	FUNCTION get_emp_fun(p_dno dept.deptno%TY...	1
4	MLDN_PKG	PACKAGE	4	END ;	1

图 20-2　查询包规范

当包规范和包体实现定义完成后，下面就可以通过“包.程序结构”的方式（例如包.过程、包.函数、包.嵌套表等）进行包内容的调用，下面的程序将通过一个 PL/SQL 程序块进行定义。

范例 20-7：定义 PL/SQL 程序块调用包中的函数。

```
DECLARE
    v_receive SYS_REFCURSOR ;
    v_empRow      emp%ROWTYPE ;                          -- 定义行类型
BEGIN
    v_receive := mldn_pkg.get_emp_fun(10) ;
    LOOP
        FETCH v_receive INTO v_empRow ;                  -- 取得游标数据
        EXIT WHEN v_receive%NOTFOUND ;                   -- 如果没有数据则退出
```

```
        DBMS_OUTPUT.put_line('雇员姓名：' || v_empRow.ename || '，雇员职位：' || v_empRow.job) ;
    END LOOP ;
END ;
/
```

程序运行结果：

雇员姓名：CLARK，雇员职位：MANAGER

雇员姓名：KING，雇员职位：PRESIDENT

雇员姓名：MILLER，雇员职位：CLERK

由于本程序默认使用的是系统定义的弱类型游标变量，所以直接定义一个SYS_REFCURSOR 变量即可，而后调用 mldn_pkg 包中的 get_emp_fun()函数，将 10 部门的雇员信息全部取出，采用循环的方式将游标中的全部内容输出。

提示：如果不使用 SYS_REFCURSOR，则在声明 v_receive 变量时就需要通过包定义类型。

如果用户使用的是一个自定义的游标变量，则在定义 v_receive 时还需要通过“包.游标变量类型”的方式，如下代码所示。

范例 20-8：自定义游标变量。

```
DECLARE
    v_receive mldn_pkg.cursor_ref ;
    v_empRow      emp%ROWTYPE ;                          -- 定义行类型
BEGIN
    v_receive := mldn_pkg.get_emp_fun(10) ;
    LOOP
        FETCH v_receive INTO v_empRow ;                  -- 取得游标数据
        EXIT WHEN v_receive%NOTFOUND ;                   -- 如果没有数据则退出
        DBMS_OUTPUT.put_line('雇员姓名：' || v_empRow.ename || '，雇员职位：' ||
        v_empRow.job) ;
    END LOOP ;
END ;
/
```

本程序在声明 v_receive 变量时直接引用了 mldn_pkg 包中自定义的 cursor_ref 游标变量类型，而后通过其接收 get_emp_fun()函数返回的结果并进行输出。

通过以上的一个基本定义可以发现，程序定义为包中实际上就相当于定义了一套完整的程序结构，在这一套完整的程序结构中，所定义的变量、过程或函数等都可以互相进行调用，这样做有利于模块化设计，同时通过包又可以实现程序代码的规范化设计。

当定义的包规范或包不需要再使用的时候，用户也可以直接利用以下命令删除包。

语法 20-3：删除包规范

```
DROP PACKAGE 包名称 ;
```

语法 20-4：删除包体

```
DROP PACKAGE BODY 包名称 ;
```

范例 20-9：删除 mldn_pkg 包。

```
DROP PACKAGE mldn_pkg ;
```

此时删除的是包规范，在删除包规范的同时会将其对应的包体一起删除。

20.1.2　重新编译包

当包定义完成之后，如果因某些原因需要对包进行重新编译，则可以使用如下语法来完成。

语法 20-5：重新编译包

```
ALTER PACKAGE 包名称 COMPILE [DEBUG] PACKAGE | SPECIFICATION | BODY [REUSE SETTINGS] ;
```

在进行包重新编译时有 3 种编译形式：

☑　PACKAGE：重新编译包规范和包体。

☑　SPECIFICATION：重新编译包规范。

☑　BODY：重新编译包体。

范例 20-10：重新编译包规范。

```
ALTER PACKAGE mldn_pkg COMPILE SPECIFICATION ;
```

范例 20-11：重新编译包体。

```
ALTER PACKAGE mldn_pkg COMPILE BODY ;
```

通过此种显式的编译操作，可以防止在运行时编译错误所带来的额外性能开销。

20.1.3　包的作用域

由于采用了包规范与包体相分离的方式，所以某些私有的操作就可以非常方便地进行定义了（只要不在包规范中定义而包体定义的结构为私有）。在默认情况下，所有的包是在第一次被调用时才会进行初始化操作，而后包的运行状态保存到用户全局区的会话中，在一个会话期间内，此包会一直被用户所占用，一直到会话结束后才会将包释放。因此在包中的任何一个变量或游标等可以在一个会话期间一直存在，相当于全局变量，同时可以被所有的子程序所共享。下面通过一个程序来说明包中定义全局变量的使用。

范例 20-12：在包规范中定义全局变量。

```
CREATE OR REPLACE PACKAGE mldn_pkg
AS
	v_deptno dept.deptno%TYPE := 10 ;
	FUNCTION get_emp_fun(p_eno emp.empno%TYPE) RETURN emp%ROWTYPE ;
END ;
/
```

本程序在 mldn_pkg 包中定义了一个 v_deptno 全局变量，同时定义了一个 get_emp_fun()函数，此函数的主要功能是根据雇员编号（通过函数参数 v_eno 传递）和部门编号（通过全局变量 v_deptno 传递）查询指定的雇员信息。

范例 20-13：定义包体实现。

```
CREATE OR REPLACE PACKAGE BODY mldn_pkg
AS
	FUNCTION get_emp_fun(p_eno emp.empno%TYPE) RETURN emp%ROWTYPE
	AS
		v_empRow		emp%ROWTYPE ;
```

```
	BEGIN
		SELECT * INTO v_empRow FROM emp WHERE empno=p_eno AND deptno=v_deptno ;
		RETURN v_empRow ;
	END ;
END ;
/
```

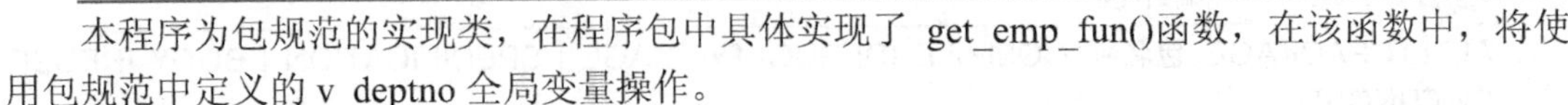

本程序为包规范的实现类，在程序包中具体实现了 get_emp_fun()函数，在该函数中，将使用包规范中定义的 v_deptno 全局变量操作。

范例 20-14：编写多个 PL/SQL 程序块，调用包中定义的程序结构。

```
BEGIN
	mldn_pkg.v_deptno := 20 ;
END ;
/
DECLARE
	v_empResult	emp%ROWTYPE ;
BEGIN
	v_empResult := mldn_pkg.get_emp_fun(7369) ;
	DBMS_OUTPUT.put_line('雇员姓名：' || v_empResult.ename || '，职位：' || v_empResult.job
	|| '，部门编号：' || mldn_pkg.v_deptno) ;
END ;
/
```

程序运行结果：雇员姓名：SMITH，职位：CLERK，部门编号：20

本操作分别定义了两个 PL/SQL 程序块，第一个程序块为包规范中定义的全局变量（v_deptno）进行赋值。第二个程序块直接调用了包中的 get_emp_fun()函数，由于此时已经设置 v_deptno 的内容为 20，所以此处相当于查找在 20 部门工作的 7369 雇员信息。

本程序在一个 PL/SQL 程序块中使用了 mldn_pkg 包，所以此包就被保存在用户全局区中。如果用户在编译包时指定了 SERIALLY_REUSABLE（需要在包规范及包体中同时设置此选项），则每次调用后包的运行状态就会被释放，再次调用包时，将重新开始包状态。

注意：不建议使用 SERIALLY_REUSABLE。

如果用户在定义包规范及包体时使用了 SERIALLY_REUSABLE，则每次调用时都会出现包“加载-释放”操作，而此操作会导致占用大量的内存，所以当数据库并发访问量大时会造成性能问题，用户要谨慎使用。

范例 20-15：修改包规范定义。

```
CREATE OR REPLACE PACKAGE mldn_pkg
AS
	PRAGMA SERIALLY_REUSABLE ;
	v_deptno  dept.deptno%TYPE ;
	FUNCTION get_emp_fun(p_eno emp.empno%TYPE) RETURN emp%ROWTYPE ;
END ;
/
```

范例 20-16：修改包体定义。

```
CREATE OR REPLACE PACKAGE BODY mldn_pkg
```

```
AS
    PRAGMA SERIALLY_REUSABLE ;
    FUNCTION get_emp_fun(p_eno emp.empno%TYPE) RETURN emp%ROWTYPE
    AS
        v_empRow          emp%ROWTYPE ;
    BEGIN
        SELECT * INTO v_empRow FROM emp WHERE empno=p_eno AND deptno=
        v_deptno ;
        RETURN v_empRow ;
    END ;
END ;
/
```

此时在定义包规范及包体时分别使用了“PRAGMA SERIALLY_REUSABLE ;”表示此包在每次调用后立即被程序释放，不保存其状态。

20.1.4　重载包中的子程序

如果一个包中定义了多个子程序，那么这些子程序是可以进行重载的，即在一个包中可以同时存在一个以上具有相同名称但参数及个数不同的子程序。

范例 20-17：编写包规范，同时进行子程序重载。

```
CREATE OR REPLACE PACKAGE emp_delete_pkg
AS
    -- 删除雇员时所发生的异常
    emp_delete_exception    EXCEPTION ;
    -- 根据雇员编号删除雇员信息
    PROCEDURE delete_emp_proc(p_empno emp.empno%TYPE) ;
    -- 根据雇员姓名删除雇员信息
    PROCEDURE delete_emp_proc(p_ename emp.ename%TYPE) ;
    -- 根据雇员所在部门及职位删除雇员信息
    PROCEDURE delete_emp_proc(p_deptno emp.deptno%TYPE , p_job emp.job%TYPE) ;
END ;
/
```

在本程序中一共有 3 个删除数据的操作过程，而这 3 个删除操作的过程名称相同，但参数的类型及个数不同，同时为了处理在删除数据时会出现异常，也定义了一个 emp_delete_exception 异常。

范例 20-18：定义包体实现具体的包规范。

```
CREATE OR REPLACE PACKAGE BODY emp_delete_pkg
AS
    -- 根据雇员编号删除雇员信息，如果没有数据被删除则抛出异常
    PROCEDURE delete_emp_proc(p_empno emp.empno%TYPE) AS
    BEGIN
        DELETE FROM emp WHERE empno=p_empno ;
        IF SQL%NOTFOUND THEN
            RAISE emp_delete_exception ;
        END IF ;
    END delete_emp_proc ;
```

Note

```
    -- 根据雇员姓名删除雇员信息，如果没有数据被删除则抛出异常
    PROCEDURE delete_emp_proc(p_ename emp.ename%TYPE) AS
    BEGIN
        DELETE FROM emp WHERE ename=UPPER(p_ename) ;
        IF SQL%NOTFOUND THEN
            RAISE emp_delete_exception ;
        END IF ;
    END delete_emp_proc ;
    -- 根据部门编号和雇员职位删除雇员信息，如果没有数据被删除则抛出异常
    PROCEDURE delete_emp_proc(p_deptno emp.deptno%TYPE , p_job emp.job%TYPE) AS
    BEGIN
        DELETE FROM emp WHERE deptno=p_deptno AND job=p_job ;
        IF SQL%NOTFOUND THEN
            RAISE emp_delete_exception ;
        END IF ;
    END delete_emp_proc ;
END ;
/
```

本包体中实现了包规范里所定义的三个删除过程，下面将通过“EXEC”命令分别为读者演示三个过程的执行。

范例 20-19：调用重载过程（见表 20-1）。

表 20-1　重载过程

No.	说　　明	调 用 过 程	提 示 信 息
1	根据雇员编号删除不存在的雇员	EXEC emp_delete_pkg.delete_emp_proc(8888) ;	ORA-06510: PL/SQL: 用户定义的异常错误未得到处理 ORA-06512: 在 "SCOTT.EMP_DELETE_PKG", line 8 ORA-06512: 在 line 1
2	根据雇员编号删除已存在的雇员	EXEC emp_delete_pkg.delete_emp_proc(7369) ;	PL/SQL 过程已成功完成。
3	根据雇员姓名删除雇员	EXEC emp_delete_pkg.delete_emp_proc('KING') ;	PL/SQL 过程已成功完成。
4	根据部门编号及职位删除雇员	EXEC emp_delete_pkg.delete_emp_proc(20,'CLERK') ;	PL/SQL 过程已成功完成。

在调用过程时会自动根据参数的个数或参数的不同调用不同的过程进行操作。

20.1.5　包的初始化

在程序第一次调用数据包中的子程序、相关变量或类型引用时，表示对包进行默认的实例化操作，此时会将包的内容从硬盘读入到内存，而此包将一直持续到整个会话结束。如果当某个会话第一次使用某个包时可以由用户定义制定一些属于自己的初始化操作，例如为集合数据进行内容填充或一些更加复杂的业务功能。如果要编写包初始化的代码，可以直接在包体中定义 BEGIN 语句，即在此部分编写初始化代码。

范例 20-20：定义包规范。

```
CREATE OR REPLACE PACKAGE init_pkg AS
    -- 定义索引表类型，里面将保存多个 dept 行记录，使用数字作为索引类型
    TYPE dept_index IS TABLE OF dept%ROWTYPE INDEX BY PLS_INTEGER ;
    -- 定义要操作的游标
    CURSOR dept_cur RETURN dept%ROWTYPE ;
    -- 定义索引表变量
    v_dept      dept_index ;
    -- 定义部门增加操作函数，如果增加成功返回 true，否则返回 false
    FUNCTION dept_insert_fun(p_deptno dept.deptno%TYPE , p_dname dept.dname%TYPE ,
p_loc dept.loc%TYPE) RETURN BOOLEAN ;
END ;
/
```

在本程序定义的包规范中定义了一个索引表类型及其变量（v_dept），而此索引表将保存 dept 表的全部记录，而后在程序的外部将通过此索引表变量的索引取得相应的部门信息。在本包中也定义了一个要操作 dept 表数据的游标 dept_cur，但是此时的游标并没有指定具体的语句，此游标的具体操作将在包体中定义。

> **提示：也可以在包规范定义游标时设置具体的游标操作类型。**
>
> 在本程序的包规范中只是声明了一个 dept_cur 的游标，并没有设置具体的查询语句。如果用户有需要，也可以在包规范中定义具体的游标体，如下代码片段所示。
>
> **范例** 20-21：定义带查询语句的游标。
>
> ```
> CURSOR emp_cur(p_sal emp.sal%TYPE) RETURN emp%ROWTYPE IS
>     SELECT * FROM emp WHERE sal>p_sal ;
> ```
>
> 而这两种包规范定义游标方式的区别如下：
>
> ☑ 只声明游标类型但是没有明确给出查询语句则需要在包体中显式关联一个查询语句，否则将出现 PLS-00323 的错误提示信息。
>
> ☑ 在包规范中已经明确将游标关联一个查询语句后，在包体中的各个子程序可以直接使用。

范例 20-22：定义包体。

```
CREATE OR REPLACE PACKAGE BODY init_pkg AS
    CURSOR dept_cur RETURN dept%ROWTYPE IS
        SELECT * FROM dept ;
    FUNCTION dept_insert_fun(p_deptno dept.deptno%TYPE , p_dname dept.dname%TYPE ,
    p_loc dept.loc%TYPE) RETURN BOOLEAN AS
    BEGIN
        IF NOT v_dept.EXISTS(p_deptno) THEN -- 数据不存在
            INSERT INTO dept(deptno,dname,loc) VALUES (p_deptno,p_dname,p_loc) ;
            v_dept(p_deptno).deptno := p_deptno ;
            v_dept(p_deptno).dname := p_dname ;
            v_dept(p_deptno).loc := p_loc ;
            RETURN true ;
        ELSE
            RETURN false ;
        END IF ;
```

```
    END dept_insert_fun ;
BEGIN
    -- 包初始化操作：将游标中的数据保存到索引表中，同时以部门编号作为索引表操作索引
    FOR dept_row IN dept_cur LOOP
        v_dept(dept_row.deptno) := dept_row ;
    END LOOP ;
EXCEPTION
    WHEN OTHERS THEN
        DBMS_OUTPUT.put_line('程序出现错误。') ;
END ;
/
```

本程序中为了可以取得 dept 表的全部记录，所以首先声明了一个 dept 表的游标，而后在包初始化部分采用 FOR 循环将游标中的每一行记录赋值给 v_dept 变量，这样在整个程序运行过程中就会一直存在此索引表变量。在本包体之中的 dept_insert_fun()函数操作时首先会判断要增加的部门编号是否在索引表中存在，如果存在则返回 false；如果不存在则执行增加操作，同时将增加后的数据保存在索引表中，以方便程序下次调用。

范例 20-23：编写 PL/SQL 程序块调用包。

```
BEGIN
    DBMS_OUTPUT.put_line('部门编号：' || init_pkg.v_dept(10).deptno ||
        '，名称：' || init_pkg.v_dept(10).dname ||
        '，位置：' || init_pkg.v_dept(10).loc) ;
    IF init_pkg.dept_insert_fun(50,'MLDNJAVA','北京') THEN
        DBMS_OUTPUT.put_line('新部门增加成功！') ;
        DBMS_OUTPUT.put_line('新增部门编号：' || init_pkg.v_dept(50).deptno ||
            '，名称：' || init_pkg.v_dept(50).dname ||
            '，位置：' || init_pkg.v_dept(50).loc) ;
    ELSE
        DBMS_OUTPUT.put_line('部门信息已存在，增加失败！') ;
    END IF ;
END ;
/
```

程序运行结果：

部门编号：10，名称：ACCOUNTING，位置：NEW YORK

新部门增加成功！

新增部门编号：50，名称：MLDNJAVA，位置：北京

由于包体在初始化时已经将 dept 表中已有的数据取出，所以可以直接取出 10 部门的内容。之后又调用了包中的 dept_insert_fun()函数进行新部门的增加，由于在此函数中已经将新数据保存在索引表中，所以在增加完成后可以直接利用索引表取得数据。

20.1.6 包的纯度级别

如果在包中定义了函数，那么可以直接通过 SQL 语句进行调用。如果要对包中的函数进行限制，例如不能包含 DML 语句，如果要设置包的纯度级别可以使用如下语法来完成。

语法 20-6：包的纯度级别

```
PRAGMA RESTRICT_REFERENCES (函数名称 , WNDS [,WNPS] [,RNDS] [,RUPS]) ;
```

在本语法格式中定义了 4 种纯度等级，如表 20-2 所示。

表 20-2　纯度等级

No.	纯 度 等 级	说　明
1	WNDS	函数不能修改数据库表数据（即无法使用 DML 更新）
2	RNDS	函数不能读数据库表（即无法使用 SELECT 查询）
3	WNPS	函数不允许修改包中的变量内容
4	RNPS	函数不允许读取包中的变量内容

范例 20-24：定义包中函数的纯度级别。

```
CREATE OR REPLACE PACKAGE purity_pkg AS
    -- 定义包中的变量
    v_name VARCHAR2(10) := 'mldn' ;
    -- 根据雇员编号删除雇员信息，但此函数不能执行更新操作
    FUNCTION emp_delete_fun_wnds(p_empno emp.empno%TYPE) RETURN NUMBER ;
    -- 根据雇员编号查找雇员信息，但此函数不能执行 SELECT 操作
    FUNCTION emp_find_fun_rnds(p_empno emp.empno%TYPE) RETURN NUMBER ;
    -- 使用新的内容修改 v_name 变量内容，但此函数不能修改包中的变量
    FUNCTION change_name_fun_wnps(p_param VARCHAR2) RETURN VARCHAR2 ;
    -- 读取 v_name 属性内容，但此函数不能读取包中的变量
    FUNCTION get_name_fun_rnps(p_param NUMBER) RETURN VARCHAR2 ;
    PRAGMA RESTRICT_REFERENCES(emp_delete_fun_wnds, WNDS) ;      -- 设置函数纯度级别
    PRAGMA RESTRICT_REFERENCES(emp_find_fun_rnds, RNDS) ;        -- 设置函数纯度级别
    PRAGMA RESTRICT_REFERENCES(change_name_fun_wnps, WNPS) ;     -- 设置函数纯度级别
    PRAGMA RESTRICT_REFERENCES(get_name_fun_rnps, RNPS) ;        -- 设置函数纯度级别
END ;
/
```

此时程序中分别定义了 4 个函数，而这 4 个函数都有各自的纯度限制，下面编写错误的程序实现。

范例 20-25：定义违反纯度级别的包体。

```
CREATE OR REPLACE PACKAGE BODY purity_pkg AS
    -- 根据雇员编号删除雇员信息，但此函数不能执行更新操作
    FUNCTION emp_delete_fun_wnds(p_empno emp.empno%TYPE) RETURN NUMBER AS
    BEGIN    -- 此函数由于定义了 wnds 纯度，所以无法执行数据表更新操作
        DELETE FROM emp WHERE empno=p_empno ;
        RETURN 0 ;    -- 满足函数要求返回数据
    END ;
    -- 根据雇员编号查找雇员信息，但此函数不能执行 SELECT 操作
    FUNCTION emp_find_fun_rnds(p_empno emp.empno%TYPE) RETURN NUMBER AS
        v_emp    emp%ROWTYPE ;
    BEGIN    -- 此函数由于定义了 rnds 纯度，所以无法执行数据表查询操作
        SELECT * INTO v_emp FROM emp WHERE empno=p_empno ;
        RETURN 0 ;    -- 满足函数要求返回数据
    END ;
    -- 使用新的内容修改 v_name 变量内容。但此函数不能修改包中的变量
    FUNCTION change_name_fun_wnps(p_param VARCHAR2) RETURN VARCHAR2 AS
    BEGIN    -- 此函数由于定义了 wnps 纯度，所以函数无法修改包中的 v_name 变量
```

```
        v_name := p_param ;
        RETURN '' ;     -- 满足函数要求返回数据
    END ;
    -- 读取 v_name 属性内容。但此函数不能读取包中变量
    FUNCTION get_name_fun_rnps(p_param NUMBER) RETURN VARCHAR2 AS
    BEGIN           -- 此函数由于定义了 rnps，所以函数无法读取 v_name 变量
        RETURN v_name ;
    END ;
END ;
/
```

编译错误提示：

PLS-00452: 子程序 'EMP_DELETE_FUN_WNDS' 违反了它的相关编译指示

PLS-00452: 子程序 'EMP_FIND_FUN_RNDS' 违反了它的相关编译指示

PLS-00452: 子程序 'CHANGE_NAME_FUN_WNPS' 违反了它的相关编译指示

PLS-00452: 子程序 'GET_NAME_FUN_RNPS' 违反了它的相关编译指示

此时在包体实现中由于实现的代码违反了纯度的定义原则，所以程序编译时会直接提示用户定义的函数错误。

注意：关于公用函数的说明。

如果用户在编写可被SQL直接引用的包公共函数，函数必须要符合WNDS(不能更新数据表)、WNPS（不能修改包变量）和RNPS（不能读取包变量）这3个纯度级别，如下定义所示。

范例 20-26： 定义包公用函数。

```
CREATE OR REPLACE PACKAGE purity2_pkg AS
    -- 定义取得雇员上缴个人所得税的函数
    FUNCTION tax_fun(p_sal emp.sal%TYPE) RETURN NUMBER ;
    -- 定义函数纯度：不能修改数据表、不能修改或读取包变量
    PRAGMA RESTRICT_REFERENCES(tax_fun,WNDS,WNPS,RNPS) ;
END   ;
/
```

此时在 tax_fun()函数中上定义了 3 个级别，这样的函数纯度级别才能满足公共函数定义标准。

20.2 系统工具包

在 Oracle 中除了可以使用用户创建的包之外，也可以利用 Oracle 系统所提供的开发包进行代码的编写，这样可以帮助用户更方便地进行应用程序的创建。

20.2.1 DBMS_OUTPUT 包

DBMS_OUTPUT 是最常用的一个系统包，例如，一直使用的 DBMS_OUTPUT.put_line()函数就是其中的一个子程序。

提示：利用 all_source 数据字典查看包定义。

如果想知道 DBMS_OUTPUT 包中定义了哪些程序结构，可以通过如下语句来完成查询。

范例 20-27：查询 all_source 数据字典。

```
SELECT *
FROM all_source
WHERE type='PACKAGE' AND name='DBMS_OUTPUT'   ;
```

此时会直接返回包中所有定义的程序结构，所以在本章讲解包时所介绍的定义结构都将通过此类方式进行查询。

在 DBMS_OUTPUT 包中定义的子程序作用如表 20-3 所示。

表 20-3 DBMS_OUTPUT 包定义

No.	子程序名称	描 述
1	enable	打开缓冲区，当用户使用 SET SERVEROUTPUT ON 命令时，自动调用此语句
		子程序定义："procedure enable (buffer_size in integer default 20000);"，其中缓冲区最大尺寸为 1000000 个字节，最小为 20000 个字节
2	disable	关闭缓冲区，当用户使用 SET SERVEROUTPUT OFF 命令时，自动调用此语句
		子程序定义："procedure disable;"
3	put	将内容保存到缓冲区中，不包含换行符，等执行 put_line 时一起输出
		子程序定义："procedure put(a varchar2);"
4	put_line	直接输出指定内容，包括换行符
		子程序定义："procedure put_line(a varchar2);"
5	new_line	在行尾添加换行符，在使用 PUT 时必须依靠 new_line 添加换行符
		子程序定义："procedure new_line;"
6	get_line	获取缓冲区中的单行信息
		子程序定义："procedure get_line(line out varchar2, status out integer);" 参数作用： ☑ line：被 get_line 取回的行； ☑ status：是否取回一行，设置为 1 表示取回一行，设置为 0 表示没有取回数据。
7	get_lines	以数组的形式来获取缓冲区中的所有信息
		子程序定义："procedure get_lines(lines out chararr, numlines in out integer);" 参数作用： ☑ line：被 get_line 取回的行，是一个 CHARARR 类型，此类型是一个 VARCHAR2(255)的嵌套表，会返回缓冲区的多行信息。 ☑ status：是否取回一行，设置为 1 表示取回一行，设置为 0 表示没有取回数据。 ☑ numlines：作为输入参数表明要返回的行数；作为返回参数表示实际取回的行数。

范例 20-28：设置输出打开（enable）和关闭（disable）。

```
BEGIN
    DBMS_OUTPUT.enable ;-- 启用缓冲
    DBMS_OUTPUT.put_line('此信息可以正常输出。') ;
END ;
/
```

```
BEGIN
    DBMS_OUTPUT.disable ;-- 禁用缓冲
    DBMS_OUTPUT.put_line('此信息输出无法显示。') ;
END ;
/
```

本程序分别使用了两个操作设置缓冲的打开与关闭，当使用了 DBMS_OUTPUT.enable 时程序打开缓冲，这样使用 DBMS_OUTPUT.put_line()函数时会将数据保存到缓冲区中，而调用 DBMS_OUTPUT.disable 时程序停止缓冲，所以输出内容无法保存，这样一直持续到下次打开前都不会显示输出内容。

范例 20-29：设置缓冲区数据。

```
BEGIN
    DBMS_OUTPUT.enable ;                         -- 开启缓冲区
    DBMS_OUTPUT.put('www.') ;                    -- 向缓冲区增加内容
    DBMS_OUTPUT.put('mldn.cn') ;                 -- 向缓冲区增加内容
    DBMS_OUTPUT.new_line ;                       -- 换行，输出之前缓冲区内容
    DBMS_OUTPUT.put('www.mldnjava.cn') ;-- 向缓冲区增加内容
    DBMS_OUTPUT.new_line ;                       -- 换行，输出之前缓冲区内容
    DBMS_OUTPUT.put('bbs.mldn.cn') ;             -- 向缓冲增加内容，之后没有换行，此内容不输出
END ;
/
```

程序运行结果：

www.mldn.cn

www.mldnjava.cn

本程序一共使用 4 次 put()操作向缓冲区中设置内容，前两个保存在缓冲区中的数据一直到执行了 new_line 后才会将内容输出，而最后一个 put()操作由于没有执行任何的输出操作，所以不会显示。

范例 20-30：使用 get_line()和 get_lines()函数取回缓冲数据。

```
DECLARE
    v_line1        VARCHAR2(200) ;                  -- 保存第 1 行数据
    v_line2        VARCHAR2(200) ;                  -- 保存第 2 行数据
    v_line3        VARCHAR2(200) ;                  -- 保存第 3 行数据
    v_status   NUMBER ;                             -- 保存状态
BEGIN
    DBMS_OUTPUT.enable ;                            -- 开启缓冲区
    DBMS_OUTPUT.put('www.mldn.cn') ;                -- 向缓冲区增加内容
    DBMS_OUTPUT.new_line ;                          -- 换行
    DBMS_OUTPUT.put('www.mldnjava.cn') ;            -- 向缓冲区增加内容
    DBMS_OUTPUT.new_line ;                          -- 换行
    DBMS_OUTPUT.put('bbs.mldn.cn') ;                -- 向缓冲区增加内容
    DBMS_OUTPUT.new_line ;                          -- 换行
    DBMS_OUTPUT.get_line(v_line1 , v_status) ;  -- 读取缓冲区一行数据
    DBMS_OUTPUT.get_line(v_line2 , v_status) ;  -- 读取缓冲区一行数据
    DBMS_OUTPUT.get_line(v_line3 , v_status) ;  -- 读取缓冲区一行数据
    DBMS_OUTPUT.put_line('取得数据：' || v_line1) ;
    DBMS_OUTPUT.put_line('取得数据：' || v_line2) ;
    DBMS_OUTPUT.put_line('取得数据：' || v_line3) ;
```

```
END ;
/
```

程序运行结果：

取得数据：www.mldn.cn

取得数据：www.mldnjava.cn

取得数据：bbs.mldn.cn

本操作在缓冲区中分别设置了 3 个数据。之后一共使用了 3 次 get_line()操作将数据分别保存到 3 个变量（v_line1、v_line2、v_line3）中。

范例 20-31： 利用 get_lines()函数取得缓冲区中的数据。

```
DECLARE
    v_lines         DBMS_OUTPUT.CHARARR ;                 -- 定义 CHARRARR 变量
    v_status   NUMBER := 3 ;                              -- 保存 3 个状态
BEGIN
    DBMS_OUTPUT.enable ;                                  -- 开启缓冲区
    DBMS_OUTPUT.put('www.mldn.cn') ;                      -- 向缓冲区增加内容
    DBMS_OUTPUT.new_line ;
    DBMS_OUTPUT.put('www.mldnjava.cn') ;                  -- 向缓冲区增加内容
    DBMS_OUTPUT.new_line ;
    DBMS_OUTPUT.put('bbs.mldn.cn') ;                      -- 向缓冲区增加内容
    DBMS_OUTPUT.new_line ;
    DBMS_OUTPUT.get_lines(v_lines , v_status) ;           -- 读取缓冲区中的 3 个数据
    FOR x IN 1.. v_lines.COUNT LOOP
        DBMS_OUTPUT.put_line('缓冲区' || x || '数据：' || v_lines(x)) ;
    END LOOP ;
END ;
/
```

程序运行结果：

缓冲区 1 数据：www.mldn.cn

缓冲区 2 数据：www.mldnjava.cn

缓冲区 3 数据：bbs.mldn.cn

本程序使用 put()函数向缓冲区中增加了 3 个数据，所以在使用 get_lines()程序时，需要传入取得的数据个数（v_status=3），而 get_lines()程序的返回结果通过 v_lines 保存，最后通过循环方式输出此嵌套表变量。

20.2.2　DBMS_JOB 包与数据库作业

在 Oracle 的开发过程中，经常需要为 Oracle 定义一些后台进程，以方便数据库自动执行某些操作。要想实现这样的后台进程，则可以建立多个调度任务，而调度任务又被称为作业，读者可以直接利用 DBMS_JOB 包来实现，此包中的主要程序结构作用如表 20-4 所示。

Note

表 20-4 DBMS_JOB 包定义的主要程序结构

No.	子 程 序	描 述
1	submit	提交作业 PROCEDURE submit (-- 作业号，在创建作业时，作业将被赋予一个作业号，在存在期间，此作业号唯一 job OUT BINARY_INTEGER, -- 组成作业的 PL/SQL 代码，通常该代码由过程调用 what IN VARCHAR2, -- 作业下一次的运行日期，如果设置为 SYSDATE，则立刻运行 next_date IN DATE DEFAULT sysdate, -- 作业间隔，该内容必须是一个时间间隔值或者为空（NULL） interval IN VARCHAR2 DEFAULT 'null', -- 如果该参数为 true，则作业将在第一次运行时才进行语法分析，如果该参数为 false（默认值），则作业在提交时就会对其进行语法分析 no_parse IN BOOLEAN DEFAULT FALSE, -- 设置运行作业的实例编号 instance IN BINARY_INTEGER DEFAULT 0, -- 如果为 true 则表示强制运行与作业有关的例程 force IN BOOLEAN DEFAULT FALSE);
2	remove	根据指定的作业编号删除一个作业 PROCEDURE remove (job IN BINARY_INTEGER);
3	change	更改作业，需要传入作业号，其他参数作用与 submit 一致 PROCEDURE change (job IN BINARY_INTEGER, what IN VARCHAR2, next_date IN DATE, interval IN VARCHAR2, instance IN BINARY_INTEGER DEFAULT NULL, force IN BOOLEAN DEFAULT FALSE);
4	what	修改指定作业执行的 PL/SQL 代码 PROCEDURE what (job IN BINARY_INTEGER, what IN VARCHAR2);
5	next_date	改变指定作业下次运行的时间 PROCEDURE next_date (job IN BINARY_INTEGER, next_date IN DATE);
6	instance	更改执行作业的数据库实例配置 PROCEDURE instance (job IN BINARY_INTEGER, instance IN BINARY_INTEGER, force IN BOOLEAN DEFAULT FALSE);

续表

No.	子　程　序	描　　述
7	interval	更改指定作业的时间间隔，如果设置为 NULL，则从作业队列中删除该作业 PROCEDURE interval　(　　job　　　IN　BINARY_INTEGER, 　　interval　IN　VARCHAR2);
8	broken	中断作业执行，作业中断之后将不再被执行 PROCEDURE broken (　　job　　　IN　BINARY_INTEGER, 　　broken　　IN　BOOLEAN, 　　next_date IN　DATE DEFAULT SYSDATE);
9	run	强制运行一个作业，即使作业已经中断，也会强制执行 PROCEDURE run (　　job　　　IN　BINARY_INTEGER, 　　force　　IN　BOOLEAN DEFAULT FALSE);

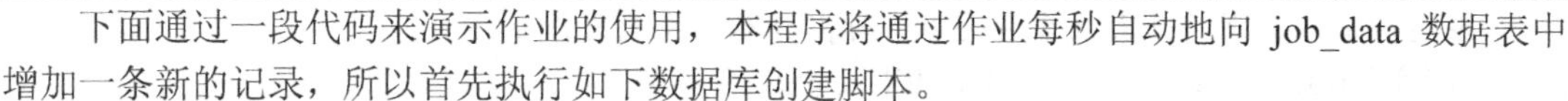

下面通过一段代码来演示作业的使用，本程序将通过作业每秒自动地向 job_data 数据表中增加一条新的记录，所以首先执行如下数据库创建脚本。

范例 20-32：定义创建脚本。

```
DROP SEQUENCE job_seq ;
DROP TABLE job_data PURGE ;
CREATE SEQUENCE job_seq ;
CREATE TABLE job_data (
	jid		NUMBER ,
	title		VARCHAR2(20) ,
	job_date	DATE ,
	CONSTRAINT pk_jid PRIMARY KEY(jid)
) ;
```

本程序中创建了一个序列和一张 job_data 表，而 job_data 表中的 jid 字段将通过序列生成。

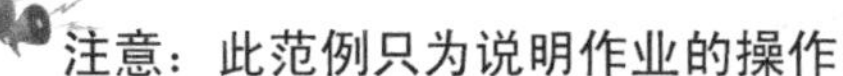

注意：此范例只为说明作业的操作。

在实际运行环境中，每一天作业建议只执行一次，在本程序中，每秒执行一次的作业是绝对不可能出现的，之所以这样定义，主要是为了可以让读者清楚地观察出作业的执行效果。

如果要定义作业操作，则每次作业执行时还需要定义一个与之相关的过程。

范例 20-33：定义过程，实现数据增加。

```
CREATE OR REPLACE PROCEDURE insert_demo_proc(p_title job_data.title%TYPE) AS
BEGIN
	INSERT INTO job_data(jid,title,job_date) VALUES (job_seq.nextval ,p_title, SYSDATE) ;
END ;
/
```

范例 20-34：定义作业，每秒执行一次，执行时调用 insert_demo_proc 过程。

```
DECLARE
	v_jobno		NUMBER ;
BEGIN
```

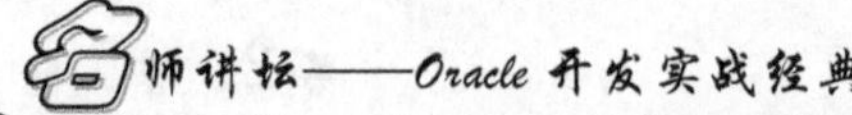

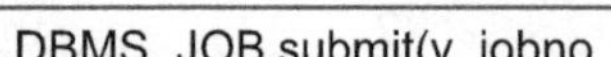

```
    DBMS_JOB.submit(v_jobno ,                        -- 通过 OUT 模式返回创建的作业编号
        'insert_demo_proc(''作业 A'') ;' ,           -- 作业执行时需要调用的过程
        SYSDATE ,                                    -- 作业开始时间
        'SYSDATE + (1/(24*60*60))') ;                -- 作业操作间隔
    DBMS_OUTPUT.put_line('作业编号：' || v_jobno) ;
    COMMIT ;                                         -- 必须执行此操作
END ;
/
```

Note

程序运行结果： 作业编号：70

本程序使用了 submit()子程序提交了一个作业，同时将作业中产生的作业编号取出，此编号为日后操作该作业的唯一标记。同时该作业将在创建之后立刻运行，特别需要提醒的是，在作业创建的最后一定要写上 COMMIT 提交事务。

> **提示：作业与初始化参数 JOB_QUEUE_PROCESSES。**
>
> 作业的运行直接受到初始化参数 JOB_QUEUE_PROCESSES 控制，此参数表示最大允许的作业运行数，如果将此参数设置为 0，则表示不允许使用作业。
>
> **范例 20-35：** 修改 JOB_QUEUE_PROCESSES 参数。
>
> ```
> ALTER SYSTEM SET JOB_QUEUE_PROCESSES =10 ;
> ```
>
> 此处将作业运行数修改为 10，表示只允许有 10 个作业运行。

作业定义完成后会立刻运行，并且每秒执行一次。

当用户创建完作业之后，会将此对象信息保存在数据字典里，用户可以通过 user_jobs 数据字典来查看。

范例 20-36： 查看 user_jobs 数据字典。

```
SELECT job,next_date,broken,interval,what FROM user_jobs ;
```

查询结果： 通过 SQL Developer 输出，如图 20-3 所示。

	JOB	NEXT_DATE	BROKEN	INTERVAL	WHAT
1	1	17-10月-13	N	SYSDATE + (1/(24*60*60))	insert_demo_proc('作业A') ;

图 20-3　查看作业信息

在返回的结果中，job 列是操作序列的编号，也是修改和删除序列的唯一标记。

范例 20-37： 查询 job_data 数据表内容。

```
SELECT jid,title,TO_CHAR(job_date,'yyyy-mm-dd hh24:mi:ss')
FROM c##scott.job_data
ORDER BY jid ASC ;
```

查询结果： 通过 SQL Developer 输出，如图 20-4 所示。

	JID	TITLE	TO_CHAR(JOB_DATE,'YYYY-MM-DDHH24:MI:SS')
1	1	作业A	2013-10-17 17:20:17
2	2	作业A	2013-10-17 17:20:22
3	3	作业A	2013-10-17 17:20:27
4	4	作业A	2013-10-17 17:20:32
5	5	作业A	2013-10-17 17:20:37
6	6	作业A	2013-10-17 17:20:42
7	7	作业A	2013-10-17 17:20:47
8	8	作业A	2013-10-17 17:20:52

图 20-4　job_data 表的部分数据

默认情况下本作业一秒执行一次，用户也可以改变作业的运行间隔。

范例 20-38：修改作业的运行间隔，每小时运行一次。

```
EXECUTE DBMS_JOB.interval(1 , 'SYSDATE + (1/(24*60))') ;
```

如果现在不需要再使用作业，则可以执行作业的删除操作。

范例 20-39：删除作业。

```
EXECUTE DBMS_JOB.remove(1) ;
```

作业删除后，所有的相关作业记录也将同时停止。

20.2.3　DBMS_ASSERT 包

在编写 SQL 语句过程中经常会出现一些敏感字符无法使用，例如“'”等。在 Oracle 中提供了 DBMS_ASSERT 包，通过它可以将字符串进行转换，DBMS_ASSERT 包中定义的常用程序结构如表 20-5 所示。

表 20-5　DBMS_ASSERT 定义的常用程序结构

No.	子　程　序	描　　述
1	ENQUOTE_LITERAL	接收一个字符串，并且在字符串前后都加上单引号
		function ENQUOTE_LITERAL(Str varchar2)
2	ENQUOTE_NAME	接收一个字符串输入，会自动将字符串变为大写，最后在前后都加上单引号
		function ENQUOTE_NAME(Str varchar2, capitalize boolean default TRUE) -- 设置为 false，禁止转大写
3	SQL_OBJECT_NAME	验证输入字符串是否为有效模式对象名。该函数用来验证函数、过程、包及用户自定义对象的有效性
		function SQL_OBJECT_NAME(Str varchar2 CHARACTER SET ANY_CS)
4	SCHEMA_NAME	判断给定字符串是否为有效的模式名，输入的字符串必须大写
		function SCHEMA_NAME(Str varchar2 CHARACTER SET ANY_CS)
5	QUALIFIED_SQL_NAME	验证字符串是否为一个有效模式对象名。该函数用来验证函数、过程、包及用户自定义对象的有效性。字符串可以是任意大小写字母
		function QUALIFIED_SQL_NAME(Str varchar2 CHARACTER SET ANY_CS)
6	SIMPLE_SQL_NAME	验证字符串是否为一个有效模式对象名
		function SIMPLE_SQL_NAME(Str varchar2 CHARACTER SET ANY_CS)
7	NOOP	接收一个字符串输入并返回同样的内容，该函数不做任何字符串有效性验证，主要用于管理 VARCHAR2 或 CLOB 数据
		function NOOP(Str varchar2 CHARACTER SET ANY_CS) function NOOP(Str clob CHARACTER SET ANY_CS)

下面编写几个范例来验证以上的部分函数功能。

Note

提示：利用 DBMS_ASSERT 可以解决 SQL 注入攻击。

DBMS_ASSERT 程序包在日后的动态 SQL 处理部分会经常使用到，利用此包可以解决 SQL 语句中不对称的引号所引起的 SQL 注入漏洞。关于动态 SQL 的部分将在本书第 21 章为读者讲解。

范例 20-40：为字符串前后添加单引号。

```
SELECT DBMS_ASSERT.enquote_literal('www.mldnjava.cn') FROM dual ;
```

程序运行结果：'www.mldnjava.cn'

范例 20-41：为前后增加双引号。

```
SELECT DBMS_ASSERT.enquote_name('www.mldnjava.cn') FROM dual ;
```

程序运行结果："WWW.MLDNJAVA.CN"

范例 20-42：验证字符串是否为有效模式对象名。

```
SELECT DBMS_ASSERT.qualified_sql_name('mldn_oracle') FROM dual ;
```

程序运行结果：mldn_oracle

范例 20-43：输入错误的模式对象名。

```
SELECT DBMS_ASSERT.qualified_sql_name('123') FROM dual ;
```

程序运行结果：

ORA-44004: 限定的 SQL 名称无效

ORA-06512: 在 "SYS.DBMS_ASSERT", line 188

通过本程序发现，在进行对象名称输入时不能以数字开头。

范例 20-44：验证字符串是否为有效模式名。

```
SELECT DBMS_ASSERT.schema_name('C##SCOTT') FROM dual ;
```

程序运行结果：C#ESCOTT

本操作用于验证模式是否合法，所以首先要求模式名称字母全部大写，如果模式正确，则直接返回。

范例 20-45：错误的模式名称。

```
SELECT DBMS_ASSERT.schema_name('LXH') FROM dual ;
```

程序运行结果：

ORA-44001: 方案无效

ORA-06512: 在 "SYS.DBMS_ASSERT", line 257

由于此时在数据库中不存在 LXH 的模式，所以程序出现了错误。

20.2.4 DBMS_LOB 包

DBMS_LOB 包提供了大对象的操作支持，用户可以直接利用该包实现对 CLOB（大文本）或 BLOB（二进制数据，例如图片、音乐、文字等）类型的列进行操作。

> **提示：不建议使用此操作。**
>
> 对于 LOB 数据类型的操作，本书强烈不建议利用 DBMS_LOB 包进行操作，建议用户通过程序实现存取。考虑到本书的知识点结构完整性，所以本部分只为读者讲解基本的操作范例。
>
> 如果读者想知道如何利用程序实现 LOB 数据的保存，可以参考本系列的《Java 开发实战经典》。

在 DBMS_LOB 包中提供了各类大对象的操作子程序，本次操作使用到的子程序介绍如表 20-6 所示。

表 20-6　DBMS_LOB 定义的常用程序结构

No.	子　程　序	描　　述
1	getlength	取得源文件长度 FUNCTION getlength(lob_loc IN BLOB) RETURN INTEGER DETERMINISTIC;
2	fileopen	打开源文件 PROCEDURE fileopen(file_loc IN OUT NOCOPY BFILE, open_mode IN BINARY_INTEGER := file_readonly);
3	loadfromfile	读取文件内容 PROCEDURE loadfromfile(dest_lob IN OUT NOCOPY BLOB, src_lob IN BFILE, amount IN INTEGER, dest_offset IN INTEGER := 1, src_offset IN INTEGER := 1);
4	Fileclose	关闭文件 PROCEDURE fileclose(file_loc IN OUT NOCOPY BFILE);

通过给定的方法可以发现，如果要想实现文件的读取，那么还需要一种 BFILE 数据类型。BFILE 是外部大型对象（LOB），此数据类型存储在数据库表空间外的操作系统文件中，BFILE 提供了一个指向磁盘物理文件的定位器，所以它只是只读数据，不参与事务处理。

如果想操作 BFILE，还需要另外一个数据库对象 DIRECTORY，此对象提供的是 BFILE 所在服务器中的文件系统目录指定别名（映射路径）。通过给使用者相应的权限，可以直接访问此映射路径进行文件的安全访问，而且此目录的对象所有者是 SYS，即需要通过管理员进行创建（管理员需要具备 CREATE ANY DIRECTORY 权限）。

语法 20-7： 创建目录

```
CREATE OR REPLACE DIRECTORY 映射目录名称 AS '磁盘目录路径' ;
```

例如，在磁盘上有一个目录路径为 d:\mldn_dir，要求将其映射为 mldn_files 这个目录名称，则可以使用如下代码来完成。

范例 20-46： 使用 sys 用户登录并创建目录。

```
CONN sys/change_on_install AS SYSDBA ;
CREATE OR REPLACE DIRECTORY mldn_files AS 'd:\mldn_dir' ;
```

即：如果在 d:\mldn_dir 目录保存二进制文件（例如图片），可以直接通过 BFILE 数据类型进行访问。但是要使用此目录的用户是 c##scott，所以还需要将此目录的操作权限授予 c##scott 用户。

范例 20-47： 为 c##scott 用户授权。

```
GRANT READ ON DIRECTORY mldn_files TO c##scott ;
GRANT WRITE ON DIRECTORY mldn_files TO c##scott ;
```

此时将 mldn_files 目录的读、写权限授予了 c##scott 用户。下面就可以完成 BLOB 数据的写入操作。

Note

范例 20-48：创建数据表，包含 BLOB 及 CLOB 类型字段。

```
DROP TABLE teacher PURGE ;
DROP SEQUENCE teacher_seq ;
CREATE SEQUENCE teacher_seq ;
CREATE TABLE teacher(
    tid         NUMBER  ,
    name        VARCHAR2(50)     NOT NULL ,
    note        CLOB ,
    photo       BLOB ,
    CONSTRAINT pk_tid PRIMARY KEY (tid)
) ;
```

在本数据表中存在两个大数据对象（note 为 CLOB、photo 为 BLOB），对于 CLOB 类型可以简单地使用字符串进行保存，而对于 BLOB 数据，则必须通过 DBMS_LOB 包进行操作。

提示：请将图片文件保存在指定目录下。

现在要通过程序向 photo 字段保存一张图片，但是这个图片的存储操作需要 BFILE 的支持，而 BFILE 要操作的文件必须保存在目录下，此处为 mldn_files（编写时需要大写），例如，在本程序中将一张 mldn.jpg 的文件保存在了 d:\mldn_dir 目录下。

范例 20-49：编写一个 PL/SQL 块，操作 BLOB。

```
DECLARE
    v_photo        teacher.photo%TYPE ;          -- BLOB 数据类型
    v_pos_write    INTEGER ;                     -- 保存的数据长度
    v_srcfile      BFILE ;                       -- 通过 BFILE 设置文件
BEGIN
    -- 增加一条新的数据，但是对于 BLOB 使用 empty_blob()设置为空数据
    INSERT INTO teacher(tid,name,note,photo)
    VALUES (teacher_seq.nextval,'李兴华','是一位老师', empty_blob())
    RETURN photo INTO v_photo ;                  -- 将 photo 的类型返回给 v_photo 变量
    -- 定义 BFILE，找到指定文件
    v_srcfile := BFILENAME('MLDN_FILES','MLDN.JPG') ;
    -- 取得要保存文件的长度
    v_pos_write := DBMS_LOB.getlength(v_srcfile) ;
    -- 以只读方式打开要操作的文件
    DBMS_LOB.fileopen(v_srcfile , DBMS_LOB.file_readonly) ;
    -- 实现文件数据的保存
    DBMS_LOB.loadfromfile(v_photo,v_srcfile,v_pos_write) ;
    -- 关闭文件
    DBMS_LOB.fileclose(v_srcfile) ;
END ;
/
```

当表中存在 BLOB 数据类型时，实际上是不可能通过 INSERT INTO 语句直接实现数据增加

操作的，所以在本程序中，首先使用 INSERT INTO 语句，向 teacher 表中保存了一个空的 photo 数据（empty_blob()），之后再取得该 photo 的 BLOB 变量，通过 DBMS_LOB 包中的子程序实现数据的存储。

20.3　本章小结

1．通过包可以实现多种程序结构的统一管理，包分为两个部分，即包规范、包体，只有在包规范中定义的程序结构才可以被其他程序所使用。

2．如果一个包中定义了多个子程序，那么这些子程序可以进行重载时只需要考虑参数及个数不同即可。

3．包中程序的纯度级别可以有 4 种，分别是 WNDS、RNDS、WNPS 和 RNPS。

第21章

触发器

通过本章的学习，可以达到以下目标：

- ☑ 掌握触发器的基本作用及主要事件。
- ☑ 掌握 DML 触发器、DDL 触发器、替代触发器、系统触发器的定义与使用。
- ☑ 掌握触发器中 NEW、OLD、PARENT 标识符的使用。
- ☑ 可以在触发器中调用其他的过程或函数。
- ☑ 可以维护与管理触发器。

触发器可以在数据库中对用户所发出的操作进行跟踪，同时迅速做出处理，触发器的基本定义形式与过程及函数类似，但是唯一不同的是所有的过程与函数需要用户显式调用，而所有的触发器是由操作隐式调用的。本章将对 Oracle 数据库中的各种触发器创建及使用进行讲解。

21.1 触发器简介

触发器类似于过程和函数，都具有程序主体部分（声明段、可执行段、异常处理段），但是与手工调用过程或函数不同的是，所有触发器都是依靠事件执行的，例如当对某一张表执行更新操作（INSERT、UPDATE、DELETE）时，都可能引起触发器的执行。同时过程或函数都是显式调用的，所以其可以接收参数，但触发器由于采用的是隐式调用，所以是不能接收参数的。

在 Oracle 中触发器主要分为 DML 触发器、instead-of（替代）触发器、DDL 触发器、系统或数据库事件触发器。所有的触发器都可以使用如下基本语法进行创建。

语法 21-1：触发器定义基本语法

```
CREATE [OR REPLACE] TRIGGER 触发器名称
[BEFORE | AFTER]                                          ➔ 触发时间
[INSTEAD OF]
[INSERT | UPDATE | UPDATE OF 列名称 [,列名称,...]| DELETE]  ➔ 触发事件
ON [表名称| 视图 | DATABASE | SCHEMA]                       ➔ 触发对象
[REFERENCING [OLD AS 标记] [NEW AS 标记] [PARENT AS 标记]]
[FOR EACH ROW]                                            ➔ 触发频率
[FOLLOWS 触发器名称]
[DISABLE]
[WHEN 触发条件]                                            ➔ 触发条件
[DECLARE]                                                 ➔ 触发操作（程序主体）
        [程序声明部分 ;]
        [PRAGMA AUTONOMOUS_TRANSACTION;]
BEGIN
        程序代码部分 ;
END [触发器名称] ;
    /
```

在触发器中，其语法作用如下（按语法所在行列出）。

- ☑ CREATE [OR REPLACE] TRIGGER 触发器名称：创建一个触发器，设置名称，如果选择了 OR REPLACE 选项，则表示替换已有的触发器。
- ☑ [BEFORE | AFTER]：指的是该触发器的触发时间，是在操作之前（BEFORE）还是操作之后（AFTER）触发。
- ☑ [INSTEAD OF]：替代触发器，对于视图操作所定义的触发器类型。
- ☑ [INSERT | UPDATE | UPDATE OF 列名称 [,列名称,...]| DELETE]：触发的事件，可以是数据表的增加（INSERT）、修改（UPDATE）、删除（DELETE），或者是部分字段更新时。
- ☑ ON [表名称 | 视图 | DATABASE | SCHEMA]：指的是触发器的触发对象，可以是数据表、视图、数据库、模式（用户）。
- ☑ [REFERENCING [OLD AS 标记] [NEW AS 标记] [PARENT AS 标记]]：对于“:old”、“:new”、“:parent”这 3 个标识符定义别名。
- ☑ [FOR EACH ROW]：定义行级触发，如果不编写此语句则表示定义表级触发器。

Note

- ☑ [FOLLOWS 触发器名称]：配置多个触发器执行的先后次序。
- ☑ [DISABLE]：一个触发器建立之后默认是启用状态，可以使用此选项，将其定义为禁用状态。
- ☑ [WHEN 触发条件]：当满足指定条件时才执行触发器操作。
- ☑ [DECLARE]：触发器主体程序声明部分，定义变量或游标。
- ☑ [PRAGMA AUTONOMOUS_TRANSACTION;]：自治事务声明，编写此语句后会在触发器中启动一个子事务处理，并且可以使用 COMMIT 提交事务。
- ☑ BEGIN：程序主体部分。
- ☑ END：触发器结束标记。
- ☑ /：完结标记。

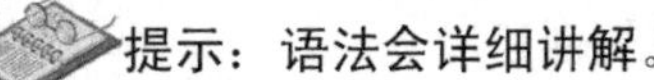
提示：语法会详细讲解。

以上给出的是触发器创建的完整语法，包括了各个可能用到的参数，对于这些语法，在本章后面的部分会依次说明，现在读者只需要有个基本的认识即可。

提示：trigger，一触即发。

trigger 翻译为中文是枪支“扳机”的意思，当按下扳机之后子弹就会自动射出，而在数据库中，指的是一旦发生某些事件，就会自动使用指定触发器操作。

在编写触发器过程中应该注意以下几点：

- ☑ 触发器不接收任何的参数，并且只能是在产生了某一触发事件之后才会自动调用。
- ☑ 对于一张数据表的触发器，最多只能有 12 个（BEFORE INSERT、BEFORE INSERT FOR EACH ROW、AFTER INSERT、AFTER INSERT FOR EACH ROW、BEFORE UPDATE、BEFORE UPDATE FOREACH ROW、AFTER UPDATE、AFTER UPDATE FOR EACH ROW、BEFORE DELETE、BEFORE DELETE FOR EACH ROW、AFTER DELETE、AFTER DELETE FOR EACH ROW），同一种类型的触发器，只能定义一次。
- ☑ 一个触发器最大为 32KB，所以如果需要编写的代码较多，可以通过过程或函数调用来完成。
- ☑ 默认情况下，触发器中不能使用事务处理操作，或者采用自治事务进行处理。
- ☑ 在一张数据表中，如果定义过多的触发器，则会造成 DML 性能的下降。

21.2 DML 触发器

DML 触发器主要由 DML 语句进行触发，当用户执行了增加（INSERT）、修改（UPDATE）、DELETE（删除）操作时，就会触发操作，DML 触发器的创建语法如下所示。

语法 21-2： DML 触发器创建语法

```
CREATE [OR REPLACE] TRIGGER 触发器名称
[BEFORE | AFTER]
[INSERT | UPDATE | UPDATE OF 列名称 [,列名称,...] | DELETE] ON 表名称
[FOR EACH ROW]
```

```
[DISABLE]
[WHEN 触发条件]
[DECLARE]
    [程序声明部分 ;]
BEGIN
    程序代码部分 ;
END [触发器名称] ;
/
```

在本语法中实际上最重要的为 FOR EACH ROW 选项，通过该选项，可以将 DML 触发器分为两类，即表级触发器、行级触发器，如果在一张数据表上定义了多个触发器，触发器的整体执行流程如图 21-1 所示。

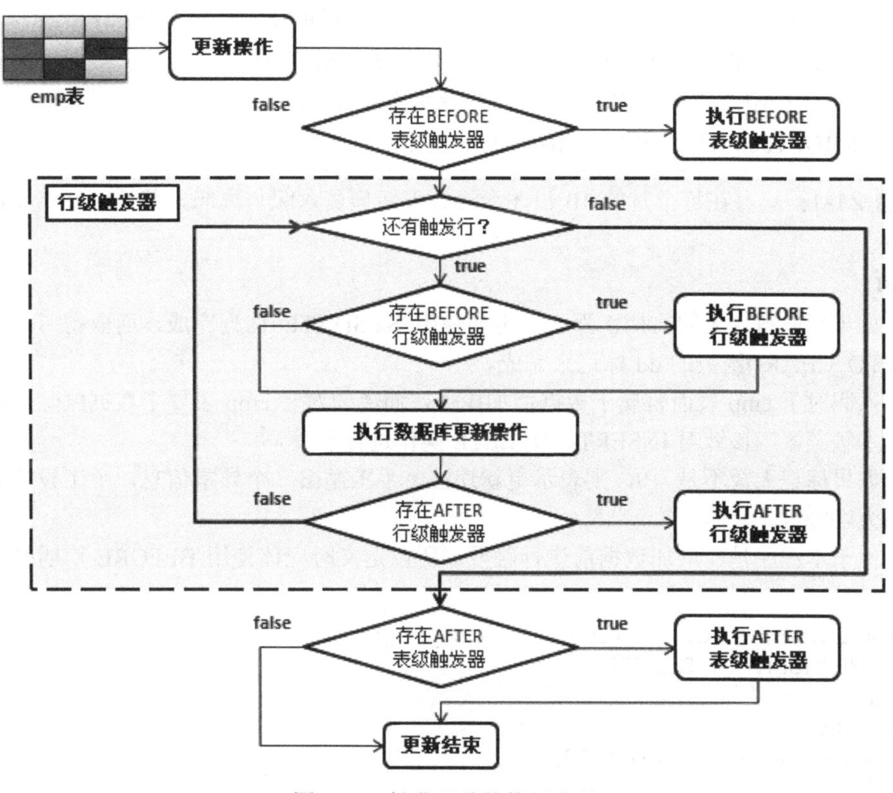

图 21-1　触发器整体执行流程

通过图 21-1 的流程图分析可以发现，当用户执行更新操作时，触发器的执行顺序如下：

（1）BEFORE 表级触发器执行。

（2）BEFORE 行级触发器执行。

（3）执行更新操作。

（4）AFTER 行级触发器执行。

（5）AFTER 表级触发器执行。

但是如果现在的触发器建立的是一个行级触发器，并且一个触发器会影响到多行数据，则也会在每一行上执行一次触发器操作（按照 BEFORE 行级触发器执行、执行更新操作、AFTER 行级触发器执行流程重复执行）。

21.3 表级 DML 触发器

表级触发器指的是针对全表数据的检查，每次更新数据表时，只会在更新之前或之后触发一次，表级触发器不需要配置 FOR EACH ROW 选项，下面通过几个具体的操作来演示其使用。

提示：触发器权限。

如果用户要进行新的触发器创建，则必须具备相应权限，本书第 14 章已经为读者列出了常用的系统权限，为了方便读者使用，此处为读者重复列出触发器的 3 个基本权限。

- ☑ CREATE ANY TRIGGER：为任意用户创建触发器的权限。
- ☑ ALTER ANY TRIGGER：修改任意触发器的权限。
- ☑ DROP ANY TRIGGER：删除任意触发器的权限。

范例 21-1：只有在每个月的 10 日才允许办理新雇员入职与离职，其他时间不允许增加新雇员数据。

分析：

- ☑ 如果想取得今天的日期，那么一定要使用 SYSDATE 伪列完成，而取得月，可以依靠 TO_CHAR()函数的 dd 标记来完成。
- ☑ 入职对于 emp 表而言属于数据增加操作，而离职对于 emp 表属于数据删除操作，所以本触发器应该针对 INSERT、DELETE 操作进行触发。
- ☑ 如果标记天数不是 10，则表示更新违法，手工抛出一个异常信息，手工设置异常代码为-20008。
- ☑ 由于本程序是在增加数据前进行触发，所以定义时应该使用 BEFORE 声明是在更新前触发。

```
CREATE OR REPLACE TRIGGER forbid_emp_trigger
BEFORE INSERT OR DELETE
ON emp
DECLARE
     v_currentdate   VARCHAR(20) ;
BEGIN
     SELECT TO_CHAR(SYSDATE,'dd') INTO v_currentdate FROM dual ;
     IF TRIM(v_currentdate)!='10' THEN
          RAISE_APPLICATION_ERROR(-20008,'在每月的 10 号才允许办理入职手续！') ;
     END IF ;
END ;
/
```

本程序中使用了更新前触发（BEFORE），所以在每次增加（INSERT）或者删除（DELETE）emp 表数据时，会首先通过 SYSDATE 取出当前的天数，如果当前天数不是 10 号，则直接抛出一个异常，提示给用户错误信息。

范例 21-2：向 emp 表中增加新雇员信息，当前不是当月 10 日。

```
INSERT INTO emp (empno,ename,job,hiredate,sal,comm,mgr,deptno)
```

```
    VALUES (8998,'MLDN','MANAGER',SYSDATE,2000,500,7369,40) ;
```

查询结果： 通过 SQLPlus 输出，如图 21-2 所示。

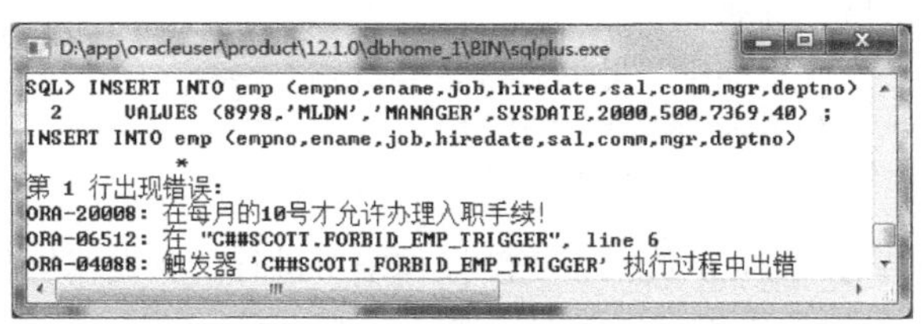

```
D:\app\oracleuser\product\12.1.0\dbhome_1\BIN\sqlplus.exe
SQL> INSERT INTO emp (empno,ename,job,hiredate,sal,comm,mgr,deptno)
  2     VALUES (8998,'MLDN','MANAGER',SYSDATE,2000,500,7369,40) ;
INSERT INTO emp (empno,ename,job,hiredate,sal,comm,mgr,deptno)
            *
第 1 行出现错误:
ORA-20008: 在每月的10号才允许办理入职手续!
ORA-06512: 在 "C##SCOTT.FORBID_EMP_TRIGGER", line 6
ORA-04088: 触发器 'C##SCOTT.FORBID_EMP_TRIGGER' 执行过程中出错
```

图 21-2　触发器错误

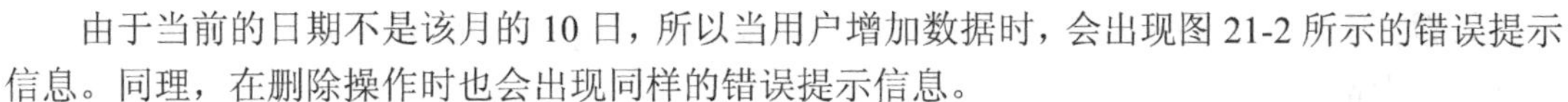

由于当前的日期不是该月的 10 日，所以当用户增加数据时，会出现图 21-2 所示的错误提示信息。同理，在删除操作时也会出现同样的错误提示信息。

范例 21-3： 在星期一、周末及每天下班时间（每天 9:00 以前、18:00 以后）后不允许更新 emp 数据表。

分析：

☑ 如果要执行禁止更新的操作时间，则应该利用 SYSDATE 取得，如果要取得指定的一周时间数，则使用 TO_CHAR()函数，利用 day 格式求出，而如果要想取出小数，则可以利用 hh24 格式求出。

☑ 更新 emp 表指的是对 emp 表的增加（INSERT）、修改（UPDATE）、删除（DELETE）操作的禁止。

☑ 如果在非指定时间段上出现更新操作，那么就由用户抛出一个异常。

```
CREATE OR REPLACE TRIGGER forbid_emp_trigger
BEFORE INSERT OR DELETE OR UPDATE
ON emp
DECLARE
    v_currentweak  VARCHAR(20) ;
    v_currenthour        VARCHAR(20) ;
BEGIN
    SELECT TO_CHAR(SYSDATE,'day'),TO_CHAR(SYSDATE,'hh24') INTO v_currentweak,
    v_currenthour FROM dual ;
    IF TRIM(v_currentweak)='星期一' OR TRIM(v_currentweak)='星期六' OR TRIM(v_
    currentweak)='星期日' THEN
        RAISE_APPLICATION_ERROR(-20008,'在周末及周一不允许更新 emp 数据表！') ;
    ELSIF TRIM(v_currenthour)<'9' OR TRIM(v_currenthour)>'18' THEN
        RAISE_APPLICATION_ERROR(-20009,'在下班时间不能够修改 emp 表数据！') ;
    END IF ;
END ;
/
```

本触发器在操作之前，首先取出系统当前的一周时间数和当前的小时数，然后对这些数据进行判断，如果发现当前更新 emp 表的时间符合此触发器的判断要求，则抛出一个异常。

范例 21-4： 假设当前日期时间为周日，发出以下增加数据操作。

```
INSERT INTO emp (empno,ename,job,hiredate,sal,comm,mgr,deptno)
    VALUES (8998,'MLDN','MANAGER',SYSDATE,2000,500,7369,40) ;
```

查询结果： 通过 SQLPlus 输出，如图 21-3 所示。

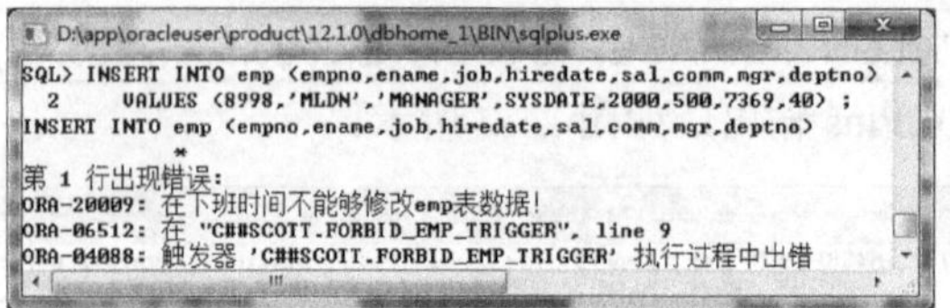

图 21-3 非法时间段上更新

上面的两个范例演示了对 emp 数据表更新操作中所进行的触发器操作，但是此时都是针对于 emp 全表的限制，在触发器中也可以针对一个字段的更新限制。

范例 21-5：在每天 12 点以后，不允许修改雇员工资和佣金。

分析：首先通过 SYSDATE 取得当前的小时数，然后判断是否在 12 点以后，如果是则直接抛出一个异常。

```
CREATE OR REPLACE TRIGGER forbid_emp_trigger
BEFORE UPDATE OF sal,comm
ON emp
DECLARE
    v_currenthour        VARCHAR(20) ;
BEGIN
    SELECT TO_CHAR(SYSDATE,'hh24') INTO v_currenthour FROM dual ;
    IF TRIM(v_currenthour)>'12' THEN
        RAISE_APPLICATION_ERROR(-20009,'每天 12 点以后不允许更新雇员工资、佣金。') ;
    END IF ;
END ;
/
```

此时是对 emp 表中的 sal 和 comm 两个字段的操作进行了监听，在更新这两个字段时，如果已经超过了 12 点，则会抛出一个错误信息。

范例 21-6：当前时间已超过中午 12 点，更新 emp 表中的 sal 和 comm 字段。

```
UPDATE emp SET sal=9000,comm=5000 WHERE empno=7369 ;
```

查询结果：通过 SQLPlus 输出，如图 21-4 所示。

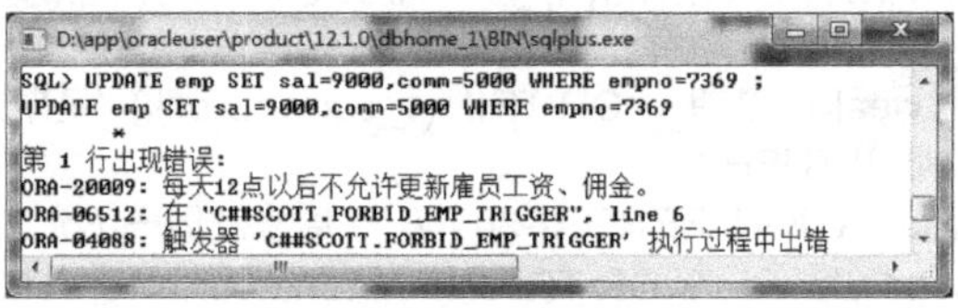

图 21-4 非法时间内不允许更新 sal 和 comm 字段

此时触发器只是限制了 sal 和 comm 字段的更新操作，但是其他字段的更新依然可用，不受时间限制。

清楚了更新前触发器的基本操作之后，下面再来观察一下更新后触发器的操作，对于更新后触发器的开发主要是将 BEFORE 修改为 AFTER。

范例 21-7：每一位雇员都要根据其收入上缴所得税，假设所得税的上缴原则为：2000 元以下上缴 3%、2000～5000 元上缴 8%、5000 元以上上缴 10%，现在要求建立一张新的数据表，可以记录出雇员的编号、姓名、工资、佣金、上缴所得税数据，并且在每次修改雇员表中 sal 和 comm 字段后可以自动更新记录。

Note

分析：

☑ 首先应该建立一张雇员上缴所得税的信息表 emp_tax。

☑ 每次修改雇员信息（主要是 ename、sal 和 comm 3 个字段修改）都要记录所得税信息，此时可以先将原本的所得税信息删除，而后增加新的数据。

☑ 所有上缴所得税的信息应该在信息更新完毕后再进行操作，所以此时应该选择触发时间为 AFTER。

☑ 由于要记录每一个雇员的信息，所以可以使用游标进行操作。

☑ 为了保证所得税信息表的数据可以及时提交，所以必须在此触发器之中使用自治事务进行处理。

第 1 步：编写 emp_tax 表的数据库创建脚本。

```
DROP TABLE emp_tax PURGE ;
CREATE TABLE emp_tax (
	empno		NUMBER(4) ,
	ename		VARCHAR2(10) ,
	sal		NUMBER(7,2) ,
	comm		NUMBER(7,2) ,
	tax		NUMBER(7,2) ,
	CONSTRAINT pk_empno PRIMARY KEY (empno) ,
	CONSTRAINT fk_empno FOREIGN KEY (empno) REFERENCES emp(empno) ON DELETE
	CASCADE
) ;
```

第 2 步：编写触发器。

```
CREATE OR REPLACE TRIGGER forbid_emp_trigger
AFTER UPDATE OR INSERT OF ename , sal , comm
ON emp
DECLARE
	PRAGMA AUTONOMOUS_TRANSACTION ;				-- 触发器自治事务
	CURSOR cur_emp IS SELECT * FROM emp ;			-- 定义游标，找到每行记录
	v_empRow	emp%ROWTYPE ;				-- 保存 emp 的每行记录
	v_salary	emp.sal%TYPE ;				-- 计算总收入
	v_empTax	emp_tax.tax%TYPE ;			-- 保存税收的数值
BEGIN
	DELETE FROM emp_tax ;					-- 清空 emp_tax 表的记录
	FOR v_empRow IN cur_emp LOOP
		v_salary := v_empRow.sal + NVL(v_empRow.comm , 0) ; -- 计算总工资
		IF v_salary < 2000 THEN
			v_empTax := v_salary * 0.03 ;		-- 上缴 3%的税
		ELSIF v_salary BETWEEN 2000 AND 5000 THEN
			v_empTax := v_salary * 0.08 ;		-- 上缴 8%的税
		ELSIF v_salary > 5000 THEN
			v_empTax := v_salary * 0.1 ;		-- 上缴 10%的税
		END IF ;
		INSERT INTO emp_tax(empno,ename,sal,comm,tax) VALUES
			(v_empRow.empno , v_empRow.ename , v_empRow.sal , v_empRow.comm , v_empTax) ;
	END LOOP ;
	COMMIT ;						-- 提交事务
END ;
```

```
/
```

本程序由于要对所有 emp 表数据进行更新，所以在声明部分定义了一个显式游标。在程序主体部分，为了保存新的数据，所以先将 emp_tax 数据表清空，而后由于游标是在更新后触发，所以通过游标打开所有数据，并将相关数据记录到 emp_tax 数据表中。

另外在默认情况下，触发器是和触发它的 DML 使用了同一个事务，如果 DML 操作事务提交了，那么触发器的事务也会提交，反之触发器也会和数据一起回滚，所以默认情况下在触发器中是无法编写 COMMIT、ROLLBACK 这样的事务处理操作。当然，如果一定要在触发器中使用事务处理，则应该使用自治事务（相当于事务中的一个子事务），而此时就需要在程序声明部分增加“**PRAGMA AUTONOMOUS_TRANSACTION ;**”声明。

范例 21-8：向 emp 表中增加一条新的记录，然后查询 emp_tax 表记录。

```
INSERT INTO emp (empno,ename,job,hiredate,sal,comm,mgr,deptno)
     VALUES (9898,'MLDN','MANAGER',SYSDATE,2000,500,7369,40) ;
```

执行完以上增加数据操作后，会引发触发器的操作，自动向 emp_tax 表中增加记录，随后查询 emp_tax 表记录。

范例 21-9：增加完成后查询 emp_tax 表记录。

```
SELECT * FROM emp_tax ;
```

查询结果：通过 SQL Developer 输出，如图 21-5 所示。

	EMPNO	ENAME	SAL	COMM	TAX
1	7369	SMITH	800	(null)	24
2	7499	ALLEN	1600	300	57
3	7521	WARD	1250	500	52.5
4	7566	JONES	2975	(null)	238
5	7654	MARTIN	1250	1400	212
6	7698	BLAKE	2850	(null)	228
7	7782	CLARK	2450	(null)	196
8	7788	SCOTT	3000	(null)	240
9	7839	KING	5000	(null)	400
10	7844	TURNER	1500	0	45
11	7876	ADAMS	1100	(null)	33
12	7900	JAMES	950	(null)	28.5
13	7902	FORD	3000	(null)	240
14	7934	MILLER	1300	(null)	39

图 21-5　雇员所得税记录表内容

21.4　行级 DML 触发器

前面所讲解的触发器操作是对整张表进行 DML 操作之前或之后才进行的触发操作，并且只在更新前或更新后触发一次，而行级触发器指的是表中每行记录出现更新操作时进行的触发操作，即如果某些更新操作影响了多行数据，则每行数据更新时都会引起触发器操作。如果要使用行级触发器，在定义触发器时必须定义 FOR EACH ROW。

21.4.1　使用“:old.字段”和“:new.字段”标识符

在使用行级触发器操作的过程中，可以在触发器内部访问正在处理中的行数据，此时可以

通过两个相关的标识符":old.字段"和":new.字段"实现，而这两个标识符只有在 DML 触发表中字段时才有效，如表 21-1 总结了":old.字段"和":new.字段"这两个标识符的操作。

表 21-1 ":old.字段"和":new.字段"

No.	触发语句	:old.字段	:new.字段
1	INSERT	未定义，字段内容均为 NULL	INSERT 操作结束后，为增加数据值
2	UPDATE	更新数据前的原始值	UPDATE 操作之后，更新数据后的新值
3	DELETE	删除前的原始值	未定义，字段内容均为 NULL

注意：":old.字段"和":new.字段"只对行级触发器有效。

如果在定义触发器时没有写上 FOR EACH ROW，则无法使用 ":old.字段" 和 ":new.字段" 操作，会出现语法错误。

为了更好地说明表 21-1 所给出的两个标识符的作用，下面通过 3 个程序（增加、修改、删除）来说明其具体应用。

范例 21-10：增加雇员信息时，其职位必须在已有职位之内选择，并且工资不能超过 5000 元。

分析：

☑ 如果现在要执行增加数据的检查，则应该在增加操作之前触发，所以使用 BEFORE INSERT。

☑ 由于需要使用":new.字段"，所以在定义触发器时应该使用 FOR EACH ROW 定义行级触发。

☑ 如果要判断新雇员的职位是否在已增加的雇员职位中，则可以使用一个 IN 操作符判断。

```
CREATE OR REPLACE TRIGGER forbid_emp_trigger
BEFORE INSERT
ON EMP
FOR EACH ROW
DECLARE
    v_jobCount      NUMBER ;
BEGIN
    SELECT COUNT(empno) INTO v_jobCount FROM emp WHERE :new.job IN (
        SELECT DISTINCT job FROM emp) ;
    IF v_jobCount = 0 THEN  -- 没有此职位信息
        RAISE_APPLICATION_ERROR(-20008,'增加雇员的职位信息名称错误！') ;
    ELSE
        IF :new.sal > 5000 THEN
            RAISE_APPLICATION_ERROR(-20008,'增加雇员的工资不得超过 5000！') ;
        END IF ;
    END IF ;
END ;
/
```

本触发器由于要对增加的数据进行限制，所以使用了增加前触发（BEFORE），在程序主体中首先使用":new.job"取得了要增加的数据内容，而后判断其是否在已有的职位范围中。如果没有此信息则抛出一个异常，如果职位数据正确，再使用":new.sal"取得增加后的 sal 字段内容，判断其工资是否超过 5000 元，如果超过，也会抛出一个异常。

范例 21-11：插入错误的数据。

```
INSERT INTO emp (empno,ename,job,hiredate,sal,comm,mgr,deptno)
     VALUES (8998,'MLDN','经理',SYSDATE,9000,500,7369,40) ;
```

查询结果：通过 SQLPlus 输出，如图 21-6 所示。

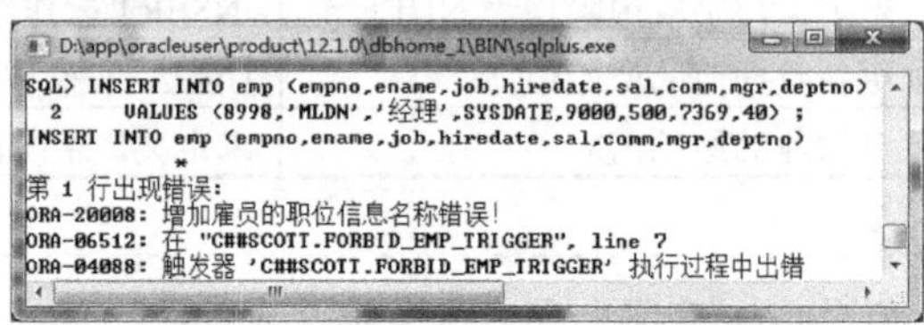

图 21-6　增加错误数据时被触发器拦截

范例 21-12：修改 emp 表的基本工资涨幅不能超过 10%。

分析：

☑ 此时需要使用“:old.字段”和“:new.字段”分别取得数据更新前及更新后的数据，所以在定义触发器时应该使用 FOR EACH ROW 定义行级触发。

☑ 如果要判断涨幅是否超过 10%，可以使用“(更新后数据-更新前数据)/更新前数据”判断其值是否大于 0.1，同时为了防止负数问题的发生，可以使用 ABS()函数计算出数据的绝对值。

```
CREATE OR REPLACE TRIGGER emp_update_trigger
BEFORE UPDATE OF sal
ON emp
FOR EACH ROW
BEGIN
     IF ABS((:new.sal-:old.sal)/:old.sal) > 0.1 THEN
          RAISE_APPLICATION_ERROR(-20008,'雇员工资修改幅度太大！') ;
     END IF ;
END;
/
```

本程序由于执行的是更新操作，所以可以利用“:new.sal”和“:old.sal”取得更新后及更新前的 sal 数据，而后判断其增长幅度是否超过了 10%，如果超过，则抛出一个异常。

范例 21-13：将雇员编号是 7369 的雇员工资增长为 5000 元。

```
UPDATE emp SET sal=5000 WHERE empno=7369 ;
```

查询结果：通过 SQLPlus 输出，如图 21-7 所示。

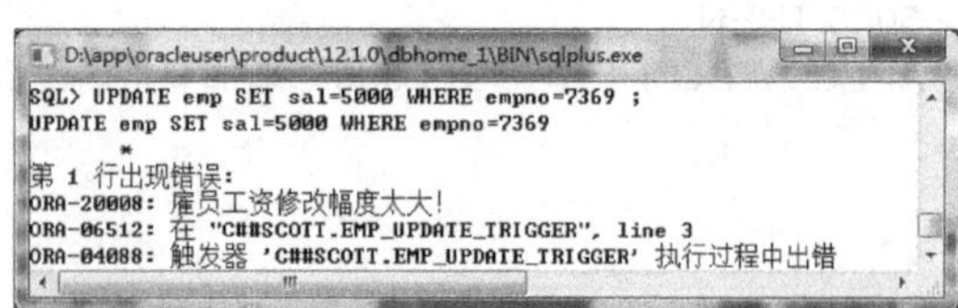

图 21-7　工资更新涨幅大于 10%出现错误

范例 21-14：不能删除所有 10 部门的雇员。

Note

分析：

☑ 此时需要在执行删除操作之前取得已有删除行的数据，所以要使用行级触发器。

☑ 如果发现要删除的数据中包含 10 部门数据，则抛出一个删除数据的异常提示信息。

```
CREATE OR REPLACE TRIGGER emp_delete_trigger
BEFORE DELETE
ON emp
FOR EACH ROW
BEGIN
    IF :old.deptno=10 THEN
        RAISE_APPLICATION_ERROR(-20008,:old.empno || '为 10 部门雇员，无法删除此部门雇员！') ;
    END IF ;
END;
/
```

本程序直接利用“:old.deptno”取得了要删除数据的原始 deptno 数据，之后判断此数据是否为 10 部门，如果是，则抛出一个异常，提示用户无法删除。

范例 21-15： 删除雇员编号是 7839 的雇员信息（此雇员在 10 部门）。

```
DELETE FROM emp WHERE empno=7839 ;
```

查询结果： 通过 SQLPlus 输出，如图 21-8 所示。

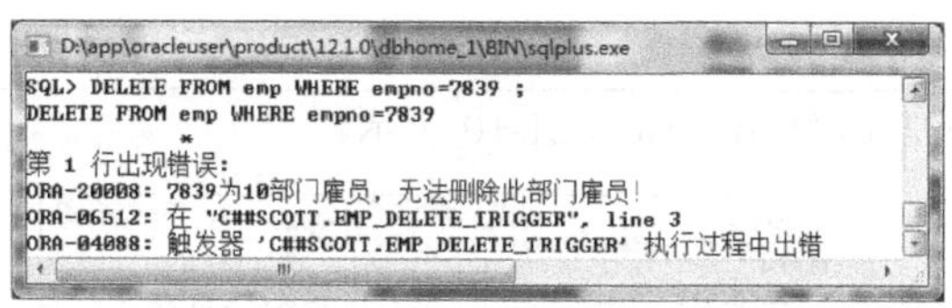

图 21-8 删除 10 部门雇员时触发

注意：不能将“:new”或“:old”设置为 ROWTYPE 类型。

虽然使用“:new”或“:old”在处理的形式上非常类似于前面的 ROWTYPE 类型定义，并且从触发器的语法上来讲，也是按照“触发表%ROWTYPE”的记录来处理的，但实际处理却不一样。因此，不能将“:new”或“:old”直接赋值给一个 ROWTYPE 类型的变量，但是可以通过“:new”或“:old”访问字段，所以，以下的代码是错误的。

范例 21-16： 错误使用标识符“:new”和“:old”。

```
CREATE OR REPLACE TRIGGER emp_error_trigger
BEFORE UPDATE
ON emp
FOR EACH ROW
DECLARE
    v_empRow        emp%ROWTYPE ;
BEGIN
    v_empRow := :old ;  -- 错误
END;
/
```

查询结果： 通过 SQLPlus 输出，如图 21-9 所示。

Note

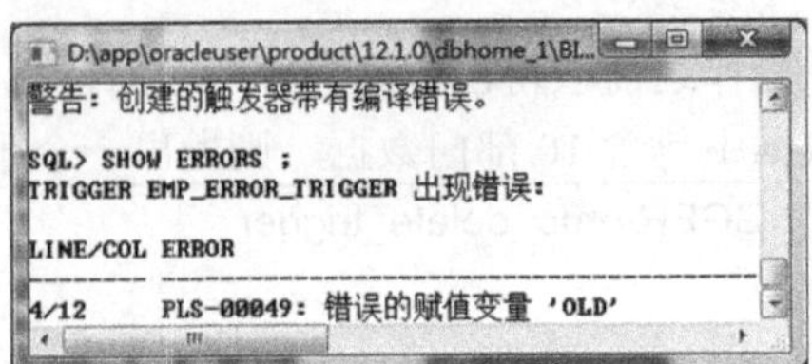

图 21-9　错误使用":new"和":old"

在使用":new"或":old"标识符访问数据时，不能修改":old"标记的数值，但是":new"标记的数值是可以修改的。

范例 21-17：错误的程序，在触发器中无法修改":old"数据。

```
CREATE OR REPLACE TRIGGER emp_update_old_trigger
BEFORE UPDATE OF sal
ON emp
FOR EACH ROW
BEGIN
    :old.sal := 100 ;      --错误，无法修改":old"数据
END;
/
```

查询结果：通过 SQLPlus 输出，如图 21-10 所示。

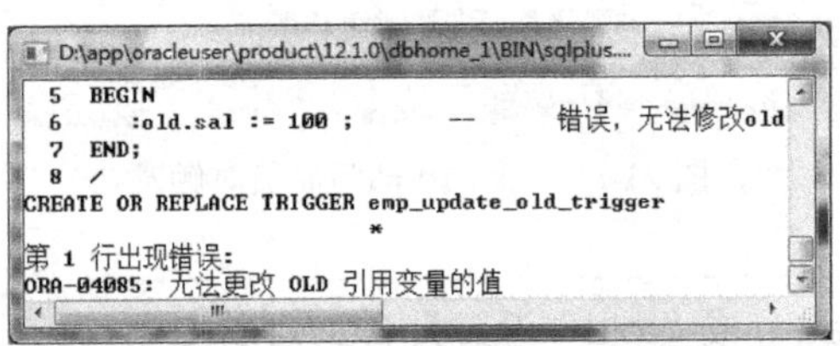

图 21-10　无法修改":old"数据

虽然不允许修改":old"数据，但是 Oracle 中的触发器却可以修改":new"数据，例如，在 Oracle 中，可以通过序列手工实现数据的增长列，这点会让许多用户觉得操作非常麻烦，很多人更希望可以像 MySQL 或 DB2 数据库那样，实现数据列的自动增长，所以现在可以利用触发器的方式来解决此问题。本程序的操作流程如下。

第 1 步：用户发出一个增加数据的 INSERT 指令，但是此时不设置自动增长列的内容。

第 2 步：定义一个增加前的触发器，在触发器中，修改":new"标识符对应的自动增长列的内容。

第 3 步：由触发器发出一条 INSERT 语句，执行数据增加。

提示：本程序只为说明问题。

虽然在 Oracle 12c 中提供有自动序列，但并不能保证所有的系统都会使用 Oracle 12c，所以本代码针对 Oracle 12c 之前的版本有效。

但是在本程序中还有一个关键性的问题需要注意，假设要操作的表是 member 表，如果将以上的 3 步都编写在对于 member 表执行增加的触发器操作的话，就会出现触发器自己调用自己的情况，造成死循环，流程如图 21-11 所示，而此错误信息的提示界面如图 21-12 所示。

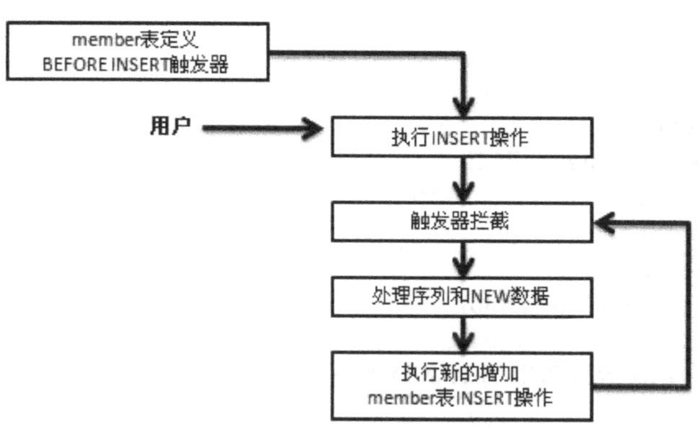

图 21-11　错误的操作流程

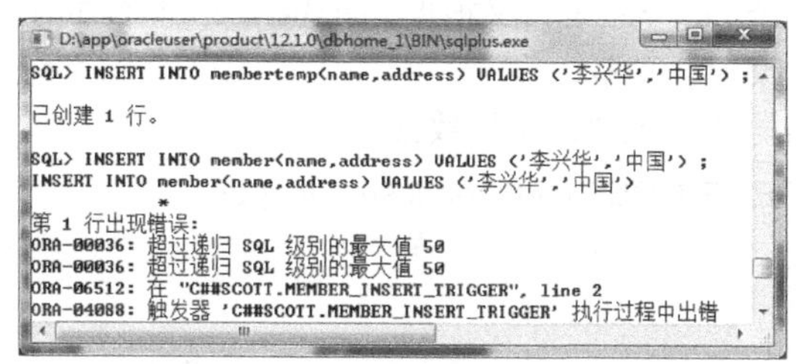

图 21-12　错误提示信息

为了解决此类问题，最方便的做法是，触发器不直接针对 member 表触发，而是针对一张与 member 表结构完全相同的 membertemp 表触发，用户通过 membertemp 执行增加操作，然后在 membertemp 的触发器中将这些增加的数据插入到 member 表中，同时删除在 membertemp 表中插入的数据，操作形式如图 21-13 所示，流程结构如图 21-14 所示。

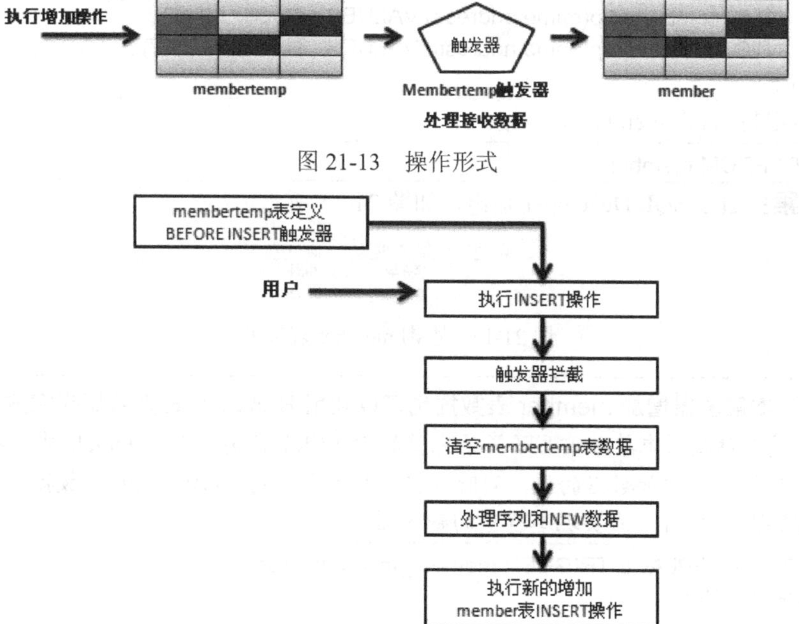

图 21-13　操作形式

图 21-14　程序实现流程

范例 21-18： 数据库创建脚本。

```
DROP SEQUENCE member_sequence ;
DROP TABLE member PURGE ;
DROP TABLE membertemp PURGE ;
CREATE SEQUENCE member_sequence ;
CREATE TABLE member(
    mid         NUMBER ,
    name            VARCHAR2(30) ,
    address         VARCHAR2(50) ,
    CONSTRAINT pk_mid PRIMARY KEY(mid)
) ;
CREATE TABLE membertemp AS SELECT * FROM member WHERE 1=2 ;
```

本程序除了创建了一个 member 表，又根据 member 表结构复制了一份 membertemp 表，随后在该表执行增加操作中设置触发器。

范例 21-19： 在触发器中修改“:new”数据。

```
CREATE OR REPLACE TRIGGER member_insert_trigger
BEFORE INSERT
ON membertemp
FOR EACH ROW
BEGIN
    DELETE FROM membertemp ;
    INSERT INTO member(mid,name,address) VALUES (member_sequence.NEXTVAL,:new.
    name ,:new.address ) ;
END;
/
```

范例 21-20： 向 membertemp 表中执行增加数据操作。

```
INSERT INTO membertemp(name,address) VALUES ('李兴华','中国') ;
INSERT INTO membertemp(name,address) VALUES ('董　楠','MLDN') ;
COMMIT ;
```

范例 21-21： 查询 member 表数据。

```
SELECT * FROM member ;
```

查询结果： 通过 SQL Developer 输出，如图 21-15 所示。

	MID	NAME	ADDRESS
1	1	李兴华	中国
2	2	董　楠	MLDN

图 21-15　查询 member 表数据

提示：本触发器增加 member 表数据也可以利用 ROWTYPE 型数据来完成。

本程序是在触发器中单独编写了一条完整的 INSERT 语句，而在 Oracle 中，也可以利用 ROWTYPE 直接作为增加数据的值，同时直接在触发器中对 ROWTYPE 型数据进行操作。

范例 21-22： 换种方式实现本程序的触发器。

```
CREATE OR REPLACE TRIGGER member_insert_trigger
BEFORE INSERT
ON membertemp
FOR EACH ROW
```

```
DECLARE
      v_memberRow member%ROWTYPE ;
BEGIN
      DELETE FROM membertemp ;
      SELECT member_sequence.NEXTVAL INTO :new.mid FROM dual ;
      v_memberRow.mid := :new.mid ;
      v_memberRow.name := :new.name ;
      v_memberRow.address := :new.address ;
      INSERT INTO member VALUES v_memberRow ;
END;
/
```

本程序首先声明了一个 memberRow 的变量，该变量的类型为 member%ROWTYPE，之后在程序主体中，将所有要增加的新数据都设置到了 memberRow 变量中，并且最终通过此变量直接执行增加操作。

21.4.2 使用 REFERENCING 子句设置别名

如果读者觉得使用“:new.字段”或者是“:old.字段”标记不清，也可以通过 REFERENCING 子句为这两个标识符设置别名，例如可以将“:new”设置为 emp_new，或者将“:old”设置为 emp_old。

范例 21-23：通过 REFERENCING 子句设置别名（修改雇员工资涨幅触发器）。

```
CREATE OR REPLACE TRIGGER emp_insert_trigger
BEFORE UPDATE OF sal
ON emp
REFERENCING old AS emp_old new AS emp_new
FOR EACH ROW
BEGIN
      IF ABS((:emp_new.sal-:emp_old.sal)/:emp_old.sal) > 0.1 THEN
            RAISE_APPLICATION_ERROR(-20008,'雇员工资涨幅太大！') ;
      END IF ;
END;
/
```

此时的程序通过 REFERENCING 分别为“:new”和“:old”设置了别名，这样在进行数据操作访问过程中标记可以更有意义。

21.4.3 使用 WHEN 子句定义触发条件

除了 REFERENCING 子句之外，在触发器定义语法中也存在 WHEN 子句，WHEN 子句是在触发器被触发之后，用来控制触发器是否被执行的一个控制条件。在 WHEN 子句中也可以利用“:new”和“:old”访问修改前后的数据，同时最方便的是，WHEN 子句中使用“new”和“old”时，可以不加前面的“:”。

范例 21-24： 在增加雇员时，判断雇员工资是否存在，如果工资为 0 则报错。

分析： 此时程序可以直接利用 WHEN 子句作为触发器的执行条件，同时利用“new”标识符取得增加的雇员工资。

```
CREATE OR REPLACE TRIGGER emp_insert_trigger
BEFORE INSERT
ON emp
FOR EACH ROW
WHEN (new.sal = 0)
BEGIN
    RAISE_APPLICATION_ERROR(-20008,:new.empno || '的工资为 0，不符合工资规定！')；
END;
/
```

本程序设置了一个增加雇员的触发器，当增加雇员的工资为 0 时会执行以上的触发器操作。

范例 21-25： 增加新雇员，工资为 0 不符合操作要求。

```
INSERT INTO emp (empno,ename,job,hiredate,sal,comm,mgr,deptno)
    VALUES (8998,'MLDN','经理',SYSDATE,0,500,7369,40) ;
```

查询结果： 通过 SQLPlus 输出，如图 21-16 所示。

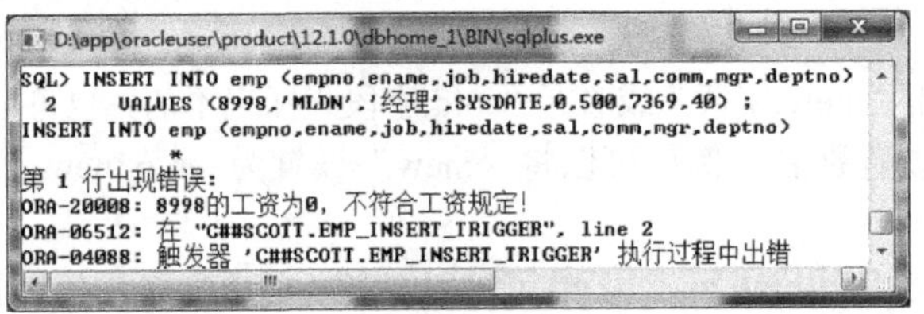

图 21-16　新增雇员工资为 0，触发器出错

范例 21-26： 要求工资只能上涨，不能降低。

分析： 如果要判断是否上涨，只需要判断新工资（:new.sal）是否大于原始工资（:old.sal）即可，直接在 WHEN 子句中判断。

```
CREATE OR REPLACE TRIGGER emp_sal_update_trigger
BEFORE UPDATE
ON emp
FOR EACH ROW
WHEN (new.sal<old.sal)
BEGIN
    RAISE_APPLICATION_ERROR(-20008,:old.empno || '的工资少于其原本工资，无法更新！')；
END;
/
```

本程序在定义触发器时，如果满足了触发器执行条件（WHEN (new.sal<old.sal)），则表示非法操作，那么会直接抛出一个异常，停止更新。

范例 21-27： 将 7369 的工资修改为 300（原本为 800，现在修改为 300，属于降低工资，满足触发条件）。

```
UPDATE emp SET sal=300 WHERE empno=7369 ;
```

查询结果： 通过 SQLPlus 输出，如图 21-17 所示。

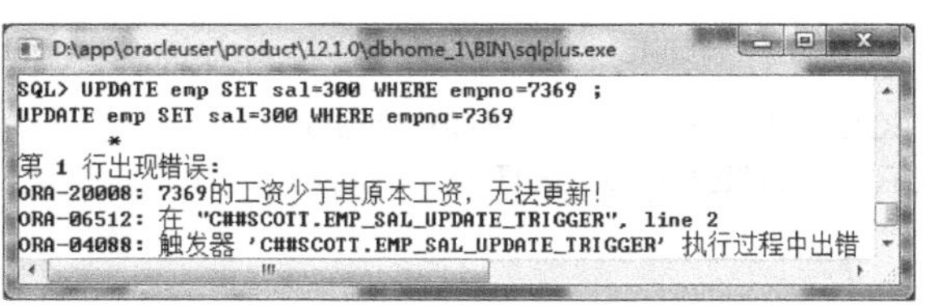

图 21-17　无法更新数据

21.4.4　触发器谓词

前面已经为读者分别演示了 3 种不同 DML（INSERT、UPDATE、DELETE）定义触发器的操作，这样根据执行的 DML 操作的不同会调用不同的触发器执行，如图 21-18 所示。除了依靠不同的操作事件来定义触发器外，也可以在一个触发器中对于触发器的不同状态来执行不同的操作，如图 21-19 所示。而为了区分出不同的 DML 操作，在触发器定义中专门提供了 3 个触发器谓词，分别是 INSERTING、UPDATING 和 DELETING，这 3 个触发器谓词的含义如表 21-2 所示。

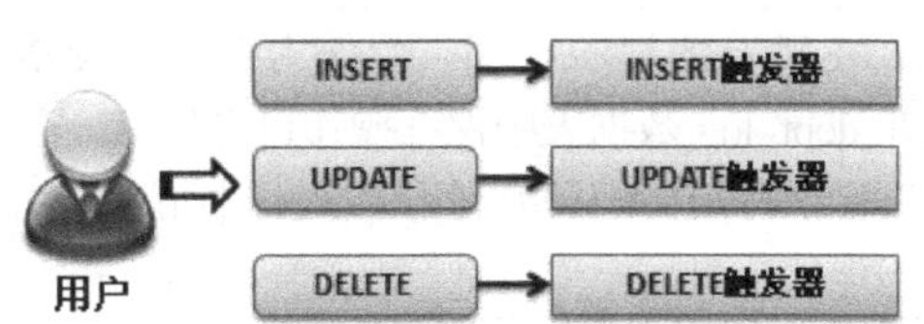

图 21-18　定义 3 个触发器

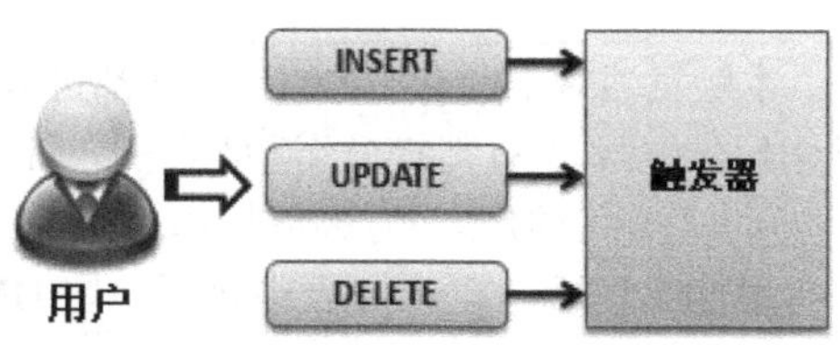

图 21-19　定义一个触发器

表 21-2　触发器谓词

No.	触发器谓词	描　　述
1	INSERTING	如果触发语句为 INSERT，返回 TRUE，否则返回 FALSE
2	UPDATING	如果触发语句为 UPDATE，返回 TRUE，否则返回 FALSE
3	DELETING	如果触发语句为 DELETE，返回 TRUE，否则返回 FALSE

下面为了更好地验证以上的 3 个触发器谓词，将通过一个程序来为读者演示。本程序的主要功能是对 dept 表执行一个操作日志的功能，当用户对 dept 表执行增加、修改、删除 3 个操作时，会自动在一个 dept_log 表中进行相关记录的保存。

范例 21-28： 定义 dept_log 表。

```
DROP TABLE dept_log PURGE ;
DROP SEQUENCE dept_log_seq ;
CREATE SEQUENCE dept_log_seq ;
CREATE TABLE dept_log (
     logid           NUMBER ,
     type            VARCHAR2(20)      NOT NULL ,
     deptno          NUMBER(2) ,
     logdate         DATE ,
     dname           VARCHAR2(14)      NOT NULL ,
     loc             VARCHAR2(13)      NOT NULL ,
     CONSTRAINT pk_logid PRIMARY KEY (logid)
) ;
```

范例 21-29：定义触发器，对不同的 DML 操作进行日志记录。

```
CREATE OR REPLACE TRIGGER dept_update_trigger
BEFORE INSERT OR UPDATE OR DELETE
ON dept
FOR EACH ROW
BEGIN
    IF INSERTING THEN
        INSERT INTO dept_log (logid,type,logdate,deptno,dname,loc)
            VALUES (dept_log_seq.nextval,'INSERT',SYSDATE,:new.deptno,:new. dname,: new.loc) ;
    ELSIF UPDATING THEN
        INSERT INTO dept_log (logid,type,logdate,deptno,dname,loc)
            VALUES (dept_log_seq.nextval,'UPDATE',SYSDATE,:new.deptno,:new.dname,: new.loc) ;
    ELSE      -- 相当于 DELETING
        INSERT INTO dept_log (logid,type,logdate,deptno,dname,loc)
            VALUES (dept_log_seq.nextval,'DELETE',SYSDATE,:old.deptno,:old.dname,:old.
            loc) ;
    END IF ;
END;
/
```

本触发器对于所有的 DML 事件都可以作出反应，在触发器程序内部，会使用 3 个触发器谓词对不同的操作进行判断，当满足某一操作时，会自动在 dept_log 数据表中保存操作日志信息。在这里特别需要注意的是，对于删除操作，不能使用“:new”标识符操作，只能利用“:old”标识符操作。

范例 21-30：在 dept 表中执行一些 DML 操作。

```
INSERT INTO dept(deptno,dname,loc) VALUES (50,'MLDN','北京') ;
INSERT INTO dept(deptno,dname,loc) VALUES (60,'教学部','天津') ;
UPDATE dept SET dname='北京' WHERE deptno=60 ;
UPDATE dept SET dname='MLDNJAVA' WHERE deptno=50 ;
DELETE FROM dept WHERE deptno=60 ;
COMMIT ;
```

更新操作执行完毕后，下面查询一下 dept_log 数据表，观察是否已经成功进行了操作记录。

范例 21-31：查询 dept_log 数据表。

```
SELECT * FROM dept_log ;
```

查询结果：通过 SQL Developer 输出，如图 21-20 所示。

	LOGID	TYPE	DEPTNO	LOGDATE	DNAME	LOC
1	1	INSERT	50	17-10月-13	MLDN	北京
2	2	INSERT	60	17-10月-13	教学部	天津
3	3	UPDATE	60	17-10月-13	北京	天津
4	4	UPDATE	50	17-10月-13	MLDNJAVA	北京
5	5	DELETE	60	17-10月-13	北京	天津

图 21-20　查询 dept 日志表

21.4.5　使用 FOLLOWS 子句

如果为一个表创建了多个触发器，那么其在进行触发时，是不会按照用户希望的触发顺序执行触发器的。假设用户希望触发器的执行顺序是 emp_insert_one、emp_insert_two、

emp_insert_three，但是在默认情况下，各个触发器执行的顺序往往并不会像预期的那样，下面通过一段代码来说明。例如，下面首先为 emp 表创建多个触发器。

范例 21-32：定义 3 个针对增加操作的触发器。

```
CREATE OR REPLACE TRIGGER emp_insert_one
BEFORE INSERT
ON emp
FOR EACH ROW
BEGIN
    DBMS_OUTPUT.put_line('执行第 1 个触发器（emp_insert_one）') ;
END ;
/
CREATE OR REPLACE TRIGGER emp_insert_two
BEFORE INSERT
ON emp
FOR EACH ROW
BEGIN
    DBMS_OUTPUT.put_line('执行第 2 个触发器（emp_insert_two）') ;
END ;
/
CREATE OR REPLACE TRIGGER emp_insert_three
BEFORE INSERT
ON emp
FOR EACH ROW
BEGIN
    DBMS_OUTPUT.put_line('执行第 3 个触发器（emp_insert_three）') ;
END ;
/
```

此时创建了 3 个相同功能的触发器，同时创建的顺序为 emp_insert_one、emp_insert_two、emp_insert_three，下面对 emp 表执行一个增加操作，来观察触发器的执行顺序。

范例 21-33：编写增加数据操作。

```
INSERT INTO emp (empno,ename,job,hiredate,sal,comm,mgr,deptno)
    VALUES (8998,'MLDN','经理',SYSDATE,0,500,7369,40) ;
```

查询结果：通过 SQLPlus 输出，如图 21-21 所示。

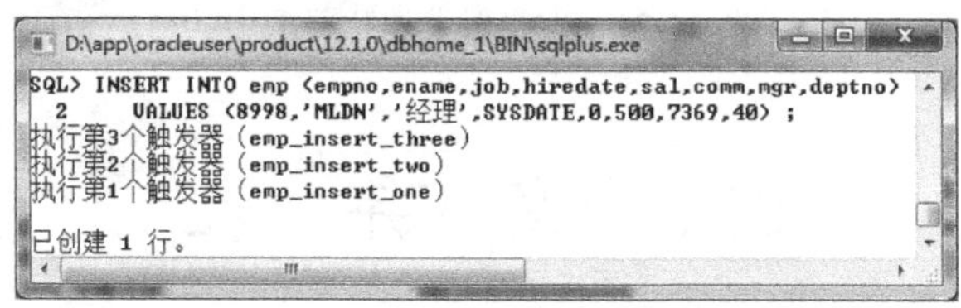

图 21-21　执行增加操作引起触发器工作

通过查询结果可以发现，所定义的触发器并没有像预期时那样的顺序执行，对于这样的问题，在 Oracle 11g 之后专门提供了一个 FOLLOWS 子句来解决。

范例 21-34：修改触发器创建语法。

```
CREATE OR REPLACE TRIGGER emp_insert_one
BEFORE INSERT
```

```
ON emp
FOR EACH ROW
BEGIN
     DBMS_OUTPUT.put_line('执行第 1 个触发器（emp_insert_one）') ;
END ;
/
CREATE OR REPLACE TRIGGER emp_insert_two
BEFORE INSERT
ON emp
FOR EACH ROW
FOLLOWS emp_insert_one
BEGIN
     DBMS_OUTPUT.put_line('执行第 2 个触发器（emp_insert_two）') ;
END ;
/
CREATE OR REPLACE TRIGGER emp_insert_three
BEFORE INSERT
ON emp
FOR EACH ROW
FOLLOWS emp_insert_two
BEGIN
     DBMS_OUTPUT.put_line('执行第 3 个触发器（emp_insert_three）') ;
END ;
/
```

Note

此时创建第二个触发器（emp_insert_two）使用 FOLLOWS 定义其需要在第一个触发器（emp_insert_one）之后执行，而第三个触发器（emp_insert_three）要在第二个触发器（emp_insert_tow）之后执行。重新执行增加操作，可以发现触发器的执行流程得到改变，如图 21-22 所示。

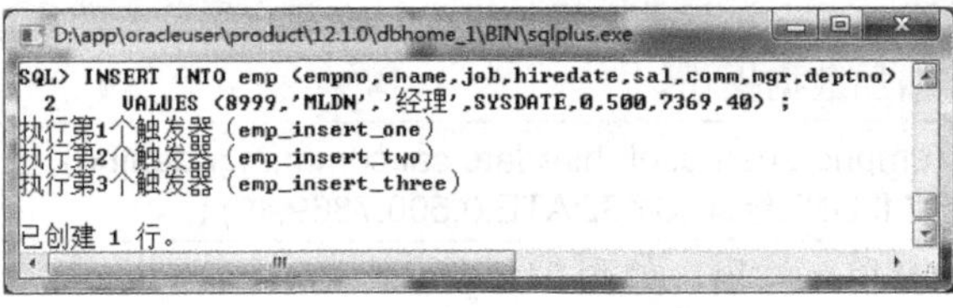

图 21-22　定义触发器执行顺序

21.5　变　异　表

当一张数据表上执行了更新操作后（INSERT、UPDATE、DELETE）就成为了一张变异表，如果在这张变异表上设置了行级触发器，那么就会出现 ORA-04091 的异常。下面首先通过一段程序来说明此类问题。

范例 21-35：定义一张数据表。

```
DROP TABLE info PURGE ;
CREATE TABLE info(
```

```
	id		NUMBER ,
	title		VARCHAR2(50)
) ;
INSERT INTO info (id,title) VALUES (1,'www.mldnjava.cn') ;
```

范例 21-36： 为 info 表增加一个触发器。

```
CREATE OR REPLACE TRIGGER info_trigger
BEFORE INSERT OR UPDATE OR DELETE
ON info
FOR EACH ROW
DECLARE
	v_infocount	NUMBER ;
BEGIN
	SELECT COUNT(id) INTO v_infocount FROM info ;
END ;
/
```

此时建立了一个行级触发器 info_trigger，随后对 info 表执行以下的更新操作。

范例 21-37： 执行更新操作。

```
UPDATE info SET id=2 ;
```

查询结果： 通过 SQLPlus 输出，如图 21-23 所示。

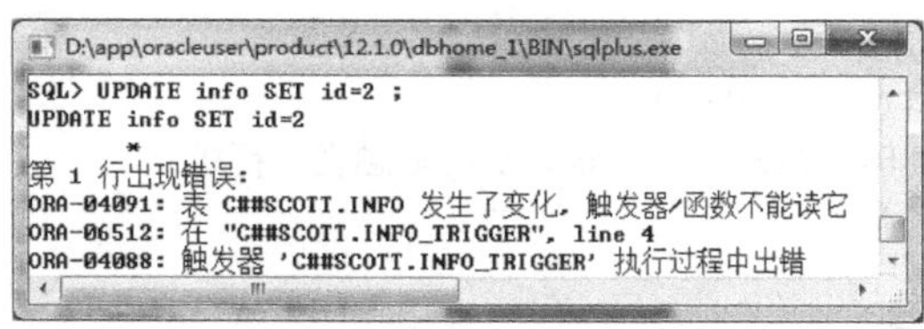

图 21-23　变异表问题

此时，在修改数据表的时候，一定会引起触发器的工作，而触发器的程序部分试图取得表中数据行个数，但是由于操作的数据表没有更新结束，所以是无法得到个数的。

对于现在的错误，在没有触发器的情况下是不会发生的，但是如果有了行级触发器，则表示每次当表被修改时都会由于每行的更新操作被触发，直到修改操作之前触发器都无法看到数据表的这些改变。虽然可以继续使用“:new”和“:old”两个标识符，但是不能读取到表的状态，所以就会出现 ORA-04091 异常。

21.6　复合触发器

复合触发器是在 Oracle 11g 之后引入的一种新结构的触发器，它既是表级触发器，又是行级触发器。在之前对于不同级别的触发器，如果要在一张数据表上完成表级触发（BEFORE 和 AFTER）与行级触发（BEFORE 和 AFTER）则需要编写 4 个触发器才可以，而有了复合触发器之后，只需要一个触发器就可以定义全部的 4 个功能，所以使用复合触发器可以捕获 4 个操作事件：

☑　触发执行语句之前（BEFORE STATEMENT）。

☑ 触发语句中的每一行发生变化之前（BEFORE EACH ROW）。
☑ 触发语句中的每一行发生变化之后（AFTER EACH ROW）。
☑ 触发执行语句之后（AFTER STATEMENT）。

Note

提示：复合触发器的功能与之前功能类似。

复合触发器的最大好处是可以将多个不同的触发器变为一个，并且对之前所讲解的DML触发器的功能也完全可以在复合触发器中完成，而且相比较之前的触发器，使用复合触发器可以很好地解决多个触发器操作中数据溢出的问题。

复合触发器就像一个多线程的进程操作，可以同时处理多个不同的事件，在复合触发器中的最小实现要求定义至少一个事件处理块，并且只有DML能触发复合触发器工作，下面来看一下复合触发器的定义格式。

语法 21-3：复合触发器创建语法

```
CREATE [OR REPLACE] TRIGGER 触发器名称
FOR [INSERT | UPDATE | UPDATE OF 列名称 [,列名称,...] | DELETE] ON 表名称
COMPOUND TRIGGER
    [ BEFORE STATEMENT IS       -- 语句执行前触发（表级）
        [ 声明部分 ;]
    BEGIN
        程序主体部分 ;
    END BEFORE STATEMENT ; ]
    [ BEFORE EACH ROW IS        -- 语句执行前触发（行级）
        [ 声明部分 ;]
    BEGIN
        程序主体部分 ;
    END BEFORE EACH ROW ; ]
    [ AFTER STATEMENT IS        -- 语句执行后触发（表级）
        [ 声明部分 ;]
    BEGIN
        程序主体部分 ;
    END AFTER STATEMENT ; ]
    [ AFTER EACH ROW IS         -- 语句执行后触发（行级）
        [ 声明部分 ;]
    BEGIN
        程序主体部分 ;
    END AFTER EACH ROW ; ]
END ;
/
```

下面为了说明复合触发器的执行操作流程，将创建一个触发器，同时在该触发器中，使用以上格式中所定义的4个触发事件，以方便读者观察操作流程。

范例 21-38：验证复合触发器。

```
CREATE OR REPLACE TRIGGER compound_trigger
FOR INSERT OR UPDATE OR DELETE ON dept
COMPOUND TRIGGER
    BEFORE STATEMENT IS         -- 语句执行前触发（表级）
    BEGIN
```

```
        DBMS_OUTPUT.put_line('1、BEFORE STATEMENT .') ;
    END BEFORE STATEMENT ;
    BEFORE EACH ROW IS -- 语句执行前触发（行级）
    BEGIN
        DBMS_OUTPUT.put_line('2、BEFORE EACH ROW .') ;
    END BEFORE EACH ROW ;
    AFTER STATEMENT IS  -- 语句执行后触发（表级）
    BEGIN
        DBMS_OUTPUT.put_line('3、AFTER STATEMENT .') ;
    END AFTER STATEMENT ;
    AFTER EACH ROW IS   -- 语句执行后触发（行级）
    BEGIN
        DBMS_OUTPUT.put_line('4、AFTER EACH ROW .') ;
    END AFTER EACH ROW ;
END ;
/
```

本程序在 dept 表上定义了一个复合触发器，下面对 dept 表执行一条更新操作。

范例 21-39： 向 dept 表中增加一条新数据。

```
INSERT INTO dept(deptno,dname,loc) VALUES (99,'MLDNJAVA','北京') ;
```

查询结果： 通过 SQLPlus 输出，如图 21-24 所示。

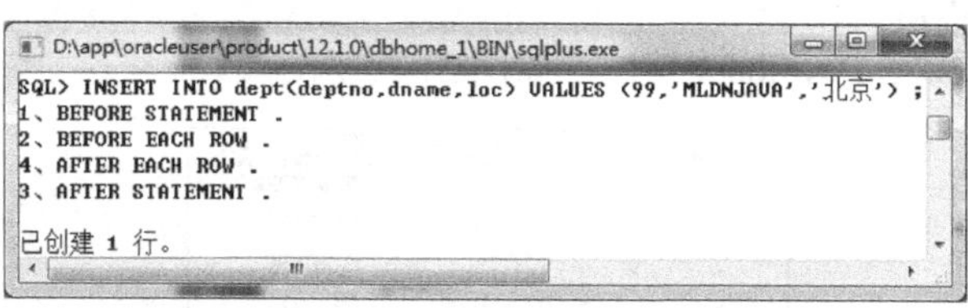

图 21-24　复合触发器执行

通过本程序的执行结果可以发现，实际上复合触发器的执行流程与之前讲解的不同的 DML 触发器（**表级触发器 + 行级触发器**）执行顺序相同。

☑ 执行更新前表级触发器：BEFORE STATEMENT。
☑ 执行更新前行级触发器：BEFORE EACH ROW。
☑ 执行更新后行级触发器：AFTER EACH ROW。
☑ 执行更新后表级触发器：AFTER STATEMENT。

清楚了复合触发器的基本概念后，下面使用它完成一个简单的操作。在 dept 表上定义一个复合触发器，如果其执行的是增加操作，并且增加的部门名称或位置没有填写时，将部门名称设置为 mldnjava，位置设置为“中国”。

范例 21-40： 定义复合触发器。

分析：

☑ 如果要在更新前自动设置内容，则应该使用 BEFORE EACH ROW 事件操作。
☑ 可以在此触发器中，使用 IS NULL 分别判断设置的 dname 或 loc 是否为空。

```
CREATE OR REPLACE TRIGGER compound_trigger
FOR INSERT OR UPDATE OR DELETE ON dept
COMPOUND TRIGGER
    BEFORE EACH ROW IS -- 语句执行前触发（行级）
```

Note

```
BEGIN
    IF INSERTING THEN
        IF :new.dname IS NULL THEN
            :new.dname := 'MLDNJAVA' ;
        END IF ;
        IF :new.loc IS NULL THEN
            :new.loc := '中国' ;
        END IF ;
    END IF ;
END BEFORE EACH ROW ;
END ;
/
```

范例 21-41：增加一条部门信息。

```
INSERT INTO dept(deptno) VALUES (99) ;
COMMIT ;
```

此时，虽然在增加 dept 表数据时只增加了一个部门编号，但是由于触发器的存在，会自动地将部门名称设置为 MLDNJAVA，部门位置设置为“中国”，为了验证此操作，下面查询一下 dept 表记录。

范例 21-42：查询更新后的 dept 表记录。

```
SELECT * FROM dept ;
```

查询结果：通过 SQL Developer 输出，如图 21-25 所示。

	DEPTNO	DNAME	LOC
1	10	ACCOUNTING	NEW YORK
2	20	RESEARCH	DALLAS
3	30	SALES	CHICAGO
4	40	OPERATIONS	BOSTON
5	99	MLDNJAVA	中国

图 21-25　dept 表记录

完成了一个事件的操作，下面再来看一下对于多个事件的操作。例如，现在要求对 emp 表定义一个触发器，此触发器可以完成如下的功能。

☑ 在周末时间不允许更新 emp 表数据。

☑ 在更新数据时，要求将所有增加的数据自动变为大写。

☑ 重新完成之后，新增雇员的工资不得高于公司的平均工资。

范例 21-43：定义触发器。

分析：

☑ 周末时间不允许更新表，则应该在表级更新前触发（BEFORE STATEMENT），在此触发器中，使用 SYSDATE 取得当前的一周时间数，如果不满足更新条件，就抛出一个异常。

☑ 如果要将所有的字母自动变为大写，则需要在行更新前触发（BEFORE EACH ROW），同时使用 UPPER()函数将接收进来的数据（:new.ename、:new.job）进行大写字母转换。

☑ 可以使用 AVG()函数计算出公司的平均工资，之后判断新增雇员的工资（:new.sal）是否高于此平均值。

```
CREATE OR REPLACE TRIGGER emp_compound_trigger
FOR INSERT OR UPDATE OR DELETE ON emp
```

```
COMPOUND TRIGGER
    BEFORE STATEMENT IS       -- 周末不允许更新
        v_currentweak  VARCHAR2(20) ;
    BEGIN
        SELECT TO_CHAR(SYSDATE,'day') INTO v_currentweak FROM dual ;
        IF TRIM(v_currentweak) IN ('星期六' , '星期日') THEN
            RAISE_APPLICATION_ERROR(-20008,'在周末不允许更新 emp 数据表！') ;
        END IF ;
    END BEFORE STATEMENT ;
    BEFORE EACH ROW IS
        v_avgSal  emp.sal%TYPE ;
    BEGIN
        IF INSERTING OR UPDATING THEN
            :new.ename := UPPER(:new.ename) ;
            :new.job := UPPER(:new.job) ;
        END IF ;
        IF INSERTING THEN
            SELECT AVG(sal) INTO v_avgSal FROM emp ;
            IF :new.sal > v_avgSal THEN
                RAISE_APPLICATION_ERROR(-20009,'新进雇员工资不得高于公司平均工资！') ;
            END IF ;
        END IF ;
    END BEFORE EACH ROW ;
END ;
/
```

此时触发器中使用了两个操作事件（BEFORE STATEMENT、BEFORE EACH ROW），下面分别执行一些 DML 操作，同时观察执行效果。

范例 21-44： 向雇员表中增加一条正确的数据。

```
INSERT INTO emp (empno,ename,job,mgr,sal,comm,deptno,hiredate)
    VALUES (9999,'mldn','manager',7566,1680,null,20,SYSDATE) ;
COMMIT ;
```

此时增加的雇员信息全部采用了小写字母，但是这些操作会在触发器中进行大写转换。

范例 21-45： 查询 emp 表中 9999 雇员信息。

```
SELECT * FROM emp WHERE empno=9999 ;
```

查询结果： 通过 SQL Developer 输出，如图 21-26 所示。

	EMPNO	ENAME	JOB	MGR	HIREDATE	SAL	COMM	DEPTNO
1	9999	MLDN	MANAGER	7566	17-10月-13	1680	(null)	20

图 21-26　自动转换大写

范例 21-46： 向雇员表增加一条雇员信息，工资为 5000 元（已经超过了平均工资）。

```
INSERT INTO emp (empno,ename,job,mgr,sal,comm,deptno,hiredate)
    VALUES (8888,'lixinghua','manager',7566,5000,null,20,SYSDATE) ;
```

查询结果： 通过 SQLPlus 输出，如图 21-27 所示。

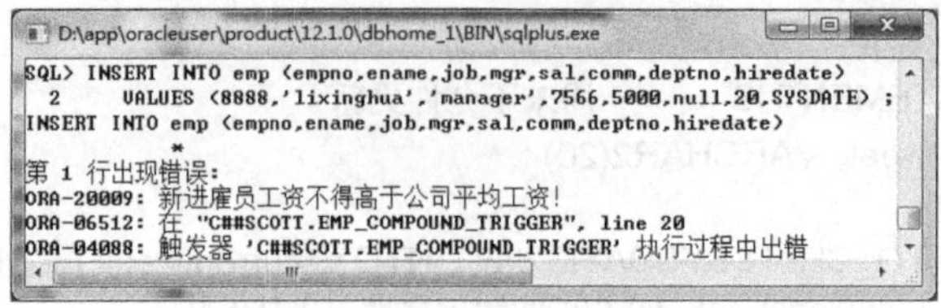

图 21-27 触发器错误

Note

如果在周末时间更新了 emp 表，则会出现如图 21-28 所示的错误信息。

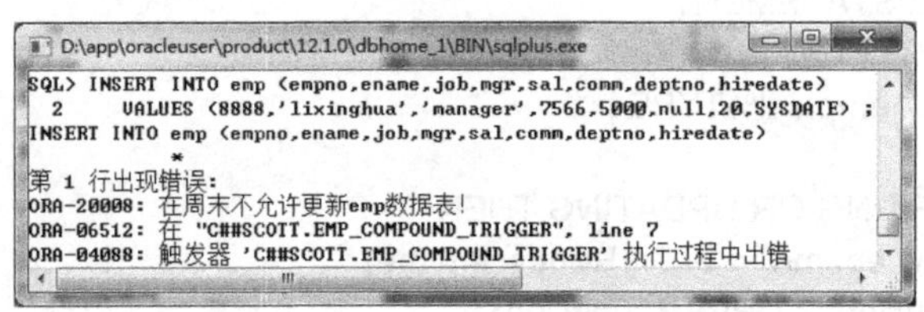

图 21-28 周末时间不允许更新数据表

21.7 instead-of 触发器

在本书第 13 章讲解视图时曾经强调过一个问题，如果一张视图的数据由多张数据表组成，那么视图是无法直接进行更新的。而如果想实现此类视图的更新操作，就只能利用替代触发器来解决。

21.7.1 在视图上定义替代触发器

前面所讲解的触发器都是对数据表进行的，现在用户也可以通过对视图进行触发器的定义，这样的触发器在 Oracle 中称为替代（instead-of）触发器。例如，如果现在定义了一个由多张数据表一起显示的视图，那么这个时候用户是无法对此视图执行更新或者增加数据的操作的，下面首先回顾一下之前所讲解视图的操作中的问题。

范例 21-47： 创建一张包含 20 部门雇员编号、姓名、职位、基本工资、部门编号、部门名称、位置的视图。

```
CREATE OR REPLACE VIEW v_myview AS
SELECT e.empno , e.ename , e.job , e.sal , d.deptno , d.dname , d.loc
FROM emp e,dept d
WHERE e.deptno=d.deptno AND d.deptno=20 ;
```

范例 21-48： 向视图插入一条数据。

```
INSERT INTO v_myview (empno , ename, job , sal , deptno,dname,loc)
    VALUES (6688, '魔乐' , 'CLERK' , 2000, 50 , '教学' , '北京') ;
```

查询结果： 通过 SQLPlus 输出，如图 21-29 所示。

为了解决这样的困难，在 Oracle 中提供了替代触发器，即，可以通过替代触发器解决更新视图时多个数据表一起更新的问题。

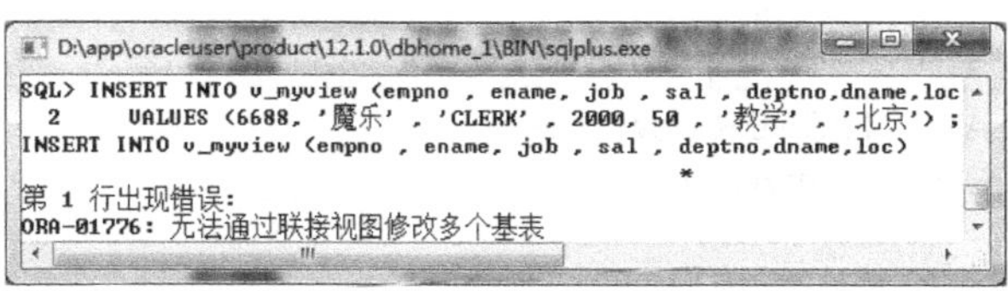

```
D:\app\oracleuser\product\12.1.0\dbhome_1\BIN\sqlplus.exe
SQL> INSERT INTO v_myview (empno , ename, job , sal , deptno,dname,loc
  2     VALUES (6688, '魔乐' , 'CLERK' , 2000, 50 , '教学' , '北京') ;
INSERT INTO v_myview (empno , ename, job , sal , deptno,dname,loc)
                                                        *
第 1 行出现错误:
ORA-01776: 无法通过联接视图修改多个基表
```

图 21-29 视图增加数据错误

用户在对视图进行 DML 操作的过程中，可以通过替代触发器对视图所映射的数据表直接进行操作，如图 21-30 所示。

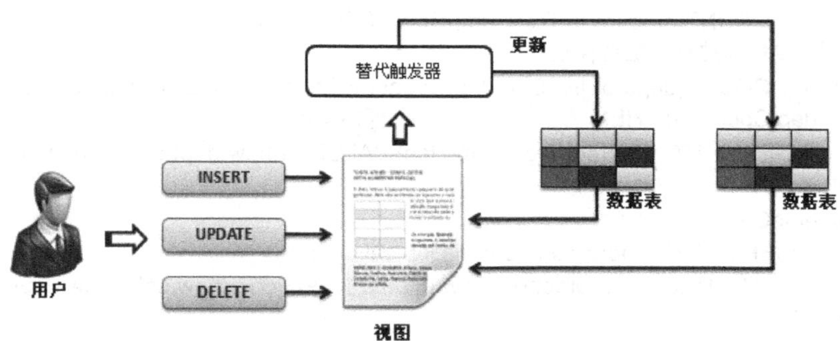

图 21-30 替代触发器

语法 21-4：instead-of 触发器创建语法

```
CREATE [OR REPLACE] TRIGGER 触发器名称
INSTEAD OF [INSERT | UPDATE | UPDATE OF 列名称 [,列名称,...] | DELETE] ON 视图名称
[FOR EACH ROW]
[WHEN 触发条件]
[DECLARE]
    [程序声明部分 ;]
BEGIN
    程序代码部分 ;
END [触发器名称] ;
/
```

通过语法 21-4 可以发现，替代触发器创建时不需要编写 BEFORE 或 AFTER，而将其替换为了 INSTEAD OF，同时操作的对象也由 DML 触发器的表替换为了视图。

1. 实现视图增加数据的替代触发器

对于视图而言，由于其本身由多张数据表的查询所得来，所以要想实现数据增加，就需要把视图中设置的增加数据分别设置到不同的数据表中，这个操作将利用替代触发器完成。在本程序中，对视图增加信息时，需要将信息分别保存到雇员及部门，同时为了保证数据不冲突，会在增加之前对数据是否存在进行判断。

范例 21-49：创建一个 INSERT 替代触发器，用于执行视图更新操作。

分析：

☑ 由于此时需要通过视图执行数据增加操作，所以要在替代触发器中实现具体的增加数据操作，分别将要增加的 dept 及 emp 信息的内容增加到各自对应的数据表中。

☑ 由于部门编号增加时有可能重复，所以应该先判断增加视图信息的部门编号是否存在，

如果不存在，则保存新的 dept 信息。

```
CREATE OR REPLACE TRIGGER view_trigger
INSTEAD OF INSERT ON v_myview
FOR EACH ROW
DECLARE
    v_empCount    NUMBER ;
    v_deptCount   NUMBER ;
BEGIN
    -- 判断要增加的雇员是否存在
    SELECT COUNT(empno) INTO v_empCount FROM emp WHERE empno=:new.empno ;
    -- 判断要增加的部门是否存在
    SELECT COUNT(deptno) INTO v_deptCount FROM dept WHERE deptno=:new.deptno ;
    IF v_deptCount = 0 THEN                          -- 部门不存在
        INSERT INTO dept(deptno,dname,loc) VALUES (:new.deptno , :new.dname , :new.loc) ;
    END IF ;
    IF v_empCount = 0 THEN
        INSERT INTO emp(empno,ename,job,sal,deptno)
            VALUES (:new.empno , :new.ename , :new.job , :new.sal , :new.deptno) ;
    END IF ;
END ;
/
```

在此替代触发器中主要实现了对视图 myview 增加操作的处理，在增加时，首先会判断要增加的部门编号或者雇员编号是否已经存在，如果不存在，则会将视图中的数据分别添加到 emp 或 dept 表中。

范例 21-50：执行视图增加操作。

```
INSERT INTO v_myview (empno , ename, job , sal , deptno,dname,loc)
    VALUES (6688, '魔乐' , 'CLERK' , 2000, 50 , '教学' , '北京') ;
COMMIT ;
```

此时，视图的增加已经可以正常完成，下面分别查询 emp 表或 dept 表中是否已存在指定的记录。

范例 21-51：查询 emp 表中是否存在新增的 6688 记录。

```
SELECT * FROM emp WHERE empno=6688 ;
```

查询结果：通过 SQL Developer 输出，如图 21-31 所示。

	EMPNO	ENAME	JOB	MGR	HIREDATE	SAL	COMM	DEPTNO
1	6688	魔乐	CLERK	(null)	(null)	2000	(null)	50

图 21-31　查询 emp 表数据

范例 21-52：查询 dept 表中是否存在新增的 50 部门记录。

```
SELECT * FROM dept WHERE deptno=50 ;
```

查询结果：通过 SQL Developer 输出，如图 21-32 所示。

	DEPTNO	DNAME	LOC
1	50	教学	北京

图 21-32　查询 dept 表记录

2．实现视图修改数据的替代触发器

视图中的数据属于多表数据的集合，所以更新操作时，需要考虑对多张数据表执行更新操作。

范例 21-53： 创建一个 UPDATE 替代触发器。

```
CREATE OR REPLACE TRIGGER view_trigger
INSTEAD OF UPDATE ON v_myview
FOR EACH ROW
BEGIN
     UPDATE emp SET ename=:new.empno , job=:new.job , sal=:new.sal WHERE
empno=:new.empno ;
     UPDATE dept SET dname=:new.dname,loc=:new.loc WHERE deptno=:new.deptno ;
END ;
/
```

范例 21-54： 更新视图信息。

```
UPDATE v_myview SET ename='史密思',sal=2000,dname='调研部' WHERE empno=7369 ;
COMMIT ;
```

更新执行完后，直接查询 myview 视图数据。

范例 21-55： 查询 v_myview 视图。

```
SELECT * FROM v_myview ;
```

查询结果： 通过 SQL Developer 输出，如图 21-33 所示。

	EMPNO	ENAME	JOB	SAL	DEPTNO	DNAME	LOC
1	7566	JONES	MANAGER	2975	20	调研部	DALLAS
2	7788	SCOTT	ANALYST	3000	20	调研部	DALLAS
3	7902	FORD	ANALYST	3000	20	调研部	DALLAS
4	7369	7369	CLERK	2000	20	调研部	DALLAS
5	7876	ADAMS	CLERK	1100	20	调研部	DALLAS

图 21-33　查询更新后的视图

范例 21-56： 查询 emp 表中 7369 雇员信息是否被更新。

```
SELECT * FROM emp WHERE empno=7369 ;
```

查询结果： 通过 SQL Developer 输出，如图 21-34 所示。

	EMPNO	ENAME	JOB	MGR	HIREDATE	SAL	COMM	DEPTNO
1	7369	7369	CLERK	7902	17-12月-80	2000	(null)	20

图 21-34　更新视图后的 emp 表数据

范例 21-57： 查询 dept 表中 20 部门的信息是否被更新。

```
SELECT * FROM dept WHERE deptno=20 ;
```

查询结果： 通过 SQL Developer 输出，如图 21-35 所示。

	DEPTNO	DNAME	LOC
1	20	调研部	DALLAS

图 21-35　更新后的 dept 表数据

通过以上的操作可以发现，使用替代触发器可以很好地解决复杂视图的更新操作，在之前无法更新的复杂视图已经成功地更新。

3．实现视图删除数据的替代触发器

如果现在执行删除视图的一个操作，并且删除完成之后，指定的部门已经没有任何一名雇

Note

员存在，则应该同部门信息一起删除，所以此时就可以利用替代变量执行本操作。

范例 21-58：创建一个 DELETE 替代触发器。

```
CREATE OR REPLACE TRIGGER view_trigger
INSTEAD OF DELETE ON v_myview
FOR EACH ROW
DECLARE
     v_empCount     NUMBER ;
BEGIN
     DELETE FROM emp WHERE empno=:old.empno ;
     SELECT COUNT(empno) INTO v_empCount FROM emp WHERE deptno=:old.deptno ;
     IF v_empCount = 0 THEN               -- 此部门没有雇员
          DELETE FROM dept WHERE deptno=:old.deptno ;
     END IF ;
END ;
/
```

定义完本触发器之后，下面执行删除数据操作。

范例 21-59：删除视图中所有 20 部门的雇员信息。

```
DELETE FROM v_myview WHERE deptno=20 ;
COMMIT ;
```

删除视图中的全部 20 部门雇员信息，相当于删除了雇员表中的全部 20 部门雇员信息，所以此时 20 部门已经没有任何的员工了，因此最后可以将 20 部门雇员的信息也删除。

除了可以根据不同的 DML 分开编写替代触发器之外，也可以将所有功能集中在一个替代触发器中进行编写，此时依然可以使用触发器提供的 3 个谓词 INSERTING、UPDATING 和 DELETING 进行操作的判断。

范例 21-60：将 3 个不同功能的替代触发器变为一个替代触发器。

```
CREATE OR REPLACE TRIGGER view_trigger
INSTEAD OF INSERT OR UPDATE OR DELETE ON v_myview
FOR EACH ROW
DECLARE
     v_empCount     NUMBER ;
     v_deptCount    NUMBER ;
BEGIN
     IF INSERTING THEN
          -- 判断要增加的雇员是否存在
          SELECT COUNT(empno) INTO v_empCount FROM emp WHERE empno=:new.empno ;
          -- 判断要增加的部门是否存在
          SELECT COUNT(deptno) INTO v_deptCount FROM dept WHERE deptno=:new.deptno ;
          IF v_deptCount = 0 THEN          -- 部门不存在
               INSERT INTO dept(deptno,dname,loc)
                    VALUES (:new.deptno , :new.dname , :new.loc) ;
          END IF ;
          IF v_empCount = 0 THEN
               INSERT INTO emp(empno,ename,job,sal,deptno)
                    VALUES (:new.empno , :new.ename , :new.job , :new.sal , :new.deptno) ;
          END IF ;
     ELSIF UPDATING THEN
```

```
            UPDATE emp SET ename=:new.empno , job=:new.job , sal=:new.sal WHERE
             empno=:new.empno ;
            UPDATE dept SET dname=:new.dname,loc=:new.loc WHERE deptno=:new.deptno ;
        ELSIF DELETING THEN
            DELETE FROM emp WHERE empno=:old.empno ;
            SELECT COUNT(empno) INTO v_empCount FROM emp WHERE deptno=:old.deptno ;
            IF v_empCount = 0 THEN -- 此部门没有雇员
                DELETE FROM dept WHERE deptno=:old.deptno ;
            END IF ;
        ELSE
            NULL ;
        END IF ;
END ;
/
```

本程序完成了与之前 3 个触发器同样的操作，读者可以自行测试该触发器的使用。

虽然使用替代触发器可以解决复杂视图的更新操作问题，但是对于不可更新的视图依然无法实现操作，当视图中包含了以下的结构之一，就表示为不可更新的视图。

- ☑ 统计函数；
- ☑ CASE 或 DECODE 语句；
- ☑ GROUP BY、HAVING 子句；
- ☑ DISTINCT 消除重复列；
- ☑ 集合运算连接。

21.7.2　在嵌套表上定义替代触发器

如果现在用户所创建的视图中包含了嵌套表的数据，则在对视图更新时，必须使用替代触发器操作。为了演示操作，下面先编写之前所学习过的嵌套表程序，同时创建一个视图。

范例 21-61：定义嵌套表。

```
-- 1．定义复合类型
DROP TYPE project_nested ;
DROP TYPE project_type ;
CREATE OR REPLACE TYPE project_type AS OBJECT(
    projectid        NUMBER ,
    projectname      VARCHAR2(50) ,
    projectfunds     NUMBER ,
    pubdate          DATE
) ;
/
-- 2．定义嵌套表类型
CREATE OR REPLACE TYPE project_nested AS TABLE OF project_type NOT NULL ;
/
-- 3．创建嵌套表类型的数据表
DROP TABLE department PURGE ;
CREATE TABLE department (
    did          NUMBER ,
```

```
    deptname VARCHAR2(50)        NOT NULL ,
    projects    project_nested ,
    CONSTRAINT pk_did PRIMARY KEY(did)
) NESTED TABLE projects STORE AS projects_nsted_table ;
-- 4．增加测试数据
INSERT INTO department(did,deptname,projects) VALUES (10,'魔乐科技' ,
    project_nested(
        project_type(1,'Java 实战开发' , 8900 , TO_DATE('2004-09-27','yyyy-mm-dd')),
        project_type(2,'Android 实战开发' , 13900 ,TO_DATE('2010-07-19','yyyy-mm-dd'))
    )) ;
INSERT INTO department(did,deptname,projects) VALUES (20,'MLDN 出版部' ,
    project_nested(
        project_type(10,'《Java 开发实战经典》' , 79.8 , TO_DATE('2008-08-13','yyyy-mm-dd')) ,
        project_type(11,'《Java Web 开发实战经典》' , 69.8 , TO_DATE('2010-08-27', 'yyyy-mm-dd')) ,
        project_type(12,'《Android 开发实战经典》', 88 , TO_DATE('2012-03-19','yyyy-mm-dd'))
    )) ;
COMMIT ;
```

此时已经定义完成了一个嵌套表，同时也增加了相应的数据，下面创建一张只包含 10 部门信息的视图。

范例 21-62：创建一张只包含 10 部门信息的视图，在此视图中存在嵌套表类型 projects 列。

```
CREATE OR REPLACE VIEW v_department10
    AS
SELECT did,deptname,projects
FROM department
WHERE did=10 ;
```

范例 21-63：查看视图中的嵌套表数据。

```
SELECT * FROM TABLE (SELECT projects FROM v_department10) ;
```

查询结果：通过 SQL Developer 输出，如图 21-36 所示。

	PROJECTID	PROJECTNAME	PROJECTFUNDS	PUBDATE
1	1	Java实战开发	8900	27-9月 -04
2	2	Android实战开发	13900	19-7月 -10

图 21-36　视图中的嵌套表数据

一切准备就绪之后，下面开始对视图中的嵌套表进行增加、修改、删除操作。

范例 21-64：对视图中的嵌套表执行增加数据操作——错误。

```
INSERT INTO TABLE (SELECT projects FROM v_department10)
    VALUES (3,'Java 高端人才培养',8000,TO_DATE('2013-09-19','yyyy-mm-dd')) ;
```

错误提示：ORA-25015: 不能在嵌套表视图列中执行 DML

范例 21-65：对视图中的嵌套表执行修改数据操作——错误。

```
UPDATE TABLE (SELECT projects FROM v_department10) pro
SET VALUE(pro) = project_type(2,'Android 高级应用',3000,TO_DATE('2013-06-06','yyyy-mm-dd'))
WHERE pro.projectid=2 ;
```

错误提示：ORA-25015: 不能在嵌套表视图列中执行 DML

范例 21-66：对视图中的嵌套表执行删除数据操作——错误。

```
DELETE FROM TABLE(
```

```
    SELECT projects FROM v_department10) pro
WHERE pro.projectid=2 ;
```

错误提示： ORA-25015: 不能在嵌套表视图列中执行 DML

此时，3 种更新操作全部无法使用，所有的问题都指的是无法在嵌套表中执行 DML 操作，所以在此种情况下，只能利用替代触发器来完成，即通过替代触发器间接地实现 department 数据表的更新。如果要操作替代触发器，则必须知道替代触发器所属的是哪一个数据行（在本程序中相当于 did）的标记，那么可以使用另外一个标识符“:parent.字段”取得，下面通过具体的代码来演示操作。

范例 21-67： 定义替代触发器实现对视图中的嵌套表数据更新。

```
CREATE OR REPLACE TRIGGER nested_trigger
INSTEAD OF INSERT OR UPDATE OR DELETE
ON NESTED TABLE projects OF v_department10
DECLARE
BEGIN
    IF INSERTING THEN
        INSERT INTO TABLE (SELECT projects FROM department WHERE did=:parent.did)
            VALUES (:new.projectid,:new.projectname,:new.projectfunds,:new.pubdate) ;
    ELSIF UPDATING THEN
        UPDATE TABLE (SELECT projects FROM department WHERE did=:parent.did) pro
            SET VALUE(pro) = project_type(:new.projectid,:new.projectname,:new.
            projectfunds,:new.pubdate)
            WHERE pro.projectid=:old.projectid ;
    ELSIF DELETING THEN
        DELETE FROM TABLE(
            SELECT projects FROM department WHERE did=:parent.did) pro
        WHERE pro.projectid=:old.projectid ;
    END IF ;
END ;
/
```

本程序使用了一个触发器，分别对视图中的嵌套表（projects）的更新进行了触发，将对视图的增加、修改、删除变为了对数据表的增加、修改、删除，而此触发器完成之后，之前 3 个无法使用的更新操作就可以正常使用了。

21.8　DDL 触发器

当创建、修改或者删除数据库对象时，也会引起相应的触发器操作事件，而此时就可以利用触发器对这些数据库对象的 DDL 操作进行监控，DDL 触发器的创建语法如下所示。

语法 20-5： DDL 触发器创建语法

```
CREATE [OR REPLACE] TRIGGER 触发器名称
[BEFORE | AFTER | INSTEAD OF] [DDL 事件] ON [DATABASE | SCHEMA]
[WHEN 触发条件]
[DECLARE]
    [程序声明部分 ;]
```

```
BEGIN
    程序代码部分 ;
END [触发器名称] ;
/
```

Note

在 DDL 触发器创建语法中，给出的操作对象有两种。

☑ DATABASE：对数据库级的触发，需要相应的管理员权限（例如 sys 用户）才可以创建。

☑ SCHEMA：对一个具体的模式（用户）的触发，每个用户都可以直接创建。

使用 DDL 触发器操作时，可以针对不同的事件，选择在事件出现之前或之后都进行触发，或者直接使用替代触发器进行触发，对于触发器中支持的 DDL 事件，如表 21-3 所示。

表 21-3　DDL 触发器支持事件

No.	DDL 事件	触 发 时 机	描　述
1	ALTER	BEFORE/AFTER	修改对象的结构时触发
2	ANALYZE	BEFORE/AFTER	分析数据库对象时触发
3	ASSOCIATE STATISTICS	BEFORE/AFTER	启动统计数据库对象时触发
4	AUDIT	BEFORE/AFTER	开启审核数据库对象时触发
5	COMMENT	BEFORE/AFTER	为数据库对象设置注释信息时触发
6	CREATE	BEFORE/AFTER	创建数据库对象时触发
7	DDL	BEFORE/AFTER	针对出现的所有 DDL 事件触发
8	DISASSOCIATE STATISTICS	BEFORE/AFTER	关闭统计数据库对象时触发
9	DROP	BEFORE/AFTER	删除数据库对象时触发
10	GRANT	BEFORE/AFTER	用户授权时触发
11	NOAUDIT	BEFORE/AFTER	禁用审核数据库对象时触发
12	RENAME	BEFORE/AFTER	为数据库对象重命名时触发
13	REVOKE	BEFORE/AFTER	用户撤销权限时触发
14	TRUNCATE	BEFORE/AFTER	截断数据表时触发

当用户针对表 21-3 中所列出的触发器支持事件编写触发器操作时，如果想取得一些系统的信息，例如当前操作用户、删除的数据库对象、修改的数据库对象等，就需要使用在 DBMS_STANDARD 包中定义的一些事件属性函数，表 21-4 列出了一些常用的事件属性函数。

表 21-4　常用的事件属性函数

No.	事件属性函数	描　述
1	ORA_CLIENT_IP_ADDRESS	取得客户端 IP 地址，如果是本地连接则返回 NULL，返回的数据类型为 VARCHAR2
2	ORA_DATABASE_NAME	取得数据库名称，返回的数据类型为 VARCHAR2
3	ORA_DES_ENCRYPTED_PASSWORD	取得加密后的口令内容，返回的数据类型为 VARCHAR2
4	ORA_DICT_OBJ_NAME	取得对象名称，返回的数据类型为 VARCHAR2
5	ORA_DICT_OBJ_NAME_LIST(nameList OUT ORA_NAME_LIST_T)	返回被修改的对象名称列表
6	ORA_DICT_OBJ_OWNER	取得对象的拥有者，返回的数据类型为 VARCHAR2

续表

No.	事件属性函数	描　述
7	ORA_DICT_OBJ_OWNER_LIST(objList OUT ORA_NAME_LIST_T)	返回被修改对象的所有者列表
8	ORA_DICT_OBJ_TYPE	返回对象类型
9	ORA_GRANTEE(nameList OUT ORA_NAME_LIST_T)	返回授予的权限或角色列表
10	ORA_INSTANCE_NUM	取得当前数据库中的实例编号
11	ORA_IS_ALTER_COLUMN(columnName VARCHAR2)	判断列名称是否被修改，返回的数据类型为 BOOLEAN
12	ORA_IS_CREATING_NESTED_TABLE	如果创建一个嵌套表，返回的数据类型为 BOOLEAN
13	ORA_IS_DROP_COLUMN(columnName VARCHAR2)	判断一个列是否被删除，返回的数据类型为 BOOLEAN
14	ORA_IS_SERVERERROR(errorCode Number)	判断是否出现了指定的错误编号，返回的数据类型为 BOOLEAN
15	ORA_LOGIN_USER	取得当前的模式名称，返回的数据类型为 VARCHAR2
16	ORA_REVOKEE(nameList OUT ORA_NAME_LIST_T)	返回撤销的权限或角色列表
17	ORA_SERVER_ERROR(point NUMBER)	返回错误堆栈信息中的错误号，其中 1 为错误堆栈顶端，返回的数据类型为 NUMBER
18	ORA_SERVER_ERROR_MSG	返回错误堆栈信息中的错误信息，其中 1 为错误堆栈顶端，返回的数据类型为 VARCHAR2
19	ORA_SYSEVENT	返回触发器的操作事件，返回的数据类型为 VARCHAR2

在表 21-4 中出现的 ORA_NAME_LIST_T 是定义在 DBMS_STANDARD 包中的一个嵌套表类型，其定义结构如下：

```
TYPE ora_name_list_t IS TABLE OF VARCHAR2(64);
```

通过定义可以发现，在这个嵌套表中存放的是一个长度为 64 的字符数据，之后所有返回的数据信息都通过嵌套表取得。下面通过几个具体的操作来演示 DDL 触发器的使用。

范例 21-68：禁止 c##scott 用户的所有 DDL 操作。

```
CREATE OR REPLACE TRIGGER scott_forbid_trigger
BEFORE DDL
ON SCHEMA
BEGIN
    RAISE_APPLICATION_ERROR(-20007,'scott 用户禁止使用任何的 DDL 操作！') ;
END ;
/
```

此时已经完成了一个非常简单的 DDL，只要是用户发出的任何 DDL 操作都会抛出异常，并禁止操作。下面执行一个创建序列的语句。

范例 21-69：创建一个序列。

```
CREATE SEQUENCE mldn_seq ;
```

查询结果：通过SQLPlus输出，如图21-37所示。

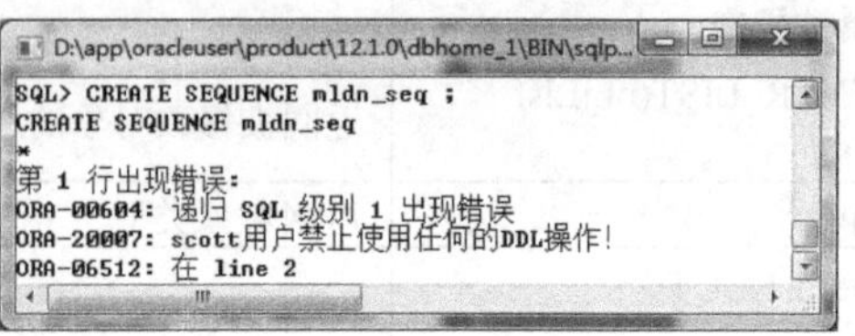
D:\app\oracleuser\product\12.1.0\dbhome_1\BIN\sqlp...
SQL> CREATE SEQUENCE mldn_seq ;
CREATE SEQUENCE mldn_seq
*
第 1 行出现错误:
ORA-00604: 递归 SQL 级别 1 出现错误
ORA-20007: scott用户禁止使用任何的DDL操作!
ORA-06512: 在 line 2

图21-37　执行DDL操作时出现错误提示

在本书前面讲解DDL操作语法中已经解释过，Oracle中保存的数据表、序列、视图、用户、索引等都是以对象的形式出现的，可以使用CREATE、DROP、ALTER这几个DDL事件进行触发器的编写。下面完成一个数据库对象操作的触发器开发。

提示：请先删除以上的触发器。

下面的操作依然属于DDL操作，如果不先执行"DROP TRIGGER scott_forbid_trigger ;"语句，删除scott_forbid_trigger触发器，那么后面的程序无法操作。

如果要实现操作对象的日志记录，首先需要创建一张对象日志记录表（object_log），数据库创建脚本如下。

范例21-70：数据库对象操作日志记录表创建脚本。

```
DROP TABLE object_log PURGE ;
DROP SEQUENCE object_log_seq ;
CREATE SEQUENCE object_log_seq ;
CREATE TABLE object_log (
    oid             NUMBER CONSTRAINT pk_oid PRIMARY KEY,
    username        VARCHAR2(50)          NOT NULL ,
    operatedate     DATE                  NOT NULL ,
    objecttype      VARCHAR2(50)          NOT NULL ,
    objectowner     VARCHAR2(50)          NOT NULL
) ;
```

在本张日志操作表中，oid使用序列（object_log_seq）自动生成，操作日期通过SYSDATE取得，其他的字段使用事件属性取得。例如，操作用户事件属性为ORA_LOGIN_USER，对象类型的事件属性为ORA_DICT_OBJ_TYPE，对象所有者的事件属性为ORA_DICT_OBJ_OWNER。

范例21-71：编写触发器实现对数据库对象操作的日志记录。

```
CREATE OR REPLACE TRIGGER object_trigger
AFTER CREATE OR DROP OR ALTER
ON DATABASE
DECLARE
BEGIN
    INSERT INTO c##scott.object_log(oid,username,operatedate,objecttype,objectowner) VALUES
        (c##scott.object_log_seq.nextval,ORA_LOGIN_USER,
            SYSDATE,ORA_DICT_OBJ_TYPE,ORA_DICT_OBJ_OWNER) ;
END ;
/
```

在本触发器中每当发生了对象的创建、删除、修改操作之后，都会自动向object_log数据表中添加相应的记录。

注意：创建数据库操作事件需要系统权限。

在本程序中将对于整个数据库（ON DATABASE）的 DDL 操作进行监控，如果现在使用 c##scott 这个普通用户登录，创建触发器时会出现“ORA-01031: 权限不足”错误提示信息。所以此时可以通过 sys 管理员登录“CONN sys/change_on_install AS SYSDBA ;”，在 sys 下创建，这样每一个用户所发出的所有 DDL 操作都可以记录。

同时，如果此时只是针对 c##scott 一个模式操作进行触发，只需要将 DATABASE 修改为相应的 SCHEMA 即可，例如 **ON SCOTT.SCHEMA** 或 **ON SCHEMA** 就可以在 scott 用户下创建相应的触发器了。

范例 21-72：禁止修改 emp 数据表的 empno（主键）列和 deptno（外键）列的定义结构

分析：

☑ 如果要对修改表结构的操作进行触发，则需要使用 ALTER 事件操作，而且应该选择更新前触发。

☑ 在每次修改表结构的操作中，需要取出一张数据表的所有列来判断其是否被修改，而要想取得一张表中的所有数据列，可以使用 all_tab_columns 数据字典来查询，下面首先来验证该数据字典表。查询 c##scott.emp 表中的所有数据列。

```
SELECT * FROM all_tab_columns
WHERE table_name='EMP' AND owner='C##SCOTT';
```

查询结果：通过 SQL Developer 输出，如图 21-38 所示。

	OWNER	TABLE_NAME	COLUMN_NAME	DATA_TYPE	DATA_TYPE_MOD	DATA_TYPE_OWNER	DATA_LENGTH	DATA_PRECISI
1	C##SCOTT	EMP	EMPNO	NUMBER	(null)	(null)	22	
2	C##SCOTT	EMP	ENAME	VARCHAR2	(null)	(null)	10	(nul
3	C##SCOTT	EMP	JOB	VARCHAR2	(null)	(null)	9	(nul
4	C##SCOTT	EMP	MGR	NUMBER	(null)	(null)	22	
5	C##SCOTT	EMP	HIREDATE	DATE	(null)	(null)	7	(nul
6	C##SCOTT	EMP	SAL	NUMBER	(null)	(null)	22	
7	C##SCOTT	EMP	COMM	NUMBER	(null)	(null)	22	
8	C##SCOTT	EMP	DEPTNO	NUMBER	(null)	(null)	22	

图 21-38　emp 数据表列信息（部分内容）

☑ 如果要把全部的列信息依次进行判断，则需要采用游标的方式来进行处理。使用游标取得指定查询的所有数据行（每一行是表中一个列的信息），而后使用 ORA_IS_ALTER_COLUMN 和 ORA_IS_DROP_COLUMN 事件属性判断当前修改列或删除列的名字是否为 empno 或者 deptno，如果是，则抛出一个异常。

☑ 为了保证此操作可以对当前用户使用，所以可以定义一个参数游标，通过 ORA_DICT_OBJ_OWNER 取得操作表的用户，通过 ORA_DICT_OBJ_NAME 取得操作数据表名称。

范例 21-73：在 c##scott 用户中定义参数游标。

```
CREATE OR REPLACE TRIGGER emp_alter_trigger
BEFORE ALTER
ON SCHEMA
DECLARE
    -- 操作的所有者及操作的表名称由外部传递
    CURSOR emp_column_cur(p_tableOwner all_tab_columns.owner%TYPE , p_tableName
    all_tab_columns.table_name%TYPE) IS
    SELECT column_name FROM all_tab_columns
```

Note

```
    WHERE owner=p_tableOwner AND table_name=p_tableName ;
BEGIN
    IF ORA_DICT_OBJ_TYPE = 'TABLE' THEN     -- 如果操作的是数据表
        FOR empColumnRow IN emp_column_cur(ORA_DICT_OBJ_OWNER , ORA_DICT_
        OBJ_NAME) LOOP
            IF ORA_IS_ALTER_COLUMN(empColumnRow.column_name) THEN
                -- empno 字段要被修改
                IF empColumnRow.column_name = 'EMPNO' THEN
                    RAISE_APPLICATION_ERROR(-20007,'empno 字段不允许修改！') ;
                END IF ;
                -- deptno 字段要被修改
                IF empColumnRow.column_name = 'DEPTNO' THEN
                    RAISE_APPLICATION_ERROR(-20008,'deptno 字段不允许修改！') ;
                END IF ;
            END IF ;
            IF ORA_IS_DROP_COLUMN(empColumnRow.column_name) THEN
                -- empno 字段要被删除
                IF empColumnRow.column_name = 'EMPNO' THEN
                    RAISE_APPLICATION_ERROR(-20009,'empno 字段不允许删除！') ;
                END IF ;
                -- deptno 字段要被删除
                IF empColumnRow.column_name = 'DEPTNO' THEN
                    RAISE_APPLICATION_ERROR(-20010,'deptno 字段不允许删除！') ;
                END IF ;
            END IF ;
        END LOOP ;
    END IF ;
END ;
/
```

本程序创建了一个参数游标，分别接收对象的所有者、操作对象名称，之后在使用游标循环找到操作时，通过两个事件属性将当前操作的用户及对象名称传递到参数游标之内。如果现在用户修改或删除的字段是 empno 或 deptno，则程序将抛出异常，禁止操作。

创建完触发器之后，下面对 emp 表中的 empno 或 deptno 字段进行修改或删除操作。

范例 21-74：修改 empno 字段。

```
ALTER TABLE emp MODIFY (empno NUMBER(6)) ;
```

查询结果：通过 SQLPlus 输出，如图 21-39 所示。

范例 21-75：删除 deptno 字段。

```
ALTER TABLE emp DROP COLUMN deptno ;
```

查询结果：通过 SQLPlus 输出，如图 21-40 所示。

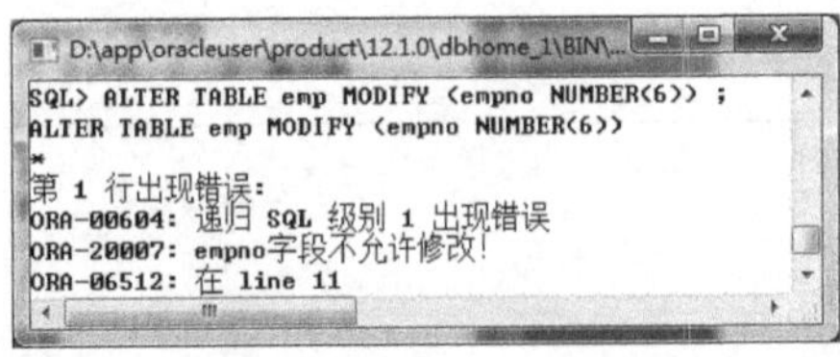

图 21-39　修改 empno 字段时出错

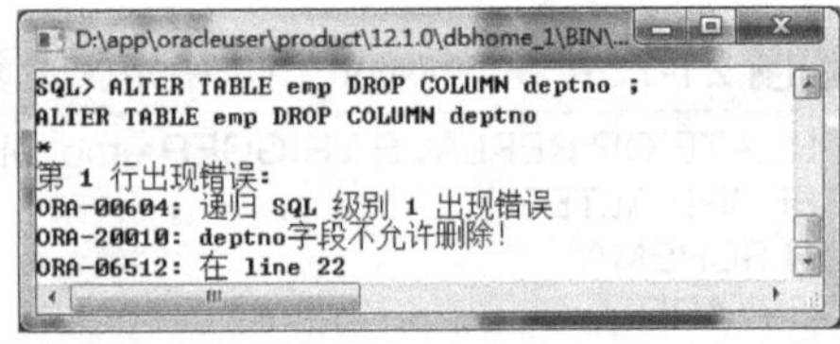

图 21-40　删除 deptno 字段时出错

Note

21.9　系统触发器

系统触发器用于监视数据库服务的打开、关闭、错误等信息的取得，或者监控用户的行为操作等。如果要创建系统触发器，语法如下。

语法 20-6：系统触发器的创建语法

```
CREATE [OR REPLACE] TRIGGER 触发器名称
[BEFORE | AFTER] [数据库事件] ON [DATABASE | SCHEMA]
[WHEN 触发条件]
[DECLARE]
      [程序声明部分 ;]
BEGIN
      程序代码部分 ;
END [触发器名称] ;
/
```

在编写系统触发器中，也定义了许多的事件操作，如表 21-5 所示。

表 21-5　系统触发器事件

No.	事　件	触 发 时 机	描　述
1	STARTUP	AFTER	数据库实例启动之后触发
2	SHUTDOWN	BEFORE	数据库实例关闭之前触发
3	SERVERERROR	AFTER	出现错误时触发
4	LOGON	AFTER	用户登录后触发
5	LOGOFF	BEFORE	用户注销前触发

1. 登录日志功能

下面首先创建一个监控数据库打开（STARTUP）及关闭（SHUTDOWN）的触发器，当管理员每次执行数据库实例的打开及关闭操作时，可以在一个 database_log 数据表中保存操作信息。

提示：使用 sys 用户操作。

由于本程序是针对数据库级的触发操作，所以以下数据表及触发器的创建操作应该在 sys 用户下完成，输入“CONN sys/change_on_install AS SYSDBA ;”。

范例 21-76：编写 user_log 数据表创建脚本。

```
DROP SEQUENCE user_log_seq ;
DROP TABLE user_log PURGE ;
CREATE SEQUENCE user_log_seq ;
CREATE TABLE user_log (
      logid           NUMBER CONSTRAINT pk_logid PRIMARY KEY ,
      username        VARCHAR2(50)          NOT NULL ,
      logondate       DATE ,
      logoffdate      DATE ,
```

```
    ip              VARCHAR2(20) ,
    logtype         VARCHAR2(20)
) ;
```

范例 21-77：监控用户登录触发器 logon_trigger。

```
CREATE OR REPLACE TRIGGER logon_trigger
AFTER LOGON
ON DATABASE
BEGIN
    INSERT INTO user_log(logid,username,logondate,ip,logtype)
        VALUES (user_log_seq.nextval,ORA_LOGIN_USER,SYSDATE,ORA_CLIENT_IP_
        ADDRESS,'LOGON')   ;
END ;
/
```

范例 21-78：监控用户注销触发器 logoff_trigger。

```
CREATE OR REPLACE TRIGGER logoff_trigger
BEFORE LOGOFF
ON DATABASE
BEGIN
    INSERT INTO user_log(logid,username,logoffdate,ip,logtype)
        VALUES (user_log_seq.nextval,ORA_LOGIN_USER,SYSDATE,ORA_CLIENT_IP_
        ADDRESS,'LOGOFF')   ;
END ;
/
```

创建完成之后，下面分别使用几个用户执行登录操作，然后回到 sys 用户下，查询 user_log 数据表。

范例 21-79：回到 sys 用户下，查询 user_log 数据表。

```
CONN sys/change_on_install AS SYSDBA ;
SELECT * FROM user_log ;
```

查询结果：通过 SQL Developer 输出，如图 21-41 所示。

	LOGID	USERNAME	LOGONDATE	LOGOFFDATE	IP	LOGTYPE
1	1	SYS	(null)	17-10月-13	(null)	LOGOFF
2	2	SYS	17-10月-13	(null)	(null)	LOGON
3	3	SYS	(null)	17-10月-13	(null)	LOGOFF
4	4	C##SCOTT	17-10月-13	(null)	(null)	LOGON
5	5	C##SCOTT	(null)	17-10月-13	(null)	LOGOFF
6	6	SYSTEM	17-10月-13	(null)	(null)	LOGON
7	7	SYSTEM	(null)	17-10月-13	(null)	LOGOFF
8	8	C##SCOTT	17-10月-13	(null)	(null)	LOGON
9	9	C##SCOTT	(null)	17-10月-13	(null)	LOGOFF
10	10	SYSTEM	17-10月-13	(null)	(null)	LOGON
11	11	SYSTEM	(null)	17-10月-13	(null)	LOGOFF
12	12	SYS	17-10月-13	(null)	(null)	LOGON

图 21-41　观察用户登录日志表

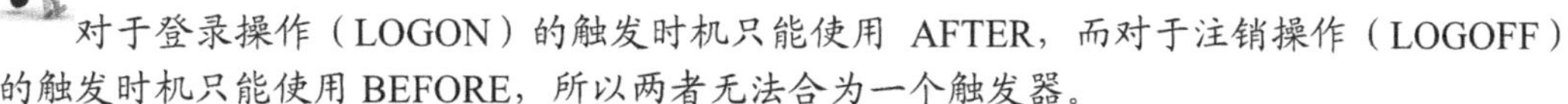

提问：能否将以上的两个触发器合成一个，然后利用 ORA_SYSEVENT 判断触发类型？

以上的程序是将登录（LOGON）和注销（LOGOFF）分为两个触发器来编写，能否将触发器变为一个，然后使用 ORA_SYSEVENT 来判断操作类型，再编写 INSERT 语句增加记录？

回答：不能，触发时机不一样。

对于登录操作（LOGON）的触发时机只能使用 AFTER，而对于注销操作（LOGOFF）的触发时机只能使用 BEFORE，所以两者无法合为一个触发器。

2. 系统启动和关闭日志功能

下面再完成一个针对数据库实例启动与关闭的触发器操作，本程序的主要功能是在一张数据库事件表（db_event_log）中记录数据库实例启动和关闭的日期时间。

范例 21-80：定义数据库事件记录表。

```
DROP TABLE db_event_log PURGE ;
DROP SEQUENCE db_event_log_seq ;
CREATE SEQUENCE db_event_log_seq ;
CREATE TABLE db_event_log (
    eventId         NUMBER        CONSTRAINT pk_eventid PRIMARY KEY ,
    eventType       VARCHAR2(50)      NOT NULL ,
    eventDate DATE                    NOT NULL ,
    eventUser VARCHAR2(50)            NOT NULL
) ;
```

范例 21-81：编写触发器，启动之后触发。

```
CREATE OR REPLACE TRIGGER startup_trigger
AFTER STARTUP
ON DATABASE
BEGIN
    INSERT INTO db_event_log(eventId,eventType,eventDate,eventUser)
        VALUES (db_event_log_seq.nextval,'STARTUP',SYSDATE,ORA_LOGIN_USER) ;
    COMMIT ;
END ;
/
```

范例 21-82：编写触发器，关闭之前触发。

```
CREATE OR REPLACE TRIGGER shutdown_trigger
BEFORE SHUTDOWN
ON DATABASE
BEGIN
    INSERT INTO db_event_log(eventId,eventType,eventDate,eventUser)
        VALUES (db_event_log_seq.nextval,'SHUTDOWN',SYSDATE,ORA_LOGIN_USER) ;
    COMMIT ;
END ;
/
```

创建完成之后，使用 sys 用户，依次执行数据库实例关闭（SHUTDOWN IMMEDIATE）与打开（STARTUP）两个操作，然后查询 db_event_log 数据表，观察记录结果。

范例 21-83：查询 db_event_log 数据表记录。

```
SHUTDOWN ABORT
```

```
STARTUP
SELECT * FROM db_event_log ;
```

查询结果： 通过 SQL Developer 输出，如图 21-42 所示。

	EVENTID	EVENTTYPE	EVENTDATE	EVENTUSER
1	1	SHUTDOWN	17-10月-13	SYS
2	21	STARTUP	17-10月-13	SYS

图 21-42　数据库实例操作

3. 错误信息日志

由于在数据库开发或使用过程中会出现许多错误信息，而这些错误信息对于分析问题有相当重要的作用，那么就可以利用 SERVERERROR 对所出现的错误进行触发。在对错误信息进行触发操作时，可以使用一个 DBMS_UTILITY.FORMAT_ERROR_STACK 来获得错误堆栈的信息。下面利用触发器来完成一个错误信息记录的操作。

范例 21-84： 创建一张记录错误信息的数据表 db_error。

```
DROP SEQUENCE db_error_seq ;
DROP TABLE db_error PURGE ;
CREATE SEQUENCE db_error_seq ;
CREATE TABLE db_error (
     eid             NUMBER CONSTRAINT pk_eid PRIMARY KEY ,
     username        VARCHAR2(50) ,
     errorDate       DATE ,
     dbname          VARCHAR2(50) ,
     content         CLOB
) ;
```

范例 21-85： 定义数据库错误触发器。

```
CREATE OR REPLACE TRIGGER error_trigger
AFTER SERVERERROR ON DATABASE
BEGIN
     INSERT INTO db_error(eid,username,errorDate,dbname,content)
          VALUES
(db_error_seq.nextval,ORA_LOGIN_USER,SYSDATE,ORA_DATABASE_NAME,
               DBMS_UTILITY.format_error_stack) ;
END ;
/
```

触发器定义完成之后，下面在 c##scott 用户下分别执行两个错误的操作，然后观察 db_error 表中记录的错误信息。

范例 21-86： 错误的 DML 操作，如表 21-6 所示。

表 21-6　错误的 DML 操作

No.	错误 SQL	错 误 信 息
1	SELECT * FROM mldn ;	ORA-00942: 表或视图不存在
2	INSERT INTO dept(deptno,dname,loc) VALUES (10,'MLDN','全国') ;	ORA-00001: 违反唯一约束条件 (SCOTT.PK_DEPT)

范例 21-87： 查询错误信息。

```
SELECT * FROM db_error ;
```

查询结果：通过 SQL Developer 输出，如图 21-43 所示。

	EID	USERNAME	ERRORDATE	DBNAME	CONTENT
1	1	C##SCOTT	17-10月-13	MLDN	ORA-00942：表或视图不存在
2	2	C##SCOTT	17-10月-13	MLDN	ORA-00001：违反唯一约束条件（C##SCOTT.PK_DEPT）

图 21-43 记录错误信息

此时可以发现，所有出现的错误信息已经完整地进行了记录，而且本触发器不仅只针对 scott 一个用户，任何用户所出现的错误信息都会被一一记录。

21.10 管理触发器

触发器本身属于数据库中的对象，那么所有的数据库对象一定都可以被创建、删除、修改、查询，在之前已经完成了触发器对象的创建操作，下面分别来完成其他的 3 项操作。

1. 查询触发器

所有的数据库对象一定会在数据字典中进行查询，对于触发器，同样可以使用 3 个数据字典查看信息，它们分别是 user_triggers、all_triggers 和 dba_triggers。

范例 21-88：使用 c##scott 用户登录，查看 user_triggers 数据字典。

```
SELECT trigger_name,status,trigger_type,status,table_name,triggering_event,trigger_body FROM
user_triggers ;
```

查询结果：通过 SQL Developer 输出，如图 21-44 所示。

	TRIGGER_NAME	STATUS	TRIGGER_TYPE	STATUS_1	TABLE_NAME	TRIGGERING_EVENT	TRIGGER_BODY
1	VIEW_TRIGGER	ENABLED	INSTEAD OF	ENABLED	MYVIEW	INSERT OR UPDATE OR DELETE	DECLAREempCoun...
2	EMP_ALTER_TRIGGER	ENABLED	BEFORE EVENT	ENABLED	(null)	ALTER	DECLARECURSOR ...
3	NESTED_TRIGGER	ENABLED	INSTEAD OF	ENABLED	V_DEPARTMENT10	INSERT OR UPDATE OR DELETE	DECLAREBEGINIF...

图 21-44 查看触发器数据字典

在触发器数据字典表中的 trigger_body 字段给出的是所有触发器的程序代码，用户可以通过 SQL Developer 工具直接双击打开此列，会出现如图 21-45 所示的触发器代码信息。

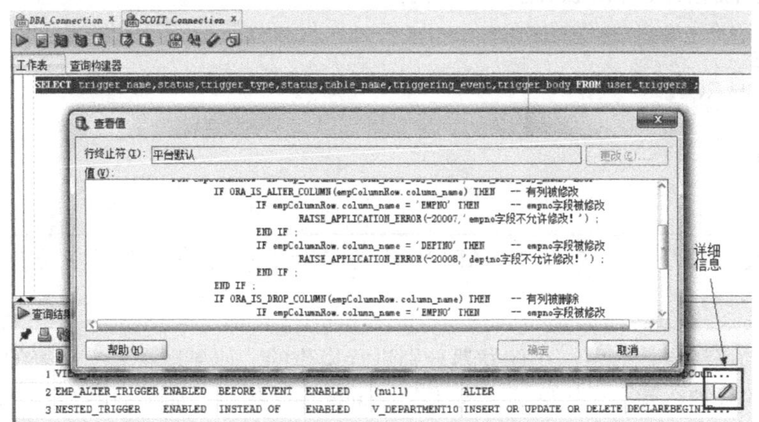

图 21-45 触发器代码信息

Note

2. 禁用/启用触发器

触发器创建完成后的默认状态为启用，如果要修改触发器的操作状态，可以使用如下的语法操作。

语法 21-7：禁用/启用单个触发器

```
ALTER TRIGGER 触发器名称 [DISABLE | ENABLE] ;
```

在修改触发器时提供了两种触发器的操作状态。

- ☑ ENABLE（有效状态）：当触发事件发生时，处于有效状态的数据库触发器将被触发。
- ☑ DISABLE（无效状态）：当触发事件发生时，处于无效状态的数据库触发器 TRIGGER 将不会被触发，相当于触发器不存在。

范例 21-89：将 emp_alter_trigger 触发器修改为禁用状态。

```
ALTER TRIGGER emp_alter_trigger DISABLE ;
```

修改完成之后，查询 user_triggers 数据字典表。

范例 21-90：查询数据字典表，确定触发器状态。

```
SELECT trigger_name,status FROM user_triggers ;
```

查询结果：通过 SQL Developer 输出，如图 21-46 所示。

	TRIGGER_NAME	STATUS
1	VIEW_TRIGGER	ENABLED
2	EMP_ALTER_TRIGGER	DISABLED
3	NESTED_TRIGGER	ENABLED

图 21-46　触发器禁用

当触发器被禁用之后，即使出现了指定的触发器操作事件，也不会导致触发器的运行。

提示：Oracle 11g 之后可以建立禁用触发器。

默认情况下触发器都是启用状态，如果现在创建的新触发器希望为默认禁用的，则可以在创建触发器时增加一个 DISABLE 选项，如下代码所示。

范例 21-91：禁用触发器代码结构。

```
CREATE OR REPLACE TRIGGER emp_update_trigger
BEFORE INSERT OR UPDATE OR DELETE
ON dept
DISABLE
FOR EACH ROW
BEGIN
     NULL ;
END;
/
```

此时触发器将默认设置为 DISABLE 状态，如果有需要，也可以将其修改为启用（ENABLE）状态。

但是以上的语法是针对每一个触发器分别进行操作的，如果现在有一张表的多个触发器要一起进行状态的维护，就会比较麻烦，为此在 Oracle 中又提供了如下的触发器操作语法。

语法 21-8：禁用/启用一张表的全部触发器

```
ALTER TABLE [schema.]表名称 [ENABLE|DISABLE] ALL TRIGGERS;
```

范例 21-92：启用 emp 表的全部触发器。

```
ALTER TABLE emp ENABLE ALL TRIGGERS;
```

3．删除触发器

删除触发器操作直接利用 DROP 语法即可完成，语法如下。

语法 21-9：删除触发器语法

```
DROP TRIGGER 触发器名称 ;
```

范例 21-93：删除 forbid_emp_trigger 触发器。

```
DROP TRIGGER forbid_alter_trigger ;
```

执行此语句之后，相应的触发器对象会被删除，数据字典中也无法再查询此触发器的相关信息。

21.11　触发器中调用子程序

通过之前的操作已经清楚了 DML 触发器的基本形式，但是在触发器中还有一个较为麻烦的问题：一个触发器只能够编写最多 32KB 大小的代码，如果说此时要编写的代码较多，则可以将这些代码定义在过程或者函数中，触发器只需要完成调用即可，下面通过一个具体的操作来演示。

> **注意：关于触发器调用的过程或函数。**
>
> 如果此时一个触发器调用了其他的过程或函数，那么所调用的过程或函数在删除之后，会直接导致触发器无法使用，就会出现 ORA-04098 异常。
>
> 如果调用的过程或函数被改变时，触发器的操作状态可能将变为无效，此时可以使用"ALTER TRIGGER [模式.]触发器名称 COMPILE [DEBUG]"这样的语法重新编译触发器。

范例 21-94：每月 10 号允许办理新近人员入职，同时入职的新雇员工资不能超过公司的平均工资。

分析：为了更好地完成本题目的操作，下面分别定义一个过程及一个函数。

☑ 过程（emp_update_date_proc）：检查当前的日期是否为每月 10 号，如果不是则抛出异常。

```
CREATE OR REPLACE PROCEDURE emp_update_date_proc
AS
    v_currentdate   VARCHAR2(20) ;
BEGIN
    SELECT TO_CHAR(SYSDATE,'dd') INTO v_currentdate FROM dual ;
    IF TRIM(v_currentdate)!='10' THEN
        RAISE_APPLICATION_ERROR(-20008,'在每月的 10 号才允许办理入职手续！') ;
    END IF ;
END;
/
```

☑ 函数（emp_avg_sal）：检索出公司的平均工资。

```
CREATE OR REPLACE FUNCTION emp_avg_sal
RETURN NUMBER
AS
	v_avg_salary emp.sal%TYPE ;
BEGIN
	SELECT AVG(sal) INTO v_avg_salary FROM emp ;
	RETURN v_avg_salary ;
END;
/
```

☑ 在触发器中分别调用以上的过程与函数。

```
CREATE OR REPLACE TRIGGER forbid_emp_trigger
BEFORE INSERT
ON emp
FOR EACH ROW
BEGIN
	emp_update_date_proc ;				-- 调用过程
	IF :new.sal>emp_avg_sal() THEN			-- 调用函数
		RAISE_APPLICATION_ERROR(-20009,'新进雇员工资不得高于公司平均工资！') ;
	END IF ;
END ;
/
```

此时，当用户发出了更新操作（INSERT）命令时，将会引起触发器的执行，在触发器中会分别调用过程及函数来完成操作的验证。

21.12 本章小结

1．在Oracle中触发器主要分为DML触发器、instead-of（替代）触发器、DDL触发器、系统触发器和数据库事件触发器。

2．DML触发器中分为以下两类。

☑ 表级触发器：所有更新操作只在之前或之后触发一次。

☑ 行级触发器：针对更新的每一行分别进行之前或之后触发。

3．在行级触发器中可以使用“:old”取得更新前的数据，使用“:new”取得更新后的数据。

4．复合触发器是在Oracle 11g之后增加的新功能，可以进行4个触发事件操作。

5．如果要对视图进行更新操作，则应该使用替代触发器来完成，在替代触发器中，可以对视图中包含的多个数据表进行更新操作。

6．当需要对发生的DDL操作进行触发时，可以采用DDL触发器。DDL触发器可以针对一个用户或整个数据库，如果针对数据库级应该具备管理员权限。

7．每一个触发器只能编写最多32KB的程序代码，当程序复杂时，可以考虑通过过程或函数进行功能切割。

第22章

动态 SQL

通过本章的学习，可以达到以下目标：

☑ 掌握静态 SQL 与动态 SQL 的操作区别。

☑ 掌握 EXECUTE IMMEDIATE 执行动态 SQL 操作。

☑ 掌握批量绑定取得查询或更新的数据。

☑ 掌握游标与动态 SQL 处理。

在程序中编写静态 SQL 操作（例如要操作的就是 emp 表或 dept 表）可以很方便实现，但是很多时候一些子程序所操作的数据库对象需要由外部绑定支持，而此时的功能就必须依靠动态 SQL 来完成，即利用动态 SQL 可以动态实现操作对象的绑定。

22.1 动态 SQL 简介

前面所编写的 PL/SQL 程序有一个最大的特点：就是所操作的数据库对象（例如：表）必须存在，否则创建的子程序就会出现问题，这样的操作在开发中被称为静态 SQL 操作。动态 SQL 操作可以让用户在定义程序时不指定具体的操作对象，在执行时动态传入所需要的数据库对象，从而使程序变得更加灵活。为了更好地说明动态 SQL 的操作特点，下面通过简短的程序来讲解说明。

范例 22-1：利用动态 SQL 在执行时创建一张数据表。

```
CREATE OR REPLACE FUNCTION get_table_count_fun(p_table_name VARCHAR2) RETURN
NUMBER AS
    v_sql_statement     VARCHAR2(200) ;                                -- 定义操作的 SQL 语句
    v_count             NUMBER ;                                       -- 保存表中记录
BEGIN
    SELECT COUNT(*) INTO v_count FROM user_tables WHERE table_name= UPPER
(p_table_ name) ;
    IF v_count = 0 THEN                                                -- 数据表不存在
        v_sql_statement := 'CREATE TABLE ' || p_table_name ||
                ' (id  NUMBER ,
                 name     VARCHAR2(30)     NOT NULL ,
                 CONSTRAINT pk_id_' || p_table_name || ' PRIMARY KEY(id)) ' ;-- 创建数据表
        EXECUTE IMMEDIATE v_sql_statement ;                            -- 执行动态 SQL
    END IF ;
    v_sql_statement := 'SELECT COUNT(*) FROM ' || p_table_name ;  -- 查询数据表记录
    EXECUTE IMMEDIATE v_sql_statement INTO v_count ; -- 执行动态 SQL 并保存数据记录
    RETURN v_count ;
END ;
/
```

本程序为了方便用户操作专门定义了一个取得指定数据表记录数的 get_table_count_fun()函数，这个函数的主要任务是查询指定数据表中的数据量，如果要操作的数据表不存在，则会自动创建一个默认结构（只包含 id 和 name 字段）的数据表。在 get_table_count_fun()函数中首先会通过 user_tables 数据字典查看要操作的数据表是否存在，如果数据表不存在，则通过 EXECUTE IMMEDIATE 语法执行一条创建数据表的 SQL 语句。判断完成后，利用 EXECUTE IMMEDIATE 查询出此表中的全部数据量，并且通过 INTO 子句将返回结果保存到 v_count 变量中，最后通过 RETURN 返回要查询表的数据量，本程序的操作流程如图 22-1 所示。

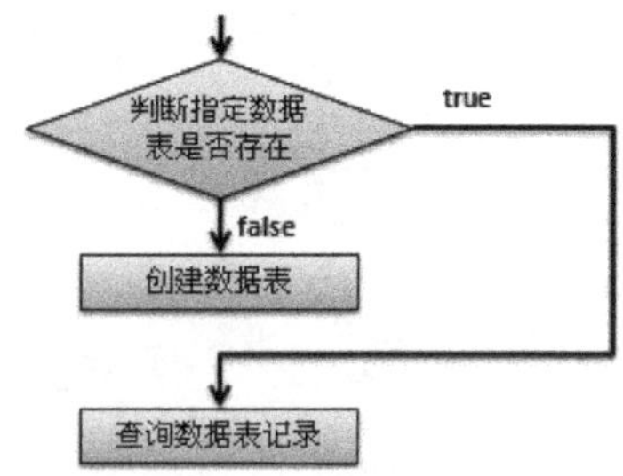

图 22-1 get_table_count_fun()函数执行流程

提示：如果不使用 EXECUTE IMMEDIATE，则程序会出现错误。

本程序中由于要操作的数据库对象可能不存在，如用户直接使用 DDL 或 DML 操作就会出现编译错误，如下所示。

范例 22-2： 直接在程序中编写 DDL 或 DML。

```
CREATE OR REPLACE FUNCTION get_table_count_fun(p_table_name VARCHAR2)
RETURN NUMBER AS
    v_sql_statement     VARCHAR2(200) ;          -- 定义操作的 SQL 语句
    v_count             NUMBER ;                 -- 保存表中记录
BEGIN
    SELECT COUNT(*) INTO v_count FROM user_tables WHERE table_name=UPPER(p_
    table_name) ;
    IF v_count = 0 THEN                          -- 数据表不存在
        -- 错误：无法直接使用 DDL 操作
        CREATE TABLE p_table_name (
                id          NUMBER ,
                name        VARCHAR2(30)     NOT NULL ,
                CONSTRAINT id_pk PRIMARY KEY(id)) ;
    END IF ;
    -- 错误：查询数据表不存在
    SELECT COUNT(*) INTO v_count FROM p_table_name ;
    RETURN v_count ;
END ;
/
```

错误提示：

```
8/3        PLS-00103: 出现符号 "CREATE"在需要下列之一时:
           ( begin case declare
           exit for goto if loop mod null pragma raise return select
           update while with <an identifier>
           <a double-quoted delimited-identifier> <a bind variable> <<
           continue close current delete fetch lock insert open rollback
           savepoint set sql execute commit forall merge pipe purge
```

此时发现，在创建数据表的执行语句上出现了错误，这是因为 PL/SQL 早期绑定特性，所以导致无法执行 DDL。

范例 22-3： 编写 PL/SQL 块调用函数。

```
BEGIN
    DBMS_OUTPUT.put_line('数据表记录：' || get_table_count_fun('mldnjava')) ;
END ;
/
```

程序运行结果： 数据表记录：0

本程序中将直接输出 get_table_count_fun()函数的返回结果，在函数操作中，如果要操作的数据表不存在则会自动创建，本程序中输入的 mldnjava 数据表不存在，所以执行后可以发现此表自动创建。

通过范例 22-1 可以发现，使用动态 SQL 最方便的是用户可以直接在程序中使用不存在的数据库对象进行操作，这样极大地提高了用户操作的灵活性。可是相对之前所编写的静态 SQL 程序，动态 SQL 在程序编译时无法检测数据对象是否存在、是否有指定的操作权限，只能等运行时才能发现这些错误。

Note

提示：在 get_table_count_fun()函数执行时可能出现“ORA-01031: 权限不足”错误提示。

本程序是在 c##scott 用户下执行的，但是默认情况下在 c##scott.get_table_count_fun()函数中无法创建数据表，此时需要将“CREATE ANY TABLE”的权限授予 c##scott 用户，可以执行如下的 SQL 命令完成。

范例 22-4：为 c##scott 用户授权。

```
CONN sys/change_on_install AS SYSDBA ;
GRANT CREATE ANY TABLE TO c##scott ;
CONN c##scott/tiger ;
```

授权之后，重新使用 scott 登录，就可以正常使用 get_table_count_fun()函数了。

在 Oracle 中如果要构建动态 SQL 操作，则可以使用 NDS 或 DBMS_SQL 包两种方式来完成，但是在 Oracle 11g 中，动态 SQL 的构建主要依靠 NDS（Native Dynamic SQL，本地动态 SQL）方式来完成，因为采用 NDS 方式完成的动态 SQL 运行速度比 DBMS_SQL 包快，同时在 NDS 中也使用了比 DBMS_SQL 包中更简单的语法。

提示：本书以 NDS 为主。

在本章的后半部分将为读者简单介绍一下 DBMS_SQL 包的使用，但是考虑到便捷性，所以本书以 NDS 作为主要的动态 SQL 实现技术。

在 NDS 中主要使用的是 EXECUTE IMMEDIATE 语句，使用该语句可以处理大部分的动态 SQL 操作，包括 DDL、DML、DCL 语句都可以被此语句控制。除了此语句外还有处理多行数据的游标操作，以及批量 SQL 处理操作，下面将分别对这 3 类动态 SQL 操作进行讲解。

22.2　EXECUTE IMMEDIATE 语句

在动态 SQL 之中 EXECUTE IMMEDIATE 是最为重要的执行命令，使用此语句可以方便地在 PL/SQL 程序中执行 DML（INSERT、UPDATE、DELETE、单列 SELECT）、DDL（CREATE、ALTER、DROP）、DCL（GRANT、REVOKE）语句，EXECUTE IMMEDIATE 语法定义如下所示。

语法 22-1：EXECUTE IMMEDIATE 语法

```
EXECUTE IMMEDIATE 动态 SQL 字符串 [[BULK COLLECT] INTO 自定义变量 , ... | 记录类型]
[USING [IN | OUT | IN OUT] 绑定参数 , ...]
[[RETURNING | RETURN] [BULK COLLECT] INTO 绑定参数 , ...] ;
```

EXECUTE IMMEDIATE 由以下 3 个主要子句组成。

☑ INTO：保存动态 SQL 执行结果，如果返回多行记录，则可以通过 BULK COLLECT 设置批量保存。

☑ USING：用来为动态 SQL 设置占位符设置内容。

☑ RETURNING | RETURN：两者使用效果一样，是取得更新表记录被影响的数据，通过 BULK COLLECT 来设置批量绑定。

22.2.1 执行动态 SQL

如果要执行动态 SQL，最简单的做法就是利用 EXECUTE IMMEIDATE，通过此语句可以执行各种操作，包括数据表、PL/SQL 块等。

范例 22-5：使用动态 SQL 创建表和 PL/SQL 块。

```
DECLARE
    v_sql_statement     VARCHAR2(200) ;
    v_count NUMBER ;          -- 保存查找结果
BEGIN
    SELECT COUNT(*) INTO v_count FROM user_tables WHERE table_name='MLDN_TAB' ;
    IF v_count = 0 THEN       -- 数据表不存在
        v_sql_statement := 'CREATE TABLE mldn_tab(
            id     NUMBER        PRIMARY KEY ,
            url    VARCHAR2(50)      NOT NULL)' ;   -- 定义动态 SQL
        EXECUTE IMMEDIATE v_sql_statement ;
    ELSE                      -- 数据表存在
        v_sql_statement := 'TRUNCATE TABLE mldn_tab' ;
        EXECUTE IMMEDIATE v_sql_statement ;
    END IF ;
    v_sql_statement := 'BEGIN
        FOR x IN 1 .. 10 LOOP
            INSERT INTO mldn_tab(id,url) VALUES (x , ''www.mldnjava.cn - '' || x) ;
        END LOOP ;
        END ;' ;
    EXECUTE IMMEDIATE v_sql_statement ;
    COMMIT ;                  -- 提交事务
END ;
/
```

本程序中首先判断要操作的数据表（mldn_tab）是否存在，如果数据表不存在，则使用动态 SQL 创建一张 mldn_tab 的数据表，如果存在，则执行 TRUNCATE TABLE 命令，将 mldn_tab 数据表中的数据清除干净，之后继续利用动态 SQL 执行一个 PL/SQL 程序块，向 mldn_tab 数据表中增加 10 条记录，本程序的执行流程如图 22-2 所示。

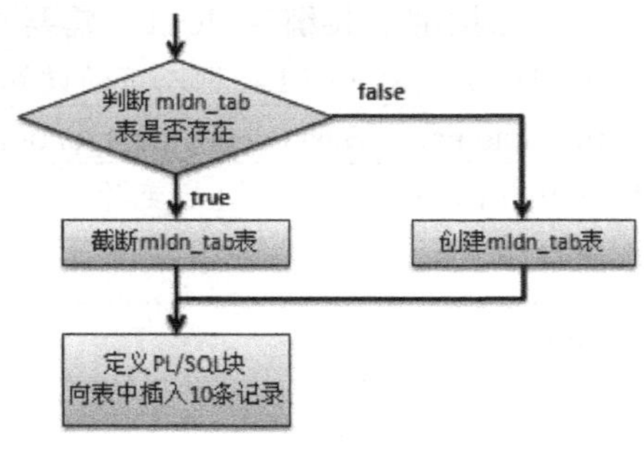

图 22-2　程序执行流程

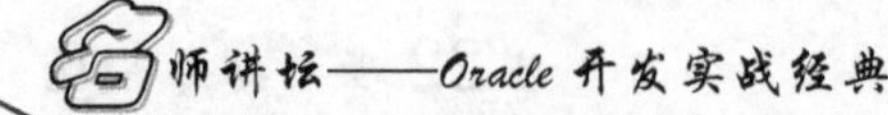

范例 22-6：查询 mldn_tab 数据表。

```
SELECT * FROM mldn_tab ;
```

查询结果：通过 SQL Developer 输出，如图 22-3 所示。

	ID	URL
1	1	www.mldnjava.cn - 1
2	2	www.mldnjava.cn - 2
3	3	www.mldnjava.cn - 3
4	4	www.mldnjava.cn - 4
5	5	www.mldnjava.cn - 5
6	6	www.mldnjava.cn - 6
7	7	www.mldnjava.cn - 7
8	8	www.mldnjava.cn - 8
9	9	www.mldnjava.cn - 9
10	10	www.mldnjava.cn - 10

图 22-3　查询 mldn_tab 数据表

22.2.2　设置绑定变量

在使用动态 SQL 时，可以在定义 SQL 字符串里采用占位符的方式设置绑定变量，所设置的绑定变量需要在程序运行时动态地使用 USING 语句设置占位符内容，而设置绑定变量的方式采用“:占位符名称”的方式表示。

范例 22-7：使用绑定变量。

```
DECLARE
	v_sql_statement		VARCHAR2(200) ;
	v_deptno	dept.deptno%TYPE := 60 ;
	v_dname	dept.dname%TYPE := 'MLDN' ;
	v_loc		dept.loc%TYPE := '北京' ;
BEGIN
	v_sql_statement := 'INSERT INTO dept(deptno,dname,loc) VALUES (:dno , :dna , :dl)' ;
	EXECUTE IMMEDIATE v_sql_statement USING v_deptno,v_dname,v_loc ;
	COMMIT ;
END ;
/
```

本程序在定义 SQL 字符串时使用了 3 个占位符“:dno”、“:dna”和“:dl”，然后在 EXECUTE IMMEDIATE 执行此 SQL 语句时，通过 USING 设置这 3 个占位符的内容。

注意：如果有字段为 NULL，则不能直接绑定 NULL，需要通过变量设置。

如果在本程序中所要增加的部门位置为 NULL，则以下的设置方式是错误的：

```
EXECUTE IMMEDIATE v_sql_statement USING v_deptno,v_dname,NULL ;
```

如果现在希望 loc 的内容为 NULL，则可以将 v_loc 变量设置为 NULL，其他执行部分不做改变。

范例 22-8：利用集合更新多条记录。

```
DECLARE
	v_sql_statement		VARCHAR2(200) ;
```

```
    TYPE deptno_nested IS TABLE OF dept.deptno%TYPE NOT NULL ;
    TYPE dname_nested IS TABLE OF dept.dname%TYPE NOT NULL ;
    v_deptno deptno_nested := deptno_nested(10,20,30,40) ;
    v_dname dname_nested := dname_nested('财务部','研发部','销售部','操作部') ;
BEGIN
    v_sql_statement := 'UPDATE dept SET dname=:dna WHERE deptno=:dno' ;
    FOR x IN 1 .. v_deptno.COUNT LOOP
        EXECUTE IMMEDIATE v_sql_statement USING v_dname(x),v_deptno(x) ;
    END LOOP ;
    COMMIT ;
END ;
/
```

Note

本程序首先定义了两个嵌套表类型（deptno_nested、dname_nested），然后将要更新的部门编号及部门名称分别保存在这两个嵌套表中，最后采用循环的方式利用 EXECUTE IMMEDIATE 动态地执行更新操作。

范例 22-9： 更新完成后查询 dept 表记录。

```
SELECT * FROM dept ;
```

查询结果： 通过 SQL Developer 输出，如图 22-4 所示。

	DEPTNO	DNAME	LOC
1	10	财务部	NEW YORK
2	20	研发部	DALLAS
3	30	销售部	CHICAGO
4	40	操作部	BOSTON

图 22-4　查询 dept 表记录

范例 22-10： 查询数据。

```
DECLARE
    v_sql_statement      VARCHAR2(200) ;
    v_empno  emp.empno%TYPE := 7369 ;
    v_emprow emp%ROWTYPE ;
BEGIN
    v_sql_statement := 'SELECT * FROM emp WHERE empno=:eno' ;
    EXECUTE IMMEDIATE v_sql_statement INTO v_emprow USING v_empno ;
    DBMS_OUTPUT.put_line('雇员编号：' || v_emprow.empno || '，姓名：' || v_emprow.ename
    || '，职位：' || v_emprow.job) ;
END   ;
/
```

程序运行结果： 雇员编号：7369，姓名：SMITH，职位：CLERK

本程序在查询语句中使用了绑定变量，由于此时需要返回结果，所以要通过 EXECUTE IMMEDIATE 中的 INTO 子句将查询结果保存在 v_emprow 变量中，同时还需要使用 USING 设置占位符数据。

通过以上的操作可以发现，所有使用绑定变量的代码都只是针对基本的数据类型，例如字符串、数字等，但是这种方式不可能针对 DDL 操作，例如，将要创建或截断的表名称使用绑定变量就会出现错误。

范例 22-11： 在创建表时使用绑定变量。

```
DECLARE
```

```
    v_sql_statement   VARCHAR2(200) ;
    v_table_name      VARCHAR2(200) := 'mldn' ;
    v_id_column       VARCHAR2(200) := 'id' ;
BEGIN
    v_sql_statement := 'CREATE TABLE :tn (:ci NUMBER PRIMARY KEY)' ;
    EXECUTE IMMEDIATE v_sql_statement USING v_table_name,v_id_column ;
END   ;
/
```

第 1 行出现错误:

ORA-00903: 表名无效

ORA-06512: 在 line 7

此时 CREATE 是 DDL 操作命令，所以无法使用绑定变量设置表名称，同理，对于删除表、截断表等操作也一样无法使用，如果要使用，可以采用拼接字符串的方式来完成，如下程序所示。

范例 22-12：正确的代码。

```
DECLARE
    v_sql_statement      VARCHAR2(200) ;
    v_table_name VARCHAR2(200) := 'mldn' ;
    v_id_column VARCHAR2(200) := 'id' ;
BEGIN
    v_sql_statement := 'CREATE TABLE ' || v_table_name ||' (' || v_id_column ||' NUMBER
    PRIMARY KEY)' ;
    EXECUTE IMMEDIATE v_sql_statement ;
END ;
/
```

本程序采用了字符串拼接的方式成功实现了动态的 SQL 创建操作，而这个操作也是本章一直以来使用的代码形式。

22.2.3 接收 DML 更新行数

当用户使用 DML 进行更新操作后，可以利用 RETURNING INTO 子句接收更新（INSERT、UPDATE、DELETE）后被影响的数据行的详细信息。下面通过两个程序来观察。

范例 22-13：更新数据，取得更新后的结果。

```
DECLARE
    v_sql_statement      VARCHAR2(200) ;  -- 定义 SQL 操作语句
    v_empno emp.empno%TYPE := 7369 ;      -- 要更新的雇员编号
    v_salary emp.sal%TYPE ;               -- 保存更新后的 sal 内容
    v_job emp.job%TYPE ;                  -- 保存更新后的 job 内容
BEGIN
    v_sql_statement := 'UPDATE emp SET sal=sal*1.2,job=''开发'' ' ||
        ' WHERE empno=:eno RETURNING sal,job INTO :salary,:job' ;
    EXECUTE IMMEDIATE v_sql_statement USING v_empno RETURNING INTO v_salary,
    v_job ;
    DBMS_OUTPUT.put_line('调整后的工资：' || v_salary || '，新的职位：' || v_job) ;
END   ;
/
```

程序运行结果： 调整后的工资：960，新的职位：开发

本程序在定义动态 SQL 语句时使用了 RETURNING 将更新后的两个字段（sal 和 job）内容赋予两个绑定变量（:salary、:job），随后在使用 EXECUTE IMMEDIATE 执行此动态 SQL 时使用 RETURNING INTO 语句将这两个绑定变量的内容赋值给 v_salary 和 v_job 这两个变量，最后进行输出。

Note

提示：也可以使用 RETURN 接收影响数据行的数据。

在接收影响数据行数据时，也可以利用 RETURN 进行操作，如下代码片段所示：

```
v_sql_statement := 'UPDATE emp SET sal=sal*1.2,job="开发" ' ||
      ' WHERE empno=:eno RETURN sal,job INTO :salary,:job' ;
EXECUTE IMMEDIATE v_sql_statement USING v_empno RETURN INTO v_salary,v_job ;
```

使用 RETURN 与 RETURNING 相比没有任何的区别。

范例 22-14： 删除数据，取得删除前的结果。

```
DECLARE
    v_sql_statement      VARCHAR2(200) ;                  -- 定义 SQL 操作语句
    v_emprow       emp%ROWTYPE ;                          -- 保存 emp 类型
    v_empno        emp.empno%TYPE := 7369 ;               -- 删除的雇员编号
    v_ename        emp.ename%TYPE ;                       -- 删除的雇员姓名
    v_sal          emp.sal%TYPE ;                         -- 删除的雇员工资
BEGIN
    v_sql_statement := 'DELETE FROM emp WHERE empno=:eno RETURNING ename,sal
INTO :name,:sal' ;
    EXECUTE IMMEDIATE v_sql_statement USING v_empno RETURNING INTO v_ename,v_sal ;
    DBMS_OUTPUT.put_line('删除的雇员编号：' || v_empno || '，姓名：' || v_ename || '，工资：' || v_sal) ;
END ;
/
```

程序运行结果： 删除的雇员编号：7369，姓名：SMITH，工资：800

本程序采用与更新同样的道理，在进行数据删除时，SQL 语句使用了 RETURNING INTO 将要删除雇员的姓名及职位赋值给两个绑定变量（:name、:sal），然后在使用 EXECUTE IMMEDIATE 时通过 RETURNING INTO 将已删除雇员的姓名及工资赋值给 v_ename 和 v_sal 这两个变量。

在使用 USING 或 RETURNING 语句时都可以设置参数模式（IN、OUT、IN OUT），其中对 USING 子句主要是使用变量定义的内容，所以默认的模式是 IN 模式。使用 RETURNING 子句时不需要设置内容，只需要接收返回内容，所以其模式为 OUT。

范例 22-15： 编写部门增加过程。

```
CREATE OR REPLACE PROCEDURE dept_insert_proc(
    p_deptno IN OUT dept.deptno%TYPE ,              -- 此处可以将 p_deptno 的内容回传
    p_dname dept.dname%TYPE,                        -- 默认为 IN 模式
    p_loc dept.loc%TYPE) AS                         -- 默认为 IN 模式
BEGIN
    SELECT MAX(deptno) INTO p_deptno FROM dept ; -- 取得最大的 deptno 内容
    p_deptno := p_deptno + 1 ;     -- 让最大值部门编号加 1，此处不考虑超过 2 位数字的情况
    INSERT INTO dept(deptno,dname,loc) VALUES (p_deptno,p_dname,p_loc) ;
END ;
```

```
/
```

本过程中要传递 3 个参数，其中对于部门编号（p_deptno）采用了 IN OUT 模式，所以此值可以传回到调用处，在过程里首先将查询最大的部门编号（此处没有考虑过部门编号超过 99 的问题），之后以此部门编号为基础进行加 1 的增长，这样就可以产生一个新的部门编号，并将此部门编号保存在 dept 表中。

Note

范例 22-16：编写 PL/SQL 块，调用过程。

```
DECLARE
    v_sql_statement VARCHAR2(200) ;
    v_deptno  dept.deptno%TYPE ;
    v_dname  dept.dname%TYPE := 'MLDN 教学部' ;
    v_loc          dept.loc%TYPE := '北京' ;
BEGIN
    v_sql_statement := 'BEGIN
                    dept_insert_proc(:dno , :dna , :dl) ;
              END ;' ;                  -- 定义 PL/SQL 块
    EXECUTE IMMEDIATE v_sql_statement USING IN OUT v_deptno , IN v_dname , v_loc ;
    DBMS_OUTPUT.put_line('新增部门编号为：' || v_deptno) ;
END ;
/
```

程序运行结果：新增部门编号为：41

本操作使用 USING 传递被绑定的参数，由于在 dept_insert_proc()过程中的第一个参数采用了 IN OUT 模式，所以可以接收部门增加后的部门编号数据。

22.3 批量绑定

通过动态 SQL 进行查询或更新操作时，每次都是向数据库提交了一条操作语句，如果现在希望数据库可以一次性接收多条 SQL，以及数据库可以一次性将操作结果返回到某一个集合中时，就可以采用批量处理操作来完成。在进行批量处理操作中，主要依靠 BULK COLLECT 进行操作。

范例 22-17：更新时使用 BULK COLLECT 语句。

```
DECLARE
    TYPE ename_index IS TABLE OF emp.ename%TYPE INDEX BY PLS_INTEGER ;
    TYPE job_index IS TABLE OF emp.job%TYPE INDEX BY PLS_INTEGER ;
    TYPE sal_index IS TABLE OF emp.sal%TYPE INDEX BY PLS_INTEGER ;
    v_ename  ename_index ;
    v_job job_index ;
    v_sal sal_index ;
    v_sql_statement VARCHAR2(200) ;          -- 定义动态 SQL
    v_deptno emp.deptno%TYPE := 10 ;         -- 查询 10 部门
BEGIN
    v_sql_statement := 'UPDATE emp SET sal=sal*1.2 WHERE deptno=:dno ' ||
        ' RETURNING ename,job,sal INTO :ena, :ej, :es' ;    -- 此时返回多行更新结果
    EXECUTE IMMEDIATE v_sql_statement USING v_deptno
```

```
        RETURNING BULK COLLECT INTO v_ename,v_job,v_sal ;
    FOR x IN 1 .. v_ename.COUNT LOOP
        DBMS_OUTPUT.put_line('雇员姓名：' || v_ename(x) || '，职位：' || v_job(x) || '，工资：' ||
        v_sal(x)) ;
    END LOOP ;
END ;
/
```

程序运行结果：

雇员姓名：CLARK，职位：MANAGER，工资：2940

雇员姓名：KING，职位：PRESIDENT，工资：6000

雇员姓名：MILLER，职位：CLERK，工资：1560

本程序在定义更新的动态 SQL 语句后会同时影响到多行数据的更新，所以执行此 SQL 时，会利用 BULK COLLECT INTO 语句，将所有取得的数据一次性写入到指定的索引表集合中，这样只需要一次就可以取得所有的结果。

范例 22-18：查询时使用 BULK COLLECT。

```
DECLARE
    TYPE ename_index IS TABLE OF emp.ename%TYPE INDEX BY PLS_INTEGER ;-- 保存雇员姓名
    TYPE job_index IS TABLE OF emp.job%TYPE INDEX BY PLS_INTEGER ;   -- 保存雇员职位
    TYPE sal_index IS TABLE OF emp.sal%TYPE INDEX BY PLS_INTEGER ;   -- 保存雇员工资
    v_ename  ename_index ;
    v_job job_index ;
    v_sal sal_index ;
    v_sql_statement VARCHAR2(200) ;                                  -- 定义动态 SQL
    v_deptno emp.deptno%TYPE := 10 ;                                 -- 查询 10 部门
BEGIN
    v_sql_statement := 'SELECT ename,job,sal FROM emp WHERE deptno=:dno' ;-- 此时返回多
行更新结果
    EXECUTE IMMEDIATE v_sql_statement
        BULK COLLECT INTO v_ename,v_job,v_sal
        USING v_deptno ;                                         -- 将多个结果一起返回
    FOR x IN 1 .. v_ename.COUNT LOOP
        DBMS_OUTPUT.put_line('雇员姓名：' || v_ename(x) || '，职位：' || v_job(x) || '，工资：' || v_sal(x)) ;
    END LOOP ;
END ;
/
```

程序运行结果：

雇员姓名：CLARK，职位：MANAGER，工资：2450

雇员姓名：KING，职位：PRESIDENT，工资：5000

雇员姓名：MILLER，职位：CLERK，工资：1300

本程序采用了同样的方式将所有的查询结果通过 BULK COLLECT INTO 分别保存到 3 个索引表集合中，然后采用循环输出所查询出的数据。

以上的两个操作都是针对操作数据的提取，如果要向动态 SQL 中设置多个绑定参数，则必须利用 FORALL 语句来完成，此语句的语法如下所示。

语法 22-2：使用 FORALL 设置多个参数

```
FORALL 索引变量 IN 参数集合最小值 .. 参数集合最大值
```

```
EXECUTE IMMEDIATE 动态 SQL 字符串
[USING 绑定参数 | 绑定参数(索引) , ...]
[[RETURNING | RETURN] BULK COLLECT INTO 绑定参数集合 , ...] ;
```

范例 22-19： 通过 FORALL 设置多个参数。

```
DECLARE
    TYPE empno_nested IS TABLE OF emp.empno%TYPE   ;                      -- 定义嵌套表
    TYPE ename_index IS TABLE OF emp.ename%TYPE INDEX BY PLS_INTEGER ; -- 定义索引表
    TYPE job_index IS TABLE OF emp.job%TYPE INDEX BY PLS_INTEGER ;     -- 定义索引表
    TYPE sal_index IS TABLE OF emp.sal%TYPE INDEX BY PLS_INTEGER ;     -- 定义索引表
    v_ename  ename_index ;                                           -- 保存删除后的姓名
    v_job job_index ;                                                -- 保存删除后的职位
    v_sal sal_index ;                                                -- 保存删除后的工资
    v_empno  empno_nested := empno_nested(7369,7566,7788) ;         -- 定义要删除雇员编号
    v_sql_statement VARCHAR2(200) ;                                  -- 动态 SQL
BEGIN
    v_sql_statement := 'DELETE FROM emp WHERE empno=:eno ' || '
            RETURNING ename,job,sal INTO :ena , :ej , :es' ;         -- 删除数据 SQL
    FORALL x IN 1 .. v_empno.COUNT                                   -- FORALL 绑定多个变量
        EXECUTE IMMEDIATE v_sql_statement USING v_empno(x)
        RETURNING BULK COLLECT INTO v_ename,v_job,v_sal ;
    FOR x IN 1 .. v_ename.COUNT LOOP
        DBMS_OUTPUT.put_line('雇员姓名：' || v_ename(x) || '，职位：' || v_job(x) || '，工资：' || v_sal(x)) ;
    END LOOP ;
END ;
/
```

程序运行结果：

雇员姓名：SMITH，职位：CLERK，工资：800

雇员姓名：JONES，职位：MANAGER，工资：2975

雇员姓名：SCOTT，职位：ANALYST，工资：3000

本程序通过 FORALL 操作向动态 SQL 语句中设置了多个参数（所有参数保存在 v_empno 嵌套表类型变量中），同时此操作也会返回多行要删除的数据信息，这些数据通过 BULK COLLECT INTO 分别保存在 3 个集合里。

22.4　处理游标操作

在动态 SQL 操作中，除了可以处理单行查询操作之外，也可以利用游标完成多行数据的操作。而在游标定义时也同样可以使用动态绑定变量的方式，此时就需要在打开游标变量时增加 USING 子句操作，语法如下所示。

语法 22-3： 在打开游标变量中使用 USING

```
OPEN 游标变量名称 FOR 动态 SQL 语句 [USING 绑定变量 , 绑定变量 ,..]
```

范例 22-20： 在游标中使用动态 SQL。

```
DECLARE
```

```
    cur_emp        SYS_REFCURSOR ;                          -- 定义游标变量
    v_emprow       emp%ROWTYPE ;                            -- 定义 emp 行类型
    v_deptno       emp.deptno%TYPE := 10 ;                  -- 定义要查询雇员的部门编号
BEGIN
    OPEN cur_emp FOR 'SELECT * FROM emp WHERE deptno=:dno '
    USING v_deptno ;
    LOOP
        FETCH cur_emp INTO v_emprow ;                       -- 取得游标数据
        EXIT WHEN cur_emp%NOTFOUND ;                        -- 如果没有数据则退出
        DBMS_OUTPUT.put_line('雇员姓名：' || v_emprow.ename || '，雇员职位：' ||
        v_emprow.job) ;
    END LOOP ;
    CLOSE cur_emp ;
END ;
/
```

程序运行结果：

雇员姓名：CLARK，雇员职位：MANAGER

雇员姓名：KING，雇员职位：PRESIDENT

雇员姓名：MILLER，雇员职位：CLERK

在本程序中定义了一个弱类型的游标变量，而在程序主体部分使用 OPEN…FOR 操作要使用的动态 SQL，由于此时绑定了一个变量，所以需要使用 USING 配置此变量内容。

以上程序是采用循环的方式将游标中的数据设置到每一个变量中，而利用批量处理也可以在 FETCH 语句中利用 BULK COLLECT 一次性将多个数据保存到集合类型中，语法如下所示。

语法 22-4： 利用 FETCH 一次性保存多条数据到集合类型中

```
FETCH 动态游标 BULK COLLECT INTO 集合变量 ... ;
```

范例 22-21： 利用 FETCH 保存查询结果。

```
DECLARE
    cur_emp   SYS_REFCURSOR ;                               -- 定义游标变量
    TYPE emp_index IS TABLE OF emp%ROWTYPE INDEX BY PLS_INTEGER ;-- 定义索引表
    v_emprow  emp_index ;                                   -- 定义 emp 行类型
    v_deptno  emp.deptno%TYPE := 10 ;                       -- 定义要查询雇员的部门编号
BEGIN
    OPEN cur_emp FOR 'SELECT * FROM emp WHERE deptno=:dno' USING v_deptno ;
    FETCH cur_emp BULK COLLECT INTO v_emprow ;
    CLOSE cur_emp ;
    FOR x IN 1 .. v_emprow.COUNT LOOP
        DBMS_OUTPUT.put_line('雇员编号：' || v_emprow(x).empno || '，姓名：' || v_emprow(x).
        ename || '，职位：' || v_emprow(x).job) ;
    END LOOP ;
END ;
/
```

程序运行结果：

雇员编号：7782，姓名：CLARK，职位：MANAGER

雇员编号：7839，姓名：KING，职位：PRESIDENT

雇员编号：7934，姓名：MILLER，职位：CLERK

本程序是将游标取得的数据，通过 FETCH BULK COLLECT INTO 语句一次性地保存在了 emp_index 类型的变量中，而后采用 FOR 循环输出游标中的数据。

Note

22.5 DBMS_SQL 包简介

Oracle 数据库为了解决对象依赖关系的问题，从 Oracle 7 版本开始就引入了 DBMS_SQL 包，之后到了 Oracle 8i 版本对其进行了增强，到了 Oracle 9i 之后，动态 SQL 的发展方向逐步转移到了 NDS，也就是之前所讲解过的动态 SQL 操作的相关知识，而对于 DBMS_SQL 包的操作也就使用得越来越少，所以本章将简单介绍这个包的使用。

提示：本节只讲解核心操作。

由于 DBMS_SQL 包的部分操作使用较少，所以在本节中只为读者列出了几个核心的操作过程或函数，如果读者有需要可以查询 DBMS_SQL 包查看相关的定义。

范例 22-22：查看 DBMS_SQL 包定义。

```
SELECT *
FROM all_source
WHERE type='PACKAGE' AND name='DBMS_SQL'  ;
```

有关过程重载的定义或者其他数据类型的操作程序，读者可以通过本包自行查看。

如果要使用 DBMS_SQL 包，需要按照如下步骤进行操作。

第 1 步：打开游标。

操作函数：“function open_cursor return integer;”，该函数在打开游标时会返回一个游标的 ID，用户必须通过此 ID 才可以进行相应操作。

范例 22-23：打开游标。

```
v_cid := DBMS_SQL.open_cursor ;  -- 打开游标
```

第 2 步：解析要执行的 SQL 语句。

操作过程：“procedure parse(c in integer, statement in varchar2,language_flag in integer);”，该函数需要接收操作游标的 CID 和要解析的 SQL 语句，最后需要给定解析数据库的操作版本，从 Oracle 8i 之后主要使用的是“DBMS_SQL.native”，如果为 Oracle 7 版本则可以使用“DBMS_SQL.Oracle_v7”。

范例 22-24：解析 SQL。

```
    v_sql_statement := 'UPDATE emp SET comm=:ec WHERE empno=:eno' ;
    DBMS_SQL.parse(v_cid , v_sql_statement ,DBMS_SQL.native) ;
```

第 3 步：如果用户执行的是查询操作（SELECT），则需要指定游标中某个具体位置的元素值。操作过程如下所示。

- ☑ 不设置列长度：“procedure define_column(c in integer, position in integer, column in char character set any_cs);”，需要由用户设置游标编号、操作变量的索引及要操作的列名称，一般使用此方式设置数字型列较多。
- ☑ 设置列长度：“procedure define_column(c in integer, position in integer, column in char

character set any_cs , column_size in integer);”，需要由用户设置游标编号、操作变量的索引及要操作的列名称，在操作字符串时需要给出字符串的列长度。

范例 22-25：设置取得游标中的操作列。

```
DBMS_SQL.define_column(v_cid , 1 , v_ename, 10) ;          -- 定义 OUT 模式变量
DBMS_SQL.define_column(v_cid , 2 , v_job, 9) ;             -- 定义 OUT 模式变量
DBMS_SQL.define_column(v_cid , 3 , v_sal) ;                -- 定义 OUT 模式变量
```

第 4 步：如果游标中设置了绑定参数，则需要为绑定参数赋值具体的内容。

操作过程如下所示。

☑ 设置数值数据：“procedure bind_variable(c in integer, name in varchar2, value in number);”；

☑ 设置字符数据：“procedure bind_variable(c in integer, name in varchar2, value in number , value in varchar2 character set any_cs);”。

范例 22-26：设置数据。

```
v_sql_statement := 'SELECT ename,job,sal FROM emp WHERE deptno=:dno' ;
    ...
DBMS_SQL.bind_variable(v_cid, ':dno', v_deptno);          --绑定变量
```

第 5 步：执行游标。

操作过程：“function execute(c in integer) return integer;”，操作指定编号的游标，同时会返回影响的行数。

范例 22-27：执行 SQL。

```
v_stat := DBMS_SQL.execute(v_cid) ;                  -- 执行游标，返回更新行数
```

第 6 步：从游标中取出记录。

操作过程：“function fetch_rows(c in integer) return integer;”，此过程需要接收一个游标编号，同时返回行数，如果返回的内容为 0，则表示没有数据。

在进行取数据的时候则应该使用过程“procedure column_value(c in integer, position in integer,value out varchar2 character set any_cs);”，此过程需要接收操作的游标编号、数据索引位置及接收的变量名称。

范例 22-28：从指定游标中取出数据。

```
LOOP
    EXIT WHEN DBMS_SQL.fetch_rows(v_cid)=0 ;
    DBMS_SQL.column_value(v_cid , 1 , v_ename) ;
    DBMS_SQL.column_value(v_cid , 2 , v_job) ;
    DBMS_SQL.column_value(v_cid , 3 , v_sal) ;
    DBMS_OUTPUT.put_line('雇员姓名：' || v_ename || '，职位：' || v_job || '，薪金：' || v_sal) ;
END LOOP ;
```

第 7 步：关闭游标。

操作过程：“procedure close_cursor(c in out integer);”，需要接收一个游标编号。

范例 22-29：关闭指定游标。

```
DBMS_SQL.close_cursor(v_cid) ;                       -- 关闭游标
```

清楚了基本的操作步骤之后，下面通过两个具体的操作来演示 DBMS_SQL 包的使用。

范例 22-30：通过 DBMS_SQL 包查询数据。

```
DECLARE
```

```
    v_sql_statement    VARCHAR2(200) ;
    v_cid        NUMBER ;                                    -- 保存游标 ID，以方便关闭
    v_ename emp.ename%TYPE ;
    v_job emp.job%TYPE ;
    v_sal emp.sal%TYPE ;
    v_stat NUMBER ;
    v_deptno emp.deptno%TYPE := 10 ;                        -- 部门编号
BEGIN
    v_cid := DBMS_SQL.open_cursor ;                         -- 打开游标
    v_sql_statement := 'SELECT ename,job,sal FROM emp WHERE deptno=:dno' ;
    DBMS_SQL.parse(v_cid , v_sql_statement ,DBMS_SQL.native) ;
    DBMS_SQL.define_column(v_cid , 1 , v_ename, 10) ;       -- 定义 OUT 模式变量
    DBMS_SQL.define_column(v_cid , 2 , v_job, 9) ;          -- 定义 OUT 模式变量
    DBMS_SQL.define_column(v_cid , 3 , v_sal) ;             -- 定义 OUT 模式变量
    DBMS_SQL.bind_variable(v_cid, ':dno', v_deptno);        -- 绑定变量
    v_stat := DBMS_SQL.execute(v_cid) ;                     -- 执行游标，返回更新行数
    LOOP
        EXIT WHEN DBMS_SQL.fetch_rows(v_cid)=0 ;
        DBMS_SQL.column_value(v_cid , 1 , v_ename) ;
        DBMS_SQL.column_value(v_cid , 2 , v_job) ;
        DBMS_SQL.column_value(v_cid , 3 , v_sal) ;
        DBMS_OUTPUT.put_line('雇员姓名：' || v_ename || '，职位：' || v_job || '，薪金：' || v_sal) ;
    END LOOP ;
    DBMS_SQL.close_cursor(v_cid) ;                          -- 关闭游标
END ;
/
```

程序运行结果：

雇员姓名：CLARK，职位：MANAGER，薪金：2450

雇员姓名：KING，职位：PRESIDENT，薪金：5000

雇员姓名：MILLER，职位：CLERK，薪金：1300

本操作完全按照之前给出的 7 个步骤进行操作，同时使用动态 SQL 绑定参数的方式实现了查询操作。

范例 22-31：通过 DBMS_SQL 包执行修改操作。

```
DECLARE
    v_sql_statement    VARCHAR2(200) ;
    v_cid        NUMBER ;                          -- 保存游标 ID，以方便关闭
    v_comm    emp.comm%TYPE :=500 ;
    v_empno emp.empno%TYPE := 7369 ;
    v_stat NUMBER ;
BEGIN
    v_cid := DBMS_SQL.open_cursor ;                -- 打开游标
    v_sql_statement := 'UPDATE emp SET comm=:ec WHERE empno=:eno' ;
    DBMS_SQL.parse(v_cid , v_sql_statement ,DBMS_SQL.native) ;
    DBMS_SQL.bind_variable(v_cid, ':ec', v_comm);       -- 绑定变量
    DBMS_SQL.bind_variable(v_cid, ':eno', v_empno);     -- 绑定变量
    v_stat := DBMS_SQL.execute(v_cid) ;                 -- 执行游标，返回更新行数
    DBMS_OUTPUT.put_line('更新行数为：' || v_stat) ;
```

```
    DBMS_SQL.close_cursor(v_cid) ;                         -- 关闭游标
END ;
/
```

程序运行结果：更新行数为：1

本程序实现了数据的更新操作，在更新数据时由于不需要处理查询结果，所以操作步骤中不需要再定义操作列类型及通过 FETCH 取出数据。

22.6　本章小结

1．使用动态 SQL 可以在依赖对象不存在时创建子程序。

2．动态 SQL 主要利用 EXECUTE IMMEDIATE 语句执行 DML、DDL、DCL 等语句操作。

3．如果使用了绑定变量，则必须在 EXECUTE IMMEDIATE 中使用 USING 子句设置所需要的绑定变量。

4．使用 RETURNING 或 RETURN 语句可以接收查询或更新后的返回结果。

5．使用批处理可以一次性将数据库中取回的多个数据保存在集合里，或者使用 FORALL 将多个绑定参数设置到动态 SQL 中。

第23章

面向对象编程

通过本章的学习，可以达到以下目标：

☑ 理解面向对象的主要特点及3个主要特征。

☑ 理解MAP与ORDER函数的特殊性。

☑ 理解对象表的创建及使用。

☑ 理解对象视图的创建及使用。

面向对象编程是一种更先进的程序设计思想，已经大量地应用在了各种编程语言中，例如Java、C++等，在PL/SQL中也提供了面向对象的编程支持，本章将为读者讲解PL/SQL中面向对象的实现操作。

提示：建议先学习一门流行的面向对象编程语言。

如果读者直接学习PL/SQL面向对象编程，可能会存在理解不透彻的情况，而面向对象是现代主流的开发模式，掌握它对于从事软件开发行业有非常大的帮助。

在实际的工作中，PL/SQL中的面向对象开发并非很实用，因此本书只讲解PL/SQL中面向对象的基本知识，具体如何使用，读者还需要通过面向对象编程语言进行详细的学习，这里推荐使用本系列中的《Java开发实战经典》一书做完整学习后，再参考笔者出版的《Java核心技术精讲》一书学习具体的开发应用。已经有此基础的读者，对于此部分的学习将会非常地顺利。

对于本章内容，建议那些没有学习过面向对象编程的读者，最好以视频的学习为主。

23.1 面向对象简介

面向对象是一种当今最流行的程序设计方法，现代的程序开发几乎都是以面向对象为基础。但是在面向对象设计之前，广泛采用的是面向过程，面向过程只是针对自己来解决问题。面向过程的操作是以程序的基本功能实现为主，实现之后就完成了，也不考虑修改的可能性。而面向对象，更多的是要进行子模块化的设计，每一个模块都需要单独存在，并且可以被重复利用，所以，面向对象的开发更像是一个具备标准的程序结构。

对于面向对象的程序设计有 3 个主要特性，即封装性、继承性和多态性。下面为读者简单介绍这 3 种特性。

1. 封装性

封装性的最大特点指的是某些程序结构对外部不可见。如果希望访问被封装的程序结构，就需要通过某些特定的程序结构。例如，人类大脑中所想的事情外部是不可能知道的，如果想表达出大脑所想的事情，可以通过语言、肢体等不同的表达方式进行传递。

2. 继承性

可以在现存的程序结构上继续扩充新的功能，或者是将某一个规范定义得更加严格。例如，轿车属于机动车的一种子类型，小轿车会继承机动车的部分特点，而后扩展出自己的特点。

3. 多态性

在继承的基础上，不同子类型创建不同的对象，会针对同一类型操作有不同实现方式。例如，小轿车属于机动车的一个子类型，摩托车也属于机动车的一个子类型，那么现在看见摩托车在跑或是轿车在跑，实际上都属于机动车行驶，只是不同子类型的行驶方式不同。

23.2 类 与 对 象

在面向对象中类和对象是最基本、最重要的组成单元，那么什么叫类呢？类实际上是表示一个客观世界某类群体的一些基本特征抽象，属于抽象的概念集合。而对象则是表示一个个具体的人或事物，如张三的同学、李四的账户、王五的汽车，这些都可以理解为对象，所以对象表示的是一个个独立的个体。

例如，在之前所学习过的 emp 数据表实际上就定义出了一个雇员数据的保存标准（定义的各个数据列，在面向对象中也可以将其称为属性），那么就可以将其理解为一个类。而在表中保存的每一行记录是真正要使用到的内容，就可以将其理解为一个对象（或称为实例），如图 23-1 所示。

Note

类　　对象

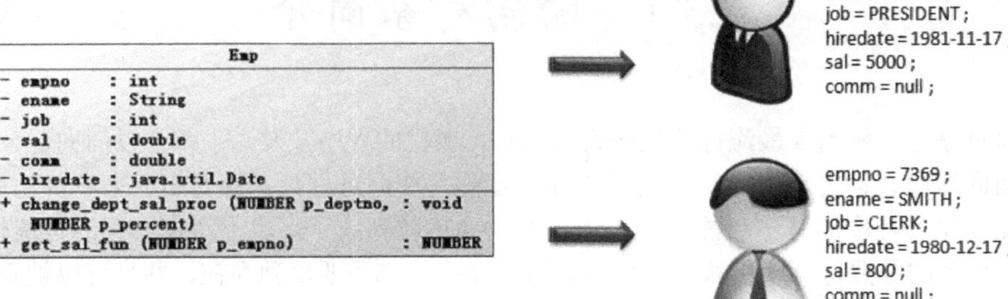

图 23-1　类与对象

> **提示：类与对象的简单理解。**
>
> 在面向对象中有这样一句话可以很好地解释类与对象的区别：类是对象的模板，而对象是类的实例，即对象所具备的所有行为都是由类来定义的，按照这种方式理解，在开发中，应该先定义出类的结构，之后再通过对象来使用这个类。

通过图 23-1 所示的结构可以发现，通过一个类可以定义出多个对象实例，每一个实例的属性有不同的值，而且不同的对象实例将具备相同的操作功能。

23.3　定义对象类型——类

在 PL/SQL 中对象类型的定义与包的定义格式非常相似，由如下两部分组成。

☑　对象规范（或称为类规范）：定义对象的公共操作标准，例如公共属性或子程序。

☑　对象体（或称为类体）：实现对象类型规范中的公共子程序。

> **提示：关于名词。**
>
> 面向对象中有两个核心的组成部分，即类、对象。但是在 PL/SQL 中类这一概念从定义的关键字上来讲并不明确，所以本书为了统一名称，将对象类型称为类，因此就会存在类规范定义及类体定义的名词。

语法 23-1：类规范定义格式

```
CREATE [OR REPLACE] TYPE 类规范名称
[AUTHID CURRENT_USER | DEFINER]
[IS | AS] OBJECT | UNDER 父规范类型名称 (
        属性名称 数据类型 ,...
        [MAP | ORDER]      MEMBER 函数名称 ,
        [FINAL | NOTFINAL] MEMBER 函数名称 ,
        [INSTANTIABLE | NOTINSTANTIABLE] MEMBER 函数名称 ,
        CONSTRUCTOR MEMBER 子程序名称 ,...
        OVERRIDING MEMBER 子程序名称 ,...
        [MEMBER | STATIC] 子程序名称 ,...
```

```
11    ) [FINAL | NOTFINAL]
12    [INSTANTIABLE | NOTINSTANTIABLE];
13    /
```

关于此方法各个组成部分解释如下。

☑ 01，CREATE [OR REPLACE] TYPE 类规范名称：用于定义类规范，与包规范功能类似。
☑ 02，[AUTHID CURRENT_USER | DEFINER]：此类的使用授权。
☑ 03，[IS | AS] OBJECT | UNDER 父规范类型名称（：使用 OBJECT 表示定义一个新对象，如果使用 UNDER，则表示要定义指定父类对象规范的子类对象规范。
☑ 04，属性名称 数据类型 ,...：定义类中的若干个组成属性。
☑ 05，[MAP | ORDER] MEMBER 函数名称：定义该函数是否用于对象间的比较。
☑ 06，[FINAL | NOTFINAL] MEMBER 函数名称：如果函数使用了 FINAL 定义，则表示子类实例不可以覆写这个函数，而 NOTFINAL 表示子类可以覆写此函数。
☑ 07，[INSTANTIABLE | NOTINSTANTIABLE] MEMBER 函数名称：表明此函数是否可以被实例化对象调用，INSTANTIABLE 表示此函数可以被实例化，可以通过对象调用，而 NOTINSTANTIABLE 则表示这个函数专门用于子类重载函数使用，实例化对象无法调用此函数。
☑ 08，CONSTRUCTOR MEMBER 子程序名称 ,...：定义构造方法。
☑ 09，OVERRIDING MEMBER 子程序名称 ,...：进行函数覆写。
☑ 10，[MEMBER | STATIC] 子程序名称 ,...：定义函数，其中 MEMBER 定义的函数表示由实例化对象调用，如果是 STATIC 定义的函数表示由类进行调用。
☑ 11，) [FINAL | NOTFINAL]：如果使用了 FINAL，则表示此类不允许有子类，NOTFINAL 表示可以有子类。
☑ 12，[INSTANTIABLE | NOTINSTANTIABLE]：此类对象是否可以被实例化。

提示：关于语法 23-1 与 Java 语言之间的连接。

为了方便读者更好地理解 PL/SQL 与 Java 面向对象的关联，下面将语法 23-1 中的部分概念与 Java 语言提供的关键字或概念进行一一对应，如表 23-1 所示。

表 23-1　面向对象的实现语法差别

No.	结构	PL/SQL	Java
1	类名称	CREATE [OR REPLACE] TYPE 对象规范名称	[public | protected] class 类名称
2	属性	属性名称 数据类型 ,....	[public | protected | private] 数据类型 属性名称
3	排序	[MAP | ORDER]MEMBER 函数名称	实现 Comparable 或 Comparator 接口
4	方法（函数）	[FINAL | NOTFINAL] MEMBER 函数名称	[public | protected | private] [final] 返回值类型 方法名称(参数列表)
5	抽象方法	[INSTANTIABLE | NOTINSTANTIABLE] MEMBER 函数名称	[public | protected | private] abstract 返回值类型 方法名称(参数列表)

Note

续表

6	普通方法与静态方法	[MEMBER | STATIC] 子程序名称	[public | protected | private] [final] [static] 返回值类型 方法名称(参数列表)
7	不能被继承的父类	[FINAL | NOTFINAL]	[public | protected] final class 类名称

由于篇幅所限，所以此处只是列出了定义的大概差别，不了解的读者可以参考本系列的《Java开发实战经典》一书。

除了定义对象规范之外，还需要针对对象规范定义实现的对象体。对象体的定义语法如下所示。

语法 23-2： 定义类体

```
CREATE [OR REPLACE] TYPE BODY 对象规范名称 [IS | AS]
[MAP | ORDER] MEMBER 函数体 ;
[MEMBER | STATIC] 子程序体 , ...
END ;
/
```

其中对对象体的定义格式要比对象规范简单许多，而对象体的主要功能是实现对象规范中所定义的所有未实现函数的函数体。清楚了基本语法之后，下面首先通过一个简单的程序了解一下对象规范与对象体的使用。

提示：关于属性标记。

属性的英文单词为 attribute，所以为了区分出类属性与其他变量，在本书中会像标记变量（v_xx）及参数（p_xx）那样，所有的属性前都会加上“atri_”的缩写，例如，atri_empno，就表示类中的 empno 属性。

范例 23-1： 定义类规范。

```
CREATE OR REPLACE TYPE emp_object AS OBJECT (
    -- 定义对象属性，与 emp 表对应
    atri_empno      NUMBER(4) ,        -- 雇员编号
    atri_sal        NUMBER(7,2) ,      -- 雇员工资
    atri_deptno     NUMBER(2) ,        -- 部门编号
    -- 定义对象操作方法
    -- 此过程的功能是根据部门编号按照一定的百分比增长部门雇员的工资
    MEMBER PROCEDURE change_dept_sal_proc(p_deptno NUMBER, p_percent NUMBER) ,
    -- 此函数的功能是取得指定雇员的工资（包括基本工资和佣金）
    MEMBER FUNCTION get_sal_fun(p_empno NUMBER) RETURN NUMBER
) NOT FINAL ;
/
```

在本类规范中一共定义了 3 个属性（atri_empno、atri_sal、atri_deptno）和 2 个普通方法（change_dept_sal_proc、get_sal_fun），同时此规范使用了 NOT FINAL，表示依然可以定义其子类。

范例 23-2： 定义类体。

```
CREATE OR REPLACE TYPE BODY emp_object AS
```

```
    MEMBER PROCEDURE change_dept_sal_proc(p_deptno NUMBER, p_percent NUMBER)
        AS
        BEGIN
            UPDATE emp SET sal=sal*(1 + p_percent) WHERE deptno=p_deptno ;
        END ;
    MEMBER FUNCTION get_sal_fun(p_empno NUMBER) RETURN NUMBER
        AS
            v_sal       emp.sal%TYPE ;
            v_comm      emp.comm%TYPE ;
        BEGIN
            SELECT sal,NVL(comm,0) INTO v_sal,v_comm FROM emp WHERE empno=
            p_empno ;
            RETURN v_sal + v_comm ;
        END;
END ;
/
```

在类规范中定义了两个普通的函数，但是此函数并没有具体的函数体，所以要在类体中实现这两个函数。实现之后就可以通过一个 PL/SQL 程序块使用类产生对象，并进行操作。调用的方式主要有以下两种。

☑　调用类中的属性：对象.属性。

☑　调用类中的函数：对象.函数()。

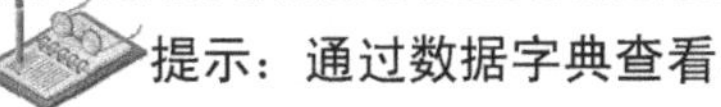

提示：通过数据字典查看。

定义完类规范及类体之后，用户可以使用 user_types（dba_types）及 dba_source 数据字典查看 EMP_OBJECT 的相关信息，此点读者可以自行查询，本书不再重复列出。

范例 23-3：声明对象并使用类。

```
DECLARE
    v_emp     emp_object ;
BEGIN
    -- 实例化类对象
    v_emp := emp_object(7369,800.0,20) ;
    -- 修改对象中 atri_sal 属性的内容
    v_emp.atri_sal := 1000 ;
    -- 取得修改后的工资数额
    DBMS_OUTPUT.put_line('7369 雇员修改后的工资：' || v_emp.atri_sal) ;
    -- 通过对象调用类中的函数，取得 7566 雇员的工资
    DBMS_OUTPUT.put_line('部门工资修改前，7566 雇员的总工资：' || v_emp.get_sal_
    fun(7566)) ;
    -- 修改 20 部门雇员的工资，上涨 30%
    v_emp.change_dept_sal_proc(20,0.3) ;
    -- 通过对象调用类中的函数，取得 7566 雇员的工资
    DBMS_OUTPUT.put_line('部门工资修改后，7566 雇员的总工资：' || v_emp.get_sal_fun(7566)) ;
END ;
/
```

程序运行结果：

7369 雇员修改后的工资：1000

Note

部门工资修改前，7566 雇员的总工资：2975

部门工资修改后，7566 雇员的总工资：3867.5

本程序首先实例化了 emp_object 对象，在实例化对象时传入了所定义的若干个参数（empno、sal、deptno），而后可以利用"对象.属性 := 数值"的方式修改对象中属性的内容，通过"对象.函数名称()"也可以调用类中的子程序。

当一个类创建完成之后，如果不需要再使用此类，也可以使用 DROP 命令将其删除，操作语法如下所示。

语法 23-3：删除类型

```
DROP TYPE 类型名称 ;
```

范例 23-4：删除 emp_object 类。

```
DROP TYPE emp_object ;
```

此时建立的 emp_object 类就会被删除，用户也无法再继续使用。

23.4 操作类中的其他结构

通过之前的程序，读者应该已经对类及对象的基本操作有所掌握，下面通过一系列的操作来了解类中其他结构的定义及使用。

23.4.1 定义函数

在 PL/SQL 定义的类中，函数的定义有两种方式。

☑ MEMBER 型函数：该函数需要通过对象进行定义，使用 MEMBER 定义的函数可以利用 SELF 关键字访问类中的属性内容。

☑ STATIC 型函数：该函数独立于类之外，可以直接通过类名称进行调用，使用 STATIC 定义的函数无法访问类中的属性。

提示：SELF 与 Java 中的 this 关键字。

在 Oracle 中，如果要调用类的属性，则必须使用"SELF.属性名称"的方式进行操作。这一点与 Java 语言的 this 关键字是一样的作用。

前面已经为读者演示了 MEMBER 函数的使用，下面再通过一个对比来解释 STATIC 与 MEMBER 函数定义的区别。

范例 23-5：使用两种不同的方式定义函数。

```
CREATE OR REPLACE TYPE emp_object AS OBJECT(
    atri_empno          NUMBER(4) ,              -- 雇员编号
    -- 修改当前雇员编号的工资，使用类中的 empno 和 sal 属性
    MEMBER PROCEDURE change_emp_sal_proc(p_sal NUMBER) ,
    -- 取得当前雇员的工资
    MEMBER FUNCTION get_emp_sal_fun RETURN NUMBER ,
```

```
    -- 修改指定部门的全体雇员工资
    STATIC PROCEDURE change_dept_sal_proc(p_deptno NUMBER , p_sal NUMBER) ,
    -- 取得此部门的工资总和
    STATIC FUNCTION get_dept_sal_sum_fun(p_deptno NUMBER) RETURN NUMBER
) NOT FINAL ;
/
```

本程序分别定义了两组子程序，一组采用 MEMBER 定义，另外一组采用 STATIC 进行定义。

范例 23-6：定义类体实现类规范。

```
CREATE OR REPLACE TYPE BODY emp_object AS
    MEMBER PROCEDURE change_emp_sal_proc(p_sal NUMBER) AS
    BEGIN
        -- 使用 SELF.atri_empno 找到本类中的属性，即更新当前对象中雇员工资
        UPDATE emp SET sal=p_sal WHERE empno=SELF.atri_empno ;
    END ;
    MEMBER FUNCTION get_emp_sal_fun RETURN NUMBER AS
        v_sal       emp.sal%TYPE ;
        v_comm      emp.comm%TYPE ;
    BEGIN
        -- 取得当前对象中指定雇员编号的工资
        SELECT sal,NVL(comm,0) INTO v_sal,v_comm FROM emp WHERE empno=SELF.
        atri_empno ;
        RETURN v_sal + v_comm ;
    END ;
    STATIC PROCEDURE change_dept_sal_proc(p_deptno NUMBER , p_sal NUMBER) AS
    BEGIN
        -- 更新指定部门全部雇员的工资
        UPDATE emp SET sal=p_sal WHERE deptno=p_deptno ;
    END ;
    STATIC FUNCTION get_dept_sal_sum_fun(p_deptno NUMBER) RETURN NUMBER AS
        v_sum       NUMBER ;
    BEGIN
        -- 查询指定部门的工资总和
        SELECT SUM(sal) INTO v_sum FROM emp WHERE deptno=p_deptno ;
        RETURN v_sum ;
    END ;
END ;
/
```

此时类体中已经实现了类规范所定义的子程序，可以发现在 MEMBER 函数中可以利用“SELF.属性”的方式取得本对象中的属性内容（保存在类规范之中），而在 STATIC 函数中无法使用属性，下面通过一段 PL/SQL 程序块进行程序的调用。

范例 23-7：编写 PL/SQL 块实例化类对象。

```
DECLARE
    v_emp      emp_object ;
BEGIN
    v_emp := emp_object(7369) ;                    -- 实例化 emp_object 类对象
    v_emp.change_emp_sal_proc(3800) ;              -- 修改 7369 工资
    DBMS_OUTPUT.put_line('7369 雇员工资：' || v_emp.get_emp_sal_fun()) ;
```

```
    DBMS_OUTPUT.put_line('10 部门工资总和：' || emp_object.get_dept_sal_sum_fun(10)) ;-- 通过类调用
    emp_object.change_dept_sal_proc(10,7000) ; -- 通过类调用
END ;
/
```

Note

程序运行结果：

7369 雇员工资：3800

10 部门工资总和：8750

此时的程序分别采用了对象调用MEMBER函数并通过类调用STATIC函数的方式进行了类的功能操作。通过此时的操作可以发现，STATIC 函数完全独立于类之外，并且无法通过对象进行调用。

23.4.2 构造函数

当创建一个类的对象时，如果希望可以自动完成某些操作，例如为对象中的属性赋值，则可以利用构造函数完成。其中对于构造函数的定义有如下要求。

☑ 构造函数的名称必须与类名称保持一致。
☑ 构造函数必须使用 CONSTRUCTOR 关键字进行定义。
☑ 构造函数必须定义返回值，且返回值类型必须为 SELF AS RESULT。
☑ 构造函数也可以进行重载，重载的构造函数参数的类型及个数不同。

提示：关于默认构造函数。

实际上对构造函数前文一直在使用，例如定义对象的程序代码：

```
v_emp := emp_object(7369,800.0,20) ;
```

实际上就是调用了类中的构造函数，而此构造函数是自动默认生成的，用户使用此构造函数时必须传入全部属性的内容，本节所讲解的构造函数，可以根据需要定义在创建对象时传入的参数个数。

范例 23-8：定义类规范。

```
CREATE OR REPLACE TYPE emp_object AS OBJECT(
    atri_empno          NUMBER(4) ,         -- 雇员编号
    atri_sal            NUMBER(7,2) ,       -- 雇员工资
    atri_comm           NUMBER(7,2) ,       -- 雇员佣金
    -- 定义构造函数，只接收雇员编号
    CONSTRUCTOR FUNCTION emp_object(p_empno NUMBER)   RETURN SELF AS
    RESULT ,
    -- 重载构造函数，接收雇员编号及佣金
    CONSTRUCTOR FUNCTION emp_object(p_empno NUMBER , p_comm NUMBER)
    RETURN SELF AS RESULT
) NOT FINAL ;
/
```

本规范使用了 CONSTRUCTOR 关键字定义了一个 emp_object 类的构造函数，在此构造函数中将只接收雇员编号（empno）一个参数。

Note

范例 23-9：定义类体，实现类规范。

```
CREATE OR REPLACE TYPE BODY emp_object AS
    CONSTRUCTOR FUNCTION emp_object (p_empno NUMBER) RETURN SELF AS RESULT AS
    BEGIN
        SELF.atri_empno := p_empno ;        -- 保存雇员编号属性
        -- 查询指定雇员的工资，并将其内容赋值给 atri_sal 属性
        SELECT sal INTO SELF.atri_sal FROM emp WHERE empno=p_empno ;
        RETURN ;
    END ;
    CONSTRUCTOR FUNCTION emp_object(p_empno NUMBER , p_comm NUMBER)
    RETURN SELF AS RESULT AS
    BEGIN
        SELF.atri_empno := p_empno ;
        SELF.atri_comm := p_comm ;
        SELF.atri_sal := 200.0 ;            -- 为 atri_sal 设置默认值
        RETURN ;
    END ;
END   ;
/
```

本程序在构造函数实现中，将传入的雇员编号参数内容保存给了类中的 atri_empno 属性。

范例 23-10：使用 PL/SQL 块测试构造函数。

```
DECLARE
    v_emp1   emp_object ;
    v_emp2   emp_object ;
    v_emp3   emp_object ;
BEGIN
    v_emp1 := emp_object(7369,3500) ;       -- 自定义构造函数
    v_emp2 := emp_object(7566) ;            -- 自定义构造函数
    v_emp3 := emp_object(7839,0.0) ;        -- 默认构造函数
    DBMS_OUTPUT.put_line('7369 雇员工资：' || v_emp1.atri_sal) ;
    DBMS_OUTPUT.put_line('7566 雇员工资：' || v_emp2.atri_sal) ;
    DBMS_OUTPUT.put_line('7839 雇员工资：' || v_emp3.atri_sal) ;
END ;
/
```

程序运行结果：

7369 雇员工资：200

7566 雇员工资：2975

7839 雇员工资：0

本程序使用了 3 个不同的构造函数进行对象的创建，其中一个为默认生成的构造函数（要接收全部属性内容），而另外两个为用户自定义的构造函数（使用 CONSTRUCTOR 定义），在用户自定义的构造函数中，会根据传入的雇员编号查找此雇员的工资，并将查询出来的结果赋值给 atri_sal 属性。而另外一个构造函数会使用一个默认的数值为 atri_sal 属性赋值。

23.4.3　定义 MAP 与 ORDER 函数

当用户声明了多个类对象后，如果要对这些对象的信息进行排序，就不能按照 NUMBER 或

VARCHAR2 这种基本数据类型的方式进行排序了，必须专门指定比较的规则。在 Oracle 中，比较规则的设置主要利用 MAP 函数或 ORDER 函数完成。

☑ MAP 函数：使用 MAP 定义的函数将会按照用户定义的数据组合值区分大小，然后利用 ORDER BY 子句进行排序。

☑ ORDER 函数：ORDER 函数与 MAP 函数类似，也是定义了一个排序规则，在进行数据排序时会默认调用，同时 ORDER 函数还可以比较两个对象的大小关系，所以如果要比较多个对象时 ORDER 函数会被重复调用，性能不如 MAP 函数。

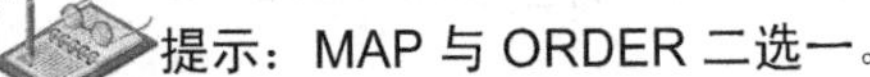
提示：MAP 与 ORDER 二选一。

在 Oracle 中，MAP 和 ORDER 函数都是会自动进行调用的，所以当用户定义一个类时，两类函数只能选一种，不能同时出现。

范例 23-11：在类规范中定义 MAP 函数。

```
CREATE OR REPLACE TYPE emp_object_map AS OBJECT(
      atri_empno          NUMBER(4) ,         -- 雇员编号
      atri_ename          VARCHAR2(10) ,      -- 雇员姓名
      atri_sal            NUMBER(7,2) ,       -- 雇员工资
      atri_comm           NUMBER(7,2) ,       -- 雇员佣金
      -- 定义 MAP 函数，此函数会在进行排序时自动调用
      MAP MEMBER FUNCTION compare RETURN NUMBER
) NOT FINAL ;
/
```

本类中使用 MAP 关键字定义了一个 compare()函数，同时此函数返回一个数字，该数字为用户自定义的一个排序规则组合。

范例 23-12：定义类体实现 MAP 函数。

```
CREATE OR REPLACE TYPE BODY emp_object_map AS
      MAP MEMBER FUNCTION compare RETURN NUMBER AS
      BEGIN
            RETURN SELF.atri_sal + SELF.atri_comm ;
      END ;
END   ;
/
```

在类体中实现了 compare()函数，同时在此函数中返回的是“工资 + 佣金”的数据组合，这样在使用 ORDER BY 排序时，将采用此函数的返回值进行大小排序。

提示：本操作需要对象表的概念支持。

如果想验证 MAP 和 ORDER 函数，可以通过已有的类进行数据表的创建操作，但是此操作属于对象表的建立。关于对象表的相关知识，将在本章的后半部分为读者讲解。此处读者只需要按照如下给出的语法创建相应数据表即可。

范例 23-13：编写数据库创建脚本。

```
-- 按照 emp_object_map 的结构创建一张新的数据表，这样就可以使用 MAP 函数进行排序
CREATE TABLE emp_object_map_tab OF emp_object_map ;
INSERT INTO emp_object_map_tab(atri_empno,atri_ename,atri_sal,atri_comm) VALUES (7369,
'SMITH',800,0) ;
```

```
INSERT INTO emp_object_map_tab(atri_empno,atri_ename,atri_sal,atri_comm) VALUES (7902,
'FORD',3000,0) ;
INSERT INTO emp_object_map_tab(atri_empno,atri_ename,atri_sal,atri_comm) VALUES (7499,
'ALLEN',1600,300) ;
INSERT INTO emp_object_map_tab(atri_empno,atri_ename,atri_sal,atri_comm) VALUES (7521,
'WARD',1250,500) ;
INSERT INTO emp_object_map_tab(atri_empno,atri_ename,atri_sal,atri_comm) VALUES (7839,
'KING',5000,0) ;
COMMIT ;
```

如果想使用 MAP 函数进行排序，那么需要依据 emp_object_map 类创建一张新的数据表，同时按照属性的顺序向表中增加若干条数据。

范例 23-14： 通过查询实现排序。

```
SELECT VALUE(e) ve , e.atri_empno , e.atri_ename , e.atri_sal+e.atri_comm
FROM emp_object_map_tab e
ORDER BY ve ;
```

查询结果： 通过 SQL Developer 输出，如图 23-2 所示。

	VE	ATRI_EMPNO	ATRI_ENAME	E.ATRI_SAL+E.ATRI_COMM
1	[C##SCOTT.EMP_OBJECT_MAP]	7369	SMITH	800
2	[C##SCOTT.EMP_OBJECT_MAP]	7521	WARD	1750
3	[C##SCOTT.EMP_OBJECT_MAP]	7499	ALLEN	1900
4	[C##SCOTT.EMP_OBJECT_MAP]	7902	FORD	3000
5	[C##SCOTT.EMP_OBJECT_MAP]	7839	KING	5000

图 23-2　数据排序

在本程序中，使用了一个 VALUE()函数将 emp_object_map_tab 表中的数据取出，当利用 ORDER BY 进行排序时，就会自动调用 emp_object_map 类中的 MAP 函数（compare）实现数据的组合后进行排序。

使用 MAP 函数可以实现一组数据组合排序，而使用 ORDER 函数可以实现两个对象间的排序。

提示：与 Java 比较器功能一致。

在 Java 中定义了两个比较器接口，即 java.lang.Comparable 和 java.util.Comparator，这两个接口中比较方法的返回值有 3 类，分别是大于（1）、小于（-1）、等于（0）。使用 ORDER 定义的函数也会返回此 3 种类型的数据。

范例 23-15： 定义类规范时使用 ORDER 定义函数。

```
CREATE OR REPLACE TYPE emp_object_order AS OBJECT(
	atri_empno		NUMBER(4) ,		-- 雇员编号
	atri_ename		VARCHAR2(10) ,	-- 雇员姓名
	atri_sal		NUMBER(7,2) ,	-- 雇员工资
	atri_comm		NUMBER(7,2) ,	-- 雇员佣金
	-- 定义 ORDER 函数，该函数可以用于两个对象间的比较
	ORDER MEMBER FUNCTION compare(obj emp_object_order) RETURN NUMBER
) NOT FINAL ;
/
```

本程序将之前的 MAP 声明修改为 ORDER 声明，同时在 compare()函数中传递了一个

emp_object_order 的对象，这样就可以用当前对象的数据与传入的对象数据进行比较。

范例 23-16：定义类体实现类规范，同时实现 ORDER 类型函数。

```
CREATE OR REPLACE TYPE BODY emp_object_order AS
    ORDER MEMBER FUNCTION compare(obj emp_object_order) RETURN NUMBER AS
    BEGIN
        IF (SELF.atri_sal + SELF.atri_comm) > (obj.atri_sal + obj.atri_comm) THEN
            RETURN 1 ;
        ELSIF (SELF.atri_sal + SELF.atri_comm) < (obj.atri_sal + obj.atri_comm) THEN
            RETURN -1 ;
        ELSE
            RETURN 0 ;
        END IF ;
    END ;
END ;
/
```

本程序中具体实现了 compare()函数，按照当前的收入（工资 + 佣金）与其他对象的收入进行比较，之后按照大小关系，返回-1、1、0 这 3 种数据。

范例 23-17：定义 PL/SQL 块进行对象排序。

```
DECLARE
    v_emp1    emp_object_order ;
    v_emp2    emp_object_order ;
BEGIN
    v_emp1 := emp_object_order(7499,'ALLEN',1600,300) ;
    v_emp2 := emp_object_order(7521,'WARD',1250,500) ;
    IF v_emp1 > v_emp2 THEN
        DBMS_OUTPUT.put_line('7499 的工资高于 7521 的工资。') ;
    ELSIF v_emp1 < v_emp2 THEN
        DBMS_OUTPUT.put_line('7499 的工资低于 7521 的工资。') ;
    ELSE
        DBMS_OUTPUT.put_line('7499 的工资与 7521 的工资相同。') ;
    END IF ;
END ;
/
```

程序运行结果：7499 的工资高于 7521 的工资。

程序创建两个对象之后，直接利用逻辑运算符比较两个对象的大小关系，在进行比较时会自动调用 ORDER 函数 compare()。

除了在 PL/SQL 中进行比较之外，也可以利用此类型创建数据表通过 ORDER BY 进行排序。

范例 23-18：创建数据表。

```
-- 根据 emp_object_order 创建数据表
CREATE TABLE emp_object_order_tab OF emp_object_order ;
INSERT INTO emp_object_order_tab(atri_empno,atri_ename,atri_sal,atri_comm) VALUES (7369,
'SMITH',800,0) ;
INSERT INTO emp_object_order_tab(atri_empno,atri_ename,atri_sal,atri_comm) VALUES (7902,
'FORD',3000,0) ;
INSERT INTO emp_object_order_tab(atri_empno,atri_ename,atri_sal,atri_comm) VALUES (7499,
'ALLEN',1600,300) ;
```

```
INSERT INTO emp_object_order_tab(atri_empno,atri_ename,atri_sal,atri_comm) VALUES (7521,
'WARD',1250,500) ;
INSERT INTO emp_object_order_tab(atri_empno,atri_ename,atri_sal,atri_comm) VALUES (7839,
'KING',5000,0) ;
COMMIT ;
```

范例 23-19：进行数据查询，同时使用 ORDER BY 排序。

```
SELECT VALUE(e) ve , e.atri_empno , e.atri_ename , e.atri_sal+e.atri_comm
FROM emp_object_order_tab e
ORDER BY ve ;
```

查询结果：通过 SQL Developer 输出，如图 23-3 所示。

	VE	ATRI_EMPNO	ATRI_ENAME	E.ATRI_SAL+E.ATRI_COMM
1	[C##SCOTT.EMP_OBJECT_ORDER]	7369	SMITH	800
2	[C##SCOTT.EMP_OBJECT_ORDER]	7521	WARD	1750
3	[C##SCOTT.EMP_OBJECT_ORDER]	7499	ALLEN	1900
4	[C##SCOTT.EMP_OBJECT_ORDER]	7902	FORD	3000
5	[C##SCOTT.EMP_OBJECT_ORDER]	7839	KING	5000

图 23-3　数据排序

虽然使用 ORDER 也可以实现数据的组合排序，但是 ORDER 函数都是利用两两对象比较后得来的排序，所以从性能上来讲针对此操作还是使用 MAP 函数会更合理。

23.4.4　对象嵌套关系

利用 PL/SQL 的面向对象编程除了可以将基本数据类型定义为属性之外，还可以结合对象的引用传递方式，进行对象类型的嵌套。例如，在部门雇员关系中，每一个雇员都有一个所在部门信息，那么就可以将这样的关系通过嵌套的方式来表示，操作的类关系图如图 23-4 所示。

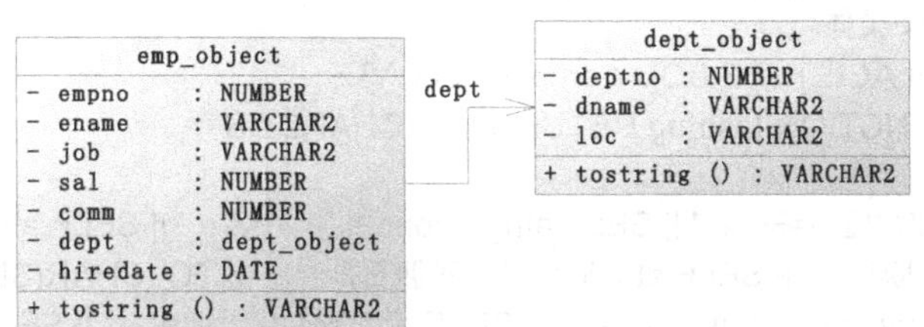

图 23-4　对象关系嵌套

范例 23-20：定义类规范。

```
-- 删除 emp_object
DROP TYPE emp_object ;
-- 定义部门类
CREATE OR REPLACE TYPE dept_object AS OBJECT (
	atri_deptno		NUMBER(2) ,		-- 部门编号
	atri_dname		VARCHAR2(14) ,	-- 部门名称
	atri_loc		VARCHAR2(13) ,	-- 部门位置
	-- 取得对象信息
	MEMBER FUNCTION tostring RETURN VARCHAR2
) NOT FINAL ;
```

```
/
-- 定义雇员类，每一个雇员属于一个部门，所以设置了一个 atri_dept 的属性
CREATE OR REPLACE TYPE emp_object AS OBJECT(
     atri_empno          NUMBER(4) ,          -- 雇员编号
     atri_ename          VARCHAR2(10) ,       -- 雇员姓名
     atri_job            VARCHAR2(9) ,        -- 雇员职位
     atri_hiredate       DATE ,               -- 雇佣日期
     atri_sal            NUMBER(7,2) ,        -- 雇员工资
     atri_comm           NUMBER(7,2) ,        -- 雇员佣金
     atri_dept           dept_object ,        -- 雇员部门
     -- 取得对象信息
     MEMBER FUNCTION tostring RETURN VARCHAR2
) NOT FINAL ;
/
```

本程序定义了两个类规范（dept_object、emp_object），由于每一位雇员都有一个自己的部门信息，所以在 emp_object 类中设置了一个 dept_object 类型的属性，同时本程序在两个类规范中都定义了 tostring()函数，此函数将返回对象的基本信息。

范例 23-21：定义类体实现类规范。

```
-- 定义 dept_object 类体
CREATE OR REPLACE TYPE BODY dept_object AS
     MEMBER FUNCTION tostring RETURN VARCHAR2 AS
     BEGIN
          RETURN '部门编号：' || SELF.atri_deptno || '，名称：' || SELF.atri_dname || '，位置：' ||
          SELF.atri_loc ;
     END ;
END ;
/
-- 定义 emp_object 类体
CREATE OR REPLACE TYPE BODY emp_object AS
     MEMBER FUNCTION tostring RETURN VARCHAR2 AS
     BEGIN
          RETURN '雇员编号：' || SELF.atri_empno || '，姓名：' || SELF.atri_ename ||
               '，职位：' || SELF.atri_job || '，雇佣日期：'   || TO_CHAR(SELF.atri_hiredate,
               'yyyy-mm-dd') ||'，工资：' || SELF.atri_sal || '，佣金：' || SELF.atri_comm ;
     END ;
END ;
/
```

本程序实现了两个类的规范定义，在两个类体中的 tostring()函数里都是将属性的信息整理后再返回。

范例 23-22：编写 PL/SQL 块验证关系。

```
DECLARE
     v_dept    dept_object ;
     v_emp     emp_object ;
BEGIN
     -- 首先定义部门对象，此对象需要通过 emp_object 类的构造方法保存到 v_emp 对象属性中
     v_dept := dept_object(10,'ACCOUNTING','NEW YORK') ;
```

```
    -- 定义雇员对象，传递此雇员所属的部门对象
    v_emp    :=    emp_object(7839,'KING','PRESIDENT',TO_DATE('1981-11-11','yyyy-mm-dd'),
5000,null,v_dept) ;
    -- 直接输出雇员的完整信息
    DBMS_OUTPUT.put_line(v_emp.tostring()) ;
    -- 根据信息找到其对应的部门信息
    DBMS_OUTPUT.put_line(v_emp.atri_dept.tostring()) ;
END ;
/
```

程序运行结果：

雇员编号：7839，姓名：KING，职位：PRESIDENT，雇佣日期：1981-11-11，工资：5000，佣金：

部门编号：10，名称：ACCOUNTING，位置：NEW YORK

本程序首先定义了 dept_object 类的对象，然后将此对象的信息通过 emp_object 类的构造方法保存到 emp_object 类的 atri_dept 属性中，配置完关系之后，可以利用雇员对象找到对应的部门对象，从而取得部门信息。

23.4.5 继承性

面向对象中，如果要扩充已有类的功能，可以利用继承性来解决，被继承的类称为父类，继承它的类称为子类。例如在人与雇员的关系中，因为人表示的范围更大一些，所以人就是父类，而雇员一定是人，同时表示的范围小些，所以雇员就是子类，如图 23-5 所示。当发生继承关系后，子类可以继续将父类中定义的属性或函数继承下来。如果要在 PL/SQL 中实现继承，可以利用 UNDER 关键字来实现。

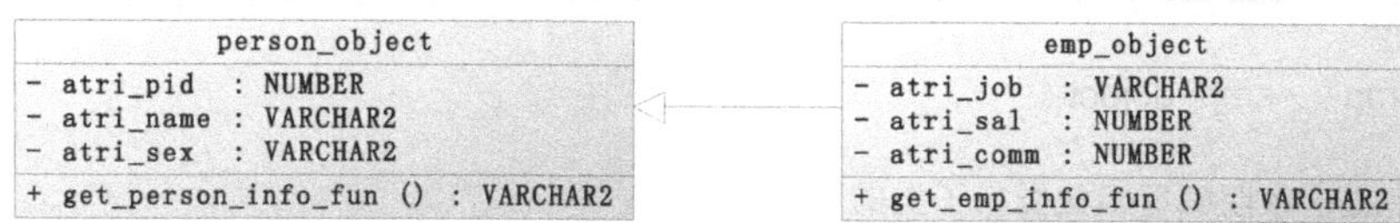

图 23-5　继承关系

范例 23-23： 定义父类 person_object。

```
-- 定义 Person 类规范
CREATE OR REPLACE TYPE person_object AS OBJECT (
    atri_pid     NUMBER ,                    -- 人员编号
    atri_name VARCHAR2(10) ,               -- 人员姓名
    atri_sex    VARCHAR2(10) ,               -- 人员性别
    MEMBER FUNCTION get_person_info_fun RETURN VARCHAR2
) NOT FINAL ;
/
-- 定义 Person 类体
CREATE OR REPLACE TYPE BODY person_object AS
    MEMBER FUNCTION get_person_info_fun RETURN VARCHAR2 AS
    BEGIN
        RETURN '人员编号：' || SELF.atri_pid || '，姓名：' || SELF.atri_name || '，性别：' || SELF.
        atri_sex ;
```

```
        END ;
END ;
/
```

本程序定义了 person_object 类，在类中只有一个 get_person_info_fun()函数，用于取得对象信息。

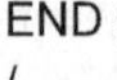

Note

范例 23-24：定义子类 emp_object。

```
-- 定义 Emp 类规范，此类为 Person 子类
CREATE OR REPLACE TYPE emp_object UNDER person_object (
        atri_job            VARCHAR2(9) ,          -- 雇员职位
        atri_sal            NUMBER(7,2) ,          -- 雇员工资
        atri_comm           NUMBER(7,2) ,          -- 雇员佣金
        MEMBER FUNCTION get_emp_info_fun RETURN VARCHAR2
) ;
/
-- 定义 Emp 类体
CREATE OR REPLACE TYPE BODY emp_object AS
        MEMBER FUNCTION get_emp_info_fun RETURN VARCHAR2 AS
        BEGIN
                RETURN '人员编号：' || SELF.atri_pid || '，姓名：' || SELF.atri_name || '，性别：' || SELF.atri_sex ||
                        '，职位：' || SELF.atri_job || '，工资：' || SELF.atri_sal || '，佣金：' || SELF.atri_comm ;
        END ;
END ;
/
```

本程序在定义 emp_object 类规范时使用 UNDER 明确地继承了 person_object 类，所以在 emp_object 类体中可以直接使用 person_object 类中的 get_perons_info_fun()函数。

范例 23-25：利用 PL/SQL 程序块测试。

```
DECLARE
        v_emp       emp_object ;
BEGIN
        -- 此处必须明确写出父类与子类的全部参数
        -- person_object 类需要传入 3 个参数：人员编号、姓名、性别
        -- emp_object 类需要传入 3 个参数：职位、工资、佣金
        v_emp := emp_object(7369,'SMITH','FEMALE','CLERK',800.0,0.0) ;
        DBMS_OUTPUT.put_line('person_object 类的函数：' || v_emp.get_person_info_fun()) ;
        DBMS_OUTPUT.put_line('emp_object 类的函数：' || v_emp.get_emp_info_fun()) ;
END ;
/
```

程序运行结果：

person_object 类的函数：人员编号：7369，姓名：SMITH，性别：FEMALE

emp_object 类的函数：人员编号：7369，姓名：SMITH，性别：FEMALE，职位：CLERK，工资：800，佣金：0

本程序首先实例化了 emp_object 类的对象，但是在进行子类对象实例化时，必须同时调用父类中的构造函数，所以传递了 6 个参数，其中 3 个参数（**7369、'SMITH'和'FEMALE'**）是为 person_object 类的构造方法使用，另外 3 个参数（**'CLERK'、800.0 和 0.0**）是为 emp_object 类的构造方法使用。通过输出结果可以发现，当发生了继承关系后，子类可以继续使用父类中的

操作函数。

23.4.6　函数覆写

当子类继承父类之后，子类会将父类中的全部操作进行继承，但是很多时候子类希望继续使用父类中所定义过的函数名称，这样就会发生函数的覆写问题。如果要实现覆写操作，那么必须在子类规范定义时明确地使用 OVERRIDING 关键字定义某一个函数为覆写的函数。

范例 23-26：定义程序，实现函数的覆写。

```
-- 定义 Person 类规范
CREATE OR REPLACE TYPE person_object AS OBJECT (
	atri_pid	NUMBER ,			-- 人员编号
	atri_name VARCHAR2(10) ,		-- 人员姓名
	atri_sex	VARCHAR2(10) ,		-- 人员性别
	MEMBER FUNCTION tostring RETURN VARCHAR2
) NOT FINAL ;
/
-- 定义 Person 类体
CREATE OR REPLACE TYPE BODY person_object AS
	MEMBER FUNCTION tostring RETURN VARCHAR2 AS
	BEGIN
		RETURN '人员编号：' || SELF.atri_pid || '，姓名：' || SELF.atri_name || '，性别：' || SELF.atri_sex ;
	END ;
END ;
/
-- 定义 Emp 类规范，此类为 Person 子类
CREATE OR REPLACE TYPE emp_object UNDER person_object (
	atri_job		VARCHAR2(9) ,	-- 雇员职位
	atri_sal		NUMBER(7,2) ,	-- 雇员工资
	atri_comm		NUMBER(7,2) ,	-- 雇员佣金
	-- 此函数名称与父类函数名称一样，所以此处为函数的覆写
	OVERRIDING MEMBER FUNCTION tostring RETURN VARCHAR2
) ;
/
-- 定义 Emp 类体
CREATE OR REPLACE TYPE BODY emp_object AS
	OVERRIDING MEMBER FUNCTION tostring RETURN VARCHAR2 AS
	BEGIN
		RETURN '人员编号：' || SELF.atri_pid || '，姓名：' || SELF.atri_name || '，性别：' || SELF.atri_sex ||
			'职位：' || SELF.atri_job || '，工资：' || SELF.atri_sal || '，佣金：' || SELF.atri_comm ;
	END ;
END ;
/
```

此时在 emp_object 类中明确地使用了 OVERRIDING 覆写了 person_object 类中的 tostring() 函数，这样 emp_object 类体中就可以继续使用此函数名称。

范例 23-27：编写 PL/SQL 块测试程序。

```
DECLARE
```

```
    v_emp     emp_object ;
BEGIN
    -- 此处必须明确写出父类与子类的全部参数
    -- person_object 类需要传入 3 个参数：人员编号、姓名、性别
    -- emp_object 类需要传入 3 个参数：职位、工资、佣金
    v_emp := emp_object(7369,'SMITH','FEMALE','CLERK',800.0,0.0) ;
    DBMS_OUTPUT.put_line(v_emp.tostring()) ;
END ;
/
```

程序运行结果：人员编号：7369，姓名：SMITH，性别：FEMALE，职位：CLERK，工资：800，佣金：0

本程序实例化了 emp_object 类对象，由于 emp_object 类中已经覆写了 tostring()函数，所以将调用被覆写过的函数。

23.4.7 对象多态性

多态是面向对象中的重要特性，多态性的特点体现在以下两个方面。

☑ 函数的多态性：体现为函数的重载与覆写。

☑ 对象的多态性：子类对象可以为父类对象进行实例化。

其中对于函数的重载与覆写操作已经通过代码为读者验证过其功能，下面重点来看对象的多态性操作，而对象的多态性必须依靠于函数的覆写操作。下面将通过一个具体的程序为读者演示对象多态性的操作特点，本程序将继续沿用上一程序中的 person_object 类和 emp_object 类，同时为 perosn_object 类增加一个 student_object 子类，这 3 个类的继承关系如图 23-6 所示。

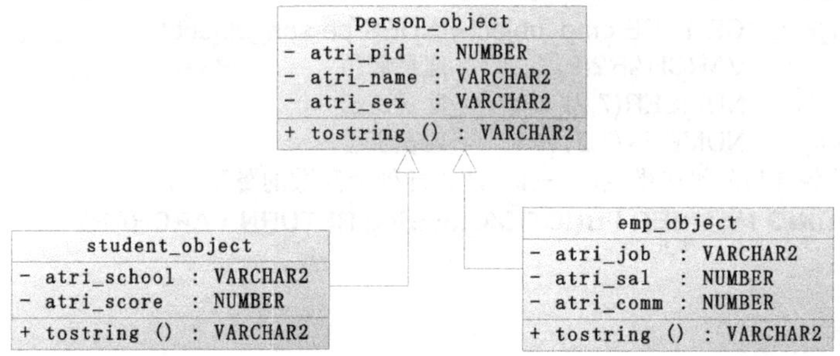

图 23-6 类的继承关系

范例 23-28：在原有程序基础上增加新的子类。

```
-- 定义 Person 类规范
CREATE OR REPLACE TYPE person_object AS OBJECT (
    atri_pid     NUMBER ,               -- 人员编号
    atri_name VARCHAR2(10) ,            -- 人员姓名
    atri_sex     VARCHAR2(10) ,         -- 人员性别
    MEMBER FUNCTION tostring RETURN VARCHAR2
) NOT FINAL ;
/
-- 定义 Person 类体
```

```
CREATE OR REPLACE TYPE BODY person_object AS
    MEMBER FUNCTION tostring RETURN VARCHAR2 AS
    BEGIN
        RETURN '人员编号：' || SELF.atri_pid || '，姓名：' || SELF.atri_name || '，性别：' || SELF.
        atri_sex ;
    END ;
END ;
/
-- 定义 Emp 类规范，此类为 Person 子类
CREATE OR REPLACE TYPE emp_object UNDER person_object (
    atri_job        VARCHAR2(9) ,       -- 雇员职位
    atri_sal        NUMBER(7,2) ,       -- 雇员工资
    atri_comm       NUMBER(7,2) ,       -- 雇员佣金
    -- 此函数名称与父类函数名称一样，所以此处为函数的覆写
    OVERRIDING MEMBER FUNCTION tostring RETURN VARCHAR2
) ;
/
-- 定义 Emp 类体
CREATE OR REPLACE TYPE BODY emp_object AS
    OVERRIDING MEMBER FUNCTION tostring RETURN VARCHAR2 AS
    BEGIN
        RETURN '人员编号：' || SELF.atri_pid || '，姓名：' || SELF.atri_name || '，性别：' || SELF.atri_sex ||
            '职位：' || SELF.atri_job || '，工资：' || SELF.atri_sal || '，佣金：' || SELF.atri_comm ;
    END ;
END ;
/
-- 定义 Student 类规范，此类为 Person 子类
CREATE OR REPLACE TYPE student_object UNDER person_object(
    atri_school     VARCHAR2(15) ,
    atri_score      NUMBER(5,2) ,
    OVERRIDING MEMBER FUNCTION tostring RETURN VARCHAR2
) ;
/
-- 定义 Student 类体
CREATE OR REPLACE TYPE BODY student_object AS
    OVERRIDING MEMBER FUNCTION tostring RETURN VARCHAR2 AS
    BEGIN
        RETURN '人员编号：' || SELF.atri_pid || '，姓名：' || SELF.atri_name || '，性别：' || SELF.
        atri_sex || '学校：' || SELF.atri_school || '，成绩：' || SELF.atri_score ;
    END ;
END ;
/
```

本程序为了读者方便浏览，所以给出了完整程序。可以发现此时 person_object 类存在两个子类，即 emp_object 和 student_object，而且这两个子类都覆写了 person_object 类中的 tostring() 函数。现在的两个子类都可以利用对象多态性进行向上转型操作。

范例 23-29：通过两个子类为 person_object 类对象实例化。

```
DECLARE
    v_emp           person_object ;       -- 声明 person_object 类对象
```

Note

```
    v_student        person_object ;   -- 声明 person_object 类对象
BEGIN
    -- 对象向上转型
    v_emp := emp_object(7369,'SMITH','FEMALE','CLERK',800.0,0.0) ;
    v_student := student_object(7566,'ALLEN','FEMALE','MLDN',99.9) ;
    DBMS_OUTPUT.put_line('【雇员信息】' || v_emp.tostring()) ;
    DBMS_OUTPUT.put_line('【学生信息】' || v_student.tostring()) ;
END ;
/
```

程序运行结果：

【雇员信息】人员编号：7369，姓名：SMITH，性别：FEMALE 职位：CLERK，工资：800，佣金：0

【学生信息】人员编号：7566，姓名：ALLEN，性别：FEMALE 学校：MLDN，成绩：99.9

通过此时的程序可以发现，程序声明了两个 person_object 类的对象（v_emp、v_student），而后这两个对象分别通过不同的子类进行实例化，之后都可以使用父类对象进行接收，而在调用 tostring()函数时执行的是不同类中覆写之后的操作。

23.4.8 使用 FINAL 关键字

在 PL/SQL 中用户可以利用 FINAL 关键字定义不能被继承的类与不能被覆写的函数，下面通过具体的代码进行验证。

范例 23-30： 使用 FINAL 定义的类不能被继承。

```
-- 定义 Person 类规范
CREATE OR REPLACE TYPE person_object AS OBJECT (
    atri_pid    NUMBER
) FINAL ;        -- 不管是否写此句，默认均为 FINAL
/
-- 定义 Emp 类规范，但是此时由于 person_object 类无法继承，所以出现错误
CREATE OR REPLACE TYPE emp_object UNDER person_object (
    atri_job    VARCHAR2(9)
) ;
/
```

此时的程序在创建 emp_object 子类时会出现“PLS-00590: 正在尝试创建一个最终类型的子类型”错误提示信息，所以使用 FINAL 声明的类不能被继承。

范例 23-31： 使用 FINAL 定义的函数不能被子类覆写。

```
-- 定义 Person 类规范
CREATE OR REPLACE TYPE person_object AS OBJECT (
    atri_pid    NUMBER ,
    FINAL MEMBER FUNCTION tostring RETURN VARCHAR2
) NOT FINAL ;        -- 不管是否写此句默认均为 FINAL
/
-- 定义 Emp 类规范，但是此时由于 person_object 类无法继承，所以出现错误
CREATE OR REPLACE TYPE emp_object UNDER person_object (
    atri_job    VARCHAR2(9) ,
```

```
    -- 错误：此处无法覆写 tostring()函数
    OVERRIDING MEMBER FUNCTION tostring RETURN VARCHAR2
) ;
/
```

本程序中 person_object 父类中的 tostring()函数使用了 FINAL 关键字进行定义，所以此函数不能被子类所覆写。当子类覆写 tostring()函数时将出现“PLS-00637: 无法覆盖或隐藏 FINAL 方法”错误提示信息。

Note

23.4.9　定义抽象函数

当用户定义完一个类之后，默认情况下可以直接利用此类的实例化对象进行类中结构的操作。如果现在类中的函数不希望被类对象直接使用，而需要通过继承其子类来实现时，就可以在定义函数时使用 NOT INSTANTIABLE 标记即可，这样的函数就被称为抽象函数。同时包含抽象函数所在的类也必须使用 NOT INSTANTIABLE 定义，这样的类也同样被称为抽象类。

范例 23-32：定义抽象类与抽象函数。

```
DROP TYPE emp_object ;
-- 定义 Person 类规范
CREATE OR REPLACE TYPE person_object AS OBJECT (
    atri_pid    NUMBER ,                        -- 人员编号
    atri_name VARCHAR2(10) ,                    -- 人员姓名
    atri_sex    VARCHAR2(10) ,                  -- 人员性别
    NOT INSTANTIABLE MEMBER FUNCTION tostring RETURN VARCHAR2 -- 定义抽象方法
) NOT FINAL NOT INSTANTIABLE ;                  -- 此处必须使用 NOT INSTANTIABLE 声明类
/
-- 定义 Emp 类规范，此类为 Person 子类
CREATE OR REPLACE TYPE emp_object UNDER person_object (
    atri_job         VARCHAR2(9) ,              -- 雇员职位
    atri_sal         NUMBER(7,2) ,              -- 雇员工资
    atri_comm        NUMBER(7,2) ,              -- 雇员佣金
    -- 此函数名称与父类函数名称一样，所以此处为函数的覆写
    OVERRIDING MEMBER FUNCTION tostring RETURN VARCHAR2
) ;
/
-- 定义 Emp 类体
CREATE OR REPLACE TYPE BODY emp_object AS
    OVERRIDING MEMBER FUNCTION tostring RETURN VARCHAR2 AS
    BEGIN
        RETURN '人员编号：' || SELF.atri_pid || '，姓名：' || SELF.atri_name || '，性别：' || SELF.atri_sex ||
            '职位：' || SELF.atri_job || '，工资：' || SELF.atri_sal || '，佣金：' || SELF.atri_comm ;
    END ;
END ;
/
```

本程序在 person_object 类中定义了一个 tostring()的抽象函数，这个函数不能直接被 person_object 类的对象所使用，必须由 person_object 类的子类来实现。所以在定义 emp_object 类时明确地使用了 OVERRIDING 关键字表示要覆写 person_object 类的 tostring()函数。

Note

范例 23-33：编写程序进行测试。

```
DECLARE
    v_emp      person_object ;
BEGIN
    -- 通过子类对象为父类实例化
    v_emp := emp_object(7369,'SMITH','FEMALE','CLERK',800.0,0.0) ;
    DBMS_OUTPUT.put_line(v_emp.tostring()) ;
END ;
/
```

本程序利用 emp_object 子类为 person_object 父类进行对象实例化，然后所调用的 tostring() 函数为 emp_object 类中所覆写的函数。

23.5 对 象 表

Oracle 属于面向对象的数据库，所以在 Oracle 中也允许用户基于类的结构进行数据表的创建，同时采用类的关系进行表中数据的维护。本节将为读者讲解对象表的创建及使用，为了方便读者理解，本节统一采用如下的类结构进行操作。

范例 23-34：定义要使用的类结构。

```
-- 删除 emp_object，否则 dept_object 无法重新建立
DROP TYPE emp_object ;
-- 定义部门类
CREATE OR REPLACE TYPE dept_object AS OBJECT (
    atri_deptno          NUMBER(2) ,          -- 部门编号
    atri_dname           VARCHAR2(14) ,       -- 部门名称
    atri_loc             VARCHAR2(13) ,       -- 部门位置
    -- 取得对象信息
    MEMBER FUNCTION tostring RETURN VARCHAR2
) NOT FINAL ;
/
-- 定义 Person 类规范
CREATE OR REPLACE TYPE person_object AS OBJECT (
    atri_pid    NUMBER ,                      -- 人员编号
    atri_name VARCHAR2(10) ,                  -- 人员姓名
    atri_sex    VARCHAR2(10) ,                -- 人员性别
    NOT INSTANTIABLE MEMBER FUNCTION tostring RETURN VARCHAR2 ,    -- 定义抽象方
法
    -- 实现对象排序
    NOT INSTANTIABLE MAP MEMBER FUNCTION compare RETURN NUMBER
) NOT FINAL NOT INSTANTIABLE ;                -- 此处必须使用 NOT INSTANTIABLE 声明类
/
-- 定义 Emp 类规范，此类为 Person 子类
CREATE OR REPLACE TYPE emp_object UNDER person_object (
    atri_job    VARCHAR2(9) ,                 -- 雇员职位
    atri_sal    NUMBER(7,2) ,                 -- 雇员工资
```

```
        atri_comm       NUMBER(7,2) ,               -- 雇员佣金
        atri_dept       dept_object ,               -- 雇员部门
        -- 此函数名称与父类函数名称一样，所以此处为函数的覆写
        OVERRIDING MEMBER FUNCTION tostring RETURN VARCHAR2 ,
        -- 实现对象排序
        OVERRIDING MAP MEMBER FUNCTION compare RETURN NUMBER
) ;
/
-- 定义 dept_object 类体
CREATE OR REPLACE TYPE BODY dept_object AS
        MEMBER FUNCTION tostring RETURN VARCHAR2 AS
        BEGIN
                RETURN '部门编号：' || SELF.atri_deptno || '，名称：' || SELF.atri_dname || '，位置：' ||
SELF.atri_loc ;
        END ;
END ;
/
-- 定义 emp_object 类体
CREATE OR REPLACE TYPE BODY emp_object AS
        OVERRIDING MEMBER FUNCTION tostring RETURN VARCHAR2 AS
        BEGIN
                RETURN '人员编号：' || SELF.atri_pid || '，姓名：' || SELF.atri_name || '，性别：' || SELF.atri_sex
                || '职位：' || SELF.atri_job || '，工资：' || SELF.atri_sal || '，佣金：' || SELF.atri_comm ;
        END ;
        OVERRIDING MAP MEMBER FUNCTION compare RETURN NUMBER AS
        BEGIN
                RETURN SELF.atri_sal + SELF.atri_comm ;
        END ;
END ;
/
```

本程序一共定义了 3 个类规范，由于 person_object 属于抽象类，所以只定义了两个类体，为了方便读者进行对象表的创建操作，本程序在 emp_object 类中定义了一个 MAP 函数，利用此函数实现数据的排序显示。本程序的类关系如图 23-7 所示。

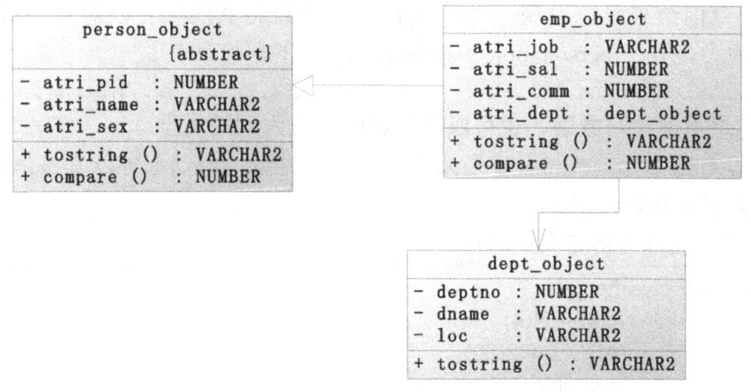

图 23-7　程序的类图关系

23.5.1 创建对象表

Note

当用户定义完一个类之后，就可以依据此类中的属性结构创建指定的对象表，语法如下所示。

语法 23-4：创建对象表

```
CREATE TABLE 表名称 OF 类 ;
```

在创建对象表时，如果对象表中存在了继承的操作关系，那么也会将继承而来的相应属性自动变为数据表中的列。

范例 23-35：创建一个对象表。

```
CREATE TABLE emp_object_tab OF emp_object ;
```

此时将创建 emp_object_tab 数据表，之后查询此表结构。

范例 23-36：查看 emp_object_tab 数据表结构。

```
DESC emp_object_tab ;
```

查询结果：通过 SQL Developer 输出，如图 23-8 所示。

```
名称          空值 类型
------------- -- ---------------
ATRI_PID         NUMBER
ATRI_NAME        VARCHAR2(10)
ATRI_SEX         VARCHAR2(10)
ATRI_JOB         VARCHAR2(9)
ATRI_SAL         NUMBER(7,2)
ATRI_COMM        NUMBER(7,2)
ATRI_DEPT        DEPT_OBJECT()
```

图 23-8 emp_object_tab 表结构

> **提示：通过 SQLPlus 看可以得到更多信息。**
>
> 为了读者方便浏览，所以本次操作是在 SQL Developer 工具下进行的表结构显示，如果用户使用的是 SQLPlus 窗口执行此命令，则会显示出类中的操作函数，例如 MEMBER FUNCTION TOSTRING RETURNS VARCHAR2、MAP MEMBER FUNCTION COMPARE RETURNS NUMBER，此操作读者可以自行验证。

通过此时的查询结果可以发现，atri_dept 这个嵌套类型依然会以对象的形式存在，同时 emp_object_tab 表中包含了 person_object 和 emp_object 的所有属性。

> **提示：如果不创建对象表，也可以将创建的类作为列的类型。**
>
> 当用户定义完类之后，就相当于定义了一种新的类型，所以也可以直接依据此类型作为列保存的数据类型进行表的创建。
>
> **范例 23-37**：使用类创建表中的列。
>
> ```
> CREATE TABLE myemp_tab (
>     empno        NUMBER(4) ,
>     ename        VARCHAR2(20) ,
>     dept         dept_object
> ) ;
> ```
>
> 此种做法与直接进行对象表的创建区别不大，数据的操作方式也相同。

23.5.2 维护对象表数据

对象表建立完成之后对表中的数据同样分为 4 类：增加、修改、删除、查询，下面将分类为读者讲解。

23.5.2.1 数据增加

如果要增加数据，可以直接利用 INSERT 语句来完成。

范例 23-38：增加数据，但是不增加部门属性数据。

```
INSERT INTO emp_object_tab(atri_pid,atri_name,atri_sex,atri_job,atri_sal,atri_comm)
VALUES (10,'李兴华','男','办事员',3500,100);
```

范例 23-39：增加数据，同时使用嵌套类型。

```
INSERT INTO emp_object_tab(atri_pid,atri_name,atri_sex,atri_job,atri_sal,atri_comm,atri_dept)
VALUES (20,'马云涛','男','技术员',5500,200, dept_object(10,'开发部','北京'));
```

在进行嵌套数据增加时，读者只需要按照对象格式保存相应字段的数据即可。

23.5.2.2 数据查询

如果要对对象表进行数据的检索，可以直接使用最简单的查询方式来完成。

范例 23-40：查询 emp_object_tab 表中的全部数据。

```
SELECT * FROM emp_object_tab ;
```

查询结果：通过 SQL Developer 输出，如图 23-9 所示。

	ATRI_PID	ATRI_NAME	ATRI_SEX	ATRI_JOB	ATRI_SAL	ATRI_COMM	ATRI_DEPT
1	10	李兴华	男	办事员	3500	100	(null)
2	20	马云涛	男	技术员	5500	200	[C##SCOTT.DEPT_OBJECT]

图 23-9 查询 emp_object_tab 表数据

提示：在 SQLPlus 中可以看到完整信息。

如果用户使用 SQL Developer 工具进行查询，那么对象部分（atri_dept 字段）就会采用 SCOTT.DEPT_OBJECT 的方式表示，如果利用 SQLPlus 工具，则可以显示出更完整的信息。

在进行对象表数据查询时，用户还可以利用 VALUE()或 REF()函数进行数据的查询。

1. VALUE()函数

在查询中，利用 VALUE()函数可以将对象表中的数据转化为对象返回，这样就可以利用查询后的对象信息进行排序。例如，本程序已经在 emp_object 类中定义了 MAP 函数，所以用户可以直接按照工资和佣金的组合进行数据的排序。

范例 23-41：数据排序显示。

```
SELECT VALUE(e) ve , atri_pid , atri_name , atri_sex , atri_job, atri_sal , atri_comm
FROM emp_object_tab e
ORDER BY ve DESC ;
```

查询结果：通过 SQL Developer 输出，如图 23-10 所示。

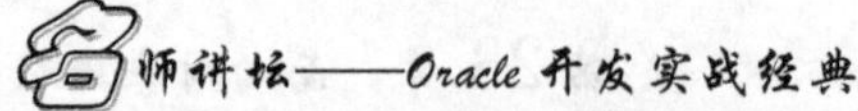

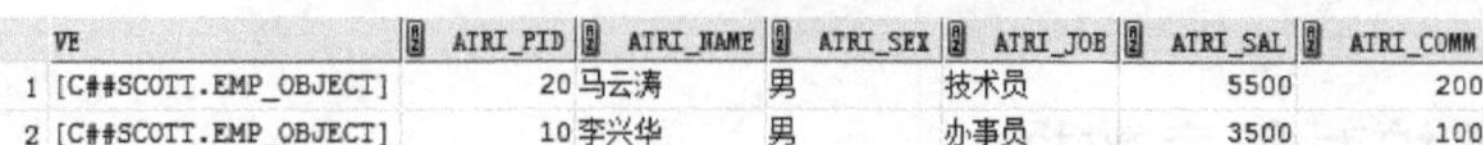

	VE	ATRI_PID	ATRI_NAME	ATRI_SEX	ATRI_JOB	ATRI_SAL	ATRI_COMM
1	[C##SCOTT.EMP_OBJECT]	20	马云涛	男	技术员	5500	200
2	[C##SCOTT.EMP_OBJECT]	10	李兴华	男	办事员	3500	100

图 23-10　数据排序

除了这一特征之外，在 PL/SQL 编程中，也可以利用 VALUE()函数将一条或多条信息利用 SELECT…INTO 将内容设置给指定类的对象。

范例 23-42：查询单条数据并将数据设置给 person_object 类对象。

```
DECLARE
    v_emp          emp_object ;
BEGIN
    -- 查询指定人员的信息，并将此信息转变为对象
    SELECT VALUE(e) INTO v_emp FROM emp_object_tab e WHERE e.atri_pid=20 ;
    -- 输出雇员信息
    DBMS_OUTPUT.put_line(v_emp.tostring()) ;
    -- 输出雇员所在部门信息
    DBMS_OUTPUT.put_line(v_emp.atri_dept.tostring()) ;
END ;
/
```

程序运行结果：

人员编号：20，姓名：马云涛，性别：男职位：技术员，工资：5500，佣金：200

部门编号：10，名称：开发部，位置：北京

本程序将查询出的一条对象数据利用 VALUE()函数变为了对象信息，并且将其赋予了 emp_object 类的对象，之后就可以按照对象的嵌套关系进行数据的输出。

除了返回单个对象之外，用户也可以利用游标结构来接收对象表的多条返回结果。

范例 23-43：利用游标来接收多条返回结果。

```
DECLARE
    v_emp     emp_object ;
    CURSOR cur_emp IS SELECT VALUE(e) ve FROM emp_object_tab e ;
BEGIN
    FOR v_emprow IN cur_emp LOOP
        v_emp := v_emprow.ve ;-- 取出一个雇员信息
        DBMS_OUTPUT.put_line(v_emp.tostring()) ;
        IF v_emp.atri_dept IS NOT NULL THEN
            DBMS_OUTPUT.put_line('雇员部门 --> ' || v_emp.atri_dept.tostring()) ;
        END IF ;
    END LOOP ;
END ;
/
```

程序运行结果：

人员编号：10，姓名：李兴华，性别：男职位：办事员，工资：3500，佣金：100

人员编号：20，姓名：马云涛，性别：男职位：技术员，工资：5500，佣金：200

雇员部门 --> 部门编号：10，名称：开发部，位置：北京

本程序定义的游标将查询 emp_object_tab 表的全部数据，同时会利用 VALUE()函数将所有数据变为对象的形式保存。而后在程序主体部分采用 FOR 循环，输出每一个对象的信息，由于某些雇员对象没有配置部门的嵌套关系，所以为了防止“**ORA-30625: 不允许以 NULL SELF**

参数调度方法”错误提示，使用了 IF 判断部门是否为 null，如不为 null 则取出此雇员对应的部门信息。

2. REF()函数

利用 VALUE()函数是将嵌套的对象信息直接保存在对象表中，但是这种做法很多时候就会造成数据的冗余。例如按照如上的表设计，一个部门会存在多个雇员，每当增加雇员数据时，都需要重复保存部门信息，所以在 Oralce 中也提供了数据的地址指向，如图 23-11 所示。

atri_pid	atri_name	atri_sex	atri_job	atri_sal	atri_comm	atri_dept
3010	李兴华	男	办事员	3500	100	xxxxxxx
3020	马云涛	男	技术员	5500	200	xxxxxxx

ref →

atri_deptno	atri_dame	atri_loc
10	MLDN教学	北京
20	MLDN研发	北京

图 23-11　REF 引用关系

如果要实现这样的操作，则可以在创建类时使用 REF 设置引用关系，之后才可以在创建的对象表中使用此引用类型。

范例 23-44：定义 person_object 新的子类 emp_object_ref，该类对 dept_object 通过 REF 定义嵌套关系。

```
-- 定义 Emp 类规范，此类为 Person 子类
CREATE OR REPLACE TYPE emp_object_ref UNDER person_object (
    atri_job        VARCHAR2(9) ,           -- 雇员职位
    atri_sal        NUMBER(7,2) ,           -- 雇员工资
    atri_comm       NUMBER(7,2) ,           -- 雇员佣金
    atri_dept REF dept_object ,             -- 雇员部门
    -- 此函数名称与父类函数名称一样，所以此处为函数的覆写
    OVERRIDING MEMBER FUNCTION tostring RETURN VARCHAR2 ,
    -- 实现对象排序
    OVERRIDING MAP MEMBER FUNCTION compare RETURN NUMBER
) ;
/
-- 定义 emp_object 类体
CREATE OR REPLACE TYPE BODY emp_object_ref AS
    OVERRIDING MEMBER FUNCTION tostring RETURN VARCHAR2 AS
    BEGIN
        RETURN '人员编号：' || SELF.atri_pid || '，姓名：' || SELF.atri_name || '，性别：' || SELF.atri_sex ||
            '职位：' || SELF.atri_job || '，工资：' || SELF.atri_sal || '，佣金：' || SELF.atri_comm ;
    END ;
    OVERRIDING MAP MEMBER FUNCTION compare RETURN NUMBER AS
    BEGIN
        RETURN SELF.atri_sal + SELF.atri_comm ;
    END ;
END ;
/
```

本程序在创建 emp_object_ref 类时使用 REF 定义了 emp 类与 dept 类的嵌套关系，这样 emp 类中的 atri_dept 属性保存的内容就将是一个指向 dept 类对象表的引用地址。

范例 23-45：创建 emp_object_ref_tab 与 dept_object_ref_tab 对象表。

```
CREATE TABLE emp_object_ref_tab OF emp_object_ref ;
CREATE TABLE dept_object_ref_tab OF dept_object ;
```

此时创建了两张对象表，其中 emp_object_ref_tab 表中的 atri_dept 的内容为 dept_object_ref_tab 表中的引用数据。下面首先向数据表中进行数据的增加。

范例 23-46： 向 dept_object_ref_tab 对象表中增加数据。

```
INSERT INTO dept_object_ref_tab (atri_deptno , atri_dname , atri_loc) VALUES (10,'MLDN 教学','北京') ;
INSERT INTO dept_object_ref_tab (atri_deptno , atri_dname , atri_loc) VALUES (20,'MLDN 研发','北京') ;
INSERT INTO dept_object_ref_tab (atri_deptno , atri_dname , atri_loc) VALUES (30,'MLDN 移动','美国') ;
```

本程序向 dept_object_ref_tab 表中保存了 3 条数据，之后在向 emp_object_ref_tab 表中增加数据时，需要设置相应部门数据引用。

范例 23-47： 查询 dept_object_ref_tab 数据表。

```
SELECT * FROM dept_object_ref_tab ;
```

查询结果： 通过 SQL Developer 输出，如图 23-12 所示。

	ATRI_DEPTNO	ATRI_DNAME	ATRI_LOC
1	10	MLDN教学	北京
2	20	MLDN研发	北京
3	30	MLDN移动	美国

图 23-12　查询 dept_object_ref_tab 数据表

范例 23-48： 向 emp_object_ref_tab 表中增加数据。

```
INSERT INTO emp_object_ref_tab(atri_pid,atri_name,atri_sex,atri_job,atri_sal,atri_comm,atri_dept)
VALUES (3010,'李兴华','男','办事员',3500,100,(
     SELECT REF(d)
     FROM dept_object_ref_tab d
     WHERE atri_deptno=10));
INSERT INTO emp_object_ref_tab(atri_pid,atri_name,atri_sex,atri_job,atri_sal,atri_comm,atri_dept)
VALUES (3020,'马云涛','男','技术员',5500,200,(
     SELECT REF(d)
     FROM dept_object_ref_tab d
     WHERE atri_deptno=20));
```

本程序将向 emp_object_ref_tab 表中增加两条记录，在进行部门数据增加时，使用 REF()函数将对应的部门变为引用数据进行保存。

范例 23-49： 查询 emp_object_ref_tab 数据表。

```
SELECT * FROM emp_object_ref_tab ;
```

查询结果： 通过 SQLPlus 输出，如图 23-13 所示。

```
D:\app\oracleuser\product\12.1.0\dbhome_1\BIN\sqlplus.exe
SQL> SELECT * FROM emp_object_ref_tab ;

 ATRI_PID ATRI_NAME            ATRI_SEX             ATRI_JOB             ATRI_SAL  ATRI_COMM
--------- -------------------- -------------------- -------------------- --------- ---------
ATRI_DEPT
----------------------------------------------------------------------------------------------

     3010 李兴华               男                   办事员                    3500       100
00002202085 6FBE6A114BF47EAB600E5D1B66984BE79A94CDF76284FD687180E51FA08BBBA

     3020 马云涛               男                   技术员                    5500       200
0000220208 67BEF04F9B4B4B4E91B7988FDD749A9C79A94CDF76284FD687180E51FA08BBBA
```

图 23-13　查询 emp_object_ref_tab 表数据

通过此时的查询结果可以发现，对于 atri_dept 属性由于其属于地址引用的指向，所以此处显示出来的是一些地址的信息。如果要显示其引用的具体内容，则可以继续使用 DEREF()函数将引用地址数据变为实际数据。

范例 23-50：利用 DEREF()函数查看 REF 引用数据信息。

```
SELECT atri_pid,atri_name,atri_sex,atri_job,atri_sal,atri_comm, DEREF(atri_dept) dept
FROM emp_object_ref_tab ;
```

查询结果：通过 SQLPlus 输出，如图 23-14 所示。

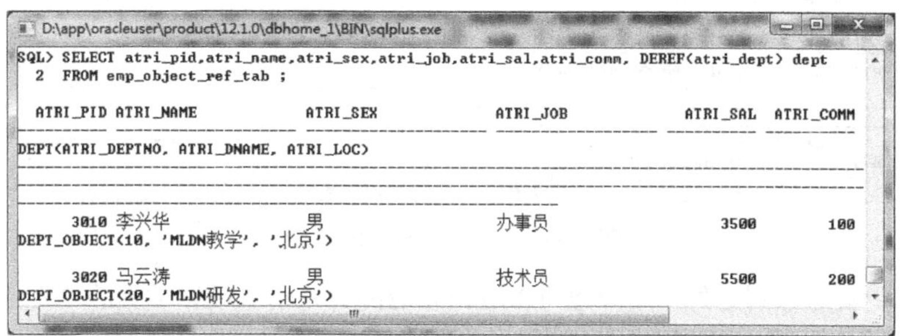

图 23-14　通过 DEREF()函数显示引用数据

23.5.2.3　数据更新

对象表的数据更新操作依然与普通表的操作方式类似，唯一不同的是，在进行数据更新时需要考虑对象类型的操作列，下面通过具体的代码进行演示。

范例 23-51：更新 emp_object_tab 对象表（此表不使用 REF 引用）中的部门信息。

```
UPDATE emp_object_tab SET atri_job='经理' ,
      atri_dept=dept_object(30,'魔乐','加拿大')
WHERE atri_pid=10 ;
```

范例 23-52：查询 emp_object_tab 对象表中修改后的数据。

```
SELECT * FROM emp_object_tab WHERE atri_pid=10 ;
```

查询结果：通过 SQLPlus 输出，如图 23-15 所示。

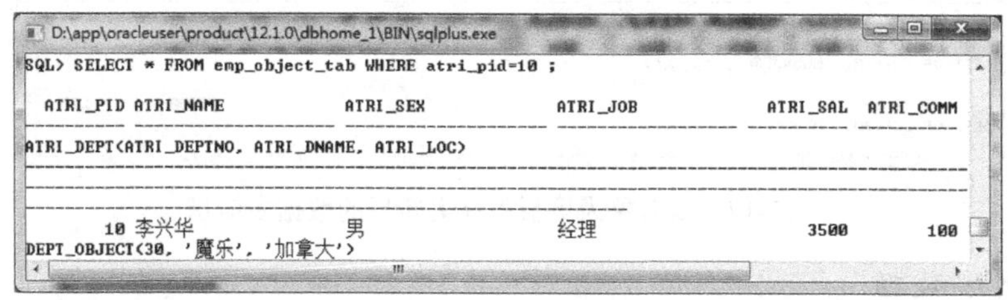

图 23-15　更新后的数据

范例 23-53：更新 emp_object_ref_tab 对象表（此表使用 REF 引用）中的部门信息。

```
UPDATE emp_object_ref_tab SET
      atri_dept=(
      SELECT REF(d)
      FROM dept_object_ref_tab d
      WHERE atri_deptno=30)
WHERE atri_pid=3020 ;
```

范例 23-54： 查询 emp_object_ref_tab 对象表中修改后的数据。

```
SELECT atri_pid,atri_name,atri_sex,atri_job,atri_sal,atri_comm, DEREF(atri_dept) dept
FROM emp_object_ref_tab
WHERE atri_pid=3020 ;
```

查询结果： 通过 SQLPlus 输出，如图 23-16 所示。

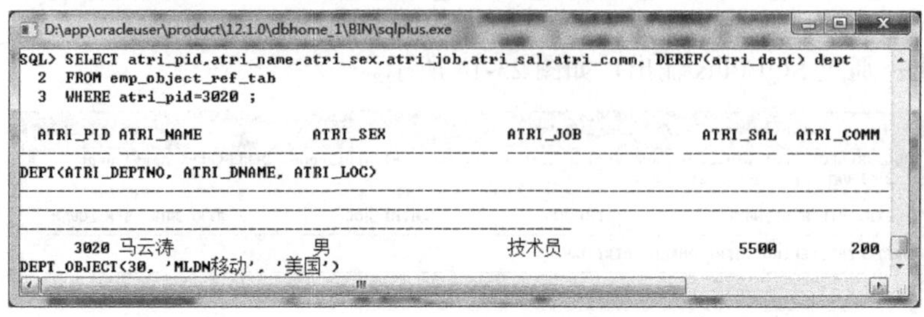

图 23-16　查看更新后的数据

除了使用更新对象列之外，用户也可以取出相应的对象信息设置数据的更新条件。

范例 23-55： 更新 emp_object_ref_tab 对象表中所有 10 部门雇员信息。

```
UPDATE emp_object_ref_tab SET atri_name='王月清',atri_sal=6000
WHERE atri_dept=(SELECT REF(d)
      FROM dept_object_ref_tab d
      WHERE atri_deptno=10) ;
```

范例 23-56： 查询 emp_object_ref_tab 数据表的数据。

```
SELECT atri_pid,atri_name,atri_sex,atri_job,atri_sal,atri_comm, DEREF(atri_dept) dept
FROM emp_object_ref_tab ;
```

查询结果： 通过 SQLPlus 输出，如图 23-17 所示。

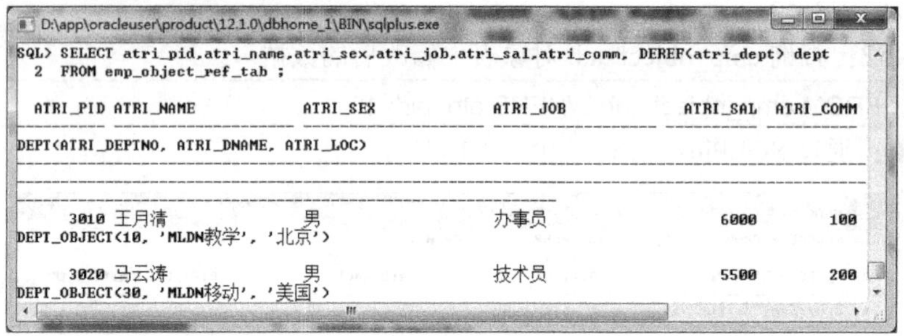

图 23-17　以对象为更新条件更新后的数据表信息

23.5.2.4　删除数据

与数据的更新操作类似，删除数据也可以按照普通字段或者对象字段进行。

范例 23-57： 删除 emp_object_ref_tab 表中 10 部门的雇员信息。

```
DELETE FROM emp_object_ref_tab
WHERE atri_dept=(SELECT REF(d)
      FROM dept_object_ref_tab d
      WHERE atri_deptno=10) ;
```

范例 23-58：查询 emp_object_ref_tab 数据表的数据。

```
SELECT atri_pid,atri_name,atri_sex,atri_job,atri_sal,atri_comm, DEREF(atri_dept) dept
FROM emp_object_ref_tab ;
```

查询结果：通过 SQLPlus 输出，如图 23-18 所示。

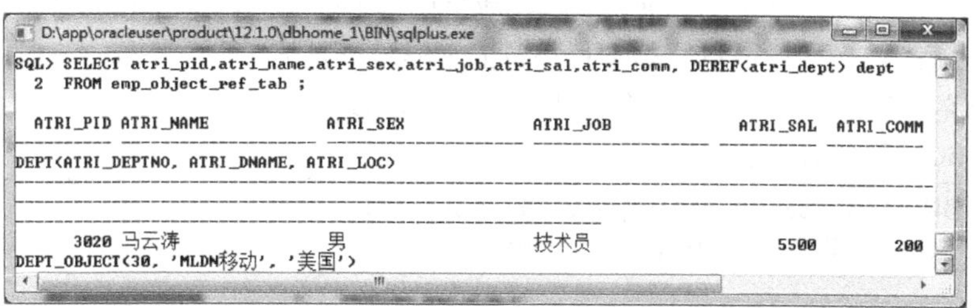

图 23-18　删除数据之后的表信息

23.6　对 象 视 图

如果用户需要将一张数据表中的数据转换为对象的形式操作，那么就可以利用对象视图来完成此操作。利用对象视图，可以将指定视图查询语句的数据按照顺序填充到相应对象的属性中，这样用户在操作视图时就可以直接将数据以对象的形式返回。

如果要使用对象视图，首先需要定义一个与指定视图查询结构类似的类，如范例 23-59 所示。

范例 23-59：定义类，此类的结构与 emp 表结构一致。

```
CREATE OR REPLACE TYPE emp_table_object AS OBJECT (
	atri_empno		NUMBER(4) ,
	atri_ename		VARCHAR2(10) ,
	atri_job		VARCHAR2(9) ,
	atri_mgr		NUMBER(4) ,
	atri_hiredate		DATE ,
	atri_sal		NUMBER(7,2) ,
	atri_comm		NUMBER(7,2) ,
	atri_deptno		NUMBER(2) ,
	MEMBER FUNCTION tostring RETURN VARCHAR2
) NOT FINAL ;
/
CREATE OR REPLACE TYPE BODY emp_table_object AS
	MEMBER FUNCTION tostring RETURN VARCHAR2 AS
	BEGIN
		RETURN '雇员编号：' || SELF.atri_empno || '，姓名：' || SELF.atri_ename || '，职位：' ||
		SELF.atri_job || '，雇佣日期：' || SELF.atri_hiredate || '，工资：' || SELF.atri_sal || '，佣
		金：' || SELF.atri_comm ;
	END ;
END ;
/
```

本程序 emp_table_object 类中定义的属性与 emp 表中一样，这样就可以将 emp 表中的数据通过对象视图转变为 emp_table_object 类的对象。准备完成后就可以利用如下的语法创建对象视图。

语法 23-5：创建对象视图

```
CREATE OR REPLACE VIEW 视图名称 OF 类
      WITH OBJECT IDENTIFIER(主键对象)
AS 子查询 ;
```

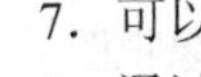

Note

本语法中“OF 语句”表示数据要转换为对象的所属类，而 WITH OBJECT IDENTIFIER 表示要设置一个对象标识符（OID），对象标识符的主要功能是使用一个个标记来唯一地标记一个对象，当创建完对象视图后，Oracle 会自动产生一个 OID。

范例 23-60：创建对象视图。

```
CREATE OR REPLACE VIEW v_myview OF emp_table_object
      WITH OBJECT IDENTIFIER(atri_empno)
AS
      SELECT empno,ename,job,mgr,hiredate,sal,comm,deptno FROM emp ;
```

本程序将 emp 表中的全部数据通过对象视图转变为 emp_table_object 类的对象，这样在进行程序编写时，只需要通过对象视图就可以取得相应对象。

范例 23-61：编写 PL/SQL 访问视图。

```
DECLARE
      v_emp     emp_table_object ;
BEGIN
      SELECT VALUE(ev) INTO v_emp FROM v_myview ev WHERE atri_empno=7839 ;
      DBMS_OUTPUT.put_line(v_emp.tostring()) ;
END ;
/
```

程序运行结果：雇员编号：7839，姓名：KING，职位：PRESIDENT，雇佣日期：17-11月-81，工资：5000，佣金：

此时的程序块直接查询了对象视图，这样就会将 7839 雇员的信息以对象的方式返回，直接输出时，就可以调用 tostring()函数取得相应的数据。

23.7 本 章 小 结

1．面向对象有 3 个主要特性，即封装性、继承性、多态性。

2．如果一个类要设置继承则必须指定 NOTFINAL，否则此类无法被继承。

3．如果要对查询出来的数据进行排序，可以使用 MAP 或 ORDER 定义函数。

4．在一个类中，默认提供的构造方法需要传递全部的属性内容，如果用户有需要，也可以利用 CONSTRUCTOR 来定义指定参数的构造函数。

5．在面向对象中，可以通过子类为父类实例化，这样每一个父类对象所调用的函数会根据覆写此函数子类的不同而实现不同的功能。

6．一个类中可以使用 NOT INSTANTIABLE 来定义抽象函数，而抽象函数所在的类被称为抽象类，抽象类继承时需要由子类使用 OVERRIDING 进行函数的覆写。

7．可以根据指定的类创建数据表，这样表中的字段就是类中的属性。

8．通过对象视图，可以将一张数据表中的数据直接以类对象的形式返回。